# 数字地质调查系统操作指南

## ——地质调查智能空间升级版

（上　册）

李丰丹　刘　畅　刘园园　吕　霞　陈飞翔
吴　亮　刘　洋　蒋　仁　林　敏　褚平利
唐　振　武军杰　全守村　龚爱华　曾剑威
汤建荣　施　璐　张辉善　董彦琪　著

地质出版社

·北　京·

## 内 容 提 要

本书是《数字地质调查系统操作指南》的升级版，涉及的内容已经进行了大量优化，以数字地质调查技术从数字化向智能化方向扩展、发展以及完善的过程中形成的地质调查智能空间平台（满足地质调查密集型工作模式的“云+端软件”）的操作流程为主。本书由上、中、下册三册组成。上册包括“数字地质填图系统（RGMap）操作指南”和“探矿工程数据编录系统（PEData）操作指南”两部分，中册包括“数字地质调查信息综合平台（DGSInfo）操作指南“和“地质调查综合数据采集与集成模块（PRB 扩展属性表）操作指南”两部分，下册包括“地质调查 GIS 基础平台（DGSGIS）操作指南”和“地质调查智能空间平台操作指南”两部分。书中详细介绍了六大子系统的基本原理与功能、操作步骤和方法。

本书适合从事区域地质调查、固体矿产勘查、地质科学研究的地学工作者和相关科技管理人员使用，也可作为大专院校地学类高年级学生和研究生的参考书。

**图书在版编目（CIP）数据**

数字地质调查系统操作指南：地质调查智能空间升级版：全 3 册/李丰丹等著. —北京：地质出版社，2021. 1

ISBN 978-7-116-12523-0

Ⅰ. ①数… Ⅱ. ①李… Ⅲ. ①数字技术—应用—地质调查—指南 Ⅳ. ①P622-39

中国版本图书馆 CIP 数据核字（2021）第 028063 号

SHUZI DIZHI DIAOCHA XITONG CAOZUO ZHINAN：DIZHI DIAOCHA ZHINENG KONGJIAN SHENGJIBAN

**责任编辑：**吴宁魁
**责任校对：**关风云
**出版发行：**地质出版社
**社址邮编：**北京海淀区学院路 31 号，100083
**电　　话：**（010）66554528（邮购部）；（010）66554627（编辑室）
**网　　址：**http：//www. gph. com. cn
**传　　真：**（010）66554686
**印　　刷：**北京地大彩印有限公司
**开　　本：**787 mm×1092 mm 1/16
**印　　张：**62. 5
**字　　数：**1500 千字
**版　　次：**2021 年 1 月北京第 1 版
**印　　次：**2021 年 1 月北京第 1 次印刷
**定　　价：**188. 00 元（全三册）
**书　　号：**ISBN 978-7-116-12523-0

# 前　言

本书是2011年由地质出版社出版的《数字地质调查系统操作指南》（上、中、下册）的升级版，虽然书名仍是《数字地质调查系统操作指南》，但涉及的内容已经进行了大量优化。内容以数字地质调查技术从数字化向智能化方向扩展、发展以及完善的过程中形成的地质调查智能空间平台（满足地质调查密集型工作模式的“云+端软件”）的操作流程为主。

**1. 数字地质调查技术的发展历程**

自1999年开始，在国土资源调查专项和矿产资源调查专项支撑下，中国地质调查局发展研究中心组织精干的科研技术人员自主开发研制了面向野外地质调查的数字填图技术——“数字区域地质调查系统”，提出了PRB数字区域地质调查基本理论与方法，对数字区域地质调查基本理论与技术取得了原创性突破，解决了国际上30多年以来在地质调查中难以实现计算机野外数据采集全程化和难以满足不同学科地学者对野外数据采集的需求问题。

也就是说，从地质调查源头出发，以野外地质数据获取过程的数字化为核心，研究数字地质调查的理论与技术方法，通过对语义粒度、描述粒度、空间粒度和存储粒度的分割及其相关关系的研究，提出了描述适合各种比例尺的地质填图过程的数字填图技术、方法和物理建模的基本模式。基于构件、中间件、数据建模与数据库、工作流等综合技术，开发了集GPS、GIS、RS技术为一体的数字地质调查系统，建立了数字地质调查数字化流程。在地质调查的整个业务流程中，数字地质调查系统把数据库的建设融入日常工作和生产之中，即把地质矿产勘查（固体矿产勘查）过程数据库建设流程与具体的地质找矿业务流程紧密结合起来、又不同于以往数据库建设只是由计算机技术人员录入实现完成，而是地质技术人员借助数字地质调查技术与系统，对地质矿产勘查（固体矿产勘查）过程中不同阶段所获得资料进行综合分析，大大缩短了原始资料的系统整理时间，并依据上一阶段工作成果及时指导下一阶段工作部署。数据模型与工作阶段的融合、继承，更使项目人员可以从计算技术的应用中体会到新技术带来的好处，又能形成新的工作模式，对提高研究精度、效率和成果的表现形式提供了重要的技术保障。

2004年，在全国区调工作中全面推广应用了数字填图技术，使数字填图技术进入实用阶段。经过多年持续集成研发和推广应用，2008年开始，数字填图系统全面升级与扩展到数字地质调查系统，形成比较完整的地质矿产调查全流程数字化理论、技术方法和自主软件平台，涵盖地质调查（地质填图）、矿产资源勘查、矿体模拟、品位估计、资源量估算、矿体三维建模、矿山开采系统优化等内容，贯穿整个基础地质矿产资源调查全过程。数字地质调查技术已被公认为区域地质调查工作技术走向现代化过程中的重大革新，使地质填

图和地质图生产终于告别“手工式”，迎来“光与电”的数字化时代。

该研究过程立足于开发以我国野外数据采集为入口的勘查项目综合资料整理、资源量估算和管理的一体化流程与软件系统，实现了整个地质调查过程数字化与无缝一体化。结合国内应用层次的现状，通过数据“层”模型、数据流“池”技术不同阶段数据模型继承技术、数据互操作技术解决了地质调查工作流程与软件流程一致性和无缝连接的关键和难点，大大降低了使用难度，满足了地质人员工作习惯的要求。

数字地质调查软件系统包括数字填图系统、探矿工程数据编录系统、数字地质调查信息综合平台、资源量估算与矿体三维建模系统等，从体系架构上支持地质矿产勘查全过程无缝数字化，实现了不同业务阶段数据库的互通，实现了从地质矿产资源调查野外数据采集到地质成图、矿体圈定、品位估计全过程的数字化。操作过程突出了智能化操作模式，为野外数据采集、传输、集成、综合处理、三维建模等全过程的关键技术节点提供数字化工具。地质底图应用方面初步形成移动终端智能感知公开地理信息资源的应用模式，野外数据采集应用 Android 智能终端可集智能终端位置、行为及环境感知等特点形成路线地质描述、音视频辅助记录、信手剖面等一体的电子野外记录簿；数据综合和整理过程自动绑定各个阶段操作的数据对象，提供微工作流机制，自动完成过程成果的继承和传递；地质三维建模工具提供建模算法以及数据组织管理、可视化、编辑和分析一体化。

2008 年以来，建立了集国内外主流资源储量估算方法与业务流程一致的地质矿产勘查从野外到矿产资源评价（靶区圈定）、资源量估算及矿体三维建模一体化的软件体系，集成国内外主流资源储量估算方法，实现从野外到矿产资源评价（靶区圈定）、资源储量估算及矿体三维建模一体化。其数字化流程与地质矿产勘查业务流程完全一致，从槽井坑钻野外数据采集到资源储量计算和矿体三维显示无缝连接、零数据交换。

资源量估算与矿体三维建模系统针对国内外地质块段法、地质剖面法、底板等高线法（煤）、地质统计学等方法和三维矿体建模特点，建立了多源地质数据匹配及一致性处理技术、多约束条件的单工程矿体圈定、三维地质结构模型约束下的地质体内非均值属性参数空间分布变化模型建模、模型重构的反馈机制及修正技术，集成了矿山地质多源数据和多方法资源储量估算的耦合三维建模关键技术。该成果与目前国内外市场同类软件相比最大的特点是计算机数字化流程与业务流程完全一致，从槽井坑钻野外数据采集到资源量计算和矿体三维显示无缝连接，零数据交换，使得在具体应用中充分体现了提高效率、提高成果精度、节省大量人力和物力所带来的优势。

**2. 新一代信息技术支撑下的数字地质调查技术提升**

2013 年以来在新一代信息技术的支持下，数字地质调查技术逐步从数字化走向智能化，从数字空间走向智能空间。数字地质调查技术体系聚焦“突显地质大数据价值、数据驱动精准地质调查”“以地质知识的流程化和智能化为核心的建设与应用”等主线，开展了智能地质调查技术和“云+端”软件体系研究。形成了基于大数据-云计算-人工智能的地质调查智能空间整体框架、技术和服务模式，构建了地质调查数据感知服务到认知（知识）框架以及以“大数据+大计算”为特点的地质调查全流程服务链。建立了支持定制化的通用地质数据采集和集成技术。满足零编程并符合各专业采集标准的专业野外数据采集需求，实现了单一字段可集文本、图像、音影、表格等多媒体为一体的数据采集，提高了

数据采集的智能化和效率。非结构化数据挖掘、空间数据挖掘等关键技术研究取得突破，提升了地质人员综合分析与决策能力。积极探索面向深度学习的地质对象识别分类技术方法与流程，展现了人工智能在未来变革地质调查工作模式具有的巨大潜力。研究成果促进了由数字地质调查方式向基于大数据-云计算技术的智能地质调查方式的转变。在阿尔金红柳沟-拉配泉地区、二连东乌旗区域、河北永定河区域等十多个不同类型地质地貌区成功开展了智能地质调查应用示范。

截至2019年底，形成了智能地质调查“云+端”软件体系和地质调查智能空间工作环境。软件体系强化地质调查数字化、智能化流程特性，涵盖区域地质调查（地质填图）、矿产地质调查、综合环境地质调查等。覆盖从数据采集、传输、集成、综合处理、建模与模拟、评价预测到成果服务等全流程，并提供“云+端”的工作模式。

**3. 数字地质调查应用和技术培训已覆盖全国地勘行业，并开始走出国门**

被广泛应用于全国区域地质调查、战略性矿产远景调查、矿产资源调查评价、危机矿山接替资源调查等项目，覆盖地质行业，涉及全国地质、冶金、有色、武警黄金、化工、建材、核工业、煤炭等部门以及高校科研部门、大型矿山企业和矿业公司（包括紫金矿业集团、云南驰骋锌锗有限公司、新疆有色集团、中国黄金集团等）。推广应用单位超过1000家，软件推广超过20000套；举办数字地质调查技术培训班超过200次，培训人员超过20000人次；数字地质调查技术已纳入了多个大学本科生课程；软件系统通过技术支持网站（www. dgst. cgs. gov. cn）和培训班的形式免费提供。

数字地质调查技术开始走向世界，在丹麦地质调查局格陵兰数字填图计划进行推广试验，在亚洲、非洲、南美洲等合作项目中应用。自2010年以来，我国对外举办了8期专门的数字填图技术培训班，培训学员来自亚洲、非洲、拉丁美洲等十余个国家和地区，培训人员超过120人，其中从2015年起还走出国门对老挝、马来西亚、缅甸、柬埔寨、秘鲁、巴西等国技术人员进行培训；已有相关地质人员培训后开始独立开展数字区域地质填图工作。多年来，在商务部举办的援外培训中，已针对亚非拉40多个国家和地区的300多名技术官员开展了数字填图技术讲座与交流。

为了让用户更好地操作数字地质调查软件，我们于2011年出版了一套完整的操作指南《数字地质调查系统操作指南》一书，以便于用户学习、掌握和应用数字地质调查系统软件。该书由上、中、下册组成。上册由数字填图系统野外数据采集系统（RGMap）和探矿工程数据编录系统（PEData）操作指南组成，中册为数字地质调查信息综合平台（DGSInfo）操作指南，下册为资源储量估算与矿体三维建模信息系统（REInfo）操作指南。为了更好地让用户使用该指南，该书采用了以大量图片说明的方式，便于用户直观地理解和操作软件，即使对计算机基础操作了解不多的用户，也能通过该书快速地掌握数字地质调查系统软件。本次升级版，主要变化如下：

（1）增加了地质调查智能空间平台和地质调查基础GIS软件的操作指南；

（2）原来基于Windows Mobile操作系统的野外数据采集软件已升级为基于Android操作系统的野外数据采集软件，操作指南做了相应调整。

（3）软件增加了开放式通用地质数据采集与集成技术方法，通过采集数据模型的定制和模块零编程的方式，实现了支持从基础地质、矿产调查扩展到全领域的野外地质路线调

查数据采集、管理、处理和输出，并直接接入云服务体系，可以满足不同专业、不同目标的地质调查野外数据采集的需求。

（4）室内信息综合平台增加了数据密集型地质调查数据服务与处理模块、基于模糊隶属度机器学习方法的空间模式构建模块（SDM）等内容。

（5）地质三维建模技术方法及模块使用在本书成稿时处于集成阶段，相关操作说明还在完善中，如果用户有需要，可单独联系编者。

（6）原操作指南的下册部分——资源储量估算系统相关内容本次不做升级，如果用户想使用，直接参考上一版操作指南即可。

本书涉及的软件具体如下：

（1）地质调查智能空间平台：平台提供了数据管理、数据处理、数据集成三大功能模块。数据管理主要用于实现项目组数据存储与管理。以及成员之间的数据共享。该工作环境是地质人员基本工作环境。可以在我的数据目录存储私有的各种数据，在我的（角色）数据加工目录处理数据，在我享有的数据目录共享和使用（计算）数据。数据处理模式提供了多样化软硬件计算资源，可自动与用户的资源建立互联互通机制。可利用云工具（办公软件、专业软件、虚拟机、物理机）直接对云盘中的数据进行编辑处理。数据服务（数据集成）模块支撑已有成果与正在生产的数据（正在填图的数据和使用的数据）均可发布服务，服务的对象可约束限制。用户组织在整个流程中为用户提供权限支持，分配用户可以访问的数据和操作，在数据服务里可以访问的服务内容等。数据经过处理后，在云盘形成正式的成果性数据，然后在云盘里根据数据的类型，对数据进行一键式快速发布，发布后的数据就可以在相应的数据集成页面看到。数据集成模块为项目组提供从野外到室内的数据应用服务链，支撑终端工作和服务，实现“云+端”工作模式。

（2）地质调查 GIS 基础软件（DGSGIS）：提供从数据采集到综合分析与建模的业务过程数字化智能化调查技术的基础支撑。针对数字地质调查应用需求，做了针对性的设计，强化了地质调查业务流程数字无缝性，为野外数据采集、处理、建模等提供了不同维度数据存储、组织、管理、可视化和编辑的一体化；底层框架的独立性构建，使数字地质调查软件系统可以跨平台保持无缝连接。在保持 GIS 软件特点基础上，增加了地质调查数据智能处理的功能。

（3）地质调查综合数据采集系统 RGMap（Android 版）：数字地质调查系统的移动端软件，主要用于野外区域地质调查、矿产地质调查、综合环境调查等地质调查数据采集，功能包括涵盖 GPS 导航定位、地质填图野外路线、地球化学、实测剖面、基于用户自定义和可扩展的综合调查等数据采集功能；提供地质图空间数据、非结构化数据挖掘文本等信息的离/在线服务功能，丰富和提升了数据采集过程中的信息服务内容和服务能力。

（4）探矿工程数据采集系统 PEData（Android 版）：数字地质调查系统的移动端软件，主要用于野外探矿工程编录数据采集，包括探槽、坑道、浅井、钻孔等编录数据的采集等。

（5）数字地质调查系统 DGSInfo（桌面版）：主要用于区域地质调查、矿产地质调查以及物化遥等综合地质调查的数据采集、处理、分析和成图等工作。作为一个地质调查信息综合平台，功能覆盖了地质调查工作全流程，包括综合地质调查模板设计、野外路线设计、地质路线数据处理、地质剖面数据处理、探矿工程数据处理与成图、数字地质图生

成、空间数据库建立、三维地质数据建模等，并提供相关地质数据处理、分析、预测及评价等功能。

本书前言由李丰丹执笔，数字填图系统（Android）和探矿工程编录系统（Android）部分由刘园园、李丰丹、刘畅执笔，数字地质调查系统桌面版（DGSInfo）部分由刘畅、李丰丹、刘园园执笔，地质调查智能空间平台部分主要由吕霞、李丰丹、龚爱华执笔，地质调查 GIS 基础平台（DGSGIS）部分主要由李丰丹、陈飞翔执笔。全书由李丰丹统稿。在编写过程中，我们得到了中国地质调查局、中国地质调查局发展研究中心、中国地质大学(武汉)、北京林业大学、中国地质大学（武汉）地理信息系统软件及其应用教育部工程研究中心、武汉中地数码科技有限公司、西安地质调查中心、天津地质调查中心、南京地质调查中心、沈阳地质调查中心、中国地质科学院地球物理地球化学勘查研究所以及福建省地质调查研究院等各省（区、市）地质调查院的领导、专家和地质调查项目组的指导。很多专家还给出了很好的建议和可操作方案，在此我们表示衷心的感谢。由于编者水平有限，难免会有错误之处，敬请用户对本书和软件系统提出意见和建议。特别欢迎通过 www. dgst. cgs. gov. cn、www. gsigrid. cgs. gov. cn 直接把意见反馈给我们，以利于我们在今后的升级版本中修改完善，更好地为大家服务。

# 目　录

## 数字地质填图系统（RGMap）操作指南

## 探矿工程数据编录系统（PEData）操作指南

# 数字地质填图系统
# （RGMap）操作指南

（2.0 版）

# 1 概　述

本操作指南适用于数字填图系统 2.0 版本（以下简称 RGMap2.0）。

## 1.1 软件简介

RGMap2.0 是在数字填图系统 Android 版（简称 RGMap1.0）基础之上，为地质调查在线化和提升系统性能的需求而开发的升级版本，实现数字填图系统从“终端”向“云端”的升级。RGMap2.0 以野外数据采集和信息服务为主体。在实现 GPS 导航定位、野外路线、地球化学、实测剖面等野外数据采集功能基础之上，基于地质调查智能空间平台实现基础地理、地质、非结构化数据挖掘文本等信息离/在线服务功能，便捷化、数字化野外地质调查数据采集过程，丰富和提升数据采集过程中的信息服务内容和服务能力。

RGMap2.0 基于 Android（安卓）操作系统开发。Android 是一种基于 Linux 的自由及开放源代码的操作系统，主要使用于移动设备，如智能手机和平板电脑。Android 系统以其开放性、丰富的硬件设备等优势，迅速成为目前智能移动终端的主流操作系统之一。因此，RGMap2.0 相比 RGMap1.0，界面更美观、操作更简单、功能集成度更高，对 Android 高版本操作系统的兼容性更好。

## 1.2 基本功能

RGMap 系统的功能体系如图 1.2.1 所示。

RGMap2.0 系统提供两种数据采集流程：一是以用户准备野外手图数据为底图的实现流程（RGMap1.0 的实现流程）；二是以网络公共服务地图为底图的实现流程。

（1）以用户准备野外手图数据为底图的实现流程是：首先由数字地质调查信息综合平台（DGSInfo）准备野外手图数据，然后通过同步软件（如：91 助手、360 手机助手等）或 USB 数据线方式拷贝到 Android 系统的野外数据采集器，经过野外工作过程采集数据之后，再导入数字地质调查信息综合平台进行数据综合整理（图 1.2.2）。

（2）以网络公共服务地图为底图的实现流程是：首先用户在填图系统中的“智能空间”或“在线地图”模块下以任务为文件组织，基于系统预置模板或用户自定义模板创建任务实例，采用通用的点、线、面实体编辑，配合图层管理实现野外数据的采集。任务完成之后再导入数字地质调查信息综合平台或 DGSGIS 平台进行数据综合整理（图 1.2.3）。

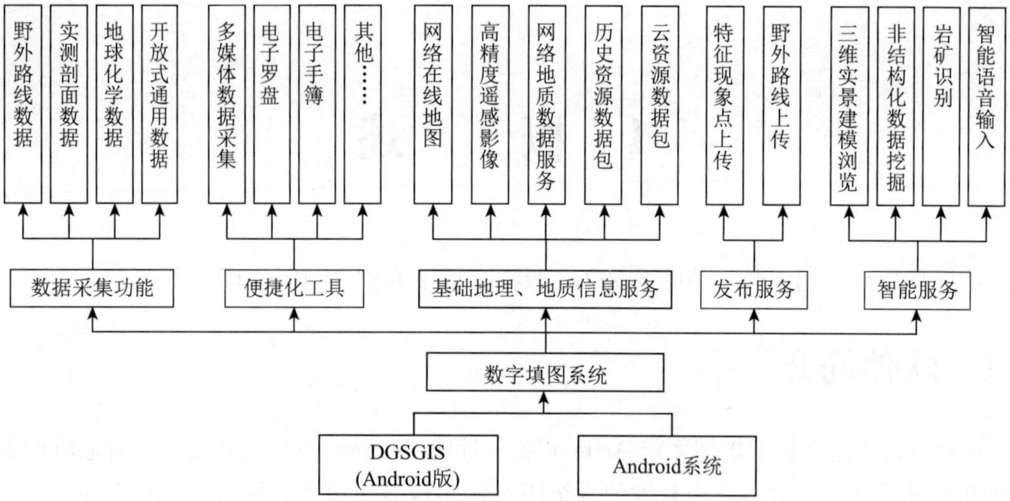


图 1.2.1　RGMap 系统的功能体系

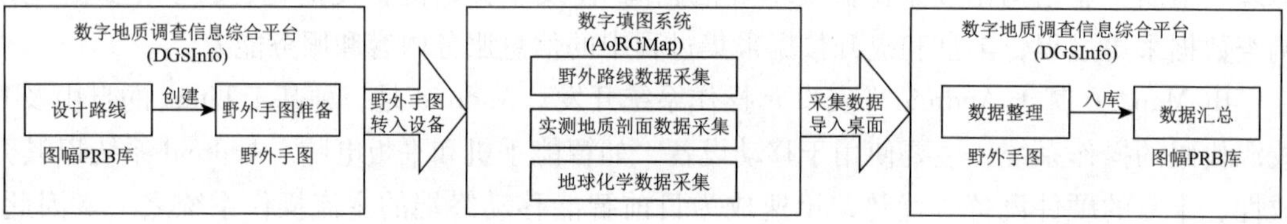


图 1.2.2　RGMap 系统的基本流程

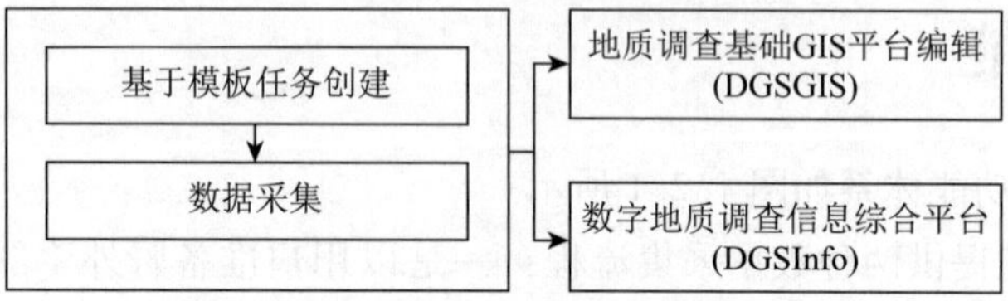


图 1.2.3　基于任务的通用数据采集流程

# 1.3　运行环境

操作系统：Android6.0 及以上版本。

硬件环境：屏幕应支持多点触控，尺寸应大于 4.5 英寸为宜。集成 GPS、加速传感器、磁感应传感器和摄像头等功能模块。

# 2 系统安装

## 2.1 手机助手安装

手机助手是智能手机的同步管理工具，包括 PC 端和手机端。通过 PC 端手机助手可以方便快捷地管理你的智能手机，实现手机和桌面系统的同步显示。目前，常用的手机助手程序包括 360 手机助手、QQ 手机助手、91 手机助手及豌豆荚等，用户可以根据个人喜好和需求从官网上免费下载安装（以下以 360 手机助手安装过程为例）。

（1）下载安装 360 手机助手桌面版。下载地址：http：//sj. 360. cn/index. html（图 2. 1. 1）。

图 2. 1. 1　360 手机助手下载界面

（2）启动 360 手机助手程序，通过 USB 数据线或者无线 WIFI 连接手机终端，系统自动完成手机端手机助手程序的下载和安装，并建立连接。连接之后界面如图 2. 1. 2 所示。

图 2. 1. 2　360 手机助手主界面

## 2.2　系统安装

数字填图系统的安装包括两种方式：一是借助手机助手安装；二是直接拷贝程序文件安装。两种方式各有优缺点，方式 1 安装方便快捷、但需要用户执行章节 2.1 所示步骤安装手机助手软件。方式 2 无须手机助手程序支持，但需要将安装包 apk 文件拷贝到手机的存储之上，然后通过设备的文件管理器找到安装包，点击文件安装。

借助手机助手安装：

（1）通过 USB 数据线连接手机终端，运行手机助手程序实现桌面和手机终端的同步；

（2）双击 RGMap 系统安装程序（RGMap. apk），自动完成终端数字填图系统的安装。

直接拷贝程序安装：

（1）通过 USB 数据线连接手机终端，手机终端以存储介质的方式在桌面管理器中显示；

（2）拷贝 RGMap 系统安装程序（RGMap. apk）到手机存储目录中；

（3）在手机端通过文件管理器找到系统安装文件（RGMap. apk）并双击进行安装。

**备注：**Android6. 0 及以上操作系统手机安装系统之后需要通过设备的权限管理手工修改数字填图系统应用权限。

## 2.3　字典配置

数据字典是针对结构化的数据采集项提供的一种便捷化录入方式。用户可以通过数字地质调查信息综合平台录入和编辑数据字典，如填图单位、点性等，然后通过拷贝或数据导入（手机助手）方式放置到手机存储 SD 卡中。用户在野外数据采集过程中可以通过数据字典快速录入属性值。数据字典不仅可以便捷用户输入操作，而且便于结构化属性内容的统一。数据字典的安装步骤如下：

（1）运行数字地质调查信息综合平台，在初始界面下，选择“文件→备份系统库”菜单，弹出存储路径选择对话框（图 2. 3. 1）。

图 2. 3. 1　备份系统库菜单界面

（2）选择存储路径，点击【确定】按钮备份系统库（图 2.3.2）。

图 2.3.2 存储路径选择对话框

（3）拷贝系统库备份文件夹中的 AoRGMap 文件夹到手机 SD 卡中。RGMap2.0 自动关联手机主存储 SD 目录下的 AoRGMap 文件夹。针对其他存储路径，用户可以通过 RGMap2.0 的系统设置功能进行关联（图 2.3.3）。

图 2.3.3 DGSS 系统库备份文件夹目录

# 3 打开系统

以后章节截图以 RGMap2.0 在华为平板 M5 Pro（型号 CMR-AL19），操作系统 Android 9 上的运行为例。

## 3.1 系统登录

在设备中找到“数字填图”图标，点击运行进入系统登录界面（图 3.1.1），输入地质云账户和密码，勾选“记住密码”则下次登录时自动录入账户和密码。点击【登录】按钮，弹出用户参与的二级项目列表（图 3.1.2），点击选择当前工作的二级项目点击【确定】按钮进入系统。针对无地质云账户用户，点击【直接进入】按钮进入系统（图 3.1.3）。系统默认初始情况下进入野外手图视图。

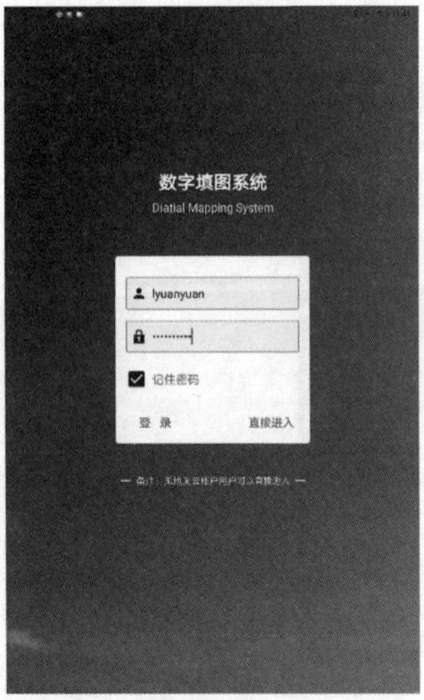


图 3.1.1　系统登录界面

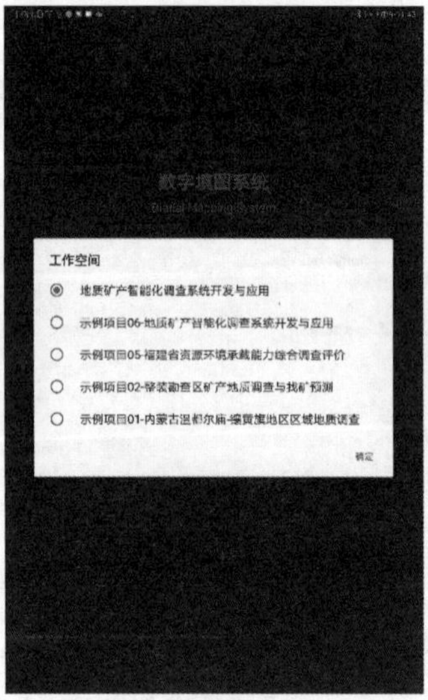


图 3.1.2　用户承担二级项目列表

图 3.1.3　系统主界面

## 3.2 视图说明

RGMap2.0 应用提供“野外手图”“智能空间”和“在线地图”三种视图。

野外手图：以用户野外手图数据为底图进行野外数据采集操作，地图参数依赖于用户打开地图的地图参数。当打开的野外手图参考椭球是 CGCS2000，投影方式是高斯-克里格投影的 1∶5 万或 1∶2.5 万标准图幅数据时，可以离/在线感知公开版 2 m 分辨率的高精度遥感影像、基础地理数据和历史地质调查成果地质图数据。

在线地图：以网络公开发布的基础地理数据（Google 地图、百度地图、高德地图）为底图，基于系统预置模板或用户自定义模板开展野外数据的采集。地图参数参考椭球为 WGS84，投影为 Web 墨卡托投影。

智能空间：以网络公开发布的基础地理数据（天地图）为底图，基于系统预置模板或用户自定义模板开展野外数据的采集。并可以实时调用地质云或用户所在地质调查智能空间中发布的地质图数据服务。地图参数采用地理坐标系，以度（°）为单位。

## 3.3 通用工具按钮

系统按钮包括视图切换按钮、GPS 按钮、采点按钮等，如图 3.3.1 中框内为选择按钮。

视图切换按钮：实现“野外手图”“智能空间”“在线地图”视图的切换。

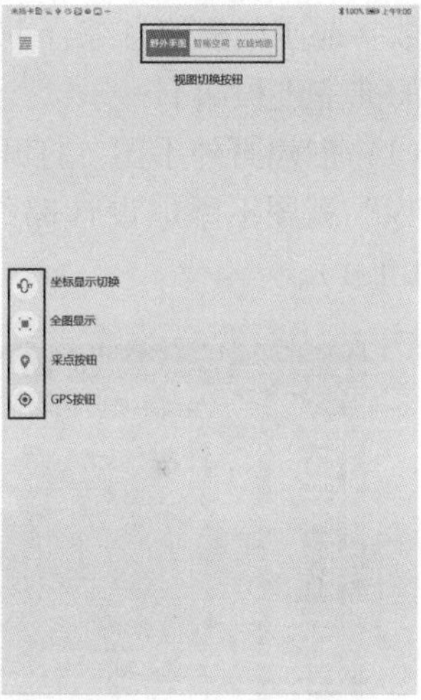

图 3.3.1 通用工具按钮

GPS 按钮：包括两种操作和三种颜色。两种操作：①点击操作：点击 GPS 按钮 GPS 位置居中显示；②长按操作：长按 GPS 按钮弹出设备定位模块设置界面。三种颜色：①红色为标识设备 GPS 模块没有打开；②黄色为标识 GPS 模块已经打开，但是尚未获取 GPS 定位信息；③蓝色为标识已经获取 GPS 定位信息，此时点击按钮，地图以 GPS 当前位置居中显示。

采点按钮：包括两种操作和两种颜色。两种操作：①点击操作：采集当前 GPS 定位点并添加到 GPS.TM 图层中；②长按操作：控制是否执行连续采点操作。两种颜色：①蓝色为标识不执行连续定位；②红色为标识依据连续采点规则，连续采集 GPS 定位点到 GPS.TM 图层。

全图按钮：以当前打开地图范围全图显示。

坐标显示切换：实现当前位置坐标不显示，经纬度显示和投影坐标显示三种类型的切换。

# 4　野外手图

以用户准备的野外手图为底图开展野外数据采集，主要包括路线数据采集、实测剖面数据采集、地球化学数据采集等。

## 4.1　底图准备

野外手图是 RGMap 系统 GPS 导航定位的依据，是野外路线采集空间和属性数据采集的载体。主要包括工作区基础地理图层和野外路线数据采集的标准化图层。野外手图主要通过数字地质调查信息综合平台进行准备，并拷贝到移动终端在 RGMap 系统中应用。野外手图的准备过程如下：

（1）创建野外手图。打开数字地质调查信息综合平台，双击打开工作图幅，在“图幅 PRB 库”视图下添加设计路线。点击“野外手图”视图标签创建并打开野外手图工程（图 4.1.1）。

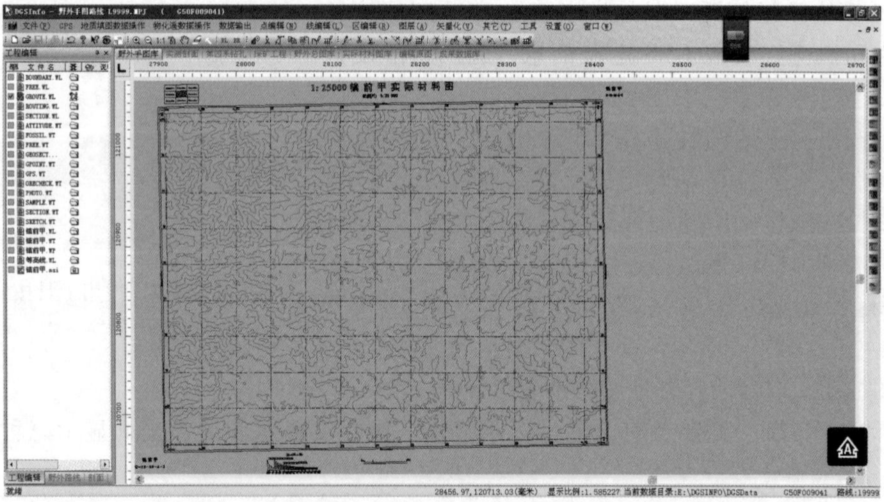

图 4.1.1　野外手图显示

（2）导出野外手图。在“野外手图”视图下，选择“文件→野外手图数据交换→桌面到掌上机（Android）”菜单，弹出存储路径选择对话框，选择保存的路径，点击【确定】按钮进行数据导出操作，导出完成后弹出完成转换提示框（图 4.1.2）。

（3）拷贝数据到野外数据采集终端设备（图 4.1.3）。

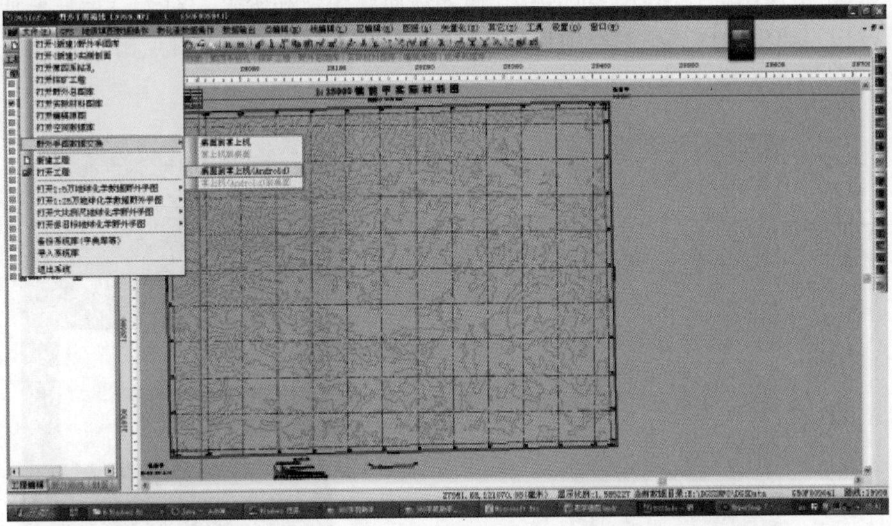

图 4.1.2　野外手图导出菜单

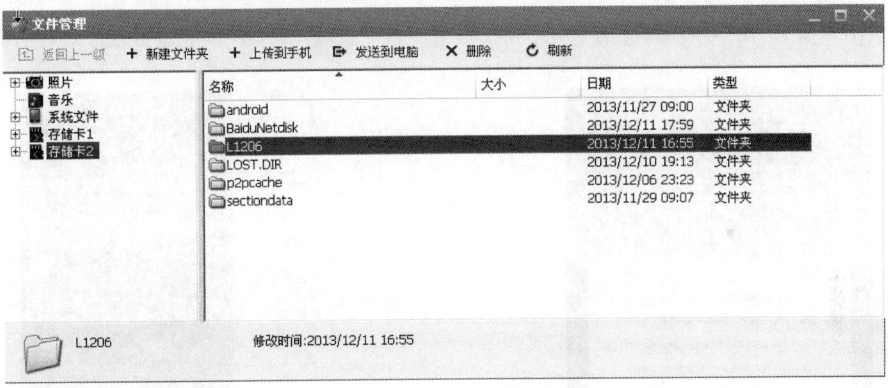


图 4.1.3　野外手图在移动终端的目录显示

**备注：** Android4.3 及以上操作系统，由于操作系统的数据安全管理机制不允许访问移动终端外置 SD 卡上野外手图数据，因此，需要将野外手图放置到内置 SD 卡存储目录中。如果由于内置 SD 卡存储空间限制，必须将野外手图放置到外置 SD 卡时，请拷贝到 Android→data→com. AoRGMapT 目录中。

## 4.2　用户登录

当用户在初始登录的时候采用直接进入的方式进入系统，可以在系统内部进行用户登录。

（1）点击主菜单按钮，弹出左侧侧滑菜单（图 4.2.1）。

（2）点击头像图标弹出登录对话框，输入地质云账户和密码，勾选“记住密码”点击【确定】按钮，弹出用户承担二级项目列表，选择当前承担二级项目点击【确定】按钮完成用户登录，登录完成（图 4. 2. 2 至图 4. 2. 4）。

图 4. 2. 1　用户左侧侧滑菜单

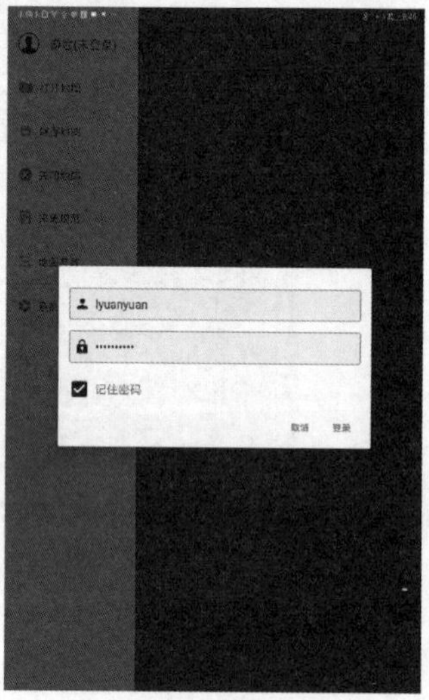


图 4. 2. 2　用户登录信息录入对话框

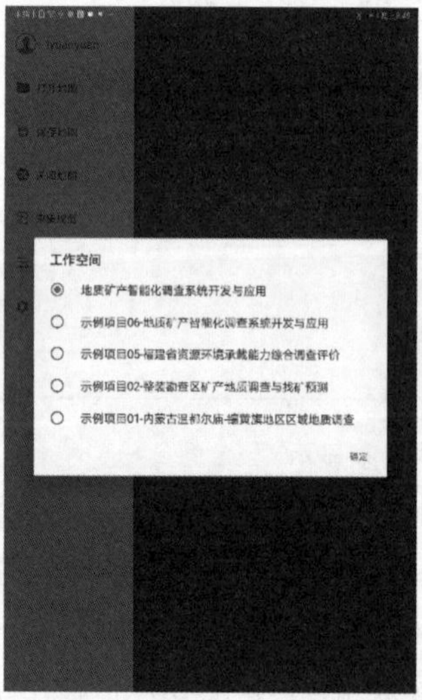


图 4. 2. 3　用户承担二级项目列表

图 4. 2. 4　用户登录完成界面

## 4.3　用户信息

点击图 4. 2. 4 中的用户名弹出用户信息，点击工作空间可以切换当前承担二级项目（图 4. 3. 1，图 4. 3. 2）。

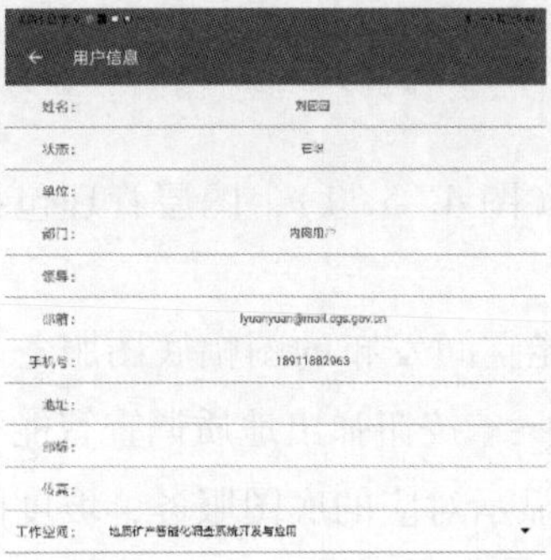


图 4.3.1　用户信息界面

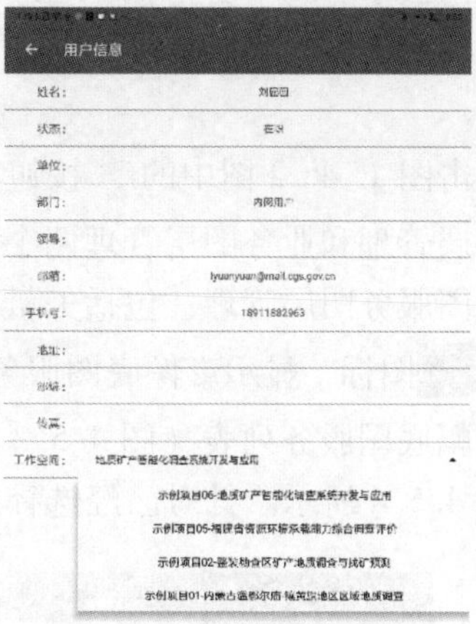


图 4.3.2　用户二级项目切换

## 4.4　打开地图

点击图 4.2.4 中的【打开地图】菜单，弹出文件管理器界面（图 4.4.1），选择地图工程文件（.GPJ），点击 GPJ 工程文件，打开对应的野外手图数据（图 4.4.2），默认显示路线调查的快捷按钮。

图 4.4.1　文件管理器界面

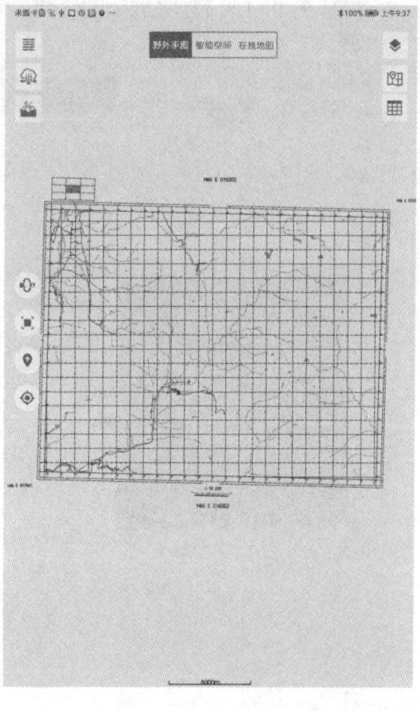


图 4.4.2　地图打开结果

## 4.5 图层控制

点击图 4. 4. 2 图中的 按钮，弹出图层管理界面（图 4. 5. 1），图层管理包括地图服务图层管理和业务图层管理两个部分。

地图服务图层管理：包括矢量、影像和地质调查智能空间发布的图幅底图服务。例如点击 图标，显示影像底图服务（图 4.5.2）。点击 More... 按钮弹出地质调查智能空间发布的图幅底图服务列表（图 4.5.3），点击列表中某一项显示对应的底图服务，坡度图的显示如图 4.5.4 所示。针对已经选择地图方服务，再次点击取消显示。

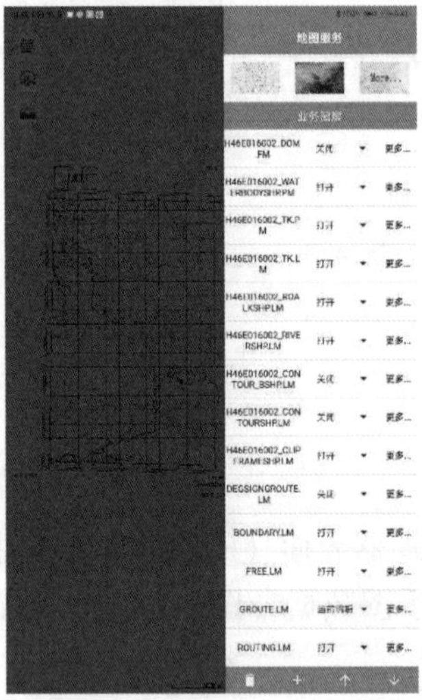

图 4.5.1　图层管理界面

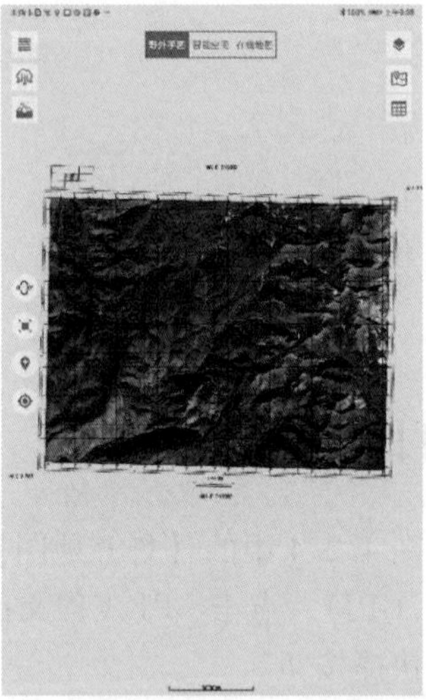

图 4.5.2　影像底图服务显示

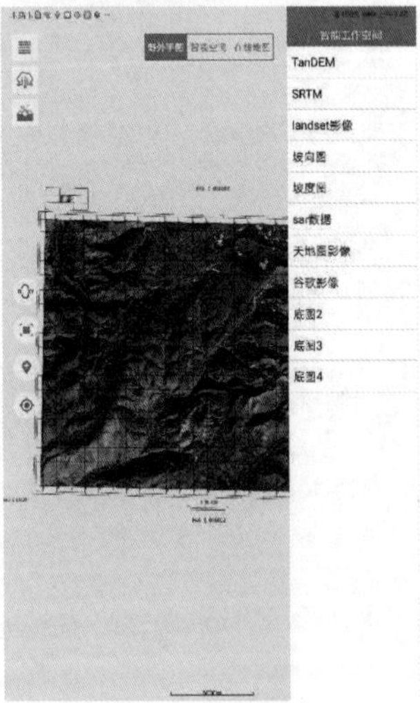


图 4.5.3　图幅底图服务列表

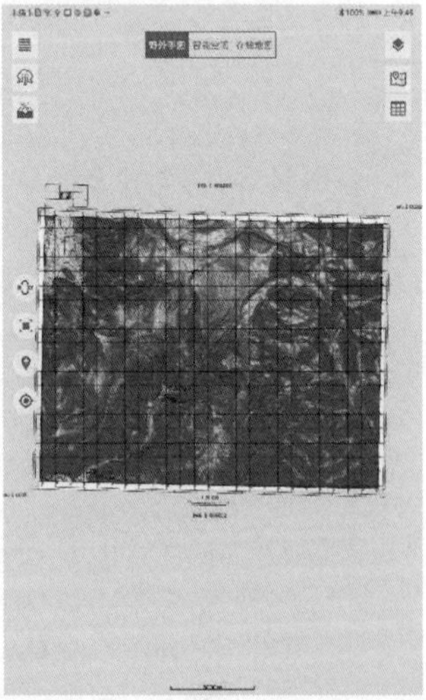

图 4.5.4　坡度图底图服务显示

业务图层管理：包括图层状态控制，统改参数，图层复位，图层位置调整，增加和删除图层等。

状态控制：点击图层状态按钮，弹出图层状态列表（图 4.5.5），点击选择设置图层对应状态。

统改参数：点击【更多…】按钮，弹出图层扩展功能列表（图 4.5.6），在列表中选择【统改参数】菜单，弹出对应的参数设置界面。

图层复位：点击【更多…】按钮，弹出图层扩展功能列表（图 4.5.6），在列表中选择【图层复位】菜单，以对应图层空间范围进行全图显示。

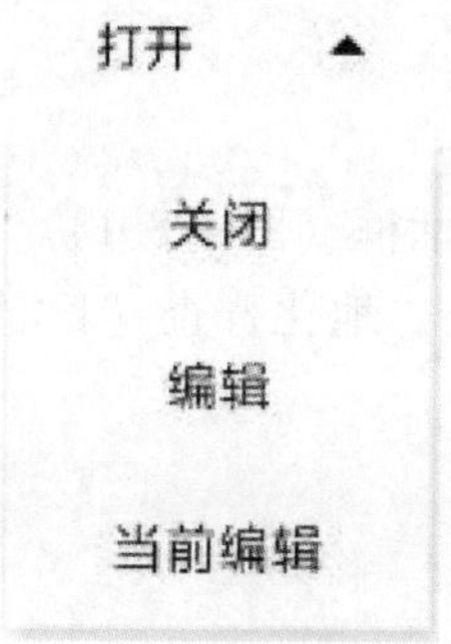


图 4.5.5　图层状态列表

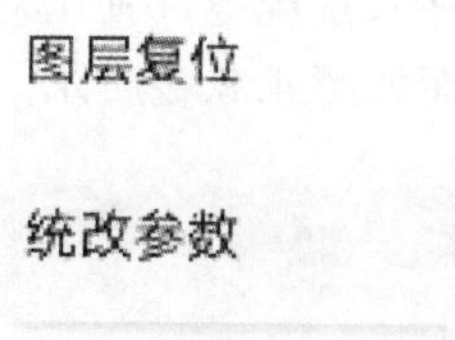


图 4.5.6　层扩展功能列表

图层位置调整：在图层列表中，选择某一图层（图 4.5.7），点击图中图层位置【向上/向下】按钮调整图层在列表中的位置。

添加图层：点击图 4.5.7【添加】按钮，进入文件选择界面，选择 . tm/. lm/. pm 文件添加到图层列表中。

删除图层：在图层列表中选择某一图层（图 4.5.7），点击图中【删除】按钮删除对应图层。

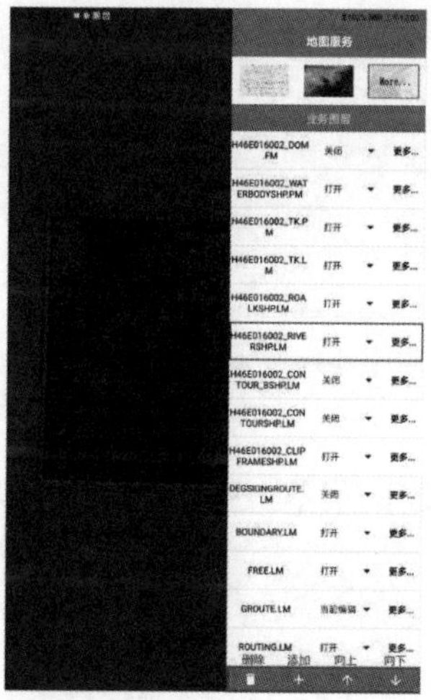


图 4.5.7　图层选中状态

## 4.6 保存地图

点击图 4.2.4 中的【保存地图】菜单，保存当前地图数据。

## 4.7 关闭地图

点击图 4.2.4 中的【关闭地图】菜单，关闭当前地图数据。

## 4.8 采集规范设置

点击图 4.2.4 中的【采集规范】菜单，弹出采集规范对话框（图 4.8.1）。

点击某种采集规范，弹出对应规范的快捷键，例如点击“地化普查（1∶5 万）”规范，视图界面如图 4.8.2 所示。

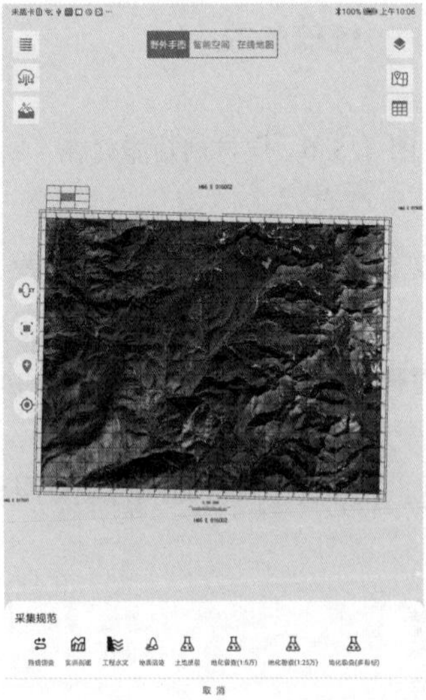


图 4.8.1　采集规范对话框

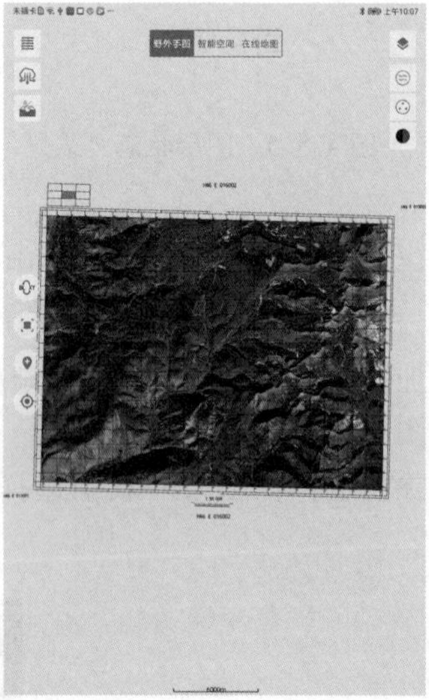

图 4.8.2　地化普查（1∶5 万）

## 4.9 地图参数

点击图 4.2.4 中的【地图参数】菜单，弹出地图参数界面（图 4.9.1）。

## 4.10 系统设置

实现系统相关参数的设置，包括磁偏角、系统库、字典库、GPS 自动采点参数、系统语言等。

点击图 4.2.4 中的【地图参数】菜单，弹出系统设置界面（图 4.10.1）。

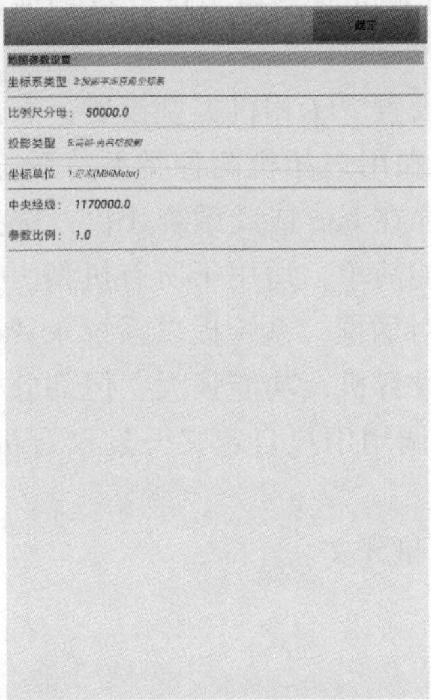


图 4.9.1　地图参数界面

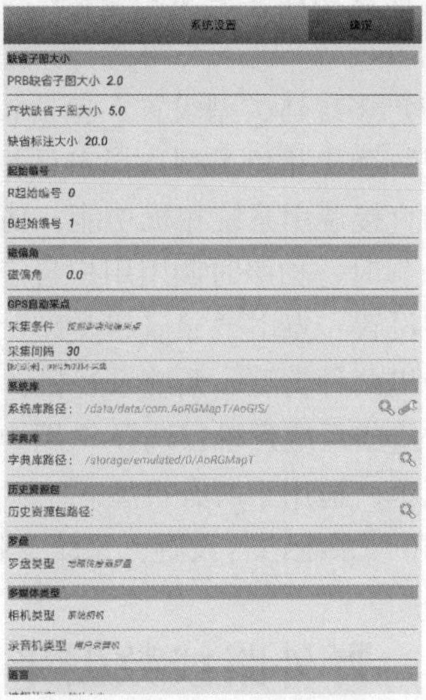


图 4.10.1　系统设置界面

（1）缺省子图大小设置：包括 PRB 子图、产状子图和标注的大小，默认情况下 PRB 缺省子图大小为 2.0，产状缺省子图大小为 1.5，标注大小为 20。

（2）R&B 起始编号设置：默认情况下 R 起始编号为 0，B 起始编号为 1。

（3）磁偏角设置：设置工作区域的磁偏角，利用终端进行方位角测量时系统自动添加磁偏角校正。

（4）GPS 自动采点设置：包括按照时间间隔采点和按照距离间隔采点两种方式。点击“采集条件”弹出 GPS 自动采集类型选择对话框，当选择按时间间隔自动采点时，在采集间隔中输入间隔时间，时间单位为秒，当时间间隔设置为 0 时表示不进行自动采点。当选择按距离间隔自动采点时，在采集间隔中输入间隔距离，单位为米，当距离间隔设置为 0 时表示不进行自动采点（图 4.10.2）。

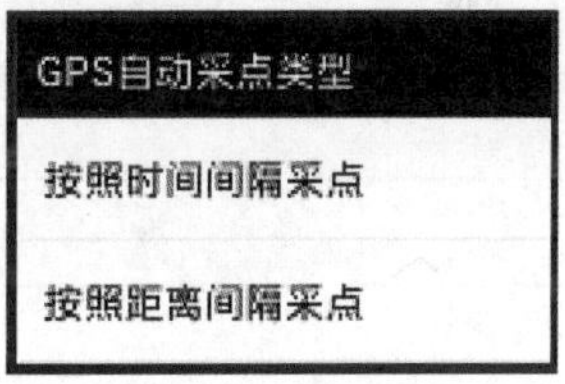


图 4.10.2　GPS 自动采集类型对话框

（5）系统库设置：点击按钮，弹出文件目录选择界面，查找用户系统库目录，长按文件夹弹出“选择”菜单，点击设置系统库路径。点击按钮，回复系统默认系统库路径设置。

（6）字典库设置：点击按钮，弹出文件目录选择界面，查找用户字典库目录，长按文件夹弹出“选择”菜单，点击设置字典库路径。

（7）基础地理离线数据包设置：点击按钮弹出文件选择界面，查找离线数据包文件（.tms），点击完成离线数据包路径设置。

（8）罗盘类型设置：点击“罗盘类型”弹出罗盘类型选择对话框，系统提供地磁传感器罗盘和方位传感器罗盘两种类型。地磁传感器罗盘：采用地磁传感器和加速度传感器实现罗盘功能，测量精度高。方向传感器罗盘：采用方位传感器实现罗盘功能，测量精度低。

（9）多媒体类型设置：包括相机类型和录音机类型设置。①相机类型设置：点击“相机类型”弹出相机类型选择对话框，系统提供系统相机和用户相机两种类型。系统相机：拍照时直接调用系统相机功能，功能强大，但部分机型存在 bug 造成系统死机；选择“用户相机”时，拍照时调用用户自定义开发相机功能，功能简单，适用于所有机型。②录音机类型设置：点击“录音机类型”弹出录音机类型选择对话框，系统提供系统录音机和用户录音机两种类型。系统录音机：录音时直接调用系统录音机，功能强大，但部分机型存在 bug 造成系统死机；选择“用户录音机”时，录音时调用用户自定义开发录音机功能，功能简单，适用于所有机型。

（10）系统语言设置：系统支持简体中文、英文和西班牙文。

## 4.11 野外路线数据采集

野外路线数据采集主要实现野外地质实体空间和属性信息的采集，包括地质点、分段路线、点间界线、照片、素描、产状、化石、采样等。

### 4.11.1 快捷按钮介绍

快捷按钮如表 4.11.1 所列。

**表 4.11.1 快捷按钮**

| 图标 | 功能 |
|---|---|
|  | 地质点 |
|  | 分段路线 |
|  | 点间界线 |
|  | 产状点 |
|  | 照片点 |
|  | 样品点 |
|  | 素描点 |
|  | 化石点 |
|  | 自由线 |
|  | 自由点 |

## 4.11.2 数据采集实体图层说明

数据采集实体图层及说明见表 4. 11. 2。

**表 4. 11. 2 数据采集实体图层说明**

| 野外 PRB 过程 | 图层说明 | 实体名 图层代号 | 空间属性 | 属性 |
|---|---|---|---|---|
| 野外数据采集 | 地质路线 | ROUTE | LINE | 顺序号，图幅编号，☆图幅名称，☆路线号，日期，天气，路线描述，起点经度，起点纬度，终点经度，终点纬度，目的任务，手图编号，航片编号，记录者，同行者，起点纵坐标，起点横坐标，终点纵坐标，终点横坐标，路线总结 |
| | 地质点（P） | GPOINT | POINT | 顺序号，☆图幅编号，☆路线号，☆地质点号，经度，纬度，高程，纵坐标，横坐标，地理位置，露头性质，点性，微地貌，风化程度，岩性 A，岩性 B，岩性 C，岩性代码 A，岩性代码 B，岩性代码 C，地层单位 A，地层单位 B，地层单位 C，接触关系 AB，接触关系 BC，接触关系 AC，描述，国标码，日期，地质点描述文件名 |
| | 分段路线（R） | ROUTING | LINE | 顺序号，☆路线号，☆地质点号，☆点间编号，填图单位，日期，分段路线距离，点间累计距离，路线方向，备注，分段路线描述文件名 |
| | 点间界线（B） | BOUNDARY | LINE | 顺序号，图幅编号，☆路线号，☆地质点号，☆B 编号，☆R 编号，纵坐标，横坐标，高程，经度，纬度，右边地质体，左边地质体，界线类型，走向，倾向，倾角，接触关系，国标码，备注，日期，点间界线描述文件名 |
| | 产状 | ATTI | POINT | 顺序号，图幅编号，☆路线号，☆地质点号，☆点间编号，☆产状编号，产状类型，纵坐标，横坐标，经度，纬度，高程，走向，倾向，倾角，国标码，日期 |
| | 化石 | FOSSIL | POINT | 顺序号，图幅编号，☆路线号，☆地质点号，☆点间编号，☆样品编号，纵坐标，横坐标，经度，纬度，野外定名，鉴定定名，时代，国标码，日期 |
| | 采样（样品） | SAMPLE | POINT | 顺序号，图幅编号，☆路线号，☆地质点号，☆点间编号，☆野外编号，☆样品类别，纵坐标，横坐标，经度，纬度，地理位置，采样深度 cm，样品质量 kg，袋数，块数，采样人，日期，填图单位，野外定名，鉴定定名，送样单位，分析要求，备注，国标码 |

续表

| 野外 PRB 过程 | 图层说明 | 实体名<br>图层代号 | 空间属性 | 属性 |
|---|---|---|---|---|
| 野外数据采集 | 素描 | SKETCH | POINT | 顺序号，图幅编号，☆路线号，☆地质点号，☆点间编号，☆素描编号，纵坐标，横坐标，经度，纬度，素描名称，比例尺，素描说明，国标码，日期，素描图文件夹 |
| | 照片 | PHOTO | POINT | 顺序号，图幅编号，☆路线号，☆地质点号，☆点间编号，☆照片编号，纵坐标，横坐标，经度，纬度，描述内容，照片序号，镜头方向，国标码，日期 |
| | 定位点 | GPS | POINT | 纵坐标，横坐标，经度，纬度，高程，时间，☆路线号 |
| | 自由点 | FREE | POINT | |
| | 自由线 | FREE | LINE | |

## 4.11.3 地质点编辑

实现地质点的添加、删除、编辑等操作。

点击P按钮，进入地质点采集编辑界面(图4.11.1)，通过放大、缩小或平移等操作，使图中红色十字丝移动到目标位置，点击按钮添加地质点标识并弹出属性编辑框(图4.11.2)。

属性信息录入过程中，点击属性项后图标，弹出对应属性的数据字典（点性字典如图 4.11.3 所示，如果提示字典文件不存在，请自行检查是否拷贝字典文件夹，和系统字典路径设置是否正确）。点击【替换】按钮，填充对应的属性内容。

针对地质点地质描述内容，系统提供四种录入方式：键盘输入、智能语音输入、多媒体输入和字典输入。

键盘输入：点击属性录入框，弹出录入键盘，通过键盘输入地质描述内容（图 4.11.4）。

智能语音输入：点击按钮，弹出智能语音输入界面（图 4.11.5），点击【开始录音】按钮进行语音输入，并实时将语音转化为文字。当语音输入完成，点击【确定】按钮返回地质点属性界面，并自动填充地质描述内容。

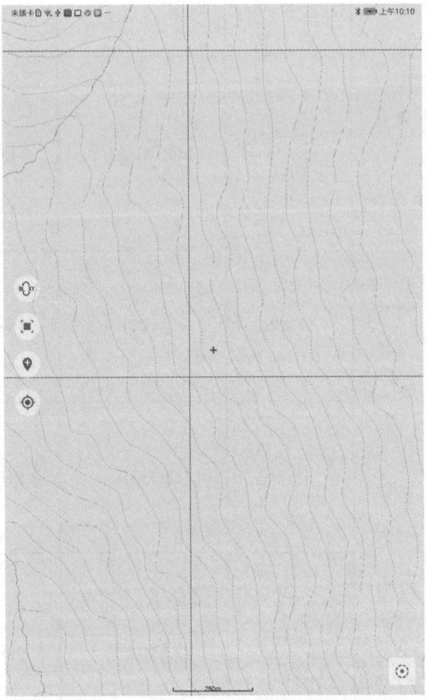

图 4.11.1　地质点编辑界面

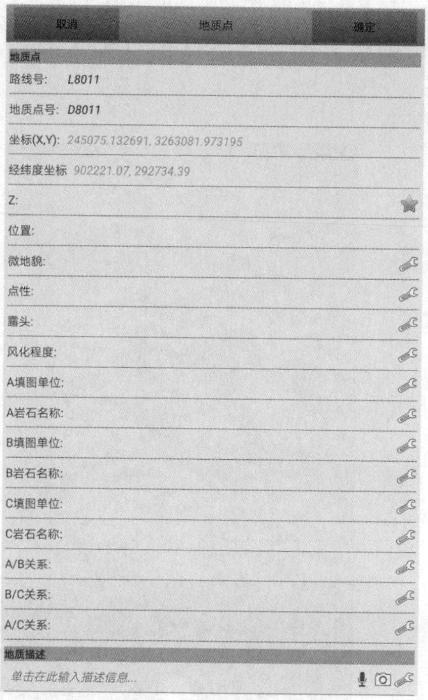


图 4.11.2　地质点属性编辑界面

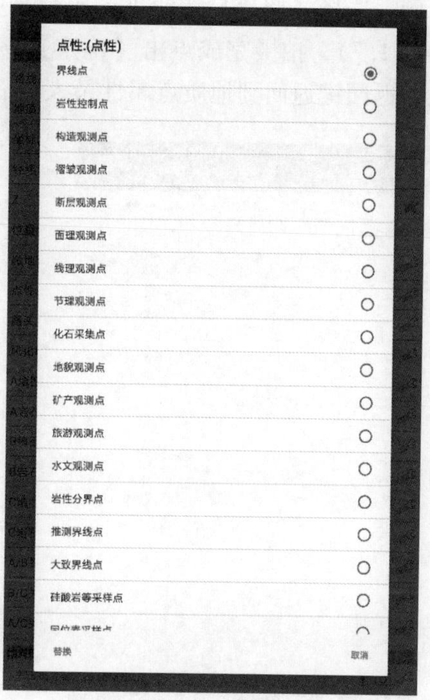


图 4.11.3　点性单选字典界面

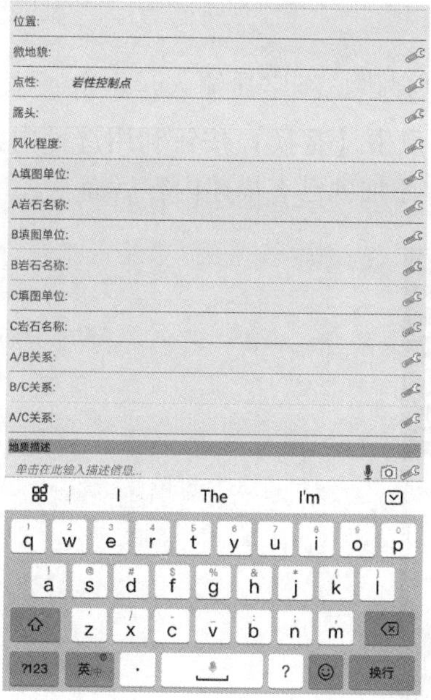


图 4.11.4　键盘输入界面

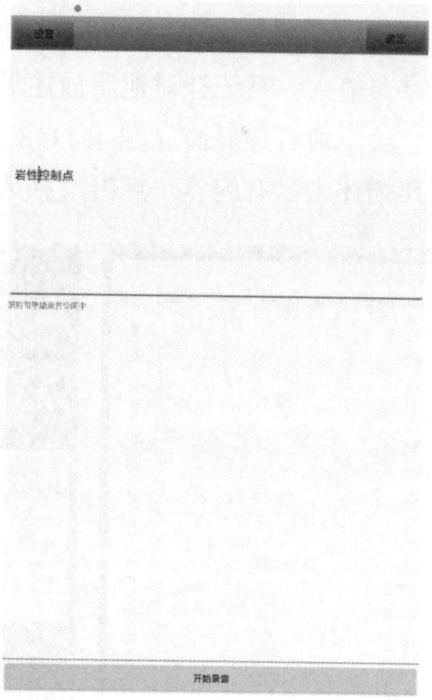


图 4.11.5　智能语音属入界面

多媒体输入：点击按钮，弹出多媒体录入管理界面（图 4.11.6）。在管理界面中可以实现照片、录音和录像的采集、删除和播放（管理界面详细操作参见附件）。以照片采集为例：选择【照片】按钮进入照片列表界面，点击【添加】按钮，弹出相机拍照界面(图4.11.7)，拍摄完成点击【确定】按钮返回照片列表界面。多媒体信息采集完成，点击设备返回键返回到地质点属性录入界面。

图4.11.6　多媒体输入管理界面

图4.11.7　多媒体照片采集界面

字典输入：系统针对地质描述等非结构化描述信息提供二级字典输入，点击按钮，弹出二级字典管理界面（图4.11.8）。选择字典内容，点击【替换】按钮利用选择内容替换字典描述中已有内容。点击【插入】按钮将选择内容添加到已有描述内容后面。

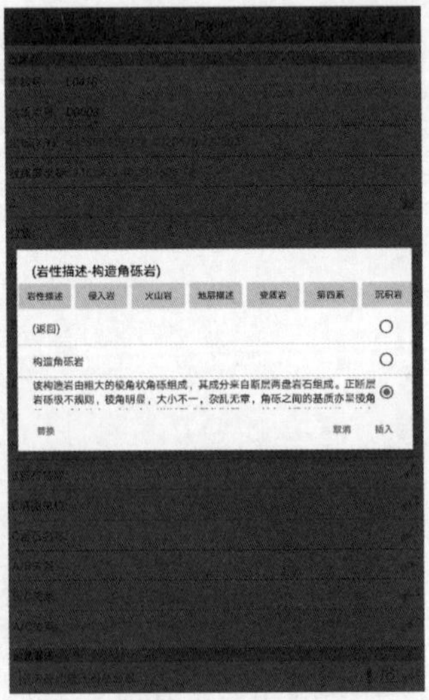


图4.11.8　二级字典界面

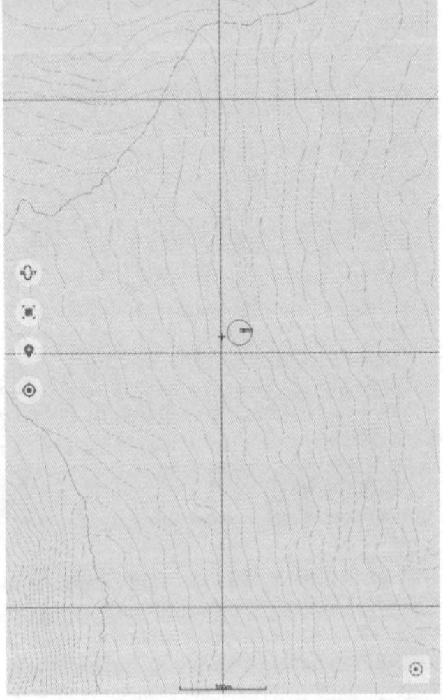

图4.11.9　地质点添加结果界面

地质点属性编辑完成，点击【确定】按钮返回地质点编辑界面完成地质点添加并显示地质点号标注（图 4.11.9）。

在图 4.11.9 中，点击添加的地质点标识，在界面下部弹出地质点属性浏览界面，如界面 4.11.10 所示，根据提示向上滑动界面，可在更大的视图窗口中浏览对应的属性信息（图 4.11.11）。

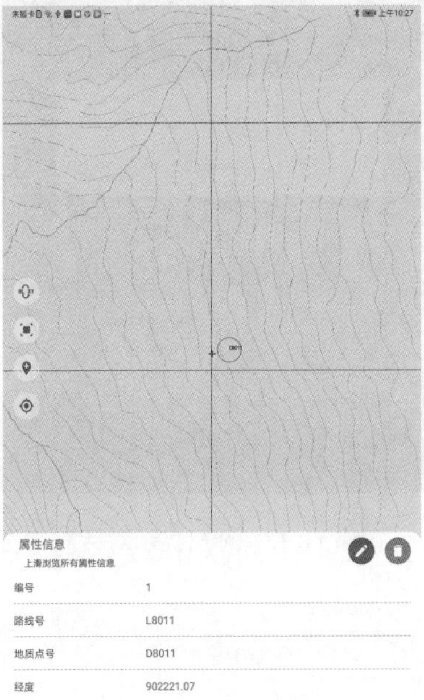


图 4.11.10 属性浏览界面

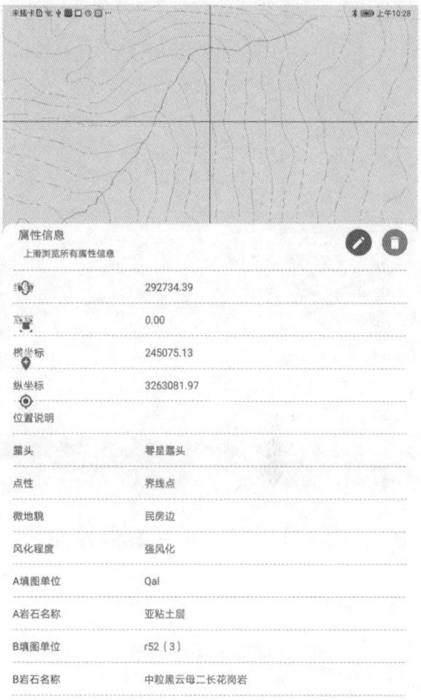


图 4.11.11 属性浏览界面 1

点击属性浏览界面中的 按钮弹出地质点属性编辑界面，用户可以进行属性编辑（图 4.11.12）。

点击 按钮弹出删除提示，点击提示框中的【确定】按钮，删除对应的地质点（图 4.11.13）。

## 4.11.4 分段路线编辑

实现分段路线的添加、删除、编辑、属性修改等操作。

点击 按钮，进入分段路线编辑界面（图 4.11.14）。点击 显示线节点编辑菜单，从左到右依次为取消当前线编辑、删除节点、添加节点和完成线编辑按钮（图 4.11.15）。

依据野外沿途 GPS 定点坐标位置和背景地图，在野外手图上点击添加节点或者通过移动地图依据红色十字丝位置点击添加节点按钮，形成分段路线（如图 4.11.16）。在加点连线的过程中，增加、移动、插入和删除节点，可以进行地图的放大、缩小和平移等操作，当分段路线编辑完成，点击完成线编辑按钮弹出分段路线属性信息编辑界面（图 4.11.17）。

属性信息录入过程中，点击属性项后 图标，弹出对应属性的数据字典（如果提示字

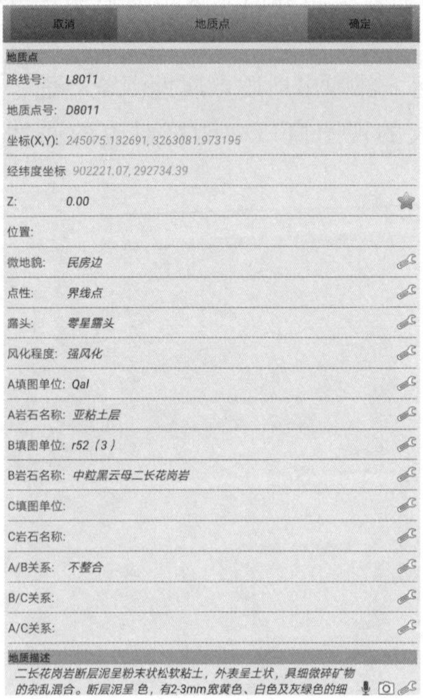


图 4. 11. 12　属性编辑界面

图 4. 11. 13　弹出提示对话框

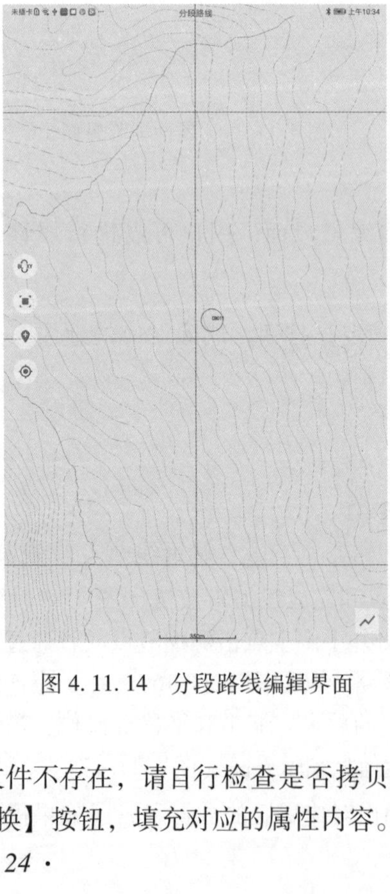


图 4. 11. 14　分段路线编辑界面

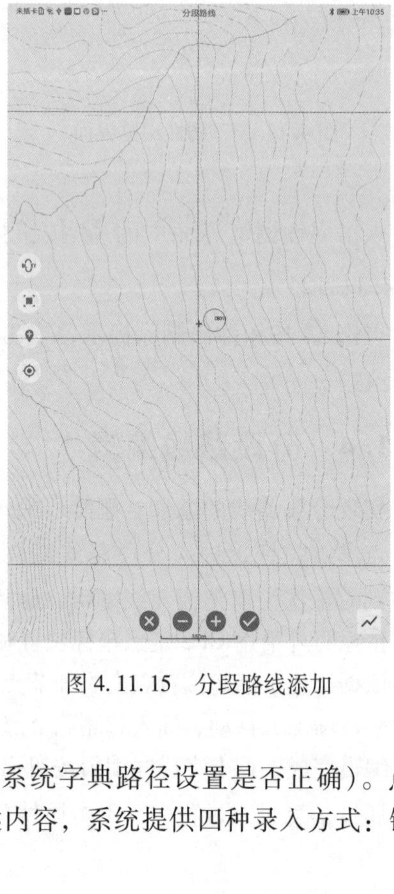


图 4. 11. 15　分段路线添加

典文件不存在，请自行检查是否拷贝字典文件夹和系统字典路径设置是否正确）。点击【替换】按钮，填充对应的属性内容。针对地质描述内容，系统提供四种录入方式：键盘

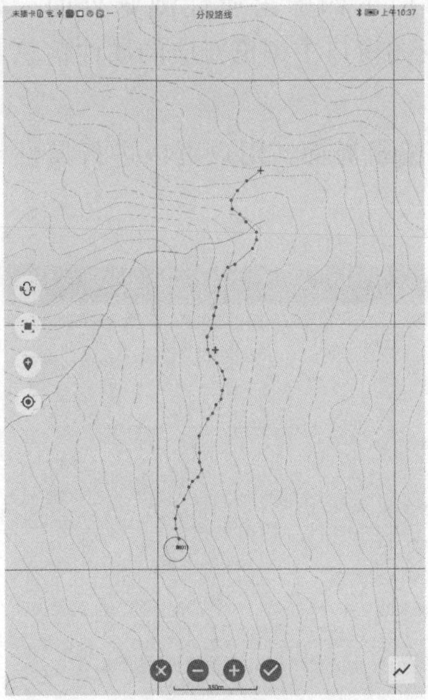


图 4.11.16 分段路线添加界面

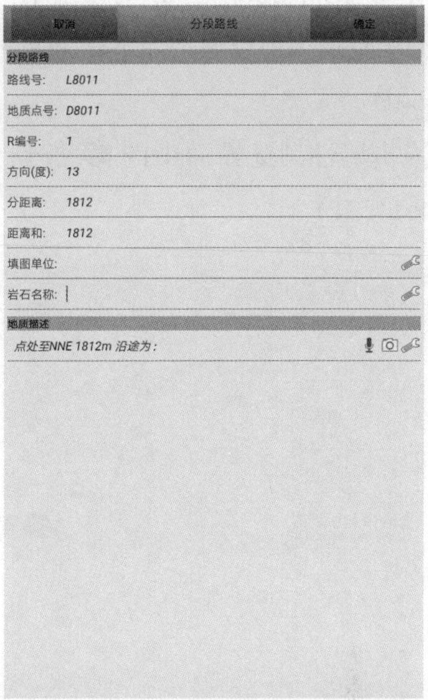


图 4.11.17 分段路线属性编辑界面

输入、智能语音输入、多媒体输入和字典输入（具体参见地质点地质描述输入方式）。

分段路线属性编辑完成，点击【确定】按钮返回地质分段路线编辑界面完成地质点输入（图 4.11.18）。

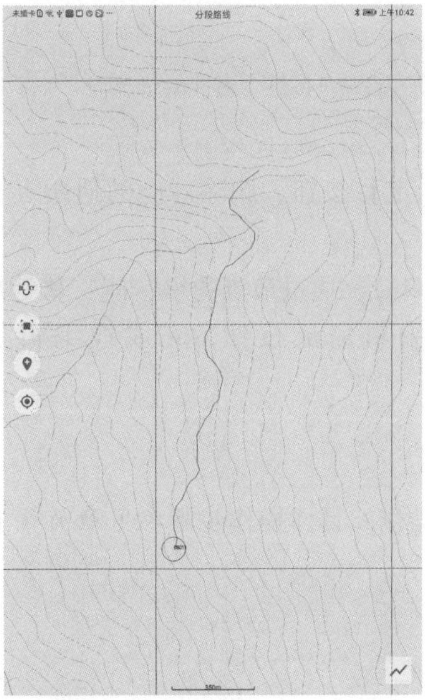


图 4.11.18 分段路线输入结果界面

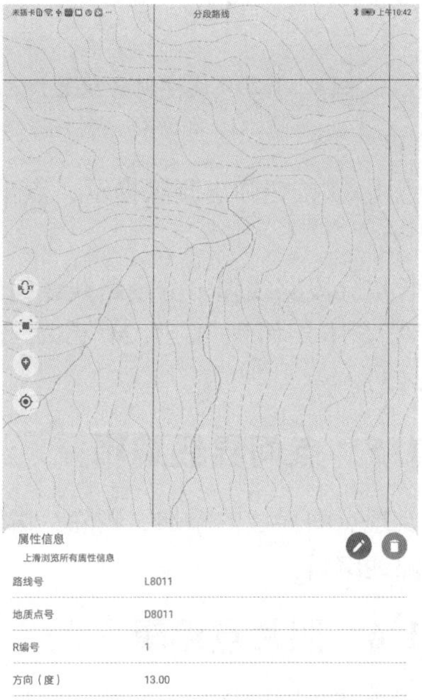


图 4.11.19 属性浏览界面

在图 4.11.18 中，点击添加的分段路线，在界面下部弹出属性浏览界面，如图 4.11.19 所示，根据提示向上滑动界面，可在更大的视图窗口中浏览对应的属性信息（图 4.11.20）。

点击属性浏览界面中的 ✎ 按钮弹出地质点属性编辑界面，用户可以进行属性编辑（图 4.11.21）。

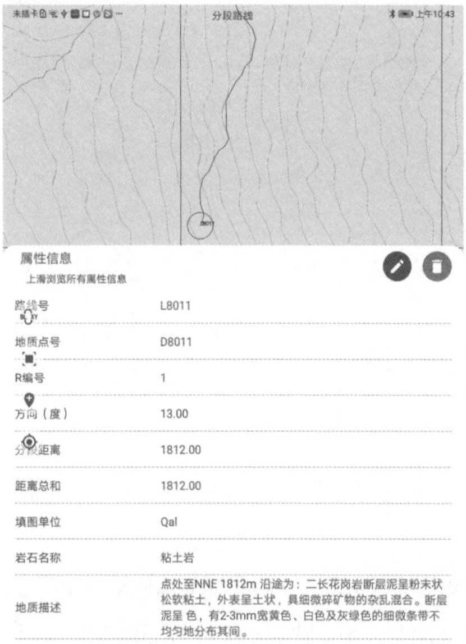


图 4.11.20　属性浏览界面 1

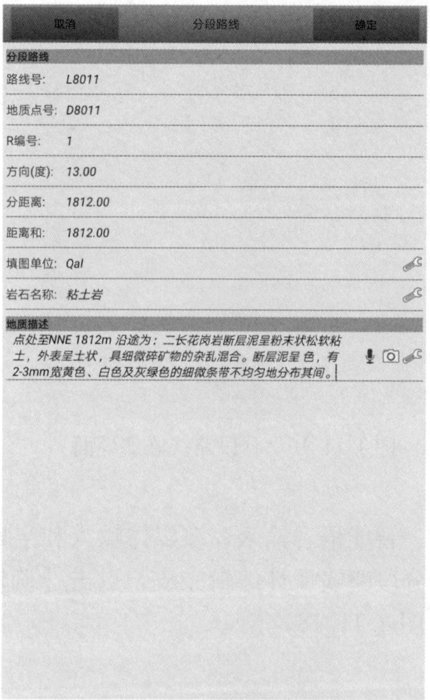


图 4.11.21　属性编辑界面

点击 🗑 按钮弹出删除提示，点击提示框中的【确定】按钮，删除对应的地质点（图 4.11.22）。

长按分段路线弹出分段路线线编辑界面（图 4.11.23），通过节点的增、删、移等操作修改线实体，如图 4.11.24 移动线节点，点击线编辑完成按钮，完成线编辑（图 4.11.25）。

## 4.11.5　点间界线编辑

实现点间界线的添加、删除、编辑、属性修改等操作。具体操作步骤参见章节 4.11.4 分段路线编辑。

## 4.11.6　照片点编辑

实现照片点的添加、删除、属性编辑等操作。

点击 □ 按钮，进入照片点采集编辑界面（图 4.11.26），通过放大、缩小或平移等操

图 4. 11. 22　弹出提示对话框

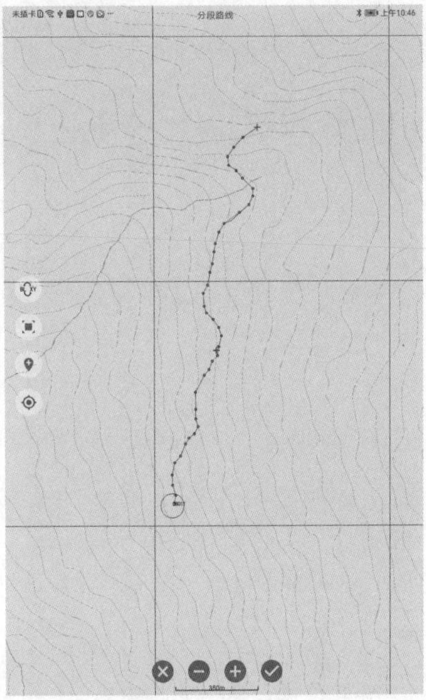


图 4. 11. 23　线编辑界面

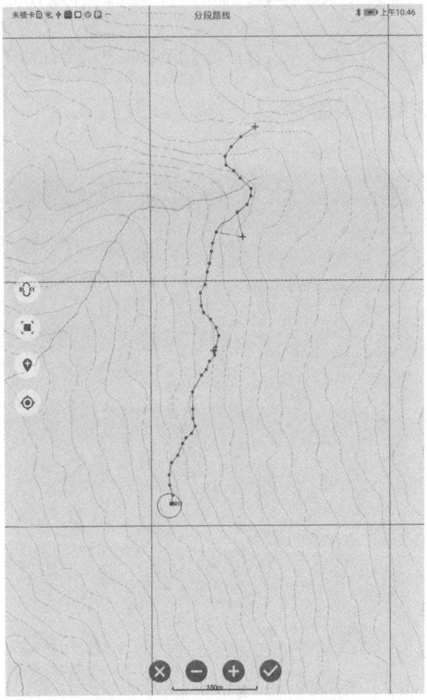


图 4. 11. 24　线节点移动界面

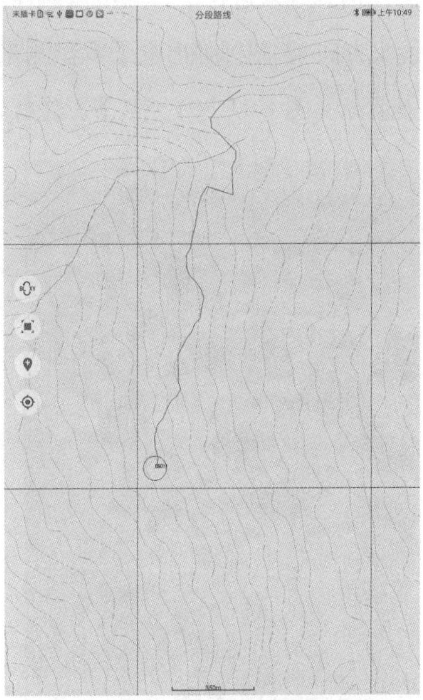


图 4. 11. 25　线编辑结果界面

作，将使图中红色十字丝移动到目标位置，点击按钮添加照片点标识并弹出属性编辑框（图 4. 11. 27）。

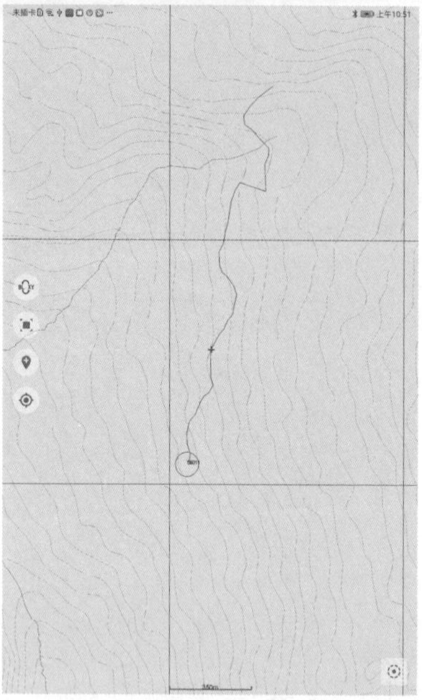

图 4. 11. 26　照片点编辑界面

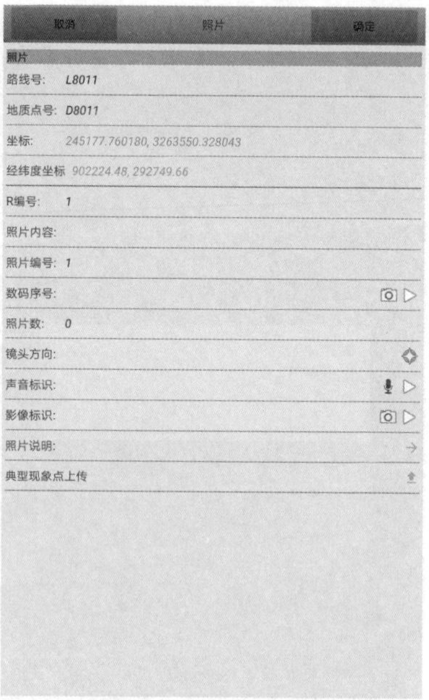


图 4. 11. 27　照片点属性编辑界面

属性信息录入过程中，点击数码序号图标，弹出照片拍照界面进行拍照（图 4. 11. 28），点击镜头方向图标弹出电子罗盘测量镜头方向（图 4. 11. 29），点击声音标识弹出录音界面采集录音（图 4. 11. 30）。点击影像标识弹出摄像界面采集影像（图 4. 11. 31）。

图 4. 11. 28　拍照界面

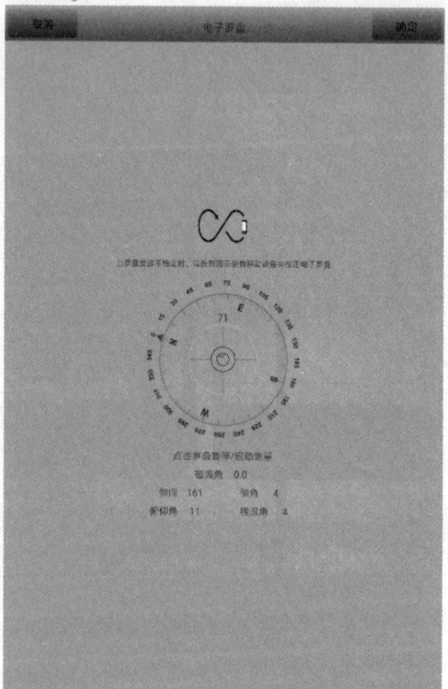

图 4. 11. 29　电子罗盘界面

图 4. 11. 30 录音界面

图 4. 11. 31 录像界面

当照片点为典型特征现象点时，在网络在线的情况下可实时上传地质调查智能空间平台。点击上传按钮上传采集的照片、语音和录像等多媒体数据和属性信息。照片信息上传过程中用户可进行其他操作，上传完成在通知栏显示上传通知信息。

照片点属性编辑完成，点击【确定】按钮返回照片点编辑界面（图 4. 11. 32）。

在图 4. 11. 32 中，点击添加的照片点标识，在界面下部弹出照片点属性浏览界面，如图 4. 11. 33 所示，根据提示向上滑动界面，可在更大的视图窗口中浏览对应的属性信息（图 4. 11. 34）。

点击属性浏览界面中的 按钮弹出照片点属性编辑界面，用户可以进行属性编辑（图 4. 11. 35）。

点击 按钮弹出删除提示，点击提示框中的【确定】按钮，删除对应的照片点（图 4. 11. 36）。

## 4. 11. 7 素描点编辑

实现素描点的添加、删除、属性编辑等操作。

点击 按钮，进入素描点采集编辑界面（图 4. 11. 37），通过放大、缩小或平移等操作，将使图中红色十字丝移动到目标位置，点击 按钮添加素描点标识并弹出属性编辑框（图 4. 11. 38）。

属性信息录入过程中，输入素描名称和比例（只输入分母值，例如：100）等，点击【单击进入素描图（矢量）】弹出矢量素描编辑界面（图 4. 11. 39，具体操作参见附件），点击【单击

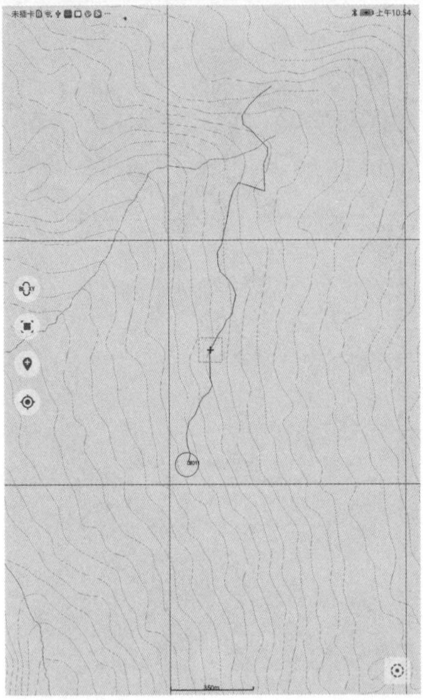

图 4.11.32　照片点添加结果界面

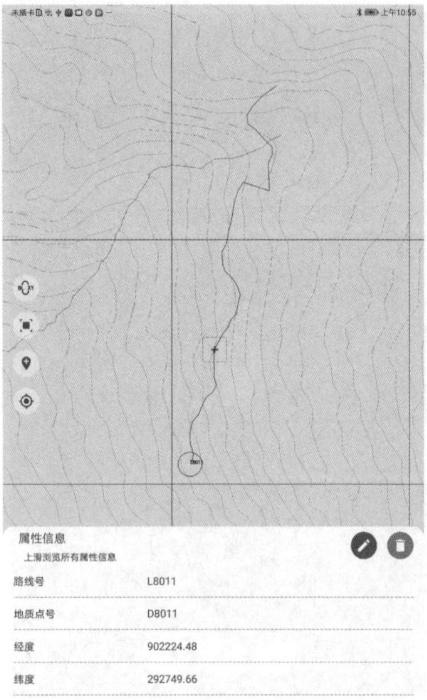


图 4.11.33　属性浏览界面

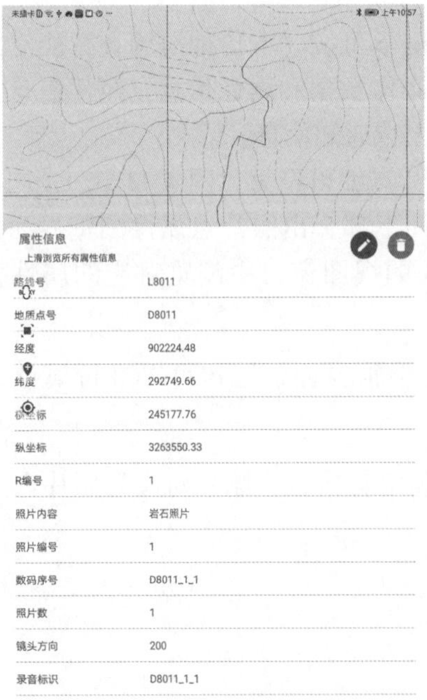


图 4.11.34　属性浏览界面 1

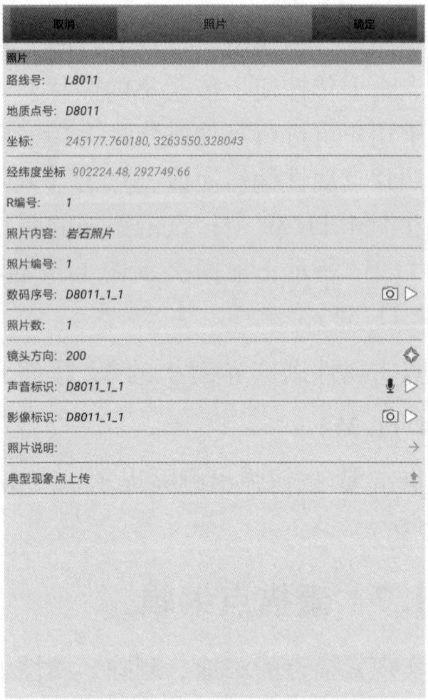


图 4.11.35　属性编辑界面

进入素描图（栅格）】弹出栅格素描绘制界面（图 4.11.40），点击 弹出素描照片拍摄界面（图 4.11.41），点击 浏览素描（图 4.11.42）。

图 4. 11. 36　弹出提示对话框

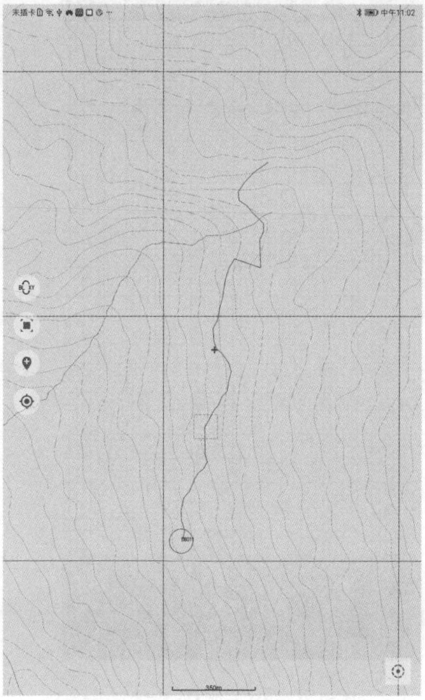

图 4. 11. 37　素描点编辑界面

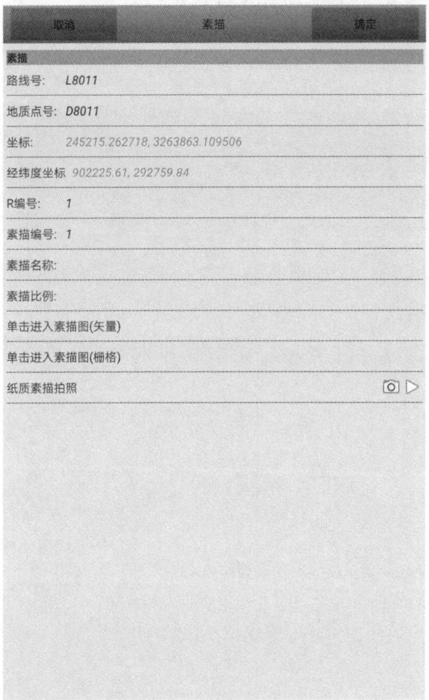


图 4. 11. 38　素描点属性编辑界面

图 4. 11. 39　矢量素描

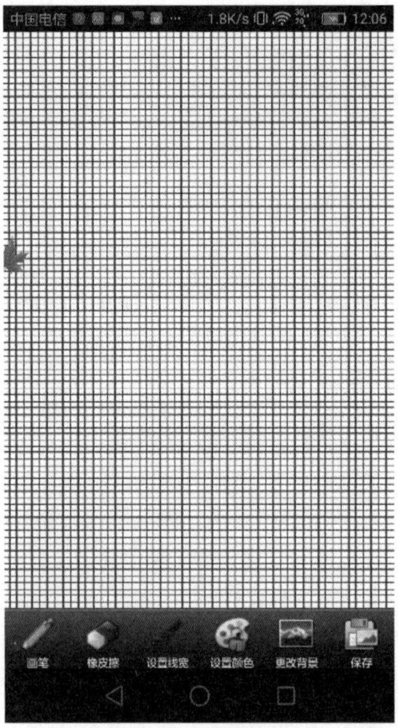


图 4.11.40　栅格素描

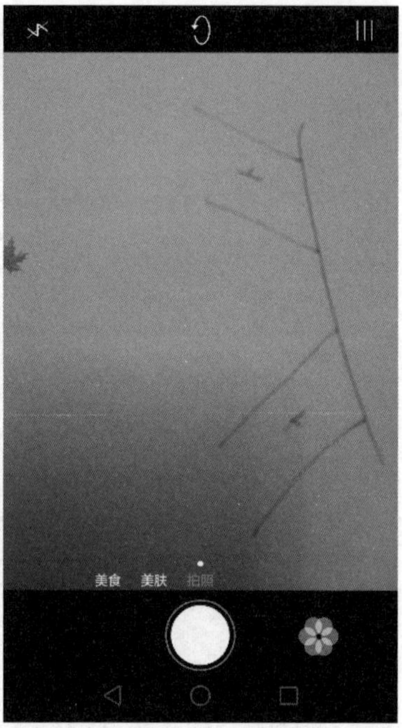


图 4.11.41　素描拍照

属性编辑完成，点击【确定】按钮返回素描点编辑界面（图 4.11.43）。

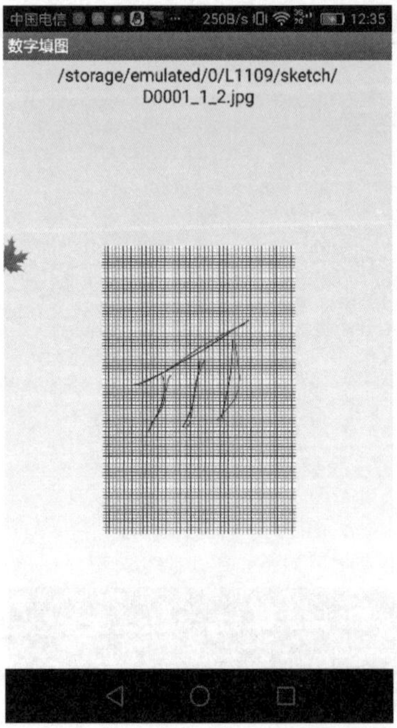


图 4.11.42　素描浏览

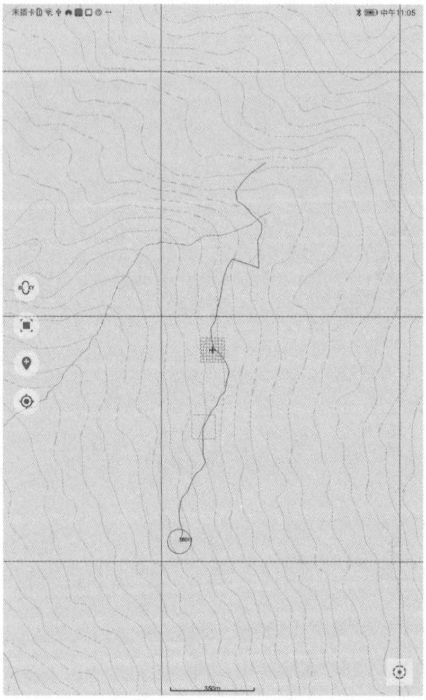

图 4.11.43　素描点添加结果界面

在图 4. 11. 43 中，点击添加的素描点标识，在界面下部弹出素描点属性浏览界面，如界面 4. 11. 44 所示，根据提示向上滑动界面，可在更大的视图窗口中浏览对应的属性信息（图 4. 11. 45）。

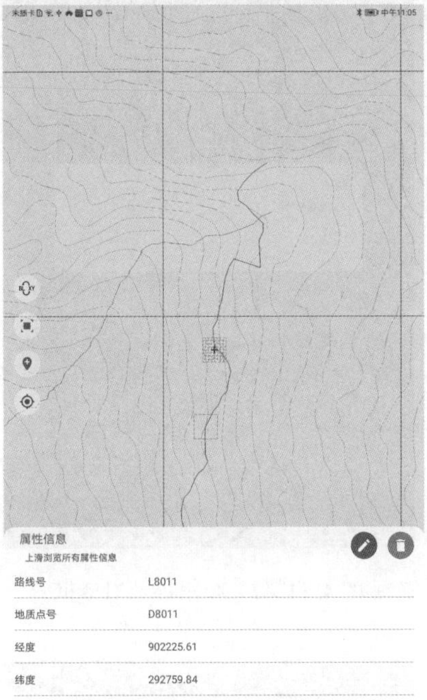


图 4. 11. 44　属性浏览界面

图 4. 11. 45　属性浏览界面 1

点击属性浏览界面中的按钮弹出素描点属性编辑界面，用户可以进行属性编辑（图 4. 11. 46）。

点击按钮弹出删除提示，点击提示框中的【确定】按钮，删除对应的素描点（图 4. 11. 47）。

## 4. 11. 8　产状点编辑

实现产状点的添加、删除、属性编辑等操作。

点击按钮，进入产状点采集编辑界面（图 4. 11. 48），通过放大、缩小或平移等操作，将使图中红色十字丝移动到目标位置，点击按钮添加产状点标识并弹出属性编辑框（图 4. 11. 49）。

属性信息录入过程中，点击属性项后图标，弹出对应属性的数据字典（如果提示字典文件不存在，请自行检查是否拷贝字典文件夹和系统字典路径设置是否正确），点击镜头方向图标弹出电子罗盘测量产状信息（图 4. 11. 50）。

点击【倾向/倾伏向】后或者【倾角/倾伏角】的按钮时，系统自动根据走向值计算倾向值或倾向值计算走向值。

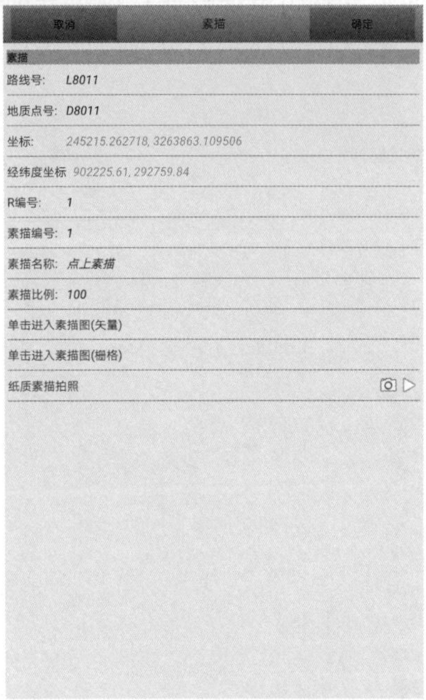


图 4.11.46　属性编辑界面

图 4.11.47　弹出提示对话框

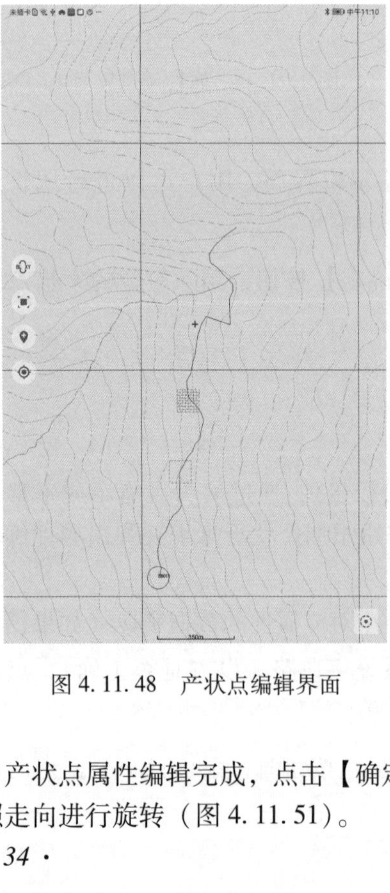

图 4.11.48　产状点编辑界面

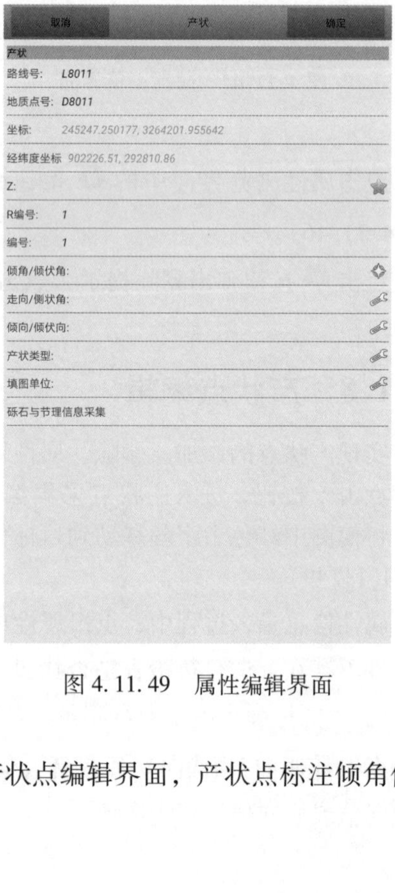


图 4.11.49　属性编辑界面

产状点属性编辑完成，点击【确定】按钮返回产状点编辑界面，产状点标注倾角值并按照走向进行旋转（图 4.11.51）。

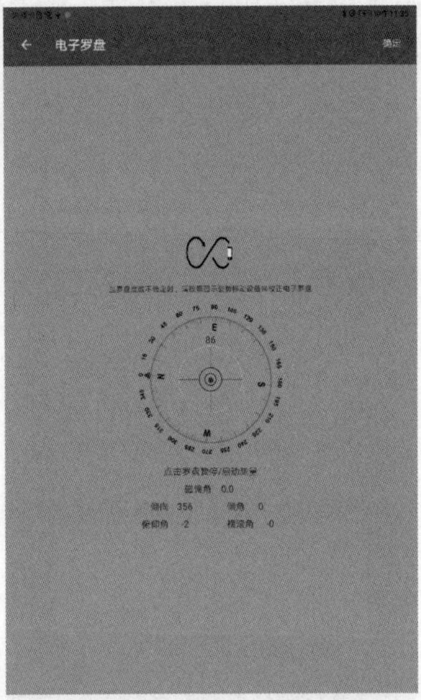


图 4.11.50　电子罗盘界面

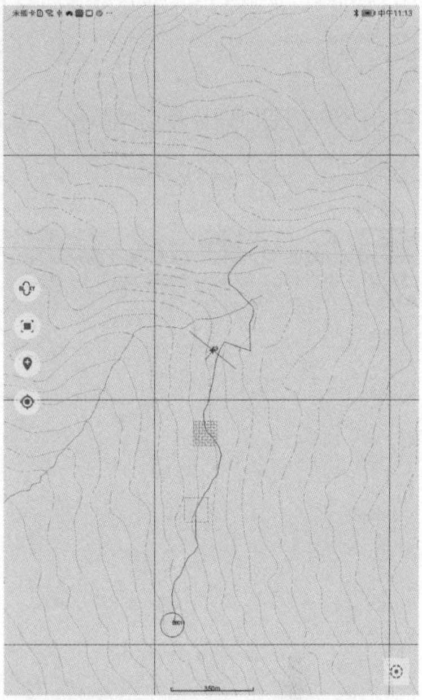

图 4.11.51　产状点添加结果界面

在图 4.11.51 中，点击添加的产状点标识，在界面下部弹出产状点属性浏览界面，如界面 4.11.52 所示，根据提示向上滑动界面，可在更大的视图窗口中浏览对应的属性信息（图 4.11.53）。

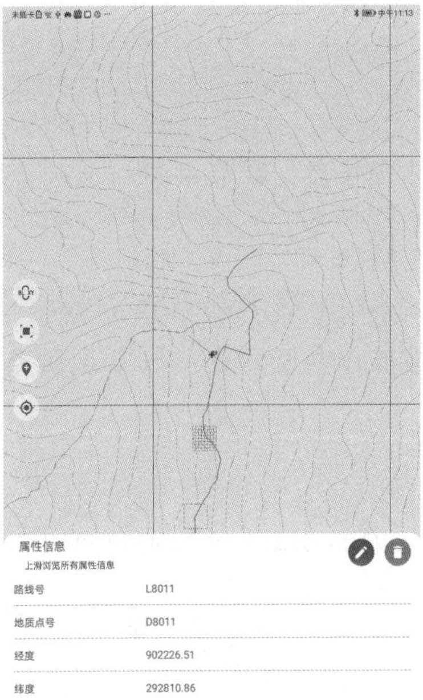


图 4.11.52　属性浏览界面

图 4.11.53　属性浏览界面 1

点击属性浏览界面中的 按钮弹出产状点属性编辑界面，用户可以进行属性编辑（图 4. 11. 54）。

点击 按钮弹出删除提示，点击提示框中的【确定】按钮，删除对应的素描点（图 4. 11. 55）。

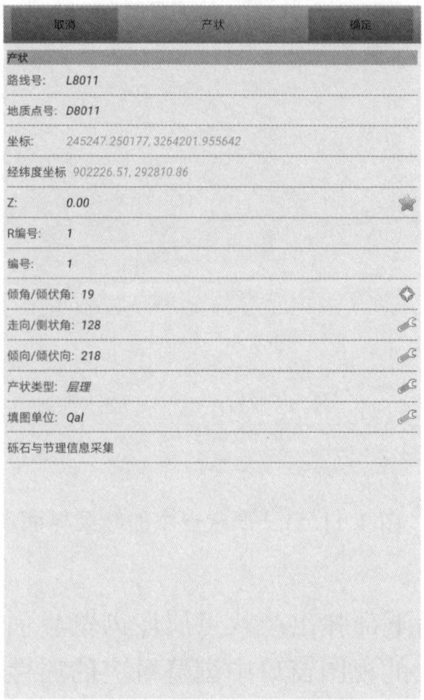


图 4. 11. 54　属性编辑界面

图 4. 11. 55　弹出提示对话框

### 4. 11. 9　样品点编辑

实现样品点的添加、删除和属性编辑等操作，具体操作参见章节 4. 11. 3 地质点相关操作。

### 4. 11. 10　化石点编辑

实现化石点的添加、删除和属性编辑等操作，具体操作参见章节 4. 11. 3 地质点相关操作。

### 4. 11. 11　自由点、线图层编辑

实现自由点和线的添加、删除和属性编辑等操作，具体操作参见章节 4. 11. 3 地质点相关操作与章节 4. 11. 4 分段路线相关操作。

## 4. 12　实测剖面数据采集

实测剖面数据采集主要实现野外实测剖面测量信息的录入，包括导线、分层、照片、

素描、产状、化石、采样等。

通过章节 4.8 采集规范操作，选择“实测剖面”后系统的主界面如图 4.12.1 所示。

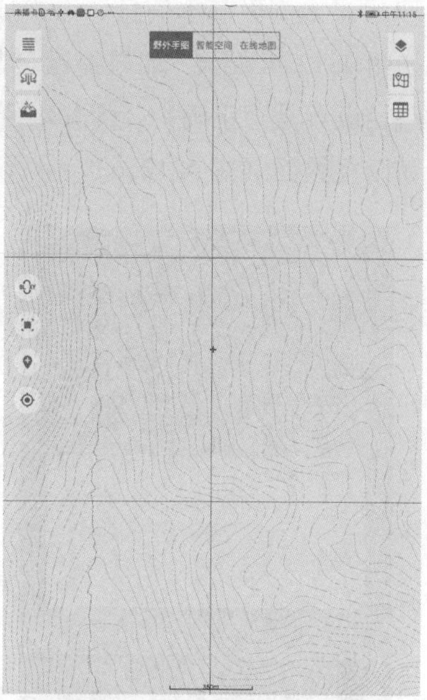

图 4.12.1 实测剖面采集界面

## 4.12.1 快捷按钮介绍

快捷按钮及其功能见表 4.12.1。

**表 4.12.1 快捷按钮及功能**

| 图标 | 功能 |
|---|---|
|  | 实测剖面列表管理 |
|  | 实测剖面图层管理 |

## 4.12.2 剖面信息管理

系统提供两种方式显示剖面基本信息的管理：一是列表管理方式，即以传统数据库列表的方式实现剖面管理，包括剖面创建、删除，基本信息编辑等。二是图层管理方式，即以剖面点图层（剖面起点坐标）实现剖面管理。

列表管理方式：

（1）点击图标弹出剖面列表管理界面（图 4.12.2）。

（2）点击【新建】菜单，弹出剖面信息编辑界面（图 4.12.3）。

图 4.12.2 剖面列表管理界面

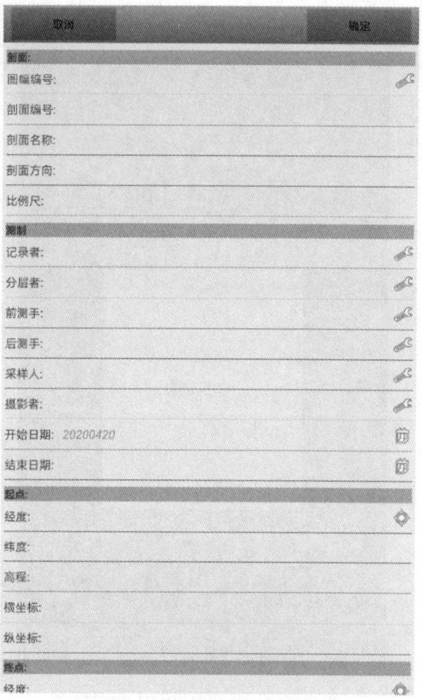


图 4.12.3 剖面信息编辑界面

（3）录入剖面基本信息。点击属性项后图标，弹出对应属性的数据字典（记录者字典如图 4. 12. 4 所示，如果提示字典文件不存在，请自行检查是否拷贝字典文件夹和系统字典路径设置是否正确）．点击弹出 GPS 信息获取界面（图 4. 12. 5）；点击按钮弹出日期设置界面（图 4. 12. 6）。

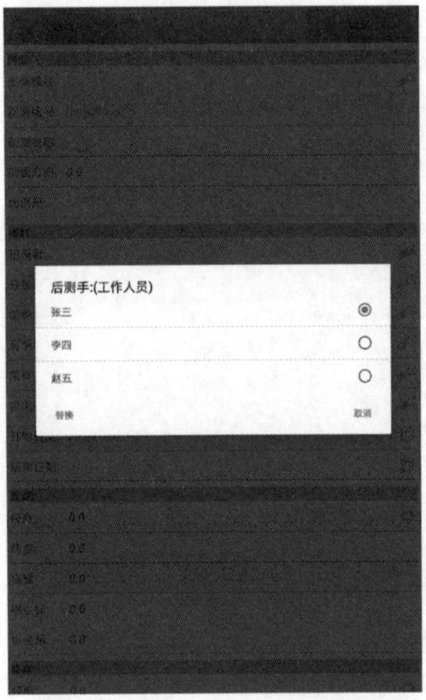


图 4. 12. 4　记录者数据字典

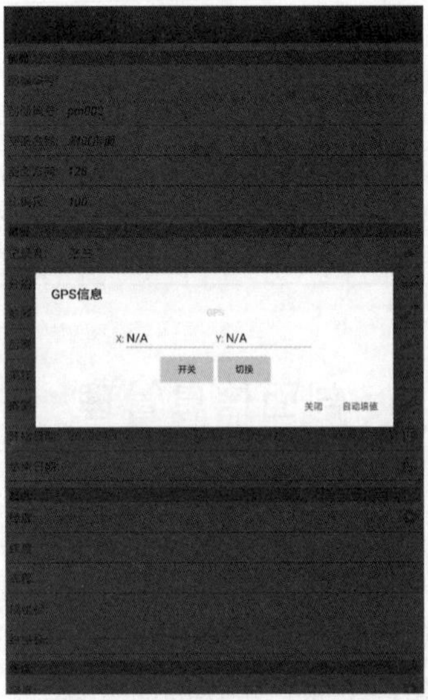


图 4. 12. 5　GPS 信息获取界面

剖面基本信息编辑完成，点击【确定】按钮返回剖面管理列表界面并添加新增剖面（图 4. 12. 7）。

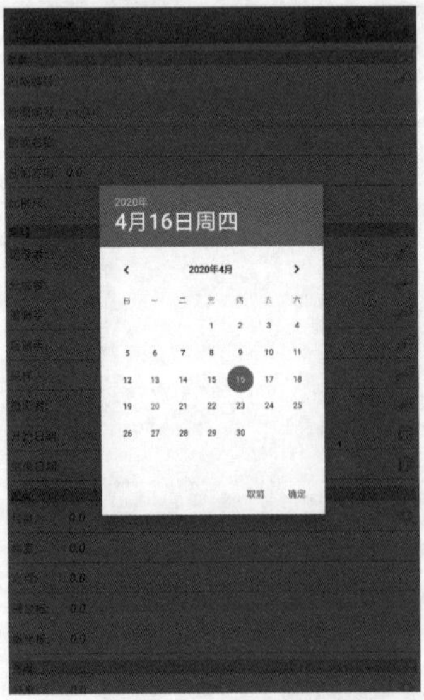


图 4. 12. 6　日期设置界面

图 4. 12. 7　剖面列表管理界面

点击选择列表中某条记录，点击【删除剖面】按钮弹出删除提示对话框（图4.12.8）。

点击选择列表中某条记录，点击【基本信息】按钮弹出剖面信息界面（图4.12.9）。

点击选择列表中某条记录，点击【测量信息】按钮进入剖面测量信息主界面（图4.12.10）。

图4.12.8 剖面删除提示界面

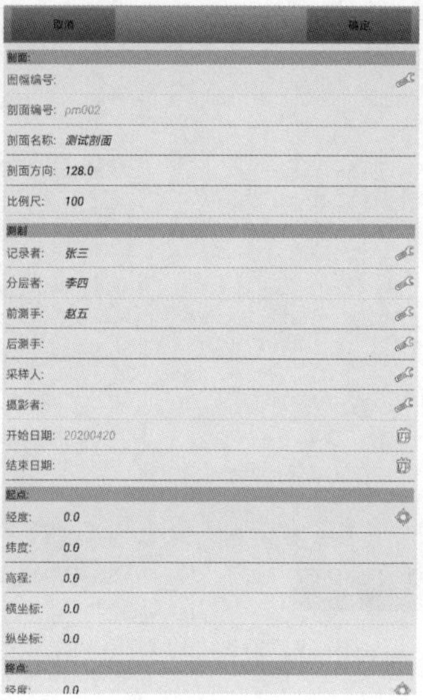


图4.12.9 剖面基本信息界面

图4.12.10 剖面测量信息主界面

图层管理方式：

（1）点击图标弹出剖面图层管理界面（图4.12.11）。

（2）点击【新建】菜单，弹出添加剖面起点按钮（图4.12.12），通过放大、缩小和平移等操作移动十字丝到剖面起点位置，点击【添加点】按钮，弹出剖面信息编辑界面（图4.12.13）

（3）录入剖面基本信息。参考列表管理中剖面基本信息录入剖面基本信息编辑完成，点击【确定】按钮返回剖面管理列表界面并添加新增剖面（图4.12.14）。

点击选择某个剖面起点，点击【删除剖面】按钮弹出删除提示对话框（图4.12.15）。

点击选择列表中某条记录，点击【基本信息】按钮弹出剖面信息界面（图4.12.16）。

点击选择列表中某条记录，点击【测量信息】按钮进入剖面测量信息主界面（图4.12.17）。

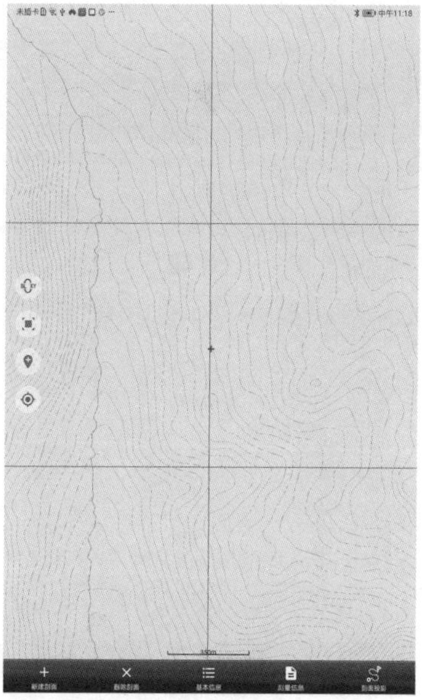

图4.12.11 剖面图层管理界面

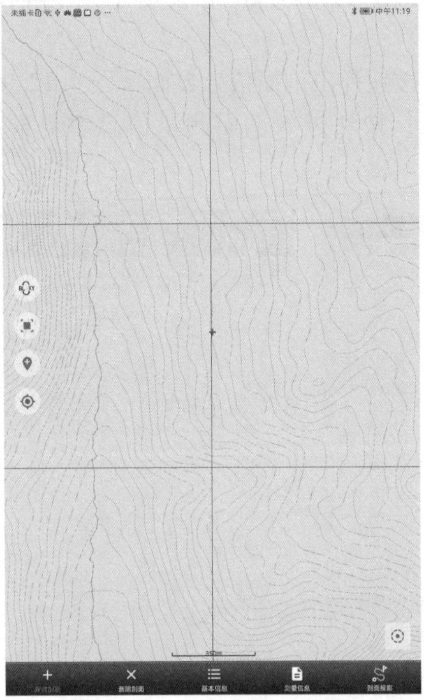

图 4. 12. 12　剖面添加界面

图 4. 12. 13　剖面信息编辑界面

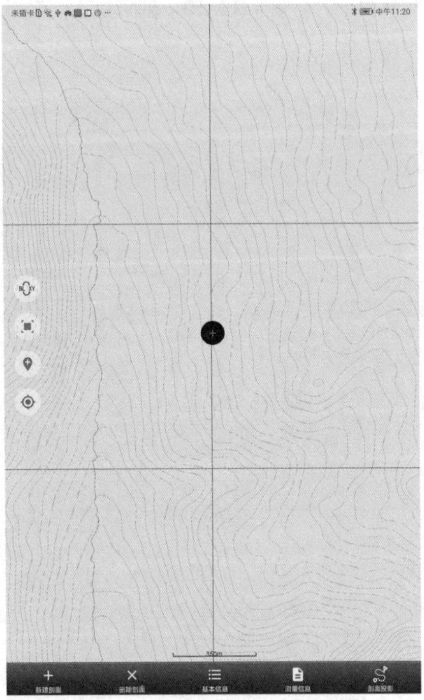

图 4. 12. 14　剖面添加结果界面

图 4. 12. 15　剖面删除提示界面

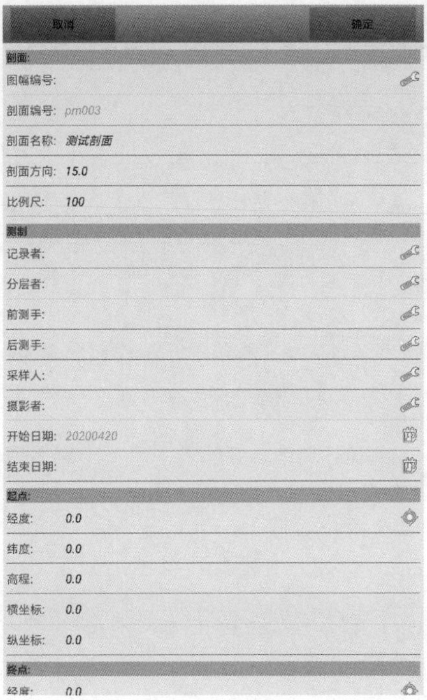


图 4.12.16　剖面基本信息界面

图 4.12.17　剖面测量信息主界面

## 4.12.3　剖面测量库编辑

实现实测剖面导线、分层、产状、照片、采样等测量信息的采集和编辑。

### 4.12.3.1　导线库编辑

选择【导线】菜单，进入导线库编辑界面（图 4.12.18）。通过【增】、【改】、【插】、【删】按钮进行相应的添加导线、修改导线信息、插入导线和删除导线操作。

（1）添加导线：

点击【添】按钮，弹出新增导线信息录入界面（图 4.12.19）。

导线信息编辑，点击 弹出电子罗盘测量方位角和坡角信息（图 4.12.20）。当利用 GPS 定点代替导线进行测量时，点击 弹出 GPS 信息获取界面（图 4.12.21）获取导线起点和终点的坐标值，然后点击斜坡距属性项后的 图标自动计算斜坡距值（导线信息中的起点、终点的 GPS 坐标测量值是测量较长剖面，利用 GPS 定点代替导线进行测量，计算导线斜坡距时使用的，一般情况下不输入）。

属性编辑完成，点击【确定】按钮返回导线库编辑界面，新增导线信息添加到导线库列表中（图 4.12.22）。

（2）修改导线：

点击选择导线库列表中的待编辑导线记录（图 4.12.23）。

图 4.12.18　导线库编辑界面

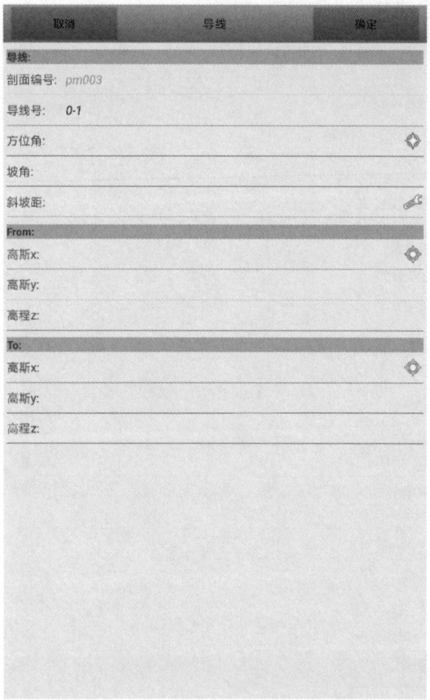


图 4.12.19　导线信息编辑界面

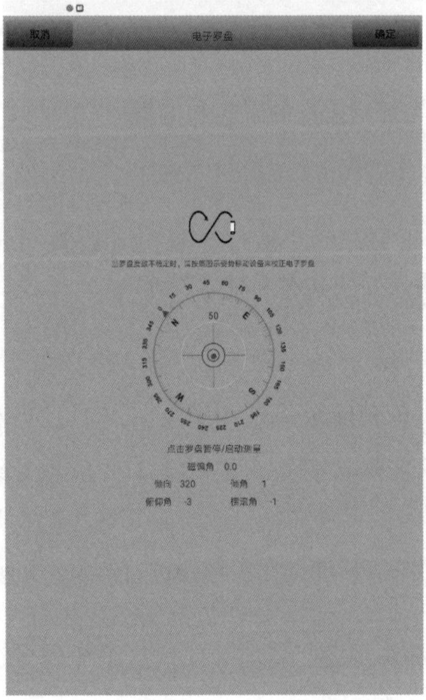


图 4.12.20　电子罗盘界面

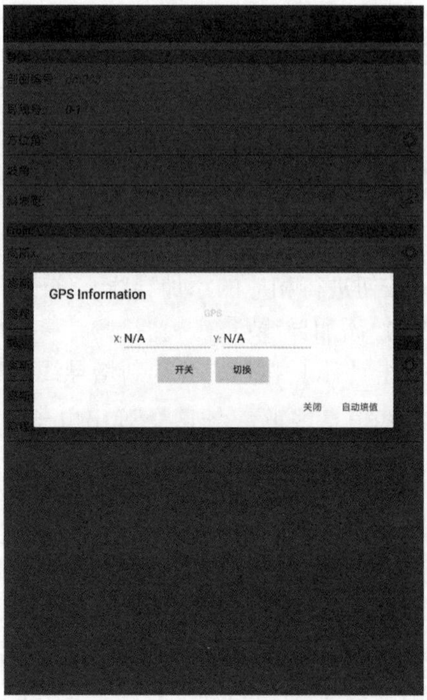


图 4.12.21　GPS 信息获取界面

图 4.12.22　导线添加结果界面

图 4.12.23　导线选择界面

点击【改】按钮弹出对应导线信息界面（图 4.12.24）。

导线信息修改完成，点击【确定】按钮返回导线库编辑界面，修改列表中对应导线记录。

（3）删除导线：

点击选择导线库列表中的待编辑导线记录（图 4.12.23）。

点击【删】按钮弹出对应导线信息界面（图 4.12.24）。

点击【确定】按钮返回导线库编辑界面，删除列表中对应的导线记录。

（4）插入导线：

点击选择导线库列表中的某条记录（图 4.12.23）。

点击【插】按钮弹出新增导线信息录入界面（图 4.12.24）。

新增导线信息编辑（参考添加导线信息编辑过程）。

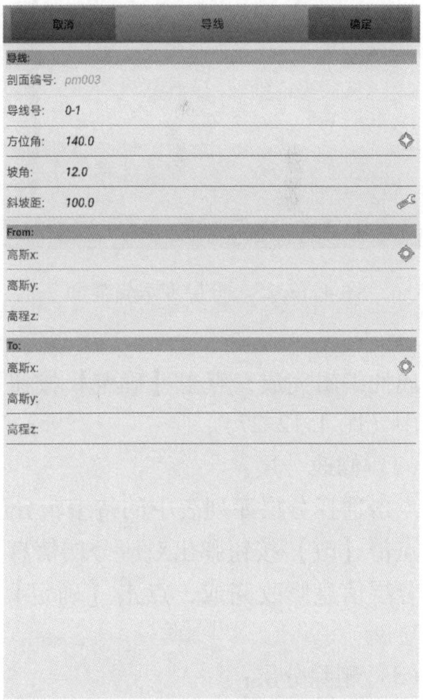


图 4.12.24　导线信息界面

属性编辑完成，点击【确定】按钮返回导线库编辑界面，新增导线信息插入到导线库列表选择记录上方。

### 4.12.3.2　分层库编辑

选择【分层】菜单，进入分层库编辑界面（图4.12.25）。通过【添】、【改】、【插】、【删】按钮进行相应的添加分层、修改分层信息、插入分层和删除分层操作。

（1）添加分层：

点击【添】按钮，弹出新增分层信息录入界面（图4.12.26）。

图4.12.25　分层库编辑界面

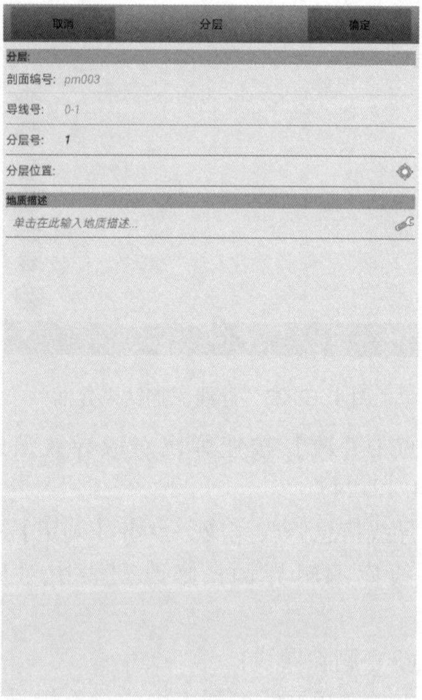


图4.12.26　分层信息编辑界面

属性编辑完成，点击【确定】按钮返回分层库编辑界面，新增分层信息添加到分层库列表中（图4.12.27）。

（2）修改分层：

点击选择分层库列表中的待编辑分层记录（图4.12.28）。

点击【改】按钮弹出对应分层信息界面（图4.12.29）。

分层信息修改完成，点击【确定】按钮返回分层库编辑界面，修改列表中对应分层记录。

（3）删除分层：

点击选择分层库列表中的待编辑分层记录（图4.12.28）。

点击【删】按钮弹出对应分层信息界面（图4.12.29）。

点击【确定】按钮返回分层库编辑界面，删除列表中对应的分层记录。

剖面测量库
剖面:pm003, 导线:0-1, 分层:1
导线号:
分层号:
分层位置:
0-1
1
0

图 4.12.27　分层添加结果界面

剖面测量库
剖面:pm003, 导线:0-1, 分层:1
导线号:
分层号:
分层位置:
0-1
1
0

图 4.12.28　分层选择界面

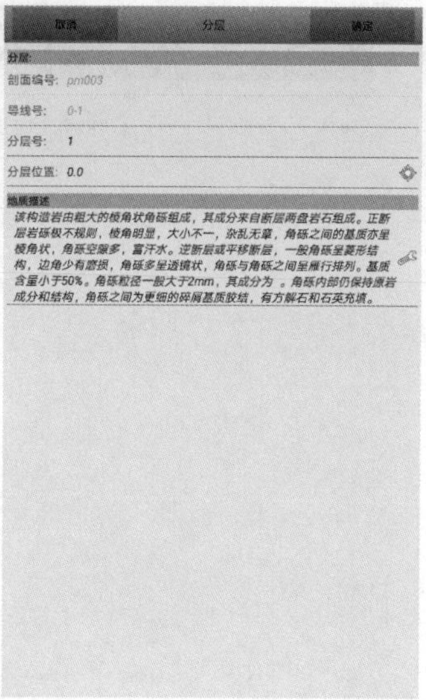
取消
分层
确定
剖面编号: pm003
导线号: 0-1
分层号: 1
分层位置: 0.0
该构造岩由粗大的棱角状角砾组成，其成分来自断层两盘岩石组成。正断层岩砾极不规则，棱角明显，大小不一，杂乱无章，角砾之间的基质亦呈棱角状，角砾空隙多，富汗水。逆断层或平移断层，一般角砾呈菱形结构，边角少有磨损，角砾多呈透镜状，角砾与角砾之间呈雁行排列。基质含量小于50%。角砾粒径一般大于2mm，其成分为 。角砾内部仍保持原岩成分和结构，角砾之间为更细的碎屑基质胶结，有方解石和石英充填。

图 4.12.29　分层信息界面

（4）插入分层图：

点击选择分层库列表中的某条记录（图 4.12.28）。

点击【插】按钮弹出新增分层信息录入界面（图 4.12.29）。

新增分层信息编辑（参考添加导线信息编辑过程）。

属性编辑完成，点击【确定】按钮返回分层库编辑界面，新增分层信息插入到分层库列表选择记录上方。

#### 4.12.3.3　照片库编辑

选择【照片】菜单，进入照片库编辑界面（图 4.12.30）。通过【添】、【改】、【插】、【删】按钮进行相应的添加照片、修改照片信息、插入照片和删除照片操作。

**注：**在分层录入之后，直接进入当前分层内的照片信息录入，分层信息会自动代入到照片库中的导线号和分层号属性字段值中。如果在照片库录入时，弹出“请选择分层库”提示框时，用户可以返回分层库录入编辑界面，在分层库列表浏览和选择当前照片所在的分层。

（1）添加照片：

点击【添】按钮，弹出新增照片信息录入界面（图 4.12.31）。

照片信息编辑，点击 弹出相机拍照界面进行拍照（图 4.12.32），点击 弹出电子罗盘测量镜头方向（图 4.12.33）。

属性编辑完成，点击【确定】按钮返回照片库编辑界面，新增照片信息添加到照片库列表中（图 4.12.34）。

（2）修改照片：

点击选择照片库列表中的待编辑照片记录（图 4.12.35）。

图 4. 12. 30　照片库编辑界面

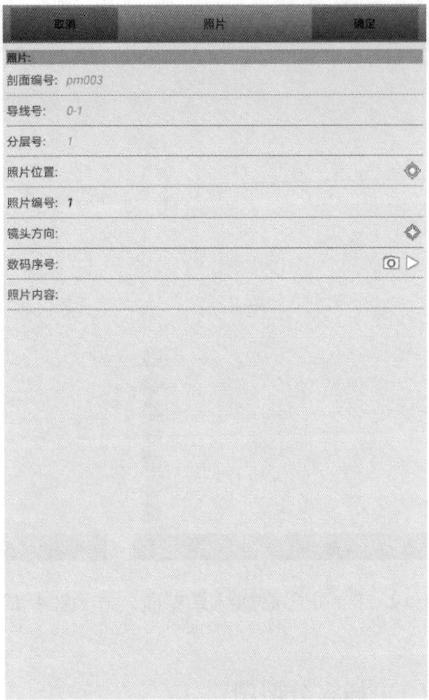


图 4. 12. 31　照片信息编辑界面

图 4. 12. 32　拍照界面

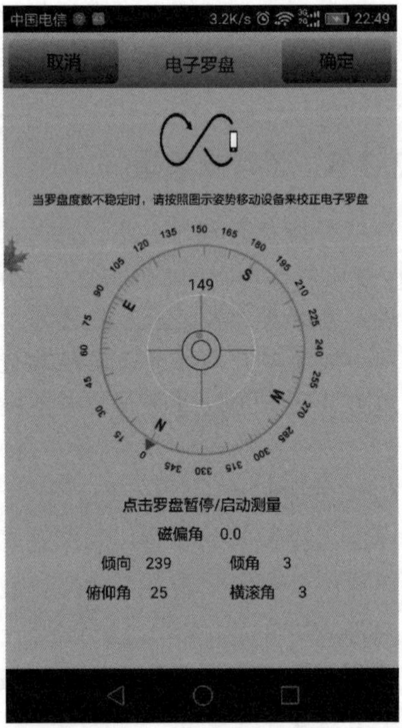


图 4. 12. 33　电子罗盘界面

图 4.12.34　照片添加结果界面

图 4.12.35　照片选择界面

点击【改】按钮弹出对应照片信息界面（图 4.12.36）。

照片信息修改完成，点击【确定】按钮返回照片库编辑界面，修改列表中对应照片记录。

（3）删除照片：

点击选择照片库列表中的待编辑照片记录（图 4.12.35）。

点击【删】按钮弹出对应照片信息界面（图 4.12.36）。

点击【确定】按钮返回照片库编辑界面，删除列表中对应的照片记录。

（4）插入照片：

点击选择照片库列表中的某条记录（图 4.12.35）。

点击【插】按钮弹出新增照片信息录入界面（图 4.12.36）。

新增照片信息编辑（参考添加照片信息编辑过程）。

属性编辑完成，点击【确定】按钮返回照

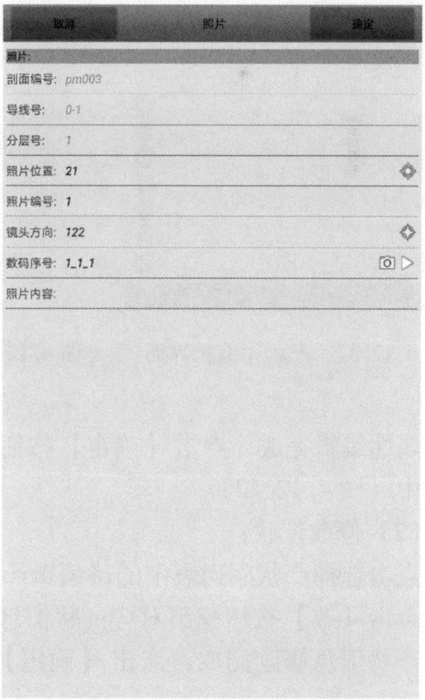


图 4.12.36　照片信息界面

片库编辑界面，新增照片信息插入到照片库列表选择记录上方。

#### 4.12.3.4　产状库编辑

选择【产状】菜单，进入产状库编辑界面（图 4.12.37）。通过【添】、【改】、【插】、【删】按钮进行相应的添加产状、修改产状信息、插入产状和删除产状操作。

**注：** 在分层录入之后，直接进入当前分层内的产状信息录入，分层信息会自动代入到产状库中的导线号和分层号属性字段值中。如果在产状库录入时，弹出“请选择分层库”提示框时，用户可以返回分层库录入编辑界面，在分层库列表浏览和选择当前产状所在的分层。

（1）添加产状：

点击【添】按钮，弹出新增产状信息录入界面（图 4.12.38）。

产状信息编辑，点击  图标弹出电子罗盘测量产状的倾角、走向和倾向值（图 4.12.39）。

图 4.12.37　产状库编辑界面

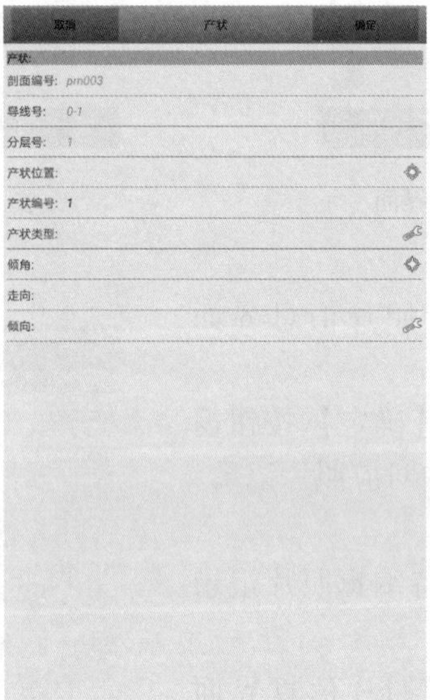


图 4.12.38　导线信息编辑界面

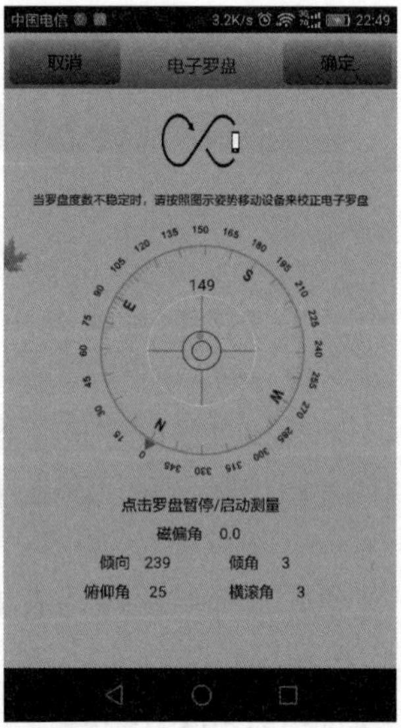


图 4.12.39　电子罗盘界面

属性编辑完成，点击【确定】按钮返回产状库编辑界面，新增产状信息添加到产状库列表中（图 4.12.40）。

（2）修改产状：

点击选择产状库列表中的待编辑产状记录（图 4.12.41）。

点击【改】按钮弹出对应产状信息界面（图 4.12.42）。

产状信息修改完成，点击【确定】按钮返回产状库编辑界面，修改列表中对应产状记录。

（3）删除产状：

点击选择产状库列表中的待编辑产状记录（图 4.12.41）。

图 4.12.40 产状添加结果界面

图 4.12.41 产状选择界面

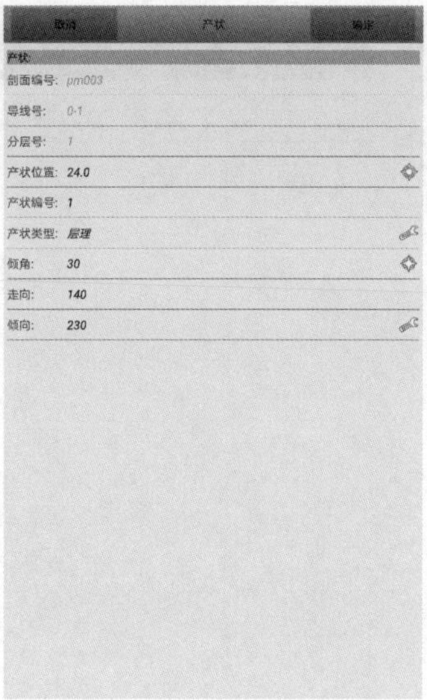


图 4.12.42 产状信息界面

点击【删】按钮弹出对应产状信息界面（图 4.12.42）。

点击【确定】按钮返回产状库编辑界面，删除列表中对应的产状记录。

（4）插入产状：

点击选择产状库列表中的某条记录（图 4.12.41）。

点击【插】按钮弹出新增产状信息录入界面（图 4.12.42）。

新增产状信息编辑（参考添加产状信息编辑过程）。

属性编辑完成，点击【确定】按钮返回产状库编辑界面，新增产状信息插入到产状库列表选择记录上方。

#### 4.12.3.5 采样库编辑

选择【采样】菜单，进入采样库编辑界面（如图 4.12.43）。通过【添】、【改】、【插】、【删】按钮进行相应的添加采样、修改采样信息、插入采样和删除采样操作。

**注：**在分层录入之后，直接进入当前分层内的采样信息录入，分层信息会自动代入到采样库中的导线号和分层号属性字段值中。如果在采样库录入时，弹出“请选择分层库”提示框时，用户可以返回分层库录入编辑界面，在分层库列表浏览和选择当前采样所在的分层。

（1）添加采样：

点击【添】按钮，弹出新增采样信息录入界面（图 4.12.44）。

采样信息编辑，点击🔧图标弹出相应数据项数据字典（样品类别数据字典如图 4.12.45 所示）。

属性编辑完成，点击【确定】按钮返回采样库编辑界面，新增采样信息添加到采样库列表中（图 4.12.46）。

图 4. 12. 43　样品库编辑界面

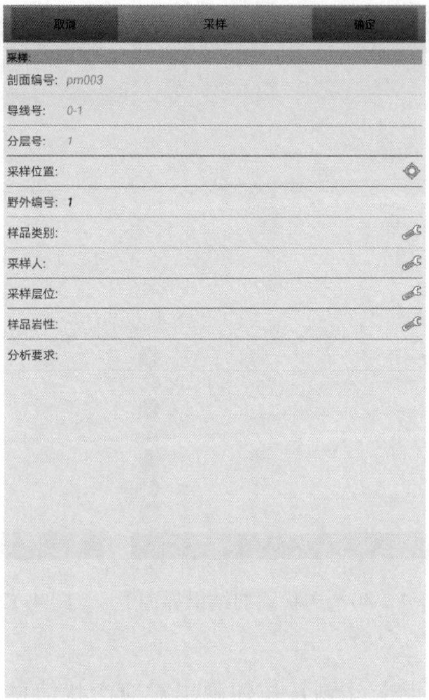


图 4. 12. 44　采样信息编辑界面

图 4. 12. 45　样品类别数据字典

图 4. 12. 46　采样添加结果界面

(2) 修改采样：

点击选择采样库列表中的待编辑采样记录（图 4. 12. 47）。

点击【改】按钮弹出对应采样信息界面（图 4. 12. 48）。

图 4. 12. 47　采样选择界面

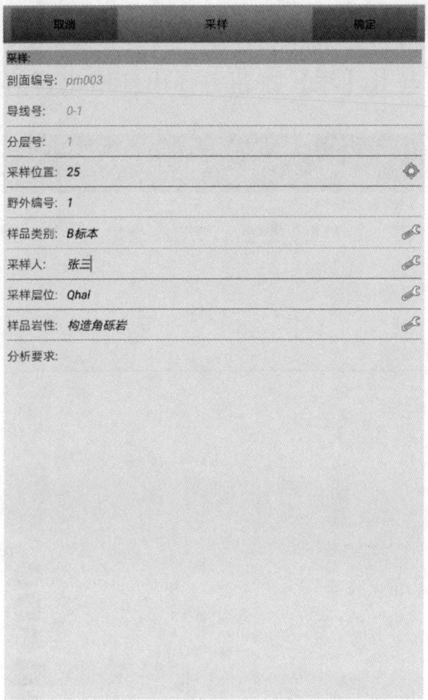


图 4. 12. 48　采样信息界面

采样信息修改完成，点击【确定】按钮返回采样库编辑界面，修改列表中对应采样记录。

(3) 删除采样图：

点击选择采样库列表中的待编辑采样记录（图 4. 12. 47）。

点击【删】按钮弹出对应采样信息界面（图 4. 12. 48）。

点击【确定】按钮返回采样库编辑界面，删除列表中对应的采样记录。

(4) 插入采样：

点击选择采样库列表中的某条记录（图 4. 12. 47）。

点击【插】按钮弹出新增采样信息录入界面（图 4. 12. 48）。

新增采样信息编辑（参考添加采样信息编辑过程）。

属性编辑完成，点击【确定】按钮返回采样库编辑界面，新增采样信息插入到采样库列表选择记录上方。

#### 4. 12. 3. 6　化石库编辑

选择【化石】菜单，进入化石库编辑界面（图 4. 12. 49）。通过【添】、【改】、【插】、【删】按钮进行相应的添加化石、修改化石信息、插入化石和删除化石操作。

**注：** 在分层录入之后，直接进入当前分层内的化石信息录入，分层信息会自动代入到化石库中的导线号和分层号属性字段值中。如果在化石库录入时，弹出“请选择分层库”提示框时，用户可以返回分层库录入编辑界面，在分层库列表浏览和选择当前化石所在的分层。

（1）添加化石：

点击【添】按钮，弹出新增化石信息录入界面（图 4. 12. 50）。

图 4. 12. 49　化石库编辑界面

图 4. 12. 50　化石信息编辑界面

化石信息编辑，点击图标弹出相应数据项数据字典（化石类别数据字典如图 4. 12. 51 所示）。

属性编辑完成，点击【确定】按钮返回化石库编辑界面，新增化石采样信息添加到化石库列表中（图 4. 12. 52）。

（2）修改化石：

点击选择化石库列表中的待编辑化石采样记录（图 4. 12. 53）。

点击【改】按钮弹出对应化石采样信息界面（图 4. 12. 54）。

化石采样信息修改完成，点击【确定】按钮返回化石库编辑界面，修改列表中对应化石记录。

（3）删除化石：

点击选择化石库列表中的待编辑化石采样记录（图 4. 12. 53）。

点击【删】按钮弹出对应化石采样信息界面（图 4. 12. 54）。

图 4. 12. 51　化石定名数据字典

图 4. 12. 52　化石添加结果界面

图 4. 12. 53　导线选择界面

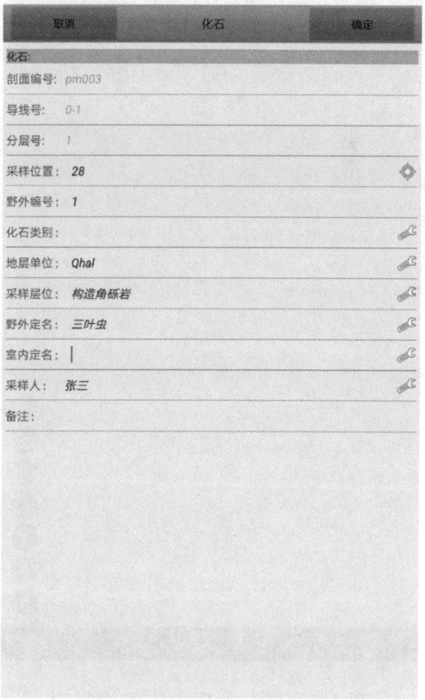


图 4. 12. 54　导线信息界面

点击【确定】按钮返回化石库编辑界面，删除列表中对应的化石采样记录。

（4）插入化石：

点击选择化石库列表中的某条记录（图 4.12.53）。

点击【插】按钮弹出新增化石采样信息录入界面（图 4.12.54）。

新增化石采样信息编辑（参考添加化石采样信息编辑过程）。

属性编辑完成，点击【确定】按钮返回化石库编辑界面，新增化石采样信息插入到化石库列表选择记录上方。

#### 4.12.3.7 地质点库编辑

选择【地质点】菜单，进入地质点库编辑界面（图 4.12.55）。通过【添】、【改】、【插】、【删】按钮进行相应的添加地质点、修改地质点信息、插入地质点和删除地质点操作。

**注：**在分层录入之后，直接进入当前分层内的地质点信息录入，分层信息会自动代入到地质点库中的导线号和分层号属性字段值中。如果在地质点库录入时，弹出“请选择分层库”提示框时，用户可以返回分层库录入编辑界面，在分层库列表浏览和选择当前产状所在的分层。

（1）添加地质点：

点击【添】按钮，弹出新增地质点信息录入界面（图 4.12.56）。

图 4.12.55　地质点库编辑界面

图 4.12.56　地质点信息编辑界面

地质点信息编辑，点击图标弹出相应数据项数据字典（点性数据字典如图 4. 12. 57 所示）。

属性编辑完成，点击【确定】按钮返回地质点库编辑界面，新增地质点信息添加到地质点库列表中（图 4. 12. 58）。

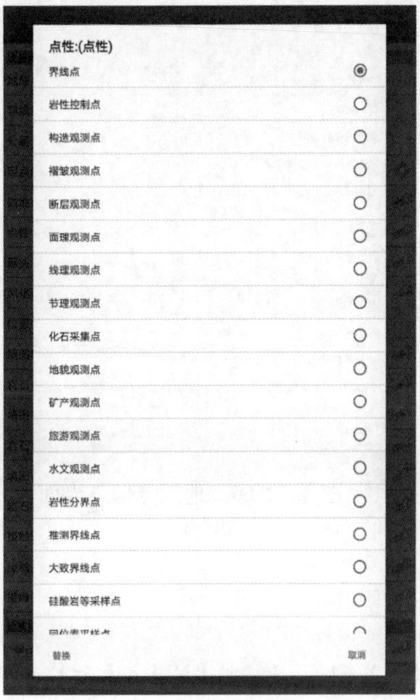


图 4. 12. 57　点性数据字典

图 4. 12. 58　地质点添加结果界面

（2）修改地质点：

点击选择地质点库列表中的待编辑地质点记录（图 4. 12. 59）。

点击【改】按钮弹出对应地质点信息界面（图 4. 12. 60）。

地质点信息修改完成，点击【确定】按钮返回地质点库编辑界面，修改列表中对应地质点记录。

（3）删除地质点：

点击选择地质点库列表中的待编辑地质点记录（图 4. 12. 59）。

点击【删】按钮弹出对应地质点信息界面（图 4. 12. 60）。

点击【确定】按钮返回地质点库编辑界面，删除列表中对应的地质点记录。

（4）插入地质点：

点击选择地质点库列表中的某条记录（图 4. 12. 59）。

点击【插】按钮弹出新增地质点信息录入界面（图 4. 12. 60）。

新增地质点信息编辑（参考添加地质点信息编辑过程）。

属性编辑完成，点击【确定】按钮返回地质点库编辑界面，新增地质点信息插入到地质点库列表选择记录上方。

图 4.12.59　地质点选择界面

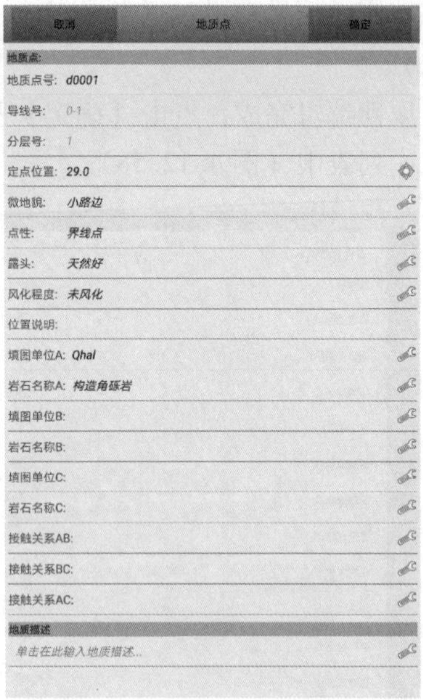


图 4.12.60　地质点信息界面

#### 4.12.3.8　素描库编辑

选择【素描】菜单，进入素描库编辑界面（图 4.12.61）。通过【添】、【改】、【插】、【删】按钮进行相应的添加素描、修改素描信息、插入素描和删除素描操作。

**注：**在分层录入之后，直接进入当前分层内的素描信息录入，分层信息会自动代入到素描库中的导线号和分层号属性字段值中。如果在素描库录入时，弹出“请选择分层库”提示框时，用户可以返回分层库录入编辑界面，在分层库列表浏览和选择当前素描所在的分层。

（1）添加素描：

点击【添】按钮，弹出新增素描信息录入界面（图 4.12.62）。

素描信息编辑，输入素描名称和比例（只输入分母值，例如 100）等，点击【单击进入素描图（矢量）】弹出矢量素描编辑界面（图 4.12.63），点击【单击进入素描图（栅格）】弹出栅格素描绘制界面（图 4.12.64）。

属性编辑完成，点击【确定】按钮返回素描库编辑界面，新增素描信息添加到素描列表中（图 4.12.65）。

图 4.12.61　素描库编辑界面

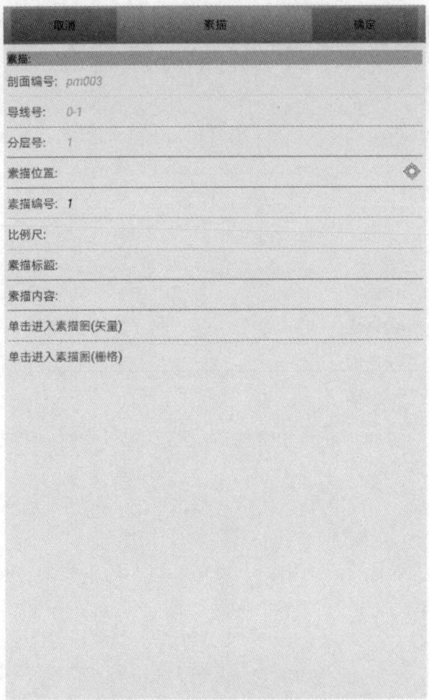


图 4. 12. 62　素描信息编辑界面

图 4. 12. 63　矢量素描绘制界面

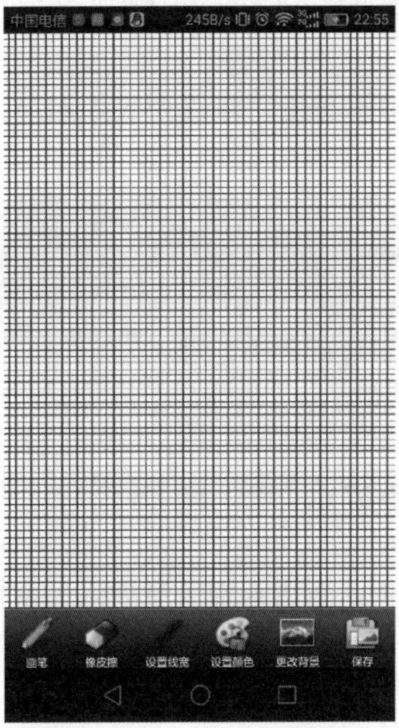


图 4. 12. 64　栅格素描绘制界面

图 4. 12. 65　素描添加结果界面

（2）修改素描：

点击选择产状库列表中的待编辑素描记录（图 4. 12. 66）。

点击【改】按钮弹出对应素描信息界面（图 4. 12. 67）。

图 4.12.66　素描选择界面

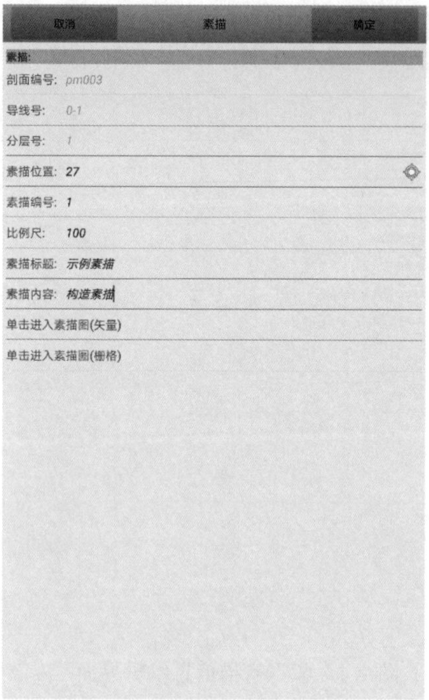


图 4.12.67　素描信息界面

素描信息修改完成，点击【确定】按钮返回素描库编辑界面，修改列表中对应素描记录。

（3）删除素描：

点击选择素描库列表中的待编辑素描记录（图 4.12.66）。

点击【删】按钮弹出对应素描信息界面（图 4.12.67）。

点击【确定】按钮返回素描库编辑界面，删除列表中对应的素描记录。

（4）插入素描：

点击选择素描库列表中的某条记录（图 4.12.66）。

点击【插】按钮弹出新增素描信息录入界面（图 4.12.67）。

新增素描信息编辑（参考添加素描信息编辑过程）。

属性编辑完成，点击【确定】按钮返回素描库编辑界面，新增素描信息插入到素描库列表选择记录上方。

## 4.13　地球化学数据采集

系统实现了 3 种不同最新地球化学采集规范规定的地球化学数据的采集功能，分别为 1：50000 地球化学普查数据采集规范（2015 版）和 1：25000 地球化学勘查数据采集规范（2013 版）。用户可以通过采集规范设置系统当前采集采用的地球化学数据采集规范。

以下以 1：50000 地球化学普查数据为例，详细说明规范要求的地球化学数据采集的软件操作过程，其他规范下的地球化学数据采集过程与之类似。

## 4.13.1　1∶50000 地球化学普查数据采集

实测剖面数据采集主要实现野外实测剖面测量信息的录入，包括导线、分层、照片、素描、产状、化石、采样等。

通过章节 4.8 采集规范操作，选择“地化普查（1∶5 万）”后系统的主界面如图 4.13.1 所示。

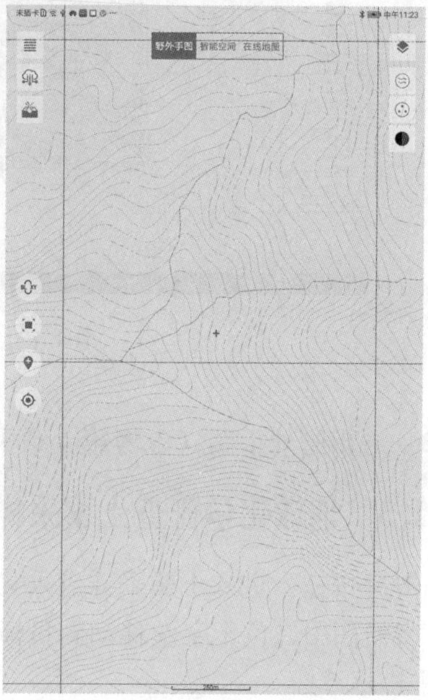


图 4.13.1　地化普查（1∶5 万）采集主界面

### 4.13.1.1　快捷按钮介绍

数据采集按钮及功能介绍见表 4.13.1。

表 4.13.1　快捷按钮及功能

| 图标 | 功能 |
| --- | --- |
|  | 水系沉积物采样 |
|  | 土壤采样 |
|  | 岩石采样 |

### 4.13.1.2　数据图层准备

（1）在数字地质调查信息综合平台的野外手图视图下，打开野外手图，选择“地化数据操作→1∶50000（2015）→路线设计”菜单（图 4.13.2），对应地球化学采集规范的数据采集图层添加到地图工程列表中（图 4.13.3）。

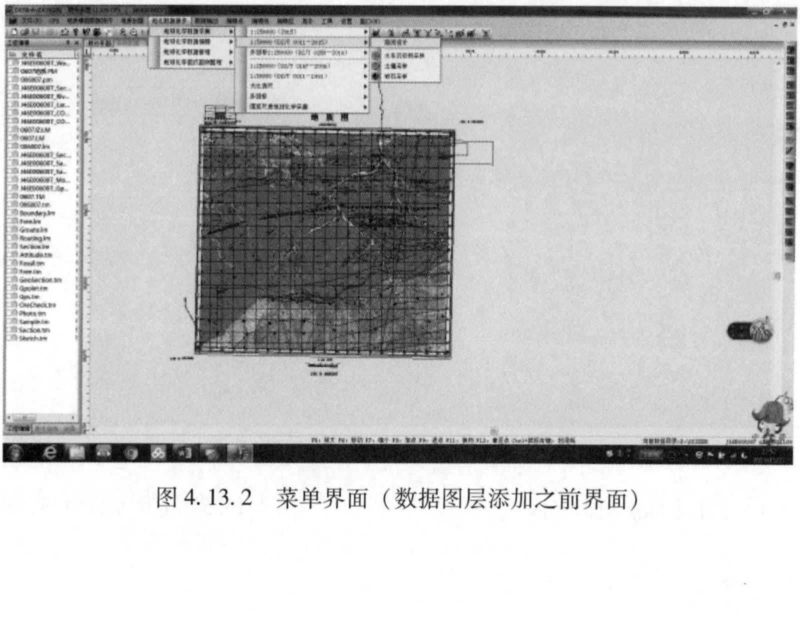

图 4.13.2　菜单界面（数据图层添加之前界面）

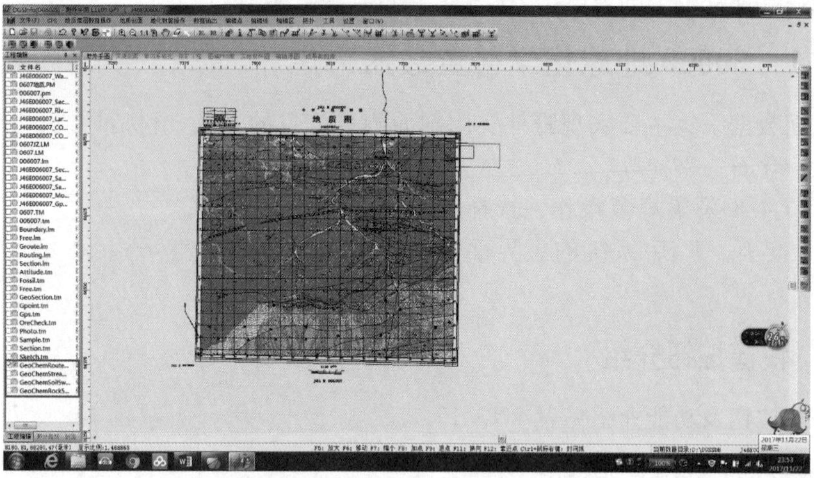

图 4. 13. 3　数据图层添加后界面

（2）导出野外手图（参考第 4 章手图数据准备章节）。

#### 4. 13. 1. 3　地球化学普查土壤采样点编辑

点击按钮，进入土壤采样点采集编辑界面（图 4. 13. 4），通过放大、缩小或平移等操作，将使图中红色十字丝移动到目标位置，点击按钮添加地质点标识并弹出属性编辑框（图 4. 13. 5）。

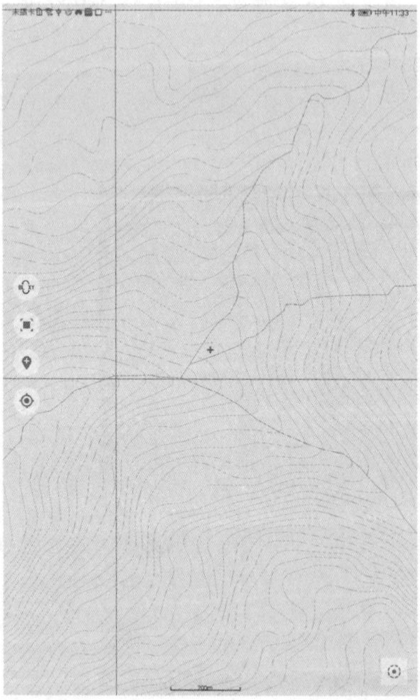

图 4. 13. 4　土壤采样点编辑界面

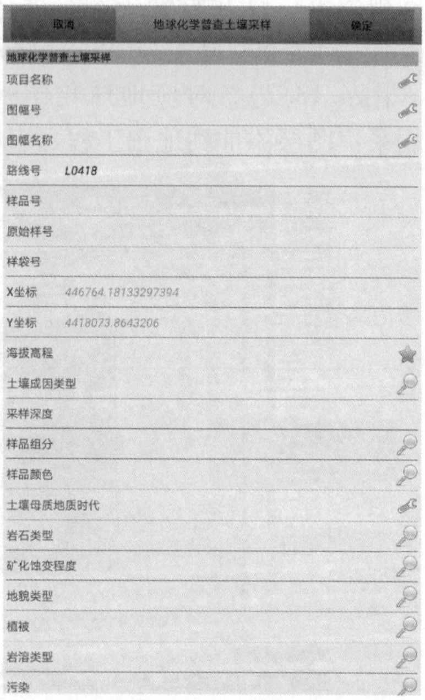


图 4. 13. 5　土壤采样点属性编辑界面

属性信息录入过程中，点击属性项后🔧图标，弹出对应属性的数据字典，点击【替换】按钮，填充对应的属性内容（图 4.13.6）。

属性编辑完成，点击【确定】按钮返回土壤采样点编辑界面完成土壤采样点添加（图 4.13.7）。

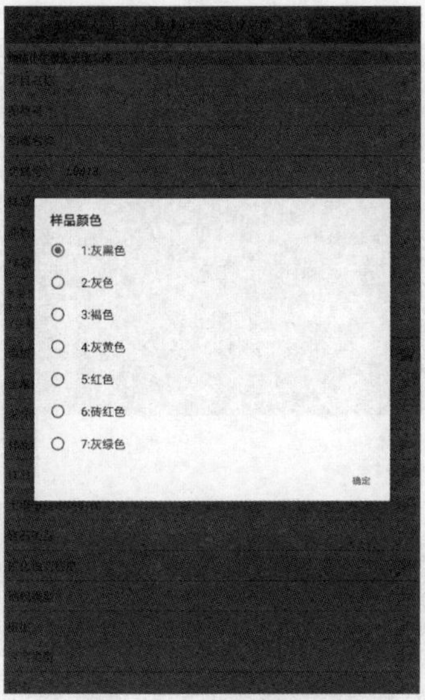


图 4.13.6　单选字典界面

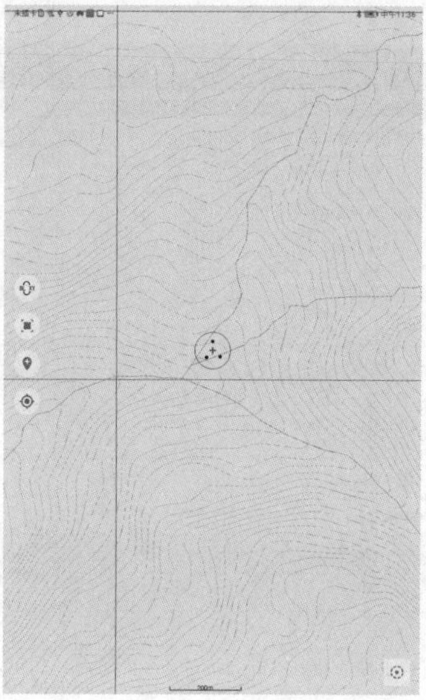

图 4.13.7　土壤采样点添加结果界面

在图 4.13.7 中，点击添加的土壤采样点标识，在界面下部弹出土壤采样点属性浏览界面，如图 4.13.8 所示，根据提示向上滑动界面，可在更大的视图窗口中浏览对应的属性信息（图 4.13.9）。

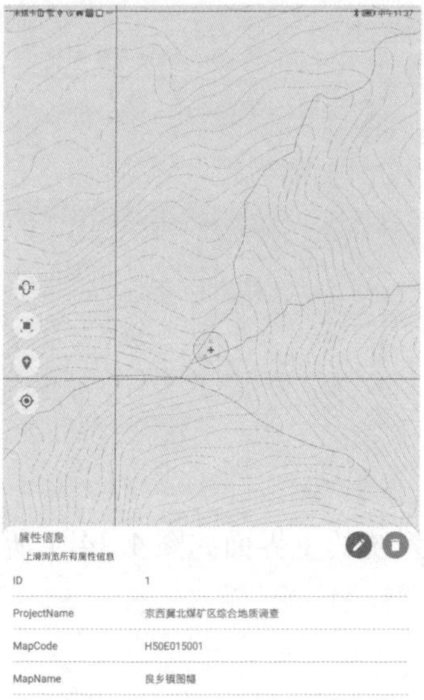


图 4.13.8　属性浏览界面

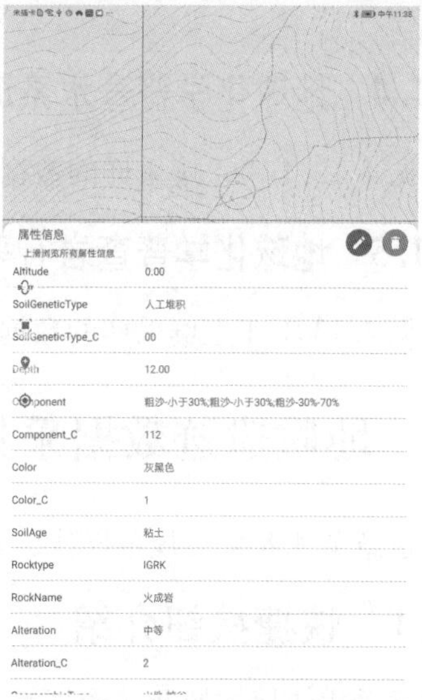


图 4.13.9　属性浏览界面 1

点击属性浏览界面中的按钮弹出土壤采样点属性编辑界面，用户可以进行属性编辑（图 4. 13. 10）。

点击按钮弹出删除提示，点击提示框中的【确定】按钮，删除对应的地质点（图 4. 13. 11）。

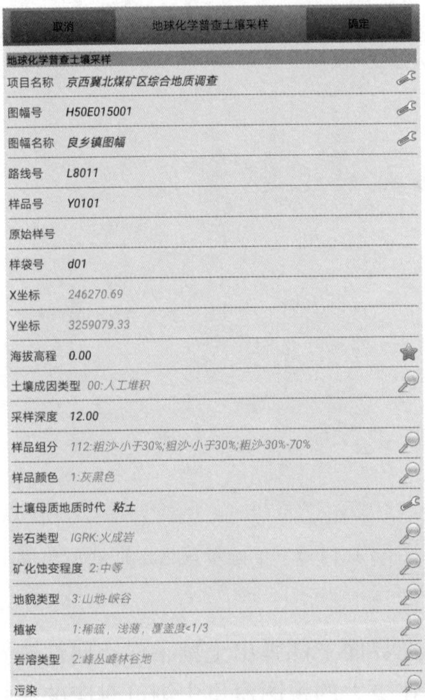


图 4. 13. 10　属性编辑界面

图 4. 13. 11　弹出提示对话框

#### 4. 13. 1. 4　地球化学普查水系沉积物采样点编辑

参见 4. 13. 1. 3 土壤采样的数据的采集。

#### 4. 13. 1. 5　地球化学普查岩石采样点编辑

参见 4. 13. 1. 3 土壤采样的数据的采集。

## 4. 14　地质遗迹数据采集

通过章节 4. 8 采集规范操作，选择“地质遗迹”后系统的主界面如图 4. 14. 1 所示。

### 4. 14. 1　快捷按钮介绍

数据采集快捷按钮及功能见表 4. 14. 1。

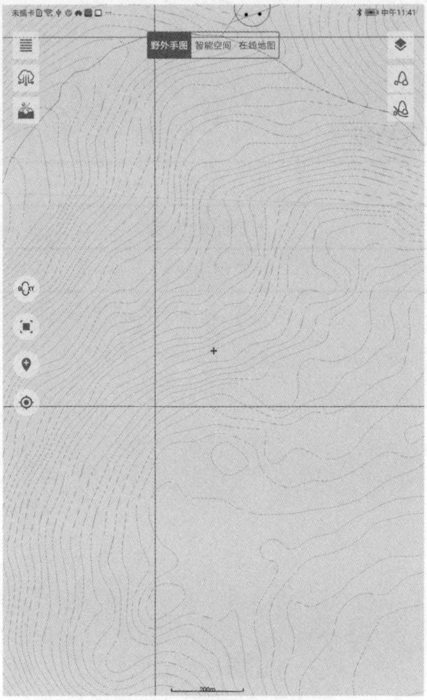


图 4.14.1　地质遗迹采集界面

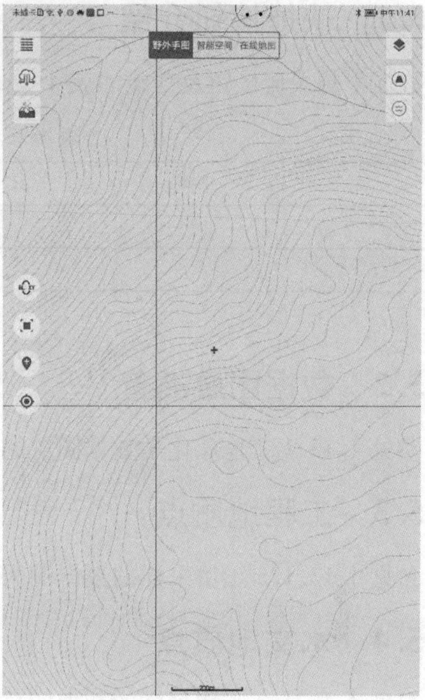


图 4.15.1　工程水文采集界面

**表 4.14.1　快捷按钮及功能**

| 图标 | 功能 |
|---|---|
|  | 地质遗迹点 |
|  | 地质遗迹边界线 |

## 4.14.2　数据图层准备

参见 4.13.1.2 地球化学数据图层的准备。

## 4.14.3　地质遗迹观测点

参见 4.13.1.3 土壤采样的数据的采集。

## 4.14.4　地质遗迹观测界线

参见 4.13.1.3 土壤采样的数据的采集。

# 4.15　工程水文数据采集

通过章节 4.8 采集规范操作，选择“工程水文”后系统的主界面如图 4.15.1 所示。

## 4.15.1 快捷按钮介绍

数据采集快捷按钮及功能如表 4.15.1 所列。

**表 4.15.1 快捷按钮及功能**

| 图标 | 工程 |
| --- | --- |
|  | 工程地质点 |
|  | 工程水文点 |

## 4.15.2 数据图层准备

参见 4.13.1.2 地球化学数据图层的准备。

## 4.15.3 工程地质点

参见 4.13.1.3 土壤采样的数据的采集。

## 4.15.4 水文地质点

参见 4.13.1.3 土壤采样的数据的采集。

# 4.16 工具集

点击工具集快捷按钮，弹出工具集界面，如图 4.16.1 所示。

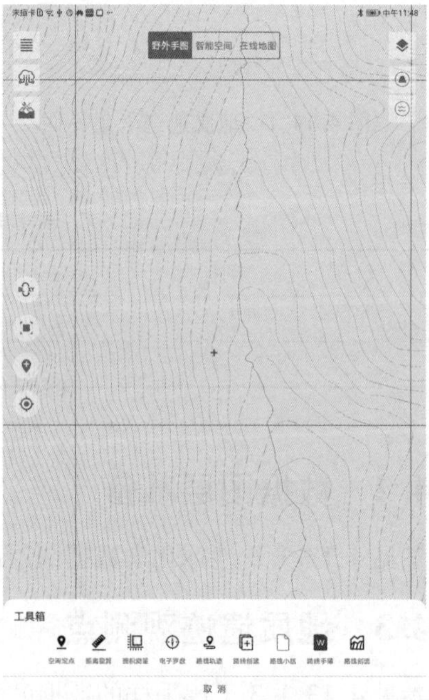


图 4.16.1 工具集界面

## 4.16.1 空间定点

（1）点击“空间定点”菜单，弹出空间定位参数设置对话框。

（2）点选输入坐标类型，输入坐标值，勾选设置当前定位点是否作为导航目的地。点击【确定】按钮在地图 GPS 图层添加定位标识并居中显示（图 4.16.2）。

## 4.16.2 距离测量

（1）点击“距离测量”菜单，弹出距离测量按钮，从左到右依次是结束测量按钮、移除节点按钮和添加节点按钮，如图 4.16.3 所示。

（2）通过放大、缩小或平移等地图操作移动红色十字丝的地图位置，点击节点添加按钮实时记录线的距离和方位（图 4.16.4）。

（3）点击结束测量按钮，结束测距功能。

图 4.16.2 空间定位参数设置对话框

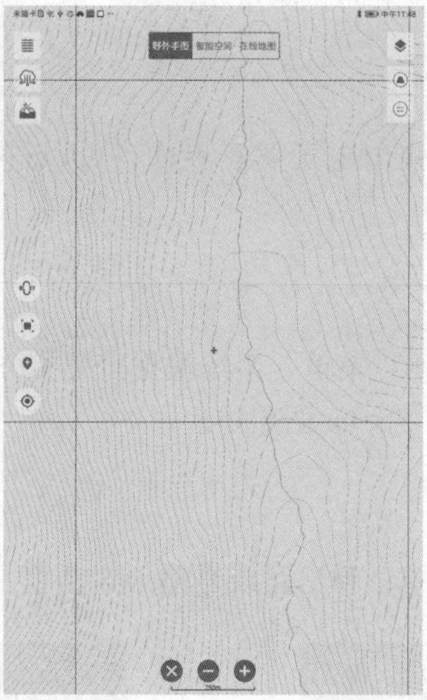

图 4.16.3 距离测量界面

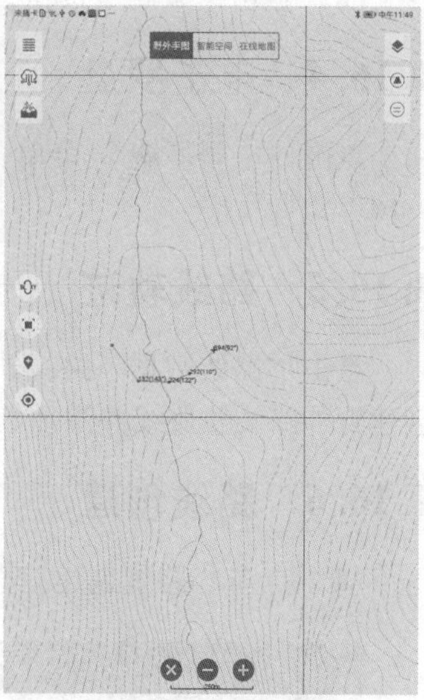

图 4.16.4 测距测量过程界面

### 4.16.3 面积测量

（1）点击“面积测量”菜单，弹出面积测量按钮，从左到右依次是结束测量按钮、移除节点按钮和添加节点按钮，如图 4.16.5 所示。

（2）通过放大、缩小或平移等地图操作移动红色十字丝的地图位置，点击节点添加按钮实时显示面积（图 4.16.6）。

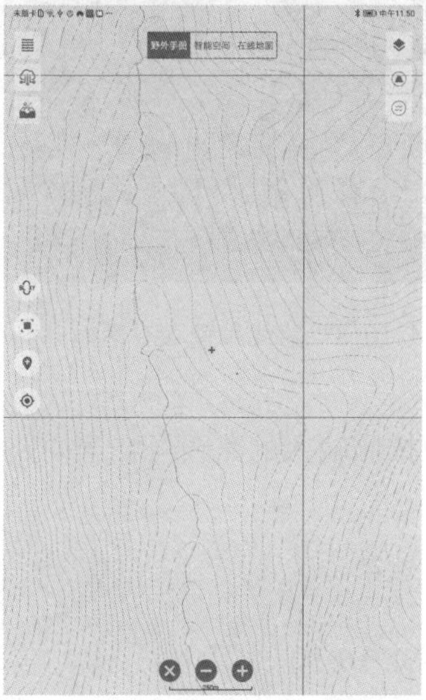

图 4.16.5 面积测量界面

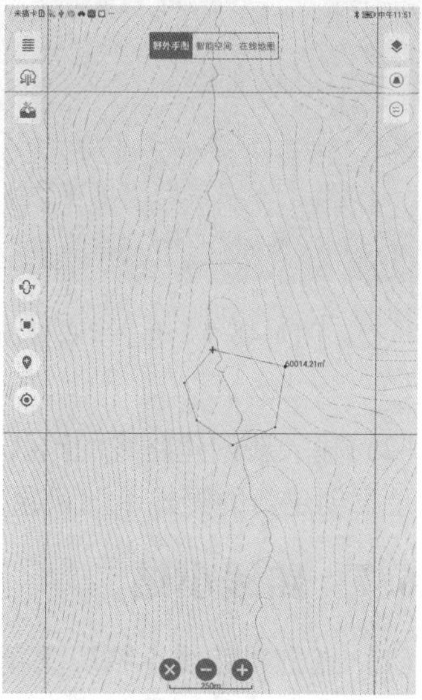

图 4.16.6 面积测量过程界面

（3）点击结束测量按钮，结束面积测量功能。

### 4.16.4　电子罗盘

点击“电子罗盘”菜单，弹出电子罗盘界面，可以进行倾向、倾角和走向测量（图4.16.7）。

### 4.16.5　路线轨迹

点击“路线数据→路线轨迹”菜单，系统根据野外GPS点的空间位置和添加时间自动创建野外路线轨迹线并添加到GPS.lm图层中。

### 4.16.6　路线创建

（1）点击“路线创建”菜单，弹出路线号输入对话框（图4.16.8）。

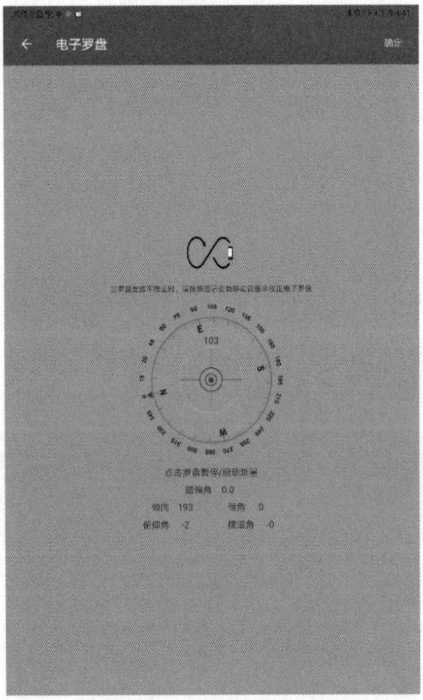


图4.16.7　电子罗盘界面

图4.16.8　路线号输入对话框

（2）输入新创建路线的路线号，点击【确定】按钮，按照输入的路线号在当前路线同级目录下创建新的野外手图目录。

### 4.16.7　路线小结

（1）点击“路线小结”菜单，弹出剖面小结界面（图4.16.9）。

（2）点击【总】按钮统计路线工作量并添加到编辑框中（图4.16.10）。

（3）路线小结输入完成，点击【返回】按钮保存小结信息并返回系统数据采集主界面。

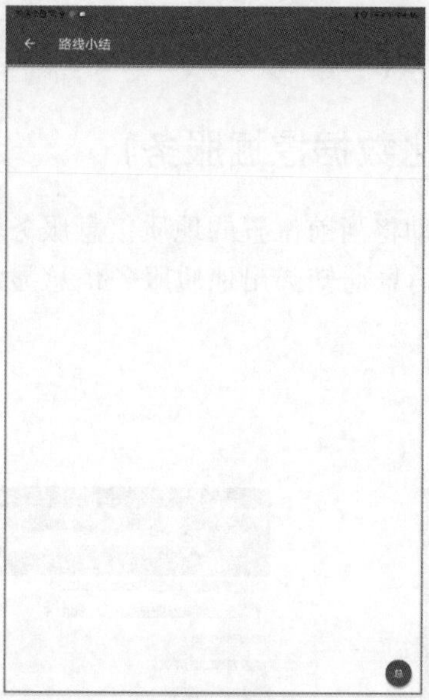
路线小结

图 4.16.9　路线小结编辑界面

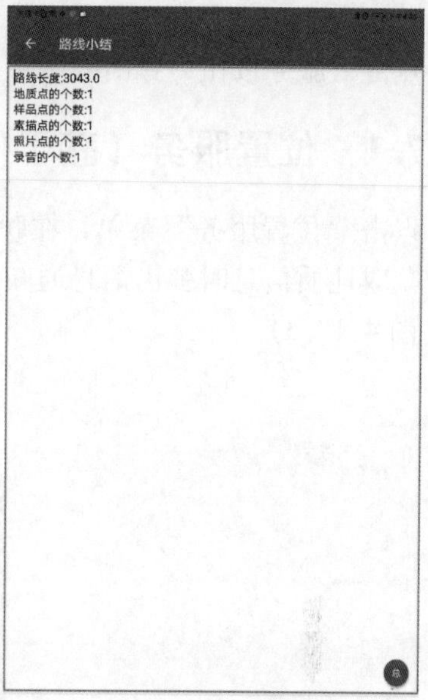
路线小结
路线长度:3043.0
地质点的个数:1
样品点的个数:1
素描点的个数:1
照片点的个数:1
录音的个数:1

图 4.16.10　路线工作量统计结果

## 4.16.8　野外手簿

点击“野外手簿“菜单自动生成野外手簿”（图 4.16.11）

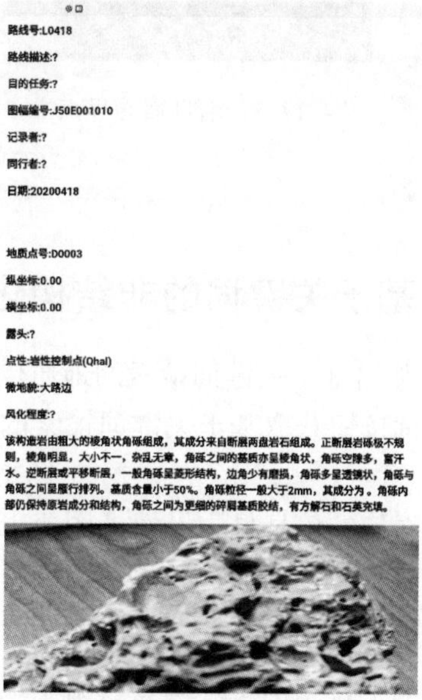
路线号:L0418
路线描述:?
目的任务:?
图幅编号:J50E001010
记录者:?
同行者:?
日期:20200418
地质点号:D0003
纵坐标:0.00
横坐标:0.00
露头:?
点性:岩性控制点(Qhal)
微地貌:大路边
风化程度:?
该构造岩由粗大的棱角状角砾组成，其成分来自断层两盘岩石组成。正断层岩砾极不规则，棱角明显，大小不一，杂乱无章，角砾之间的基质亦呈棱角状，角砾空隙多，富汗水。逆断层或平移断层，一般角砾呈菱形结构，边角少有磨损，角砾多呈透镜状，角砾与角砾之间呈雁行排列。基质含量小于50%。角砾粒径一般大于2mm，其成分为 。角砾内部仍保持原岩成分和结构，角砾之间为更细的碎屑基质胶结，有方解石和石英充填。

图 4.16.11　野外手簿

## 4.17 云服务

点击云服务按钮，弹出云服务界面，如图 4.17.1 所示。

### 4.17.1 位置服务（基于位置的非结构化化数据挖掘服务）

点击“位置服务”菜单，在联网的情况下，系统自动将当前位置的地质信息服务，当用户获取地质信息时弹出消息通知（图 4.17.2），点击消息通知弹出地质服务信息显示界面（图 4.17.3）。

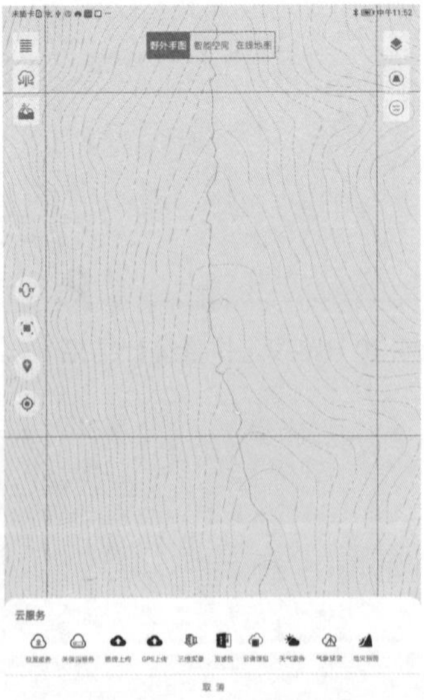
云服务
取消

图 4.17.1　云服务界面

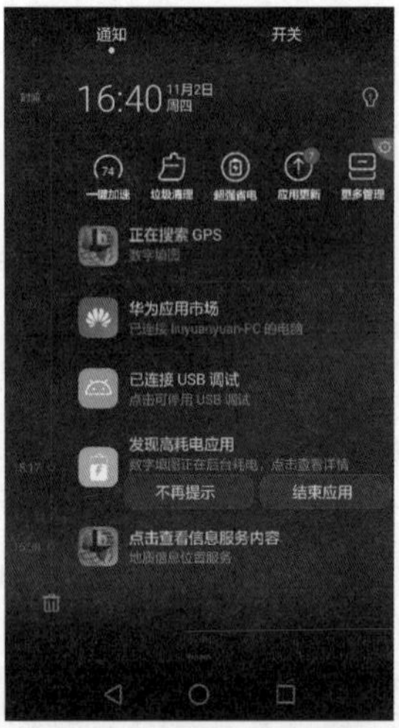
通知
开关
16:40
11月2日
周四
一键加速
垃圾清理
超强省电
应用更新
更多管理
正在搜索 GPS
数字填图
华为应用市场
已连接 USB 调试
点击可停用 USB 调试
发现高耗电应用
不再提示
结束应用
点击查看信息服务内容
地质信息位置服务

图 4.17.2　消息通知界面

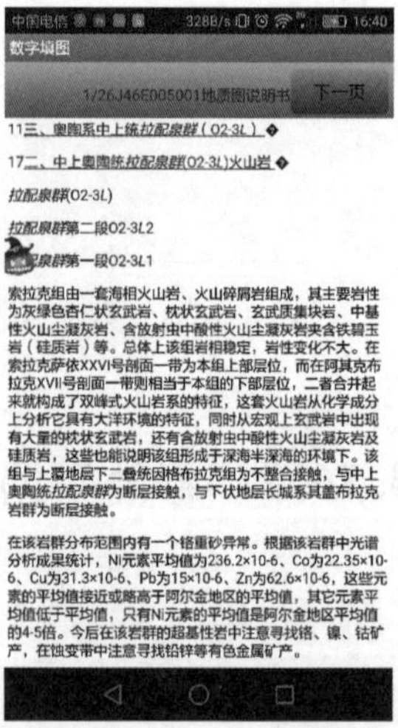
中国电信
16:40
数字填图
1/26J46E005001地质图说明书
下一页
11三、奥陶系中上统拉配泉群（O2-3L）
17二、中上奥陶统拉配泉群(O2-3L)火山岩
拉配泉群(O2-3L)
拉配泉群第二段O2-3L2
泉群第一段O2-3L1
索拉克组由一套海相火山岩、火山碎屑岩组成，其主要岩性为灰绿色杏仁状玄武岩、枕状玄武岩、玄武质集块岩、中基性火山尘凝灰岩、含放射虫中酸性火山尘凝灰岩夹含铁碧玉岩（硅质岩）等。总体上该组岩相稳定，岩性变化不大。在索拉克萨依XXVI号剖面一带为本组上部层位，而在阿其克布拉克XVII号剖面一带则相当于本组的下部层位，二者合并起来就构成了双峰式火山岩系的特征，这套火山岩从化学成分上分析它具有大洋环境的特征，同时从宏观上玄武岩中出现有大量的枕状玄武岩，还有含放射虫中酸性火山尘凝灰岩及硅质岩，这些也能说明该组形成于深海半深海的环境下。该组与上覆地层下二叠统因格布拉克组为不整合接触，与中上奥陶统拉配泉群为断层接触，与下伏地层长城系其盖布拉克岩群为断层接触。
在该岩群分布范围内有一个铬重砂异常。根据该岩群中光谱分析成果统计，Ni元素平均值为236.2×10-6、Co为22.35×10-6、Cu为31.3×10-6、Pb为15×10-6、Zn为62.6×10-6，这些元素的平均值接近或略高于阿尔金地区的平均值，其它元素平均值低于平均值，只有Ni元素的平均值是阿尔金地区平均值的4-5倍。今后在该岩群的超基性岩中注意寻找铬、镍、钴矿产，在蚀变带中注意寻找铅锌等有色金属矿产。

图 4.17.3　地质服务信息显示界面

### 4.17.2 关键词服务（基于关键词的非结构化数据挖掘服务）

（1）点击“关键词服务”弹出基于关键词检索的地质信息服务界面（图 4.17.4）。

（2）输入关键词，点击查询按钮获取基于关键词检索的文本知识片段，并按照专题返回用户（图 4.17.5）。

（3）点击某一专题，弹出对应的信息显示界面（图 4.17.6）。

### 4.17.3 路线上传

点击“路线上传”菜单开始上传当前野外调查数据至地质调查智能空间平台个人数据目录中，当数据上传完成在系统通知栏显示通知消息。

图 4.17.4 基于关键词检索的地质信息服务界面

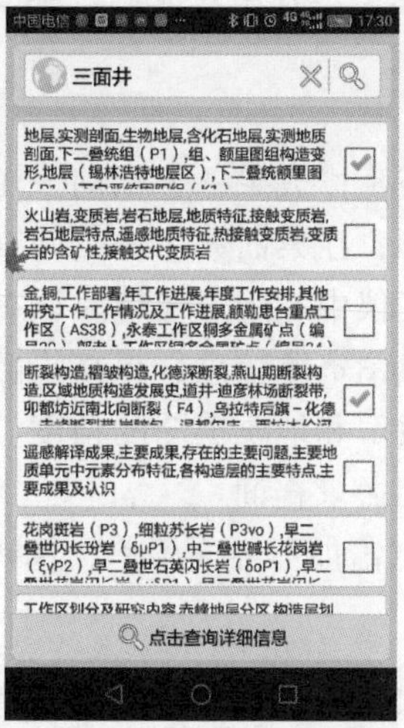


图 4.17.5 检索结果专题显示界面

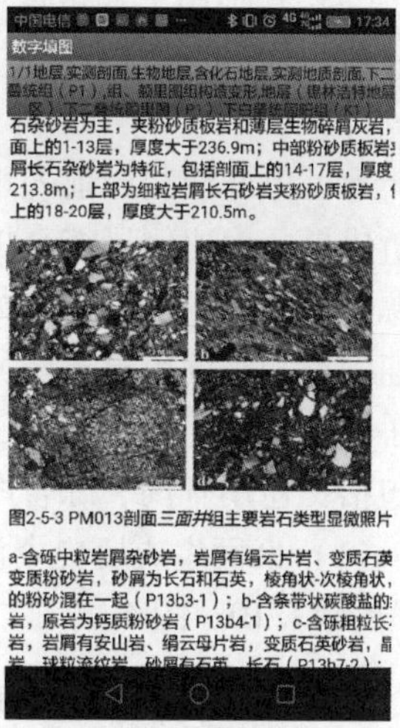


图 4.17.6 对应信息显示界面

## 4.17.4 GPS 轨迹上传

点击“GPS 轨迹上传”菜单开始上传当前野外调查路线轨迹数据至地质调查智能空间平台个人数据目录中。当数据上传完成在系统通知栏显示通知消息。

## 4.17.5 三维实景

(1) 点击“三维实景”菜单弹出三维实景模型列表界面（图 4.17.7）。

(2) 点击列表中某一记录，弹出对应的三维实景模型（图 4.17.8），点击【地图显示】按钮切换到三维实景模型地图浏览界面（图 4.17.9）

图 4.17.7 模型列表显示

图 4.17.8 三维实景模型

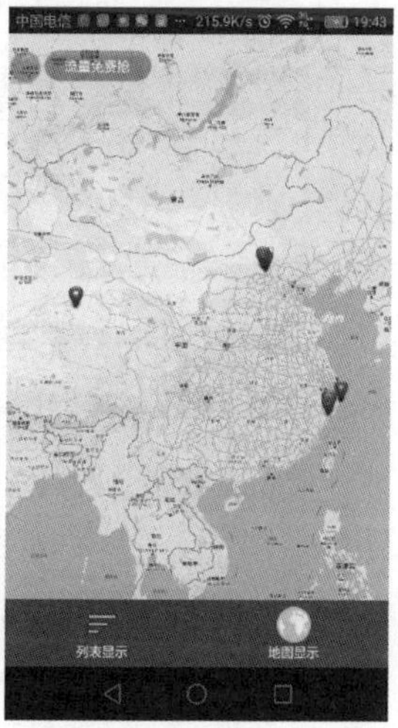


图 4.17.9 三维实景地图显示

（3）在地图上长按模型位置标识，弹出对应的三维实景模型。

### 4.17.6 资源包

为了更好地利用前人地质调查工作成果，包括前人工作的地质图件、地质报告、样品分析成果，大比例尺综合地质图等，在桌面数字地质调查信息综合平台形成历史地质填图资源包，然后拷贝到野外数据采集仪中。用户在地质调查工作过程中，通过系统工具可以快速浏览和查询历史本区域地质填图资源信息，提高了数据获取能力，丰富了历史信息查询手段，有利于提供野外工作的效率和地质填图的精度。目前系统提供的历史信息查询功能包括：通用查询、综合图查询和目录查询。

（1）桌面生成历史资源包。点击如下界面菜单，选择存储路径后生成资源包。资源包如图 4.17.10、图 4.17.11 所示。

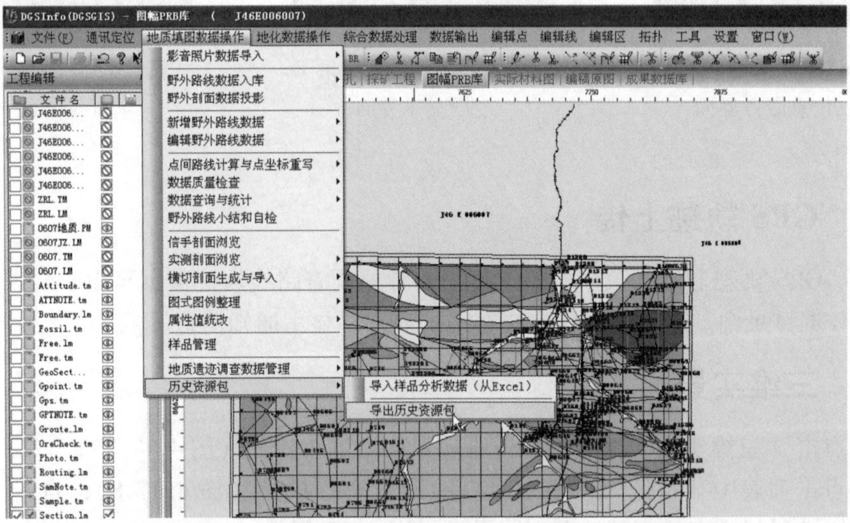


图 4.17.10 历史资源包菜单

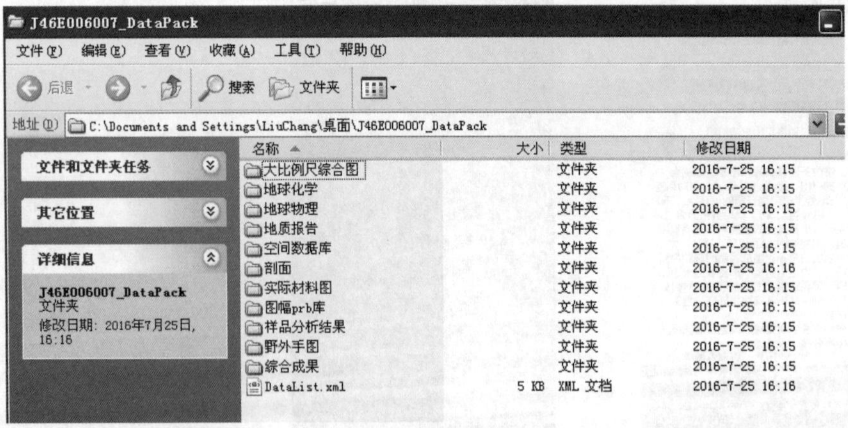


图 4.17.11 历史资源包导出结果示例

（2）将历史资源包拷贝到野外数据采集仪的主存储目录。

（3）点击“资源包”菜单，弹出目录清单列表（图 4. 17. 12）。点击目录节点，弹出对应的节点图件或者文档报告浏览界面（图 4. 17. 13 至图 4. 17. 15）。

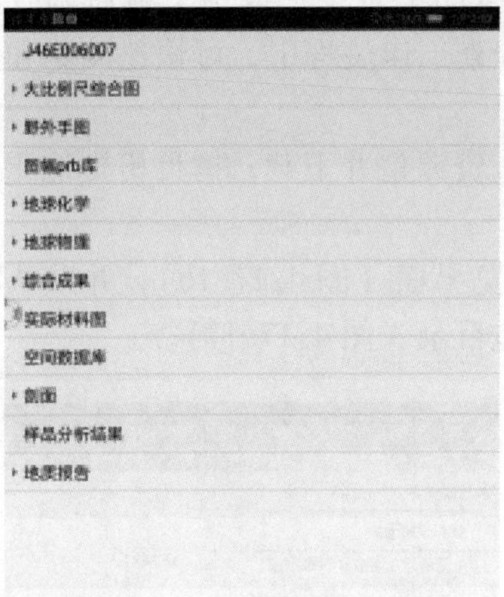


图 4. 17. 12　目录清单

图 4. 17. 13　大比例尺综合图浏览界面

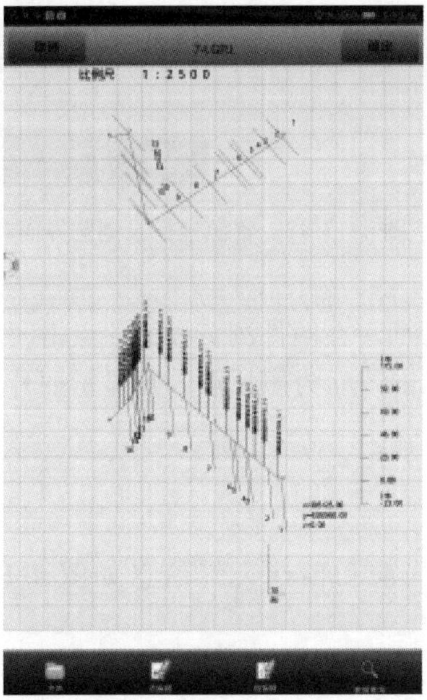


图 4. 17. 14　剖面图浏览界面

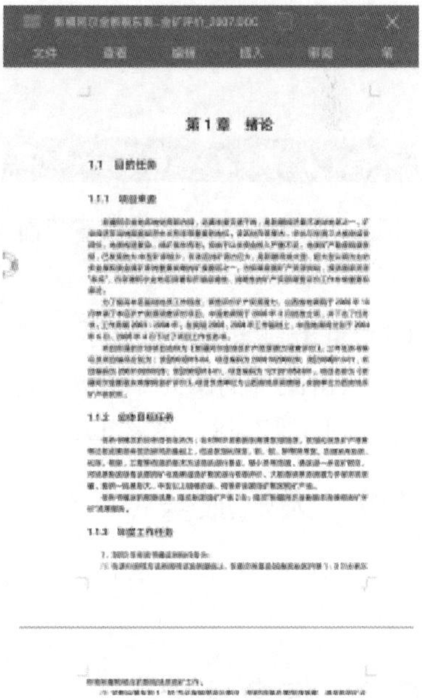


图 4. 17. 15　地质报告浏览界面

## 4.17.7 云资源包

为了更好地利用前人地质调查工作成果，包括前人工作的地质图件、地质报告、样品分析成果，大比例尺综合地质图等，在地质调查智能空间平台中形成历史地质调查资源包，然后将其拷贝到野外数据采集仪中。用户在地质调查工作过程中，可快速浏览和查询历史地质调查资源包中信息。

（1）在地质调查智智能空间平台准备历史地质调查资源包并下载，拷贝历史地质调查资源包到野外数据采集仪的主存储目录中。

（2）点击“云资源包”按钮，弹出资源包信息浏览界面（图4.17.16），并默认打开目录中的第一个图件。点击【目录】按钮，弹出资源包目录（图4.17.17）。

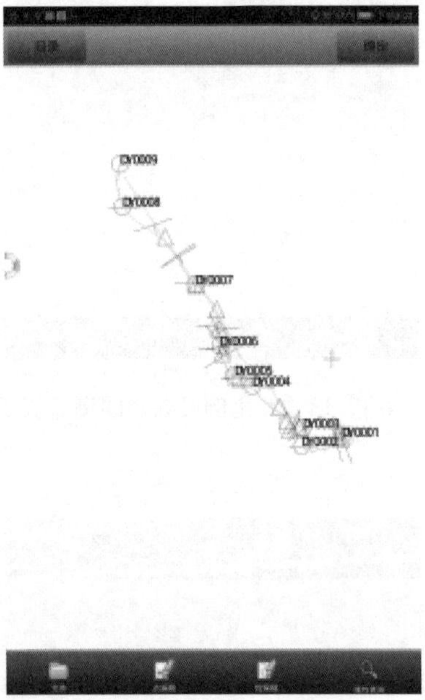

图4.17.16 资源包信息浏览界面

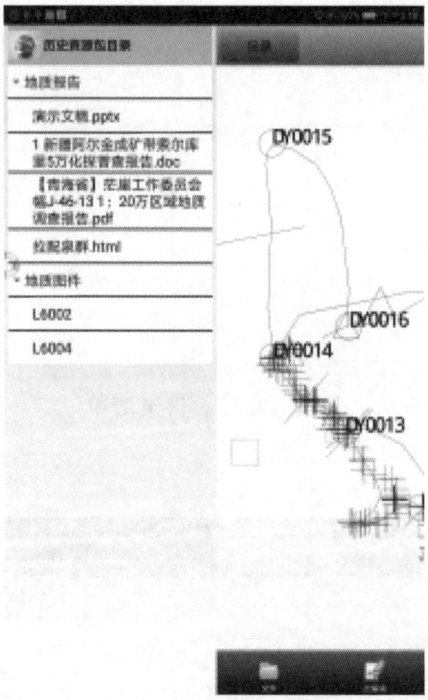


图4.17.17 资源包目录浏览界面

（3）点击目录中节点显示对应的图件和报告浏览界面。在图件浏览界面，点击“浏览菜单”，点击图件的图元，弹出图元信息界面，如果点击图元为照片点，则显示照片点关联照片（图4.17.18，图4.17.19）。

## 4.17.8 天气服务

点击“天气服务”菜单，根据当前位置，获取当前和预计天气信息如图4.17.20所示。

## 4.17.9 气象预警

点击“气象预警”菜单，根据当前位置，获取预警信息列表如图4.17.21所示。

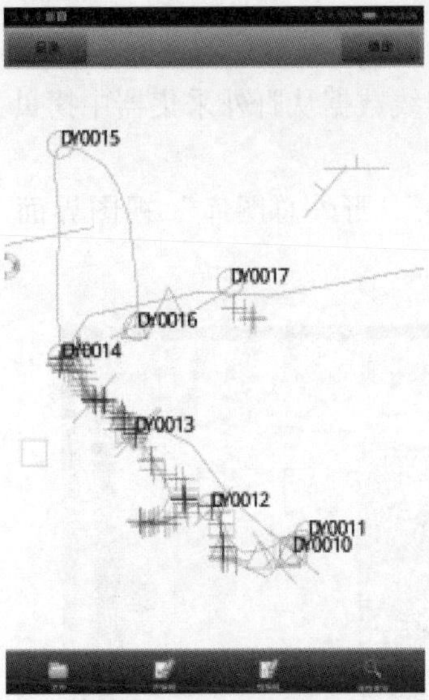


图 4.17.18　资源包图件浏览界面

图 4.17.19　资源包报告浏览界面

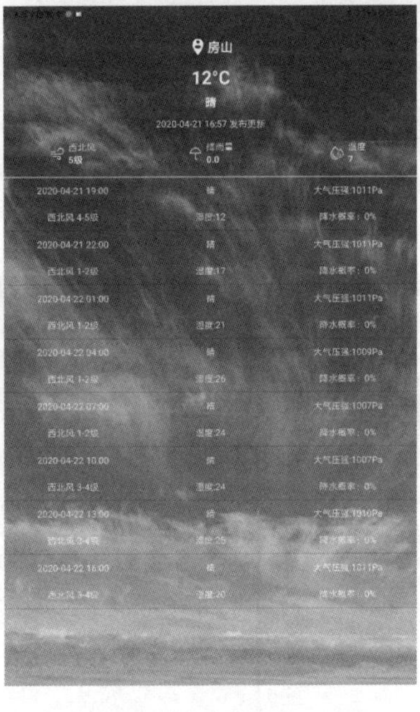


图 4.17.20　天气服务界面

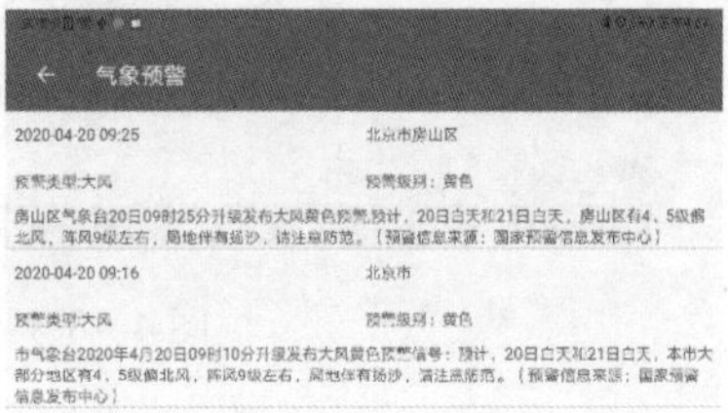


图 4.17.21　气象预警服务界面

## 4.18　野外数据导入桌面系统

实现数字填图采集数据，包括野外路线数据和实测剖面数据导入数字地质调查信息综合平台。

## 4.18.1　野外路线数据导入

（1）通过 USB 数据线或第三方手机助手软件将野外路线数据从野外采集器中拷贝到工作计算机的某个路径下。

（2）打开数字地质调查信息综合平台，打开图幅进入“野外总图库”视图界面（图 4.18.1）

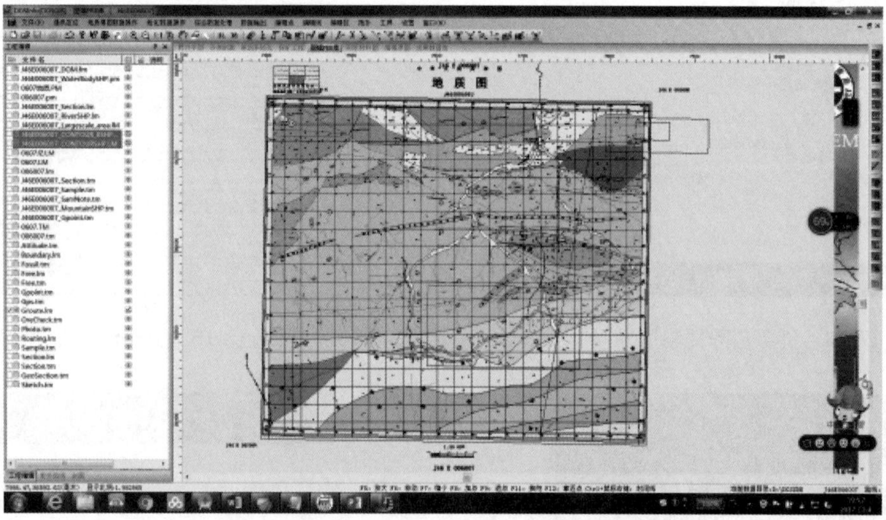


图 4.18.1　图幅“野外总图库”视图界面

（3）选择“文件→野外手图数据交换→掌上机（Android）到桌面”菜单，弹出路线信息目录选择对话框（图 4.18.2）。

图 4.18.2　目录选择对话框

（4）选择野外手图目录，点击确定弹出路线工程选择对话框（图4.18.3）。

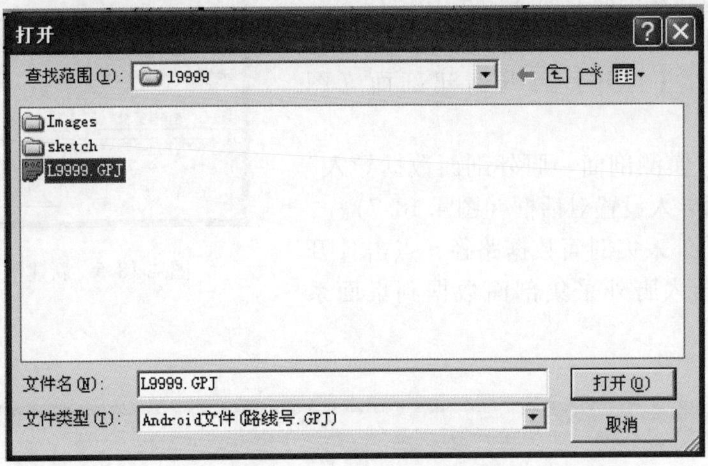


图4.18.3　路线工程选择对话框

（5）选择野外手图路线工程GPJ文件，点击【打开】导入野外路线采集数据，野外路线数据导入完成之后，点击野外手簿视图标签，进入野外手图视图，在野外目录树中点击导入的野外路线，打开对应的野外手图，复位地图显示导入的野外采集数据。

## 4.18.2　实测剖面数据导入

（1）通过USB数据线或第三方手机助手软件将实测剖面数据从野外采集器中拷贝到工作计算机的某个路径下。

（2）打开数字地质调查信息综合平台，打开图幅进入“实测剖面”视图界面（图4.18.4）

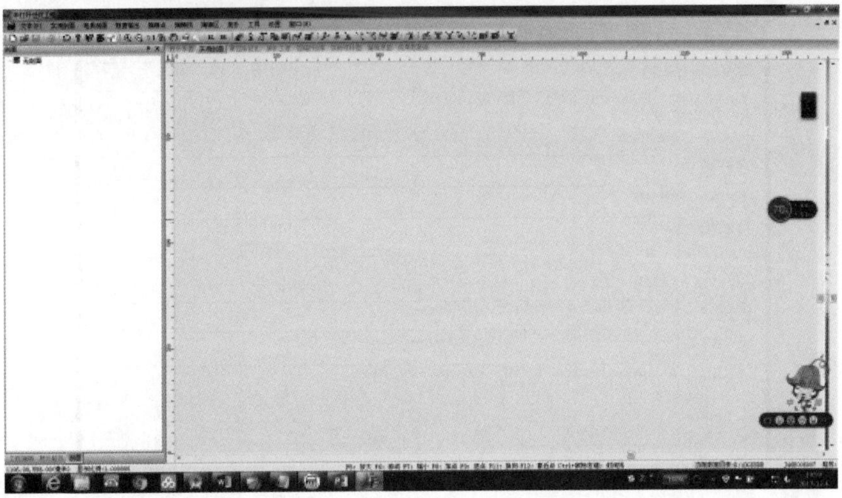

图4.18.4　图幅实测剖面视图界面

（3）点击“实测剖面→打开（新建）实测剖面”菜单，弹出新建剖面界面（图 4.18.5）。

（4）输入相同野外剖面名称，点击【新建】创建剖面，点击【打开】打开新建剖面（图 4.18.6）。

（5）选择“实测剖面→野外剖面数据导入”菜单，弹出剖面导入设置对话框（图 4.18.7）。

（6）设置野外采集剖面数据路径，点击【开始导入】按钮导入野外采集剖面数据到桌面系统中。

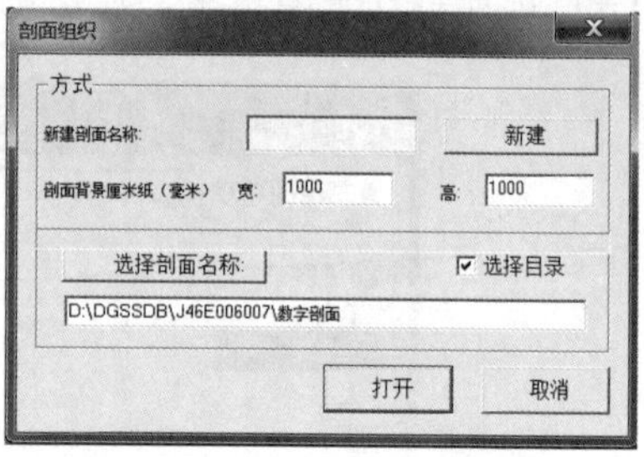


图 4.18.5　新建剖面界面

图 4.18.6　新建剖面结果

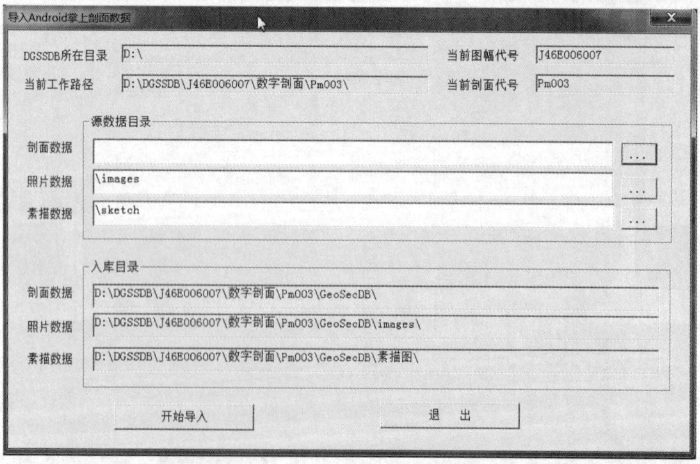


图 4.18.7　剖面导入界面

# 5 在线地图

## 5.1 新建任务

点击屏幕左上角的按钮，屏幕左侧会出现一列菜单（图 5.1.1）。点击“新建任务”，系统弹出输入任务名称的对话框，用户可以选择“简单模板”“PRB 模板”和“用户自定义的模板”等多种模板，本示例中选择了“简单模板”（图 5.1.2）。

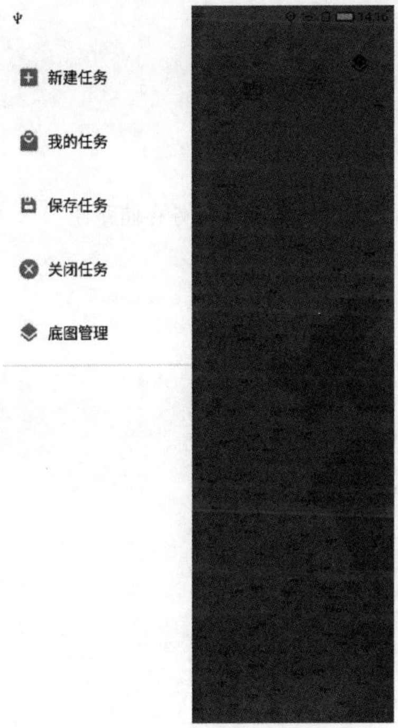


图 5.1.1　菜单界面

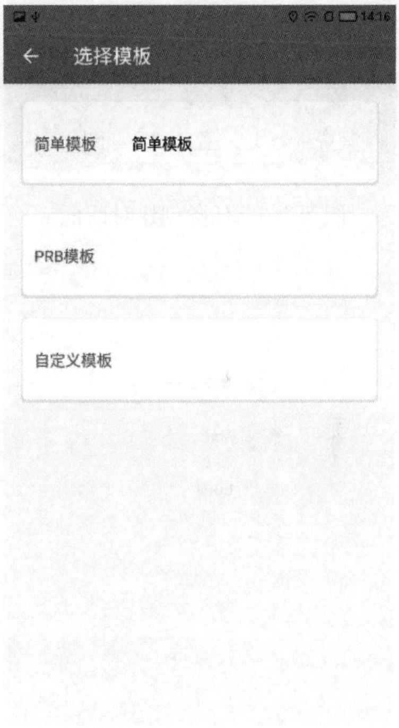


图 5.1.2　模板选择界面

用户并根据实际情况输入任务名称，本示例创建了一个名字为“1”的任务（图 5.1.3，若已经创建了任务 1，则不能再次创建）。此时在手机的 SD 卡中名称为“RGMap-Data”的文件夹下面会自动出现如图 5.1.4 所示的文件夹，选择“webMer”。

会出现“1”任务的工作目录，该工作目录包含了存放背景图层“Background”文件夹，工作图层 Work 文件夹和“任务名称”. GPJ 地图文档，如“1. GPJ”（图 5.1.5）。

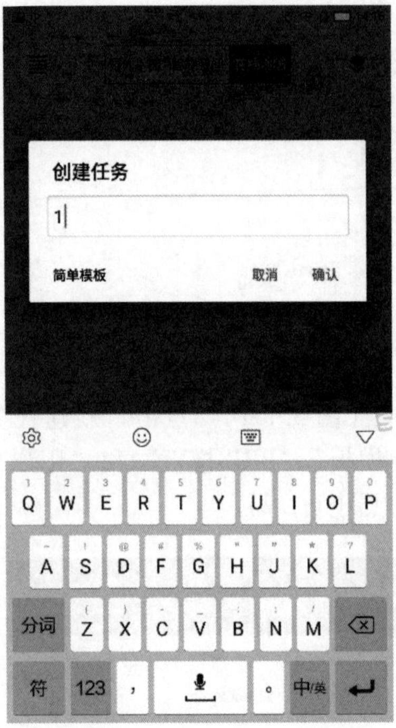


图 5.1.3　任务创建对话框

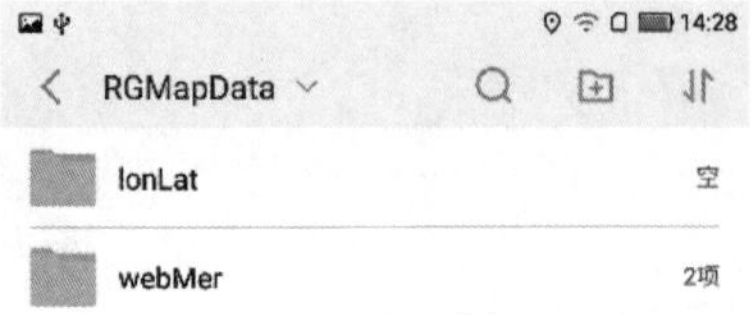


图 5.1.4　任务存储路径

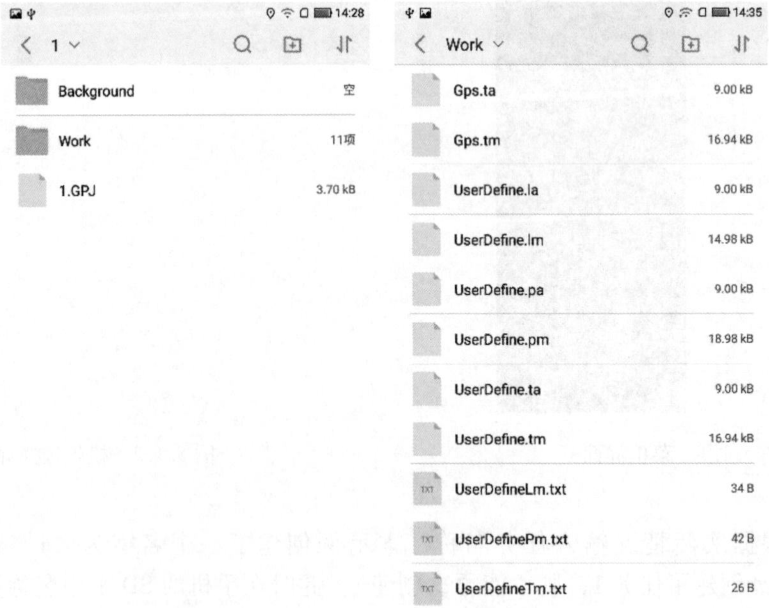


图 5.1.5　任务创建结果

## 5.2 我的任务

可以从“我的任务”中查看在线地图视图下创建的所有任务，也可以点击右下角的“+”号创建任务（图 5.2.1，图 5.2.2），步骤 5.1 相同。

用户可以选择长按任务名称去删除任务，也可以点击任务名称切换该到该任务下面，如图 5.2.3 所示。

图 5.2.1 任务列表

图 5.2.2 任务创建对话框

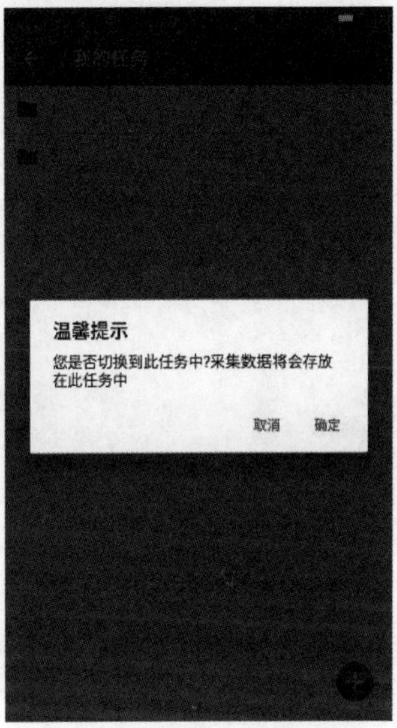


图 5.2.3 任务删除提示

## 5.3 保存任务

保存任务具有保存用户创建任务数据的功能。

## 5.4 关闭任务

关闭任务后，当前视图下的所有图层被关闭，并且图层管理不可用。

## 5.5 底图管理

底图管理主要分为在线底图和离线底图（图 5.5.1）。在线底图用于切换在线的地理基础源数据，如百度地图，高德地图和谷歌地图。离线底图支持“TMS”格式的离线底图数据包，当没有网络的时候会显示当前选择的离线底图数据包。用户可以从内存卡中设置离线底图包，点击不同底图包名称，可以底图包切换。长按可以删除该离线底图包。

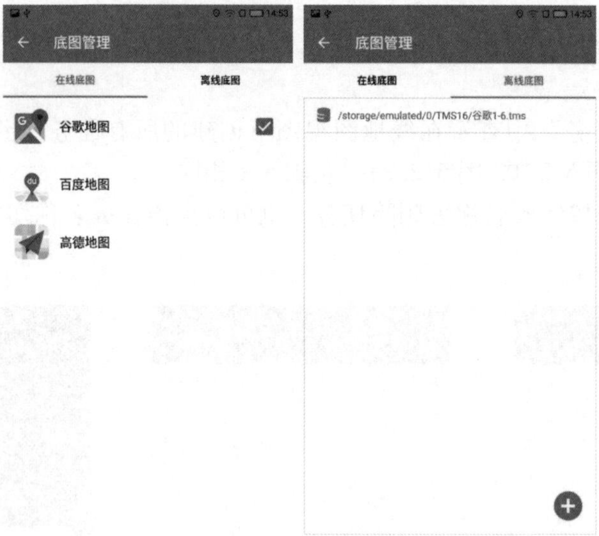


图 5.5.1　底图管理界面

## 5.6　图层管理

当我们创建任务后，点击屏幕右上方的按钮，便会出现如图 5.6.1 所示界面。该界面分为三个区域。第一区域用于显示当前底图名称和同一数据源下面的切换影像、矢量、栅格等多种类型的地图。第二区域分为业务图层和背景图层。所有的点线面绘制操作的都是业务图层，该图层的数据保存 SD 卡中所创建任务下面一个名字为“Work”的文件夹下面（图 5.6.1）。

图 5.6.1　图层管理界面

设置图层状态。可以设置图层为关闭、打开、编辑和当前编辑四种状态。点线面绘制之前需要设置图层为“当前编辑”状态。此外，还可以进行图层复位和修改参数（图 5.6.2，图 5.6.3）。

第三区域主要用于对业务图层的删除、插入、增加、上移和下移等操作。当需要增加图层时，直接点击“+”按钮，从 SD 卡中选择将要被增加的图层。当需要在某个图层下方插入图层时，点击该图层会出现红色框，点击“+”按钮从 SD 卡中选择将要被插入的图层（图 5.6.4）。

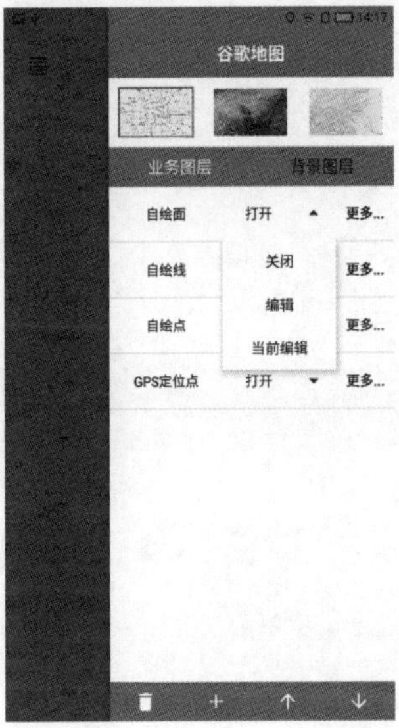


图 5.6.2　图层状态切换界面

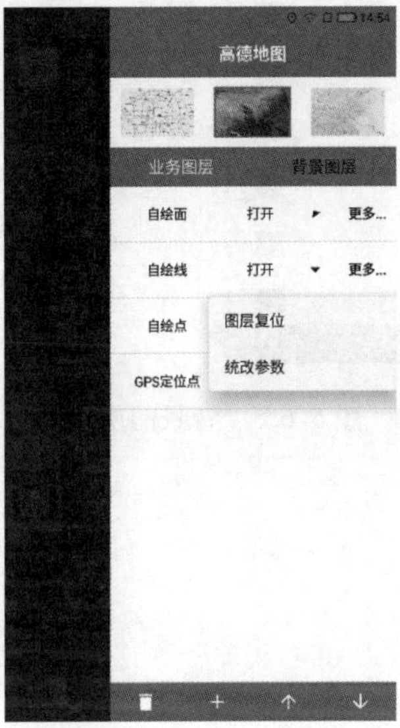


图 5.6.3　图层扩展菜单

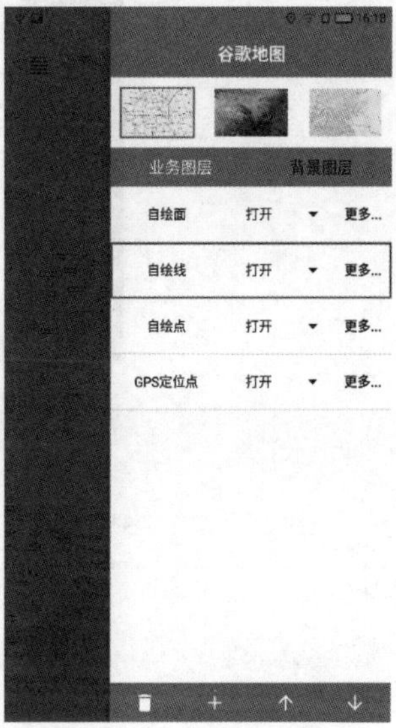


图 5.6.4　图层选择

点击背景图层，点击屏幕下方的“+”按钮可以从 SD 卡中加载背景来辅助业务数据采集。背景图层只能被设置为可见或者不可见两种状态，不允许编辑。“-”按钮可以删除背景图层。背景图层被保存在任务文件夹下面的名称为“Background”的文件夹内（图 5.6.5）。

## 5.7　点编辑

我们可以使用 GPS 来采集当前所在坐标的数据，用户创建的文件夹里面需要有 GPS 图层，如图 5.7.1 所示，使用 GPS 功能定位到当前所在位置。

（1）绘制点：

在图层管理中，将 GPS 图层设置为“当前编辑”状态后，选择右下方显示一个圆点的图标（右下角，从上往下第一个按钮），屏幕中心出现一个红色的“+”字线，屏幕底部会出现蓝色的“+”按钮图标，用户点击“+”按钮，在完成点绘制的同时自动弹出属性录入界面。如图 5.7.2、图 5.7.3 所示。

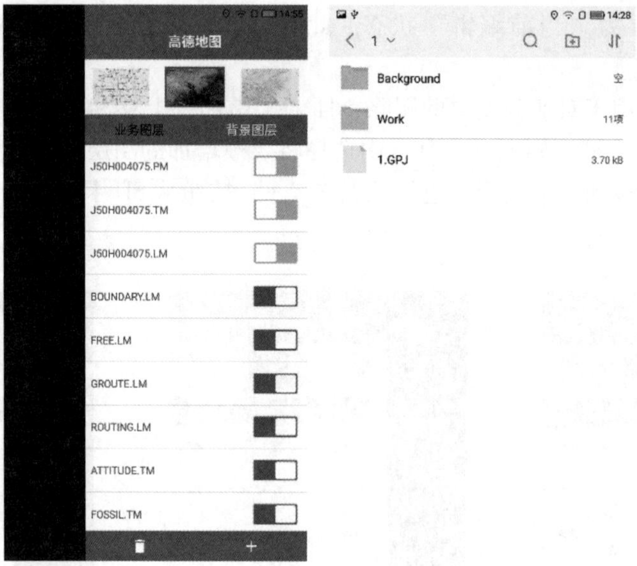


图 5.6.5　背景图层控制

图 5.7.1　GPS 设置界面

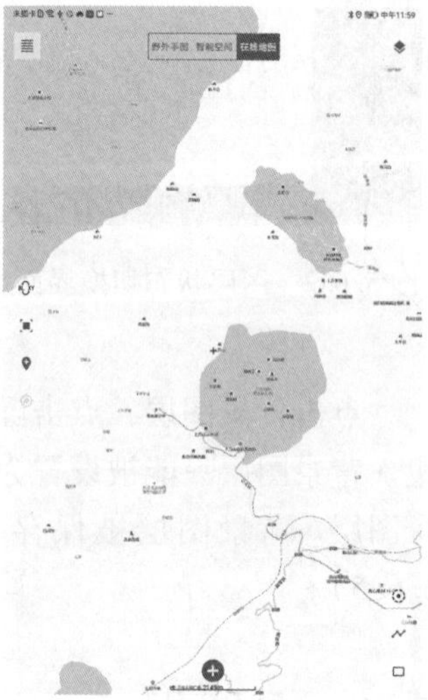

图 5.7.2　添加点界面

（2）浏览或者修改点属性：

用户可以点击绘制完成的点浏览该点的属性，可以往上拖动属性浏览界面，查看其他属性。该属性浏览界面右上角有两个按钮，分别可以进入属性界面修改该点的属性或者删除该点（图 5.7.4）。

点击编辑按钮，弹出对应的属性信息界面。

点击删除按钮，提出删除提示（图 5.7.5）。

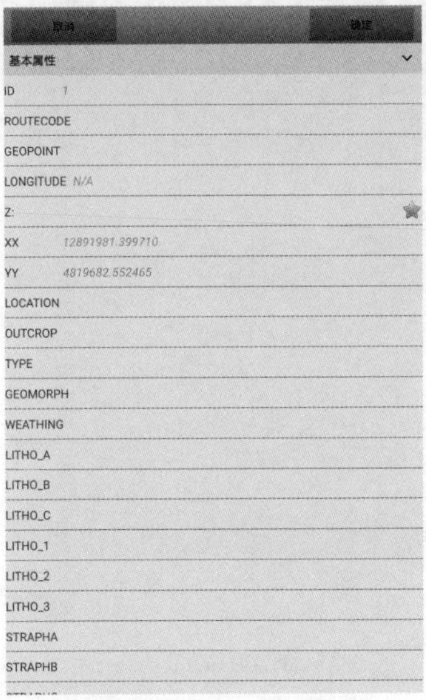


图 5.7.3 点属性界面

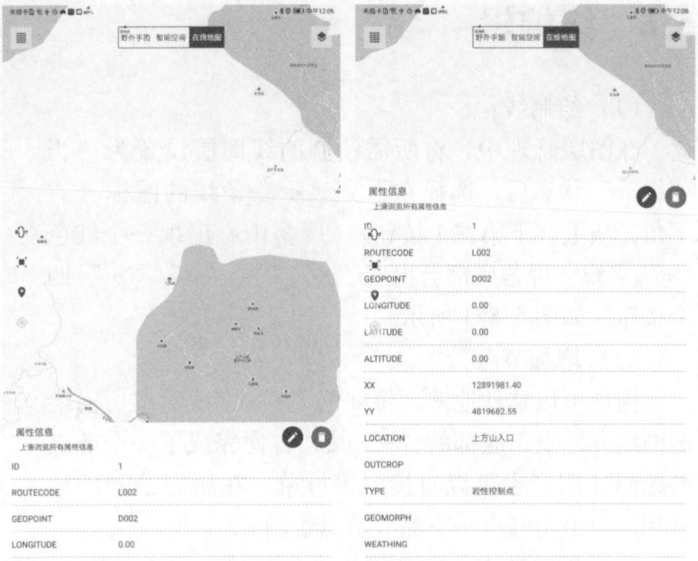


图 5.7.4 点属性浏览界面

（3）移动点：

在绘制状态先长按点，可以自由移动该点（图 5.7.6）。

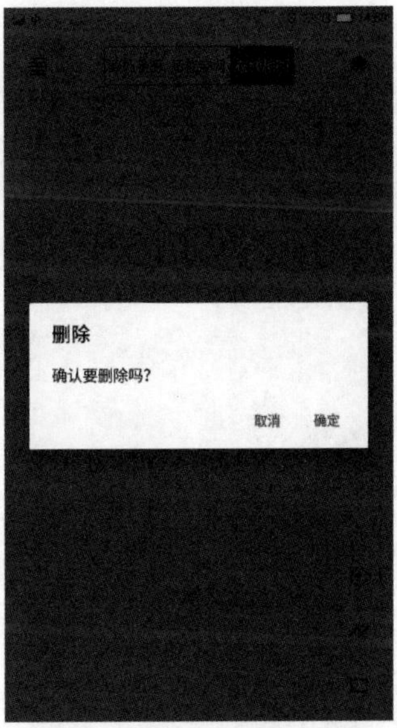


图 5.7.5 删除提示界面

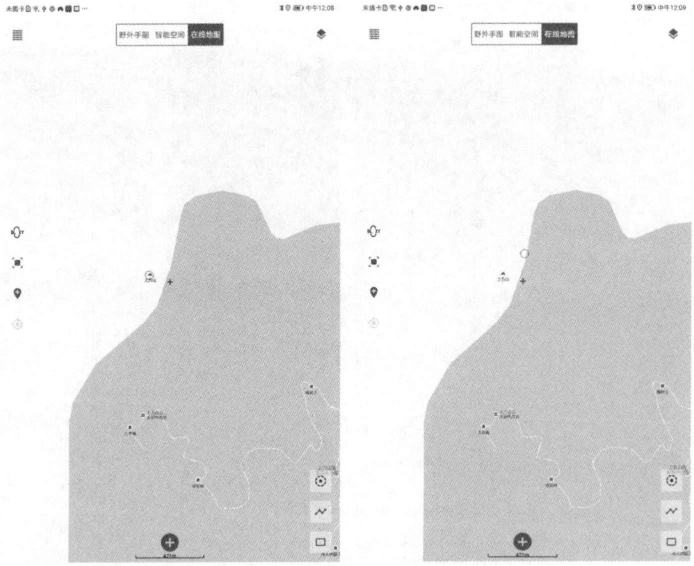


图 5.7.6 点移动前后对比界面

## 5.8 线编辑

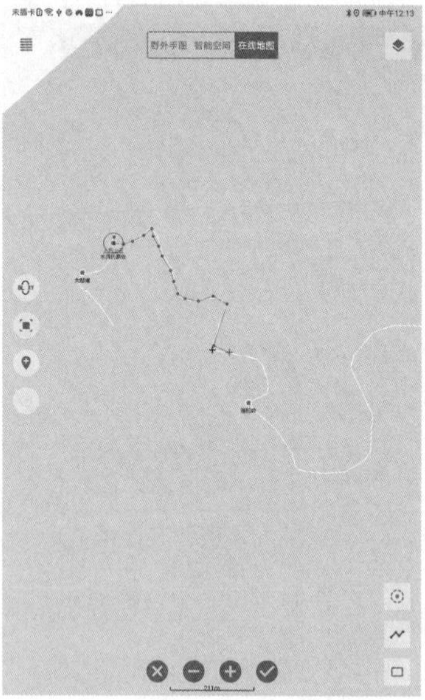

图 5.8.1　节点添加界面

（1）绘制线：

在图层管理中，将所需绘制的线图层设置为“当前编辑”状态后，选择右下方显示一条线的图标（右下角，从上往下第二个按钮），屏幕中心出现一个红色“+”字线，屏幕底部会出现“×”“-”“+”“√”四个按钮。如图 5.8.1 所示。

（2）增加节点：

用户可以移动地图，将红色“+”字线对准所需绘制的地方，点击底部的“+”按钮，便完成了一个节点的绘制（用户也可以直接触摸屏幕，在所需绘制的地方用一根手指轻点一下完成节点绘制）。

（3）删除节点：

如果想要删除已经绘制的节点，用户将红色“+”字线对准将被删除的节点，点击底部的“-”按钮，便完成了节点删除（图 5.8.2）。

（4）保存绘制的线和取消线绘制：

用户点击底部的“ √”按钮，便完成了一条线的绘制。用户若点击“×”按钮，那么便取消了绘制线的操作（图 5.8.3）。

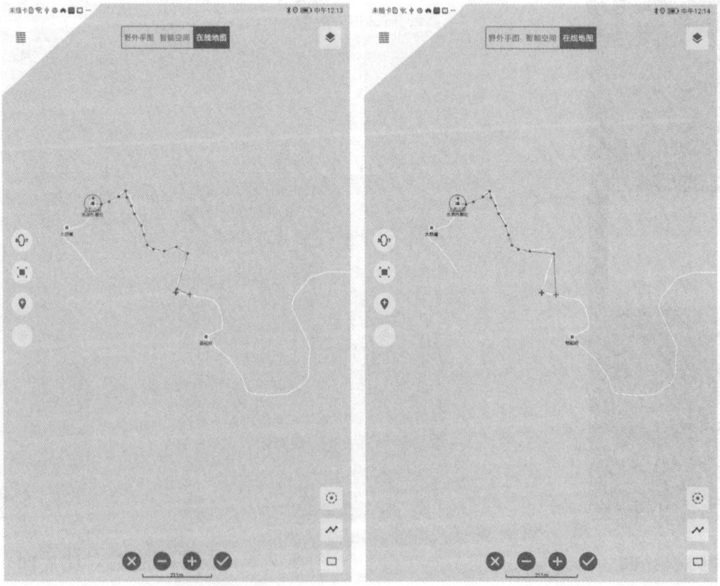

图 5.8.2　节点删除前后对比界面

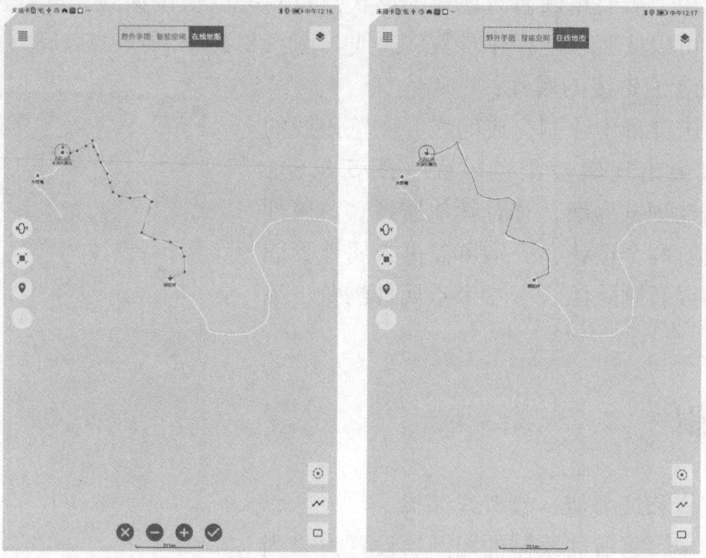

图 5.8.3 线绘制结束

（5）属性录入：

当选择了“√”按钮，便会自动出现刚才绘制的线的属性录入界面，用户根据实际情况录入完属性后，点击确定按钮，此时便完成了点的属性录入（图 5.8.4）。

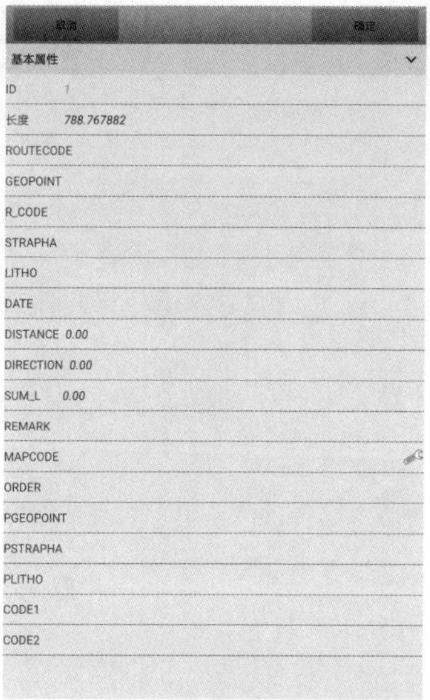


图 5.8.4 线属性录入界面

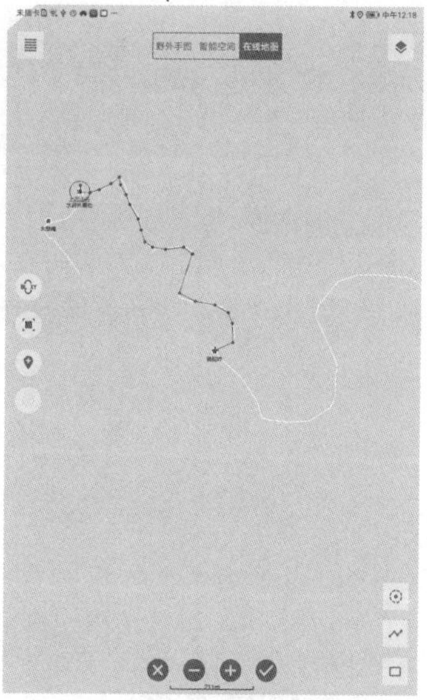

图 5.8.5 线编辑界面

（6）修改节点：

当绘制完线后，需要重新修改该线的形状，我们可以长按该线，屏幕底部会重新出现四个按钮。用户可以按照以上操作步骤修改线（图 5.8.5）。

（7）浏览或者编辑线的属性：

用户可以点击屏幕中绘制完成的线并浏览该线的属性，屏幕下方会出现属性浏览界面（图 5.8.6），可以往上拖动属性浏览界面，查看其他属性。该属性浏览界面右上角有两个按钮，分别可以进入属性界面修改该线的属性或者删除该线（参考点属性浏览、编辑和删除）。

图 5.8.6　线属性浏览界面

# 5.9　面编辑

对于面的编辑和线类似，参考线编辑。

在图层管理中，将所需绘制的面图层设置为“当前编辑”状态后，选择右下方显示一个多边形的图标（右下角，从上往下第三个按钮），屏幕中心出现一个红色“+”字线，屏幕底部会出现“×”“−”“+”“√”四个按钮。如图 5.9.1、图 5.9.2 所示。

增加节点、删除结点、取消面绘制和保存面的操作步骤与线编辑完全相同。此外对面实体的修改，删除和属性的浏览，查看和修改也和线编辑相同。

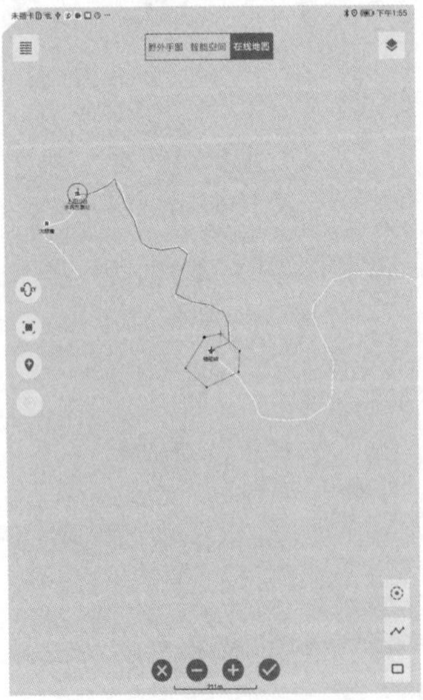


图 5.9.1　面绘制结果界面

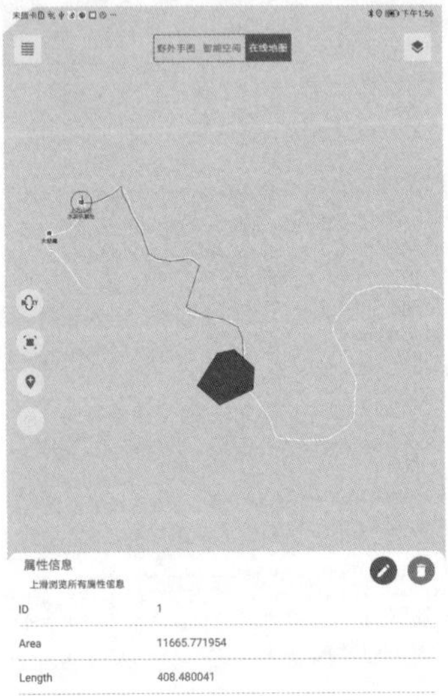


图 5.9.2　面绘制结果界面

# 6　智能空间

智能空间的操作参见章节 5 在线地图相关操作。

## 6.1　用户工作空间数据服务

点击按钮，弹出工作空间自定义服务列表界面（图 6. 1. 1）。

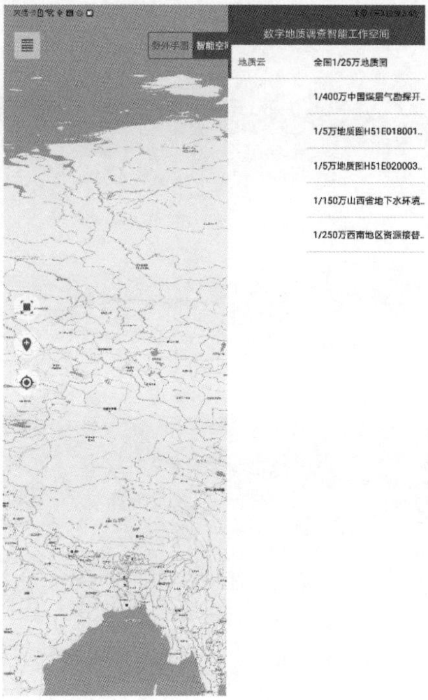


图 6. 1. 1　地图服务列表

点击列表中的某条记录，在地图上显示对应的服务数据。

# 探矿工程数据编录系统

# （PEData）操作指南

# 1 概　述

AoPEData 是基于 Android 系统的探矿工程编录野外数据采集部分，主要实现槽、井、坑、钻 4 种探矿工程的数据采集，具体功能包括地图数据的装载游览、GPS 定位、探矿工程基本信息采集、探矿工程编录数据采集等。

AoPEData 系统的基本流程是：先由桌面系统准备手图数据，并通过同步软件+ USB 线方式拷贝到 Android 系统的采集设备上，经过野外工作过程采集数据之后，再导入桌面系统进行综合整理。

# 2 程序和数据传输转换

（1）首先使用桌面系统生成的掌上机数据，并存放于桌面的任意位置（图 2.0.1）。在“勘探工程”标签下，采用“文件→工程手图转换到 CF 卡（Android）”生成工程地图。

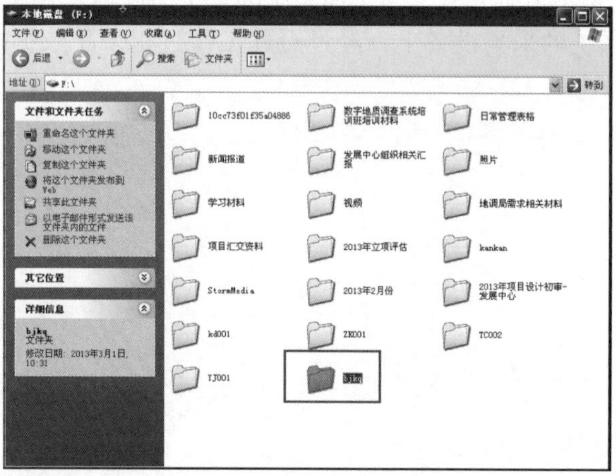

图 2.0.1　生成掌上机数据

（2）采用 360 手机助手将数据拷贝到 Android 采集器上（图 2.0.2）。

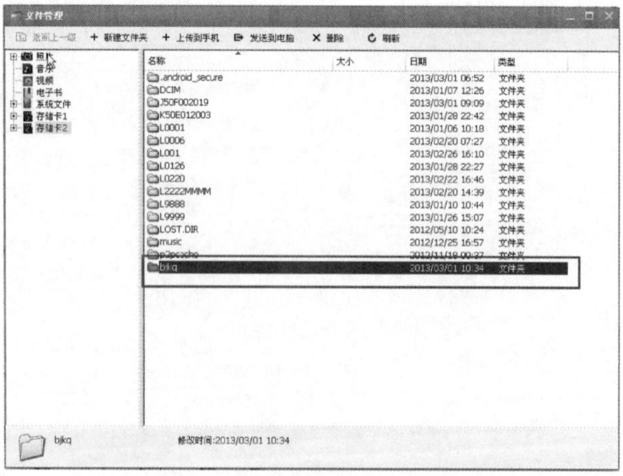

图 2.0.2　将数据拷贝到 Android 采集器上

# 3 打开探矿工程编录系统

点击基于 Android 探矿工程编录系统图标“探矿工程编录”图标，进入系统初始化界面（图 3.0.1）。

图 3.0.1　点击“探矿工程编录”图标进入系统初始化界面

# 4 打开地图

（1）选择“手图”→“打开”菜单，找到野外手图的数据目录，选择要打开的野外手图工程文件。

（2）选择“手图”→“复位地图”菜单，野外手图全图显示（图 4.0.1）。

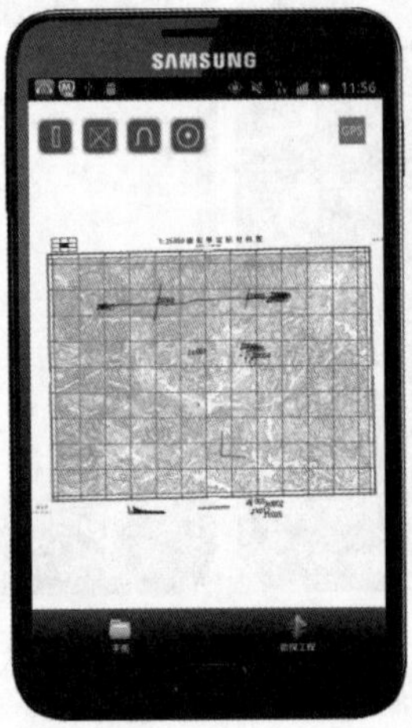


图 4.0.1　野外手图全图显示

# 5　用户登录/注销

主要实现用户的登录/注销和用户的基本信息显示功能。

（1）点击系统主界面中的按钮弹出用户信息界面（图 5.0.1）。

（2）点击【登录】按钮弹出账户和密码输入对话框，输入用户账户和密码信息（图 5.0.2），点击【确定】按钮登录并获取用户信息在界面上显示。点击【注销】注销当前用户登录（图 5.0.3）。

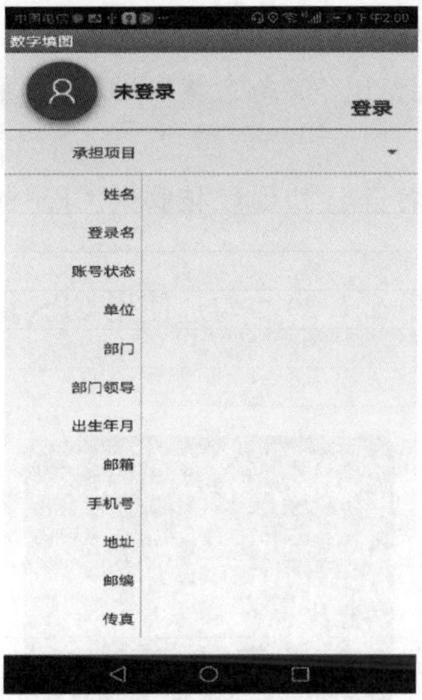


图 5.0.1　用户信息界面

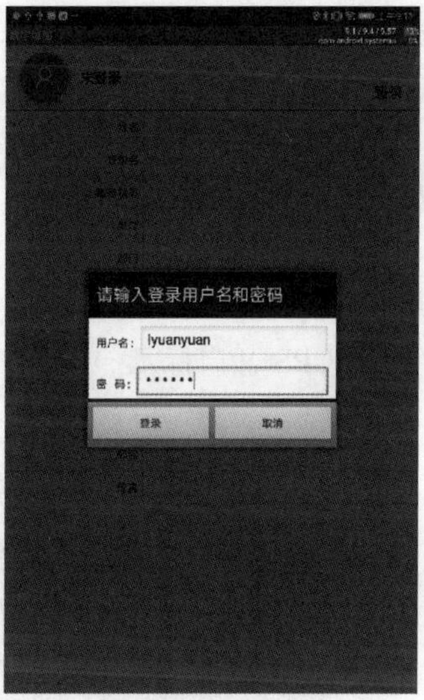


图 5.0.2　输入用户名及密码

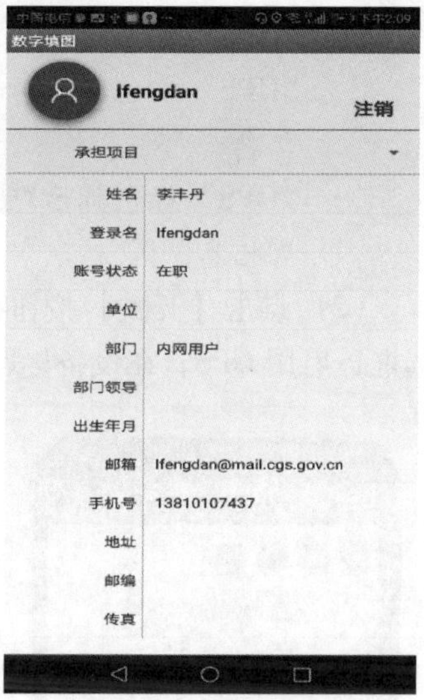


图 5.0.3　显示用户信息

# 6　GPS 操作

主要实现野外数据采集终端设备 GPS 模块的打开、关闭、手工采点和自动采点等功能。

## 6.1　打开/关闭 GPS 模块

（1）点击探矿工程编录系统的上的【GPS】按钮，弹出 GPS 信息界面（图 6.1.1）。

**注**：“GPS”红色标示野外数据采集终端设备的 GPS 模块关闭；

“GPS”黄色标示野外数据采集终端设备的 GPS 模块打开，但尚未获取 GPS 位置信息；

“GPS”绿色标示野外数据采集终端设备的 GPS 模块打开，且已经接收到 GPS 位置信息。

（2）点击【开关】按钮，弹出手机内置 GPS 设置界面（图 6.1.2）。勾选使用 GPS 复选框，启用 GPS，在设备标题栏显示 GPS 开启标示。

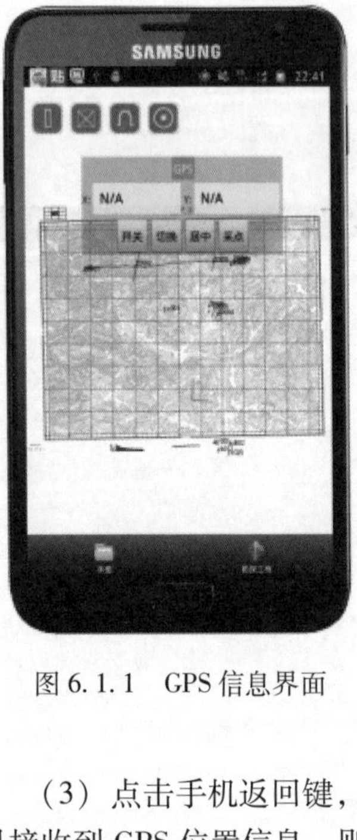


图 6.1.1　GPS 信息界面

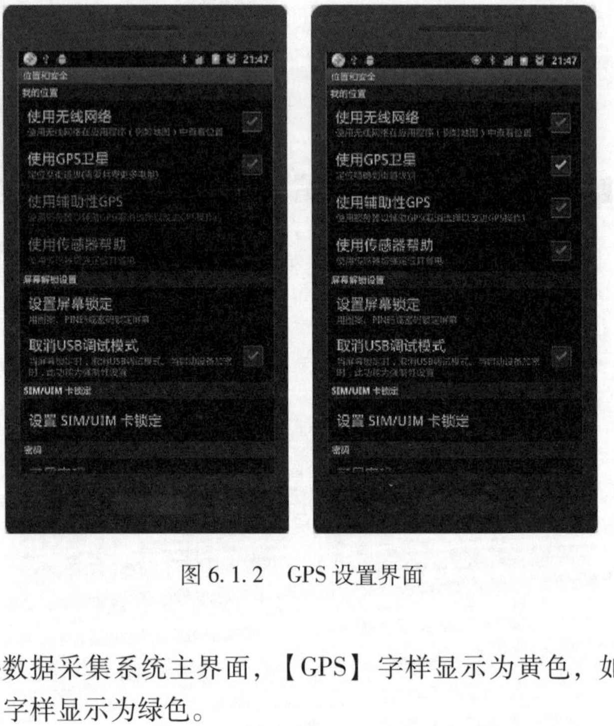


图 6.1.2　GPS 设置界面

（3）点击手机返回键，返回野外数据采集系统主界面，【GPS】字样显示为黄色，如果接收到 GPS 位置信息，则【GPS】字样显示为绿色。

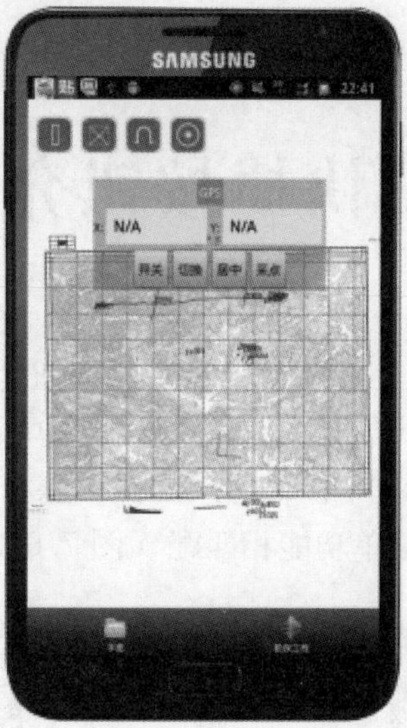


图6.1.3 返回采集系统主界面

## 6.2 GPS手工采点和居中显示

当获取GPS位置信息时，【GPS】字样显示为蓝色，并将位置信息显示在GPS信息框中时，点击【采点】按钮，在野外手图的GPS图层添加十字标识。

# 7 快捷按钮介绍

在探矿工程编录的初始界面上，显示四个快捷按钮，从左到右依次标示探槽、浅井、坑道、钻孔信息采集编辑按钮，点击按钮进入对应的探矿工程的采集、编辑界面（图7.0.1）。它们实现功能分别与菜单中的“勘探工程→探槽”“勘探工程→浅井”“勘探工程→坑道”“勘探工程→钻孔”菜单功能相匹配（图7.0.2）。

图7.0.1　四个快捷按钮

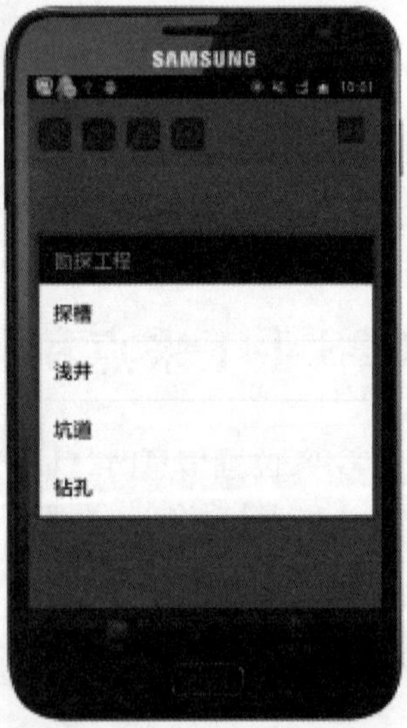


图7.0.2　相匹配的菜单功能

# 8 坑道基本信息采集

（1）选择“勘探工程→坑道”或者点击坑道快捷按钮，进入坑道信息采集界面（图8.0.1）。默认处于【新建】编辑模式。

（2）在【新建】模式中，如果屏幕左下角操作键为[redacted]，则可以直接在图上添加点（图8.0.2）。如果为[redacted]，则单击使其变为[redacted]，点击野外底图坑道工程位置创建新的坑道标识并闪烁显示。点击【确定】进入坑道基本信息录入界面（图8.0.3）。

图8.0.1 坑道信息采集界面

图8.0.2 直接在图上添加点

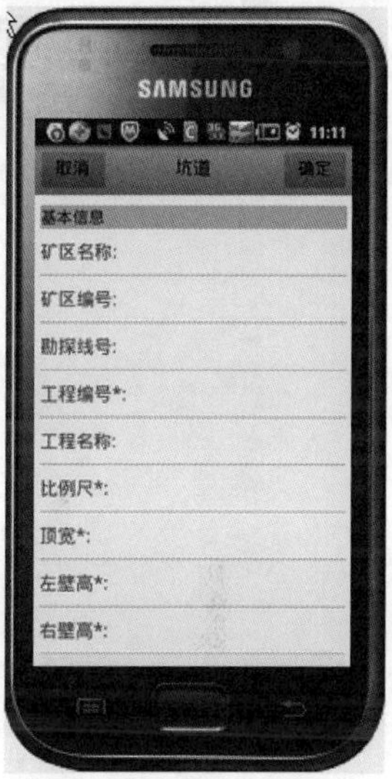


图8.0.3 坑道基本信息录入界面

**注：** 1）标“＊”的内容是必须填写，否则不能生成工程编录数据库。

2）重要字段的填写内容说明：

①工程编号：工程的唯一标识符，可填写数字和字母的组合。

②勘探线号：工程所属勘探线，可以为空，可填写数字和字母的组合。

③顶宽、左壁高、右壁高：坑道形态基本信息，填写正数。

④比例尺：工程素描图比例尺，填写分母即可，如填写“100”代表比例尺为1：100

3）当屏幕不能一次全部显示属性字段时，可以通过滑动采集器屏幕以编辑所有属性信息。

（3）待坑道基本信息录入编辑完成（图 8.0.4），点击【确定】按钮进行保存，坑道的工程编号自动标示在图面上（图 8.0.5）。

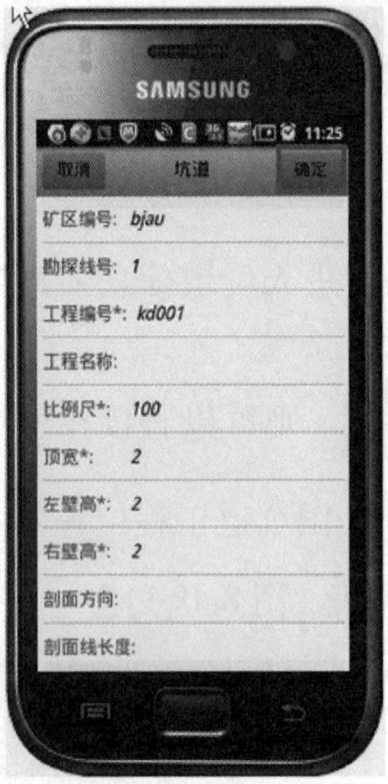


图 8.0.4　坑道基本信息录入

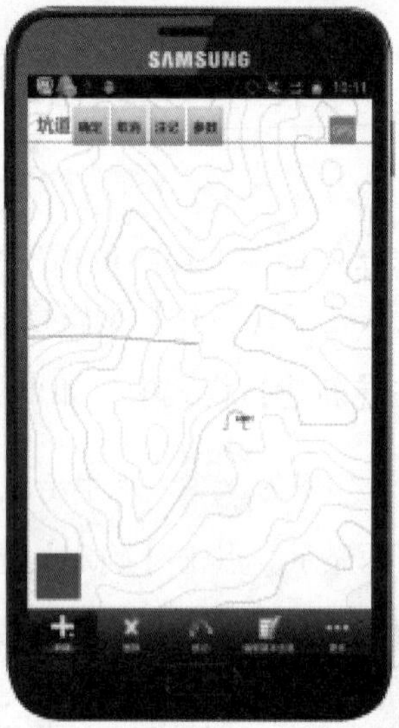


图 8.0.5　坑道的工程编号标示在图面上

# 9　坑道测量数据采集

## 9.1　打开坑道测量库信息录入总界面

在坑道信息界面中，点击【更多】，选择“编辑测量库”菜单，进入【编辑测量库】模式。如果屏幕左下角操作键为 ，则可以直接在图上添加点。如果为 ，则单击使其变为 ，选择待编辑测量库的坑道工程标识并闪烁显示。点击【确定】进入坑道测量库信息录入总界面（图 9.1.1）。

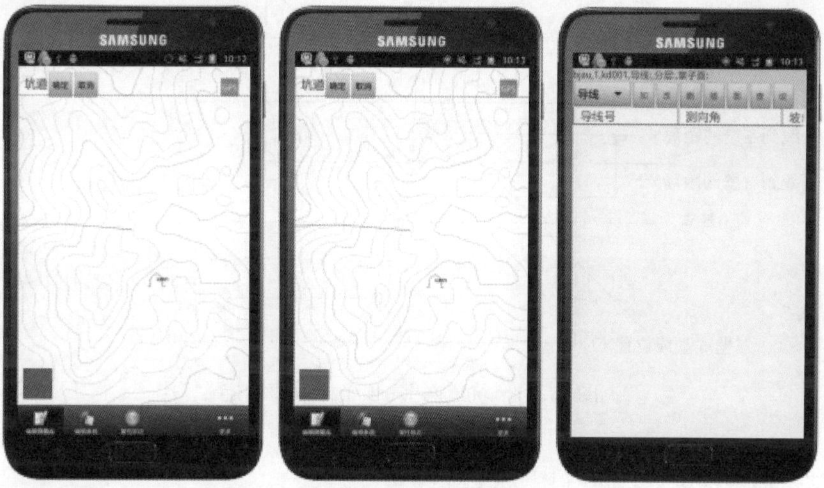


图 9.1.1　进入坑道测量库信息录入界面

**注：**坑道测量库信息录入总界面中上方按钮功能介绍：

按钮：为测量库选择按钮，在编辑录入某属性库时，可以通过按钮进行选择切换。

按钮：为测量库编辑按钮，对应某属性记录的添加、修改、删除、插入操作。

按钮：为素描图生成和浏览按钮，点击【图】按钮，根据测量库自动生成素描图，点击【查】浏览已经生成的素描图。

（1）以后所有的坑道地质数据的输入，都是从此界面录入的。

（2）数据录入的顺序必须遵循以下基本原则：

1）必须先录入导线库。

2）导线数据录入后，才能输入分层库。

3）其他数据只有在导线库和分层库有数据的情况下，才能输入数据。这是因为采样、素描、产状、刻槽必须在某一导线号和某一分层号进行数据采集的。

4）掌基本（掌子面基本信息）、掌分层（掌子面分层数据）、掌刻槽（掌子面刻槽数据）、掌产状（掌子面产状）的操作与3）的原则一致。

## 9.2 坑道分层坐标数据说明

分层线基本数据项的输入可参照下图。

（1）两壁-顶坐标取值约定（图9.2.1）：

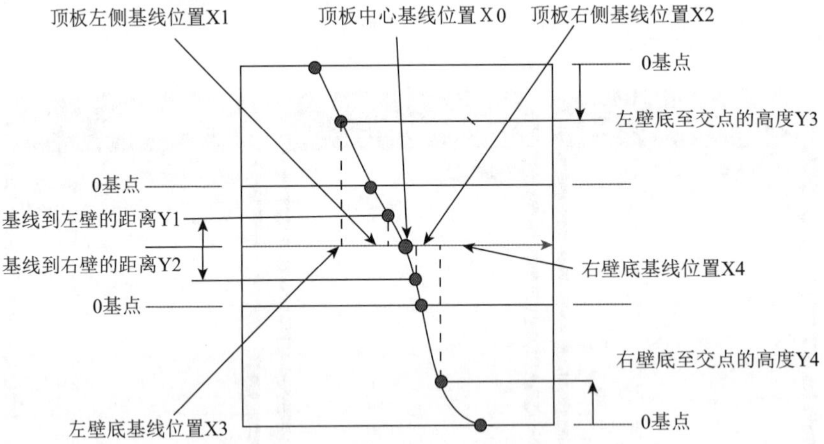


图9.2.1 坑道两壁-顶坐标取值约定

（2）掌子面坐标取值约定（图9.2.2）：

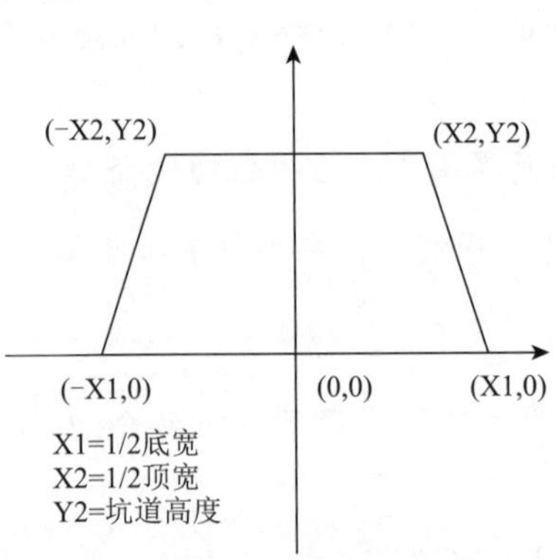


图9.2.2 坑道掌子面坐标取值约定

## 9.3 坑道绘图原点约定

坑道绘图原点约定如图 9.3.1 所示。

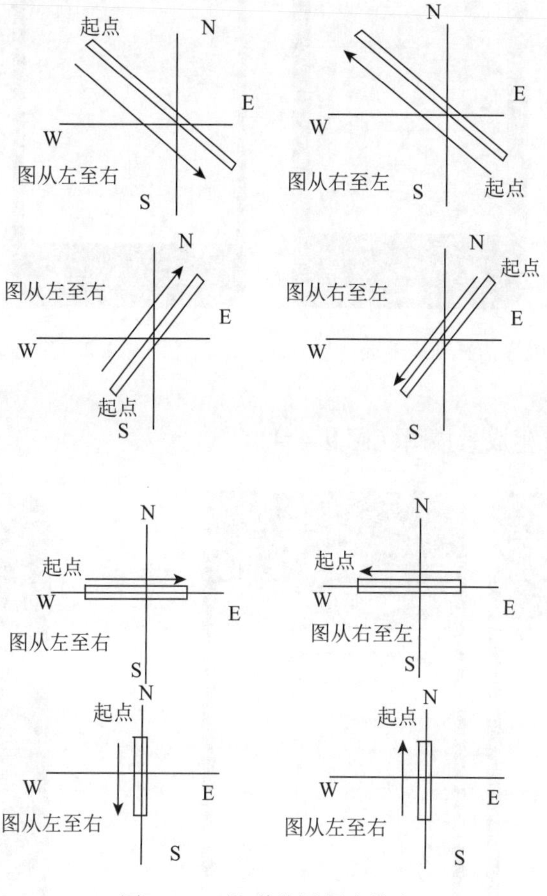


图 9.3.1 坑道绘图原点约定

## 9.4 坑道导线数据录入

（1）初始进入坑道测量信息总界面时默认为“导线库”信息列表界面，或者通过测量库选择按钮，弹出测量库选择界面，选择“导线”，进入导线库信息列表界面（图 9.4.1）。

（2）点击【加】按钮，弹出导线信息录入界面（图 9.4.2）。

（3）系统自动继承矿区编号、勘探线号、工程编号等信息。输入导线号、侧向角、斜坡距等导线信息。点击【确定】按钮返回导线信息列表界面，新增记录添加到导线信息列表中（图 9.4.3）。

图 9.4.1　进入导线库信息列表界面

图 9.4.2　弹出导线信息录入界面

（4）点击【图】，生成素描图（图 9.4.4）。

图 9.4.3　输入导线信息后返回导线信息列表界面

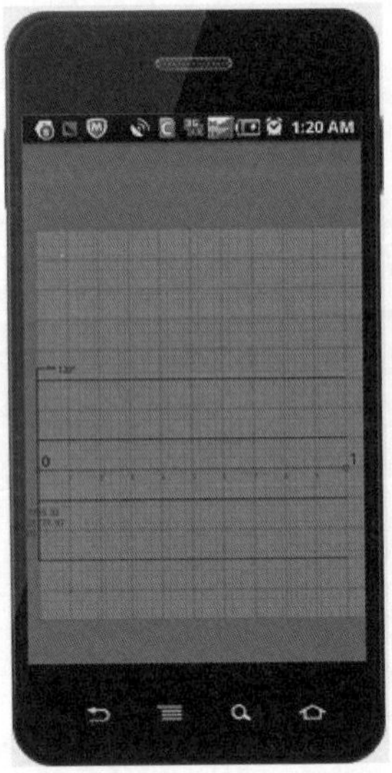


图 9.4.4　生成素描图

（5）坑道导线库下其他操作如下。

修改导线记录：选中列表框中导线记录，点击【改】按钮，弹出导线信息界面，待导线信息修改完成，点击【确定】按钮返回导线信息列表界面。

删除导线记录：选中列表框中导线记录，点击【删】按钮，弹出导线信息界面，点击【确定】按钮删除相应的导线记录并返回到导线信息列表界面。

插入导线记录：选中列表框中导线记录，点击【插】按钮，弹出导线信息录入界面，待导线信息输入完成，点击【确定】按钮返回导线信息列表界面，新增导线在导线列表框中位于选择记录上方。

## 9.5 坑道分层（穿脉）数据录入

（1）在导线信息列表界面选择分层数据所处的导线号（图 9.5.1）。

（2）点击测量库选择按钮，弹出测量库选择界面，选择“分层”，进入分层库信息列表界面（图 9.5.2）。

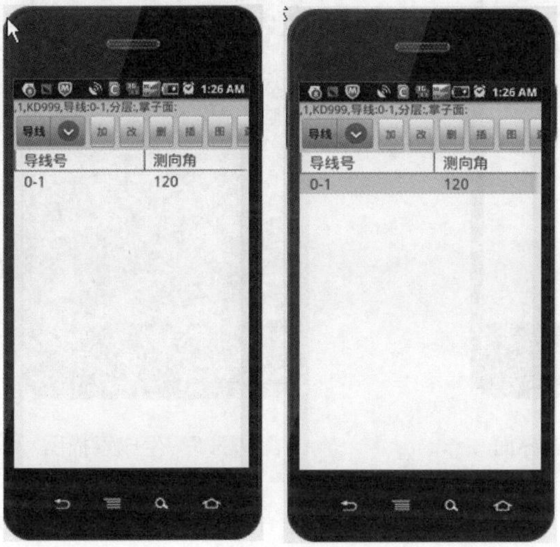


图 9.5.1 选择分层数据所处的导线号

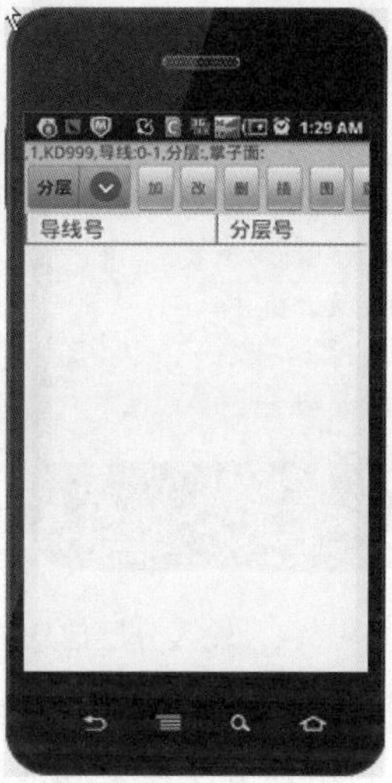


图 9.5.2 进入分层库信息列表界面

（3）点击【加】按钮，弹出分层信息录入界面（图 9.5.3）。

图 9.5.3 弹出分层信息录入界面

（4）系统自动继承矿区编号、勘探线号、工程编号、导线号等、输入分层号，顶板基线位置等分层信息。点击【确定】按钮返回分层信息列表界面，新增记录添加到分层信息列表中（图 9.5.4）。

（5）点击【图】，生成素描图，新增分层信息在素描图上显示（图 9.5.5）。

图 9.5.4　输入分层信息后返回分层信息列表界面

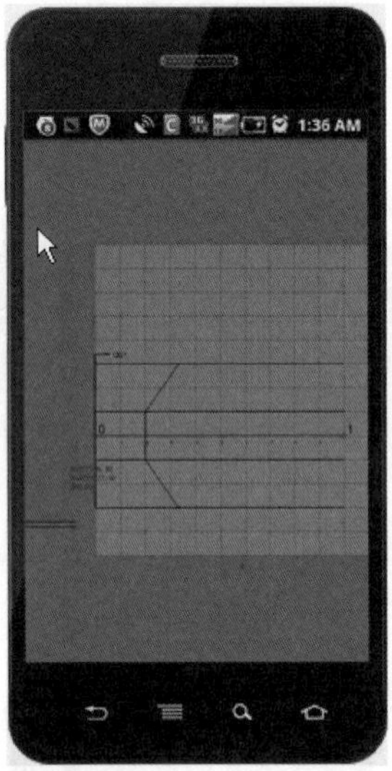


图 9.5.5　生成素描图

（6）坑道分层库下其他操作如下。

修改分层记录：选中列表框中分层记录，点击【改】按钮，弹出分层信息界面，待分层信息修改完成，点击【确定】按钮返回到分层信息列表界面。

删除分层记录：选中列表框中分层记录，点击【删】按钮，弹出分层信息界面，点击【确定】按钮删除相应的分层记录并返回到分层信息列表界面。

插入分层记录：选中列表框中分层记录，点击【插】按钮，弹出分层信息录入界面，待分层信息输入完成，点击【确定】按钮返回到分层信息列表界面，新增分层在分层列表框中位于选择记录上方。

## 9.6　坑道分层（沿脉）数据录入

录入沿脉坑道时，分层有可能延续很长，这时如果要对同一个分层进行分段描述，就要利用分层库中的“分层段号”字段。

（1）在分层库中，点击“加”，弹出分层信息录入界面（图 9.6.1）。在分层输入过程中，除了输入分层号外，还需要输入层分段号，这样用户可以把同一层不同位置的不同的文字说明分别记录在层分段号中。

（2）点击“任意线”的方式输入坐标点，点击“单击进入任意线”属性栏，进入任意线录入界面（图 9.6.2）。

图 9.6.1　弹出分层信息录入界面

图 9.6.2　点击属性栏进入任意线录入界面

（3）任意线的每条记录都是一个坐标点，输入坐标点时，注意要输入“位置标志（顶，左壁或右壁）”“坐标 X”和“坐标 Y”等关键字段（图 9.6.3）。

图 9.6.3　分层任意线记录输入

（4）坐标组输入完毕，全部坐标会自动加进列表框。以方便浏览。

（5）分层线由多点坐标构成。重复步骤（3）即可。

## 9.7　坑道刻槽样数据录入

（1）在分层信息列表界面选择当前分层（图 9.7.1）。

（2）点击测量库选择按钮，弹出测量库选择界面，选择“刻槽”，进入刻槽样库信息列表界面（图 9.7.2）。

图 9.7.1　选择当前分层

图 9.7.2　进入刻槽样库信息列表界面

（3）点击【加】按钮，弹出刻槽样信息录入界面（图 9.7.3）。

（4）输入刻槽样信息，点击【确定】按钮返回刻槽样信息列表界面，新增记录添加到刻槽样信息列表中（图 9.7.4）。

图 9.7.3　弹出刻槽样信息录入界面

图 9.7.4　新增记录添加到刻槽样信息列表中

**注：**顶板、左壁和右壁的位置（X，Y），取值约定见图 9.7.5。需输起始和终止两对坐标。

（5）点击【图】，生成素描图，新增刻槽样信息在素描图上显示（图 9.7.6）。

（6）坑道刻槽样库下其他操作如下。

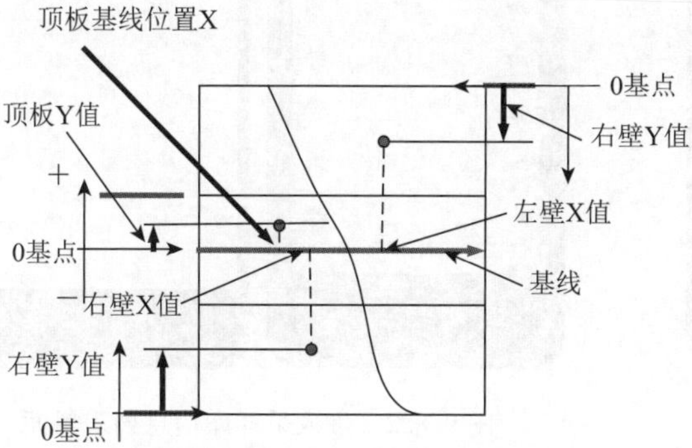


图 9.7.5 顶板、左壁和右壁坐标点取值约定

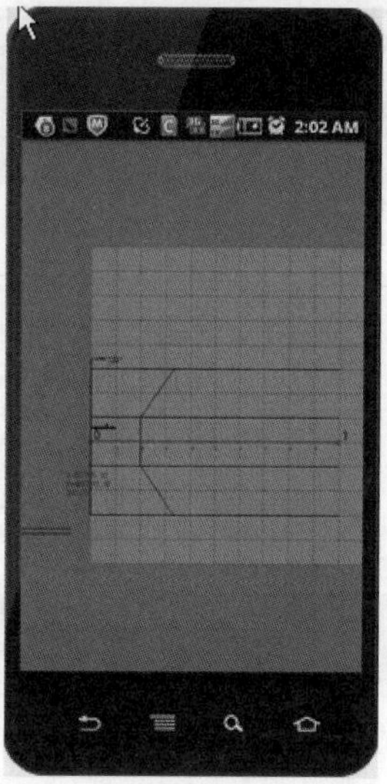


图 9.7.6 生成素描图

修改刻槽样记录：选中列表框中刻槽样记录，点击【改】按钮，弹出刻槽样信息界面，待刻槽样信息修改完成，点击【确定】按钮返回到刻槽样信息列表界面。

删除刻槽样记录：选中列表框中刻槽样记录，点击【删】按钮，弹出刻槽样信息界面，点击【确定】按钮删除相应的刻槽样记录并返回到刻槽样信息列表界面。

插入刻槽样记录：选中列表框中刻槽样记录，点击【插】按钮，弹出刻槽样信息录入界面，待刻槽样信息输入完成，点击【确定】按钮返回到刻槽样信息列表界面，新增刻槽样在刻槽样列表框中位于选择记录上方。

## 9.8 坑道样品数据录入

（1）在分层信息列表界面选择当前分层（图 9.8.1）。

（2）点击测量库选择按钮，弹出测量库选择界面，选择“采样”，进入采样库信息列表界面（图 9.8.2）。

（3）点击【加】按钮，弹出采样信息录入界面（图 9.8.3）。

（4）输入采样信息，点击【确定】按钮返回到采样信息列表界面，新增记录添加到采样信息列表中（图 9.8.4）。

**注**：此为标本采样。

（5）坑道采样库下其他操作如下。

修改采样记录：选中列表框中采样记录，点击【改】按钮，弹出采样信息界面，待采样信息修改完成，点击【确定】按钮返回到采样信息列表界面。

删除采样记录：选中列表框中采样记录，点击【删】按钮，弹出采样信息界面，点击【确定】按钮删除相应的采样记录并返回到采样信息列表界面。

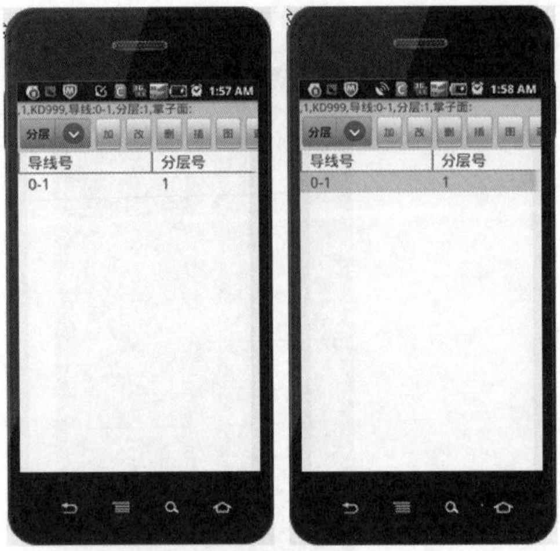


图 9.8.1　选择当前分层

图 9.8.2　进入采样库信息列表界面

图 9.8.3　弹出采样信息录入界面

图 9.8.4　新增记录添加到采样信息列表中

插入采样记录：选中列表框中采样记录，点击【插】按钮，弹出采样信息录入界面，待采样信息输入完成，点击【确定】按钮返回到采样信息列表界面，新增采样在采样列表框中位于选择记录上方。

## 9.9　坑道产状数据录入

（1）在分层信息列表界面选择当前分层（图 9.9.1）。

（2）点击测量库选择按钮，弹出测量库选择界面，选择“产状”，进入产状库信息列表界面（图 9.9.2）。

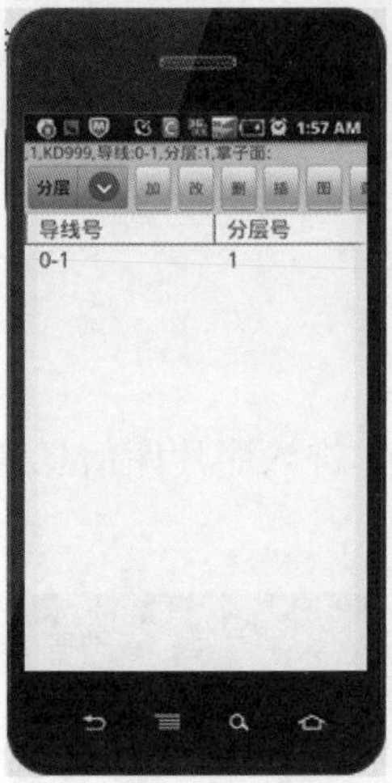


图 9.9.1　选择当前分层

图 9.9.2　进入产状库信息列表界面

（3）点击【加】按钮，弹出产状信息录入界面（图 9.9.3）。

（4）输入产状信息，点击【确定】按钮返回到产状信息列表界面，新增记录添加到产状信息列表中（图 9.9.4）。

图 9.9.3　弹出产状信息录入界面

图 9.9.4　新增记录添加到产状信息列表中

（5）坑道产状库下其他操作如下。

修改产状记录：选中列表框中产状记录，点击【改】按钮，弹出产状信息界面，待产状信息修改完成，点击【确定】按钮返回到产状信息列表界面。

删除产状记录：选中列表框中产状记录，点击【删】按钮，弹出产状信息界面，点击【确定】按钮删除相应的产状记录并返回到产状信息列表界面。

插入产状记录：选中列表框中产状记录，点击【插】按钮，弹出产状信息录入界面，待产状信息输入完成，点击【确定】按钮返回到产状信息列表界面，新增产状在产状列表框中位于选择记录上方。

## 9.10 坑道照片数据录入

（1）在分层信息列表界面选择当前分层（图9.10.1）。

（2）点击测量库选择按钮，弹出测量库选择界面，选择“照片”，进入照片库信息列表界面（图9.10.2）。

图9.10.1　选择当前分层

图9.10.2　进入照片库信息列表界面

（3）点击【加】按钮，弹出照片信息录入界面（图9.10.3）。

图9.10.3　弹出照片信息录入界面

图9.10.4　新增记录添加到照片信息列表中

（4）输入照片信息，点击【确定】按钮返回到照片信息列表界面，新增记录添加到照片信息列表中（图 9. 10. 4）。

（5）坑道照片库下其他操作。

修改照片记录：选中列表框中照片记录，点击【改】按钮，弹出照片信息界面，待照片信息修改完成，点击【确定】按钮返回到照片信息列表界面。

删除照片记录：选中列表框中照片记录，点击【删】按钮，弹出照片信息界面，点击【确定】按钮删除相应的照片记录并返回到照片信息列表界面。

插入照片记录：选中列表框中照片记录，点击【插】按钮，弹出照片信息录入界面，待照片信息输入完成，点击【确定】按钮返回到照片信息列表界面，新增产状在照片列表框中位于选择记录上方。

## 9. 11　坑道掌子面基本信息数据录入

（1）在分层信息列表界面选择当前分层（图 9. 11. 1）。

（2）点击测量库选择按钮，弹出测量库选择界面，选择“掌基本”，进入掌子面信息列表界面（图 9. 11. 2）。

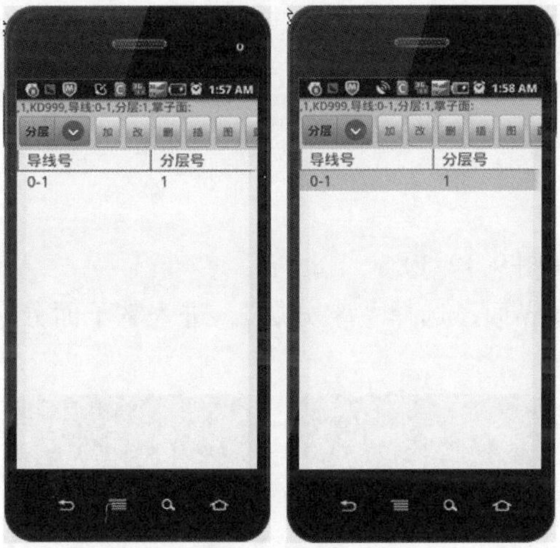


图 9. 11. 1　选择当前分层

图 9. 11. 2　进入掌子面信息列表界面

（3）点击【加】按钮，弹出掌子面信息录入界面（图 9. 11. 3）。

（4）输入掌子面信息，点击【确定】按钮返回到掌子面信息列表界面，新增记录添加到掌子面信息列表中（图 9. 11. 4）。

（5）坑道掌子面下其他操作如下。

修改掌子面记录：选中列表框中掌子面记录，点击【改】按钮，弹出掌子面信息界面，待掌子面信息修改完成，点击【确定】按钮返回到掌子面信息列表界面。

删除掌子面记录：选中列表框中掌子面记录，点击【删】按钮，弹出掌子面信息界

图 9.11.3　弹出掌子面信息录入界面

图 9.11.4　新增记录添加到掌子面信息列表中

面，点击【确定】按钮删除相应的掌子面记录并返回到掌子面信息列表界面。

插入掌子面记录：选中列表框中掌子面记录，点击【插】按钮，弹出掌子面信息录入界面，待掌子面信息输入完成，点击【确定】按钮返回到掌子面信息列表界面，新增产状在掌子面列表框中位于选择记录上方。

## 9.12　坑道掌子面分层数据录入

（1）在掌子面信息列表界面选择当前分层（图 9.12.1）。

（2）点击测量库选择按钮，弹出测量库选择界面，选择“掌分层”，进入掌子面分层信息列表界面（图 9.12.2）。

图 9.12.1　选择当前分层

图 9.12.2　进入掌子面分层信息列表界面

（3）点击【加】按钮，弹出掌子面分层信息录入界面（图 9.12.3）。

（4）掌子面界线输入采用坐标点顺序连接方式，按掌子面的坐标系统，顺序输入（X，Y）坐标，可以是任何形状。

（5）点击“坐标点”按钮，按（4）的规则方法输入坐标数据（图 9.12.4）。

图 9.12.3 弹出掌子面分层信息录入界面

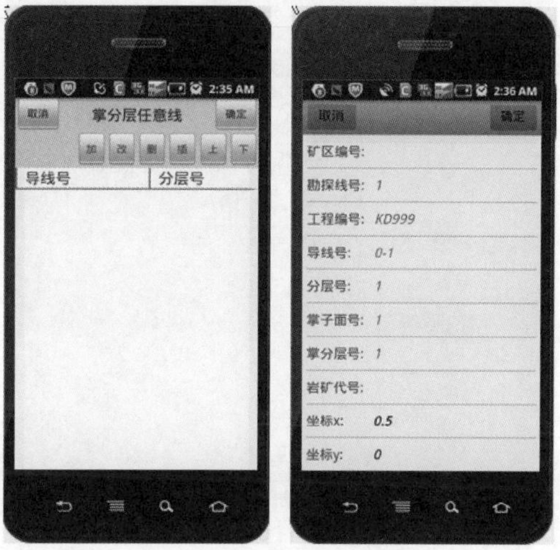


图 9.12.4 输入坐标数据

**注：** 掌分层界面中的按钮功能如下：

加：新增一个记录。

改：编辑当前选中的记录前。

删：删除选中当前的记录前。

插：在选中当前的记录前，插入一条记录。

上：把选中当前的记录前，上移一条记录。

下：把选中当前的记录前，下移一条记录。

确定：保存退出。

取消：不保存退出。

（6）掌子面分层信息输入完成，点击【确定】返回到掌子面分层信息列表界面（图 9.12.5）。

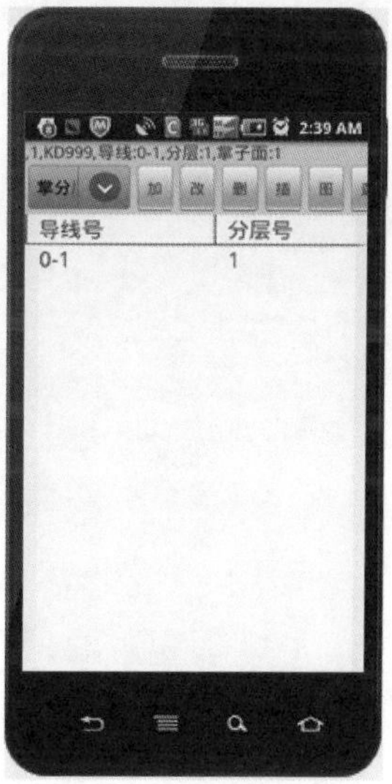


图 9.12.5 返回到掌子面分层信息列表界面

（7）坑道掌子面分层下其他操作如下。

修改掌子面分层记录：选中列表框中掌子面分层记录，点击【改】按钮，弹出掌子面分层信息界面，待掌子面分层信息修改完成，点击【确定】按钮返回到掌子面分层信息列表界面。

删除掌子面分层记录：选中列表框中掌子面分层记录，点击【删】按钮，弹出掌子面分层信息界面，点击【确定】按钮删除相应的掌子面分层记录并返回到掌子面分层信息列表界面。

插入掌子面分层记录：选中列表框中掌子面分层记录，点击【插】按钮，弹出掌子面分层信息录入界面，待掌子面分层信息输入完成，点击【确定】按钮返回到掌子面分层信息列表界面，新增产状在掌子面分层列表框中位于选择记录上方。

# 10 探槽基本信息采集

（1）在探矿工程系统初始化界面，选择“勘探工程→探槽”或者点击探槽快捷按钮，进入探槽基本信息采集界面（图 10.0.1）。默认处于【新建】编辑模式。

图 10.0.1 进入探槽基本信息采集界面

（2）在【新建】模式中，如果屏幕左下角操作键为，则可以直接在图上添加点。如果为，则单击使其变为，点击野外底图探槽工程位置创建新的探槽标识并闪烁显示。点击【确定】进入探槽基本信息录入界面（图 10.0.2）。

**注：** 标“＊”的内容是必须填写，否则不能生成工程编录数据库。

重要字段的填写内容说明：

工程编号：工程的唯一标识符，可填写数字和字母的组合。

勘探线号：工程所属勘探线，可以为空，可填写数字和字母的组合。

底宽：探槽底的宽度值，填写正数，默认为 1。

比例尺：工程素描图比例尺，填写分母即可，如填写“100”代表比例尺为1∶100。

当屏幕不能一次全部显示属性字段时，可以通过滑动采集器屏幕以编辑所有属性信息。

图 10.0.2　进入探槽基本信息录入界面

（3）待探槽基本信息录入编辑完成，点击【确定】按钮进行保存，探槽的工程编号自动标示在图面上（图 10.0.3）。

图 10.0.3　探槽工程编号自动标示在图面上

# 11 探槽测量信息采集

## 11.1 打开探槽测量库信息录入总界面

（1）在探槽信息采集界面中，点击【更多】，选择“编辑测量库”菜单，进入【编辑测量库】模式。如果屏幕左下角操作键为，则可以直接在图上添加点。如果为，则单击使其变为，选择待编辑测量库的探槽工程标识并闪烁显示。点击【确定】进入探槽测量库信息录入总界面（图 11.1.1）。

图 11.1.1　进入探槽测量库信息录入总界面

（2）探槽测量库信息录入总界面中上方按钮功能介绍如下：

按钮：为测量库选择按钮，在编辑录入某属性库时，可以通过按钮进行选择切换。

按钮：为测量库编辑按钮，对应某属性记录的添加、修改、删除、插入操作。

按钮：为素描图生成和浏览按钮，点击【图】按钮，根据测量库自动生成素描

图，点击【查】浏览已经生成的素描图。

**注：**以后所有的探槽地质数据的输入，都是从此界面录入的。

数据录入的顺序必须遵循以下基本原则：

必须先录入导线库；

导线数据录入后，才能输入分层库；

其他数据只有在导线库和分层库有数据的情况下，才能输入数据，这是因为采样、素描、产状、刻槽必须在某一导线号和某一分层号进行数据采集的。

## 11.2 探槽坐标系与取值约定

其特点是以导线为基础，X 值：导线的读数；Y 值：导线之上的铅垂读数为正，导线之下铅垂读数为负（图 11.2.1）。

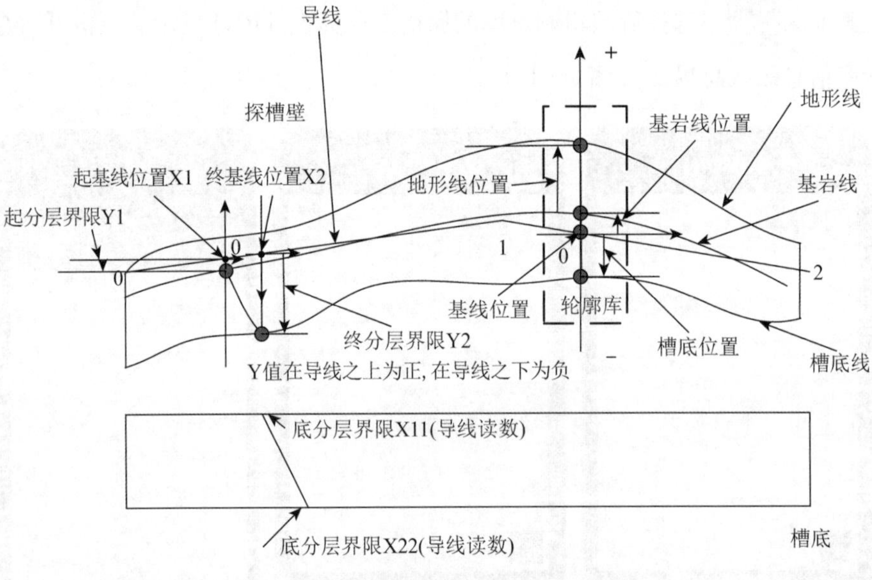


图 11.2.1　探槽编录坐标系与取值约定

## 11.3 探槽绘图原点（起点方式）约定

根据探槽的方向和面向壁的一方，通常画图的起点方式有从左至右，或从右至左。具体约定如图 11.3.1 所示。

## 11.4 探槽导线数据录入

（1）初始进入探槽测量信息总界面时默认为“导线库”信息列表界面，或者通过测量

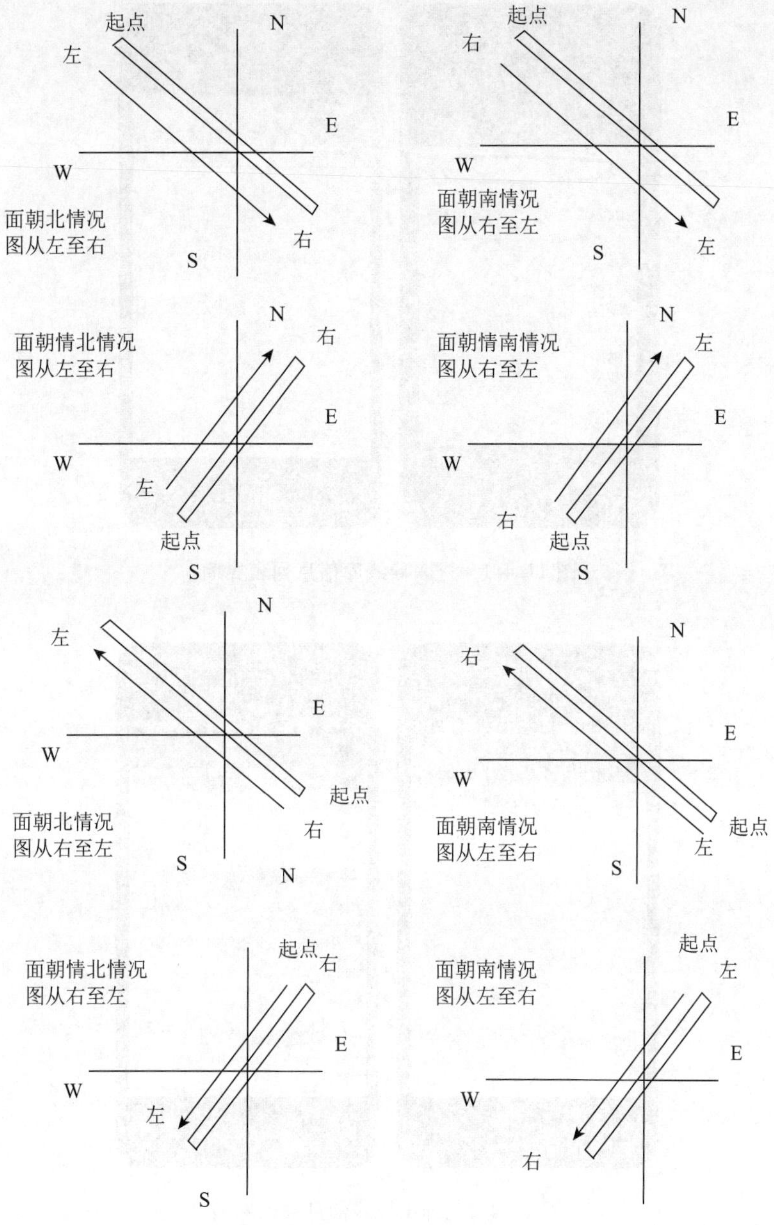


图 11.3.1　探槽绘图原点（起点方式）约定

库选择按钮，弹出测量库选择界面，选择“导线”，进入导线库信息列表界面（图 11.4.1）。

（2）点击【加】按钮，弹出导线信息录入界面（图 11.4.2）。

（3）系统自动继承矿区编号、勘探线号、工程编号等信息。输入导线号、侧向角、斜坡距等导线信息。点击【确定】按钮返回到导线信息列表界面，新增记录添加到导线信息列表中（图 11.4.3）。

图 11.4.1　进入导线库信息列表界面

图 11.4.2　弹出导线信息录入界面

（4）点击【图】，生成素描图（图 11.4.4）。

（5）探槽导线库下其他操作如下。

修改导线记录：选中列表框中导线记录，点击【改】按钮，弹出导线信息界面，待导线信息修改完成，点击【确定】按钮返回到导线信息列表界面。

删除导线记录：选中列表框中导线记录，点击【删】按钮，弹出导线信息界面，点击【确定】按钮删除相应的导线记录并返回到导线信息列表界面。

插入导线记录：选中列表框中导线记录，点击【插】按钮，弹出导线信息录入界面，

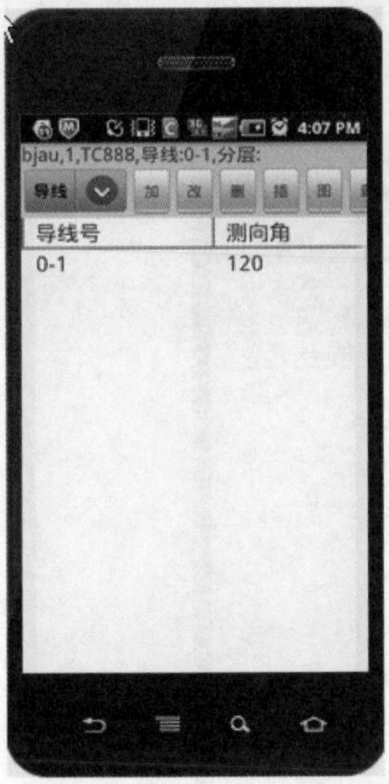


图 11.4.3 新增记录添加到导线信息列表中

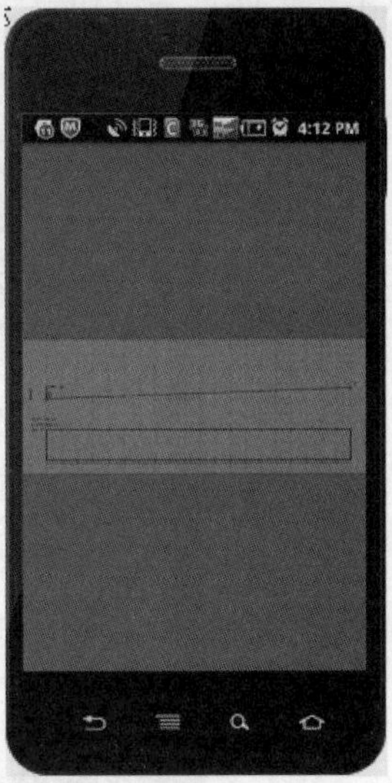


图 11.4.4 生成素描图

待导线信息输入完成，点击【确定】按钮返回到导线信息列表界面，新增导线在导线列表框中位于选择记录上方。

## 11.5 探槽壁轮廓测量数据采集

探槽轮廓库主要作用为记录槽壁上地形线、基岩界线和槽底线的位置信息。

(1) 在探槽轮廓库采集之前首先选择当前的导线（图 11.5.1）。

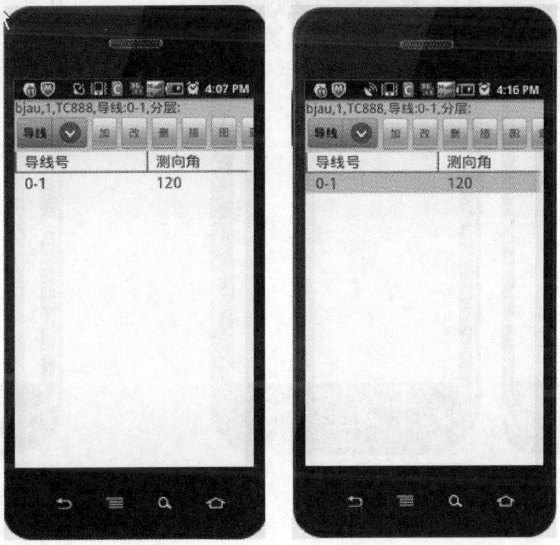


图 11.5.1 选择当前的导线

（2）点击测量库选择按钮，弹出测量库选择界面，选择“轮廓”，进入轮廓库信息列表界面（图 11.5.2）。

图 11.5.2　进入轮廓库信息列表界面

（3）点击【加】按钮，弹出探槽信息录入界面（图 11.5.3）。

（4）输入轮廓信息。点击【确定】按钮返回到导线信息列表界面，新增记录添加到轮廓信息列表中（图 11.5.4）。

图 11.5.3　弹出探槽信息录入界面

图 11.5.4　新增记录添加到轮廓信息列表中

（5）点击【图】，生成素描图，素描图上绘制出探槽轮廓（图 11.5.5）。

（6）探槽轮廓信息界面下其他操作如下。

修改轮廓记录：选中列表框中轮廓记录，点击【改】按钮，弹出轮廓信息界面，待轮廓信息修改完成，点击【确定】按钮返回到轮廓信息列表界面。

删除轮廓记录：选中列表框中轮廓记录，点击【删】按钮，弹出轮廓信息界面，点击【确定】按钮删除相应的轮廓记录并返回到轮廓信息列表界面。

插入轮廓记录：选中列表框中轮廓记录，点击【插】按钮，弹出轮廓信息录入界面，待轮廓信息输入完成，点击【确定】按钮返回到轮廓信息列表界面，新增轮廓在轮廓列表框中位于选择记录上方。

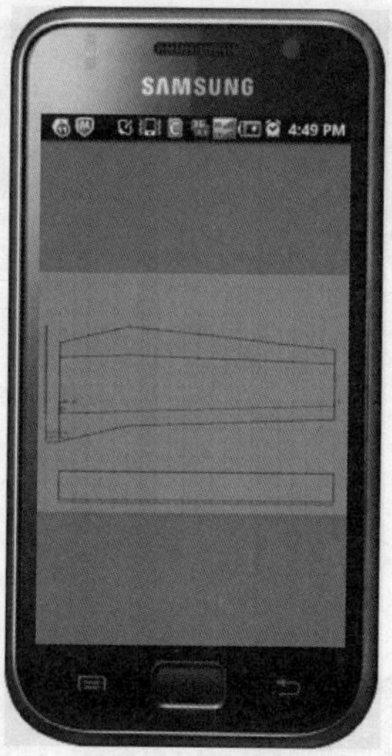


图 11.5.5　生成素描图

## 11.6　探槽分层数据采集

（1）在探槽分层库采集之前首先选择当前的导线（图 11.6.1）。

（2）点击测量库选择按钮，弹出测量库选择界面，选择“分层”，进入分层库信息列表界面（图 11.6.2）。

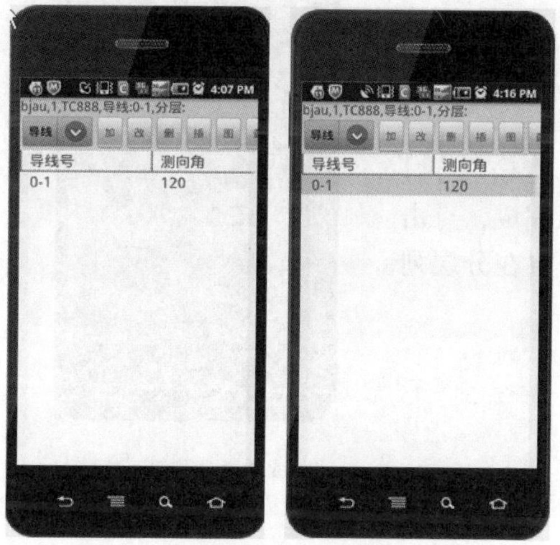


图 11.6.1　选择当前的导线

图 11.6.2　进入分层库信息列表界面

（3）点击【加】按钮，弹出分层信息录入界面（图 11.6.3）。

（4）探槽分层信息录入完成之后点击【确定】按钮返回到分层信息列表界面，新增记录添加到分层信息列表中（图 11.6.4）。

图 11.6.3　弹出分层信息录入界面

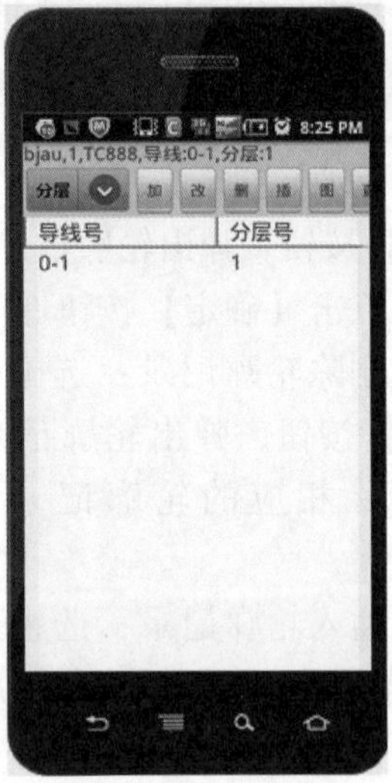


图 11.6.4　新增记录添加到分层信息列表中

（5）点击【图】，生成素描图，新增分层信息在素描图上显示（图 11.6.5）。

（6）探槽分层库下其他操作如下。

修改分层记录：选中列表框中分层记录，点击【改】按钮，弹出分层信息界面，待分层信息修改完成，点击【确定】按钮返回到分层信息列表界面。

删除分层记录：选中列表框中分层记录，点击【删】按钮，弹出分层信息界面，点击【确定】按钮删除相应的分层记录并返回到分层信息列表界面。

插入分层记录：选中列表框中分层记录，点击【插】按钮，弹出分层信息录入界面，待分层信息输入完成，点击【确定】按钮返回到分层信息列表界面，新增分层在分层列表框中位于选择记录上方。

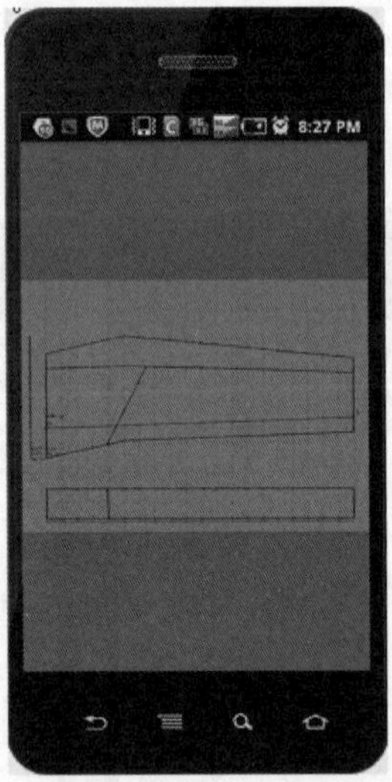


图 11.6.5　生成素描图

## 11.7　探槽刻槽样数据录入

（1）探槽刻槽样数据录入之前，在分层信息列表界面选择当前分层（图 11.7.1）。

（2）点击测量库选择按钮，弹出测量库选择界面，选择“刻槽”，进入刻槽样库信息列表界面（图 11.7.2）。

（3）点击【加】按钮，弹出刻槽样信息录入界面（图 11.7.3）。

（4）输入刻槽样信息，点击【确定】按钮返回到刻槽样信息列表界面，新增记录添加到刻槽样信息列表中（图 11.7.4）。

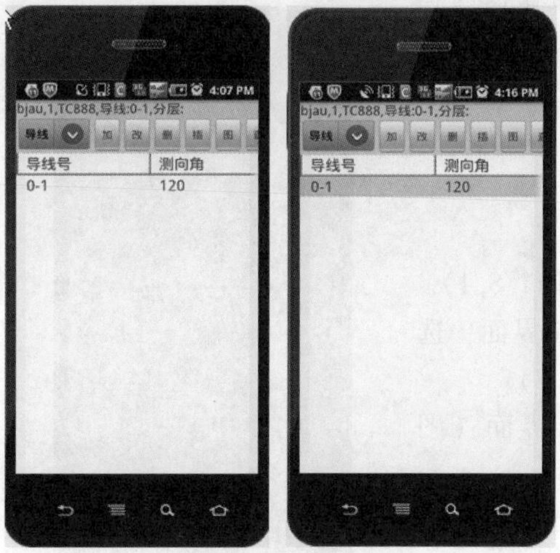


图 11.7.1　选择当前分层

图 11.7.2　进入刻槽样库信息列表界面

图 11.7.3　弹出刻槽样信息录入界面

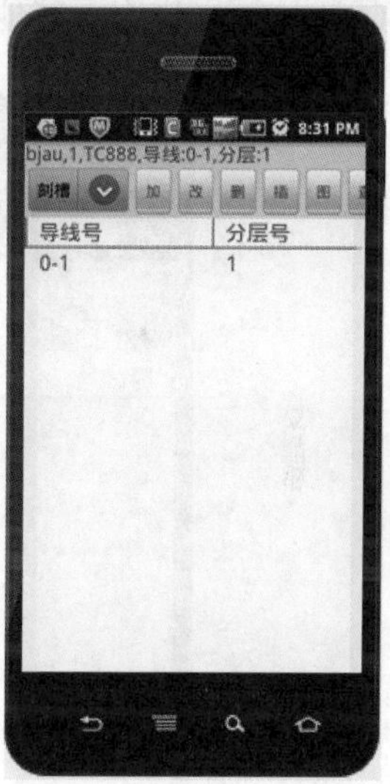


图 11.7.4　新增记录添加到刻槽样信息列表中

（5）点击【图】，生成素描图，新增刻槽样信息在素描图上显示（图 11.7.5）。

（6）探槽刻槽样库下其他操作如下。

修改刻槽样记录：选中列表框中刻槽样记录，点击【改】按钮，弹出刻槽样信息界面，待刻槽样信息修改完成，点击【确定】按钮返回到刻槽样信息列表界面。

删除刻槽样记录：选中列表框中刻槽样记录，点击【删】按钮，弹出刻槽样信息界面，点击【确定】按钮删除相应的刻槽样记录并返回到刻槽样信息列表界面。

插入刻槽样记录：选中列表框中刻槽样记录，点击【插】按钮，弹出刻槽样信息录入界面，待刻槽样信息输入完成，点击【确定】按钮返回到刻槽样信息列表界面，新增刻槽样在刻槽样列表框中位于选择记录上方。

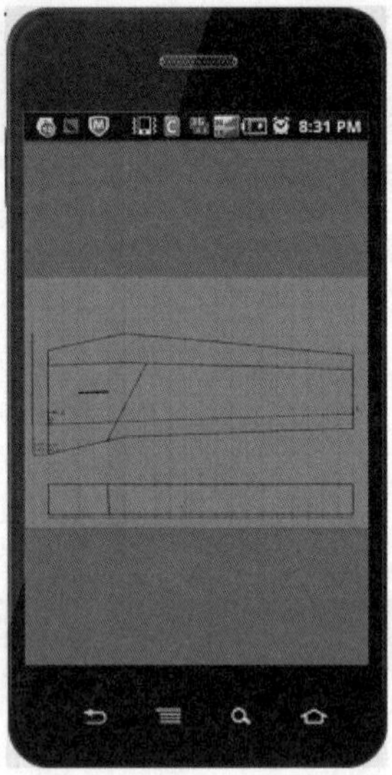


图 11.7.5　生成素描图

## 11.8　探槽样品数据录入

（1）在分层信息列表界面选择当前分层（图 11.8.1）。

（2）点击测量库选择按钮，弹出测量库选择界面，选择“采样”，进入采样库信息列表界面（图 11.8.2）。

（3）点击【加】按钮，弹出采样信息录入界面（图 11.8.3）。

（4）输入采样信息，点击【确定】按钮返回到采样信息列表界面，新增记录添加到采样信息列表中（图 11.8.4）。

**注：**此为标本采样。

（5）坑道采样库下其他操作如下。

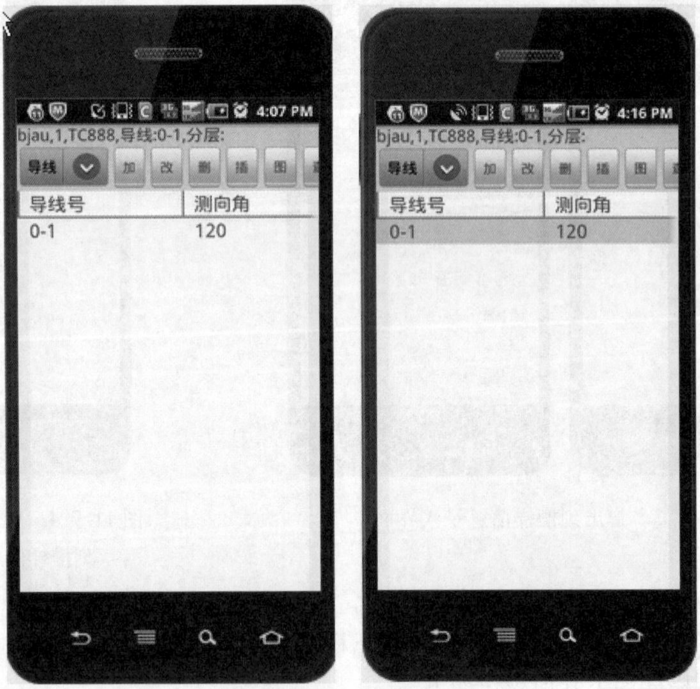


图 11.8.1　选择当前分层

修改采样记录：选中列表框中采样记录，点击【改】按钮，弹出采样信息界面，待采样信息修改完成，点击【确定】按钮返回到采样信息列表界面。

图 11.8.2　进入采样库信息列表界面

图 11.8.3　弹出采样信息录入界面

删除采样记录：选中列表框中采样记录，点击【删】按钮，弹出采样信息界面，点击【确定】按钮删除相应的采样记录并返回到采样信息列表界面。

插入采样记录：选中列表框中采样记录，点击【插】按钮，弹出采样信息录入界面，待采样信息输入完成，点击【确定】按钮返回到采样信息列表界面，新增采样在采样列表框中位于选择记录上方。

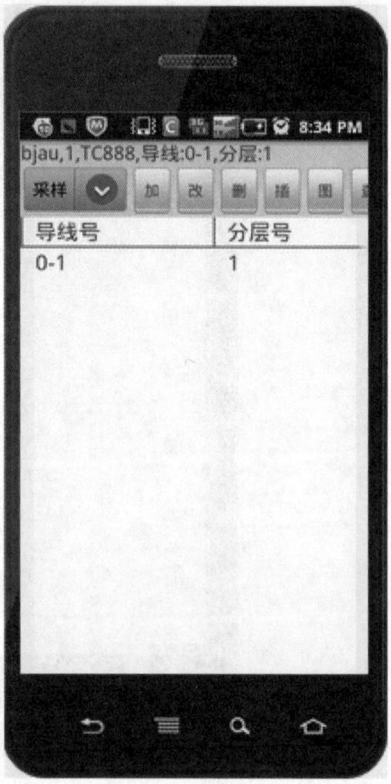


图 11.8.4　新增记录添加到采样信息列表中

## 11.9　探槽产状数据录入

（1）在分层信息列表界面选择当前分层（图 11.9.1）。

（2）点击测量库选择按钮，弹出测量库选择界面，选择“产状”，进入产状库信息列表界面（图 11.9.2）。

（3）点击【加】按钮，弹出产状信息录入界面（图 11.9.3）。

（4）输入产状信息，点击【确定】按钮返回到产状信息列表界面，新增记录添加到产状信息列表中（图 11.9.4）。

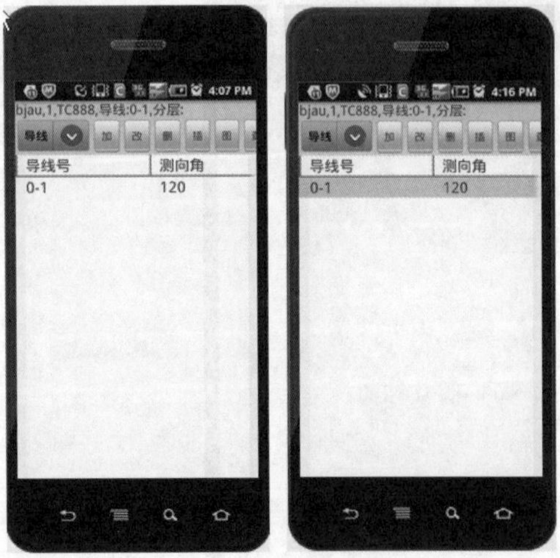


图 11.9.1　选择当前分层

图 11.9.2　进入产状库信息列表界面

（5）点击【图】，生成素描图，新增产状信息在素描图上显示（图 11.9.5）。

（6）探槽产状库下其他操作如下。

图 11.9.3　弹出产状信息录入界面

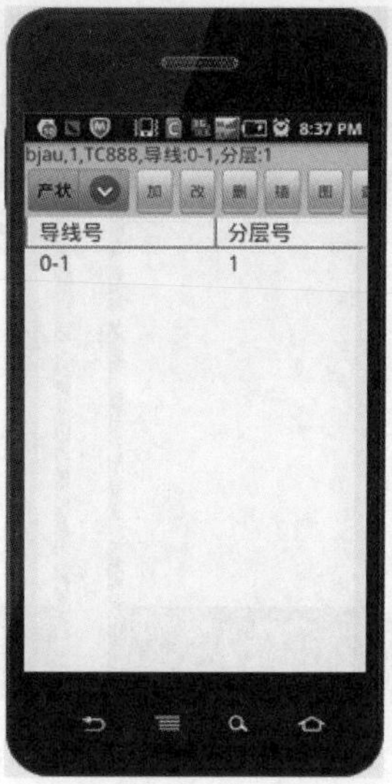


图 11.9.4　新增记录添加到产状信息列表中

修改产状记录：选中列表框中产状记录，点击【改】按钮，弹出产状信息界面，待产状信息修改完成，点击【确定】按钮返回到产状信息列表界面。

删除产状记录：选中列表框中产状记录，点击【删】按钮，弹出产状信息界面，点击【确定】按钮删除相应的产状记录并返回到产状信息列表界面。

插入产状记录：选中列表框中产状记录，点击【插】按钮，弹出产状信息录入界面，待产状信息输入完成，点击【确定】按钮返回到产状信息列表界面，新增产状在产状列表框中位于选择记录上方。

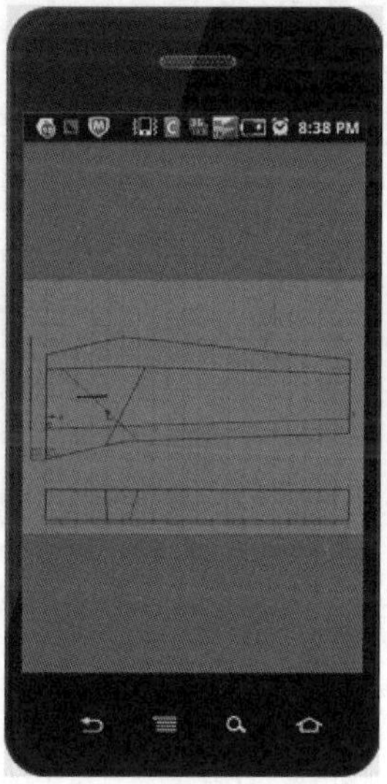


图 11.9.5　生成素描图

## 11.10　探槽照片数据录入

（1）在分层信息列表界面选择当前分层（图 11.10.1）。

（2）点击测量库选择按钮，弹出测量库选择界面，选择“照片”，进入照片库信息列表界面（图 11.10.2）。

（3）点击【加】按钮，弹出照片信息录入界面（图 11.10.3）。

（4）输入照片信息，点击【确定】按钮返回到照片信息列表界面，新增记录添加到照片信息列表中（图 11.10.4）。

（5）探槽照片库下其他操作如下。

图 11.10.1　选择当前分层

图 11.10.2　进入照片库信息列表界面

图 11.10.3　弹出照片信息录入界面

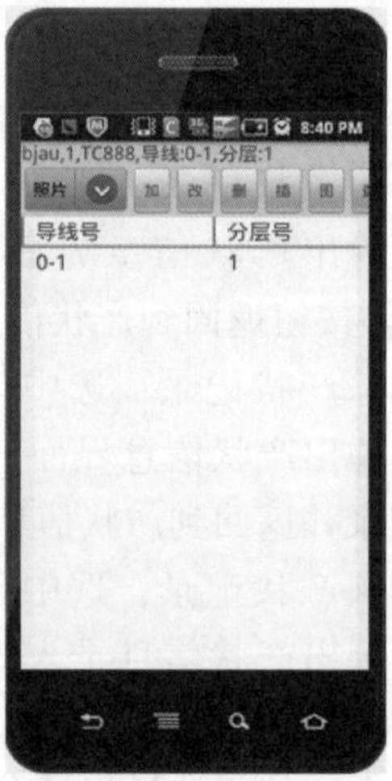


图 11.10.4　新增记录添加到照片信息列表中

修改照片记录：选中列表框中照片记录，点击【改】按钮，弹出照片信息界面，待照片信息修改完成，点击【确定】按钮返回到照片信息列表界面。

删除照片记录：选中列表框中照片记录，点击【删】按钮，弹出照片信息界面，点击【确定】按钮删除相应的照片记录并返回到照片信息列表界面。

插入照片记录：选中列表框中照片记录，点击【插】按钮，弹出照片信息录入界面，待照片信息输入完成，点击【确定】按钮返回到照片信息列表界面，新增照片在照片列表框中位于选择记录上方。

# 12　浅井基本信息采集

（1）在探矿工程系统初始化界面，选择“勘探工程-浅井”或者点击浅井快捷按钮，进入浅井基本信息采集界面。默认处于【新建】编辑模式（图 12.0.1）。

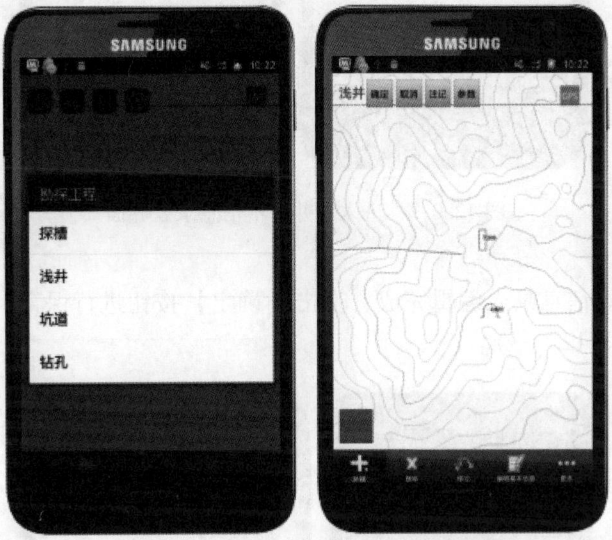


图 12.0.1　进入浅井基本信息采集界面

（2）在【新建】模式中，如果屏幕左下角操作键为，则可以直接在图上添加点。如果为，则单击使其变为，点击野外底图浅井工程位置创建新的浅井标识并闪烁显示。点击【确定】进入浅井基本信息录入界面（图 12.0.2）。

**注：** 标“*”的内容是必须填写，否则不能生成工程编录数据库；

重要字段的填写内容说明：

工程编号：工程的唯一标识符，可填写数字和字母的组合。

勘探线号：工程所属勘探线，可以为空，可填写数字和字母的组合。

比例尺：工程素描图比例尺，填写分母即可，如填写“100”代表比例尺为1∶100。

井深：圆（方）井的深度。

一到四壁的宽度、井深和比例尺数据必输入。如果是圆井，只输入一壁的宽度即可。

图 12.0.2　进入浅井基本信息录入界面

（3）待浅井基本信息录入编辑完成，点击【确定】按钮进行保存，浅井的工程编号自动标示在图面上（图 12.0.3）。

图 12.0.3　浅井的工程编号自动标示在图面上

# 13　浅井测量信息采集

## 13.1　打开浅井测量库信息录入总界面

（1）在浅井信息采集界面中，点击【更多】，选择“编辑测量库”菜单，进入【编辑测量库】模式。如果屏幕左下角操作键为 ，则可以直接在图上添加点。如果为 ，则单击使其变为 ，选择待编辑测量库的浅井工程标识并闪烁显示。点击【确定】进入浅井测量库信息录入总界面（图 13.1.1）。

图 13.1.1　进入浅井测量库信息录入总界面

（2）浅井测量库信息录入总界面中上方按钮功能介绍如下：

按钮：为测量库选择按钮，在编辑录入某属性库时，可以通过按钮进行选择切换。

按钮：为测量库编辑按钮，对应某属性记录的添加、修改、删除、插入操作。

按钮：为素描图生成和浏览按钮，点击【图】按钮，根据测量库自动生成素描图，点击【查】浏览已经生成的素描图。

**注**：其他数据只有在分层库有数据的情况下，才能输入数据，这是因为采样、素描、产状、刻槽必须在某一分层号进行数据采集的。

## 13.2 圆（方）井分层坐标参数约定

圆（方）井分层坐标参数约定见图 13.2.1。

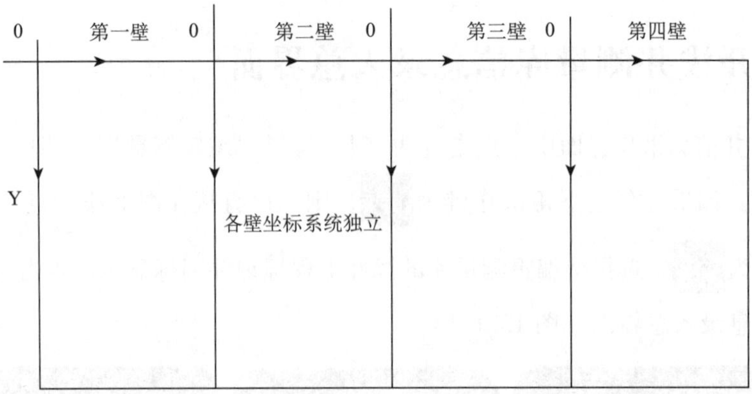


图 13.2.1　圆（方）井分层坐标取值约定

## 13.3 浅井分层数据采集

（1）进入浅井测量库信息总界面，初始情况下为“分层”库列表界面。或点击测量库选择按钮，弹出测量库选择界面，选择“分层”，进入分层库信息列表界面（图 13.3.1）。

图 13.3.1　进入分层库信息列表界面

（2）点击【加】按钮，弹出分层信息录入界面（图 13. 3. 2）。

（3）浅井分层信息录入完成之后点击【确定】按钮返回到分层信息列表界面，新增记录添加到分层信息列表中（图 13. 3. 3）。

图 13. 3. 2　弹出分层信息录入界面

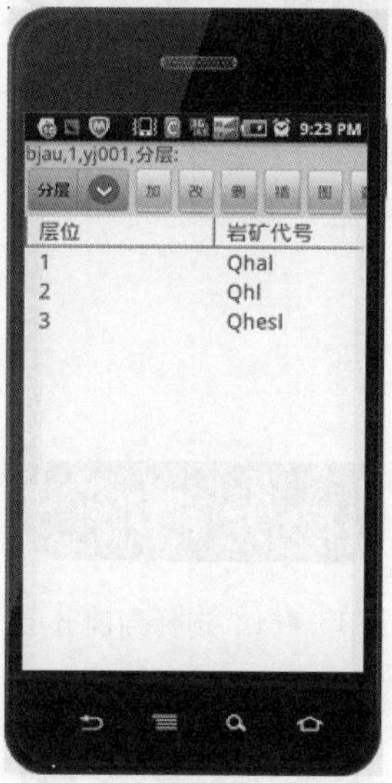


图 13. 3. 3　新增记录添加到分层信息列表中

（4）浅井分层库下其他操作如下。

修改分层记录：选中列表框中分层记录，点击【改】按钮，弹出分层信息界面，待分层信息修改完成，点击【确定】按钮返回到分层信息列表界面。

删除分层记录：选中列表框中分层记录，点击【删】按钮，弹出分层信息界面，点击【确定】按钮删除相应的分层记录并返回到分层信息列表界面。

插入分层记录：选中列表框中分层记录，点击【插】按钮，弹出分层信息录入界面，待分层信息输入完成，点击【确定】按钮返回到分层信息列表界面，新增分层在分层列表框中位于选择记录上方。

## 13. 4　浅井刻槽样数据录入

（1）浅井刻槽样数据录入之前，在分层信息列表界面选择当前分层（图 13. 4. 1）。

（2）点击测量库选择按钮，弹出测量库选择界面，选择“刻槽”，进入刻槽样库信息列表界面（图 13. 4. 2）。

（3）点击【加】按钮，弹出刻槽样信息录入界面（图 13. 4. 3）。

（4）输入刻槽样信息，点击【确定】按钮返回到刻槽样信息列表界面，新增记录添加到刻槽样信息列表中（图 13. 4. 4）。

（5）浅井刻槽样库下其他操作如下。

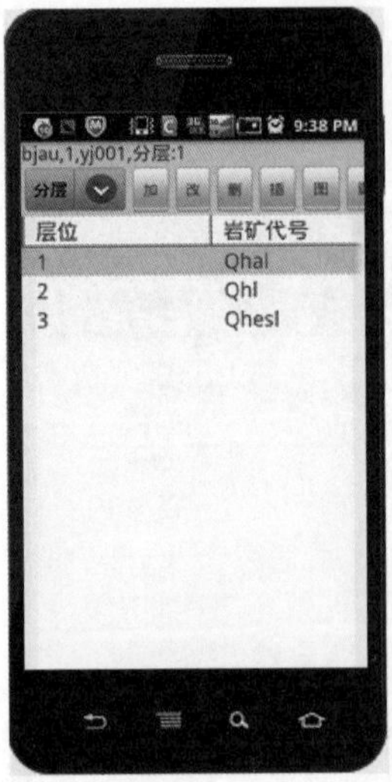


图 13.4.1　选择当前分层

图 13.4.2　进入刻槽样库信息列表界面

图 13.4.3　弹出刻槽样信息录入界面

图 13.4.4　新增记录添加到刻槽样信息列表中

修改刻槽样记录：选中列表框中刻槽样记录，点击【改】按钮，弹出刻槽样信息界面，待刻槽样信息修改完成，点击【确定】按钮返回到刻槽样信息列表界面。

删除刻槽样记录：选中列表框中刻槽样记录，点击【删】按钮，弹出刻槽样信息界面，点击【确定】按钮删除相应的刻槽样记录并返回到刻槽样信息列表界面。

插入刻槽样记录：选中列表框中刻槽样记录，点击【插】按钮，弹出刻槽样信息录入界面，待刻槽样信息输入完成，点击【确定】按钮返回到刻槽样信息列表界面，新增刻槽样在刻槽样列表框中位于选择记录上方。

## 13.5 浅井B采样数据录入

（1）在分层信息列表界面选择当前分层（图13.5.1）。

（2）点击测量库选择按钮，弹出测量库选择界面，选择“B采样”，进入采样库信息列表界面（图13.5.2）。

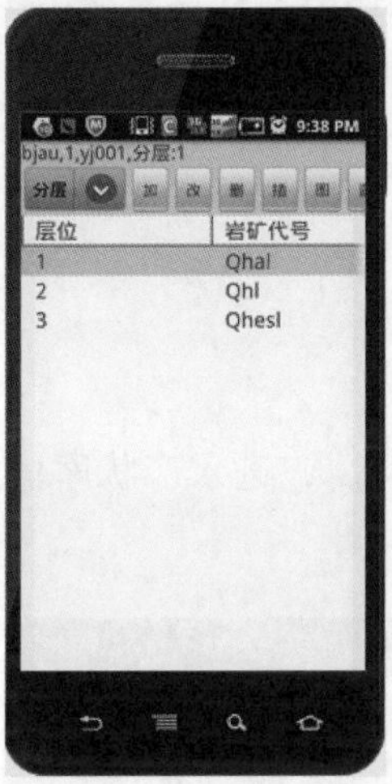


图13.5.1 选择当前分层

图13.5.2 进入采样库信息列表界面

（3）点击【加】按钮，弹出采样信息录入界面（图13.5.3）。

（4）输入采样信息，点击【确定】按钮返回到采样信息列表界面，新增记录添加到采样信息列表中（图13.5.4）。

图13.5.3 弹出采样信息录入界面

图13.5.4 新增记录添加到采样信息列表中

**注**：此为标本采样。

（5）浅井采样库下其他操作如下。

修改采样记录：选中列表框中采样记录，点击【改】按钮，弹出采样信息界面，待采样信息修改完成，点击【确定】按钮返回到采样信息列表界面。

删除采样记录：选中列表框中采样记录，点击【删】按钮，弹出采样信息界面，点击【确定】按钮删除相应的采样记录并返回到采样信息列表界面。

插入采样记录：选中列表框中采样记录，点击【插】按钮，弹出采样信息录入界面，待采样信息输入完成，点击【确定】按钮返回到采样信息列表界面，新增采样在采样列表框中位于选择记录上方。

## 13.6　浅井产状数据录入

（1）在分层信息列表界面选择当前分层（图 13.6.1）。

（2）点击测量库选择按钮，弹出测量库选择界面，选择“产状”，进入产状库信息列表界面（图 13.6.2）。

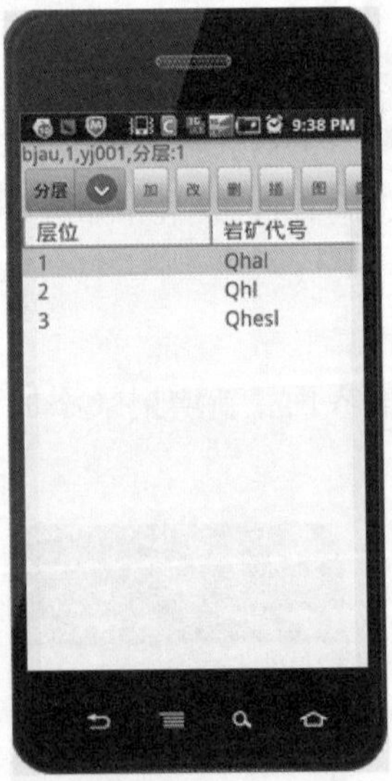


图 13.6.1　选择当前分层

图 13.6.2　进入产状库信息列表界面

（3）点击【加】按钮，弹出产状信息录入界面（图 13.6.3）。

（4）输入产状信息，点击【确定】按钮返回到产状信息列表界面，新增记录添加到产状信息列表中（图 13.6.4）。

（5）浅井产状库下其他操作如下。

修改产状记录：选中列表框中产状记录，点击【改】按钮，弹出产状信息界面，待产状信息修改完成，点击【确定】按钮返回到产状信息列表界面。

删除产状记录：选中列表框中产状记录，点击【删】按钮，弹出产状信息界面，点击

图 13.6.3　弹出产状信息录入界面

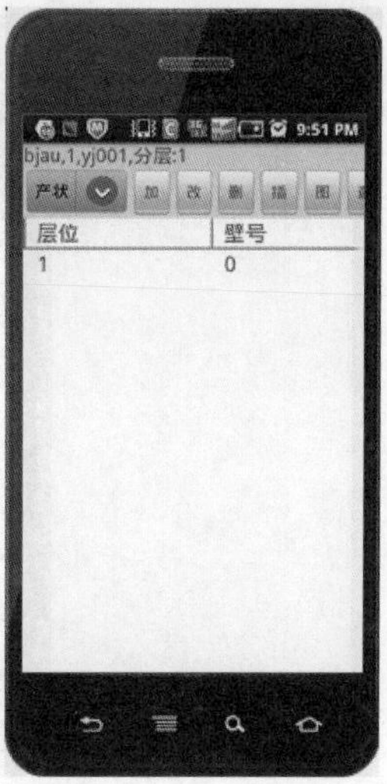


图 13.6.4　新增记录添加到产状信息列表中

【确定】按钮删除相应的产状记录并返回到产状信息列表界面。

插入产状记录：选中列表框中产状记录，点击【插】按钮，弹出产状信息录入界面，待产状信息输入完成，点击【确定】按钮返回到产状信息列表界面，新增产状在产状列表框中位于选择记录上方。

## 13.7　浅井照片数据录入

（1）在分层信息列表界面选择当前分层（图 13.7.1）。

（2）点击测量库选择按钮，弹出测量库选择界面，选择“照片”，进入照片库信息列表界面（图 13.7.2）。

（3）点击【加】按钮，弹出照片信息录入界面（图 13.7.3）。

（4）输入照片信息，点击【确定】按钮返回到照片信息列表界面，新增记录添加到照片信息列表中（图 13.7.4）。

（5）浅井照片库下其他操作如下。

修改照片记录：选中列表框中照片记录，点击【改】按钮，弹出照片信息界面，待照片信息修改完成，点击【确定】按钮返回照片信息列表界面。

删除照片记录：选中列表框中照片记录，点击【删】按钮，弹出照片信息界面，点击【确定】按钮删除相应的照片记录并返回到照片信息列表界面。

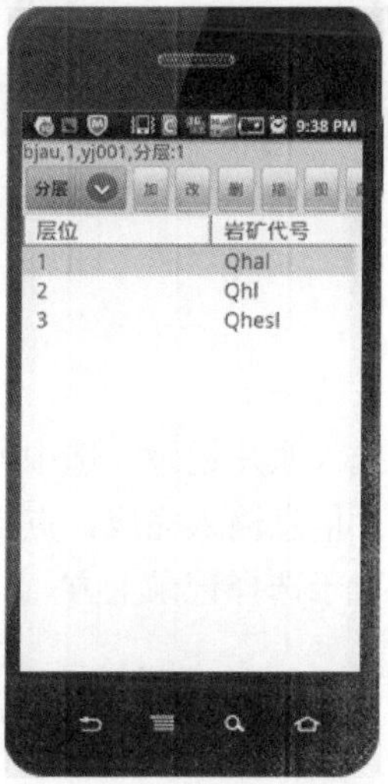


图 13.7.1　选择当前分层

图 13.7.2　进入照片库信息列表界面

图 13.7.3　弹出照片信息录入界面

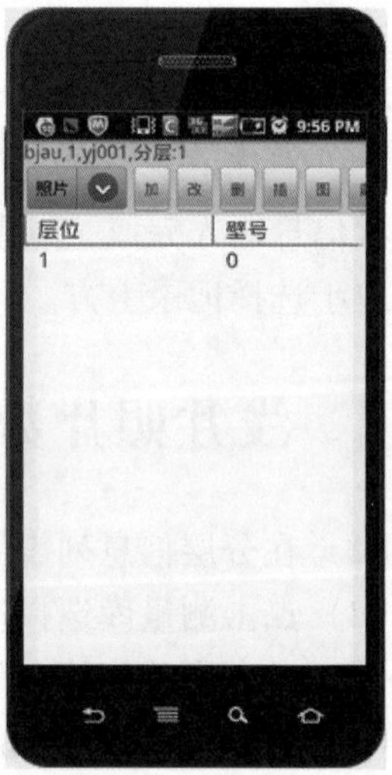


图 13.7.4　新增记录添加到照片信息列表中

插入照片记录：选中列表框中照片记录，点击【插】按钮，弹出照片信息录入界面，待照片信息输入完成，点击【确定】按钮返回到照片信息列表界面，新增产状在照片列表框中位于选择记录上方。

## 13.8　浅井素描图绘制

在浅井库测量信息录入的任意阶段，点击【图】生成素描图（图 13.8.1）。

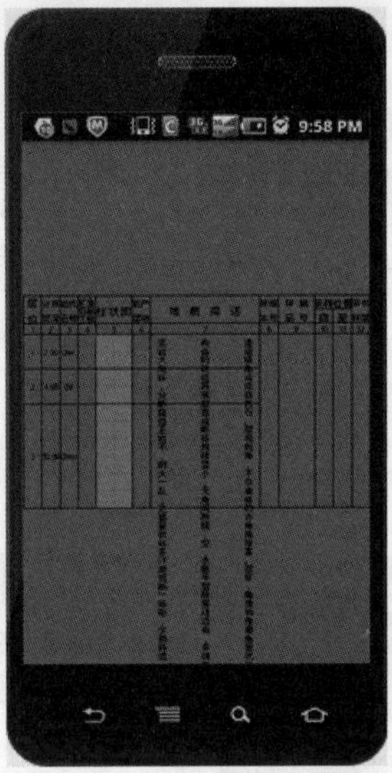


图 13.8.1 生成素描图

## 13.9 浅井底分层、底刻槽、底产状数据录入

（1）坐标系按下列规定（图 13.9.1）。

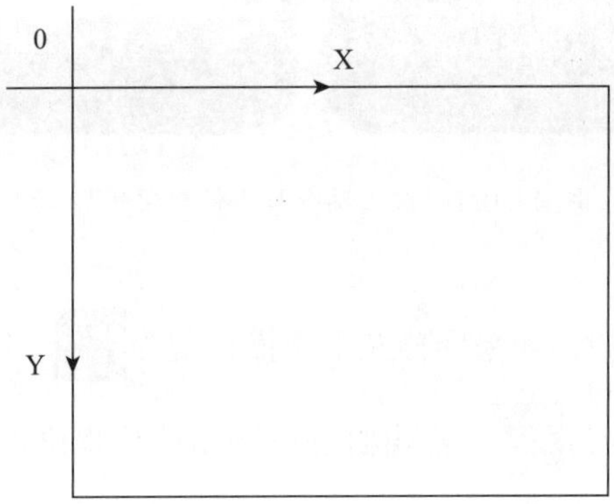


图 13.9.1 方井底坐标系统取值说明

（2）其操作与坑道掌子面操作类似。

# 14　钻孔基本信息采集

（1）在探矿工程系统初始化界面，选择“勘探工程-钻孔”或者点击钻孔快捷按钮，进入钻孔基本信息采集界面。默认处于【新建】编辑模式（图 14.0.1）。

图 14.0.1　进入钻孔基本信息采集界面

（2）在【新建】模式中，如果屏幕左下角操作键为，则可以直接在图上添加点。如果为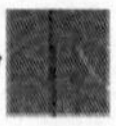，则单击使其变为，点击野外底图钻孔工程位置创建新的钻孔标识并闪烁显示。点击【确定】进入钻孔基本信息录入界面（图 14.0.2）。

**注：**标“*”的内容是必须填写，否则不能生成工程编录数据库；

重要字段的填写内容说明：

工程编号：工程的唯一标识符，可填写数字和字母的组合。

勘探线号：工程所属勘探线，可以为空，可填写数字和字母的组合。

比例尺：工程素描图比例尺，填写分母即可，如填写“100”代表比例尺为 1∶100。

待钻孔基本信息录入编辑完成，点击【确定】按钮进行保存，钻孔的工程编号自动标示在图面上（图 14.0.3）。

图 14. 0. 2　进入钻孔基本信息录入界面

图 14. 0. 3　钻孔的工程编号自动标示在图面上

# 15 钻孔测量信息采集

## 15.1 打开钻孔测量库信息录入总界面

（1）在钻孔信息采集界面中，选择“编辑测量库”菜单，进入【编辑测量库】模式。如果屏幕左下角操作键为[redacted]，则可以直接在图上添加点。如果为[redacted]，则单击使其变为[redacted]，选择待编辑测量库的钻孔工程标识并闪烁显示。点击【确定】进入钻孔测量库信息录入总界面（图 15. 1. 1）。

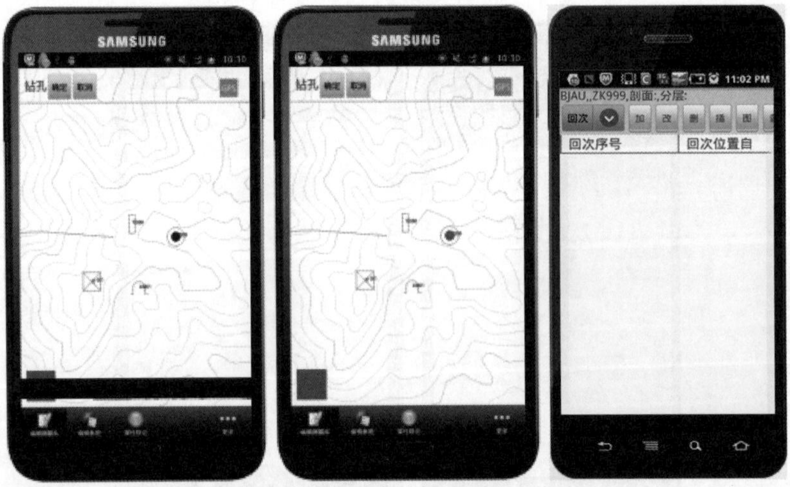

图 15. 1. 1　进入钻孔测量库信息录入总界面

（2）钻孔测量库信息录入总界面中上方按钮功能介绍如下：

按钮：为测量库选择按钮，在编辑录入某属性库时，可以通过按钮进行选择切换。

按钮：为测量库编辑按钮，对应某属性记录的添加、修改、删除、插入操作。

按钮：为素描图生成和浏览按钮，点击【图】按钮，根据测量库自动生成素描图，点击【查】浏览已经生成的素描图。

**注：**数据录入的顺序必须遵循以下基本原则：①必须先录入回次库。②回次数据录入后，才能输入分层库。③其他数据只有在回次库和分层库有数据的情况下，才能输入数据。这是因为采样、素描、产状、刻槽必须在某一回次号和某一分层号进行数据采集的。

## 15.2 钻孔回次库数据录入

(1) 初始进入钻孔测量信息总界面时默认为“回次库”信息列表界面，或者通过测量库选择按钮，弹出测量库选择界面，选择“回次”，进入回次库信息列表界面（图 15.2.1）。

图 15.2.1 进入回次库信息列表界面

(2) 点击【加】按钮，弹出回次信息录入界面（图 15.2.2）。

图 15.2.2 弹出回次信息录入界面

图 15.2.3 新增记录添加到回次信息列表中

（3）回次信息录入完成之后点击【确定】按钮返回到回次信息列表界面，新增记录添加到回次信息列表中（图 15. 2. 3）。

（4）钻孔回次库下其他操作如下。

修改回次记录：选中列表框中回次记录，点击【改】按钮，弹出回次信息界面，待回次信息修改完成，点击【确定】按钮返回到回次信息列表界面。

删除回次记录：选中列表框中回次记录，点击【删】按钮，弹出回次信息界面，点击【确定】按钮删除相应的回次记录并返回到回次信息列表界面。

插入回次记录：选中列表框中回次记录，点击【插】按钮，弹出回次信息录入界面，待回次信息输入完成，点击【确定】按钮返回到回次信息列表界面，新增回次在回次列表框中位于选择记录上方。

## 15. 3　钻孔分层库数据录入

（1）点击测量库选择按钮，弹出测量库选择界面，选择“分层”，进入分层库信息列表界面（图 15. 3. 1）。

（2）点击【加】按钮，弹出分层信息录入界面（图 15. 3. 2）。

图 15. 3. 1　进入分层库信息列表界面

图 15. 3. 2　弹出分层信息录入界面

（3）输入分层信息。点击【确定】按钮返回到分层信息列表界面，新增记录添加到分层信息列表中（图 15. 3. 3）。

（4）钻孔分层信息界面下其他操作如下。

修改分层记录：选中列表框中分层记录，点击【改】按钮，弹出分层信息界面，待分层信息修改完成，点击【确定】按钮返回到分层信息列表界面。

删除分层记录：选中列表框中分层记录，点击【删】按钮，弹出分层信息界面，点击【确定】按钮删除相应的分层记录并返回到分层信息列表界面。

图 15.3.3　新增记录添加到分层信息列表中

插入分层记录：选中列表框中分层记录，点击【插】按钮，弹出分层信息录入界面，待分层信息输入完成，点击【确定】按钮返回分层信息列表界面，新增分层在分层列表框中位于选择记录上方。

## 15.4　钻孔弯曲度数据采集

（1）点击测量库选择按钮，弹出测量库选择界面，选择“弯曲”，进入弯曲库信息列表界面（图 15.4.1）。

（2）点击【加】按钮，弹出钻孔弯曲信息录入界面（图 15.4.2）。

图 15.4.1　进入弯曲库信息列表界面

图 15.4.2　弹出钻孔弯曲信息录入界面

（3）钻孔弯曲信息录入完成之后点击【确定】按钮返回到钻孔弯曲信息列表界面，新增记录添加到钻孔弯曲信息列表中（图 15.4.3）。

（4）钻孔弯曲库下其他操作如下。

修改钻孔弯曲记录：选中列表框中钻孔弯曲记录，点击【改】按钮，弹出钻孔弯曲信息界面，待钻孔弯曲信息修改完成，点击【确定】按钮返回到钻孔弯曲信息列表界面。

删除钻孔弯曲记录：选中列表框中钻孔弯曲记录，点击【删】按钮，弹出钻孔弯曲信息界面，点击【确定】按钮删除相应的钻孔弯曲记录并返回到钻孔弯曲信息列表界面。

插入钻孔弯曲记录：选中列表框中钻孔弯曲记录，点击【插】按钮，弹出钻孔弯曲信息录入界面，待钻孔弯曲信息输入完成，点击【确定】按钮返回到钻孔弯曲信息列表界面，新增钻孔弯曲在钻孔弯曲列表框中位于选择记录上方。

图 15.4.3　新增记录添加到钻孔弯曲信息列表中

## 15.5　钻孔劈心样数据录入

（1）点击测量库选择按钮，弹出测量库选择界面，选择“劈心样”，进入劈心样库信息列表界面（图 15.5.1）。

图 15.5.1　进入劈心样库信息列表界面

（2）点击【加】按钮，弹出劈心样信息录入界面（图 15.5.2）。

（3）输入劈心样信息，点击【确定】按钮返回到劈心样信息列表界面，新增记录添加到劈心样信息列表中（图 15.5.3）。

图 15.5.2　弹出劈心样信息录入界面

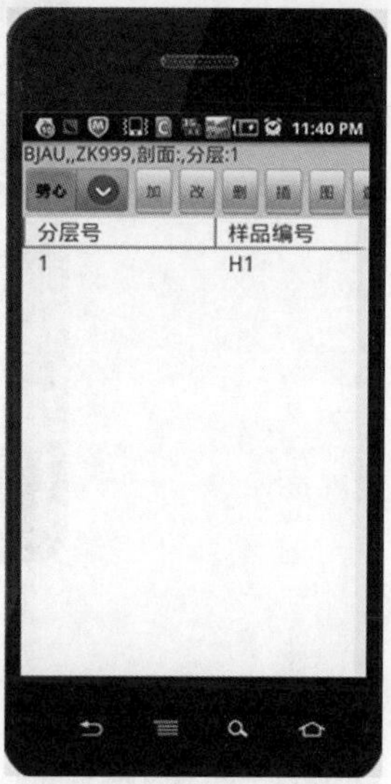


图 15.5.3　新增记录添加到劈心样信息列表中

（4）钻孔劈心样库下其他操作如下。

修改劈心样记录：选中列表框中劈心样记录，点击【改】按钮，弹出劈心样信息界面，待劈心样信息修改完成，点击【确定】按钮返回到劈心样信息列表界面。

删除劈心样记录：选中列表框中劈心样记录，点击【删】按钮，弹出劈心样信息界面，点击【确定】按钮删除相应的劈心样记录并返回到劈心样信息列表界面。

插入劈心样记录：选中列表框中劈心样记录，点击【插】按钮，弹出劈心样信息录入界面，待劈心样信息输入完成，点击【确定】按钮返回到劈心样信息列表界面，新增劈心样在劈心样列表框中位于选择记录上方。

## 15.6　钻孔样品数据录入

（1）点击测量库选择按钮，弹出测量库选择界面，选择“B 采样”，进入采样库信息列表界面（图 15.6.1）。

（2）点击【加】按钮，弹出采样信息录入界面（图 15.6.2）。

（3）输入采样信息，点击【确定】按钮返回到采样信息列表界面，新增记录添加到采样信息列表中（图 15.6.3）。

**注：**此为标本采样。

（4）钻孔采样库下其他操作如下。

图 15.6.1　进入采样库信息列表界面

图 15.6.2　弹出采样信息录入界面

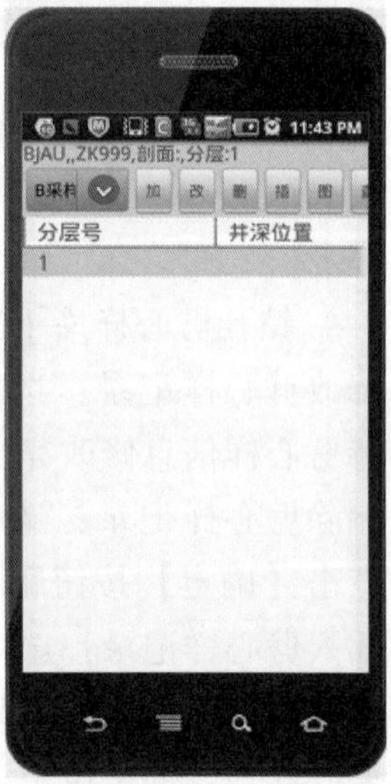


图 15.6.3　新增记录添加到采样信息列表中

修改采样记录：选中列表框中采样记录，点击【改】按钮，弹出采样信息界面，待采样信息修改完成，点击【确定】按钮返回到采样信息列表界面。

删除采样记录：选中列表框中采样记录，点击【删】按钮，弹出采样信息界面，点击【确定】按钮删除相应的采样记录并返回到采样信息列表界面。

插入采样记录：选中列表框中采样记录，点击【插】按钮，弹出采样信息录入界面，待采样信息输入完成，点击【确定】按钮返回到采样信息列表界面，新增采样在采样列表框中位于选择记录上方。

# 15.7　钻孔照片数据录入

（1）点击测量库选择按钮，弹出测量库选择界面，选择“照片”，进入照片库信息列表界面（图 15.7.1）。

图 15.7.1　进入照片库信息列表界面

（2）点击【加】按钮，弹出照片信息录入界面（图 15.7.2）。

（3）输入照片信息，点击【确定】按钮返回到照片信息列表界面，新增记录添加到照片信息列表中（图 15.7.3）。

图 15.7.2　弹出照片信息录入界面

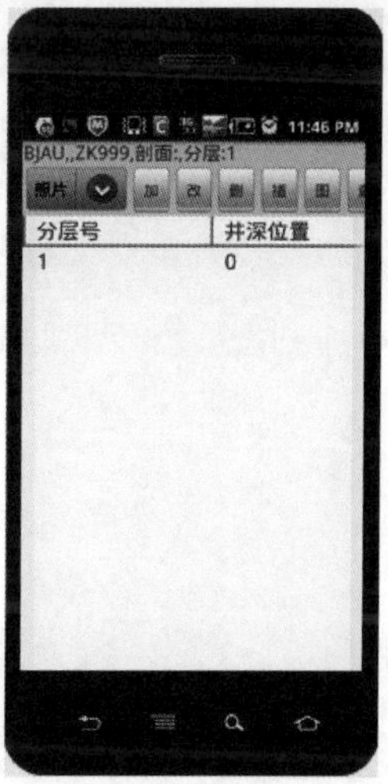


图 15.7.3　新增记录添加到照片信息列表中

（4）钻孔照片库下其他操作如下。

修改照片记录：选中列表框中照片记录，点击【改】按钮，弹出照片信息界面，待照片信息修改完成，点击【确定】按钮返回到照片信息列表界面。

删除照片记录：选中列表框中照片记录，点击【删】按钮，弹出照片信息界面，点击【确定】按钮删除相应的照片记录并返回到照片信息列表界面。

插入照片记录：选中列表框中照片记录，点击【插】按钮，弹出照片信息录入界面，待照片信息输入完成，点击【确定】按钮返回到照片信息列表界面，新增照片在照片列表框中位于选择记录上方。

## 15.8 水文、冲洗、测井点、测井层数据录入

参考照片采集过程。

# 16 探矿工程导入桌面系统

利用手机助手等工具将 Android 上的探矿工程数据拷到电脑上的某个位置，进入 DGSInfo 的探矿工程视图，选择菜单“Android 转入勘探工程”（图 16.0.1），选择该探矿工程文件（＊.xml）即可（图 16.0.2）。

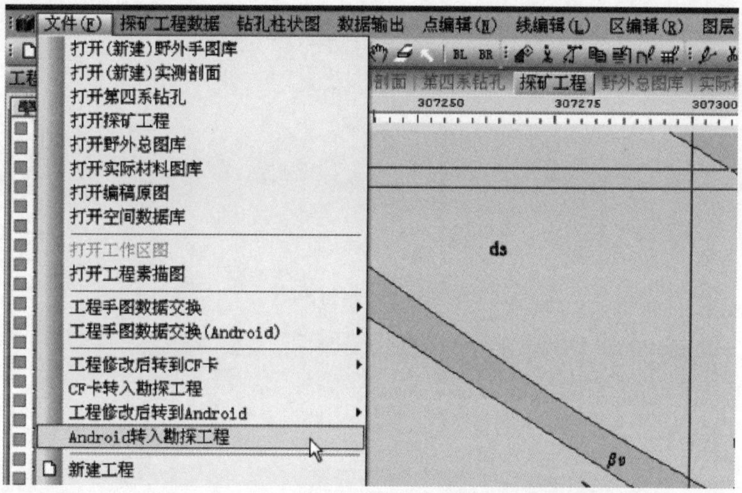


图 16.0.1　选择菜单“Android 转入勘探工程”

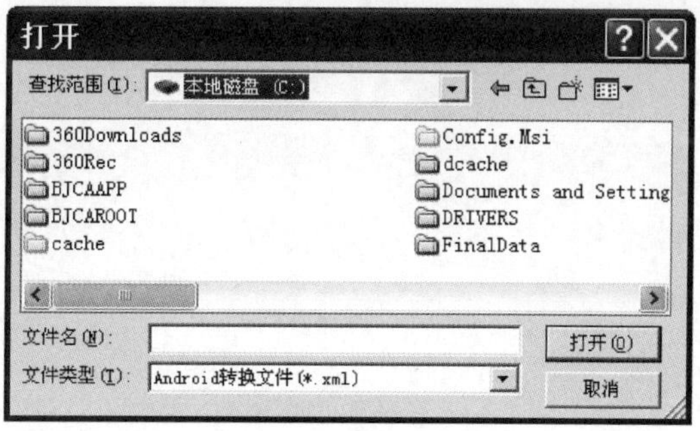


图 16.0.2　选择该探矿工程文件

# 17 野外编录数据上传

选择“探矿工程→上传”菜单开始上传当前野外探矿工程编录数据。当用户尚未登录时跳转到用户登录界面（参见第5章），登录完成之后系统自动进行用户数据上传。

# 数字地质调查系统操作指南

## ——地质调查智能空间升级版

（中　册）

李丰丹　刘　畅　刘园园　吕　霞　陈飞翔
吴　亮　刘　洋　蒋　仁　林　敏　褚平利　著
唐　振　武军杰　全守村　龚爱华　曾剑威
汤建荣　施　璐　张辉善　董彦琪

地质出版社

·北　京·

## 内 容 提 要

本书是《数字地质调查系统操作指南》的升级版，涉及的内容已经进行了大量优化，以数字地质调查技术从数字化向智能化方向扩展、发展以及完善的过程中形成的地质调查智能空间平台（满足地质调查密集型工作模式的“云+端软件”）的操作流程为主。本书由上、中、下册三册组成。上册包括“数字地质填图系统（RGMap）操作指南”和“探矿工程数据编录系统（PEData）操作指南”两部分，中册包括“数字地质调查信息综合平台（DGSInfo）操作指南“和“地质调查综合数据采集与集成模块（PRB 扩展属性表）操作指南”两部分，下册包括“地质调查 GIS 基础平台（DGSGIS）操作指南”和“地质调查智能空间平台操作指南”两部分。书中详细介绍了六大子系统的基本原理与功能、操作步骤和方法。

本书适合从事区域地质调查、固体矿产勘查、地质科学研究的地学工作者和相关科技管理人员使用，也可作为大专院校地学类高年级学生和研究生的参考书。

**图书在版编目（CIP）数据**

数字地质调查系统操作指南：地质调查智能空间升级版：全 3 册/李丰丹等著. —北京：地质出版社，2021. 1

ISBN 978-7-116-12523-0

Ⅰ. ①数… Ⅱ. ①李… Ⅲ. ①数字技术—应用—地质调查—指南 Ⅳ. ①P622-39

中国版本图书馆 CIP 数据核字（2021）第 028063 号

SHUZI DIZHI DIAOCHA XITONG CAOZUO ZHINAN：DIZHI DIAOCHA ZHINENG KONGJIAN SHENGJIBAN

**责任编辑**：吴宁魁
**责任校对**：关风云
**出版发行**：地质出版社
**社址邮编**：北京海淀区学院路 31 号，100083
**电　　话**：（010）66554528（邮购部）；（010）66554627（编辑室）
**网　　址**：http：//www. gph. com. cn
**传　　真**：（010）66554686
**印　　刷**：北京地大彩印有限公司
**开　　本**：787 mm×1092 mm 1/16
**印　　张**：62. 5
**字　　数**：1500 千字
**版　　次**：2021 年 1 月北京第 1 版
**印　　次**：2021 年 1 月北京第 1 次印刷
**定　　价**：188. 00 元（全三册）
**书　　号**：ISBN 978-7-116-12523-0

# 前　言

本书是2011年由地质出版社出版的《数字地质调查系统操作指南》（上、中、下册）的升级版，虽然书名仍是《数字地质调查系统操作指南》，但涉及的内容已经进行了大量优化。内容以数字地质调查技术从数字化向智能化方向扩展、发展以及完善的过程中形成的地质调查智能空间平台（满足地质调查密集型工作模式的“云+端软件”）的操作流程为主。

**1. 数字地质调查技术的发展历程**

自1999年开始，在国土资源调查专项和矿产资源调查专项支撑下，中国地质调查局发展研究中心组织精干的科研技术人员自主开发研制了面向野外地质调查的数字填图技术——“数字区域地质调查系统”，提出了PRB数字区域地质调查基本理论与方法，对数字区域地质调查基本理论与技术取得了原创性突破，解决了国际上30多年以来在地质调查中难以实现计算机野外数据采集全程化和难以满足不同学科地学者对野外数据采集的需求问题。

也就是说，从地质调查源头出发，以野外地质数据获取过程的数字化为核心，研究数字地质调查的理论与技术方法，通过对语义粒度、描述粒度、空间粒度和存储粒度的分割及其相关关系的研究，提出了描述适合各种比例尺的地质填图过程的数字填图技术、方法和物理建模的基本模式。基于构件、中间件、数据建模与数据库、工作流等综合技术，开发了集GPS、GIS、RS技术为一体的数字地质调查系统，建立了数字地质调查数字化流程。在地质调查的整个业务流程中，数字地质调查系统把数据库的建设融入日常工作和生产之中，即把地质矿产勘查（固体矿产勘查）过程数据库建设流程与具体的地质找矿业务流程紧密结合起来、又不同于以往数据库建设只是由计算机技术人员录入实现完成，而是地质技术人员借助数字地质调查技术与系统，对地质矿产勘查（固体矿产勘查）过程中不同阶段所获得资料进行综合分析，大大缩短了原始资料的系统整理时间，并依据上一阶段工作成果及时指导下一阶段工作部署。数据模型与工作阶段的融合、继承，更使项目人员可以从计算技术的应用中体会到新技术带来的好处，又能形成新的工作模式，对提高研究精度、效率和成果的表现形式提供了重要的技术保障。

2004年，在全国区调工作中全面推广应用了数字填图技术，使数字填图技术进入实用阶段。经过多年持续集成研发和推广应用，2008年开始，数字填图系统全面升级与扩展到数字地质调查系统，形成比较完整的地质矿产调查全流程数字化理论、技术方法和自主软件平台，涵盖地质调查（地质填图）、矿产资源勘查、矿体模拟、品位估计、资源量估算、矿体三维建模、矿山开采系统优化等内容，贯穿整个基础地质矿产资源调查全过程。数字地质调查技术已被公认为区域地质调查工作技术走向现代化过程中的重大革新，使地质填

图和地质图生产终于告别“手工式”，迎来“光与电”的数字化时代。

该研究过程立足于开发以我国野外数据采集为入口的勘查项目综合资料整理、资源量估算和管理的一体化流程与软件系统，实现了整个地质调查过程数字化与无缝一体化。结合国内应用层次的现状，通过数据“层”模型、数据流“池”技术不同阶段数据模型继承技术、数据互操作技术解决了地质调查工作流程与软件流程一致性和无缝连接的关键和难点，大大降低了使用难度，满足了地质人员工作习惯的要求。

数字地质调查软件系统包括数字填图系统、探矿工程数据编录系统、数字地质调查信息综合平台、资源量估算与矿体三维建模系统等，从体系架构上支持地质矿产勘查全过程无缝数字化，实现了不同业务阶段数据库的互通，实现了从地质矿产资源调查野外数据采集到地质成图、矿体圈定、品位估计全过程的数字化。操作过程突出了智能化操作模式，为野外数据采集、传输、集成、综合处理、三维建模等全过程的关键技术节点提供数字化工具。地质底图应用方面初步形成移动终端智能感知公开地理信息资源的应用模式，野外数据采集应用 Android 智能终端可集智能终端位置、行为及环境感知等特点形成路线地质描述、音视频辅助记录、信手剖面等一体的电子野外记录簿；数据综合和整理过程自动绑定各个阶段操作的数据对象，提供微工作流机制，自动完成过程成果的继承和传递；地质三维建模工具提供建模算法以及数据组织管理、可视化、编辑和分析一体化。

2008 年以来，建立了集国内外主流资源储量估算方法与业务流程一致的地质矿产勘查从野外到矿产资源评价（靶区圈定）、资源量估算及矿体三维建模一体化的软件体系，集成国内外主流资源储量估算方法，实现从野外到矿产资源评价（靶区圈定）、资源储量估算及矿体三维建模一体化。其数字化流程与地质矿产勘查业务流程完全一致，从槽井坑钻野外数据采集到资源储量计算和矿体三维显示无缝连接、零数据交换。

资源量估算与矿体三维建模系统针对国内外地质块段法、地质剖面法、底板等高线法（煤）、地质统计学等方法和三维矿体建模特点，建立了多源地质数据匹配及一致性处理技术、多约束条件的单工程矿体圈定、三维地质结构模型约束下的地质体内非均值属性参数空间分布变化模型建模、模型重构的反馈机制及修正技术，集成了矿山地质多源数据和多方法资源储量估算的耦合三维建模关键技术。该成果与目前国内外市场同类软件相比最大的特点是计算机数字化流程与业务流程完全一致，从槽井坑钻野外数据采集到资源量计算和矿体三维显示无缝连接，零数据交换，使得在具体应用中充分体现了提高效率、提高成果精度、节省大量人力和物力所带来的优势。

**2. 新一代信息技术支撑下的数字地质调查技术提升**

2013 年以来在新一代信息技术的支持下，数字地质调查技术逐步从数字化走向智能化，从数字空间走向智能空间。数字地质调查技术体系聚焦“突显地质大数据价值、数据驱动精准地质调查”“以地质知识的流程化和智能化为核心的建设与应用”等主线，开展了智能地质调查技术和“云+端”软件体系研究。形成了基于大数据-云计算-人工智能的地质调查智能空间整体框架、技术和服务模式，构建了地质调查数据感知服务到认知（知识）框架以及以“大数据+大计算”为特点的地质调查全流程服务链。建立了支持定制化的通用地质数据采集和集成技术。满足零编程并符合各专业采集标准的专业野外数据采集需求，实现了单一字段可集文本、图像、音影、表格等多媒体为一体的数据采集，提高了

数据采集的智能化和效率。非结构化数据挖掘、空间数据挖掘等关键技术研究取得突破，提升了地质人员综合分析与决策能力。积极探索面向深度学习的地质对象识别分类技术方法与流程，展现了人工智能在未来变革地质调查工作模式具有的巨大潜力。研究成果促进了由数字地质调查方式向基于大数据-云计算技术的智能地质调查方式的转变。在阿尔金红柳沟-拉配泉地区、二连东乌旗区域、河北永定河区域等十多个不同类型地质地貌区成功开展了智能地质调查应用示范。

截至2019年底，形成了智能地质调查“云+端”软件体系和地质调查智能空间工作环境。软件体系强化地质调查数字化、智能化流程特性，涵盖区域地质调查（地质填图）、矿产地质调查、综合环境地质调查等。覆盖从数据采集、传输、集成、综合处理、建模与模拟、评价预测到成果服务等全流程，并提供“云+端”的工作模式。

**3. 数字地质调查应用和技术培训已覆盖全国地勘行业，并开始走出国门**

被广泛应用于全国区域地质调查、战略性矿产远景调查、矿产资源调查评价、危机矿山接替资源调查等项目，覆盖地质行业，涉及全国地质、冶金、有色、武警黄金、化工、建材、核工业、煤炭等部门以及高校科研部门、大型矿山企业和矿业公司（包括紫金矿业集团、云南驰骋锌锗有限公司、新疆有色集团、中国黄金集团等）。推广应用单位超过1000家，软件推广超过20000套；举办数字地质调查技术培训班超过200次，培训人员超过20000人次；数字地质调查技术已纳入了多个大学本科生课程；软件系统通过技术支持网站（www. dgst. cgs. gov. cn）和培训班的形式免费提供。

数字地质调查技术开始走向世界，在丹麦地质调查局格陵兰数字填图计划进行推广试验，在亚洲、非洲、南美洲等合作项目中应用。自2010年以来，我国对外举办了8期专门的数字填图技术培训班，培训学员来自亚洲、非洲、拉丁美洲等十余个国家和地区，培训人员超过120人，其中从2015年起还走出国门对老挝、马来西亚、缅甸、柬埔寨、秘鲁、巴西等国技术人员进行培训；已有相关地质人员培训后开始独立开展数字区域地质填图工作。多年来，在商务部举办的援外培训中，已针对亚非拉40多个国家和地区的300多名技术官员开展了数字填图技术讲座与交流。

为了让用户更好地操作数字地质调查软件，我们于2011年出版了一套完整的操作指南《数字地质调查系统操作指南》一书，以便于用户学习、掌握和应用数字地质调查系统软件。该书由上、中、下册组成。上册由数字填图系统野外数据采集系统（RGMap）和探矿工程数据编录系统（PEData）操作指南组成，中册为数字地质调查信息综合平台（DGSInfo）操作指南，下册为资源储量估算与矿体三维建模信息系统（REInfo）操作指南。为了更好地让用户使用该指南，该书采用了以大量图片说明的方式，便于用户直观地理解和操作软件，即使对计算机基础操作了解不多的用户，也能通过该书快速地掌握数字地质调查系统软件。本次升级版，主要变化如下：

（1）增加了地质调查智能空间平台和地质调查基础GIS软件的操作指南；

（2）原来基于Windows Mobile操作系统的野外数据采集软件已升级为基于Android操作系统的野外数据采集软件，操作指南做了相应调整。

（3）软件增加了开放式通用地质数据采集与集成技术方法，通过采集数据模型的定制和模块零编程的方式，实现了支持从基础地质、矿产调查扩展到全领域的野外地质路线调

查数据采集、管理、处理和输出，并直接接入云服务体系，可以满足不同专业、不同目标的地质调查野外数据采集的需求。

（4）室内信息综合平台增加了数据密集型地质调查数据服务与处理模块、基于模糊隶属度机器学习方法的空间模式构建模块（SDM）等内容。

（5）地质三维建模技术方法及模块使用在本书成稿时处于集成阶段，相关操作说明还在完善中，如果用户有需要，可单独联系编者。

（6）原操作指南的下册部分——资源储量估算系统相关内容本次不做升级，如果用户想使用，直接参考上一版操作指南即可。

本书涉及的软件具体如下：

（1）地质调查智能空间平台：平台提供了数据管理、数据处理、数据集成三大功能模块。数据管理主要用于实现项目组数据存储与管理。以及成员之间的数据共享。该工作环境是地质人员基本工作环境。可以在我的数据目录存储私有的各种数据，在我的（角色）数据加工目录处理数据，在我享有的数据目录共享和使用（计算）数据。数据处理模式提供了多样化软硬件计算资源，可自动与用户的资源建立互联互通机制。可利用云工具（办公软件、专业软件、虚拟机、物理机）直接对云盘中的数据进行编辑处理。数据服务（数据集成）模块支撑已有成果与正在生产的数据（正在填图的数据和使用的数据）均可发布服务，服务的对象可约束限制。用户组织在整个流程中为用户提供权限支持，分配用户可以访问的数据和操作，在数据服务里可以访问的服务内容等。数据经过处理后，在云盘形成正式的成果性数据，然后在云盘里根据数据的类型，对数据进行一键式快速发布，发布后的数据就可以在相应的数据集成页面看到。数据集成模块为项目组提供从野外到室内的数据应用服务链，支撑终端工作和服务，实现“云+端”工作模式。

（2）地质调查 GIS 基础软件（DGSGIS）：提供从数据采集到综合分析与建模的业务过程数字化智能化调查技术的基础支撑。针对数字地质调查应用需求，做了针对性的设计，强化了地质调查业务流程数字无缝性，为野外数据采集、处理、建模等提供了不同维度数据存储、组织、管理、可视化和编辑的一体化；底层框架的独立性构建，使数字地质调查软件系统可以跨平台保持无缝连接。在保持 GIS 软件特点基础上，增加了地质调查数据智能处理的功能。

（3）地质调查综合数据采集系统 RGMap（Android 版）：数字地质调查系统的移动端软件，主要用于野外区域地质调查、矿产地质调查、综合环境调查等地质调查数据采集，功能包括涵盖 GPS 导航定位、地质填图野外路线、地球化学、实测剖面、基于用户自定义和可扩展的综合调查等数据采集功能；提供地质图空间数据、非结构化数据挖掘文本等信息的离/在线服务功能，丰富和提升了数据采集过程中的信息服务内容和服务能力。

（4）探矿工程数据采集系统 PEData（Android 版）：数字地质调查系统的移动端软件，主要用于野外探矿工程编录数据采集，包括探槽、坑道、浅井、钻孔等编录数据的采集等。

（5）数字地质调查系统 DGSInfo（桌面版）：主要用于区域地质调查、矿产地质调查以及物化遥等综合地质调查的数据采集、处理、分析和成图等工作。作为一个地质调查信息综合平台，功能覆盖了地质调查工作全流程，包括综合地质调查模板设计、野外路线设计、地质路线数据处理、地质剖面数据处理、探矿工程数据处理与成图、数字地质图生

成、空间数据库建立、三维地质数据建模等，并提供相关地质数据处理、分析、预测及评价等功能。

本书前言由李丰丹执笔，数字填图系统（Android）和探矿工程编录系统（Android）部分由刘园园、李丰丹、刘畅执笔，数字地质调查系统桌面版（DGSInfo）部分由刘畅、李丰丹、刘园园执笔，地质调查智能空间平台部分主要由吕霞、李丰丹、龚爱华执笔，地质调查 GIS 基础平台（DGSGIS）部分主要由李丰丹、陈飞翔执笔。全书由李丰丹统稿。在编写过程中，我们得到了中国地质调查局、中国地质调查局发展研究中心、中国地质大学（武汉）、北京林业大学、中国地质大学（武汉）地理信息系统软件及其应用教育部工程研究中心、武汉中地数码科技有限公司、西安地质调查中心、天津地质调查中心、南京地质调查中心、沈阳地质调查中心、中国地质科学院地球物理地球化学勘查研究所以及福建省地质调查研究院等各省（区、市）地质调查院的领导、专家和地质调查项目组的指导。很多专家还给出了很好的建议和可操作方案，在此我们表示衷心的感谢。由于编者水平有限，难免会有错误之处，敬请用户对本书和软件系统提出意见和建议。特别欢迎通过 www. dgst. cgs. gov. cn、www. gsigrid. cgs. gov. cn 直接把意见反馈给我们，以利于我们在今后的升级版本中修改完善，更好地为大家服务。

# 目　　录

## 数字地质调查信息综合平台（DGSInfo）操作指南

## 地质调查综合数据采集与集成模块（PRB 扩展属性表）操作指南

# 数字地质调查信息综合平台
# （DGSInfo）操作指南

# 1 概　述

数字地质调查系统是贯穿整个地质矿产资源调查完整全过程的软件，涵盖地质调查(填图)、地质填图三维建模、矿产资源勘查、矿体模拟、品位估计、资源量估算、矿山开采系统优化等内容，实现了地质填图、固体矿产勘查的全数字化过程。具有北斗导航、定位和通信或GPS导航和定位，电子罗盘测量、素描图编绘、野外地质路线调查、地质剖面、槽井坑钻工程编录、岩石、土壤、水系沉积物、重矿物地球化学测量等数据采集，地质图编制、资源量估算与矿体三维显示等功能。

DGSInfo(Digital Geological Survery Information System)数字地质调查信息综合平台（图1.0.1）的主要功能：提供全国大、中比例尺标准图幅接图表，野外PRB数据检查与编辑，PRB数据入库，PRB数据整理与处理（数据浏览、数据提取形成专题图层），剖面厚度自动计算，剖面图和柱状图自动绘制，等值线计算与制图，多元统计计算与成图，地球化学数据采集、处理与成图，第四系钻孔综合剖面图、地球物理数据处理与成图，PRB空间数据定量评价，实际材料图编辑与属性继承操作，1∶10万实际材料图投影到1∶25万图幅（或多1∶2.5万到1∶5万），编稿地质图编辑与地质图空间数据库建立，三维地质图动态建模（PRB双重约束三维建模技术），异常查证结果数据库、矿点检查结果数据库以及综合地质构造图层、含矿地质建造图层、控矿构造图层、矿产地图层、矿化信息及找矿标志图层、蚀变带信息、物、化、遥等综合异常图层、矿产预测远景区图层、找矿靶区图层、地质工作部署建议图层等内容的成矿规律与矿产预测图数据库的建立等功能，满足完成野外手图、图幅PRB库、实际材料图、编稿地质图及地质图空间数据库整个过程的要求，覆盖各种比例尺填图全过程。

图1.0.1　数字地质调查信息综合平台主界面

该模块还提供了探矿工程数据综合、处理、制图过程：探槽、浅井、坑道、钻孔探矿工程数据、勘探线数据、采样分析数据录入与组织管理，自动生成坑道、探槽、钻孔、浅井工程图件的基本内容投影在矿区平面图上，自动输出坑道、探槽、钻孔、浅井工程编入数据采集表、素描图、矿区平面图，多模式多用途钻孔综合柱状图应用等相关功能。

# 1.1 全数字化流程

具体包括数字地质填图全流程、数字地质填图三维建模流程、地质矿产勘查全流程和地质成果快速云发布流程（图 1.1.1 至图 1.1.4）。

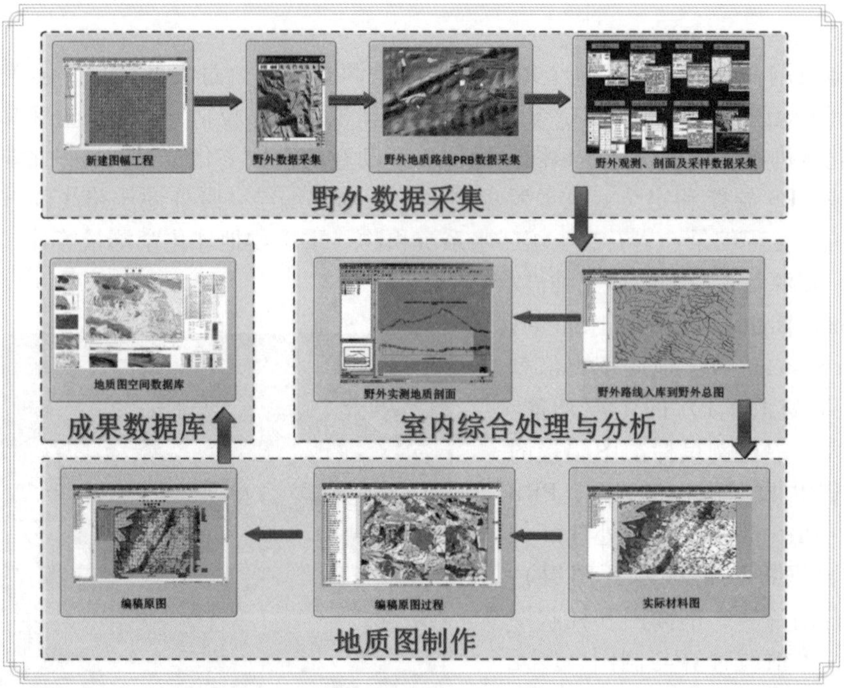


图 1.1.1　数字地质填图全流程

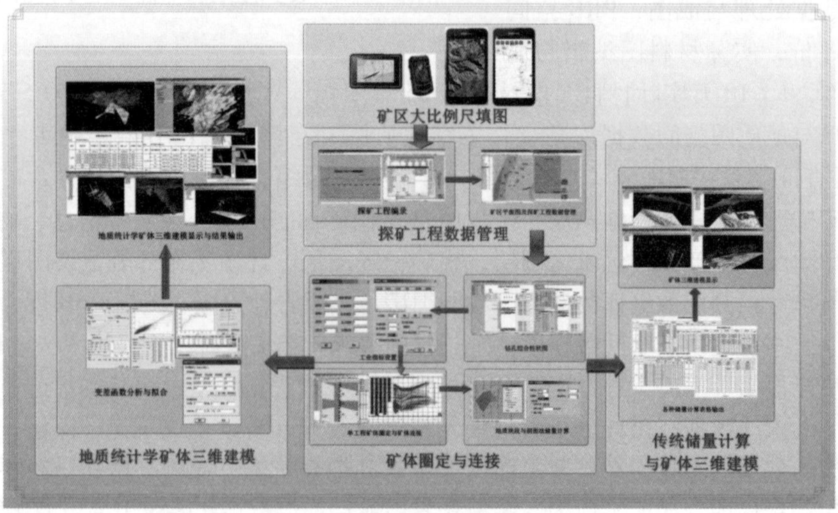


图 1.1.2　数字固体矿产勘查流程

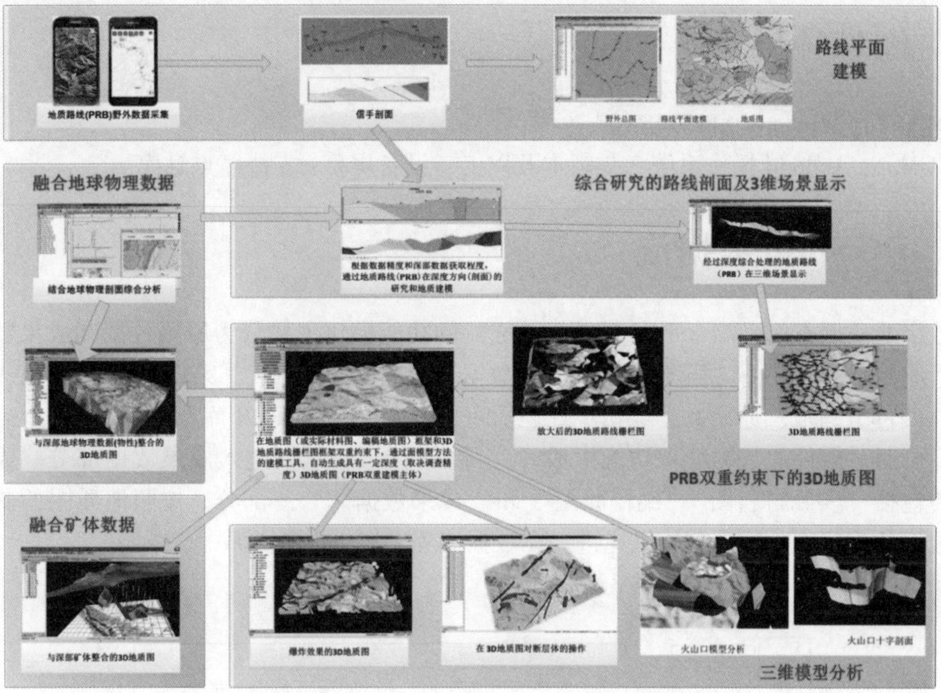


图 1.1.3　数字地质填图三维建模流程

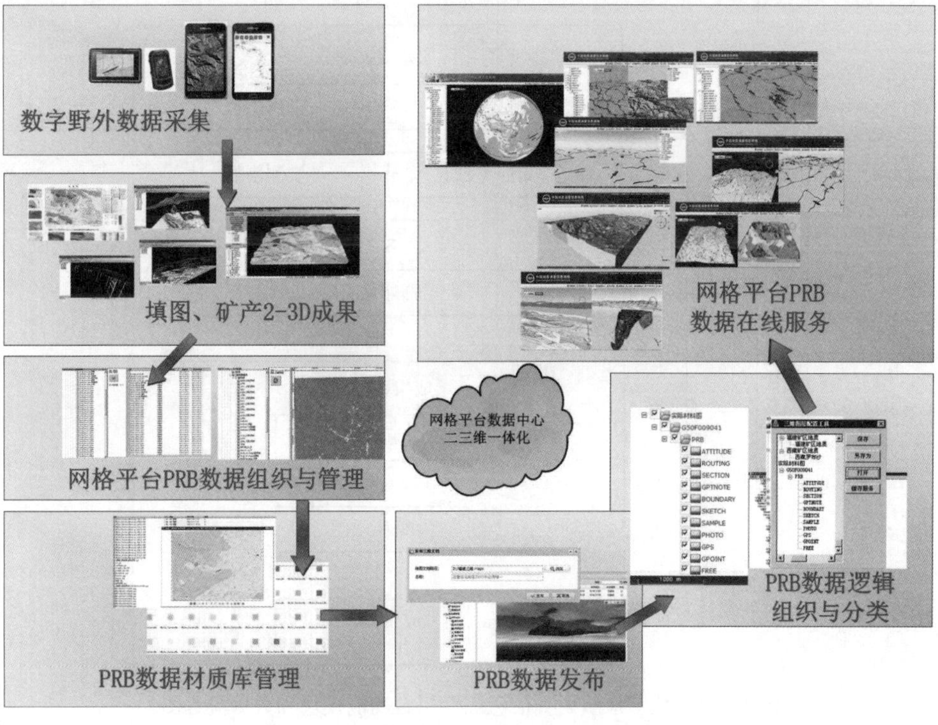


图 1.1.4　地质调查成果快速云发布流程

## 1.2 硬件环境

DGSInfo：Windows XP/7/8/10

RGMap：Android 操作系统 2.2 版本及以上，设备屏幕：支持多点触摸

## 1.3 DGSInfo 数据流

数字地质调查信息综合平台（桌面系统）的功能模块主要分为原始数据和成果数据两部分。原始数据主要由“野外手图（路线数据）”“实测剖面”“第四系钻孔”和“勘探工程”四部分组成。原始数据经初步处理后可汇总至“图幅 PRB 库”，该库起承上启下的作用，可通过软件的数据继承功能生成“实际材料图”，从而进入成果数据部分。成果数据主要包括“实际材料图”“编稿原图”和“成果数据库”三部分，按照地质图的制作阶段和数据处理程度，三部分逐级递进，在数据流程上属于继承关系。

系统的功能与数据流如图 1.3.1 所示。

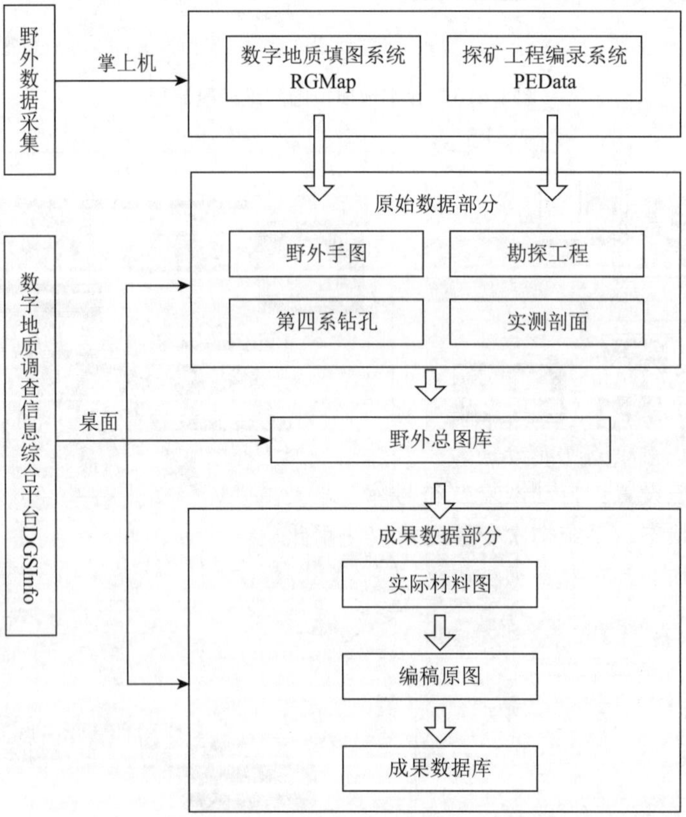


图 1.3.1　数字地质调查信息综合平台功能模块和数据流程图

# 2 系统安装与环境配置

## 2.1 系统安装

安装程序名称：DGSS_Setup. exe。

运行安装程序，安装默认位置为 D：\ Program Files \ Digital Geological Survey \，也可以自定义安装路径（图 2. 1. 1）。

安装完毕后，将在“开始菜单”建立“数字地质调查（DGSS）”快捷方式，包括内容如图 2. 1. 2 所示。

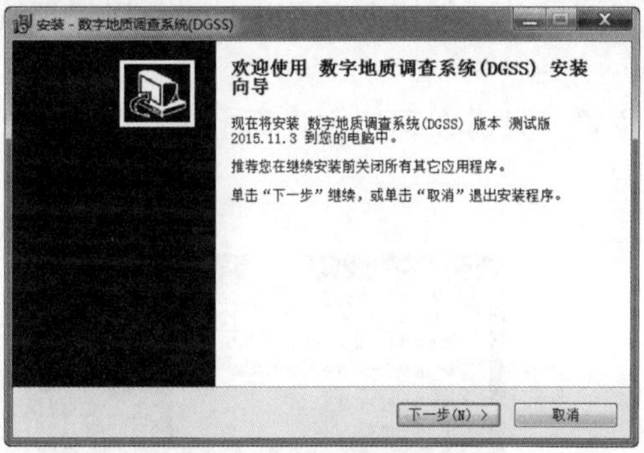


图 2. 1. 1　数字地质调查系统（DGSS）安装界面

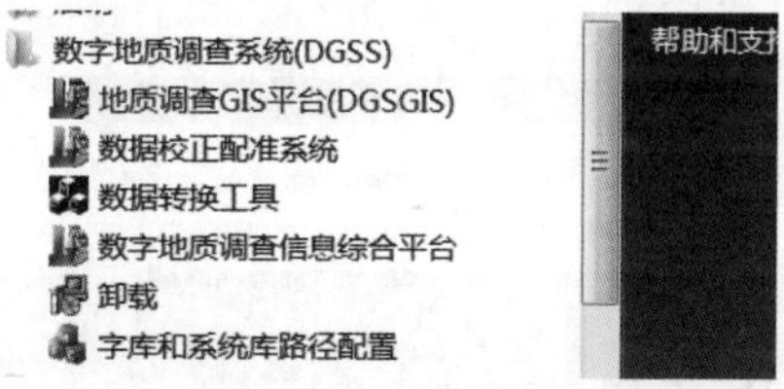


图 2. 1. 2　数字地质调查系统（DGSS）菜单

每个快捷方式对应的功能分别为：

默认系统环境设置：自动恢复“符号库”“矢量字库”“颜色库”以及系统原型库等配置到系统默认状态。系统初次安装时建议使用此功能。

数字地质调查综合信息平台：数字地质调查综合信息平台主程序。

字符与符号库路径设置：DGSGIS 基础环境设置（图 2. 1. 3）。

数据转换工具：转换 ArcGIS 和 MapGIS 的数据到 DGSGIS。

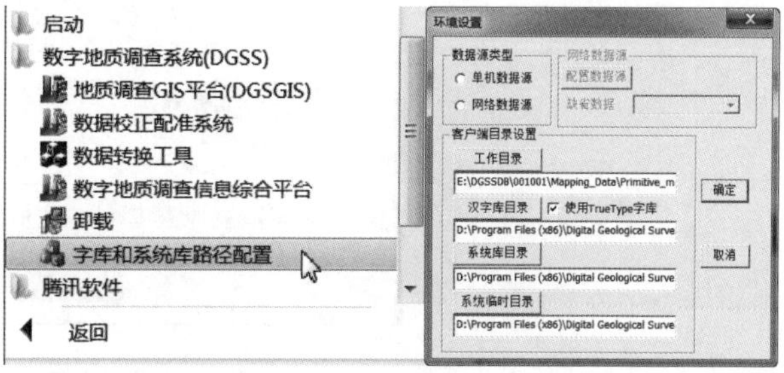


图 2. 1. 3　字符与符号库路径设置

# 2.2 环境配置

## 2.2.1 配置字库、符号库、线型库目录

用户可以通过执行程序来配置默认环境。

## 2.2.2 设置系统工作目录 DGSSDB

“DGSSDB”是桌面程序的工作目录，所有数据都将存储在此目录下，程序必须在找到此目录的情况下才可正常运行。

用户可在任意位置手动创建 DGSSDB 目录，也可以在程序启动时选择位置创建。建议将此目录建立在某盘符的根目录下，以避免数据文件的目录或文件名过长。

程序初次启动时会自动寻找“［DRIVE］：\ DGSSDB”目录，如不存在，将出现如图 2.2.1 的提示。

选择“是”，将允许用户重新选择 DGSSDB 所在的目录或盘符，如果用户选择的目录或盘符下仍不存在 DGSSDB 目录，程序将自动在该目录下创建 DGSSDB 目录，以保证程序能够正常运行。

在之后的工作中如果需要改变工作目录的位置，只需在程序主界面上选择图 2.2.2 菜单即可实现。

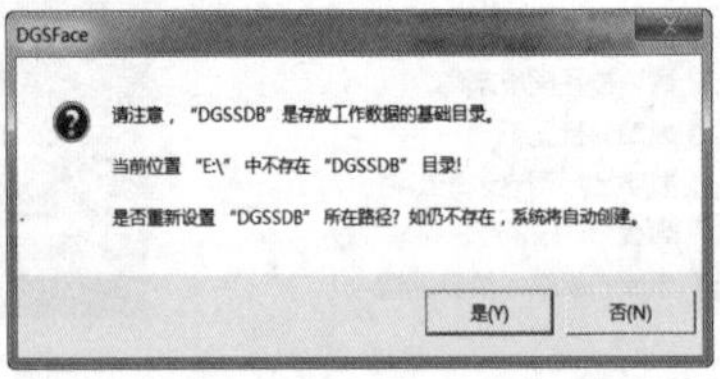


图 2.2.1　目录不存在提示

图 2.2.2　设置工作数据路径菜单

如果放在 E 盘．选中目录即可（图 2.2.3）。

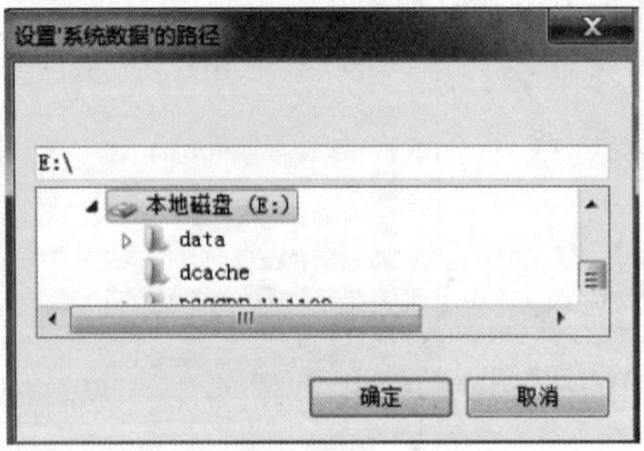


图 2.2.3　选中目录

### 2.2.3　设置系统数据路径

“系统数据”特指程序运行过程中需要的各种数据库“原型”文件或 MapGIS 工程文件，如各种比例尺的接图表，字典库及设计好属性结构的图层文件等。“系统数据”的路径一般指程序安装目录下的“Data”目录，假设程序安装在 C：\ Program Files \ 中，则系统数据的路径为 C：\ Program Files \ Digital Geological Survey \ data 的目录。

程序安装时一般会自动配置此目录，如在使用过程中需要更改，请按如下菜单操作(图 2.2.4)：

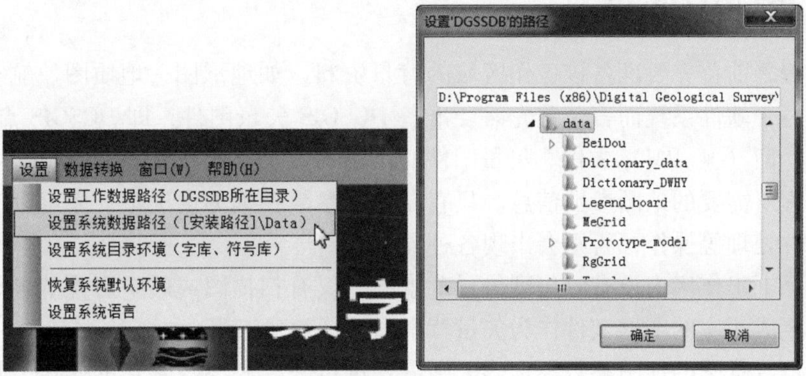


图 2.2.4　更改系统数据路径

# 3 工作区（图幅）组织与打开

## 3.1 背景图的准备

新建工程之前首先要准备该工作区域的背景资料，如地形图、地质图、航空影像和前人资料等。对于软件系统而言，首先需要准备 DGSGIS 矢量图件，即 DGSGIS 点（*.TM）线（*.LM）面（*.PM）文件。矢量图件的作用不单是提供背景参考资料，更重要的是提供新建工程所需要的地图参数信息。只有在地图参数正确的情况下，才可顺利地进行数据采集和图件处理等操作，否则会出现各种异常。

某些情况下工作区内没有收集到矢量背景图，仅有扫描图或航空影像等栅格资料，这时仍然需要生成相应的图框文件作为矢量背景图进行新建工程。

如果矢量背景图的地图参数不正确，则需要进行配准和参数转化的操作。具体步骤见“附件 1”。

## 3.2 按接图表组织工程

用户可以通过选择接图表中的图幅进行工程组织。

接图表分为两种类型，第一为系统提供的标准分幅接图表，包括 1∶50000、1∶100000、1∶200000 和 1∶250000 四种比例尺；第二为用户自定义接图表，适用于非标准分幅的工作区。下面分别介绍。

### 3.2.1 1∶50000 图幅选择

在选择省份窗口的下拉框中，选择工作的省份，系统自动弹出全省的 1∶50000 图幅（图 3.2.1）；

在图形窗口中，右击鼠标，可对图形窗口进行放大、缩小、移动等操作；

直到窗口中显示当前的工作图幅，右击鼠标，然后再点击图幅，出现属性内容窗口，显示图幅名称、图幅代码；

窗口下方显示当前选中的图幅信息（图幅名称、图幅代码）。

### 3.2.2 1∶100000 图幅选择

系统自动弹出全国的 1∶100000 图幅（图 3.2.2）；

在图形窗口中，右击鼠标，可对图形窗口进行放大、缩小、移动等操作；

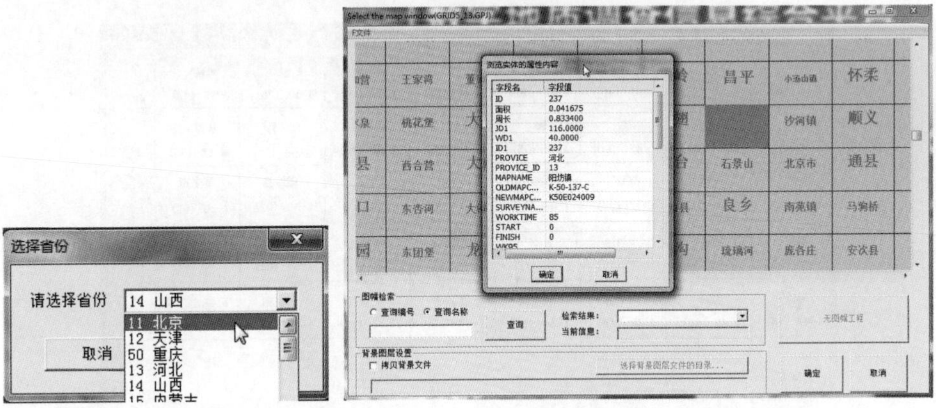


图 3.2.1　选择 1∶5 万工作图幅

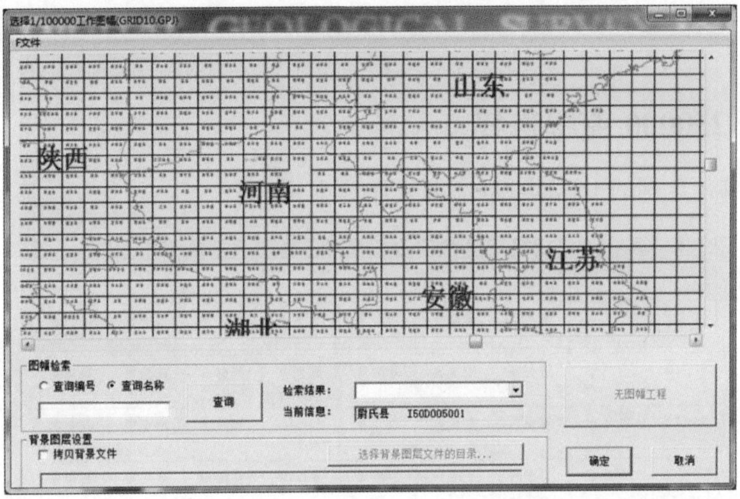


图 3.2.2　选择 1∶10 万工作图幅

直到窗口中显示当前的工作图幅，右击鼠标，然后再点击图幅，出现属性内容窗口，显示图幅名称、图幅代码；

窗口下方显示当前选中的图幅信息（图幅名称、图幅代码）。

### 3.2.3　1∶200000 图幅选择

系统自动弹出全国的 1∶200000 图幅（图 3.2.3）；

在图形窗口中，右击鼠标，可对图形窗口进行放大、缩小、移动等操作；

直到窗口中显示当前的工作图幅，右击鼠标，然后再点击图幅，出现属性内容窗口，显示图幅名称、图幅代码；

窗口下方显示当前选中的图幅信息（图幅名称、图幅代码）。

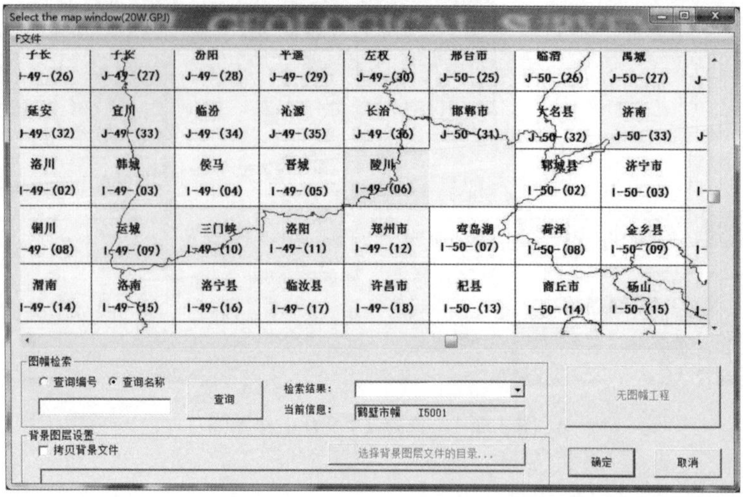


图 3.2.3　选择 1：20 万工作图幅

## 3.2.4　1：250000 图幅选择

系统自动弹出全国的 1：250000 图幅（图 3.2.4）；

图 3.2.4　选择 1：25 万工作图幅

在图形窗口中，右击鼠标，可对图形窗口进行放大、缩小、移动等操作；

直到窗口中显示当前的工作图幅，右击鼠标，然后再点击图幅，出现属性内容窗口，显示图幅名称、图幅代码；

窗口下方显示当前选中的图幅信息（图幅名称、图幅代码）。

## 3.2.5 自制任意比例尺接图表

该功能允许用户建立自定义区域的接图表（图 3.2.5），主要针对非标准图幅或大比例尺的工作区。具体操作方法如下。

### 3.2.5.1 新建接图表

（1）按下图打开菜单。

（2）系统弹出接图表对话框。系统会自动把自定义的接图表数据库存放在 DGSSDB 中，如果已存在，该对话框会把所有的自定义接图表调进组合框，供用户调用（图 3.2.6）。

（3）点击“新建接图表”按钮，输入接图表的行和列数，用户可根据需要，自定义接图表所涉及范围的大小。如，建立工程文件是 Test，2 行 2 列的接图表（图 3.2.7）。

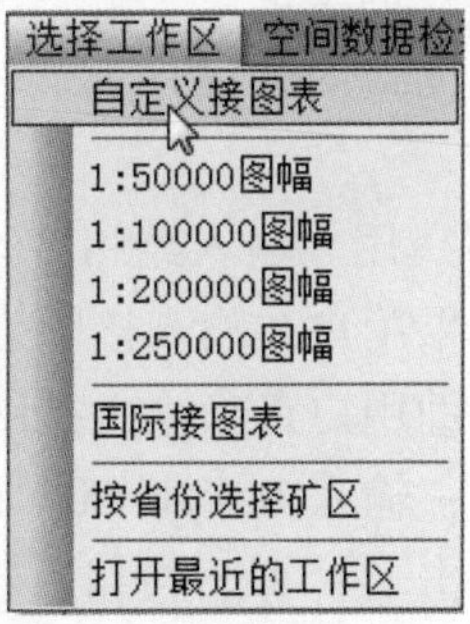


图 3.2.5　自定义接图表菜单

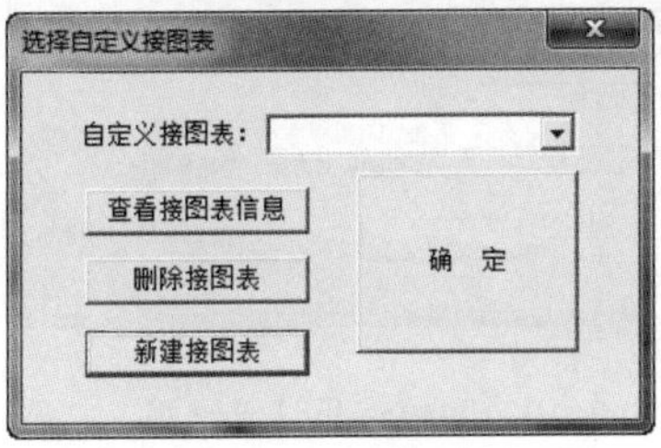


图 3.2.6　自定义接图查询

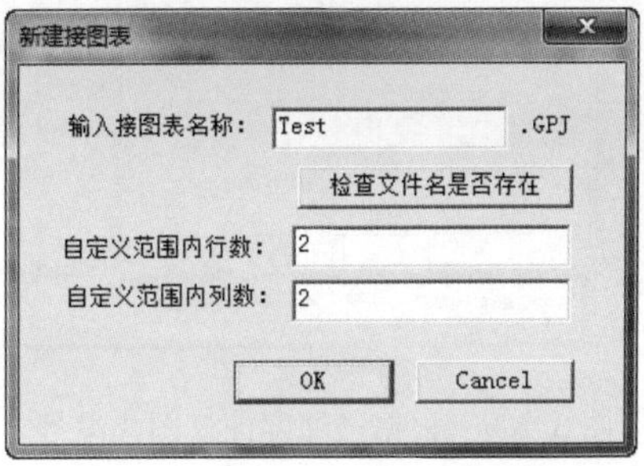


图 3.2.7　输入接图表范围

（4）系统自动生成 2 行 2 列的接图表数据库。用户必须输入基本信息。数据库的排序是从左至右，从上到下，并自动给行列号顺序和图幅号赋值，以方便用户输入新的信息（图 3.2.8）。

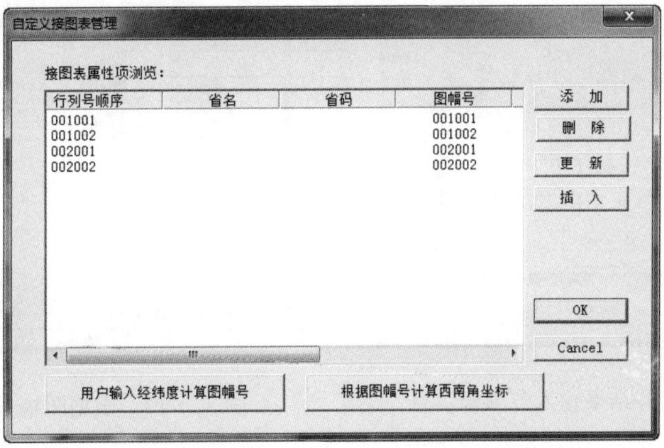


图 3.2.8　编辑自定义接图表信息

下列按钮功能介绍：

添加、删除、更新、插入是数据库的基本操作。

用户输入经纬度计算图幅号：根据经纬度，可计算任意比例尺国际分幅代号。

根据图幅号计算西南角（图幅左下角）的坐标：根据国际分幅代号计算西南角（图幅左下角）的坐标。

根据接图表属性库形成接图表（图）：根据接图表属性库形成接图表图的点线面文件。

（5）用户输入经纬度计算图幅号：根据经纬度，可计算任意比例尺国际分幅代号。

如果用户在输入接图表数据库时，只知道经纬度，不知道国际分幅代号，可按下此按钮，帮助用户正确输入接图表数据库。

如：输入114°00′00″，29°30′00″，比例尺可任选（图3.2.9）。

点击“计算”按钮，计算结果如图3.2.10。

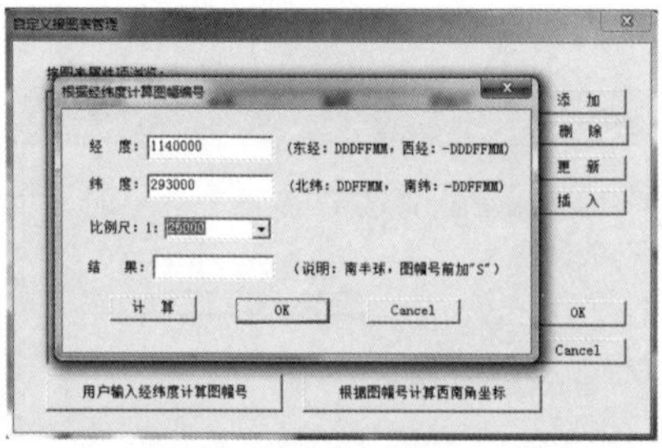


图3.2.9　根据经纬度计算图幅编号

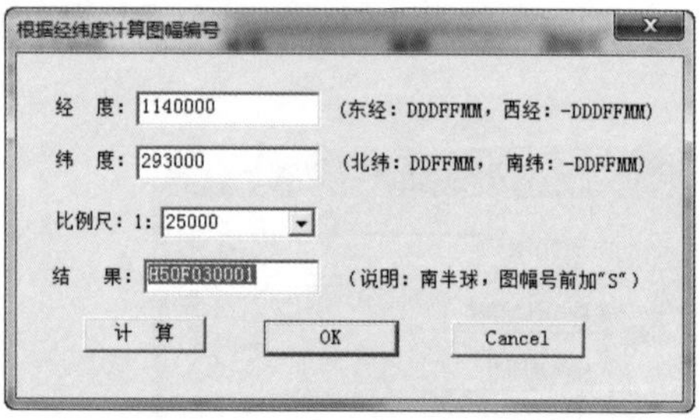


图3.2.10　图幅编号计算结果

根据辅助工具，用户可逐个输入接图表的信息（图3.2.11）：图幅号、图幅名、经度、纬度、省份。其中，图幅号、图幅名是必须要输入的。

（6）根据图幅号计算西南角（图幅左下角）的坐标（图3.2.12）。程序会自动把坐标写进数据库。

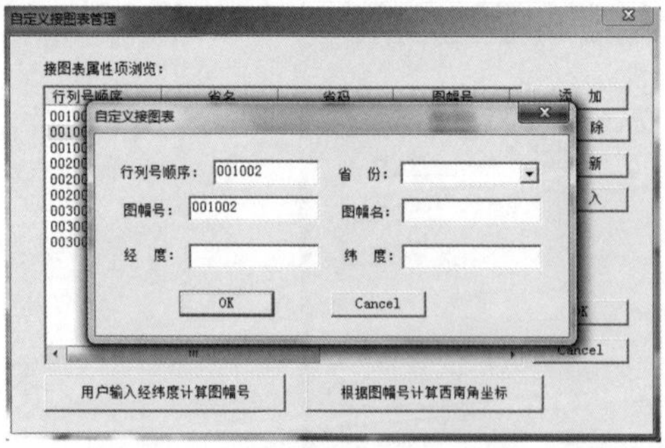


图3.2.11　根据计算结果输入各图幅信息

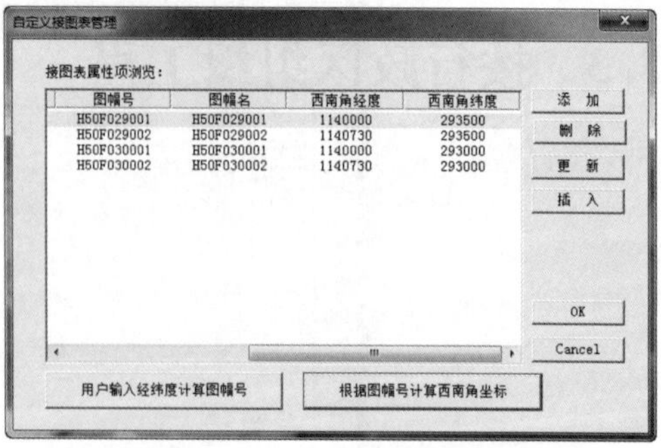


图3.2.12　根据图幅号计算西南角坐标

（7）根据接图表属性库形成接图表（图）：根据接图表属性库形成接图表（图）的点线面文件图 3.2.13。

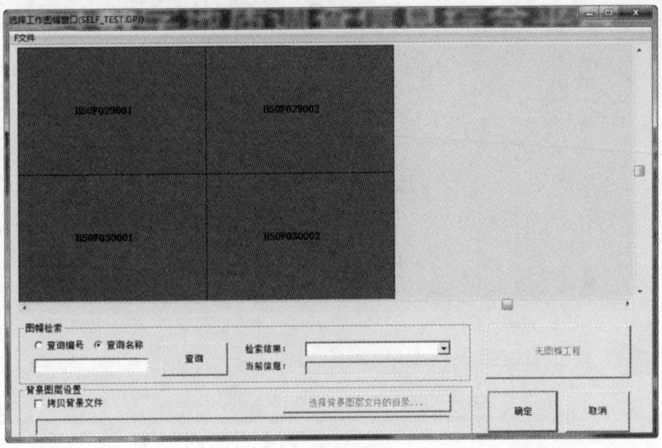


图 3.2.13　根据属性库内容生成接图表

（8）用户选择要工作的图幅，其后的操作与 1∶50000、1∶100000、1∶200000、1∶250000 的操作步骤相同。

#### 3.2.5.2　查看接图表

按自定义接图表选中的工程文件，打开接图表数据管理，用于编辑（图 3.2.14）。

打开接图表数据库后，其后的操作同 3.2.5.1 节。

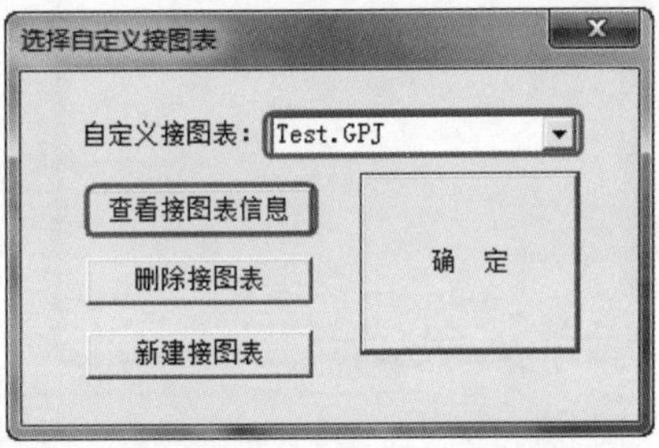


图 3.2.14　选择自定义接图表

#### 3.2.5.3　删除接图表

在自定义接图表的编辑框中，选中工程文件，然后点击“删除接图表”即可删除。

## 3.3　按行政区组织工程

提供按照省级行政区组织工程的功能，具体操作步骤如下：

（1）选择菜单“按省份选择矿区”。

（2）选择省名（图 3.3.1）。

（3）本书以青海为例。单击选择青海区域，系统弹出“新建矿区工程对话框”。点击“新建”（图 3.3.2）。

（4）在弹出的矿区基本信息表输入数据（图 3.3.3）。

其中“矿区编码”为必填字段。

（5）选择该矿区工程，点击“确定”（图 3.3.4）。

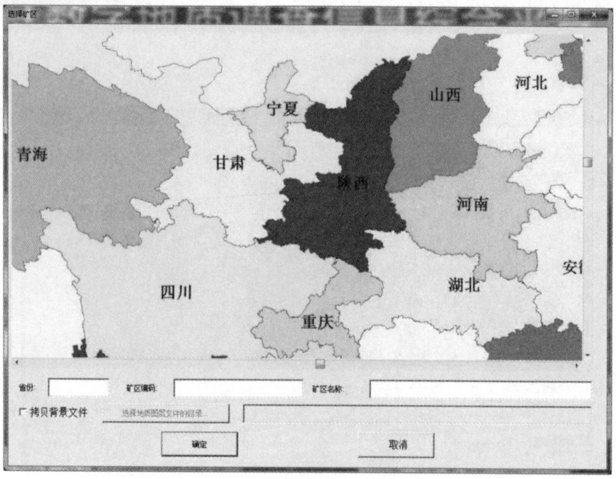


图 3. 3. 1　选择省级行政区

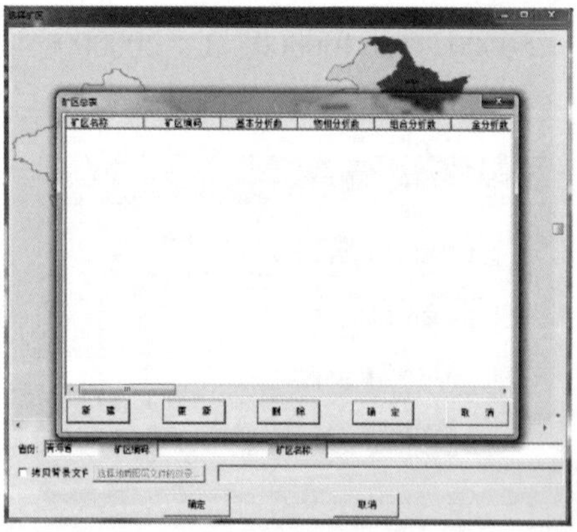


图 3. 3. 2　矿区总表

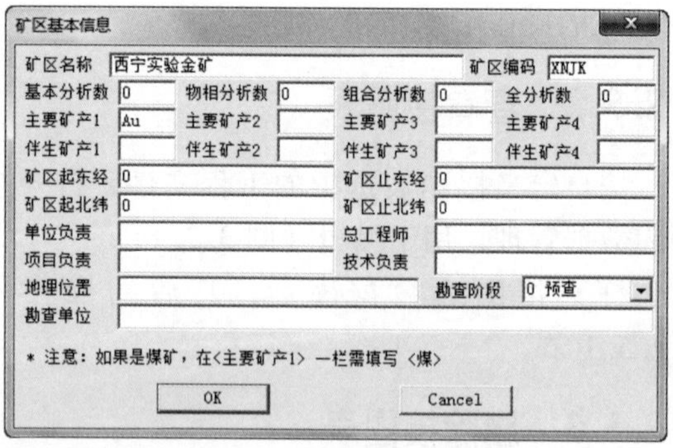


图 3. 3. 3　矿区基本信息

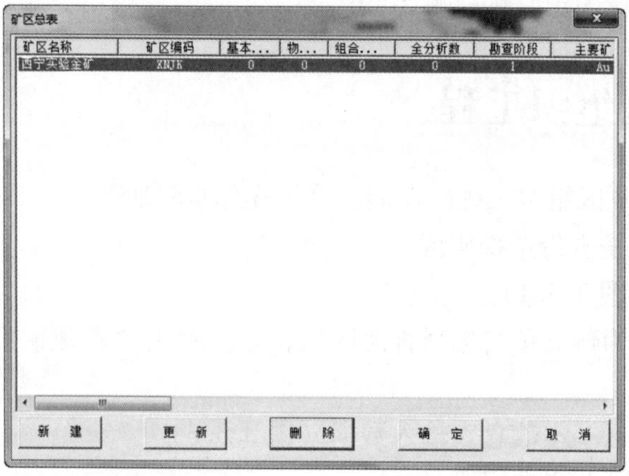


图 3. 3. 4 选择矿区名称

# 3.4　选择背景图层与打开新工程

（1）选中“拷贝背景文件”复选框。

（2）按下“选择背景图层文件目录”按钮。

（3）在弹出的对话框下选择已准备好的背景图层目录（图 3.4.1）。

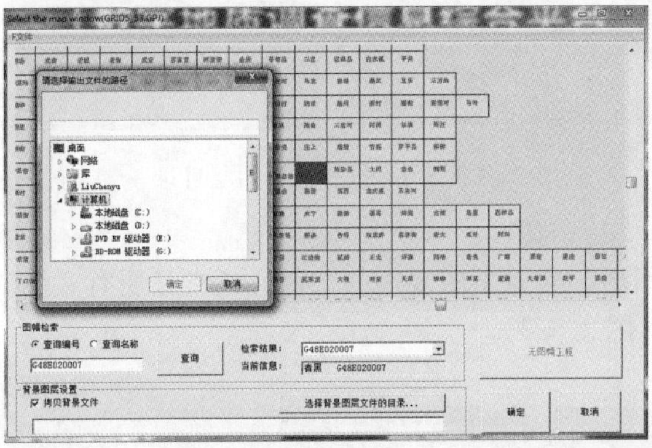


图 3.4.1　选择背景图层的目录

然后点击“确定”新建工程。

若该图幅是新建图幅，则弹出窗口“图幅不存在，是否新建?”，选择“是”，则建立该图幅文件；选择“否”，返回上级窗口。

# 3.5　添加背景图层到图幅库

由于背景图层数据在图幅工程中存储于单独的目录，故新建的图幅工程中一般不包含背景图层数据，需要用户手工添加，具体操作步骤如下：

（1）在图层列表区域内，点击右键后，系统会弹出如下图的对话框。用户可点击“添加项目”或者“插入项目”（图 3.5.1）。

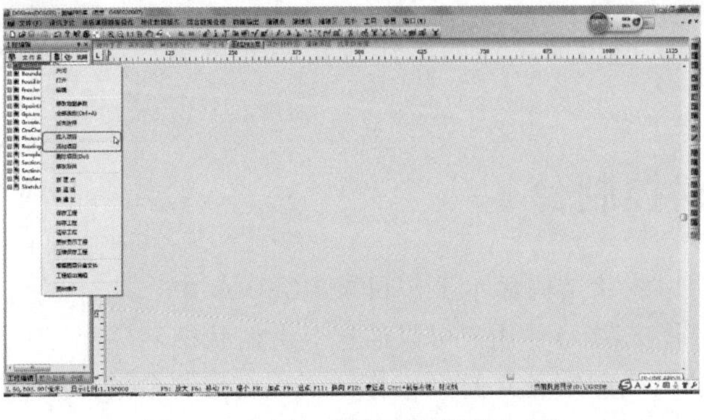

图 3.5.1　添加背景图层到图幅工程

（2）在弹出的文件对话框下，回退一级目录，并打开“背景图层”目录（图 3.5.2）。

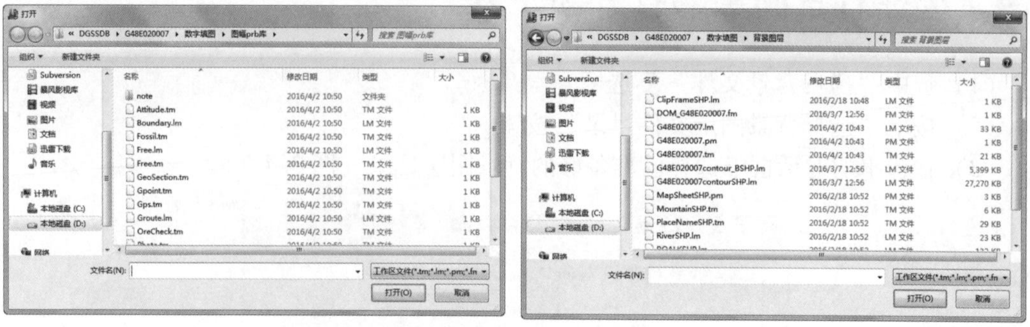

图 3.5.2　打开背景图层目录

（3）选中“背景图层”目录下的要用的文件，通常是所有文件。然后复位窗口，即可对图幅工程进行编辑（图 3.5.3）。

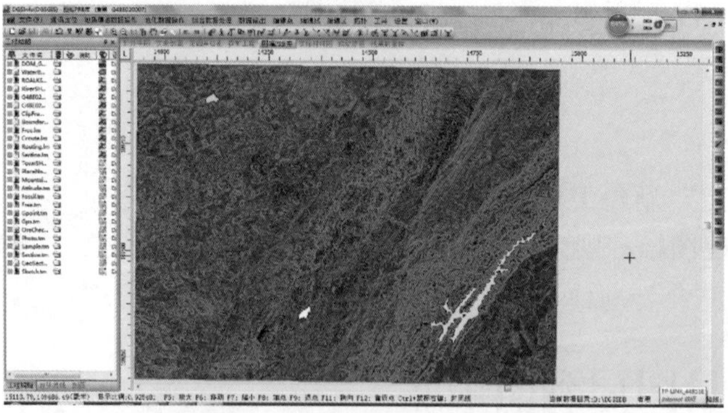

图 3.5.3　背景图层加入图幅工程

## 3.6　打开最近的工作区

系统自动调出上次退出前工作的工作区。菜单如图 3.6.1 所示。

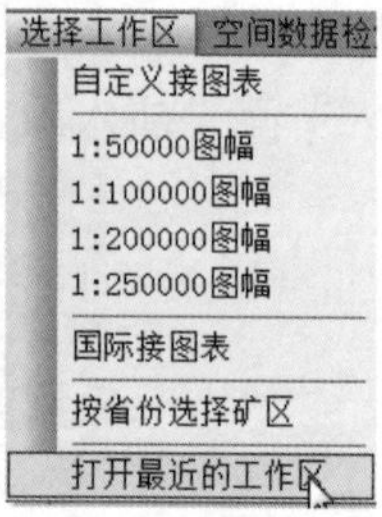


图 3.6.1　打开最近的工作区

## 3.7　工作数据控制台

工作数据控制台以树状结构显示工作目录 DGSData 中的所有工作区信息（图 3.7.1），用户可以通过双击树状结构的末结点（数字填图或矿区名）打开工作区工程。控制台的开关可在“窗口”菜单中控制。

图 3.7.1　工作数据控制台

# 4　设计路线

设计路线是数字填图必须操作的过程，它有以下作用：

（1）只有设计路线后，才能形成野外手图。并可转换成掌上野外数据采集系统的数据。否则无法形成野外手图。

（2）所有路线数据的操作均以设计路线为主线。

## 4.1　添加设计路线

具体操作步骤如下：

（1）在图幅PRB库下，进行设计路线操作。按照图4.1.1所示选择菜单（或在视图右侧工具条中选择图标）。

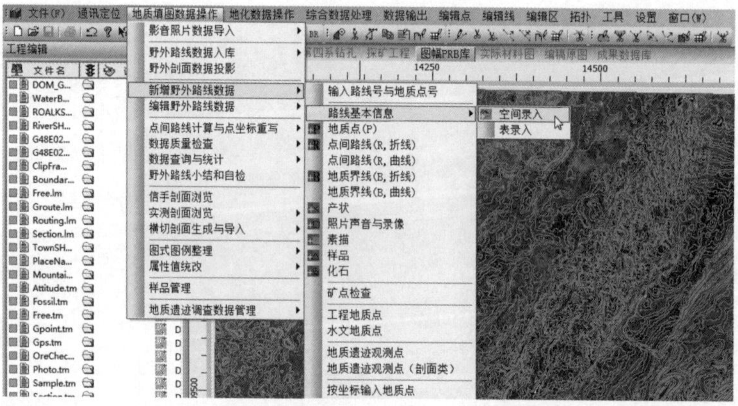


图4.1.1　添加设计路线菜单

（2）直接在屏幕输入线后（按左键一次，形成一个节点），按右键画线结束。然后自动弹出下列对话框，用户按要求输入（图4.1.2）。

## 4.2　编辑设计路线

对已有的设计路线属性进行编辑。

（1）在图幅PRB库下，按照图4.2.1所示选择菜单（或在视图右侧工具条中选择图标）。

（2）在图中用鼠标选中需要编辑的路线实体即可弹出路线编辑对话框。

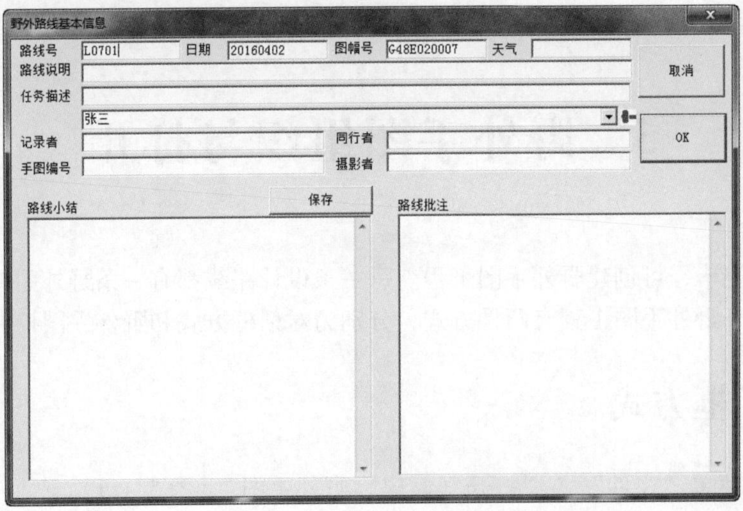


图 4.1.2 设计路线界面

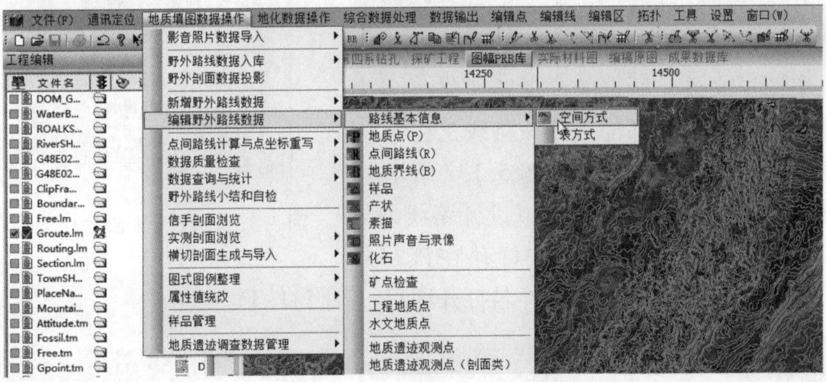


图 4.2.1 编辑设计路线菜单

# 5 野外手图组织与打开

设计路线完毕，可创建野外手图工程。每一条设计路线都有一条野外手图与之对应。新建或打开野外手图工程有两种方式，分别为对话框方式和野外手图控制台方式。

## 5.1 对话框方式

（1）选择菜单“文件”→“打开（新建）野外手图”（图 5.1.1）。

（2）新建路线工程，在新建路线名称中，输入路线号，若有参考路线号，从（已入库的野外路线）下拉框中选择所需的路线号，点击“新建”，系统自动建立新的路线目录和相应工程文件、子目录文件、采集图层文件，所选的参考路线号（参考路线采集图层的所有内容都加入到该路线工程中）。

新建路线工程的目录与文件如图 5.1.2 所示。

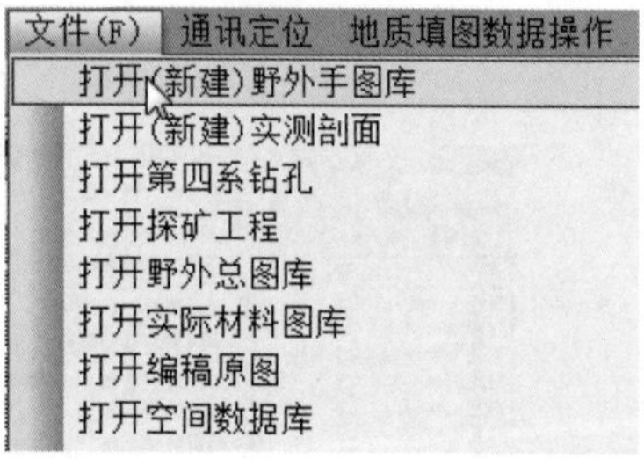


图 5.1.1 打开（新建）野外手图菜单

（3）创建完后，系统自动形成以设计路线编号为目录名，并把相应的野外手图文件存在该目录中。然后选择该野外路线的工程文件名打开即可（图 5.1.3）。

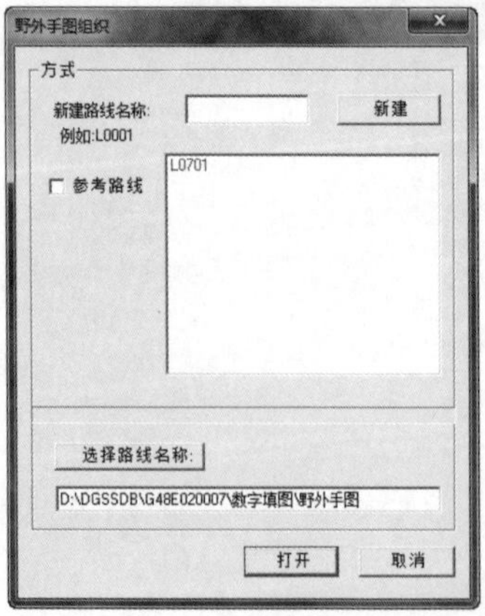


图 5.1.2 野外手图组织界面

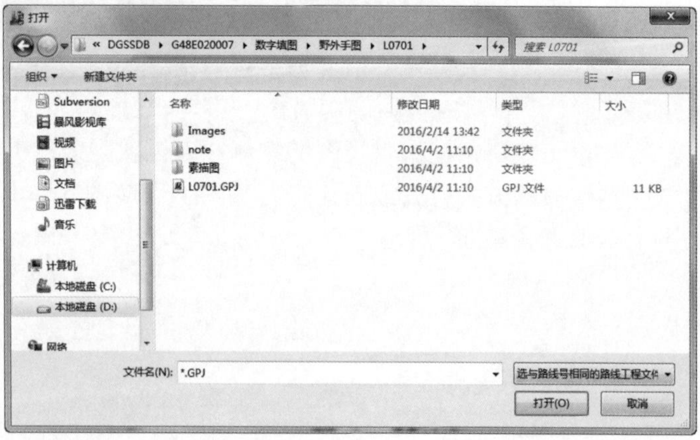


图 5.1.3 选择野外手图工程

（4）下面过程进入野外手图操作界面，首次打开时仍需手工将背景图层加入到当前工程中，可在工程编辑区域点击右键，选择“添加项目”或“插入项目”（图 5.1.4）。

（5）在弹出的文件对话框中，向上两级目录，找到“背景图层”目录（图 5.1.5）。

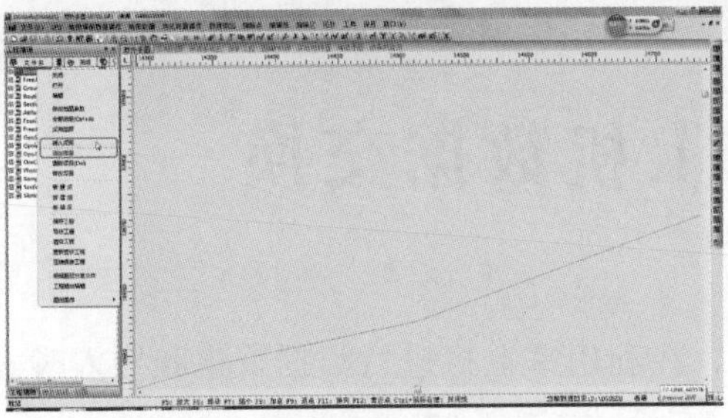

图 5.1.4　添加或插入项目

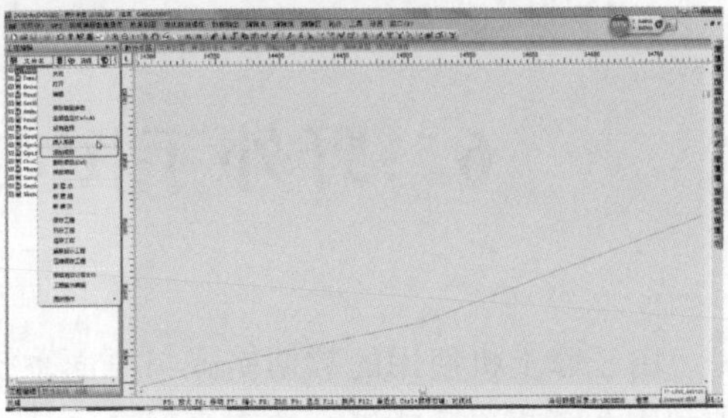

图 5.1.5　背景图层所在目录

（6）选中“背景图层”目录下的要用的文件，通常是所有文件（图 5.1.6）。然后点击“打开”按钮即可。

（7）复位窗口后即可对野外手图工程进行编辑（图 5.1.7）。

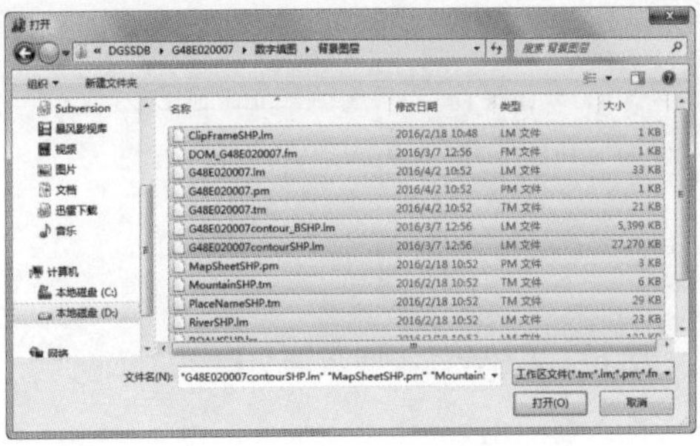


图 5.1.6　选择背景图层文件

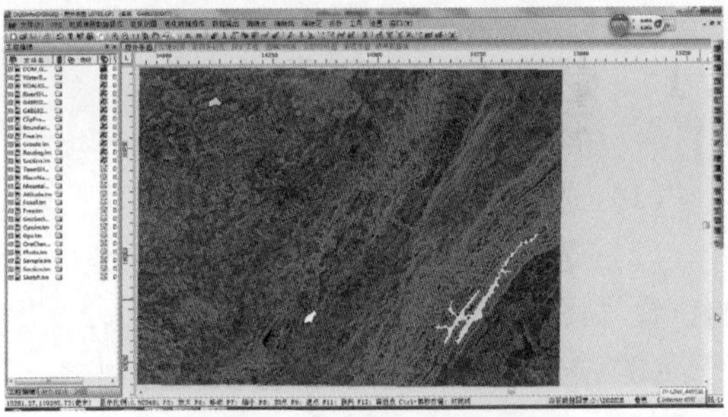

图 5.1.7　野外手图工程

## 5.2　野外手图控制台方式

野外手图控制条在编辑视图的左侧，以树状列表的方式显示所有的设计路线，用户通过双击路线号的方式打开或新建野外手图工程（图 5.2.1）。进入野外手图后的操作与 5.1 节的对话框方式相同。

图 5.2.1　野外手图控制台

# 6　野外手图与掌上机数据交换

由于掌上机使用的数据格式与桌面系统不同，在利用掌上机进行数据采集和导入时必须利用系统相关功能进行数据交换。

该功能涉及菜单项如图 6.1.1 所示。

需要注意的是，“桌面到掌上机”功能需要进入要转出的野外手图工程中，而“掌上机到桌面”功能需要进入“图幅 PRB 库”界面。

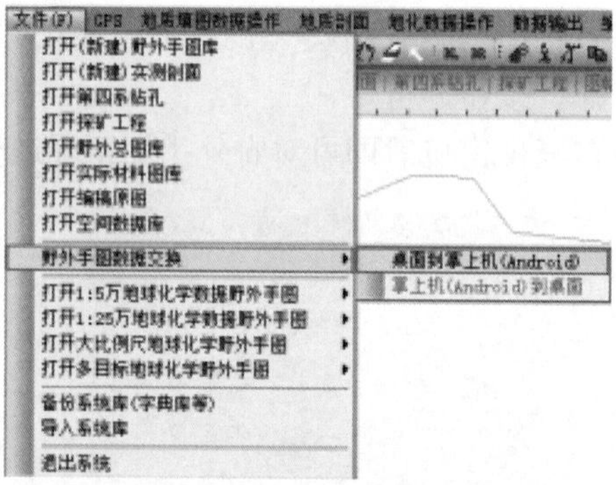


图 6.1.1　野外手图数据交换

## 6.1　桌面数据到掌上机

（1）选择相应菜单项。

（2）选择掌上机野外手图数据存放的位置（图 6.1.2）。

（3）转换成功后，屏幕会自动弹出提示框（图 6.1.3），并将生成以野外路线编号为名称的文件夹。

图 6.1.2　掌上机野外手图数据位置

图 6.1.3　野外手图转出成功提示

掌上机野外手图数据包含的文件内容如图 6.1.4 所示。

（4）转换成功后将路线文件夹通过连接线和同步软件拷贝入掌上机中。

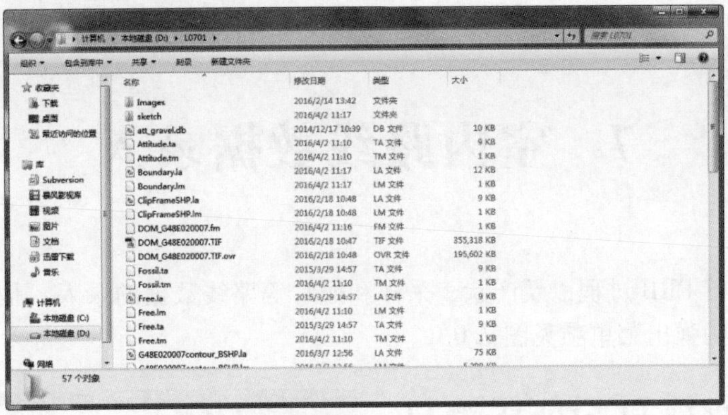

图 6.1.4 掌上机野外手图数据内容

## 6.2 掌上机数据到桌面

该步骤是把掌上野外数据采集系统的数据再还原到桌面系统中。先通过同步软件把掌上系统的数据先传到桌面，然后再利用系统功能导入。

具体步骤如下：

（1）选择相应菜单项。

（2）选择野外采集的数据存放的目录（图 6.2.1）。

（3）在弹出的对话框上选中野外路线工程文件（图 6.2.2）。系统将自动把野外数据采集的数据更新到桌面系统中的野外手图目录中。

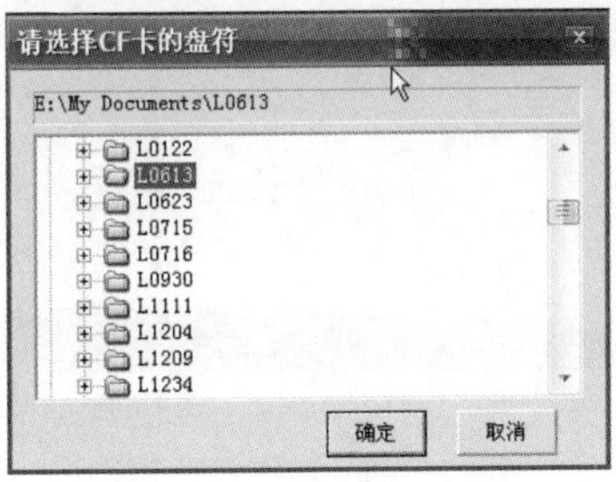


图 6.2.1 选择野外手图数据的目录

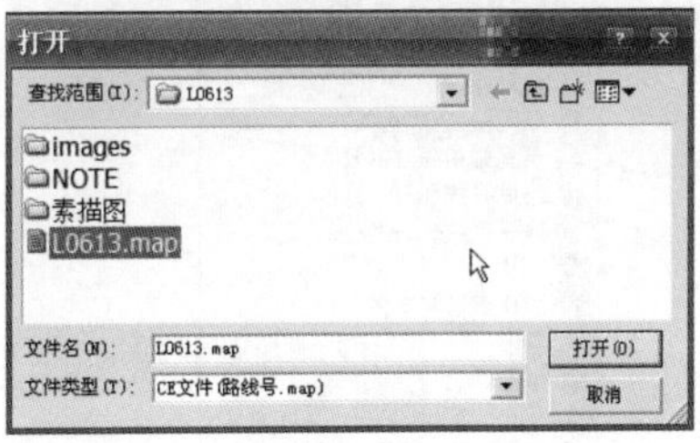


图 6.2.2 选择掌上机数据工程文件

# 7 室内路线数据录入

在桌面上进行PRB过程以及产状、采样和照片等路线数据的录入，是在“野外手图”下完成的。涉及的弹出菜单项见图7.0.1。

## 7.1 输入路线号和地质点号

由于路线号和地质点号是路线数据的关键字段，每一条路线数据的属性都包含这两个字段。输入默认的路线号和地质点号，在输入其他路线数据时可以方便地带入。

（1）按图7.1.1打开，选输入路线号和地质点号，需要注意路线号应与野外手图路线编号一致。

（2）在图7.1.2对话框上输入本次要输入的路线号和第一个地质点号，随后在10个野外数据采集图层只要涉及有关这两个字段的内容，都会默认，不需重复录入。

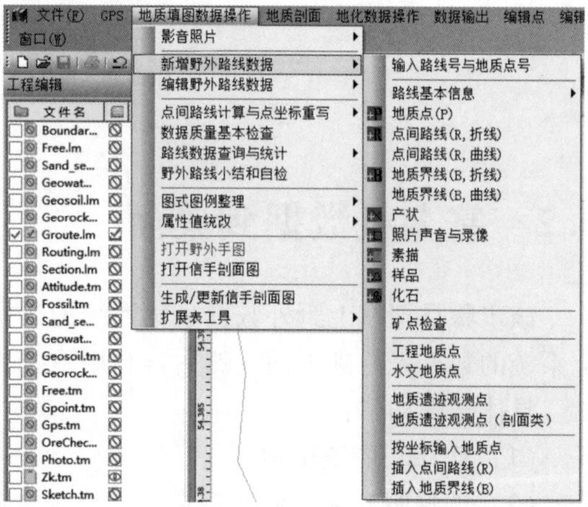


图7.0.1 室内数据录入总菜单

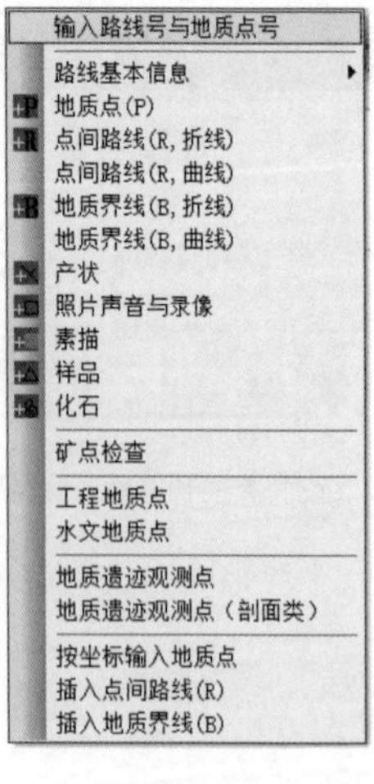


图7.1.1 输入默认路线号与地质点号菜单

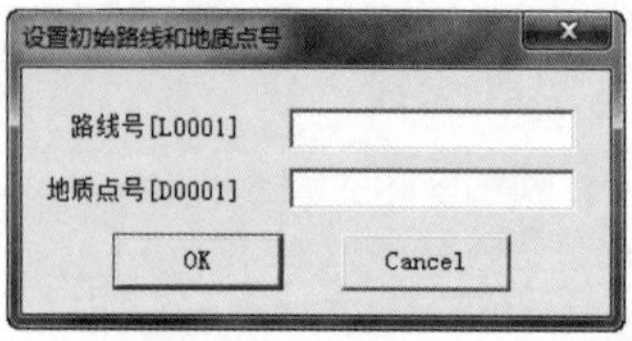


图7.1.2 输入默认编号

## 7.2 输入地质点数据

（1）按图 7.2.1 选择菜单或选择视图右侧工具条中的P，选输入 P 过程。

（2）在图上，直接用鼠标点要加入的点的位置上，系统会自动弹出下列对话框（图 7.2.2）。用户可输入地质点描述数据。

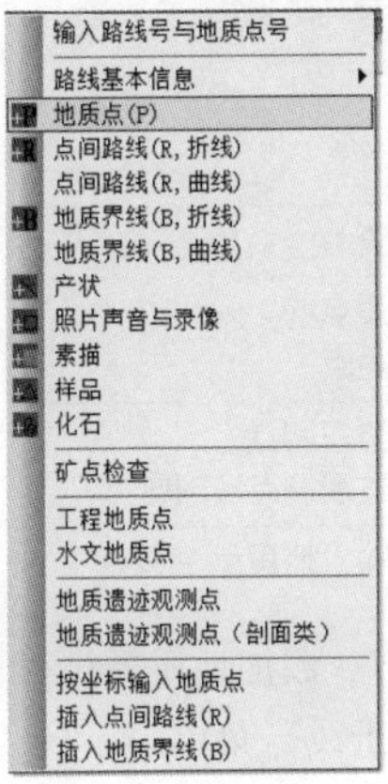


图 7.2.1　地质点输入菜单

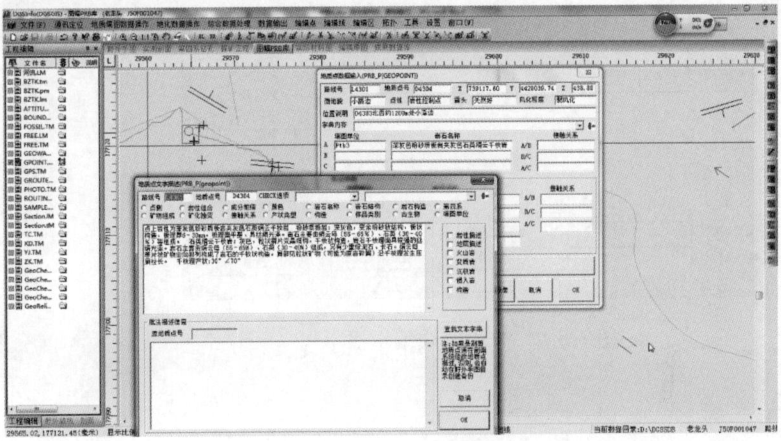

图 7.2.2　地质点编辑框

## 7.3 输入分段路线数据

（1）按图 7.3.1 选择菜单或选择视图右侧工具条中的R，选输入 R 过程。

（2）在图上，直接用鼠标画要加入的线，按右键后，系统会自动弹出下列对话框（图 7.3.2）。用户可输入路线分段描述数据。

需要说明的是，直接用鼠标画线可以有两种方式，一是流线，二是曲线方式。流线是鼠标按左键不松开，直接在屏幕上画线，左键松开后即画线结束。曲线方式是鼠标按左键离散点击屏幕，曲线按点进行圆滑处理和画线，点击右键即画线结束。

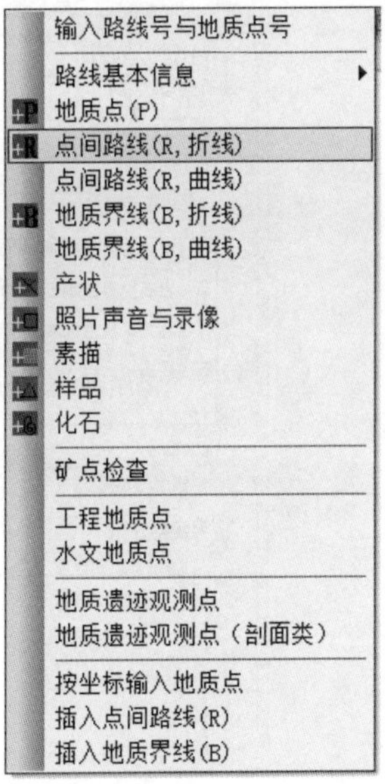


图 7.3.1　添加分段路线（折线）菜单

## 7.4 输入点和点间界线数据

（1）按图 7.4.1 选择菜单或选择视图右侧工具条中的B，选输入 B 过程。

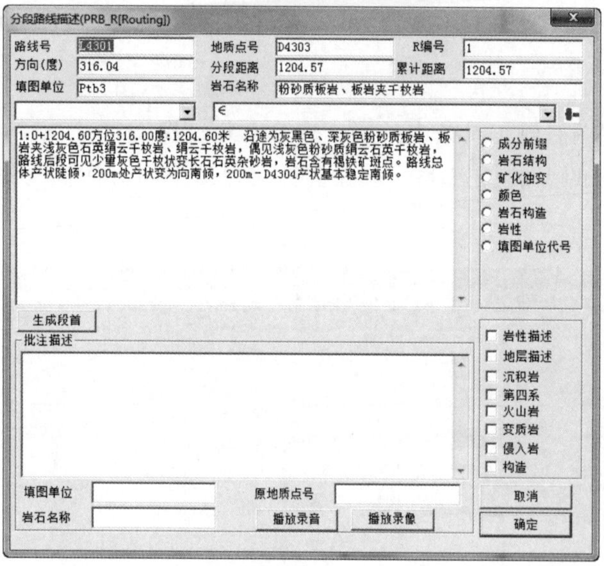


图 7.3.2　分段路线编辑框

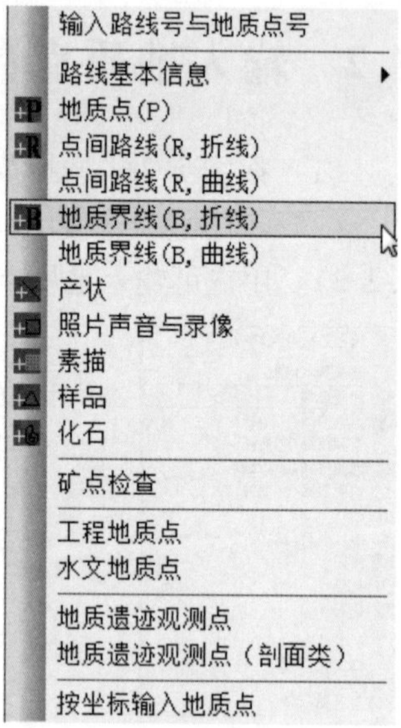


图 7.4.1　添加地质界线（折线）菜单

（2）在图上，直接用鼠标画要加入的线，按右键后，系统会自动弹出对话框（图 7.4.2）。用户可输入界线描述数据。

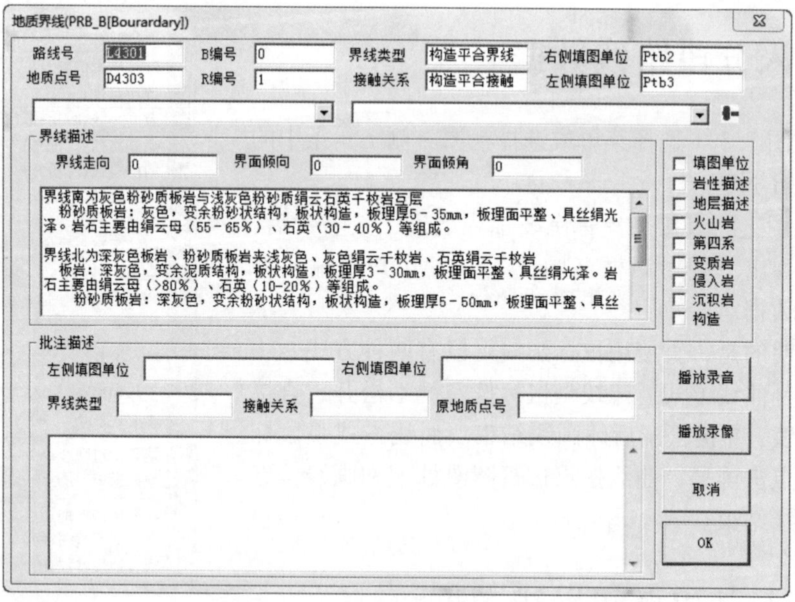


图 7.4.2　地质界线编辑框

需要说明的是，直接用鼠标画线可以有两种方式，一是流线，二是曲线方式。流线是鼠标按左键不松开，直接在屏幕上画线，左键松开后即画线结束。曲线方式是鼠标按左键离散点击屏幕，曲线按点进行圆滑处理和画线，点击右键即画线结束。

## 7.5　输入产状数据

（1）按图7.5.1选择菜单或选择视图右侧工具条中的，选输入产状。

（2）在图上，直接用鼠标点要加入的点的位置上，系统会自动弹出对话框（图7.5.2），用户可输入产状描述数据。

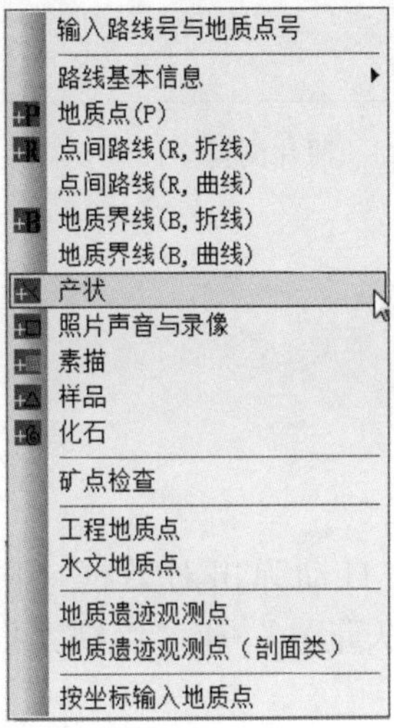


图7.5.1　添加产状菜单

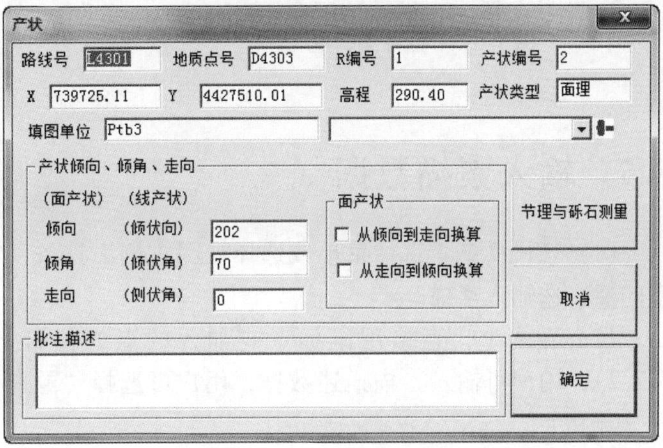


图7.5.2　产状编辑框

## 7.6　输入照片数据

（1）按图7.6.1选择菜单或选择视图右侧工具条中的，选输入照片。

（2）在图上，直接用鼠标点要加入的点的位置上，系统会自动弹出对话框（图7.6.2）。用户可输入照片描述数据。注意："数码序号"字段中需要填写照片文件名的后几位数字，如果有多张照片，需要用","或"-"隔开。用户可点击"照片详细说明"对每张照片进行说明，说明的顺序与照片导入的顺序一致。

（3）点击"显示照片"对已经导入的照片进行浏览（图7.6.3）。

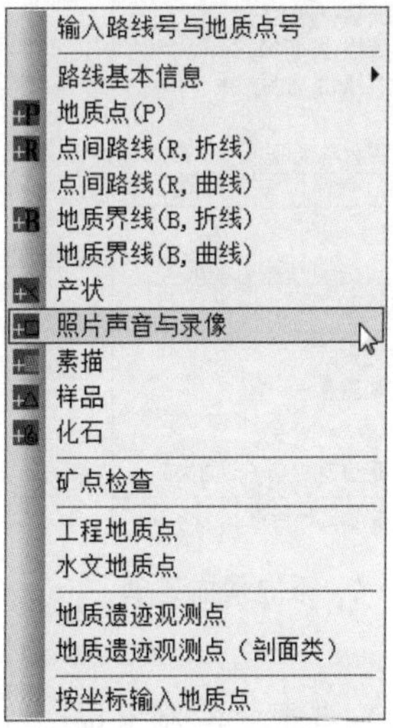


图7.6.1　添加照片菜单

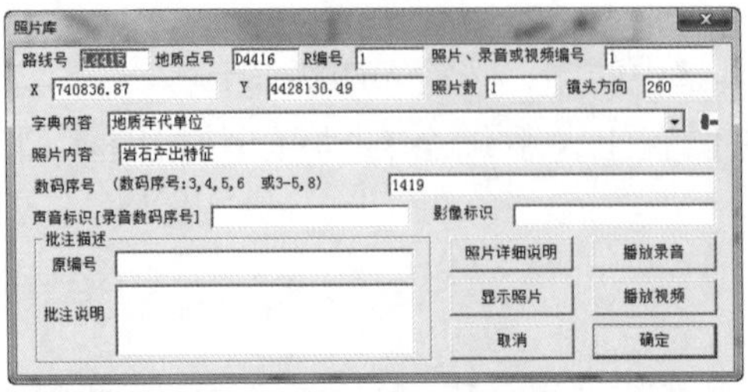


图 7.6.2　照片编辑框

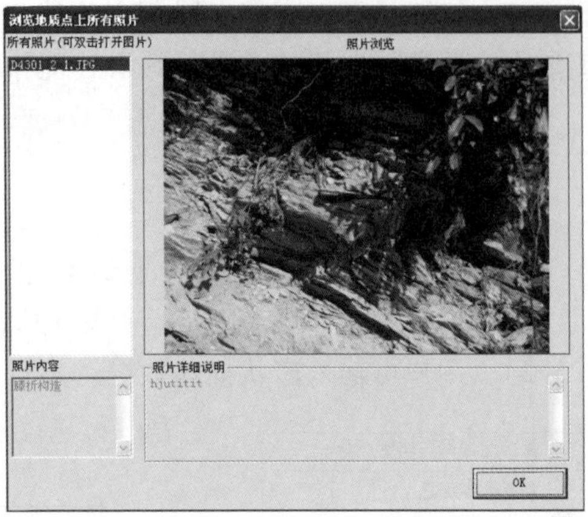


图 7.6.3　照片浏览

## 7.7　输入素描数据

（1）按图 7.7.1 选择菜单或选择视图右侧工具条中的▣，选输入素描。

（2）在图上，直接用鼠标点要加入的点的位置上，系统会自动弹出对话框（图 7.7.2），用户可输入素描描述数据，用户可选择“绘制素描图（矢量）”和“绘制素描图（栅格）”。

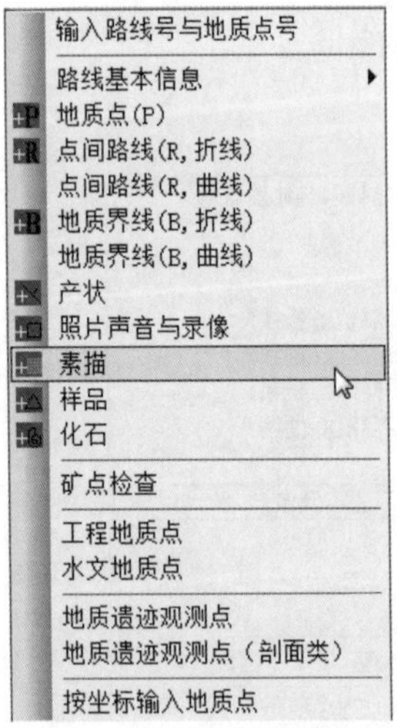


图 7.7.1　添加素描菜单

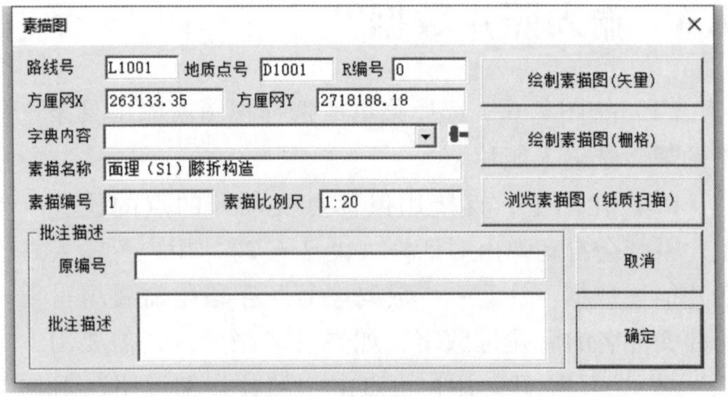


图 7.7.2　素描点属性编辑框

（3）点击“绘制素描图（矢量）”，对于新建的素描，系统会创建新的素描工程和文件，并弹出提示框（图 7.7.3），点击“是”即可。

图 7.7.4 是素描图编辑框，点击文件，选编辑工程文件，可对图层操作。

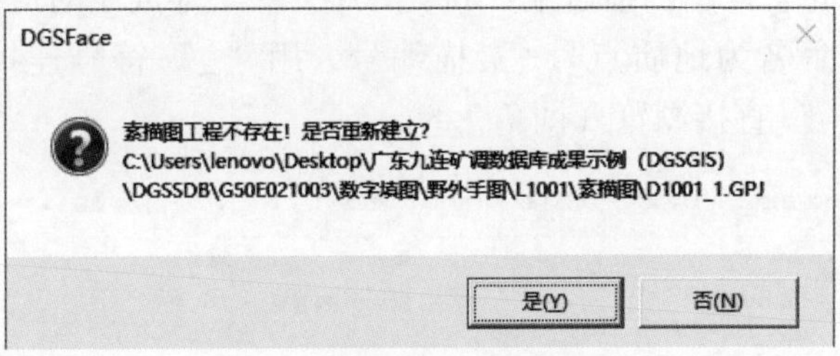


图 7.7.3　新建素描图提示

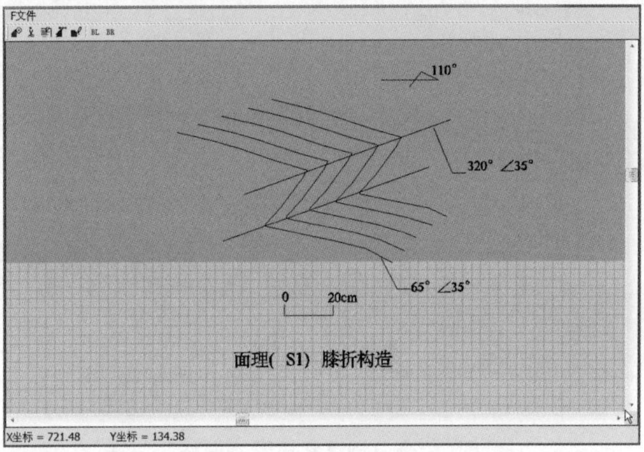


图 7.7.4　素描图编辑

在素描图区域，按右键弹出以下对话框，选打开工具箱（图 7.7.5），即可画点、线、面。

选择相应的工具绘图（图 7.7.6），注意要与相应的图层相对应，即画点必须在点图层，画线必须在线图层。

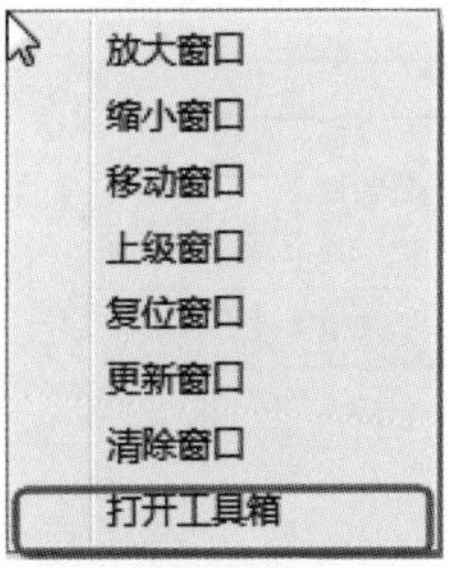


图 7.7.5　打开工具箱

图 7.7.6　使用工具箱

（4）用纸张绘制的素描图扫描后生产 png 图片文件，存放于对应路线文件下的“素描图”文件夹内，图片命名为地质点号+素描编号，用“_”符号连接（图 7.7.7），可用“绘制素描图（栅格）”直接浏览（图 7.7.8）。

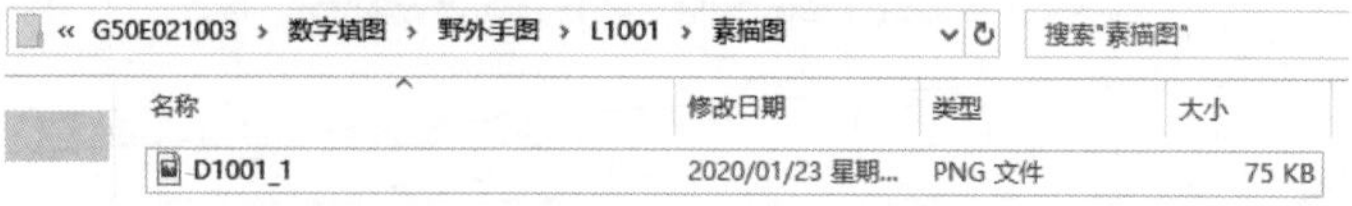


图 7.7.7　png 图片存放位置及命名方式

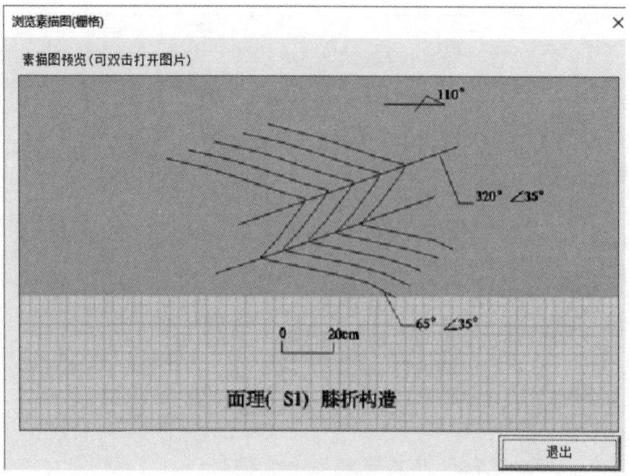


图 7.7.8　浏览素描图（栅格）

## 7.8　输入采样数据

（1）按图 7.8.1 选择菜单或选择视图右侧工具条中的，选输入样品。

（2）在图上，直接用鼠标点要加入的点的位置上，系统会自动弹出对话框（图 7.8.2），用户可输入采样描述数据。

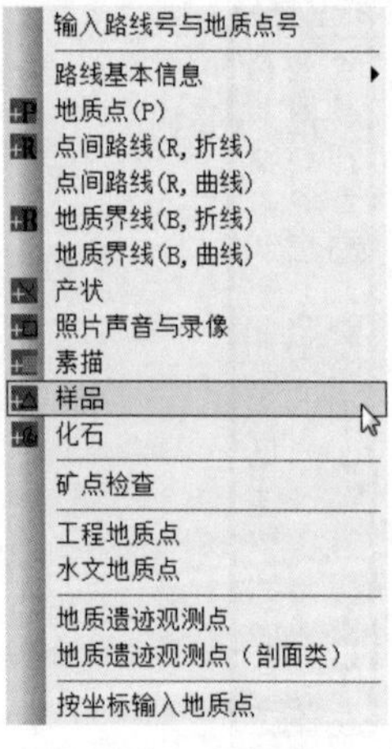


图 7.8.1　添加样品

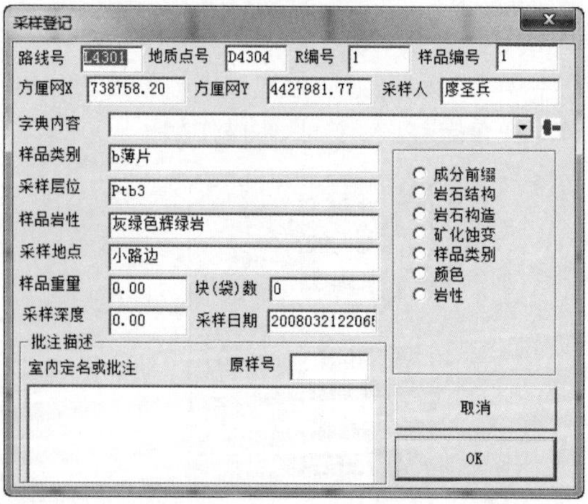


图 7.8.2　样品编辑框

## 7.9　输入化石数据

（1）按图 7.9.1 选择菜单或选择视图右侧工具条中的，选输入化石。

（2）在图上，直接用鼠标点要加入的点的位置上，系统会自动弹出对话框（图 7.9.2），用户可输入采样描述数据。

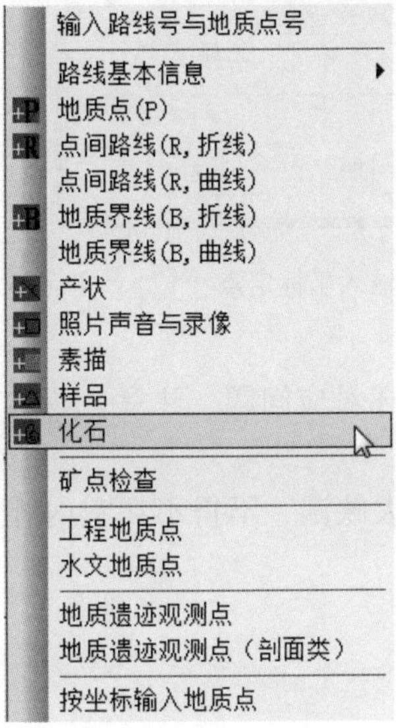


图 7.9.1　添加化石

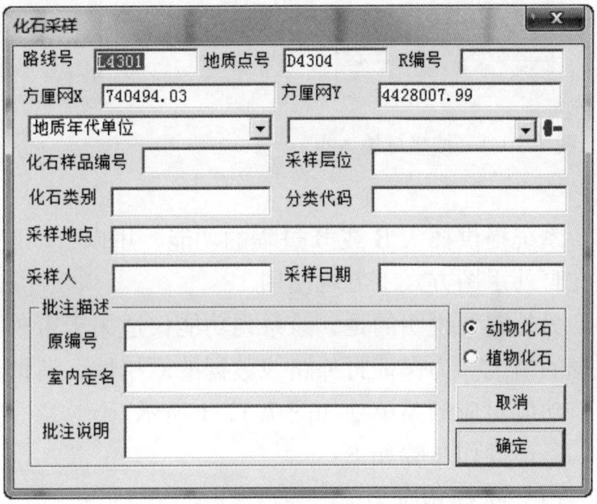


图 7.9.2　化石编辑框

（3）新增“植物化石”选项：用户在桌面或掌上机新增化石点时，可以选择“动物化石”或“植物化石”，系统根据所选类型修改化石点的子图符号。

## 7.10　用键盘输入坐标定位地质点位置

在室内录入数据，通常地质点数据已有坐标，为了准确定位，可以直接输入坐标，系统会自动把点定在图上。具体操作如下：

（1）按图 7.10.1 打开菜单。

（2）按高斯坐标输入 X，Y 值或者经纬度（图 7.10.2），点击“OK”后在图面上定点。

## 7.11　插入点间路线或地质界线

由于野外路线数据中的点间路线（R）与地质界线（B）一般按照先后顺序流水编号，并且其编号对应了唯一的描述文件，如果单独修改编号而不修改描述的顺序号，就会造成对应混乱，破坏野外数据的原始性。

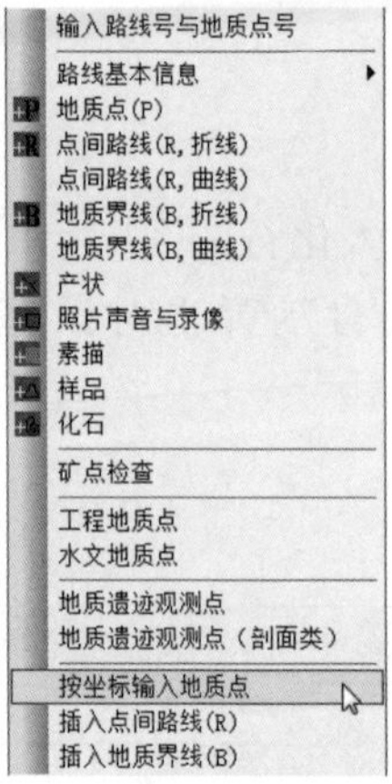


图 7.10.1　按坐标输入点

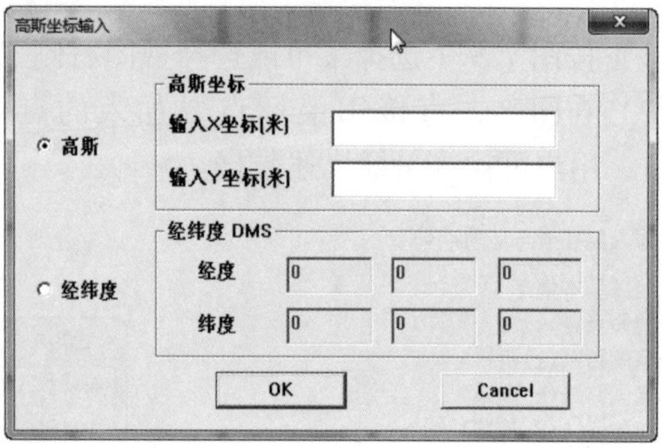


图 7.10.2　输入坐标定点

系统提供插入 R 或 B 过程的功能，用以自动解决编号与描述对应问题，注意，该功能仅在野外手图方式下方可使用。

另外需要说明的是，该系列功能仅适用于野外记录出现较大缺漏，不得不在室内补充数据的情况。为保证野外路线数据的原始性，请慎用该功能。

功能对应的菜单项如图 7.11.1 所示。

具体操作步骤如下：

（1）选择相应菜单。

（2）按照下面对话框提示内容输出要插入的 R 编号或 B 编号即可（图 7.11.2），插入成功后，用户可以手动绘制该线实体并录入其属性内容。

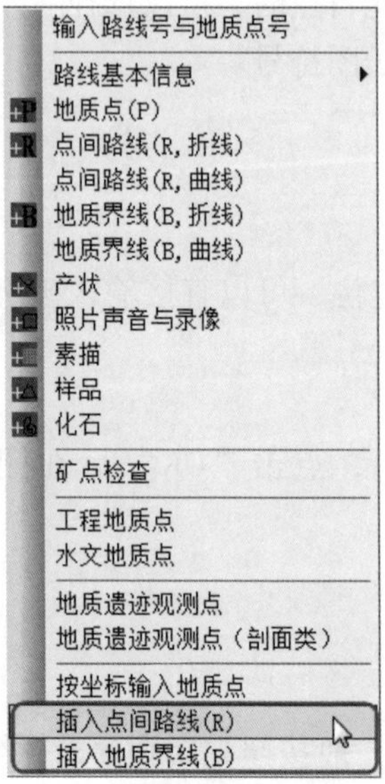


图 7.11.1　插入路线（界线）菜单

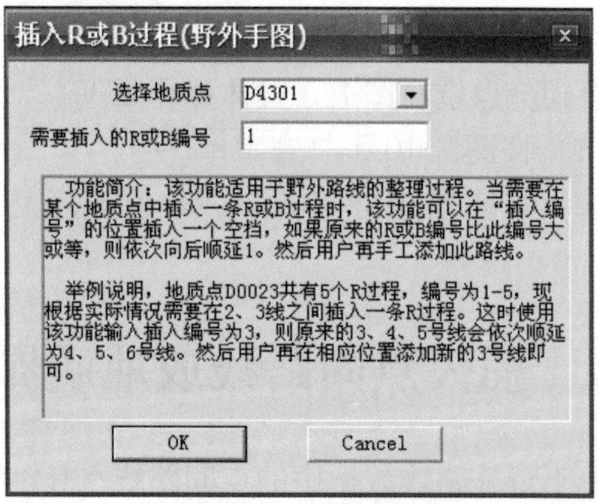


图 7.11.2　输入插入的路线（界线）编号

# 8 室内路线数据编辑

室内路线数据编辑主要涉及的弹出菜单为“野外数据编辑与浏览”（图 8.0.1）。

用户也可以选择屏幕右侧“PRB 编辑”（按钮的左下角有“E”标记）工具条激活相关操作。

现以地质点为例，其他路线数据操作过程基本相同。

（1）按下图选择菜单或选择视图右侧工具条中的，编辑地质点（图 8.0.2）。

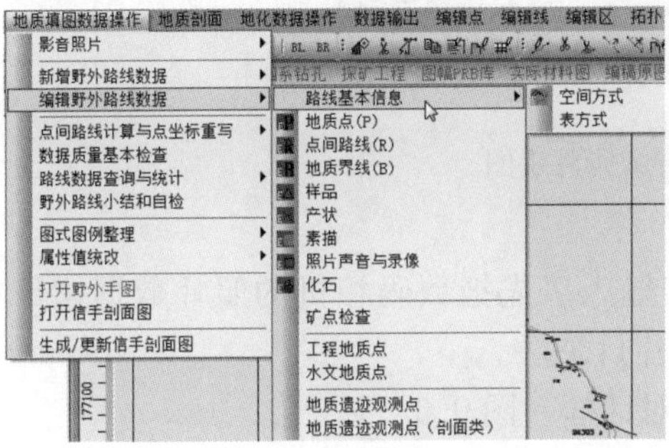


图 8.0.1　编辑设计路线

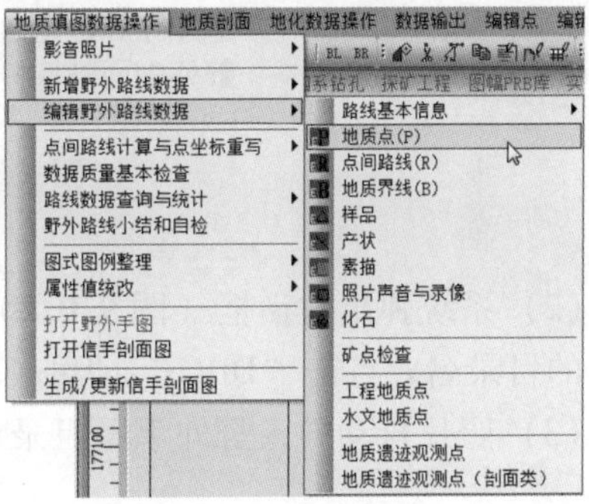


图 8.0.2　编辑地质点

（2）在图面上选择一个地质点，将自动弹出属性编辑界面（图 8.0.3），编辑结束后点击“OK”保存即可。

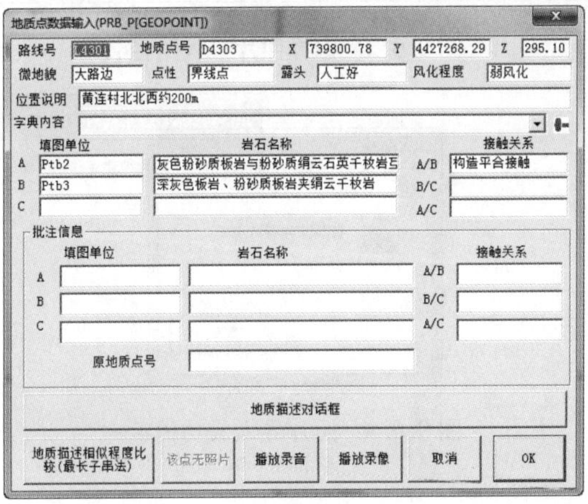


图 8.0.3　地质点数据编辑框

# 9 数码照片导入野外手图

事先应把数码相机的照片数据拷贝在硬盘上，建议按路线建立目录存放。具体操作步骤如下：

（1）按图 9.0.1 选择菜单。

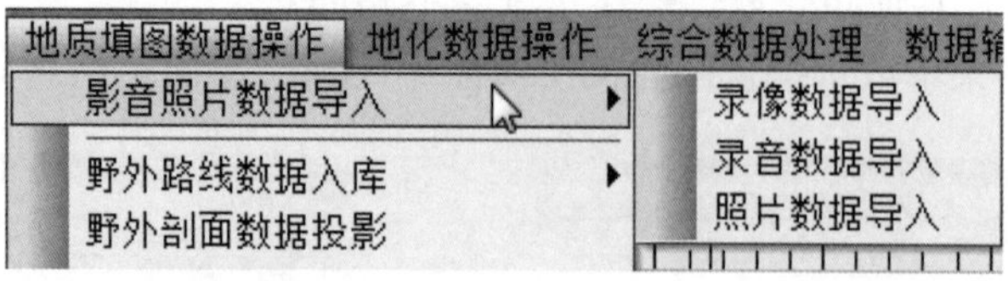


图 9.0.1　照片导入野外手图

（2）系统弹出对话框（图 9.0.2），用户需输入事先把数码相机的照片数据拷贝在硬盘上的目录名。点击“DIR1”即可，然后选照片目录。

（3）照片自动导入野外手图目录后，弹出对话框（图 9.0.3）。

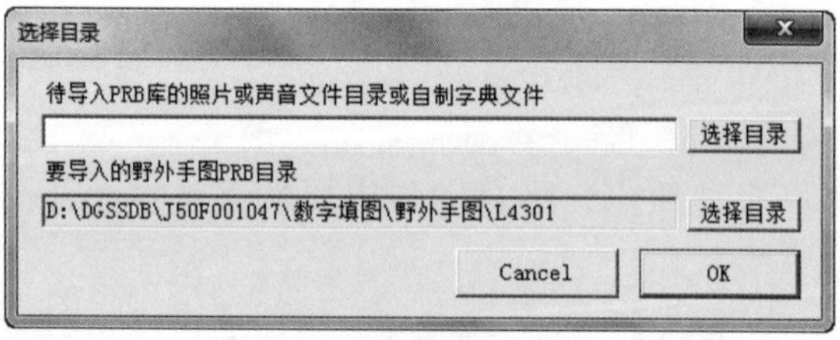


图 9.0.2　选择照片导入路径

图 9.0.3　照片导入成功提示

# 10　实测剖面数据投影与浏览

## 10.1　实测剖面投影到图幅 PRB 库

该功能自动把数字剖面的数据投影到图幅 PRB 库中。事先需要在“实测剖面”功能模块中把单条的剖面信息汇总到剖面信息总库中。具体操作如下：

（1）按图 10.1.1 打开，选剖面数据投影图幅 PRB 库。

（2）系统会自动弹出剖面数据库，用户须选择要投影的剖面名称，需要注意的是，投影的条件是，必须有剖面起点坐标，否则不能投影。选择剖面后，点击“OK”即可（图 10.1.2）。

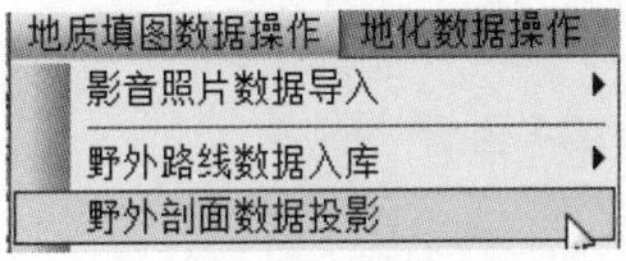


图 10.1.1　剖面数据投影到 PRB 库

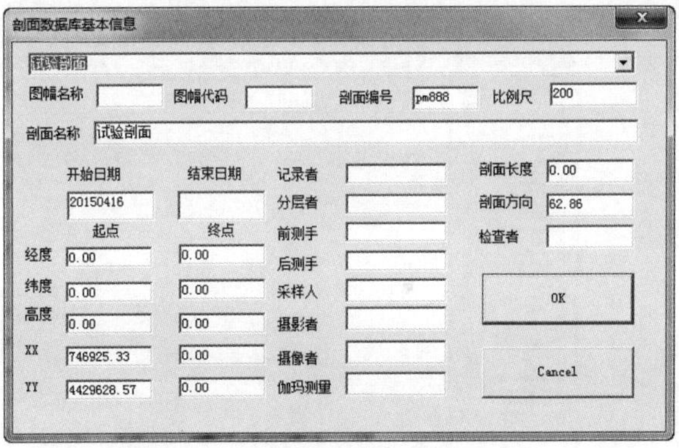


图 10.1.2　选择剖面进行投影

图 10.1.3　为剖面投影到 PRB 库后的效果。

## 10.2　实测剖面浏览

当实测剖面投影到图幅 PRB 库后，可以通过选择投影后的剖面导线来浏览剖面图和柱状图内容，相关菜单项如图 10.2.1 所示。

### 10.2.1　浏览剖面图

（1）选择菜单“实测剖面浏览”→“剖面图”。

（2）用鼠标在野外总图中选中投影后的剖面导线即可（图 10.2.2）。

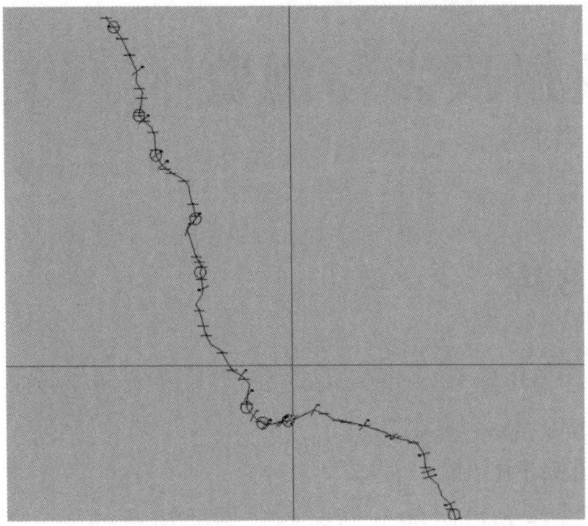

图 10.1.3　剖面投影到 PRB 库效果

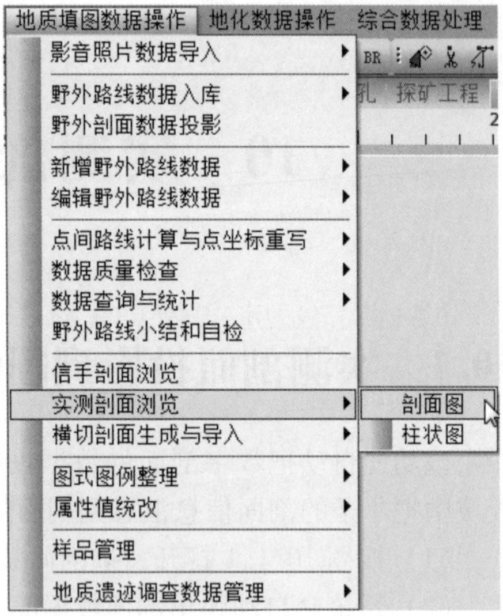


图 10.2.1　PRB 库中浏览剖面图件

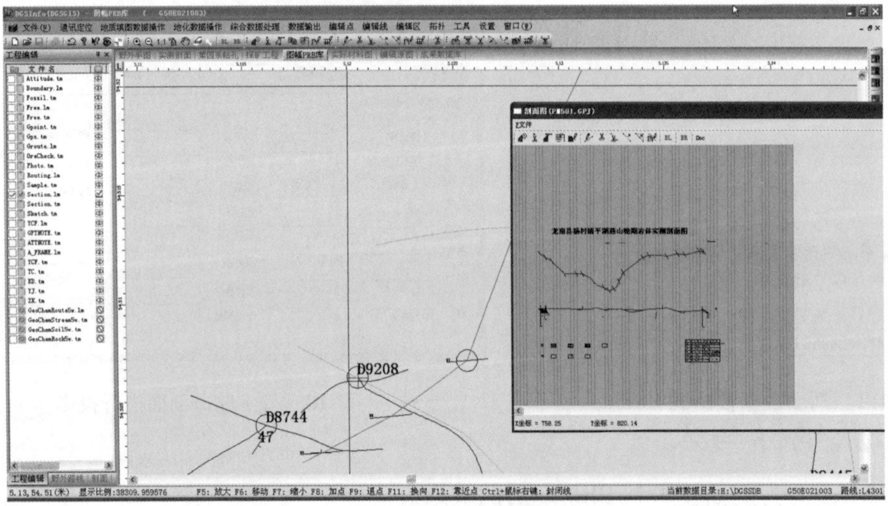


图 10.2.2　浏览剖面图

## 10.2.2　浏览柱状图

选择“实测剖面浏览”→“柱状图”菜单项，其他步骤同上节。

# 11 路线重新计算与点坐标重写

该系列功能适用于野外路线数据经过室内整理或者直接在室内进行数据录入的情况，当用户对路线或点的空间位置进行调整后，可以利用这些功能将图元属性进行一次性更新。

该系列功能涉及的菜单项如图 11.0.1 所示。

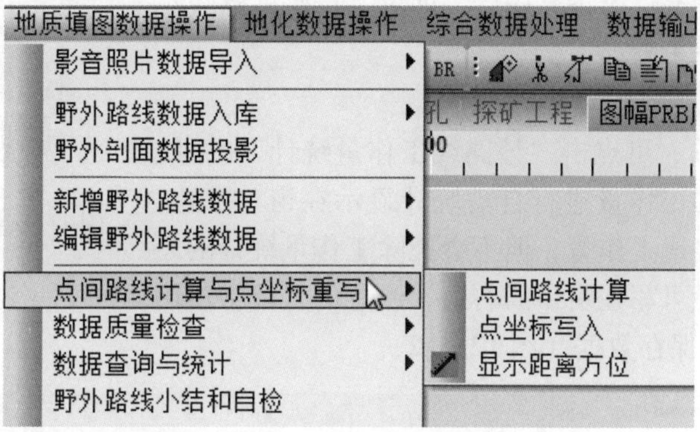


图 11.0.1　路线数据重计算相关菜单

## 11.1　点间路线计算

该功能重新计算分段路线的长度和方向，并自动更新到 ROUTING 的属性表中。

## 11.2　点坐标写入

该功能重新计算各点图层点实体的位置，并自动更新到处于当前编辑状态的点图层中。

**注意：** 该点图层中必须包含“X”“Y”或“XX”“YY”坐标字段。所有路线数据的点文件中已默认包含此类字段。

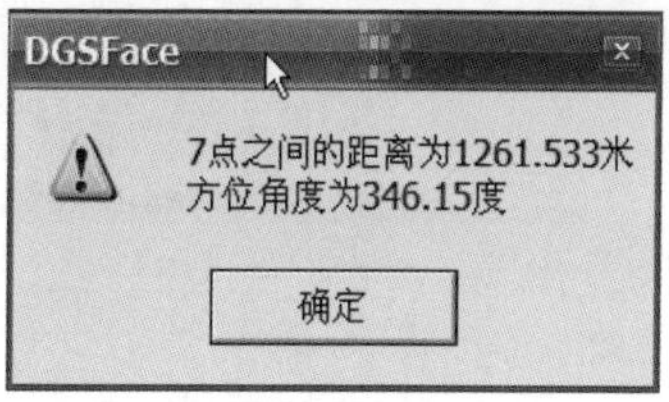


图 11.3.1　显示距离及方位

## 11.3　显示距离方位

点击此菜单（图 11.0.1）或选择视图右侧工具条中的▮，用鼠标在视图中绘制一条折线，点击右键结束后可显示该线的长度和方向（图 11.3.1）。

# 12 野外路线小结、自检及信手剖面

## 12.1 野外路线小结与自检

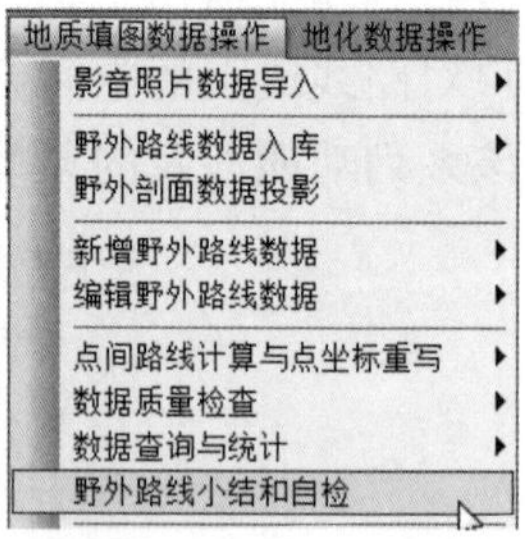
地质填图数据操作
地化数据操作
影音照片数据导入
野外路线数据入库
野外剖面数据投影
新增野外路线数据
编辑野外路线数据
点间路线计算与点坐标重写
数据质量检查
数据查询与统计
野外路线小结和自检

图 12.1.1 野外路线小结与自检菜单

对野外数据采集编辑检查完毕后，即可进行野外路线小结和自检。具体操作步骤如下：

（1）按图 12.1.1 打开菜单。

（2）写小结之前，可点击“该路线工作量统计”，系统会自动把该条路线的工作量进行自动统计显示在窗口左边。该按钮可反复更新路线工作量，但不会把除工作量统计的之外的数据丢掉。自检可写在窗口的右边，注意的是请常使用“保存”按钮，随时保存数据（图 12.1.2）。

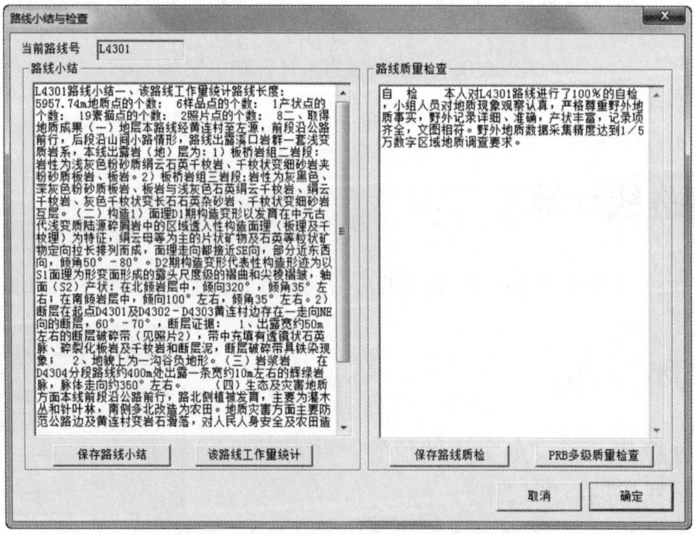
路线小结与检查
当前路线号
L4301
路线小结
L4301路线小结一、该路线工作量统计路线长度：5957.74m地质点的个数： 6样品点的个数： 1产状点的个数： 19素描点的个数： 2照片点的个数： 8二、取得地质成果（一）地层本路线经黄连村至左源，前段沿公路前行，后段沿山间小路情形，路线出露溪口岩群一套浅变质岩系，本线出露岩（地）层为：1）板桥岩组二岩段：岩性为浅灰色粉砂质绢云石英千枚岩、千枚状变细砂岩夹粉砂质板岩、板岩。2）板桥岩组三岩段：岩性为灰黑色、深灰色粉砂质板岩、板岩与浅灰色石英绢云千枚岩、绢云千枚岩、灰色千枚状变长石石英杂砂岩、千枚状变细砂岩互层。（二）构造1）面理D1期构造变形以发育在中元古代浅变质陆源碎屑岩中的区域透入性构造面理（板理及千枚理）为特征，绢云母等为主的片状矿物及石英等粒状矿物定向拉长排列而成，面理走向都接近SE向，部分近东西向，倾角50°－80°。D2期构造变形代表性构造形迹为以S1面理为形变面形成的露头尺度级的褶曲和尖棱褶皱，轴面（S2）产状：在北倾岩层中，倾向320°，倾角35°左右；在南倾岩层中，倾向100°左右，倾角35°左右。2）断层在起点D4301及D4302－D4303黄连村边存在一走向NE向的断层，60°－70°，断层证据： 1、出露宽约50m左右的断层破碎带（见照片2），带中充填有透镜状石英脉、碎裂化板岩及千枚岩和断层泥，断层破碎带具铁染现象； 2、地貌上为一沟谷负地形。（三）岩浆岩 在D4304分段路线约400m处出露一条宽约10m左右的辉绿岩脉，脉体走向约350°左右。 （四）生态及灾害地质方面本线前段沿公路前行，路北侧植被发育，主要为灌木丛和针叶林，南侧多北改造为农田。地质灾害方面主要防范公路边及黄连村变岩石滑落，对人民人身安全及农田造
保存路线小结
该路线工作量统计
路线质量检查
自 检 本人对L4301路线进行了100％的自检，小组人员对地质现象观察认真，严格尊重野外地质事实，野外记录详细、准确，产状丰富，记录项齐全，文图相符。野外地质数据采集精度达到1／5万数字区域地质调查要求。
保存路线质检
PRB多级质量检查
取消
确定

图 12.1.2 路线小结与自检编辑框

## 12.2 信手剖面自动生成

该功能可根据路线的行进轨迹自动切割等高线形成路线信手剖面框架。具体操作步骤如下：

(1) 打开相应的野外手图工程，该手图必须包含路线数据（图 12. 2. 1）。

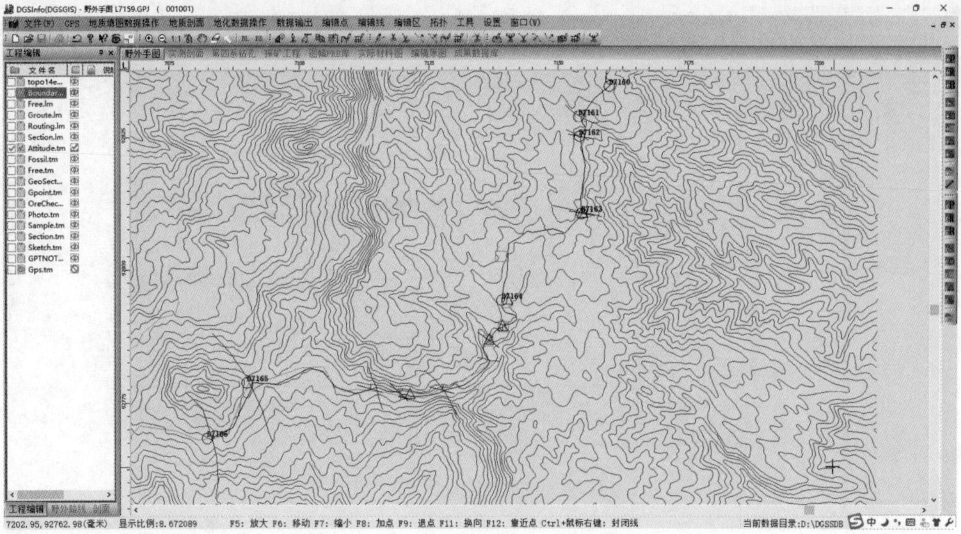

图 12. 2. 1 野外手图路线示例

按照图 12. 2. 2 选择“地质填图数据操作”→“生成/更新信手剖面图”菜单。

按照对话框输入成图参数（图 12. 2. 3）：

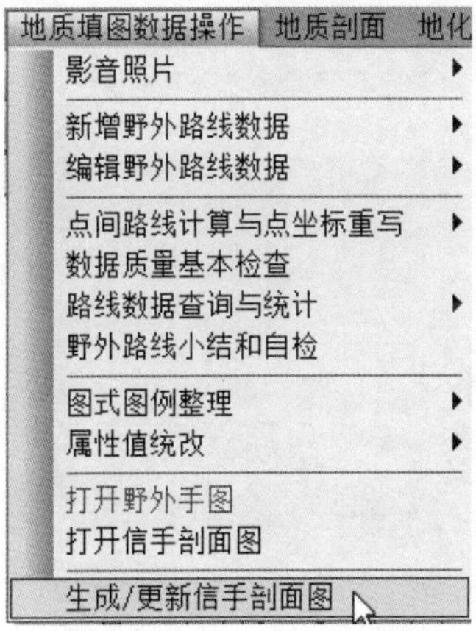


图 12. 2. 2 信手剖面生成

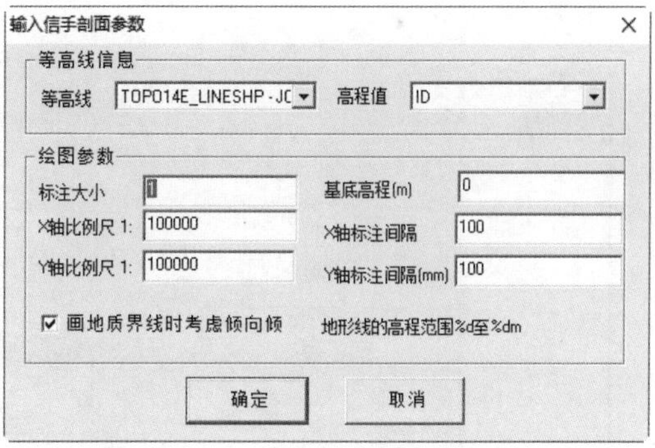


图 12. 2. 3 输入信手剖面绘制参数

标注大小：图中标注（例如坐标值等）的大小，单位是图面坐标 mm，默认值是 1，如果生成的图件用户感觉注释过大，可以在重新生成时修改该值。

X、Y 轴比例尺：X 轴与 Y 轴可以选择不同的比例尺成图，默认是工程比例尺。

登高线信息：点击下拉框选择等高线图层和高程字段。

基底高程：设置纵坐标的真实高程。

标注间隔：设置 X 轴和 Y 轴标注的间隔值。

调整各参数，点击“确定”后生成的图形如图 12. 2. 4 所示。

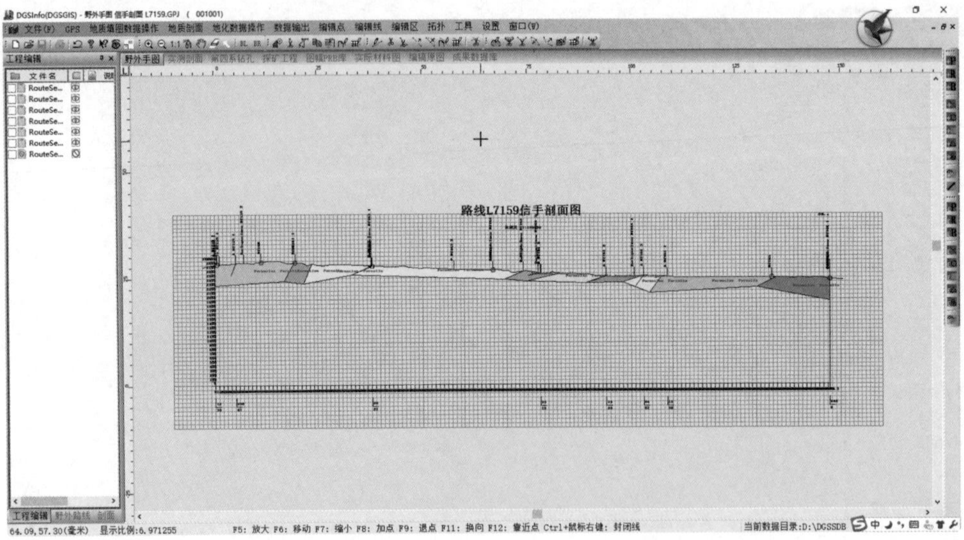


图 12. 2. 4　系统自动生成信手剖面效果图

（2）用户可以通过点编辑、线编辑等菜单对系统自动生成的信手剖面进行再编辑，如添加岩石花纹等操作（图 12. 2. 5）。

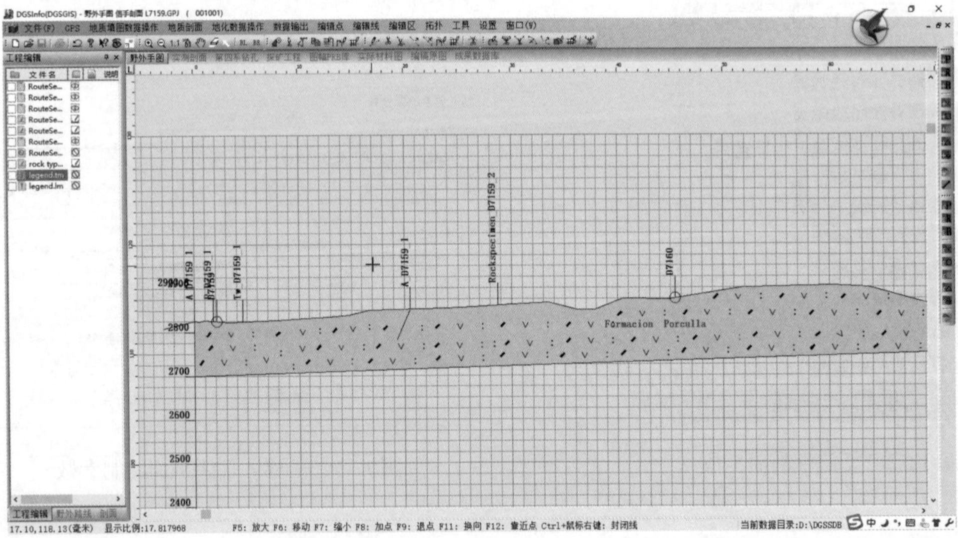


图 12. 2. 5　信手剖面图示图例编辑

（3）选择“打开手图”菜单和“打开信手剖面”功能可以切换当前的视图为野外手图视图或浏览已经生成的剖面图并进行进一步编辑。

# 13 PRB 图示图例整理

## 13.1 点图层静态标注

图层静态标注是指单独生成一个注释文件对路线数据中一些点文件的重要属性进行图片标注。这些点文件包括地质点、产状和样品等。

对应菜单项如图 13.1.1 所示。

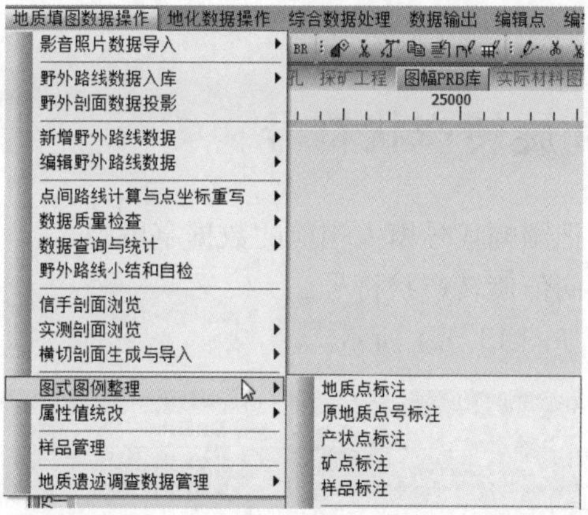


图 13.1.1　PRB 图示图例整理总菜单

## 13.2 点图层动态标注

动态标注不用生成新的图层，但只能用于临时显示，用户不能进行移动和修改，也不能打印输出。

动态标注可以在“工程编辑”的文件列表中右击某个文件，然后选择“修改项目”进行手工设置。

系统提供地质点和产状图层的动态标注设置功能，下面以地质点图层为例。

（1）选择动态标注地质点号（图 13.2.1）。

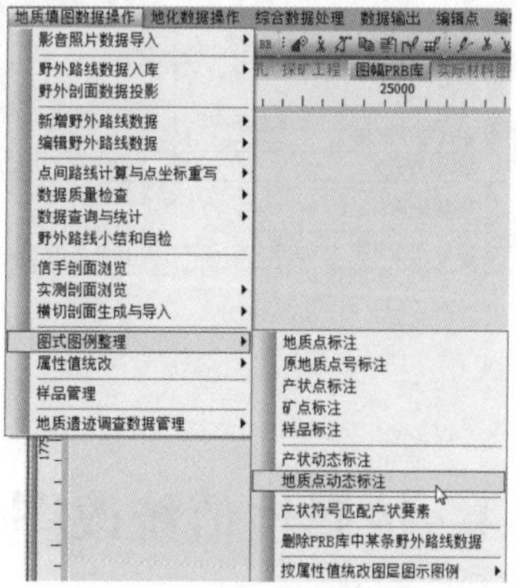


图 13.2.1　动态地质点标注

（2）在对话框中输入正确的参数，应在标注字段名称选中 GEOPOINT（图 13.2.2）。

（3）动态标注的结果，不可编辑与移动（图 13.2.3）。

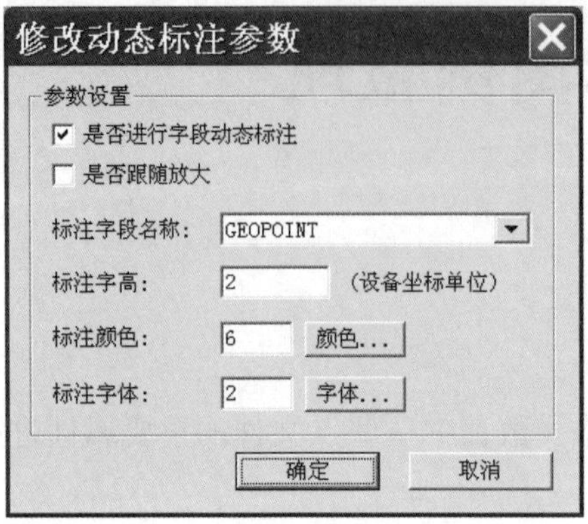


图 13.2.2　动态标注参数设置

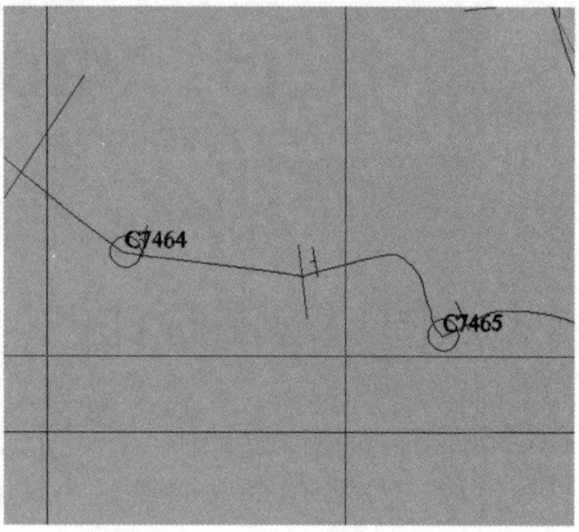


图 13.2.3　动态标注示例

## 13.3　信息整理和旋转产状符号

图幅信息整理主要是把图幅代号填入相应的数据字段中。

旋转产状符号是按倾向值旋转产状符号。

两项功能对应的菜单如图 13.3.1 所示。

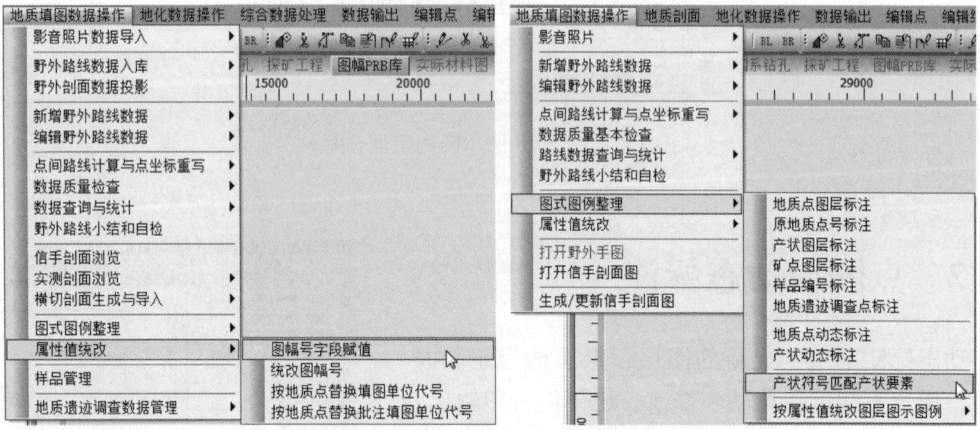


图 13.3.1　图幅信息整理菜单

## 13.4　按属性值统改图示图例

该模块适用于一个图层按照不同的属性用多种符号（或线型）显示。

对应的菜单项如图 13.4.1 所示。

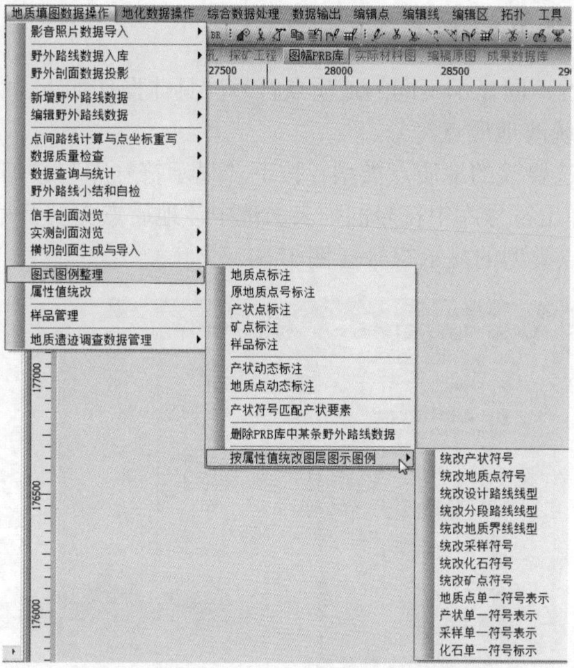


图 13.4.1　按属性值统改图示图例系列菜单

## 13.4.1　统改产状符号

允许产状按属性不同显示不同的产状符号。具体操作如下：

（1）选择菜单“统改产状符号”。

（2）在源字段中选要改的产状类型，按下“显示符号库”按钮，选择子图，然后按下“子图号”按钮，即可弹出符号库中符号的列表。选中该产状类型符号样式，点击“确定”后，即可统改该产状类型的显示符号（图 13.4.2）。

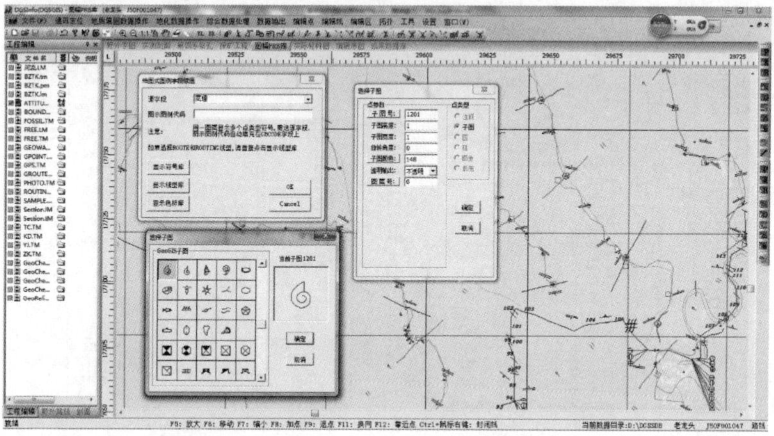

图 13.4.2　统改产状符号

## 13.4.2 统改地质点符号

允许地质点按属性不同显示不同的地质点符号。具体操作如下：

（1）选择菜单“统改地质点符号”。

（2）在源字段中选要改的地质点类型，按下“显示符号库”按钮，选择子图，然后按下“子图号”，即可弹出符号库中符号的列表。选中该地质点类型符号样式，点击“确定”后，即可统改该地质点类型的显示符号（图13.4.3）。

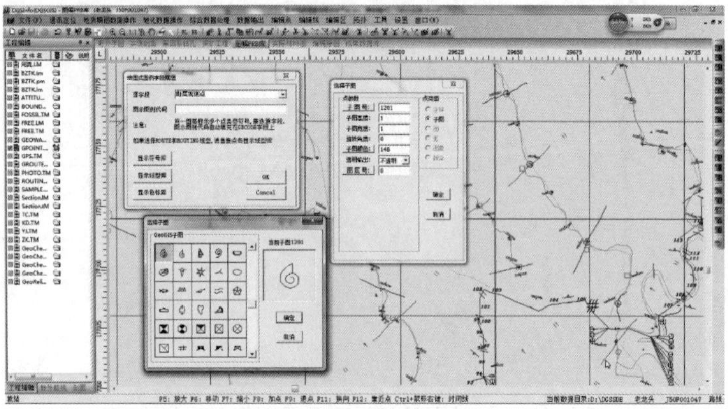

图13.4.3 统改地质点符号

## 13.4.3 统改设计路线线型

允许设计路线用不同的线型显示。具体操作如下：

（1）选择菜单“统改设计路线线型”。

（2）直接按下“显示符号库”按钮，选择子图，然后按下“线型”按钮，即可弹出线型库中符号的列表。选中该线样式，点击“确定”后，即可统改设计路线的显示线型（图13.4.4）。

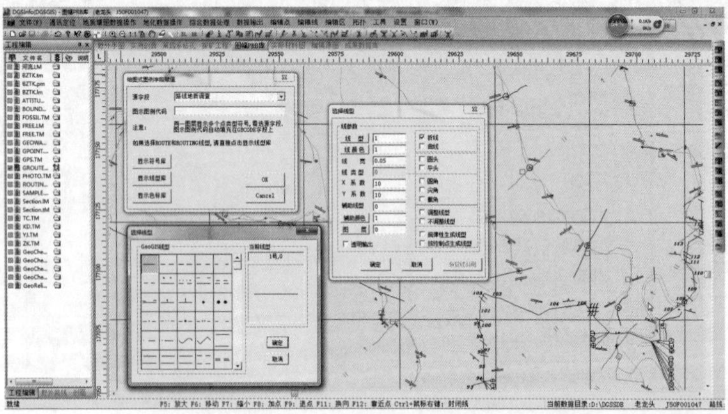

图13.4.4 统改设计路线线型

## 13.4.4 统改分段路线线型

允许分段路线用不同的线型显示。具体操作如下：

（1）选择菜单“统改分段路线线型”。

（2）直接按下“显示符号库”按钮，选择子图，然后按下“线型”按钮，即可弹出线型库中符号的列表。选中该线样式，点击“确定”后，即可统改分段路线的显示线型（图13.4.5）。

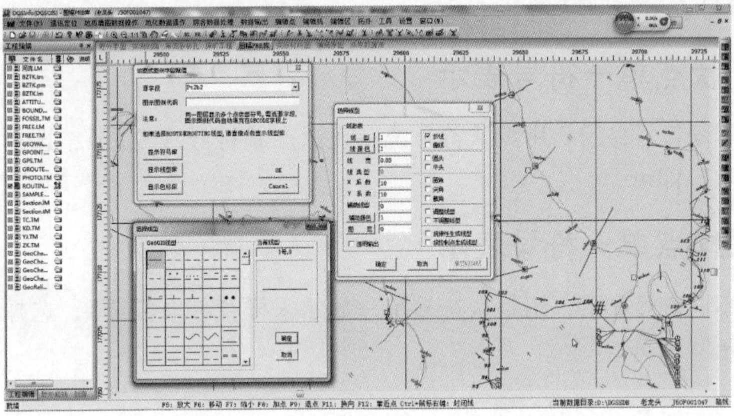

图13.4.5 统改分段路线线型

## 13.4.5 统改地质界线线型

允许地质界线按属性用不同的线型显示。具体操作如下：

（1）选择菜单“统改地质界线线型”。

（2）在源字段中选要改的界线类型，按下“显示符号库”按钮，选择子图，然后按下“线型”按钮，即可弹出线型库中符号的列表。选中该地质界线类型线型样式，点击“确定”后，即可统改该地质界线类型的显示线型（图13.4.6）。

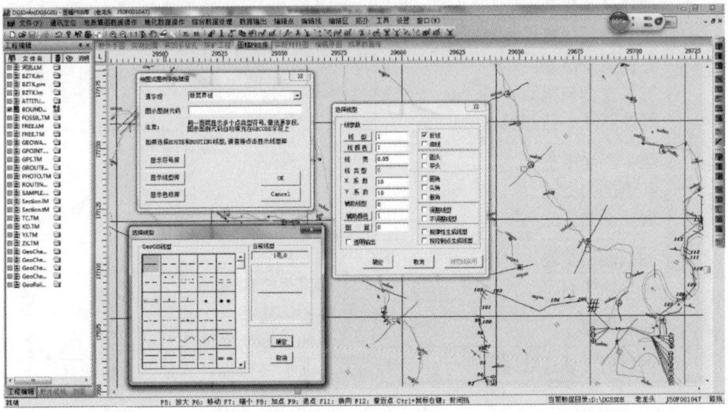

图13.4.6 统改地质界线线型

### 13.4.6 统改采样符号

允许采样按属性用不同的符号显示。对应菜单项为“统改采样符号”具体操作与“统改地质点符号”相同。

### 13.4.7 地质点单一符号表示

取消地质点不同符号显示，用默认符号统一显示地质点符号（复原），选择菜单项“地质点单一符号表示”即可。

### 13.4.8 产状点单一符号表示

取消产状不同符号显示，用默认符号统一显示产状符号（复原），选择菜单项“产状点单一符号表示”即可。

### 13.4.9 采样点单一符号表示

取消采样不同符号显示，用默认符号统一显示采样符号（复原），选择菜单项“采样点单一符号表示”即可。

## 13.5 按地质点替换 PRB 和产状图的填图单位代号

按地质点号，会相应地把 POINT、ROUTING、BOUNDARY、ATTITUDE 集图层的地质代号全部自动替换，具体操作如下：

（1）按图 13.5.1 的菜单即可，选按地质点替换 PRB 和产状图的填图单位代号。

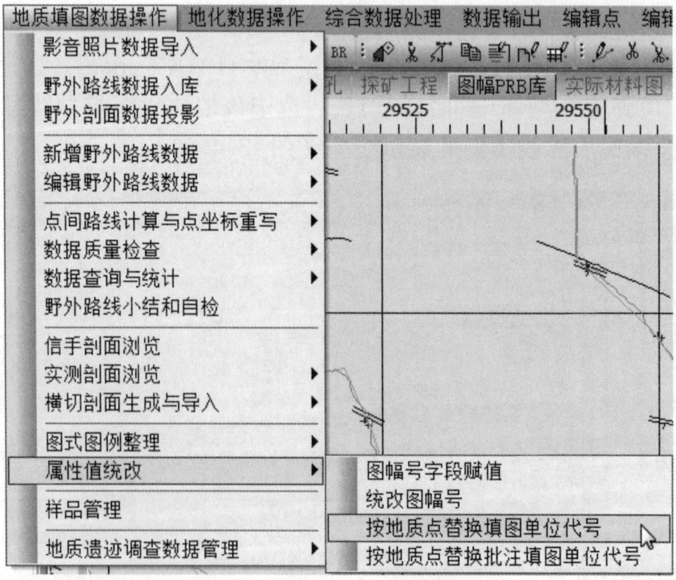


图 13.5.1 按地质点替换填图单位代号

（2）输入被改地质代号的地质点号，原地质代号，新地质代号，原地质代号可通过组合框列表选择。点击“确定”即可（图 13.5.2）。

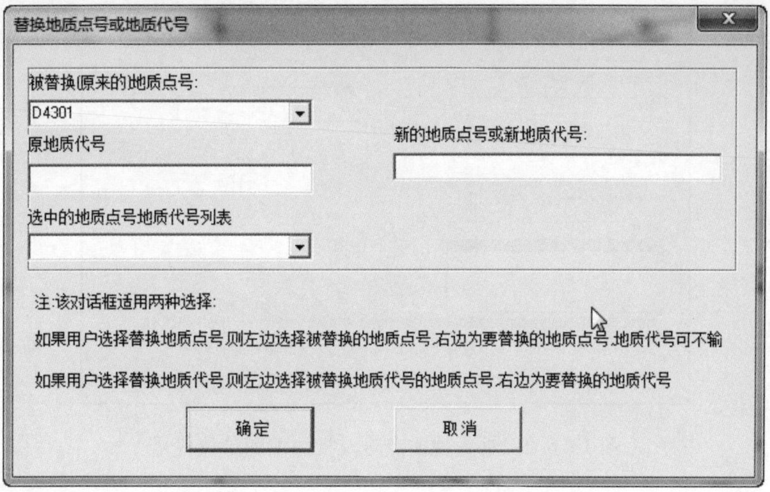


图 13.5.2　输入点号与代号信息

## 13.6　按地质点替换 PRB 图层的批注填图单位代号

按地质点号，会相应地把 POINT、ROUTING、BOUNDARY 图层的批注地质代号全部自动替换，具体操作如下：

（1）按图 13.6.1 选择菜单，选按地质点替换 PRB 图层的批注填图单位代号。

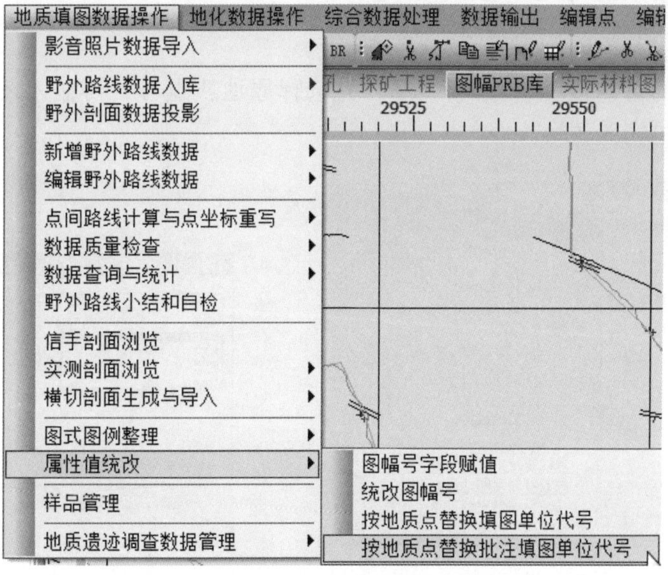


图 13.6.1　按地质点替换批注填图单位代号

（2）输入被改地质代号的地质点号，原批注地质代号，新批注地质代号，原批注地质代号可通过组合框列表选择。点击“确定”即可（图 13.6.2）。

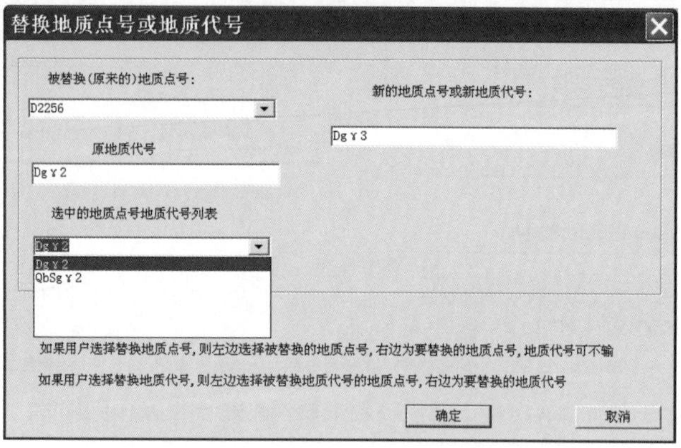


图 13.6.2　输入地质点号及批注填图单位代号

## 13.7　统改野外手图地质点号或路线号

在实际工作中难免出现各工作组之间路线号或地质点号冲突的情况，为保证关键字段的唯一性，要求对重复的路线号和地质点号进行修改。

针对上述情况，系统提供统改地质点号和路线号的功能，可以将其他路线过程中的点号和线号字段一并修改。涉及菜单项如图 13.7.1 所示。

### 13.7.1　统改野外手图地质点号

（1）选择相应菜单项。

（2）在弹出的对话框中（图 13.7.2）先选择原地质点号，再输入新地质点号，然后点击“确定”即可完成替换。

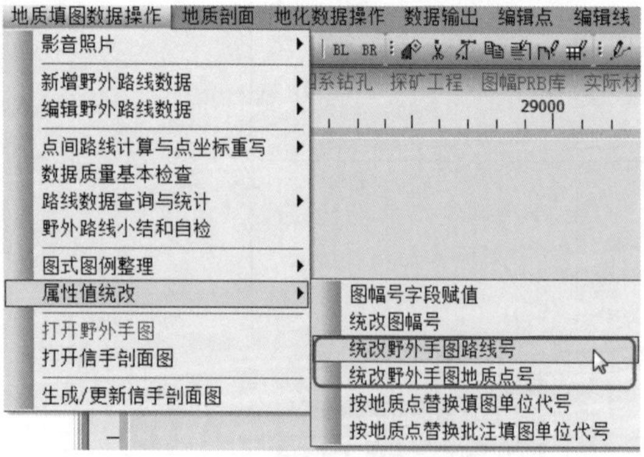


图 13.7.1　统改路线号或地质点号菜单

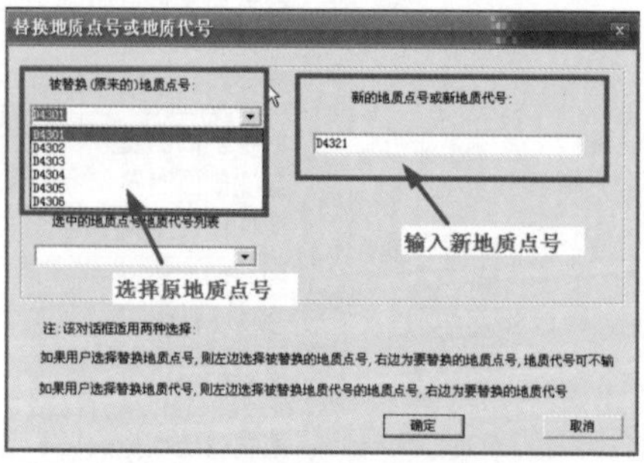


图 13.7.2　统改地质点号参数

## 13.7.2 统改野外手图路线号

（1）选择相应菜单。

（2）在下面对话框（图 13.7.3）中输入新的路线号，点击“OK”确定。

（3）按照图示提示内容进行人工修改（图 13.7.4）。

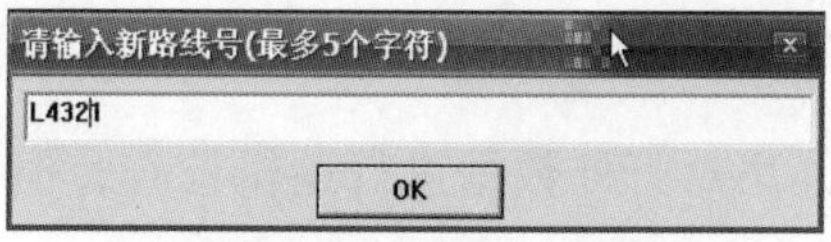
请输入新路线号(最多5个字符)
L4321
OK

图 13.7.3 输入新的路线号

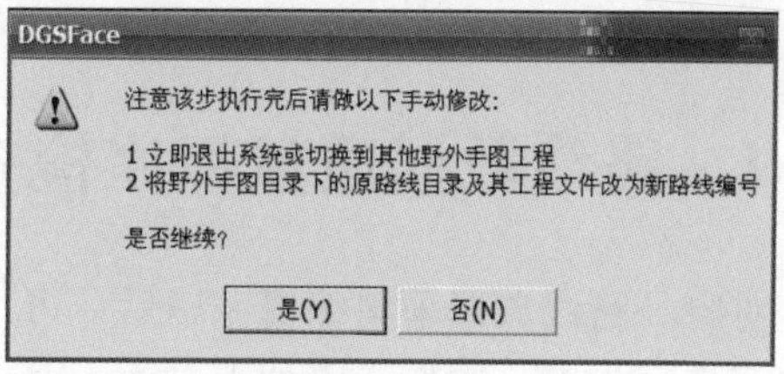
DGSFace
注意该步执行完后请做以下手动修改:
1 立即退出系统或切换到其他野外手图工程
2 将野外手图目录下的原路线目录及其工程文件改为新路线编号
是否继续?
是(Y)
否(N)

图 13.7.4 路线统改功能手动修改部分

# 14 PRB 数据质量检查与评价

## 14.1 路线数据质量程序检查

对野外路线数据采集编辑完毕后，可用程序的办法对野外数据进行逻辑检查，但不能对内容进行检查。操作步骤如下：

（1）按图 14.1.1 打开菜单。

（2）选择该菜单功能项，系统自动将对所有十一个地质采集图层进行路线号、地质点号、样品编号、照片序号、图元类型等数据项的检查，检查结果依“图层文件、记录号、错误项目”顺序显示在文本窗口中（图 14.1.2），并保存在该路线的目录下：note \ PRBError. txt。可以通过“属性连动浏览”功能利用记录号分别排错。

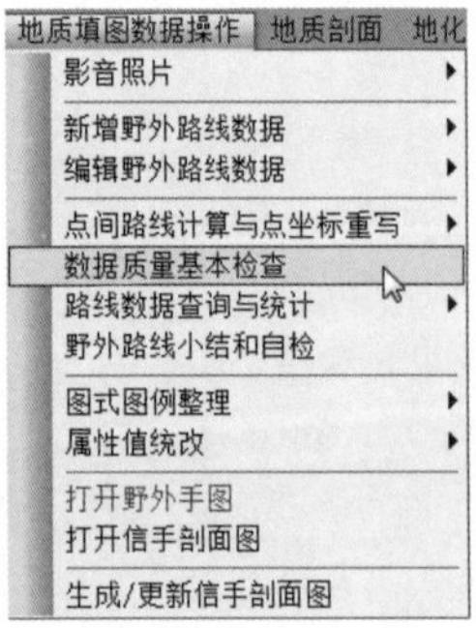


图 14.1.1　PRB 数据质量检查菜单

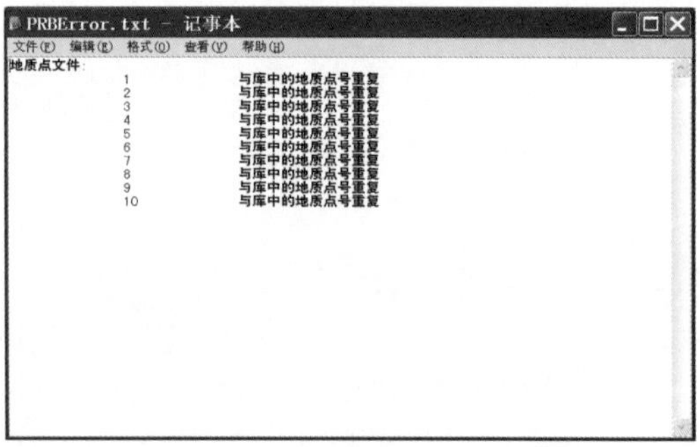


图 14.1.2　PRB 数据错误排查表

## 14.2 实体属性检查

通过该功能可方便地浏览实体属性并进行人工质量检查。

先选择一个要查询的采集图层，并将其设为当前编辑状态，然后进行如下操作：

（1）选中“实体属性检查”菜单（图 14.2.1）。

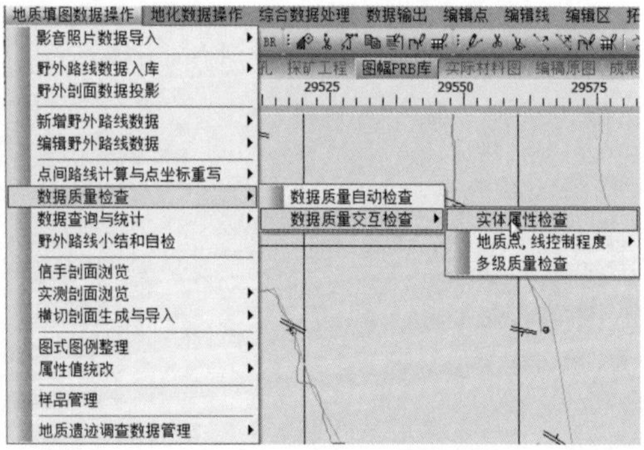


图 14.2.1　实体属性检查

（2）根据选择查询的采集图层的条件选择点、线或面文件（图 14.2.2）。

（3）可以对该图层所有属性进行检查（图 14.2.3）。

图 14.2.2 选择文件类型

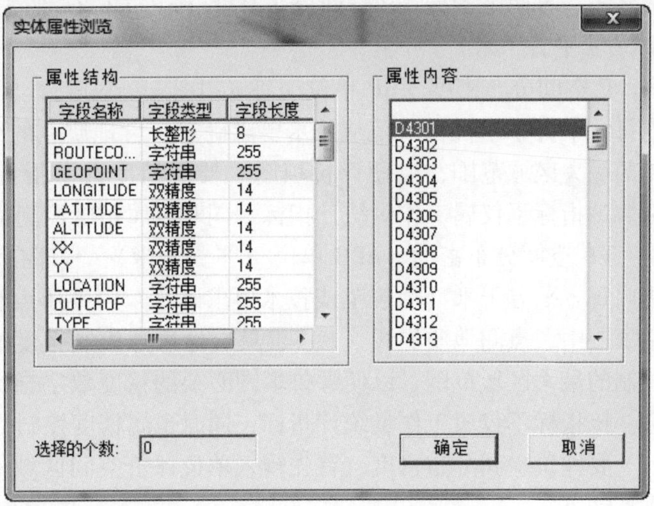


图 14.2.3 图层属性表

（4）双击“属性内容”表的记录，会自动弹出该图层属性对话框（图 14.2.4）。

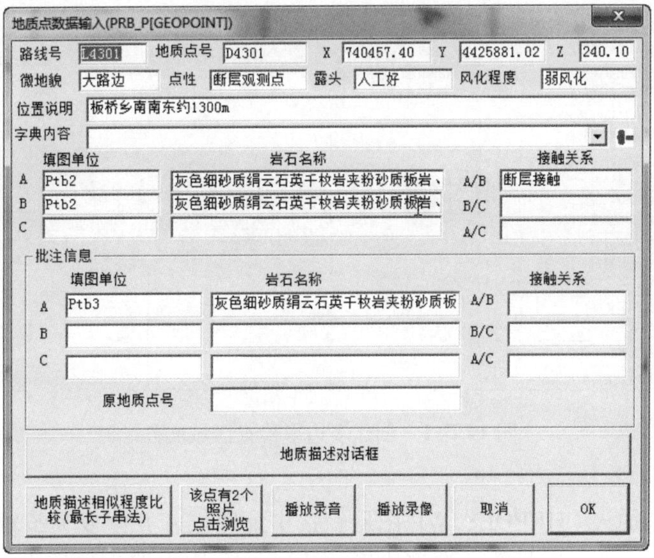


图 14.2.4 选定单个实体进行数据质量检查

## 14.3 地质点、线控制程度检查

根据区域地质调查技术规范和数字填图野外数据采集指南，区域地质调查与填图的

PRB 数据质量定量评价模型主要从工作量完成情况检查、实际材料图精度检查、地质实体有效控制精度控制指标等来描述。PB 空间分布定量评价则是地质实体有效控制精度控制指标之一。有两个指标：P 空间分布密度（*n*P 单位/*n* 平方千米）和 PB 空间分布密度（*n*PB 单位/*n* 平方千米）。

P 空间分布密度（*n*P 单位/*n* 平方千米）：程序自动利用 GIS 空间分析功能，统计图幅内每 *n* 平方千米（由规范或技术要求确定）含地质点的个数。该指标可以找出没有路线控制的最大区域范围，以便评价填图必要的精度数字指标。允许不同区域给定不同控制指标。该指标不仅属工作量统计指标，同时也属精度控制指标。

PB 空间分布密度（*n*PB 单位/*n* 平方千米）：程序自动利用 GIS 空间分析功能，统计图幅内每 *n* 平方千米（由规范或技术要求确定）含地质点和点间地质界线的个数。在 PRB 数字填图中，点间地质界线（B）也具有地质点控制精度的效力。该指标可以找出没有路线控制的最大区域范围，以便评价填图必要的精度数字指标。允许不同区域给定不同控制指标。该指标不仅属工作量统计指标，同时也属精度控制指标。

要评价空间分布密度，首先输入单位评价空间区域的大小。可多边形也可矩形，具体操作如下。

## 14.3.1 创建多边形检查区域文件

（1）选择菜单（图 14.3.1）。

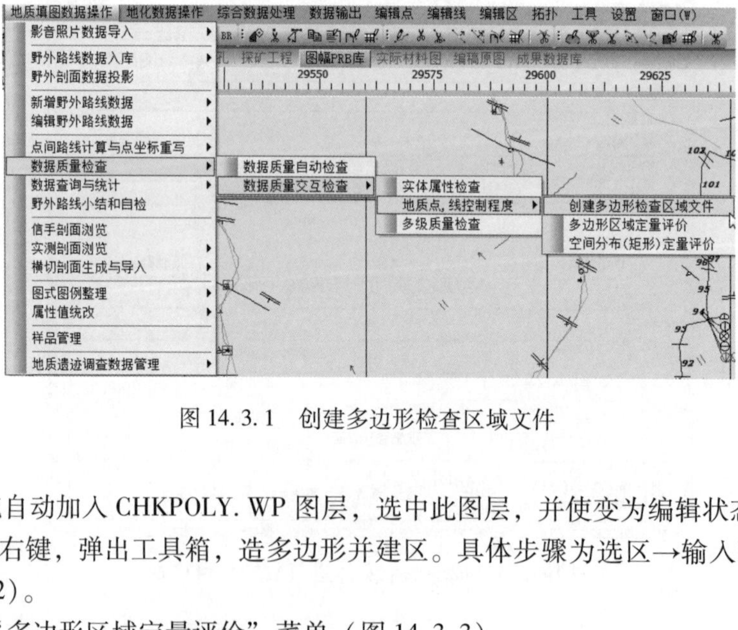


图 14.3.1　创建多边形检查区域文件

（2）系统自动加入 CHKPOLY.WP 图层，选中此图层，并使变为编辑状态。

（3）点击右键，弹出工具箱，造多边形并建区。具体步骤为选区→输入弧段→拓扑造区（图 14.3.2）。

（4）选“多边形区域定量评价”菜单（图 14.3.3）。

（5）查看结果，选“多级质量检查”菜单。

（6）点击“开始统计”开始工作量统计（图 14.3.4）。

（7）多边形的统计结果显示在统计指标编辑框中（图 14.3.5）。

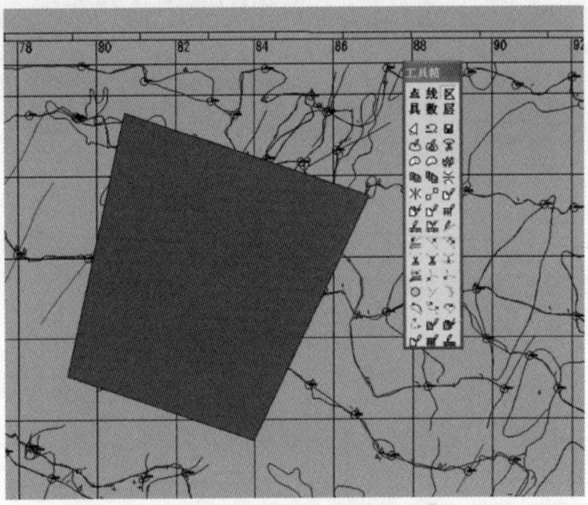


图 14.3.2　绘制检查区

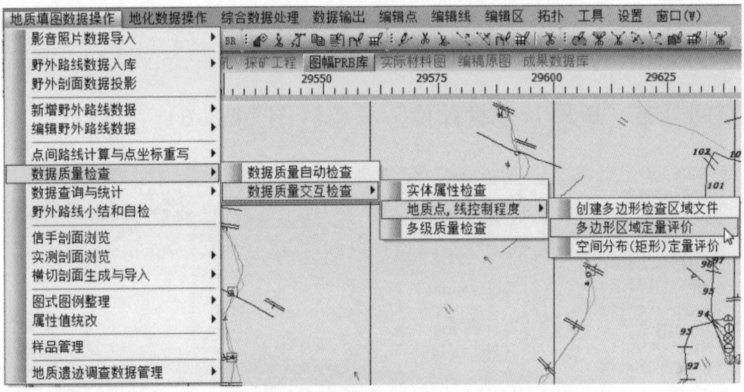


图 14.3.3　多边形区域定量评价

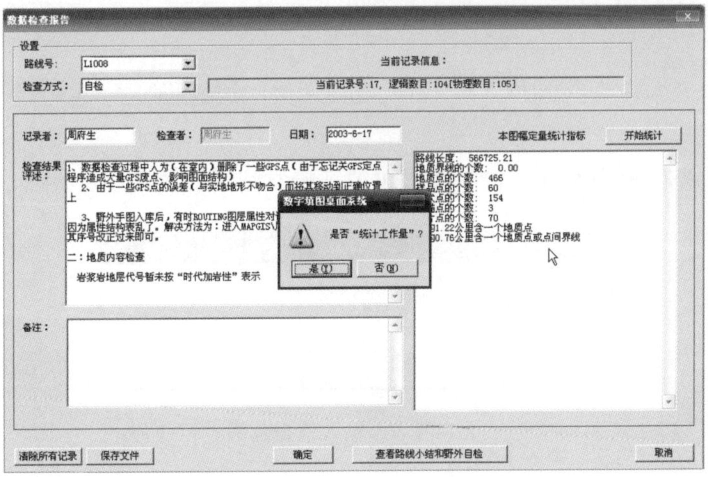


图 14.3.4　统计区域内部工作量

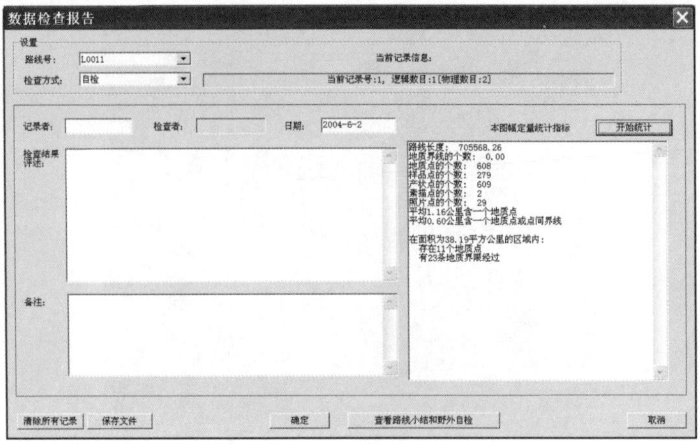


图 14.3.5　区域统计结果

## 14.3.2　空间分布（矩形）定量评价

（1）选“空间分布（矩形）定量评价”菜单（图 14.3.6）。

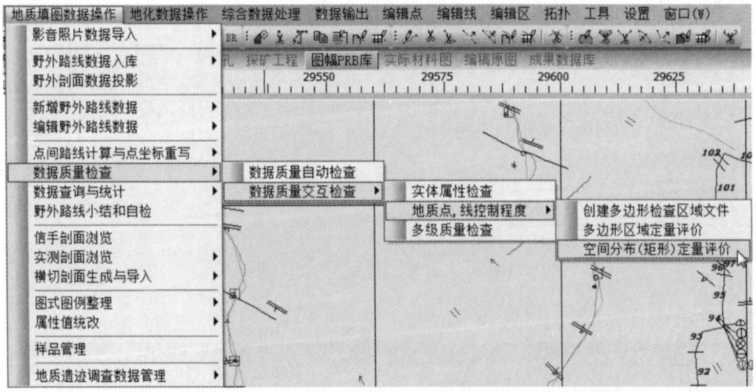


图 14.3.6　空间部分（矩形）定量评价

（2）要评价空间分布密度，首先输入单位评价空间区域的大小（图 14.3.7）。

图 14.3.7　输入检查范围

（3）系统自动加入 CHKAREA. WP 图层。

（4）评价结果如图所示：在4平方千米的区域上有PB的数据均已被统计出，不同颜色具有不同的统计指标。红色为空（图14.3.8）。

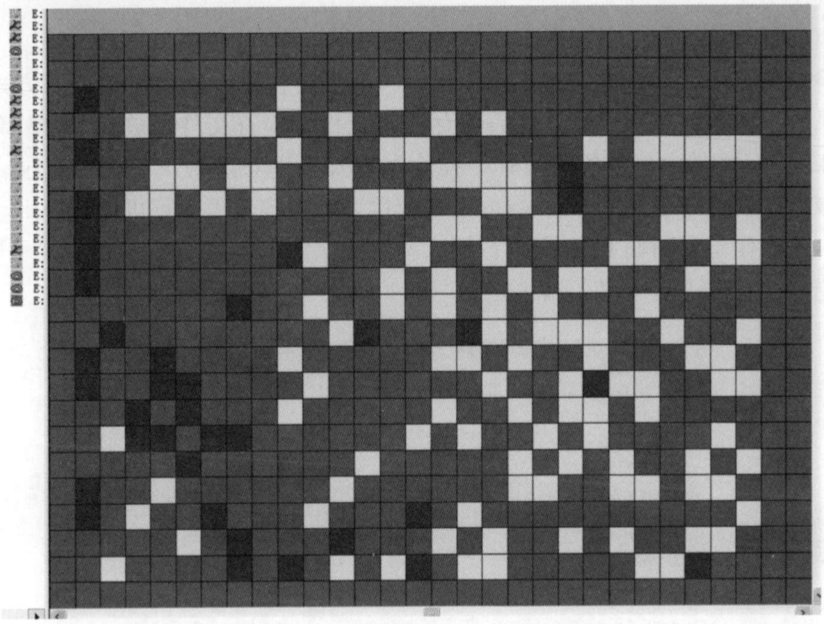

图14.3.8 按空间区域检查结果

（5）查看结果，选“多级质量检查”菜单，点击“开始统计”，统计结果显示在统计指标编辑框中（图14.3.9）。

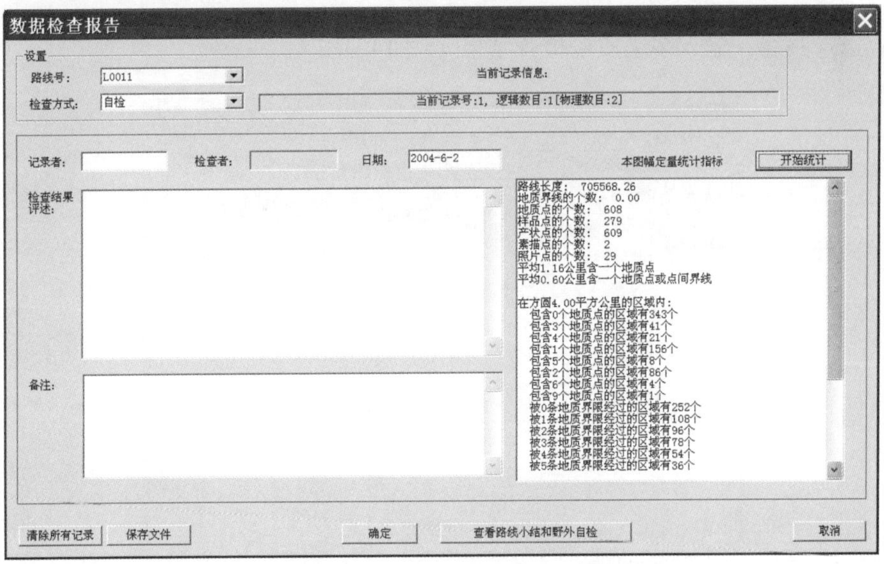


图14.3.9 区域工作量统计

# 14.4 多级质量检查

以图幅中野外路线为单位，进行质量检查。

选择检查的路线、检查方式：自检、互检、项目组检查、地调局检查等方式。填写检查者、记录者、检查结果和备注，然后保存检查文件。检查文件存放在“图幅 PRB 库\note\check.wb”文件中。每条路线有 4 种检查方式分别对应的 1 条检查记录。右边的编辑框是区域地质调查与填图的 PRB 数据质量定量评价内容，由计算机计算得出。

说明：该操作是对图幅 PRB 库进行的。具体操作如下：

（1）选中“多级质量检查”菜单（图 14.4.1）。

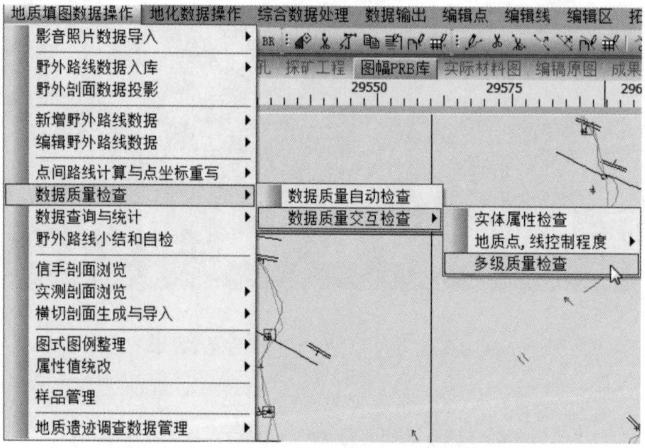


图 14.4.1　PRB 多级质量检查

（2）选择路线，输入多级质量检查结果（图 14.4.2）。

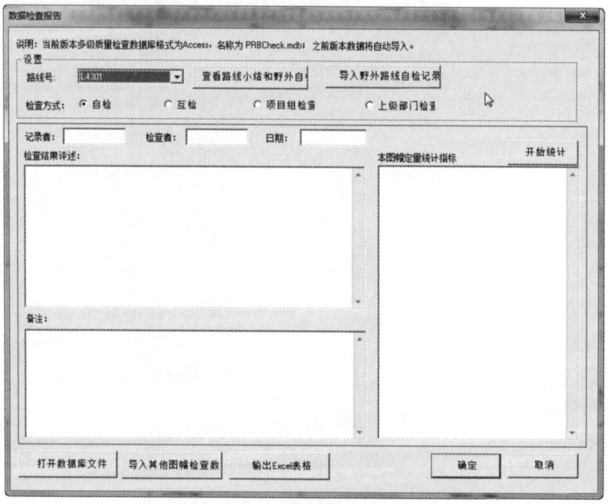


图 14.4.2　多级质量检查对话框

(3) 检查方式与级别确定，注意该功能中的自检部分可以省略，自检内容可在野外手图的路线小结与自检中填写。

在多级质量检查界面中可随时查看野外路线小结与自检内容（图 14.4.3）。

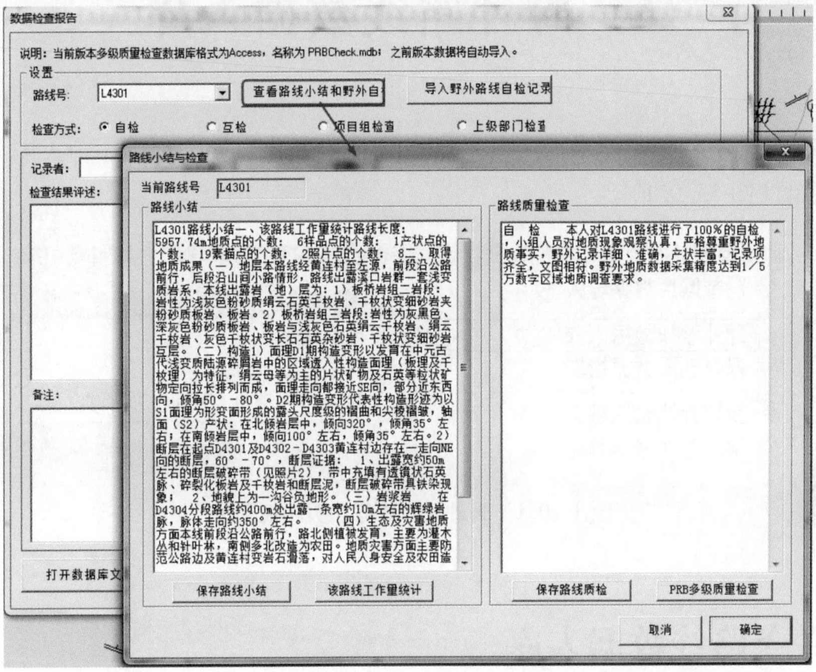
数据检查报告
说明：当前版本多级质量检查数据库格式为Access，名称为 PRBCheck.mdb；之前版本数据将自动导入。
设置
路线号:
L4301
查看路线小结和野外自
导入野外路线自检记录
检查方式:
自检
互检
项目组检查
上级部门检查
记录者:
检查结果评述:
备注:
打开数据库文
路线小结与检查
当前路线号
L4301
路线小结
L4301路线小结一、该路线工作量统计路线长度:
5957.74m地质点的个数:　6样品点的个数:　1产状点的
个数:　19素描点的个数:　2照片点的个数:　8二、取得
地质成果（一）地层本路线经黄连村至左源，前段沿公路
前行，后段沿山间小路情形，路线出露溪口岩群一套浅变
质岩系，本线出露岩（地）层为：1）板桥岩组二岩段：
岩性为浅灰色粉砂质绢云石英千枚岩、千枚状变细砂岩夹
粉砂质板岩、板岩。2）板桥岩组三岩段：岩性为灰黑色、
深灰色粉砂质板岩、板岩与浅灰色石英绢云千枚岩、绢云
千枚岩、灰色千枚状变长石石英杂砂岩、千枚状变细砂岩
互层。（二）构造1）面理D1期构造变形以发育在中元古
代浅变质陆源碎屑岩中的区域透入性构造面理（板理及千
枚理）为特征，绢云母等为主的片状矿物及石英等粒状矿
物定向拉长排列而成，面理走向都接近SE向，部分近东西
向，倾角50°－80°。D2期构造变形代表性构造形迹为以
S1面理为形变面形成的露头尺度级的褶曲和尖棱褶皱，轴
面（S2）产状：在北倾岩层中，倾向320°，倾角35°左
右；在南倾岩层中，倾向100°左右，倾角35°左右。2）
断层在起点D4301及D4302－D4303黄连村边存在一走向NE
向的断层，60°－70°，断层证据：　1、出露宽约50m
左右的断层破碎带（见照片2），带中充填有透镜状石英
脉、碎裂化板岩及千枚岩和断层泥，断层破碎带具铁染现
象；　2、地貌上为一沟谷负地形。（三）岩浆岩　　在
D4304分段路线约400m处出露一条宽约10m左右的辉绿岩
脉，脉体走向约350°左右。　　（四）生态及灾害地质
方面本线前段沿公路前行，路北侧植被发育，主要为灌木
丛和针叶林，南侧多北改造为农田。地质灾害方面主要防
范公路边及黄连村变岩石滑落，对人民人身安全及农田造
保存路线小结
该路线工作量统计
路线质量检查
自　检　　本人对L4301路线进行了100%的自检
，小组人员对地质现象观察认真，严格尊重野外地
质事实，野外记录详细、准确，产状丰富，记录项
齐全，文图相符。野外地质数据采集精度达到1／5
万数字区域地质调查要求。
保存路线质检
PRB多级质量检查
取消
确定

图 14.4.3　在 PRB 多级质量检查中可随时查看野外路线小结内容

# 15　野外路线数据入库

单条野外路线数据编辑完毕后，将汇总到图幅PRB库。系统提供3种入库方法，分别对应下列菜单（图15.0.1）。

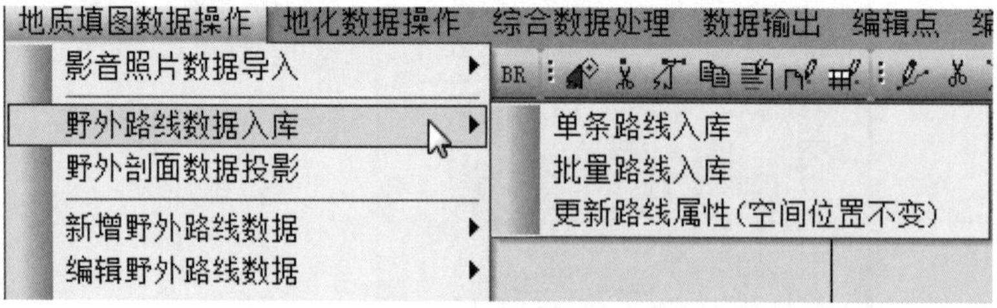


图15.0.1　野外路线入库相关功能菜单

## 15.1　单条路线数据入库

野外数据检查完毕，即可导入图幅PRB库，相当于把单条的野外路线汇集到一张图上，然后才能形成实际材料图和编稿地质图。具体操作如下：

（1）选择菜单“单条路线入库”。

（2）选中要导入的野外路线目录（图15.1.1）。

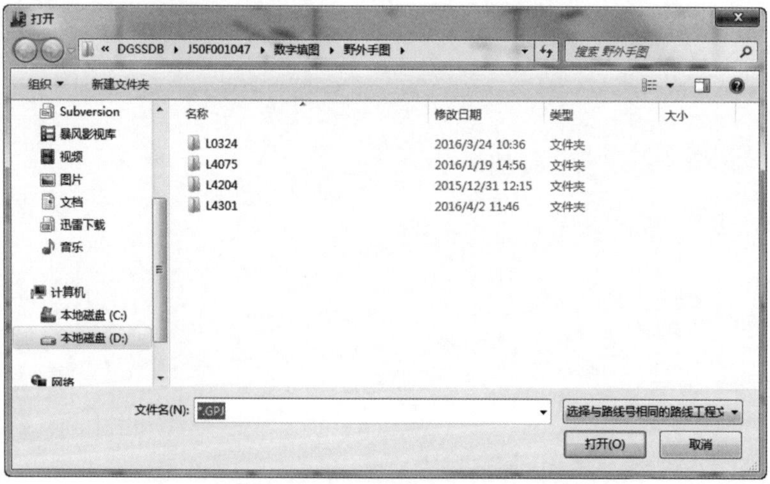


图15.1.1　选择野外路线目录

（3）打开选中野外手图目录，双击路线工程文件（图 15.1.2）。

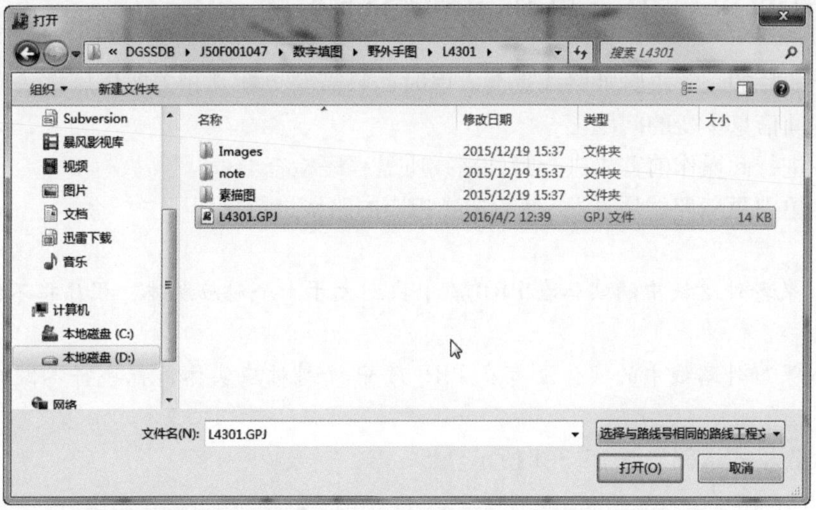


图 15.1.2　选择路线工程文件

（4）导入前先对数据进行程序质量检查（图 15.1.3）。

（5）如果该路线先前已导入，系统会自动删除老的数据（第一次导入也会提示，因为 PRB 库中已存在设计路线），然后把新的路线数据再导入（图 15.1.4）。

图 15.1.3　PRB 程序质量检查

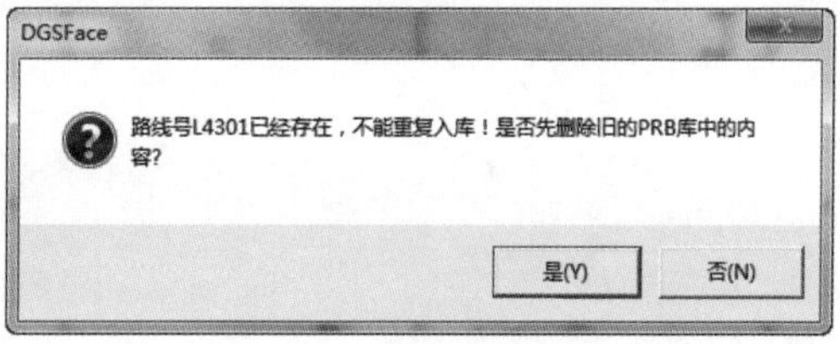


图 15.1.4　删除先前导入路线

## 15.2　批量路线数据入库

如果全部野外数据都检查完毕，需要批量野外路线数据入库，可以按下列步骤操作：

1）选择菜单“批量路线入库”。

2）在对话框中用鼠标选择要入库的路线，用鼠标单击即可选中，可复选，然后点击“确定”即可（图 15.2.1）。

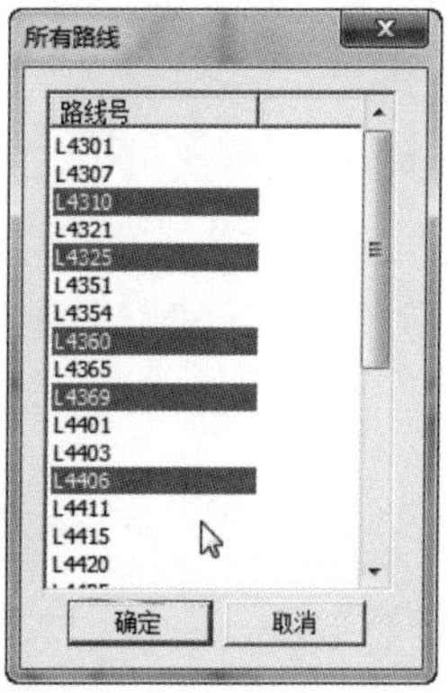


图 15.2.1　选择多个路线号

## 15.3 空间位置不变重新更新属性入库

此功能的目的是解决野外路线重复入库时，只需要更新其相关实体属性，而保持 PRB 库中实体空间信息不变的问题。

建议在进行此操作前首先进行野外路线质量程序检查。

选择菜单“更新路线属性”，然后选择相应的路线进行更新。

**注意：**

（1）如果野外路线中的实体在 PRB 库中找到大于 1 个对应实体，程序将不做处理并返回错误报告。

（2）如果野外路线中的实体没有在 PRB 库中找到对应实体，程序将不做处理并返回错误报告。

错误报告格式示例如图 15.3.1 所示。

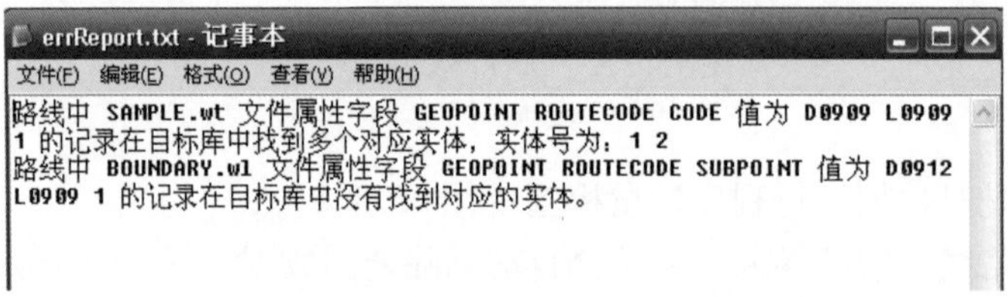
errReport.txt - 记事本
文件(F) 编辑(E) 格式(O) 查看(V) 帮助(H)
路线中 SAMPLE.wt 文件属性字段 GEOPOINT ROUTECODE CODE 值为 D0909 L0909 1 的记录在目标库中找到多个对应实体，实体号为：1 2
路线中 BOUNDARY.wl 文件属性字段 GEOPOINT ROUTECODE SUBPOINT 值为 D0912 L0909 1 的记录在目标库中没有找到对应的实体。

图 15.3.1　路线属性更新错误报告

# 16　路线数据查询与统计

提供一系列路线数据查询和图层属性综合检索功能，适用范围还包括野外手图、实际材料图、编稿原图和成果数据库等。涉及的菜单项如图 16.0.1 所示。

## 16.1　按图层属性进行空间数据查询

先选择一个要查询的采集图层，并将其设为当前编辑状态，系统会弹出一个“检查/选择工作区属性内容”窗口，在窗口中，选择属性结构中的某一特征字段，（如“TYPE”地质点类型），则在属性内容窗口中显示该字段所有的属性内容，选择一个内容（如“界线点”），可对该图层具有该属性值的图元进行检索，显示检查结果：实体个数、空间位置闪烁。同时可打开该图元的属性 PRB 窗口进行编辑，并了解其在空间的位置。具体功能分述如下：

（1）选“按图层属性进行空间数据查询”菜单（图 16.0.1），或在“工具”菜单下选择“按图层属性进行空间数据查询”（图 16.1.1）。

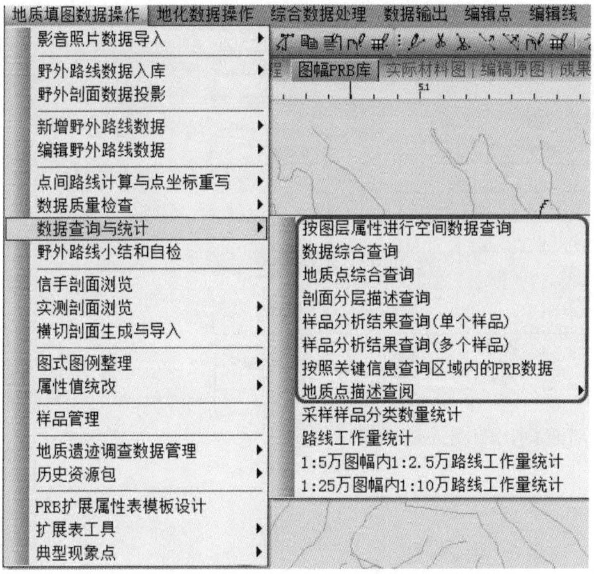


图 16.0.1　路线数据查询与统计菜单

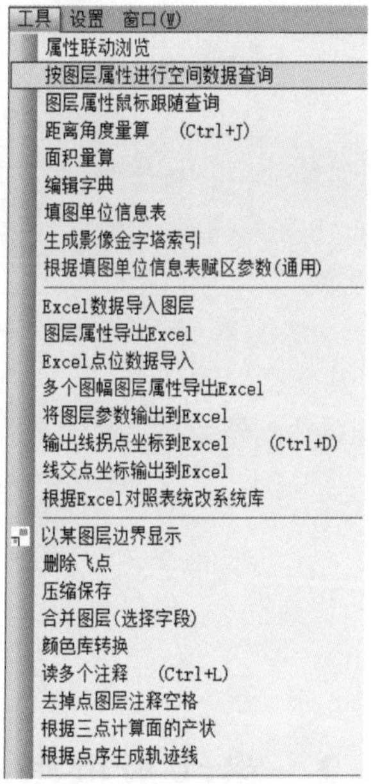


图 16.1.1　按图层属性进行空间数据查

（2）系统弹出“检查/选择工作区属性内容”窗口（图 16. 1. 2）。

（3）选择属性结构中的某一特征字段（如“GEOPOINT”地质点），在属性内容窗口中显示该字段所有的地质点，选择一个点号，双击即可对该图层具有该属性值的图元进行检索（图 16. 1. 3）。

（4）显示检查结果：实体个数、空间位置闪烁。同时可打开该图询
元属的性 PRB 窗口进行编辑，并了解其在空间的位置（图 16. 1. 4）。

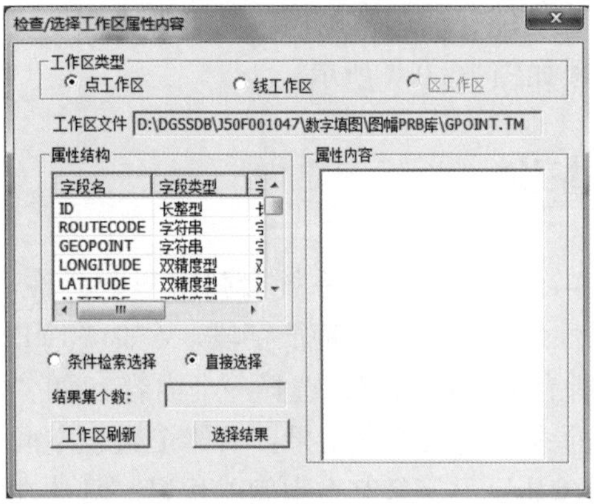


图 16. 1. 2　工作区属性内容

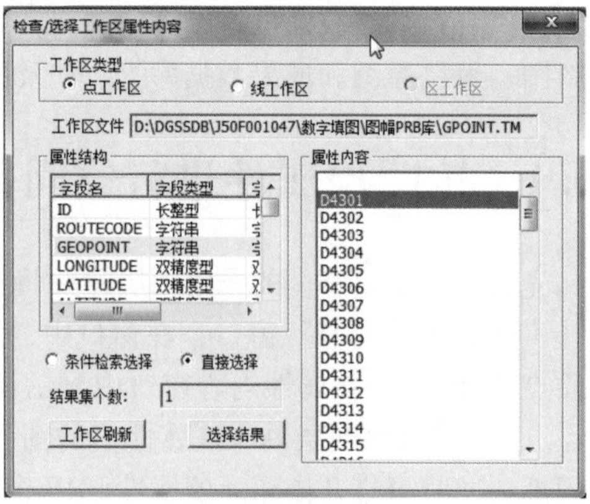


图 16. 1. 3　工作区属性查询

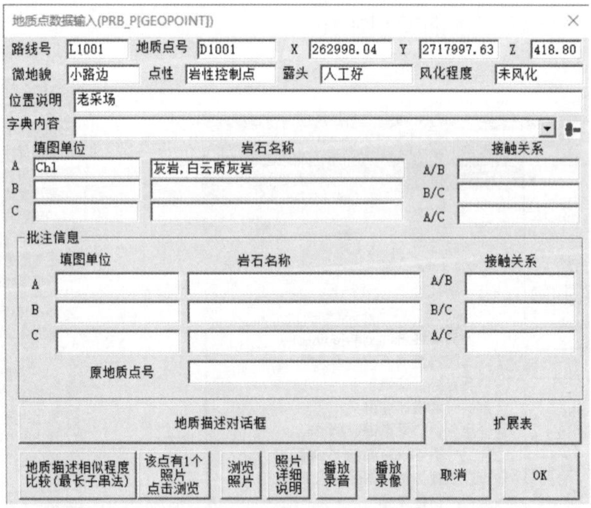


图 16. 1. 4　对查询出的图元进行属性编辑

## 16. 2　路线数据综合查询

该功能通过路线数据的逻辑关系检索空间数据，具体操作步骤为：

（1）选择菜单“数据综合查询”（图 16. 0. 1）。

（2）在路线号组合框选择要操作的路线（图 16. 2. 1）。

（3）接着可以对该路线所有的地质点等采样过程进行编辑。图 16. 2. 2 所示以地质点为例。

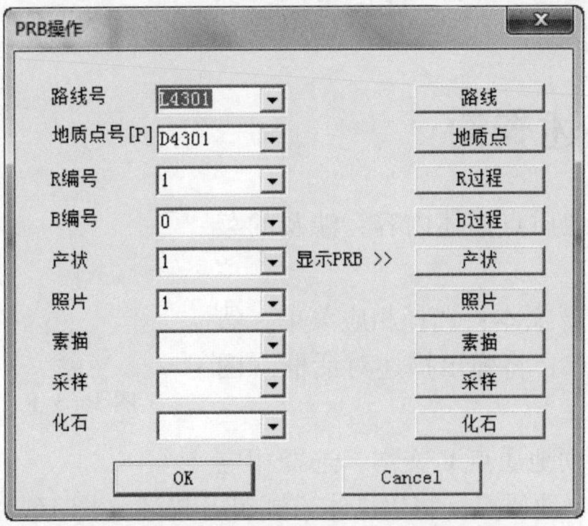


图 16. 2. 1　路线数据逻辑查询

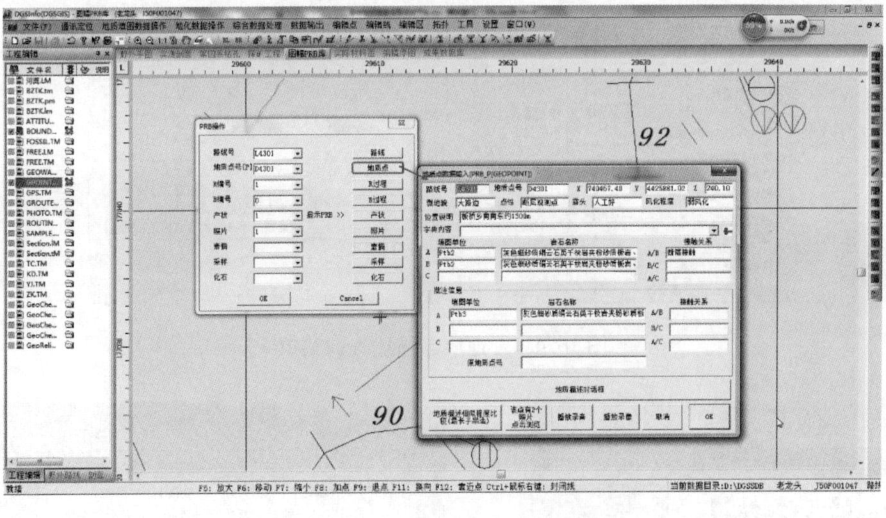

图 16. 2. 2　对查询出的实体进行编辑

## 16. 3　地质点综合查询

该功能通过地质点的逻辑关系检索与其相关联的 R 过程、B 过程、照片、素描等要素数据，具体操作步骤为：

（1）选择菜单“地质点综合查询”（图 16. 0. 1）。

（2）可通过图面选点或对话框选点两种方式查询地质点（图 16. 3. 1），选择地质点后，与该点关联的要素将会闪烁。

（3）使用“输出 word”功能可查阅与该地质点关联的所有要素数据信息。

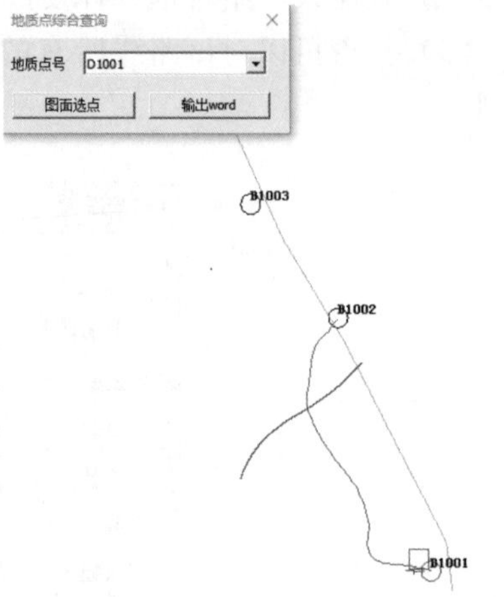


图 16. 3. 1　地质点综合查询界面

## 16. 4　地质点描述查询

提供 4 种方式查阅地质点描述内容，涉及的菜单项如图 16. 4. 1 所示。

（1）对话框式阅读 P 文本：选择相应菜单，然后在图中选中 1 个地质点，将弹出描述对话框（图 16. 4. 2）。

（2）记事本方式阅读地质点 P 文本：选择相应菜单项，在图中选择 1 个地质点，将以文本方式打开描述（图 16. 4. 3）。

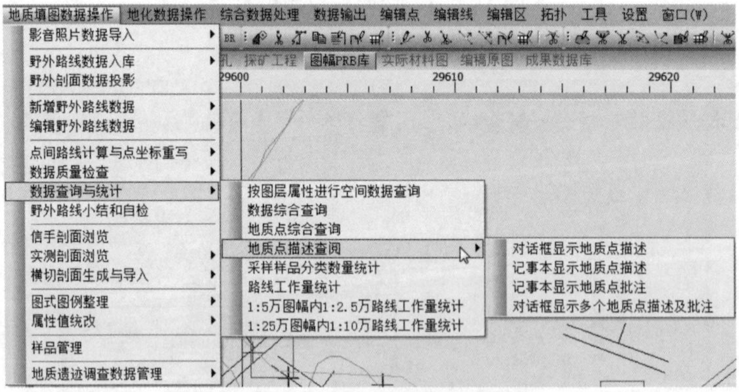


图 16. 4. 1　地质点描述查询菜单

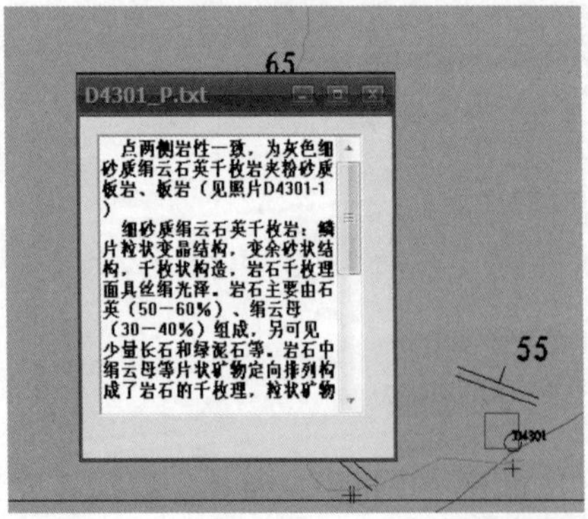


图 16. 4. 2　对话框方式阅读点文本

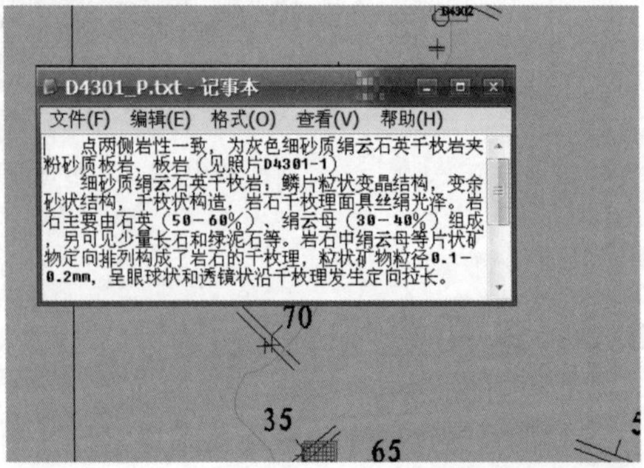


图 16. 4. 3　记事本方式阅读点文本

（3）记事本方式阅读地质点 P 批注文本：操作方法同上，以文本方式显示地质点批注描述内容。

（4）阅读多个地质点描述及批注：在下面对话框中选择路线号及地质点号，最多可显示 8 组（图 16.4.4）。

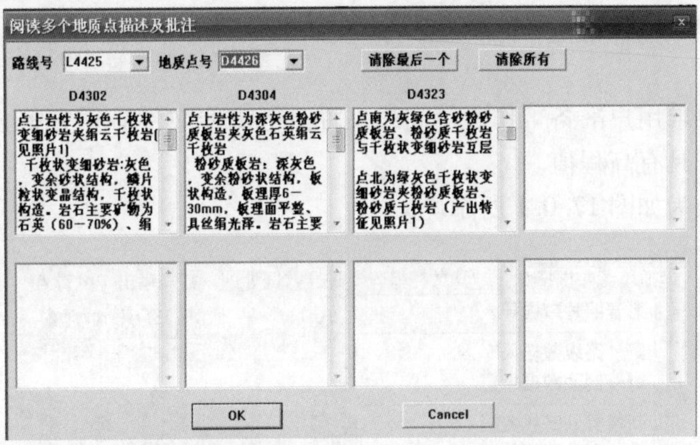


图 16.4.4 同时阅读多个点文本

## 16.5 采样样品分类统计

选择相应菜单后，系统会按照“样品类型”字典内容对全部样品进行分类统计（图 16.5.1）。

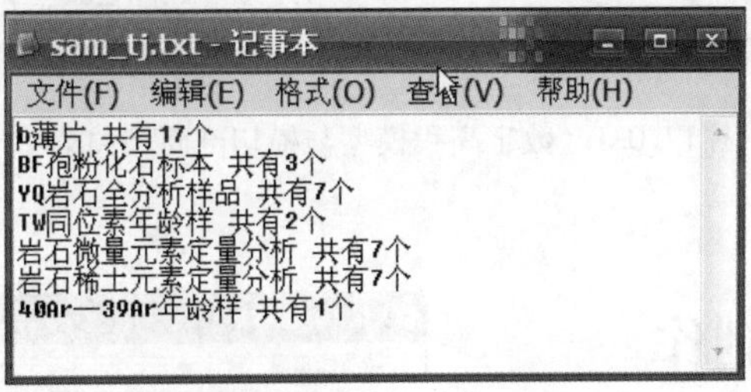


图 16.5.1 样品分类统计

# 17 数字高程模型与横切剖面

该系列功能要求用户准备工作区等高线文件。等高线文件必须完整独立，不能与其他线文件相混，并且具有高程值。

涉及的菜单项为如图 17.0.1 所示。

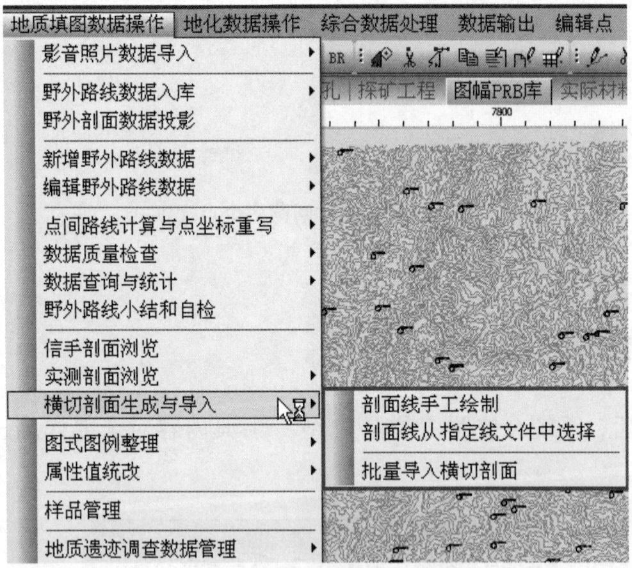


图 17.0.1　数字高程模型与横切剖面相关菜单

## 17.1 横切剖面制作

（1）选择“剖面线手工绘制”菜单项（图 17.0.1）。

（2）在图上用鼠标画完横切剖面线后，按右键后，在对话框上选择输出文件的目录，X 轴 Y 轴的比例尺等内容，然后点击“确定”(图17.1.1)。

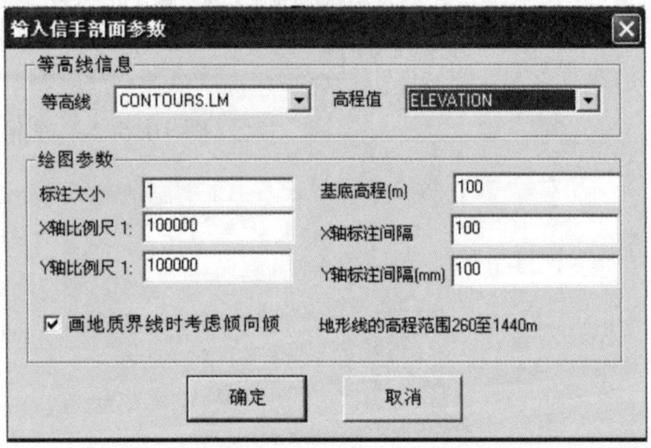


图 17.1.1　输入横切剖面参数

（3）生成剖面图后，会按照该横切剖面号生成一个对应的路线工程，在“野外路线”的“横切剖面”结点中可以看到对应的编号。然后双击该编号可打开该横切剖面虚拟路线（图 17. 1. 2）。

（4）打开横切剖面虚拟路线后，选择“打开信手剖面图”菜单（图 17. 1. 3），可查阅与编辑横切剖面图（图 17. 1. 4）。

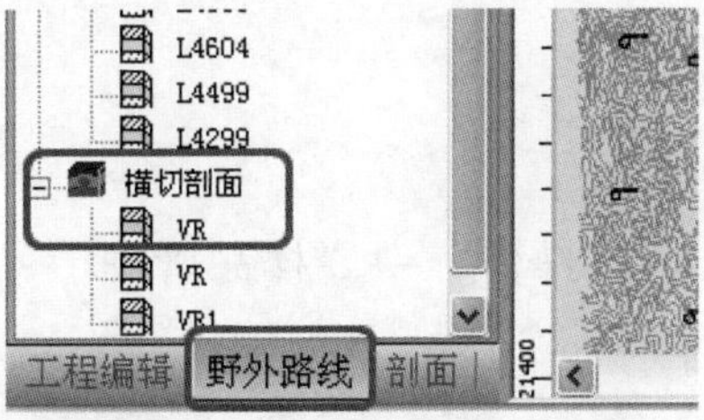


图 17. 1. 2　生成的横切剖面的位置

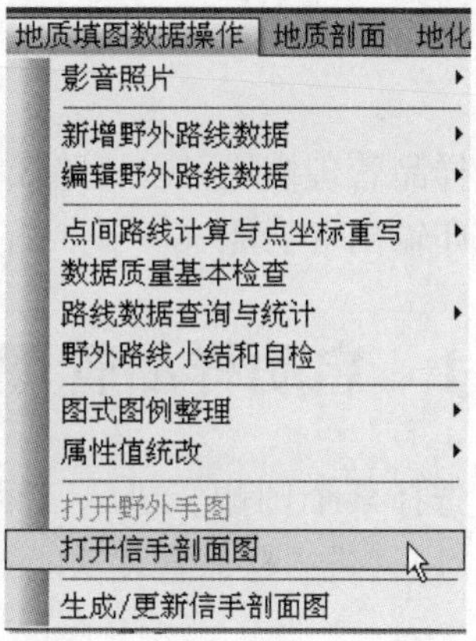


图 17. 1. 3　打开信手剖面图

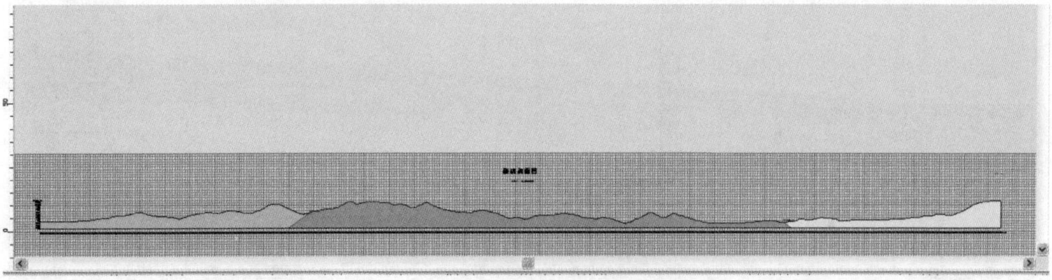

图 17. 1. 4　横切剖面图浏览与编辑

## 17. 2　横切剖面制作（自选剖面线）

区别于前节手绘剖面线，该功能支持选择已有的线作为剖面线生成横切剖面图。

选择菜单项“横切剖面自动生成（剖面线从指定线文件中选择）”，选中剖面线后，其他步骤与前节相同。

# 18 样品管理

样品管理模块可以将路线和剖面过程中采集的样品进行分类管理，并具备送样库管理和打印输出等功能。

## 18.1 启动样品管理功能

选择某个图幅，进入工程后，选择菜单“地质填图操作”→“样品管理”（图 18.1.1），进入样品管理功能界面（图 18.1.2）。

图 18.1.1 样品管理菜单

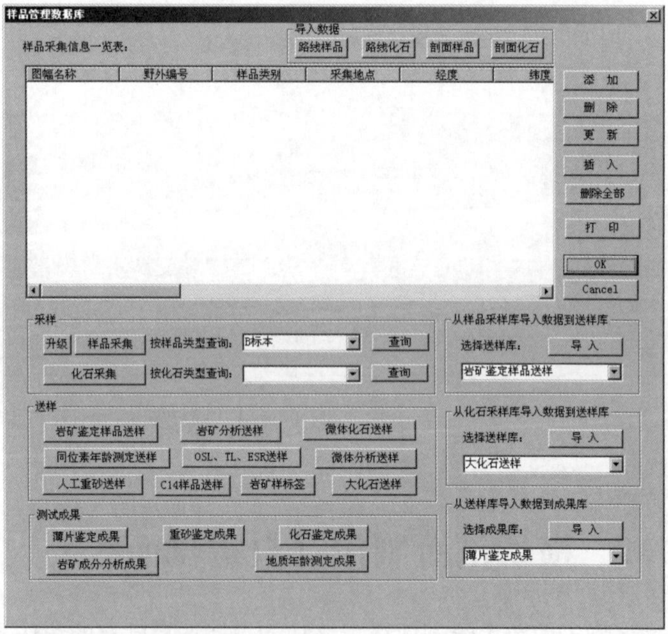


图 18.1.2 样品库管理总界面

## 18.2 从野外 PRB 和数字剖面中导入样品和化石

可以从路线样品、剖面样品点文件获得样品采样信息，从路线化石、样品化石点文件中获取化石采样信息，然后在此基础上再进行样品、化石的增加、更新和删除等操作（图 18.2.1）。

导入过程，提示要先删除旧的样品或化石信息（图 18. 2. 2）。

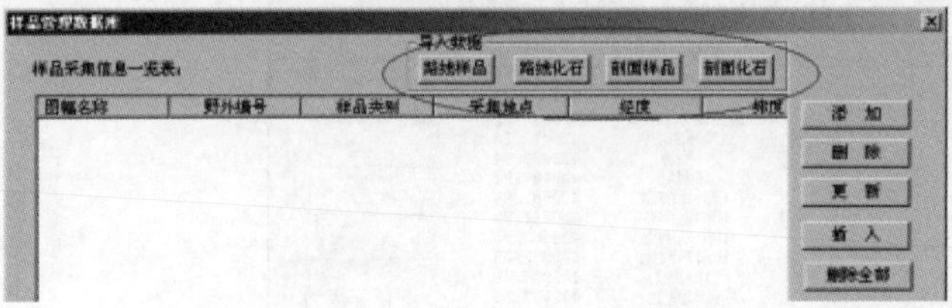


图 18. 2. 1　导入路线及剖面样品

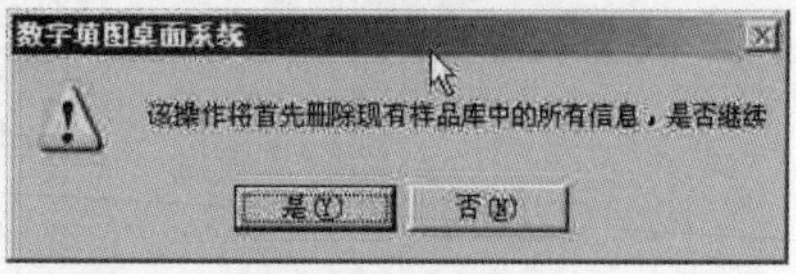


图 18. 2. 2　提示删除原有样品信息

导入成功后，样品（化石）采集信息一览表如图 18. 2. 3 所示。

图 18. 2. 3　样品导入后效果

## 18. 3　样品与化石采集库的管理

样品、化石导入成功后，可以对样品库、化石库的记录进行添加、删除、修改、插入、全部删除等操作，注意全部删除操作请慎重使用（图 18. 3. 1）。

（1）通过点击“样品采集”和“化石采集”按钮，浏览相关的样品或化石采集信息。

图 18.3.1　样品与化石采集库管理

（2）对样品或化石信息进行添加、更新、插入、删除、删除全部等功能的操作。图 18.3.2 为一个修改操作。

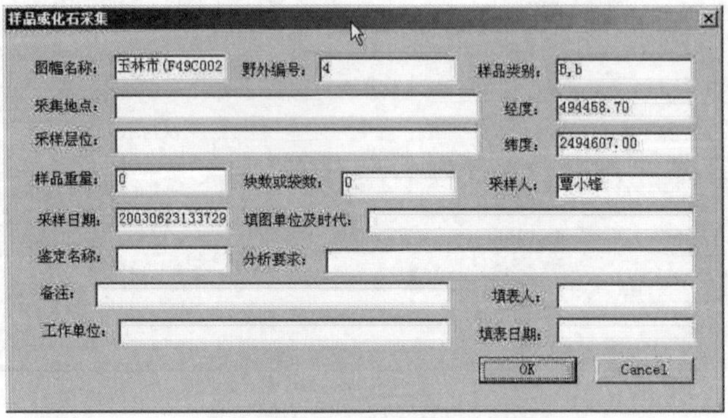


图 18.3.2　样品或化石采集记录表

（3）按样品类别查询样品，按化石类型查询化石。选择某个样品类别，如“薄片”（图 18.3.3）。

点击“查询”按钮后，查询结果如图 18.3.4 所示。

（4）打印样品采集信息。选择多行样品记录，即可进行打印，例如需要选择“第 4 行到第 7 行，第 10 行，第 12 行”，操作方法如下：

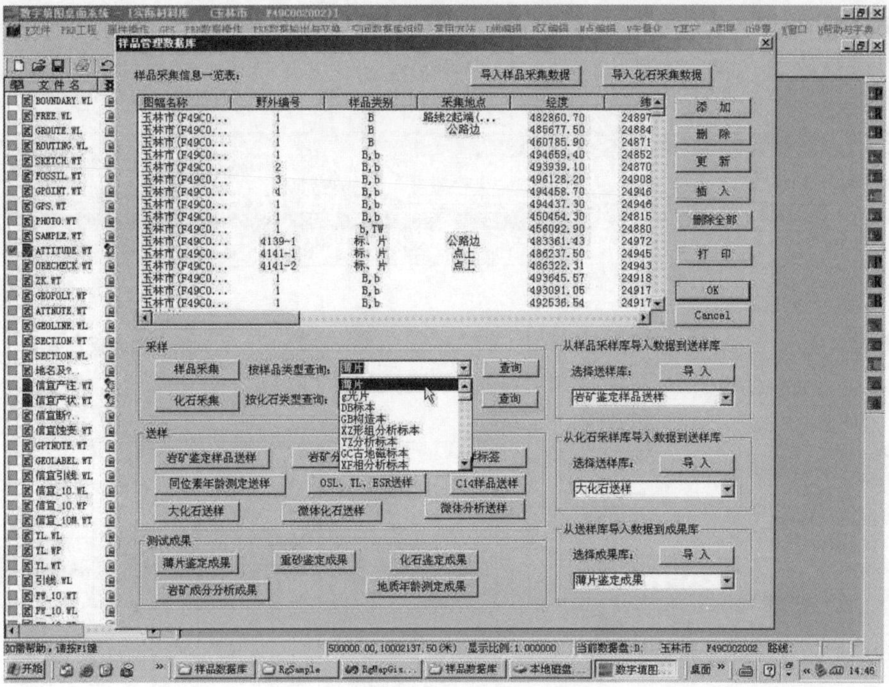


图 18.3.3 按类型查询样品

图 18.3.4 按类型查询样品结果

鼠标点中第4行，按“Shift”键不放，鼠标点中第7行，再按“Ctrl”键不放，鼠标点中第10行和第12行，点击“打印”按钮即可。打印管理界面如图18.3.5所示。

可以进行放大、缩小、打印预览、打印等操作。

图18.3.5 样品采集库打印输出

## 18.4 样品与化石送样信息管理

（1）从样品/化石采样库导入数据到送样库。可以从样品采集库导入获取相应的信息到某个采样库，如“岩矿鉴定样品送样库”、“C14送样库”等，操作如下：

选择样品库中需要的记录，可以多行选中，选择某个列表框中的“岩矿鉴定样品送样库”，点击“导入”按钮（图18.4.1）。

导入时，提示是否删除岩矿鉴定样品送样库的原先的内容，选择“是”则删除，选择“否”，则保留原先的内容（图18.4.2）。

（2）导入成功后，即可对各送样库进行数据添加、删除等操作，操作前先通过“岩矿鉴定样品送样”“岩矿分析送样”“同位素年龄测定送样”等按钮进入这些送样库一览表界面。

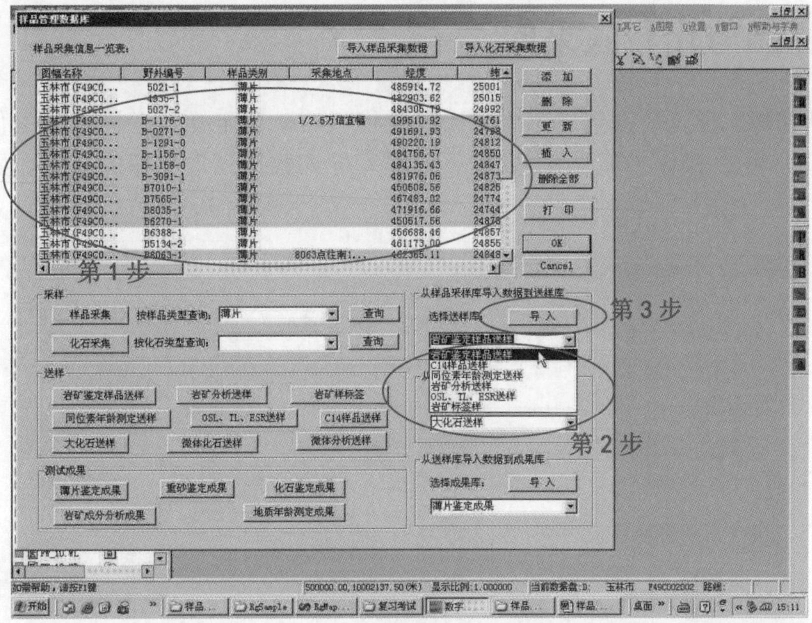


图 18.4.1 样品导入到送样库

图 18.4.2 样品送样管理库

## 18.5　样品与化石成果库

（1）从送样库导入数据到成果库。比如要将“岩矿鉴定样品送样库”的信息导入到“薄片成果库”中，操作类似从样品/化石采样库导入数据到送样库的步骤。如图 18.5.1 所示。

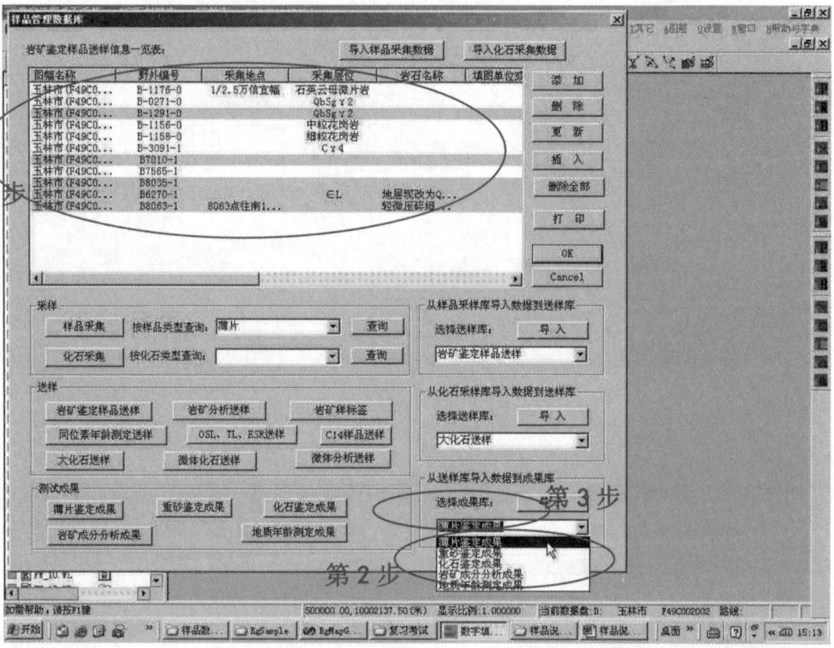


图 18.5.1　样品送样库导入到样品测试分析结果库

（2）导入成功后，即可对各成果库进行数据添加、删除等操作，操作前先通过“薄片鉴定成果”“化石鉴定成果”等按钮进入这些成果库一览表界面。

# 19　实际材料图操作

## 19.1　更新实际材料图的背景数据

实际材料图是在图幅 PRB 库背景的基础上制作的，图幅 PRB 库的数据是递增的，因此可以不断更新实际材料图库中的图幅 PRB 库内容，当然图幅 PRB 库的数据变化后才需更新操作。

（1）选择菜单（图 19.1.1）。

（2）选择需要更新的文件，一般首次更新选择全部文件（图 19.1.2）。

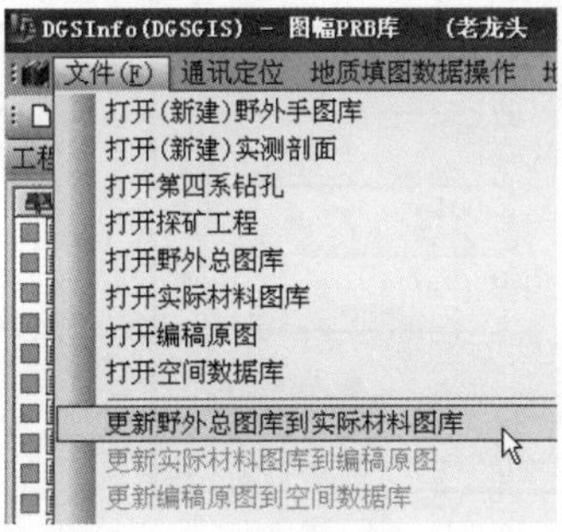


图 19.1.1　更新图幅 PRB 库到实际材料图

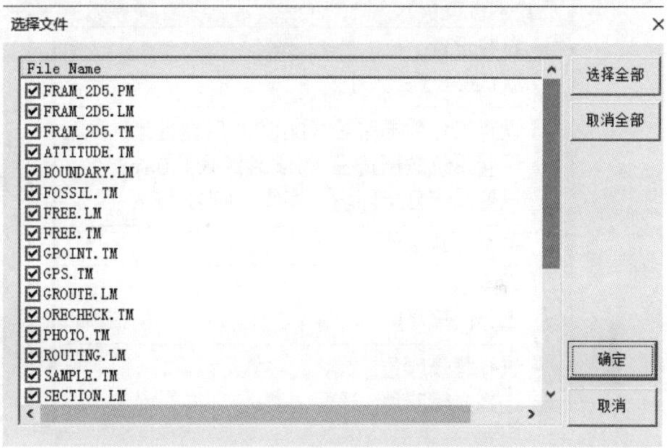


图 19.1.2　选择需要更新的文件

## 19.2　打开实际材料图

通过菜单和标签两种方式均可打开实际材料图（图 19.2.1）。

## 19.3　勾绘地质界线

根据路线数据及背景地形数据，运用地质知识进行综合分析，在 Geoline 图层中勾绘地质界线并进行线拓扑。

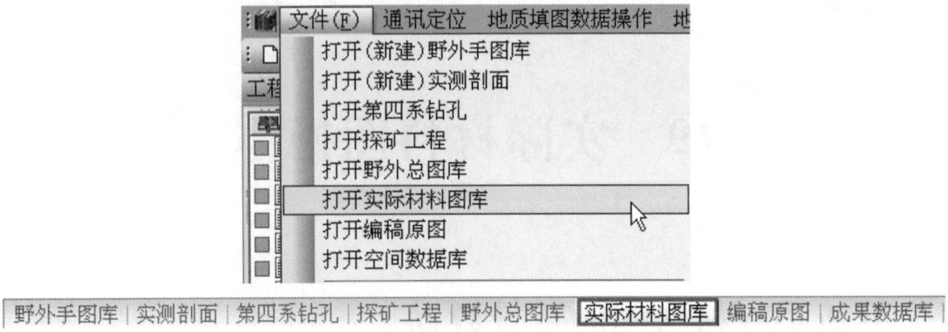


图 19.2.1　菜单和标签两种方式打开实际材料图

在勾绘界线和拓扑过程中应注意以下内容：

（1）设置平台系统参数主要指“结点/裁剪搜索半径”（一般情况下设置为 1e-009）。该参数决定了建立拓扑结点时的数学精度（图 9.3.1）。

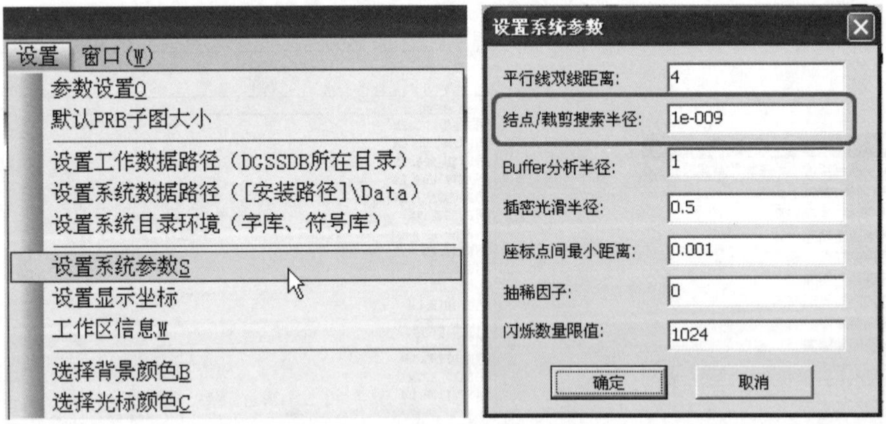


图 19.3.1　设置结点/裁剪搜索半径

（2）灵活运用快捷键导航：F5（放大），F6（移动），F7（缩小），F8（加点），F9（退点），F12（捕捉线头）。

（3）如果已知线类型，可在连图过程中顺便设置线参数，以便后续工作。比如已知所要连接的地质界线的属性为断层界线，则可按照断层界线在地质图中图示图例的要求，设置为红色，线宽设置为 0.25，如此绘制的断层线，即便在以后的拓扑过程中被分为若干段，每一段也会保留正确的图形参数，从而减轻图示图例整理的工作量。

（4）遇拓扑结点需断开。在两条地质界线相交位置如需建立拓扑结点，可以运用相交线剪断功能（母线剪断），以便在交点处自动剪断两条线并建立拓扑结点。

（5）在联接线和建立结点时，注意使用捕捉线头功能（F12）。使用该功能可以自动按照结点/裁剪搜索半径的精度捕捉线头或其他相关结点，从而建立满足精度要求的拓扑结点。

(6) 当地质界线超出图框范围，绘制界线时应使其适当超过内图框，便于与内图框建立拓扑关系。

# 19.4 实际材料图工具箱与填图单位信息表

## 19.4.1 实际材料图工具箱

实际材料图工具箱中包含了大部分实际材料图阶段的常用功能，包括“地质界线连图”“数据整理工具”和“质量检查工具”三个部分，可以代替实际材料图菜单使用（图19.4.1）。

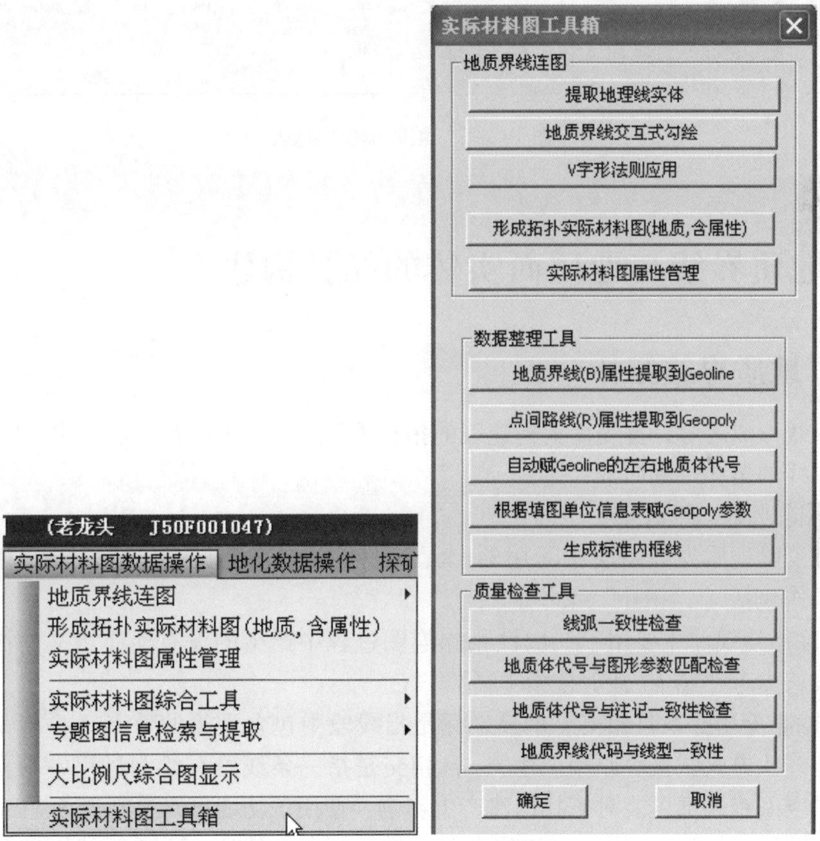


图 19.4.1 打开实际材料图工具箱

## 19.4.2 填图单位信息表

通过填图单位信息表功能，可以将工作区域已知填图单位的相关信息建立数据库，便于后续的地质面自动赋色、自动标注等工作（图19.4.2）。

该功能在“工具”菜单下。

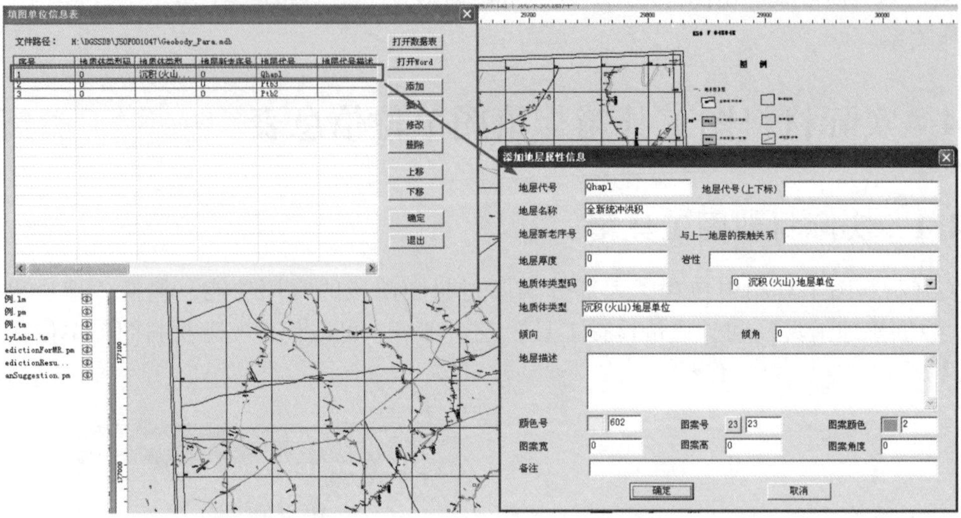


图 19.4.2 填图单位信息表

# 19.5 地质界线与地质面实体的拓扑构建

## 19.5.1 地质界线拓扑

地质界线形成之后，首先需要构建线的拓扑关系，然后再以其为依据建立地质面实体。地质界线的拓扑过程如下：

（1）消除明显空间错误

首先应消除地质界线图层中无用的图元和明显的空间错误，以减轻后续拓扑的工作量。此类操作包括（“拓扑”菜单下）：

1）清除微短线。主要用于一次性删除连图过程中产生的没有地质意义的微短悬挂线段，最短线长参考“结点/裁剪搜索半径”。

2）清除重叠坐标及自相交。重叠坐标是指线段中包含重复的节点（一般是由于两条线段用捕捉线头方式联接等原因产生）；自相交是指一条线段在绘制过程中与自身产生交点。这两种空间错误都可能对拓扑构建产生影响，使用该功能可以自动消除。

3）弧或线重叠检查。检查并消除完全重叠的弧段或线段。重叠弧线一般是由于重复拷贝粘贴线图元等原因造成的。

（2）自动剪断线

该功能在“拓扑”菜单下，其作用是自动剪断所有相交线，并根据“结点/裁剪搜索半径”在交点处自动建立拓扑结点。是首次建立线拓扑的有效工具。但注意对于同一幅图，如需反复拓扑，该功能最好不要多次使用，反复使用自动剪断线会由于计算误差使得原来已经建立了结点的位置产生新的拓扑错误。这种情况用户应使用“相交线剪断”功能，增量式地建立新图元之间的拓扑关系。

（3）线拓扑检查

该功能在“拓扑”菜单下。选择该功能后，如存在拓扑错误，会弹出错误列表（图 19.5.1），用户可点击列表中的错误信息与相关图元联动，并根据错误类型使用线编辑工具消除错误。

**注意：**悬挂线段中的悬挂断层属于有实际意义的地质界线，虽属拓扑错误，但切勿删除。

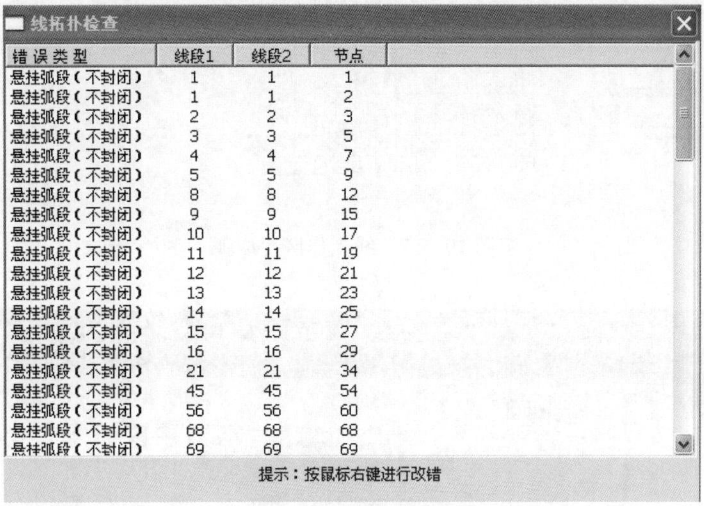

线拓扑检查

| 错误类型 | 线段1 | 线段2 | 节点 |
|---|---|---|---|
| 悬挂弧段（不封闭） | 1 | 1 | 1 |
| 悬挂弧段（不封闭） | 1 | 1 | 2 |
| 悬挂弧段（不封闭） | 2 | 2 | 3 |
| 悬挂弧段（不封闭） | 3 | 3 | 5 |
| 悬挂弧段（不封闭） | 4 | 4 | 7 |
| 悬挂弧段（不封闭） | 5 | 5 | 9 |
| 悬挂弧段（不封闭） | 8 | 8 | 12 |
| 悬挂弧段（不封闭） | 9 | 9 | 15 |
| 悬挂弧段（不封闭） | 10 | 10 | 17 |
| 悬挂弧段（不封闭） | 11 | 11 | 19 |
| 悬挂弧段（不封闭） | 12 | 12 | 21 |
| 悬挂弧段（不封闭） | 13 | 13 | 23 |
| 悬挂弧段（不封闭） | 14 | 14 | 25 |
| 悬挂弧段（不封闭） | 15 | 15 | 27 |
| 悬挂弧段（不封闭） | 16 | 16 | 29 |
| 悬挂弧段（不封闭） | 21 | 21 | 34 |
| 悬挂弧段（不封闭） | 45 | 45 | 54 |
| 悬挂弧段（不封闭） | 56 | 56 | 60 |
| 悬挂弧段（不封闭） | 68 | 68 | 68 |
| 悬挂弧段（不封闭） | 69 | 69 | 69 |

提示：按鼠标右键进行改错

图 19.5.1　线拓扑检查

## 19.5.2　地质面实体拓扑

地质面实体的拓扑关系一般由地质界线继承而来。具体操作步骤如下：

（1）线转弧段

该步骤目的将 Geoline 文件中的线图元全部转换为 Geopoly 中的弧段。有两种方法可实现该功能：

1）线工作区提取弧。现将线和区文件都选为当前编辑状态，并将线文件的全图缩小到可视范围内，在“区编辑”菜单下选择“线工作区提取弧”，然后一次性选择所有线图元，即完成了线到弧的拷贝（图 19.5.2）。

2）线转弧段。在“拓扑”菜单下选择“线转弧段”功能，先将所有线保存为一个临时的区文件，然后需要将此区文件合并到 Geopoly 文件中。

（2）区拓扑检查

该功能与线拓扑检查功能类似。如果区文件中的弧段完全由线图层拷贝继承而来，则拓扑关系应该与线一致。注意，在此阶段仍不需删除悬挂断层，不会影响拓扑重建。

（3）区拓扑重建

选择“拓扑—拓扑重建”菜单，可根据弧段自动建立面实体。此时的面实体没有属性，颜色也是随机的（图 19.5.3）。

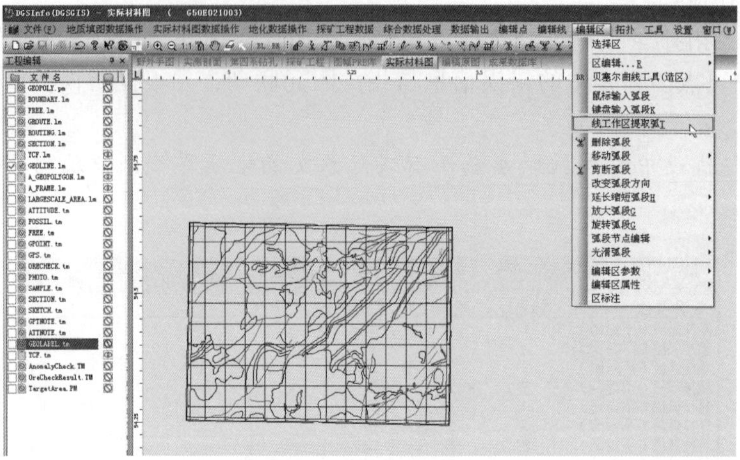


图 19.5.2　线工作区提取弧

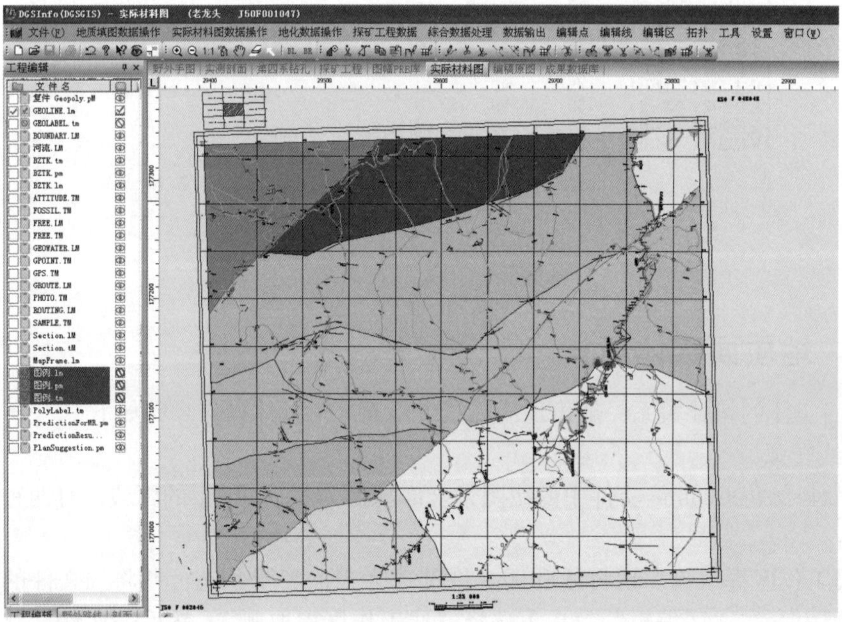

图 19.5.3　区拓扑重建

## 19.6　地质界线（B）属性提取到 Geoline

打开实际材料图，地质界线图层（Geoline）的属性，可以由野外采集图层 Boundary 的界线属性赋给。将采集图层 Boundary 设为编辑状态，点击该菜单功能，在两个图层中各选择一条界线（属性相同的线实体），则 Boundary 界线属性就赋给了 Geoline 图层上所选的地质界线。

**注意**：由于该功能只能给 Geoline 线图元逐一赋值，工作量较大，目前已不常用。而普遍采取的赋值方法是待地质体（Geopoly. pm）建立完毕并赋属性后，根据拓扑线弧一致性原理，自动给所有 Geoline 地质界线赋值。

具体操作如下：

（1）选取 Geoline 图层（图 19. 6. 1）。

（2）可通过 PRB 数据操作、检索等功能，勾绘地质界线。然后，将采集图层 Boundary 也设为编辑状态。

（3）点击 B 属性自动提取到地质线（Geoline）菜单（图 19. 6. 2）。

（4）在两个图层中各选择一条界线（属性相同的线实体），则 Boundary 界线属性就赋给了 Geoline 图层上所选的地质界线（图 19. 6. 3）。

（5）选中 Geoline 刚被复制的线，弹出下列对话框，属性已被赋值（图 19. 6. 4）。

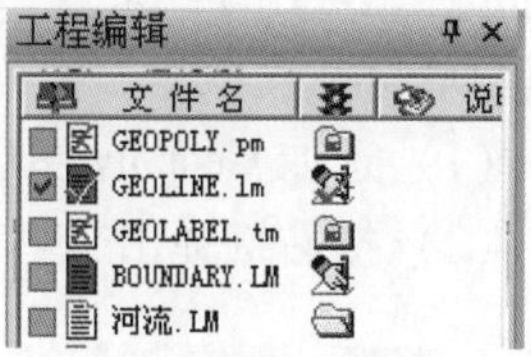


图 19. 6. 1　编辑 Geoline 图层

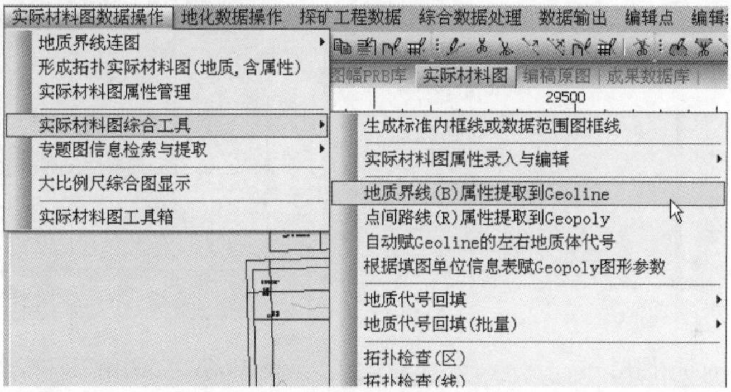


图 19. 6. 2　地质界线提取到 Geoline 功能

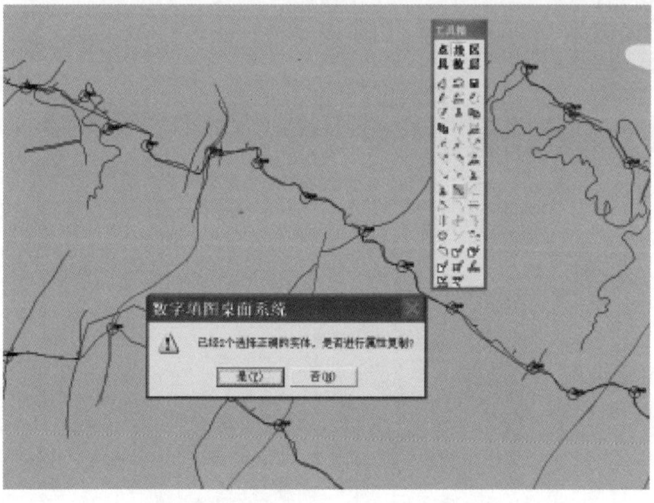


图 19. 6. 3　选择相应实体赋入属性

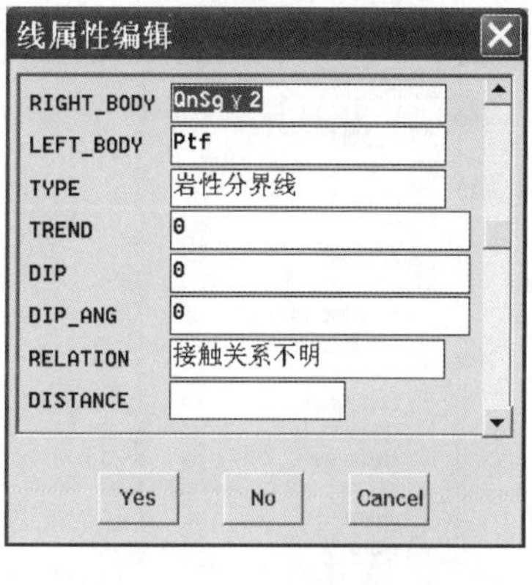


图 19. 6. 4　属性赋值成功

# 19.7 点间路线（R）属性提取到Geopoly

在实际材料图编辑时，地质体面图层（Geopoly）的属性，可以由野外采集图层Routing的属性赋给。将采集图层Routing和地质体面图层Geopoly设为编辑状态。选择Routing图层上的一条线，在Geopoly图层上选择个面实体，然后确认，则分段路线属性“填图单位”就赋给了Geopoly图层上所选的面实体。

（1）选取Geopoly图层（图19.7.1），准备赋Routing属性。

（2）按右键弹出工具箱（图19.7.2）。

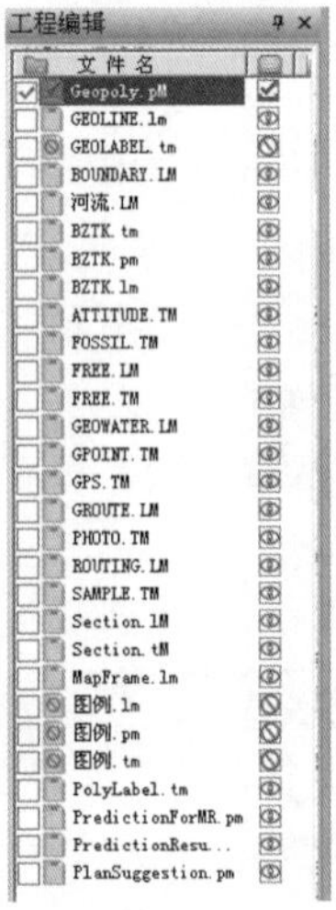


图19.7.1 选取Geopoly图层

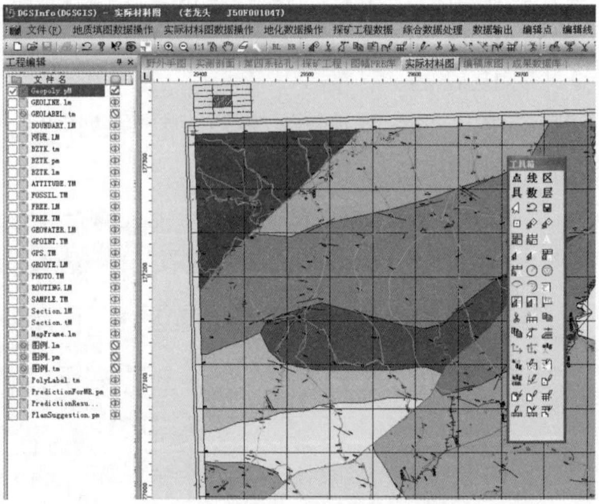


图19.7.2 调用工具箱

（3）然后，将采集图层Routing也设为编辑状态（图19.7.3）。

（4）点击点间路线R属性自动提取到Geopoly菜单（图19.7.4）。

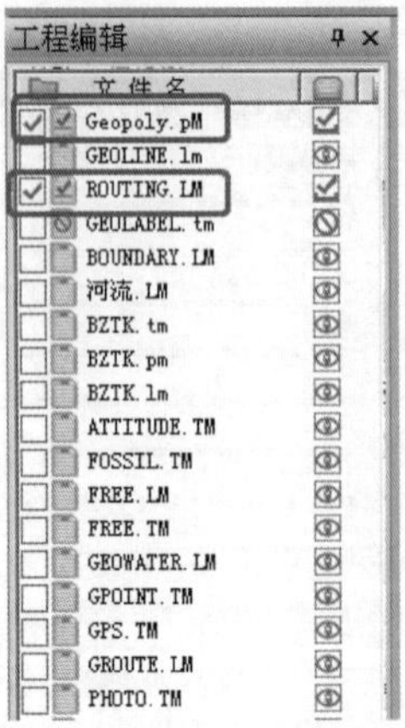


图19.7.3 选择Routing图层

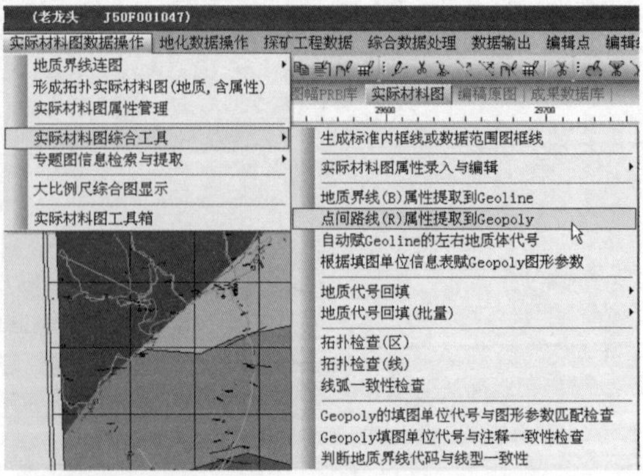


图19.7.4 点间路线属性提取到Geopoly

（5）先在 Routing 图层中各选择要复制的属性路线（图 19.7.5）。

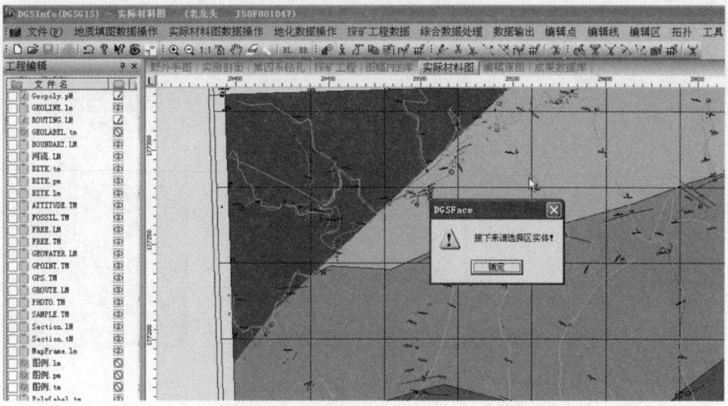


图 19.7.5　先选择 Routing 中的线实体

（6）再选择要赋值的面实体，则被选中 Routing 属性就赋给了 Geopoly 图层上所选的面（图 19.7.6）。

（7）选中 Geopoly 被复制属性的面，从弹出下列对话框属性，属性已被赋值（图 19.7.7）。

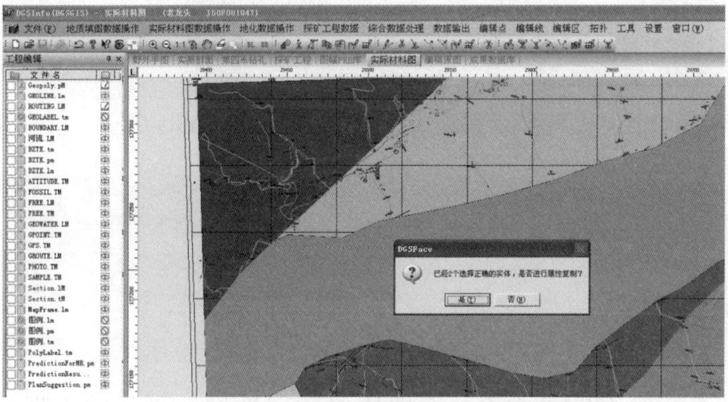


图 19.7.6　选择需要赋属性的面实体

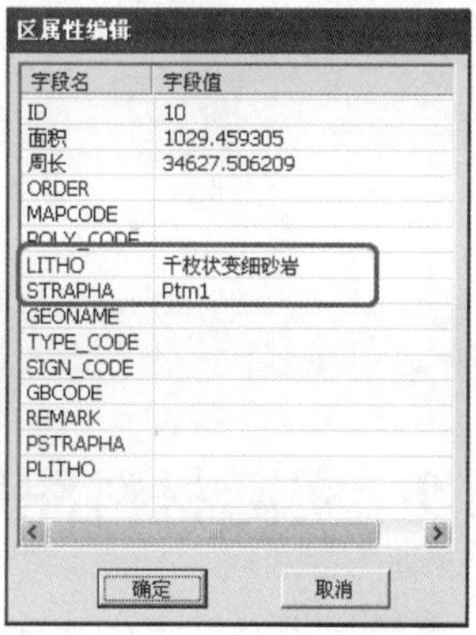


图 19.7.7　查看赋值后的区属性

## 19.8　实际材料图中录入与编辑

在上述操作后，并不是所有的 Geopoly 和 Geoline 属性都可以继承，需要手工录入与编辑。以 Geopoly 为例介绍操作步骤，Geoline、Geolabel 数据的输入可参照。主要操作步骤如下：

（1）按图 19.8.1 选择菜单，对地质面实体要素进行数据输入。

（2）选择要编辑的面图元，用鼠标点击图元，系统会自动弹出该图元的属性表，其中有的属性已填充，在此基础上修改即可（图 19.8.2）。

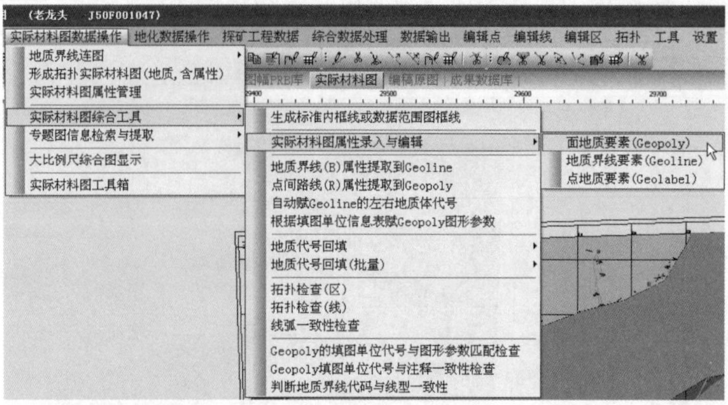


图 19.8.1　编辑面地质要素（Geopoly）菜单

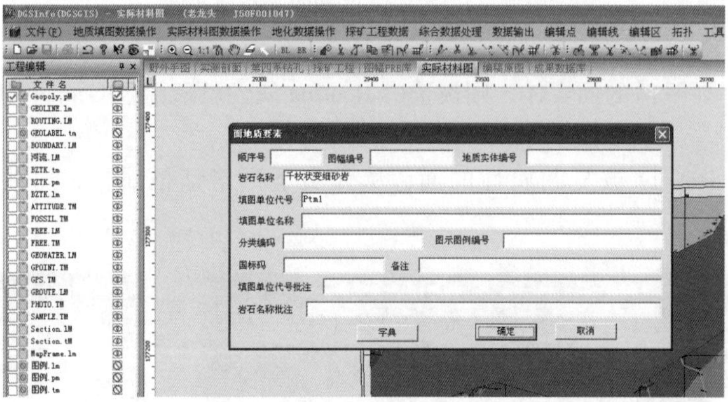


图 19.8.2　面地质要素编辑对话框

# 19.9　实际材料图属性浏览

系统提供对录入的面地质要素、地质界线要素、点地质要素属性进行更新的管理界面，通过菜单“实际材料图属性浏览”即可进入该功能（图 19.9.1，图 19.9.2）。

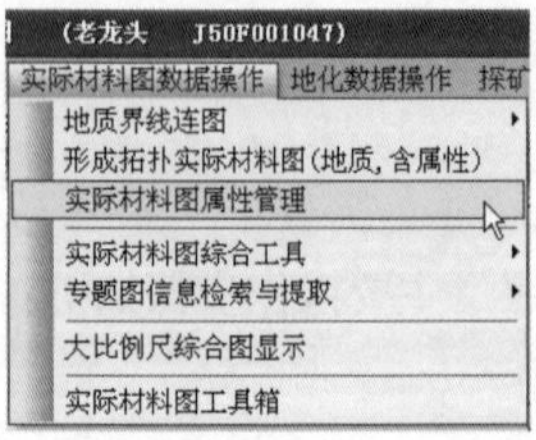


图 19.9.1　实际材料图属性浏览菜单

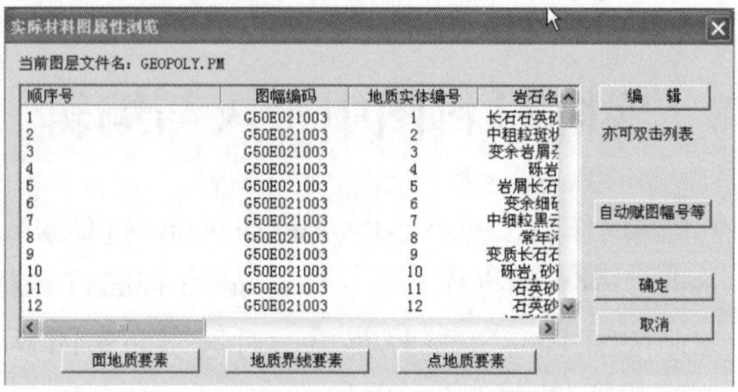


图 19.9.2　实际材料图属性浏览界面

如，点击面地质要素，列表中显示面地质要素的所有属性，双击某个地质体，或选择列表中的某行记录，点击“编辑”按钮，弹出该地质体的属性编辑框（图 19. 9. 3）。

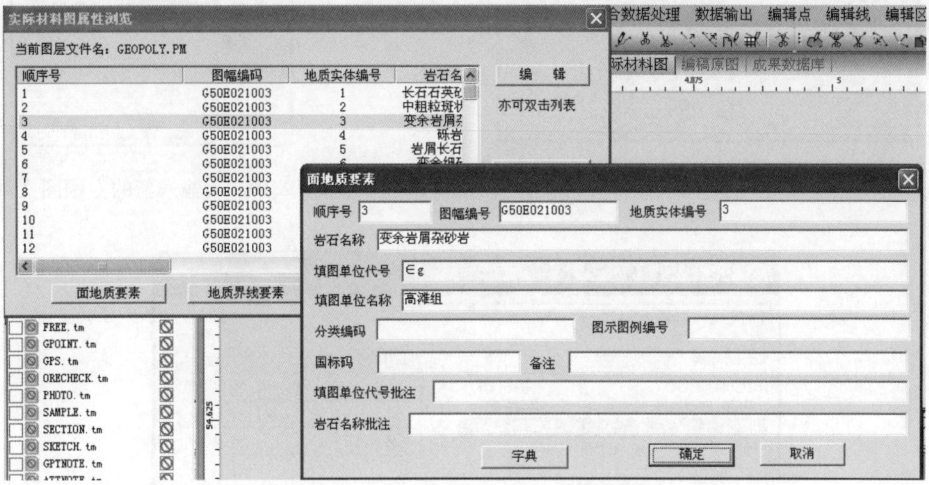


图 19. 9. 3　通过实际材料图属性浏览功能编辑指定地质要素

## 19. 10　在实际材料图中形成各种专题图层

在工程列表窗口中，选择一个要检索的图层，设为当前编辑图层。该功能先弹出文件类型选择窗口，根据检索图层的类型，选择一个文件类型选项。弹出一个窗口，输入一个新图层文件名，该文件将保存在实际材料图工程目录下。具体操作如下：

注意：事先必须选中要提取的图层。本例以点和点间界线（Boundary）为例。

（1）选中此菜单并按下左键（图 19. 10. 1）。

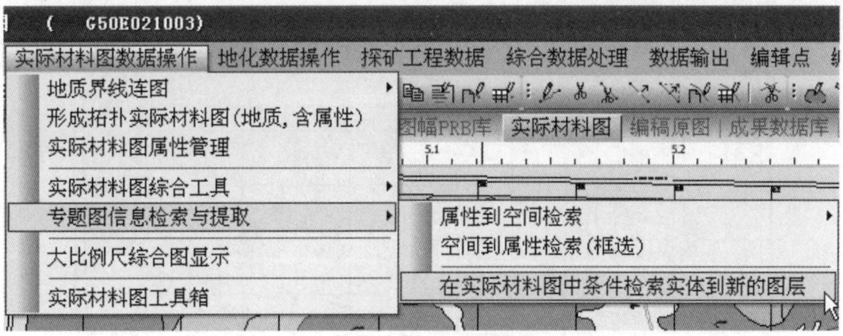


图 19. 10. 1　在实际材料图中条件检索实体到新的图层菜单

（2）选线文件（图 19. 10. 2）。

（3）输入新的专题图层文件名（图 19. 10. 3）。

（4）系统弹出如下条件检索窗口，按下面输入条件（图 19. 7. 4）。

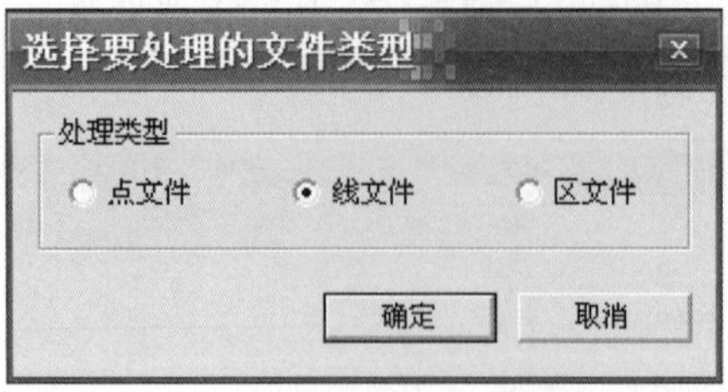


图 19.10.2　选择线文件并确认

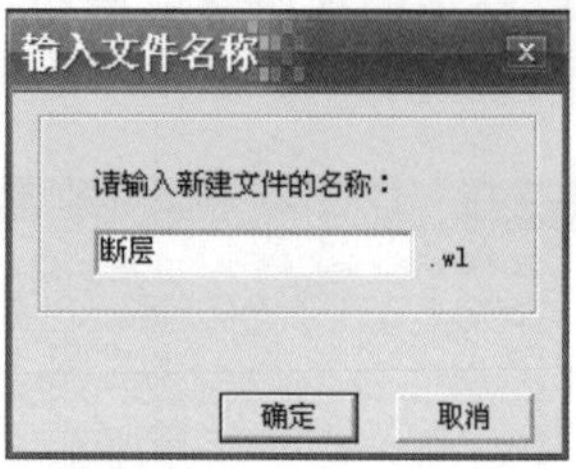


图 19.10.3　输入新的专题图文件名

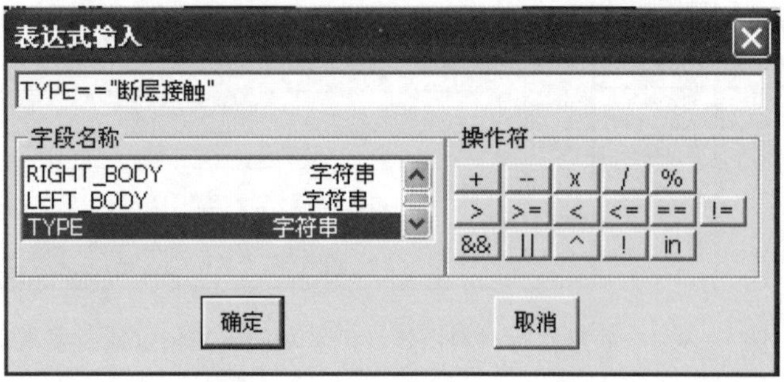


图 19.10.4　表达式检索对话框

（5）检索到全部符合条件的图元（图 19.10.5），然后点击“确定”。

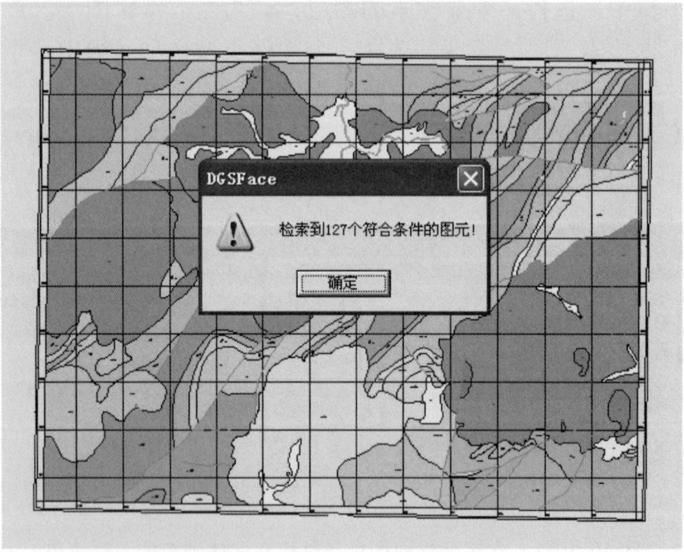


图 19.10.5　提示检索到的总图元数

（6）检索到全部符合条件的图元在图上闪烁（图 19.10.6）。

（7）将检索到的图元拷贝到新的图层中，即可完成各种专题图的提取。

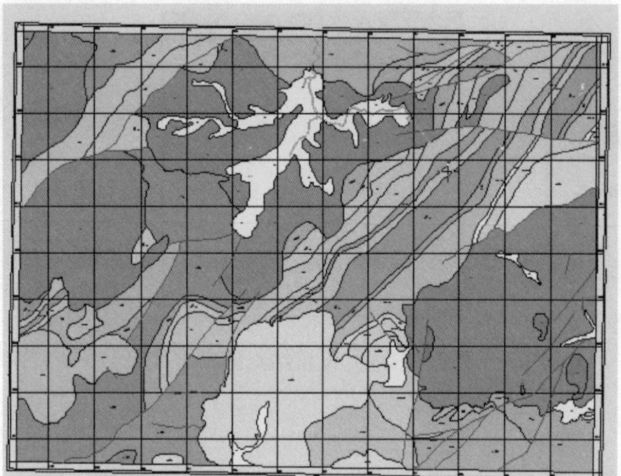

图 19.10.6 检索到的全部图元将闪烁

## 19.11 自动赋 Geoline 左右地质体代号

（1）直接自动赋 Geoline 左右地质体代号菜单（图 19.11.1）。

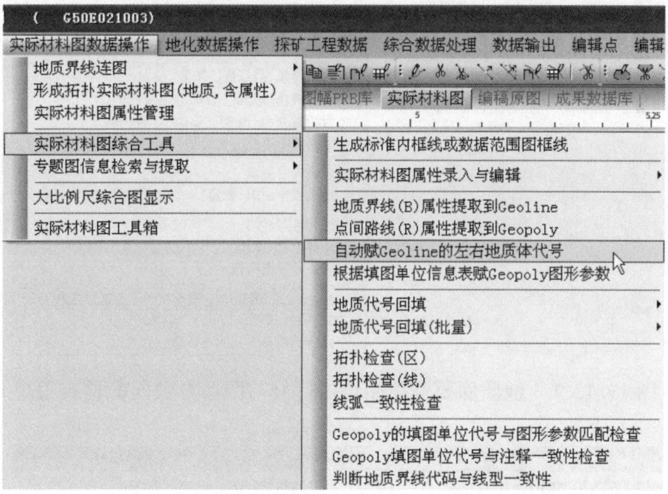


图 19.11.1 自动赋 Geoline 的左右地质体代号菜单

（2）系统自动弹出对话框，为保证不破坏数据，建议选“Y”（图 19.11.2）。

（3）系统自动弹出对话框，为保证不破坏数据，建议结点半径至少 $10^{-9}$ 次方（图 19.11.3）。

（4）自动赋 Geoline 左右地质体代号完毕，系统自动弹出下列对话框，点击“确定”结束（图 19.11.4）。

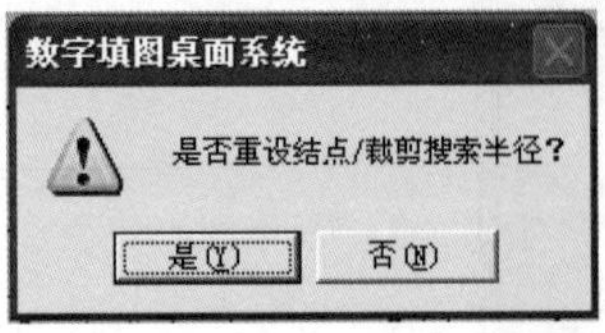


图 19.11.2　重新设置结点半径提示

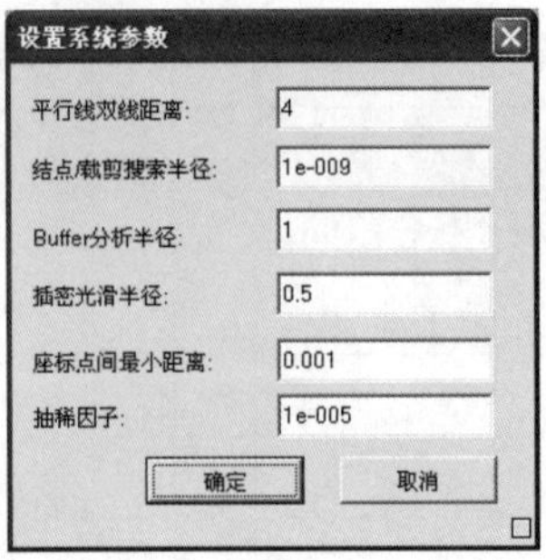


图 19.11.3　设置结点搜索半径

图 19.11.4　赋值完成

## 19.12　Geopoly 的填图单位代号与图形参数(颜色）匹配检查

菜单及对话框如图19.12.1，图 19.12.2 所示。检查过程与空间数据库的“地质体面实体的填图单位代号与图形参数匹配检查”功能相似，可参考 21.10.2 节。

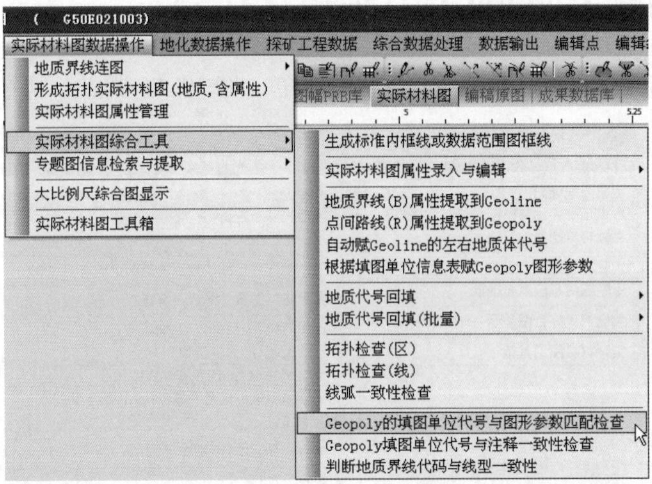


图 19.12.1　地质面要素填图单位代号与图形参数匹配检查菜单

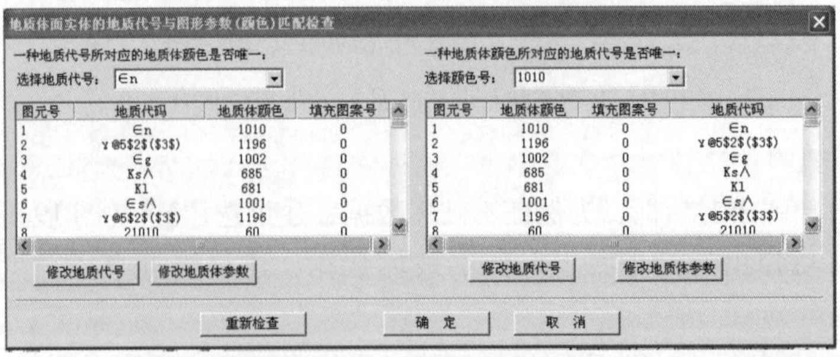


图 19.12.2　地质面要素填图单位代号与图形参数匹配检查对话框

# 19.13 回填实际材料图中 Geopoly 的“批注地质代号”到 PRB 过程

如果用户修改了 Geopoly 中某个区实体的“批注地质代号”（PSTRAPHA）字段的值，可使用此功能将该值回填到该区所包含的 PRB 过程中。该回填过程不仅修改实际材料图中的 PRB 过程（地质点，分段路线，地质界线），也会追溯修改“图幅 PRB 库”中以及相应野外路线中的相应 PRB 过程。回填方式分为：回填到本图幅、5 万图幅回填到 2.5 万图幅、25 万图幅回填到 10 万图幅。

修改原则如下：

（1）程序将判断地质点中填图单位 A、B、C 中的内容哪些与区实体中“STRAPHA”字段值相同，然后将其批注填图单位替换为“PSTRAPHA”。

（2）程序将判断地质界线中左、右填图单位中的内容哪些与区实体中“STRAPHA”字段值相同，然后将其批注左、右地质体代号替换为“PSTRAPHA”。

（3）将区实体中的“PSTRAPHA”填写到分段路线的“批注填图单位”字段中。

主要操作步骤如下：

首先选择菜单（图 19.13.1）。

然后点击选择需要处理的区实体即可（图 19.13.2）。

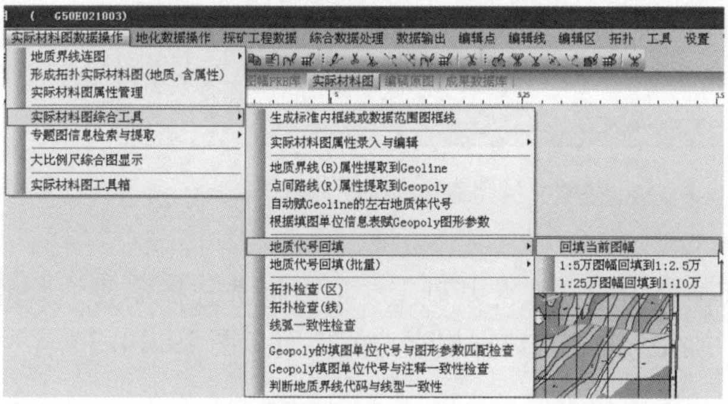


图 19.13.1 回填实际材料图中 Geopoly 的“批注地质代号”到 PRB 过程

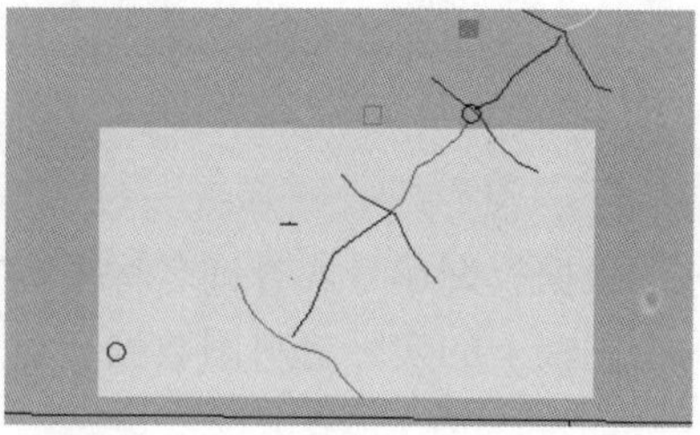

图 19.13.2 选择需要回填的区实体

# 19.14 实际材料图检索功能

实际材料检索功能是检索多个图幅下的实际材料图数据。

## 19.14.1 实际材料图数据的加载

需要保证浏览的实际数据处于同一个坐标系下，且处于同一投影带。这种方式下，数据的加载过程比较快速。下面以 1∶10 万图幅为例进行说明，在主框架中选择如下菜单，弹出 1∶10 万接图表（图 19.14.1，图 19.14.2）。

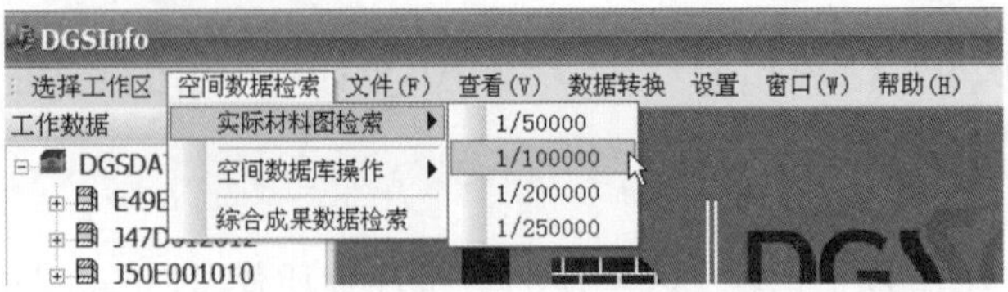


图 19.14.1　选择实际材料图检索菜单

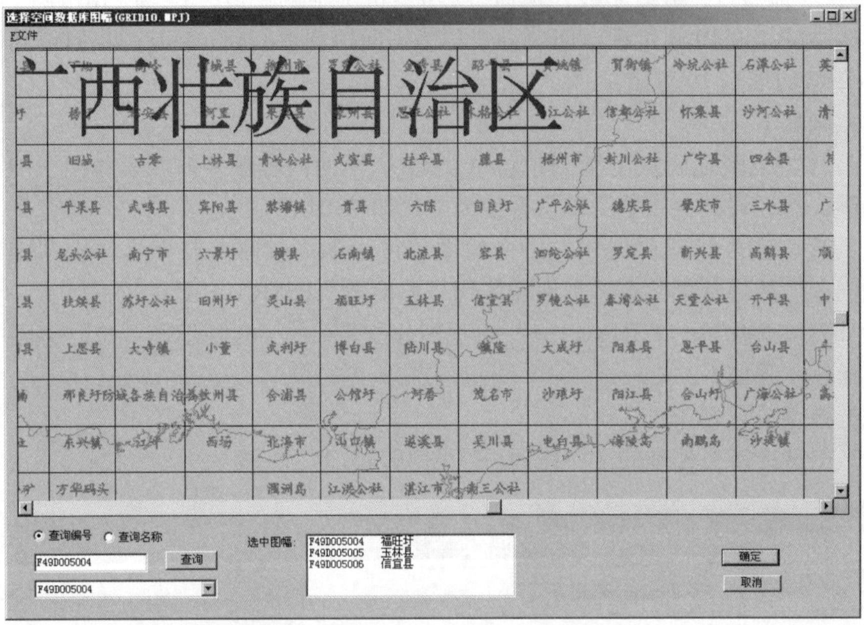


图 19.14.2　1：100000 接图表

根据查询编号或查询名称模糊查询某个图幅，在此基础上，通过框选选择需要加载的多个图幅下的实际材料图数据，点击“确定”，进入数据检索功能界面（图 19.14.3）。

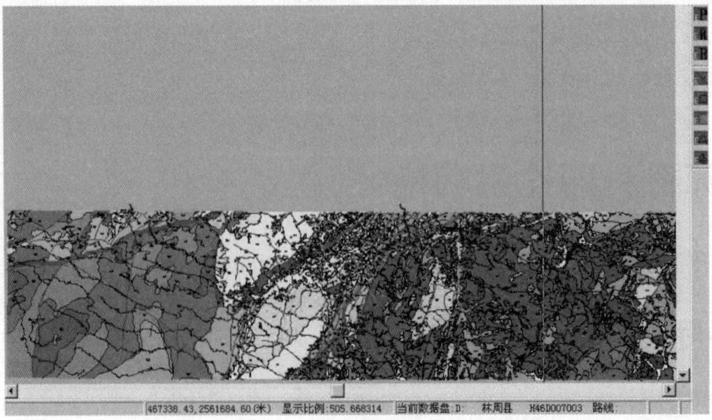

图 19.14.3　实际材料图检索界面

**注意**：下面章节涉及的数据检索功能的使用，通过选择某个图幅然后“打开实际材料图”进入实际材料图操作，也可使用。

## 19.14.2 交互式浏览实际材料图图层

可以通过鼠标交互式操作，点击、框选等实际材料图图层数据，浏览选中的图层属性，并根据需要制作专题图层，专题图层的制作参见19.14.4节。

选择菜单（图19.14.4）。

在图中相应区域框选，弹出检索到的图层（图19.14.5）。

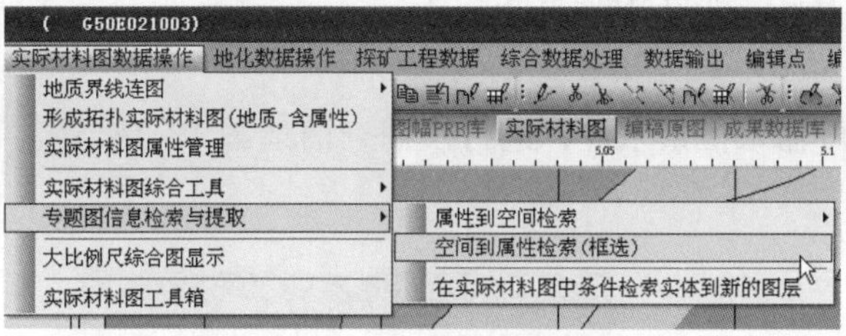


图19.11.4 空间到属性检索（框选）菜单

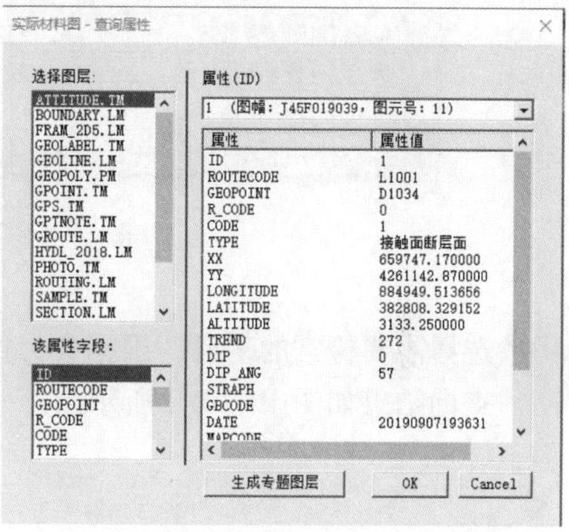


图19.11.5 框选到的图层及其属性

选择某个图层，并选择这个图层的某个属性，能浏览到该图层的属性值。可以通过下拉框查看某个图元的具体属性并该要素图元在图中闪烁（图19.14.6）。

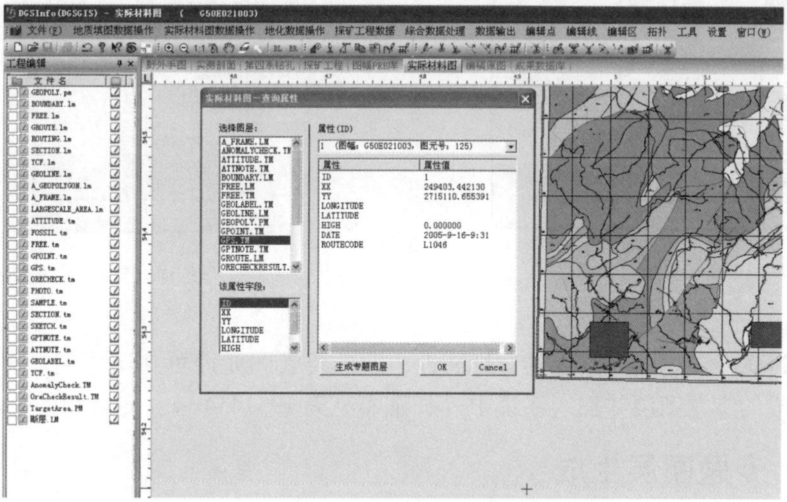


图19.14.6 浏览图层属性或空间实体

## 19.14.3　实际材料图的检索

根据条件在多个图幅下检索某个地质面实体和地质界线，检索为模糊检索过程。下面以地质面实体为例说明：

首先选择菜单（图 19.14.7）。

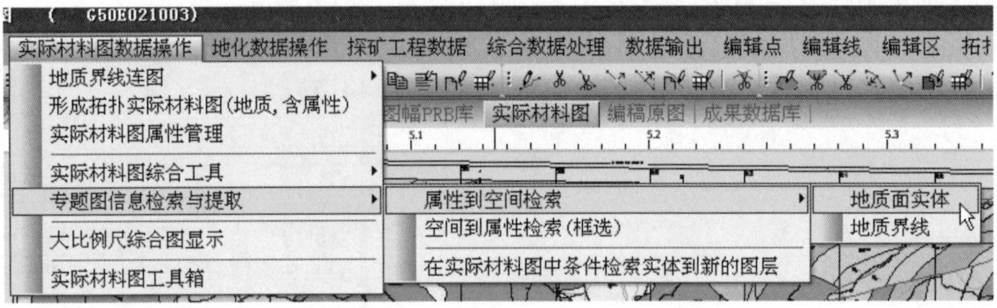


图 19.14.7　选择属性到空间检索菜单

选择需要检索的字段，根据参考值，可输入检索条件，进行模糊查询（图 19.14.8）。查询结果如图 19.14.9 所示。

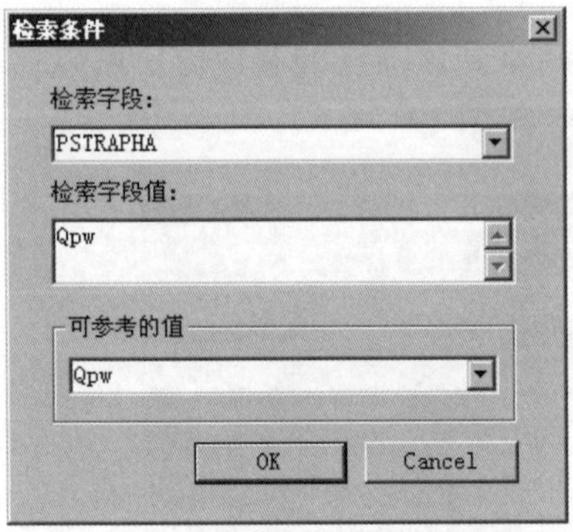


图 19.14.8　输入检索条件

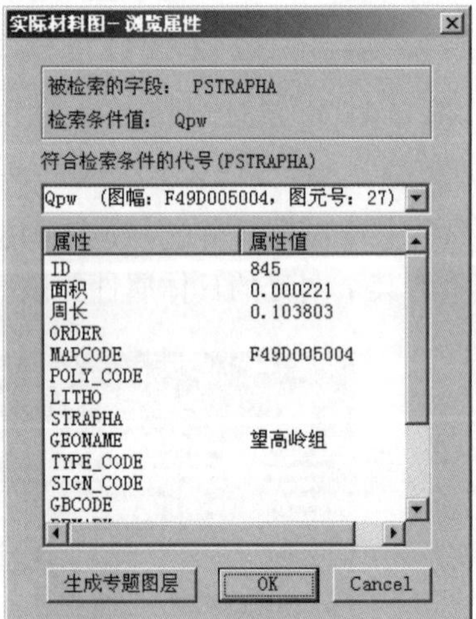


图 19.14.9　检索结果

可以通过选择浏览这些图元的详细属性，所选要素图元即可在图中闪烁。可以生成由这些图元组成的专题图层并加入系统中（详细参见第 19.14.4 节：专题图层生成）。

## 19.14.4　专题图层生成

方式 1：

鼠标交互式浏览后，该范围内选中的多个图层中，用户可根据需要选择某个图层（参考要素交互式浏览章节 19.14.2)，并保存生成专题图层（图 19.14.10）。

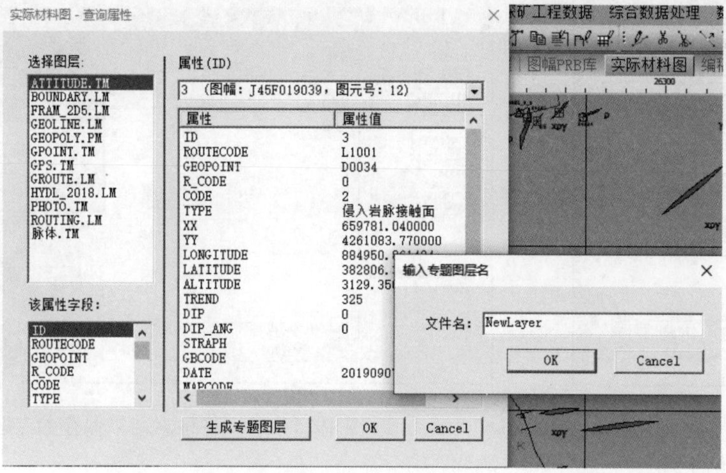


图 19.14.10 为专题图命名

生成的专题图自动加入系统中（图 19.14.11)，并保存在 DGSSDB 工作目录的 StuffPrj-Temp 子目录下。

**注意**：用户根据需要将专题图层文件复制到其他地方，防止下一次进入实际材料图检索系统时被删除。

方式 2：

实际材料图检索（地质面实体和地质界线)，生成的检索结果（图 19.14.12)。

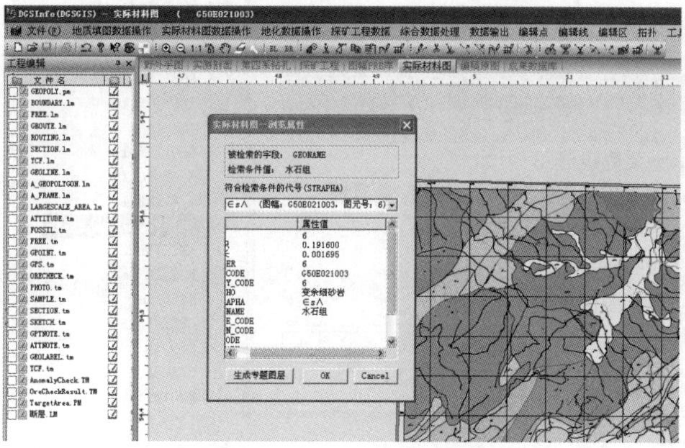


图 19.14.11 生成的专题图

可以通过专题图的形式保存，并加入系统中，生成的专题图自动加入系统中（图 19.14.13)，并保存在 DGSData 工作目录的 StuffPrjTemp 子目录下。

**注意**：用户根据需要将专题图层文件复制到其他地方，防止下一次进入实际材料检索系统时被删除。

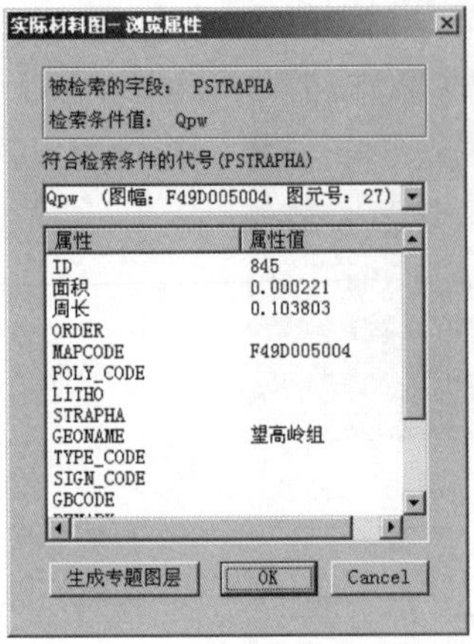


图 19.14.12　实际材料图检索结果

图 19.14.13　将检索结果保存为专题图

## 19.15　显示大比例尺综合图

（1）打开实际材料图库。选择菜单“实际材料图数据操作”→“显示大比例尺综合图”。程序会检查工程中是否存在大比例尺图区域图层“LARGESCALE_AREA.WL”，如不存在，程序会自动拷贝该图层到当前工程中（图 19.15.1）。

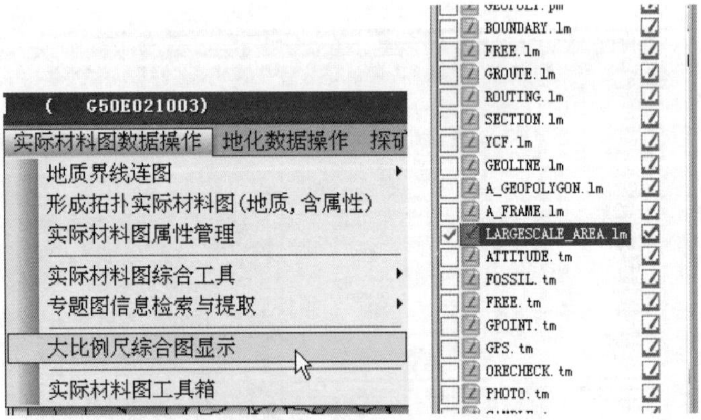


图 19.15.1　显示大比例尺综合图菜单及对应线文件

（2）在当前线图层中增加线框以代表大比例尺综合图所在的区域（图 19.15.2）。

（3）重复步骤 1，在图上选择相应线框，会弹出对话框（图 19.15.3）。

（4）在“研究区代号”中输入综合图名称（图 19.15.4）。

**注意，**该“代号”必须与之后即将拷贝的工程名称相同。

（5）点击“选择数据的路径”按钮，选择综合图工程文件所在的文件夹，点击“确

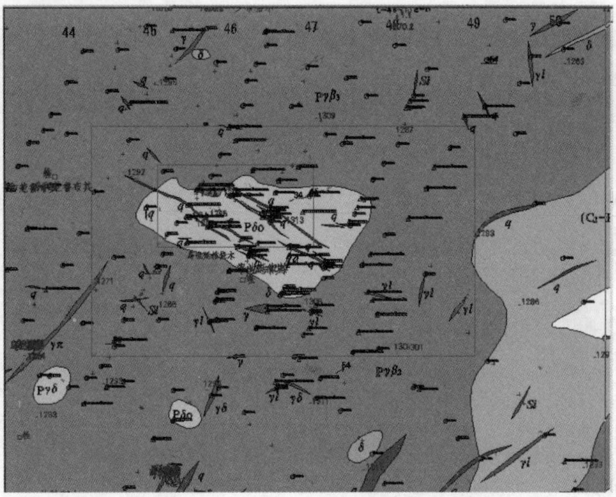

图 19.15.2　绘制综合图线框

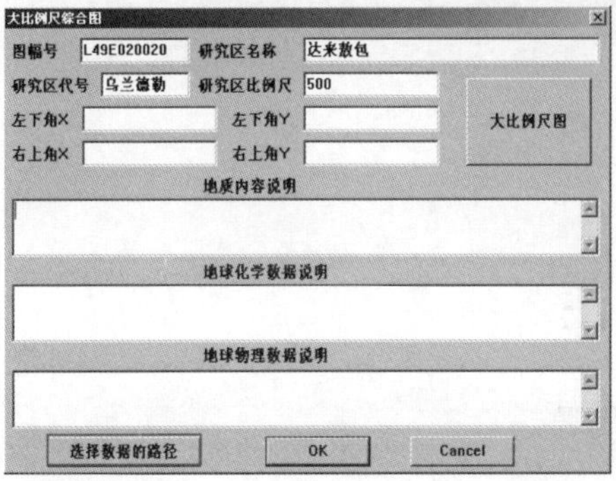


图 19.15.3　大比例尺综合图属性框

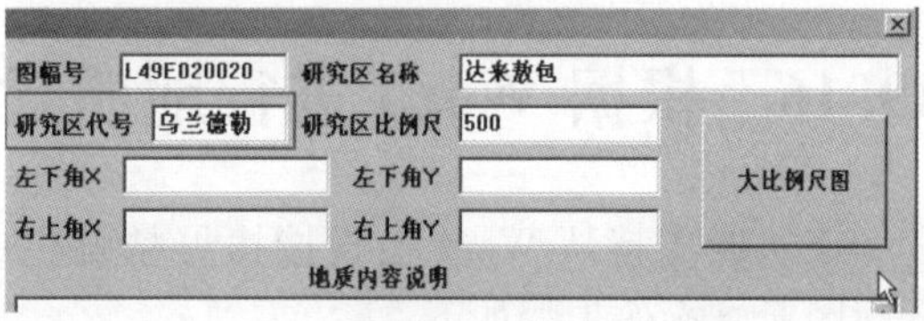


图 19.15.4　填写研究区代号

定”之后，该目录的数据会全部拷贝到该图幅工程下的相应目录中（图 19.15.5）。

（6）点击“大比例尺图”按钮进行综合图的浏览（图 19.15.6，图 19.15.7）：

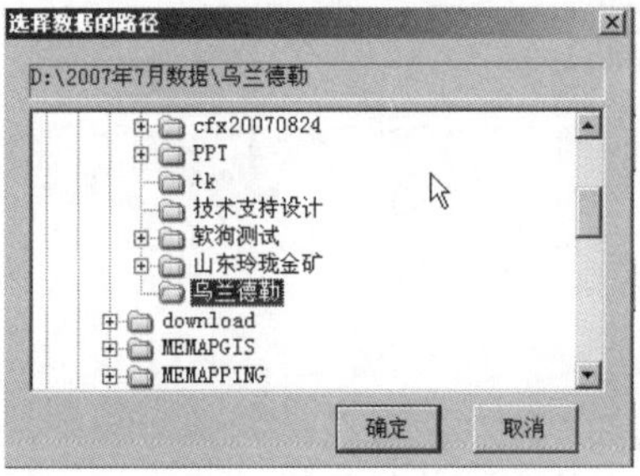


图 19.15.5　选择综合图路径

图 19.15.6　点击按钮

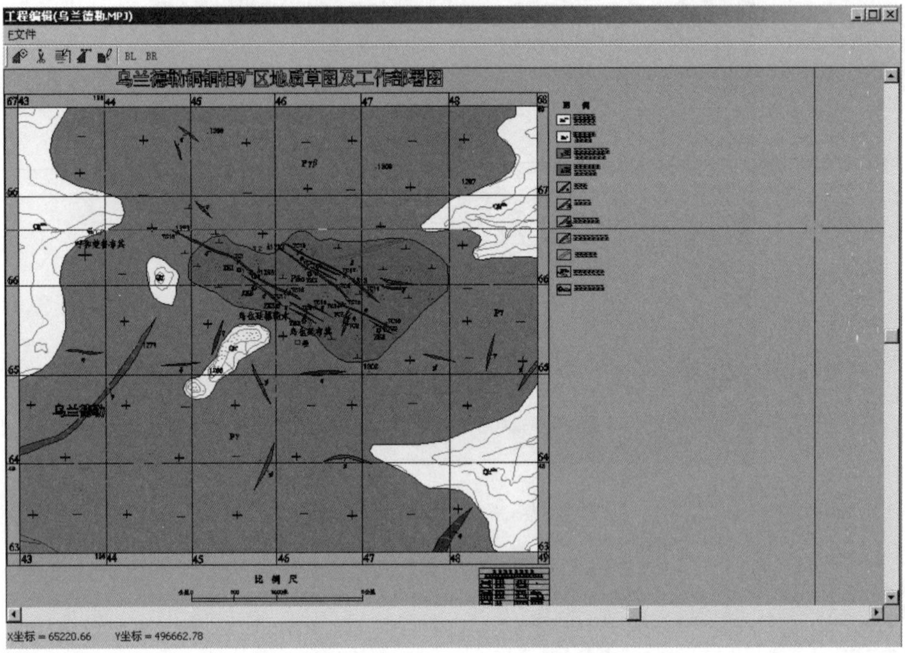


图 19.15.7　浏览综合图

## 19.16　根据 Word 进行地质代号标注

该功能支持从 Word 中直接拷贝粘贴生成地质代号标注图元。操作步骤如下：

（1）用户首先在 Word 文档中编辑地质代号字符串样式（图 19.16.1）；

（2）然后利用“从 Word 中粘贴标注”功能将该字符串粘贴到图面指定位置，并可利用“编辑标注参数”功能对字符串的格式进行再次调整。（图 19.16.2）

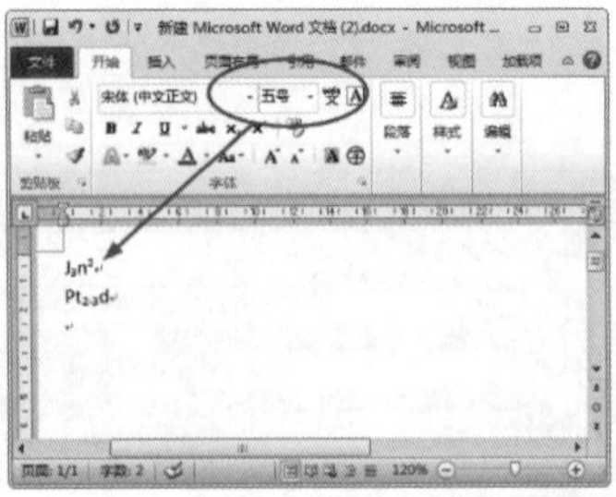

图 19.16.1　Word 编辑地质代号字串

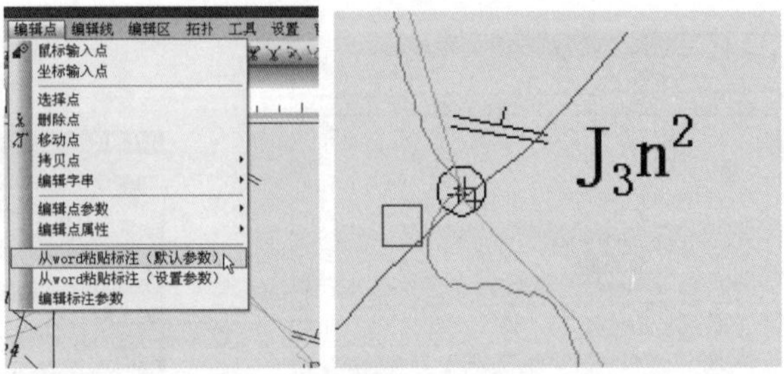


图 19.16.2　从 Word 中粘贴到图中

# 19.17 实际材料图综合工具介绍

在实际材料图中提供了一系列的数据批量处理与数据质量检查工具，以便提高实际材料图的建库效率，确保建库质量。这些工具主要包括“自动赋 Geoline 的左右地质体代号”，“线弧一致性检查”，“Geopoly 的填图单位代号与图形参数匹配检查”，“Geopoly 填图单位代号与注释一致性检查”和“判断地质界线代码与线形一致性”等。这些功能对应的菜单如图 19.17.1 所示。

由于这些功能与“空间数据库”阶段的“辅助建库工具”（21.9 节）和“辅助检查工具”（21.10 节）中的相关功能操作方式完全相同，故可参考这两节内容进行操作。

图 19.17.1 实际材料图综合工具菜单

# 20 编稿原图操作

## 20.1 更新编稿原图实际材料图内容

数字填图系统的特点之一是针对传统地质填图的各个阶段建立不同的数据库，如，野外路线数据库、图幅 PRB 库和实际材料图库等。为保证每一个阶段数据库与其前后阶段数据库的数据继承与被继承关系，又要保证每个阶段数据库的原始性和独立性，本系统采用了选择文件更新的方式进行数据继承。主要方法如下：

（1）如果实际材料图比例尺大于编稿原图，如 1：2.5 万到 1：5 万或 1：10 万到 1：25 万，野外手图工程中，必须要先建立相应小比例尺的图幅库（具体操作参照第 3 章），然后参照 20.3 节内容将 1：2.5 万或者 1：10 万的实际材料图投影到 1：5 万或 1：25 万的图幅工程中，才能形成编稿原图。

（2）如果实际材料图与编稿原图比例尺相同，更新编稿原图实际材料图内容就是将实际材料图库中的文件有选择性地复制更新到编稿原图目录中。

在实际材料图制作完成之后，可通过菜单将其内容完全更新到编稿原图中（图 20.1.1）。

## 20.2 打开编稿原图

打开编稿原图可以通过选择菜单和视图标签两种方式：

（1）菜单方式（图 20.2.1）。

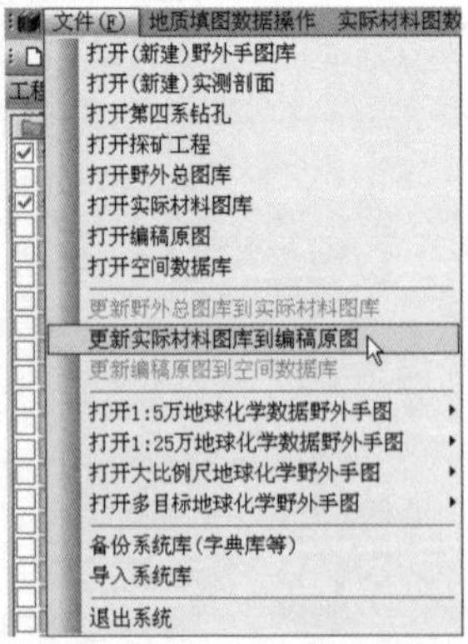


图 20.1.1 更新实际材料图到编稿原图菜单

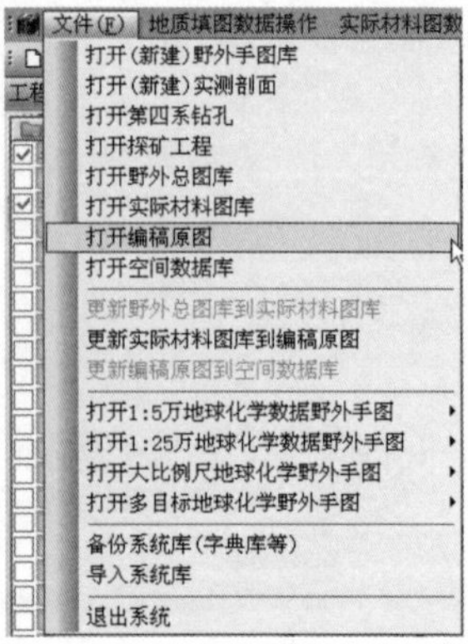


图 20.2.1 打开编稿原图菜单

（2）标签方式（图 20.2.2）。

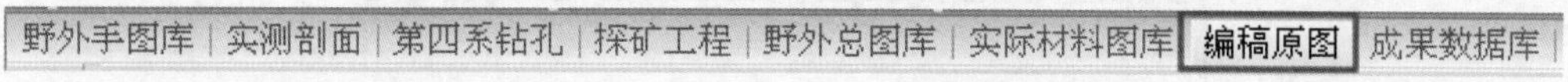


图 20.2.2　标签方式打开编稿原图

# 20.3　实际材料图（大比例尺）到编稿原图（小比例尺）

在某些地质调查项目中，要求使用大比例尺的地形图作为野外手图，比如 1∶5 万的项目使用 1∶2.5 万的手图，1∶25 万的项目使用 1∶10 万的手图等。对于此类项目，用户可以先建立大比例尺的图幅工程，进行野外数据采集和实际材料图的制作，最后再生成相应小比例尺（成果数据库要求的比例尺，如 1∶5 万，1∶25 万等）的图幅工程，在此工程中，通过“实际材料图到编稿原图”功能将全部大比例尺的实际材料图进行投影汇总。

特别注意的是，该功能将大比例尺实际材料图内容先投影到小比例尺图幅工程的“图幅 PRB 库”中，然后可通过相关更新和继承功能生成小比例尺的实际材料图、编稿原图及地质图成果数据库等。

该模块涉及的菜单项如图 20.3.1 所示。

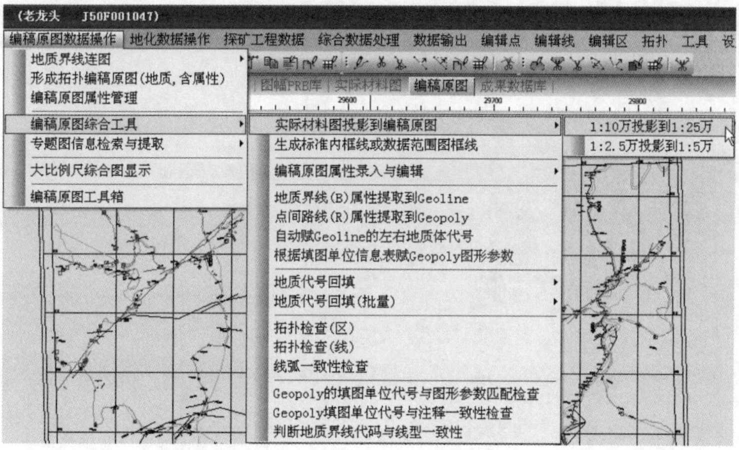


图 20.3.1　实际材料图（大比例尺）投影到编稿原图（小比例尺）菜单

## 20.3.1　从 1∶10 万投影到 1∶25 万

打开 1∶25 万图幅工程，将该图幅包含的 1∶10 万工作图幅的实际材料图库，通过投影转换，转入 1∶25 万图幅中。具体操作如下：

（1）在 1∶25 万图幅的图幅 PRB 库中选择对应的菜单项。

（2）在对话框上选取要投影的 1∶10 万工作图幅编号（图 20.3.2）。

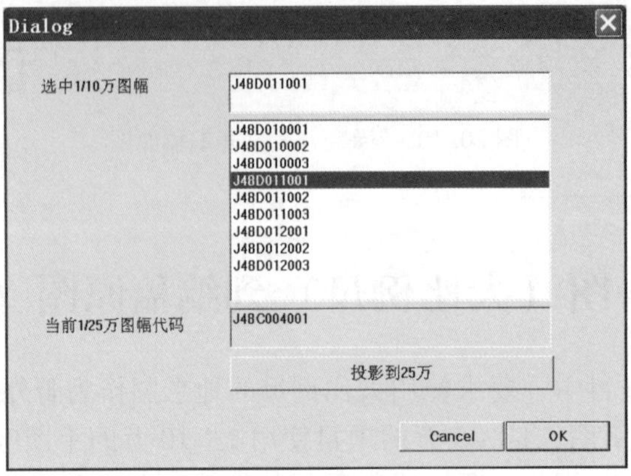


图 20.3.2　选择需要投影的 1：10 万图幅号

（3）点击“投影到 25 万”，程序自动把 1：10 万工作图幅的实际材料图库，通过投影转换，转入 1：25 万图幅的图幅 PRB 库中（图 20.3.3）。

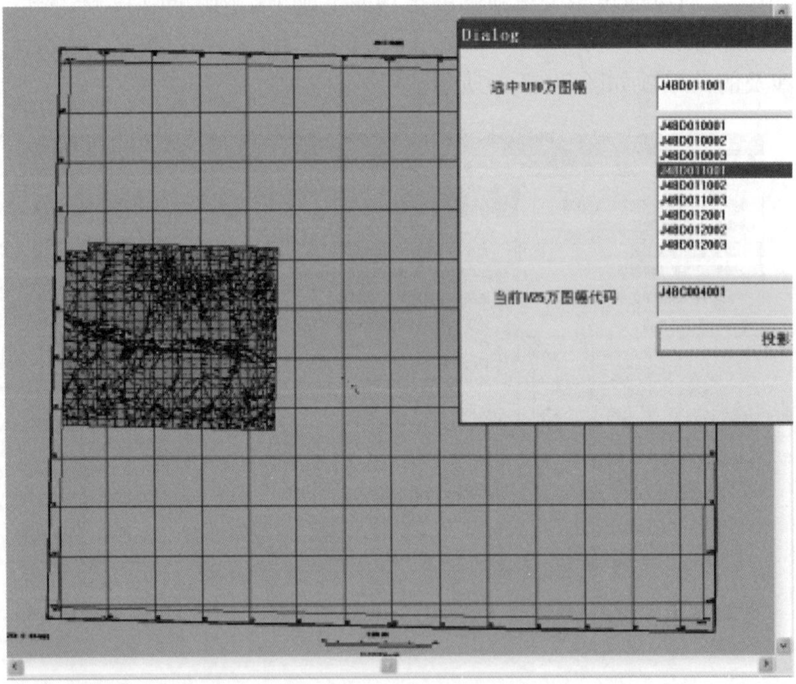


图 20.3.3　1：10 万实际材料图投影到 1：25 万图幅库

## 20.3.2　从 1：2.5 万投影到 1：5 万

操作同上节。

## 20.4　编稿原图操作

编稿原图是地质填图中的重要成果之一。在地质填图过程中，要求使用大比例尺的地形图作为野外手图，比如1∶5万的项目使用1∶2.5万的手图，1∶25万的项目使用1∶10万的手图等。当在大比例尺（1∶2.5万或1∶10万）的手图中形成实际材料图后，需要投影到小比例尺（1∶5万或1∶25万）工作图幅，然后经过地质人员综合解释、分析、归纳等操作过程，形成编稿地质图。其在图面上的处理内容主要为地质要素点线面的拓扑关系，其涉及的软件操作与第19章实际材料图部分基本相同。

# 21 空间数据库操作

地质图空间数据库建库的过程是对各阶段数据尤其是编稿原图阶段的结构化和非结构化数据综合与解释的过程，是成果标准化以及提供专题服务的最直接体现。空间数据库模型以中国地质调查局地质调查技术标准《数字地质图空间数据库》（DD2006-06）为依据。

数字地质调查系统为地质图空间数据库的无缝集成、融合和应用提供了可操作平台，地质人员可借助系统提供的一套完整的技术方法和工具，方便地对不同阶段的资料进行继承和综合分析。系统自动提供空间数据库模板，其基本内容直接继承编稿原图或实际材料图。

## 21.1 地质图空间数据库建库基本技术路线与操作流程

数字地质调查系统提供了与业务流程融合的建库模式（微工作流），把数据生产融入到生产一线，对主要原始数据和主要最终成果数据库进行统一描述、统一组织、统一存储由地质人员自己在工作过程中逐步生产不同阶段的数据库和数据产品。使项目人员可以从计算机技术的应用中体会到新技术带来的好处，形成新的工作模式，对提高研究精度、效率和成果的表现形式提供了重要的技术保障。

### 21.1.1 基于一体化建库模式的迭代建库解决方案

地质图空间数据库建库过程是一个“认识—提高—认识—再提高”的过程。地质人员在实际工作中需根据前人资料或项目验收专家组意见对已经连好的实际材料图或编稿原图进行修改。当实际材料图或编稿原图发生改变时，从其继承主要信息的地质图空间数据库也需要同步更新，以保证不同阶段整理分析的数据尤其是空间信息的一致性。因此在数字地质调查系统中采用“迭代”的思想，结合面向对象的第三代地质图空间数据库模型，利用“不同阶段数据模型的继承和传递的技术”将实际材料图、编稿原图等不同阶段数据库进行互通与继承，通过反馈、逐步完善《DD2006-06 数字地质图空间数据库》规定的建库内容（空间信息和属性信息）。迭代过程如图 21. 1. 1 所示。

### 21.1.2 一站式建库流程

对于地质人员而言，空间数据库中的要素类、对象类等是可以通过软件的一站式流程实现自动化提取。在此基础上，地质人员修改完善建库内容，从而降低了建库过程的操作难度。自动化步骤包括：①编稿原图的信息提取基本要素类，包括面、线、点要素类；②自动提取内图框线到内图框综合要素类；③根据填图单位基本信息表，自动给_

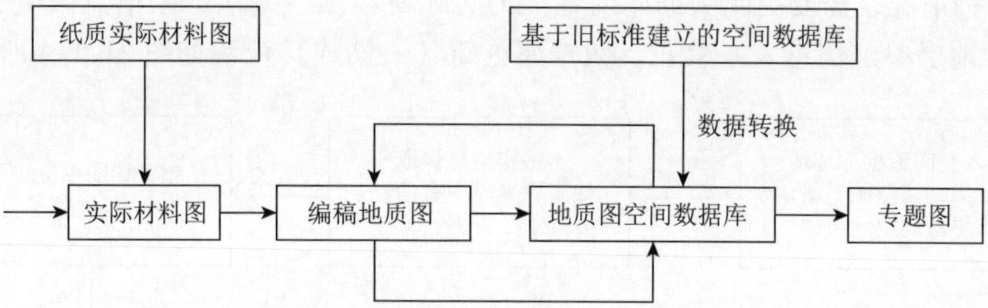


图 21.1.1 基于数字地质调查系统的空间数据库迭代建库过程

Geopolygon 和_Geoline 的子类型；④自动给所有要素类数据赋要素类 ID；⑤自动从地质体面实体要素类提取信息到对象类，根据填图单位基本信息表补充完善对象类的属性；⑥自动从地质界线提取断层对象类；⑦自动给断层编号字段加图幅编号；⑧自动从内图框提取图幅基本信息；⑨自动从内图框提取图幅基本信息；⑩质量检查，包括：要素类与对象类的一致性、地质界线属性与图形参数一致性以及产状属性与图形参数一致性等检查。具体流程见图 21.1.2。

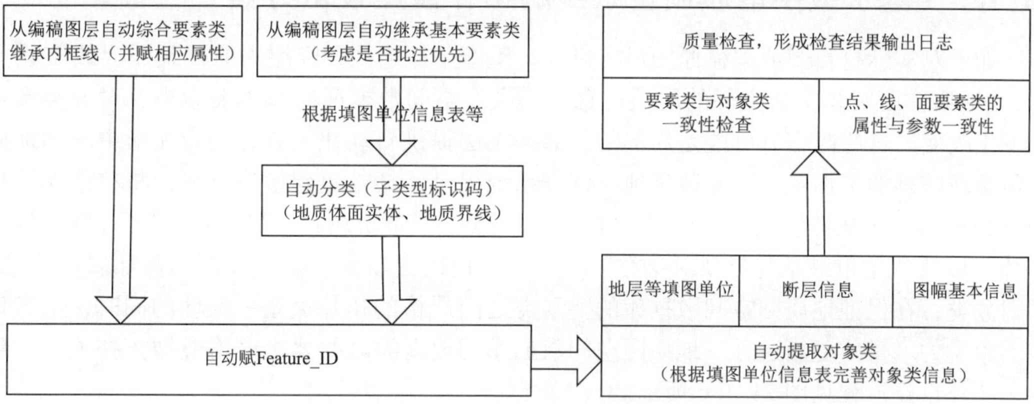


图 21.1.2 一站式建库流程说明

如果是首次操作，建立空间数据库，其流程如图 21.1.3 所示。

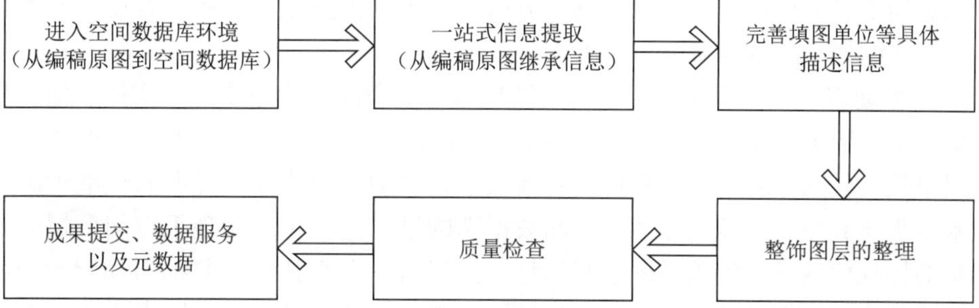


图 21.1.3 首次建库一站式流程

存在两种情况，需要更新数据库内容：①实际材料图、编稿原图信息改变；②填图单位信息表（地层单位信息表）修正。数据库更新（一站式）流程如图 21.1.4 所示。

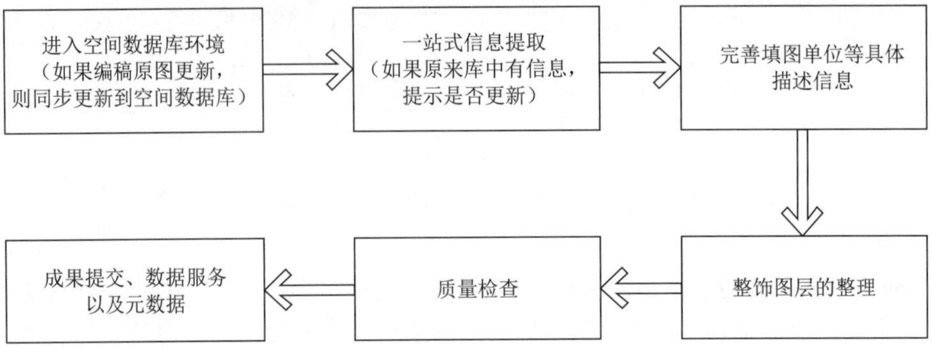


图 21.1.4　数据库更新（一站式）流程

系统提供分步骤建库工具（图 21.1.5），详见本章各节。

## 21.1.3　基于数字地质调查系统的拓扑重建技术方案

如果对实际材料图或编稿原图进行修改，重新拓扑造区，则原先的“地质界线”线文件、“地质体面实体”区文件的属性信息会丢失；空间数据库的基本要素类、对象类有可能发生改变。这些改变有可能是局部的，如果无法提供自动化工具，则会无形中增加地质人员重新整理的工作量。因此数字地质调查系统提供了拓扑重建解决方案，将在建库流程中充分利用“区文件生成 Label 点”“合并 Label 点”“备份线属性和参数”“还原线属性和参数”以及“增量继承与更新对象类”等工具，快速更新要素类（图形参数和属性信息）和对象类，在保证地质图空间数据库的要素类之间严格的拓扑关系一致性的同时，也实现了对象类的增量式更新过程。地质图空间数据库的要素类之间要求严格遵循拓扑关系一致性，拓扑重建流程见图 21.1.6 所示。

## 21.1.4　数字地质图空间数据库建库工具支撑迭代建库流程

数字地质调查系统为了解决建库技术流程中的可操作性问题，提供了一系列辅助建库工具，用于提高建库效率，并保证数据质量。辅助建库工具主要包括以下 5 个方面：数据动态继承更新工具、属性信息管理工具、数据约束规则检查工具、制图表达与要素类属性融合工具、专题信息提取与服务工具等。

（1）数据动态继承更新工具：系统自动从编稿地质图继承地质体面实体、地质界线等空间实体到空间数据库基本要素类，自动从地质体面实体提取属性继承到沉积（火山）岩岩石地层单位、侵入岩岩石年代单位等对象类中，自动从地质界线提取属性继承断层对象类等技术过程。其中，从编稿原图到空间数据库的继承过程中，实现了空间数据库要素类属性结构的标准化继承、编稿原图空间信息（点线区以及拓扑关系）的自动继承、编稿原图结构化公共属性的自动继承，同时通过扩展机制，允许通过交互配置方式实现对个别要素类的手工继承；从要素类属性到对象类的继承是一种增量式过程，允许增量式继承局部

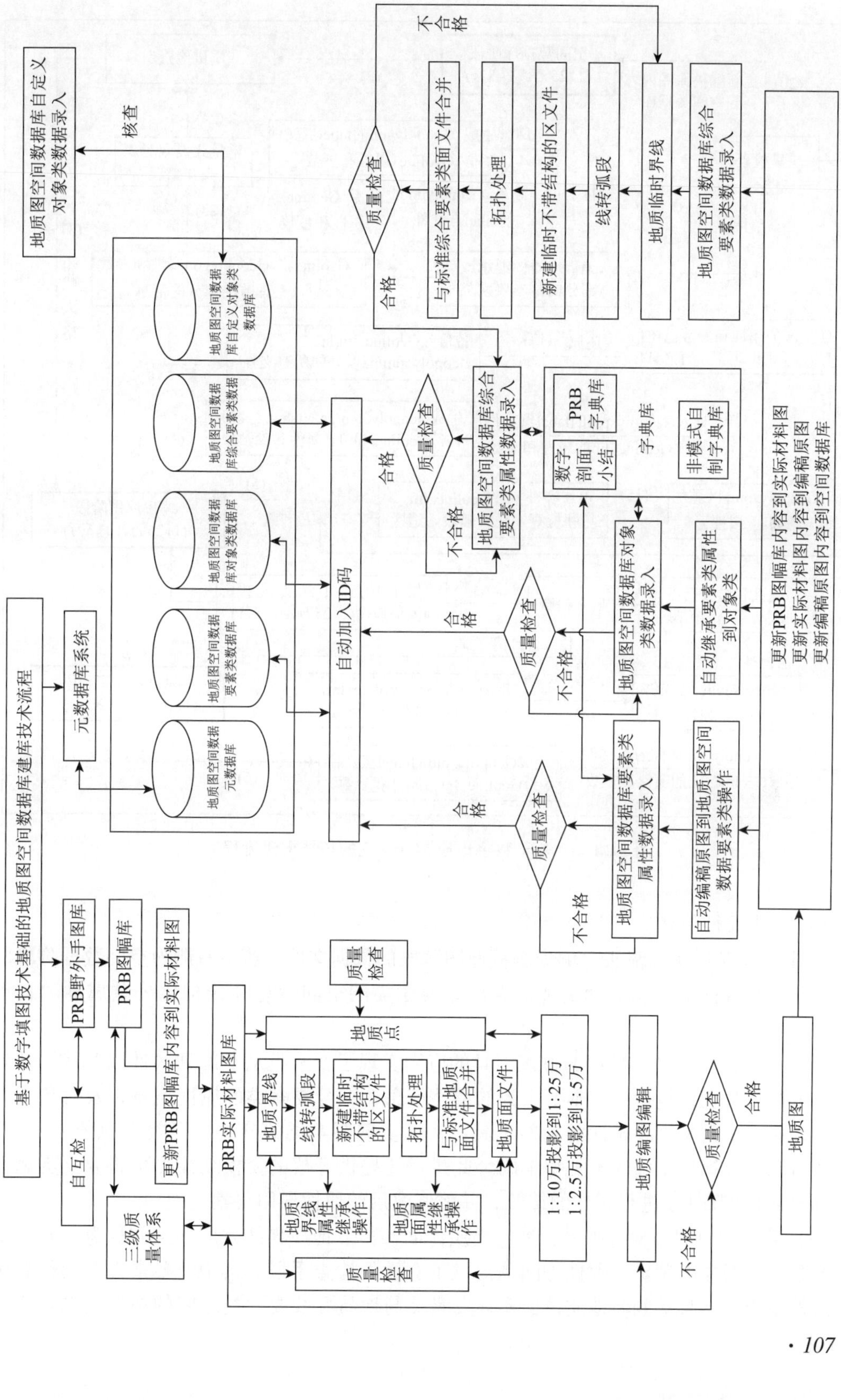


图21.1.5 分步骤建库流程

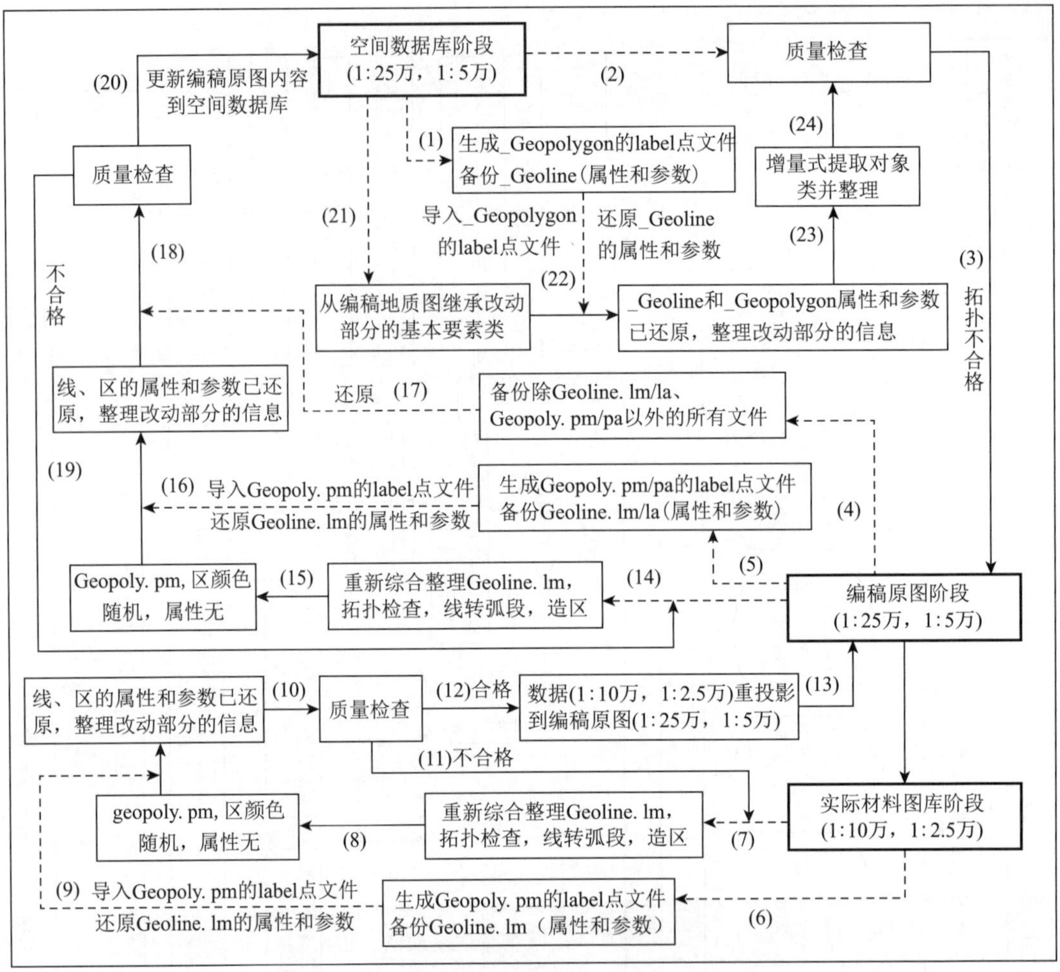


图 21.1.6　基于数字地质调查系统的拓扑重建流程

更新的要素类属性信息。

如图 21.1.7 所示，箭头左侧为编稿原图阶段的数据文件，箭头右侧为空间数据阶段的数据文件，通过自动继承工具实现了大部分要素类的空间信息和结构化公共属性的自动继承。

（2）属性信息管理工具：通过该工具的应用实现了要素类从空间到属性以及从属性到空间的可视化管理，包括对基本要素类的属性信息、综合要素类的属性信息以及对象类的全局管理；提供批量修改属性的辅助工具，快速实现要素类的分类（子类型赋值），为对象类的自动继承提供正确的子类型编码。此过程还提供开放的交换功能，可将要素类属性交换到 Excel 等软件中进行属性的统改，并将修改后的属性导回要素类中。

（3）数据约束规则检查工具：针对地质体面实体、地质界线之间的空间信息拓扑一致性、要素类与对象类逻辑一致性等问题提供了有效的检查手段。其中，要素类空间信息拓扑一致性检查工具自动判断地质体面实体要素类与地质界线要素类之间的拓扑关系是否满

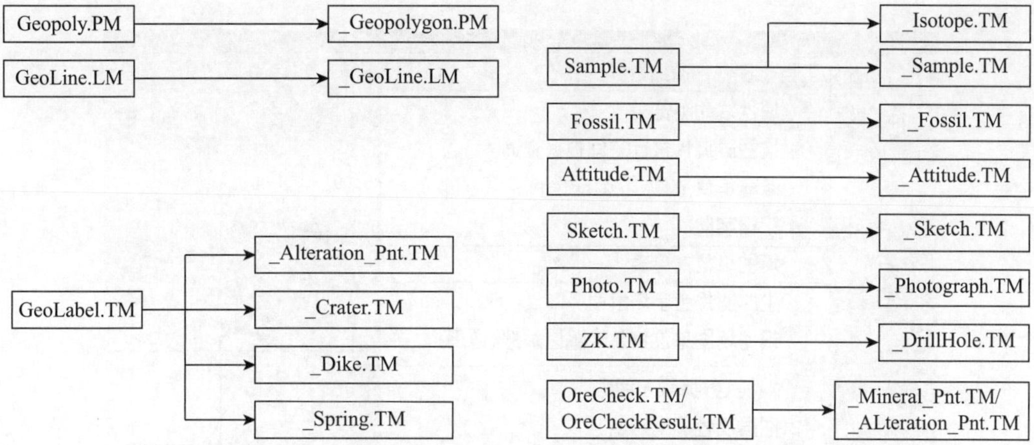


图 21.1.7　编稿地质图文件与空间数据库文件的对应关系

足要求，要素类与对象类逻辑一致性检查工具则检验地质体面实体要素类与沉积（火山）地层单位等对象类之间的关系与规则约束关系，并允许动态修正错误。

（4）制图表达与要素类属性融合工具：在地质图制图方面，强调图面表达要符合相关规范，对于空间数据库则强调要素类的空间信息的组织以及各要素类之间的严格拓扑关系。如果二者能够融合，在生成要素类同时恰当地表达图面信息，则能同时满足地质人员读图和获取综合性成果信息的要求。为保证了图面信息与属性信息的一致性，实现了空间数据库和制图表达两者之间的融合，DGSS 提供地质体面实体的图面信息（图案、颜色等）和其要素类属性的匹配检查、地质界线的图面信息（线型、颜色等）要素类属性的匹配检查，以及产状的图面信息（图形符号等）和其要素类类型名称属性的匹配检查等工具。

（5）专题信息提取与服务工具：提供多个图幅数据的整合分析工具。用户能方便灵活地进行空间数据库要素类的交互查询浏览，通过模糊检索手段实现从要素类要对象类、从对象类到要素类的信息获取过程，并生成专题图层，实现成果数据的共享与服务。

## 21.2　建库前的准备工作

填写各类填图单元的描述信息、相关地层单位的接触关系和新老关系、图形参数等，目标是为信手剖面、实际材料图、编稿原图等的填图单元的图形参数赋值，空间数据库一体化建库流程提供规范化的信息。选择菜单“工具”→“填图单位基本信息表”(图 21.2.1)：

## 21.3　更新编稿原图内容到空间数据库

空间数据库的背景资料部分是从编稿原图继承而来的。一般更新操作只需在编稿原图完成后执行一次即可，但如果编稿原图有新的内容增加，则需要再次更新。

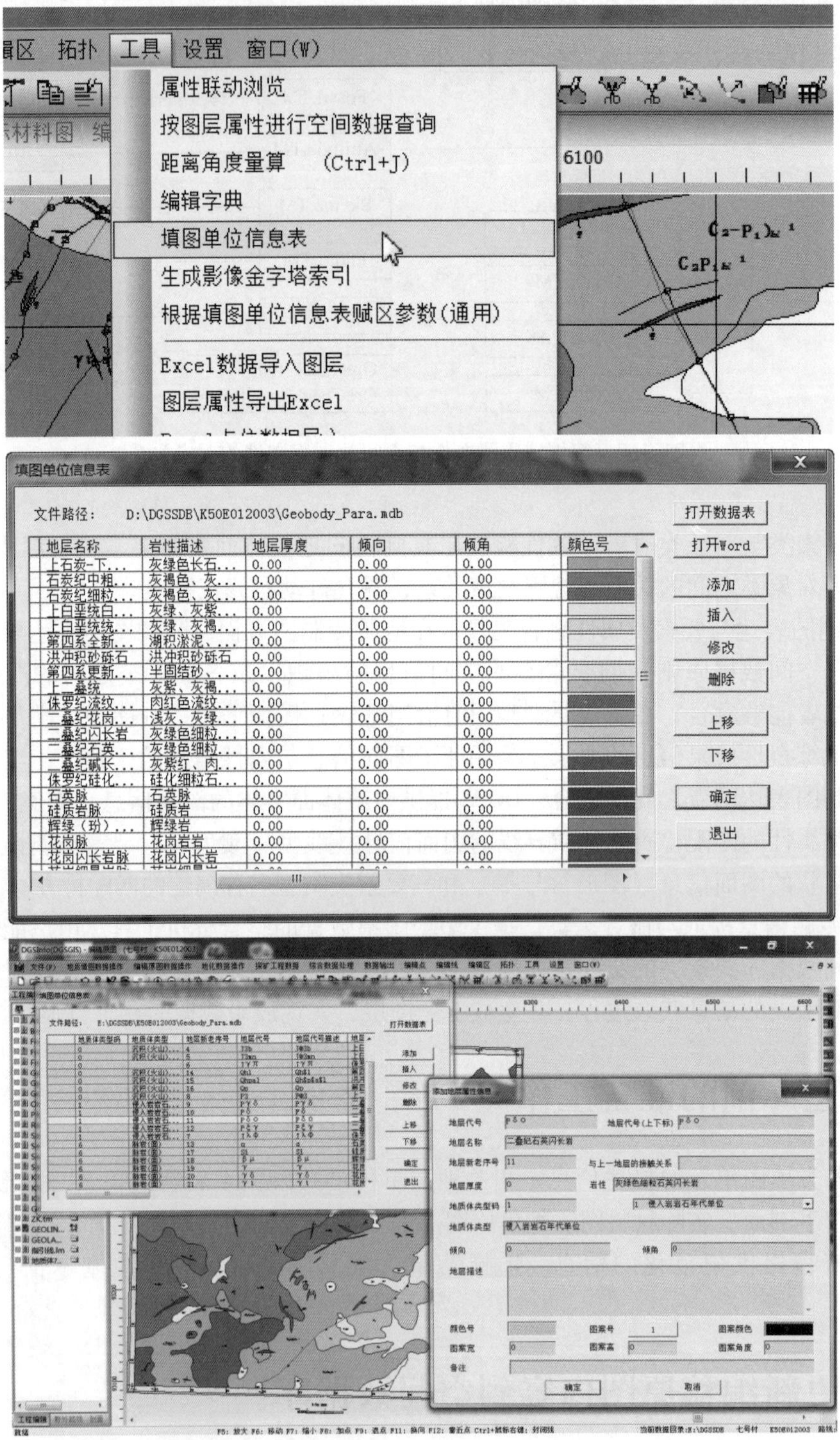


图 21.2.1 填图单位基本信息表菜单及操作界面

打开编稿原图，选择菜单即可（图 21.3.1）。

图 21.3.2 为编稿原图目录下的文件，选择需要复制到空间数据库目录的文件，按“确定”即可。

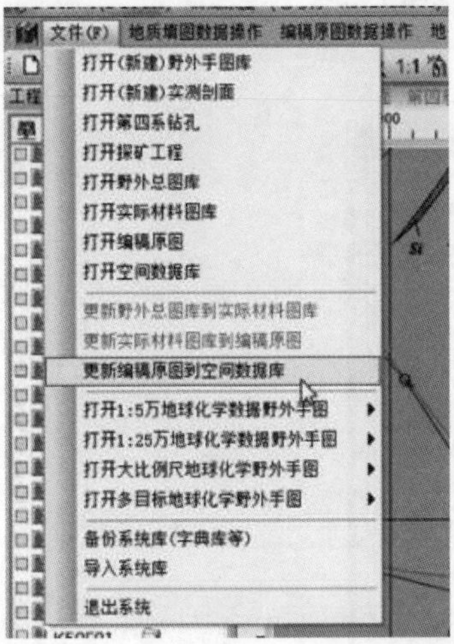


图 21.3.1　更新编稿原图内容到空间数据库菜单

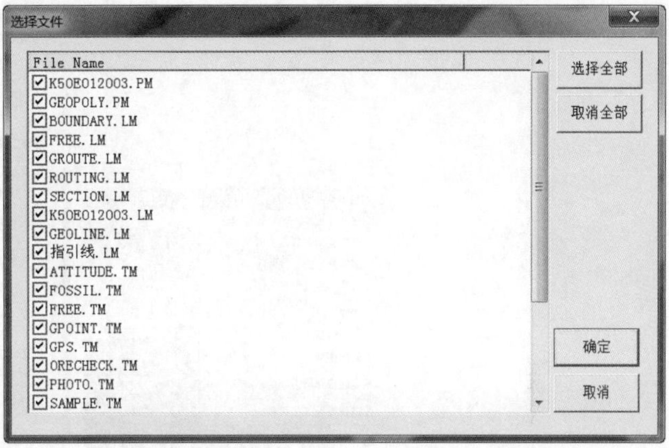


图 21.3.2　选择需要更新的文件

## 21.4　进入空间数据库操作环境

打开空间数据库可以通过选择菜单和视图标签两种方式。

（1）菜单方式（图 21.4.1）。

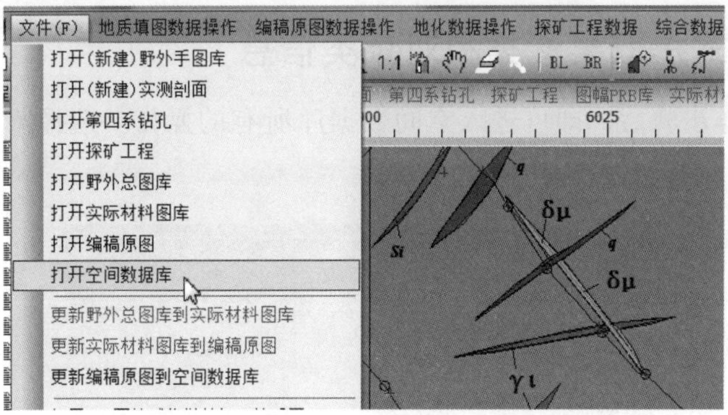


图 21.4.1　打开空间数据库菜单

（2）标签方式（图 21.4.2）。

相关建库工具见菜单以及工具箱（图 21.4.3）。

图 21.4.2　空间数据库信息在“成果数据库”视图中表现

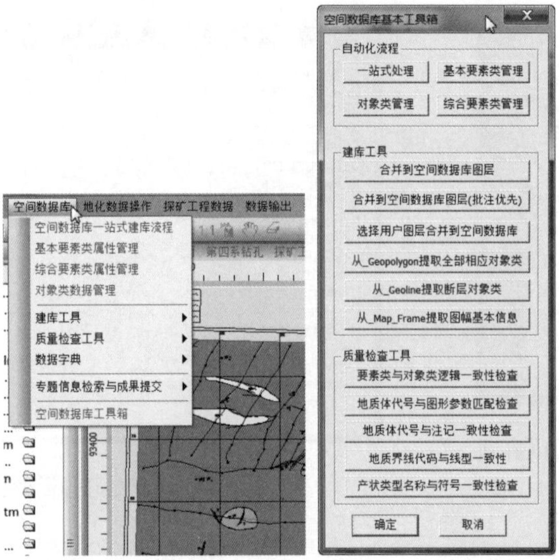


图 21.4.3　建库工具见菜单以及工具箱界面

# 21.5　自动式继承要素类和对象类

## 21.5.1　一站式提取要素类和对象类信息

在 21.3 节操作步骤后，即可进入空间数据库所有的操作。选择菜单“空间数据库”→“空间数据库一站式流程”（图 21.5.1）。

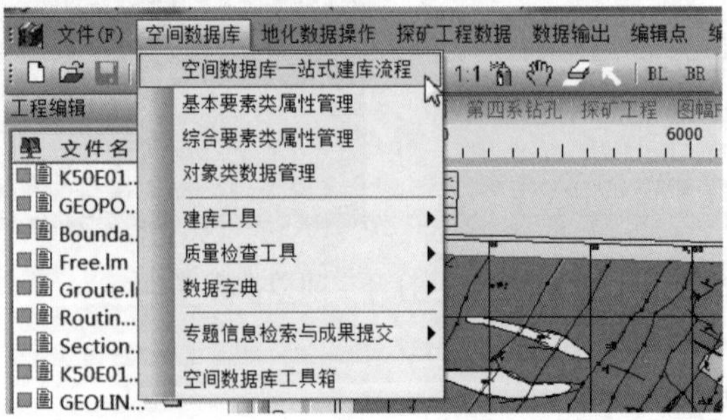


图 21.5.1　空间数据库一站式流程菜单

如果是首次进行一站式流程操作，则直接自动提取要素类、对象类，生成后可浏览日志（图 21.5.2）。

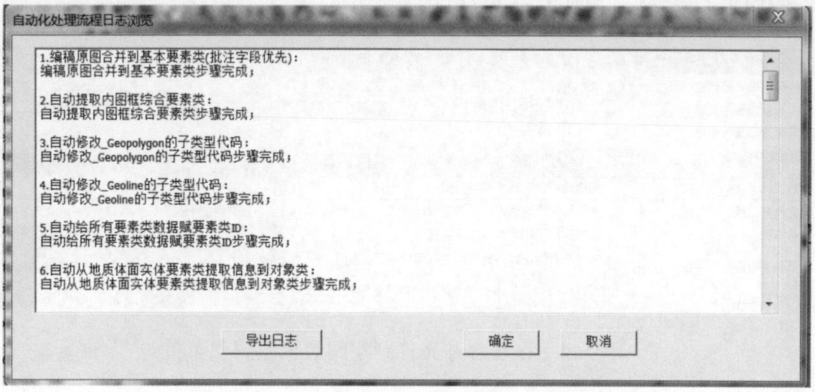


图 21.5.2　自动化处理流程日志浏览界面

如果是再次提取（数据库一站式更新），自动判断空间数据库文件夹中是否已经存在要素类、对象类，如果存在，弹出替换对话框，允许选择需要强制替换或者增量更新的要素类、对象类（图 25.1.3）。

图 21.5.3　数据库一站式更新界面

## 21.5.2　自动继承编稿原图到空间数据库要素类

自动继承编稿原图到空间数据库要素就是把编稿原图的地质面文件和线文件的空间信息和属性信息自动继承到空间数据库标准规定的各个有关要素类（包括空间信息和属性信息）。在所有空间数据库的操作，该步骤是基础，可以减少用户大量的工作和时间。如果编稿原图未改变内容，该步骤只需操作一次即可。

按图 21. 5. 4 选择菜单操作即可，注意一定是在空间数据库的环境下才能操作。该操作不但集成空间拓扑关系而且继承相应的属性。当编稿原图的图层文件有批注字段时，可以选择“自动合并到空间数据库图层（批注字段优先）”。

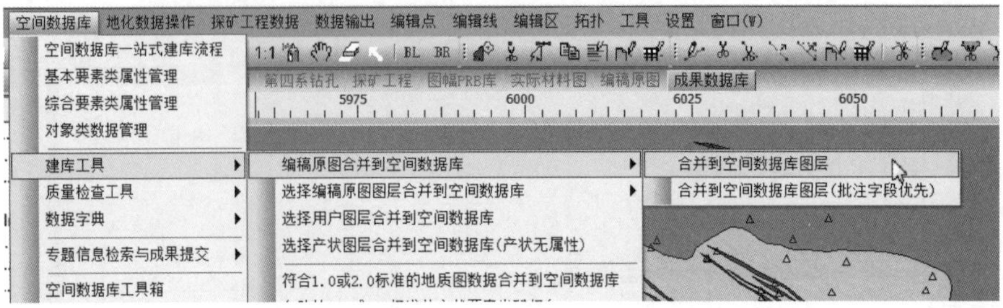


图 21. 5. 4　自动合并文件到空间数据库图层菜单

也可以根据实际情况，合并到某个要素类（图 21. 5. 5）。

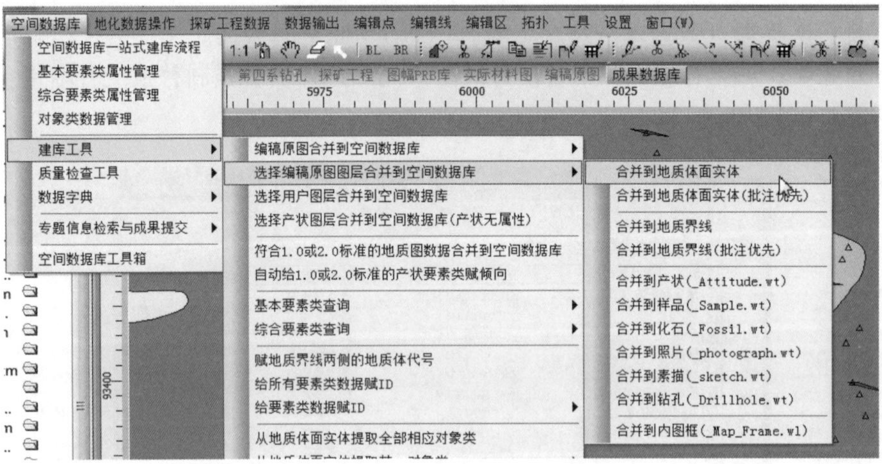


图 21. 5. 5　合并某个基本要素类菜单

## 21. 5. 3　自动继承要素类的属性信息到对象类

### 21. 5. 3. 1　自动继承基本要素类的属性信息到全部对象类

可以通过把空间数据库的地质体面实体和地质界线要素类的属性信息自动地继承到对应所有的对象类中。该步骤可以为用户减少大量的工作和时间。

按图 21. 5. 6 选择菜单操作即可，注意一定是在空间数据库的环境下才能操作。该步骤是自动对所有的对象类进行操作。

继承过程有两种方式：①重新从要素类属性中提取对象类；②增量式操作过程（从要素类属性中提取原表中没有的信息到对象类），见图 21. 5. 7。

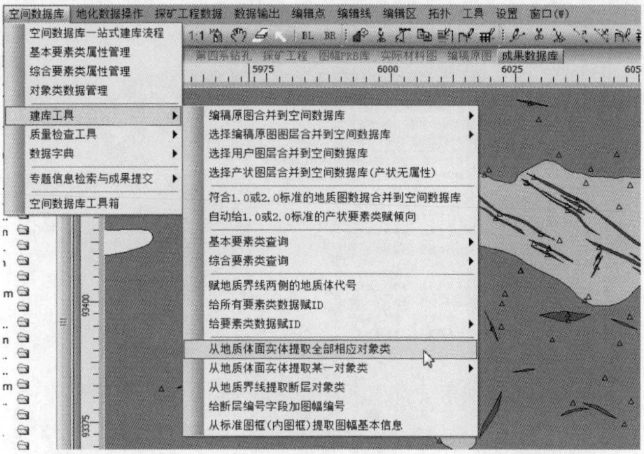


图 21.5.6 自动从地质体面实体提取全部对象类菜单

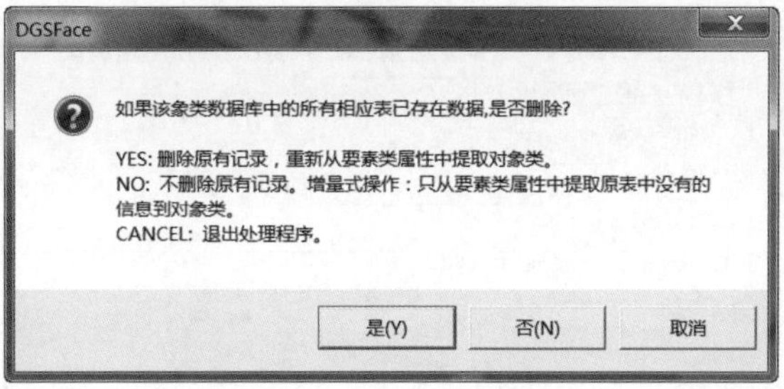


图 21.5.7 对象类提取方式

## 21.5.3.2 自动继承基本要素类的属性信息到指定对象类

该节的操作与 21.5.3.1 节操作意义相同。不同的是该步骤不是自动对所有的对象类进行操作。而是由用户选择对象类数据集中的一个对象类操作。

图 21.5.8 是对沉积（火山）地层单位对象类进行操作，主要是继承地质体面实体要素类的属性到沉积（火山）地层单位对象类中。

**注意：**一定是在空间数据库的环境下才能操作。

其他对象类的操作步骤相同。

需要说明的是：从地质界线继承到断层对象类，提供了单独的菜单“自动从地质界线提取断层对象类”。

（1）从地质界线提取断层时，自动填入断层类型（地质代码）。

（2）从地质界线提取断层时，根据子类型（断层）提取断层对象类（图 21.5.9）。相应的子类型如下所示：0—地质界线；1—断层；2—岩性界线；3—岩相界线；4—水体界线；5—雪线。

通过菜单“自动从地质界线提取断层对象类”（图 21.5.10）。

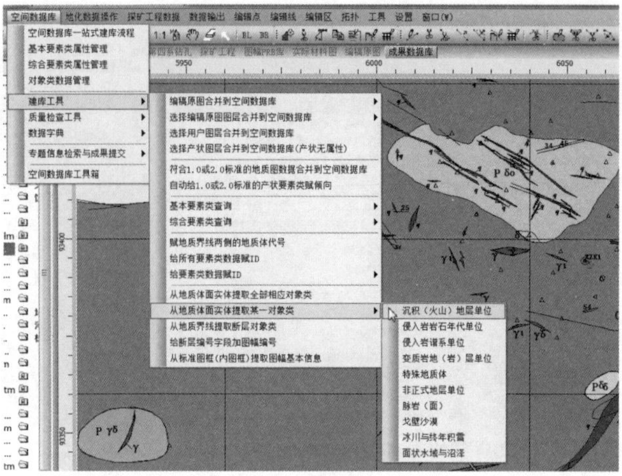


图 21.5.8　提取某个对象类菜单

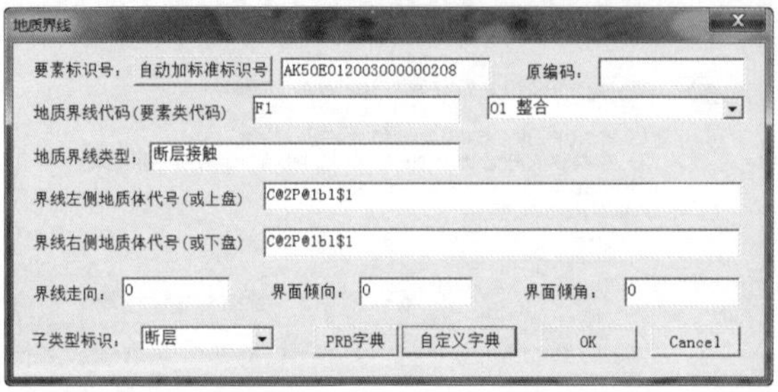


图 21.5.9　地质界线（断层）属性

## 21.5.3.3　从内图框（综合要素类）提取图幅基本信息

从内图框提取图幅基本信息的功能，进行图幅基本信息录入、编辑方式（在对象类管理器中实现）（图 21.5.11）。

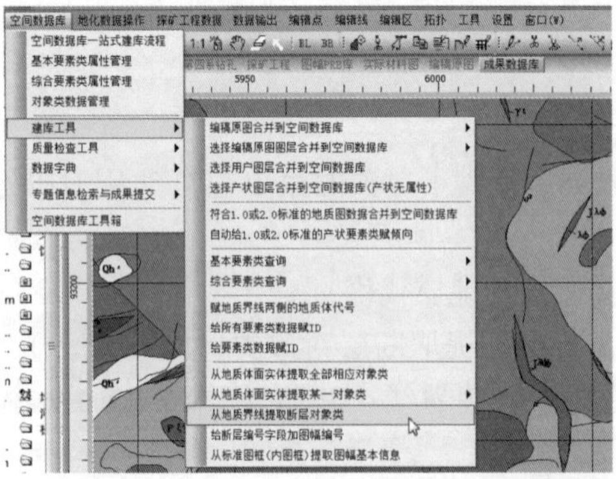

图 21.5.10　自动从地质界线提取断层对象类菜单

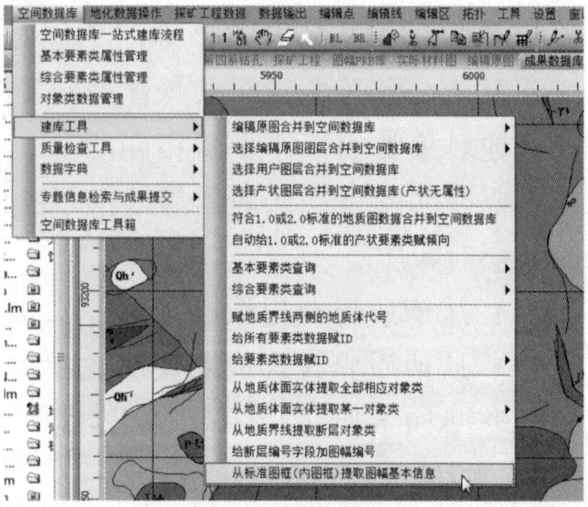

图 21.5.11　从内框提取图幅基本信息菜单

# 21.6　基本要素类属性录入与管理

## 21.6.1　基本要素类属性录入

在 21.5 操作后，并不是所有的要素类的属性都可以继承，部分综合性属性需要用户逐个输入。以地质体面实体要素为例，其他要素类的数据输入可参照。主要操作步骤如下：

（1）按图 21.6.1 选择菜单，对地质面实体要素进行数据输入。

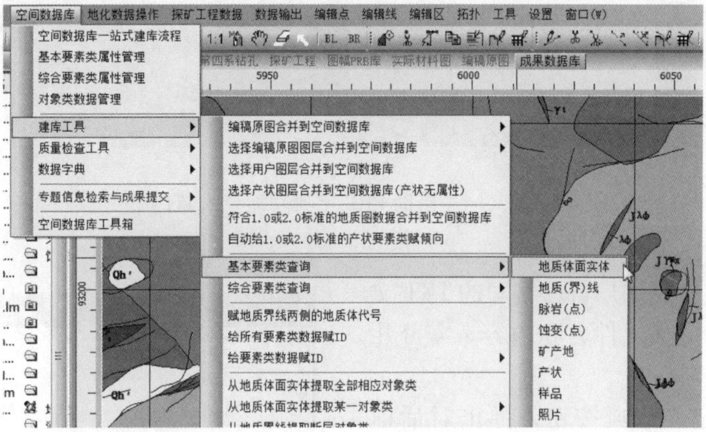


图 21.6.1　地质体面实体要素类属性录入菜单

（2）选择要编辑的面图元，用鼠标点击图元，系统会自动弹出该图元的属性表，其中有的属性已填充属性，即是继承的结果（图 21.6.2）。

（3）输入数据。对图 21.6.3 所示的对话框进行数据输入。

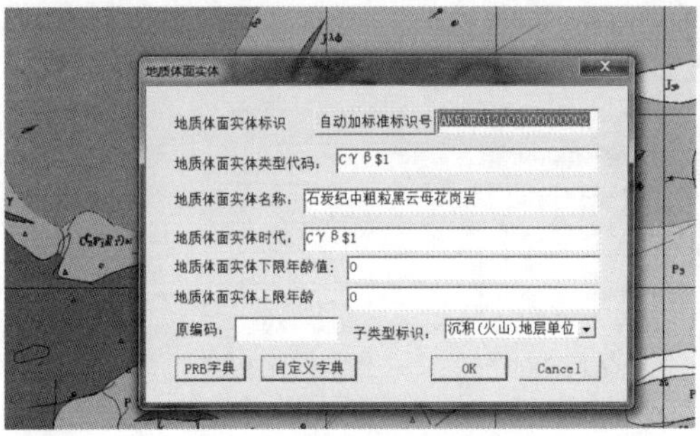


图 21.6.2　选择某个地质体面实体

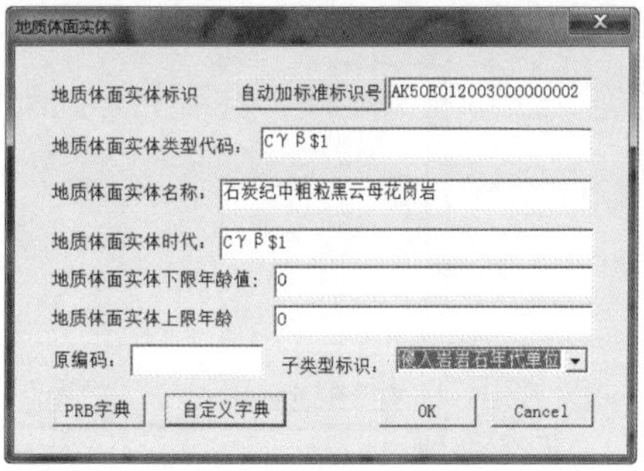


图 21.6.3　属性录入

1）自动加标准标识号，系统自动按标准对该要素添加 ID。

2）可以借助“PRB 字典”和“自定义字典”输入相关的数据项。

PRB 字典特指系统提供的字典（图 21.6.4）。

图 21.6.4　借助 PRB 字典功能录入属性

自定义字典就是用户自己编写的 TXT 文件，用户可以自定义文件名和内容。需分几步操作。

a. 打开自定义字典按钮，弹出对话框（图 21.6.5）。

b. 选择字典文件名（图 21.6.6）。

c. 字典内容自动进入编辑框（图 21.6.7）。

d. 用“CTRL+C”和“CTRL+V”组合键复制内容到相应的编辑框中（图 21.6.7）。

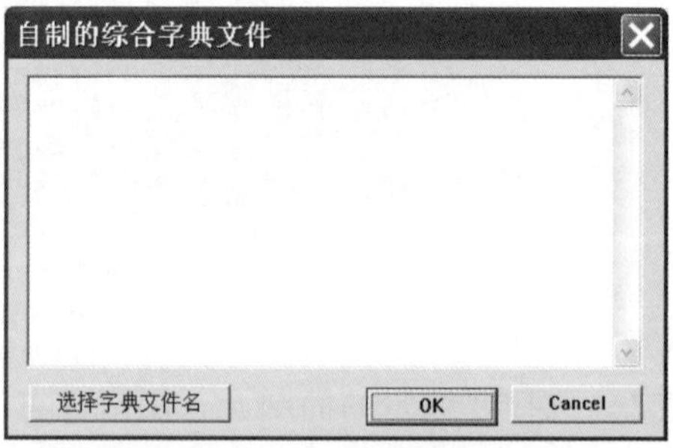


图 21.6.5　自定义字典文件

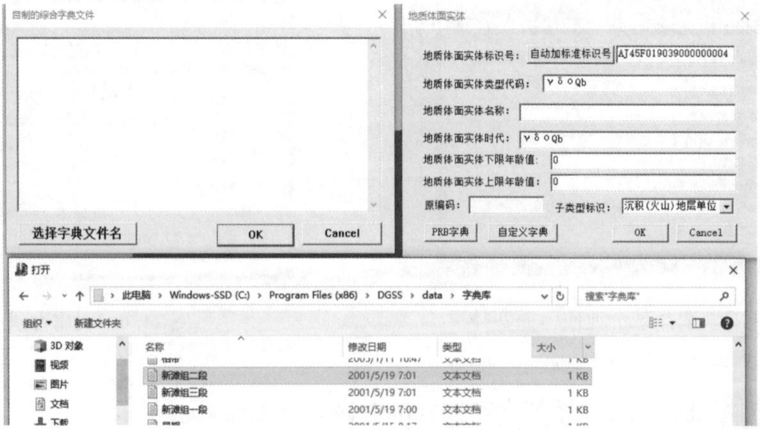


图 21.6.6　选择字典文件名

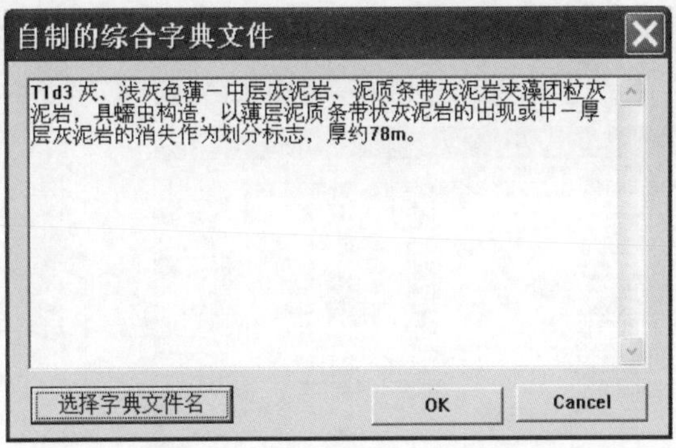


图 21.6.7 字典内容编辑框

(4) 部分点要素类数据合并到对应空间数据要素类。

有些要素如钻孔、泉等要素属性的操作需要先合并到对应空间数据要素类才能录入(见 21.5 节)。因此，操作步骤是第一步，合并文件，先把要被合并的文件关闭，然后，打开要合并其他文件的文件。其后的操作同 1 至 3 步。

## 21.6.2 基本要素类属性管理

系统提供对录入的基本要素类属性进行更新的管理界面，通过菜单“基本要素类属性编辑”即可进入该功能（图 21.6.8，图 21.6.9）。

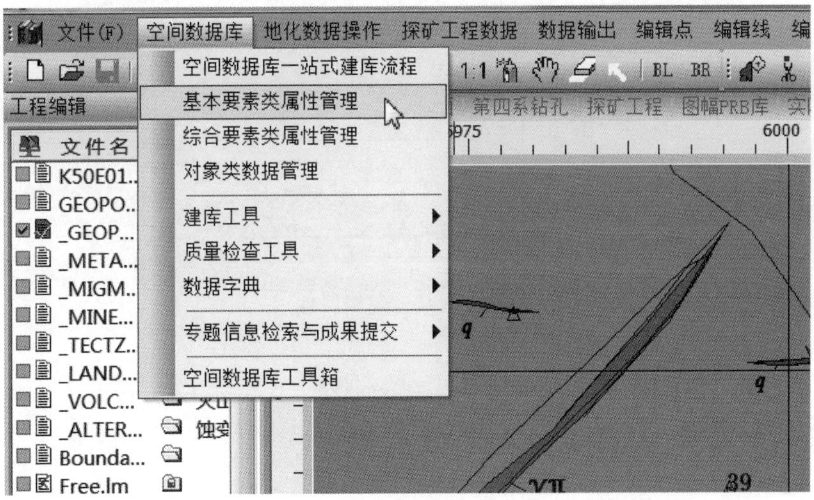


图 21.6.8 基本要素类属性编辑菜单

选择某个要素类，列表中显示该要素类的所有属性，双击某个要素类，或选择列表中的某行记录，点击“编辑”按钮，弹出该要素的属性编辑框（图 21.6.10）。

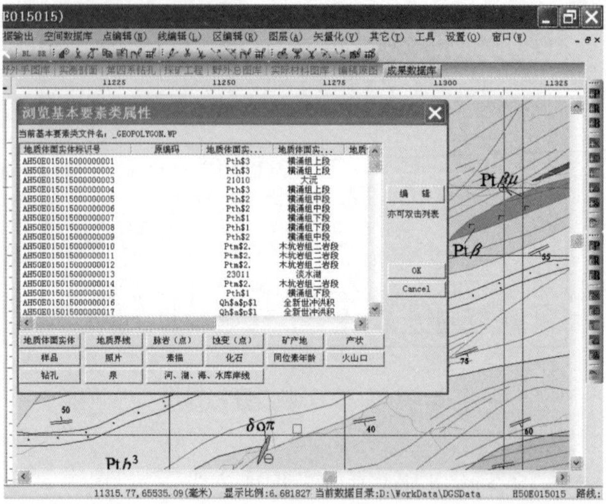


图 21.6.9　基本要素类属性编辑对话框

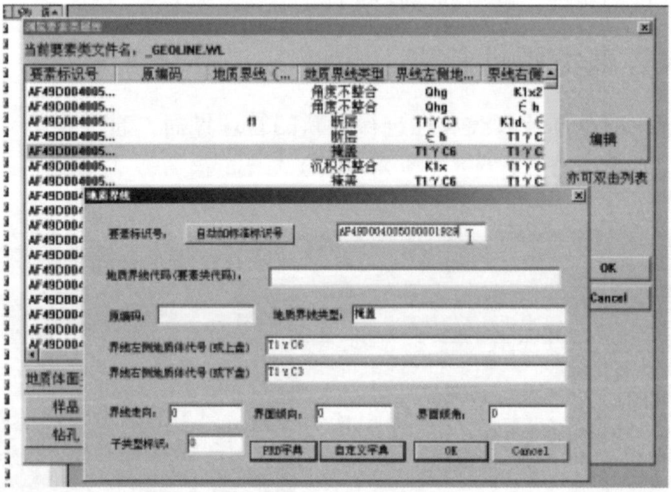


图 21.6.10　编辑属性

# 21.7　综合要素类数据输入与管理

## 21.7.1　综合要素类数据输入

综合要素类的操作步骤多一些。以构造变形带为例。

（1）参照第 19 章拓扑造区方式建立综合要素类。

（2）第一步建立拓扑关系的实体没有带空间数据库标准的结构，因此，一定要合并文件，即把新建的综合要素类合并到综合相应的空间要素类，以便整合和获得数据结构。

（3）在上述 1 至 2 步操作好的基础上，按图 21.7.1 选择操作。

（4）选择要编辑的面图元，用鼠标点击图元，系统会自动弹出该图元的属性表，其中有的属性已填充属性，即是继承的结果（图 21.7.2）。

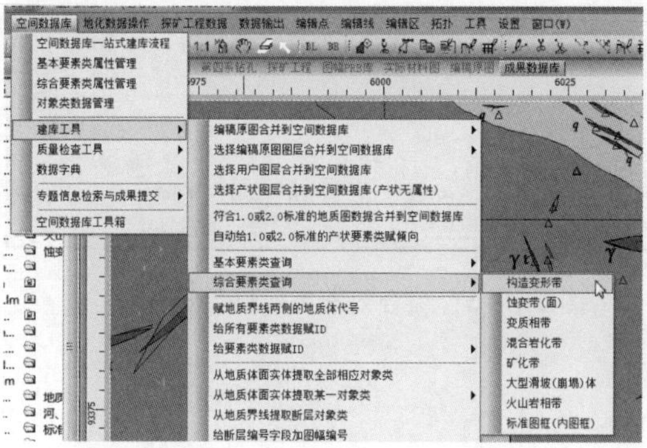


图 21.7.1　综合要素类属性录入菜单

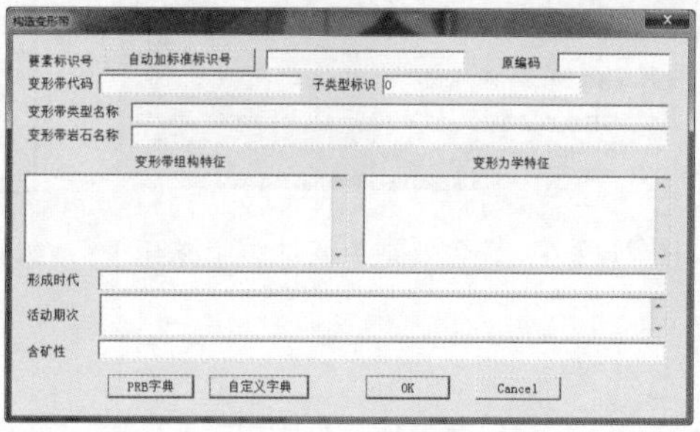


图 21.7.2　对象类属性编辑对话框

（5）输入数据：对图 21.7.3 所示的对话框进行数据输入。

1）自动加标准标识号，系统自动按标准对该要素添加 ID。

2）可以借助“PRB 字典”和“自定义字典”输入相关数据项，具体操作参考 21.6 节。

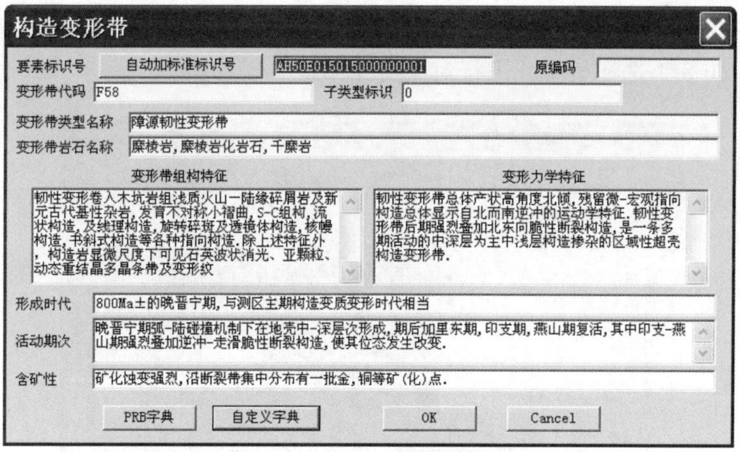


图 21.7.3　编辑属性

## 21.7.2　综合要素类属性管理

本功能操作与基本要素类属性管理类似（图 21.7.4，图 21.7.5）。

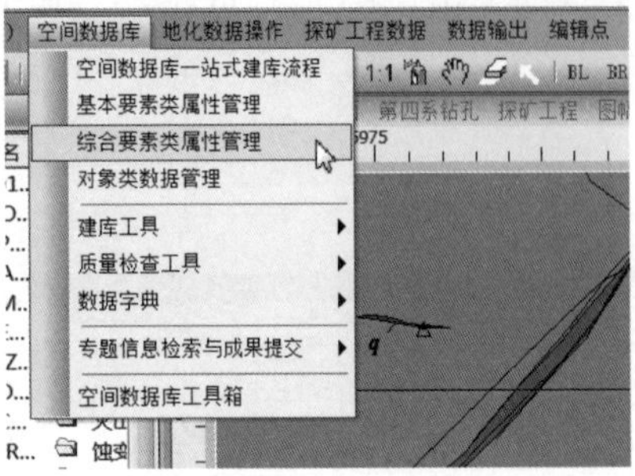


图 21.7.4　综合要素类属性编辑菜单

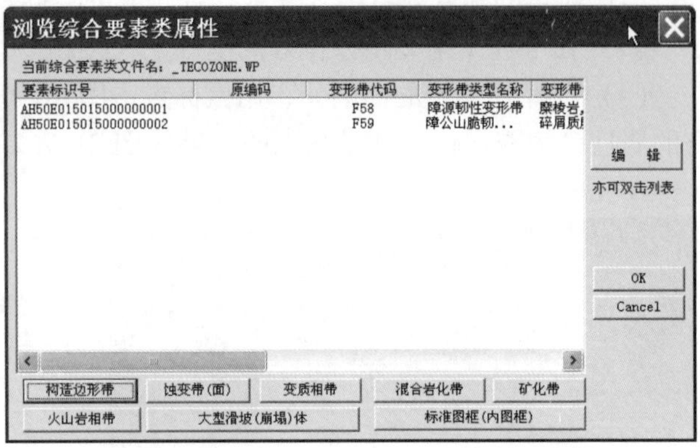


图 21.7.5　综合要素类属性编辑

# 21.8　对象类数据录入

与地质体有关联的对象类数据，可以调入相应地层和侵入岩的实测剖面进行相关数据的输入，也可以根据地质图中综合地层柱、实测剖面及地质报告综合进行输入；对于断层，对地质报告中已有编号的断层，按照断层编号的先后顺序进行属性的录入。

## 21.8.1　与地质体有关的对象类录入

在 21.5 操作后，并不是所有的对象类的属性都可以继承，部分综合性属性需要用户逐个输入。以沉积火山地层为例，其他对象类的数据输入可参照。主要操作步骤如下：

（1）按图 21.8.1 选择菜单，进行对象类操作。

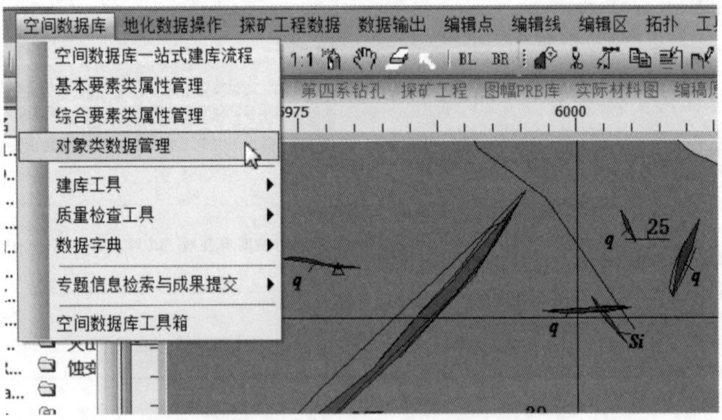


图 21.8.1　对象类数据管理菜单

（2）系统弹出如图 21.8.2 所示对话框。

（3）点击要编辑的对象类，点击后，框线部分为该对象类的属性表结构，在列表框上，通过 21.5 节已经继承本图幅所有的对象及该对象的主要属性（图 21.8.3）。

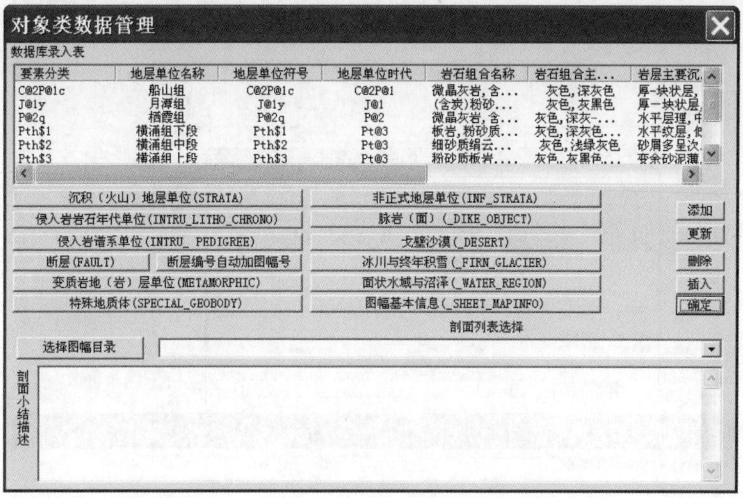

图 21.8.2 对象类属性录入对话框

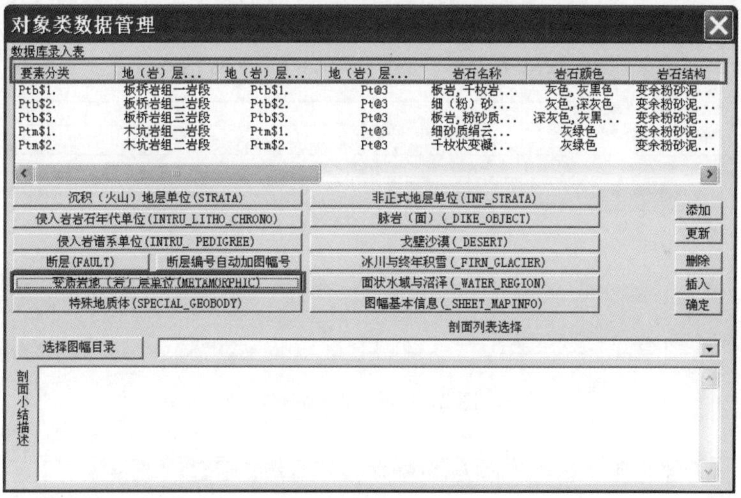

图 21.8.3 编辑某对象类属性

（4）在编辑框中点击要编辑的记录（对象），然后，按数据库的添加、更新、删除、插入进行操作。以更新为例，完整录入该对象的数据（图 21.8.4）。

（5）可以借助“PRB 字典”和“自定义字典”输入相关的数据项，具体操作参考 21.6 节。也可调出剖面小结描述内容，通过复制方式提取需要的信息。

## 21.8.2 与地质界线有关的对象类（断层）录入

在对象类数据管理对话框中，点击“断层”对象类按钮，在编辑框中点击要编辑的断层记录，按数据库的添加、更新、删除、插入进行操作（图 21.8.5）。

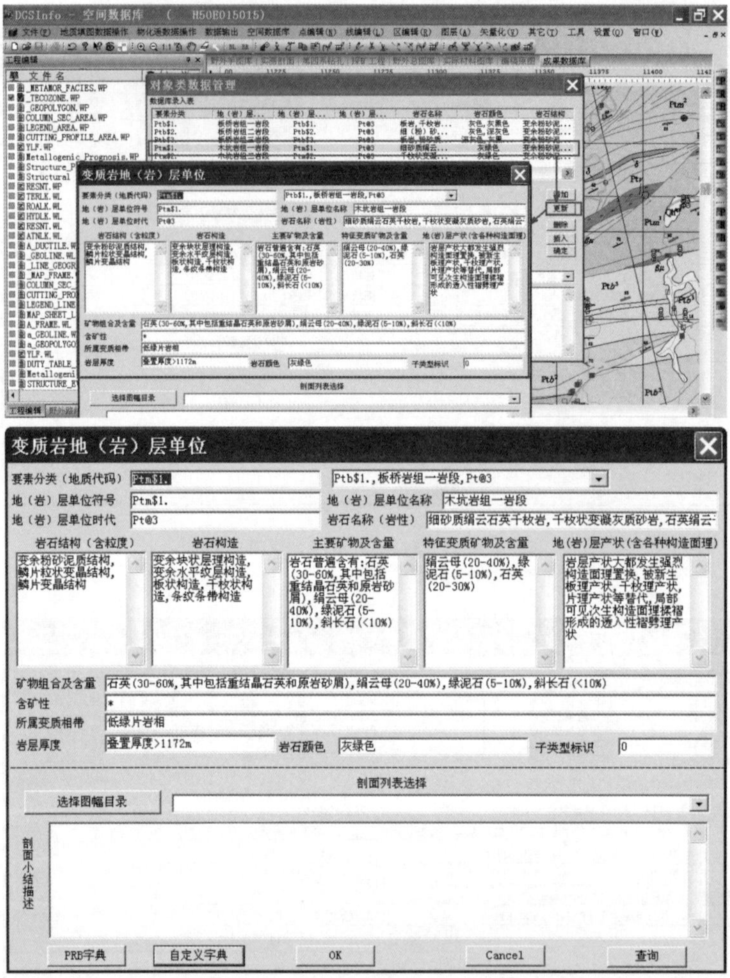


图 21.8.4 录入属性

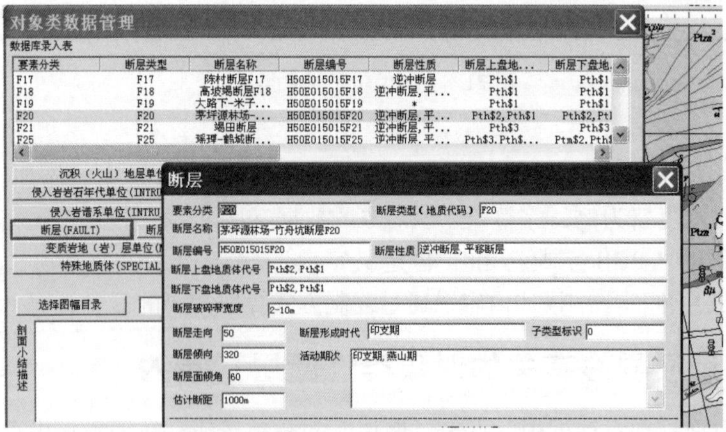


图 21.8.5 断层属性录入

### 21.8.3 与地理要素有关的对象类录入

如：戈壁沙漠、冰川与终年积雪、面状水域与沼泽等对象类，选择对象类管理列表中相应对象类，自动填入：要素分类代码、图元单位、图元类型等信息（图 21.8.6）。

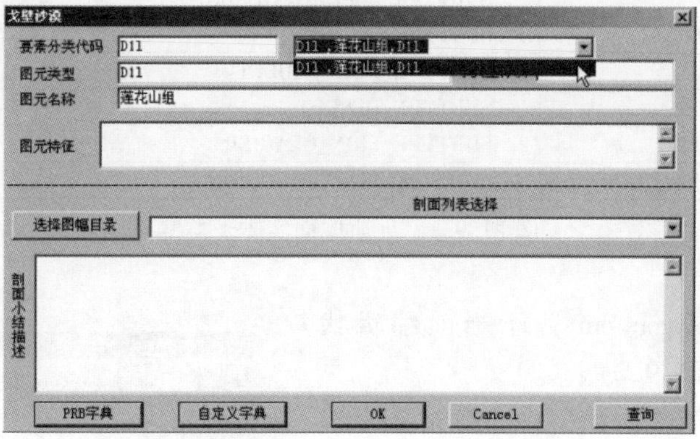


图 21.8.6 与地理要素有关的对象类属性录入

### 21.8.4 图幅基本信息属性编辑

选择图幅基本信息按钮，在弹出的对话框录入相关属性（图 21.8.7）。

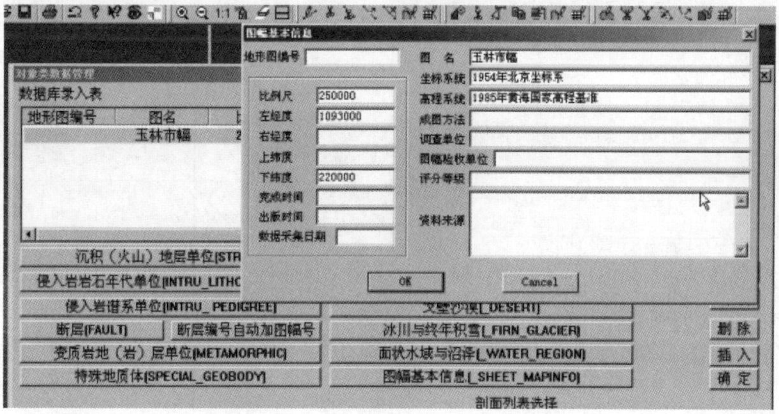


图 21.8.7 图幅基本信息录入

## 21.9 辅助建库工具

### 21.9.1 要素类属性统改工具

修改地质体面实体子类型（图 21.9.1）时，由于要素很多，可以通过分类修改方式，修改子类型值。

| 子类型名称 | 子类型编码 | 子类型值 |
| --- | --- | --- |
| 沉积（火山）地层单位 | SUBTYPE_STRATA | 0 |
| 侵入岩岩石年代单位 | SUBTYPE_INTRU_LITHO_CHRONO | 1 |
| 侵入岩谱系单位 | SUBTYPE_INTRU_PEDIGREE | 2 |
| 变质岩地（岩）层单位 | SUBTYPE_METAMORPHIC | 3 |
| 特殊地质体 | SUBTYPE_SPECIAL_GEOBODY | 4 |
| 非正式地层单位 | SUBTYPE_INF_STRATA | 5 |
| 脉岩（面） | SUBTYPE_DIKE_OBJECT | 6 |
| 戈壁沙漠 | SUBTYPE_DESERT | 7 |
| 冰川与终年积雪 | SUBTYPE_FIRN_GLACIER | 8 |
| 面状水域与沼泽 | SUBTYPE_WATER_REGION | 9 |

图 21.9.1　地质体面实体子类型

（1）将_GeoPolygon.pm 置于当前编辑状态，选择菜单（图 21.9.2）。

（2）在弹出的属性对话框中，双击某个属性，相关地质体闪烁（图 21.9.3）。

（3）点击属性统改按钮即可统改属性（图 21.9.4，图 21.9.5，图 21.9.6）。

也可利用属性导出到 Excel 处理后再导回图层方式进行属性的统改（图 21.9.7），具体操作见 28.5.2。

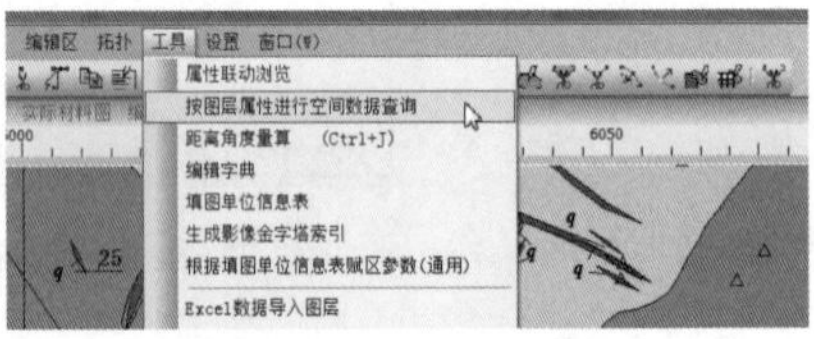


图 21.9.2　分类查询菜单

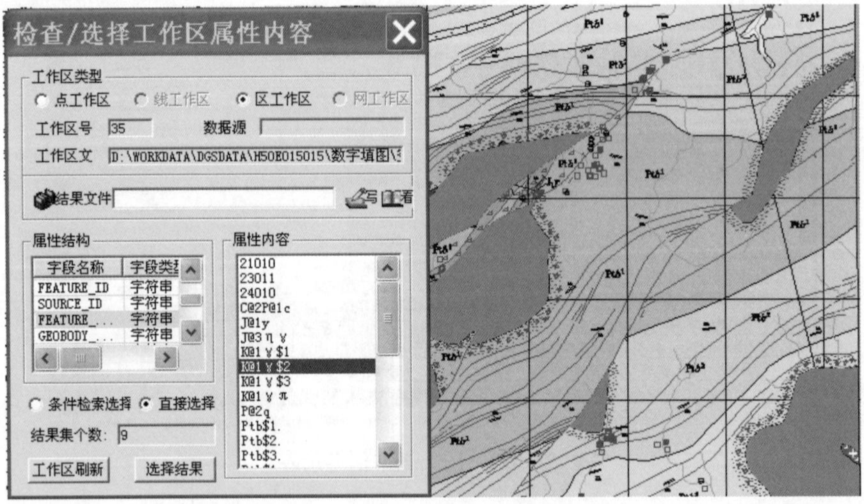


图 21.9.3　选择某类地质体

## 21.9.2　自动给要素类赋 ID 值

图 21.9.4　统改按钮

系统可以自动为每一个要素类赋 ID 号。按如图 21.9.8 所示方式选择菜单并选择要赋给 ID 的要素类即可。ID 号是有关按标准的规定自动给定的。

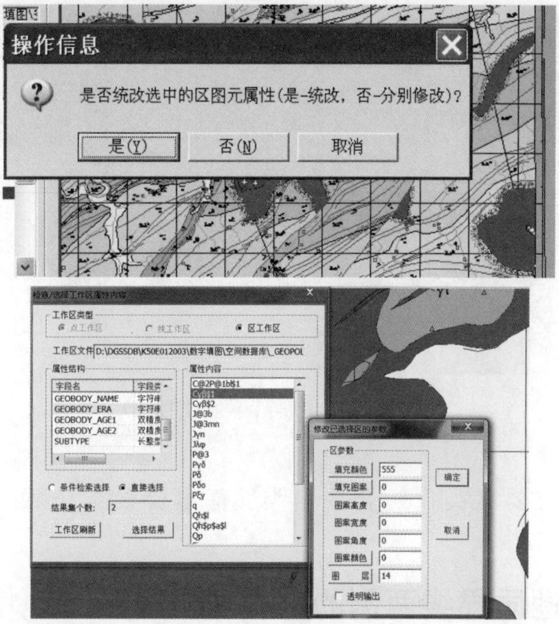


图 21.9.5 统改颜色

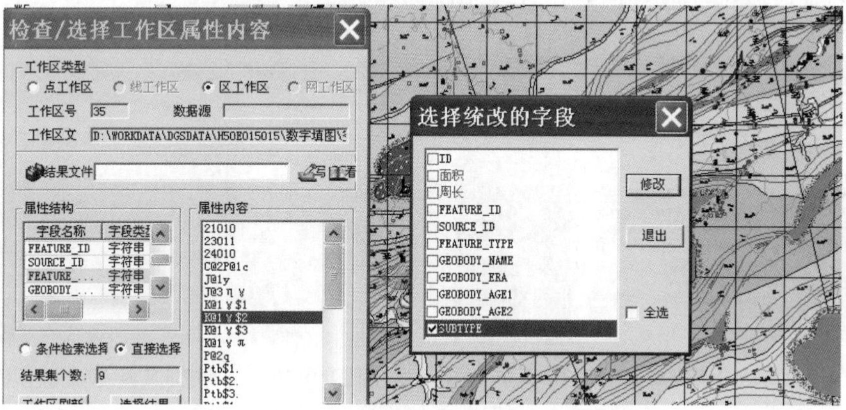


图 21.9.6 统改子类型

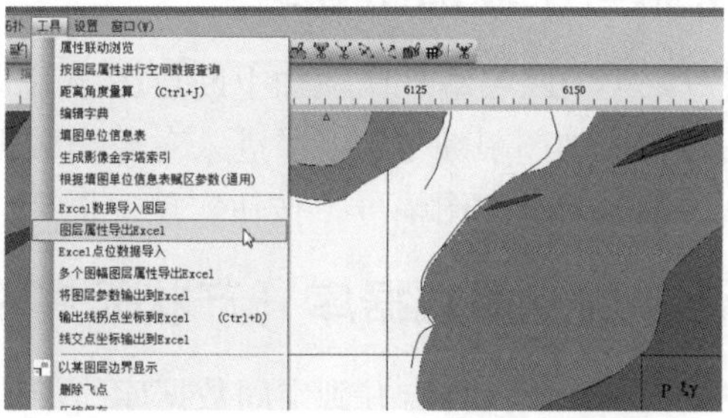


图 21.9.7 Excel 方式统改子类型菜单

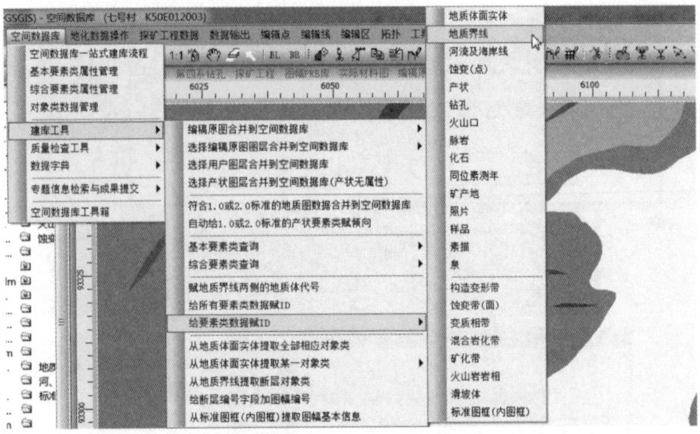


图 21.9.8　给某个要素类赋 ID

也可一次性对所有要素类（综合要素类、基本要素类）赋要素类标识号 ID（图 21.9.9）。

## 21.9.3　自动赋地质界线两侧的地质体代号

以图幅为单位，自动将所有地质体界线两侧的地质体代号赋给相应地质界线的左地质体代号、右地质体代号属性中（图 21.9.10）。

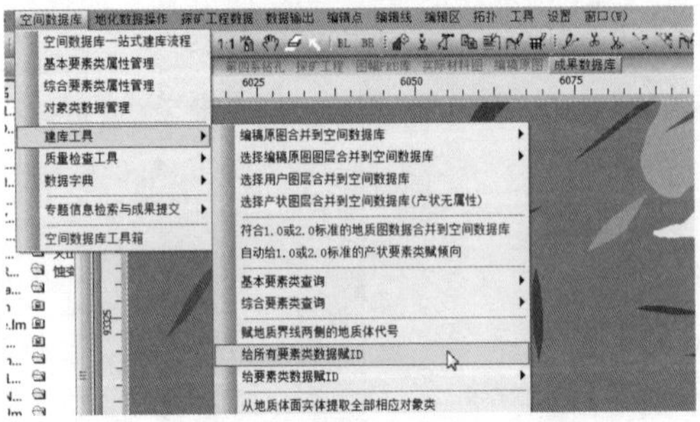

图 21.9.9　自动给所有要素类赋 ID 菜单

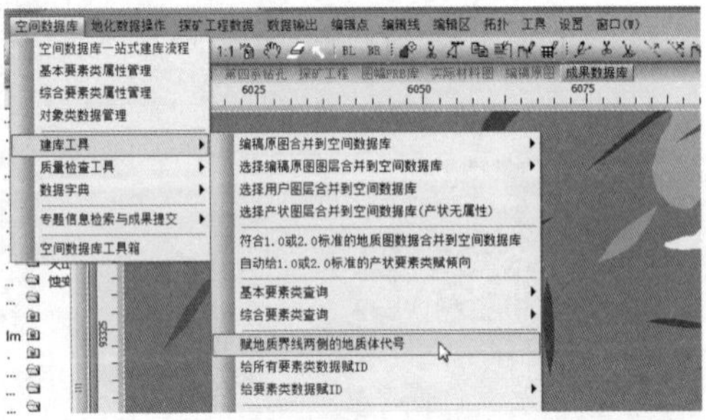

图 21.9.10　自动赋地质界线两侧地质体代号菜单

## 21.9.4　自动给断层编号字段加图幅编号

系统可以自动给断层对象类的断层编号属性加上断层图幅编号，操作方式可以是：① 通过菜单“自动给断层编号字段加图幅编号”；② 进入对象类数据输入对话框，选择断层对象类后，通过点击“断层编号自动加图幅号”按钮实现（图 21.9.11）。

## 21.9.5　选择产状合并到空间数据库（产状无属性）

如果需要将不带属性结构的产状文件合并到空间数据库的产状要素类下时：

（1）打开菜单，选择“选择产状合并到空间数据库”（图 21.9.12）。

（2）选择要合并的产状文件（图 21.9.13）。

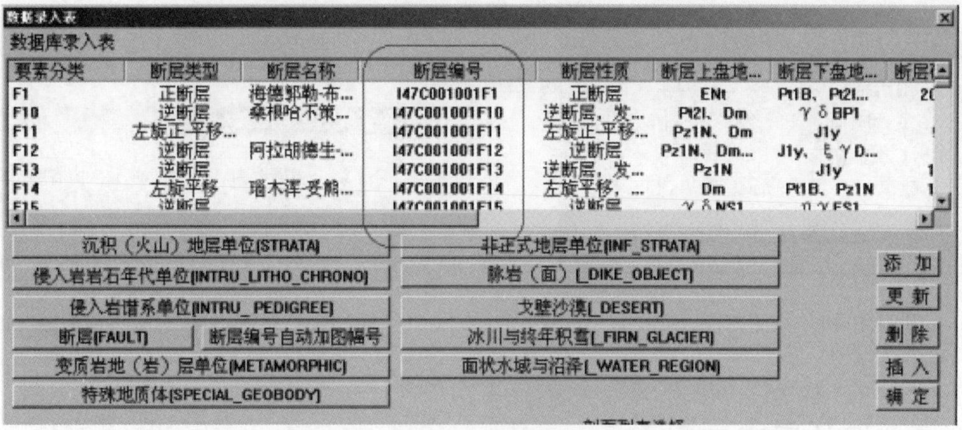


图 21.9.11 给断层编号字段自动加图幅号

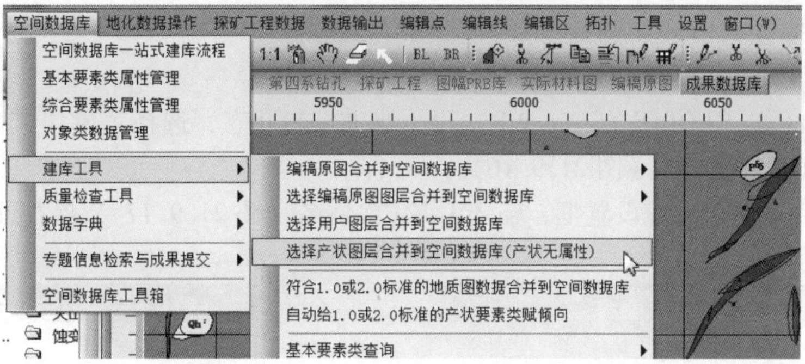


图 21.9.12 选择产状合并到空间数据库

图 21.9.13 选择待合并的文件

（3）选择产状的短尺方向，用户需要在合并前先了解该产状文件的短尺方向，从产状符号的子图库中可获得短尺方向。

（4）提示是否删除原产状要素类的产状要素（图 21.9.15）。

选择是，则删除_Attitude.wt 的所有又有图元；选择否，则往_Attitude.wt 添加产状。

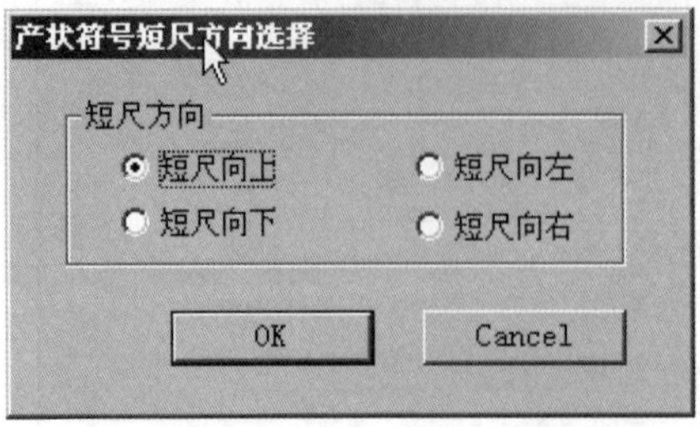


图 21.9.14　选择产状短尺方向

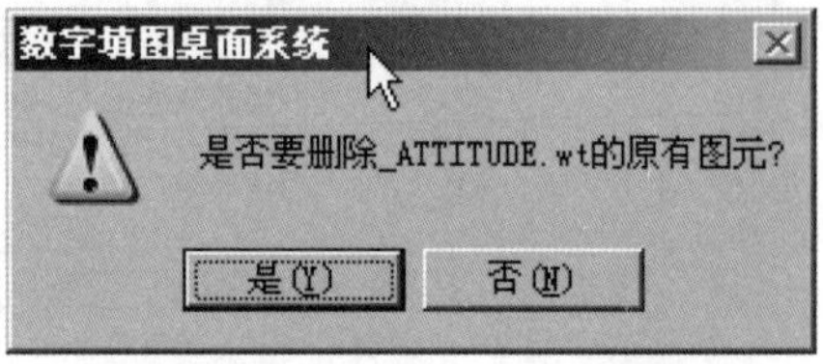


图 21.9.15　提示是否删除原有图元

## 21.9.6　拓扑重建工具

本节主要介绍如何利用 Label 点的生成与合并功能，对于如何将该功能结合到拓扑重建流程中，请参考 21.1 节。

（1）生成 Label 点文件（带参数）

将区文件（如_GEOPOLYGON.WP）设为当前编辑状态，选择菜单“其它”→“生成 Label 点文件（带参数）”（图 21.9.16）。

弹出 Label 点保存位置设置框，输入 Label 文件名（图 21.9.17），保存即可。

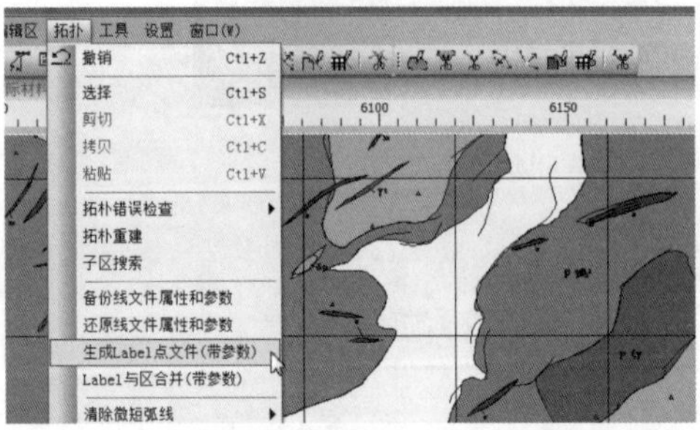


图 21.9.16　生成 label 点文件菜单

图 21.9.17　输入 Label 文件名

（2）Label 点与区合并（带参数）

经过一系列业务流程操作如拓扑重建，生成的区可能颜色和属性均丢失，可以通过 Label 点与区合并功能，快速恢复大部分图元的属性和参数。如，拓扑重建后，区文件如图 21.9.18 所示。

选择菜单（图 21.9.19）。

弹出 Label 点文件选择框，选择之前生成好的 Label 点文件，点击“打开”即可（图 21.9.20）。

合并后的效果如图 21.9.21 所示。

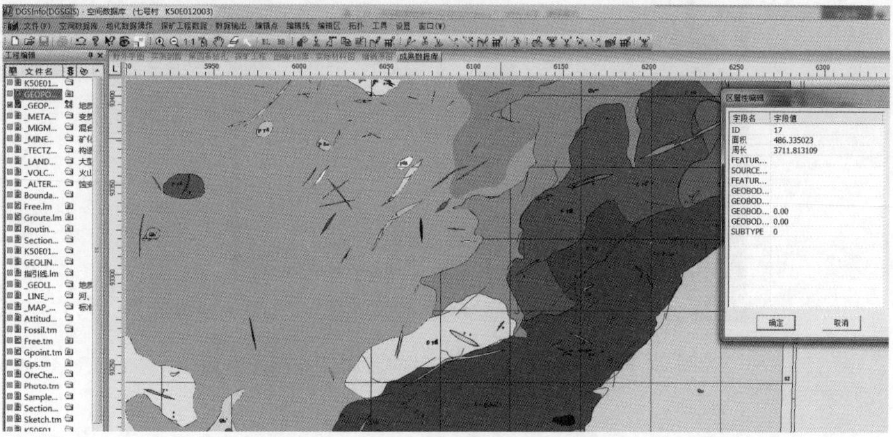

图 21.9.18 Label 点合并前的区属性

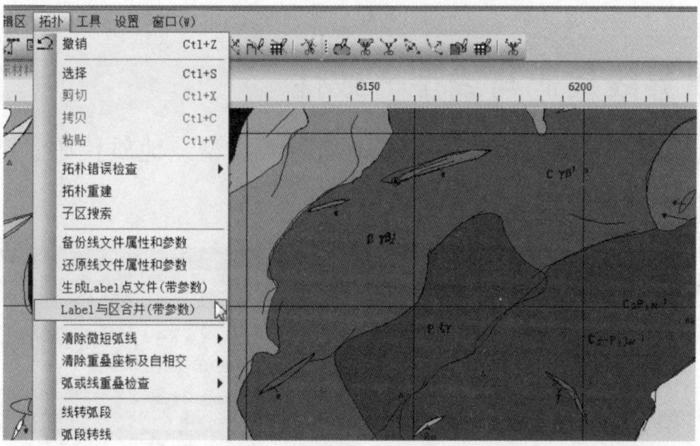


图 21.9.19 label 点与区合并菜单

图 21.9.20 选择 Label 点文件

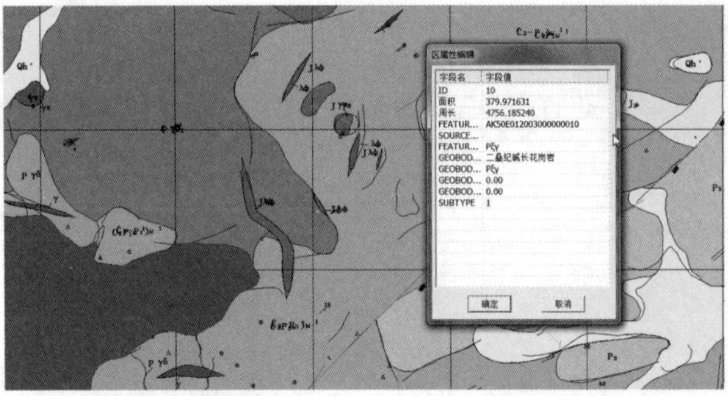

图 21.9.21　合并 Label 点后的区属性和图形参数

# 21.10　辅助检查工具

## 21.10.1　地质界线代码与线型一致性

检查地质界线代码与线型一致性：检查地质界线类型、地质代码、线型（包括辅助线型）是否符合规范要求。

检查的错误结果包括：打开原型库失败、界线类型有误、界线代码有误、线型有误、界线（断层）线型有误。

用户可以通过交互界面动态浏览某条界线，更改该地质界线类型、地质代码、线型（包括辅助线型）。

操作如下：

（1）选择菜单“辅助检查工具”→“判断地质界线代码与线型一致性”（图 21.10.1）。

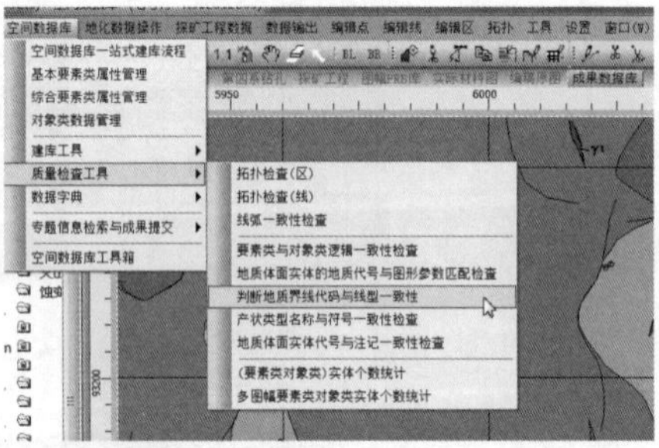


图 21.10.1　判断地质界线代码与线型一致性菜单

（2）弹出检查结果对话框（图 21.10.2）。

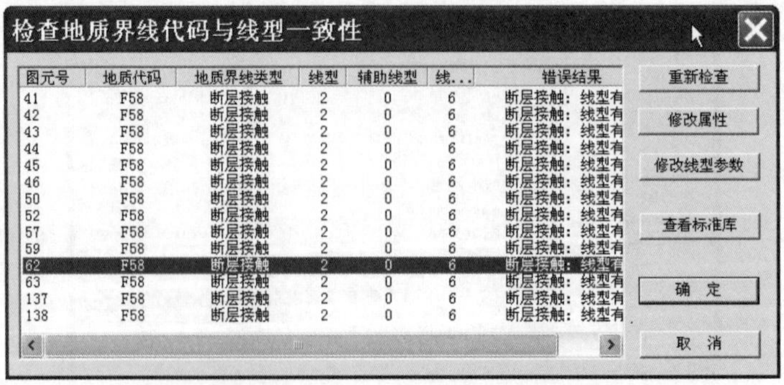


图 21.10.2　检查结果对话框

点击列表的某一行，可以查看某个线图元的地质代码、地质界线类型、线型和错误结果；同时该图元闪烁（图 21.10.3）。

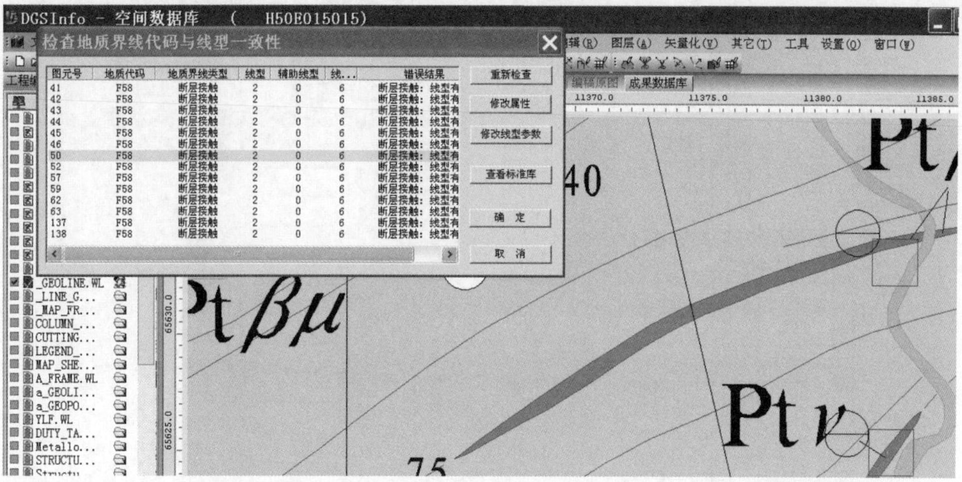


图 21.10.3 查看检查结果

（3）如果地质代码、地质界线类型有误，可以通过点击按钮“修改属性”来修改地质代码、地质界线类型（图 21.10.4）。

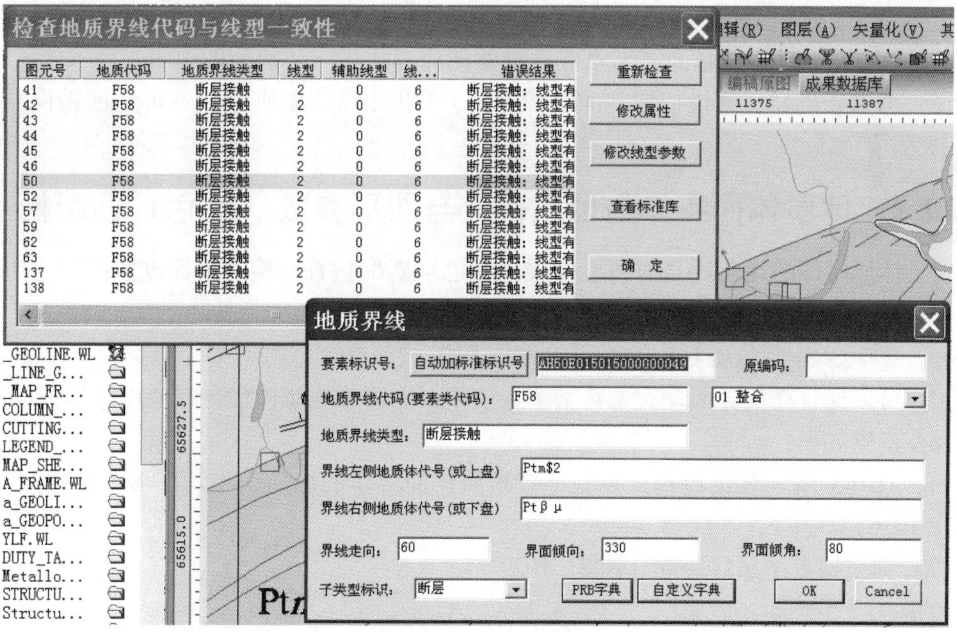


图 21.10.4 修改属性

（4）如果线型有误，可以点击按钮“修改线型参数”（图 21.10.5）。

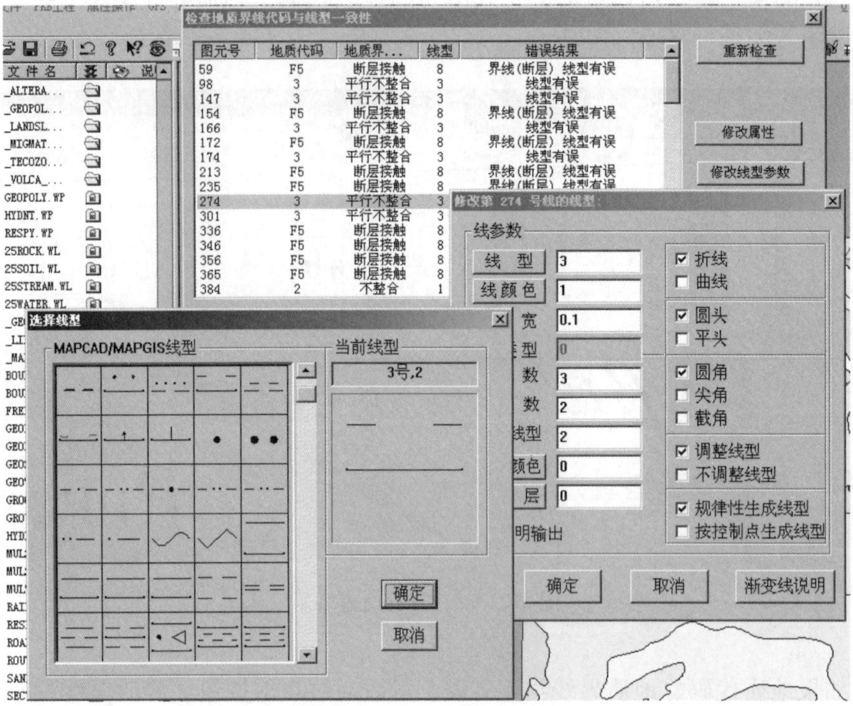

图 21.10.5　修改线型参数

可以通过查看标准库信息查看系统提供的地质界线代码与线型的说明。

（5）修改正确后，通过按钮“重新检查”，可以发现该地质界线不再返回错误结果到列表中。

## 21.10.2　地质体面实体的地质代号与图形参数（颜色）匹配检查

地质体面实体的地质代号与图形参数（颜色）匹配检查，检查过程包括：

- 一种地质代号所对应的地质体颜色是否唯一。
- 一种地质体颜色所对应的地质代号是否唯一。

用户可以通过交互界面动态浏览某个地质体，更改该地质体代号和地质体颜色。

操作步骤如下：

（1）选择菜单“辅助检查工具”→“地质体面实体的地质代号与图形参数匹配检查”（图 21.10.6）。

（2）弹出检查结果对话框（图 21.10.7）。

包括：

- 一种地质代号所对应的地质体颜色是否唯一情况。
- 一种地质体颜色所对应的地质代号是否唯一情况。

点击任意一个列表的某一行，可以查看选择地质体图元的地质代码和地质体颜色；同时该图元闪烁（图 21.10.8）。

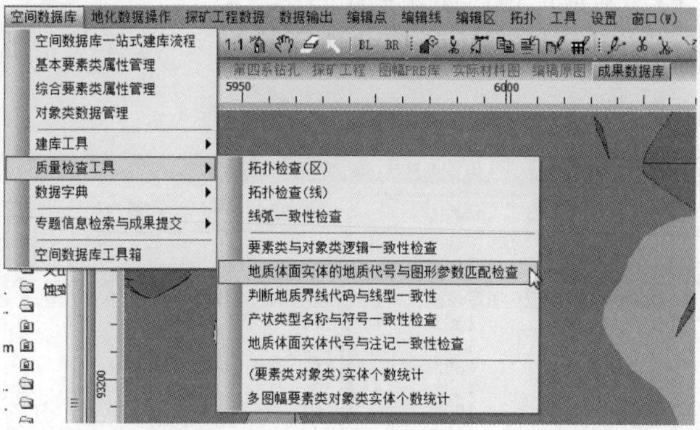


图 21. 10. 6　地质体面实体的地质代号与图形参数匹配检查菜单

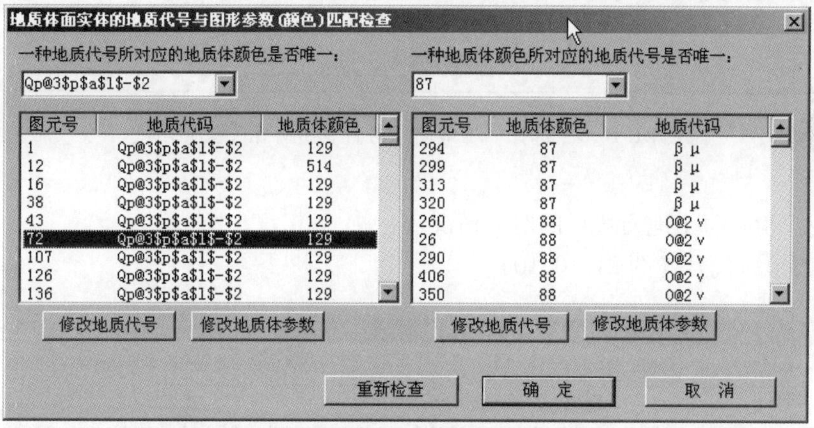


图 21. 10. 7　检查对话框

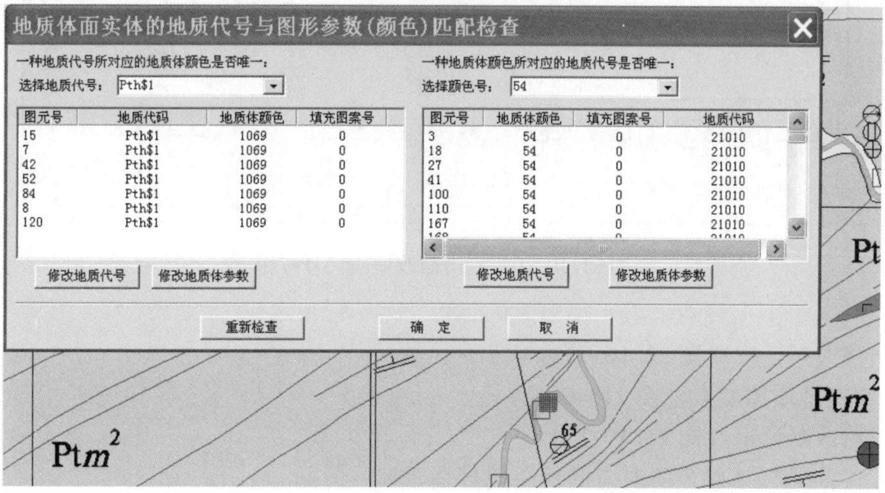


图 21. 10. 8　查看地质体图元的地质代码和地质体颜色情况

（3）一种地质代号所对应的地质体颜色是否唯一。

选择左边下拉框，（下拉框包括所有的地质代号），选择某个地质代号，效果如图21.10.9所示。

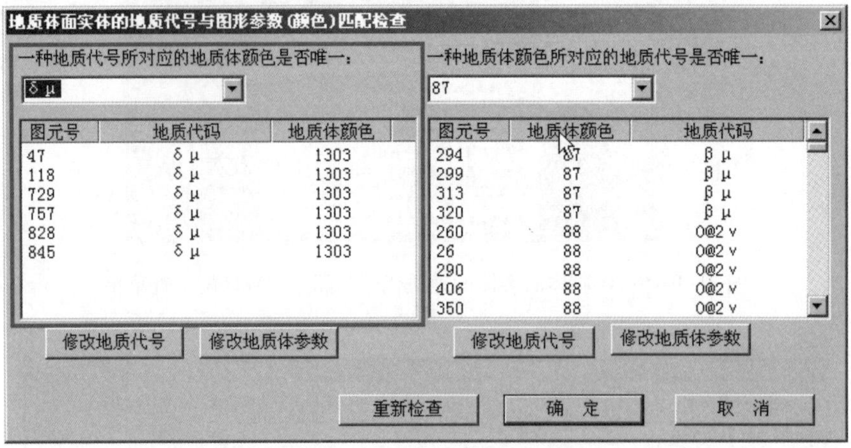


图21.10.9　选择一种地质代号查看所有相关图元颜色

方便用户检查每个地质代号的对应情况。

1）修改地质代号（图21.10.10）。

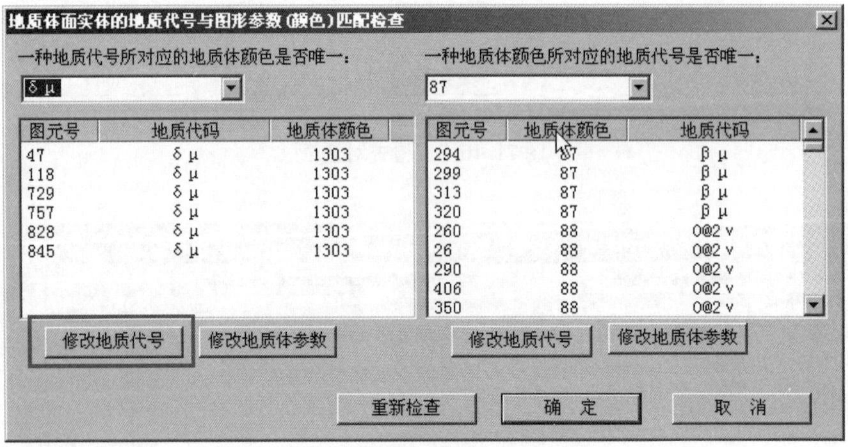


图21.10.10　点击修改地质代号按钮

弹出修改对话框（图21.10.11）。

2）修改地质体参数（图21.10.12）。

弹出修改对话框（图21.10.13）。

（4）一种地质体颜色所对应的地质代号是否唯一情况。

选择右边下拉框（下拉框包括所有的地质体颜色值），选择某种颜色，效果如图21.10.14所示。方便用户检查每种颜色的对应情况。

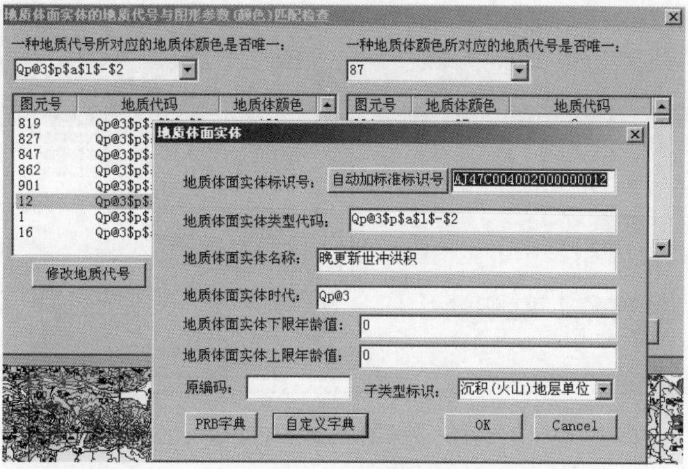


图 21.10.11　属性修改界面

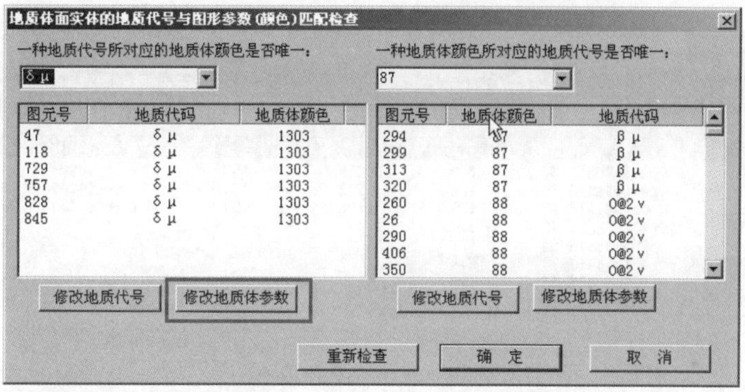


图 21.10.12　点击修改图形参数按钮

图 21.10.13　修改地质体颜色等参数

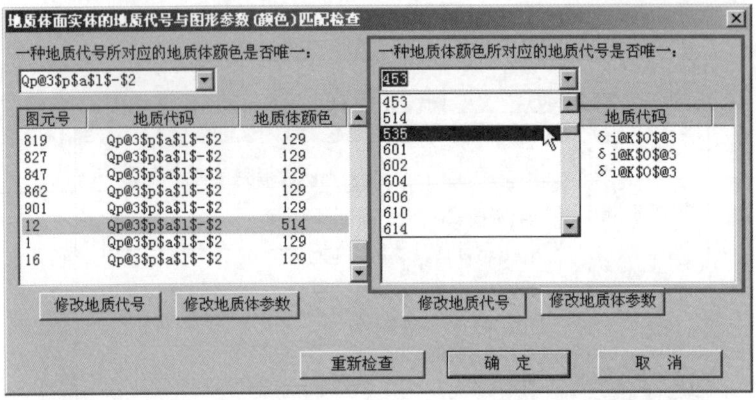


图 21.10.14　选择一种颜色查看所有相关图元的地质代号

修改地质体代号和修改地质体参数的操作同步骤 3（图 21.10.15）。

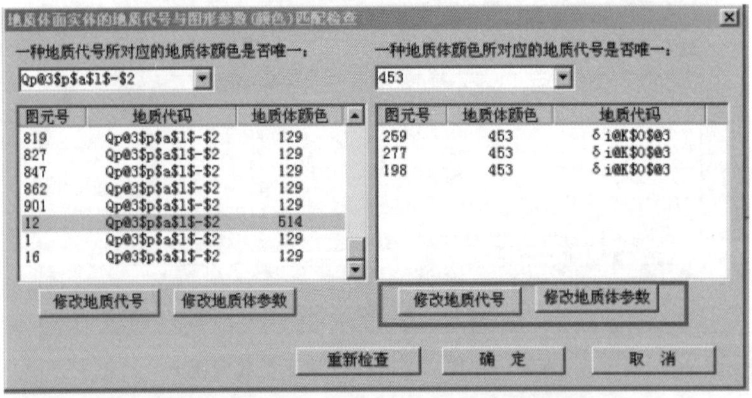


图 21.10.15　修改地质代号和地质体参数

（5）修改正确后，通过按钮“重新检查”进行重新检查功能（图 21.10.16）。

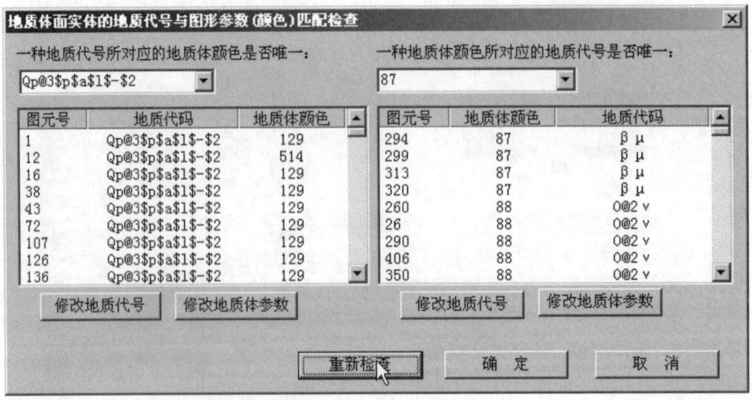


图 21.10.16　重新检查

## 21.10.3　拓扑检查（区）、拓扑检查（线）、线弧套合检查

（1）拓扑检查（区）、拓扑检查（线）

主要检查区和线的拓扑错误。操作如下：

检查之前，需要将被检查的图层设为“当前编辑”状态（图 21.10.17）。

选择菜单如图 21.10.18 所示。

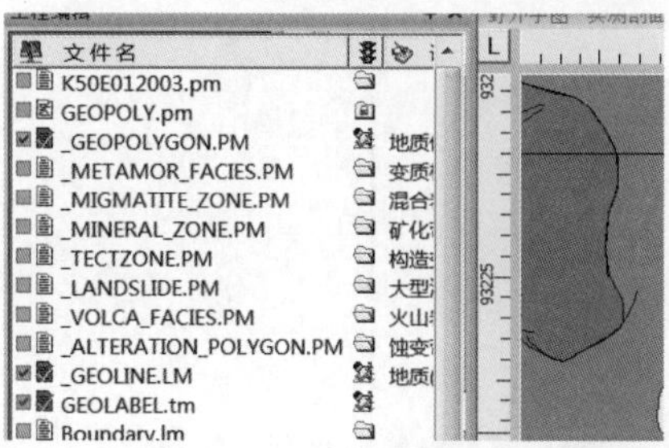


图 21.10.17　将待查图层设为当前编辑状态

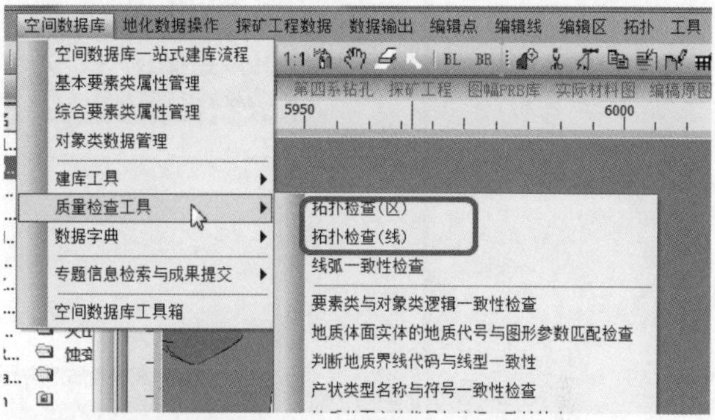


图 21.10.18　拓扑检查区和线

检查之前，提示是否重设结点/裁剪搜索半径（图 21.10.19）。

如果选择“是”，弹出设置框（图 21.10.20）。

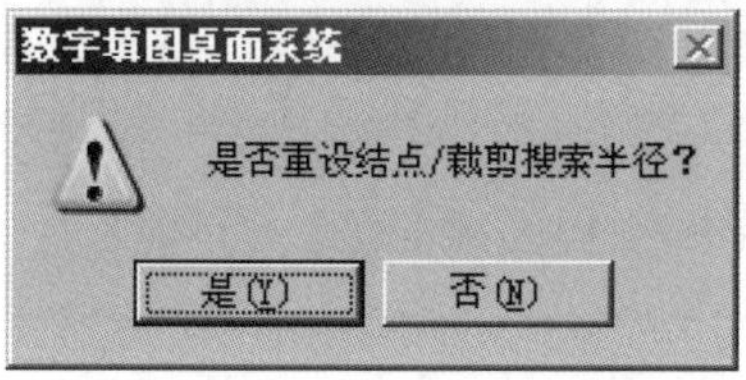


图 21.10.19　提示是否重设搜索半径

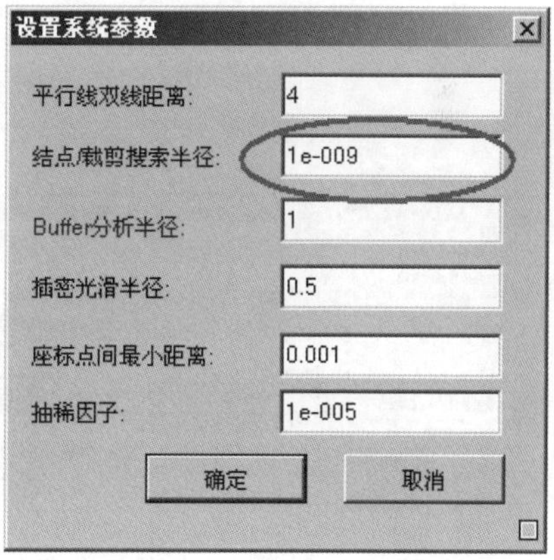


图 21.10.20　设置搜索半径

点击“确定”，弹出检查结果。在此基础上进行结果修改（图 21.10.21）。

（2）线弧一致性检查

提供检查工具检查_Geoline.wl 和_Geopolygon.wp 是否线弧套合。可以根据检查结果动态修改错误信息。

- 根据地质界线，分析匹配的地质体弧段，错误结果为：无相匹配弧段的地质界线。

图 21.10.21　拓扑错误检查界面

• 根据地质体面实体弧段，分析匹配的地质界线，错误结果为：无相匹配地质界线的地质体面实体弧段。

操作步骤如下：

选择菜单（图 21.10.22），弹出检查对话框（图 21.10.23）。

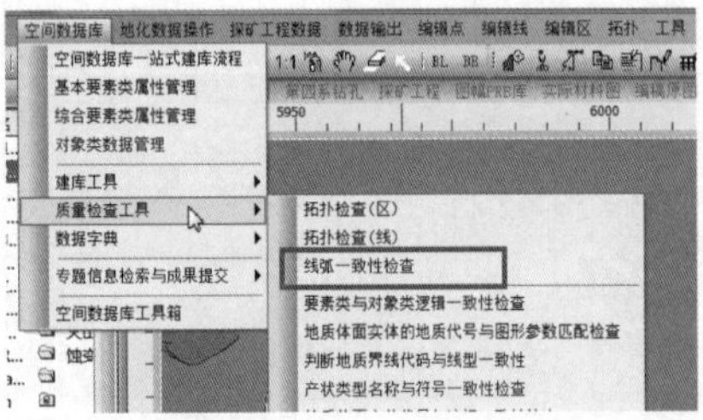


图 21.10.22　线弧一致性检查菜单

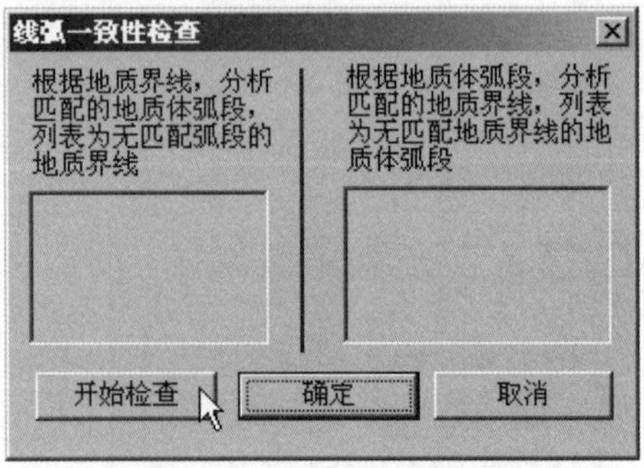


图 21.10.23　线弧一致性检查界面

点击“开始检查”，检查过程开始（图 21.10.24）。

也可重新检查（图 21.10.25）。

## 21.10.4　检查基本要素类和对象类的一致性

对象类存在，要素类必须存在；

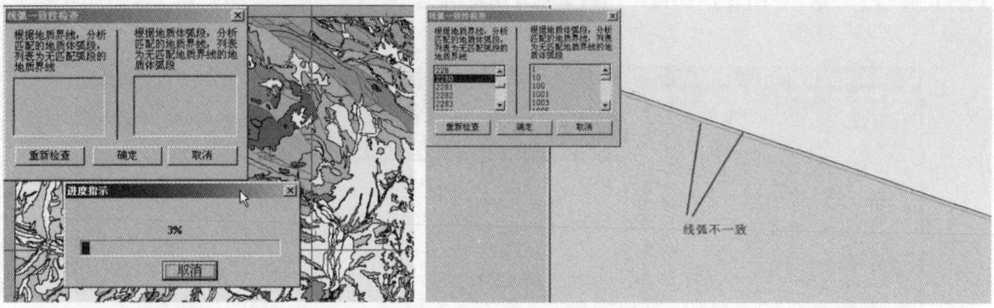


图 21. 10. 24　检查过程

从要素类提取的对象类与已经存在的对象类必须一致。

操作步骤如下：

(1) 选择菜单如图 21. 10. 26 所示。

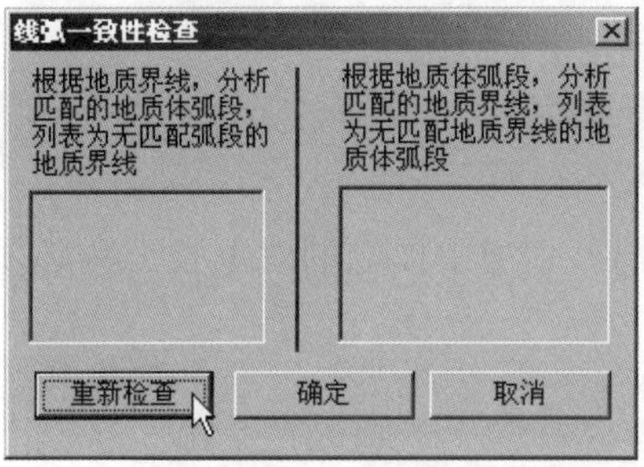


图 21. 10. 25　线弧一致性检查

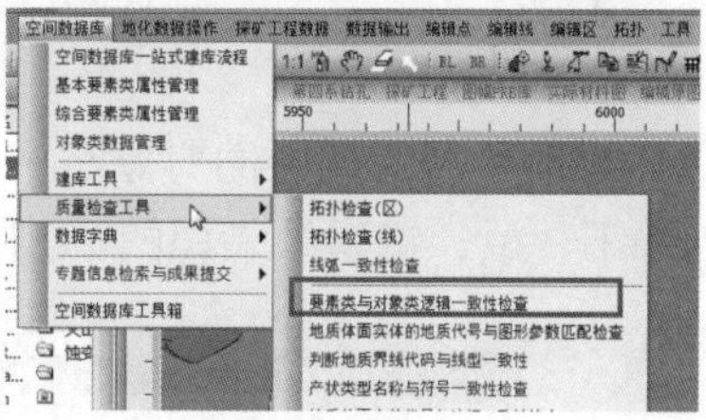


图 21. 10. 26　要素类与对象类一致性检查菜单

(2) 弹出检查结果对话框（图 21. 10. 27）。

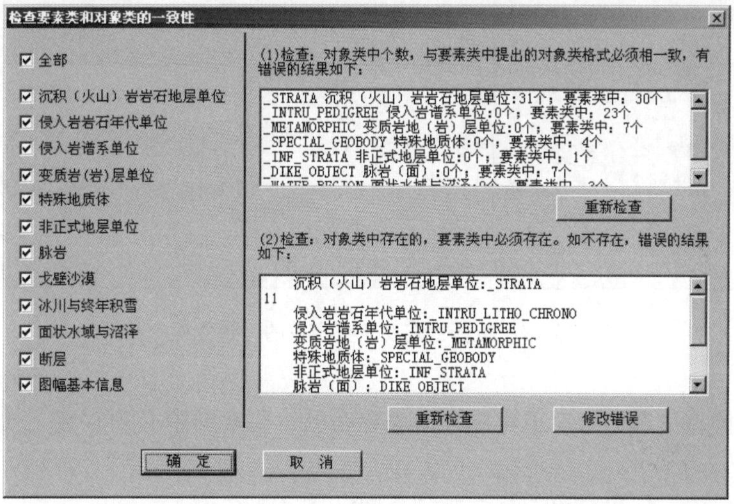


图 21. 10. 27　要素类与对象类一致性检查界面

（3）选择某些要素类进行检查（图 21. 10. 28）。

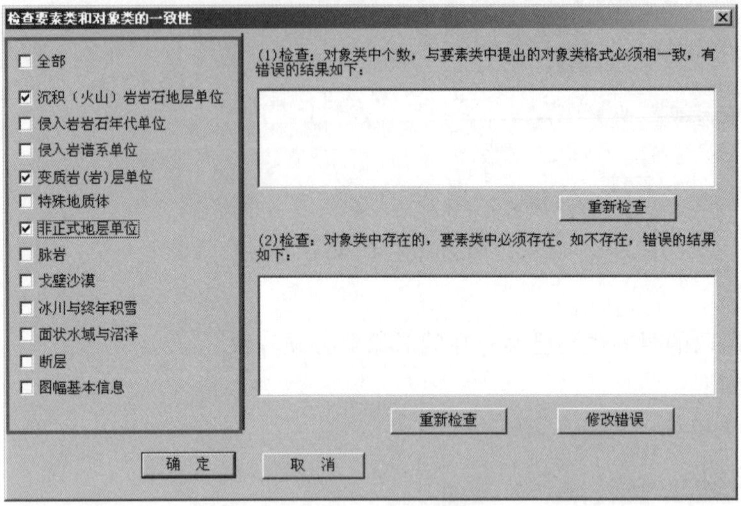


图 21. 10. 28　选择要检查的对象类

（4）重新检查：选中的对象类中，对象个数，与要素类中提取的对象类个数必须相一致，如果不一致，错误结果如图 21. 10. 29 所示。

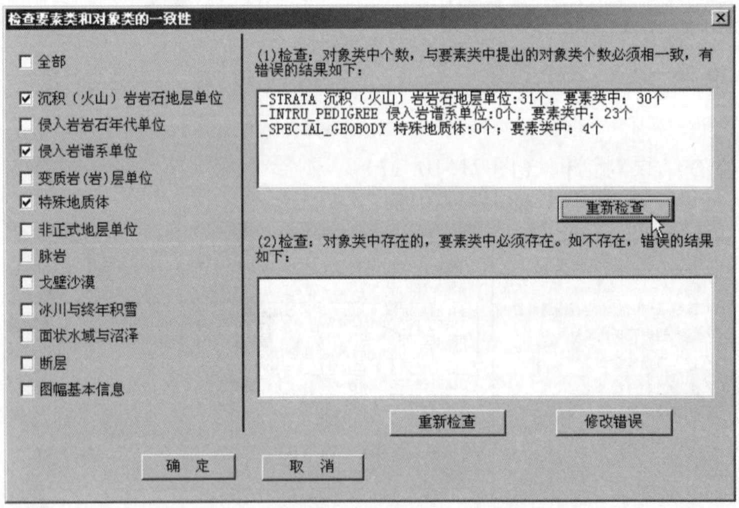


图 21. 10. 29　重新检查要素类个数的一致性检查结果

（5）重新检查：选中的对象类中，对象存在的，要素类中必须存在。如不存在，错误结果如图 21. 10. 30 所示。

（6）修改错误，弹出对象类属性管理界面（图 21. 10. 31）。

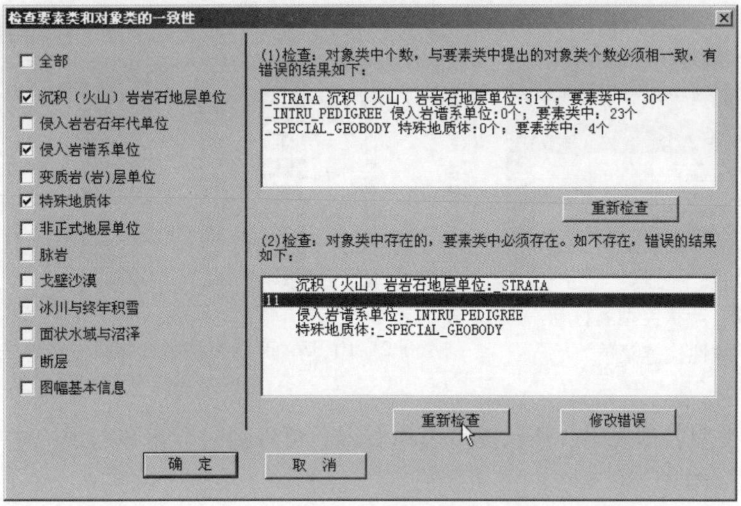


图 21.10.30 要素类与对象类存在合理性检查结果

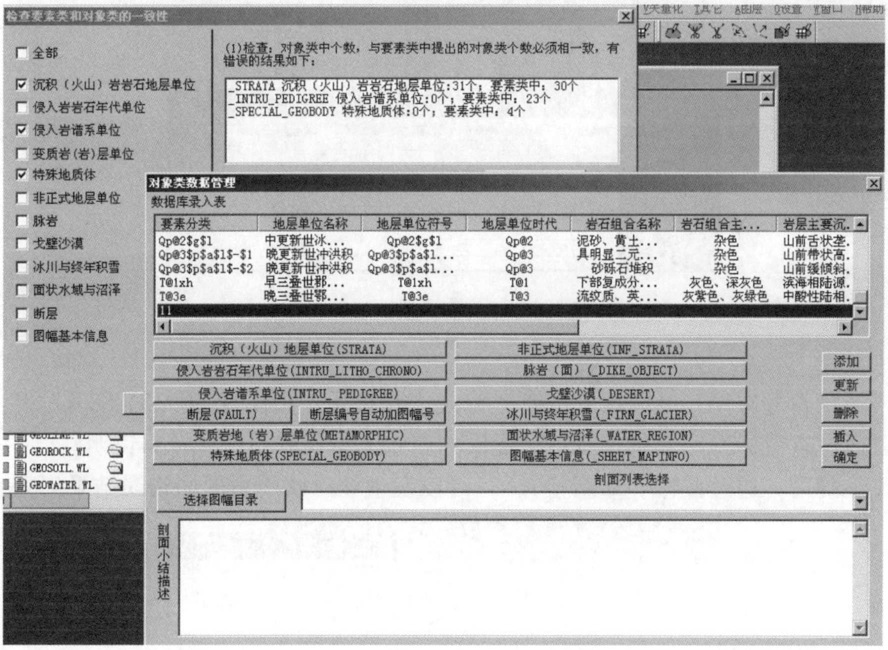


图 21.10.31 根据检查结果修改错误

## 21.10.5 产状检查

检查产状类型名称、产状类型名称代码、产状是否符合规范要求。选择菜单（图 21.10.32，图 21.10.33）。

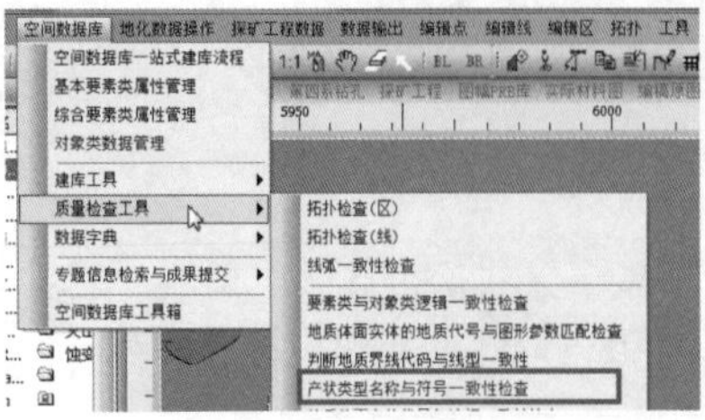


图 21.10.32　产状类型名称与符号一致性检查菜单

图 21.10.33　产状类型名称与符号一致性检查界面

如果产状类型名称代码、产状类型名称有误，可以通过双击该行或点击按钮“修改属性”进行修改（图 21.10.34）。

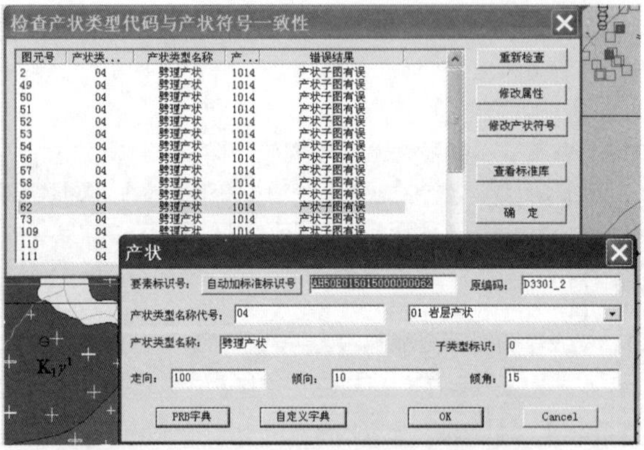


图 21.10.34　根据检查结果修改产状属性

如果产状符号有误，可以点击按钮“修改产状符号”（图 21.10.35）：

可以通过查看标准库信息查看系统提供的产状类型代码与产状符号说明。

修改正确后，通过按钮“重新检查”，可以发现该产状不再返回错误结果到列表中。

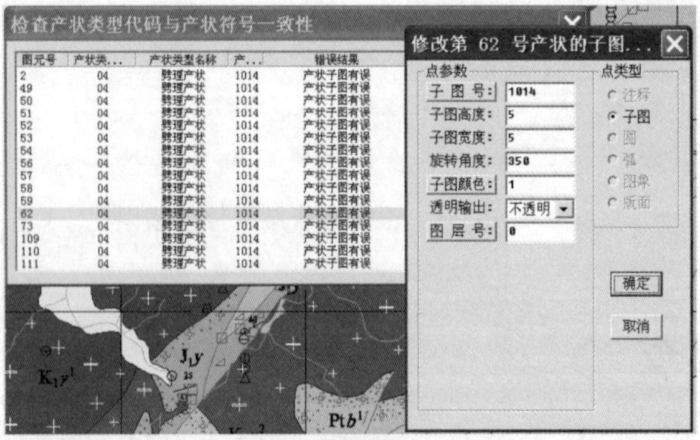


图 21.10.35　根据检查结果修改产状符号

## 21.10.6　地质体地质代号与注记一致性检查

在空间数据库下，选择菜单（图 21.10.36），弹出对话框（图 21.10.37）：

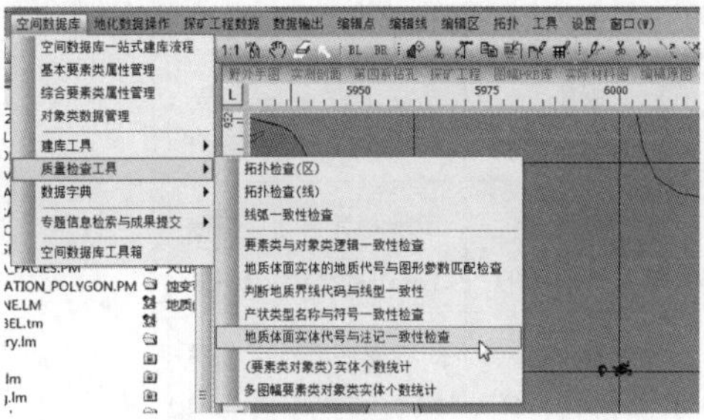


图 21.10.36　地质体面实体代号与注记一致性检查菜单

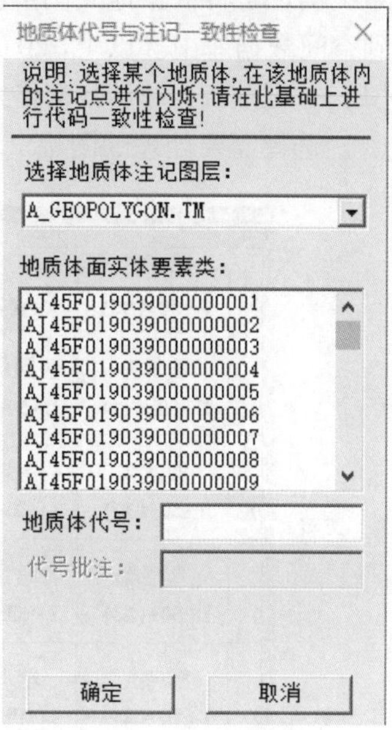


图 21.10.37　地质体面实体代号与注记一致性检查界面

选择注记图层文件（图 21.10.38）。

点中列表中的某个地质体要素，显示地质体代号，该地质体范围内的注释点在图上闪烁（图 21.10.39）。

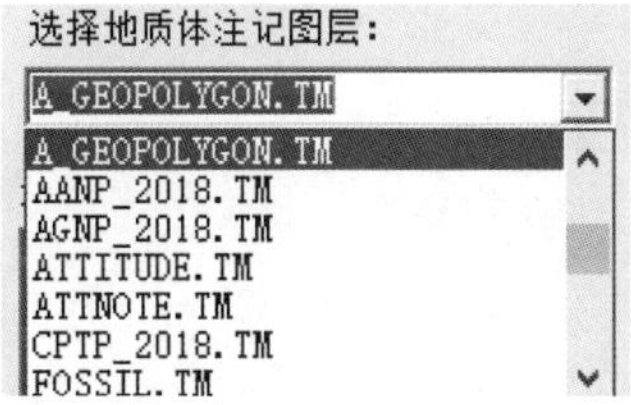


图 21.10.38　选择注记图层

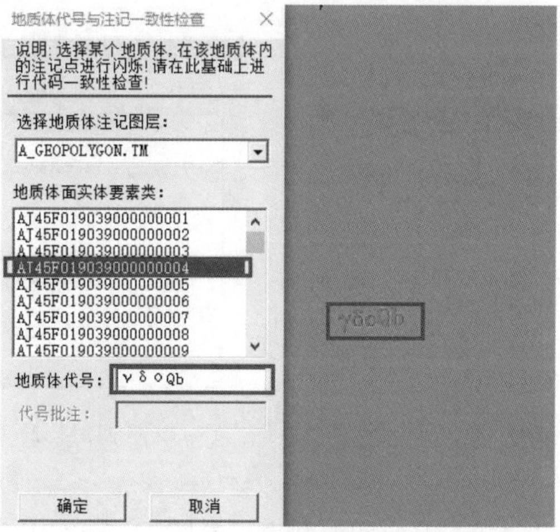


图 21.10.39　选择某个地质体并查看注记

# 21.11 选择其他地质图标准的数据合并到空间数据库

系统实现了将依据地质图空间数据库建设工作指南 1.0 版和 2.0 版生产的地质图数据合并到空间数据库中。以 1∶20 万地质图数据为例，说明合并过程。

（1）数据准备：原始数据格式需要符合地质图空间数据库建设工作指南 1.0 版和 2.0 版。

（2）选择需要处理的图幅（图 21.11.1）。

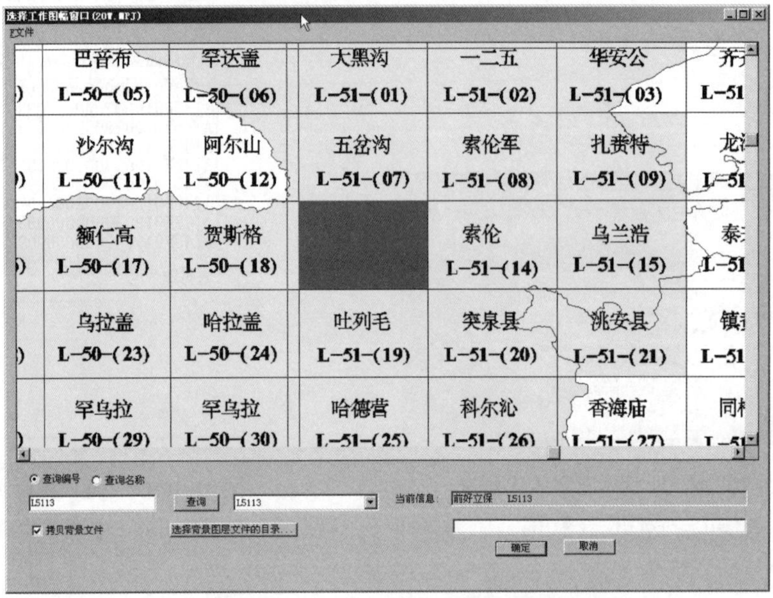


图 21.11.1 选择需处理的图幅

（3）拷贝背景图层（图 21.11.2）。

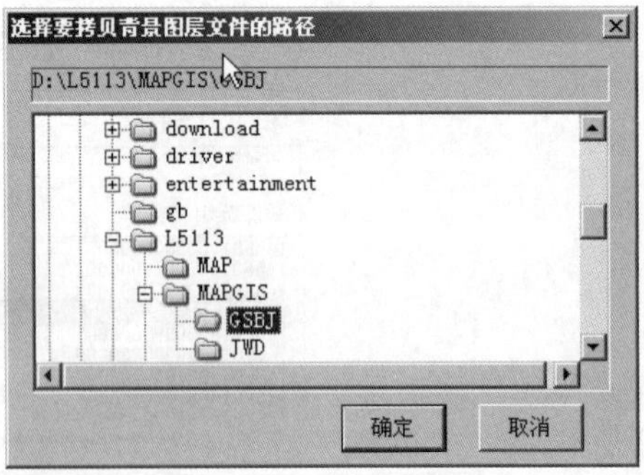


图 21.11.2 拷贝背景图层

（4）打开空间数据库：参照 21.2 和 21.3 章节的操作。

（5）合并 1∶20 万地质图数据到空间数据库

选择菜单“符合1.0或2.0标准的地质图数据合并到空间数据库”，提示选择哪种标准方式（图21.11.3）：

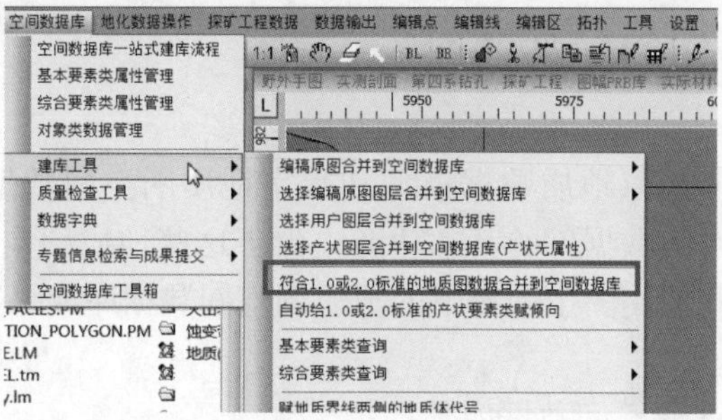


图21.11.3　选择“符合1.0或2.0标准的地质图数据合并到空间数据库”菜单

弹出选择标准号（1.0或2.0）对话框（图21.11.4），选择需要处理的目录（图21.11.5），系统自动完成转换，转换过程自动完成了对空间数据库要素类、对象类的处理。

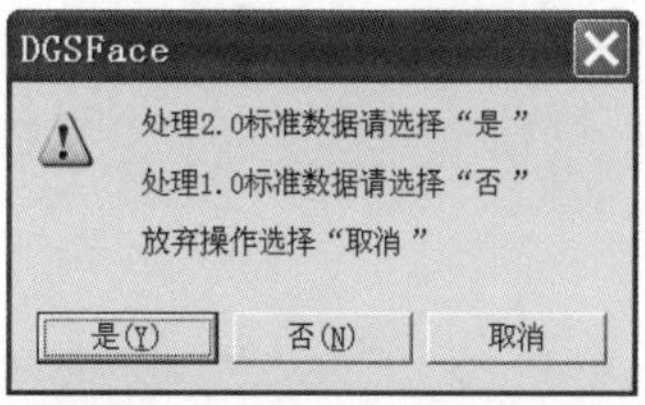


图21.11.4　选择标准号对话框

图21.11.5　选择需要处理的目录

（6）自动给1.0或2.0标准的产状要素类赋倾向和走向。

由于无法继承原1∶20万地质图中产状的走向和倾向到空间数据库的产状要素类中，因此，提供自动给产状要素类赋倾向和走向的功能。

选择菜单（图21.11.6），选择不同类型产状的短尺方向，确定即可（图21.11.7）。

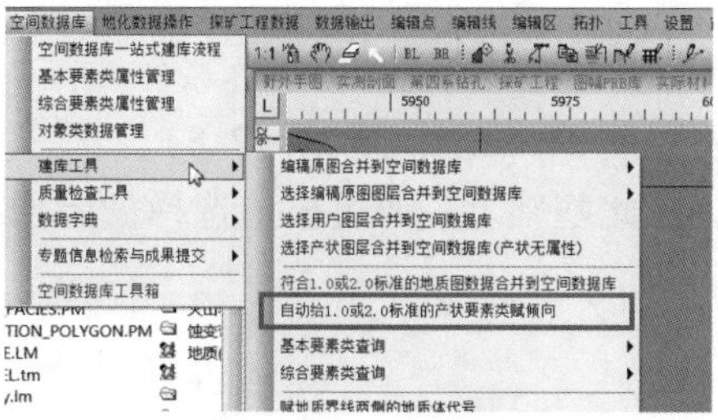


图21.11.6　选择菜单

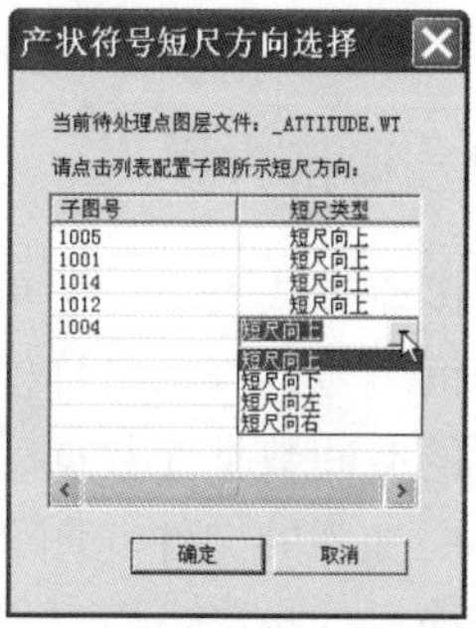


图21.11.7　选择不同类型产状的短尺方向

另外，该功能适合于所有比例尺下的地质图空间数据库的产状要素类的走向和倾向的赋值。

# 21.12 空间数据库检索功能

空间数据库检索功能是以地质数据模型和数字地质图空间数据库标准为依据开发的。系统提供了建立地质图空间数据库的基本功能，由于这些地质图空间数据库是以图幅方式组织的，可进一步整理和使用多个图幅下的地质图空间数据库成果数据。

主要能包括：

（1）根据需要加载多幅空间数据库数据；

（2）交互式查询和检索不同要素类属性；

（3）地质要素检索，又分基本要素类、综合要素类、对象类检索，检索条件用户可自选，其中包括：要素类到对象类、对象类到要素类、对象类到对象类的检索；

（4）根据地质年代检索要素类；

（5）地理内容的检索：河流海岸线、地名等信息；

（6）专题图层的生成。

## 21.12.1 检索功能的流程

检索流程如图 21.12.1 所示。

## 21.12.2 地质图空间数据库数据的加载

### 21.12.2.1 快速浏览

该方式是保证需要浏览的空间数据库数据处于同一个坐标系下，且处于同一投影带。这种方式下，数据的加载过程比较快。选择如下菜单（图 21.12.2），弹出接图表（图 21.12.3）。

根据查询编号或查询名称模糊查询某个图幅，在此基础上，通过框选选择需要加载的多个图幅下的空间数据库数据（图 21.12.4），按确定，进入数据检索功能界面。

选择需要加载的要素类或其他图层文件（图 21.12.5）：

确定后，加载所选择的文件（图 21.12.6）。

### 21.12.2.2 通用方式

与快速浏览方式类似，菜单选择，弹出接图表（图 21.12.7，图 21.12.8）。

根据查询编号或查询名称模糊查询某个图幅，在此基础上，通过框选选择需要加载的多个图幅下的空间数据库数据，按确定（图 21.12.9）。

选择需要加载的文件（图 21.12.10）。

设置转换后的投影参数（图 21.12.11）。

按确定，将各图幅下原始的空间数据库数据复制到 RGMAPPING 工作目录的

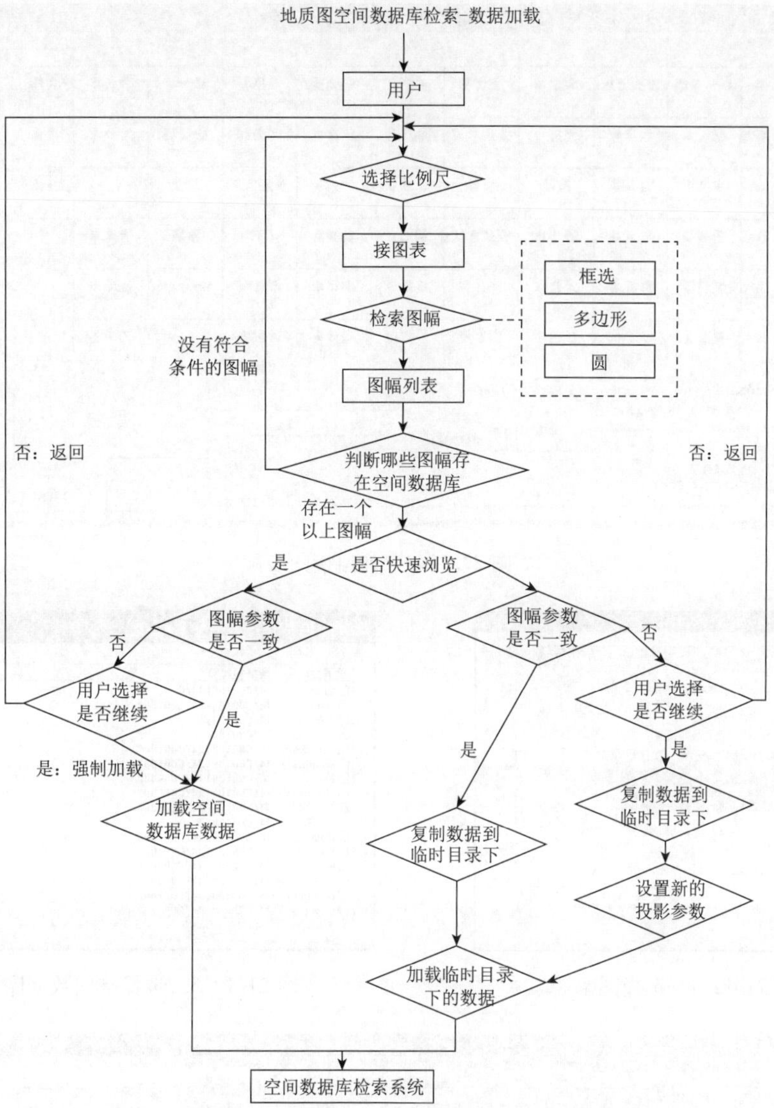


图 21. 12. 1　检索流程

图 21. 12. 2　选择菜单

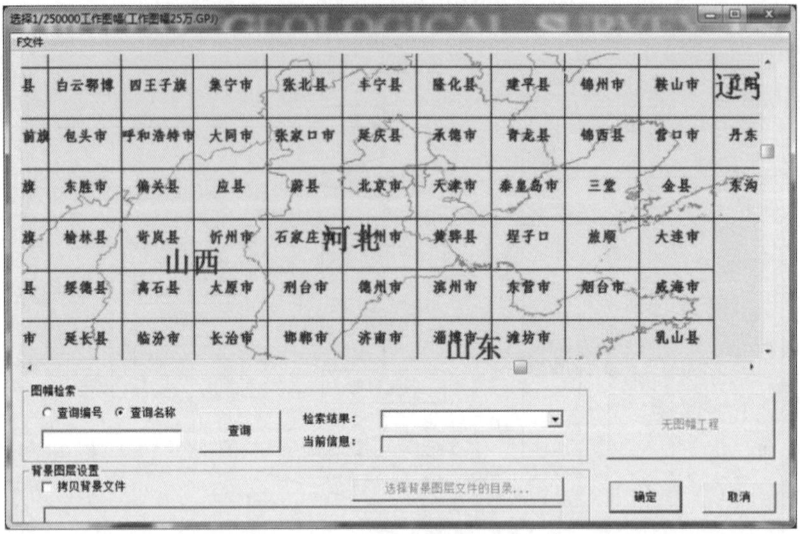


图 21. 12. 3　弹出接图表

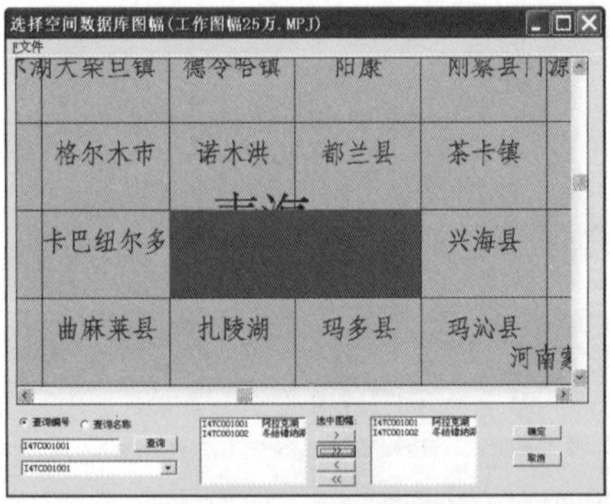


图 21. 12. 4　选择图幅

图 21. 12. 5　选择空间数据库文件

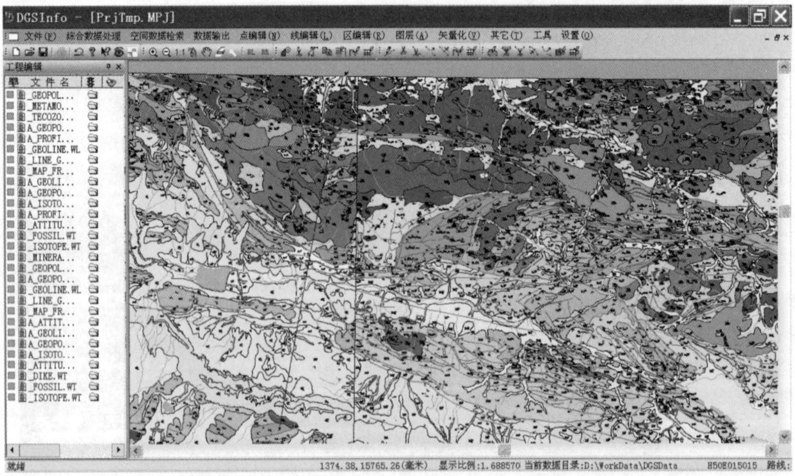


图 21. 12. 6　加载所选文件后的结果

图 21.12.7　选择菜单

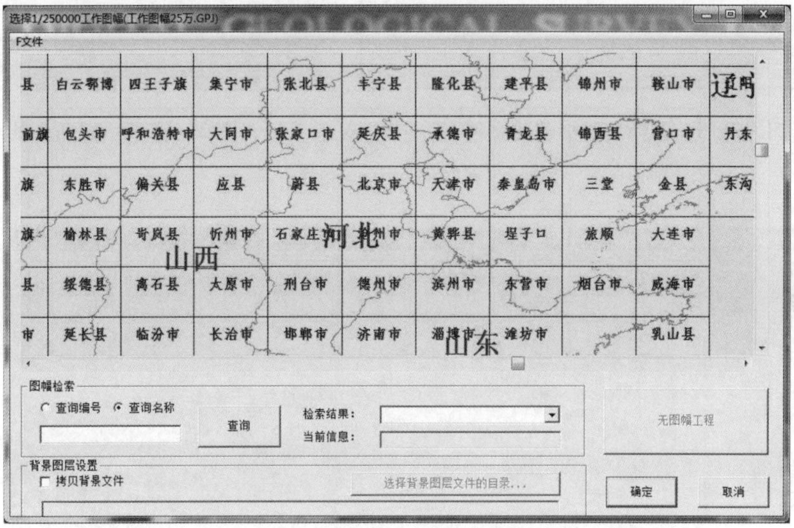


图 21.12.8　弹出接图表

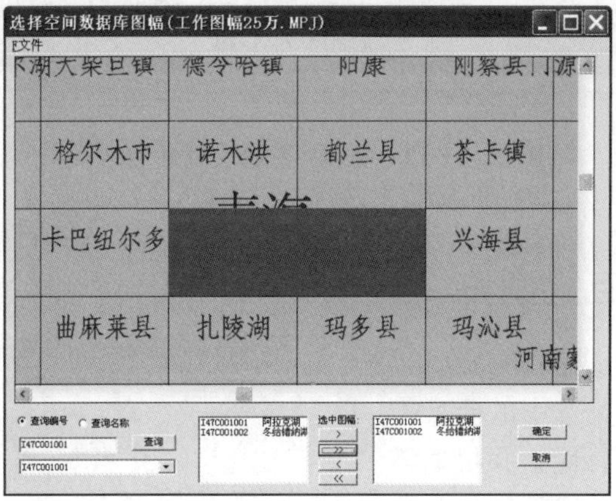


图 21.12.9　选择图幅

SdbPrjTemp 子目录下，并进行投影，进入数据检索功能界面（图 21.12.12）。

**注意**：下面章节涉及的数据检索功能的使用，通过“空间数据库建库”功能进入空间数据库建库系统后，也可使用。

图 21. 12. 10　选择需要加载的文件

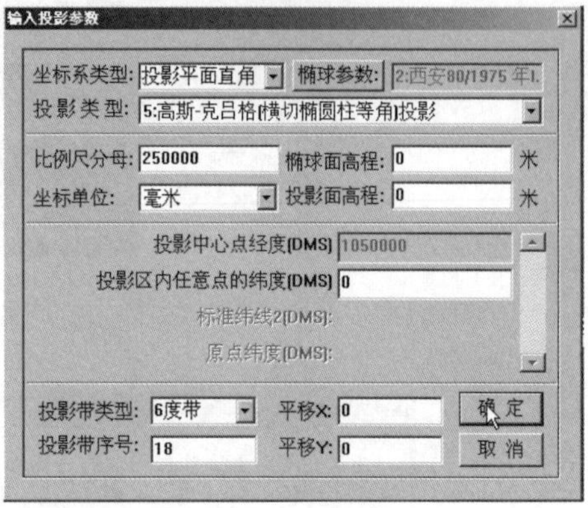


图 21. 12. 11　设置投影参数

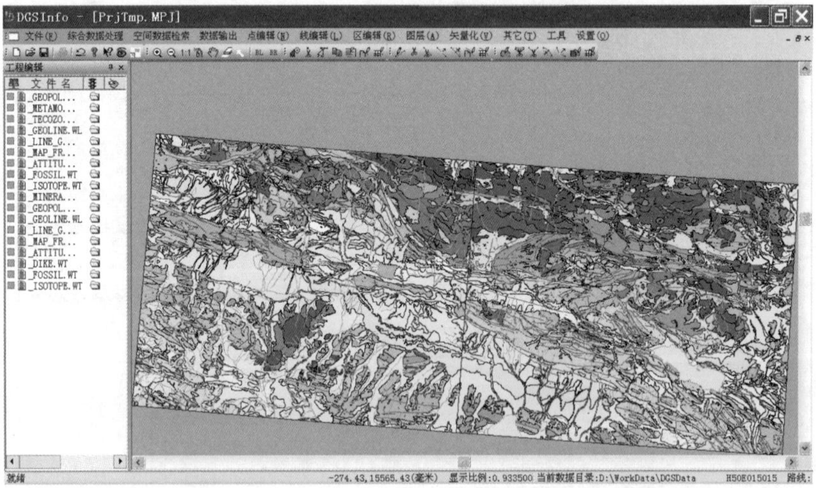


图 21. 12. 12　加载所选择文件后的结果

## 21. 12. 3　要素交互式浏览

可以通过鼠标交互式操作，点击、框选等要素类数据，浏览选中的要素类属性以及相关的对象类属性，并根据需要制作专题图层，专题图层的制作参见 21. 12. 5 节。

选择菜单（图 21. 12. 13）。

框选，弹出检索到的要素类（图 21. 12. 14）。

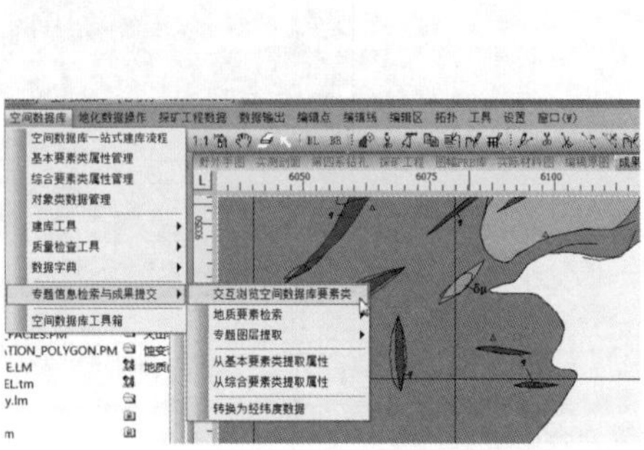

图 21. 12. 13　交互浏览空间数据库要素类菜单

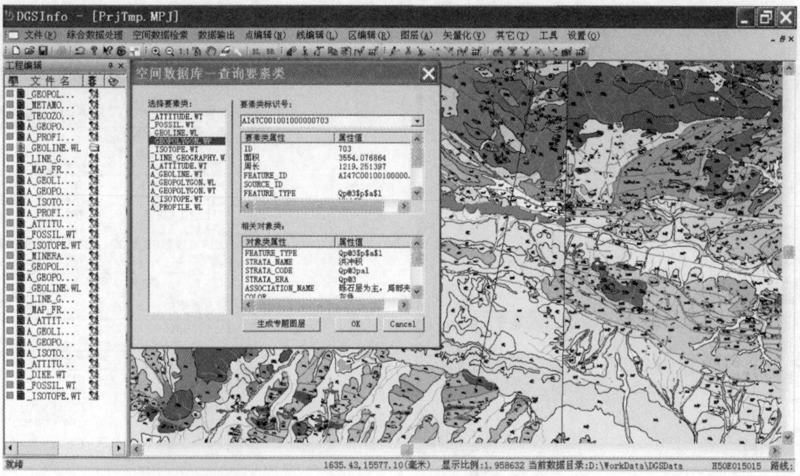


图 21.12.14 框选得到检索结果

选择某个要素类，并选择某个要素，能浏览到该要素的所有属性值，同时，若该要素类具有相应的对象类，能显示关联的对象类的属性（图 21.12.15）。并使该要素图元闪烁。

## 21.12.4 地质要素检索

### 21.12.4.1 对象类检索

根据条件在多个图幅下检索某个对象类，检索为模糊检索过程。选择菜单（图 21.12.16）。

图 21.12.15 检索结果浏览

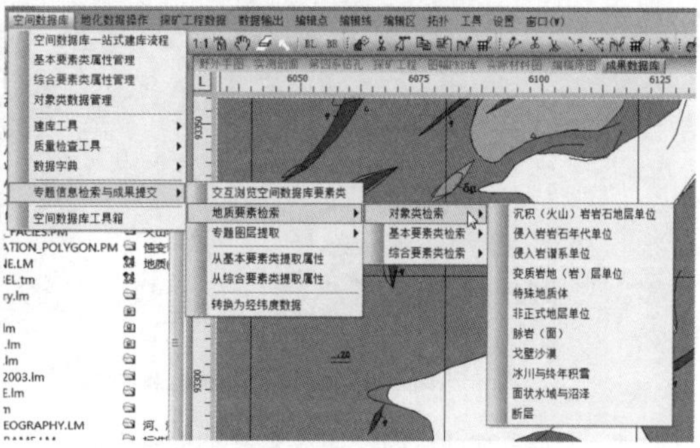


图 21.12.16 对象类检索菜单

选择需要检索的字段，根据参考值，可输入检索条件，进行模糊查询（图 21.12.17）。查询结果如图 21.12.18 所示。

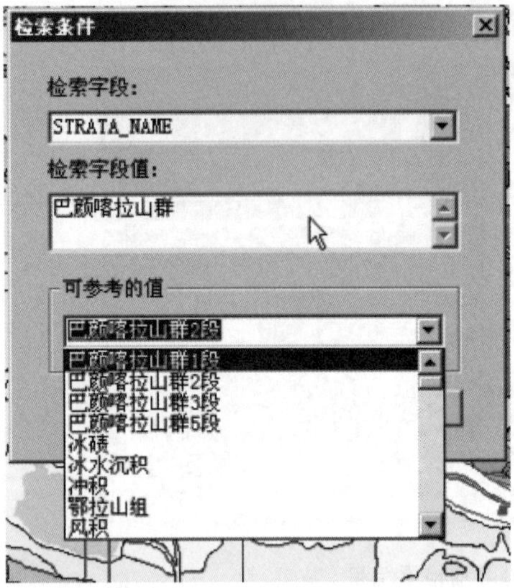


图 21.12.17　输入检索条件

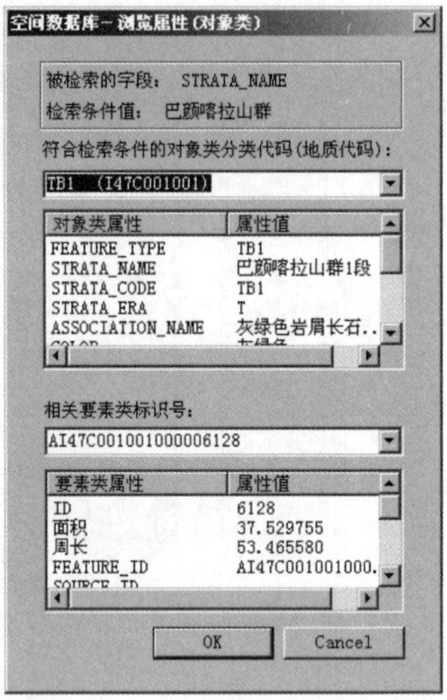


图 21.12.18　检索结果浏览

在检索到的对象类数据，可以通过选择浏览某个对象类对象属性，同时列出所有与该对象有关联的要素类要素，可以浏览这些要素的要素类属性，并使该要素图元闪烁。

## 21.12.4.2　基本要素类检索

根据条件在多个图幅下检索某个基本要素类，检索为模糊检索过程。选择菜单（图 21.12.19）。

选择需要检索的字段，根据参考值，可输入检索条件，进行模糊查询（图 21.12.20）。

查询结果如图 21.12.21 所示。

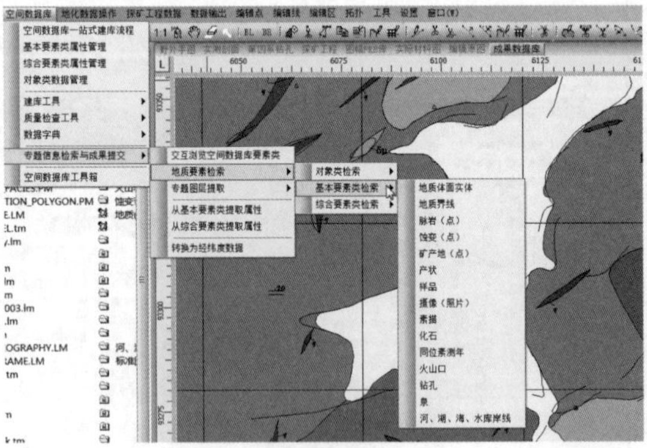

图 21.12.19　基本要素类检索菜单

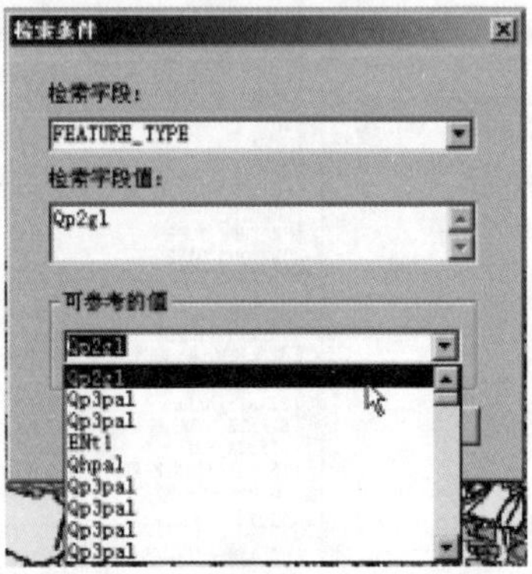


图 21.12.20　输入检索条件

在检索到的要素类数据，可以通过选择浏览某个要素属性，同时列出所有与该要素类有关联的对象类属性，并使该要素图元闪烁。生成这些要素组成的专题图层自动加入工程中（操作见 21.12.5 节）。

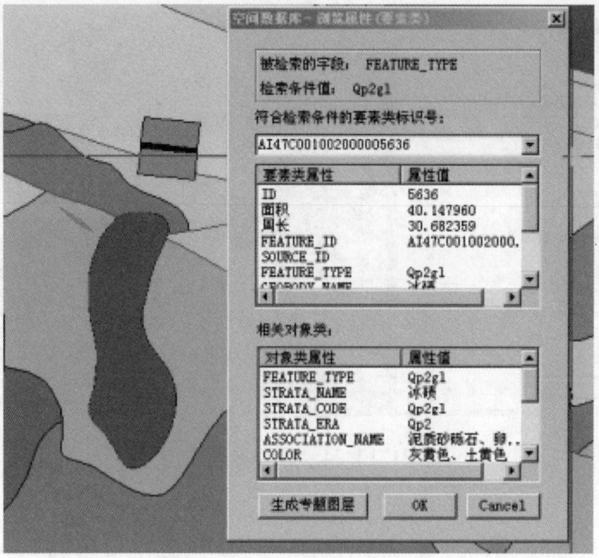


图 21.12.21　检索结果浏览

## 21.12.4.3　综合要素类检索

检索操作过程与基本要素类的检索操作过程一样。

## 21.12.5　专题图层生成

（1）方式 1：要素交互式浏览后，该范围内选中的多个要素类中，用户可根据需要选择某个要素类（参考要素交互式浏览章节），并保存生成专题图层（图 21.12.22）。

（2）方式 2：地质要素检索（基本要素类检索和综合要素类检索），生成的检索结果（图 21.12.23），可以通过专题图的形式保存（图 21.12.24）。

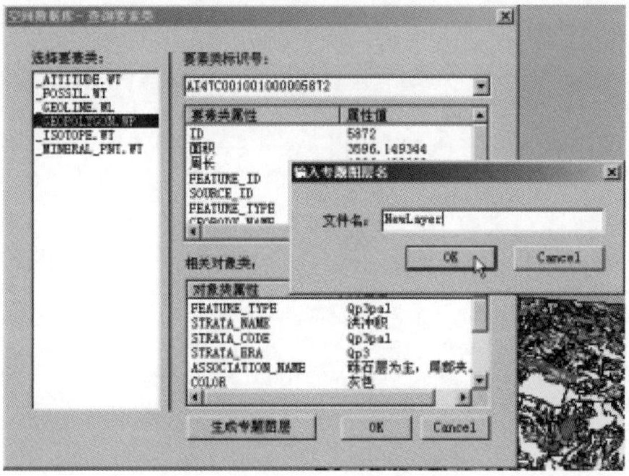


图 21.12.22　生成专题图层

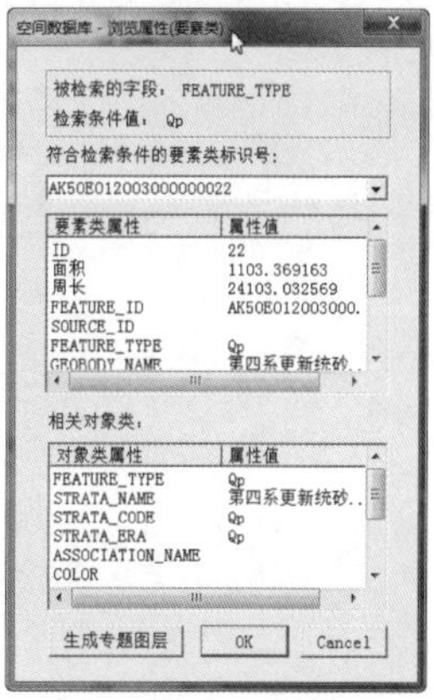


图 21.12.23　检索结果

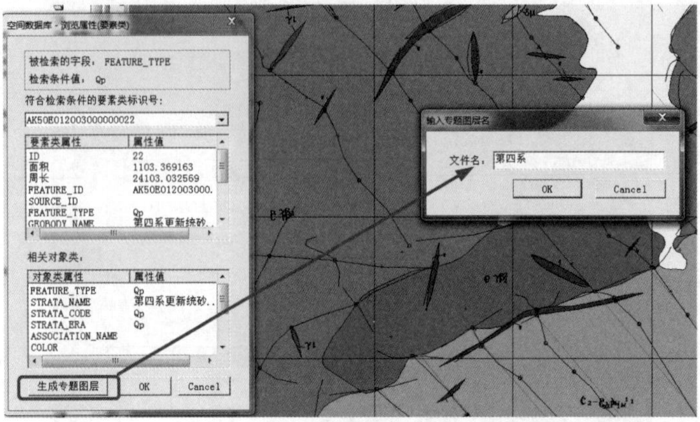


图 21.12.24 保存专题图层

生成的专题图自动加入系统中，并保存在 DGSSDB 工作目录的 SdbPrjTemp 子目录下。

**注意**：用户根据需要将专题图层文件复制到其他地方，防止下一次进入空间数据库检索系统时被删除。

# 22 实测剖面操作

实测剖面桌面系列功能包括剖面数据采集与编辑、分层厚度计算、剖面图制作以及柱状图制作等。

实测剖面对应的视图标签如图 22.0.1 所示。

图 22.0.1　实测剖面视图标签

## 22.1　创建新剖面

（1）首先选择视图标签“实测剖面”进入剖面操作界面，选择菜单（图 22.1.1）。

（2）弹出对话框（图 22.1.2），按“新建”按钮，则创建新剖面，按“选择剖面名称”按钮则打开已有剖面。

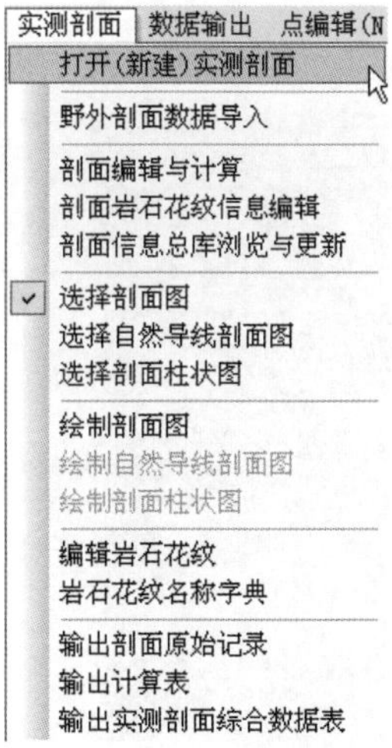


图 22.1.1　打开(新建)实测剖面菜单

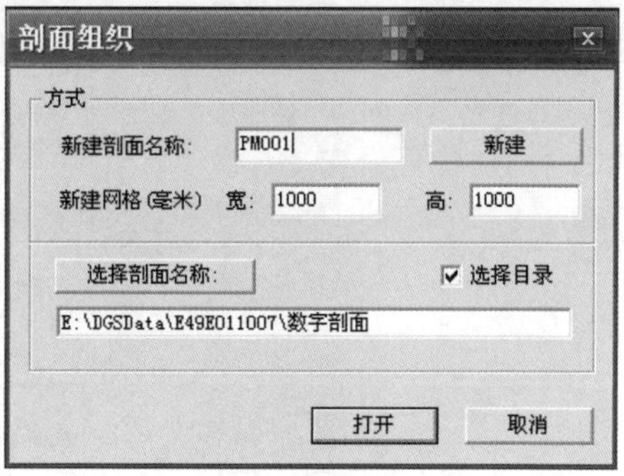


图22.1.2　剖面组织（新建、选择）对话框

如果是新建，在新建剖面名称编辑框输入剖面编号。剖面编号限制为 1～10 位字符，一般习惯以 PM 开头，如 PM001。

新建网格宽高输入值由用户确定，该值是厘米格的大小，用于作图参照。用户可根据剖面长度和比例尺大小估计宽高值。

输入剖面编号后，依次点击“新建”“打开”，即可打开剖面工程。

## 22.2 打开已有剖面

打开已有剖面主要有两种方式：①对话框方式；②剖面数据控制台方式。

（1）对话框方式：操作方式参见22.1节“创建新剖面”，在剖面组织对话框中点击“选择剖面名称”，选择相应剖面目录后点击“打开”即可（图22.2.1）。

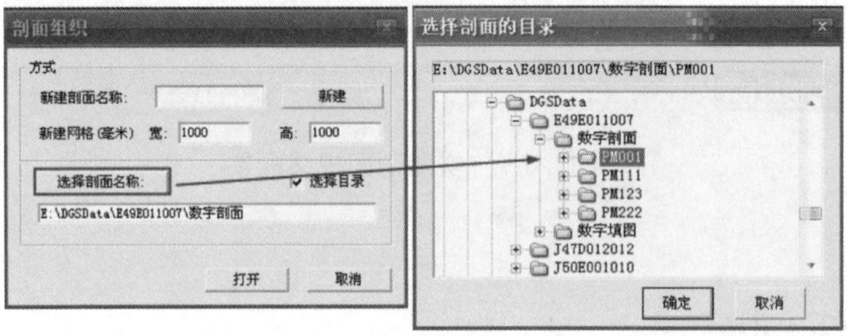


图22.2.1 打开已有剖面（对话框方式）

（2）剖面数据控制台方式：已经新建的剖面编号会在视图左侧的剖面数据控制台中显示，双击剖面编号可打开该剖面（图22.2.2）。

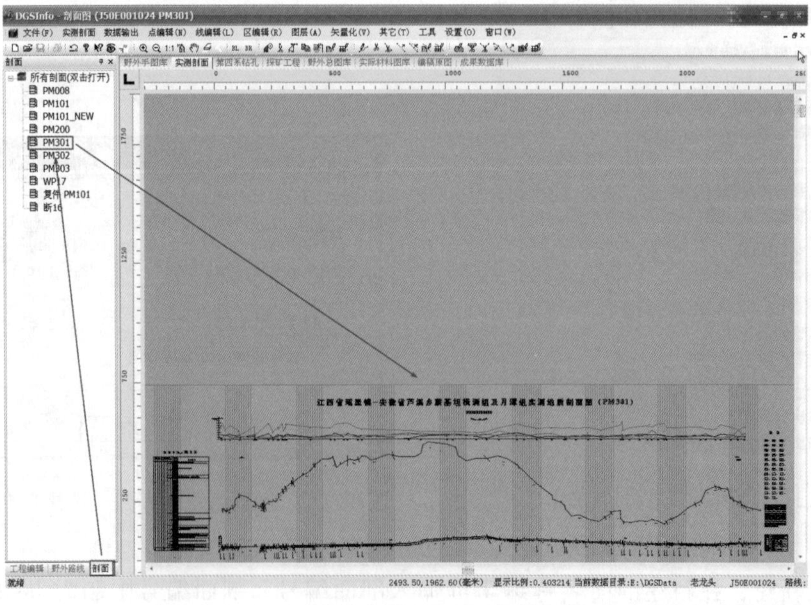


图22.2.2 打开已有剖面（控制台方式）

# 22.3 录入剖面数据

## 22.3.1 打开剖面数据编辑功能

（1）在已有剖面数据打开的情况下，选择如下菜单即可打开剖面编辑主界面（图 22.3.1）。

剖面数据录入编辑主界面如图 22.3.2 所示。

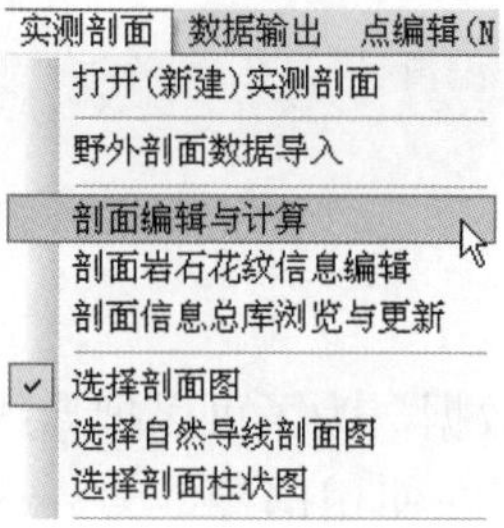


图 22.3.1 剖面编辑与计算菜单

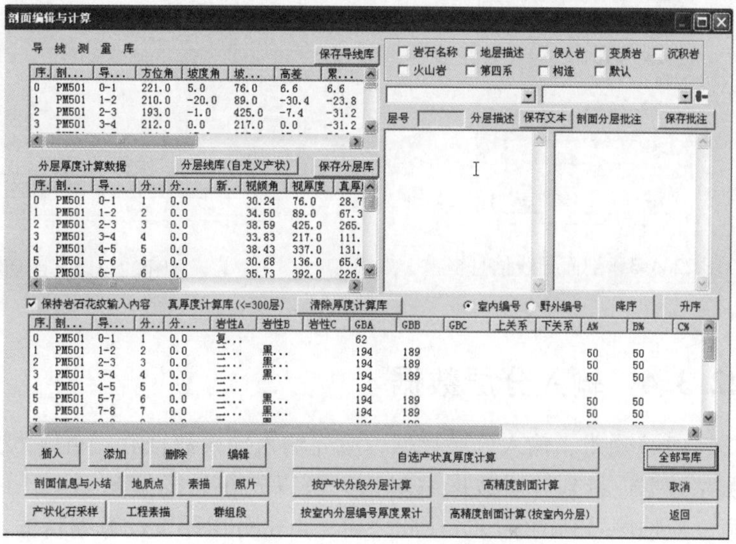


图 22.3.2 剖面编辑与计算主界面

## 22.3.2 数据录入按钮功能说明

无论什么数据录入界面，有关数据录入界面数据录入的界面均按以下表示，具体功能说明如下：

添加 增加一条新记录；

编辑 编辑已有一条记录；

删除 删除一条记录；

插入 插入一条记录；

全部写库 保存当前数据库，但不退出编辑状态。

## 22.3.3 输入导线库

（1）在数据录入主界面上（图 22.3.3），先用鼠标点击导线库的编辑框，然后，按下数据录入主界面上的“添加”按钮。弹出下面对话框，在编辑框输入相应的数据，点击

“OK”保存。

（2）数据录入主界面上的编辑框会显示相应的数据（图 22. 3. 4），如果还要输入导线数据，重复 1 至 2 步骤。

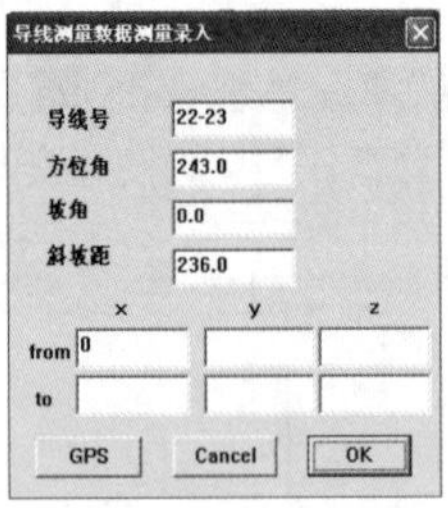


图 22. 3. 3　剖面导线信息框

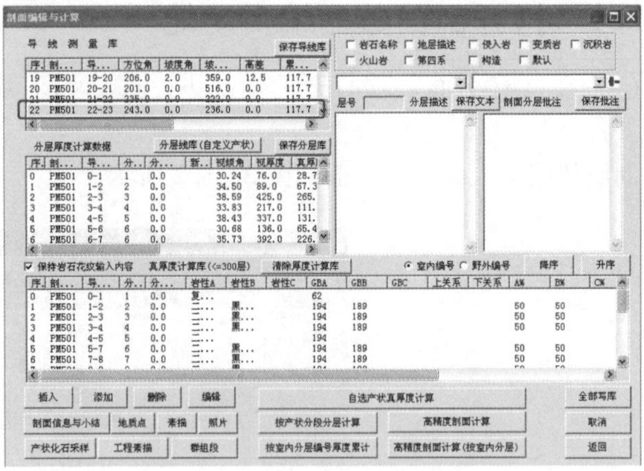


图 22. 3. 4　剖面导线库编辑

## 22. 3. 4　输入分层数据

（1）通常，输入分层数据，应先输入导线数据后，再输入分层数据。为了可以把导线测站数据连带到分层数据编辑框，可以先在导线编辑框上，选中正在使用的导线号，注意，应选序号列的字段。在此之后，点击分层厚度计算编辑框，然后点击“添加”。

（2）在对话框输入要输入的数据（图 22. 3. 5）。其中，导线号会自动带进。

（3）数据录入主界面上的编辑框会显示相应的数据（图 22. 3. 6），如果还要输入分层数据，重复 1 至 2 步骤。

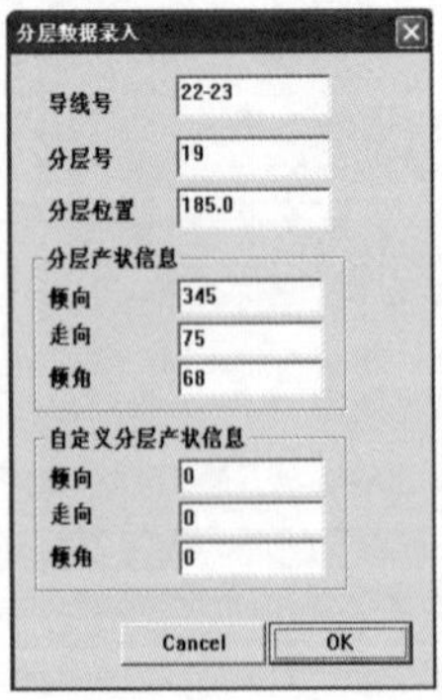


图 22. 3. 5　剖面分层信息框

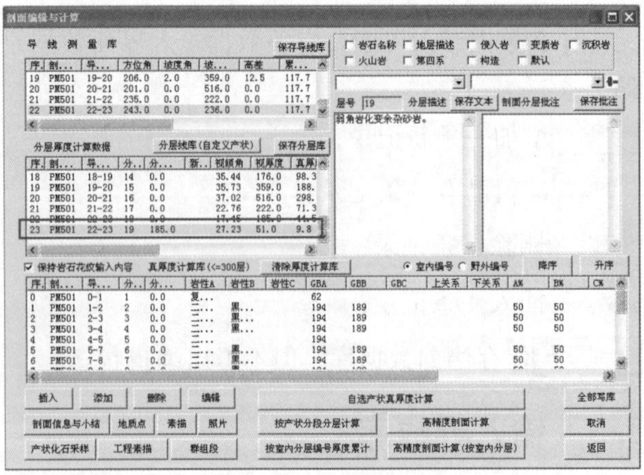


图 22. 3. 6　剖面分层库编辑

## 22.3.5 输入分层描述

（1）可以在分层编辑框上，选中正在使用的分层号，注意，应选序号列的字段。在此之后，在层号编辑框里会显示当前编辑的层号，接着可以输入分层描述。应及时点击“保存文本”保存分层文件。如果是早期的剖面，需对分层批注，则可在“剖面分层批注”编辑框中描述，同理，也应及时点击“保存批注”保存剖面分层批注文件（图22.3.7）。

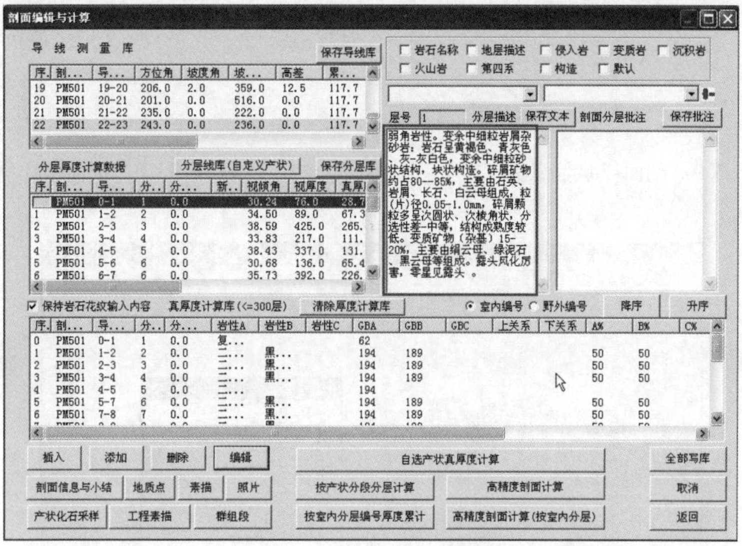

图22.3.7 剖面分层描述录入

（2）如果还要输入分层数据，重复上述步骤。

## 22.3.6 产状化石采样数据录入

（1）在数据录入主界面上，点“产状化石采样”按钮（图22.3.8）。

（2）系统弹出“产状化石采样”编辑框，通常，输入产状化石采样数据，应先确定导线号、分层号。为了可以把导线测站号和分层号数据连带到产状化石采样数据编辑框，可以先在导线和分层编辑框上，选中正在使用的导线号和分层号，注意，应选序号列的字段。在此之后，按输入要求，分别点击产状（化石\采样）编辑框，然后点击“添加”，即可新录数据。

图22.3.8 “产状化石采样”按钮

（3）在对话框中输入产状数据（图22.3.9）。其中，导线号和分层号会自动带进。

（4）在对话框中输入采样数据（图22.3.10）。其中，导线号和分层号会自动带进。

（5）在对话框中输入化石数据（图22.3.11）。其中，导线号和分层号会自动带进。

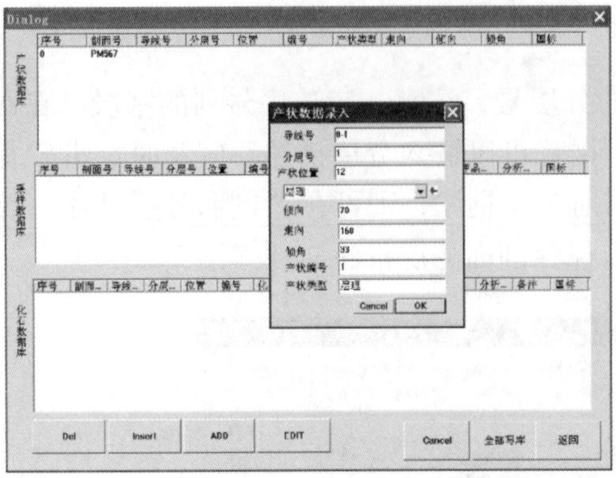

图 22.3.9　剖面产状信息框

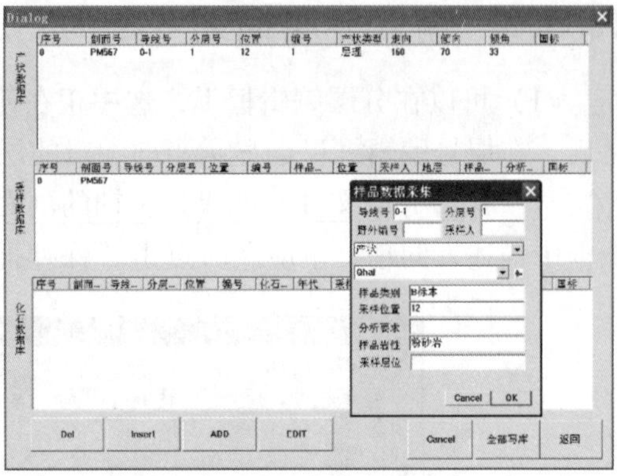

图 22.3.10　剖面采样信息框

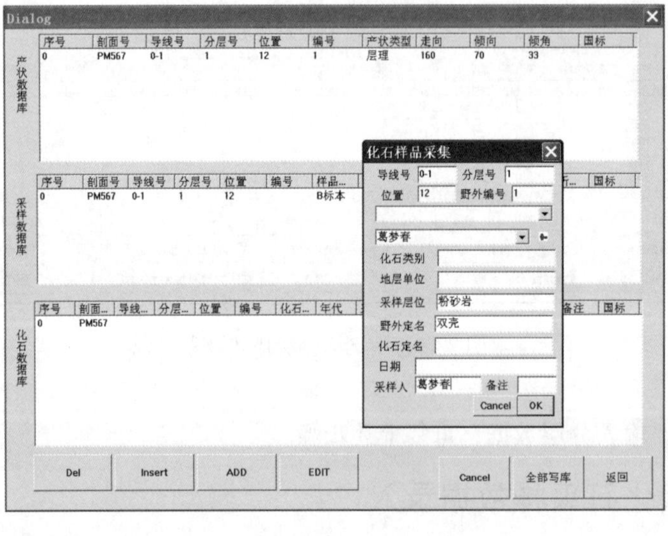


图 22.3.11　剖面化石信息框

## 22.3.7　照片数据录入

（1）在数据录入主界面上，点“照片”按钮（图 22.3.12）。

（2）系统弹出“照片”编辑框，通常，输入照片数据，应先确定导线号、分层号。为了可以把导线测站号和分层号数据连带到产状化石采样数据编辑框，可以先在导线和分层编辑框上，选中正在使用的导线号和分层号（通常只需选一次，系统会一直默认）。注意，应选序号列的字段。在此之后，按输入要求，点击照片编辑框，然后点击“添加”，即可新录数据。

图 22.3.12　“照片”按钮

（3）在对话框输入要输入的照片数据（图 22.3.13）。其中，导线号和分层号会自动带进。

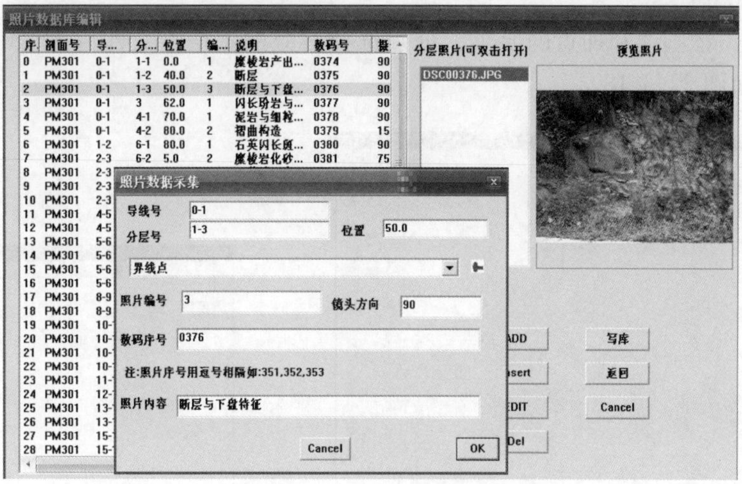


图 22.3.13　剖面照片信息框

## 22.3.8　素描数据录入

（1）在数据录入主界面上，点“素描”按钮（图 22.3.14）。

图 22.3.14　“素描”按钮

（2）系统弹出“素描”编辑框，通常，输入照片数据，应先确定导线号、分层号。为了可以把导线测站号和分层号数据连带到产状化石采样数据编辑框，可以先在导线和分层编辑框上，选中正在使用导线号和分层号（通常只需选一次，系统会一直默认）。注意，应选序号列的字段。在此之后，按输入要求，点击素描编辑框，然后点击“添加”，即可新录数据。

（3）在对话框输入要输入的素描数据（图 22.3.15）。其中，导线号和分层号会自动带进。

（4）在素描编辑框上，选中要画素描的序号。在此之后，点击“显示图形按钮”，系统会弹出创建素描工程的对话框（图 22.3.16）然后点击“是”。

图 22.3.15　剖面素描信息框

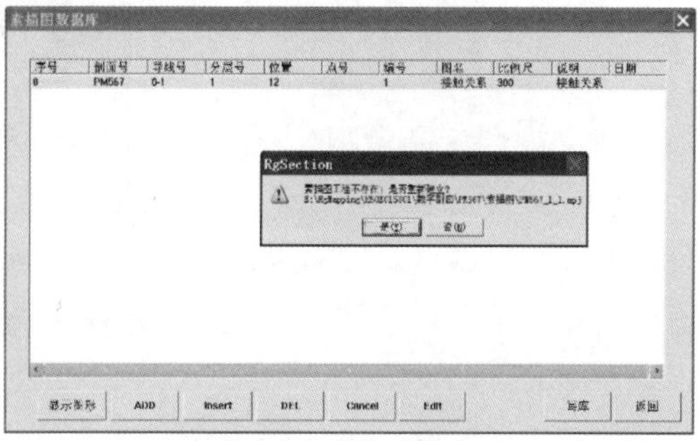


图 22.3.16　新建素描图工程

（5）接着系统进入素描编辑框（图22.3.17）。选择“F文件”菜单下的“编辑工程文件”菜单。

（6）根据素描画线和加点的要求，分别选择对应的图层，文件后缀PM为面，TM为点，LM为线（图22.3.18）。

图22.3.17　素描图编辑界面

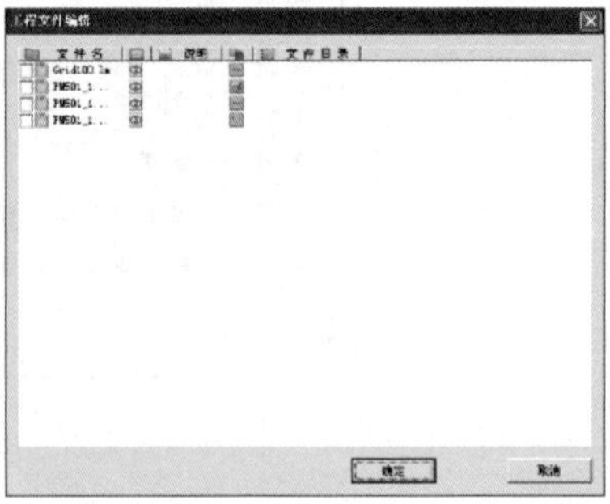


图22.3.18　工程文件管理器

（7）如果背景没有厘米框，可添加厘米框。可在上一步的界面上，选择添加项目菜单。可到剖面系统程序安装的目录中，在\Program Files\Digital Geological Survey\data\原型库\野外剖面库找到Grid.LM图层文件，添加的工程文件即可（图22.3.19）。

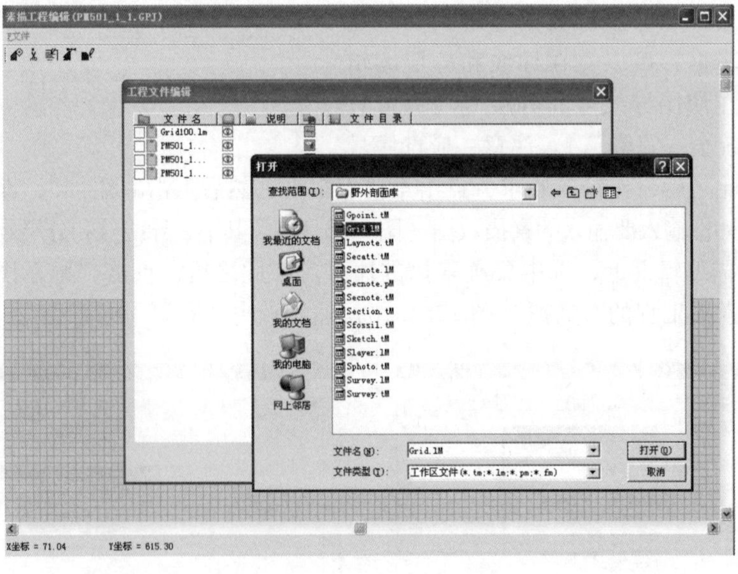


图22.3.19　添加背景网格

（8）接下来就可以绘制素描了。在编辑框中，点击鼠标右键，在弹出的对话框中，选择“打开工具箱”（图22.3.20）

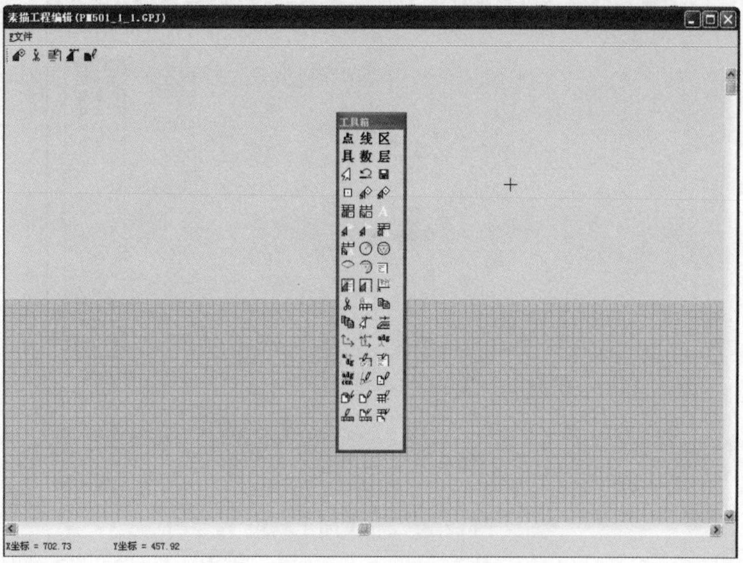


图 22.3.20 打开工具箱编辑素描

(9) 如需画线，选择线图层，注意不要对 Grid.lm 操作。然后用工具箱的画线工具画线（图 22.3.21）。

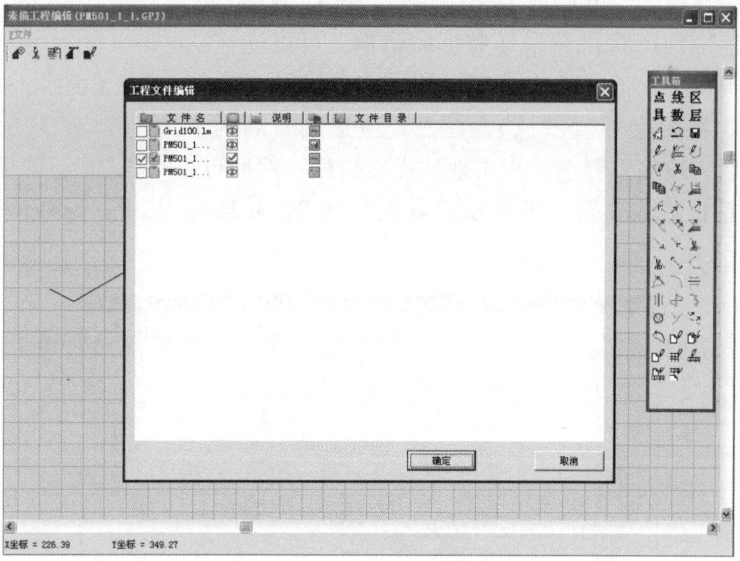


图 22.3.21 素描图的画线操作

(10) 关闭工具箱。在编辑框中，点击鼠标右键，在弹出的对话框中，选择“关闭工具箱”（图 22.3.22）。

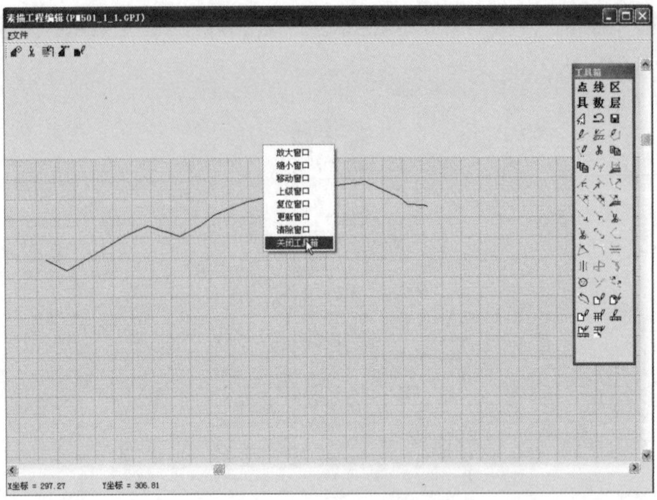


图 22.3.22　关闭工具箱

## 22.3.9　地质点数据录入

（1）在数据录入主界面上，点“地质点”按钮（图 22.3.23）。

（2）系统弹出“地质点”编辑框，通常，输入地质点数据，应先确定导线号、分层号。为了可以把导线测站号和分层号数据连带到产状化石采样数据编辑框，可以先在导线和分层编辑框上，选中正在使用导线号和分层号（通常只需选一次，系统会一直默认）。注意，应选序号列的字段。在此之后，按输入要求，点击地质点编辑框，然后点击“添加”，即可新录数据。

图 22.3.23　“地质点”按钮

（3）在对话框输入要输入的地质点数据（图 22.3.24）。其中，导线号和分层号会自动带进。

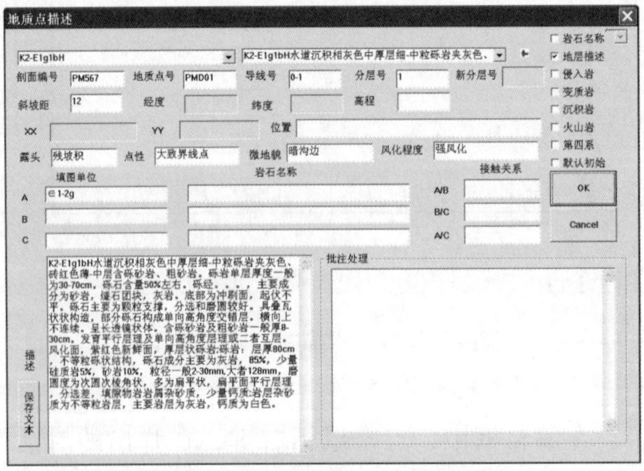


图 22.3.24　地质点信息框

## 22.3.10 剖面信息与小结录入

选择“剖面信息与小结”按钮，在弹出的对话框中编辑剖面基本信息及剖面小结（图22.3.25）。

**注意：** 如果准备将该剖面投影到图幅 PRB 库中，需要将“剖面编号”和横纵坐标字段“XX”“YY”填写完整。

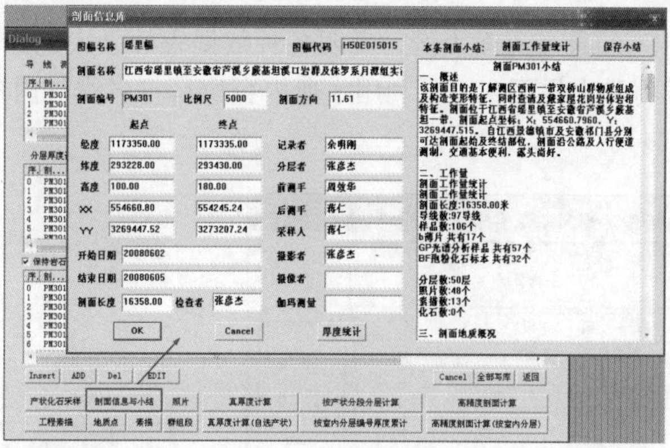

图 22.3.25 剖面信息与小结

## 22.3.11 柱状图群组段录入

该数据仅用于剖面柱状图绘图。

（1）选择“剖面编辑与计算”菜单。

（2）系统自动弹出剖面数据主界面，点击“群组段”按钮，系统弹出“群组段”录入界面（图22.3.26）。

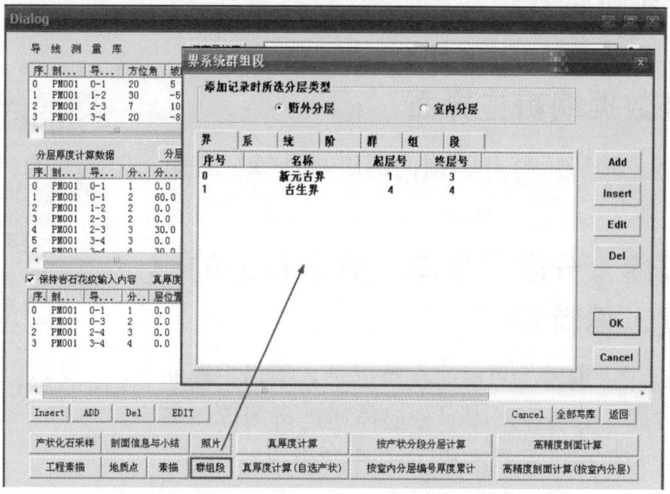

图 22.3.26 群组段编辑界面

（3）界、系、统、阶、群、组、段数据表的录入方式基本相同，可以通过标签切换不同的数据表，并通过右侧“添加”“编辑”等数据表记录常用操作进行录入和编辑（图22.3.27）。

在输入界、系、统等数据时，需要输入“起始层号”和“结束层号”字段，这时的层号可以选择“野外分层”或“室内分层”两种方式，如图中①所示，需要注意的是，选择“室内分层”方式时，分层厚度计算表必须按照“按室内分层厚度累计”，以保证室内分层编号的完整和有效性。

（4）下面以“界”的录入界面为例，说明各种数据表的录入过程：选择“界”标签，点击“添加”按钮，将弹出界面，可以利用字典内容填写“名称”内容，层号可以从列表框中选择（图22.3.28）。

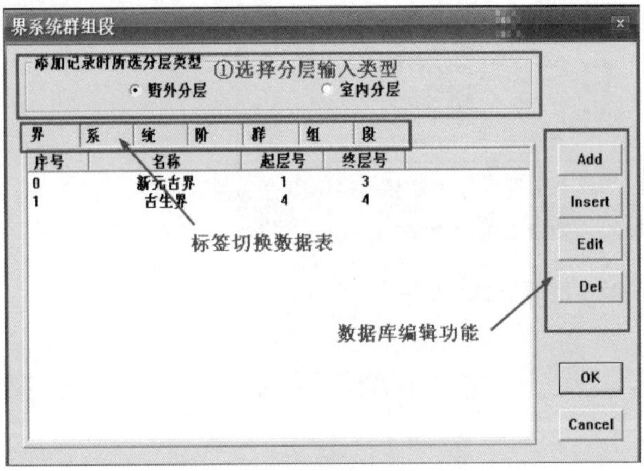


图22.3.27　群组段录入界面说明

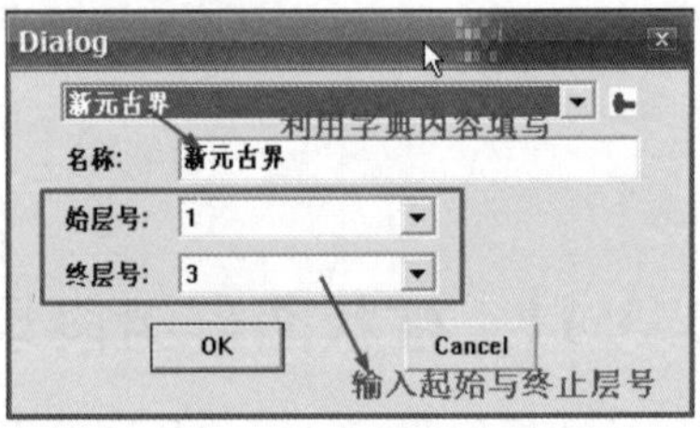


图22.3.28　群组段信息录入方法

## 22.4　编辑剖面数据

### 22.4.1　打开数据编辑主界面

编辑剖面数据，按所示打开“剖面编辑与计算”菜单（图22.4.1）。

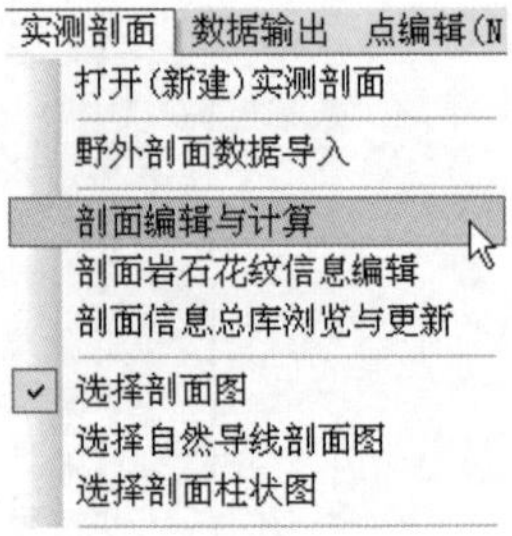


图22.4.1　编辑剖面数据

### 22.4.2　导线库、分层厚度库、分层描述的阅读、编辑修改

（1）弹出数据录入编辑主界面。在数据录入编辑主界面上，可直接对导线库、分层厚度库、分层描述进行阅读、编辑修改。操作步骤与数据录入基本相同（图22.4.2）。

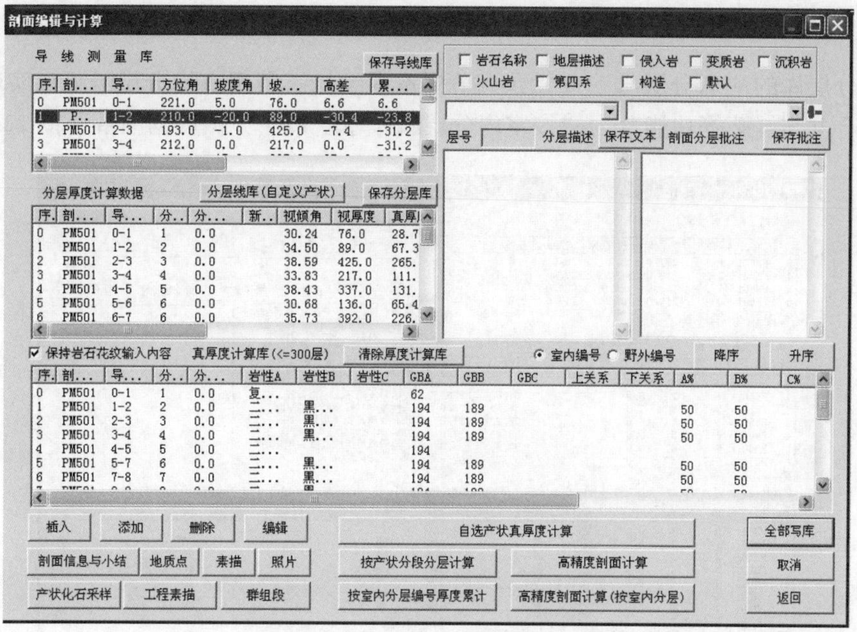

图 22.4.2 对已有剖面数据进行编辑

（2）编辑、查看分层与分层数据库，点击要编辑分层厚度计算编辑框的层号（应选第一列），然后点击“编辑”，系统会自动弹出分层编辑框。对于分层描述，则是点击那一个层号，在分层文字描述会自动显示该层的文字描述。用户可修改保存（图 22.4.3）。

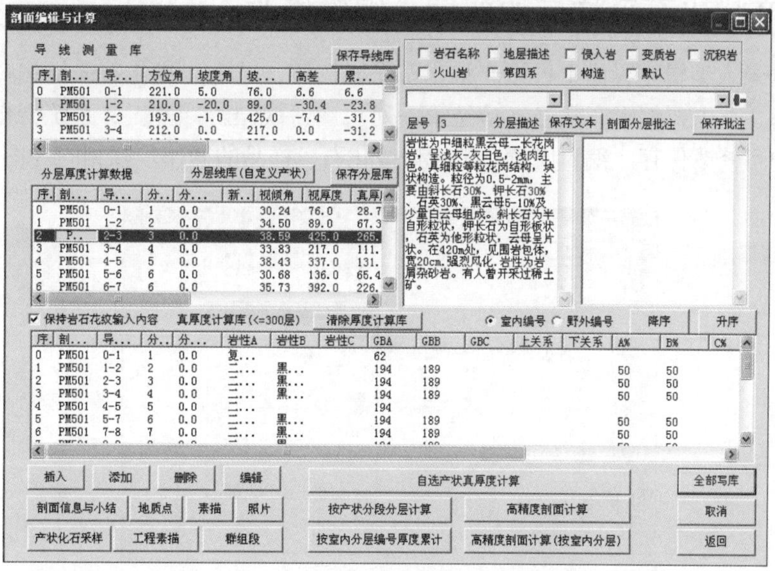

图 22.4.3 分层描述的修改

## 22.4.3 室内分层号的录入

可在分层库的“新分层号”一栏录入分层室内编号。利用室内分层号可以实现野外原始分层的合并与屏蔽等功能，为“按室内分层编号厚度累计”做数据准备（图22.4.4）。

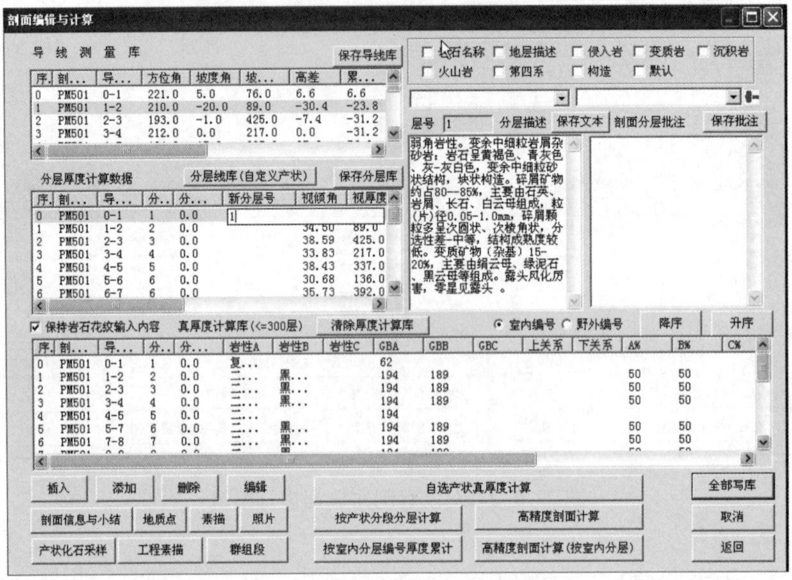

图22.4.4 录入室内分层

## 22.4.4 产状化石采样库的阅读、编辑修改

先在数据录入编辑主界面上，按产状化石采样按钮，进入产状化石采样编辑界面。查看产状库数据库，点击要编辑产状号（应选第一列），然后点击“编辑”，系统会自动弹出产状编辑框。用户可修改保存。编辑阅读、编辑修改化石、样品的操作步骤相同（图22.4.5）。

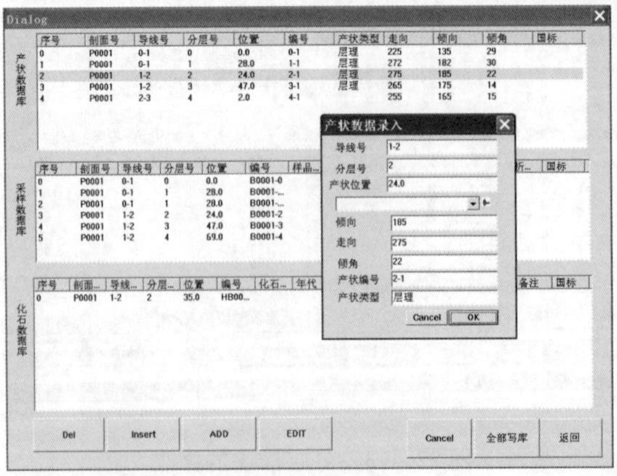

图22.4.5 产状、采样、化石数据编辑

## 22.4.5 照片库的阅读、编辑修改

先在数据录入编辑主界面上，按“照片”按钮，进入照片编辑界面。查看照片数据库，点击要编辑照片记录，然后点击“编辑”，系统会自动弹出产状编辑框。用户可修改保存。当点击某条照片记录时，其对应的照片内容将以列表形式出现在对话框右侧（图 22.4.6）。

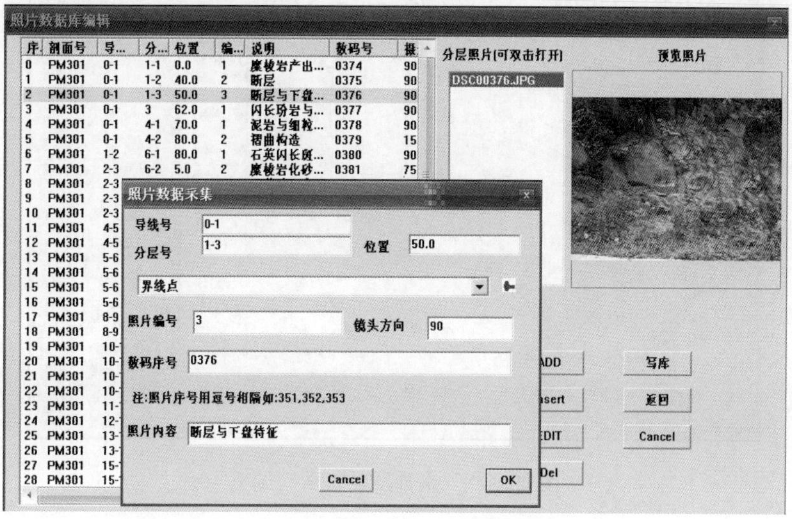


图 22.4.6　照片库的编辑

## 22.4.6 素描库的阅读、编辑修改

（1）先在数据录入编辑主界面上，按“素描”按钮，进入素描编辑界面。查看素描数据库，点击要编辑素描号（应选第一列），然后点击“编辑”，系统会自动弹出素描编辑框。用户可修改保存（图 22.4.7）。

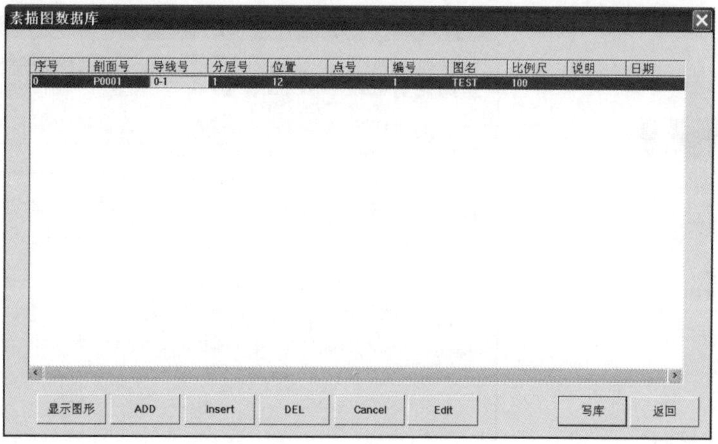


图 22.4.7　素描库的编辑

（2）要查看素描，其操作与 22.3.8 节第四步后的步骤相同，不同之处，程序不会创建素描工程，只是调出素描工程（图 22.4.8）。

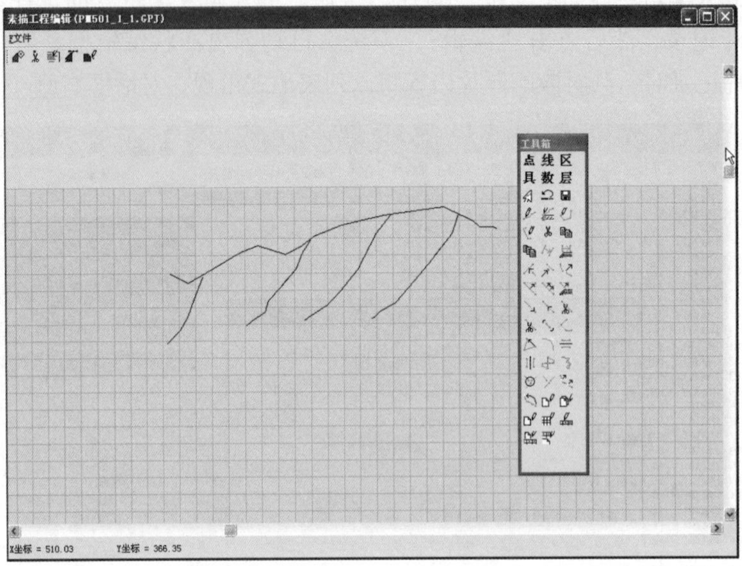


图 22.4.8　素描图的查看与编辑

# 22.5　野外实测剖面、数码照片和素描图导入

该功能可以将掌上机采集的野外剖面数据、数码照片和野外素描图内容导入到桌面系统中进行编辑和管理。具体操作如下：

先将野外数据从掌上机拷贝到桌面上的任意位置，然后选择“野外剖面数据导入”菜单（图 22.5.1），将弹出剖面数据导入对话框（图 22.5.2）。

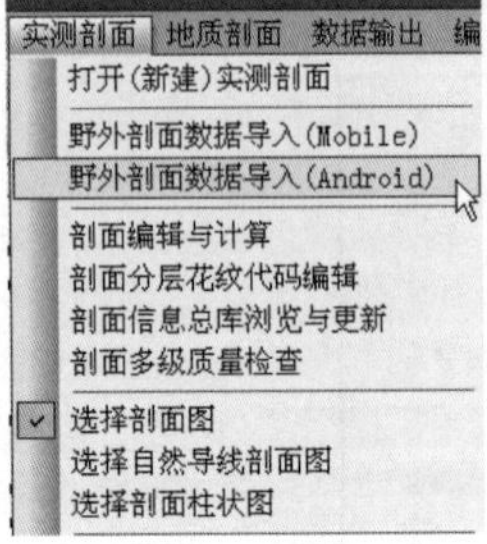


图 22.5.1　野外剖面数据导入菜单

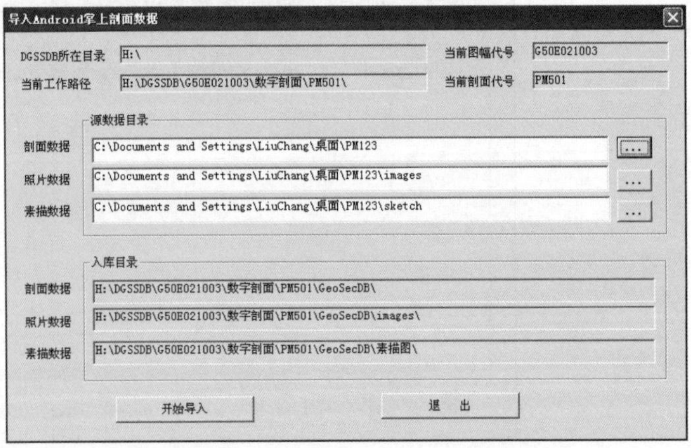


图 22.5.2　剖面数据导入对话框

如需导入剖面数据，则用鼠标将光标置于图中（1）位置的“剖面数据”编辑框中，然后点击“目录浏览选择”，选择野外剖面数据目录。如需导入照片和素描，也用同样的办法选择相应目录即可。注意素描数据目录必须选择剖面目录下的“素描图”文件夹。

当目录选择结束后，点击“开始拷贝”进行数据导入。

## 22.6 剖面厚度计算

本系统提供了多种厚度计算方法，分述如下。

### 22.6.1 真厚度计算

（1）首先打开“剖面编辑与计算”功能；

（2）弹出数据录入编辑主界面。在数据录入编辑主界面上，按“自选产状真厚度计算”按钮（图 22.6.1）；

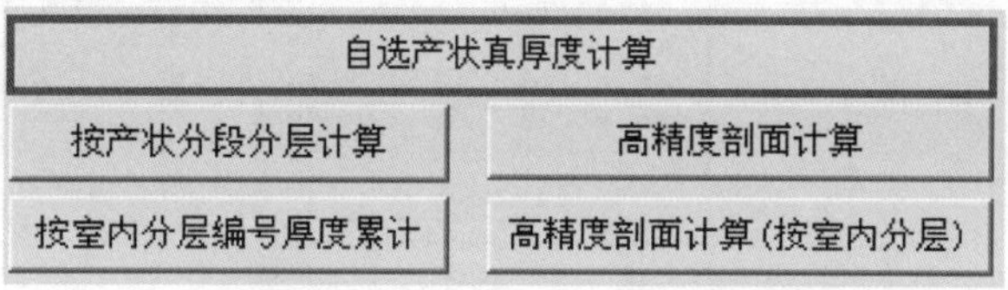


图 22.6.1 “真厚度计算”按钮

（3）系统自动计算分层厚度。分层厚度的产状选取是按就近原则选取来计算该层的厚度。计算完毕，在厚度计算框中（最下面的编辑框中），自动填入计算结果（图 22.6.2）。

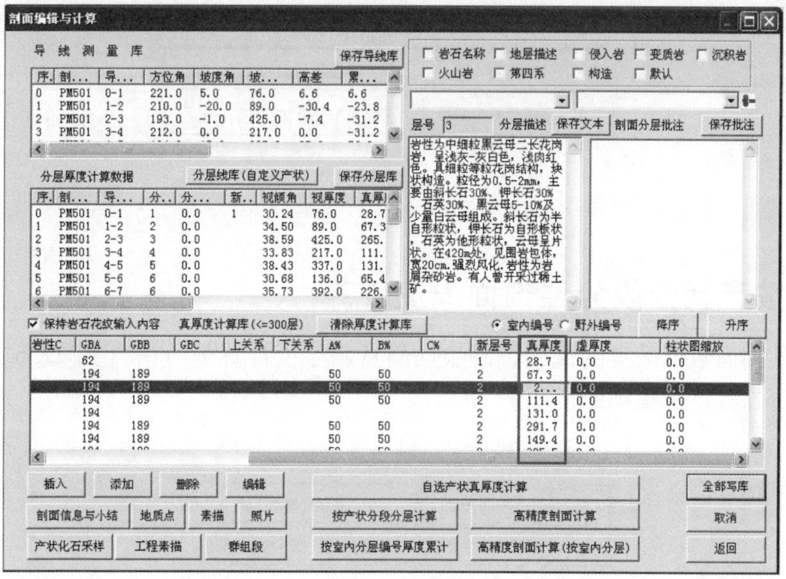


图 22.6.2 剖面真厚度计算

## 22.6.2 自选产状剖面厚度计算

所谓自选产状剖面厚度计算，就是允许用户根据层的情况选取产状，因为程序按就近原则选取产状来计算该层的厚度不一定合理。用户可以在分层厚度计算编辑框中，查看产状值是否合理，也可通过图上来检查。用户可通过“编辑”来修改任一一层的计算用的产状（图 22.6.3）。

图 22.6.3　自选产状分层厚度计算

修改完毕，用户点击“真厚度计算”按钮即可按用户选择后的产状重新计算（图 22.6.4）。

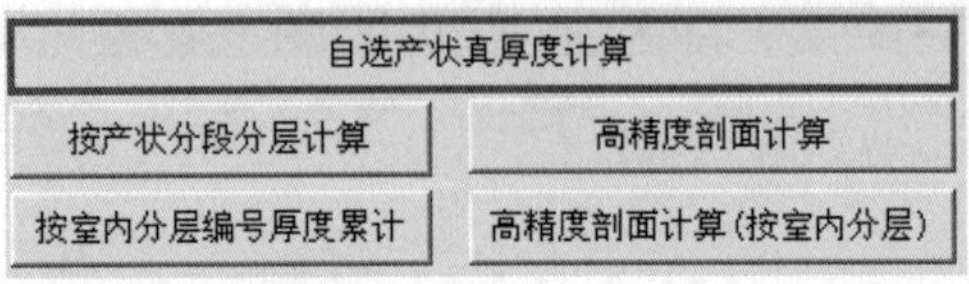


图 22.6.4　自选产状计算按钮

## 22.6.3 按产状分段分层剖面厚度计算

根据野外剖面数据采集的规则，解决向斜背斜厚度计算的方法（图 22.6.5）。数据采集的规则见野外数据采集操作说明。

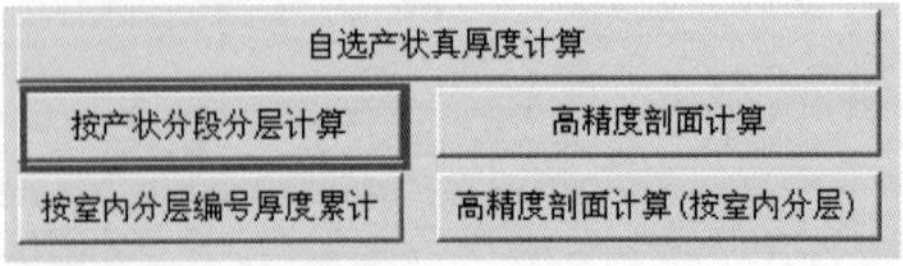


图 22.6.5　“按产状分段分层计算”按钮

## 22.6.4 按室内分层剖面厚度计算

（1）室内分层号的数据录入编辑（图 22.6.6）。可以把分层厚度计算编辑框的字段说明条，用鼠标拉开新分层号（变宽），要输入那一层，双击新分层号，在该位置会变成编辑框，用户可直接输入。要输入其他新分层号，重复此步骤即可。

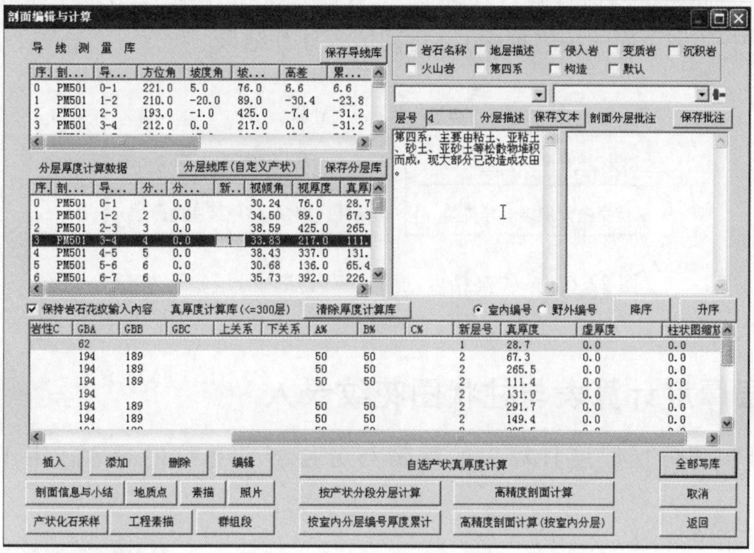


图 22.6.6 按室内分层剖面厚度计算

（2）点击“按室内分层剖面厚度累计”按钮（图 22.6.7）计算，计算完毕，在厚度计算框中（最下面的编辑框中），自动填入计算结果。

图 22.6.7 “按室内分层编号厚度累计”按钮

## 22.6.5 高精度剖面厚度计算

高精度剖面厚度计算（图 22.6.8），真厚度就是导线（斜距）的长度。计算完毕，在厚度计算框中（最下面的编辑框中），自动填入计算结果。

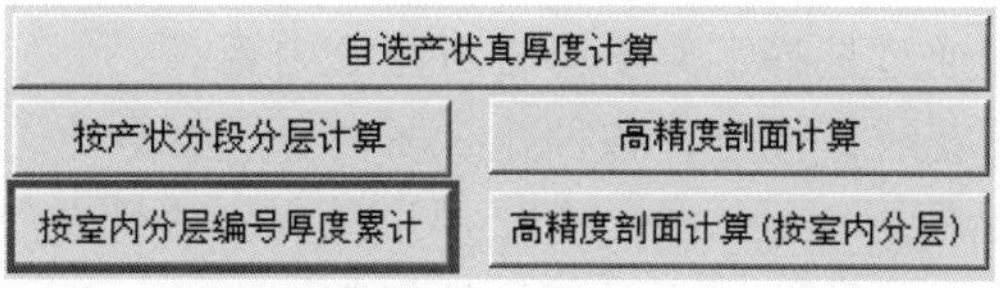


图 22.6.8 “高精度剖面计算”按钮

### 22.6.6 高精度剖面厚度（按室内分层）计算

（1）室内分层号的数据录入编辑。可以把分层厚度计算编辑框的字段说明条，用鼠标拉开新分层号（变宽），要输入那一层，双击新分层号，在该位置会变成编辑框，用户可直接输入。要输入其他新分层号，重复此步骤即可。

（2）点击“高精度剖面计算（按室内分层）”按钮（图22.6.9）计算，计算完毕，在厚度计算框中（最下面的编辑框中），自动填入计算结果。

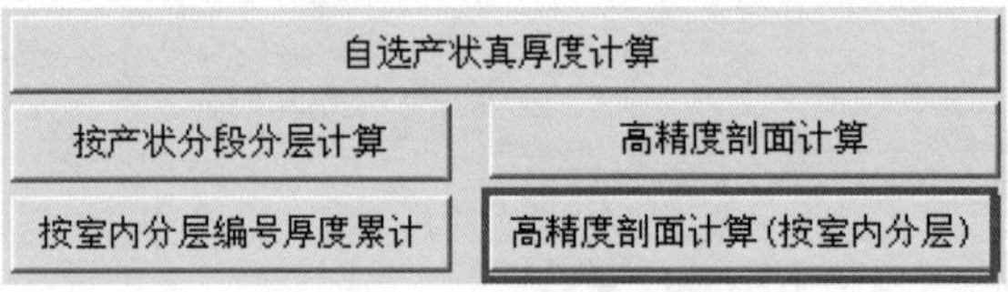


图22.6.9 “高精度剖面计算（室内分层）”按钮

## 22.7 分层厚度计算表与柱状图花纹录入

该功能可实现分层厚度计算表的编辑与分层岩性花纹的录入，用于剖面柱状图绘图。

（1）选择菜单（图22.7.1）。

（2）图22.7.2是花纹库录入的对话框界面，下面按照图示分别介绍：

①显示分层基本信息，用户可以选择当前分层号和输入室内新分层号信息。

②分层虚厚度设置。虚厚度是指岩性柱厚度不变，调整分层文字内容（包括分层号、厚度值以及分层描述等）的横格高度。除最顶层外，虚厚度均调整分层横格的上缘线。顶层由于上临表头，如果设置了虚厚度则无法调整上缘线，程序将自动调整下缘线。虚厚度值大于0有效。

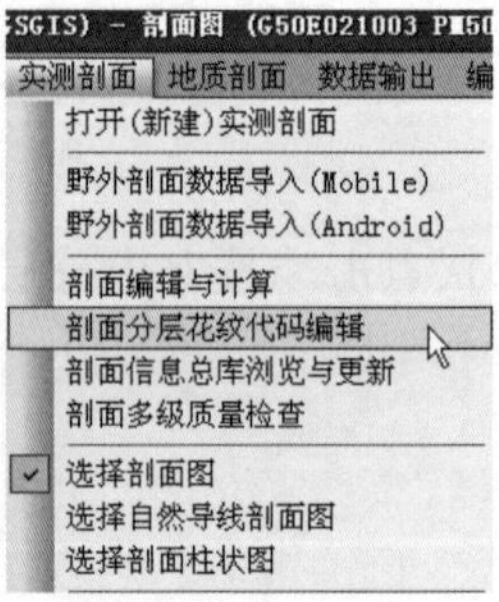


图22.7.1 剖面岩石花纹信息编辑菜单

③岩性柱状图缩放设置。该值将影响分层花纹的实际绘制厚度，分层文字部分的横格高度将随之调整。在柱状图压缩时（该值小于分层厚度），柱状图中将绘制出波浪线表示压缩量。该值大于0有效。

④可以选择花纹类型。

⑤岩石类型字典，可通过选择字典填写岩石花纹内容。

⑥允许最多三种岩石花纹，注意，各种花纹所占分层百分比之和应等于100%。

（3）除使用上述对话框界面录入外，分层厚度信息和岩性花纹也可在“剖面编辑与计算”界面中编辑，在厚度计算表中点击单元格编辑数据即可（图22.7.3）。

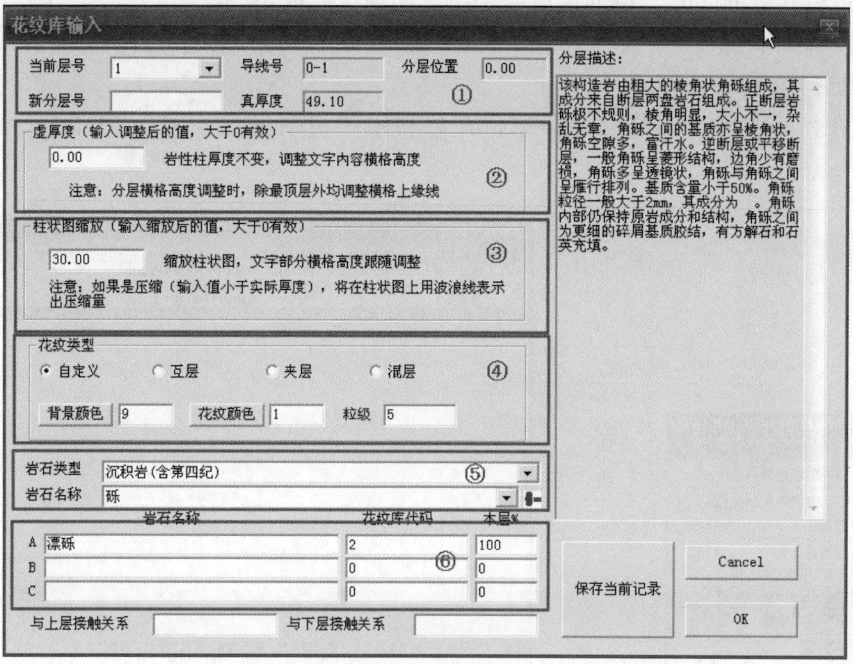

图 22.7.2 剖面分层厚度信息及岩石花纹编辑界面

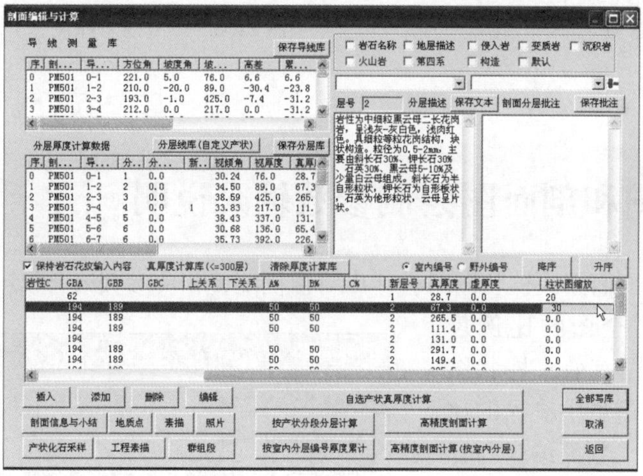

图 22.7.3 在“剖面编辑与计算”中编辑厚度计算表及岩石花纹

## 22.8 剖面信息总库浏览与更新

剖面信息总库是该图幅下所有剖面基本信息的汇总，也是所有剖面数据的索引。当剖面投影到图幅 PRB 库时需要用到该库。

该功能实现剖面信息实时汇总和浏览的功能，并不能修改剖面信息。如果需要修改剖面信息，可以到该剖面的“剖面信息与小结”功能下完成。

具体步骤如下：

（1）选择菜单（图22.8.1）。

（2）在界面中可以浏览剖面信息，并可利用“更新剖面信息”功能进行汇总（图22.8.2）。

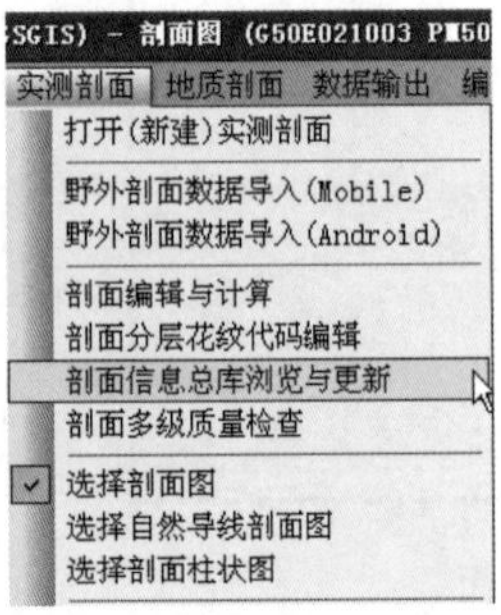


图22.8.1　剖面信息总库浏览与更新菜单

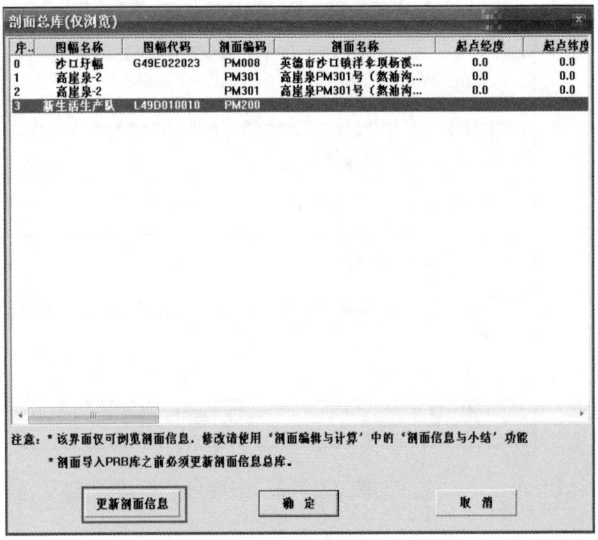


图22.8.2　剖面总库浏览界面

## 22.9　柱状图和剖面图绘制参数输入说明

系统自动生成剖面图或柱状图时会弹出对话框配置相关参数（图22.9.1）。

（1）比例尺：全图的比例尺（该设置仅对剖面图有效，柱状图中的比例尺与剖面信息中输入的比例尺相同，可以在“剖面编辑与计算”→“剖面信息与小结”中修改）。

（2）纵向比例尺：用户希望对纵向方向进行放大，可输入该比例尺，通常与比例尺相同。

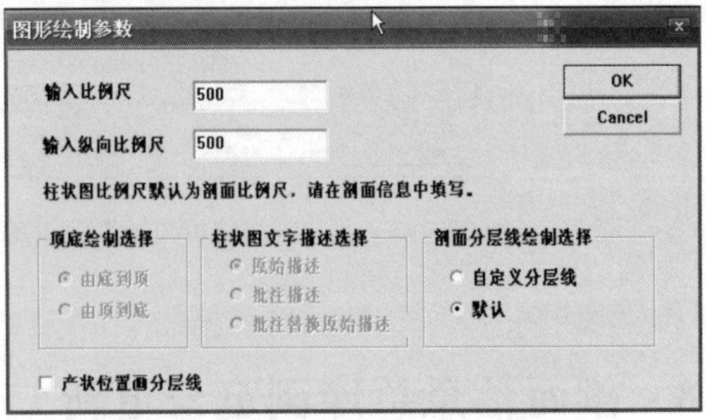


图22.9.1　剖面图与柱状图绘制参数说明

（3）其他参数说明：

顶底绘制选择。由底到顶：画柱子时，最上层号是剖面数据采集的最后一个层号；然后倒序由上往下绘制。由顶到底：

画柱子时，最上层号是剖面数据采集的第一个层号；然后按序由上往下绘制。

（4）柱状图文字描述选择：

原始描述：柱状图文字描述用文字描述内容；

批注描述：柱状图文字描述用批注文字描述内容；

批注替换原始描述：对于某分层，如果不存在批注描述，则输出原始描述；如果存在批注描述，则输出批注描述。

（5）剖面分层线绘制选择：

自定义分层线：直接读取自定义分层库绘制剖面的分层线。

默认：直接读取分层库绘制剖面的分层线。

（6）产状位置画分层线：可以在产状的位置上按产状要素绘制分层线，但分层线的长度比正常的分层线短一些。该功能便于用户画岩层花纹。

# 22.10 生成剖面图

## 22.10.1 选择剖面图工程

生成剖面图之前需要先进入剖面图工程界面，按照图22.10.1选择菜单。

**注意**：剖面图工程是进入剖面后的默认界面，新建或者第一次生成剖面图时无须进行选择。

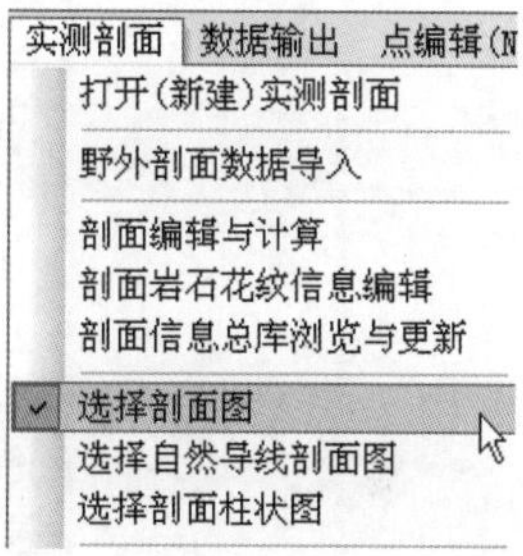


图22.10.1 选择剖面图

## 22.10.2 自动生成剖面图

（1）选择“绘制剖面图”（图22.10.2）。

（2）一般会弹出下面对话框（图22.10.3），选择“是”继续。

（3）在弹出的“图形绘制参数”界面中按照22.9节内容进行配置（图22.10.4）。

（4）确认后可自动生成剖面图（图22.10.5）。

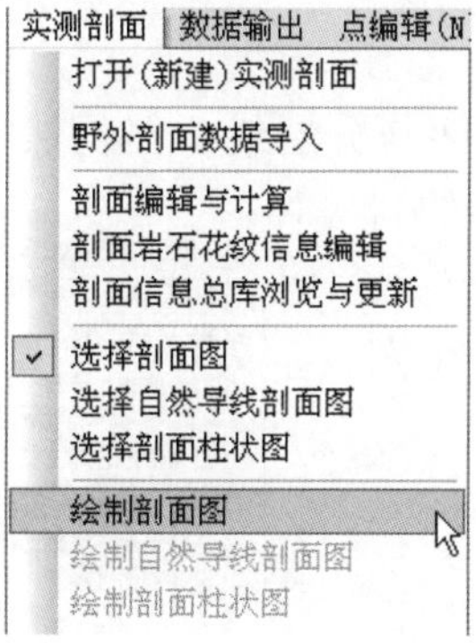


图22.10.2 绘制剖面图

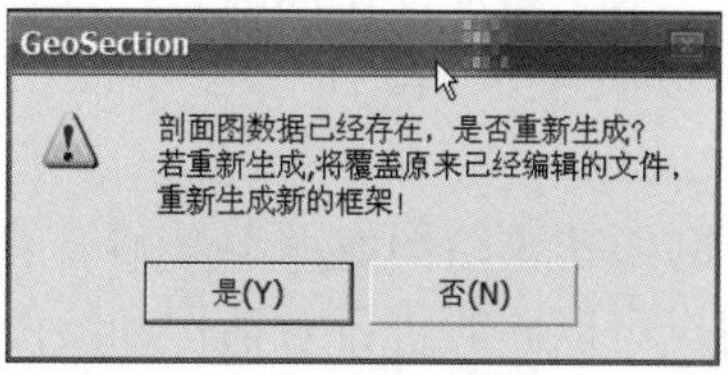


图22.10.3 覆盖原剖面图框架提示

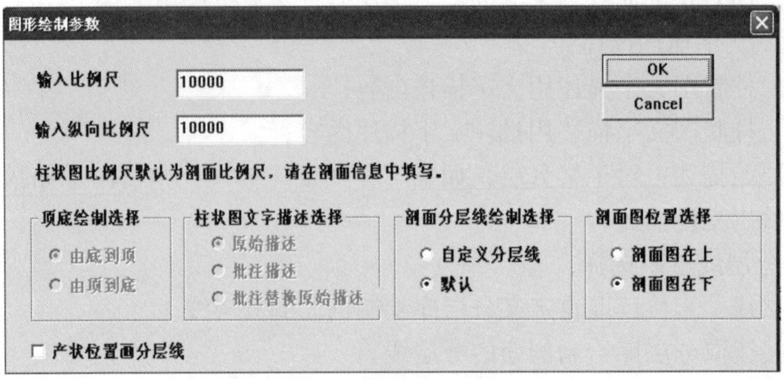


图 22.10.4　配置剖面图绘制参数

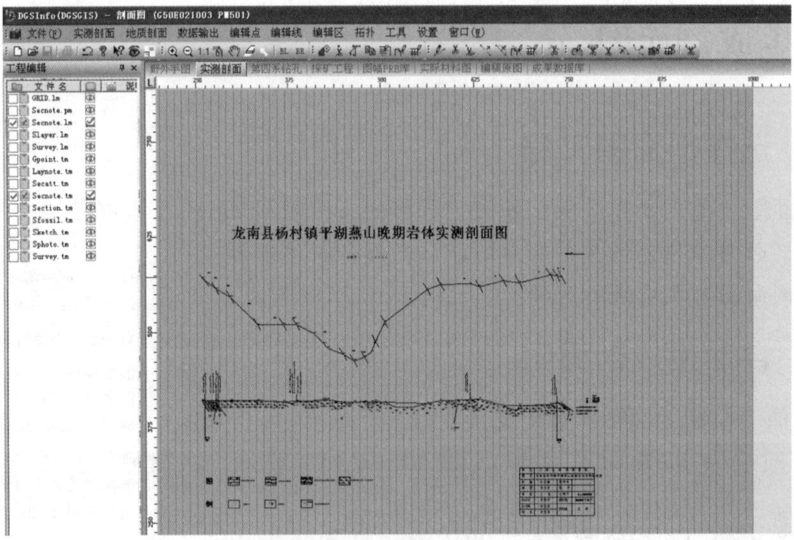


图 22.10.5　生成剖面图

## 22.10.3　人工交互编辑剖面图

通过上节功能，程序自动根据剖面数据绘制剖面的框架与分层线，但仍然需要人工交互绘制剖面花纹和其他图示图例等内容，在画剖面分层的岩石花纹时，为了不反复切换屏幕，以便获得每一层的岩石花纹信息，可以先打开岩石花纹编辑对话框，选择菜单（图 22.10.6）。

选择剖面花纹绘图参照菜单后，会弹出如图 22.10.7 所示界面，用户可以同时进行对话框和绘图区域的操作。

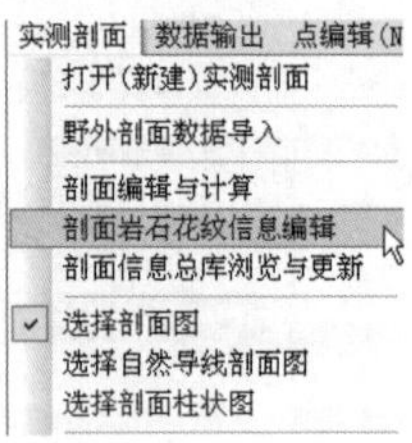


图 22.10.6　选择剖面图

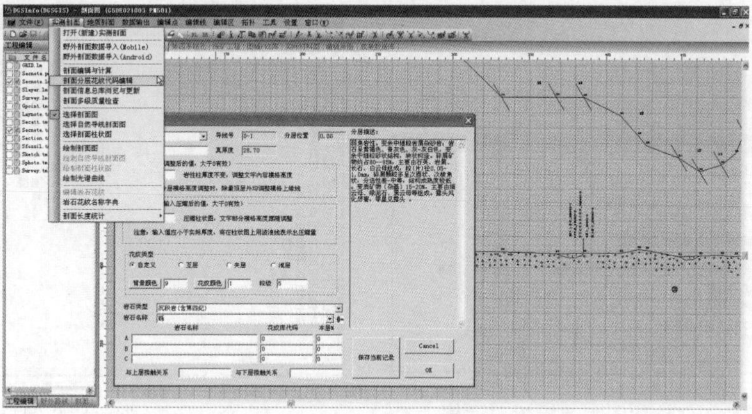

图 22.10.7　参照分层描述及花纹进行绘图

## 22.11　柱状图绘制

本版软件中的剖面柱状图采用了第四系钻孔柱状图模式，允许加入用户自定义数据，支持普通文本、描述类复杂文本、柱状图花纹、照片以及曲线等数据类型，并提供柱状图栏目动态设置与调整功能。下面介绍生成剖面柱状图的具体步骤。

### 22.11.1　选择柱状图工程

生成剖面柱状图之前需要先进入柱状图工程界面，选择菜单（图 22.11.1）。

### 22.11.2　自动生成柱状图

（1）选择菜单“绘制剖面柱状图”（图 22.11.2）。

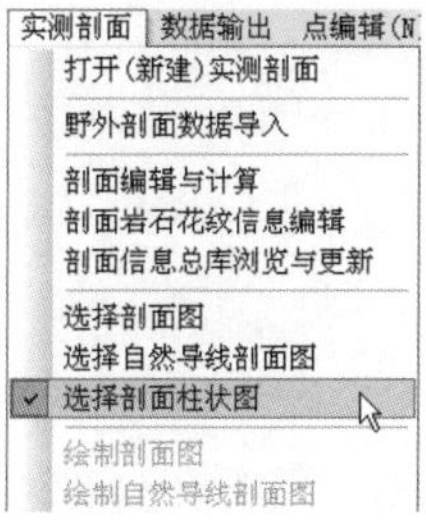


图 22.11.1　选择剖面柱状图

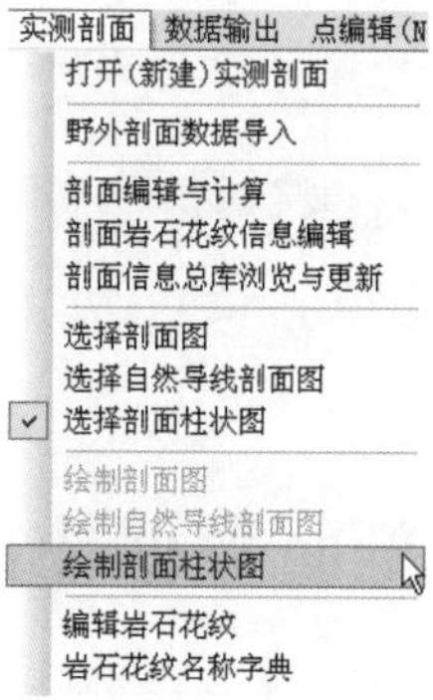


图 22.11.2　绘制剖面柱状图

（2）在弹出的“图形绘制参数”界面中按照 22.9 节内容进行配置（图 22.11.3）。

（3）点击“OK”后进入到柱状图设计界面（图 22.11.4）。

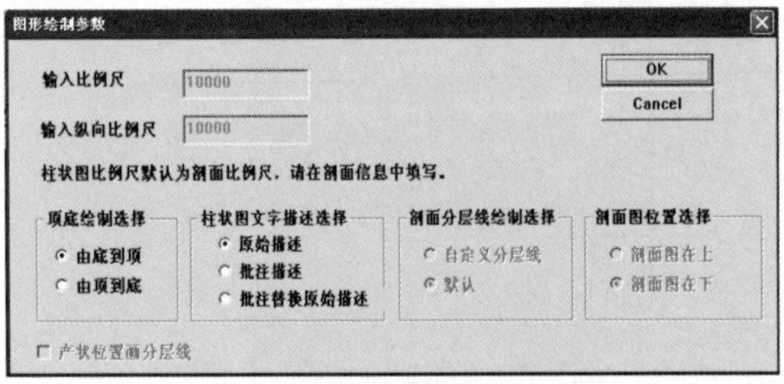


图 22.11.3　剖面柱状图参数配置对话框

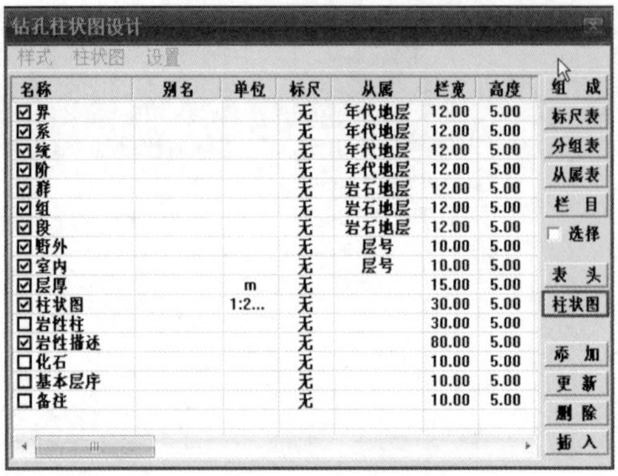


图 22.11.4　剖面柱状图设计界面

由于剖面柱状图设计界面与第四系钻孔设计界面完全相同，故各选项的详细设置参见第 23 章“第四系钻孔操作”。系统已经形成一套默认的栏目参数，用户可直接点击“柱状图”进行绘制，成图效果如图 22.11.5 所示。

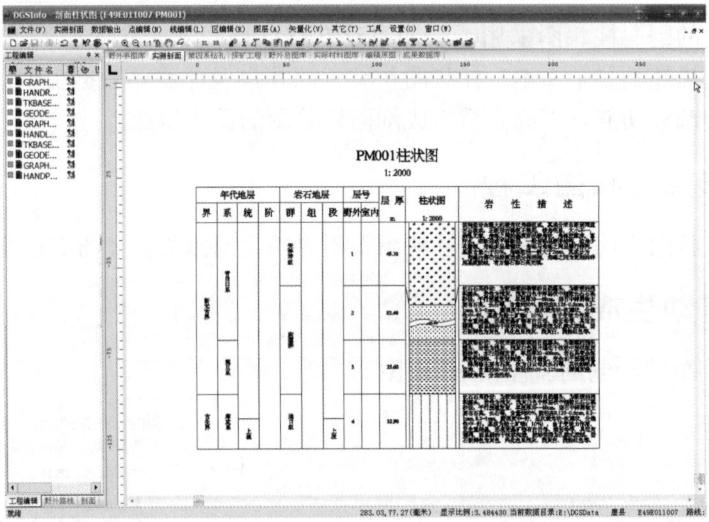


图 22.11.5　柱状图生成效果图

# 22.12　剖面数据输出

## 22.12.1　输出剖面原始记录表

以文本形式输出剖面记录。

（1）选择菜单（图 22.12.1）。

（2）系统会自动按传统剖面记录格式输出剖面原始记录表（图 22.12.2）。

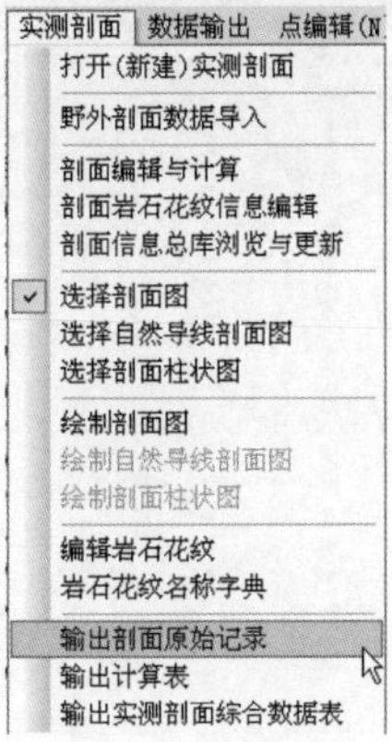


图 22.12.1　剖面原始记录输出

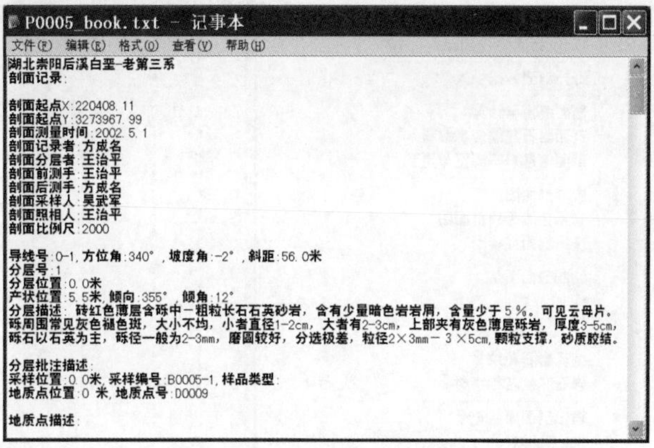


图 22.12.2　剖面记录输出效果图

## 22.12.2　输出剖面综合数据表

以 Excel 形式输出剖面记录。

（1）选择菜单（图 22.12.3）。

（2）系统自动以 Excel 形式输出剖面记录表（图 22.12.4）。

图 22.12.3　输出剖面综合数据表

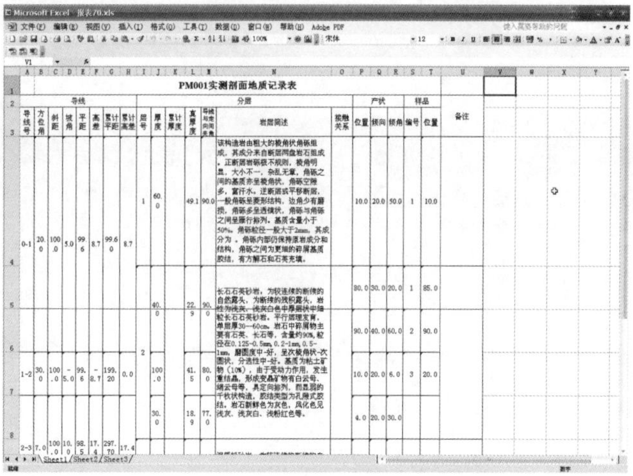


图 22.12.4　剖面综合数据表效果图

## 22.12.3　输出剖面计算表

以表格形式输出剖面厚度计算表，可用于数据检查。

（1）选择菜单（图 22.12.5）。

（2）自动生成剖面计算表并可打印输出（图 22.12.6）。

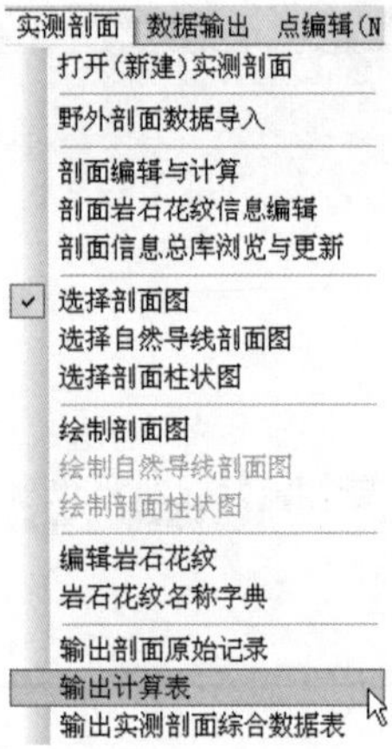


图 22.12.5　输出剖面计算表

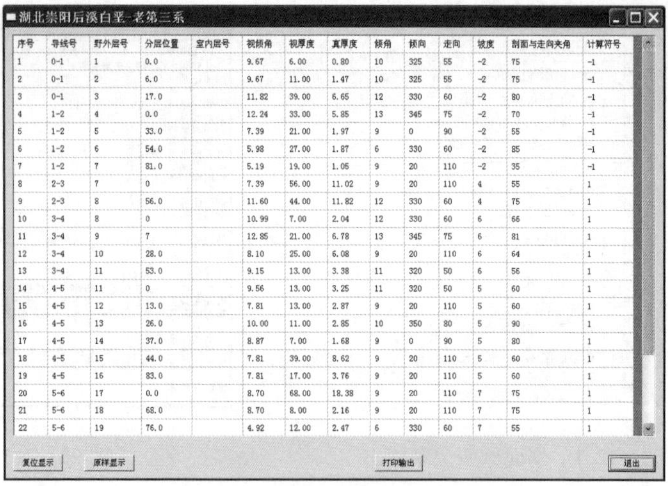


| 序号 | 导线号 | 野外层号 | 分层位置 | 室内层号 | 视倾角 | 视厚度 | 真厚度 | 倾角 | 倾向 | 走向 | 坡度 | 剖面与走向夹角 | 计算符号 |
|---|---|---|---|---|---|---|---|---|---|---|---|---|---|
| 1 | 0-1 | 1 | 0.0 | | 9.67 | 6.00 | 0.80 | 10 | 325 | 55 | -2 | 75 | -1 |
| 2 | 0-1 | 2 | 6.0 | | 9.67 | 11.00 | 1.47 | 10 | 325 | 55 | -2 | 75 | -1 |
| 3 | 0-1 | 3 | 17.0 | | 11.82 | 39.00 | 6.65 | 12 | 330 | 60 | -2 | 80 | -1 |
| 4 | 1-2 | 4 | 0.0 | | 12.24 | 33.00 | 5.85 | 13 | 345 | 75 | -2 | 70 | -1 |
| 5 | 1-2 | 5 | 33.0 | | 7.39 | 21.00 | 1.97 | 9 | 0 | 90 | -2 | 55 | -1 |
| 6 | 1-2 | 6 | 54.0 | | 5.98 | 27.00 | 1.87 | 6 | 330 | 60 | -2 | 85 | -1 |
| 7 | 1-2 | 7 | 81.0 | | 5.19 | 19.00 | 1.05 | 9 | 20 | 110 | -2 | 35 | -1 |
| 8 | 2-3 | 7 | 0 | | 7.39 | 56.00 | 11.02 | 9 | 20 | 110 | 4 | 55 | 1 |
| 9 | 2-3 | 8 | 56.0 | | 11.60 | 44.00 | 11.82 | 12 | 330 | 60 | 4 | 75 | 1 |
| 10 | 3-4 | 8 | 0 | | 10.99 | 7.00 | 2.04 | 12 | 330 | 60 | 6 | 66 | 1 |
| 11 | 3-4 | 9 | 7 | | 12.85 | 21.00 | 6.78 | 13 | 345 | 75 | 6 | 81 | 1 |
| 12 | 3-4 | 10 | 28.0 | | 8.10 | 25.00 | 6.08 | 9 | 20 | 110 | 6 | 64 | 1 |
| 13 | 3-4 | 11 | 53.0 | | 9.15 | 13.00 | 3.38 | 11 | 320 | 50 | 6 | 56 | 1 |
| 14 | 4-5 | 11 | 0 | | 9.56 | 13.00 | 3.25 | 11 | 320 | 50 | 5 | 60 | 1 |
| 15 | 4-5 | 12 | 13.0 | | 7.81 | 13.00 | 2.87 | 9 | 20 | 110 | 5 | 60 | 1 |
| 16 | 4-5 | 13 | 26.0 | | 10.00 | 11.00 | 2.85 | 10 | 350 | 80 | 5 | 90 | 1 |
| 17 | 4-5 | 14 | 37.0 | | 8.87 | 7.00 | 1.68 | 9 | 0 | 90 | 5 | 80 | 1 |
| 18 | 4-5 | 15 | 44.0 | | 7.81 | 39.00 | 8.62 | 9 | 20 | 110 | 5 | 60 | 1 |
| 19 | 4-5 | 16 | 83.0 | | 7.81 | 17.00 | 3.76 | 9 | 20 | 110 | 5 | 60 | 1 |
| 20 | 5-6 | 17 | 0.0 | | 8.70 | 68.00 | 18.38 | 9 | 20 | 110 | 7 | 75 | 1 |
| 21 | 5-6 | 18 | 68.0 | | 8.70 | 8.00 | 2.16 | 9 | 20 | 110 | 7 | 75 | 1 |
| 22 | 5-6 | 19 | 76.0 | | 4.92 | 12.00 | 2.47 | 6 | 330 | 60 | 7 | 55 | 1 |

图 22.12.6　剖面计算表效果图

# 23 第四系钻孔操作

本系统中的第四系钻孔模块又称为多模式、多用途钻孔柱状图，是一种支持用户自定义数据的灵活的柱状图制作工具。该功能的特点是允许加入用户自定义数据，生成任意的柱状图栏目，并可自由调整各栏目宽度及文字显示格式等内容，支持普通文本、描述类复杂文本、柱状图花纹、照片以及曲线等数据类型。

由于具有较大的自由度和设置的灵活度，该模块不仅适用于第四系钻孔工作，也可应用于其他专业的柱状图制作过程。

第四系钻孔功能需进入相应的视图方可使用，对应的标签如图 23. 0. 1 所示。

图 23. 0. 1　第四系钻孔视图标签

下面具体介绍第四系钻孔柱状图制作的相关操作。

## 23. 1　钻孔数据的录入、整理、导入

### 23. 1. 1　录入钻孔基本信息

（1）通过选择视图标签进入第四系钻孔操作界面后，按照所示选择菜单，然后在图中相应位置点下钻孔点（图 23. 1. 1）。

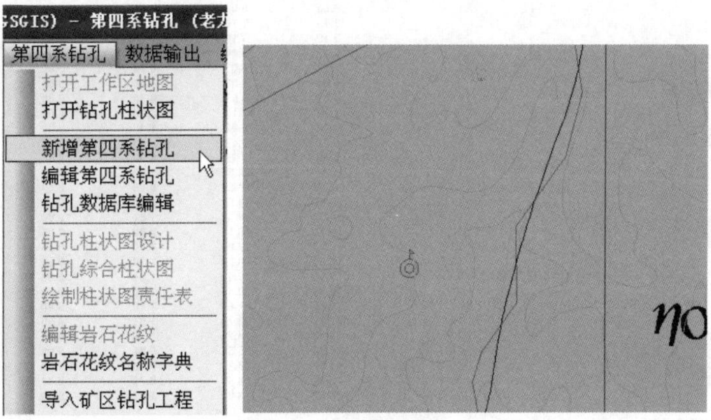


图 23. 1. 1　新增第四系钻孔

（2）在弹出的对话框中录入钻孔基本信息。注意，“＊”号部分是重点填写部分，“勘探线号”如果不填，钻孔的编录数据将会存放到临时目录“EngPool”工程池中（图 23.1.2）。

（3）如需编辑钻孔基本信息，可先选择“编辑第四系钻孔”菜单，然后在图中选择钻孔点，在弹出的对话框中进行编辑即可。

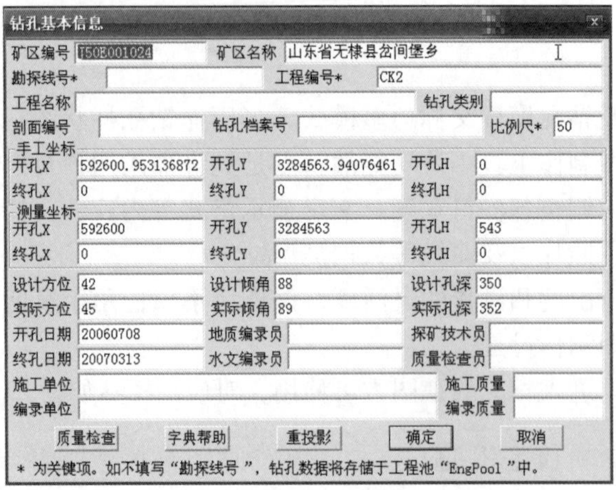


图 23.1.2　第四系钻孔基本信息

## 23.1.2　录入钻孔编录信息

（1）选择“钻孔数据库编辑”菜单，然后选择图中的钻孔点，系统会按照钻孔基本信息创建相应的编录数据库文件（图 23.1.3）。

（2）文件创建成功后，系统会弹出编录数据的录入界面（图 23.1.4）。编录数据的录入过程参见第 24.9 节“钻孔测量数据采集”。

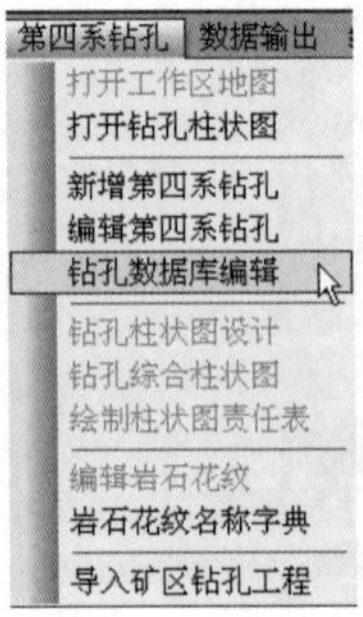


图 23.1.3　打开第四系钻孔编录数据库

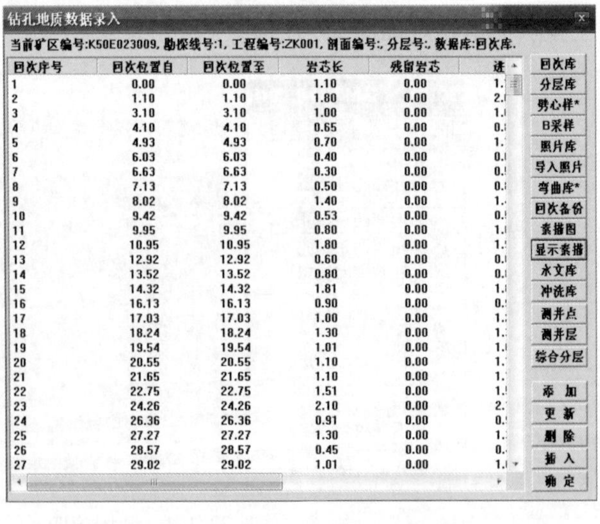


图 23.1.4　第四系钻孔编录界面

## 23.1.3 钻孔文件组织说明

（1）钻孔基本信息存放在图幅工程中的ZKFOUR.WT点文件中（图23.1.5）。

（2）钻孔的编录数据存储于Access（*.mdb）格式数据库中，其路径以及相关图件目录如图23.1.6所示。

图23.1.5 第四系钻孔点文件

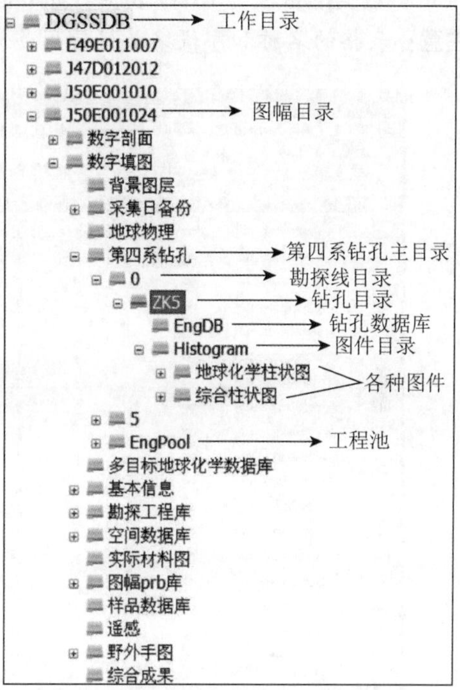


图23.1.6 第四系钻孔编录数据存储路径

（3）钻孔编录数据库在“EngDB”目录下，名称为“ZkFour.mdb”。

数据库中已经存在的表格，存放了“回次库”“分层库”等钻孔固有的编录数据（图23.1.7）。这些数据表的中文名称，以及表中字段的相关信息，参见《战略性矿产远景调查数据库建库标准》。

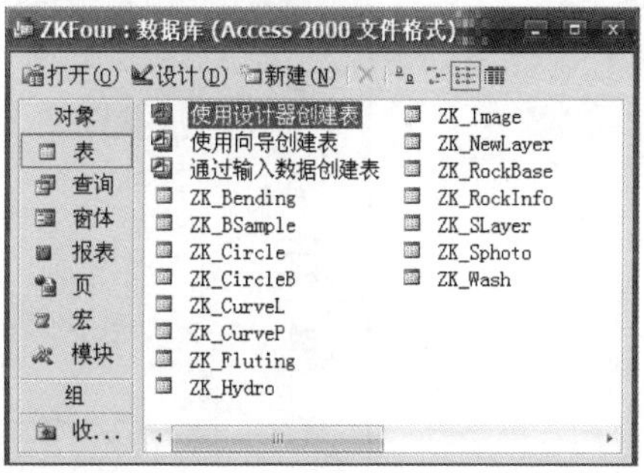


图23.1.7 第四系钻孔编录数据库（用Access打开）

## 23.1.4 用户自定义数据库导入

如果需要在钻孔柱状图中添加用户自定义的数据，用户可以将数据准备成为 Excel 表格，然后通过 Access 的数据导入功能，将自定义数据导入成为钻孔编录数据库中的表。

下面举例说明：

（1）将数据准备成为 Excel 表格，如下面的“Sample”表（图 23.1.8）。

**注意：** 表格的名称和字段名最好使用英文。

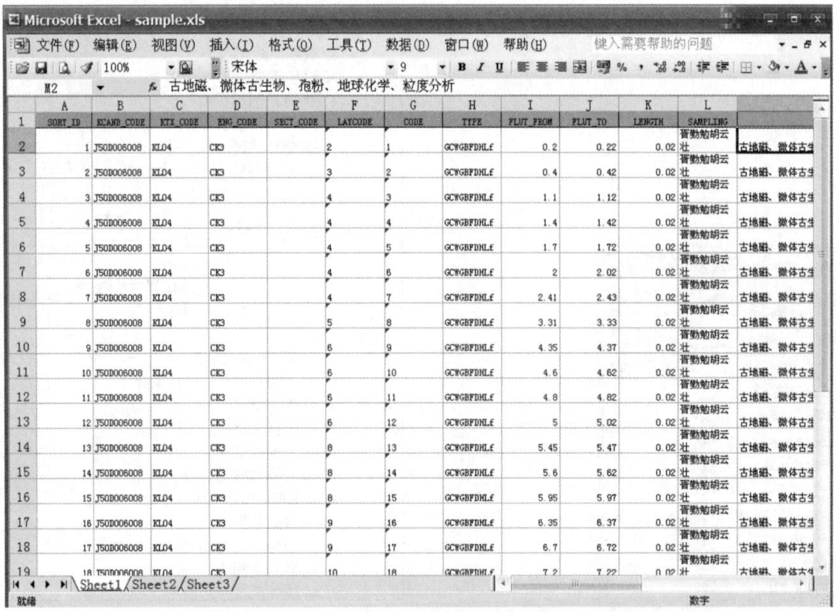


图 23.1.8　用户自定义数据表格

（2）找到相应钻孔数据库“ZkFour.mdb”并打开，选择菜单“导入外部数据”（图 23.1.9）。

（3）选择 Excel 表格（图 23.1.10）。

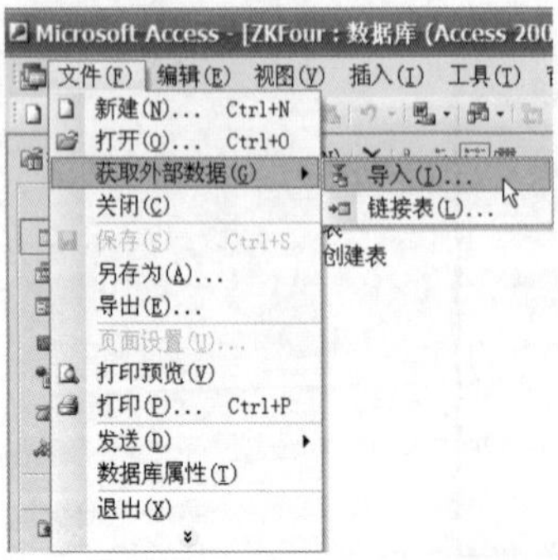


图 23.1.9　导入外部数据

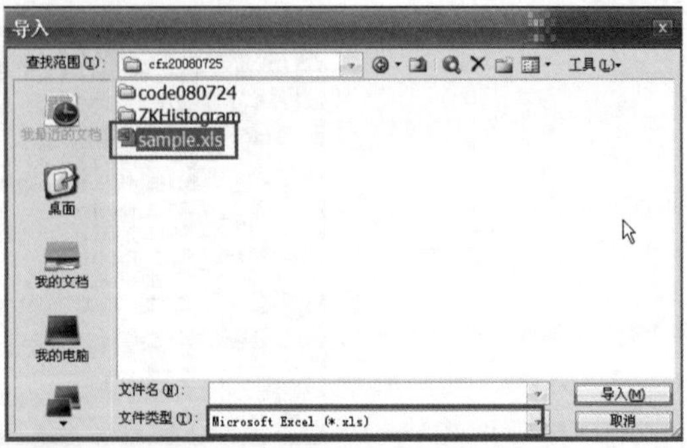


图 23.1.10　选择外部数据表

（4）点击“导入”，按照向导提示的步骤进行操作（图 23. 1. 11 至图 23. 1. 16）。

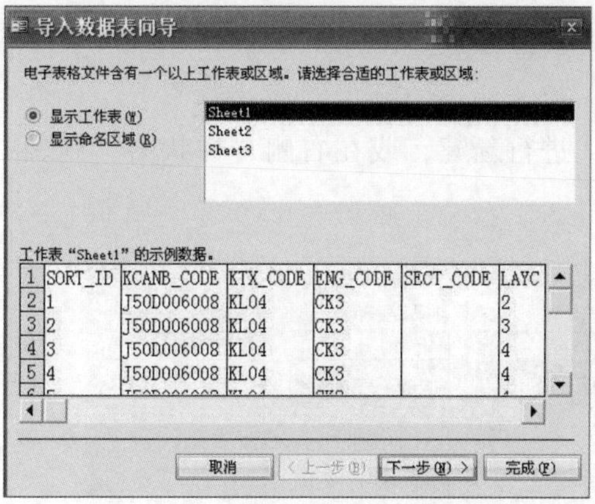


图 23. 1. 11　数据表导入向导 1

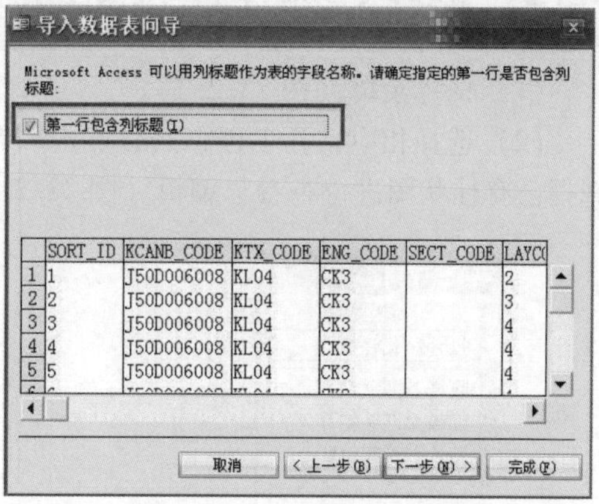


图 23. 1. 12　数据表导入向导 2

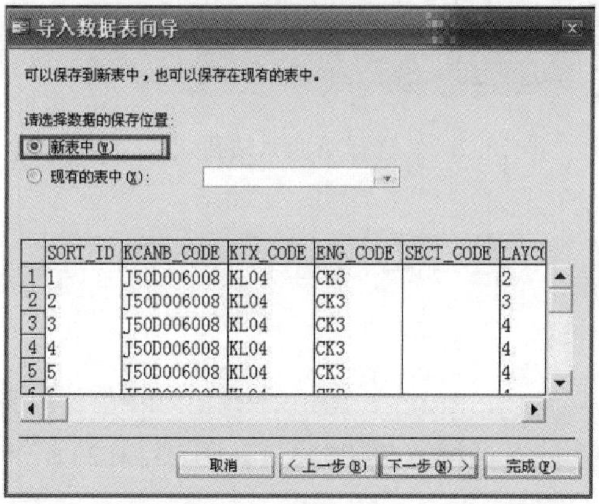


图 23. 1. 13　数据表导入向导 3

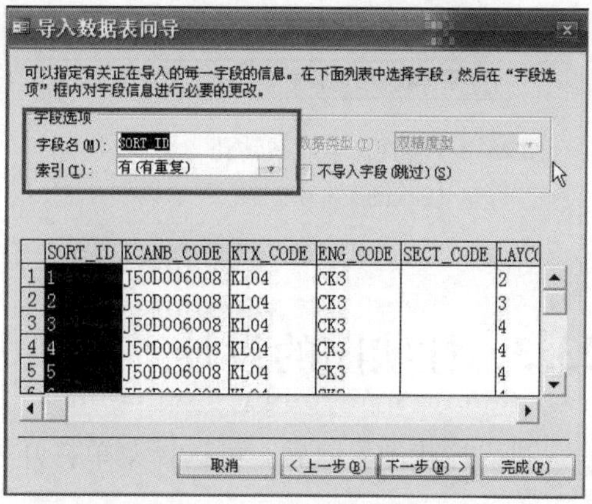


图 23. 1. 14　数据表导入向导 4

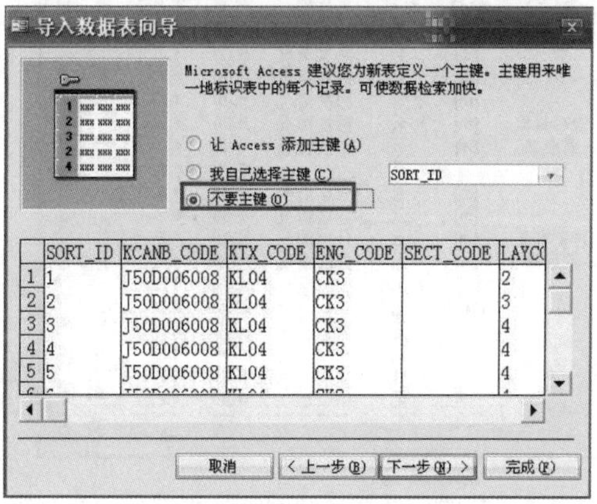


图 23. 1. 15　数据表导入向导 5

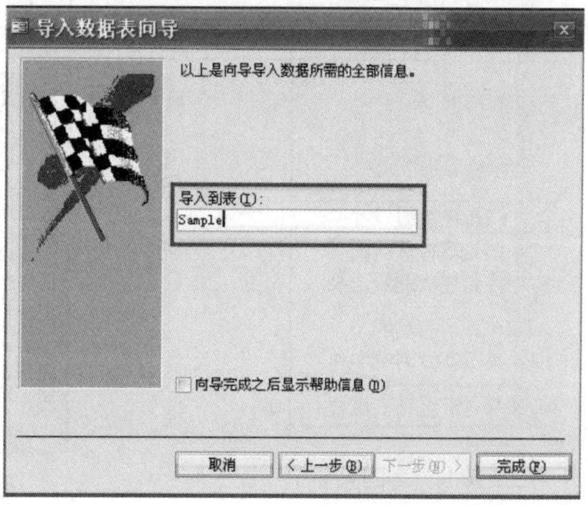


图 23. 1. 16　数据表导入向导 6

# 23.2 创建、选择柱状图的环境

（1）选择菜单（图 23.2.1）。

（2）选择相应钻孔工程，然后点击“创建”进行新建，或在右侧“柱状图”列表中选择已有柱状图进行查看与编辑（图 23.2.2）。

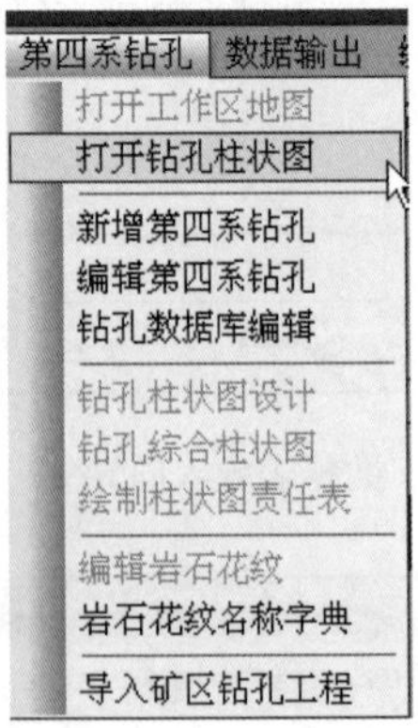


图 23.2.1 打开第四系钻孔柱状图菜单

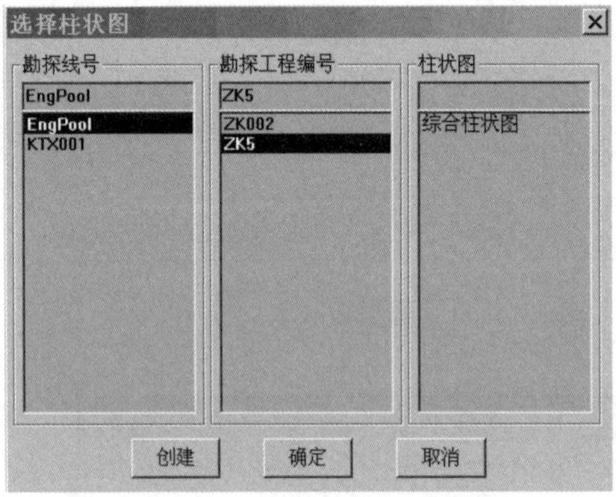


图 23.2.2 选择第四系钻孔

# 23.3 柱状图的设计

进入柱状图界面后，可选择菜单打开柱状图设计对话框（图 23.3.1，图 23.3.2）。

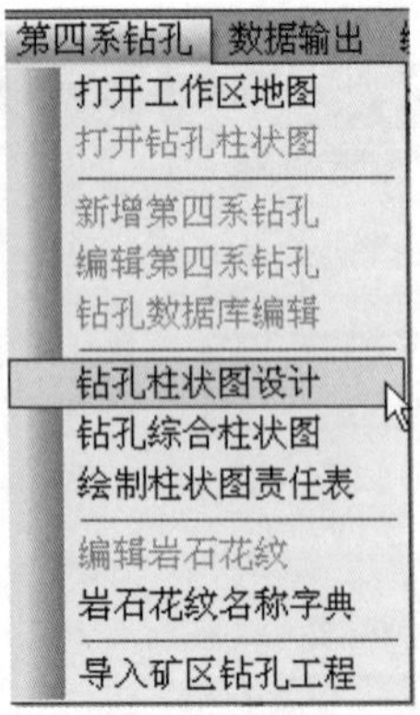


图 23.3.1 第四系钻孔柱状图设计菜单

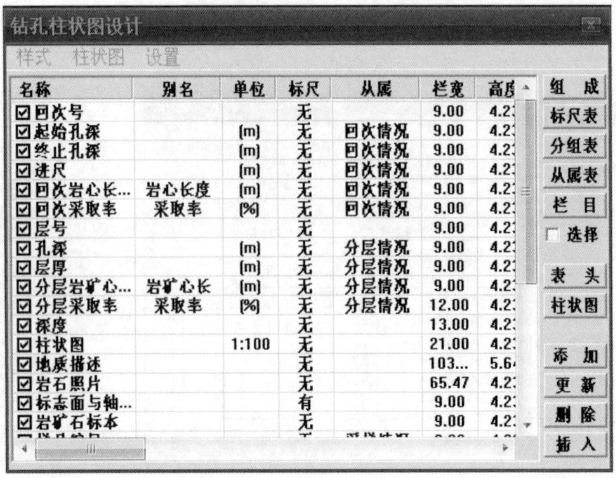


图 23.3.2 第四系钻孔柱状图设计界面

## 23.3.1　柱状图的结构

柱状图的主题框架分为图名、图眉、表头和表体四部分，其中表体部分是数据的主要表现区域，如图 23.3.3 所示。

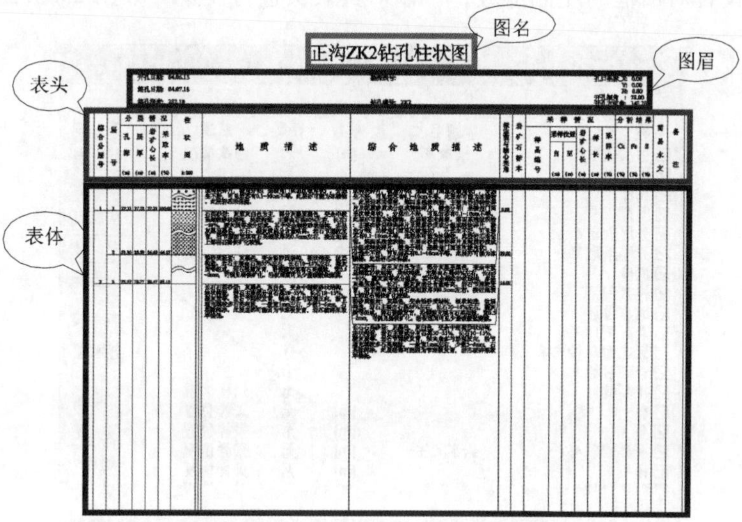


图 23.3.3　钻孔柱状图结构说明

下面具体介绍各部分的设计方法。

## 23.3.2　图名、图眉的设计

在“组成”一栏中可以对图名、图眉、字体大小等信息进行设置，正文文字大小是在每一栏目中单独设置的，故此处一般无须调整（图 23.3.4）。

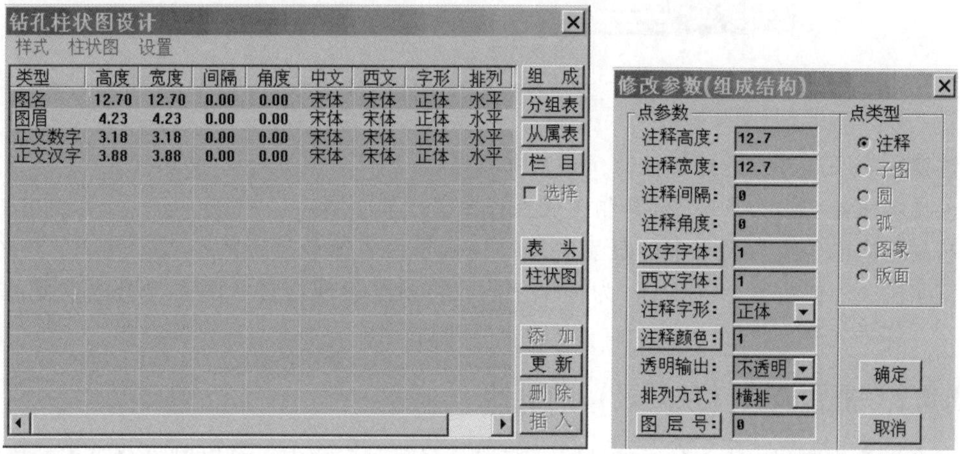


图 23.3.4　图名、图眉的设计

## 23.3.3 表头的设计

### 23.3.3.1 栏目表头的设计

在各栏目设置对话框的左侧部分，可以对其表头进行设置，如图 23.3.5 所示。

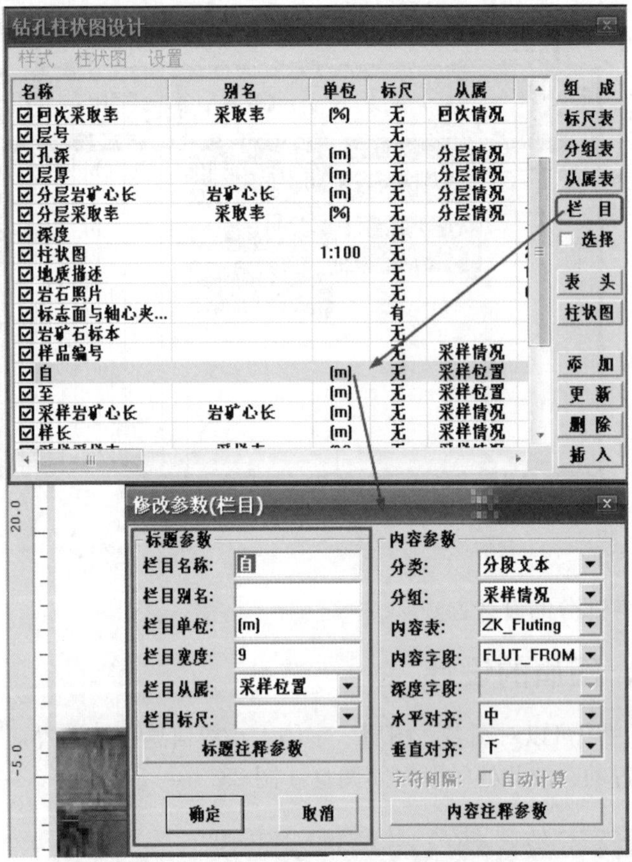


图 23.3.5 栏目表头内容的设计

**注意：**表头是可以进行分级的，如图中的栏目“自”，从属于“采样位置”。这种表头分级的情况叫做“复合表头”，其相关设置将在下一节介绍。

栏目对应的表头为表头中的最后一级，也就是跟表体最接近的一级。其中，“名称”为关键字段，不能重复；“别名”为标识字段，将最终表现在柱状图上，可以重复，也可以为空，如果为空，将标注“名称”字段。

### 23.3.3.2 复合表头（从属表）的设计

复合表头主要解决表头分级的情况。在“从属表”一栏中，可以对复合表头的格式进行设置（图 23.3.6）。

**注意**：①复合表头名称为关键字段，不能重复，但“别名”可以重复，在柱状图中，如“别名”不为空，则最终显示内容为“别名”；②本系统中，最多允许设置3级表头。

复合表头显示效果如图23.3.7所示。

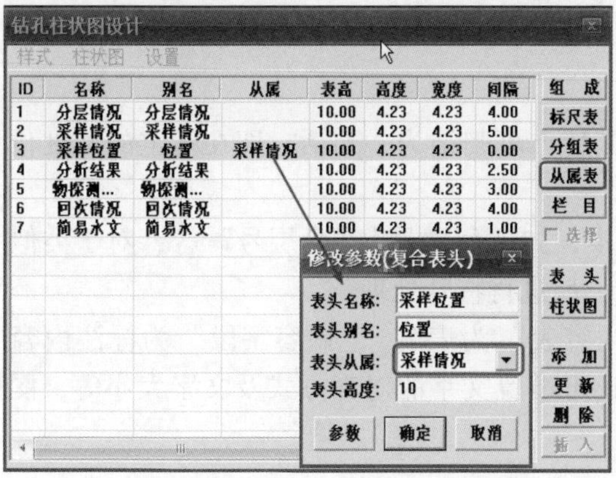


图23.3.6 复合表头（从属表）的设计

图23.3.7 复合表头示例

## 23.3.4 栏目的设计

在每一栏目中可以设置相关的表头与表体两项内容，上节已经介绍过表头的设计，本节重点介绍表体的设计。

栏目中的表体内容与数据库中的数据表相关联，设置界面如图23.3.8所示，在“内容参数”部分，可对栏目类型及其与数据库的关联情况进行设置。

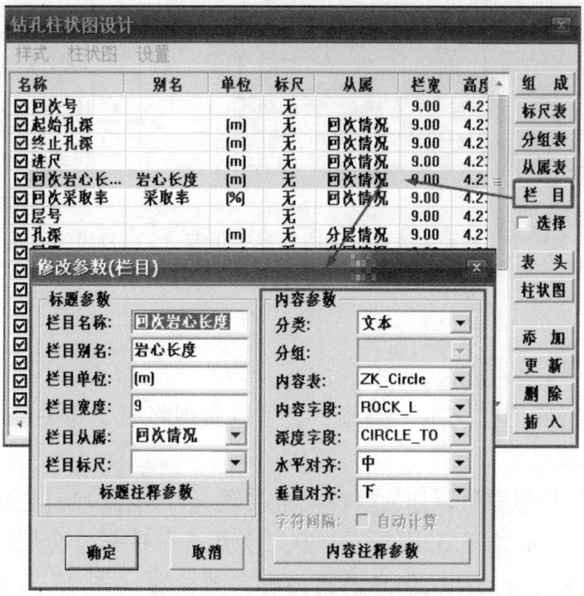


图23.3.8 栏目内容的设计

栏目类型主要分为文本、组合文本、分段文本、描述、柱状图（岩性花纹）、曲线、刻度、照片和孔径等。

在曲线等特殊类型的栏目中，还将会用到栏目横向标尺。

下面按照栏目分类分别介绍。

### 23.3.4.1 文本

文本是各种柱状图中最常见的类型，其特点可归结为一句话，即在指定的深度位置进行文字标注。

本系统中的“文本”类型特指简单文本，如“回次号”“分层号”等，对于类似“分层描述”等大段的文本由专门的“描述”类型进行特殊处理。

如下图左侧所示“层号”栏目中，“内容表”为表名，“内容字段”为标注内容“层号”，“深度字段”为“换层深度”。另外还可设置文字的对齐方式及文字大小等，图中右侧为成图效果（图 23.3.9）。

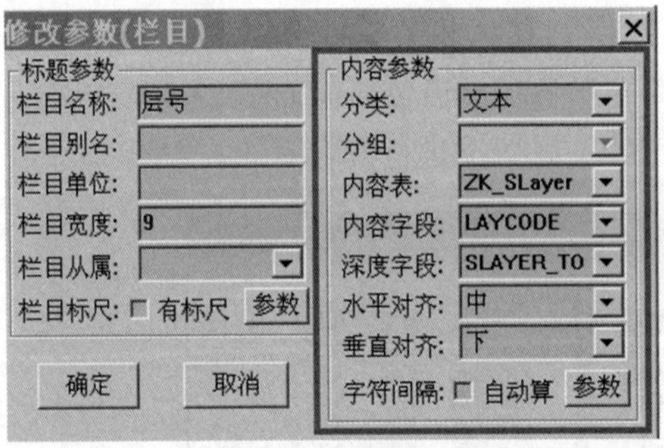


（a）

| 层号 | 分层情况 | | | |
|---|---|---|---|---|
| | 孔深 (m) | 层厚 (m) | 岩矿心长 (m) | 采取率 (%) |
| 1 | 0.65 | 0.65 | 0.65 | 100.00 |
| 2 | 3.48 | 2.83 | 2.77 | 97.88 |
| 3 | 6.84 | 3.36 | 3.30 | 98.21 |
| 4 | 10.59 | 3.75 | 3.35 | 89.33 |
| 5 | 13.89 | 3.30 | 3.30 | 100.00 |

（b）

图 23.3.9 “文本”类栏目的内容参数设置（a）及成图效果（b）

### 23.3.4.2 组合文本

组合文本是一种特殊的“文本”类型，它可以实现将多个相关的栏目联合起来，并可实现“拉胡子”的功能。

如分层表中的数据信息就可以作为组合文本设置。首先将分层信息中共性的部分提取出来，建立一个“分组”。如图 23.3.10 所示，在“分组表”中对“分层情况”分组进行设置。

然后在栏目设置中对分层相关信息进行内容参数设置（图 23.3.11），图中以“层号”栏目为例。

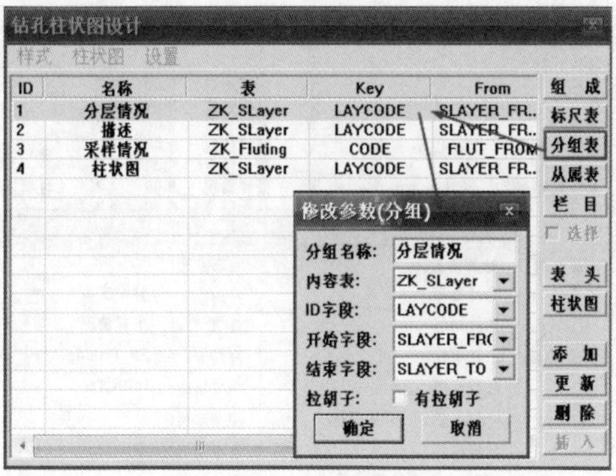


图 23.3.10　分组表的编辑

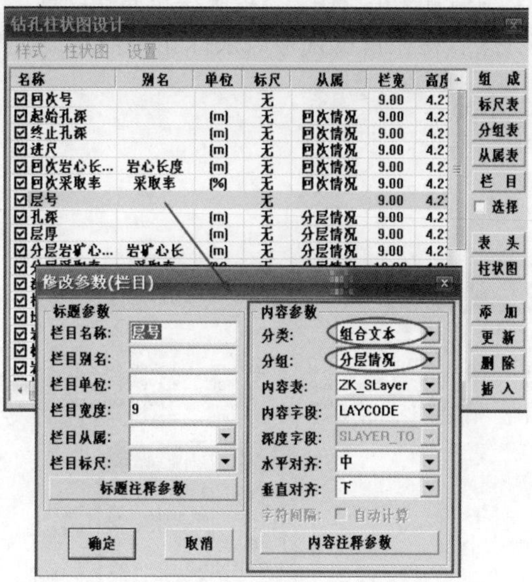


图 23.3.11　“组合文本”类栏目的内容参数设置

成图效果与“文本方式”对比如图 23.3.12 所示。

图 23.3.12　“文本”与“组合文本”类成图效果对比

## 23.3.4.3　分段文本

分段文本与组合文本类似，两者最大的区别在于深度的连续性。上节介绍的组合文本属于深度连续的情况，如分层信息；而如钻孔劈心样等信息深度有可能是不连续的，就需要用“分段文本”来表示。

与组合文本一样，分段文本也需要设置一个分组(图23.3.13),图中以“采样情况”分组。然后在栏目设置中对采样相关信息设置参数即可（图 23.3.14）。

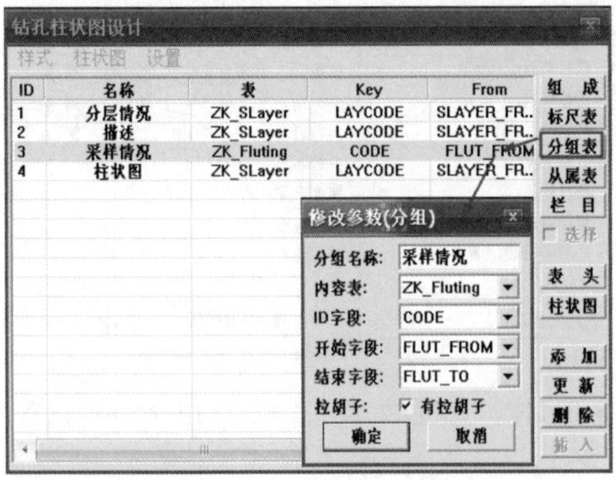


图 23.3.13　分组表的编辑

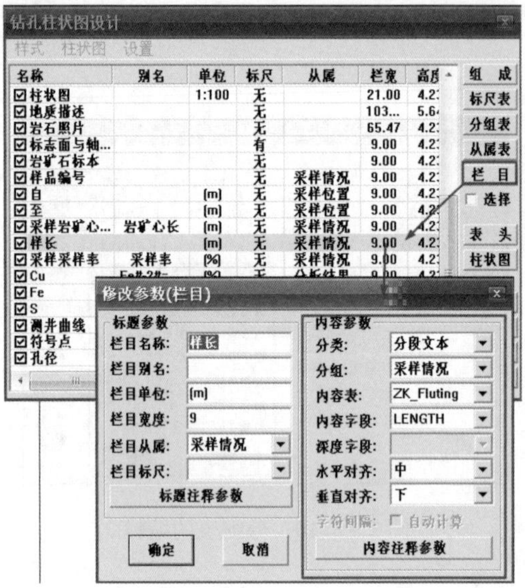


图 23.3.14　“分段文本”类栏目的内容参数设

成图效果如图 23.3.15 所示。

## 23.3.4.4　地质描述

地质描述也是一种特殊的文本类型，它与分层相关联，专门对文字内容较多的地质描述字段进行显示，可以实现自动“拉胡子”。

地质描述类型也需要建立专门的分组，分组中主要设置与描述关联的分层信息，一般在柱状图中只要存在分层数据，该分组会自动建立，无须用户手动建立。地质描述分组设置见图 23.3.16。

地质描述栏目设置及生成效果见图 23.3.17。

## 23.3.4.5　柱状图（岩性花纹）

岩性花纹柱与分层关联，也需要建立专门的分组，一般由系统自动建立，设置方法如图 23.3.18 所示。

岩性花纹柱的栏目配置及生成效果见图 23.3.19。

岩性花纹表在钻孔分层表中输入。其中可以配置岩性花纹的颜色及粒度等信息。粒度可以控制岩性柱的横向显示范围，一般分为 5 级，可用 1~5 之间的整数表示。以下是更改过花纹颜色与粒度值的情况（图 23.3.20）。

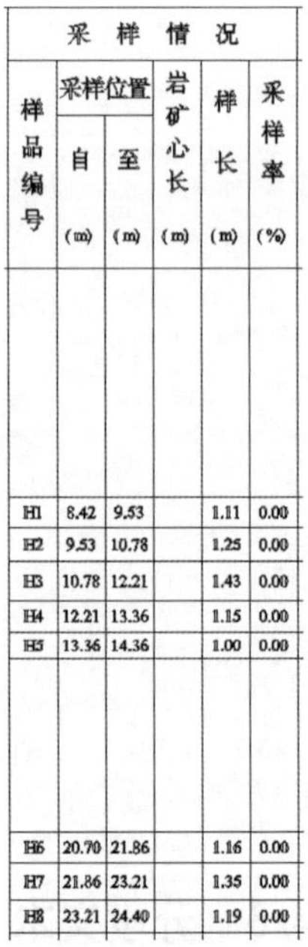


图 23.3.15　“分段文本”类成图效果

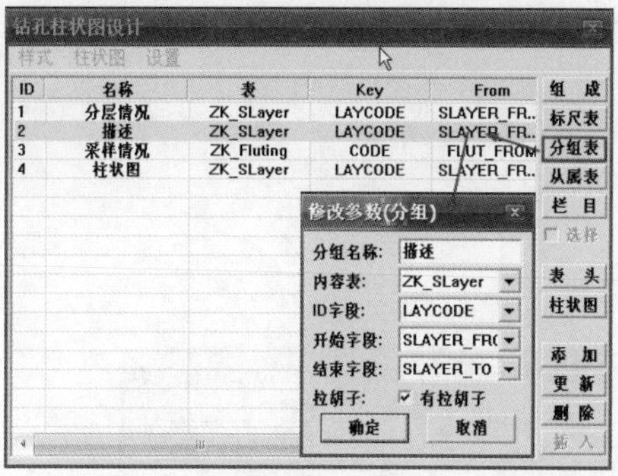


图 23.3.16 编辑“描述”分组表

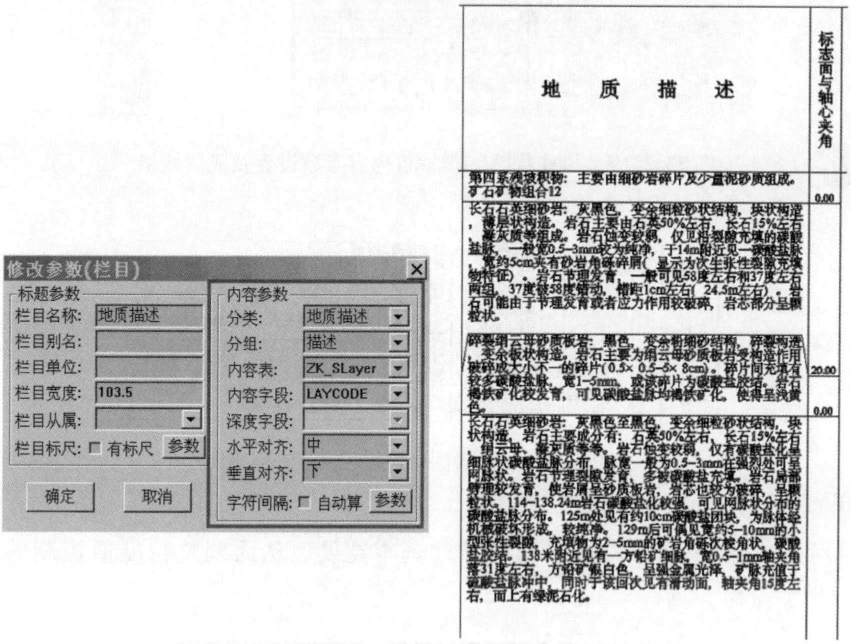


图 23.3.17 “描述”类栏目内容参数设置及成图效果

图 23.3.18 “柱状图”类分组表编辑

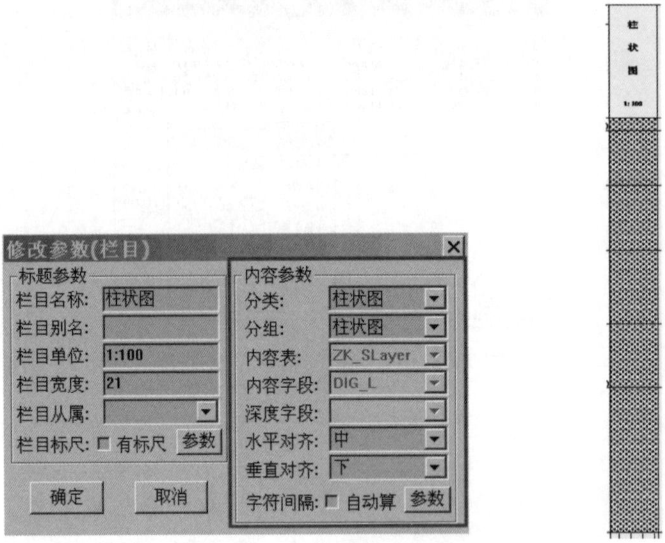


图 23.3.19　“柱状图”类栏目内容参数设置及成图效果

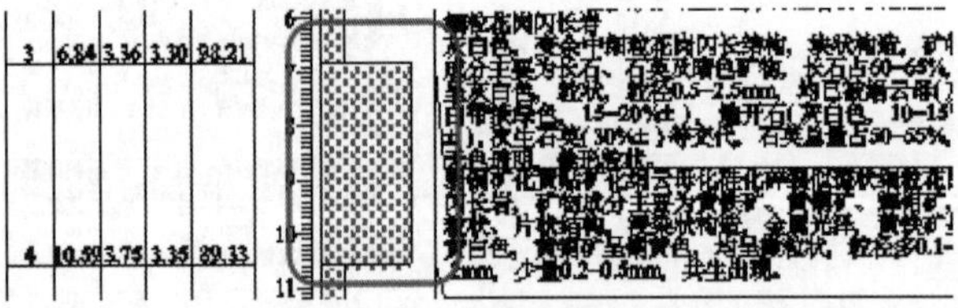

图 23.3.20　柱状图中粒度及颜色的应用

在“设置”功能中，可以调整花纹柱的基本宽度，从而调整粒度值控制的宽度范围（图 23.3.21）。

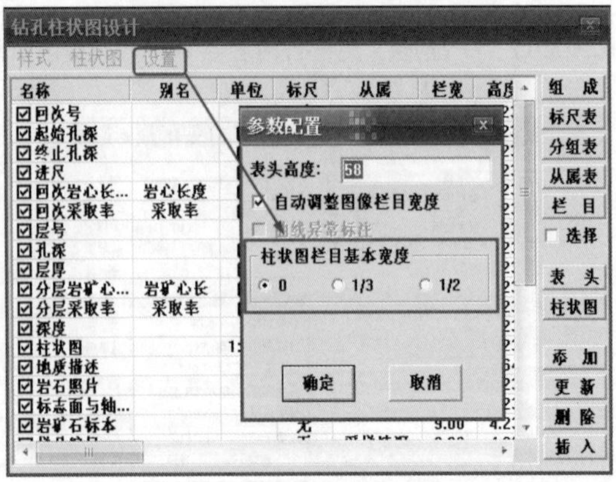


图 23.3.21　“柱状图”基本宽度设置

### 23.3.4.6　曲线

曲线的实现方式为将栏目中“内容字段”的值作为横坐标，“深度字段”作为纵坐标，按顺序连接而成一条曲线。

曲线一般配合栏目横向标尺使用。

下面介绍具体操作步骤：

（1）首先在“标尺表”中创建横向标尺，注意，横向标尺分为“常规标尺”和“10 对数标尺”两种，其中“常规标尺”按照字段中的原始值处理，而“10 对数标尺”则将原始数据取 10 为底的对数后再处理。

标尺的量程可由“最大值”“最小值”设置；刻度值和标注可由“最小刻度”“最小标注”设置。

“刻度标注”与“异常子图”是设置曲线值超出标尺量程的情况。在超出范围的位置会进行标注（图 23.3.22）。

（2）选择需要绘制曲线的栏目进行设置，在“栏目标尺”一栏选择标尺，“分类”中选择曲线，“内容字段”选择横坐标字段，具体如图 23.3.23 所示。

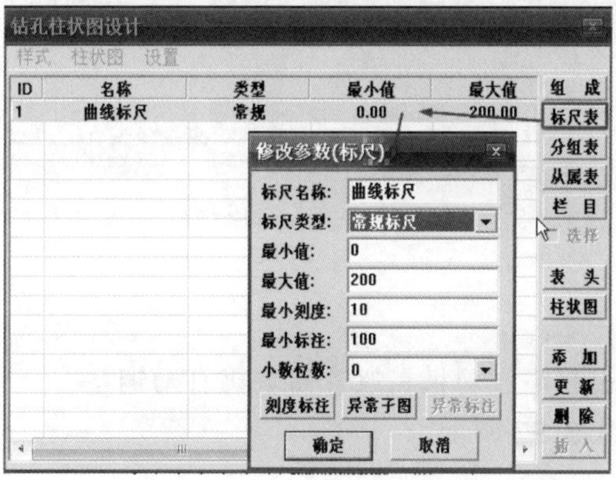


图 23.3.22　曲线标尺的设置

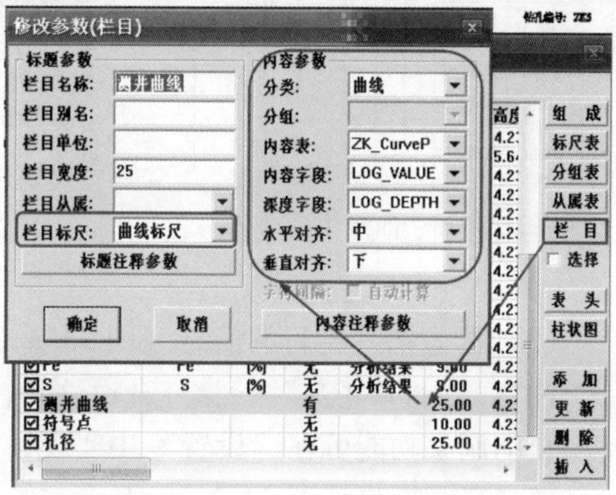


图 23.3.23　曲线栏目内容参数设置

（3）成图效果如图 23.3.24 所示。

### 23.3.4.7　照片

可以将图片按照深度显示在栏目中。

（1）应在钻孔数据库（ZKFOUR.mdb）中准备专门的照片数据表，本例中表名为“ZK_Image”，注意该表中至少应有以下 3 个字段：

起始深度：本例中为 ImgFrom

终止深度：本例中为 ImgTo

照片文件路径：本例中为 ImgName

注意：照片文件路径为图像文件的绝对路径，故数据更改目录环境后，如想再次生成柱状图，应检查照片数据表中的路径是否有效。

照片路径按图 23.3.25 中所示存入照片数据表中。

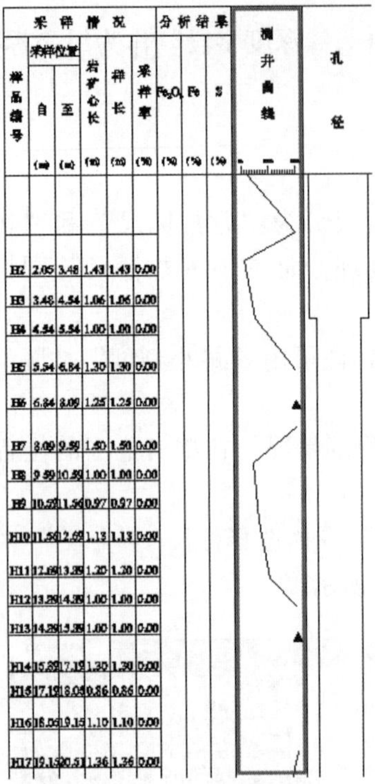

图 23.3.24 曲线生成效果

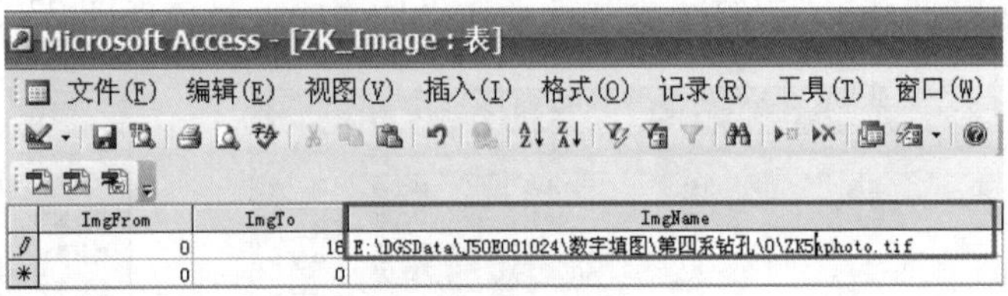

图 23.3.25 在数据库中输入照片路径

（2）配置照片栏目的信息（图 23.3.26）。

**注意：**“栏目宽度”一栏可自由设置，也可由程序自动根据照片高宽比自动调整。自动调整功能可在“设置”中实现，如图 23.3.27 所示。

照片显示效果如图 23.3.28 所示。

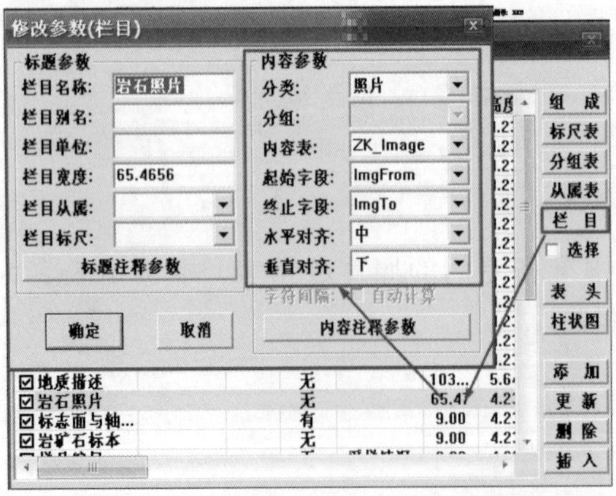

图 23.3.26 照片栏目内容参数设置

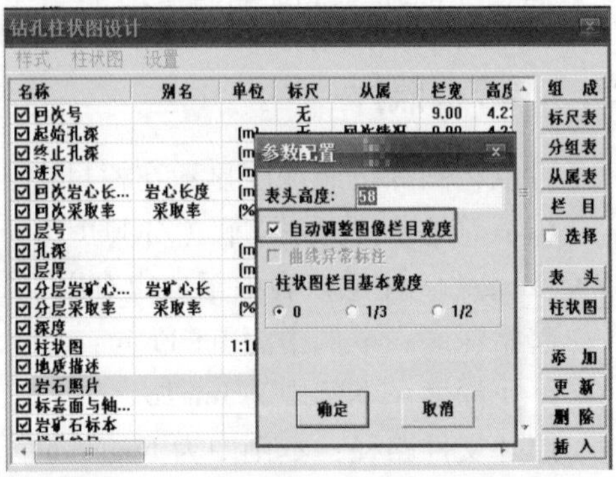

图 23.3.27 照片栏目宽度自动调整设置

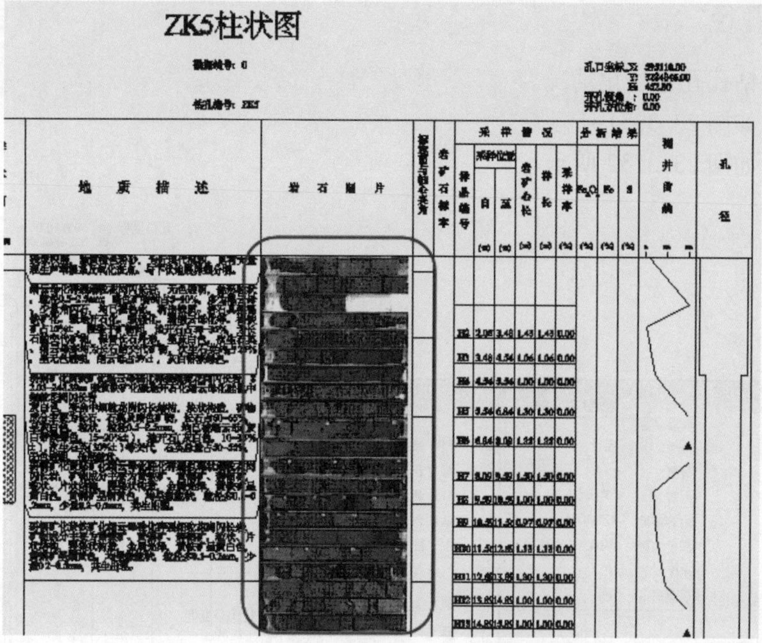


图 23. 3. 28　照片栏目成图效果

### 23. 3. 4. 8　刻度

柱状图的深度标尺。

设置方法如图 23. 3. 29 所示。

成图效果如图 23. 3. 30 所示。

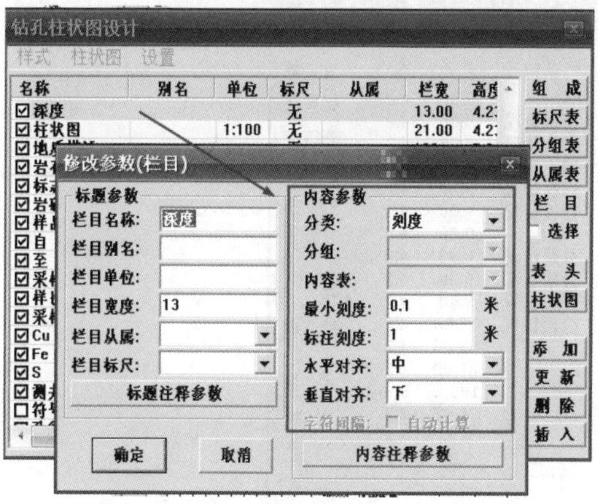


图 23. 3. 29　刻度栏目内容参数设置

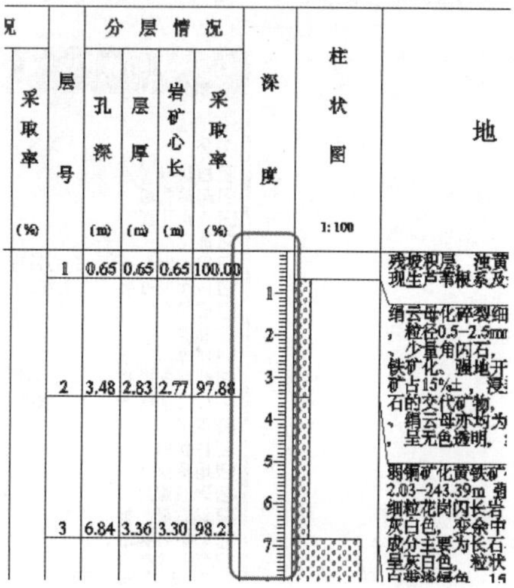


图 23. 3. 30　刻度栏目成图效果

### 23.3.4.9 孔径

用以显示钻孔孔径变化情况。
设置方法如图 23.3.31 所示。
成图效果如图 23.3.32 所示。

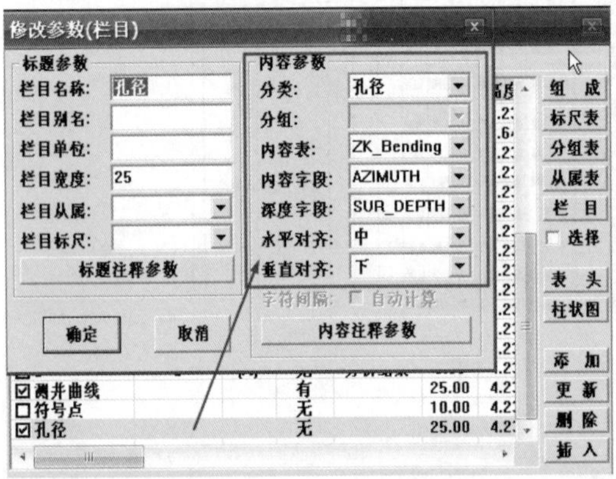

图 23.3.31 孔径栏目内容参数设置

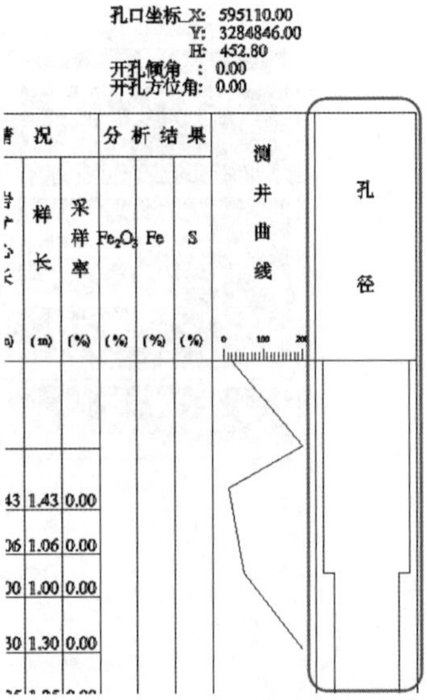

图 23.3.32 孔径栏目成图效果

## 23.4 表头的生成

选择“表头”一栏，可以对设计后的表头项目进行校对核查（图 23.4.1）。

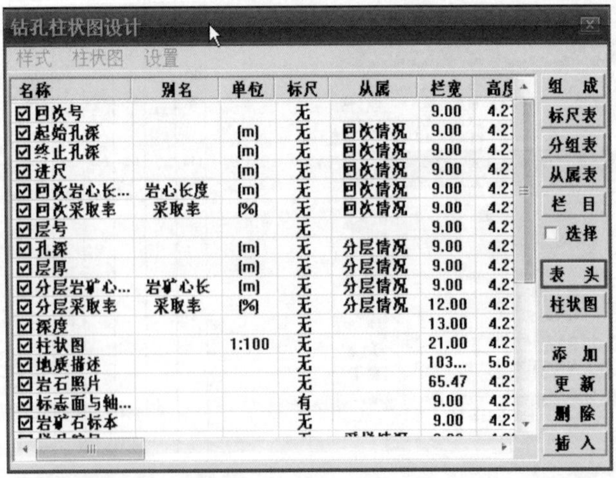

图 23.4.1 表头生成功能

## 23.5　柱状图的生成

选择需要参与柱状图生成的栏目（通过栏目前的复选框选择），然后选择“柱状图”一栏（图 23.5.1），自动生成柱状图（图 23.5.2）所示。

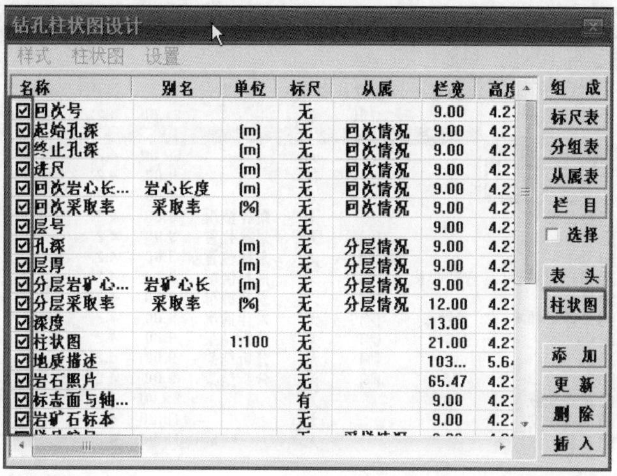


图 23.5.1　柱状图生成设置

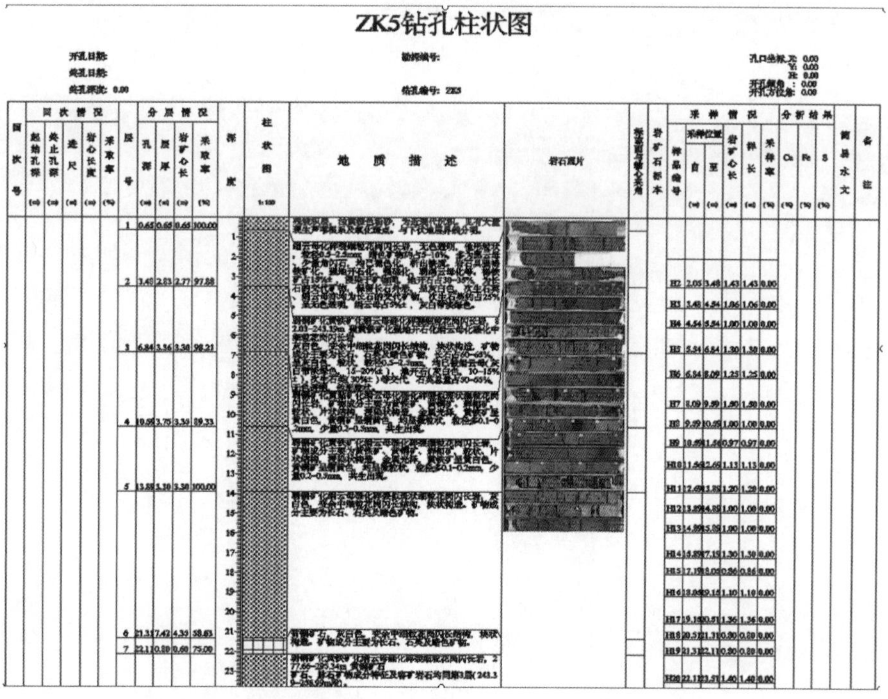


图 23.5.2　自动生成柱状图

## 23.6 柱状图模板的应用

在“样式”菜单中有保存和装载模板的功能，该功能可以将当前柱状图的所有栏目内容保存为模板，以便生成其他钻孔柱状图时重复使用（图23.6.1）。

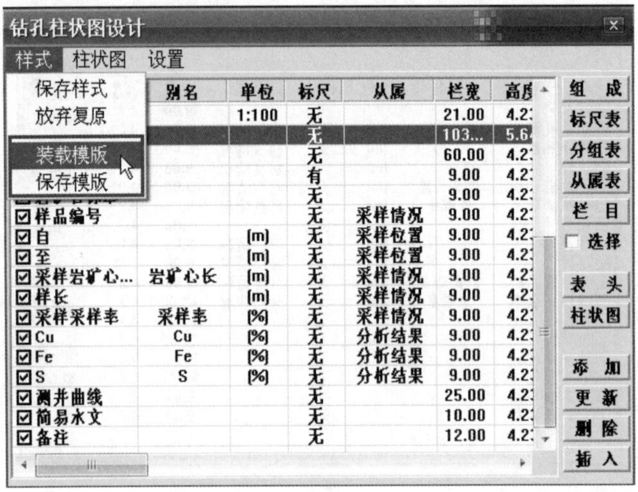


图23.6.1 柱状图模板的应用

# 24 探矿工程库操作

## 24.1 打开探矿工程界面

可以通过菜单和视图标签两种方式打开：

（1）菜单方式（图 24.1.1）。

（2）标签方式（图 24.1.2）。

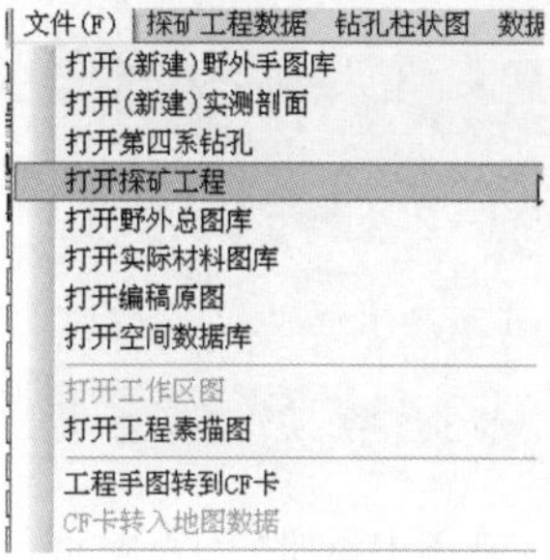


图 24.1.1　菜单方式打开探矿工程界面

图 24.1.2　标签方式打开探矿工程界面

## 24.2 坑道数据采集

### 24.2.1 坑道基本信息数据采集

（1）选择菜单，选中“坑道”（图 24.2.1）。

（2）系统会自动选择坑道图层，同时弹出“是否填加到图层‘坑道’中”对话框，点击“是”（图 24.2.2）。

（3）在屏幕上，用鼠标点击该“工程”的位置，即定点，按左键后，屏幕自动弹出对话框，输入坑道基本信息（图 24.2.3）。

重要参数说明：（注：带 * 的为必输项）

工程编号：必须输入。由数字加字母组成，并作

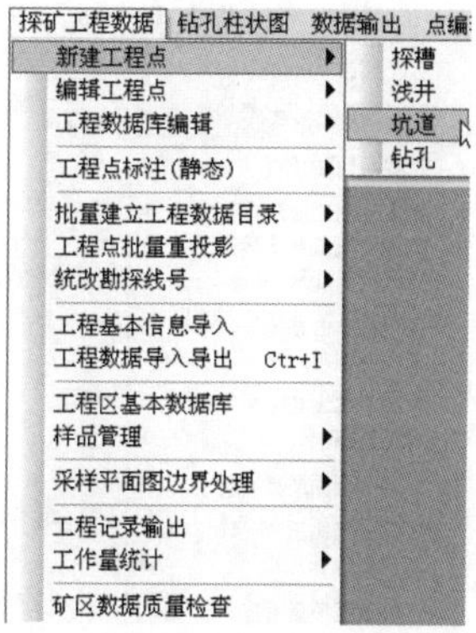


图 24.2.1　坑道基本信息采集菜单

为目录使用。

勘探线号：由数字加字母组成，并作为目录使用。如果未给出勘探线号，所有工程会自动放入 EngPool 目录下。

顶宽、左壁高、右壁高、比例尺数据必输。

（4）点击“确定”后，系统自动把坑道的位置和工程编号标注图上（图 24.2.4）。

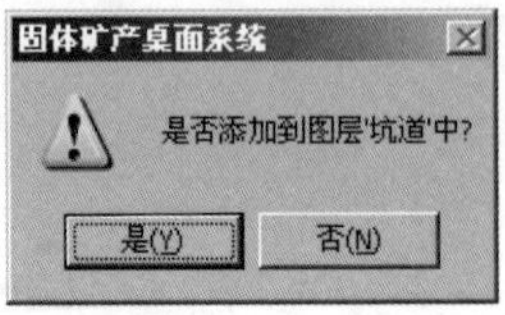


图 24.2.2　提示添加到坑道图层中

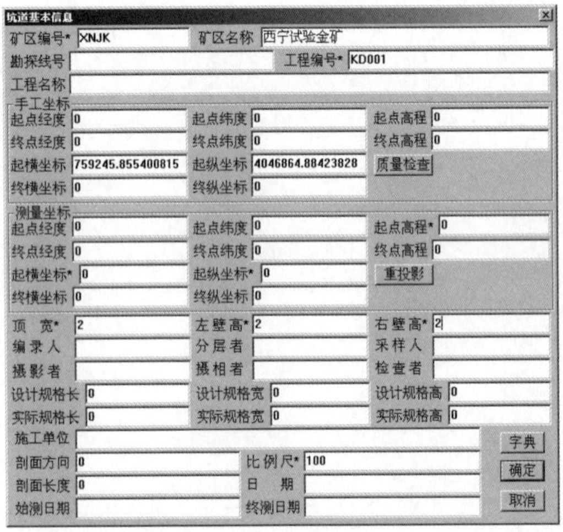


图 24.2.3　坑道基本信息对话框

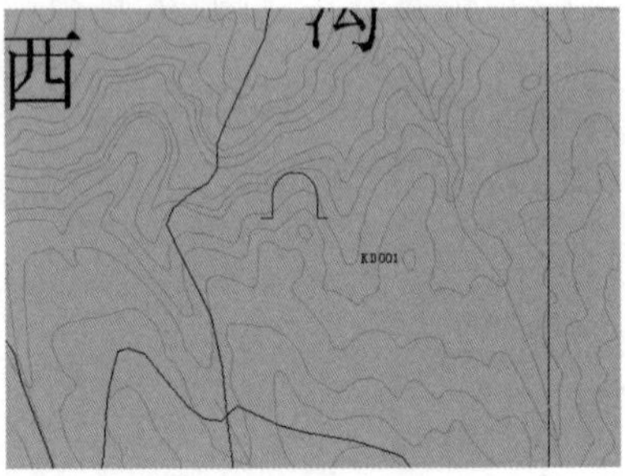


图 24.2.4　在图中添加坑道点图元

## 24.2.2　打开坑道编录数据录入总界面

（1）选择菜单，选中“坑道”（图 24.2.5）。

（2）先选中要编辑的工程图元，对新录的工程数据，第一次会弹出对话框（图 24.2.6），必须按下“是”，系统会创建以坑道为编号的目录，来存放该工程所有的文件。

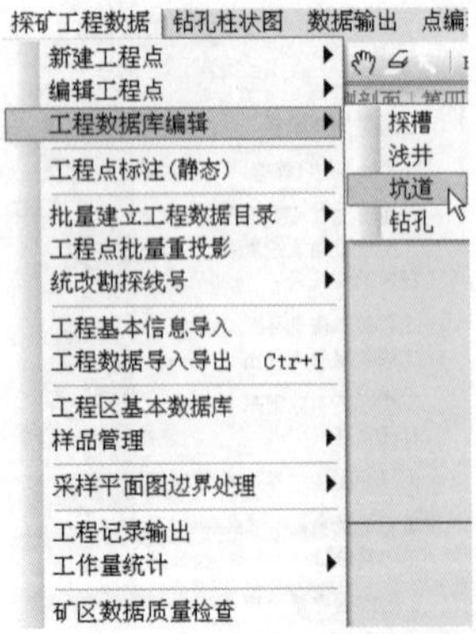


图 24.2.5　坑道编录菜单

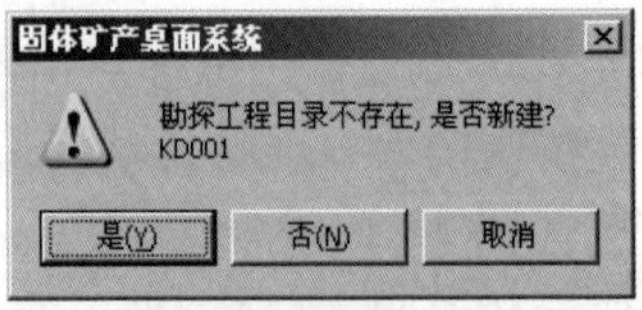


图 24.2.6　提示新建坑道工程目录

（3）系统会弹出坑道地质数据的总对话框（图 24.2.7），以后所有的坑道地质数据的输入，都是从此界面录入的。

数据录入的顺序必须遵循以下基本原则：

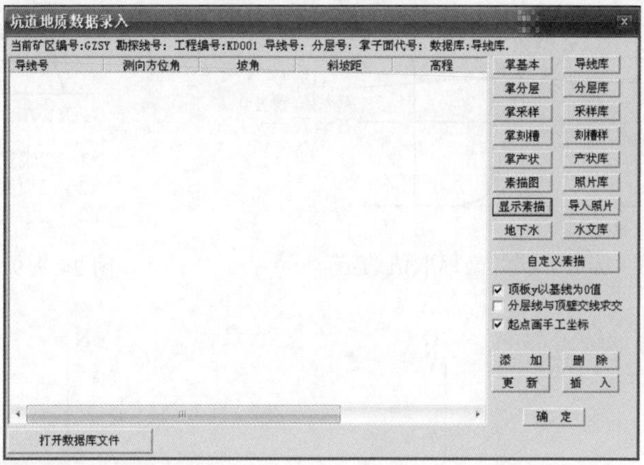


图 24.2.7 坑道编录数据编辑总界面

1）必须先录入导线库。

2）导线数据录入后，才能输入分层库。

3）其他数据只有在导线库和分层库有数据的情况下，才能输入数据。这是因为采样、素描、产状、刻槽必须在某一导线号和某一分层号下进行数据采集。

4）掌基本（掌子面基本信息）、掌分层（掌子面分层数据）、掌刻槽（掌子面刻槽数据）、掌产状（掌子面产状）的操作与 3）的原则一致。

**注：**起点画手工坐标，表示在素描图下，标注的起点坐标是手工坐标值。

顶板 Y 以基线为 0 值，表示 Y1、Y2 为顶板中心线到左右侧基线的位置的 Y 方向距离。

分层线与顶壁交线求交，表示在素描图中绘制分层线时，不完全按照实际量取的坐标值进行连线绘制，而是利用各点连线或延长线与顶壁交线的交点来绘制，这样可以保证绘制出完整的分层线。

## 24.2.3 坑道分层坐标数据说明

分层线基本数据项的输入可参照下图：

（1）两壁一顶坐标取值约定（图 24.2.8）

（2）掌子面坐标取值约定（图 24.2.9）

## 24.2.4 坑道绘图原点约定

见图 24.2.10。

## 24.2.5 坑道导线数据录入

（1）数据录入对话框初始时默认的是“导线库”，可直接点击“添加”录入导线信

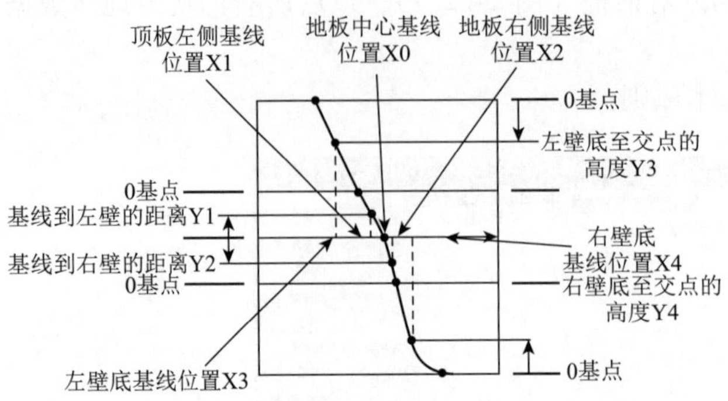


图 24. 2. 8　坑道分层线坐标取值约定

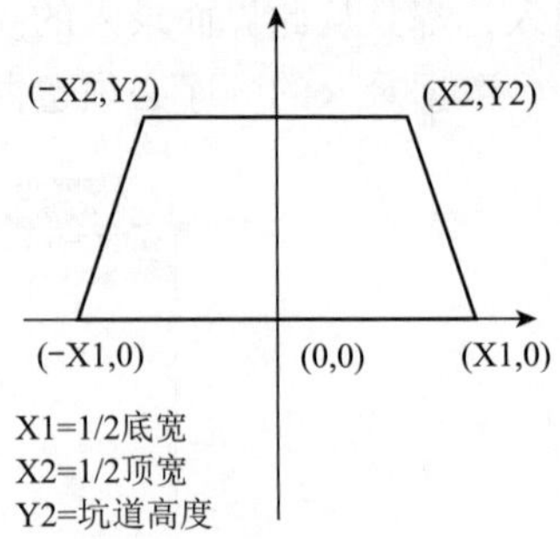


图 24. 2. 9　掌子面坐标取值约定

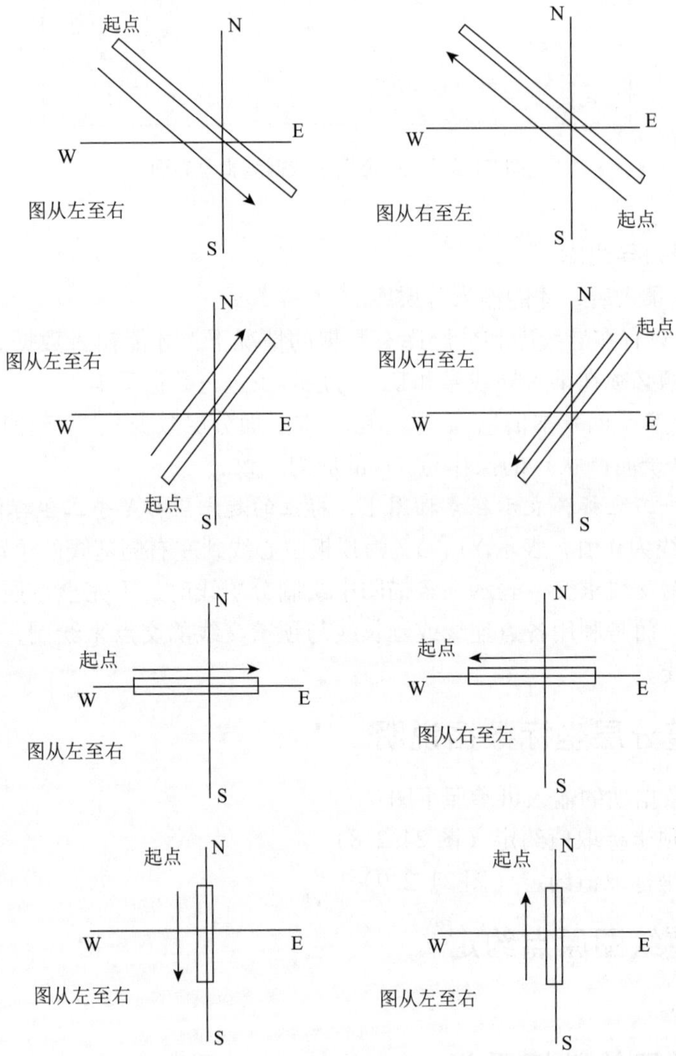


图 24. 2. 10　坑道绘图原点约定

息。其中导线号按 0-1 方式输入（图 24.2.11）。

（2）导线数据录入完后，点击“确定”后，数据自动导入列表框，以方便浏览（图 24.2.12）。

（3）若要继续输入数据，重复 1 至 2 步即可。

（4）查看图形：按“素描图”按钮即可看到刚才输入的数据已经绘在图上了。

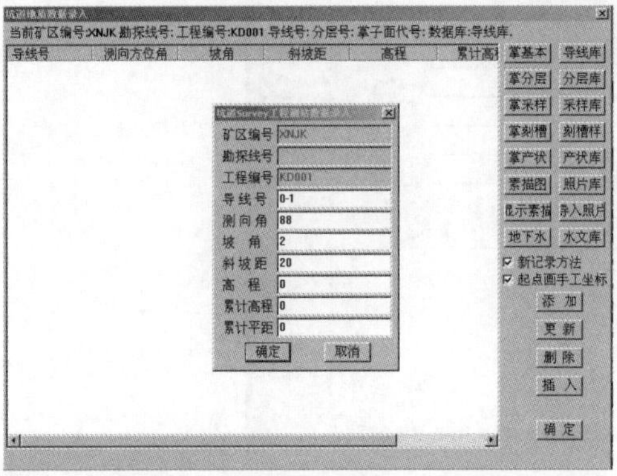


图 24.2.11 坑道导线录入界面

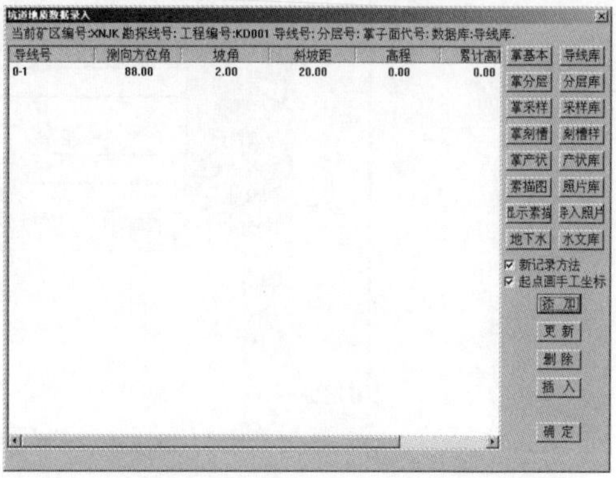


图 24.2.12 坑道导线库浏览界面

## 24.2.6 坑道分层（穿脉）数据录入

（1）点击“分层库”按钮，该对话框上方说明行的数据库给出分层库。说明目前操作的数据库为分层库（图 24.2.13）。

（2）点击“添加”按钮，出现对话框（图 24.2.14）。

分层线基本数据项的输入可参照 24.2.2 节，分层线的坐标输入后，即可输入文字描述。

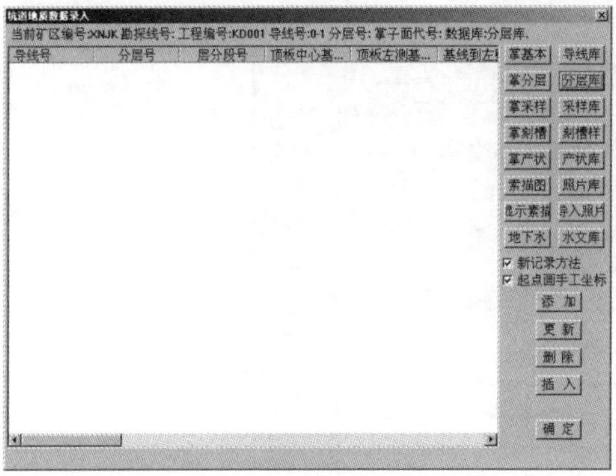


图 24.2.13 坑道分层库浏览界面

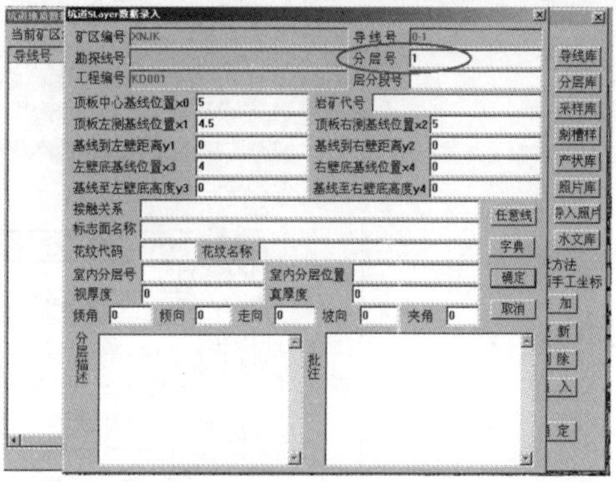


图 24.2.14 坑道分层库信息编辑界面

## 24.2.7 坑道分层（沿脉）数据录入

（1）点击“分层库”按钮，该对话框上方说明行的数据库给出分层库。说明目前操作的数据库为分层库。

（2）点击“添加”按钮，出现对话框（图 24.2.15）。

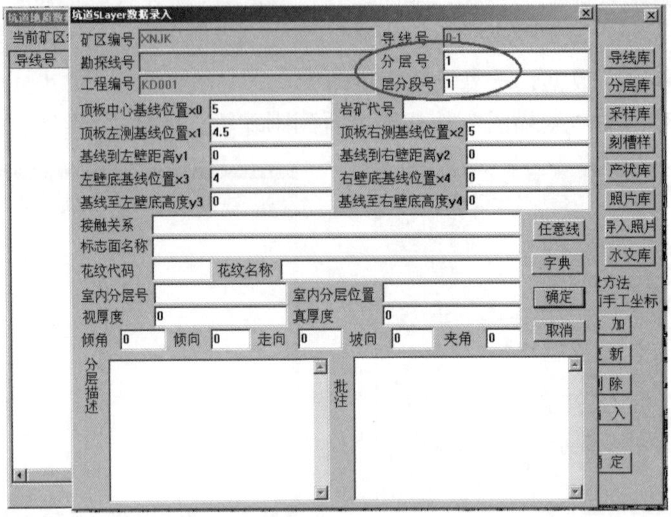


图 24.2.15　沿脉坑道分层信息录入

分层线基本数据项的输入可参照 24.3.2 节，分层线的坐标输入后，即可输入文字描述。对于分层，多段描述时，可以通过层分段号，加以处理。

## 24.2.8　坑道刻槽取样数据录入

（1）先分别选中导线号、分层号（目的是在刻槽取样数据录入时，连带导线号、分层号入库），然后按“刻槽样”按钮。系统弹出对话框（图 24.2.16）。由于样长不一样，需用户输入刻槽样的起点和终点位置。同时还需要说明刻槽样在哪一壁。

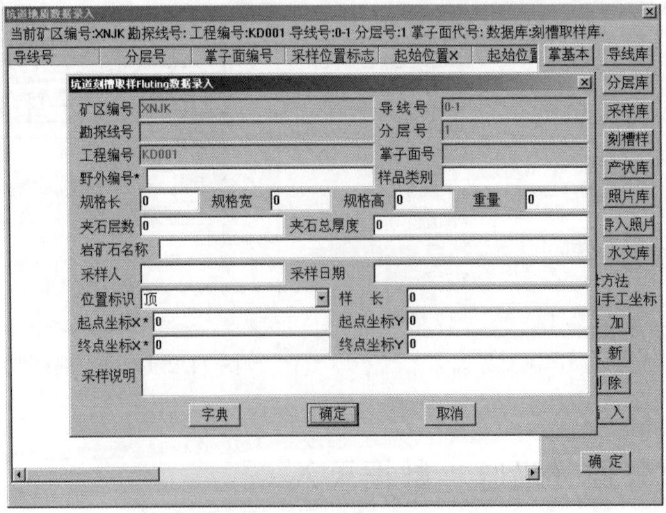


图 24.2.16　坑道刻槽样录入框

顶板、左壁和右壁的位置（X，Y），取值见图 24.2.17，需输起始和终止两对坐标。

（2）刻槽数据录入完后，点击“确定”后，数据自动导入列表框，以方便浏览。

（3）若要继续输入数据，重复 1 至 2 步即可。

（4）查看图形：按“素描图”按钮即可看到刚才输入的数据已经绘在图上了。

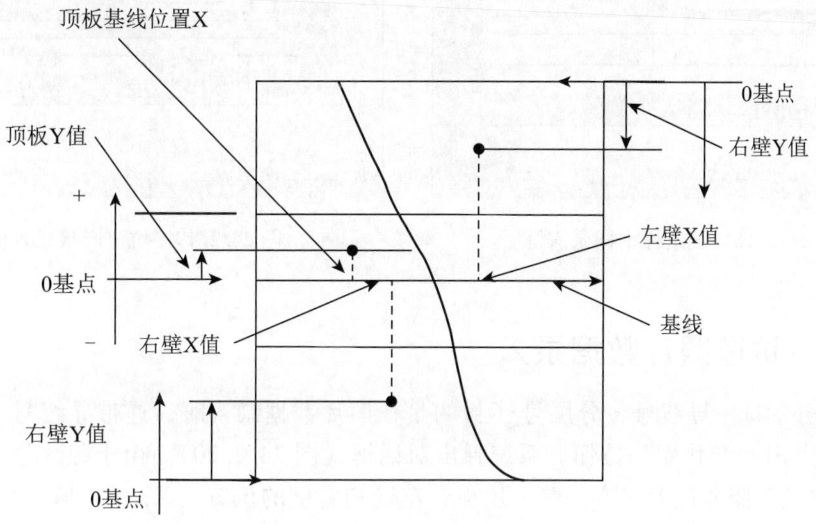


图 24.2.17　坑道刻槽取样取值约定

## 24.2.9　坑道样品数据录入

（1）先分别选中导线号、分层号（目的是在采样数据录入时，连带导线号、分层号入库），然后按“采样库”按钮。系统弹出对话框（图 24.2.18）。由于采样位置可在不同壁，需用户说明刻槽样在哪一壁。顶版、左壁和右壁的位置（X，Y）取值见 24.2.3 节的图说明。

（2）采样数据录入完后，点击“确定”后，数据自动导入列表框，以方便浏览。

（3）若要继续输入数据，重复 1 至 2 步即可。

（4）查看图形：按素描图按钮即可看到刚才输入的数据已经绘在图上了。

## 24.2.10　坑道产状数据录入

（1）先分别选中导线号、分层号（目的是在产状数据录入时，连带导线号、分层号入库），然后点击“产状库”按钮。系统弹出对话框（图 24.2.19）。由于产状位置可在不同壁，需用户说明产状位置在哪一壁。顶板、左壁和右壁的位置（X，Y）取值见 24.2.8 节的图说明。

（2）产状数据录入完后，点击“确定”后，数据自动导入列表框，以方便浏览。

（3）若要继续输入数据，重复 1 至 2 步即可。

（4）查看图形：点击“素描图”按钮即可看到刚才输入的数据已经绘在图上了。

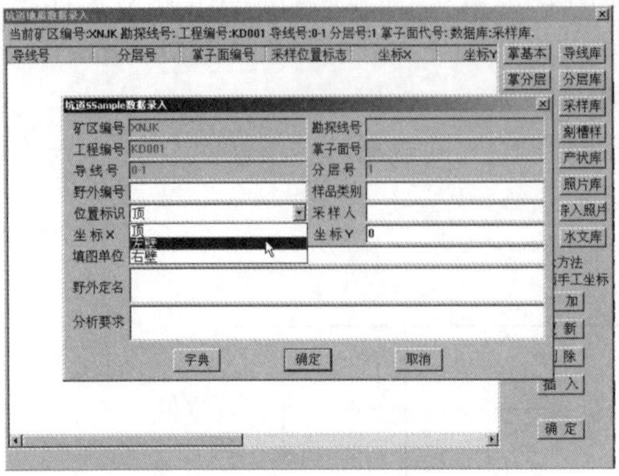

图 24.2.18 坑道标本样录入框

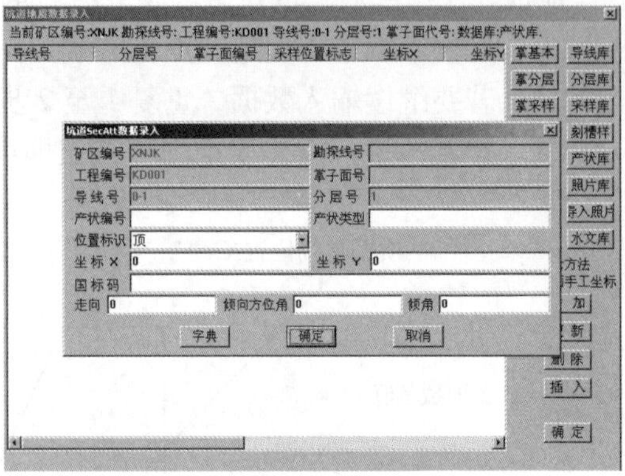

图 24.2.19 坑道产状录入框

## 24.2.11 坑道照片数据录入

1）先分别选中导线号、分层号（目的是在照片数据录入时，连带导线号、分层号入库），然后点击“产状库”按钮。系统弹出对话框（图 24.2.20）。由于照片位置可在不同壁，需用户说明照片位置在哪一壁。顶板、左壁和右壁的位置（X，Y）取值见 24.2.3 节的图说明。照片位置只取 X。

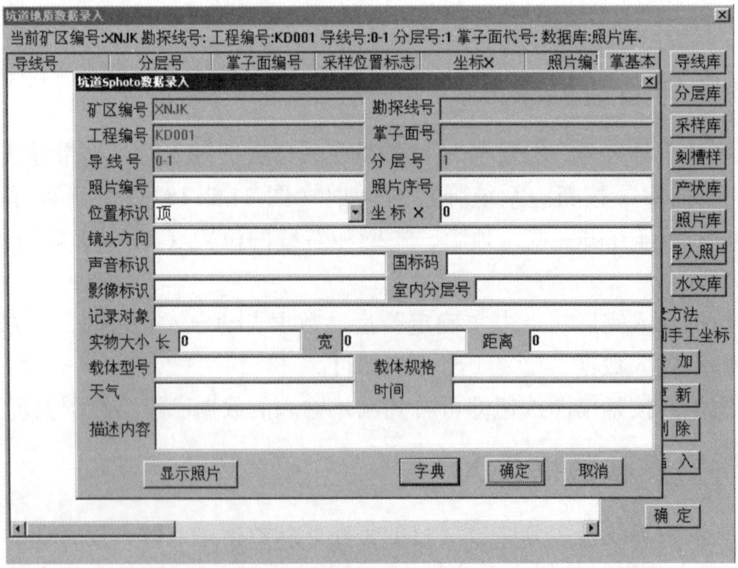


图 24.2.20 坑道照片录入框

（2）照片数据录入完后，点击“确定”后，数据自动导入列表框，以方便浏览。

（3）若要继续输入数据，重复 1 至 2 步即可。

（4）如需导入照片，则注意填写“照片序号”字段，填写规则为照片文件名的后几位数字，不同的照片之间用“，”或者“-”（表示连续的照片号）间隔，例如：现需导入照片 IMG_6031 与 IMG_6032 两张照片，则填写“6031，6032”即可。然后点击“导入照片”按钮，选择数码照片所在目录进行导入。

## 24.2.12　坑道掌子面基本信息数据录入

（1）先分别选中导线号、分层号（目的是在掌子面数据录入时，连带导线号、分层号入库），然后点击“产状库”按钮。系统弹出对话框（图 24.2.21）。掌子面位置只取 X（导线读数）。

（2）掌子面数据录入完后，点击“确定”后，数据自动导入列表框，以方便浏览。

（3）若要继续输入数据，重复 1 至 2 步即可。

（4）查看图形：点击“素描图”按钮即可看到刚才输入的数据已经绘在图上了。

## 24.2.13　坑道掌子面分层数据录入

（1）先分别选中导线号、分层号（目的是在掌子面分层数据录入时，连带导线号、分层号入库），然后按“掌分层”按钮。系统弹出下对话框（图 24.2.22）。掌子面位置只取 X（导线读数），该数据在坑道掌子面基本信息数据库保存。

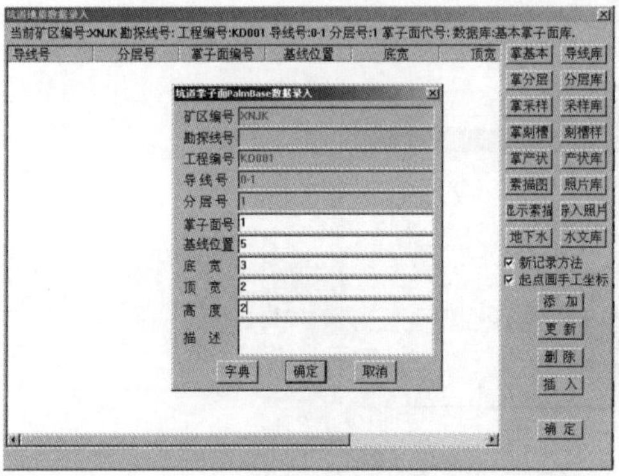


图 24.2.21　坑道掌子面基本信息录入框

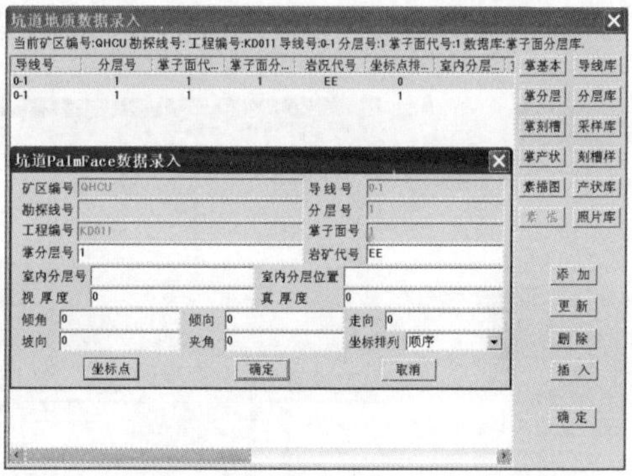


图 24.2.22　坑道掌子面分层信息录入框

（2）掌子面界线输入，提供顺序、水平和垂直三种方法录入。掌子面的坐标系统如图 24.2.23 所示。顺序、水平和垂直三种方法说明如下：

顺序：按掌子面的坐标系统，顺序输入（X，Y）坐标，可以是任何形状。

水平：给出 Y 值，在掌子面自动画出一条水平线。

垂直：给出 X 值，在掌子面自动画出一条垂直线。

（3）按（2）选择方法输入坐标数据，本例选顺序输入（图 24.2.24）。

（4）点击“坐标点”按钮后，系统弹出坐标数据

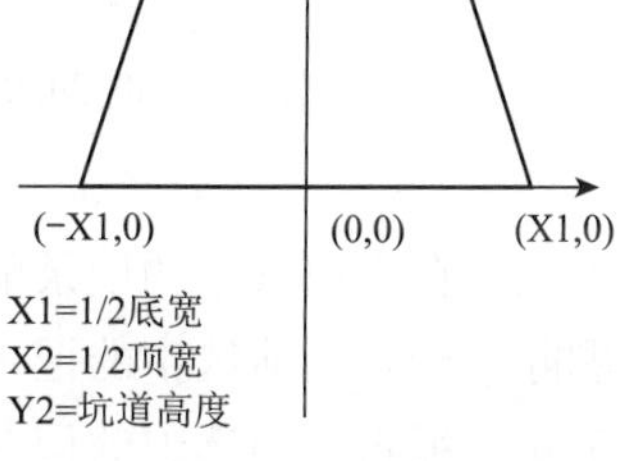


图 24.2.23　坑道掌子面分层线绘制取值约定

列表框（图 24. 2. 25）。然后，每按下“添加”按钮一次，增加一对坐标。要输入多组坐标，重复本步骤即可。

该列表框底部的按钮功能说明如下：

添加：新增一个记录。

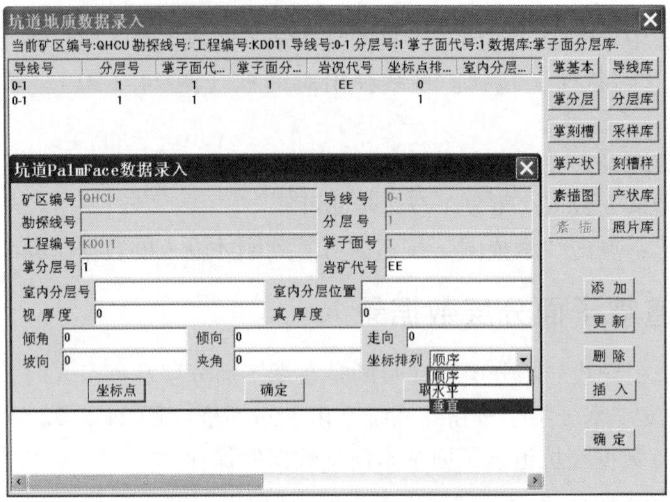


图 24. 2. 24　坑道掌子面分层线数据录入界面

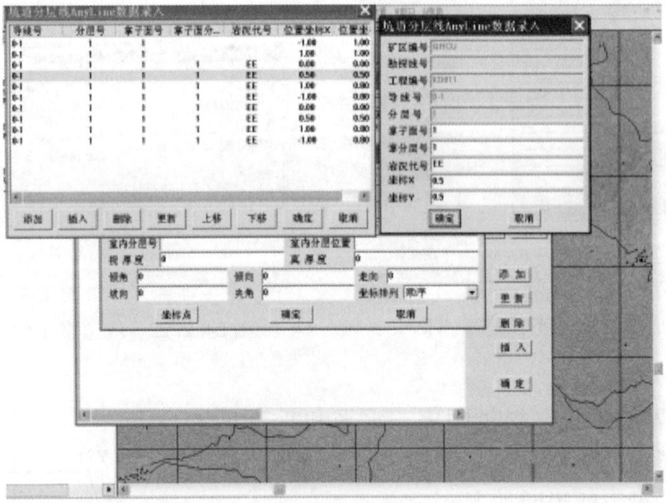

图 24. 2. 25　坑道掌子面分层线坐标点录入界面

插入：在当前选中的记录前，插入一条记录。

删除：删除当前选中的记录。

更新：编辑当前选中的记录。

上移：把选中的记录上移一条。

下移：把选中的记录下移一条。

确定：保存退出。

取消：不保存退出。

（5）掌子面绘制的情况见图 24. 2. 26。

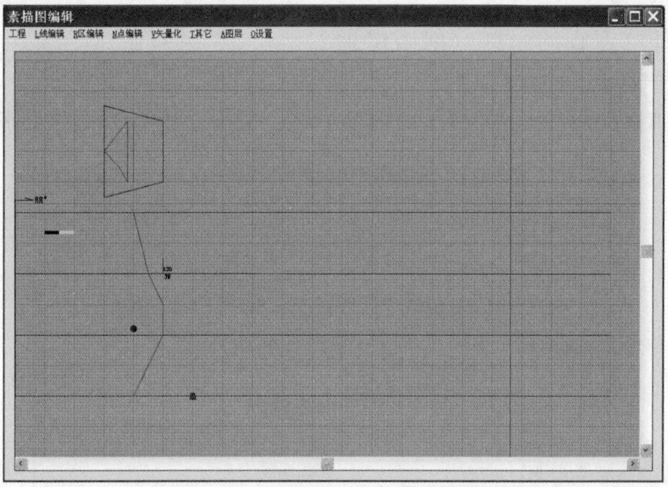


图 24. 2. 26　坑道掌子面成图效果示例

## 24. 2. 14　坑道掌子面刻槽取样数据录入

（1）先分别选中导线号、分层号（目的是在掌子面分层数据录入时，连带导线号、分层号入库），按下“掌刻槽”按钮，然后点击“添加”按钮，系统弹出对话框（图 24. 2. 27）。

**注**：掌子面位置只取 X（导线读数），该数据在坑道掌子面基本信息数据库保存。

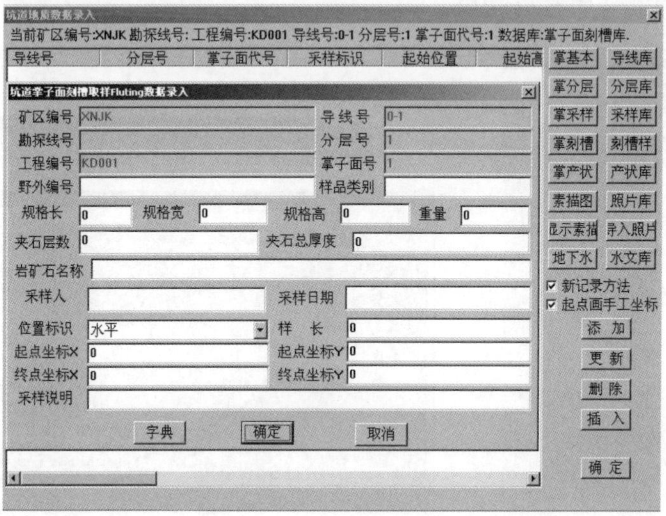


图 24. 2. 27　坑道掌子面刻槽样录入界面

（2）选取刻槽的位置，即水平和垂直，然后按“确定”（图 24.2.28）。

水平表示平行坑道底的采样，刻槽位置的高度由 Y 值确定。

垂直表示垂直坑道底的采样，刻槽位置的水平位置由 X 值确定。

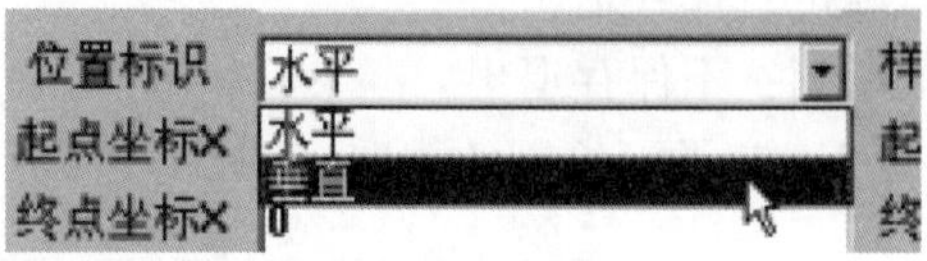


图 24.2.28　选取刻槽位置

（3）输入刻槽样的起始位置（X1，Y1）（X2，Y2），如图 24.2.29 所示。

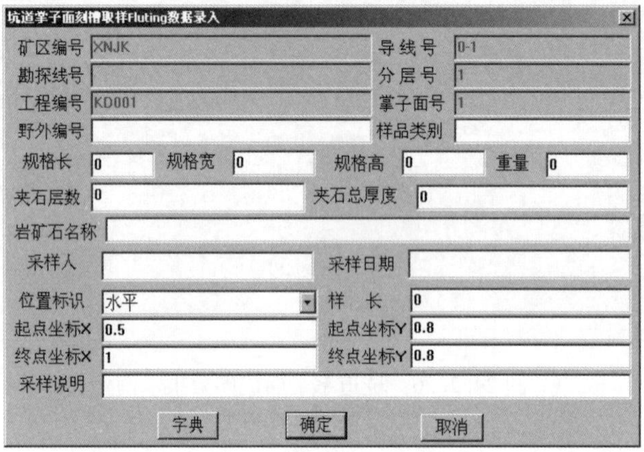


图 24.2.29　输入坑道掌子面刻槽样的位置信息

（4）点击“素描图”按钮，可以看到刻槽采样在图上绘制的情况（图 24.2.30）。

## 24.2.15　坑道工程图绘制与编辑

（1）每当用户输入完一组新的编入数据，点击“素描图”按钮，可以看到新的编录数据在图上绘制的情况（图 24.2.31）。

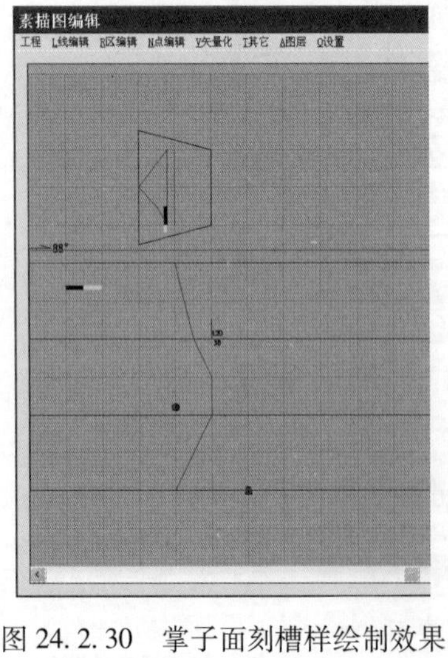


图 24.2.30　掌子面刻槽样绘制效果

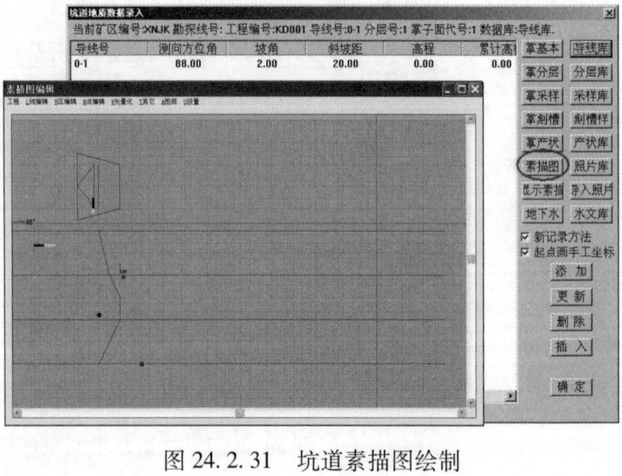


图 24.2.31　坑道素描图绘制

（2）自定义素描图管理：与探槽相关部分自定义素描图管理功能相似。

## 24.2.16 坑道工程地质编录表输出

（1）选择菜单“工程记录输出”，即会出现工程浏览对话框（图24.2.32）。

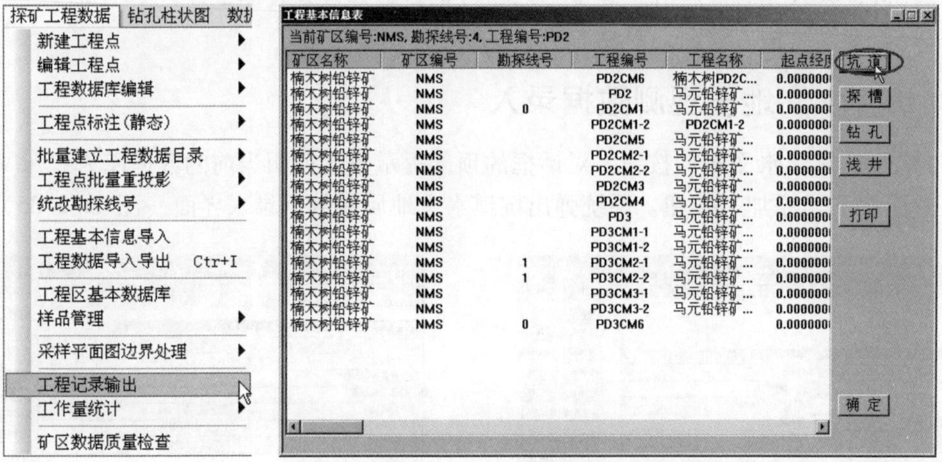


图24.2.32 坑道地质编录表输出界面

（2）系统默认打开的是坑探工程。用户可以通过点击右侧的按钮切换工程类型。然后点击“打印”按钮打印选中的工程。以下是坑道工程地质编录表的样式（图24.2.33）。

**坑道PD2CM1地质记录表**

| 导线 | | | | | 分层号 | 分层位置 | 地质描述 | 接触关系 | 岩矿代号 | 产状 | | 样品 | | |
|---|---|---|---|---|---|---|---|---|---|---|---|---|---|---|
| 导线号 | 方位 | 斜距 | 坡度 | 累计平距 | | | | | | 倾向 | 倾角 | 样号 | 位置自 | 位置至 |
| 0-1 | 340 | 36 | 0 | 0 | 1 | 31 | Qpal具明显的二元结构，下部为褐色砾石层，含砾粗砂层及粗砂层组成的韵律旋回。砾石成分：砂岩硅质岩、灰岩、石英。球度磨圆度均高，定向排列。粗砂以石英为主，粒径1－1.5mm，属河床相堆积。上部为褐色砂、粉砂粘土组成层序组合，单层厚度<10cm，多含有机质，并具水平层理，属河漫滩相堆积。其Ⅰ、Ⅱ级阶地均被农田所改造。Qp2esl为一套褐色砂质砾石层，含砾砂质粘土，砾石成分复杂，且取决物源区成分，砾石多为棱角状，大小混杂，无序分布，厚度<15m，多被改造为农田和旱地。残坡积型（Qp3esl）：为黄褐色、棕黄色砂质粘土、粘土中常含大量铁锰质结核和砂姜。粘土层垂直节理发育，厚度一般5－10m，据其颜色和大量铁锰质结核及砂姜，以及网纹明显而与Qp2esl残坡积型网纹红土有别。残坡积型（Qp2esl）：即标准的网纹红土，成因类型暂定为残坡积物。下部红色网纹状粘土、亚粘土、亚砂土、粘土质砾石层。含砾（或砾质）粘土。网纹呈不规则状分布紧密，网纹较细，呈垂直排列，常夹棱角状无序排列的砾石，大小不等，含量不均。 | | | 0 | 0 | H1 | 0.8 | 1.8 |
| | | | | | | | | | | | | H2 | 1.8 | 2.8 |
| | | | | | | | | | | | | H3 | 2.8 | 3.8 |
| | | | | | | | | | | | | H4 | 3.8 | 4.8 |
| | | | | | | | | | | | | H5 | 4.8 | 5.8 |
| | | | | | | | | | | | | H6 | 5.8 | 6.8 |
| | | | | | | | | | | | | H7 | 6.8 | 7.8 |
| | | | | | | | | | | | | H8 | 7.8 | 8.8 |
| | | | | | | | | | | | | H9 | 8.8 | 9.8 |
| | | | | | | | | | | | | H10 | 9.8 | 10.8 |
| | | | | | | | | | | | | H11 | 10.8 | 11.8 |
| | | | | | | | | | | | | H12 | 11.8 | 12.8 |
| | | | | | | | | | | | | H13 | 12.8 | 13.8 |
| | | | | | | | | | | | | H14 | 13.8 | 14.8 |
| | | | | | | | | | | | | H15 | 14.8 | 15.8 |
| | | | | | | | | | | | | H16 | 15.8 | 16.8 |
| | | | | | | | | | | | | H17 | 16.8 | 17.8 |
| | | | | | | | | | | | | H18 | 17.8 | 18.8 |
| | | | | | | | | | | | | H19 | 18.8 | 19.8 |
| | | | | | | | | | | | | H20 | 19.8 | 20.8 |
| | | | | | | | | | | | | H21 | 20.8 | 21.8 |
| | | | | | | | | | | | | H22 | 21.8 | 22.8 |
| | | | | | | | | | | | | H23 | 22.8 | 23.8 |
| | | | | | | | | | | | | H24 | 23.8 | 25.1 |
| | | | | | | | | | | | | H25 | 25.1 | 26.5 |
| | | | | | | | | | | | | H26 | 26.5 | 27.5 |
| | | | | | | | | | | | | H27 | 27.5 | 28.5 |
| | | | | | | | | | | | | H28 | 28.5 | 29.9 |
| | | | | | | | | | | | | H29 | 29.9 | 30.9 |

图24.2.33 坑道地质编录表输出界面

## 24. 2. 17　地下水数据录入

（1）先选择“地下水”按钮。对话框的顶部提示条会说明当前的数据库为“地下水库”，然后按下“添加”按钮。系统弹出坑道地下水库数据录入界面（图 24. 2. 34）。

（2）数据录入完后，点击“确定”后，数据自动导入列表框，以方便浏览。

（3）若要继续输入数据，重复 1 至 2 步即可。

## 24. 2. 18　水文地质观测数据录入

（1）先选择“水文库”按钮。对话框的顶部提示条会说明当前的数据库为“水文地质库”，然后按下“添加”按钮。系统弹出坑道水文地质库数据录入界面（图 24. 2. 35）。

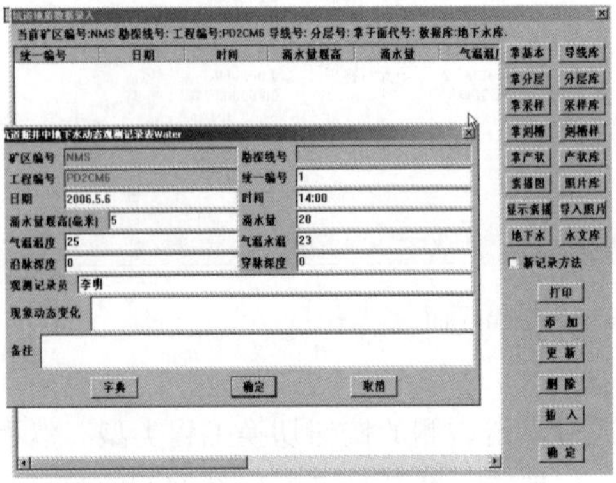


图 24. 2. 34　坑道地下水数据录入界面

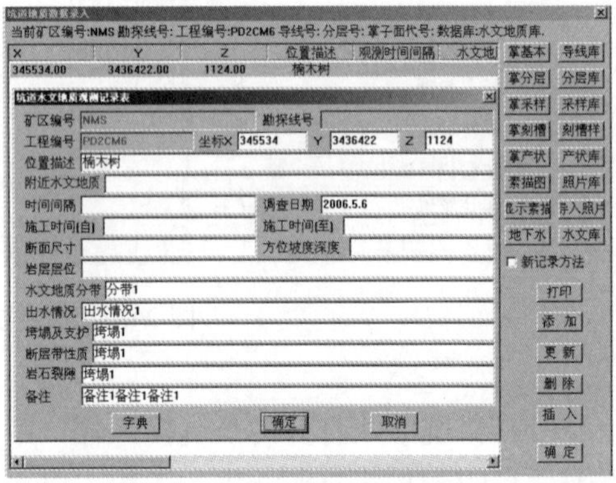


图 24. 2. 35　坑道水文地质观测数据录入界面

（2）数据录入完后，点击“确定”后，数据自动导入列表框，以方便浏览（图 24. 2. 36）。

（3）若要继续输入数据，重复 1 至 2 步即可。

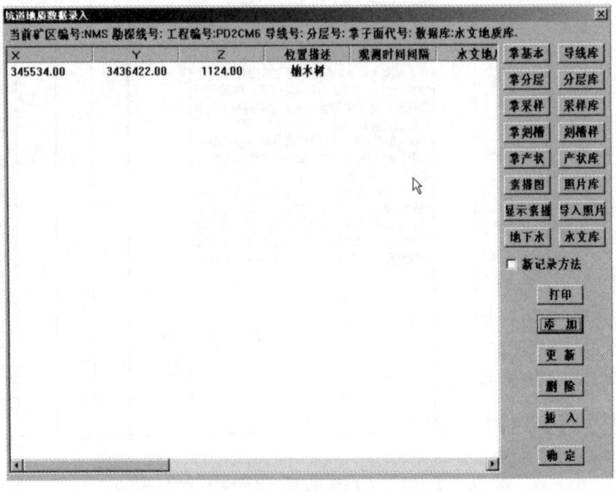


图 24. 2. 36　坑道水文地质观测数据浏览

# 24.3 探槽数据采集

## 24.3.1 探槽基本信息数据采集

（1）选择菜单，选中“探槽”（图 24.3.1）。

（2）系统会自动选择探槽图层，同时弹出“是否填加到图层‘探槽’中”对话框，点击“是”（图 24.3.2）。

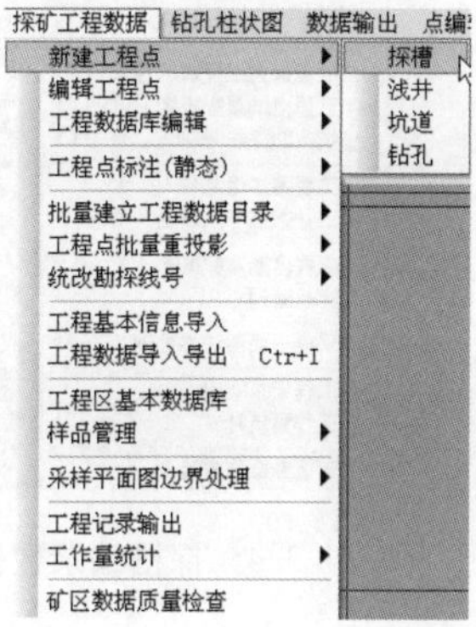


图 24.3.1 探槽基本信息采集菜单

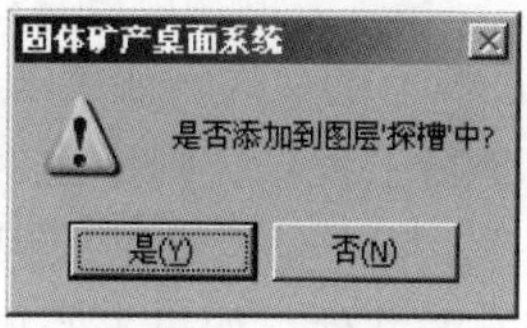


图 24.3.2 提示添加到探槽图层中

（3）在屏幕上，用鼠标点击该“工程”的位置，即定点，按左键后，屏幕自动弹出对话框，输入探槽基本信息（图 24.3.3）。

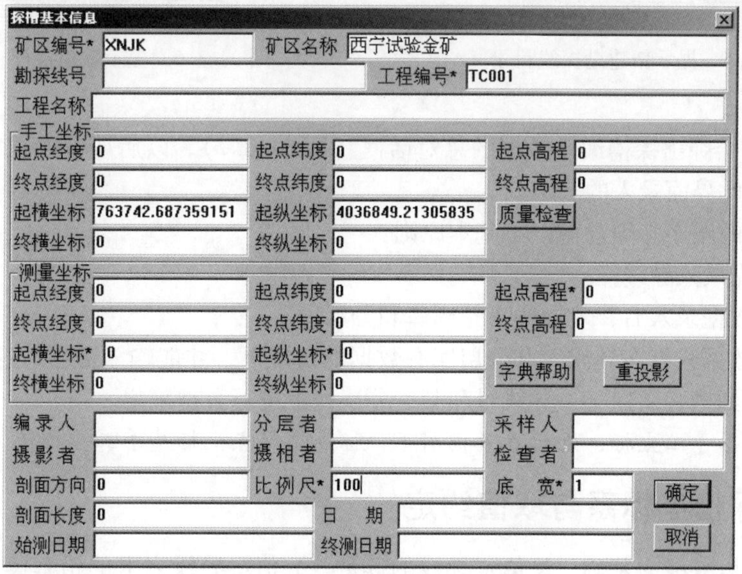


图 24.3.3 探槽基本信息采集界面

重要参数说明：

工程编号：必须输入。由数字加字母组成，并作为目录使用。

勘探线号：由数字加字母组成，并作为目录使用。如果未给出勘探线号，所有工程会自动放入 EngPool 目录下。

比例尺数据必输入。

（4）点击“确定”后，系统自动把探槽的位置和工程编号标注到图上。

## 24.3.2 打开探槽编录数据录入总界面

（1）选择菜单，选中“探槽”（图 24.3.4）。

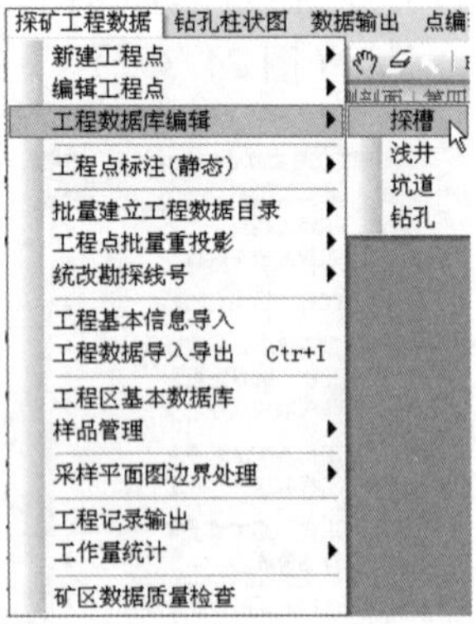


图 24.3.4　探槽编录数据菜单

（2）先选中要编辑的工程图元，对新录的工程数据，第一次会弹出对话框，必须点击“是”，系统会创建以探槽为编号的目录，来存放该工程所有的文件。

如果是新勘探线号，则弹出对话框（图 24.3.5），必须点击“是”，系统会创建以勘探线为编号的目录，来存放该勘探线下的所有的文件。如果未给出勘探线号，此步省略。

如果是新工程号，则弹出对话框（图 24.3.6），必须点击“是”，系统会创建以工程为编号的目录，来存放该工程的所有的文件。如果未给出勘探线号，所有工程会在 EngPool 目录下创建以工程为编号的目录。

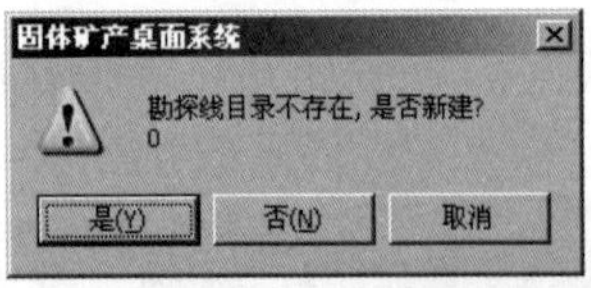


图 24.3.5　提示新建勘探线目录

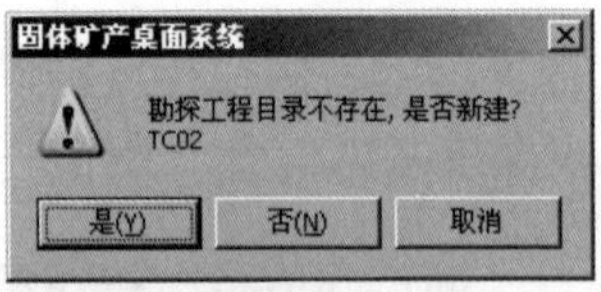


图 24.3.6　提示新建探槽工程目录

（3）系统会弹出探槽编录数据的总对话框（图 24.3.7）。以后所有的探槽编录数据的输入，都是从此界面录入的。

数据录入的顺序必须遵循以下基本原则：

1）必须先录入导线库。

2）导线数据录入后，才能输入轮廓库和分层库。

3）其他数据只有在导线库和分层库有数据的情况下，才能输入数据。这是因为采样、素描、产状、刻槽必须在某一导线号和某一分层号下进行数据采集。

**注**：起点画手工坐标，表示在素描图下，标注的起点坐标是手工坐标值。

## 24.3.3 探槽坐标系与取值约定

其特点是以导线为基础，X 值：导线的读数；Y 值：导线之上的铅垂读数为正，导线之下铅垂读数为负（图 24.3.8）。

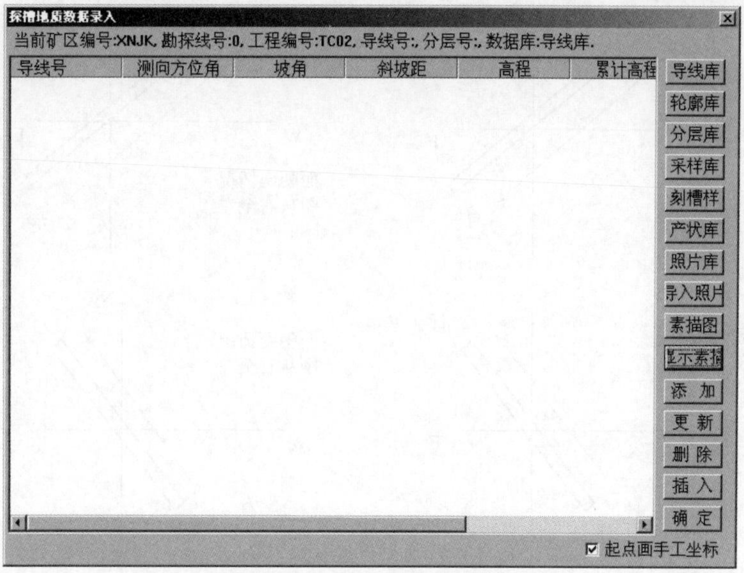


图 24.3.7　探槽编录总界面

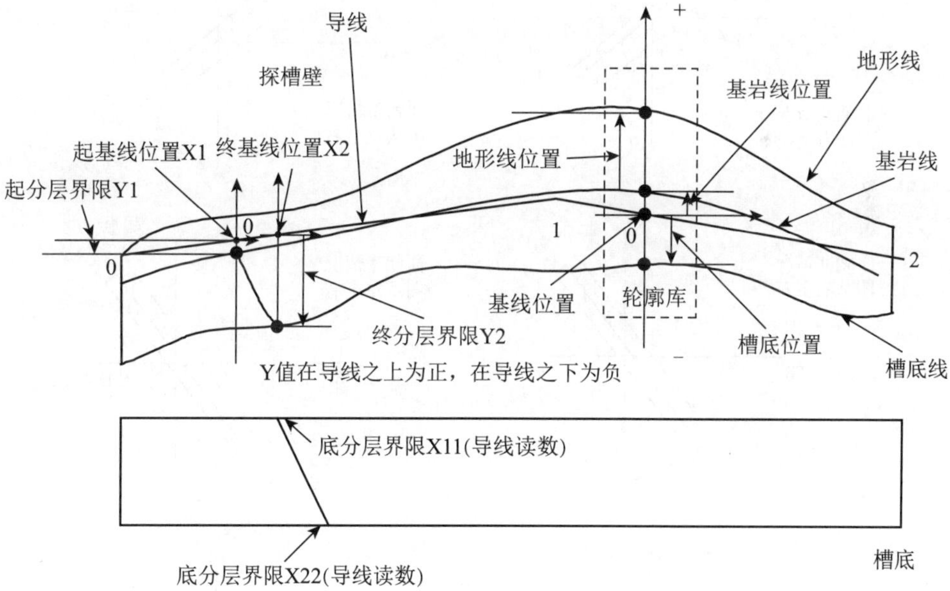


图 24.3.8　探槽坐标系与取值约定

探槽绘图原点（起点方式）约定：

根据探槽的方向和面向壁的一方，通常画图的起点方式有从左至右，或从右至左。具体约定如图 24.3.9 所示。

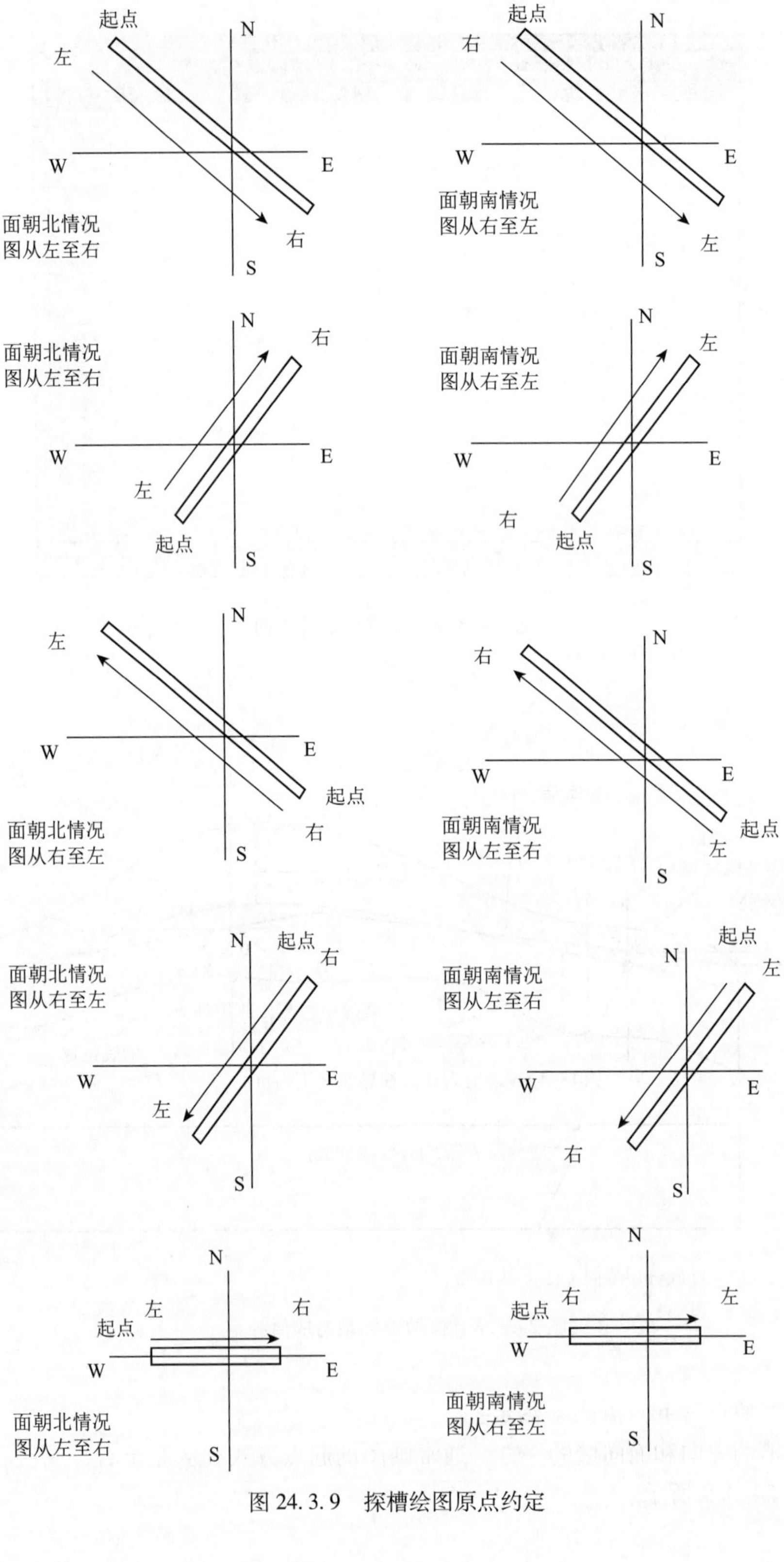


图 24.3.9　探槽绘图原点约定

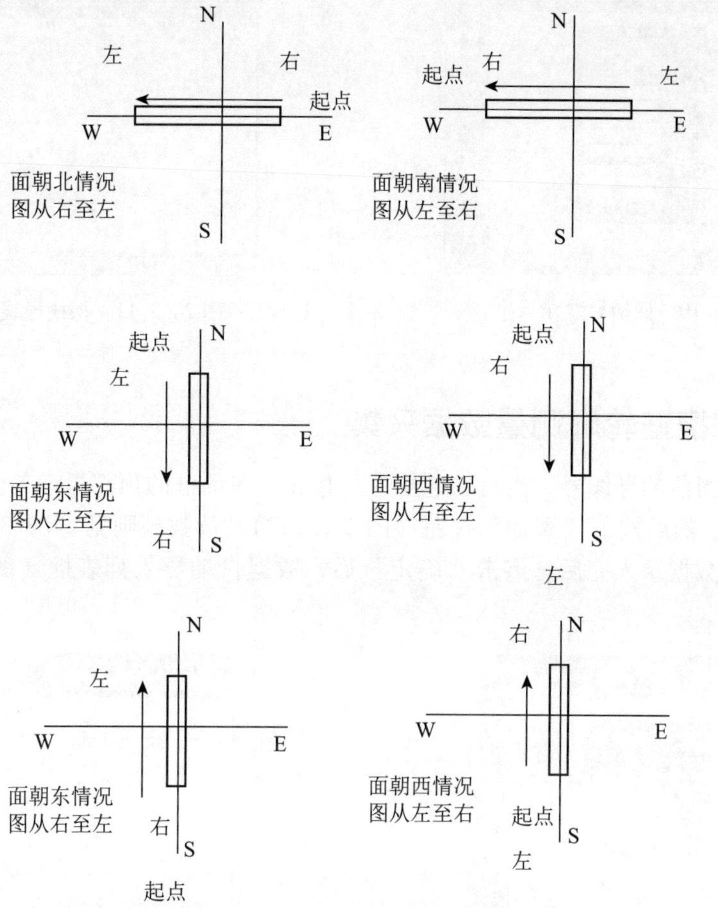


图 24.3.9　探槽绘图原点约定（续）

## 24.3.4　探槽导线数据录入

（1）数据录入对话框初始时默认的是“导线库”，可直接点击“添加”录入导线信息（图 24.3.10）。其中导线号按 0-1 方式输入。根据露头情况，可以对左壁和右壁进行编录。系统要求每一导线只能对一壁进行编录，如果要从左壁换到右壁，采用换导线即可实现。

左壁：人面向导线方向的左端，左端方向的一壁在图上（底）的上方。

右壁：人面向导线方向的右端，右端方向的一壁在图上（底）的下方。

（2）导线数据录入完后，点击“确定”后，数据自动导入列表框，以方便浏览（图 24.3.11）。

（3）若要继续输入数据，重复 1 至 2 步即可。

（4）查看图形：点击“素描图”按钮即可查看到刚才输入的数据已经绘在图上了。

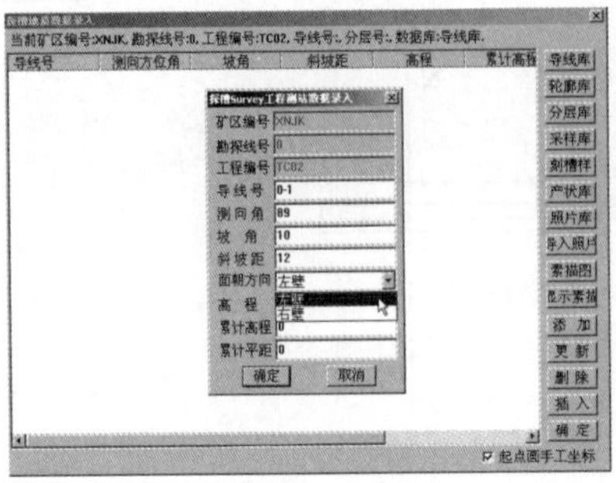

图 24. 3. 10　探槽导线录入框

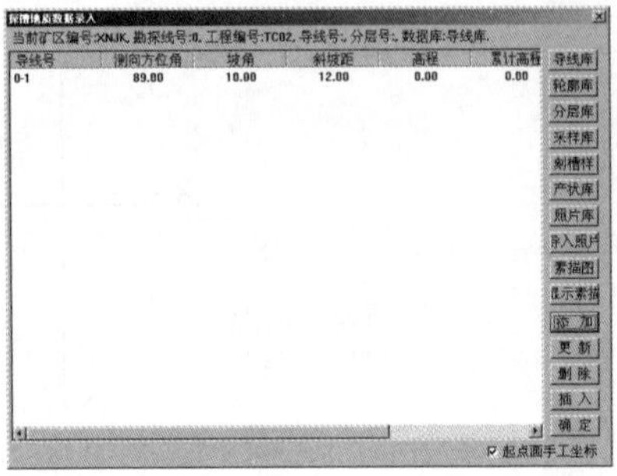

图 24. 3. 11　探槽导线信息浏览

## 24. 3. 5　探槽壁轮廓测量数据采集

（1）选择当前的导线号，点击“轮廓库”按钮，对话框的顶部提示条会说明当前的数据库为轮廓库，然后按下“添加”按钮（图 24. 3. 12）。读数规则见 24. 3. 3 节。

（2）导线数据录入完后，点击“确定”后，数据自动导入列表框（图 24. 3. 13），以方便浏览。

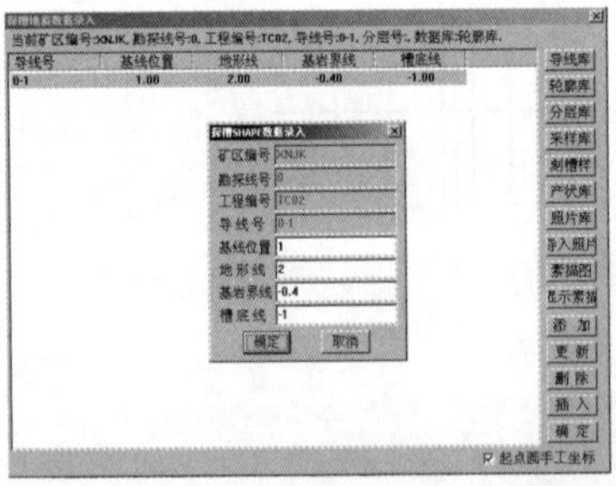

图 24. 3. 12　探槽轮廓库记录

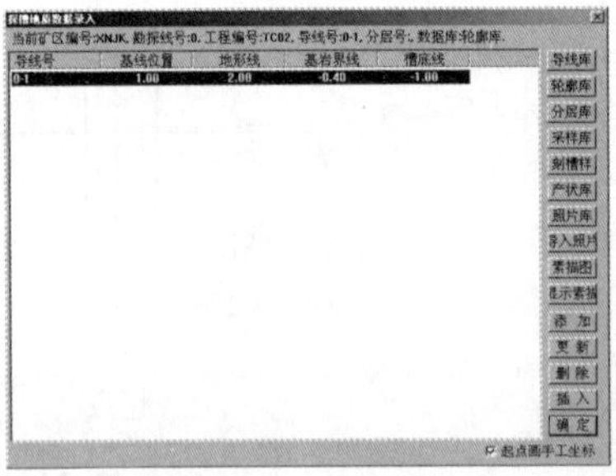

图 24. 3. 13　探槽轮廓库浏览

（3）若要继续输入数据，重复 1 至 2 步即可。

（4）查看图形：点击“素描图”按钮即可查看到刚才输入的数据已经绘在图上了（图 24. 3. 14）。

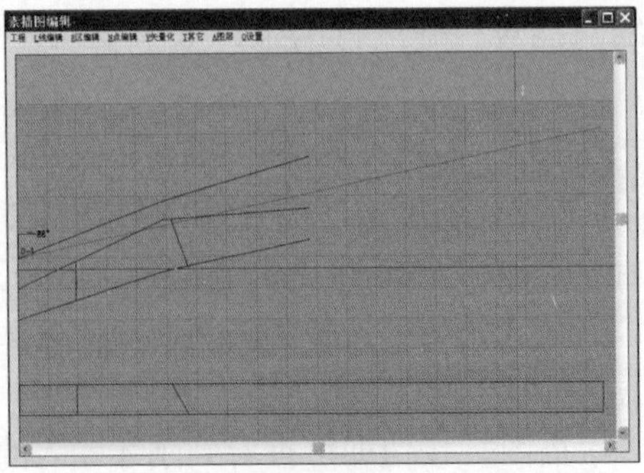

图 24. 3. 14　探槽素描图自动绘制

## 24.3.6 探槽分层数据采集

（1）先选择当前的导线号，然后点击“分层库”按钮。对话框的顶部提示条会说明当前的数据库为轮廓库，然后按下“添加”按钮，弹出数据录入对话框（图 24.3.15）。读数规则见 24.3.3 节。

（2）导线数据录入完后，点击“确定”后，数据自动导入列表框（图 24.3.16），以方便浏览。

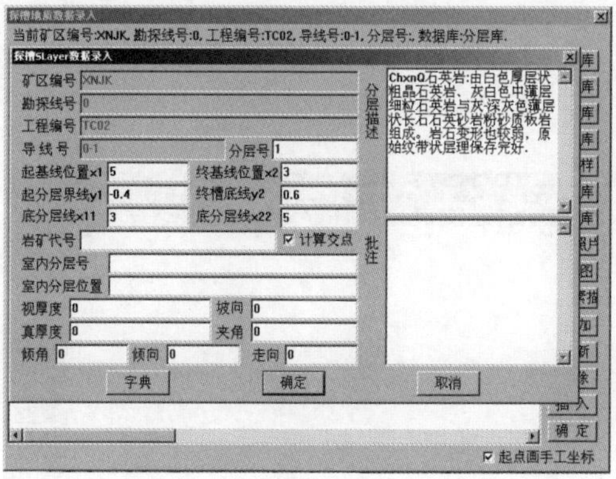

图 24.3.15 探槽分层数据采集

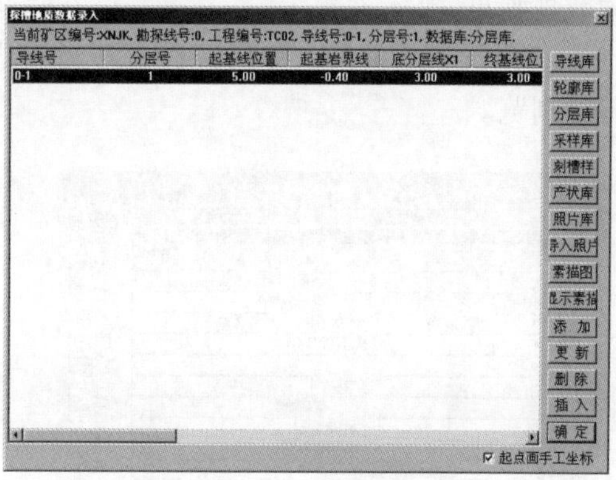

图 24.3.16 探槽分层数据浏览

（3）若要继续输入数据，重复 1 至 2 步即可。

## 24.3.7 探槽采样数据采集

（1）先选择当前采样的导线号和分层号。如果二者未确定，系统会分别提示先选择当前采样的导线号和分层号，然后点击“采样库”按钮。对话框的顶部提示条会说明当前的数据库为采样库，然后按下“添加”按钮，弹出数据录入对话框（图 24.3.17）。读数规则见 24.3.3 节。

（2）导线数据录入完后，点击“确定”后，数据自动导入列表框（图 24.3.18），以方便浏览。

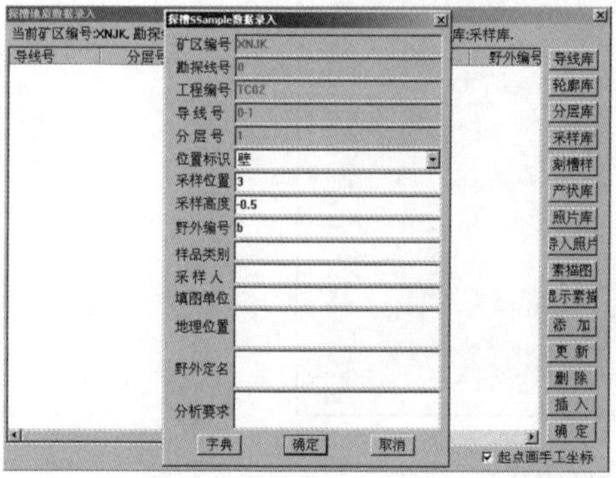

图 24.3.17 探槽采样数据录入界面

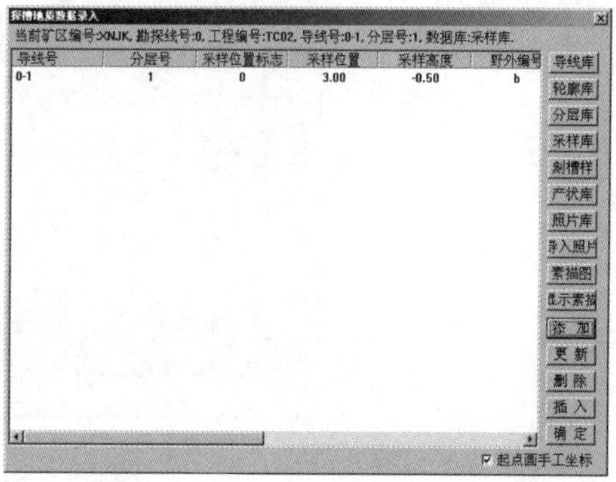

图 24.3.18 探槽采样数据浏览

（3）若要继续输入数据，重复1至2步即可。

（4）查看图形：点击“素描图”按钮即可查看到刚才输入的数据已经绘在图上了。

## 24.3.8 探槽刻槽采样数据采集

（1）先选择当前采样的导线号和分层号。如果二者未确定，系统会分别提示先选择当前刻槽采样的导线号和分层号，然后点击“采样库”按钮。对话框的顶部提示条会说明当前的数据库为刻槽采样库，然后按下“添加”按钮，弹出数据录入对话框（图24.3.19）。读数规则见24.3.3节。

（2）导线数据录入完后，点击“确定”后，数据自动导入列表框（图24.3.20），以方便浏览。

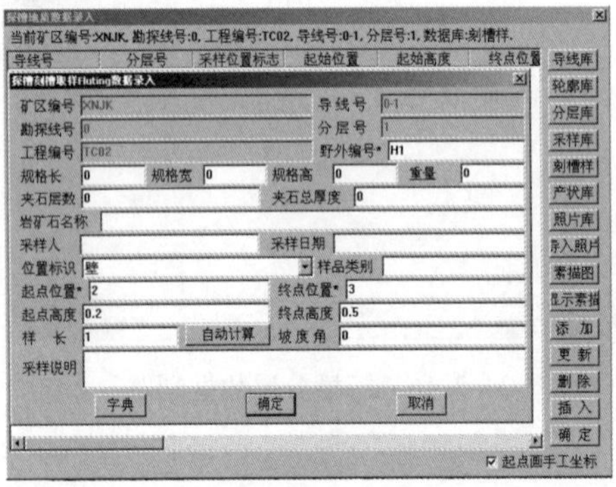

图24.3.19 探槽刻槽采样数据录入

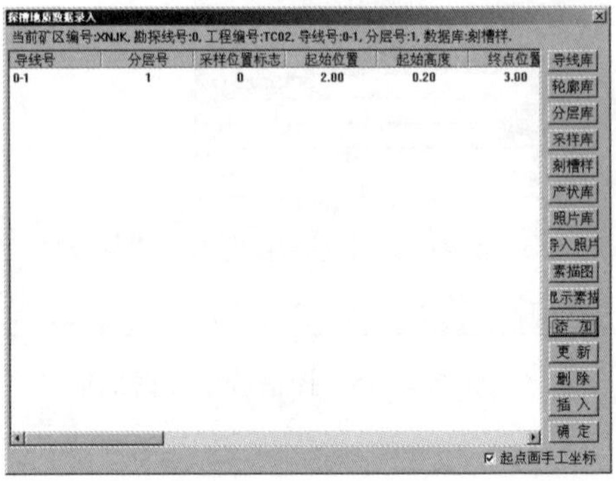

图24.3.20 探槽刻槽样数据库浏览

（3）若要继续输入数据，重复1至2步即可。

（4）查看图形：点击“素描图”按钮即可查看到刚才输入的数据已经绘在图上了（图24.3.21）。

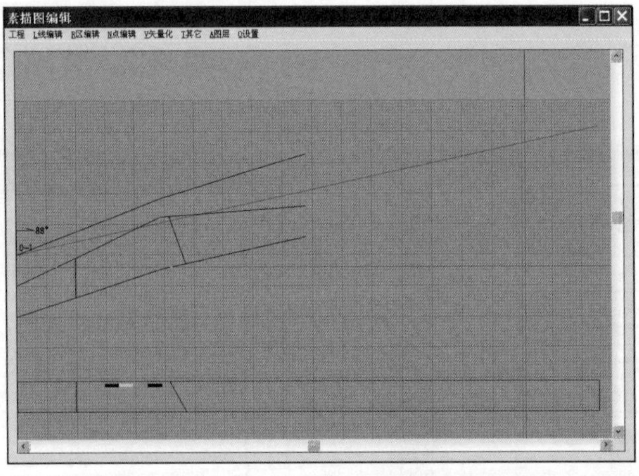

图24.3.21 探槽刻槽样成图效果

## 24.3.9　探槽产状数据采集

（1）先选择当前采样的导线号和分层号。如果二者未确定，系统会分别提示先选择当前产状的导线号和分层号，然后点击“产状库”按钮。对话框的顶部提示条会说明当前的数据库为产状库，然后按下“添加”按钮，弹出数据录入对话框（图 24.3.22）。读数规则见 24.3.3 节。

（2）导线数据录入完后，点击“确定”后，数据自动导入列表框（图 24.3.23），以方便浏览。

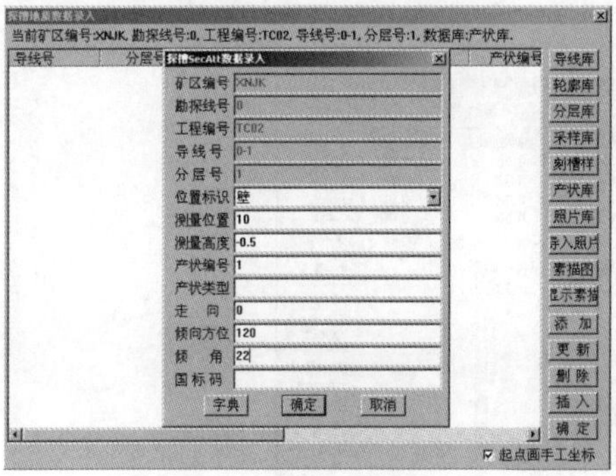


图 24.3.22　探槽产状数据采集

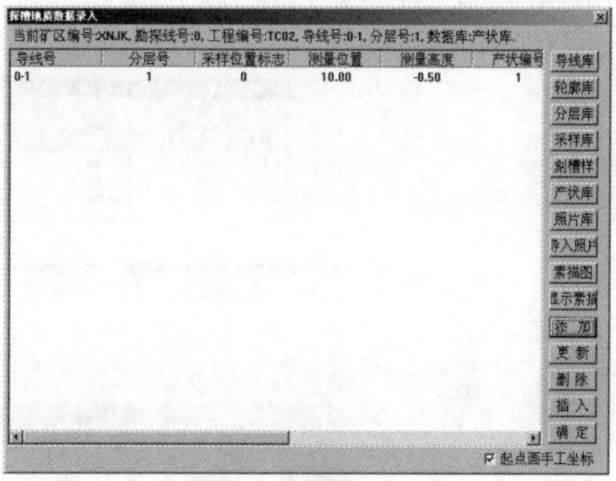


图 24.3.23　探槽产状数据浏览

（3）若要继续输入数据，重复 1 至 2 步即可。

## 24.3.10　探槽照片数据采集

（1）先选择当前照片所在的导线号和分层号。如果二者未确定，系统会分别提示先选择当前照片所在的导线号和分层号，然后点击“照片库”按钮。对话框的顶部提示条会说明当前的数据库为照片库，然后按下“添加”按钮，弹出数据录入对话框（图 24.3.24）。读数规则见 24.3.3 节。

（2）数据录入完后，点击“确定”后，数据自动导入列表框（图 24.3.25），以方便浏览。

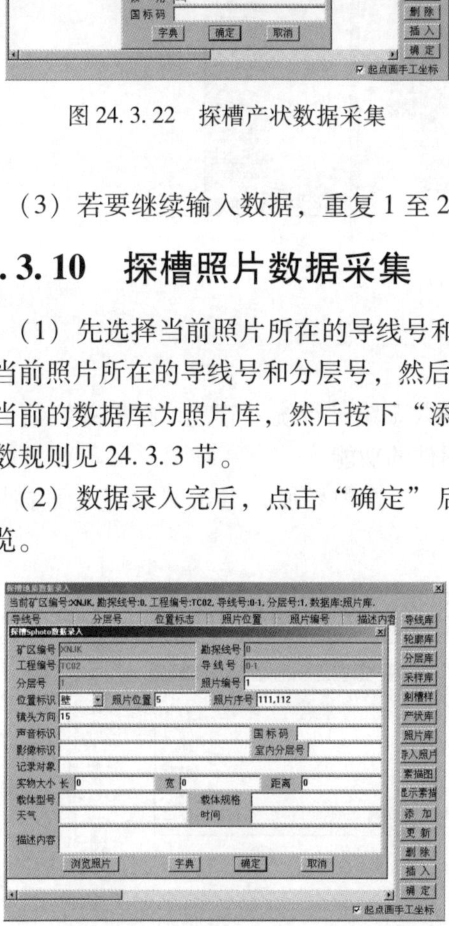


图 24.3.24　探槽照片数据采集

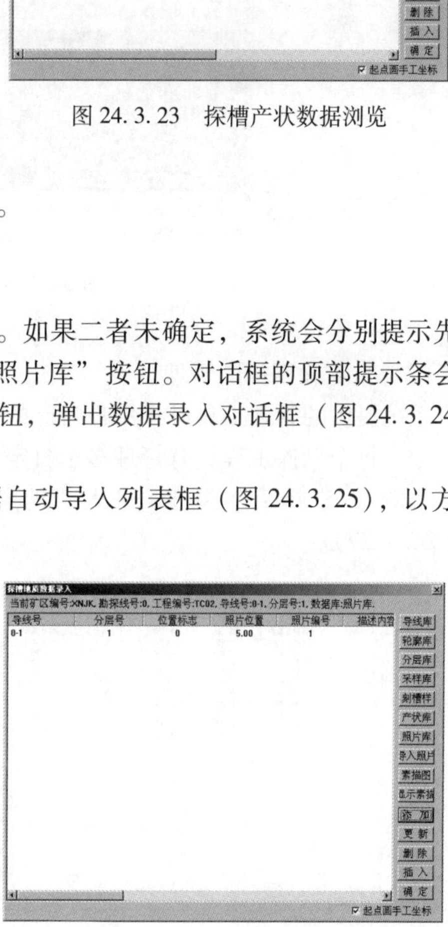


图 24.3.25　探槽照片数据浏览

（3）若要继续输入数据，重复1至2步即可。

（4）如需导入照片，则注意填写“照片序号”字段，填写规则为照片文件名的后几位数字，不同的照片之间用“，”或者“-”（表示连续的照片号）间隔，例如：现需导入照片IMG_6031与IMG_6032两张照片，则填写“6031，6032”即可。然后点击“导入照片”按钮，选择数码照片所在目录进行导入。

## 24.3.11 探槽工程图绘制与编辑

（1）每当用户输入完一组新的编入数据，点击“素描图”按钮，可以看到新的编录数据在图上绘制的情况（图24.3.26）。

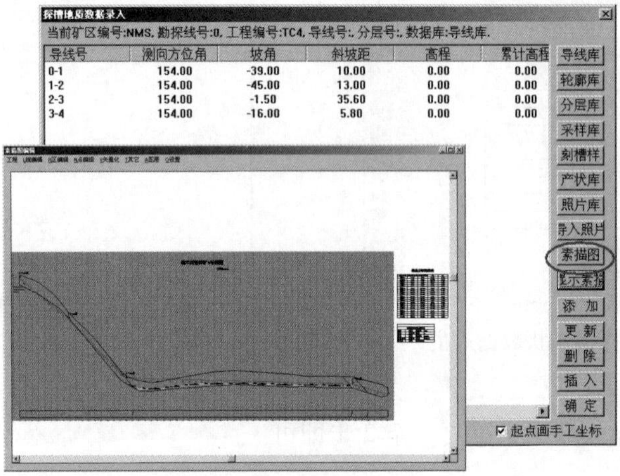


图24.3.26 探槽素描图生成

（2）自定义素描图管理。

系统提供的管理工具可将用户自己的素描图导入系统进行统一管理，在槽井坑钻工程编录中，每个勘探工程具有管理多个自定义素描图件的功能。

步骤1：选择某个探槽，进入“地质数据录入”管理界面，点击“自定义素描图”（图24.3.27）。

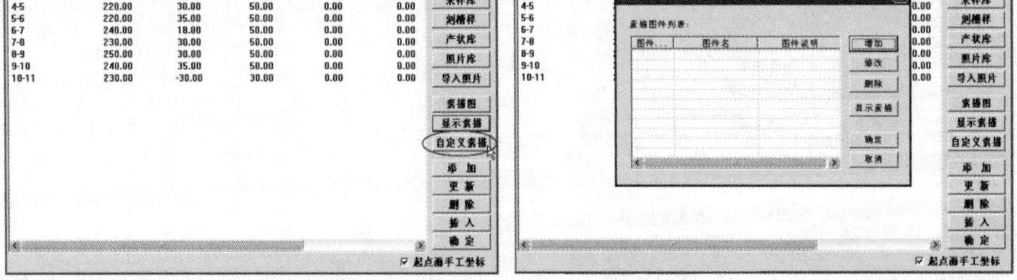

图24.3.27 探槽自定义素描图管理1

步骤2：增加一个素描图件，输入图件序号、图件名称等，选择要导入的素描工程文件，可以浏览素描图（图24.3.28）。

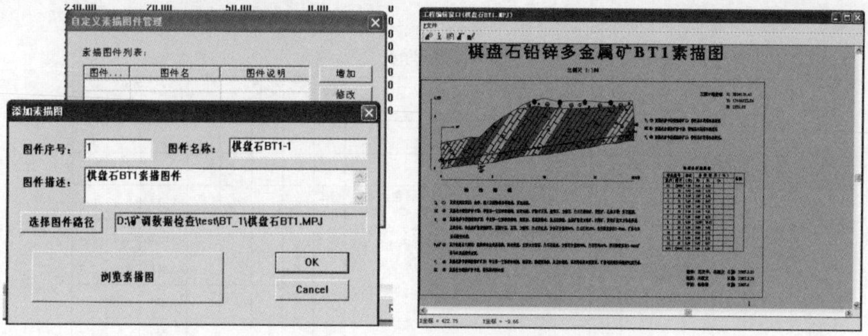


图24.3.28　探槽自定义素描图管理2

步骤3：可以在管理界面里直接浏览素描图，也可以修改、删除素描图图件（图24.3.29）。

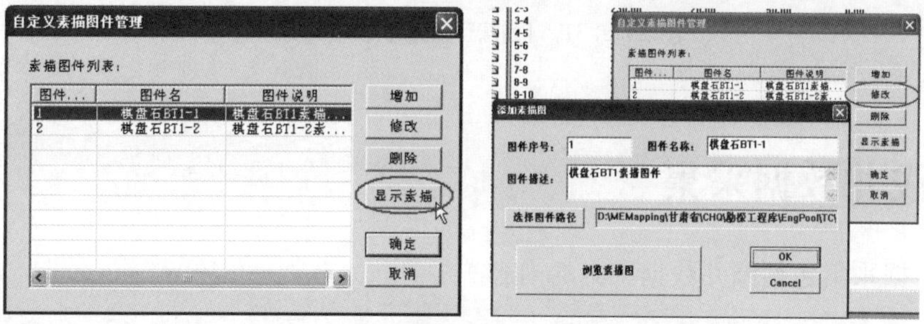


图24.3.29　探槽自定义素描图管理3

## 24.3.12　探槽工程地质编录表输出

（1）选择菜单“工程记录输出”，即会出现工程浏览对话框（图24.3.30）。

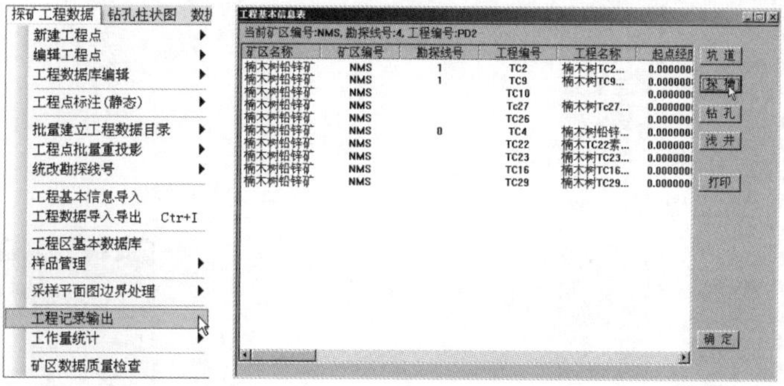


图24.3.30　探槽工程记录表输出

（2）系统默认打开的是坑探工程。用户可以通过点击右侧的按钮切换工程类型。

然后点击“打印”按钮打印选中的工程。图 24.3.31 是探槽工程地质编录表输出样式。

探槽TC4地质记录表

| 导线 | | | | | 分层号 | 分层位置 | 地质描述 | 岩矿代号 | 产状 | | | | 样品 | | |
|---|---|---|---|---|---|---|---|---|---|---|---|---|---|---|---|
| 导线号 | 方位 | 斜距 | 坡度 | 累计平距 | | | | | 编号 | 位置 | 倾向 | 倾角 | 样号 | 位置自 | 位置至 |
| 0-1 | 154 | 10 | -39 | 0 | | 0 | | | | | | | | | |
| 1-2 | 154 | 13 | -45 | 0 | 1 | 3.9 | | | | | | | | | |
| | | | | | | | DY：肉色细粒花岗岩肉细色，细粒结构，块状构造，矿物组成：钾长石40%，斜长石25%，石英30%暗色矿物很少，小于3%。成脉状产出。 | | | | | | XH73 | 0.4 | 1.8 |
| | | | | | | | | | | | | | XH72 | 1.8 | 3.6 |
| | | | | | | | | | | | | | XH71 | 3.6 | 5.6 |
| | | | | | | | | | | | | | XH70 | 5.6 | 7.05 |
| | | | | | | | | | | | | | XH69 | 7.05 | 8.6 |
| | | | | | | | | | | | | | XH68 | 8.6 | 10.1 |
| | | | | | | | | | | | | | XH67 | 10.1 | 11.6 |
| | | | | | | | | | | | | | XH66 | 11.6 | 13.4 |
| | | | | | | | | | | | | | XH65 | 13.4 | 15.4 |
| | | | | | | | | | | | | | XH64 | 15.4 | 17.3 |
| 2-3 | 154 | 36 | -1.5 | 0 | 2 | 33.9 | | | | | | | | | |
| | | | | | | | | | | | | | XH63 | 17.3 | 19.4 |

图 24.3.31　探槽工程记录表输出结果

# 24.4　浅井数据采集

浅井数据采集包括圆井数据采集的内容。

## 24.4.1　浅井基本信息数据采集

（1）选择菜单，选中“浅井”（图 24.4.1）。

（2）系统会自动选择圆井方井图层，同时弹出“是否填加到图层‘圆井’中”对话框（图 24.4.2），点击“是”。

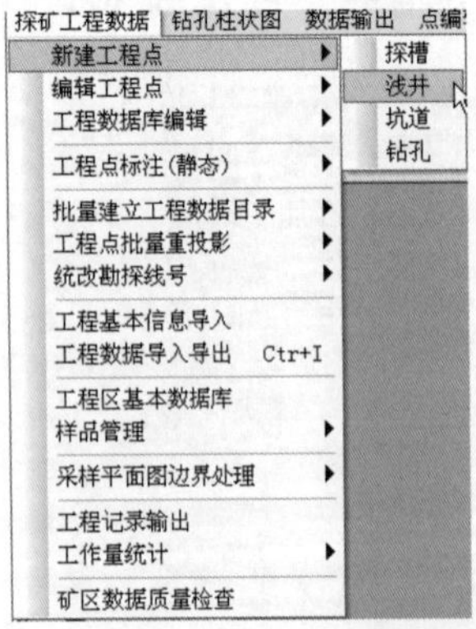


图 24.4.1　浅井基本信息采集菜单

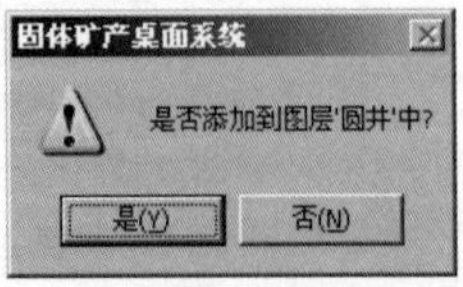


图 24.4.2　提示添加到浅井图层中

（3）在屏幕上，用鼠标点击该“工程”的位置，即定点，按左键后，屏幕自动弹出下对话框，输入浅井基本信息（图 24.4.3）。

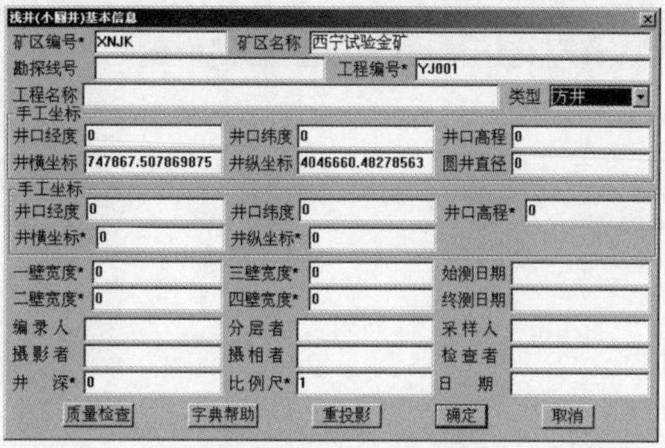


图 24.4.3　浅井基本信息输入框

重要参数说明：

工程编号：必须输入。由数字加字母组成，并作为目录使用。

勘探线号：由数字加字母组成，并作为目录使用。如果未给出勘探线号，所有工程会自动放入 EngPool 目录下。

一到四壁的宽度、井深和比例尺数据必输入。如果是圆井，只输入一壁的宽度即可。如果是方井，要输入四壁的宽度。

（4）点击“确定”后，系统自动把探槽的位置和工程编号标注到图上。

## 24.4.2　打开浅井编录数据录入总界面

（1）选择菜单，选中“浅井”（图 24.4.4）。

（2）先选中要编辑工程图元，对新录的工程数据，第一次会弹出下图对话框，必须点击“是”，系统会创建以浅井编号的目录，来存放该工程所有的文件（图 24.4.5）。

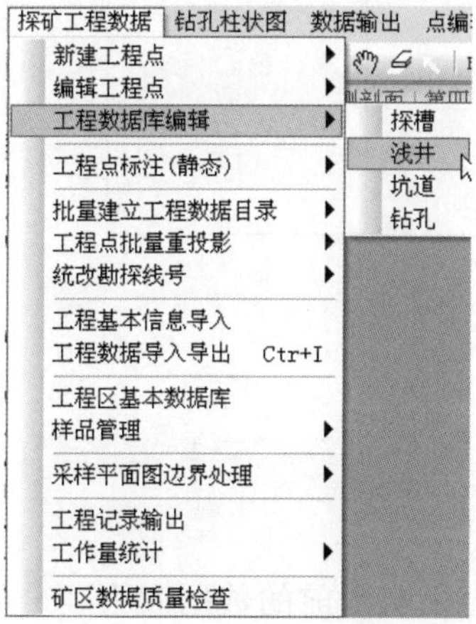


图 24.4.4　浅井编录数据库菜单

图 24.4.5　提示新建浅井工程目录

（3）系统会弹出浅井数据的总对话框。以后所有的浅井地质数据的输入，都是从此界面录入的（图 24. 4. 6）。

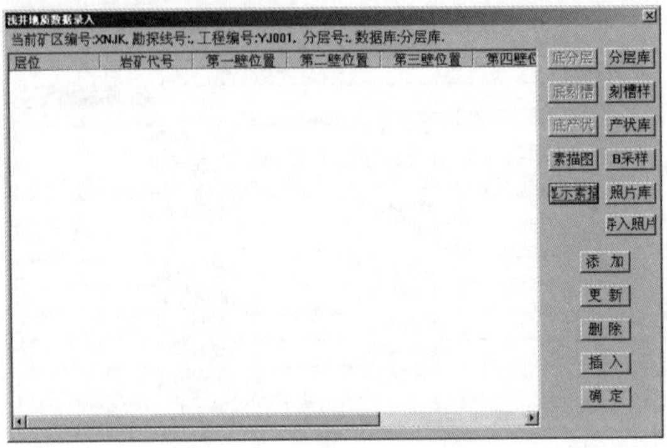


图 24. 4. 6　浅井工程编录总界面

数据录入的顺序必须遵循以下基本原则：

其他数据只有在分层库有数据的情况下，才能输入数据。这是因为采样、素描、产状、刻槽必须在某一分层号下进行数据采集。

## 24. 4. 3　浅井分层坐标参数约定

（1）浅井分层坐标参数约定见图 24. 4. 7。

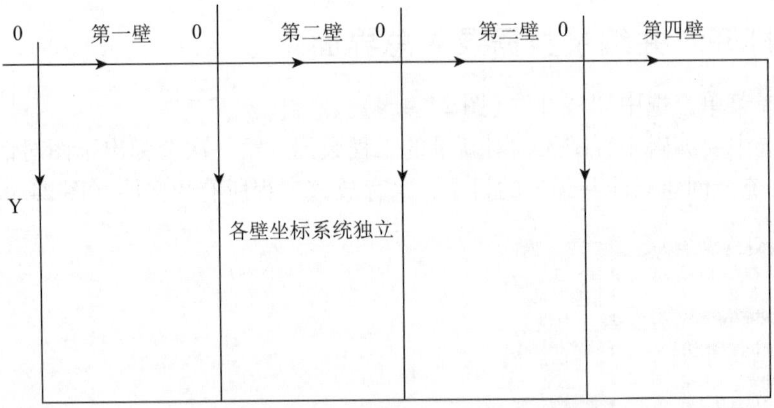


图 24. 4. 7　浅井分层信息录入取值约定

（2）圆井分层取值按浅井第一壁坐标取值约定。

## 24. 4. 4　浅井分层数据采集

（1）点击“分层库”按钮。对话框的顶部提示条会说明当前的数据库为“分层库”，然后按下“添加”按钮（图 24. 4. 8）。

分层的高度从顶往下记数。

（2）数据录入完后，点击“确定”后，数据自动导入列表框（图 24.4.9），以方便浏览。

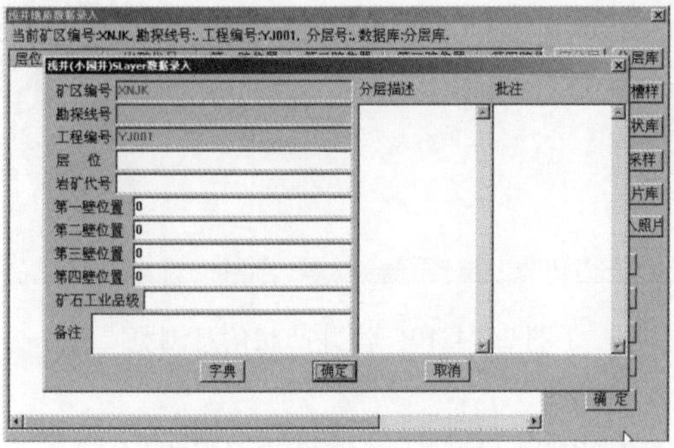


图 24.4.8 浅井分层信息表

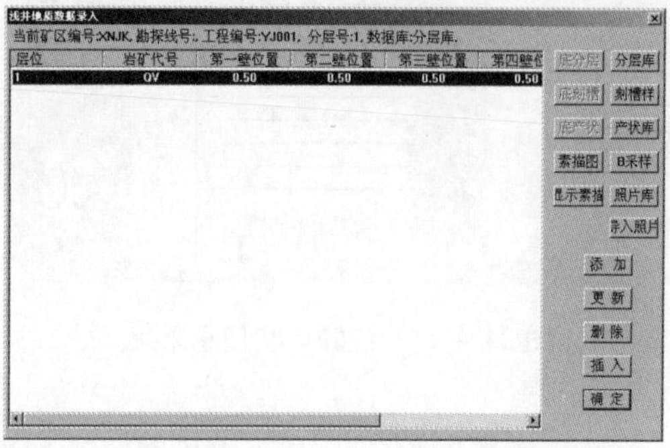


图 24.4.9 浅井分层信息浏览

（3）若要继续输入数据，重复 1 至 2 步即可。

（4）查看图形：点击“素描图”按钮即可查看到刚才输入的数据已经绘在图上了。

## 24.4.5 浅井刻槽数据采集

（1）先选择当前刻槽的层号。如果未确定，系统会分别提示先选择当前刻槽的分层号，然后点击“刻槽库”按钮。对话框的顶部提示条会说明当前的数据库为刻槽库，然后按下“添加”按钮，弹出数据录入对话框（图 24.4.10）。

（2）数据录入完后，点击“确定”后，数据自动导入列表框，以方便浏览。

（3）若要继续输入数据，重复 1 至 2 步即可。

（4）查看图形：点击“素描图”按钮即可查看到刚才输入的数据已经绘在图上了。

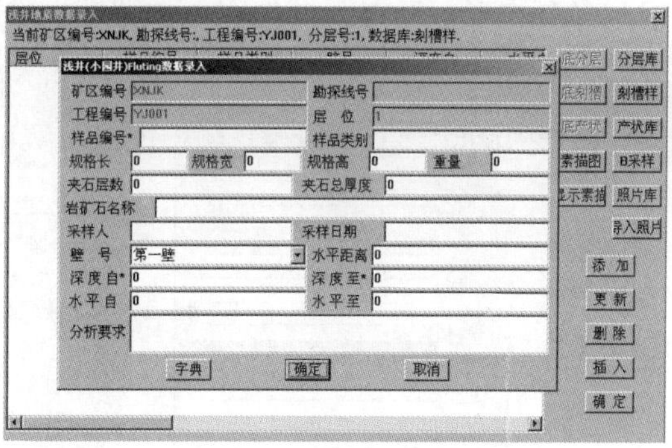


图 24.4.10 浅井刻槽样数据采集

## 24.4.6 浅井产状数据采集

（1）先选择当前产状的层号。如果未确定，系统会分别提示先选择当前产状的分层号，然后点击“产状库”按钮。对话框的顶部提示条会说明当前的数据库为产状库，然后按下“添加”按钮，弹出数据录入对话框（图 24.4.11）。

（2）数据录入完后，点击“确定”后，数据自动导入列表框（图 24.4.12），以方便浏览。

（3）若要继续输入数据，重复 1 至 2 步即可。

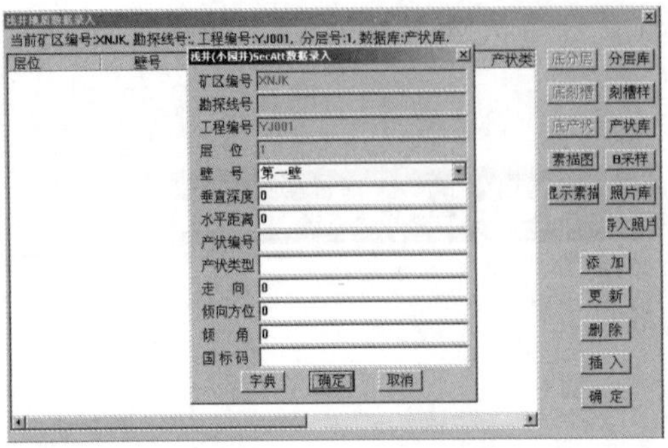


图 24.4.11　浅井产状信息采集

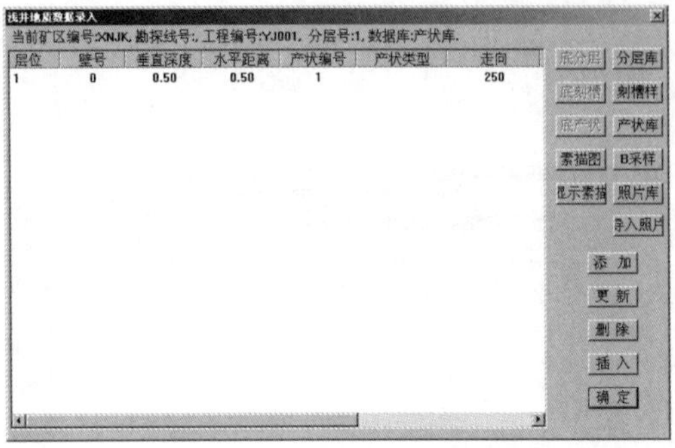


图 24.4.12　浅井产状信息浏览

（4）查看图形：点击“素描图”按钮即可查看到刚才输入的数据已经绘在图上了。

## 24.4.7　浅井标本采样数据采集

标本采样在程序中表示为“B 采样”。

（1）先选择当前 B 采样的层号。如果未确定，系统会分别提示先选择当前 B 采样的分层号，然后按“B 采样库”按钮。对话框的顶部提示条会说明当前的数据库为 B 采样库，然后按下“添加”按钮（图 24.4.13）。注意先选择壁号。

（2）输入 B 采样数据（图 24.4.14）。

（3）数据录入完后，点击“确定”后，数据自动导入列表框，以方便浏览。

（4）若要继续输入数据，重复 1 至 3 步即可。

（5）查看图形：点击“素描图”按钮即可查看到刚才输入的数据已经绘在图上了。

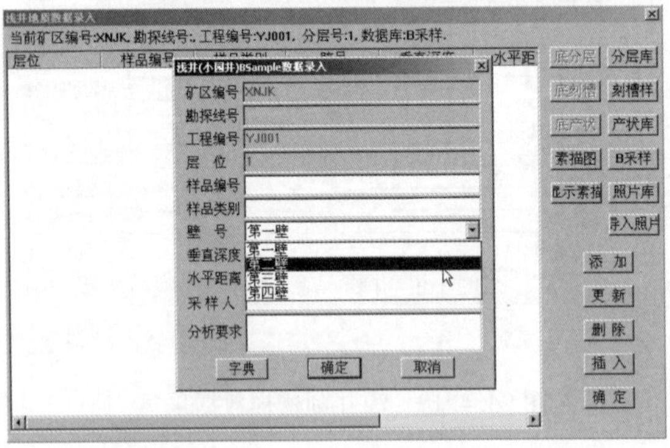


图 24.4.13　浅井标本采样信息录入界面

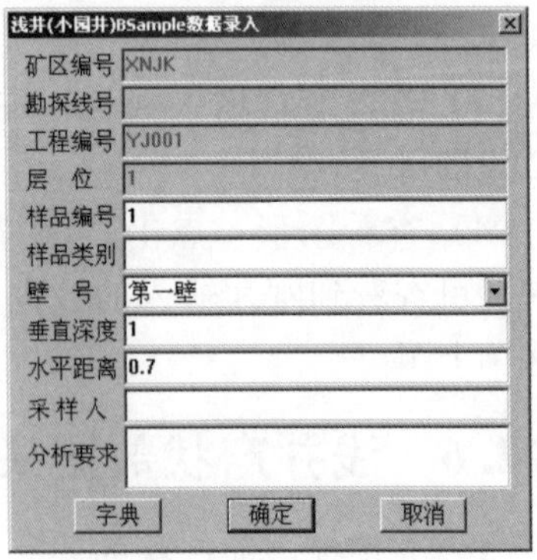


图 24.4.14　浅井标本采样数据示例

## 24.4.8　浅井照片数据采集

（1）先选择当前照片的层号。如果未确定，系统会分别提示先选择当前照片的分层号，然后点击“照片库”按钮。对话框的顶部提示条会说明当前的数据库为照片库，然后按下“添加”按钮（图 24.4.15）。注意先选择壁号。

（2）输入照片数据（图 24.4.16）。

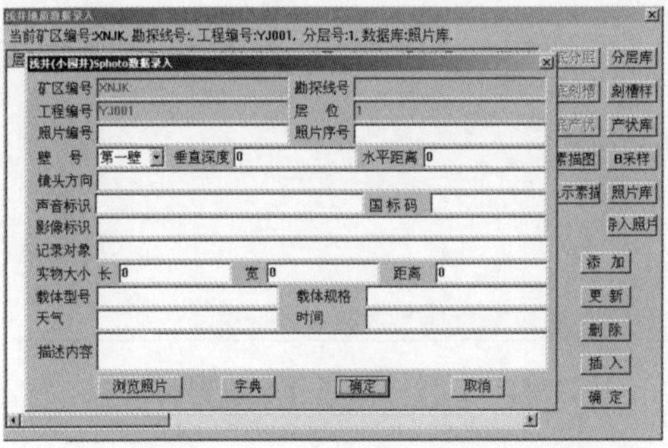


图 24.4.15　浅井照片数据采集界面

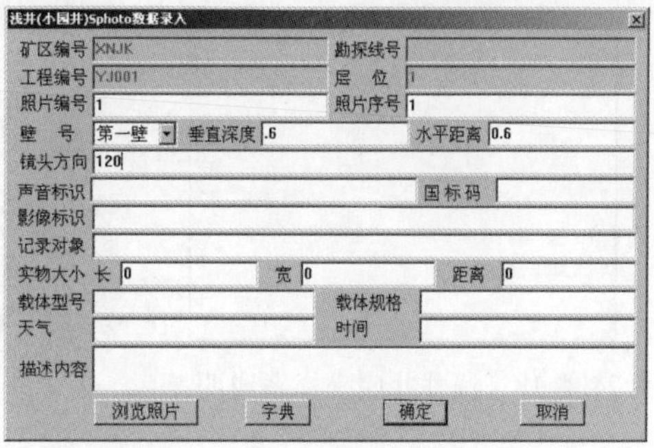


图 24.4.16　浅井照片采集数据示例

（3）数据录入完后，点击“确定”后，数据自动导入列表框（图 24.4.17），以方便浏览。

（4）若要继续输入数据，重复 1 至 3 步即可。

（5）如需导入照片，则注意填写“照片序号”字段，填写规则为照片文件名的后几位数字，不同的照片之间用“,”或者“-”（表示连续的照片号）间隔，例如：现需导入照片 IMG_6031 与 IMG _ 6032 两张照片，则填写“6031, 6032”即可。然后点击“导入照片”按钮，选择数码照片所在目录进行导入。

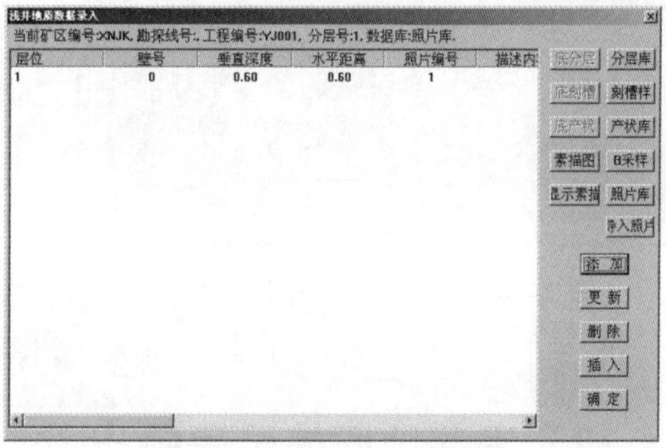


图 24.4.17　浅井照片库信息浏览

## 24.4.9　浅井井底数据采集

（1）坐标系规定如图 24.4.18 所示。

（2）其数据采集方式与坑道掌子面相同（图 24.4.19）。

## 24.4.10　方井素描图绘制

如果选择的是方井，则绘制的图形如图 24.4.20 所示。

## 24.4.11　圆井素描图绘制

如果选择的是圆井，则绘制的图形如图 24.4.21 所示。

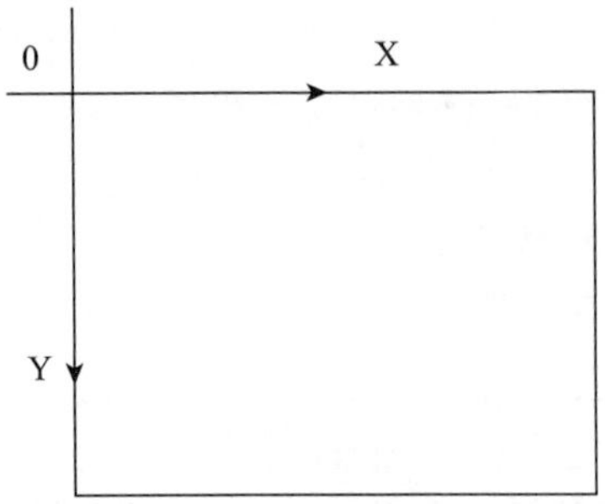


图 24.4.18　浅井井底坐标系说明

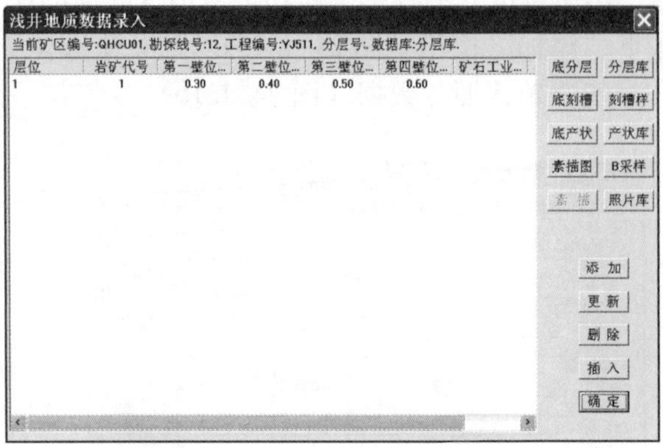


图 24.4.19　浅井井底分层数据浏览

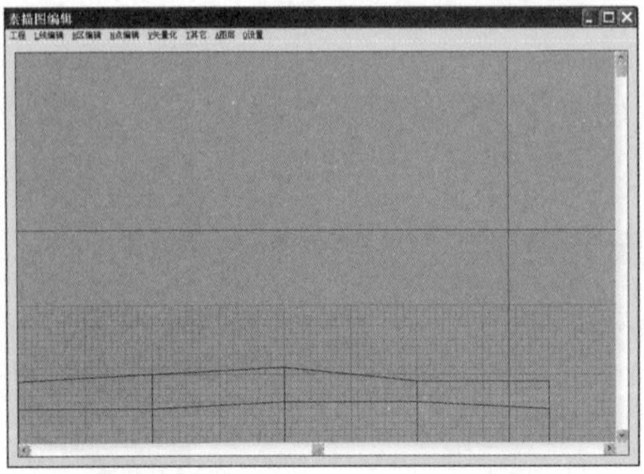


图 24.4.20　方井素描图示例

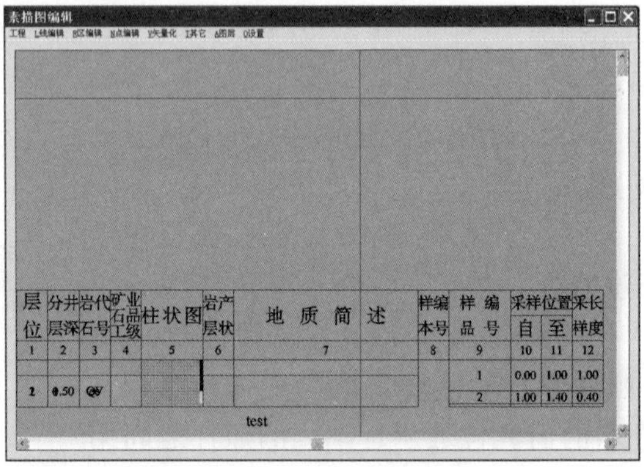


图 24.4.21　圆井柱状图示例

## 24.4.12　浅井地质编录表输出

（1）选择菜单“工程记录输出”，即会出现工程浏览对话框（图 24.4.22）。

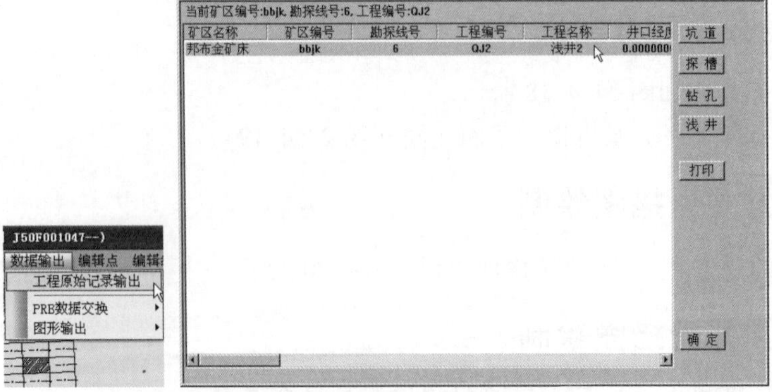


图 24.4.22　浅井地质编录表输出

（2）系统默认打开的是坑探工程。用户可以通过点击右侧的按钮切换工程类型。然后点击“打印”按钮打印选中的工程。图 24. 4. 23 是浅井地质编录表输出的样式。

浅井QJ2地质记录表

| 层位 | 分层井探 | 岩石代号 | 岩石工业品级 | 柱状图 | 产状 | 地质描述 | 标本编号 | 样品编号 | 采样位置 | | 样长 | 分析结果 |
|---|---|---|---|---|---|---|---|---|---|---|---|---|
| | | | | | | | | | 自 | 至 | | |
| 3 | 14.7 | | | | | C1y3由一系列旋回层组成,旋回中下部为灰色凝灰质细砂岩、硅质岩、凝灰质粉砂岩、角砾岩、沉凝灰岩。砂岩砂状结构，块状构造，主要成分为凝灰质，杂基含量较高，局部具递变层理、平行层理及变形层理。角砾岩成分为凝灰质，磨圆极差，略具分选。沉凝灰岩含少量岩屑（<5%），隐晶质结构，具水平层理和微波状层理。旋回上部为灰色生物碎屑灰岩、含生物碎屑微晶灰岩，生物碎屑灰岩中生屑含量达30%，主要为海百合茎、有孔虫、苔藓虫及珊瑚，产大量单体四射珊瑚、海百合茎、腕足类。单体四射珊瑚保存较好，属原地埋藏。旋回层一般厚30-50m。局部夹有紫红色安 | | H4 | 16.5 | 17 | | |
| | | | | | | | | H5 | 17 | 17.3 | | |
| 4 | 18 | | | | | 该构造岩由粗大的棱角状角砾组成，其成分来自断层两盘岩石组成。正断层岩砾极不规则，棱角明显，大小不一，杂乱无章，角砾之间的基质亦呈棱角状，角砾空隙多，富汗水。逆断层或平移断层，一般角 | | H0 | 14.7 | 15.2 | | |
| | | | | | | | | H1 | 15.2 | 15.6 | | |
| | | | | | | | | H2 | 15.6 | 16 | | |
| | | | | | | | | H3 | 16 | 16.5 | | |

图 24. 4. 23　浅井地质编录表样式

# 24. 5　钻孔数据采集

## 24. 5. 1　钻孔基本信息数据采集

（1）选择菜单，选中“钻孔”（图 24. 5. 1）。

（2）系统会自动选择钻孔图层，同时弹出“是否添加到图层‘钻孔’中”对话框，点击“是”（图 24. 5. 2）。

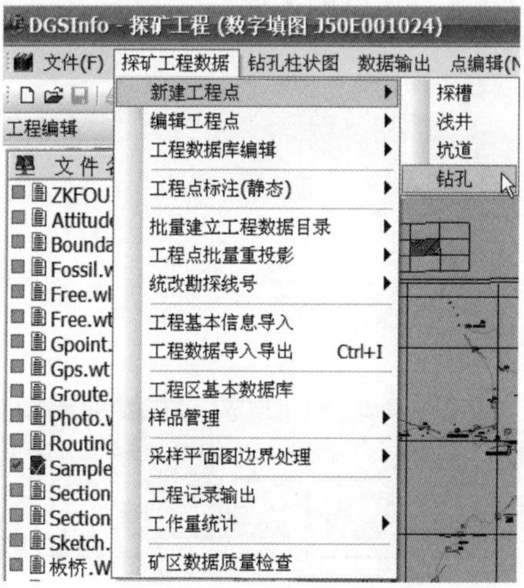


图 24. 5. 1　钻孔基本信息菜单

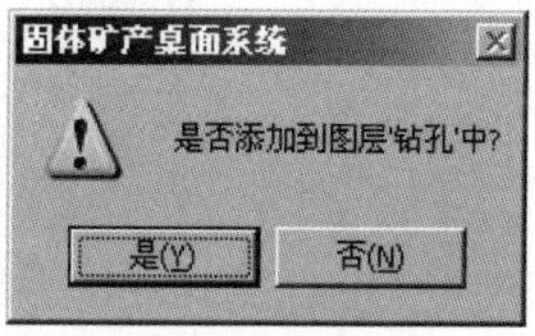


图 24. 5. 2　提示添加到钻孔图层中

（3）在屏幕上，用鼠标点击该“工程”的位置，即定点，按左键后，屏幕自动弹出下对话框，输入钻孔基本信息（图 24. 5. 3）。

重要参数说明：

工程编号和剖面编号：必须输入。由数字加字母组成，并作为目录使用。

勘探线号：由数字加字母组成，并作为目录使用。如果未给出勘探线号，所有工程会自动放入 EngPool 目录下。

比例尺数据必输入。

（4）点击“确定”后，系统自动把钻孔的位置和工程编号标注在图上（图 24. 5. 4）。

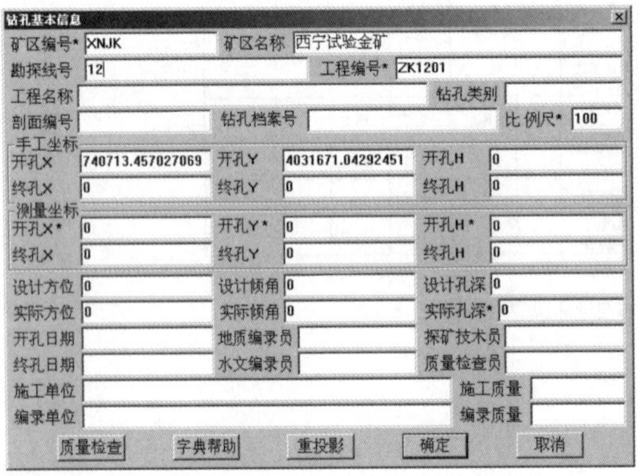


图 24. 5. 3　钻孔基本信息采集

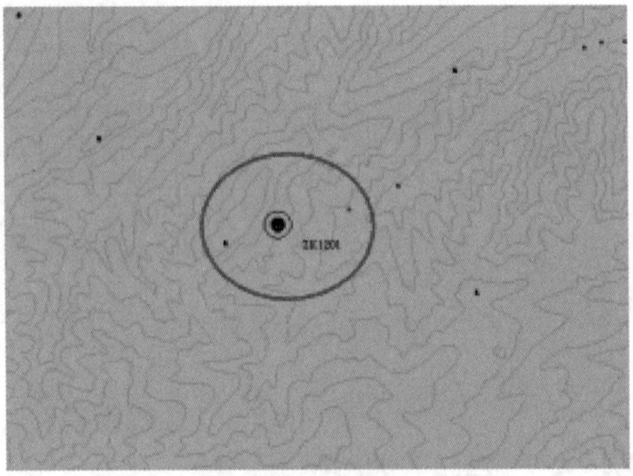


图 24. 5. 4　在图中录入钻孔点

## 24. 5. 2　打开钻孔编录数据采集总界面

（1）选择菜单，选中“钻孔”（图 24. 5. 5）。

（2）先选中要编辑工程图元，对新录的工程数据，第一次会弹出对话框，必须点击“是”，系统会创建以钻孔为编号的目录，来存放该工程所有的文件（图 24. 5. 6）。

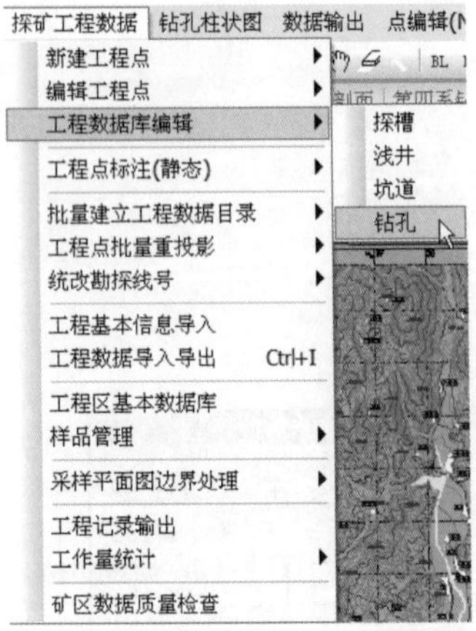


图 24. 5. 5　钻孔编录数据采集菜单

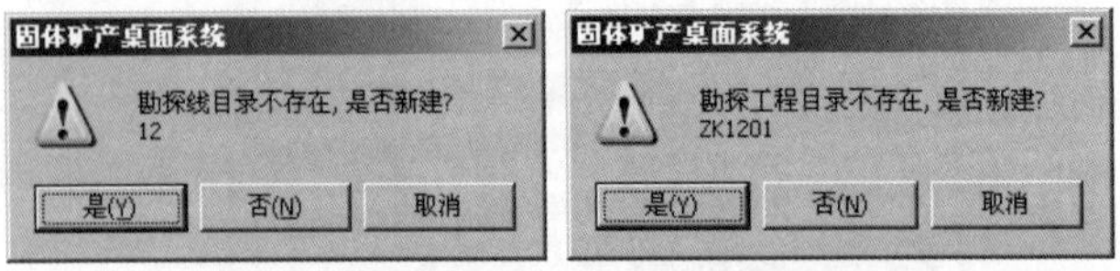


图 24. 5. 6　新建勘探线号和钻孔编号目录

（3）系统会弹出钻孔地质数据的总对话框（图 24. 5. 7）。以后所有的钻孔地质数据的输入，都是从此界面录入的。

数据录入的顺序必须遵循以下基本原则：

1）必须先录入回次库。

2）回次数据录入后，才能输入分层库。

3）其他数据只有在回次库和分层库有数据的情况下，才能输入数据。这是因为采样、素描、产状、刻槽必须在某一回次号和某一分层号进行数据采集。

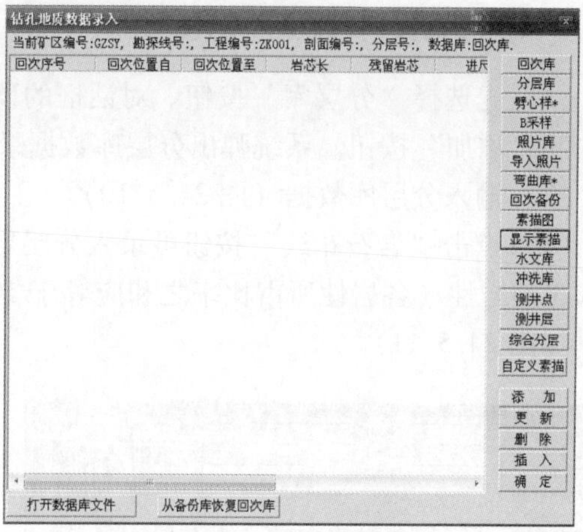


图 24. 5. 7　钻孔地质编录数据总界面

## 24. 5. 3　回次库数据录入

（1）先选择“回次库”按钮。对话框的顶部提示条会说明当前的数据库为回次库，然后按下“添加”按钮。系统弹出回次数据录入界面（图 24. 5. 8）。

（2）输入回次数据。同时具有画素描和文字描述的功能。同时系统具有自动计算残留岩心和换层孔深的功能。当回次库采取率大于 100%时，程序会提示是否自动修正采取率。如果选择修正，程序将最多反推 3 个回次（不包括本回次），如果反推 3 个回次后仍存在残留岩心则舍去。回次库修正之前的记录将自动保存于“回次备份库”中，并可以随时恢复。

（3）数据录入完后，点击“确定”后，数据自动导入列表框（图 24. 5. 9），以方便浏览。

（4）若要继续输入数据，重复 1 至 3 步即可。

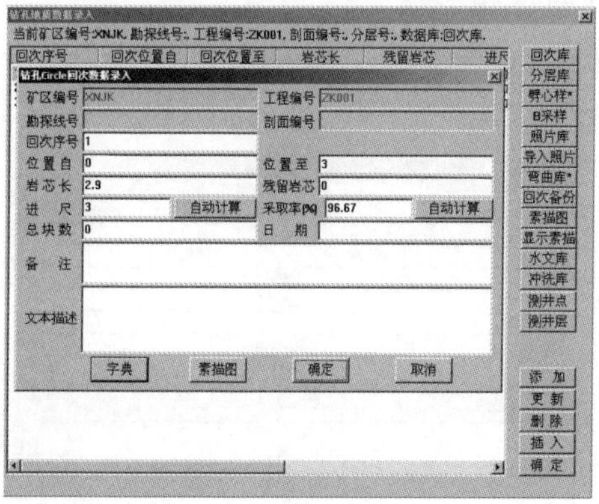


图 24. 5. 8　钻孔回次信息录入

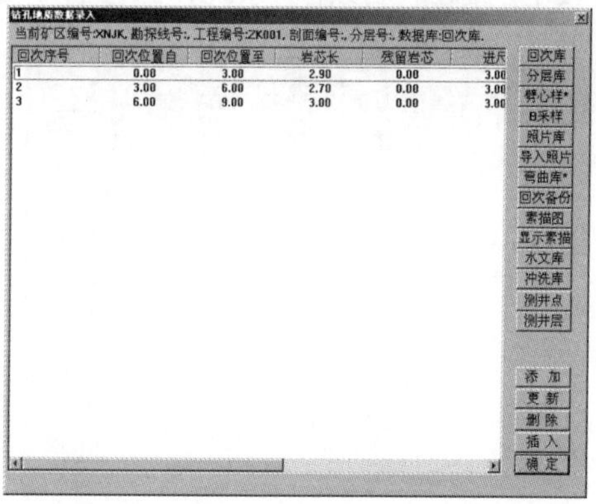


图 24. 5. 9　钻孔回次信息浏览

## 24.5.4 分层库数据录入

（1）先选择“分层库”按钮。对话框的顶部提示条会说明当前的数据库为分层库，然后按下“添加”按钮。系统弹出分层库数据录入界面。

（2）输入分层库数据（图 24.5.10）。

（3）点击“岩石花纹”按钮可录入分层岩性花纹，岩性花纹可以选择 4 种类型，最多输入 3 种岩性（各岩性所占比率之和应等于 100%），输入岩性代码时可利用“岩石名称”字典（图 24.5.11）。

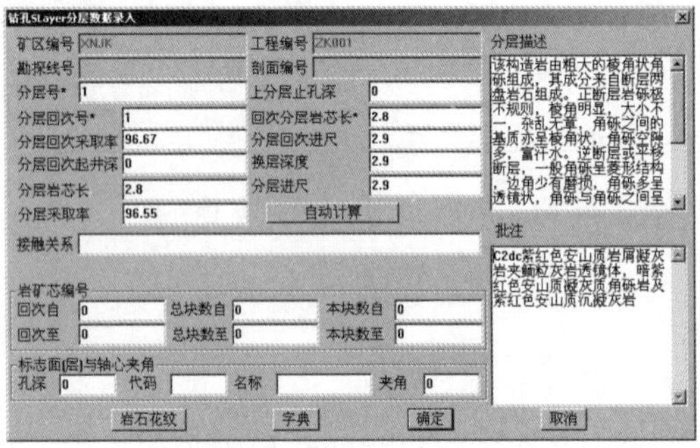


图 24.5.10　钻孔分层信息录入

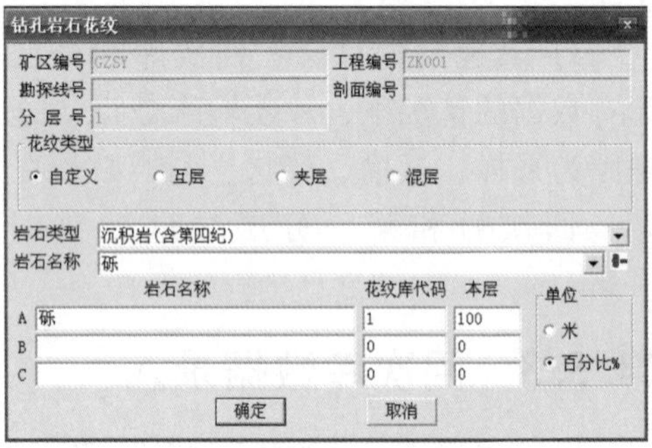


图 24.5.11　钻孔分层岩石花纹数据录入

（4）数据录入完后，点击“确定”后，数据自动导入列表框（图 24.5.12），以方便浏览。

（5）若要继续输入数据，重复 1 至 4 步即可。

（6）查看图形：点击“素描图”按钮即可查看到刚才输入的数据已经绘在图上了。

## 24.5.5 钻孔弯曲度

（1）先选择“弯曲库”按钮。对话框的顶部提示条会说明当前的数据库为弯曲库，然后按下“添加”按钮。系统弹出弯曲库数据录入界面（图 24.5.13）。

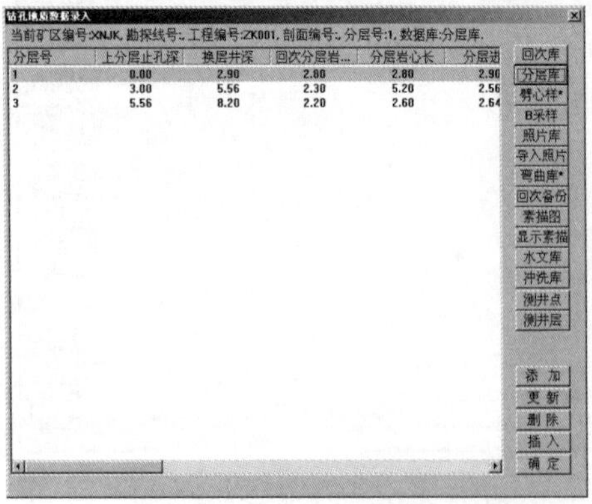


图 24.5.12　钻孔分层数据浏览

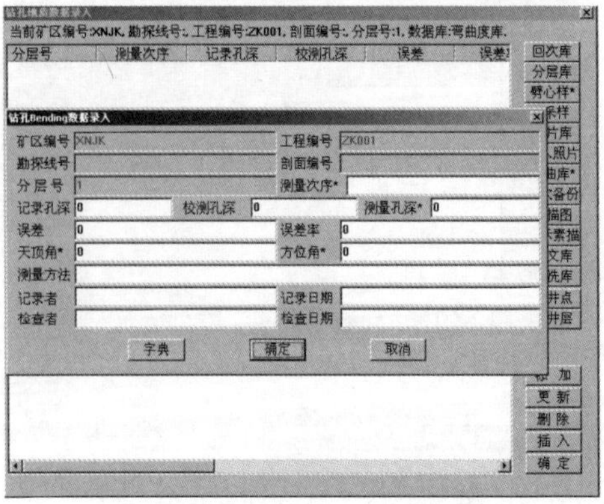


图 24.5.13　钻孔弯曲库信息录入

（2）输入弯曲库数据（图 24.5.14）。

（3）数据录入完后，点击“确定”后，数据自动导入列表框（图 24.5.15），以方便浏览。

（4）若要继续输入数据，重复 1 至 3 步即可。

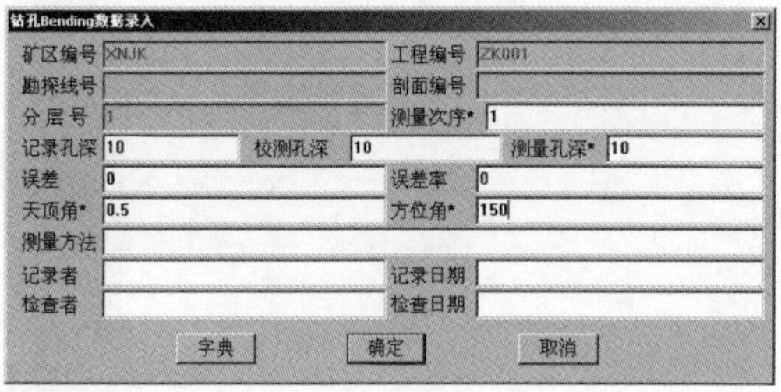


图 24.5.14 钻孔弯曲库数据录入示例

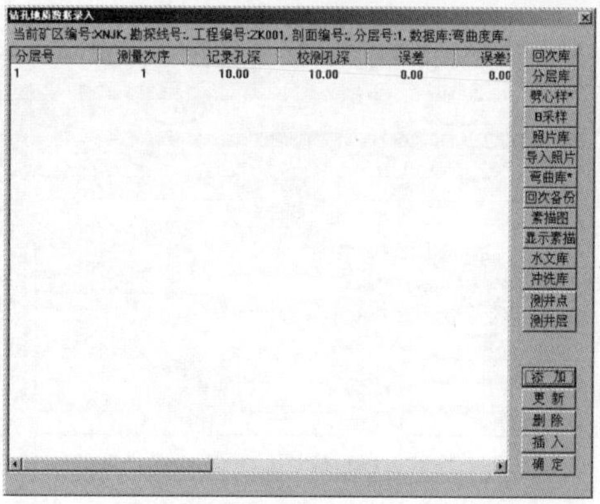


图 24.5.15 钻孔弯曲库浏览

## 24.5.6 刻槽采样数据录入

（1）先选择“刻槽库”按钮。对话框的顶部提示条会说明当前的数据库为刻槽库，然后按下“添加”按钮。系统弹出刻槽库数据录入界面（图 24.5.16）。

（2）可以根据岩矿心编号（回次自/至）、样品起点所处回次下段岩心长、止点所处回次上段岩心长信息自动计算采样位置和样长。

当 ☑ 样品起点所处回次下段岩心长* 时，则“采样位置自”的计算根据“样品起点所处回次下段岩心长”和“回次自”计算得到，“采样位置至”的计算根据“止点所处回次上段岩心长”和“回次至”计算得到（图 24.5.17）。

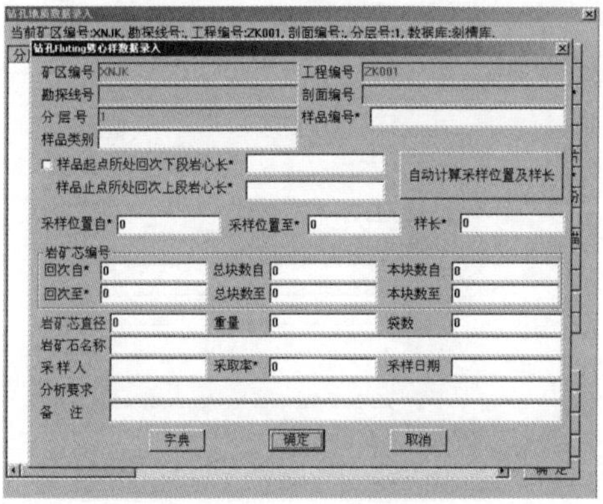

图 24.5.16 钻孔刻槽样数据采集

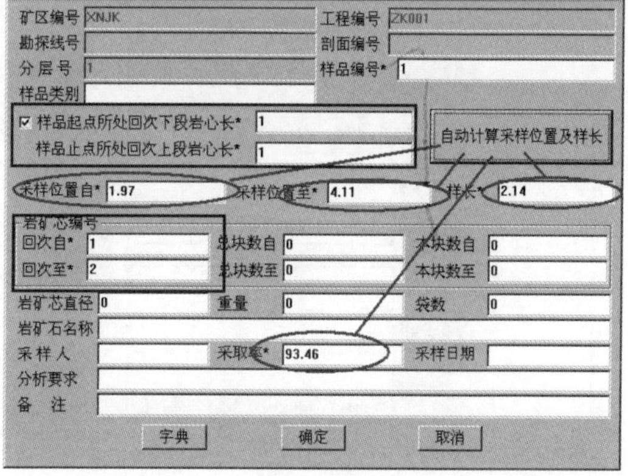


图 24.5.17 钻孔刻槽样样长自动计算

当样品连续取样时，可以 □ 样品起点所处回次下段岩心长*，此时，“采样位置自”则为上一个样品的“采样位置止”（图 24.5.18）。

（3）数据录入完后，点击“确定”后，数据自动导入列表框（图 24.5.19），以方便浏览。

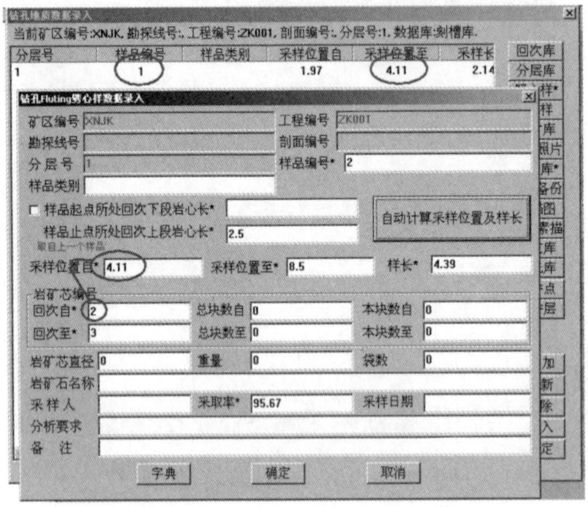


图 24.5.18　钻孔刻槽样信息连续输入

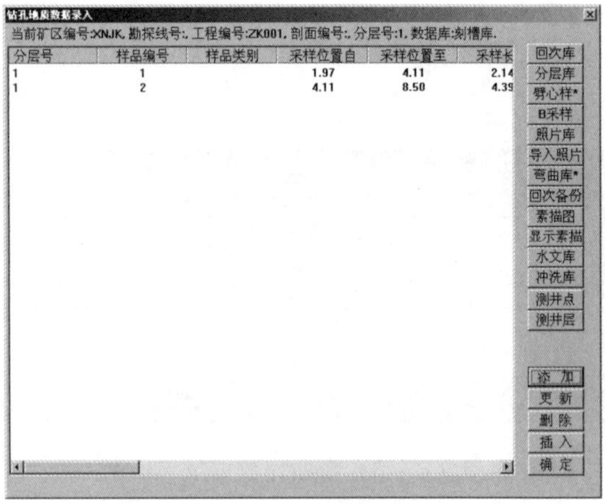


图 24.5.19　钻孔刻槽样信息浏览

（4）若要继续输入数据，重复 1 至 3 步即可。

（5）查看图形：点击“素描图”按钮即可查看到刚才输入的数据已经绘在图上了。

## 24.5.7　照片数据录入

（1）先选择“照片”按钮。对话框的顶部提示条会说明当前的数据库为照片库，然后按下“添加”按钮。系统弹出照片数据录入界面（图 24.5.20）。

（2）输入照片数据（图 24.5.21）。

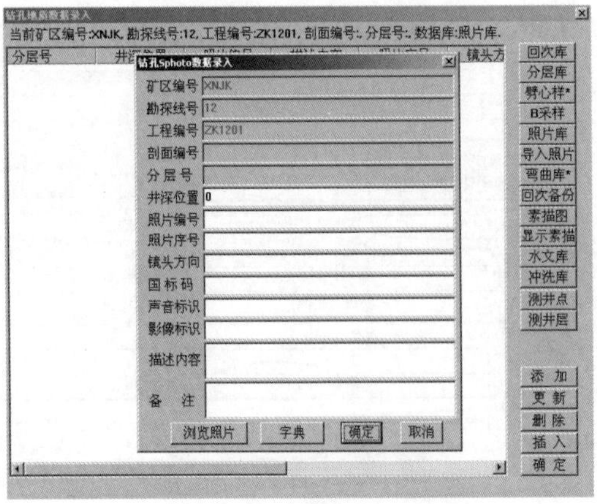


图 24.5.20　钻孔照片数据采集

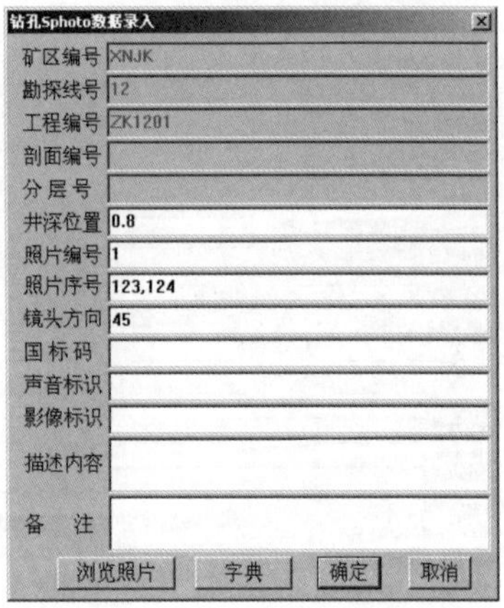


图 24.5.21　钻孔照片数据采集示例

（3）数据录入完后，点击“确定”后，数据自动导入列表框（图 24.5.22），以方便浏览。

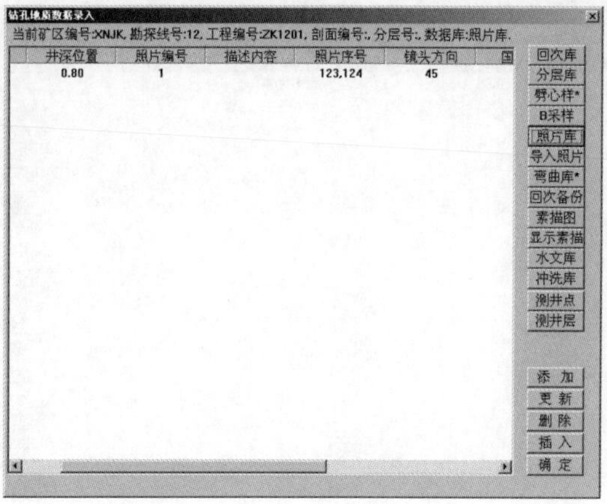


图 24.5.22　钻孔照片数据浏览

（4）若要继续输入数据，重复 1 至 3 步即可。

（5）如需导入照片，则注意填写“照片序号”字段，填写规则为照片文件名的后几位数字，不同的照片之间用“，”或者“-”（表示连续的照片号）间隔，例如：现需导入照片 IMG_6031 与 IMG_6032 两张照片，则填写“6031，6032”即可。然后点击“导入照片”按钮，选择数码照片所在目录进行导入。

## 24.5.8　采样数据录入

（1）先选择“B 采样”按钮。对话框的顶部提示条会说明当前的数据库为 B 采样，然后按下“添加”按钮。系统弹出采样数据录入界面（图 24.5.23）。

（2）输入 B 采样数据。用字典输入样品类别（图 24.5.24）。

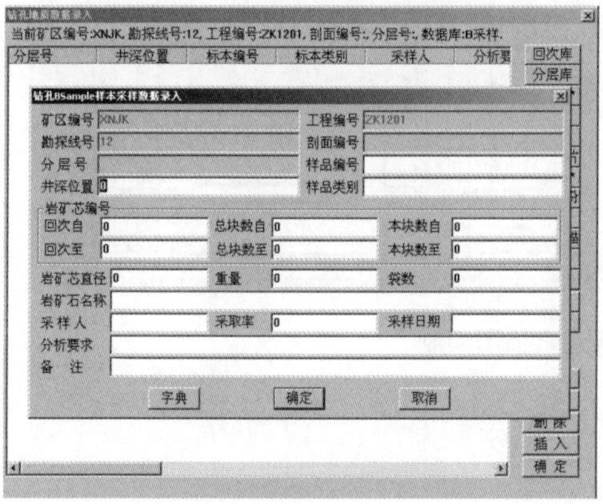


图 24.5.23　钻孔标本采样数据录入

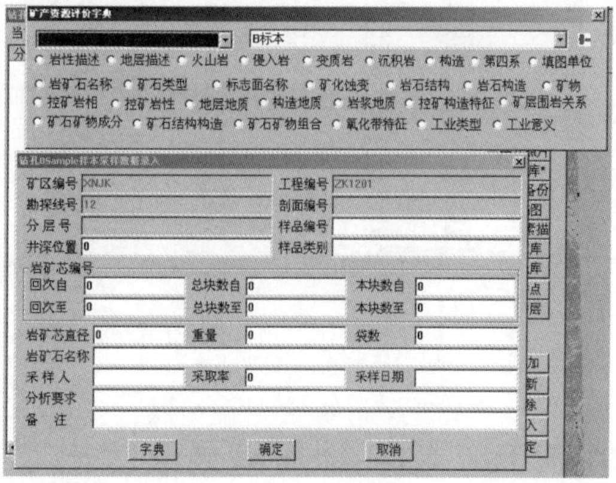


图 24.5.24　利用字典输入样品类别

（3）数据录入完后，点击“确定”后，数据自动导入列表框（图 24.5.25），以方便浏览。

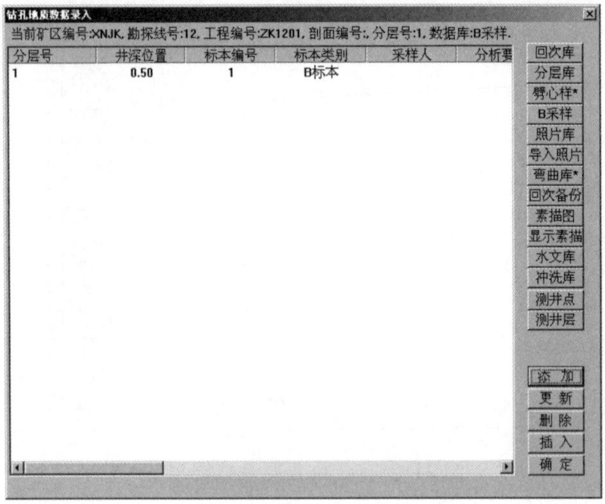


图 24.5.25 钻孔标本采样数据浏览

（4）若要继续输入数据，重复 1 至 3 步即可。

## 24.5.9 钻孔地质编录素描绘制与编辑

每当用户输入完一组新的编入数据，按“素描图”按钮，可以看到新的编录数据在图上绘制的情况（图 24.5.26）。

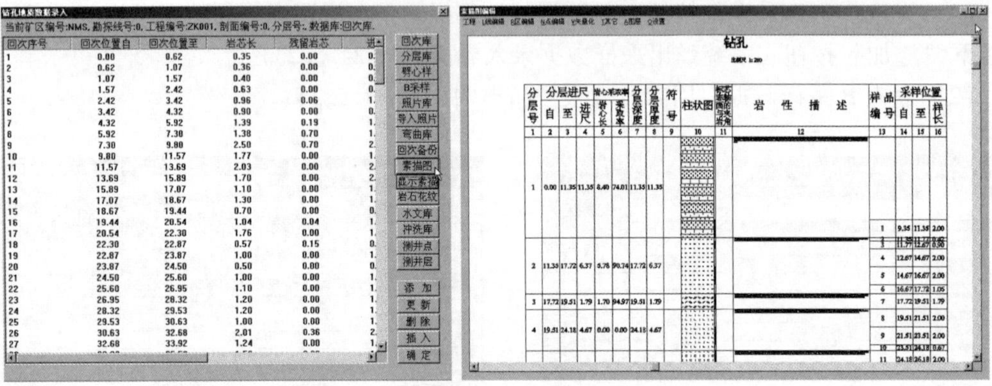


图 24.5.26 钻孔地质编录素描图绘制

## 24.5.10 钻孔地质编录表输出

（1）选择菜单“工程记录输出”，即会出现工程浏览对话框（图 24.5.27）。

（2）系统默认打开的是坑探工程。用户可以通过点击右侧的按钮切换工程类型。

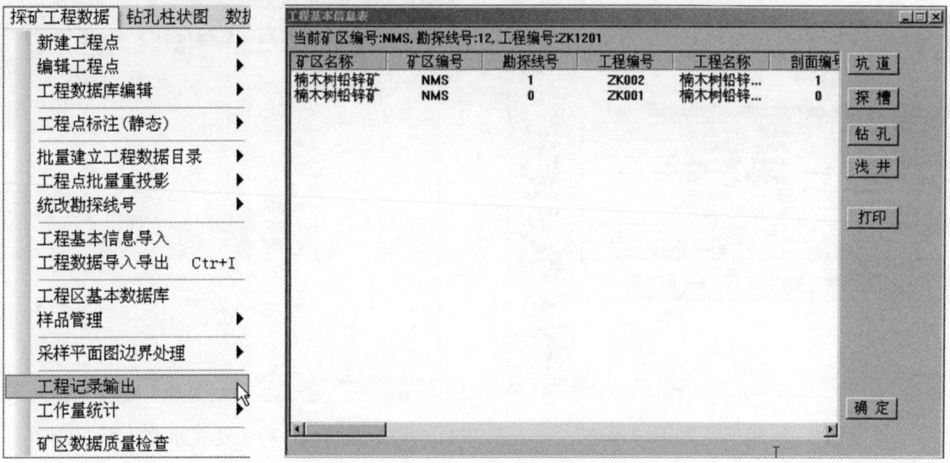


图 24.5.27　钻孔编录数据表输出

然后点击“打印”按钮打印选中的工程。图 24.5.28 是钻孔地质编录表输出的样式。

钻孔ZK0005地质记录表

| 回次 | | | | | | | 分层 | | | | | | | | 地质描述 | 接触关系 |
|---|---|---|---|---|---|---|---|---|---|---|---|---|---|---|---|---|
| 编号 | 自 | 至 | 岩心长 | 残留岩心 | 进尺 | 采取率 | 序号 | 回次岩心长 | 分层岩心长 | 进尺 | 采取率 | 换层深度 | 岩矿心编号 | 花纹代码 | | |
| 68 | 51.79 | 52.1 | 0.3 | 0 | 0.3 | 100 | 1 | 0 | 0 | 35.3 | 95 | 35.3 | | | ①灰色、浅灰黄色冰碛物：由灰色闪长玢岩、石英二长斑岩碎块及砂泥质堆积而成。 | |
| | | | | | | | 2 | 0 | 0 | 38 | 95 | 73 | | | ②弱铜矿化、钾化黑云母石英二长斑岩：灰—浅灰色，岩石风化后呈浅灰— 浅灰绿、灰黄色，岩石具似斑状结构，块状构造，局部呈破碎构造。斑晶由钾长石、斜长石、石英（多呈自—他形中—粗晶，少量斑晶具熔蚀边）和少量黑云母（细—中粗板状）、角闪石（细—中粗短柱状）组成，含量45—60%；基质由微细晶长石、角闪石和少量黑云母、石英的等组成，含量35—50%。岩石具硅化、绿帘石化、钾化、绿泥石化、泥化蚀变，节 理 发育。岩石具弱黄铁矿化、黄铜矿化，黄铁矿呈细粒状散布于岩石中，局部呈细脉状集 中 分布；黄铜矿和黄铁矿共同产出，但含量较低。在节理及岩石风化面分布少量星点状，薄膜状孔雀石和褐铁矿。局部在石英脉中偶见细团状辉钼矿，但含量较低。 | |
| 1 | 0 | 0.8 | 0.8 | 0 | 0.8 | 100 | | | | | | | | | | |
| 2 | 0.8 | 2 | 1.16 | 0 | 1.2 | 100 | | | | | | | | | | |
| 3 | 1.96 | 3.2 | 1.2 | 0 | 1.2 | 100 | | | | | | | | | | |
| 4 | 3.16 | 4.1 | 0.95 | 0 | 1 | 100 | | | | | | | | | | |
| 5 | 4.11 | 4.5 | 0.39 | 0 | 0.4 | 100 | | | | | | | | | | |
| 6 | 4.5 | 5.6 | 1.1 | 0 | 1.1 | 100 | | | | | | | | | | |
| 7 | 5.6 | 6.1 | 0.45 | 0 | 0.5 | 100 | | | | | | | | | | |

图 24.5.28　钻孔编录数据表输出样式

## 24.5.11　水文库数据录入

（1）先选择“水文库”按钮。对话框的顶部提示条会说明当前的数据库为“回次水位”，然后按下“添加”按钮。系统弹出水文库数据录入界面（图 24.5.29）。

（2）数据录入完后，点击“确定”后，数据自动导入列表框（图 24.5.30），以方便浏览。

（3）若要继续输入数据，重复 1 至 2 步即可。

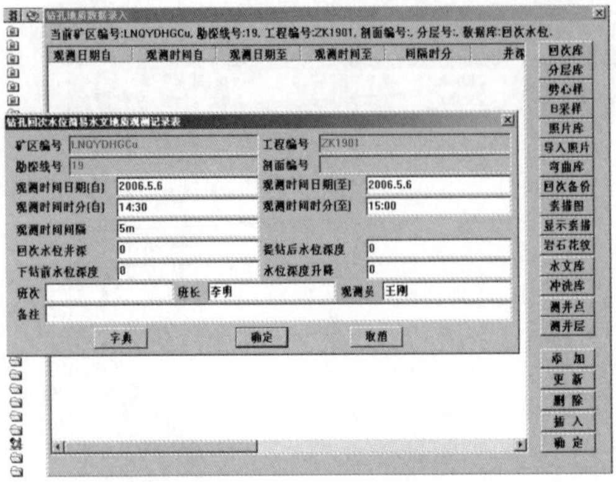


图 24.5.29　钻孔水文库信息录入

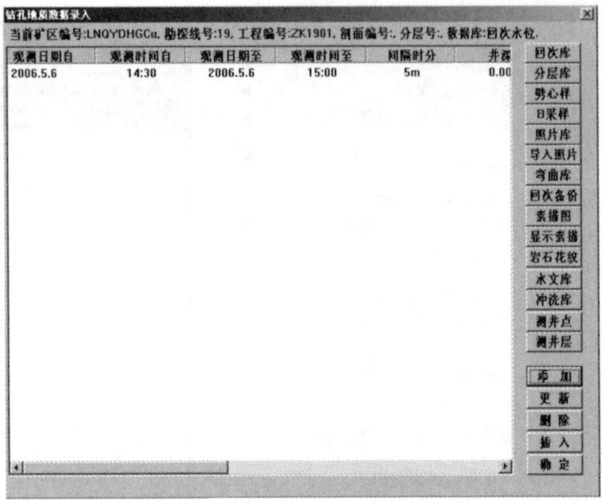


图 24.5.30　钻孔水文库信息浏览

## 24.5.12　冲洗库数据录入

（1）先选择“冲洗库”按钮。对话框的顶部提示条会说明当前的数据库为“洗液消耗”，然后按下“添加”按钮。系统弹出冲洗库数据录入界面（图 24.5.31）。

（2）数据录入完后，点击“确定”后，数据自动导入列表框，以方便浏览（图 24.5.32）。

（3）若要继续输入数据，重复 1 至 2 步即可。

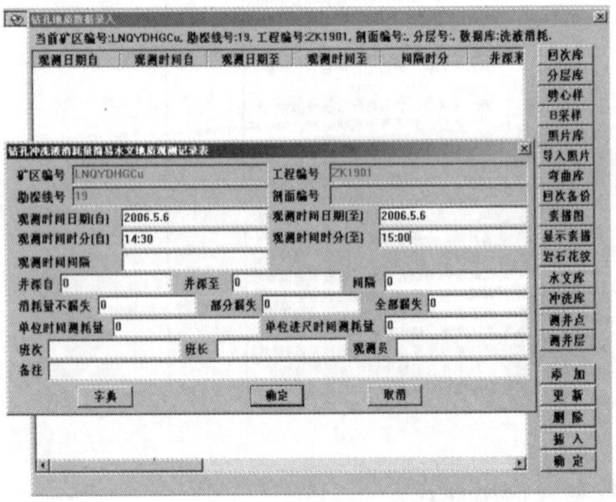


图 24.5.31　钻孔冲洗库数据录入

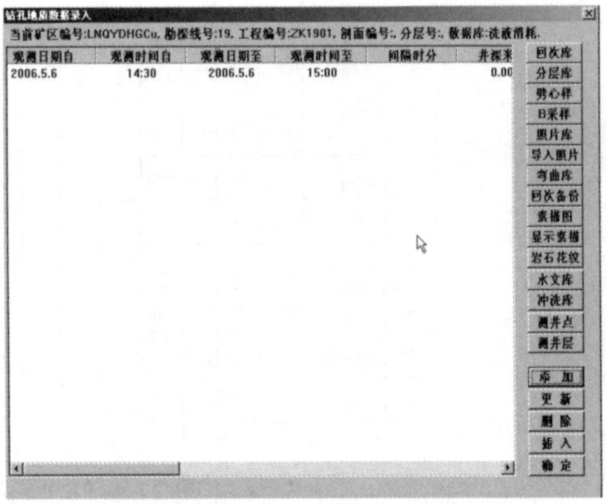


图 24.5.32　钻孔冲洗库数据浏览

## 24.5.13　测井点数据录入

（1）先选择“测井点”按钮。对话框的顶部提示条会说明当前的数据库为“测井曲线点”，然后按下“添加”按钮，系统会弹出测井点数据录入界面（图 24.5.33）。

（2）数据录入完后，点击“确定”后，数据自动导入列表框（图 24.5.34），以方便浏览。

（3）若要继续输入数据，重复 1 至 2 步即可。

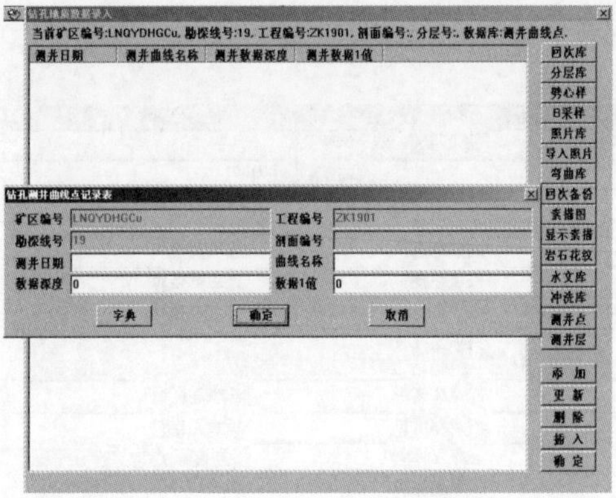


图 24.5.33　钻孔测井点数据录入界面

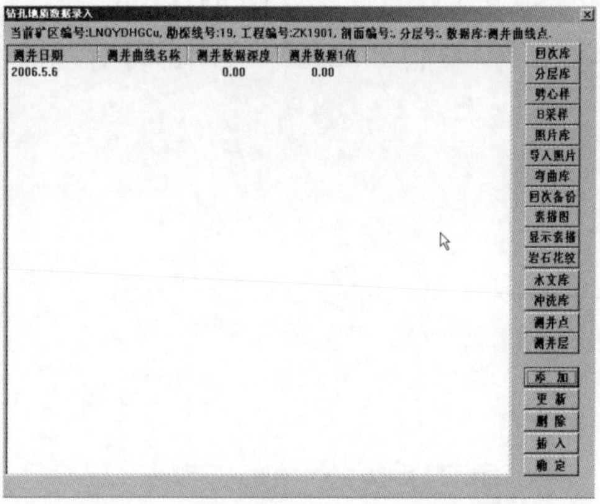


图 24.5.34　钻孔测井点数据浏览

## 24.5.14　测井层数据录入

（1）先选择“测井层”按钮。对话框的顶部提示条会说明当前的数据库为“测井曲线层”，然后按下“添加”按钮，系统会弹出测井曲线层数据录入界面（图 24.5.35）。

（2）数据录入完后，点击“确定”后，数据自动导入列表框（图 24.5.36），以方便浏览。

（3）若要继续输入数据，重复 1 至 2 步即可。

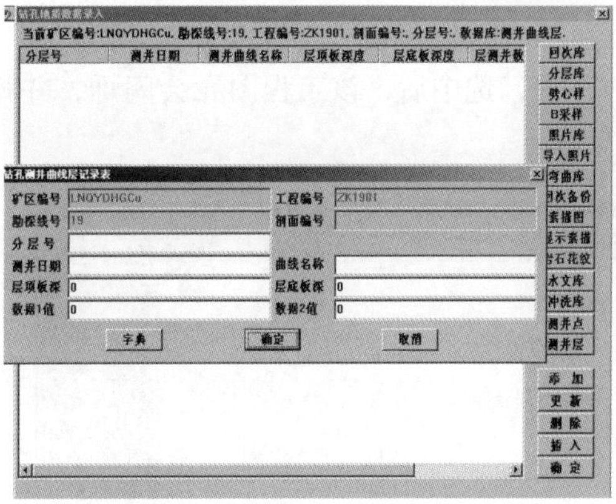


图 24.5.35　钻孔测井层数据录入

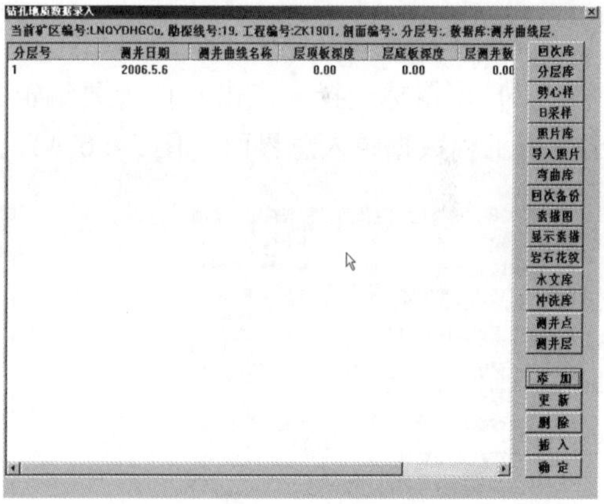


图 24.5.36　钻孔测井层数据浏览

# 24.6　坑道数据编辑

## 24.6.1　坑道基本信息数据编辑

（1）选择“编辑工程点”的“坑道”菜单（图 24.6.1）。

（2）用鼠标选择（点击）图上要编辑的坑道工程，选中后，该工程图元会闪烁，并弹出坑道基本信息库表（图 24. 6. 2）。

（3）参照 24. 2. 1 节说明即可对坑道工程基本信息进行编辑修改。

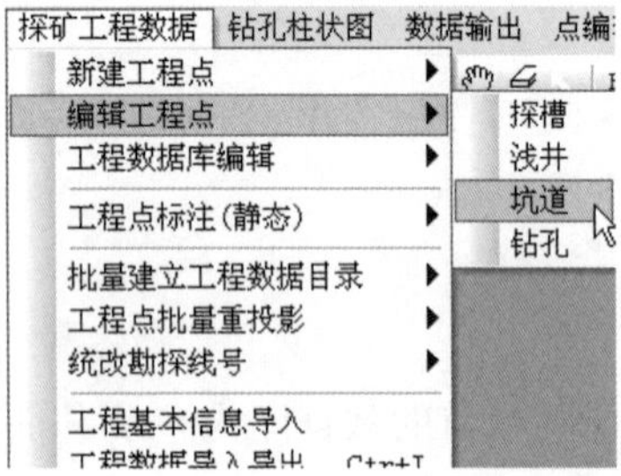


图 24. 6. 1　坑道基本信息编辑菜单

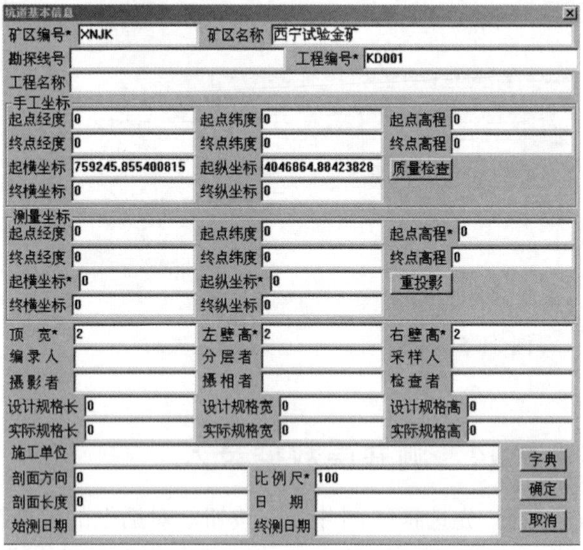


图 24. 6. 2　坑道基本信息编辑

## 24. 6. 2　坑道测量数据编辑

（1）选择菜单，选中“坑道”（图 24. 6. 3）。

（2）用鼠标选择（点击）图上要编辑的坑道工程，选中后，该工程图元会闪烁，并弹出坑道工程数据录入总界面（图 24. 6. 4）。

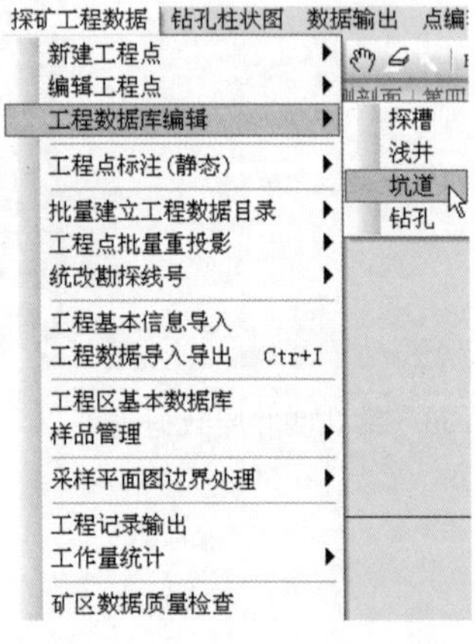


图 24. 6. 3　坑道编录数据编辑菜单

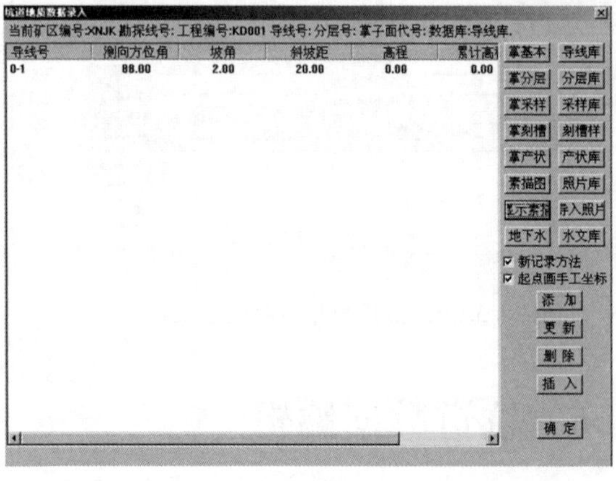


图 24. 6. 4　坑道编录数据浏览与编辑总界面

（3）参照 24. 2 节说明即可对坑道所有的测量工程数据库进行编辑修改。

# 24.7　探槽数据编辑

## 24.7.1　探槽基本信息数据编辑

（1）选择“编辑工程点”的“探槽”菜单（图 24.7.1）。

（2）用鼠标选择（点击）图上要编辑的探槽工程，选中后，该工程图元会闪烁，并弹出探槽基本信息库表（图 24.7.2）。

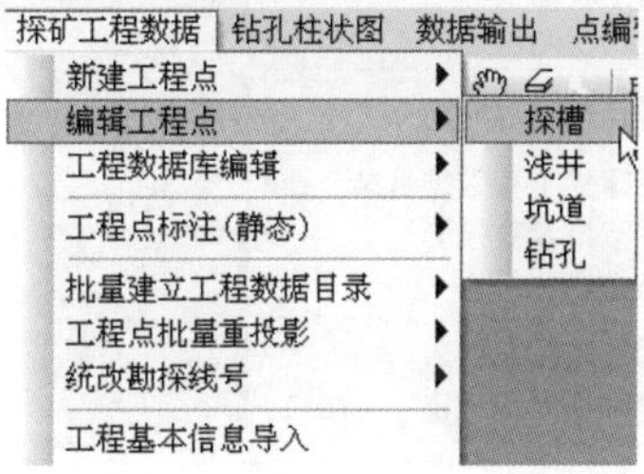


图 24.7.1　编辑探槽基本信息菜单

图 24.7.2　编辑探槽基本信息

（3）参照 24.3.1 节说明即可对探槽工程基本信息进行编辑修改。

## 24.7.2　探槽测量数据编辑

（1）选择菜单，选中“探槽”（图 24.7.3）。

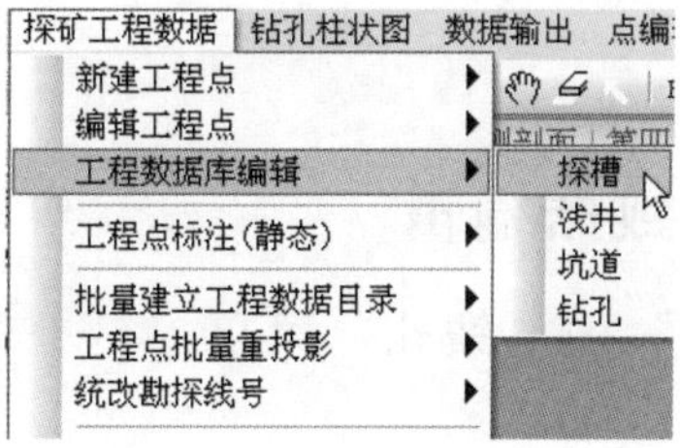


图 24.7.3　探槽编录数据库菜单

（2）用鼠标选择（点击）图上要编辑的探槽工程，选中后，该工程图元会闪烁，并弹出探槽工程数据录入总界面。

（3）参照 24.3 节说明即可对探槽所有的测量工程数据库进行编辑修改。

# 24.8 浅井基本信息数据编辑

## 24.8.1 浅井基本信息数据编辑

（1）选择“编辑工程点”的“浅井”菜单（图 24.8.1）。

（2）用鼠标选择（点击）图上要编辑的圆（方）井工程，选中后，该工程图元会闪烁，并弹出圆（方）井基本信息库表。

（3）参照 24.4.1 节说明即可对圆（方）井工程基本信息进行编辑修改。

## 24.8.2 浅井测量数据编辑

（1）选择菜单，选中“浅井”（图 24.8.2）。

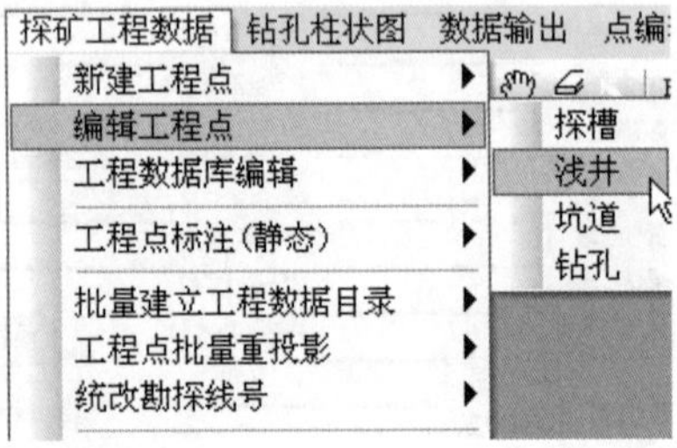


图 24.8.1 编辑浅井基本信息菜单

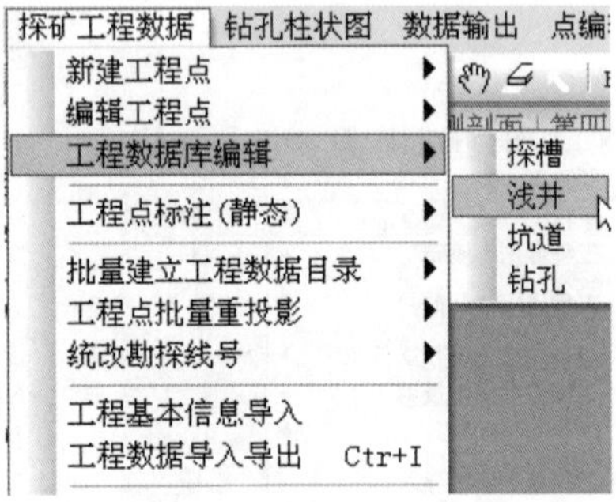


图 24.8.2 浅井编录数据库菜单

（2）用鼠标选择（点击）图上要编辑的圆（方）井工程，选中后，该工程图元会闪烁，并弹出圆（方）井工程数据录入总界面。

（3）参照 24.4 节说明即可对圆（方）井所有的测量工程数据库进行编辑修改。

# 24.9 钻孔数据编辑

## 24.9.1 钻孔基本信息数据编辑

（1）选择“工程点编辑”的“钻孔”菜单（图 24.9.1）。

（2）用鼠标选择（点击）图上要编辑的钻孔工程，选中后，该工程图元会闪烁，并弹出钻孔基本信息库表（图 24.9.2）。

（3）参照 24.5.1 节说明即可对钻孔工程基本信息进行编辑修改。

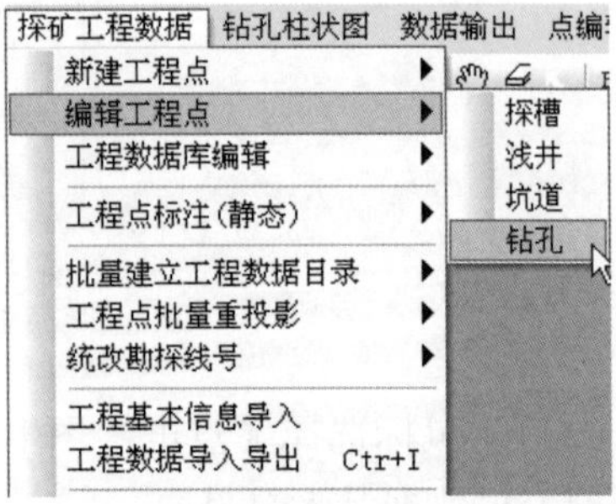


图 24.9.1 编辑钻孔基本信息菜单

## 24.9.2 钻孔测量数据编辑

（1）选择菜单，选中“钻孔”（图 24.9.3）。

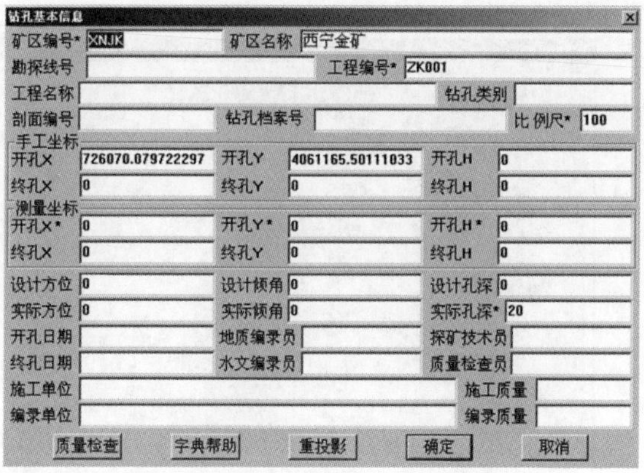


图 24.9.2　编辑钻孔基本信息

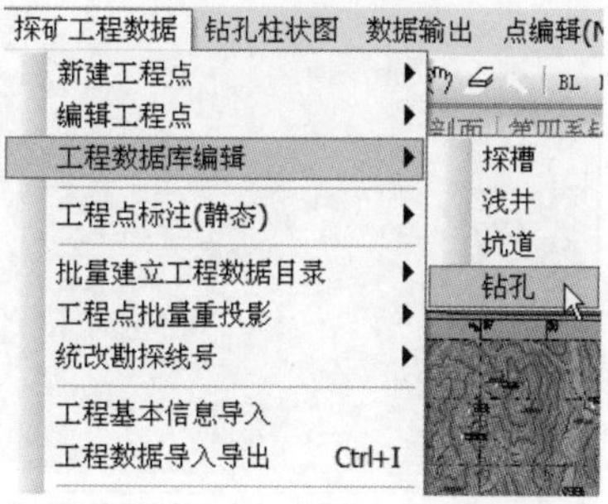


图 24.9.3　钻孔编录数据库菜单

（2）用鼠标选择（点击）图上要编辑的钻孔工程，选中后，该工程图元会闪烁，并弹出钻孔工程数据录入总界面。

（3）参照 24.5 节说明即可对钻孔所有的测量工程数据库进行编辑修改。

# 24.10 工程素描操作

每当数据采集完毕后，系统可以根据当前提供的数据自动绘制槽井坑钻的工程素描图。以坑道、探槽数据为例，具体操作如下：

（1）调出该工程编录的总界面，当数据输入后，点击“素描图”按钮（图 24.10.1）。

（2）系统自动绘制该工程的素描图。所有的工程图件均可随时绘制（图 24.10.2）。

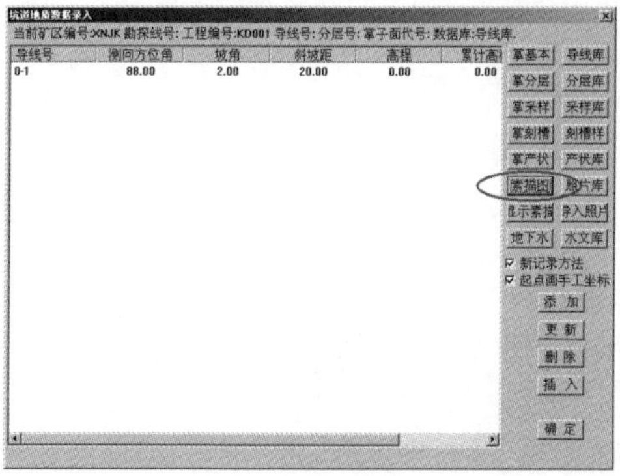


图 24.10.1　工程素描图自动生成

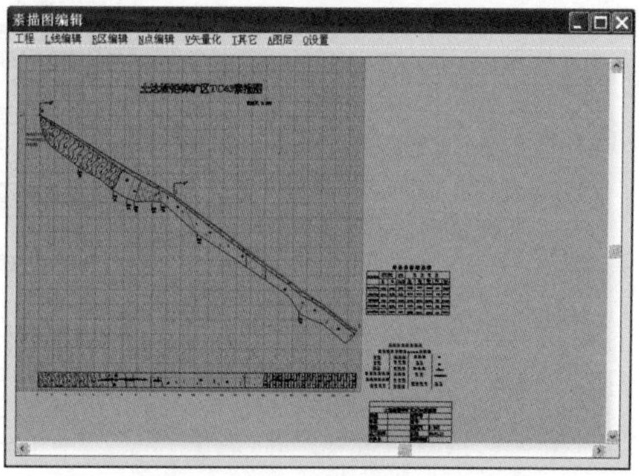


图 24.10.2　探槽素描图示例

（3）在探槽素描中，系统会自动根据产状要素在壁上绘制分层线，在槽底绘制走向线（图 24. 10. 3）。

（4）在坑道素描中，系统会自动根据产状要素在壁上绘制分层线，在顶部绘制走向线（图 24. 10. 4）。

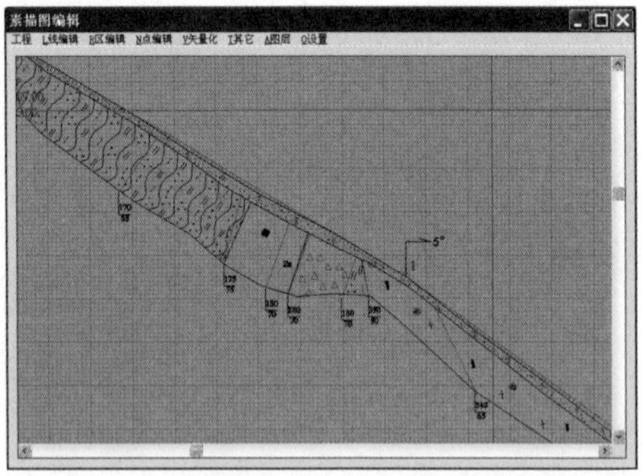

图 24. 10. 3　根据产状信息自动绘制探槽分层线

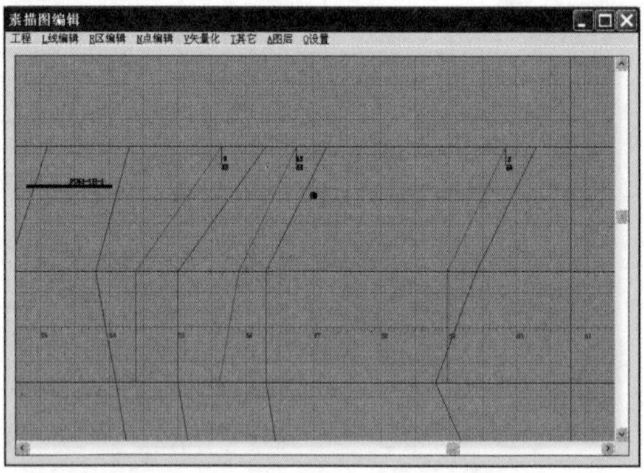

图 24. 10. 4　根据产状信息自动绘制坑道分层线

# 24. 11　探矿工程投影到矿区平面图

## 24. 11. 1　打开实际材料图或编稿原图

探矿工程投影功能是在实际材料图或编稿原图阶段实现的，所以要先打开其中之一。

方法一：直接利用“文件”菜单中的“打开实际材料图”或“打开编稿原图”（图 24. 11. 1）。

方法二：通过选择视图标签（图 24. 11. 2）。

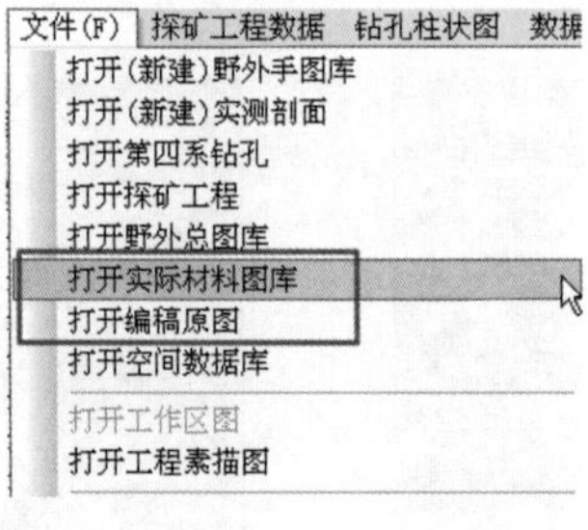


图 24. 11. 1　打开实际材料图或编稿原图（菜单方式）

图 24. 11. 2　打开实际材料图或编稿原图（标签方式）

## 24.11.2 探槽工程投影到实际材料图

（1）按下图选择菜单，工程投影到实际材料图，按单工程投影，探槽工程将按照导线和分层等数据信息自动投影到平面图上（图24.11.3）。

（2）探槽投影到平面图上的内容，刻槽样放大显示（图24.11.4）。

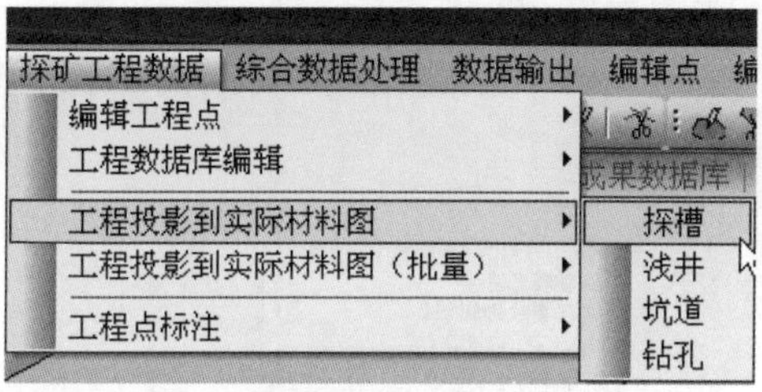


图24.11.3　探槽工程投影到实际材料图

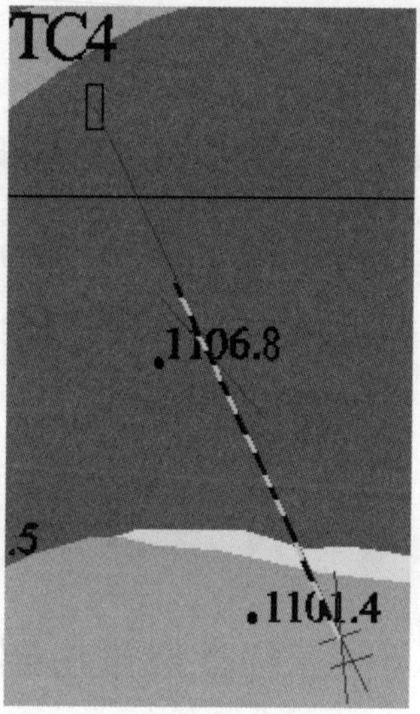


图24.11.4　探槽工程投影到实际材料图效果

## 24.11.3 坑道工程投影到平面图

（1）选择菜单，工程投影到实际材料图，按单工程投影，坑道工程将按照导线和分层等数据信息自动投影到平面图上（图24.11.5）。

（2）坑道投影到平面图上的内容如图24.11.6所示。

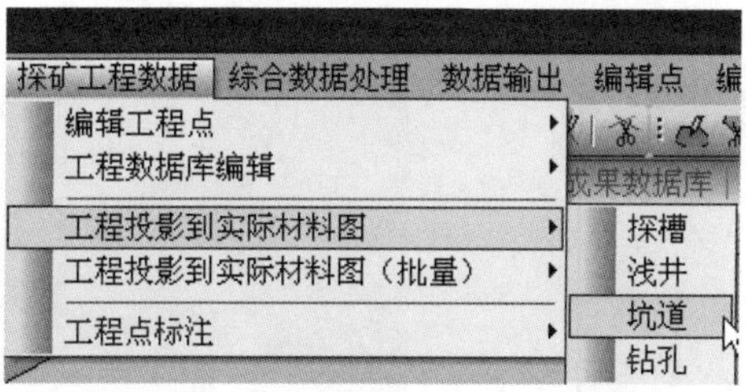


图24.11.5　坑道工程投影到实际材料图

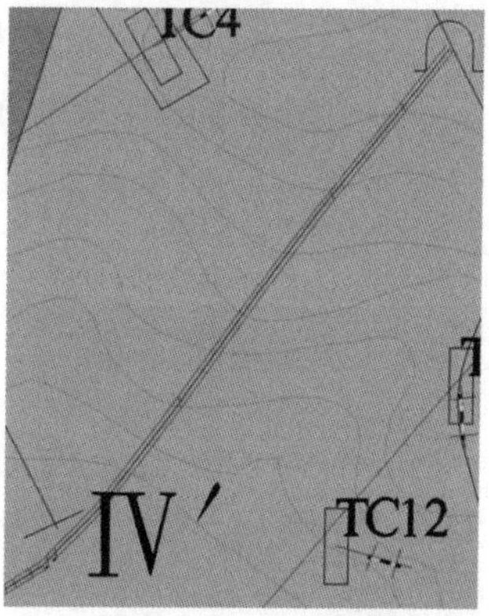


图24.11.6　坑道工程投影到实际材料图示例

### 24.11.4 钻孔工程投影到平面图

（1）选择菜单，工程投影到实际材料图，按单工程投影，钻孔工程将按照孔深及测斜等数据信息自动投影到平面图上（图 24.11.7）。

（2）钻孔投影到平面图上的内容，如图 24.11.8 所示。

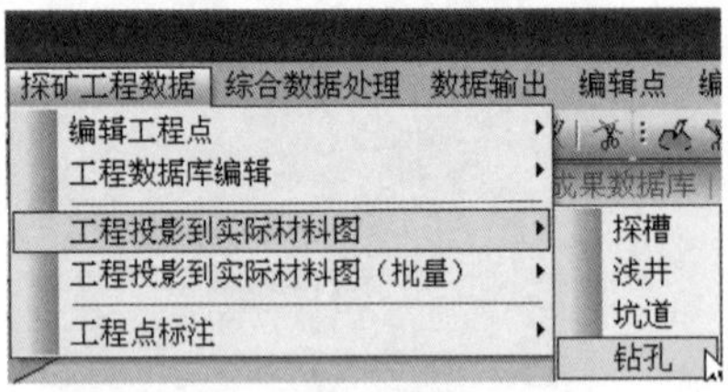


图 24.11.7　钻孔工程投影到实际材料图

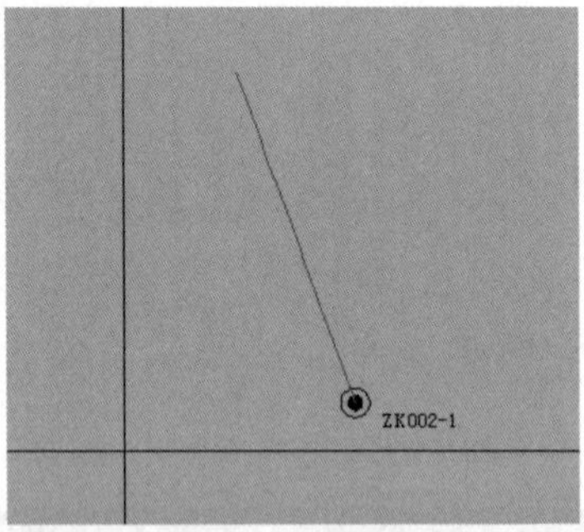


图 24.11.8　钻孔工程投影到实际材料图示例

### 24.11.5 工程批量投影到平面图

选择菜单“批量工程投影到实际材料图”，再选择探槽、坑道或钻孔工程类型，该类型的所有点将按照其数据进行投影（图 24.11.9）。

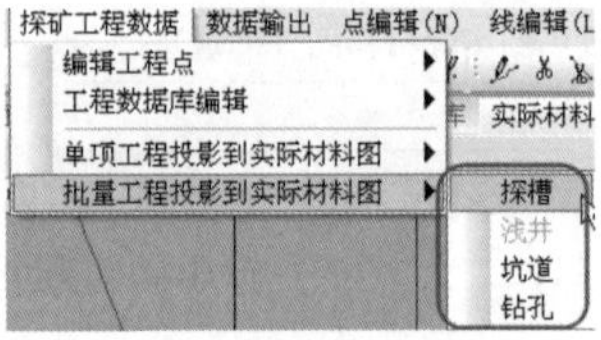


图 24.11.9　探矿工程批量投影到实际材料图菜单

## 24.12 探矿工程名称静态（新图层）标注

（1）选择菜单（图 24.12.1），选择要标注的图层。

（2）选择勘探线号，如果未给勘探线号（图 24.12.2），则可选择 EngPool，系统在标注前，会自动删除该勘探线已标注的内容，然后再标注，避免重复标注。

（3）系统会自动形成标注图层，用户可根据避让关系，对注释图层进行编辑（图 24.12.3）。

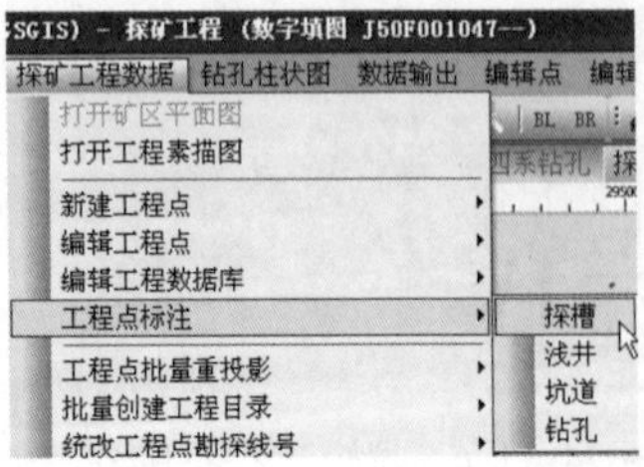


图 24.12.1　工程名称静态标注菜单

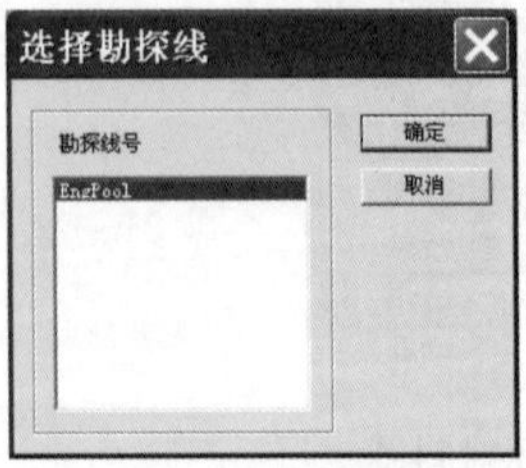


图 24.12.2　选择勘探线

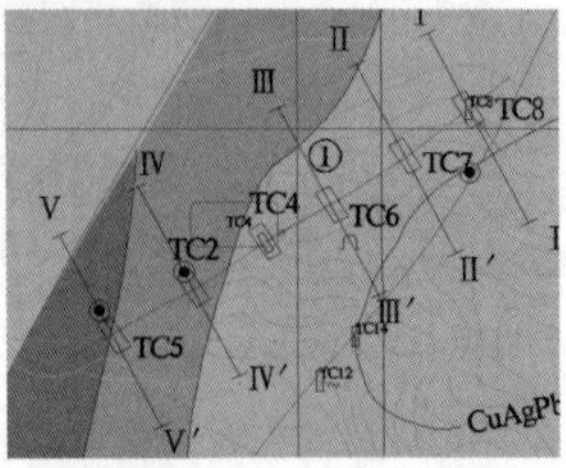


图 24.12.3　工程名称标注效果

(4) 其他工程标注可参照上面的步骤执行。

## 24.13 手图数据与掌上机的交换

该功能将矿区地图及工程基本信息转化为掌上机数据，从而进行野外数据采集。

(1) 在“探矿工程”视图界面下，选择菜单中的“文件”→“工程手图数据交换(Android)→桌面到掌上机”(图 24.13.1)。

(2) 将其转入到任意目录即可(图 24.13.2)，系统会形成与矿区工程名称相一致的文件夹，将此文件夹数据线传入掌上机即可。

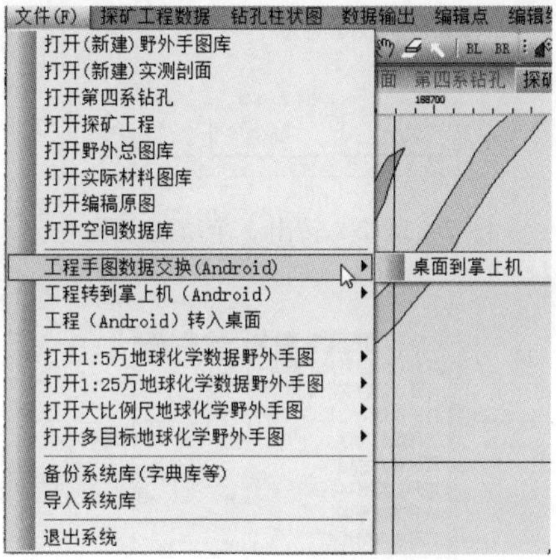


图 24.13.1 工程手图转到掌上机菜单

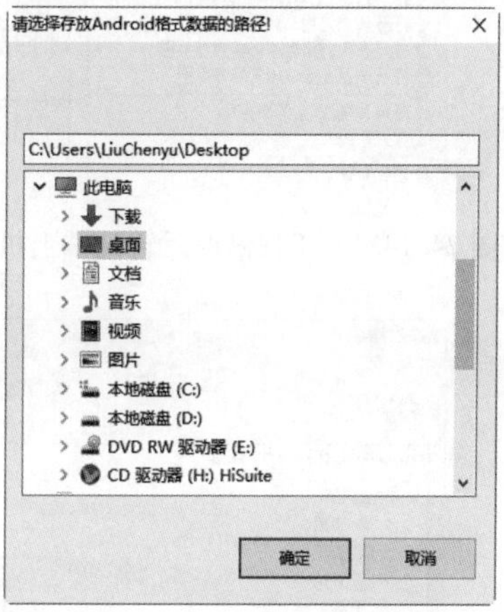


图 24.13.2 选择工程手图存放的目录

## 24.14 工程数据与掌上机系统的交换

### 24.14.1 工程数据修改后转出

该功能可将桌面系统中已经存在的工程数据转入到掌上机，以便进行进一步野外数据采集。

(1) 选择菜单“文件”→“工程转到掌上机(Android)”，然后选择一种工程类型，本例中选择坑道(图 24.14.1)。

(2) 在图中选择 1 个坑道工程后，将弹出提示框，点击“是”(图 24.14.2)。

(3) 将工程数据转出到任意位置再拷贝到掌上机手图目录下，或者直接转出到手图目录下，见图 24.14.3。

### 24.14.2 勘探工程转入桌面

该功能将掌上机转出的勘探工程数据导入到桌面系统。

(1) 打开菜单“文件”→“工程(Android)转入桌面”(图 24.14.4)。

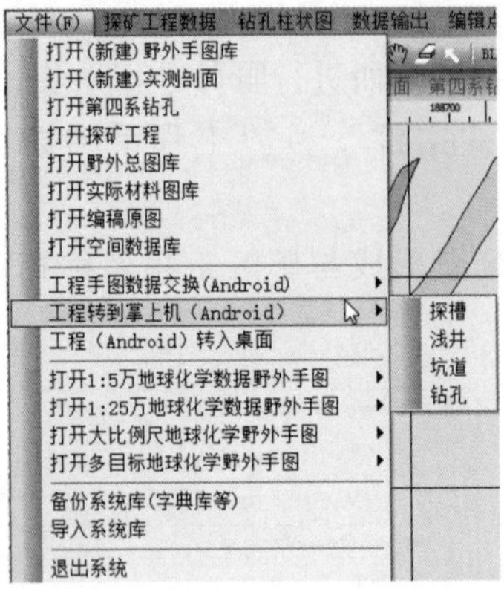


图 24. 14. 1　工程修改后转到掌上机菜单

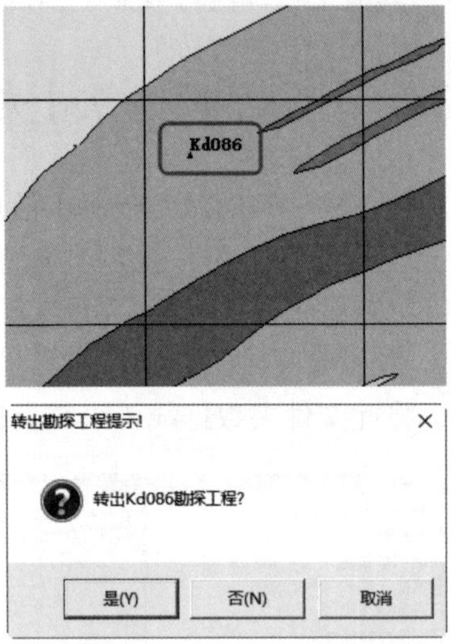


图 24. 14. 2　转出 1 个坑道工程

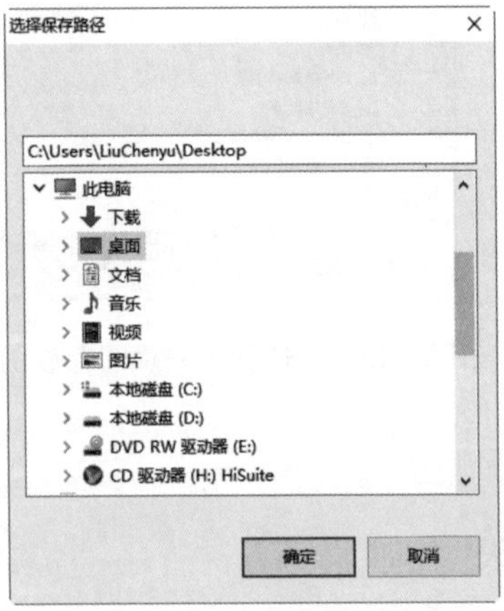


图 24. 14. 3　选择工程转出的路径

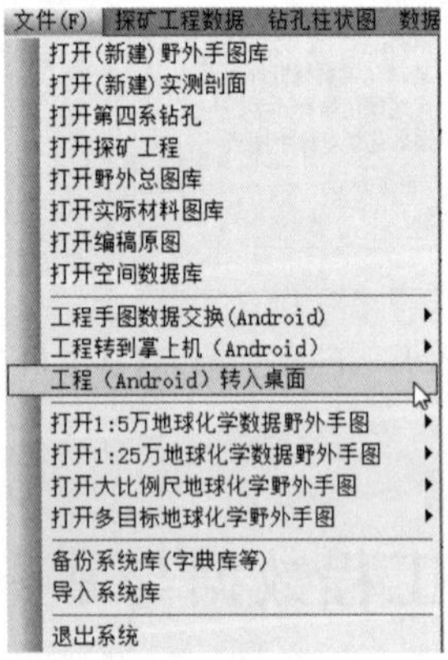


图 24. 14. 4　工程（Android）转入桌面

（2）选择从掌上机转出的工程数据中的“＊. Xml”文件，关于此工程的所有信息将会导入到桌面系统（图 24. 14. 5）。

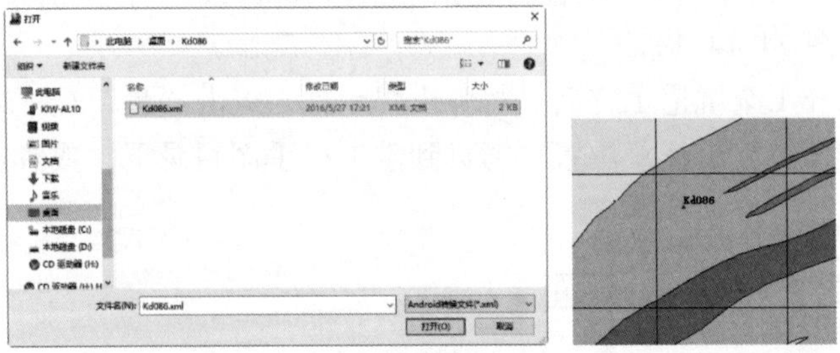


图 24. 14. 5　选择勘探工程“＊. xml”文件

# 24.15　统改勘探线号

该功能是把某些工程开始没有给出勘探线号，或者要把某一工程的勘探线改成另一条勘探线的操作。

1）选择菜单“统改勘探线号”，并选择一种工程（图 24.15.1）。

2）用鼠标选择要改变勘探线的工程，系统弹出对话框，输入要改后的勘探线号，系统会自动把该工程有关的数据全部拷贝到相应勘探线下的目录（图 24.15.2）。

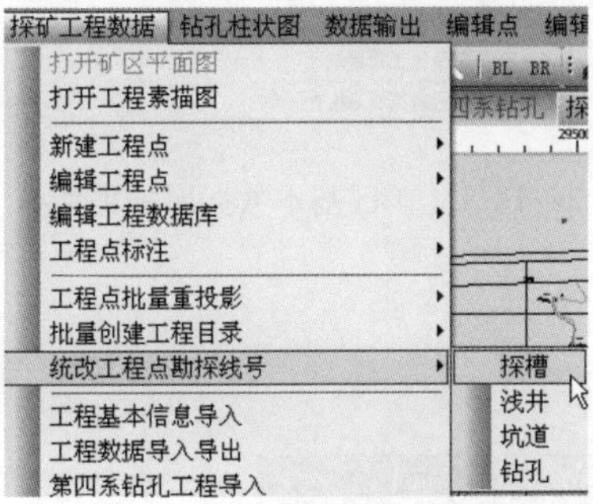


图 24.15.1　统改工程勘探线号菜单

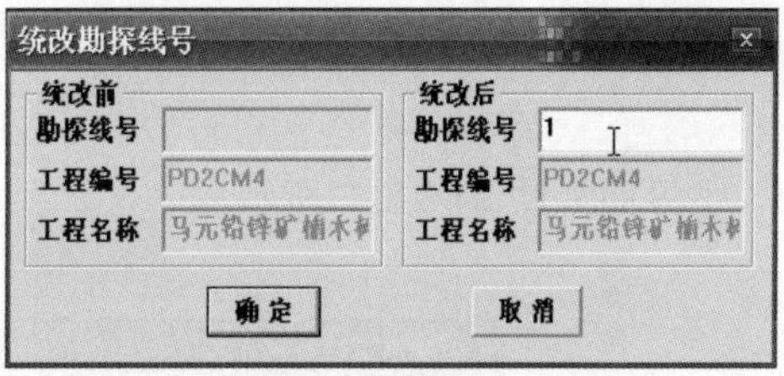


图 24.15.2　统改勘探线号界面

# 24.16　批量建立工程数据目录

该功能适用于数据批量导入的情况。例如，用户已经将工作区所有钻孔点投影到图上，下一步即可使用该功能一次性建立所有钻孔的数据库目录。

只需按照工程类型选择菜单（图 24.16.1）。

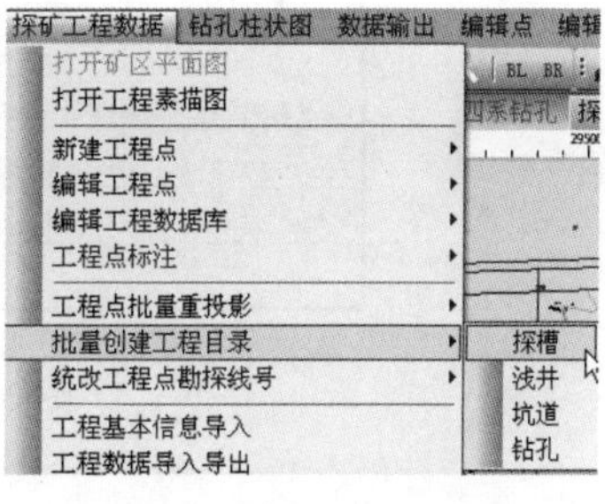


图 24.16.1　批量建立工程目录菜单

# 24.17　工程点批量重投影

该功能可以将当前类型的所有工程点按照实际测量坐标进行重投影，使其自动移位到实际位置。

仅需按照工程类型选择菜单（图 24.17.1）。

# 24.18　矿区基本数据库采集操作

矿区基本数据库采集操作主要是指对矿区（勘查区）边界信息、矿区（勘查区）剖面线基本信息、矿区（勘查区）剖面线测量数据库、纵剖面总库信息数据的采集操作。

（1）按菜单显示打开“矿区基本数据库”管理界面（图 24.18.1）。

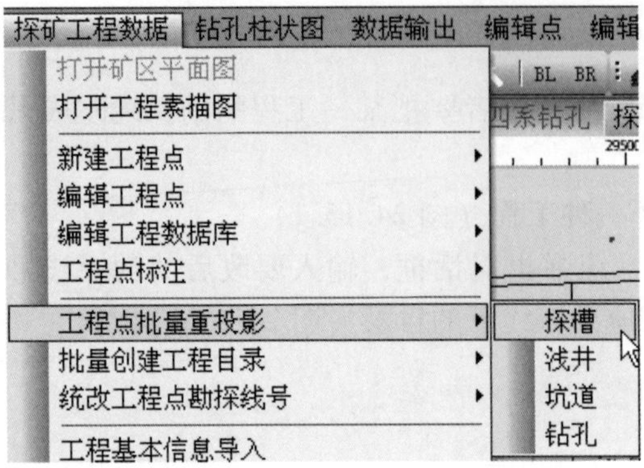


图 24.17.1　工程点批量重投影菜单

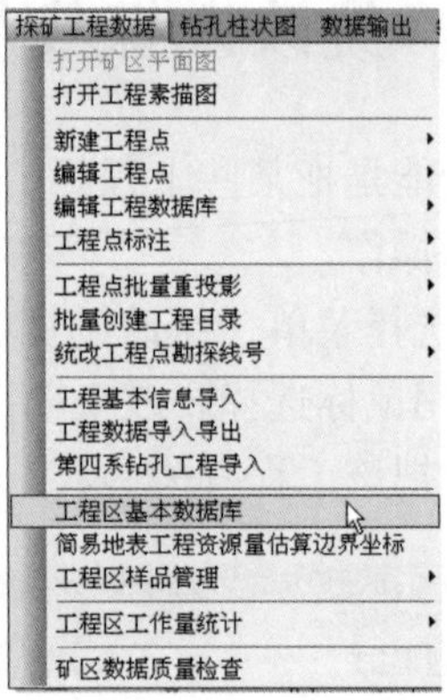


图 24.18.1　矿区基本数据库采集菜单

主界面如图 24.18.2 所示。

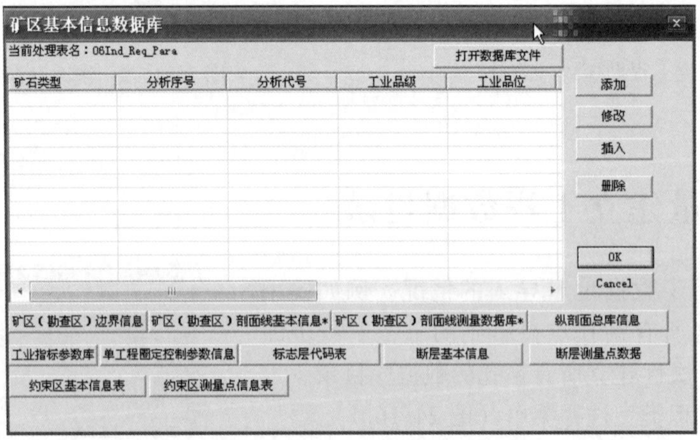


图 24.18.2　矿区基本数据库主界面

（2）用户可通过点击下方按钮切换数据库，可通过右侧的“添加”“修改”等按钮对当前数据库进行编辑。其中标“＊”的表格为进行储量计算前必须填写的。“打开数据库文件”按钮可以直接打开该界面对应的 Access 数据库文件。

各个数据库操作界面如下：

1）矿区（勘查区）边界信息（图 24.18.3）。

2）矿区（勘查区）剖面线基本信息（图 24.18.4）。

3）矿区（勘查区）剖面线测量数据库（图 24.18.5）。

4）纵剖面总库信息（图 24.18.6）。

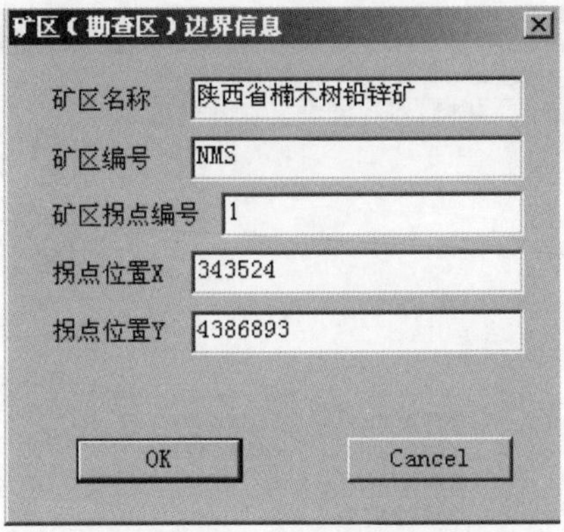


图 24.18.3　矿区边界信息

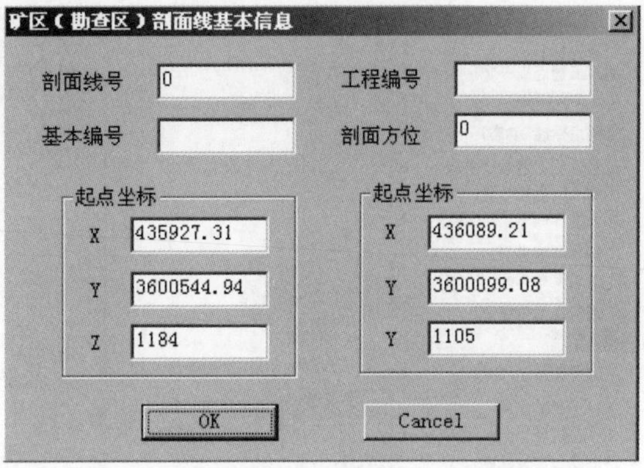


图 24.18.4　矿区剖面线基本信息

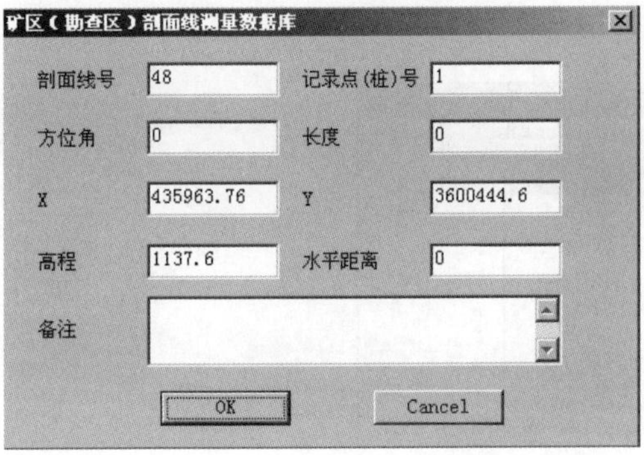


图 24.18.5　矿区剖面线测量数据库

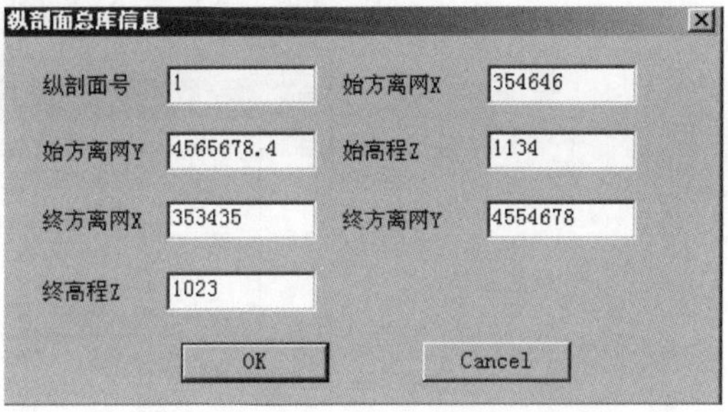


图 24.18.6　矿区纵剖面总库信息

## 24.19　样品测试结果数据库录入操作

样品测试结果库是专门存储矿区化学样分析结果的数据库。数据库中的表内容包括矿区化学分析基本信息（元素信息）表和槽井坑钻 4 种勘探工程的化学样分析结果（各类型工程对应一张表）。

（1）通过菜单选择打开“取样分析结果”操作界面（图 24.19.1）。

主界面如图 24.19.2 所示。

（2）首先需要打开“矿区化学分析基本信息”表，输入该矿区需要分析的元素信息（图 24.19.3）。

例如，该矿区需要分析 Zn 元素，分析单位是质量分数（%），则按照以下方式录入，注意，“小数位数”将影响图表输出时该字段的输出小数位数，如果不填默认是 2 位小数。

（3）输入各种工程的采样分析结果，本文以钻孔工程为例。选择“钻孔样品分析结果表”，点击“添加”，输入每个样品的化学分析结果（图 24.19.4）。注意：基本信息中的“工程编号”与“野外样号”是必须填写的。如果样品按照自然矿石类型进行了分类，还需在

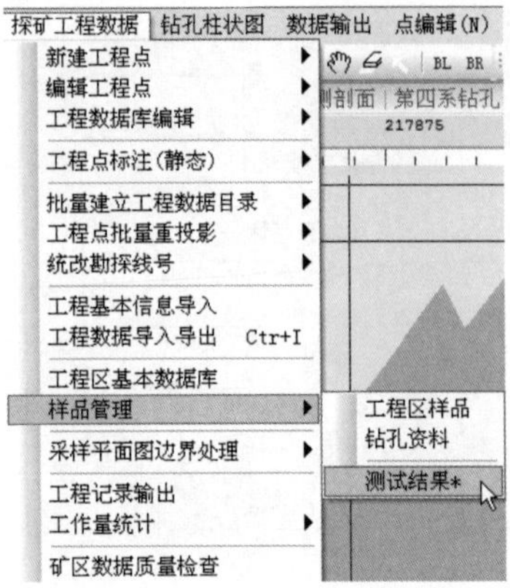


图 24.19.1　样品分析测试结果数据库管理菜单

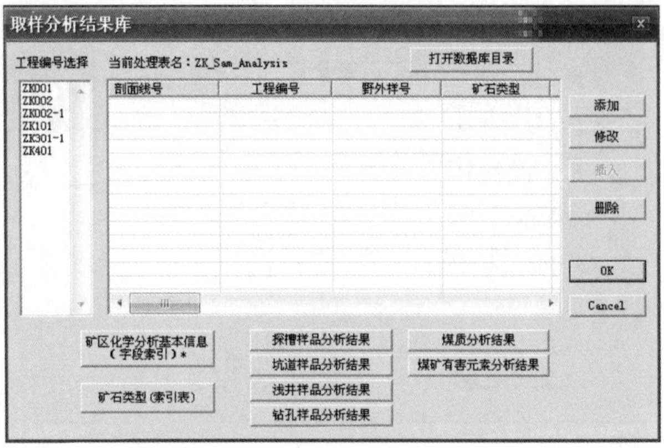


图 24.19.2　样品分析测试结果数据库管理总界面

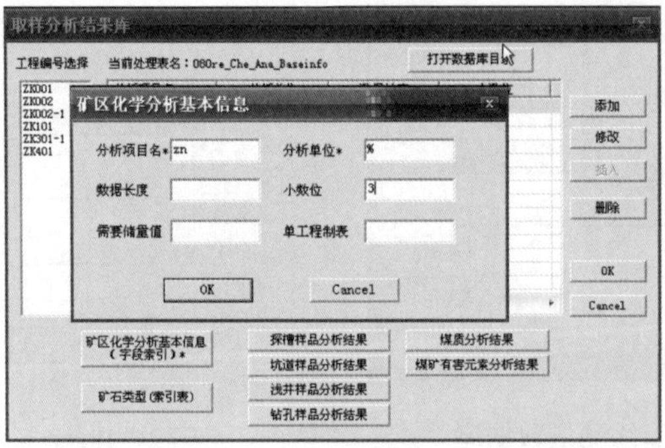


图 24.19.3　矿区化学分析基本信息表

“矿石类型”字段中填写矿石类型的索引编号，该索引在“矿石类型（索引表）”中建立。

（4）数据库中的记录按照工程编号显示，通过左侧“工程编号选择”列表选择工程，右侧列表即会显示出当前工程的所有结果（图 24.19.5）。用户可以通过对话框右侧的“添加”“修改”等按钮对列表中的记录进行编辑。

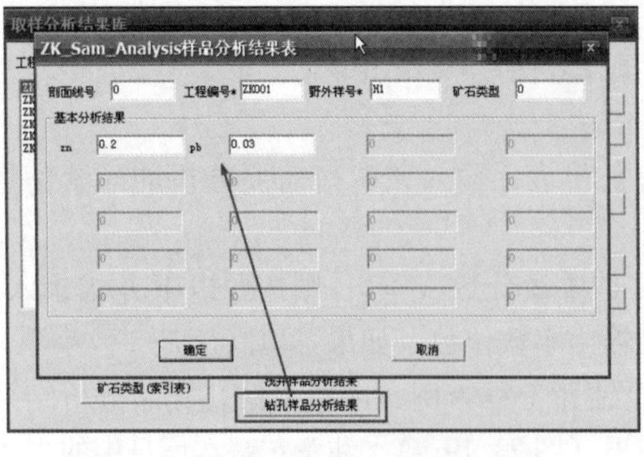


图 24.19.4　样品分析结果录入

图 24.19.5　按工程号浏览样品测试结果

（5）另外，“矿石类型”表用建立自然矿石类型索引；“煤质分析结果”和“煤矿有害元素分析结果”仅在煤矿储量计算过程中用到。

## 24.20 矿区和样品相关数据库管理

目前，可以输出下列内容的表：矿区拣块样及标本登记表、矿区探矿工程成果登记表、矿区岩（矿）石大体重采样登记表、矿区岩石全分析样登记表、矿区岩（矿）石小体重采样登记表、矿区野外音影记录表、矿区组合样品登记表、矿区岩矿心清除（浅埋）登记表、矿区岩矿心缩减保留登记表、矿区岩矿心验收单、矿区钻孔地质技术设计书、矿区钻孔定位和机械安装通知书、矿区钻孔开孔检查验收单、矿区钻孔终止通知书。具体操作如下。

（1）选择菜单“样品管理”中的“工程区样品”或“钻孔资料”（图 24.20.1），即会看到矿区样品管理主界面（图 24.20.2）。

（2）通过点击主界面上方的按钮切换各个数据表，然后通过右侧的“添加”“修改”等功能对选中的记录进行操作。

（3）选择“打印预览”即可打印当前表格。

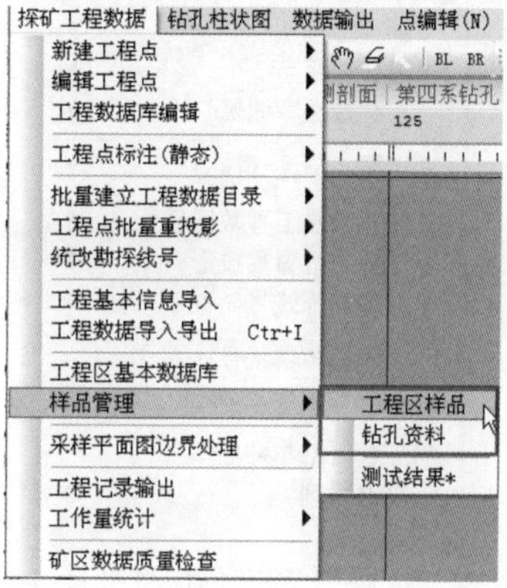


图 24.20.1　矿区样品与钻孔相关资料管理菜单

## 24.21 工程数据导入

工程数据包括工程基本信息（点文件属性）以及工程编录数据库（Access 数据库）两部分，下面分别介绍相关导入与导出功能。

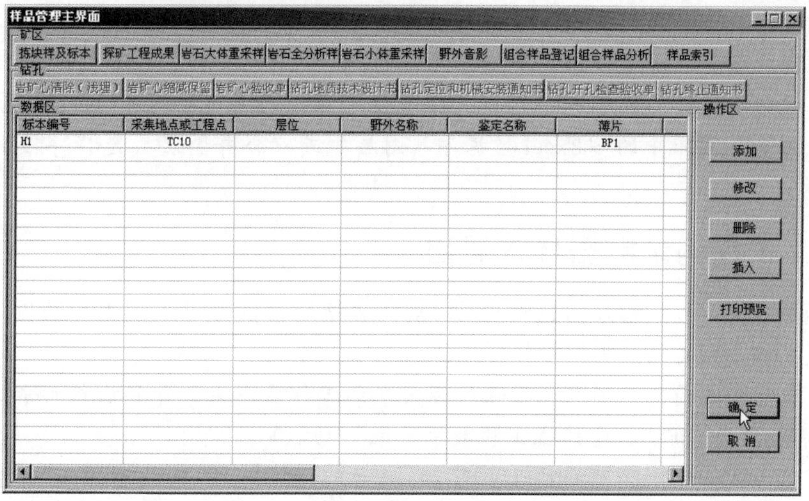


图 24.20.2　矿区样品与钻孔相关资料管理主界面

## 24.21.1　工程基本信息导入

（1）首先利用某一类工程（槽井坑钻）的基本信息 Excel 模板将矿区全部信息准备好，然后将该表利用 MapGIS 的“用户文件投影转换”功能投影成 *.wt 点文件。

（2）选择菜单“工程基本信息导入”（图 24.21.1）。

（3）在弹出的对话框中配置以下信息（图 24.21.2）：

①工程类型：可以选择槽井坑钻 4 种类型的工程。

②选择已经投影好的临时文件。

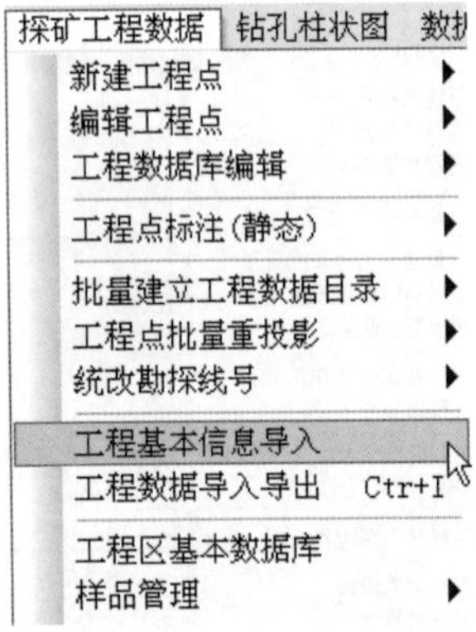


图 24.21.1　工程基本信息批量导入

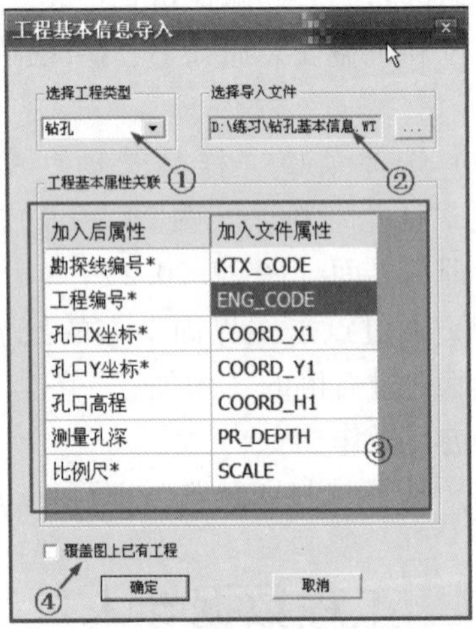


图 24.21.2　工程基本信息导入对话框

③配置属性的对应关系，通过双击列表的方式选择用户自定义文件中的字段与标准工程点文件中字段的对应关系。

④导入过程中如果遇到相同编号的前期录入工程点，是否自动替换。

配置完毕后点击“确定”即可完成基本信息的导入。

**注意：**该功能仅对工程基本信息中几个关键字段进行导入，如其他信息也需要导入，可以利用“工具”菜单中的“Excel 数据导入图层”或“合并图层（选择字段）”等通用功能。

## 24.21.2　工程编录数据导入导出

该功能可以将工程的编录信息整理成 Excel 表格后，批量导入到工程数据库中，也可以将工作区某种工程类型的表格批量导出。

**注意：**在导入之前，应确保工程点已经投影到工作区图上，并且已经形成工程数据库目录（可利用 24.20 节“批量建立工程数据目录”功能）。

按选择菜单或使用快捷键 Ctrl+I（图 24.21.3），弹出“工程数据导入导出 Excel”对话框。

在对话框中进行导入参数配置（图 24.21.4）：

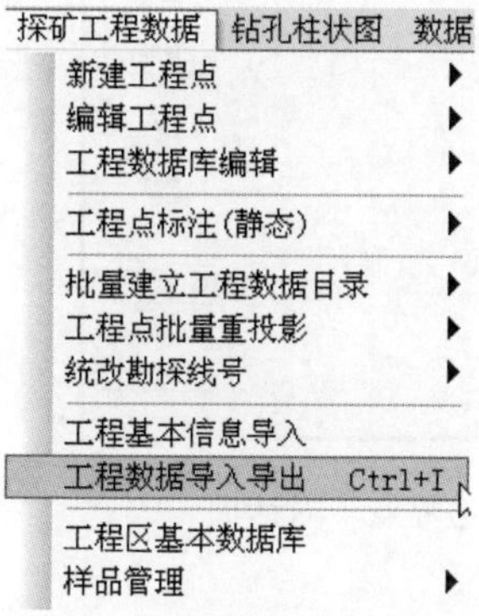


图 24.21.3 工程编录数据导入与导出菜单

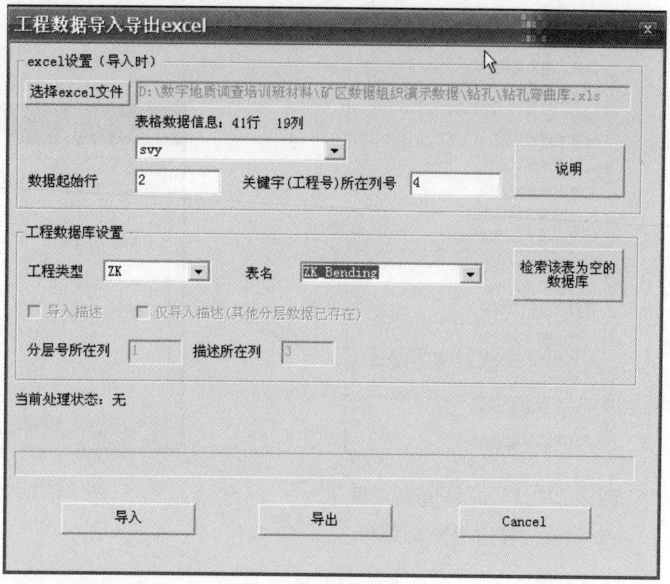


图 24.21.4 工程编录数据导入与导出对话框

(1) 在“Excel 设置”中，首先选择准备好的 Excel 文件，选择该 Excel 文件中需要导入的表单，配置数据的起始行（除去表头），设置关键字（工程号）所在列（默认在第 4 列，一般情况无须修改）。

**注意：**该文件必须按照标准模板进行建立，即必须与数据库中同类型表的属性结构相同。常用表格的模板（如钻孔的弯曲库，样品库等）可以在网上下载；其他表格的模板用户可自行建立，建立方法可依据《战略性矿产远景调查数据库建库（数据字典）标准》。

(2) 在“工程数据库设置”中，首先选择“工程类型”，然后再选择工程中表的类型。本例中是钻孔的弯曲表，即选择“ZK”→“ZK_Bending”表。如果是工程分层表，还可一并导入分层描述记录，配置“分层号所在列”及“描述所在列”即可。

(3) 配置完毕后点击“导入”即可。

(4) 如需导入数据表，仅需配置“工程数据库设置”。

(5) 其他注意事项可点击“说明”查看。

## 24.22 简易地表工程资源量估算边界坐标

选择菜单“探矿工程数据”→“简易地表工程资源量估算边界坐标”（图 24.22.1），弹出“编辑边界点”对话框（图 24.22.2）。

可以依次添加编辑边界点信息；也可以选择一行中的任意一列，点击“插入”，可以在它之前插入一个坐标，在弹出的“坐标输入”对话框中输入想插入的坐标属性和坐标值，点击“确定”将该坐标输入（图 24.22.3）。

选择一行中的任意一个属性值，点击“删除”可以删除该行，点击“添加”，会在数

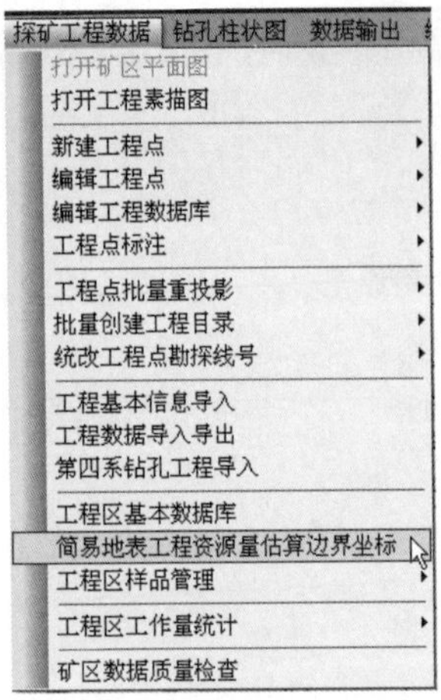


图 24.22.1　简易地表工程资源量估算边界坐标菜单

图 24.22.2　“编辑边界点”对话框

据的末端新增一行，同样利用“坐标输入”对话框输入数据。双击一行中的任意一个属性值，在弹出的“坐标输入”对话框中可以对坐标进行修改，点击“确定”保存修改。点击“保存”对修改和插入以及增加、删除的操作进行保存，编辑完成后点击“确定”即可，如图 24.22.4 所示。

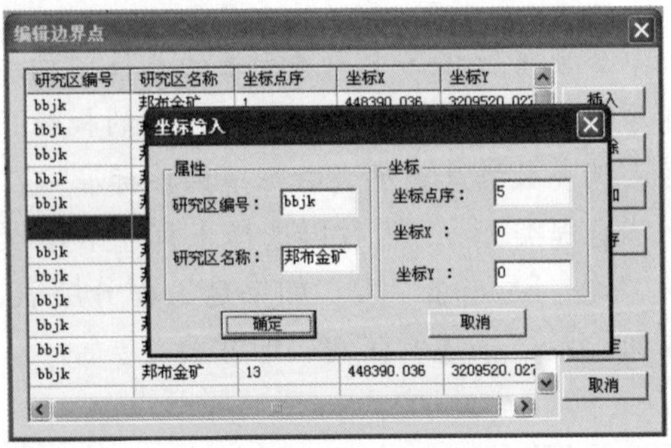


图 24.22.3　插入边界点

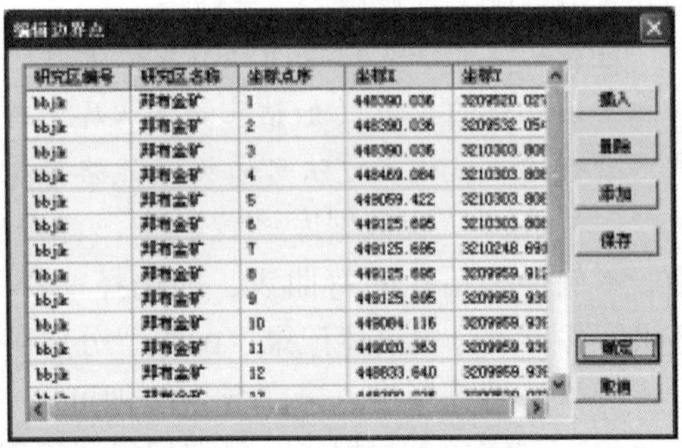


图 24.22.4　采样平面图边界点示意

# 24.23　钻孔综合柱状图编制

## 24.23.1　打开柱状图

首先选择“打开钻孔综合柱状图”（图 24.23.1）。

选择一个钻孔工程（图 24.23.2）。

程序会按照默认配置生成表头（图 24.23.3）。

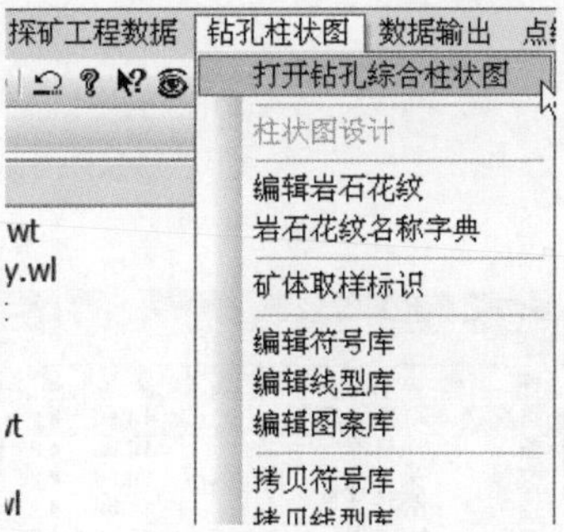


图 24. 23. 1　打开钻孔综合柱状图菜单

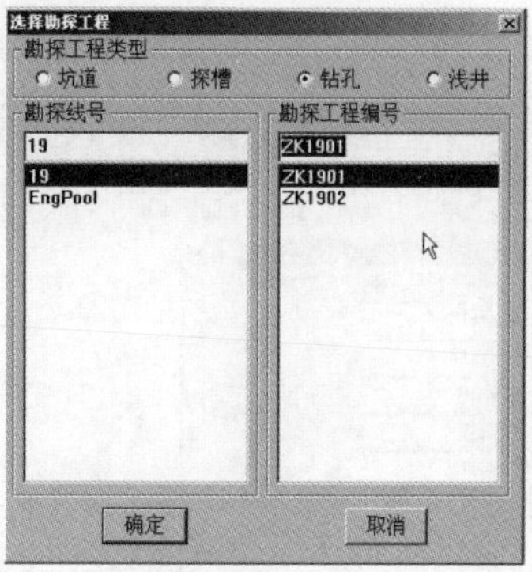


图 24. 23. 2　选择 1 个钻孔工程

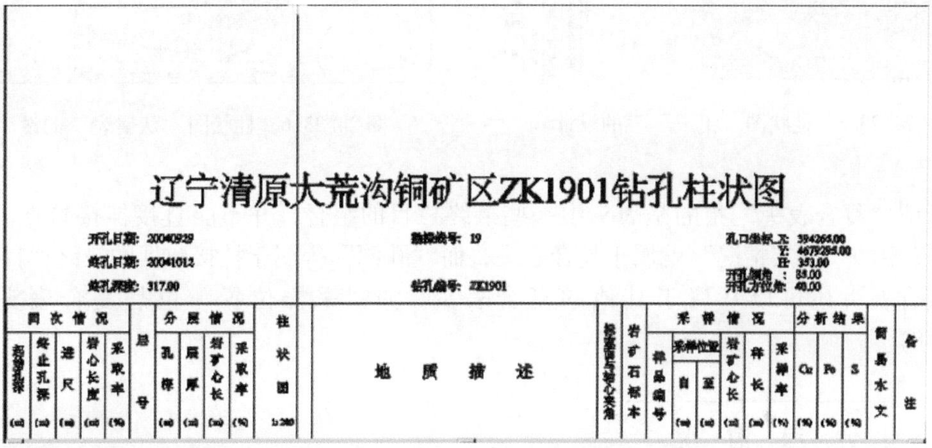


图 24. 23. 3　自动生成钻孔柱状图表头

## 24. 23. 2　柱状图编辑

用户可以通过修改默认配置生成自定义的柱状图。选择菜单“钻孔柱状图”→“柱状图设计”（图 24. 23. 4）。

### 24. 23. 2. 1　柱状图“组成”表编辑

在“组成”表中，用户可以修改“图名”“图眉”“正文数字”　“正文汉字”等项目的注释参数信息（图 24. 23. 5）。

### 24. 23. 2. 2　柱状图“从属表”编辑

在“从属表”栏目中，用户可以修改“复合表头”的参数（图 24. 23. 6）。

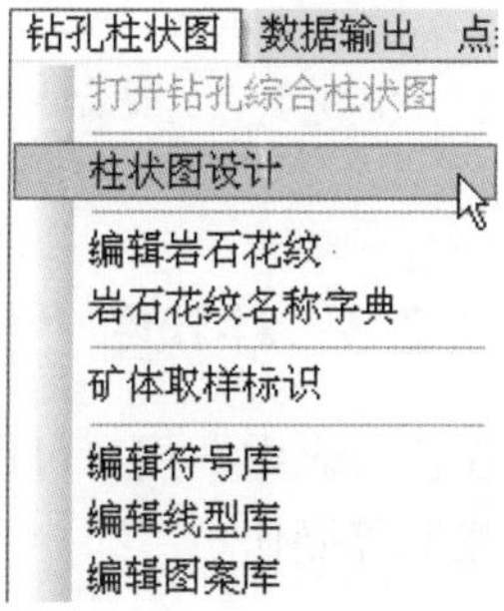


图 24. 23. 4　钻孔柱状图设计

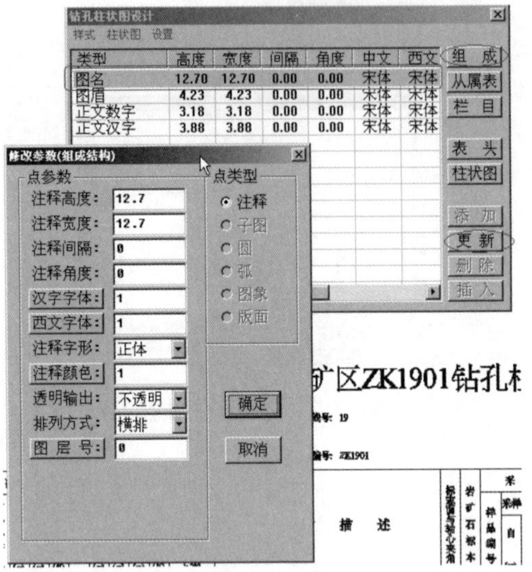


图 24.23.5　柱状图“组成”表的设计

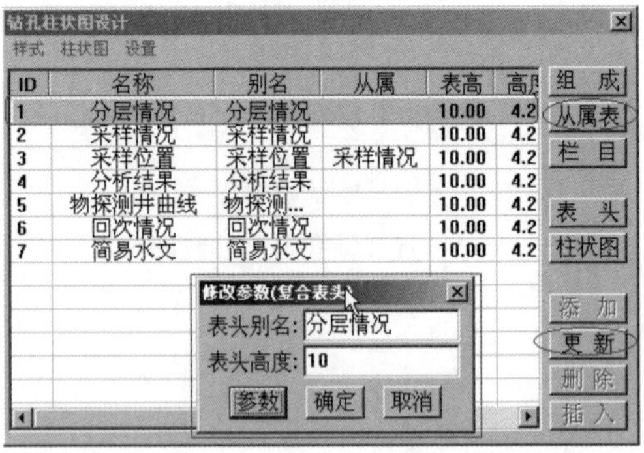


图 24.23.6　柱状图“从属表”的设计

所谓“复合表头”指的是表头中一些最终栏目的组合，并不能直接挂接数据。如图 24.23.7 中的“分层情况”就属于复合表头，而“孔深”等属于挂接数据的最终栏目。

复合表头还可以从属于其他的复合表头。如“采样位置”也是复合表头（图 24.23.8）。

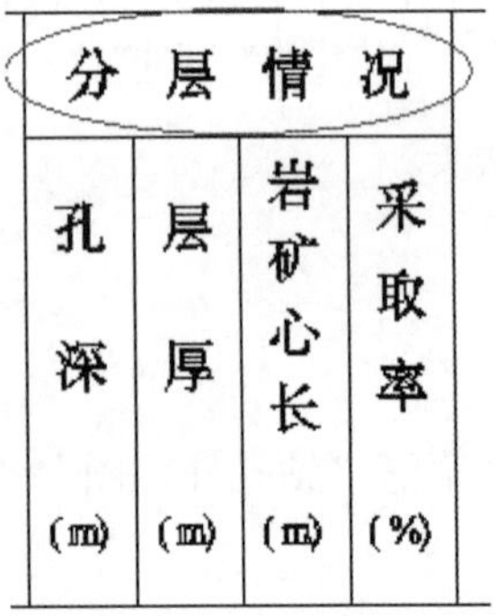


图 24.23.7　复合表头说明 1

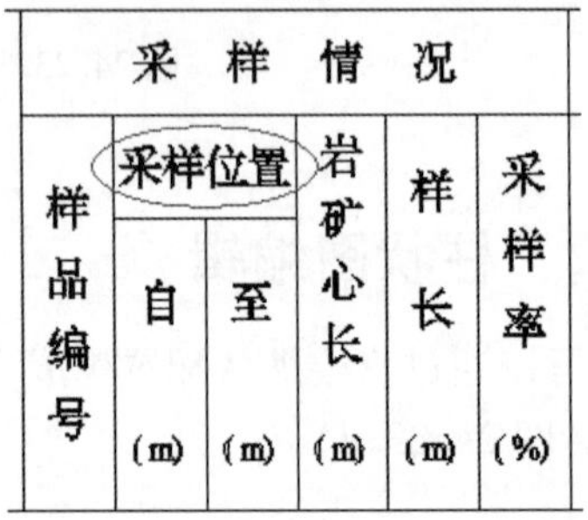


图 24.23.8　复合表头说明 2

## 24.23.2.3　柱状图“栏目”表编辑

在栏目表中，用户可以对每个数据栏目的参数进行修改（图 24.23.9），也可以进行添加和删除等操作。

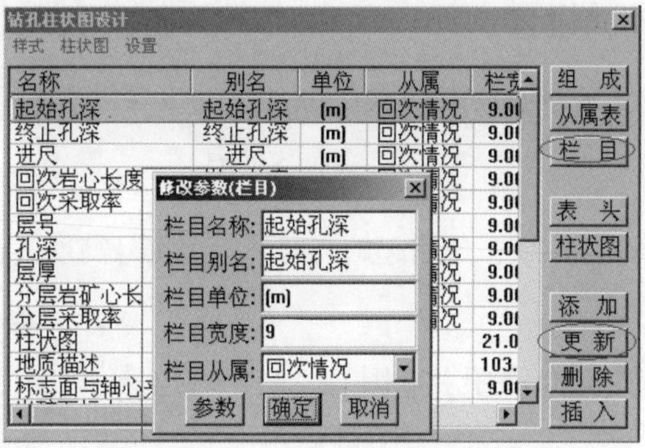


图 24.23.9 柱状图“栏目”参数编辑

## 24.23.2.4 “采样分析结果”栏

系统提供的默认的采样分析元素为 Cu、Fe、S（图 24.23.10）。

如果实际分析结果如图 24.23.11 所示，通过图 24.23.12 操作可装载当前矿区化学分析项目。

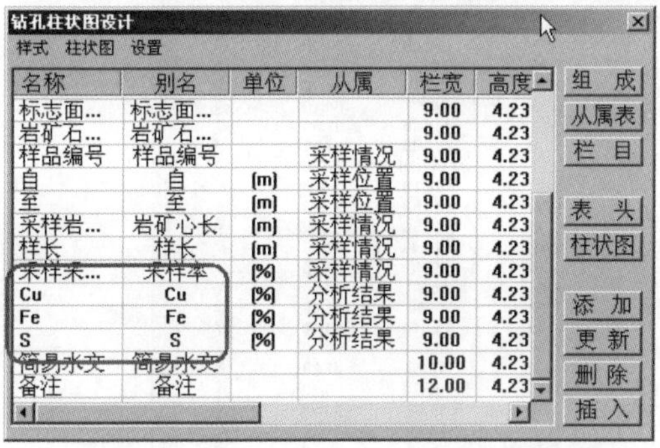


图 24.23.10 取样分析结果栏默认值

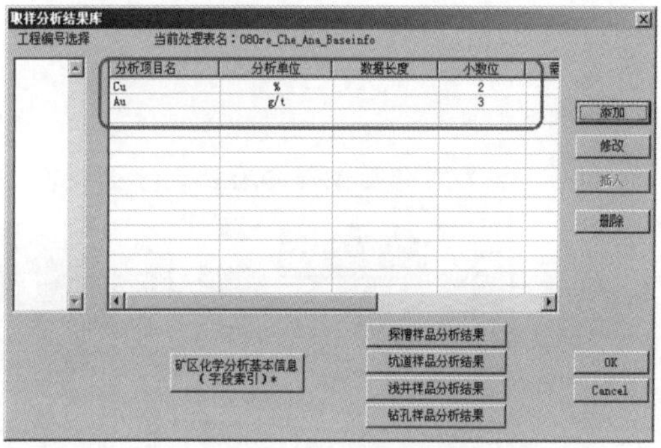


图 24.23.11 录入矿区化学分析项目

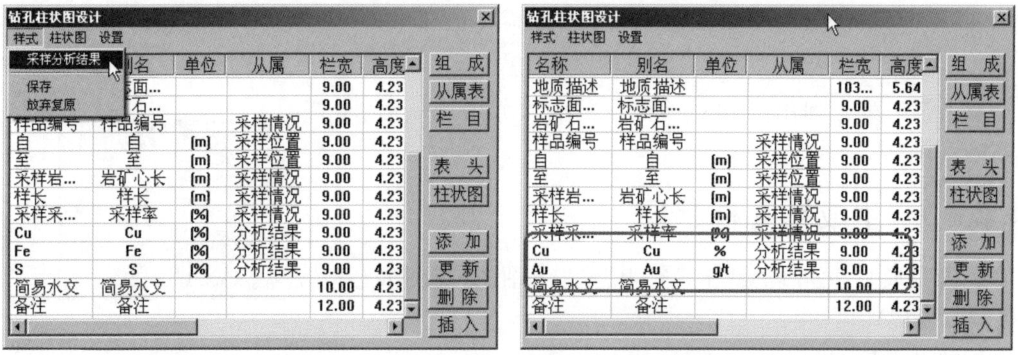


图 24.23.12 装载当前矿区化学分析项目

### 24.23.2.5 分层压缩的设置

分层压缩的前提是柱状图中没有回次信息，并且该层没有相关采样结果。表头如图 24.23.13 所示。

配置过程如下：

（1）参数设置，允许层压缩，压缩起始高度，压缩符号高度（图 24.23.14）。

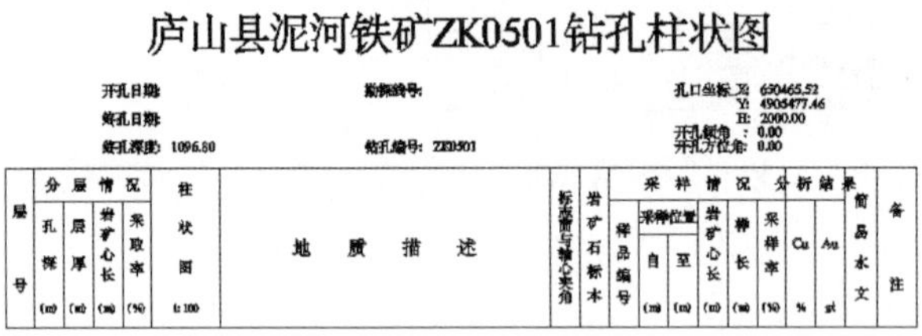


图 24.23.13 柱状图分层压缩示例表头

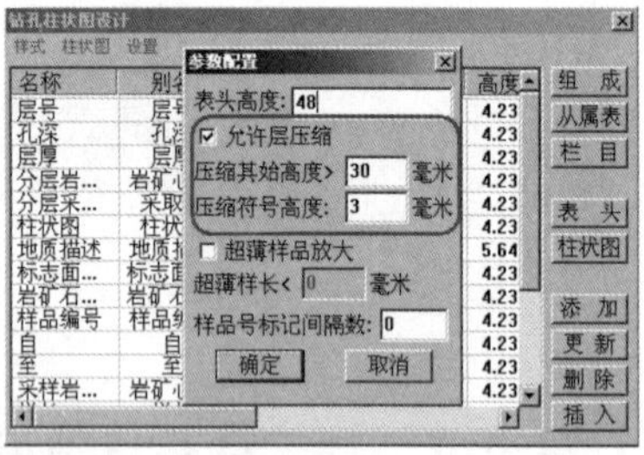


图 24.23.14 配置分层压缩参数

（2）设置层压缩高度（图 24.23.15）。

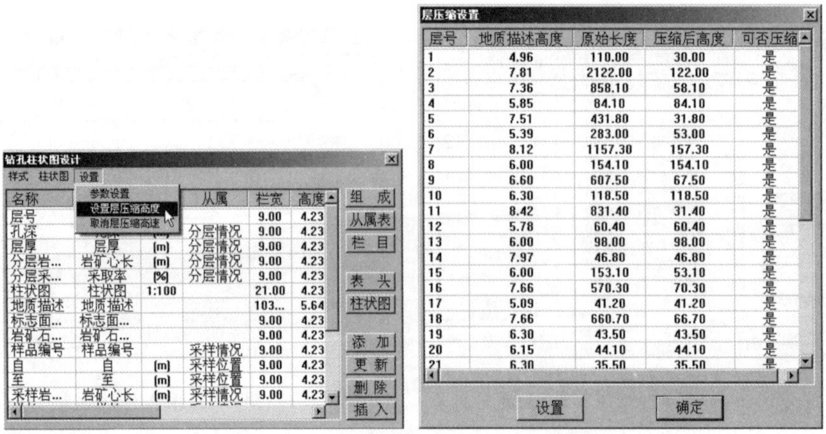


图 24.23.15 选择需要重设高度的分层

双击某一列，弹出下列对话框，可输入分层压缩后的高度（图 24.23.16）。

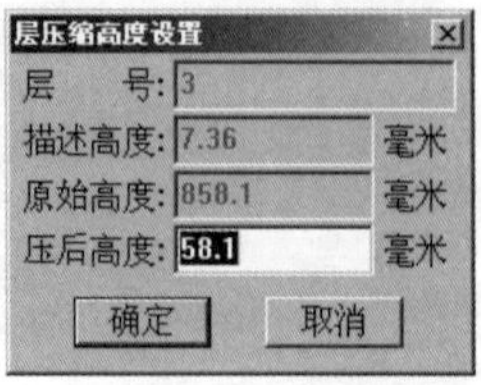


图 24.23.16 设置分层压缩高度

## 24.23.3 生成钻孔柱状图

配置完成后就可以点击“柱状图”按钮生成图表（图 24.23.17）。

柱状图示例如图 24.23.18 所示。

柱状图分层压缩的效果如图 24.23.19 所示。

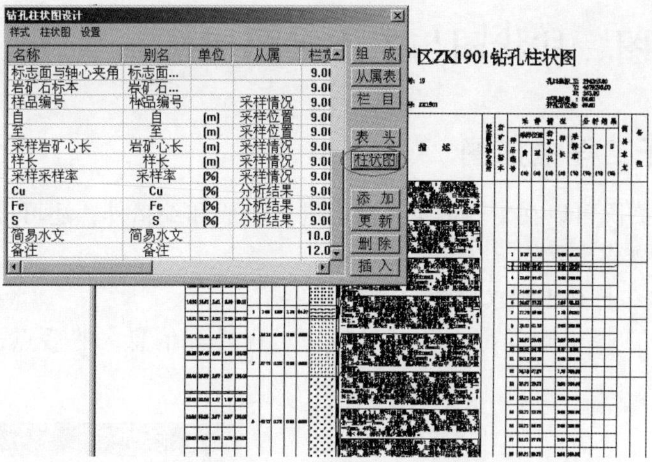


图 24. 23. 17　自动生成柱状图功能

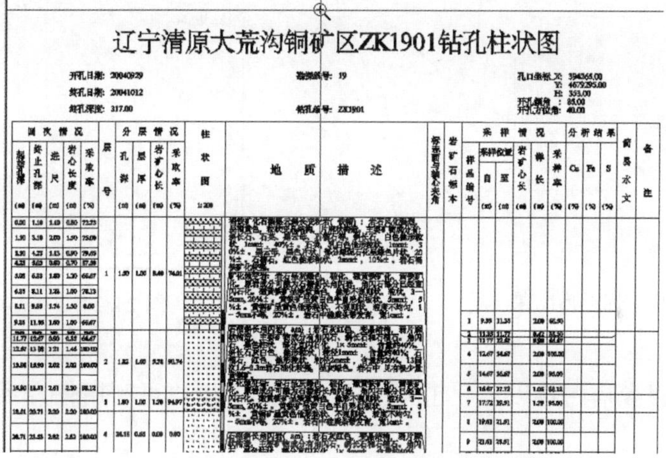


图 24. 23. 18　柱状图示例

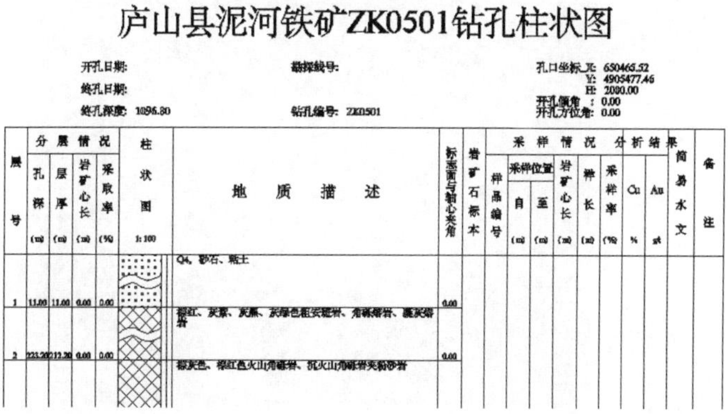


图 24. 23. 19　柱状图压缩功能示例

# 24.24 素描图、柱状图与工作区图切换

## 24.24.1 打开工程素描图

各种工程素描图除可以在工程编录界面中进行生成和编辑外，还可以用单独打开工程的方式进行编辑，操作步骤如下。

（1）选择菜单“打开工程素描图”（图 24.24.1）。

（2）在下图中选择工程类型、勘探线号、工程号等信息，然后点击“确定”（图 24.24.2）。

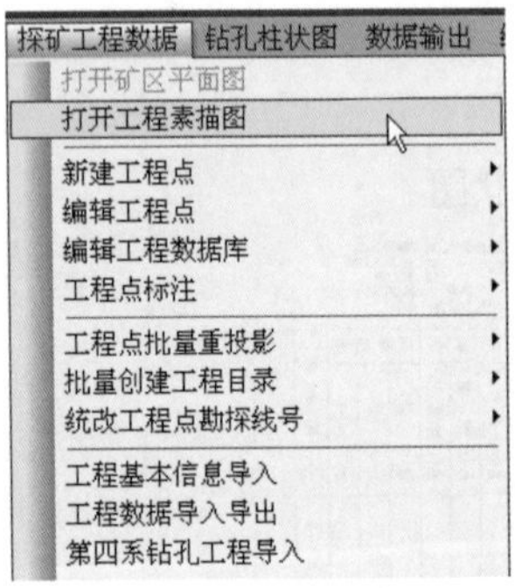


图 24.24.1　打开工程素描图菜单

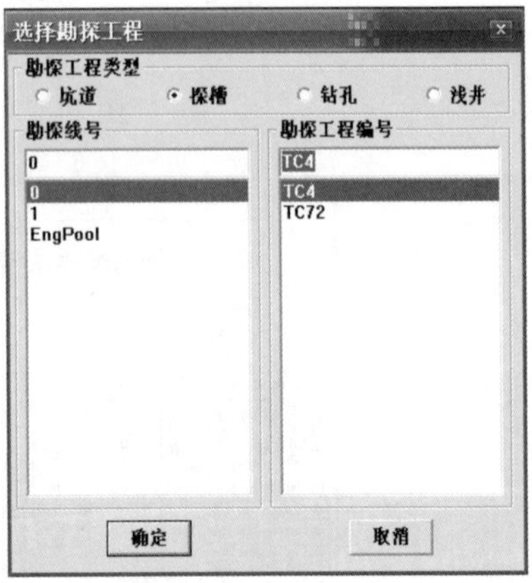


图 24.24.2　选择工程

（3）然后工程素描图将以独立工程的方式打开，用户可利用任意系统工具进行编辑（图 24.24.3）。

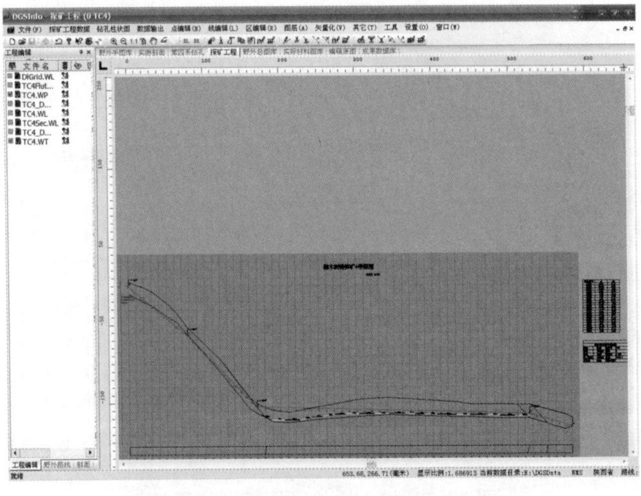

图 24.24.3　打开工程素描图并进行编辑

## 24.24.2　打开工作区图

由于用户打开素描图或钻孔柱状图后，“探矿工程”视图界面进入单工程图件的编辑界面，在编辑完成后如需返回工作区地形图界面，可选择“打开工作区图”菜单（图24.24.4）。

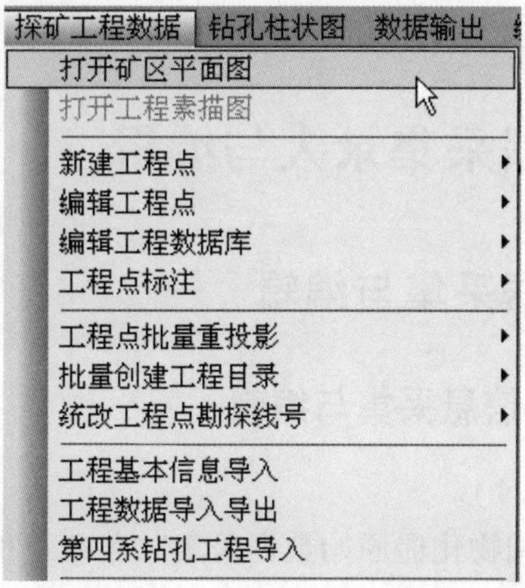


图24.24.4　打开工作区图菜单

# 25　物化遥数据操作

## 25.1　地球物理数据采集录入与编辑

### 25.1.1　重力调查数据采集与编辑

#### 25.1.1.1　重力测区基本信息采集与编辑

（1）选择菜单（图 25.1.1）。

如果是新增，选择“矿调物化遥原始数据采集”菜单下的次级菜单。如果是编辑，选择“矿调物化遥原始数据编辑”菜单下的次级菜单。

（2）先在图上用鼠标加点的方式绘制一个多边形区，按右键弹出对话框，并输入数据（图 25.1.2）。

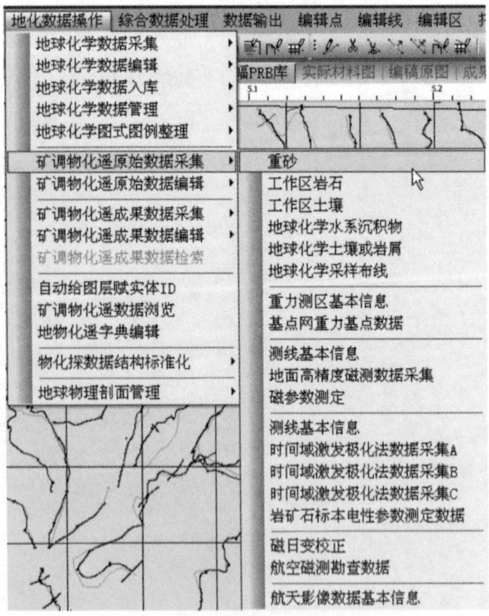


图 25.1.1　重力测区基本信息菜单

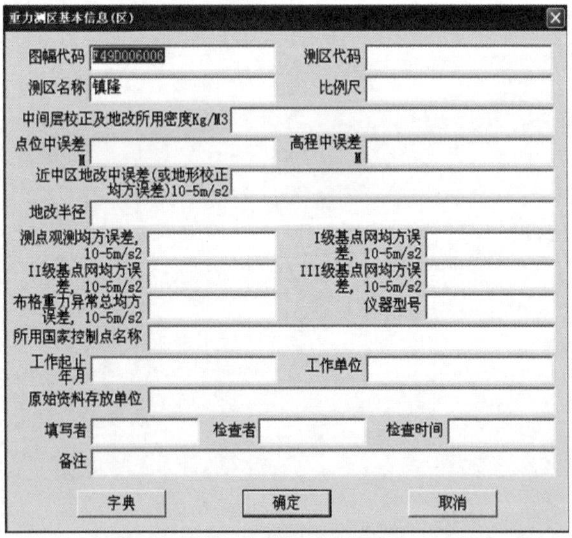


图 25.1.2　重力测区基本信息采集

#### 25.1.1.2　重力原始数据采集与编辑

（1）选择菜单（图 25.1.3）。

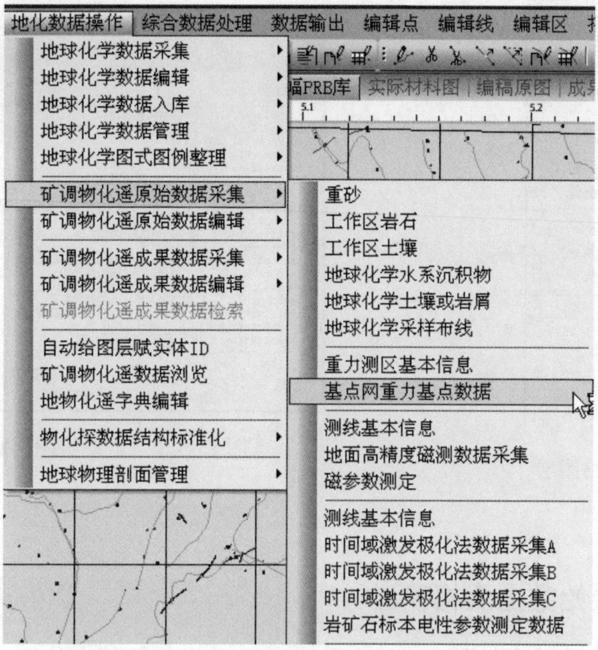

图 25.1.3　基点网重力基点数据采集菜单

如果是新增，选择“矿调物化遥原始数据采集”菜单下的次级菜单。如果是编辑，选择“矿调物化遥原始数据编辑”菜单下的次级菜单。

（2）先在图上用鼠标在采样位置上点击，按左键弹出对话框，并输入数据（图25.1.4）。

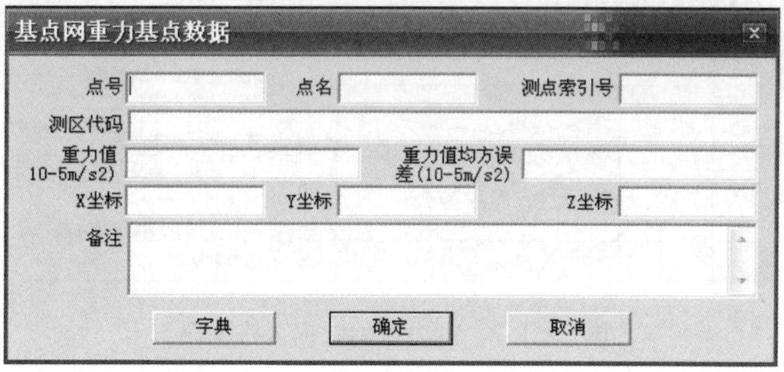

图 25.1.4　基点网重力基点数据采集界面

### 25.1.1.3　重力原始数据实体 ID 自动赋值

（1）选择自动给图层赋实体代码（图 25.1.5）。

（2）在弹出的对话框中，选择相应的图层名称或数据表名，点击“确定”后，程序自动赋值（图 25.1.6）。

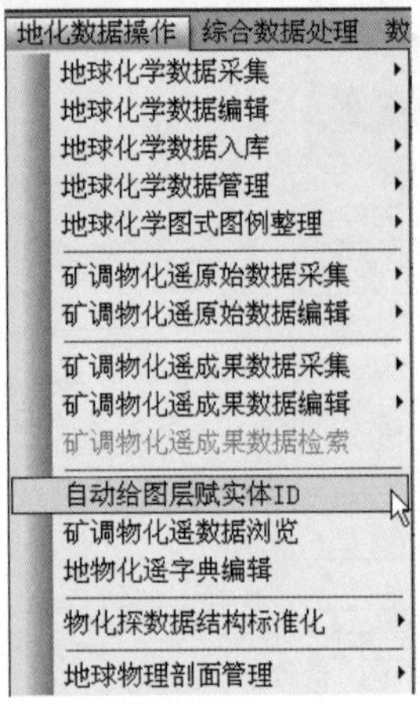


图 25.1.5　自动给图层赋实体代码菜单

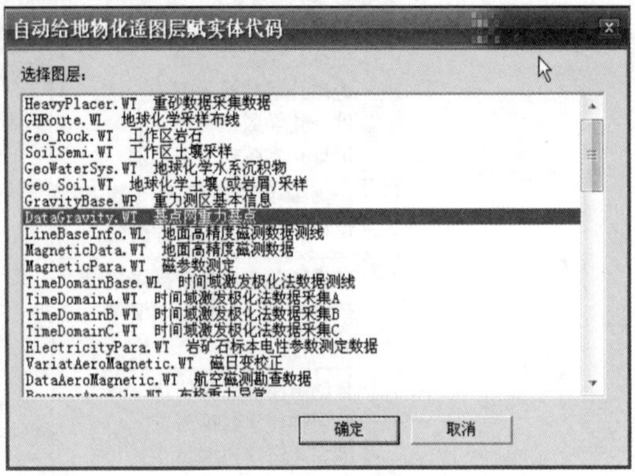


图 25.1.6　自动给图层赋实体代码

## 25.1.1.4　重力原始数据表格输出

选择“矿调物化遥原始数据表格输出”菜单→重力数据基本信息（或其他相关数据菜单），系统自动弹出 Excel 表，用户操作该表功能，即可打印输出（图 25.1.7）。

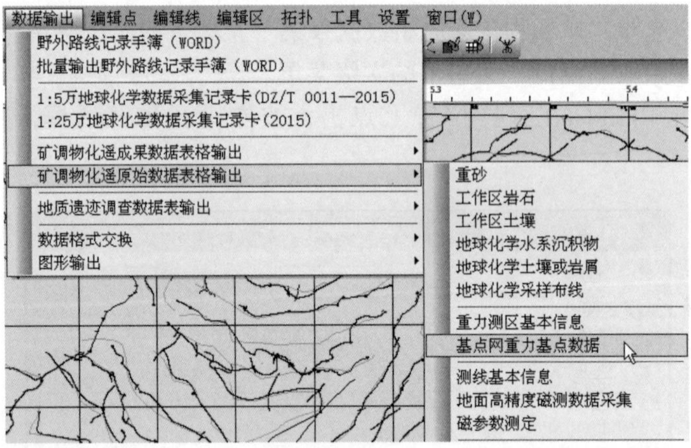


图 25.1.7　重力原始数据表格输出

# 25.1.2　地面高精度磁测数据采集与编辑

## 25.1.2.1　地面高精度磁测测线基本信息数据采集与编辑

（1）选择菜单（图 25.1.8）。

如果是新增，选择“矿调物化遥原始数据采集”菜单下的次级菜单。如果是编辑，选择“矿调物化遥原始数据编辑”菜单下的次级菜单。

（2）按测线位置输入线，按右键弹出对话框，并输入数据（图25.1.9）。

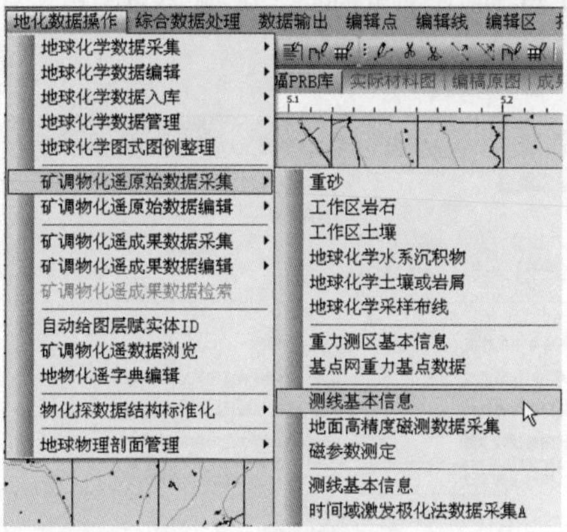


图25.1.8　地面高精度磁测测线基本信息菜单

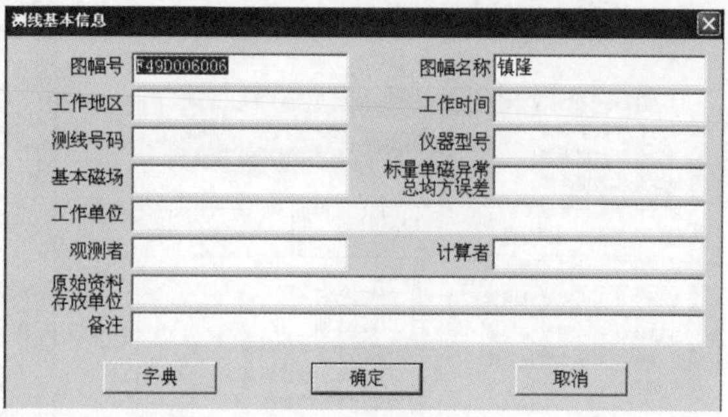


图25.1.9　地面高精度磁测测线基本信息采集

## 25.1.2.2　地面高精度磁测数据基本信息数据采集编辑

（1）选择菜单（图25.1.10）。

如果是新增，选择“矿调物化遥原始数据采集”菜单下的次级菜单。如果是编辑，选择“矿调物化遥原始数据编辑”菜单下的次级菜单。

（2）在图上用鼠标在采样位置上点击，随后将弹出对话框，并输入数据（图25.1.11）。

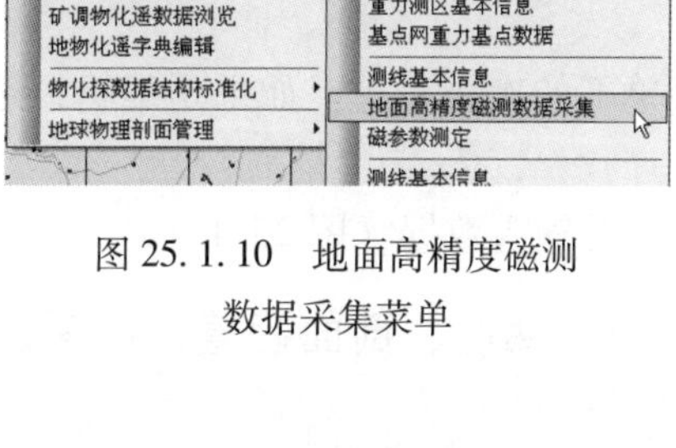


图25.1.10　地面高精度磁测数据采集菜单

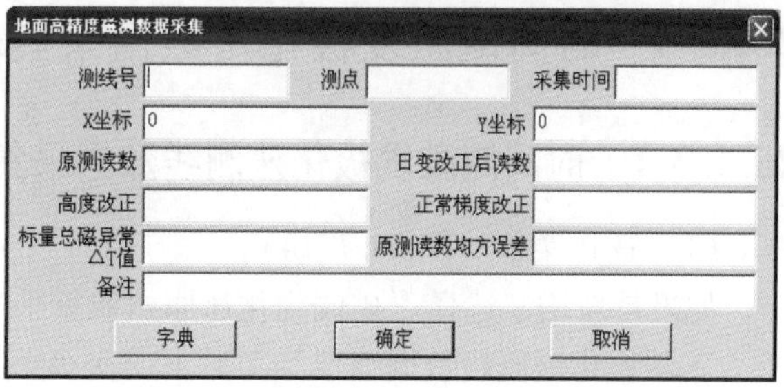


图25.1.11　地面高精度磁测数据采集界面

## 25.1.2.3　磁参数测定数据采集与编辑

（1）选择菜单（图25.1.12）。

如果是新增，选择“矿调物化遥原始数据采集”菜单下的次级菜单。如果是编辑，选择“矿调物化遥原始数据编辑”菜单下的次级菜单。

（2）在图上用鼠标在采样位置上点击，随后将弹出对话框，并输入数据（图25.1.13）。

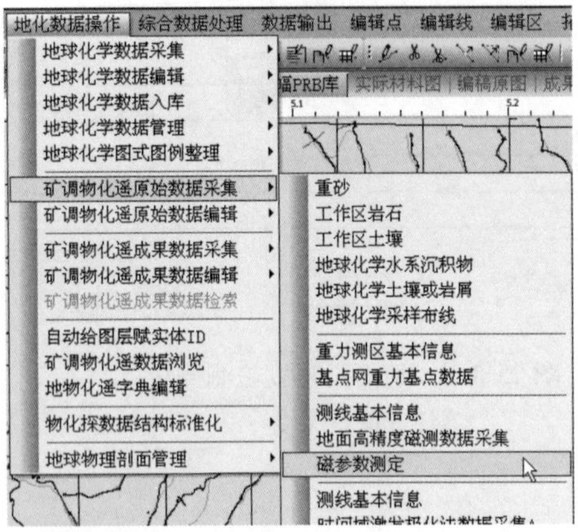


图25.1.12　磁参数测定数据采集菜单

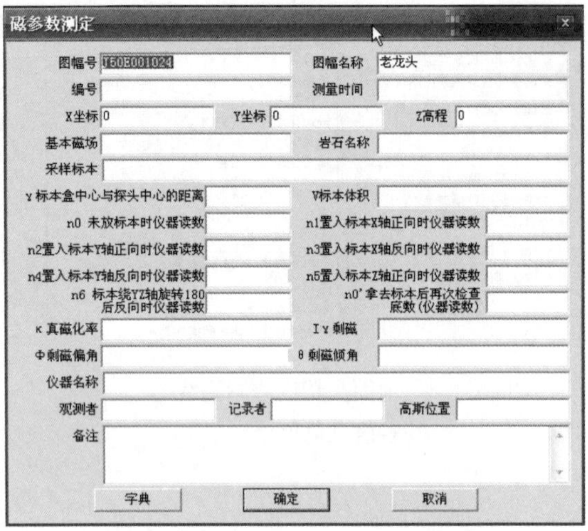


图25.1.13　磁参数测定数据采集界面

#### 25.1.2.4　地面高精度磁测原始数据实体ID自动赋值

与25.1.1.3操作相同。

#### 25.1.2.5　地面高精度磁测原始表格输出

与25.1.1.4操作相同。

### 25.1.3　时间域激发极化法数据采集表与编辑

#### 25.1.3.1　时间域激发极化法测线数据采集表与编辑

（1）选择菜单（图25.1.14）。

如果是新增，选择“矿调物化遥原始数据采集”菜单下的次级菜单。如果是编辑，选择“矿调物化遥原始数据编辑”菜单下的次级菜单。

（2）按测线位置输入线，然后按右键，弹出对话框，并输入数据（图25.1.15）。

#### 25.1.3.2　时间域激发极化法数据采集A表（适用于梯度、剖面装置、测深、二次场采一块面积）与编辑

（1）选择菜单（图25.1.16）。

如果是新增，选择“矿调物化遥原始数据采集”菜单下的次级菜单。如果是编辑，选择“矿调物化遥原始数据编辑”菜单下的次级菜单。

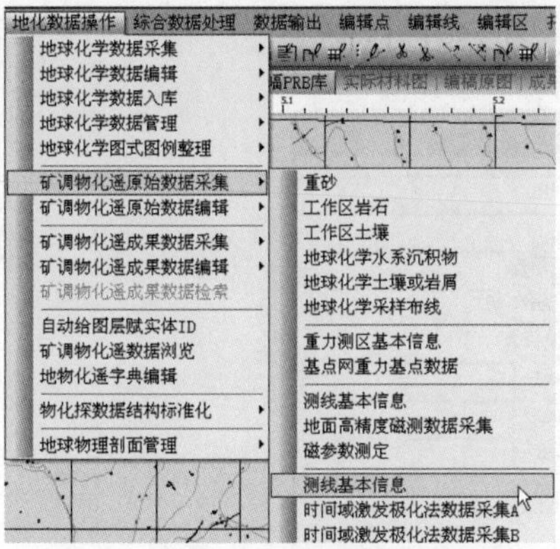


图 25.1.14　时间域激发极化法测线数据采集菜单

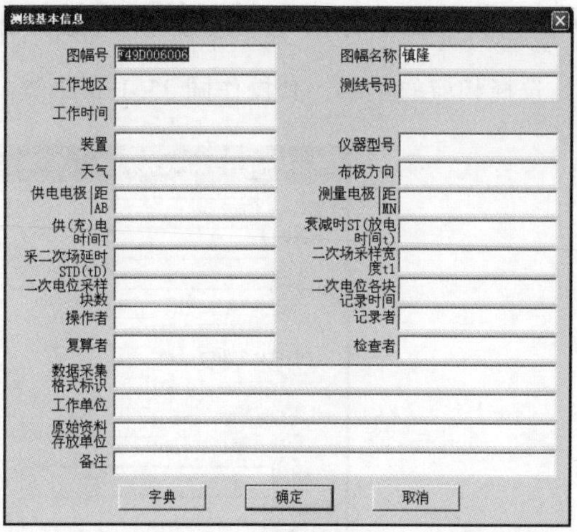


图 25.1.15　时间域激发极化法测线数据采集界面

(2) 在图上用鼠标在采样位置上点击，随后将弹出对话框，并输入数据（图 25.1.17）。

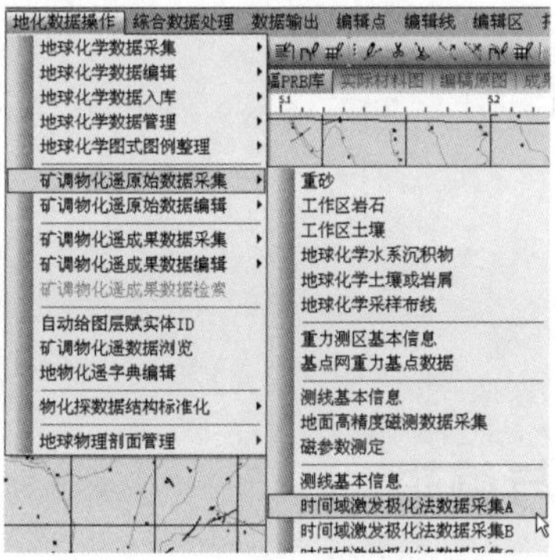


图 25.1.16　时间域激发极化法数据采集 A 菜单

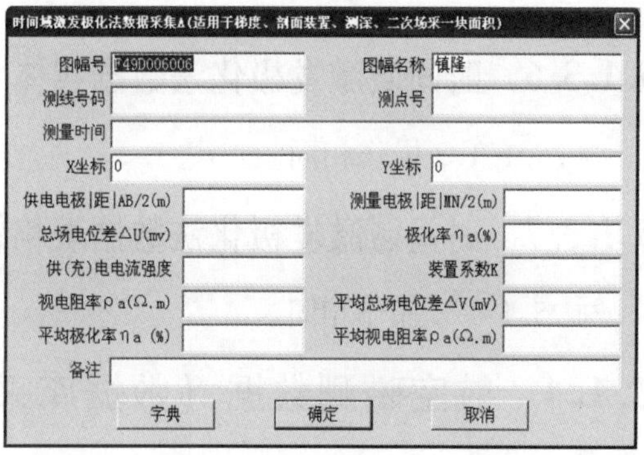


图 25.1.17　时间域激发极化法数据采集 A 界面

## 25.1.3.3　时间域激发极化法数据采集 B 表（适用于梯度、剖面装置、测深、二次场采多块面积）与编辑

选择相应的菜单，其操作同 25.1.3.2 节。

## 25.1.3.4　时间域激发极化法数据采集 C 表（适用于梯度、剖面装置、测深、长脉冲供电方式）与编辑

选择相应的菜单，其操作同 25.1.3.2 节。

### 25.1.3.5　岩矿标本电性参数测定数据采集与编辑

选择相应的菜单，其操作同25.1.3.2节，对话框如图25.1.18所示。

图25.1.18　岩矿标本电性参数测定数据采集界面

### 25.1.3.6　时间域激发极化法数据实体ID自动赋值

与25.1.1.3操作相同。

### 25.1.3.7　时间域激发极化法数据表格输出

与25.1.1.4操作相同。

## 25.1.4　航空磁测数据（数据库采集格式）与编辑

### 25.1.4.1　磁日变校正数据采集与编辑

（1）选择菜单（图25.1.19）。

如果是新增，选择“矿调物化遥原始数据采集”菜单下的次级菜单。如果是编辑，选择“矿调物化遥原始数据编辑”菜单下的次级菜单。

（2）先在图上用鼠标在采样位置上点击，随后将弹出对话框，并输入数据（图25.1.20）。

### 25.1.4.2　航空磁测数据采集与编辑

（1）选择菜单（图25.1.21）。

如果是新增，选择“矿调物化遥原始数据采集”菜单下的次级菜单。如果是编辑，选择“矿调物化遥原始数据编辑”菜单下的次级菜单。

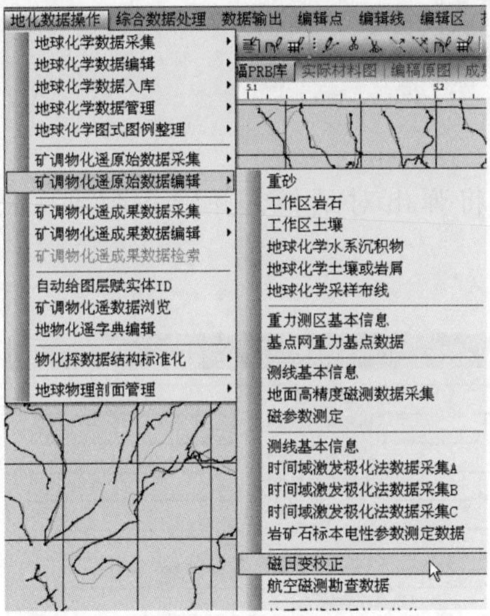


图 25.1.19 磁日变校正数据采集菜单

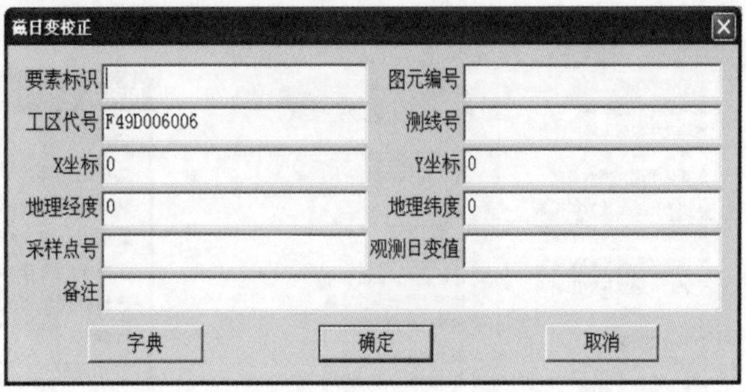


图 25.1.20 磁日变校正数据采集界面

（2）先在图上用鼠标在采样位置上点击，随后将弹出对话框，并输入数据（图 25.1.22）。

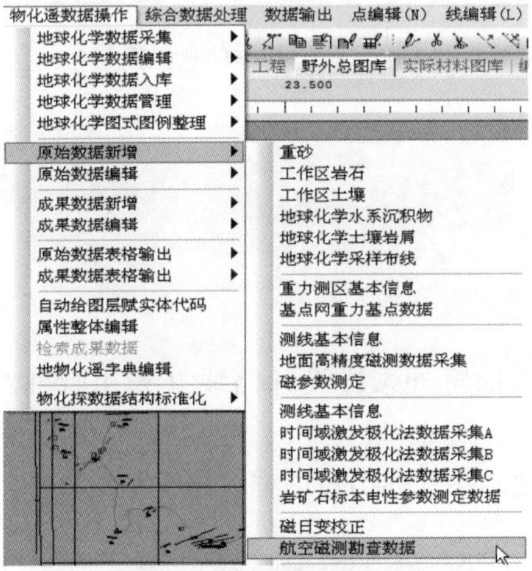


图 25.1.21 航空磁测数据采集菜单

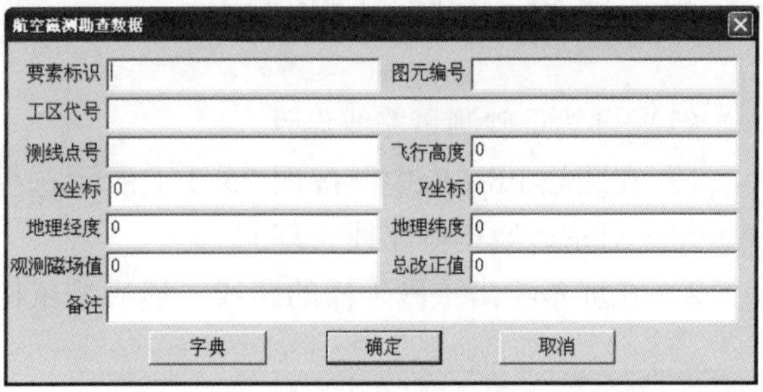


图 25.1.22 航空磁测数据采集界面

### 25.1.4.3 航空磁测数据原始数据实体 ID 自动赋值

与 25.1.1.3 操作相同。

### 25.1.4.4 航空磁测数据表格输出

与 25.1.1.4 操作相同。

## 25.2 航天影像数据基本信息录入与编辑

（1）选择菜单（图 25.2.1）。

（2）在图上用鼠标在相应位置上点击，随后将弹出对话框，并输入数据（图 25.2.2）。

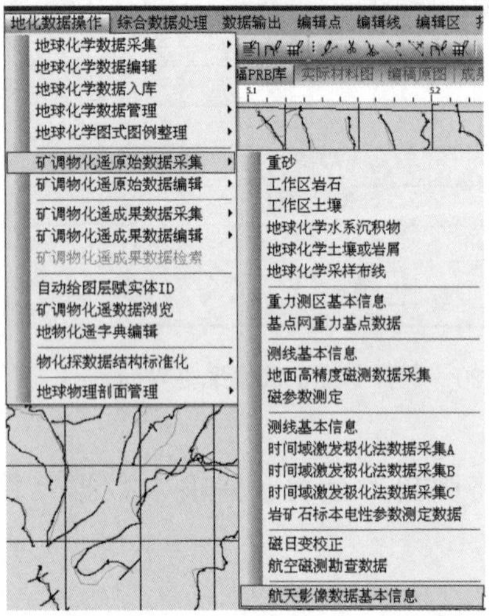


图 25.2.1 航天影像数据基本信息菜单

图 25.2.2 航天影像数据基本信息界面

## 25.3 自然重砂数据采集

（1）自然重砂测量路线设计

1）在图幅 PRB 库中，按图 25.3.1 所示选择重砂的野外采样设计路线（采用野外路线，便于对重砂数据按路线管理）。

2）在屏幕绘出重砂采样的路线，然后按鼠标右键，系统弹出对话框（图 25.3.2）。

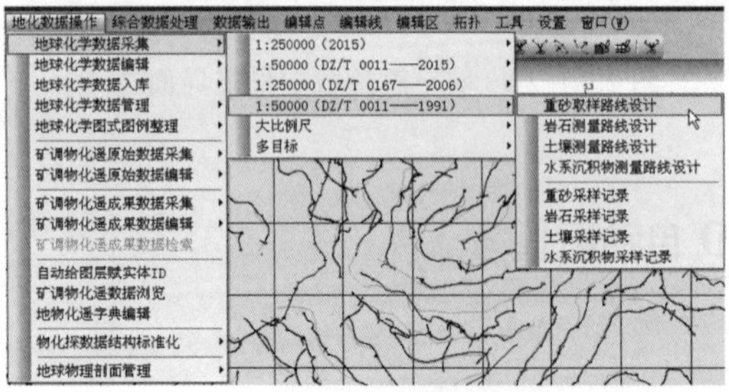


图 25.3.1 自然重砂测量路线设计菜单

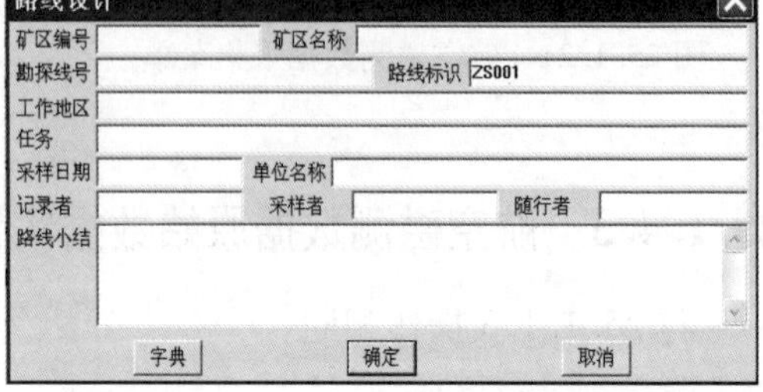


图 25.3.2 自然重砂测量路线设计界面

3）输入重砂路线基本信息，路线标识必须输入，否则，不能形成野外路线采样图。按“确定”即可。

（2）形成野外手图

1）打开组织野外手图菜单（图 25. 3. 3）。

2）在对话框按 1、2、3 步骤操作。注意，字母大小写一定要与设计路线相同（图 25. 3. 4）。

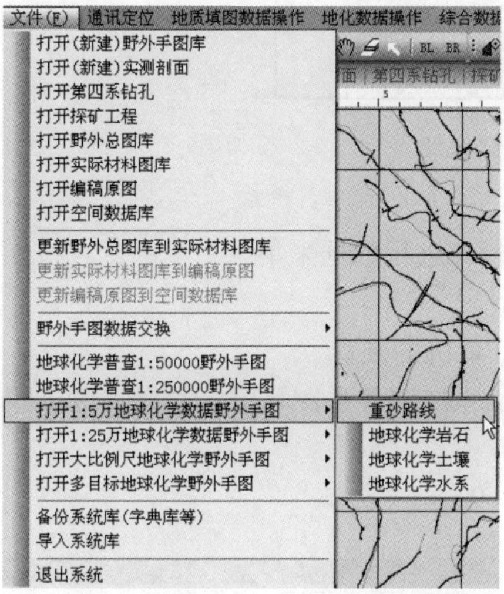


图 25. 3. 3　打开自然重砂野外手图菜单

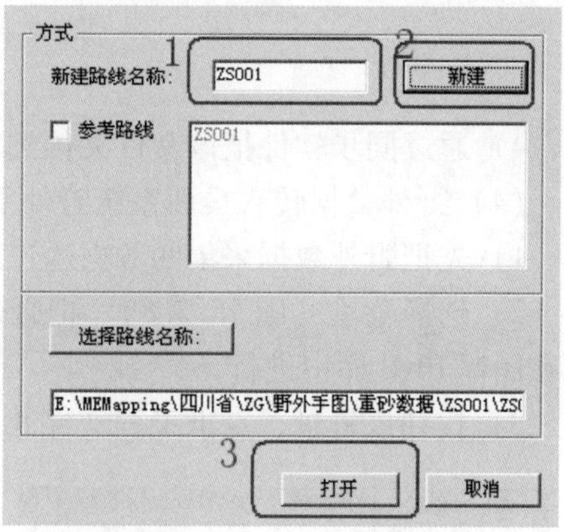


图 25. 3. 4　打开自然重砂野外手图

3）在野外手图中，添加背景图层，即可形成完整的野外手图。

（3）转出野外数据到掌上机

1）打开野外手图（必须在野外手图状态下，才能转出数据）（图 25. 3. 5）。

2）选择要转出的目录（图 25. 3. 6），一般先转到 PC 机的硬盘上即可。点击“确定”即可。

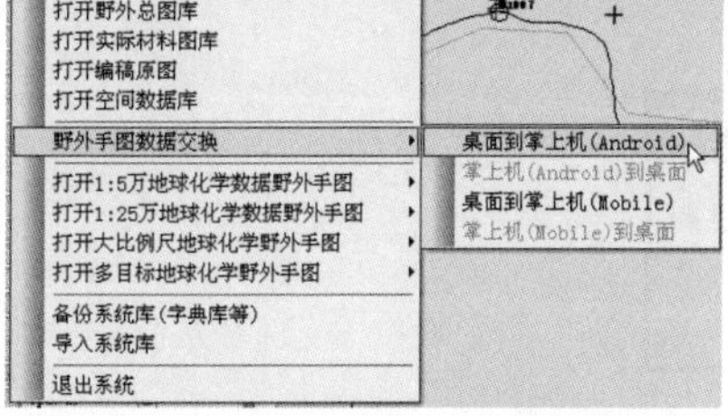


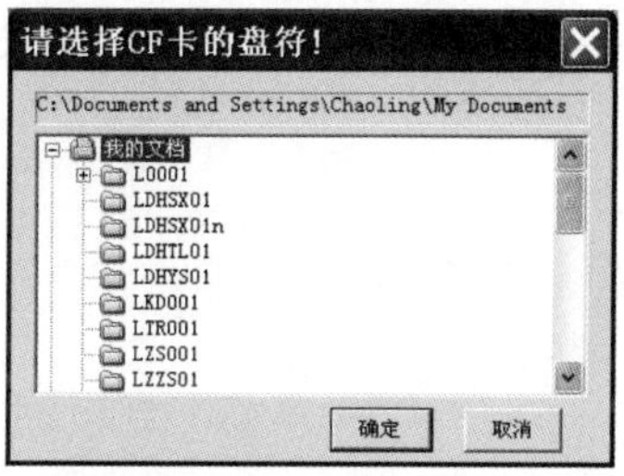


图 25. 3. 5　转出自然重砂野外手图

图 25. 3. 6　选择野外手图转出的目录

3）在相应的目录上可以看到可用于野外数据采集系统的数据目录（图 25. 3. 7）。

图 25.3.7 野外手图存储目录

4）通过同步软件把该文件夹传到掌上机即可在野外进行数据采集。

（4）野外数据转入桌面系统野外手图目录

1）先把野外数据采集的数据通过同步软件传到 PC 机的硬盘。

2）选择菜单（图 25.3.8），把野外数据转入桌面系统野外手图目录。注意，该步骤必须在图幅 PRB 库中进行。

3）找到该目录，点击工程文件并打开（图 25.3.9）。

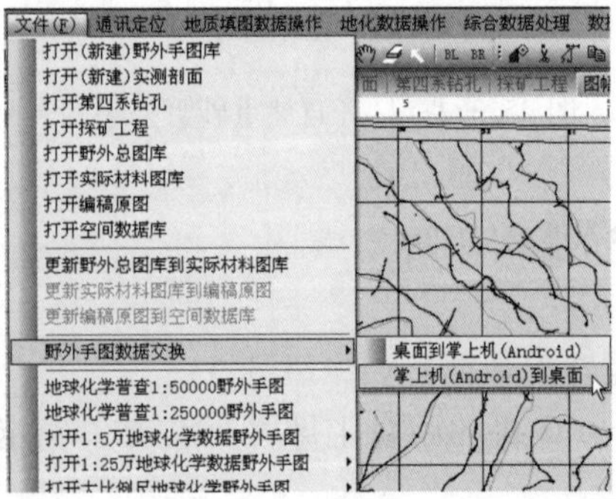


图 25.3.8 重砂野外手图转入桌面

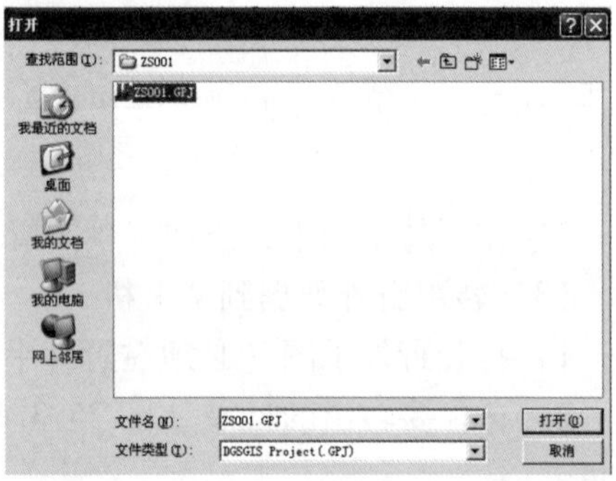


图 25.3.9 选择重砂野外手图工程文件

4）如果转入成功，弹出提示框（图 25.3.10）。

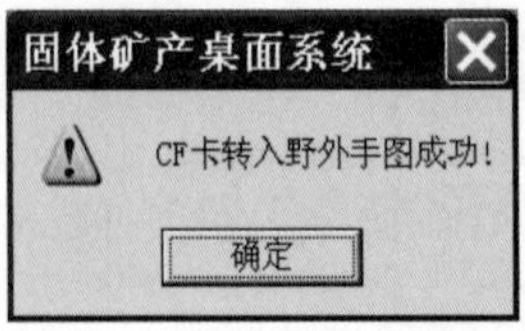


图 25.3.10 转入成功提示

5）按下面步骤，打开导入的野外手图进行编辑。

①选择菜单（图 25.3.11）。

②选择工程并打开后即可编辑野外手图（图 25. 3. 12）。

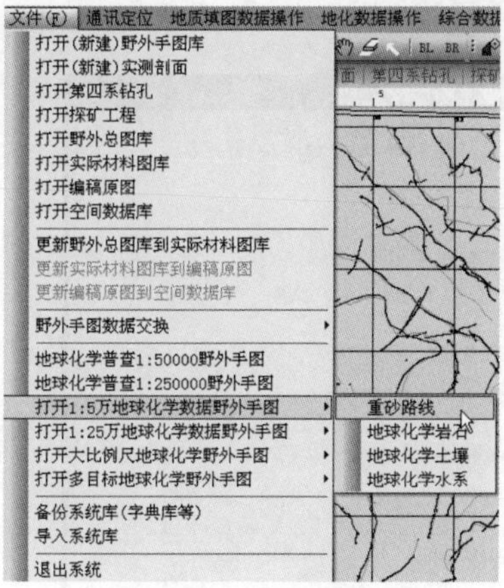


图 25. 3. 11　打开自然重砂野外手图菜单

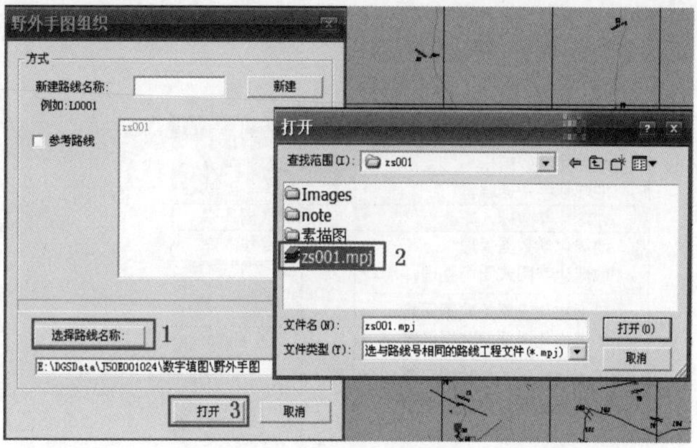


图 25. 3. 12　打开自然重砂野外手图并进行编辑

（5）在桌面系统野外手图中采集自然重砂数据

1）按本章的第 1 节到第 3 节形成野外手图。并打开野外手图。

2）输入一个新的采样点。

①选择菜单（图 25. 3. 13），新增一个重砂采样点。

②用鼠标点击采样的位置，随后弹出对话框，逐个输入数据。路线号和点号必须输入，可借助字典。点击“确定”按钮后，即完成了一个采样点的数据采集（图 25. 3. 14）。

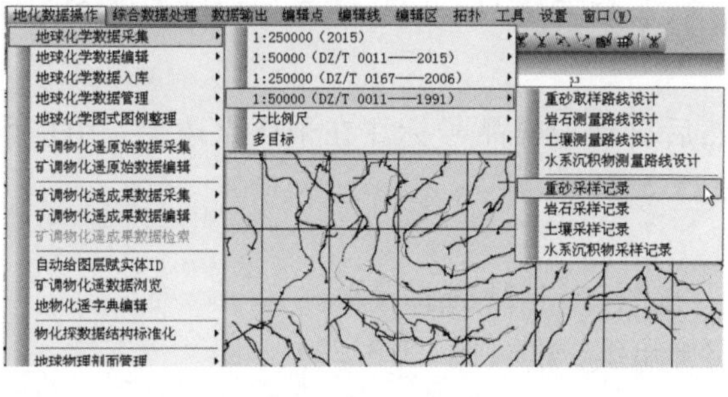


图 25. 3. 13　自然重砂采样菜单

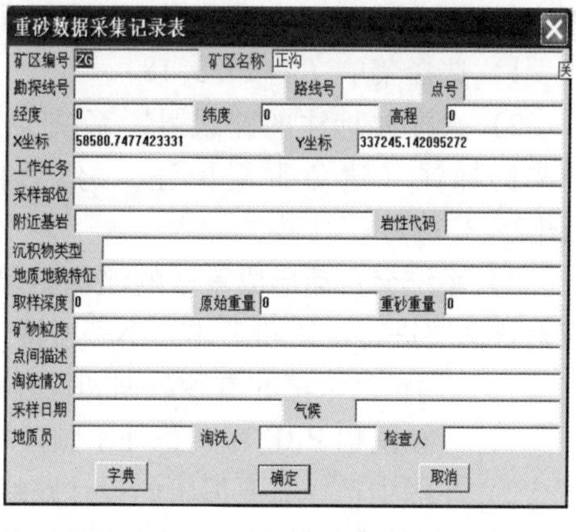


图 25. 3. 14　自然重砂采样对话框

（6）在桌面系统中，把野外手图的自然重砂数据入库

该功能将自然重砂采样的路线数据汇总到图幅 PRB 库中。

1）首先打开矿区平面图，然后按图 25. 3. 15 选择菜单。

2）选择需要入库的地球化学数据类型（图 25. 3. 16）。

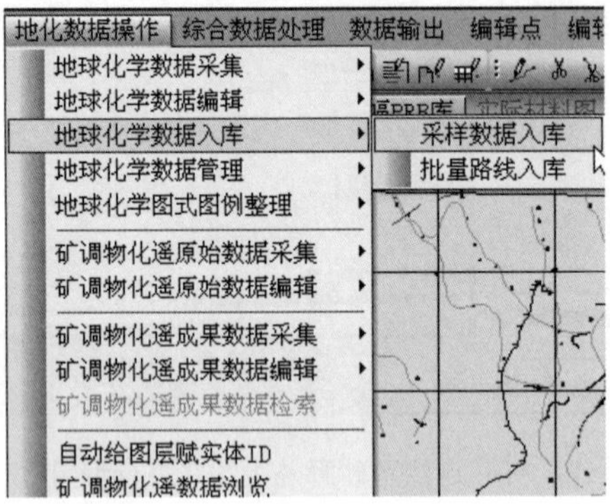


图 25. 3. 15　自然重砂采样数据入库

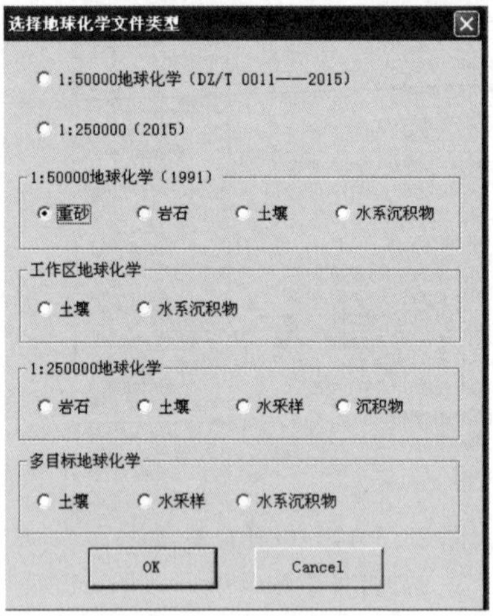


图 25. 3. 16　选择数据类型

3）选择要导入的路线工程文件（图 25. 3. 17）。

4）刷新显示后，新的数据从野外手图导入到图幅 PRB 库中，然后，对该点进行标注。标注方式见下节。

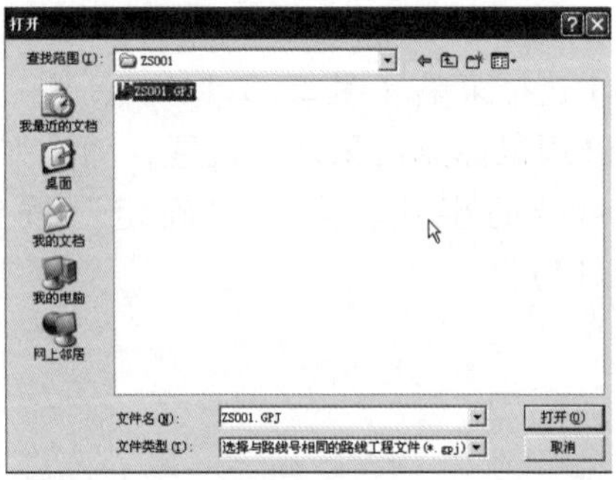


图 25. 3. 17　选择需要导入的自然重砂路线

（7）标注自然重砂样号

标注自然重砂样号，用户可在野外手图、矿区（测区）平面图、实际材料图中进行标注，但要选择相应的工程文件。

1）选择菜单（图 25. 3. 18）。

2）选择要标注的路线号，系统会先删除原来的标注（避免重复标注），然后再标注（图 25. 3. 19）。

3）系统会自动形成重砂的注释图层，然后自动把样品号标注在采样点边上，用户可以对该图层进行避让和字体大小等编辑（图 25. 3. 20）。

（8）编辑已采集的重砂数据和设计路线

1）可在图幅 PRB 库和野外手图环境下，按图 25. 3. 21 选择菜单。

2）在图中选择需要编辑的设计路线即可弹出编辑框（图 25. 3. 22）。

（9）自然重砂数据实体 ID 自动赋值

与 25. 1. 1. 3 操作相同。

（10）自然重砂数据表格输出

与 25. 1. 1. 4 操作相同。

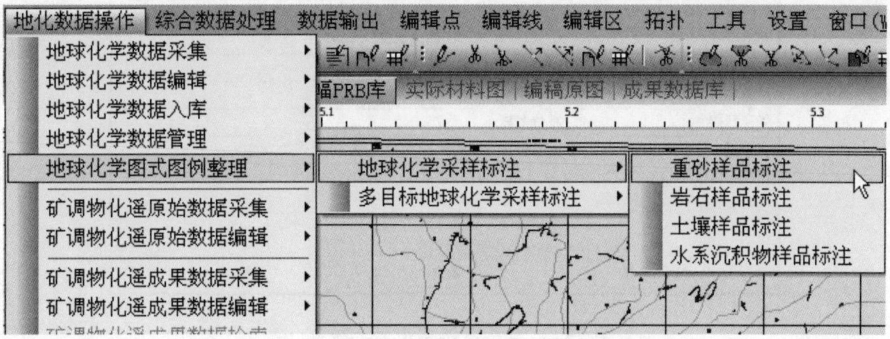


图 25.3.18　自然重砂样品点标注菜单

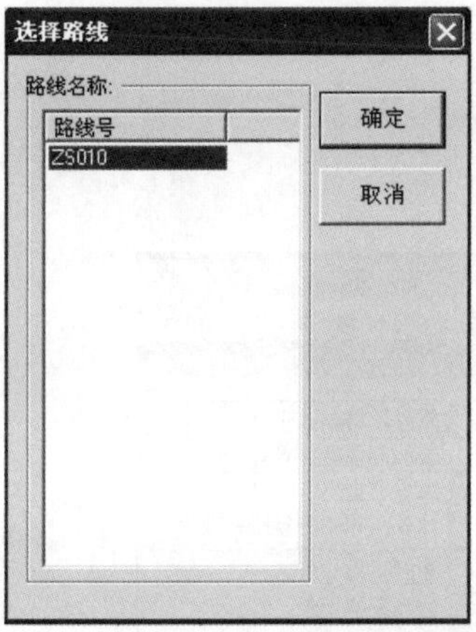


图 25.3.19　选择自然重砂路线号

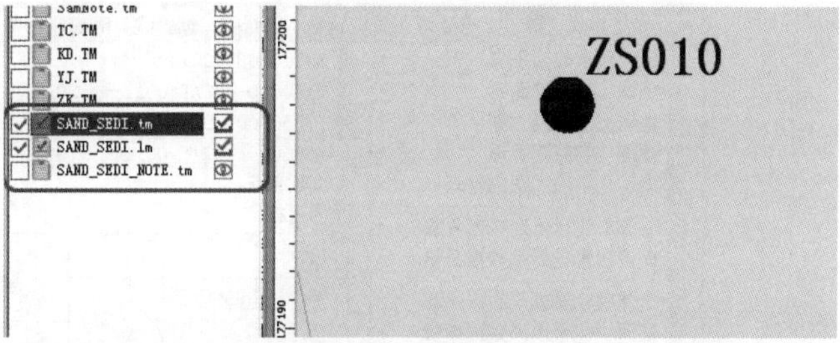


图 25.3.20　形成自然重砂标注

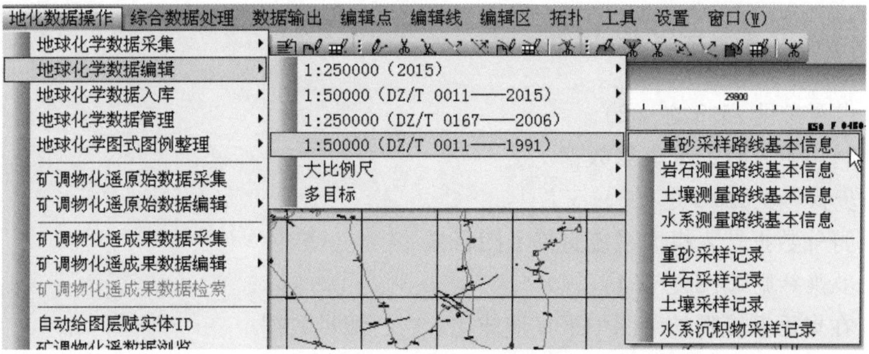


图 25.3.21　编辑重砂路线菜单

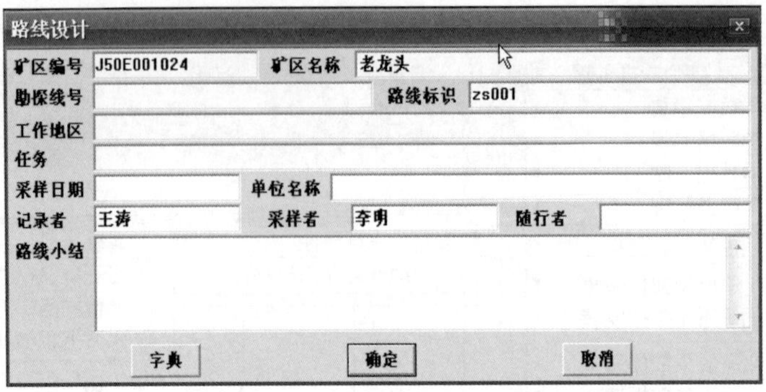


图 25.3.22　自然重砂路线信息框

## 25.4　地球化学岩石测量数据采集

（1）地球化学岩石测量路线设计

1）选择地球化学岩石测量路线设计菜单（图 25.4.1）。

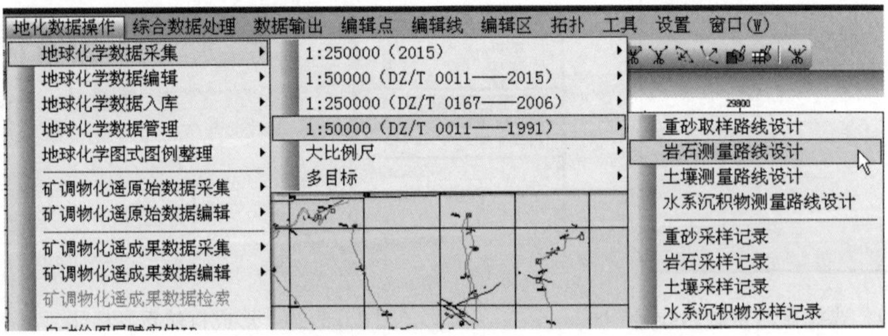


图 25.4.1　岩石测量路线设计菜单

2）其他步骤参见 25.3 之（1）。

（2）形成野外手图

操作步骤参见 25.3 之（2）。

（3）转出野外数据采集器数据

操作步骤参见 25.3 之（3）。

（4）野外数据转入桌面系统野外手图目录

操作步骤参见 25.3 之（4）。

（5）在桌面系统野外手图中采集地球化学岩石测量数据

操作步骤参见 25.3 之（5）。

（6）在桌面系统野外手图地球化学岩石测量数据入库

操作步骤参见 25.3 之（6）。

(7) 标注地球化学岩石测量样号

操作步骤参见 25. 3 之 (7)。

(8) 编辑已采集的地球化学岩石测量数据

操作步骤参见 25. 3 之 (8)。

(9) 地球化学岩石实体 ID 自动赋值

与 25. 1. 1. 3 操作相同。

(10) 地球化学岩石数据表格输出

与 25. 1. 1. 4 操作相同。

## 25. 5 地球化学土壤沉积物测量数据采集

(1) 地球化学土壤测量路线设计

1) 选择地球化学土壤测量路线设计菜单 (图 25. 5. 1)。

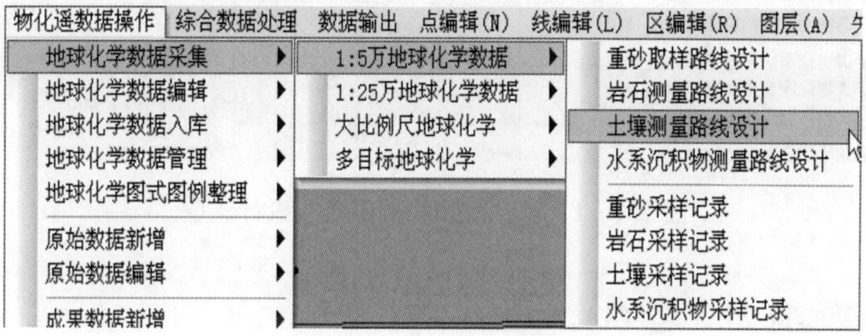


图 25. 5. 1　土壤测量路线设计菜单

2) 其他步骤参见 25. 3 之 (1)。

(2) 形成野外手图

操作步骤参见 25. 3 之 (2)。

(3) 转出野外数据采集器数据

操作步骤参见 25. 3 之 (3)。

(4) 野外数据转入桌面系统野外手图目录

操作步骤参见 25. 3 之 (4)。

(5) 在桌面系统野外手图中采集地球化学土壤测量数据

操作步骤参见 25. 3 之 (5)。

(6) 在桌面系统野外手图地球化学土壤测量数据入库

操作步骤参见 25. 3 之 (6)。

(7) 标注地球化学土壤测量样号

操作步骤参见 25. 3 之 (7)。

(8) 编辑已采集的地球化学土壤测量数据

操作步骤参见 25. 3 之 (8)。

(9) 地球化学土壤实体 ID 自动赋值

与 25. 1. 1. 3 操作相同。

(10) 地球化学土壤数据表格输出

与 25. 1. 1. 4 操作相同。

## 25. 6 地球化学水系沉积物测量数据采集

(1) 地球化学水系沉积物测量路线设计

1) 选择地球化学水系沉积物路线设计菜单（图 25. 6. 1）。

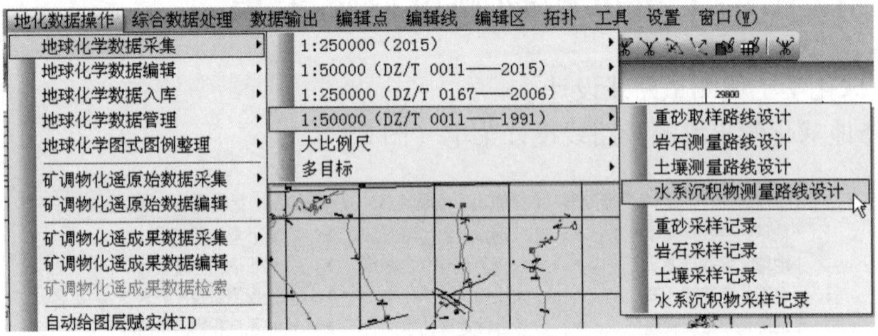


图 25. 6. 1　水系沉积物测量路线设计菜单

2) 其他步骤参见 25. 3 之（1）。

(2) 形成野外手图

操作步骤参见 25. 3 之（2）。

(3) 转出野外数据采集器数据

操作步骤参见 25. 3 之（3）。

(4) 野外数据转入桌面系统野外手图目录

操作步骤参见 25. 3 之（4）。

(5) 在桌面系统野外手图中采集地球化学水系沉积物测量数据

操作步骤参见 25. 3 之（5）。

(6) 在桌面系统野外手图地球化学水系沉积物数据入库

操作步骤参见 25. 3 之（6）。

(7) 标注地球化学水系沉积物测量样号

操作步骤参见 25. 3 之（7）。

(8) 编辑已采集的地球化学水系沉积物测量数据

操作步骤参见 25. 3 之（8）。

(9) 地球化学水系沉积物实体 ID 自动赋值

与 25. 1. 1. 3 操作相同。

(10) 地球化学水系沉积物数据表格输出

与 25. 1. 1. 4 操作相同。

# 25.7 其他比例尺或不同目的的地球化学数据采集

## 25.7.1 多目标区域地球化学调查野外数据采集

多目标区域地球化学数据采集过程与1∶5万地球化学采集过程基本相同（25.3节至25.6节），其涉及的主要菜单项如图25.7.1所示。

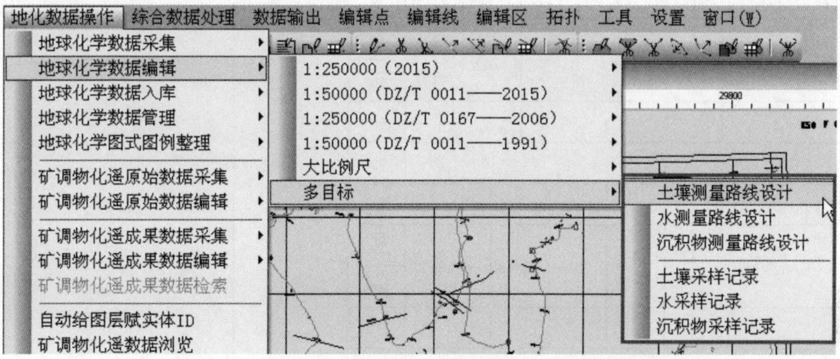


图25.7.1 多目标地球化学数据采集菜单

### 25.7.1.1 多目标区域地球化学调查土壤地球化学采样数据采集

数据采集操作参见25.3节的说明。

采集和输出的表见图25.7.2。

### 25.7.1.2 多目标区域地球化学调查水地球化学采样数据采集

数据采集操作参见25.3节的说明。

采集和输出的表见图25.7.3。

### 25.7.1.3 多目标区域地球化学调查近岸海域沉积物、湖积物地球化学采样数据采集

数据采集操作参见25.3节说明。

采集和输出的表见图25.7.4。

## 25.7.2 1∶25万地球化学数据采集

1∶25万地球化学数据采集过程与1∶5万地球化学采集过程基本相同（25.3节至25.6节），其涉及的主要菜单项如图25.7.5所示。

### 25.7.2.1 1∶25万地球化学土壤数据采集

数据采集操作参见25.3节说明。

土壤地球化学采样记录卡

图幅名称(或地区)： 年 月 日

| 1 | 2 | 3 | 4 | 5 | 6 | 7 | 8 | 9 | 10 | 11 | 12 | 13 | 14 | 15 | 16 | 17 | 18 |
|---|---|---|---|---|---|---|---|---|---|---|---|---|---|---|---|---|---|
| 标识 | | 省 | | 图幅号 | | | | | | | | | 样品号 | | | | |
| | | | | | | | | | | | | | | | | | |
| | | | | | | | | | | | | | | | | | |
| 19 | 20 | 21 | 22 | 23 | 24 | 25 | 26 | 27 | 28 | 29 | 30 | 31 | 32 | 33 | 34 | 35 | 36 |
| 横坐标 | | | | | | | 纵坐标 | | | | | | | 组分 | | | 颜色 |
| | | | | | | | | | | | | | | | | | |
| | | | | | | | | | | | | | | | | | |
| 37 | 38 | 39 | 40 | 41 | 42 | 43 | 44 | 45 | 46 | 47 | 48 | 49 | 50 | 51 | 52 | 53 | 54 |
| 采样深度 | | | 原始样号 | | | | | 污染 | 侵蚀 | 盐渍 | 成因 | | 土地利用 | | 采样单位 | | |
| | | | | | | | | | | | | | | | | | |
| | | | | | | | | | | | | | | | | | |
| 55 | 56 | 57 | 58 | 59 | 60 | 61 | 62 | 63 | 64 | | | | | | | | |
| 行政区划 | | | | | | | | | | | | | | | | | |
| | | | | | | | | | | | | | | | | | |
| | | | | | | | | | | | | | | | | | |
| 农作物种类、养殖物种类、名优特产品等描述 | | | | | | | | | | | | | | | | | |

| 深层样土柱记录 | | |
|---|---|---|
| 深度/cm | 柱状图 | 简述 |
| 10 | | |
| 20 | | |
| 30 | | |
| 40 | | |
| 50 | | |
| 60 | | |
| 70 | | |
| 80 | | |
| 90 | | |
| 100 | | |
| 110 | | |
| 120 | | |
| 130 | | |
| 140 | | |
| 150 | | |
| 160 | | |
| 170 | | |
| 180 | | |
| 190 | | |
| 200 | | |
| 地下水位 cm | | |
| 样袋号 | | |
| | | |
| 标记位置： | | |

记录： 采样： 审核： No.

图 25.7.2 多目标区域地球化学调查土壤数据表模板

## 25.7.2.2 1∶25万地球化学岩石数据采集

数据采集操作参见25.3节说明。

## 25.7.2.3 1∶25万地球化学水样数据采集

数据采集操作参见25.3节说明。

水地球化学采样记录卡

图幅名称(或地区)：　　　　　　　　　　　　　　　　　　　　　　年　　月　　日

| 1 | 2 | 3 | 4 | 5 | 6 | 7 | 8 | 9 | 10 | 11 | 12 | 13 | 14 | 15 | 16 | 17 | 18 |
|---|---|---|---|---|---|---|---|---|---|---|---|---|---|---|---|---|---|
| 标识 | | 省 | | 图幅号 | | | | | | | | | 样品号 | | | | |
| | | | | | | | | | | | | | | | | | |
| 19 | 20 | 21 | 22 | 23 | 24 | 25 | 26 | 27 | 28 | 29 | 30 | 31 | 32 | 33 | 34 | 35 | 36 |
| 横坐标 | | | | | | | 纵坐标 | | | | | | | 水色 | 水臭 | 浊度 | 底积物 |
| | | | | | | | | | | | | | | | | | |
| | | | | | | | | | | | | | | | | | |
| 37 | 38 | 39 | 40 | 41 | 42 | 43 | 44 | 45 | 46 | 47 | 48 | 49 | 50 | 51 | 52 | 53 | 54 |
| pH值 | | | 水位埋身 | | | 井深 | | | 分类 | 原始样号 | | | | | 污染 | 水位 | 用途 |
| | | | | | | | | | | | | | | | | | |
| | | | | | | | | | | | | | | | | | |
| 55 | 56 | 57 | 58 | 59 | 60 | 61 | 62 | | | | | | | | | | |
| 水温 | | 采样单位 | | | 行政区划 | | | | | | | | | | | | |
| | | | | | | | | | | | | | | | | | |
| | | | | | | | | | | | | | | | | | |
| 加$HNO_3$样 | | 加HCl样 | | 加$HNO_3+K_2Cr_2O_7$样 | | | 原水位1 | | 原水样2(24小时送样) | | | 加NaOH样(24小时送样) | | | 标记： | | |
| | | | | | | | | | | | | | | | | | |
| | | | | | | | | | | | | | | | | | |
| 备注 | | | | | | | | | | | | | | | | | |

记录：　　　　　　　　采样：　　　　　　　　审核：　　　　　　　　No.

图 25.7.3　多目标区域地球化学调查水样数据表模板

## 25.7.2.4　1∶25 万地球化学水系沉积物数据采集

数据采集操作参见 25.3 节说明。

## 25.7.3　大比例尺地球化学数据采集

大比例尺地球化学数据采集过程与 1∶5 万地球化学采集过程基本相同（25.3 节至

近岸海域沉积物、湖积物地球化学采样记录卡

图幅名称(或地区)：　　　　　　　　　　　　　　　　　　　　　　　　年　　月　　日

<table>
<tr><td>1</td><td>2</td><td>3</td><td>4</td><td>5</td><td>6</td><td>7</td><td>8</td><td>9</td><td>10</td><td>11</td><td>12</td><td>13</td><td>14</td><td>15</td><td>16</td><td>17</td><td>18</td><td colspan="3">深层样土柱记录</td></tr>
<tr><td colspan="2">标识</td><td colspan="2">省</td><td colspan="9">图幅号</td><td colspan="5">样品号</td><td>深度/cm</td><td>柱状图</td><td>简述</td></tr>
<tr><td colspan="2"></td><td colspan="2"></td><td colspan="9"></td><td colspan="5"></td><td>10</td><td rowspan="20"></td><td rowspan="20"></td></tr>
<tr><td colspan="18"></td><td>20</td></tr>
<tr><td>19</td><td>20</td><td>21</td><td>22</td><td>23</td><td>24</td><td>25</td><td>26</td><td>27</td><td>28</td><td>29</td><td>30</td><td>31</td><td>32</td><td>33</td><td>34</td><td>35</td><td>36</td><td>30</td></tr>
<tr><td colspan="7" rowspan="2">横坐标</td><td colspan="7" rowspan="2">纵坐标</td><td colspan="2" rowspan="2">水深</td><td rowspan="2">地貌</td><td rowspan="2">颜色</td><td>40</td></tr>
<tr><td>50</td></tr>
<tr><td colspan="7"></td><td colspan="7"></td><td colspan="2"></td><td></td><td></td><td>60</td></tr>
<tr><td colspan="18"></td><td>70</td></tr>
<tr><td>37</td><td>38</td><td>39</td><td>40</td><td>41</td><td>42</td><td>43</td><td>44</td><td>45</td><td>46</td><td>47</td><td>48</td><td>49</td><td>50</td><td>51</td><td>52</td><td>53</td><td>54</td><td>80</td></tr>
<tr><td colspan="3" rowspan="2">取样深度</td><td colspan="3" rowspan="2">组分</td><td rowspan="2">颜色一</td><td rowspan="2">颜色二</td><td rowspan="2">残骸</td><td rowspan="2">污染</td><td colspan="5" rowspan="2">原始样号</td><td colspan="3" rowspan="2"></td><td>90</td></tr>
<tr><td>100</td></tr>
<tr><td colspan="3"></td><td colspan="3"></td><td></td><td></td><td></td><td></td><td colspan="5"></td><td colspan="3"></td><td>110</td></tr>
<tr><td colspan="18"></td><td>120</td></tr>
<tr><td></td><td></td><td></td><td></td><td></td><td></td><td></td><td></td><td></td><td></td><td></td><td></td><td></td><td></td><td></td><td></td><td></td><td></td><td>130</td></tr>
<tr><td colspan="3" rowspan="2"></td><td colspan="15" rowspan="2"></td><td>140</td></tr>
<tr><td>150</td></tr>
<tr><td colspan="3"></td><td colspan="15"></td><td>160</td></tr>
<tr><td colspan="18"></td><td>170</td></tr>
<tr><td colspan="3" rowspan="7">备注</td><td colspan="15" rowspan="7"></td><td>180</td></tr>
<tr><td>190</td></tr>
<tr><td>200</td></tr>
<tr><td colspan="3"></td></tr>
<tr><td colspan="3">样袋号</td></tr>
<tr><td colspan="3"></td></tr>
<tr><td colspan="3">标记位置：</td></tr>
</table>

记录：　　　　　　　　采样：　　　　　　　　审核：　　　　　　　　No.

图 25.7.4　多目标区域地球化学调查水系沉积物数据表模板

25.6 节)，其涉及的主要菜单项如图 25.7.6 所示。

### 25.7.3.1　大比例尺地球化学土壤数据采集

数据采集操作参见 25.3 节说明。

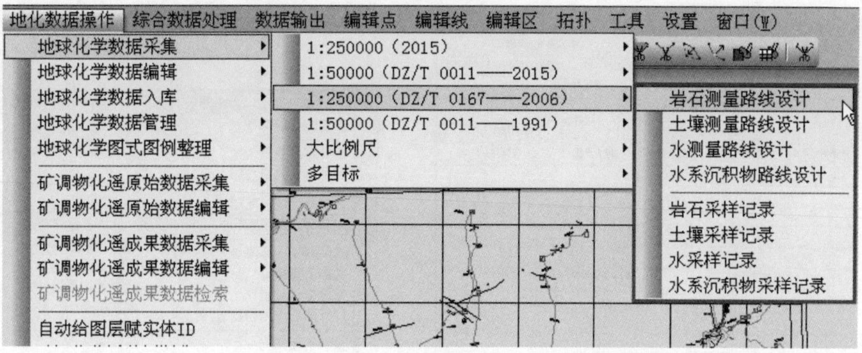


图 25.7.5　1：25 万地球化学数据采集菜单

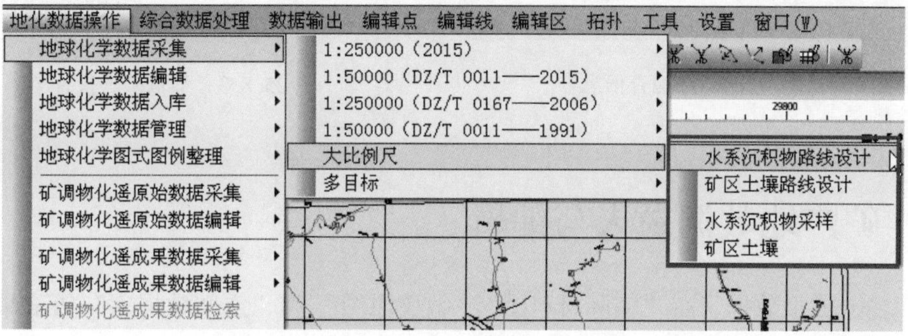


图 25.7.6　大比例尺地球化学数据采集菜单

### 25.7.3.2　大比例尺地球化学水系沉积物数据采集

数据采集操作参见 25.3 节说明。

## 25.8　外围矿点检查表数据采集

### 25.8.1　新增矿点数据

（1）选择菜单（图 25.8.1）。

（2）在图上相应位置用鼠标左键点击定点，将弹出数据录入对话框（图 25.8.2）。

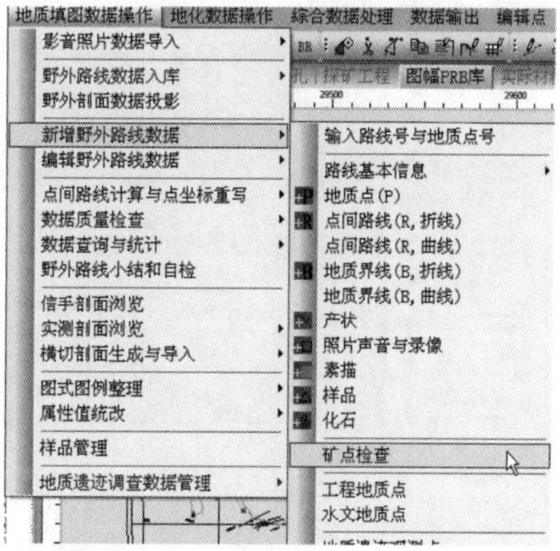


图 25.8.1　外围矿点检查菜单

### 25.8.2　编辑已有矿点数据

（1）选择菜单（图 25.8.3）。

（2）在图面上选择相应图元，将弹出数据录入对话框，编辑相关数据即可。

图 25.8.2　外围矿点检查信息框

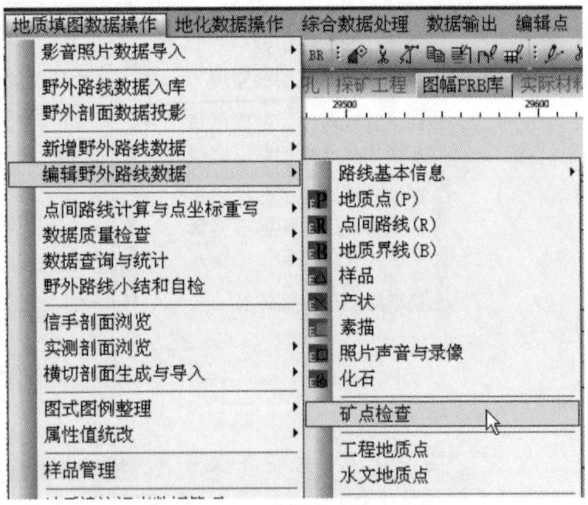


图 25.8.3　编辑矿点检查菜单

## 25.9　矿产地数据录入与编辑

该库输入成果数据，在“实际材料图”“编稿原图”和“空间数据库”等成果阶段进行编辑。

（1）选择菜单（图 25.9.1）。

如果是新增，选择“成果数据新增”菜单下的次级菜单。如果是编辑，选择“成果数据编辑”菜单下的相同的次级菜单。

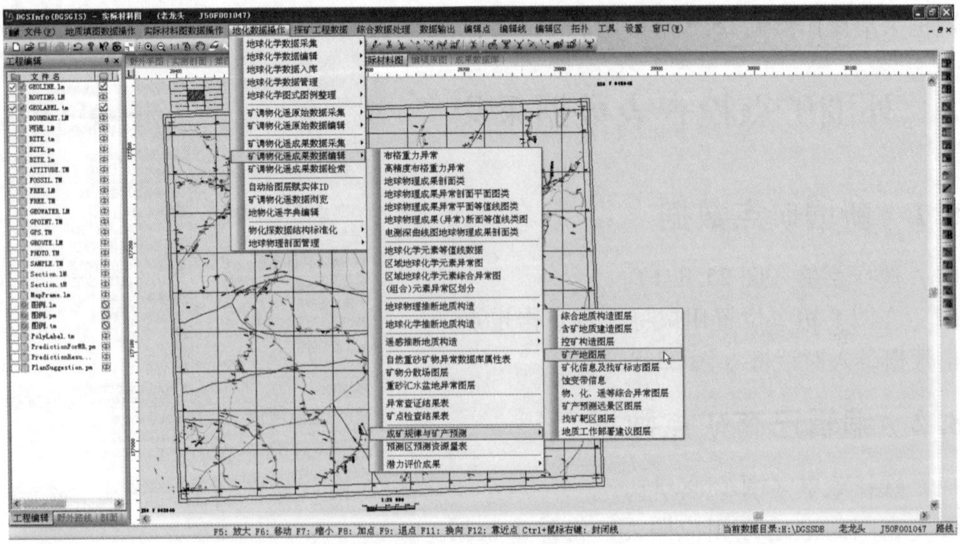

图 25.9.1　矿产地数据菜单

（2）如果是新增，先用鼠标输入点，然后按右键，即可弹出属性框。如果是编辑，则先用鼠标选中要编辑的点实体，即可弹出属性框（图 25.9.2）。

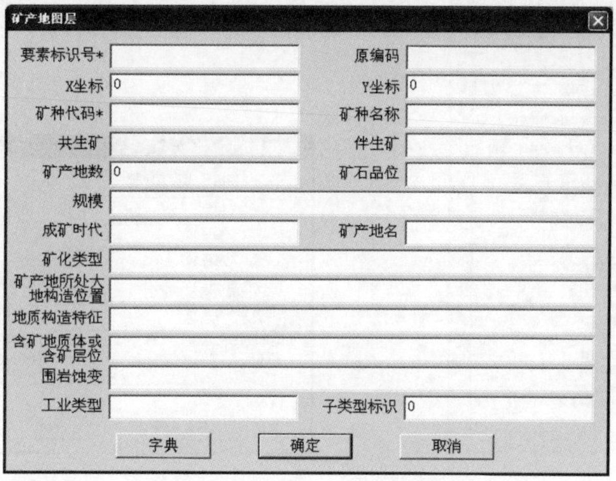


图 25.9.2　矿产地数据菜单

# 25.10　地球物理成果数据录入与编辑

## 25.10.1　区域布格重力异常成果表录入与编辑（网格化或点数据结构）

该库输入成果数据，在“实际材料图”“编稿原图”和“空间数据库”等成果阶段进行编辑。

（1）选择菜单“矿调物化遥成果数据采集”→“布格重力异常”。

如果是新增，选择“矿调物化遥成果数据采集”菜单下的次级菜单；如果是编辑，选择“矿调物化遥成果数据编辑”菜单下的相同的次级菜单（图 25.10.1）。

（2）用鼠标在采样位置上点击，按左键弹出对话框，并输入数据。如果是编辑数据，选择要编辑的点，按左键弹出对话框，并输入数据（图 25.10.2）。

## 25.10.2　地球物理成果（异常）剖面图类数据结构（网格化或点数据结构）

该库输入成果数据，在“实际材料图”“编稿原图”和“空间数据库”等成果阶段进行编辑。

（1）选择菜单“矿调物化遥成果数据采集”→“地球物理成果剖面类”（图 25.10.3）。

如果是新增，选择“矿调物化遥成果数据采集”菜单下的次级菜单；如果是编辑，选择“矿调物化遥成果数据编辑”菜单下的相同的次级菜单。

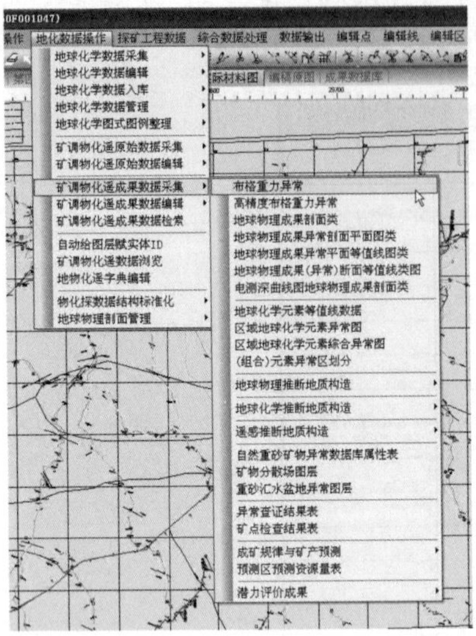


图 25.10.1　区域布格重力异常成果表

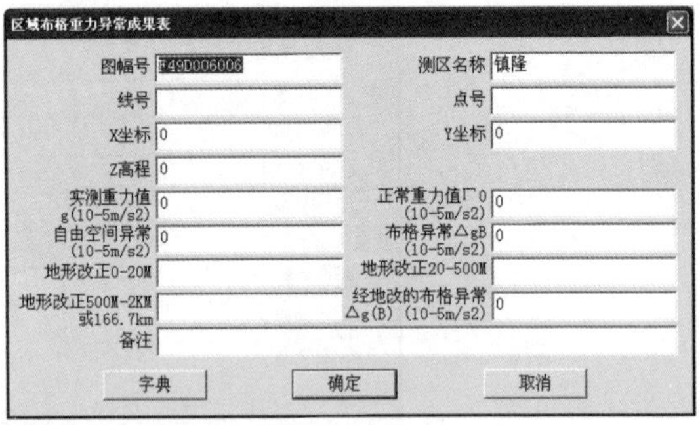


图 25.10.2　区域布格重力异常成果表编辑框

（2）用鼠标在采样位置上点击，按左键弹出对话框，并输入数据。如果是编辑数据，选择要编辑的点，按左键弹出对话框，并输入数据（图 25.10.4）。

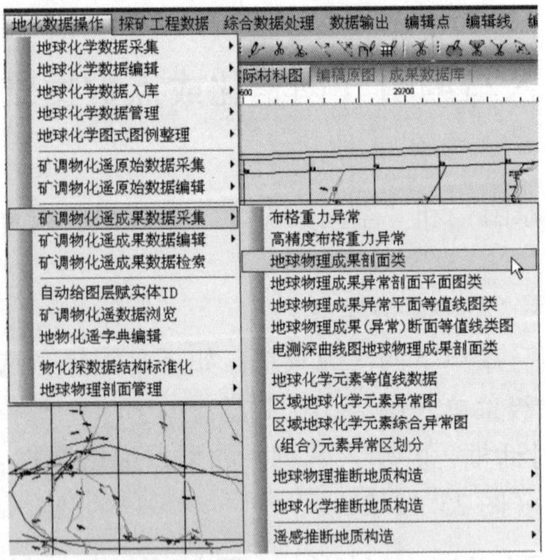


图 25.10.3　地球物理成果（异常）剖面图类菜单

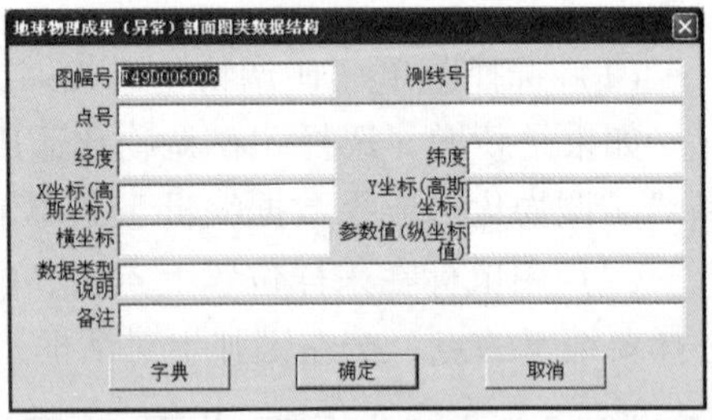


图 25.10.4　地球物理成果（异常）剖面图类编辑框

## 25.10.3　地球物理成果（异常）平面等值线类图（网格化或点数据结构）

该库输入成果数据，在“实际材料图”“编辑原图”和“空间数据库”等成果阶段进行编辑。

（1）按下图选择菜单“矿调物化遥成果数据采集”→“地球物理成果（异常）平面等值线类图”。

如果是新增，选择“矿调物化遥成果数据采集”菜单下的次级菜单；如果是编辑，选择“矿调物化遥成果数据编辑”菜单下的相同的次级菜单（图 25.10.5）。

（2）用鼠标在采样位置上点击，按左键弹出对话框，并输入数据。如果是编辑数据，选择要编辑的点，按左键弹出对话框，并输入数据（图 25.10.6）。

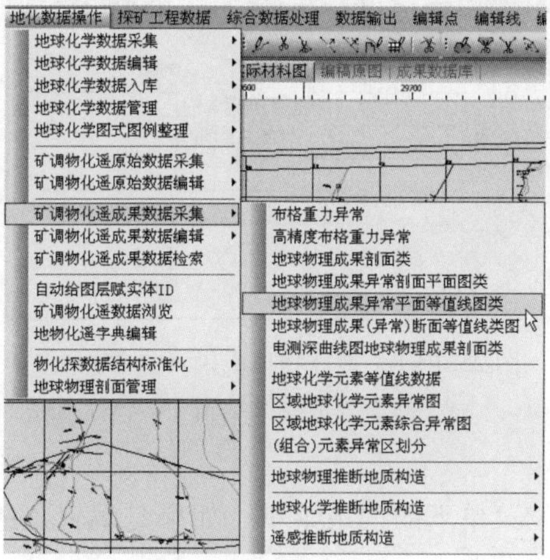


图 25.10.5　地球物理成果（异常）平面等值线类菜单

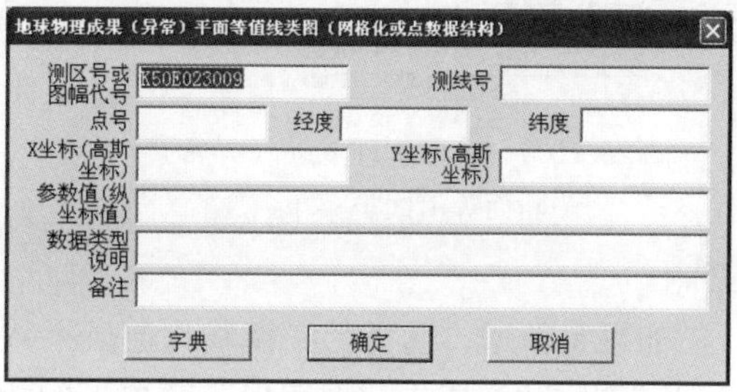


图 25.10.6　地球物理成果（异常）平面等值线类编辑框

## 25.10.4　地球物理成果（异常）断面等值线类图（网格化或点数据结构）

该库输入成果数据，在“实际材料图”“编稿原图”和“空间数据库”等成果阶段进行编辑。

（1）按下图选择菜单“矿调物化遥成果数据采集”→“地球物理成果（异常）断面等值线类图”（图 25.10.7）。

如果是新增，选择“矿调物化遥成果数据采集”菜单下的次级菜单；如果是编辑，选择“矿调物化遥成果数据编辑”菜单下的相同的次级菜单。

（2）用鼠标在采样位置上点击，按左键弹出对话框，并输入数据。如果是编辑数据，选择要编辑的点，按左键弹出对话框，并输入数据（图 25.10.8）。

## 25.10.5　电测深曲线图数据结构（网格化或点数据结构）

该库输入成果数据，在“实际材料图”“编稿原图”和“空间数据库”等成果阶段进行编辑。

（1）选择菜单“矿调物化遥成果数据采集”→“电测深曲线图地理物理成果剖面类”（图 25.10.9）。

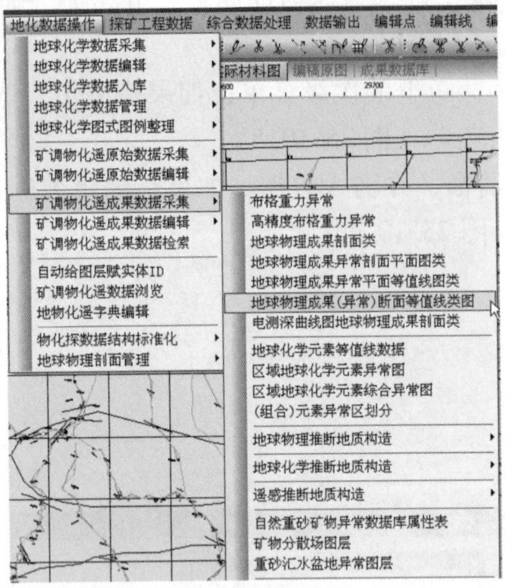


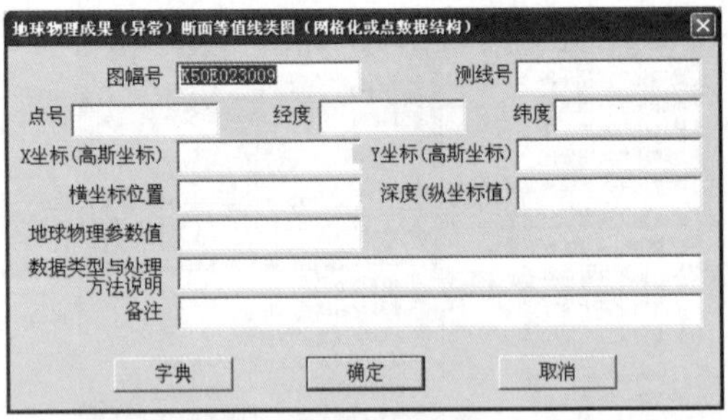


图 25.10.7　地球物理成果（异常）断面等值线类菜单

图 25.10.8　地球物理成果（异常）断面等值线类编辑

如果是新增，选择“矿调物化遥成果数据采集”菜单下的次级菜单；如果是编辑，选择“矿调物化遥成果数据编辑”菜单下的相同的次级菜单。

（2）用鼠标在采样位置上点击，按左键弹出对话框，并输入数据。如果是编辑数据，选择要编辑的点，按左键弹出对话框并输入数据（图 25.10.10）。

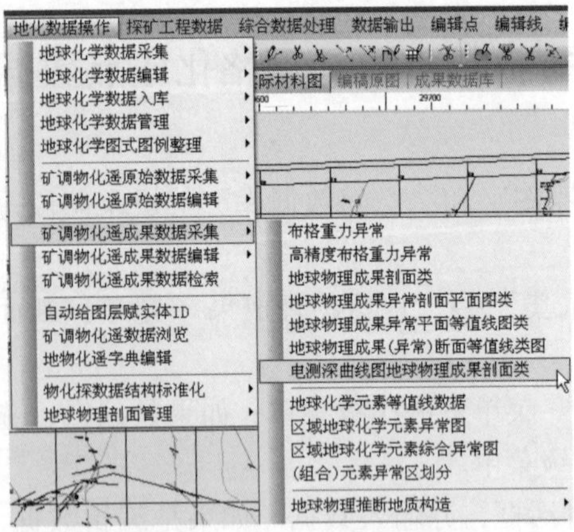


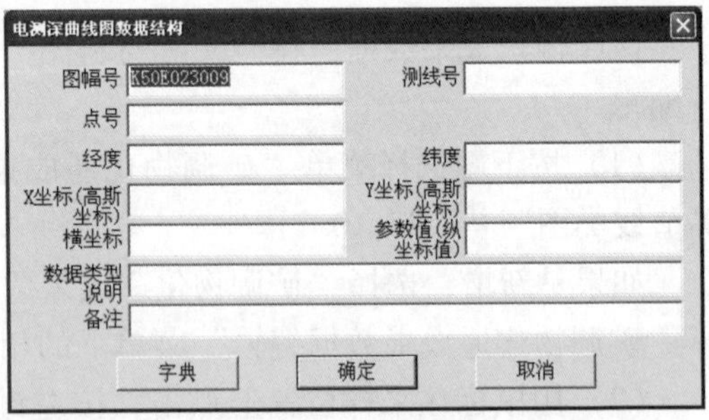


图 25.10.9　电测深曲线图成果剖面类菜单

图 25.10.10　电测深曲线图成果剖面类编辑

## 25.11　地球化学成果数据录入与编辑

该库输入成果数据，在“实际材料图”“编稿原图”和“空间数据库”等成果阶段进行编辑。

(1) 区域地球化学元素等值线图

参见26章。

(2) 区域地球化学元素异常数据

参见26章。

(3) 区域地球化学元素综合异常图

参见26章。

(4)(组合)元素异常区划分图层

通过26章提供的方法制作(组合)元素异常区，形成(组合)元素异常区划分图层。

## 25.12 地球物理推断地质构造数据录入与编辑

该库输入成果数据，在“实际材料图”“编稿原图”和“空间数据库”等成果阶段进行编辑。

(1) 推测线性构造图层

该库输入成果数据，在“实际材料图”“编稿原图”和“空间数据库”等成果阶段进行编辑。

1) 选择菜单(图25.12.1)。

如果是新增，选择“矿调物化遥成果数据采集”菜单下的次级菜单；如果是编辑，选择“矿调物化遥成果数据编辑”菜单下的次级菜单。

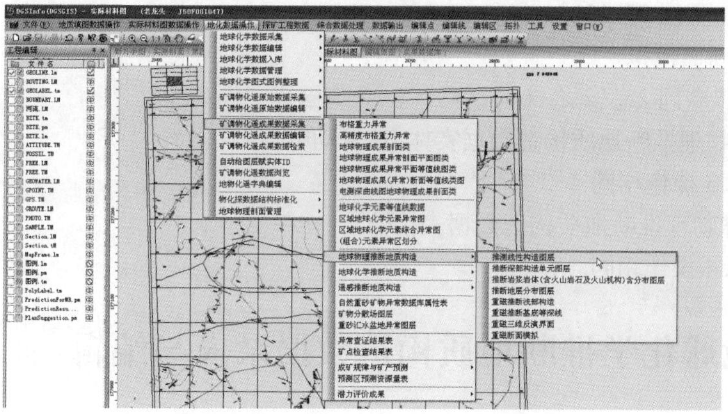


图25.12.1 推测线性构造图层菜单

2) 如果是新增，先用鼠标输入线(本例是线，如果是面图层，则输入面)，然后按右键，即可弹出属性框；如果是编辑，则先用鼠标选中要编辑的线实体，即可弹出属性框(图25.12.2)。

(2) 推断深部构造单元图层

基本操作步骤同25.12之(1)。

(3) 推断岩浆岩体(含火山岩石及火山机构)分布图层

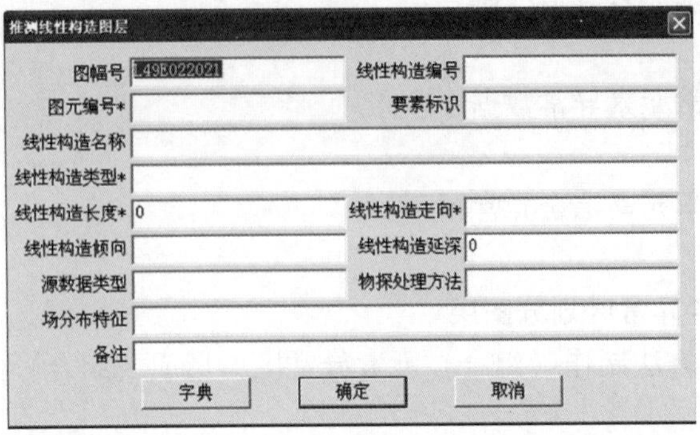


图 25.12.2　推测线性构造图层编辑

基本操作步骤同 25.12 之（1）。

（4）推断地层分布图层

基本操作步骤同 25.12 之（1）。

（5）重磁推断浅部构造

基本操作步骤同 25.12 之（1）。

（6）重磁推断基底等深线

基本操作步骤同 25.12 之（1）。

（7）重磁三维反演界面

基本操作步骤同 25.12 之（1）。

（8）重磁断面模拟

基本操作步骤同 25.12 之（1）。

（9）地球物理推断地质构造数据实体 ID 自动赋值

与 25.1.1.3 操作相同。

（10）地球物理推断地质构造数据表格输出

与 25.1.1.4 操作相同。

## 25.13　地球化学推断地质构造数据录入与编辑

该库输入成果数据，在“实际材料图”“编稿原图”和“空间数据库”等成果阶段进行编辑。

（1）推断线性构造图层

基本操作步骤同 25.12 之（1）。

（2）推断地层分布图层

基本操作步骤同 25.12 之（2）。

（3）推断岩体分布图层

基本操作步骤同 25.12 之（3.）。

（4）地球化学推断地质构造数据实体 ID 自动赋值

与25.1.1.3操作相同。

（5）地球化学推断地质构造数据表格输出

与25.1.1.4操作相同。

## 25.14 遥感推断地质构造数据录入与编辑

该库输入成果数据，在“实际材料图”“编稿原图”和“空间数据库”等成果阶段进行编辑。

（1）遥感异常图层

基本操作步骤同25.12之（1）。

（2）推断线性构造图层

基本操作步骤同25.12之（1）。

（3）推断环形构造图层

基本操作步骤同25.12之（1）。

（4）推断地层分布图层

基本操作步骤同25.12之（1）。

（5）推断岩浆岩体分布图层

基本操作步骤同25.12之（1）。

（6）推断构造蚀变带图层

基本操作步骤同25.12之（1）。

（7）遥感推断地质构造数据实体ID自动赋值

与25.1.1.3操作相同。

（8）遥感推断地质构造数据表格输出

与25.1.1.4操作相同。

## 25.15 重砂矿产综合异常数据录入与编辑

该库输入成果数据，在“实际材料图”“编稿原图”和“空间数据库”等成果阶段进行编辑。

（1）自然重砂矿物异常数据库属性表

基本操作步骤同25.12之（1）。

（2）矿物分散场图层

基本操作步骤同25.12之（1）。

（3）重砂汇水盆地异常图层

基本操作步骤同25.12之（1）。

（4）重砂矿产综合异常数据实体ID自动赋值

与25.1.1.3操作相同。

（5）重砂矿产综合异常数据表格输出

与25.1.1.4操作相同。

# 25.16　异常查证结果数据录入与编辑

该库输入成果数据，在“实际材料图”“编稿原图”和“空间数据库”等成果阶段进行编辑。

（1）异常查证结果数据录入与编辑

1）在实际材料图环境下，选择菜单（图 25.16.1）。

如果是新增，选择“矿调物化遥成果数据采集”菜单下的次级菜单；如果是编辑，选择“矿调物化遥成果数据编辑”菜单下的次级菜单。

2）先在图上用鼠标在采样位置上点击，增加一个点（如果是编辑一个点，则选择要编辑的点），按左键弹出对话框并输入数据（图 25.16.2）。

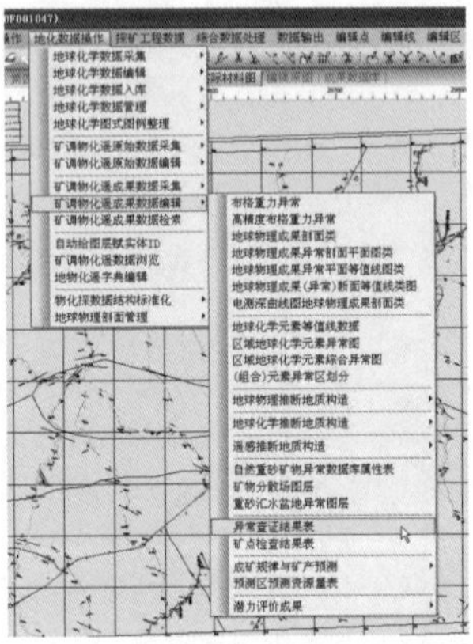

图 25.16.1　异常查证结果数据录入菜单

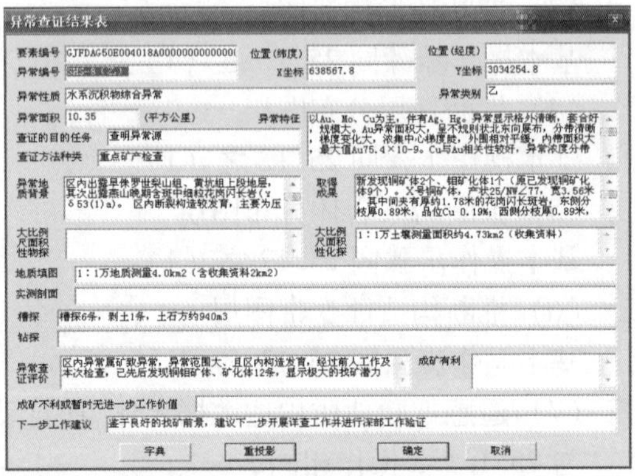


图 25.16.2　异常查证结果数据编辑

（2）异常查证结果数据表格输出

选择菜单“矿调物化遥成果数据表格输出”→“异常查证结果表”（或其他相关数据菜单），系统自动弹出 Excel 表，用户操作该表功能，即可打印输出（图 25.16.3）。

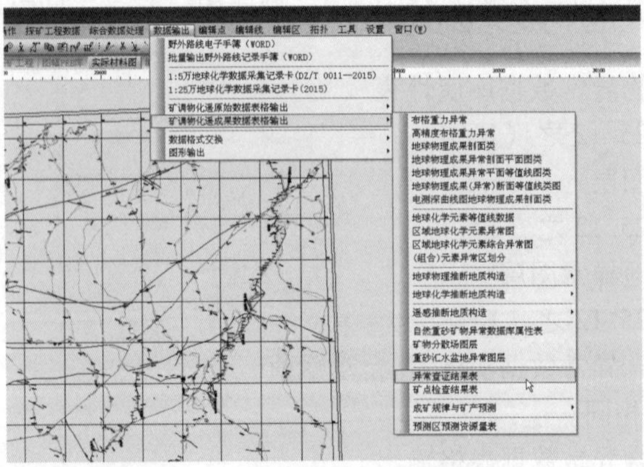


图 25.16.3　异常查证结果数据表格输出

## 25.17 矿点检查结果数据录入与编辑

该库输入成果数据，在“实际材料图”“编稿原图”和“空间数据库”等成果阶段进行编辑。

（1）矿点检查结果数据录入与编辑

1）在实际材料图环境下，选择菜单（图 25.17.1）。

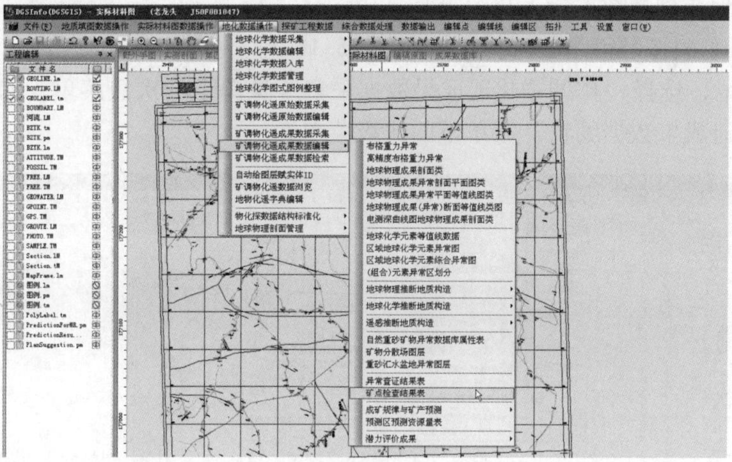


图 25.17.1 矿点检查结果数据录入与编辑菜单

如果是新增，选择“矿调物化遥成果数据采集”菜单下的次级菜单；如果是编辑，选择“矿调物化遥成果数据编辑”菜单下的次级菜单。

2）先在图上用鼠标在采样位置上点击，增加一个点（如果是编辑一个点，则选择要编辑的点），按左键弹出对话框并输入数据（图 25.17.2）。

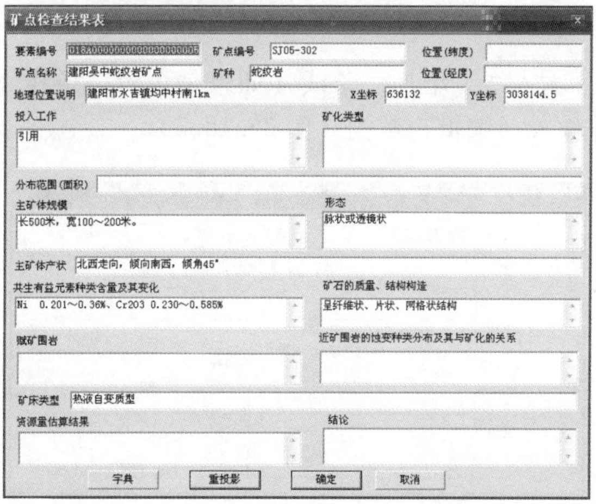


图 25.17.2 矿点检查结果数据录入与编辑

（2）矿点检查结果数据表格输出

与25.16之（2）操作相同。

## 25.18 成矿规律与矿产预测数据录入与编辑

该库输入成果数据，在“实际材料图”“编稿原图”和“空间数据库”等成果阶段进行编辑。

（1）综合地质构造数据录入与编辑

1）在实际材料图环境下，选择菜单（图25.18.1）。

如果是新增，选择“矿调物化遥成果数据采集”菜单下的次级菜单；如果是编辑，选择“矿调物化遥成果数据编辑”菜单下的次级菜单。

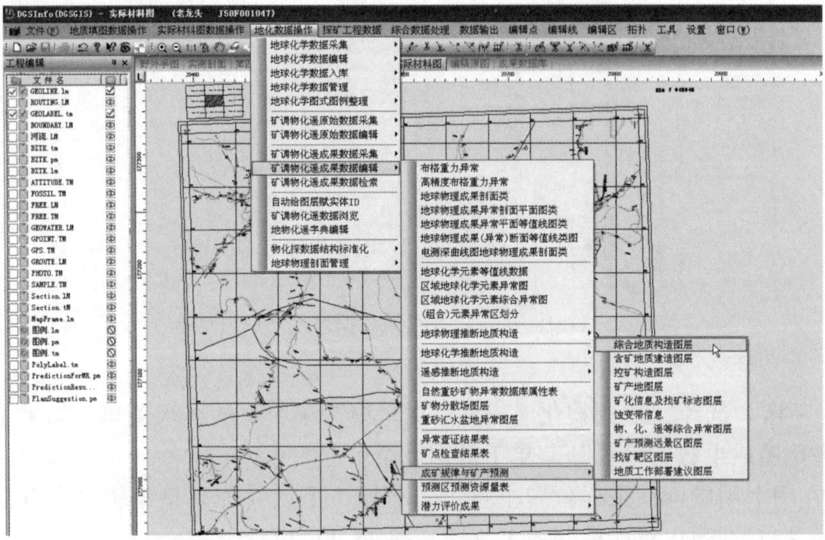


图25.18.1　综合地质构造数据录入与编辑菜单

2）先在图上用鼠标输入线，增加一条线（如果是编辑一条线，则选择要编辑的线），按右键弹出对话框，并输入（编辑）数据（图25.18.2）。

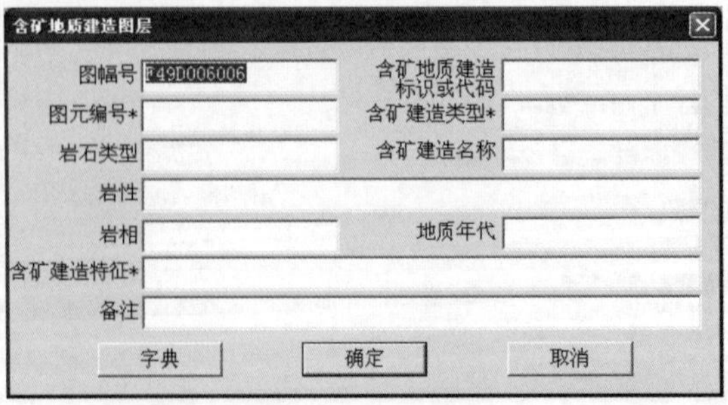


图25.18.2　综合地质构造数据录入与编辑

(2) 含矿地质建造数据录入与编辑

1) 选择菜单 (图 25.18.3)。

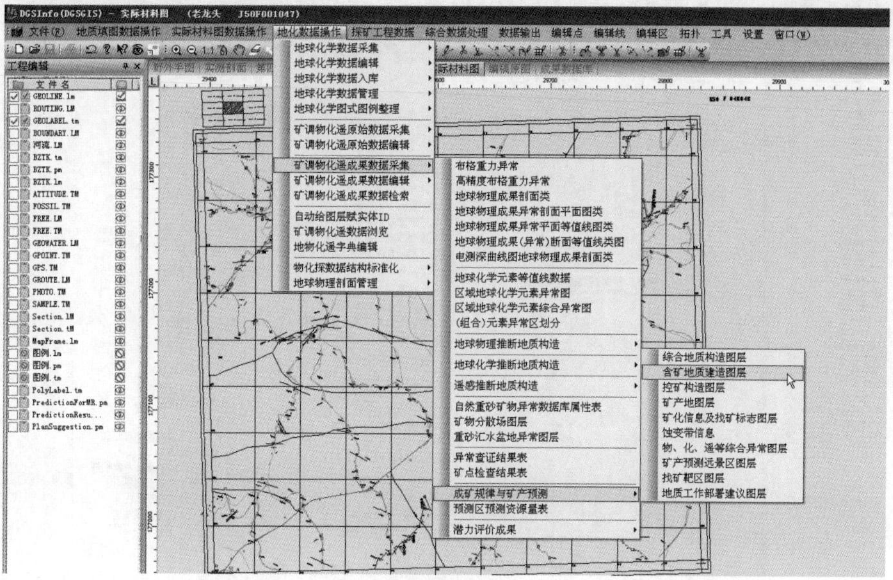


图 25.18.3 含矿地质建造数据录入与编辑菜单

如果是新增，选择“矿调物化遥成果数据采集”菜单下的次级菜单；如果是编辑，选择“矿调物化遥成果数据编辑”菜单下的次级菜单。

2) 先在图上用鼠标输入线，增加一条线（如果是编辑一条线，则选择要编辑的线），按右键弹出对话框，并输入（编辑）数据（图 25.18.4）。

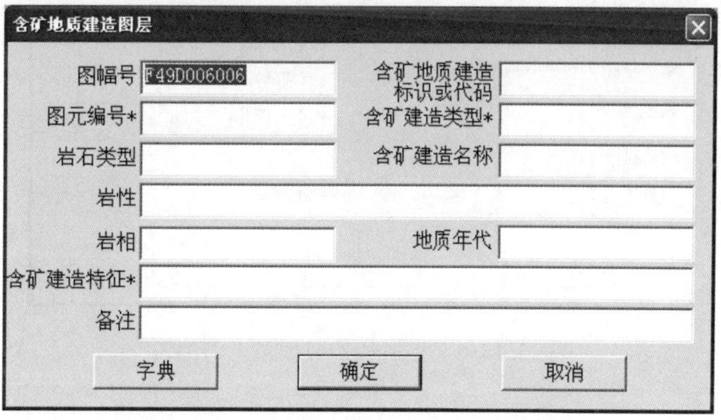


图 25.18.4 含矿地质建造数据录入与编辑

(3) 控矿构造数据录入与编辑

1) 选择菜单 (图 25.18.5)。

如果是新增，选择“矿调物化遥成果数据采集”菜单下的次级菜单。如果是编辑，选择“矿调物化遥成果数据编辑”菜单下的次级菜单。

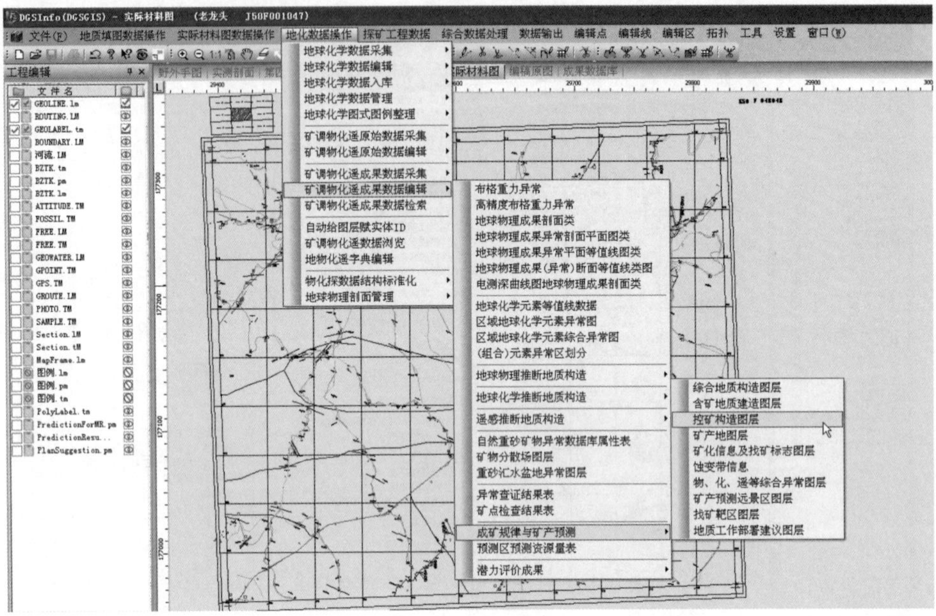


图 25.18.5　控矿构造数据录入与编辑菜单

2）先在图上用鼠标输入线，增加一条线（如果是编辑一条线，则选择要编辑的线），按右键弹出对话框，并输入（编辑）数据（图 25.18.6）。

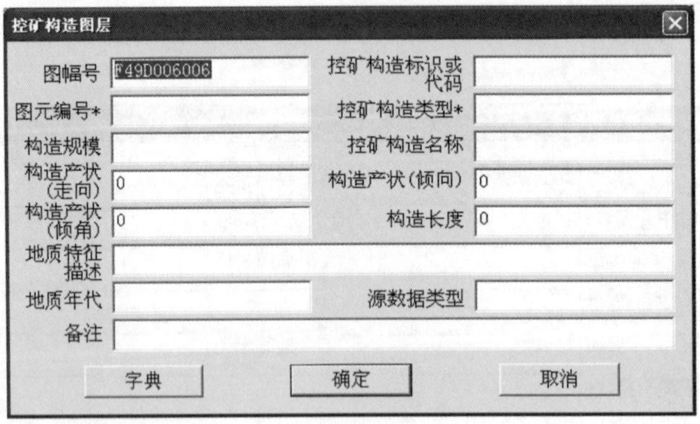


图 25.18.6　控矿构造数据录入与编辑

（4）矿产地数据录入与编辑

1）选择菜单（图 25.18.7）。

如果是新增，选择“矿调物化遥成果数据采集”菜单下的次级菜单；如果是编辑，选择“矿调物化遥成果数据编辑”菜单下的次级菜单。

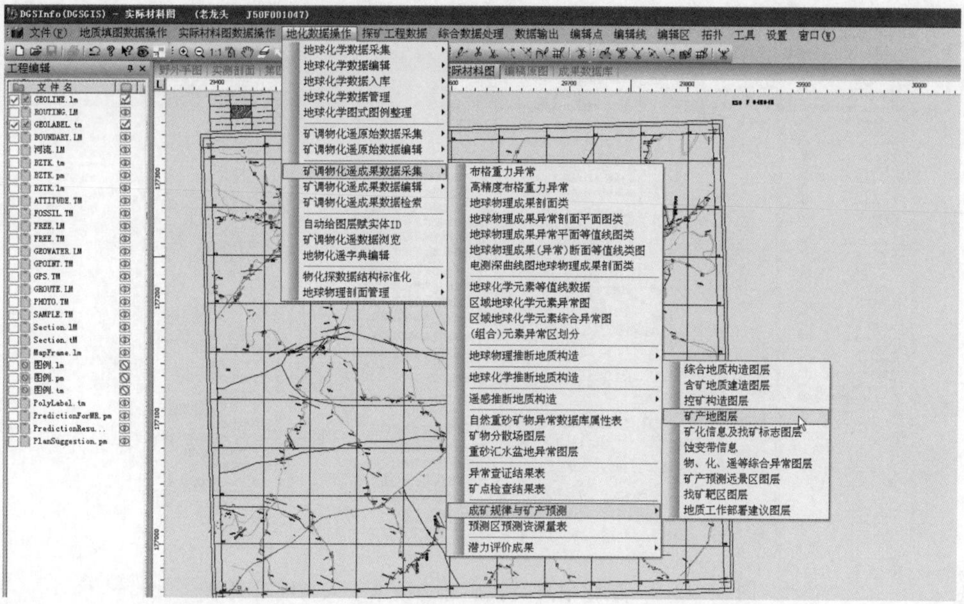


图 25.18.7　矿产地数据录入与编辑菜单

2）先在图上用鼠标在采样位置上点击，增加一个点（如果是编辑一个点，则选择要编辑的点），按左键弹出对话框并输入数据（图 25.18.8）。

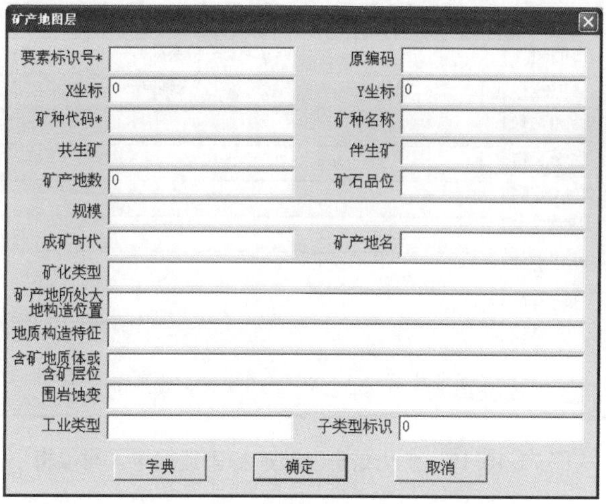


图 25.18.8　矿产地数据录入与编辑

（5）矿化信息及找矿标志数据录入与编辑

1）选择菜单（图 25.18.9）。

如果是新增，选择“矿调物化遥成果数据采集”菜单下的次级菜单；如果是编辑，选择“矿调物化遥成果数据编辑”菜单下的次级菜单。

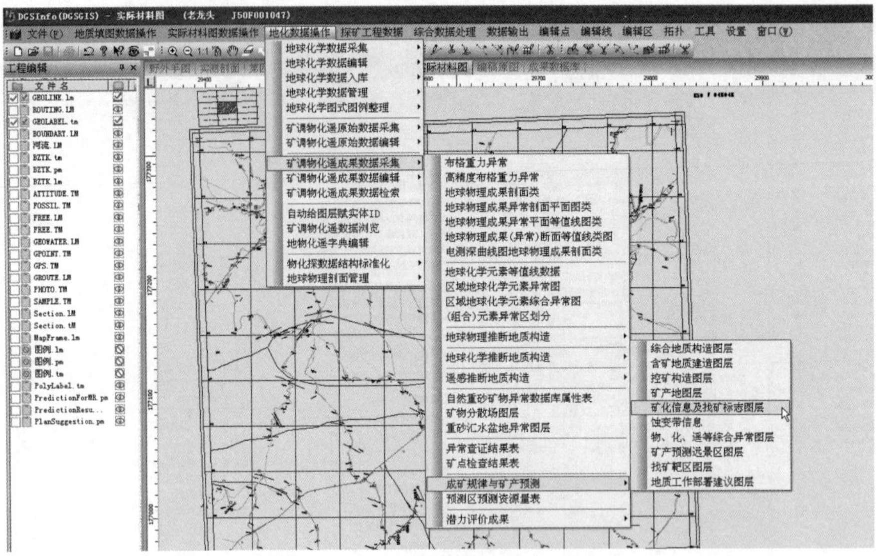


图 25.18.9　矿化信息及找矿标志数据录入与编辑菜单

2）先在图上用鼠标在采样位置上点击，增加一个点（如果是编辑一个点，则选择要编辑的点），按左键弹出对话框并输入数据（图 25.18.10）。

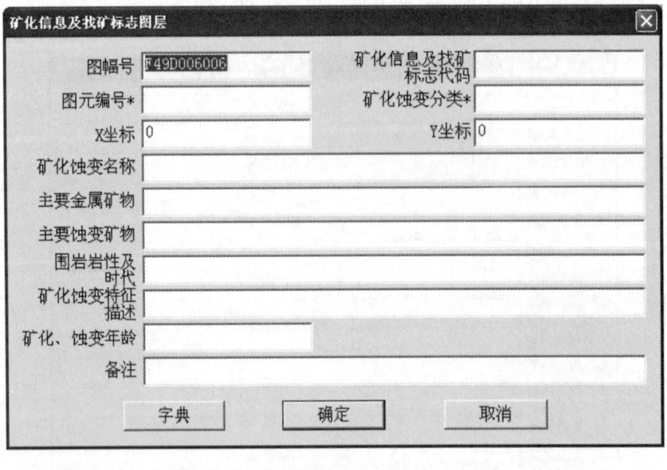


图 25.18.10　矿化信息及找矿标志数据录入与编辑

（6）蚀变带信息数据录入与编辑

1）选择菜单（图 25.18.11）。

如果是新增，选择“矿调物化遥成果数据采集”菜单下的次级菜单；如果是编辑，选择“矿调物化遥成果数据编辑”菜单下的次级菜单。

2）先在图上用鼠标输入区，增加一个区（如果是编辑一个区，则选择要编辑的区），按左键弹出对话框并输入数据（图 25.18.12）。

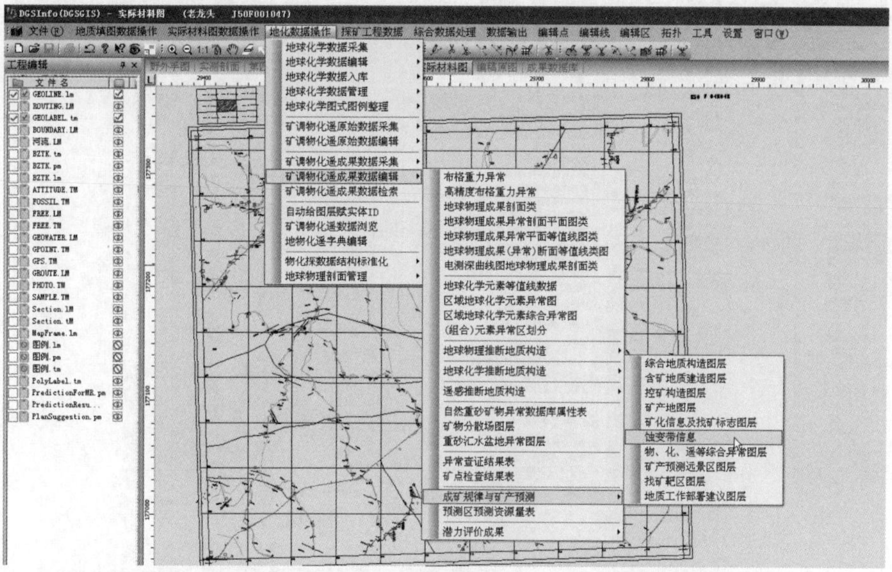


图 25.18.11　蚀变带信息数据录入与编辑菜单

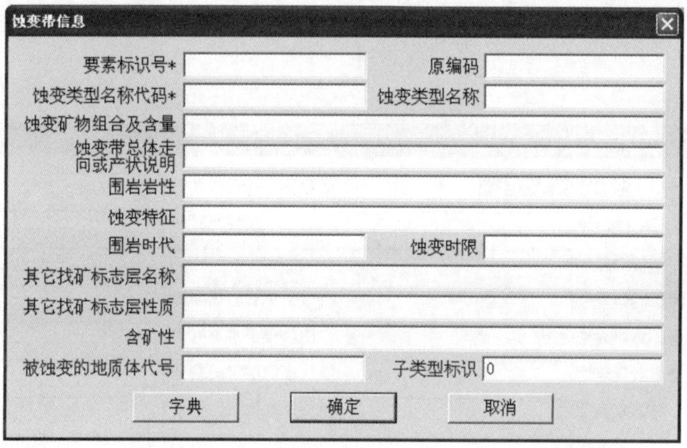


图 25.18.12　蚀变带信息数据录入与编辑

（7）物化遥综合异常数据录入与编辑

1）选择菜单（图 25.18.13）。

如果是新增，选择“成果数据新增”菜单下的次级菜单；如果是编辑，选择“成果数据编辑”菜单下的次级菜单。

2）先在图上用鼠标输入区，增加一个区（如果是编辑一个区，则选择要编辑的区），按左键弹出对话框并输入数据（图 25.18.14）。

（8）矿产预测远景区数据录入与编辑

1）选择菜单（图 25.18.15）。

如果是新增，选择“成果数据新增”菜单下的次级菜单；如果是编辑，选择“成果数

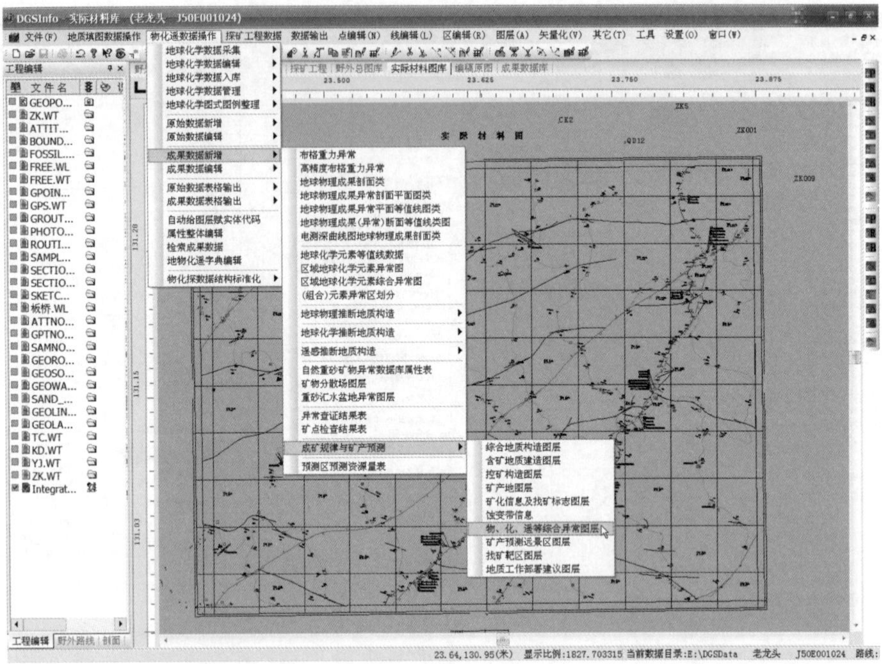

图 25. 18. 13　物化遥综合异常数据录入与编辑菜单

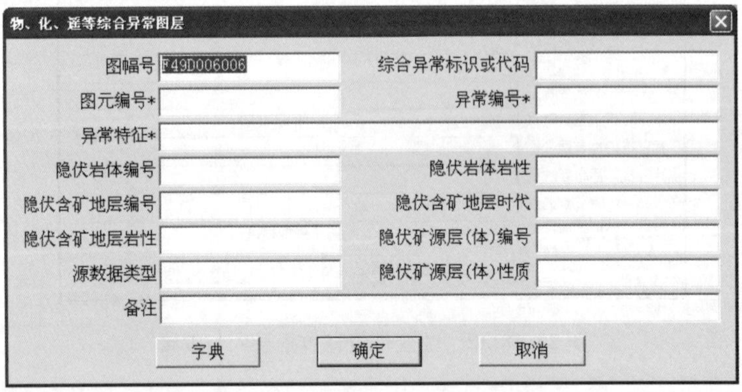


图 25. 18. 14　物化遥综合异常数据录入与编辑

据编辑”菜单下的次级菜单。

2）先在图上用鼠标输入区，增加一个区（如果是编辑一个区，则选择要编辑的区），按左键弹出对话框并输入数据（图 25. 18. 16）。

（9）找矿靶区数据录入与编辑

1）选择菜单（图 25. 18. 17）。

如果是新增，选择“成果数据新增”菜单下的次级菜单；如果是编辑，选择“成果数据编辑”菜单下的次级菜单。

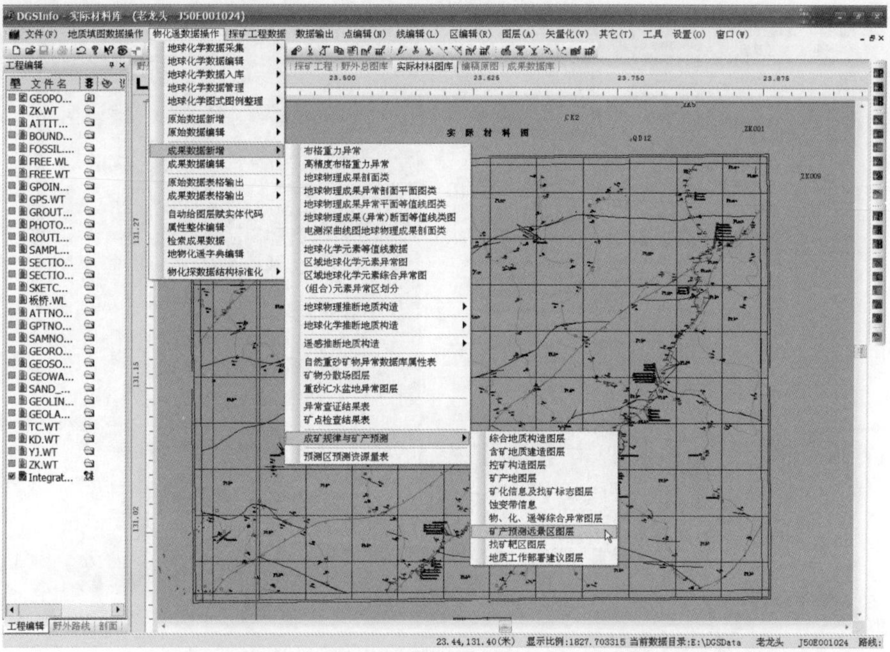


图 25.18.15　矿产预测远景区数据录入与编辑菜单

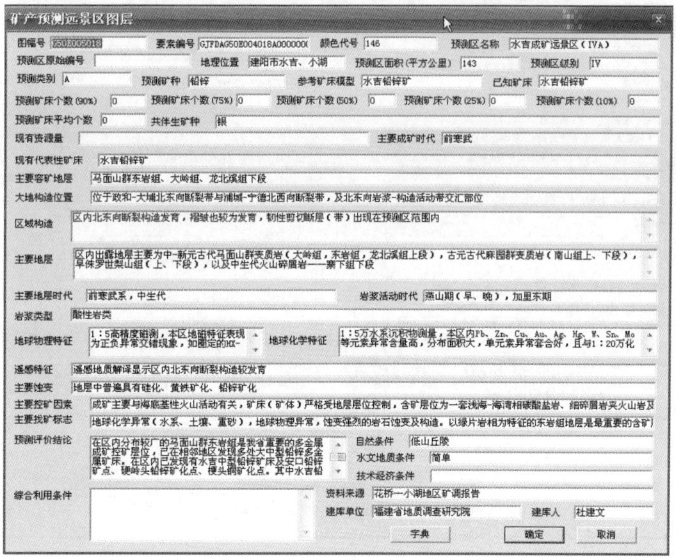


图 25.18.16　矿产预测远景区数据录入与编辑

2）先在图上用鼠标输入区，增加一个区（如果是编辑一个区，则选择要编辑的区），按左键弹出对话框并输入数据（图 25.18.18）。

（10）地质工作部署建议数据录入与编辑

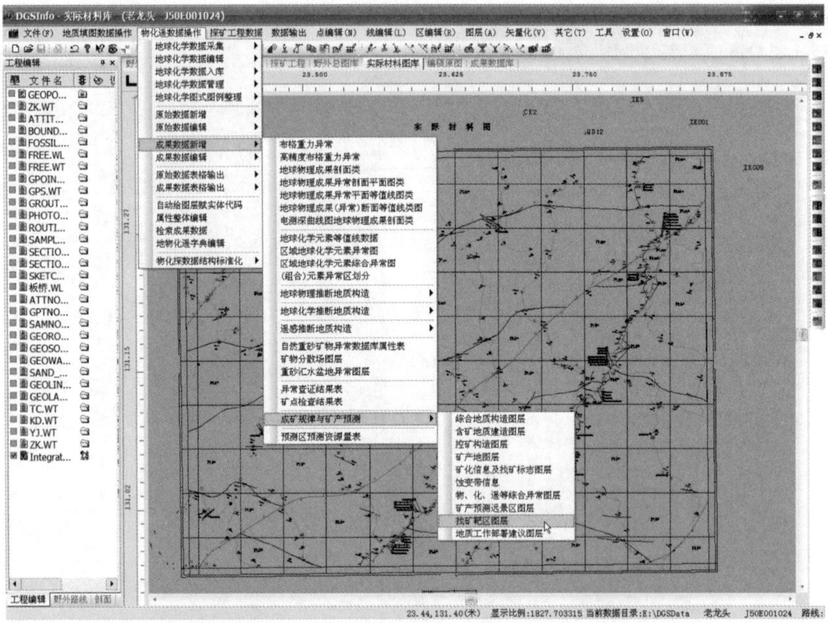

图 25.18.17　找矿靶区数据录入与编辑菜单

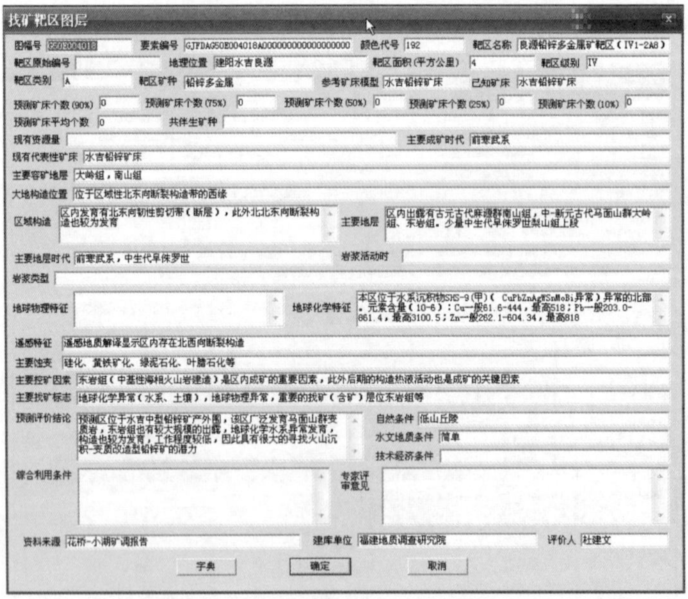


图 25.18.18　找矿靶区数据录入与编辑

1）在实际材料图环境下，选择菜单（图 25.18.19）。

如果是新增，选择“成果数据新增”菜单下的次级菜单；如果是编辑，选择“成果数据编辑”菜单下的次级菜单。

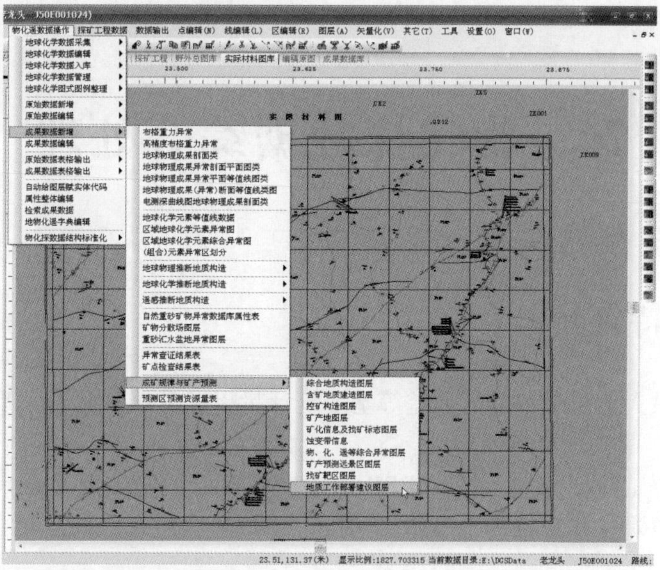


图 25.18.19 地质工作部署建议数据录入与编辑菜单

2）先在图上用鼠标输入区，增加一个区（如果是编辑一个区，则选择要编辑的区），按左键弹出对话框并输入数据（图 25.18.20）。

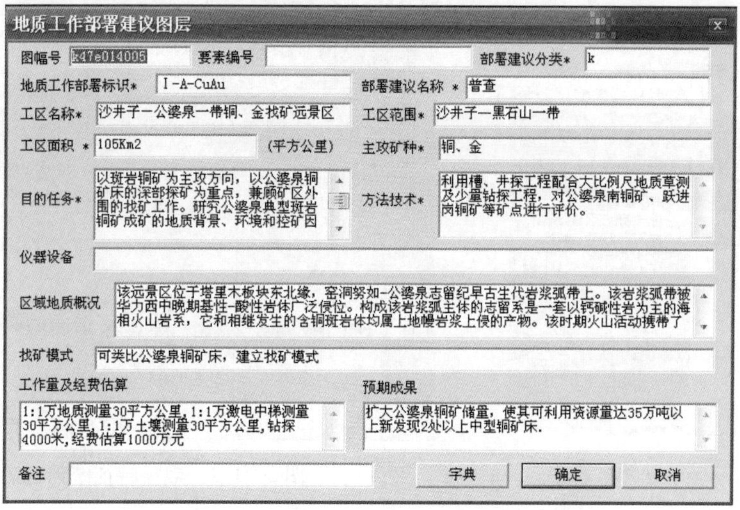


图 25.18.20 地质工作部署建议数据录入与编辑

（11）成矿规律与矿产预测数据实体 ID 自动赋值

与 25.1.1.3 操作相同。

（12）成矿规律与矿产预测数据表格输出

与 25.1.1.4 操作相同。

# 26　物化探数据综合处理

## 26.1　数字特征统计

该模块通过最大值、最小值、方差等基本统计量以及分级统计，以反映数据的空间分布规律。

首先选择某个工作图幅进入图幅 PRB 库中。将目标图层数据（点）加入工程后即可通过常用方法菜单对这些数据进行操作。

### 26.1.1　基本数字特征统计

按照图 26.1.1 选择菜单，然后在弹出的对话框中选择需要统计的目标点图层（图 26.1.2）。

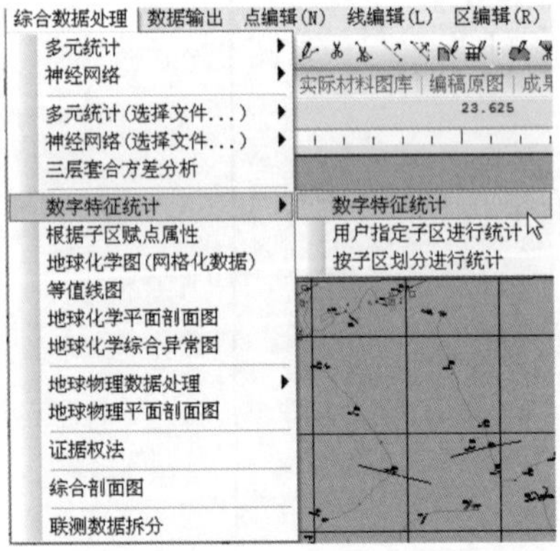


图 26.1.1　数字特征统计菜单

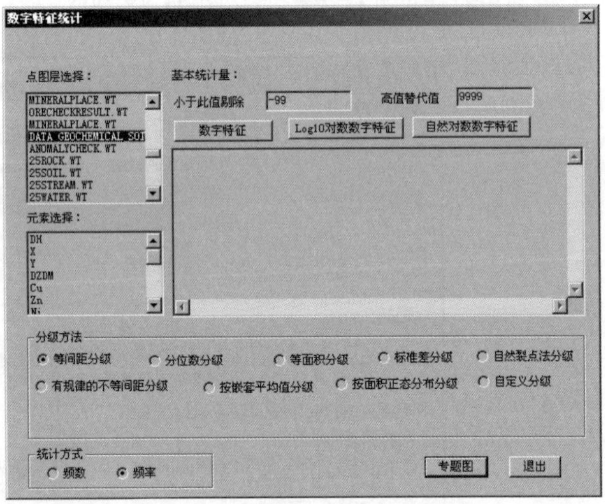


图 26.1.2　数字特征统计对话框

在元素选择中列出了该地球化学数据具有的元素属性，如 Ag、As 等，选择某个元素后，输入最高替代值和最低剔除值后，选择该组数据的统计方式（按原始值、$\log_{10}$、ln）进行统计，可获得具有有效元素值的所有点的基本统计量，包括对数据集中趋势、数据离散程度和数据分布形态等的统计（图 26.1.3）。

在此基础上可以通过分级把数据划分成不同的级别，体现数据自身的特征，为应用研究及专题制图提供基础。

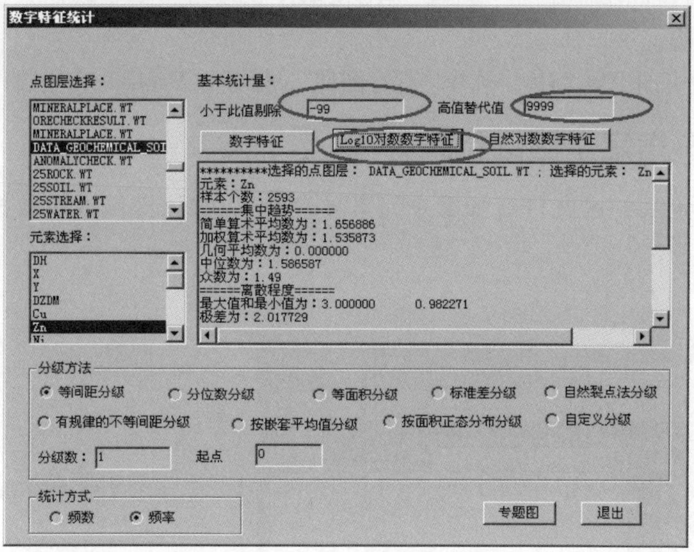


图 26.1.3　选择统计方式

分级方法有：

（1）自定义分级：根据应用目的设定各个级别的数值范围来实现分级（图 26.1.4）。

（2）模式分级：按照固定模式进行分级，级差由特定的算法自动设定。模式分级分为：等间距分级、分位数分级、等面积分级、标准差分级、自然裂点法分级、其他分级方法（有规律的不等间距分级、按嵌套平均值分级、按面积正态分布分级）。

专题图类型有：直方图、饼图、折线图。

可以统计这组数据的频数或频率。

用户选择等间距分级并输入级数、选择专题图类型、选择统计方式后，生成专题图件如图 26.1.5 所示。

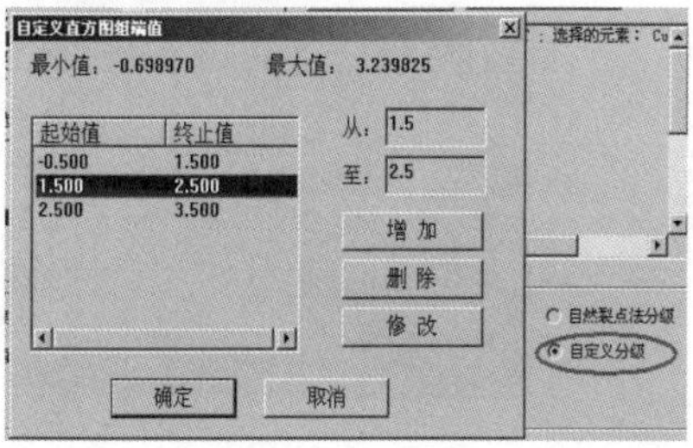


图 26.1.4　自定义分级

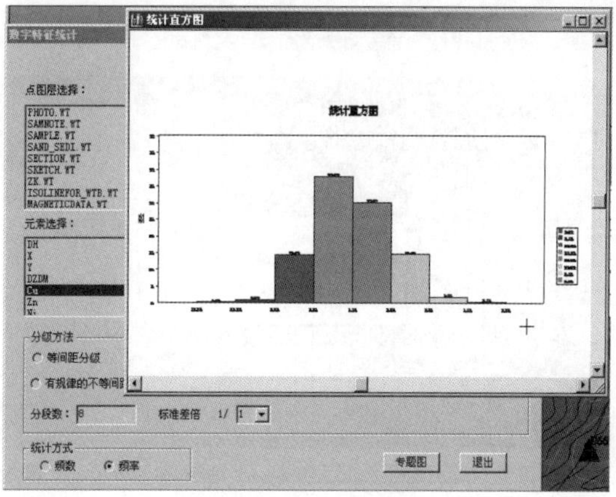


图 26.1.5　生成图件

图件的设置：右击图形窗口，选择“图件设置”，参考“等值线图”的“数字特征图件编辑”部分内容。

图件的保存：右击图形窗口，选择“保存图件”，保存为 MapGIS 工程文件（图 26.1.6）。

## 26.1.2 用户指定子区进行统计

根据用户自定义的区文件（如某个元素异常区），在该区域内对数据进行统计（图 26.1.7）。

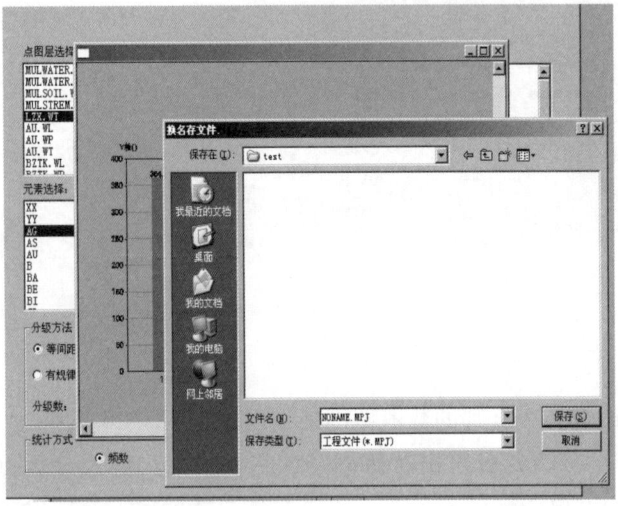


图 26.1.6 保存图件

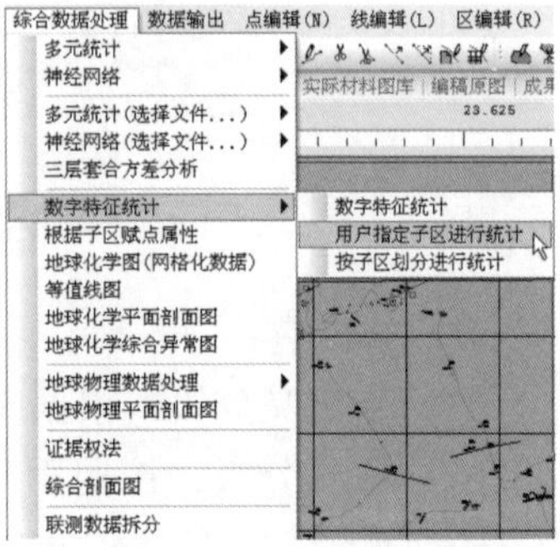


图 26.1.7 指定子区统计菜单

选择某个区文件，点击“确定”（图 26.1.8）。点击图层，选择某个区图元（图 26.1.9）。

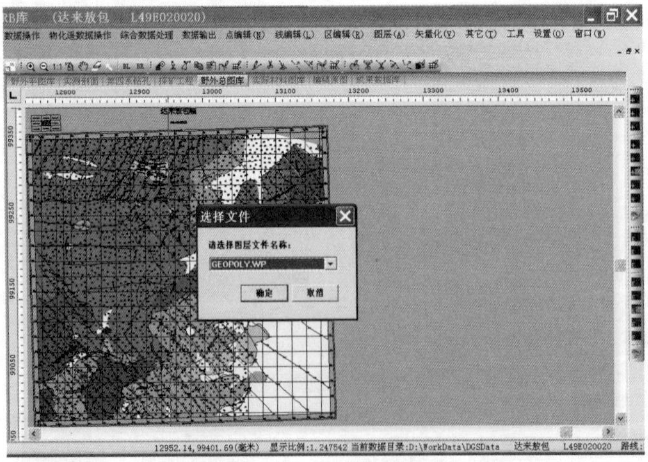


图 26.1.8 选择子区文件

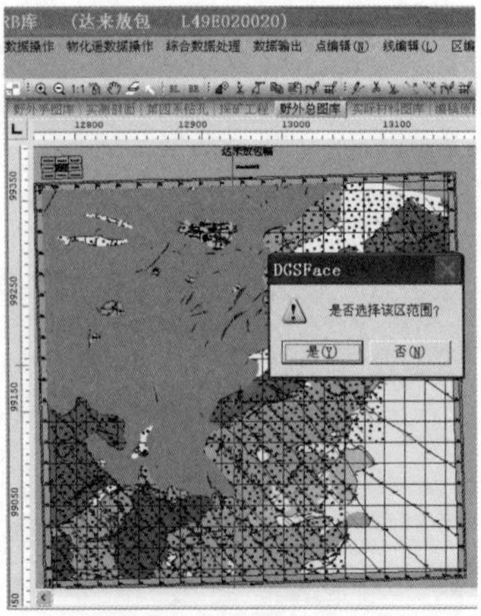


图 26.1.9 选择某个子区

选择“是”，则统计该区范围内的地球化学数据的情况，弹出的对话框（图 26. 1. 10）。

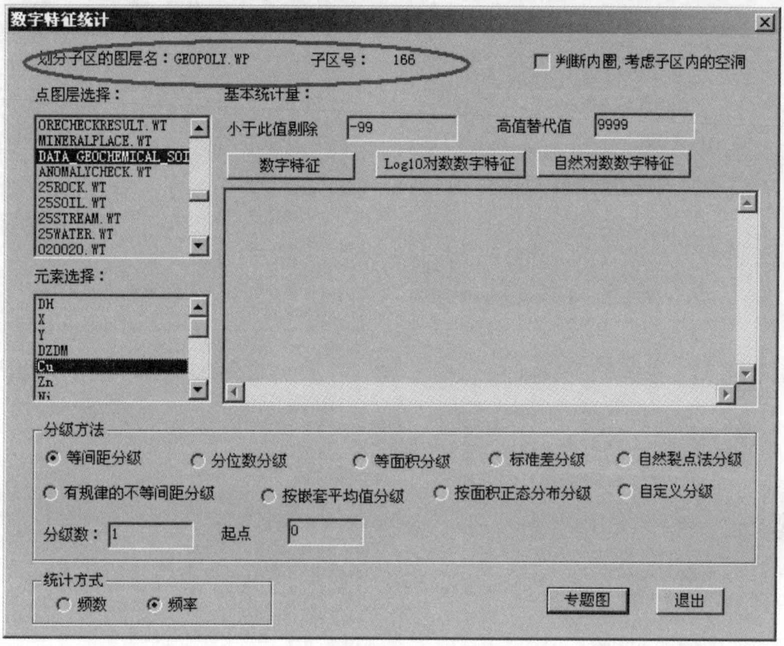


图 26. 1. 10　选择某个子区内的数据进行统计

内圈，子区内的空洞的处理：

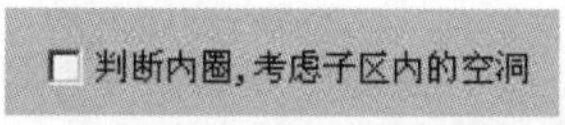


如打钩选择，则考虑子区内的空洞情况，统计地球化学点时，严格判断点是否落在区域内，若落在区域的空洞内，也认为是落在区域外边。

其他操作如第一部分，区别就是统计的是某个区内的信息，而不是所有点的信息。

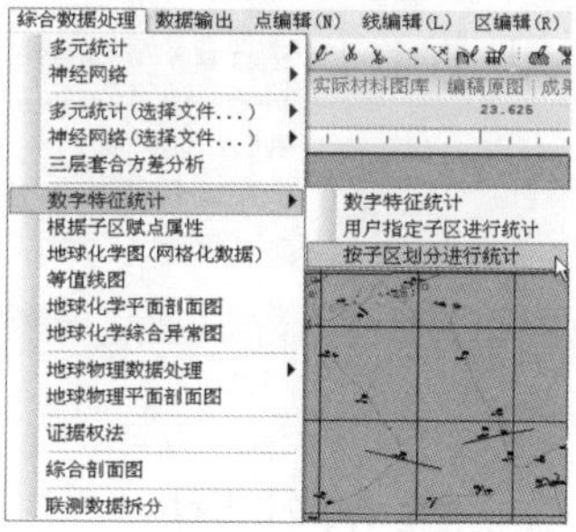


图 26. 1. 11　按不同子区统计菜单

## 26. 1. 3　按子区划分进行统计

对第 2 部分进行扩展，用户根据需要划分的不同子区，全局浏览这些子区内的相关数据统计信息，用户也可以动态选择某个区浏览统计信息（图 26. 1. 11，图 26. 1. 12）。

选择某个区文件，确定，弹出对话框（图 26. 1. 13）。

子区号：全部子区和各个子区情况浏览（图 26. 1. 14）。

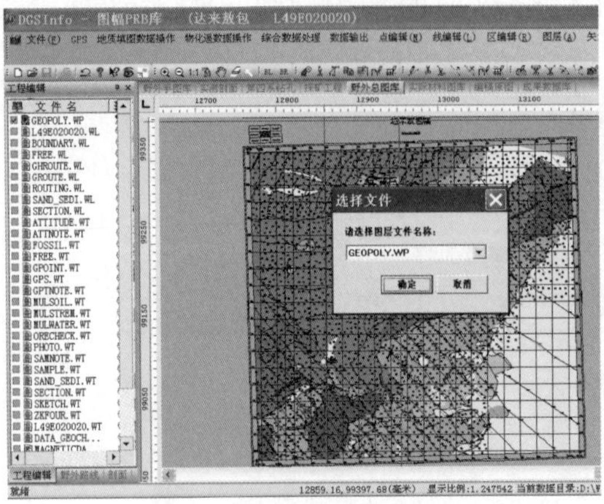

图 26.1.12　选择子区文件

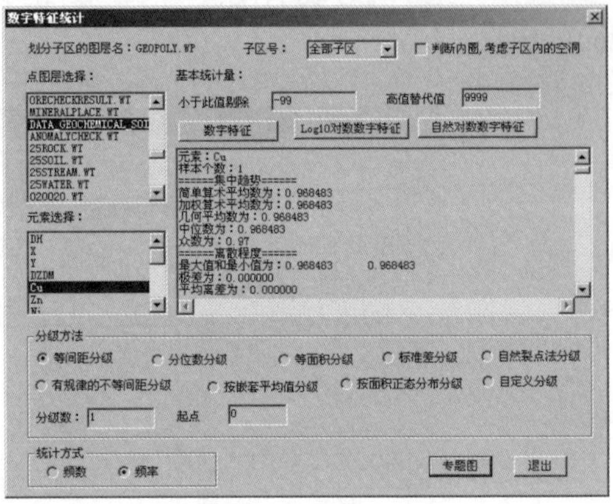


图 26.1.13　按子区统计

********** 选择的点图层：　LZX.WT　　　　选择的元素：　AG **********

子区号为：　1
======集中趋势======
简单算术平均数为：0.057500
加权算术平均数为：0.055000
几何平均数为：0.053697
中位数为：0.055000
众数为：0.06
======离散程度======
最大值和最小值为：0.100000　0.030000
极差为：0.070000
平均离差为：0.017500
离差平方和为：0.003750
方差为：0.000469
标准差为：0.021651
均值 +/- 1 倍标准差为：0.035849　0.079151
均值 +/- 2 倍标准差为：0.014199　0.100801
变差系数为：0.376533
======分布形态======
偏度为：0.800000
峰度为：-0.325780

子区号为：　2
======集中趋势======
简单算术平均数为：0.079310
加权算术平均数为：0.067196
几何平均数为：0.000000
中位数为：0.070000
众数为：0.06
======离散程度======
最大值和最小值为：0.460000　0.020000
极差为：0.440000
平均离差为：0.028378
离差平方和为：0.640062
方差为：0.002207
标准差为：0.046980
均值 +/- 1 倍标准差为：0.032330　0.126290
均值 +/- 2 倍标准差为：-0.014649　0.173270
变差系数为：0.592355
======分布形态======
偏度为：25.469620
峰度为：72.028658
………

图 26.1.14　统计结果

# 26.2　等值线图

本系统提供通用的数据网格化与等值线图绘制功能。

## 26.2.1　启动功能

打开某个图幅 PRB 库，点击菜单“综合数据处理”，选择“等值线图”（图 26.2.1）。选择用于追踪等值线的点图层（图 26.2.2）。

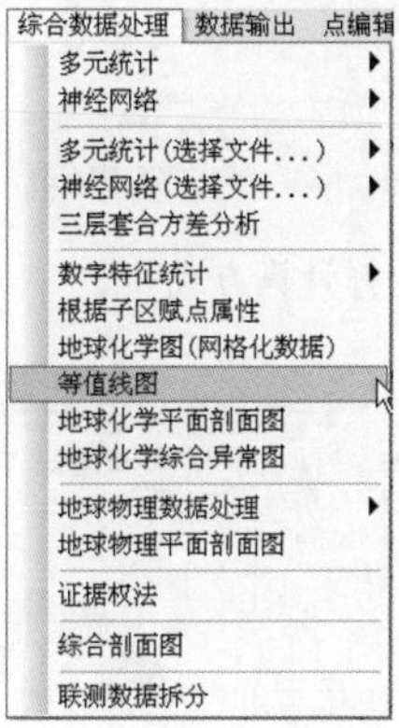


图 26.2.1　等值线图菜单

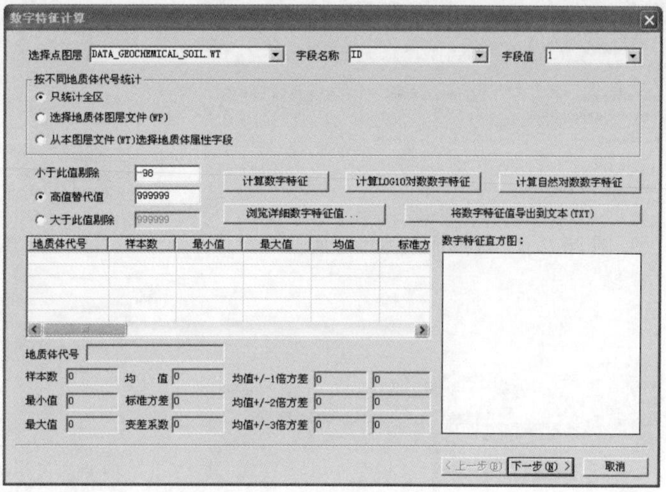


图 26.2.2　等值线处理向导

## 26.2.2　按不同地质体代号进行数字特征计算

选择需要进行数字特征统计和绘制等值线的元素（图 26.2.3）。

不同地质体代号的选择方式分三种情况：只统计全区、选择地质体图层文件、从本点图层文件选择地质体属性字段。

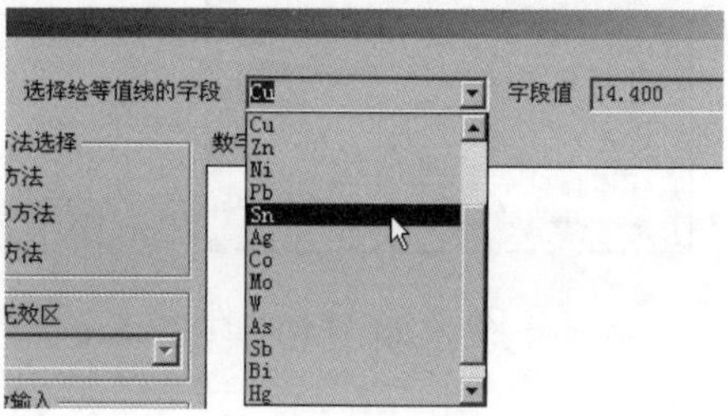


图 26.2.3　选择元素

在此基础上分类计算数字特征，分为三种方式：计算数值特征、计算 $\log_{10}$ 对数数字特征、计算自然对数 ln 数字特征。计算时需要用户填写“小于此值剔除”“高值替代值”或“高值剔除值”，默认分别为-98、9999。点击按钮“计算数值特征”，或“计算 $\log_{10}$ 对数数字特征”，或“计算自然对数数字特征”，得到这三种方式下不同地质代号内样本的数字特征：最大值、最小值、标准方差等。根据实际情况（如：均值加上 3 倍方差），修改异常剔除值或异常替代值，多次计算数字特征，得到符合要求的数字特征。

（1）选择地质体代号属性，以下是三种情况（图 26.2.4）。

（2）输入异常剔除或替代值后，选择计算数字特征（图 26.2.5）。

效果如图 26.2.6 所示。

修改高值替代值，多次计算数字特征（图 26.2.7）。

（3）输出数字特征情况：可以输出到 TXT 文本，可以拷到 Excel 表格中（图 26.2.8，图 26.2.9）。

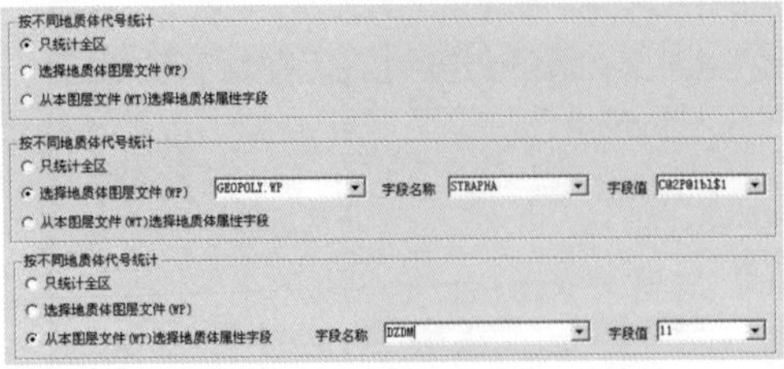


图 26.2.4　选择地质体代号属性

图 26.2.5　选择计算方式

图 26.2.6　数字特征计算结果

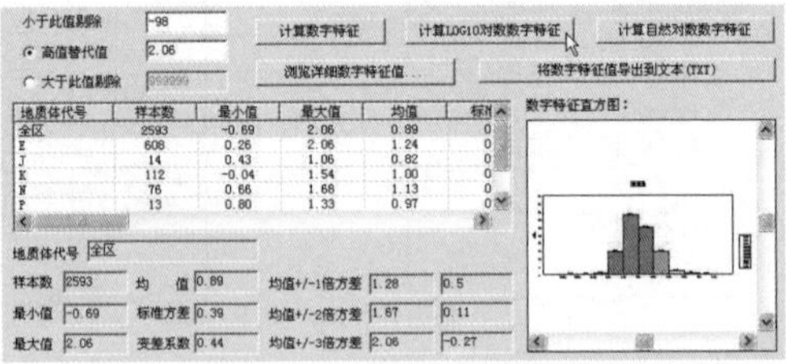

图 26.2.7　多次计算结果

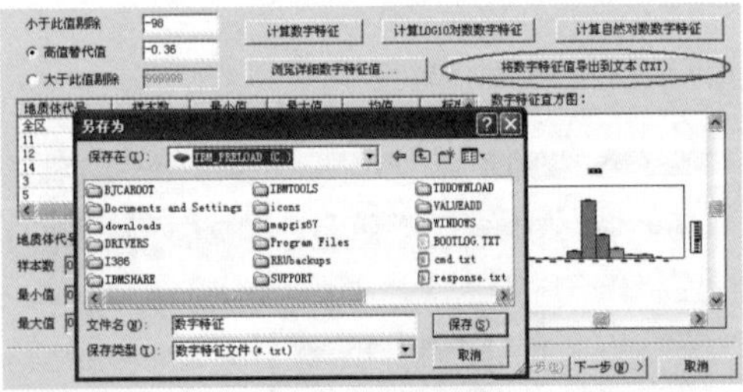

图 26.2.8　保存文件

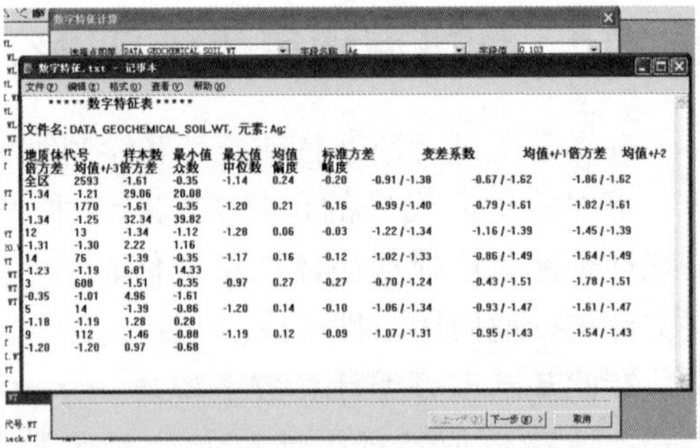

图 26.2.9　浏览结果

（4）浏览某种地质代号内的数字特征情况：选择数字特征列表中的某个地质体代号（图 26.2.10），可以详细浏览数字特征情况（图 26.2.11）。

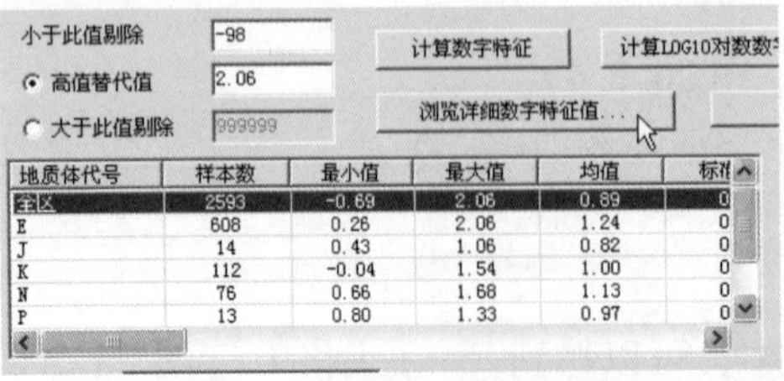


图 26.2.10　选择某个地质体代号

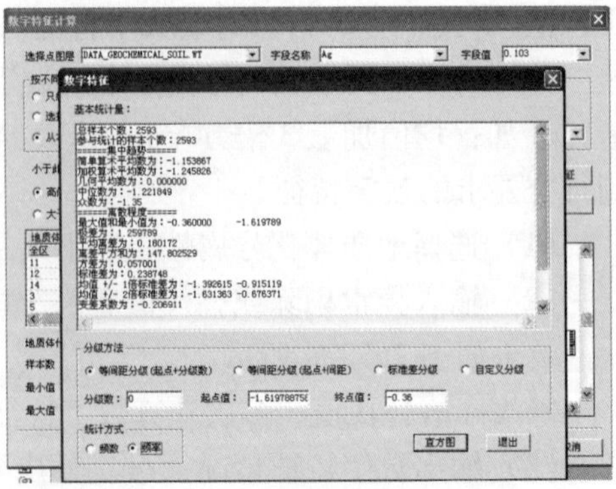

图 26.2.11　浏览分类统计结果

选择分级方法和统计方式（图 26. 2. 12），输入相应的参数，得到统计直方图（图 26. 2. 13）。

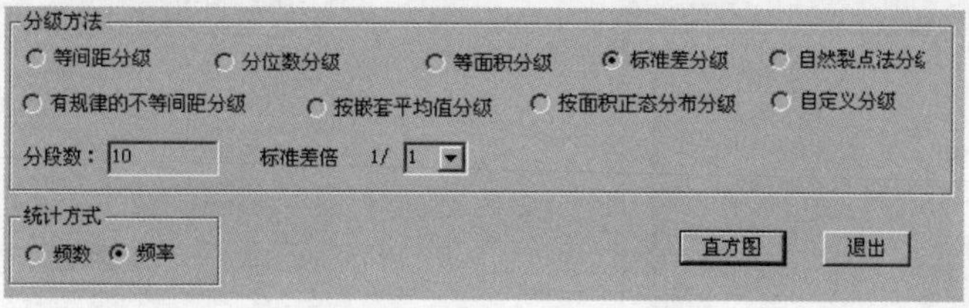


图 26. 2. 12　选择统计方式

（5）统计直方图的配置：在图框内的数字特征图是矢量格式的图件，支持图形的放大、缩小、移动等功能（同时支持快捷键操作：F5 放大，F6 移动，F7 缩小）。右击图件，弹出快捷菜单，即可进行操作（图 26. 2. 14）。

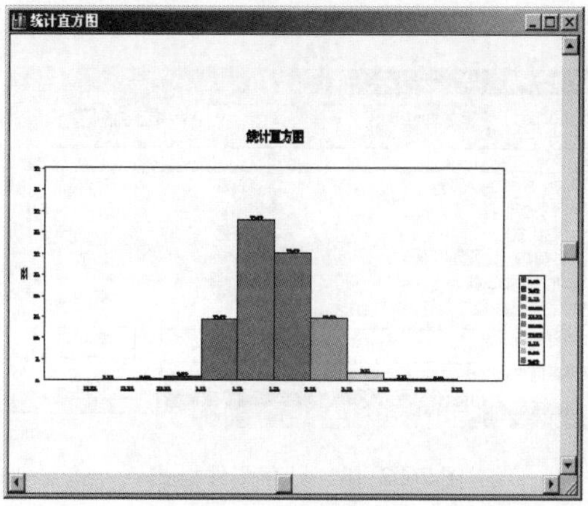


图 26. 2. 13　统计方式

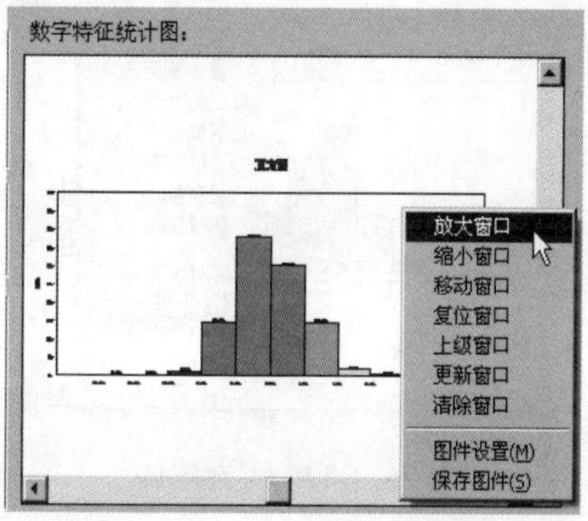


图 26. 2. 14　图件缩放显示

选择快捷菜单的“图件设置”（图 26. 2. 15），弹出图件设置属性框，可以进行各个图形参数的设置（图 26. 2. 16）。

详细的设置请参考“数字特征图件编辑”部分。

（6）数字特征图件的保存：可以将图件保存为 MPJ 工程文件和 GIF 格式的图片，用户可以根据需要对工程文件进行再编辑。选择图件快捷菜单的“保存图件”（图 26. 2. 17）。

弹出“另存为”对话框，选择需要保存的文件格式，输入文件名，点击“保存”即可（图 26. 2. 18）。

## 26. 2. 3　数字特征图件编辑

（1）图件标题修改：包括图件的标题、字体、颜色的设置（图 26. 2. 19）。

（2）图件坐标轴修改：包括 X、Y 轴的数量单位、刻度、间距、是否显示等参数（图 26. 2. 20）。

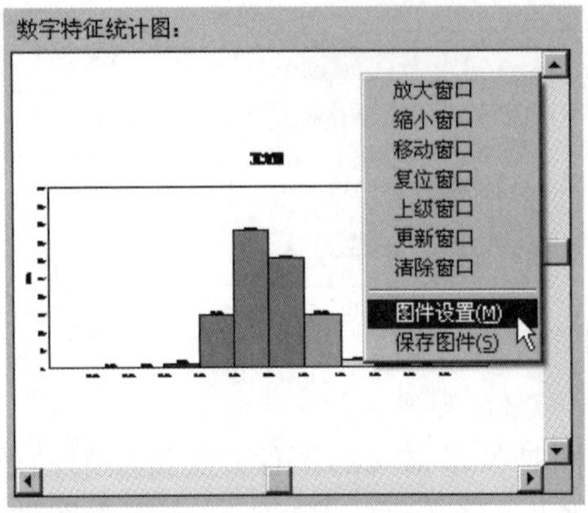


图 26.2.15　图件设置快捷菜单

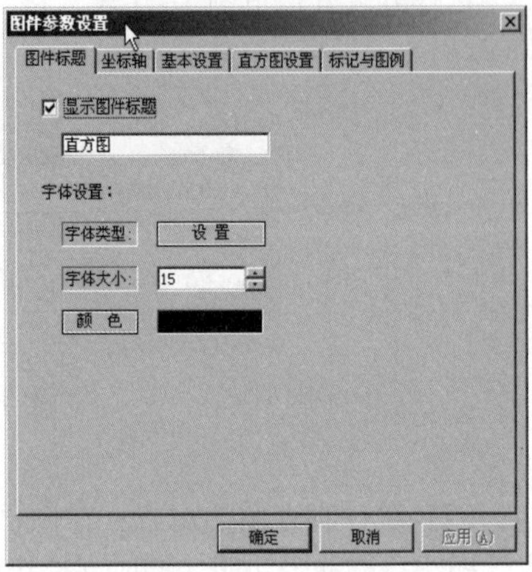


图 26.2.16　图件参数设置

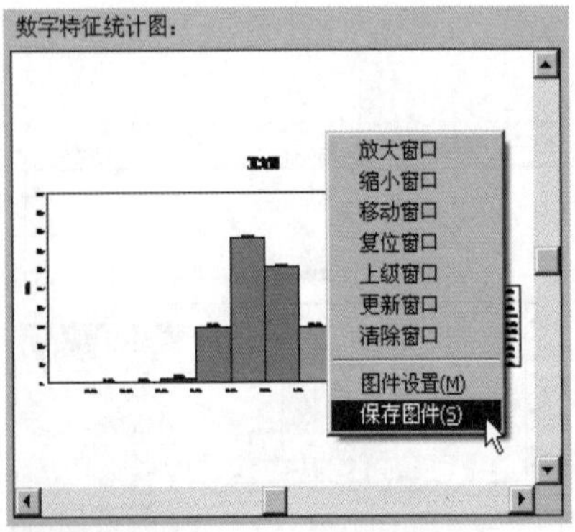


图 26.2.17　保存图件

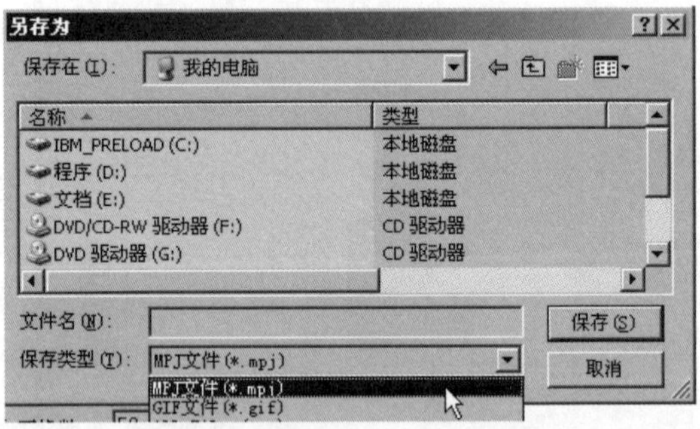


图 26.2.18　另存图件格式

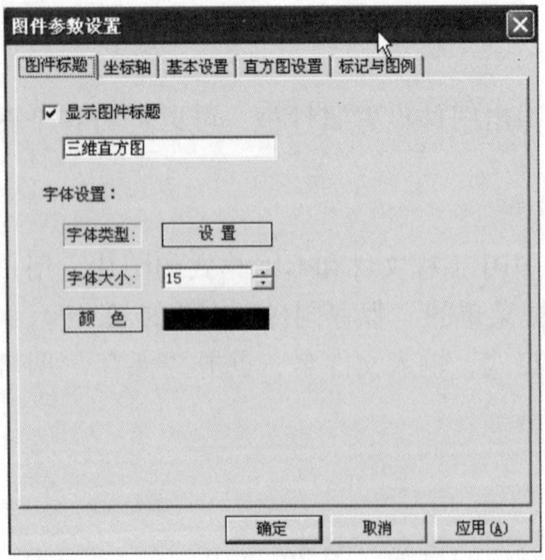


图 26.2.19　图件标题设置

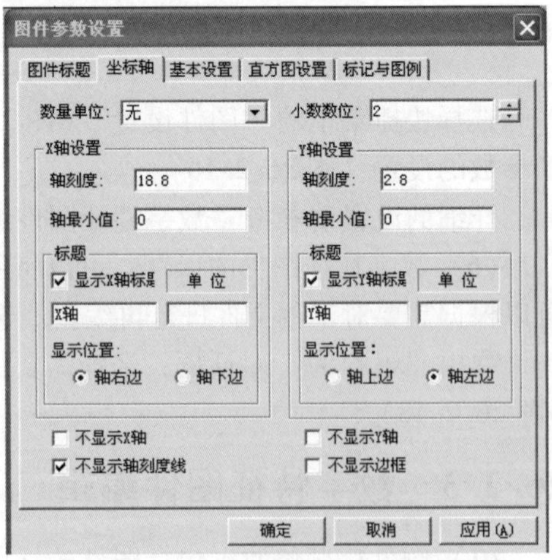


图 26.2.20　坐标轴参数设置

（3）图件基本参数设置：设置图形的范围、线型、图形字体、背景颜色等（图26.2.21）。

（4）针对当前统计图的特殊参数设置：例如，当前生成的是直方图，可设置直方图的方块的颜色、大小；直方图的方块属性：通过设置宽度来调整直方图的块大小，以达到实际工作的需要（图26.2.22）。如果是曲线图，可设置曲线的颜色、线宽等（图26.2.23）。

（5）标记与图例设置：设置图件的标注位置、是否显示、在图上是否显示数据表这些参数（图26.2.24）。

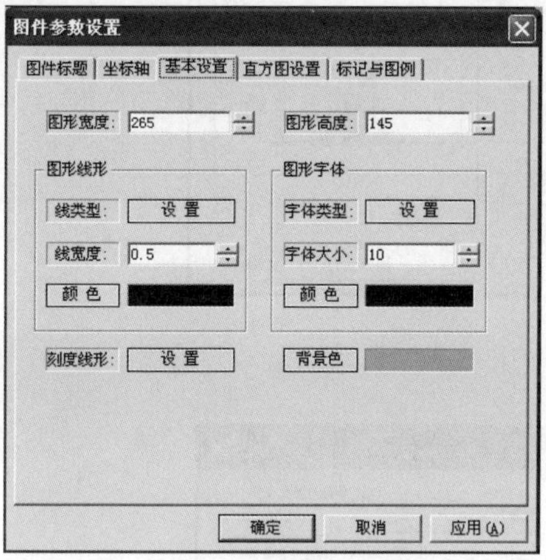


图26.2.21　图形范围设置

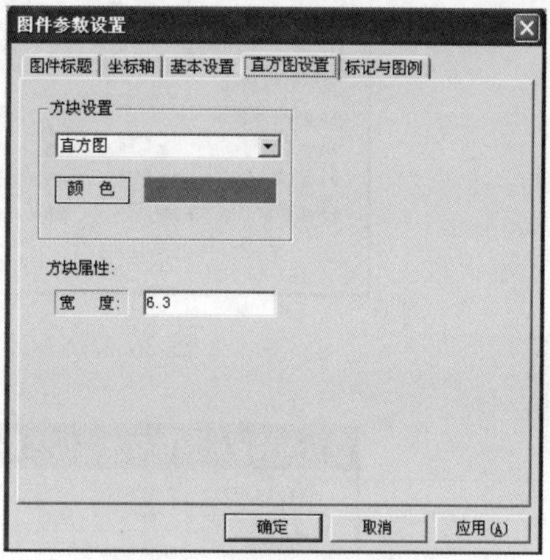


图26.2.22　直方图参数设置

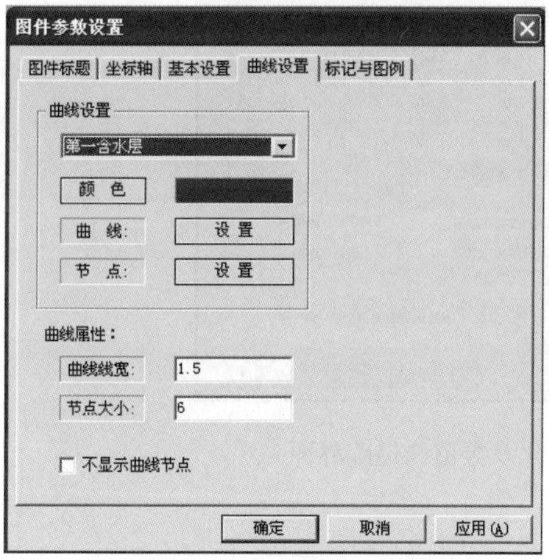


图26.2.23　曲线图参数设置

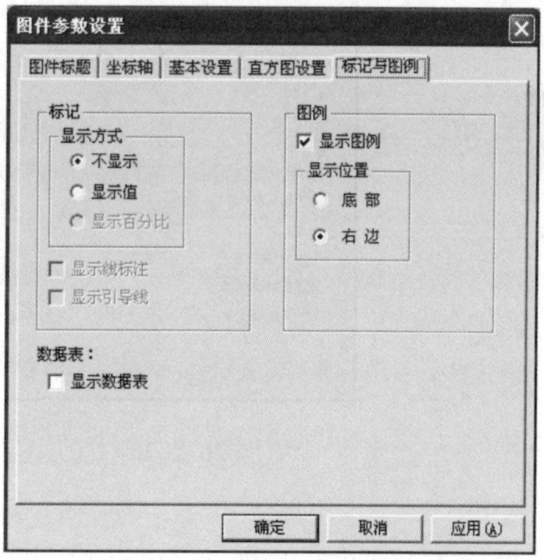


图26.2.24　标记与图例设置

## 26.2.4　网格化方法选择

计算完数字特征后，点击“下一步”（图26.2.25），进入“直方图设置、网格化、等值线追踪”界面（图26.2.26）。

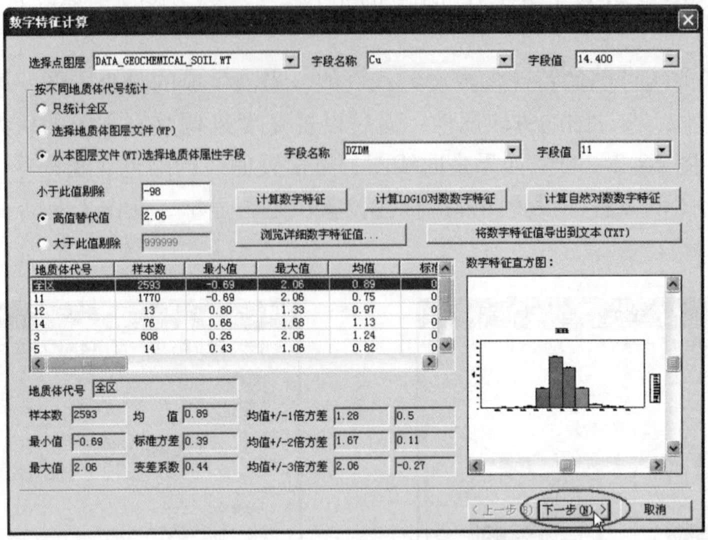

图 26.2.25　计算数字特征后进入下一步

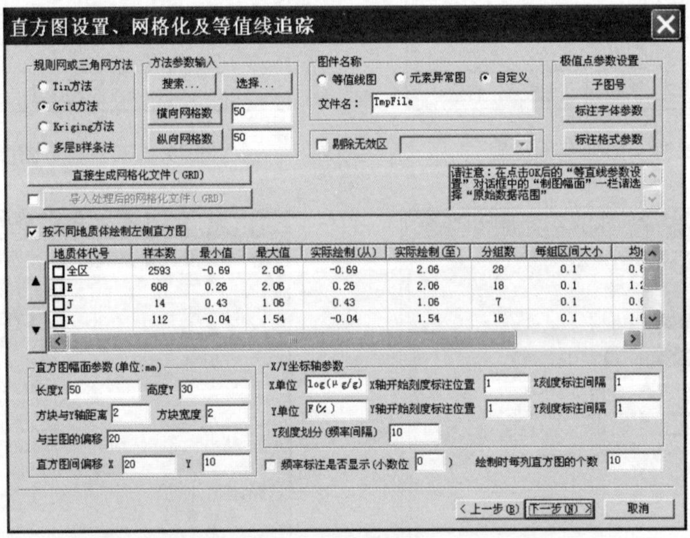

图 26.2.26　直方图设置、网格化及等值线追踪界面

网格化方法选择如图 26.2.27 所示。

**注意：**网格化方法操作必须在点击“下一步”进行等值线追踪之前进行。

每种方法具有相应的参数设置。以下是 Kriging 方法的参数选择（图 26.2.28），其他方法的选择类似。

网格数可以通过原始数据范围和每个网格的实际大小进行调整（图 26.2.29）。

无效区剔除：以上三种方法提供无效区的剔除功能，若需要无效区剔除，选择无效区的区文件（图 26.2.30）。

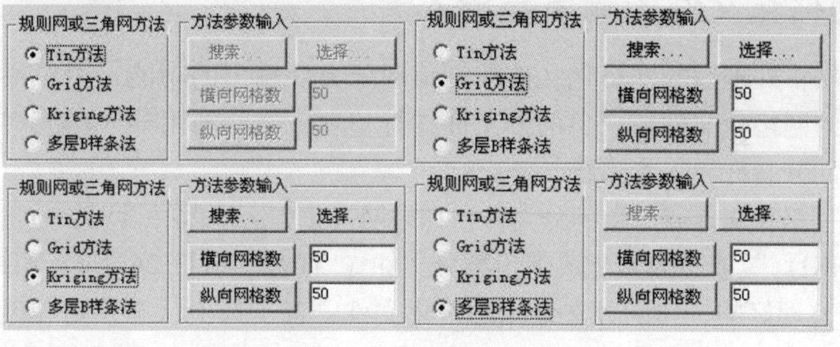


图 26.2.27　网格化方法选择

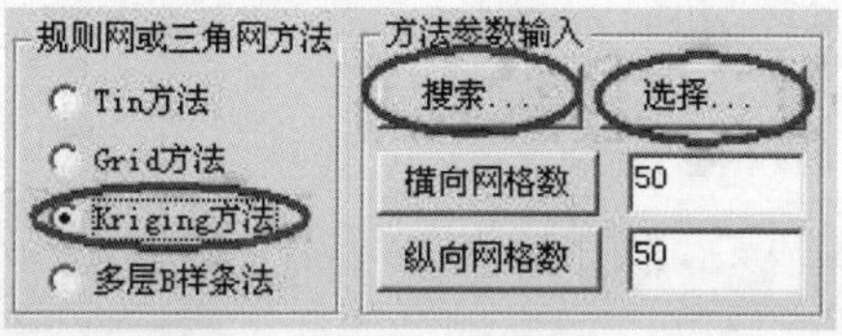


（a）方法选择

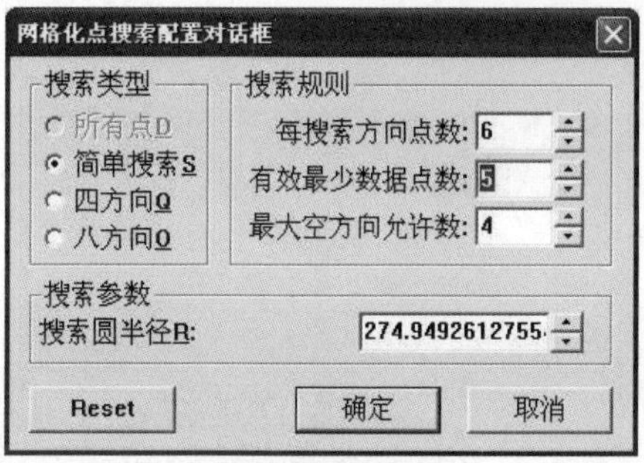


（b）搜索参数设置

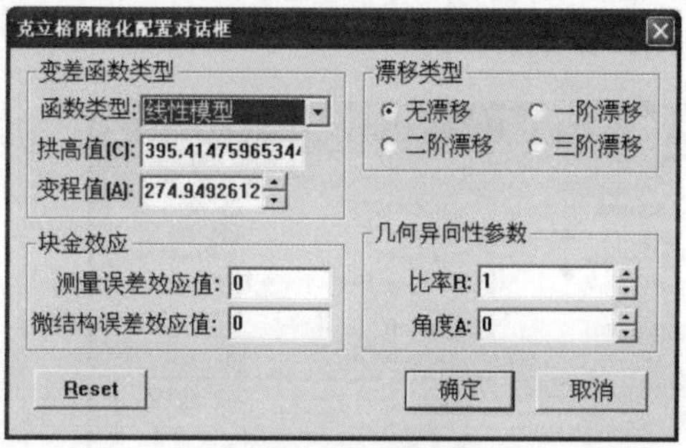


（c）网格化参数设置

图 26.2.28　方法参数设置

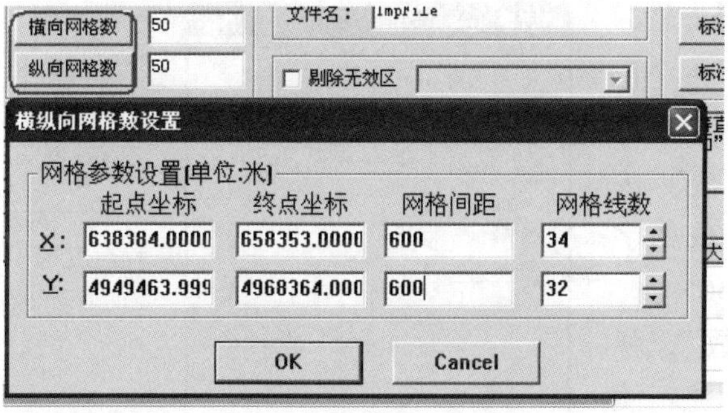


图 26.2.29　网格大小设置

图 26.2.30　选择无效区

## 26.2.5 网格化文件的输出与导入

本系统提供将处理后的网格化文件或三角剖分文件输出的功能，用户可以利用其他软件工具将输出的网格化文件或三角剖分文件进行整理，然后利用导入功能将整理后的网格化文件或三角剖分文件导入本系统。

（1）导出网格化文件或三角剖分文件：如果网格化方法已做好设置，点击“直接生成网格化文件（.GRD）”或“直接生成三角剖分文件（.TIN）”（图 26.2.31 至图 26.2.33）。

（2）导入整理好的三角剖分文件或网格化文件：置于选中状态，则等值线追踪过程则将根据整理好的三角剖分文件或网格化文件进行（图 26.2.34）。如果未选中状态，则系统直接网格化然后追踪等值线。

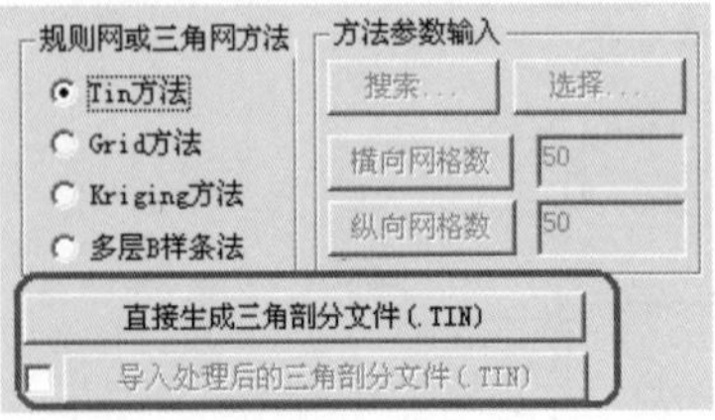


图 26.2.31　生成 TIN 文件

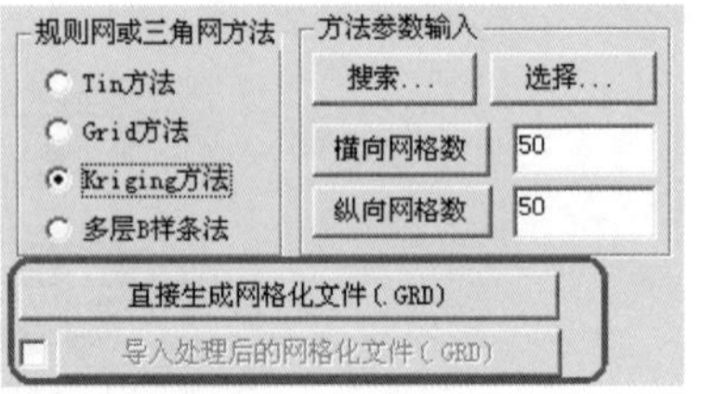


图 26.2.32　生成 GRD 文件

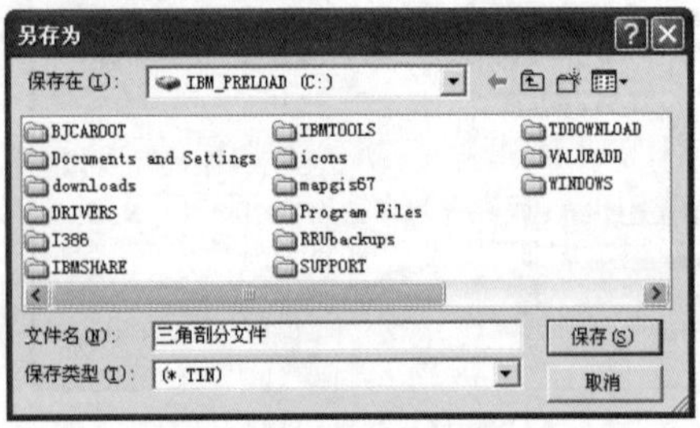


图 26.2.33　保存结果

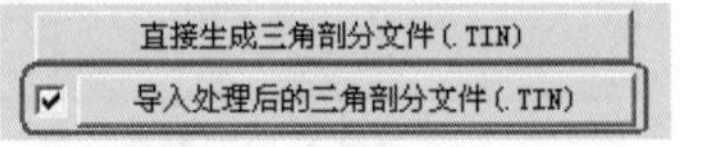


图 26.2.34　导入处理好的 TIN 文件

## 26.2.6 等值线极值点参数设置

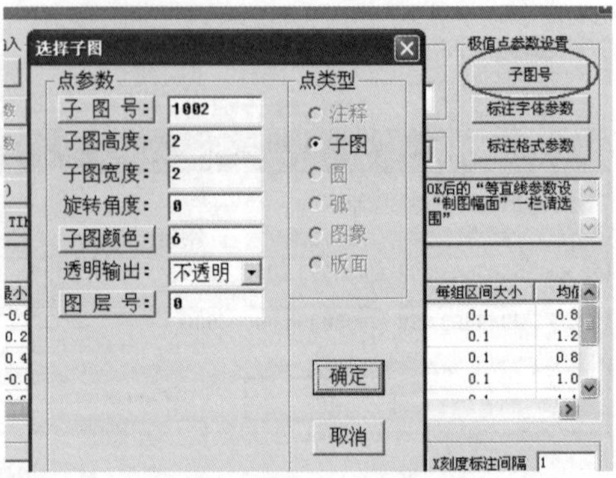


图 26.2.35　子图参数设置

（1）子图号设置：点击“子图号”按钮，弹出“选择子图”对话框（图 26.2.35）。

（2）标注字体：点击“标注字体参数”按钮，弹出“标注字体选择对话框”。可以选择字体和颜色，可以设置字体大小（图 26.2.36）。

（3）标注格式：点击“标注格式参数”，弹出“标注格式”对话框。可以选择输出标注：使用“固定小数位数”还是“科学计数法”；小数部分是几位（图 26.2.37）。

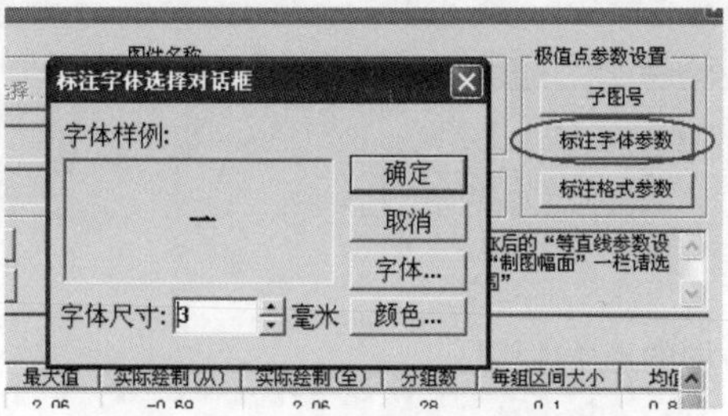

图 26.2.36　标注字体参数设置

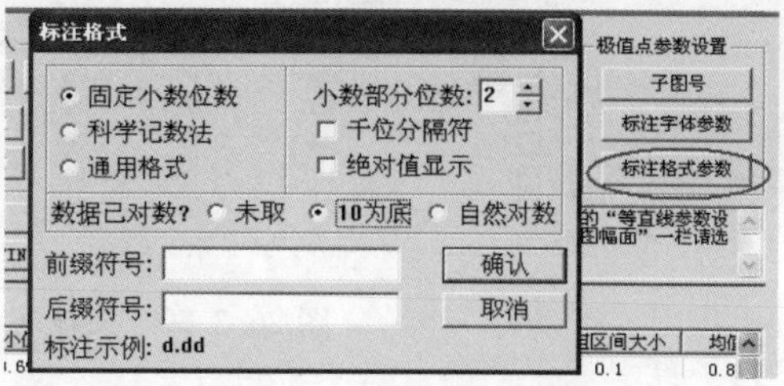

图 26.2.37　标注格式参数设置

**注意**：若计算数字特征时选择了对数计算方式（数据已对数），则需要进行还原显示，如：若在计算数字特征时选择了“计算 $\log_{10}$ 对数数字特征”，则此处须选择“10 为底”。

## 26.2.7　左侧不同地质体单元频率分布直方图设置

制作等值线图左侧的全图幅及不同地质单元元素含量频率分布直方图时需要设置一些参数。首先允许进行直方图设置，置于选中状态（图 26.2.38）。

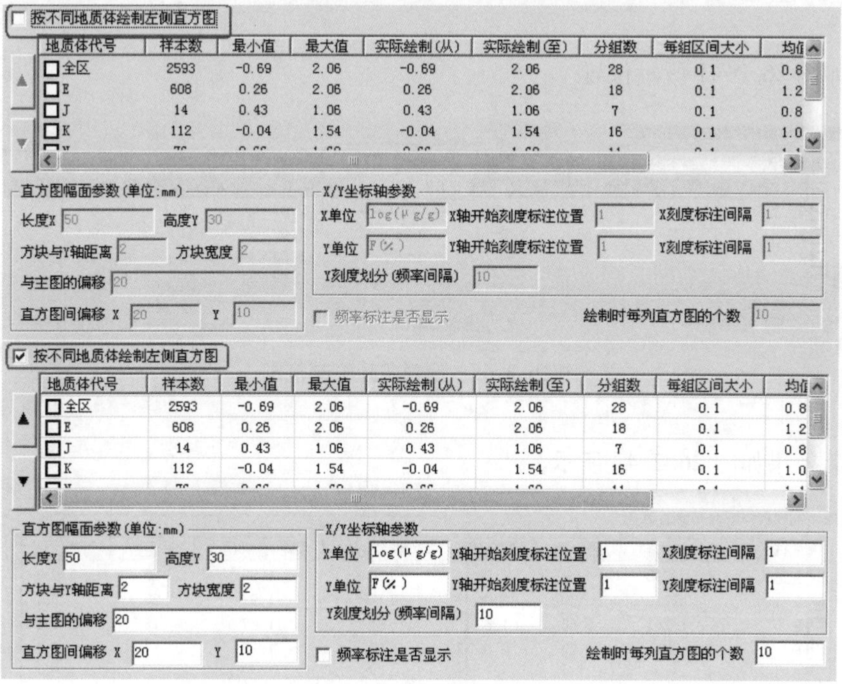

图 26.2.38　直方图设置

（1）选择参与统计的地质体代号。

用户可以根据实际样本数选中需要绘制的地质体代号（如：小于 13 个样本数的直方图不绘制）（图 26.2.39）。允许按照地层先后顺序调整直方图的排列顺序。

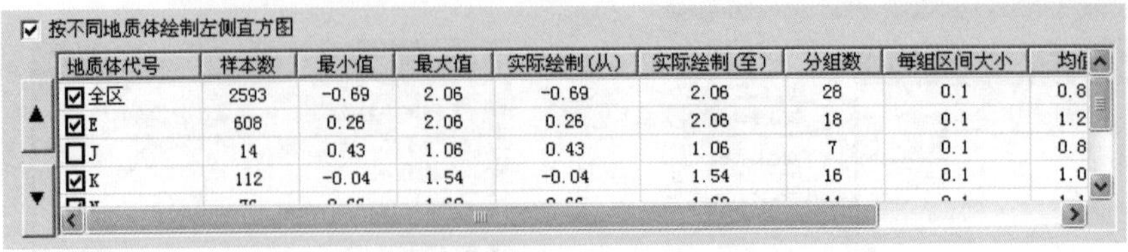


图 26.2.39　选择需要绘制直方图的地质体代号

选中某一列，如“Q”，按上下调整按钮，效果如图 26.2.40 所示。

（2）设置每组直方图的实际绘制范围以及每组端值的区间大小或者分组数。

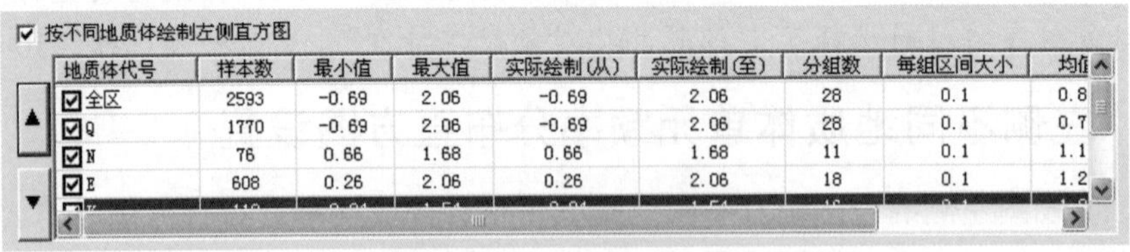


图 26.2.40　调整先后顺序

双击如图 26.2.41 所示位置。

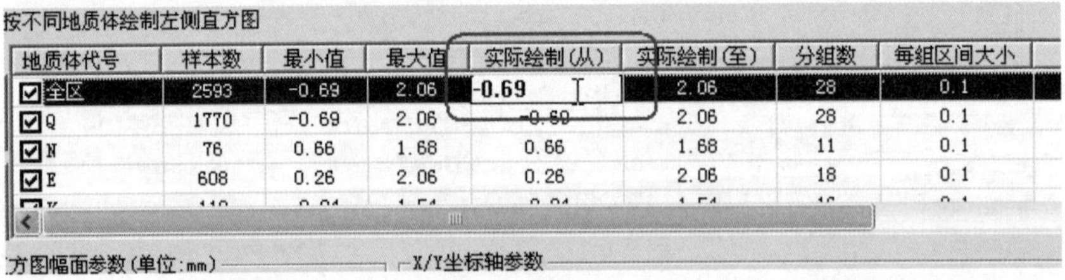


图 26.2.41　设置实际绘制范围

修改后效果如图 26.2.42 所示。

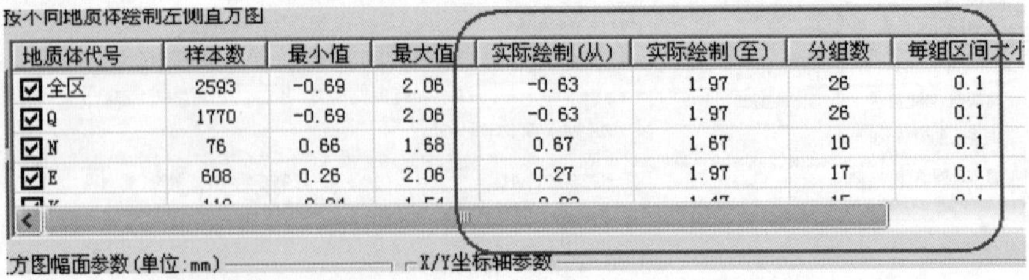


图 26.2.42　修改后的效果

（3）直方图幅面设置。

包括每组直方图的长度、宽度，每组直方图中第一个方块与 Y 轴的距离、方块的宽度，与主图的偏移距离，各个直方图块之间的 X、Y 方向偏移，绘制时每列直方图的个数；频率是否标注；X/Y 坐标轴参数，X/Y 轴开始刻度标注、标注间隔；Y 轴刻度划分（频率间隔）（图 26. 2. 43）。

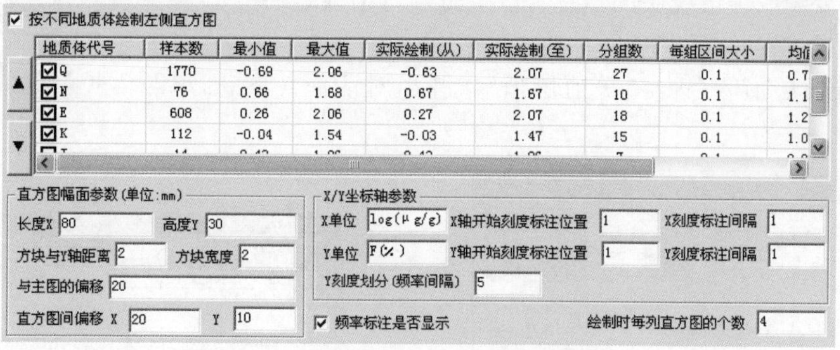


图 26. 2. 43　直方图幅面参数设置

生成的效果如图 26. 2. 44 所示。

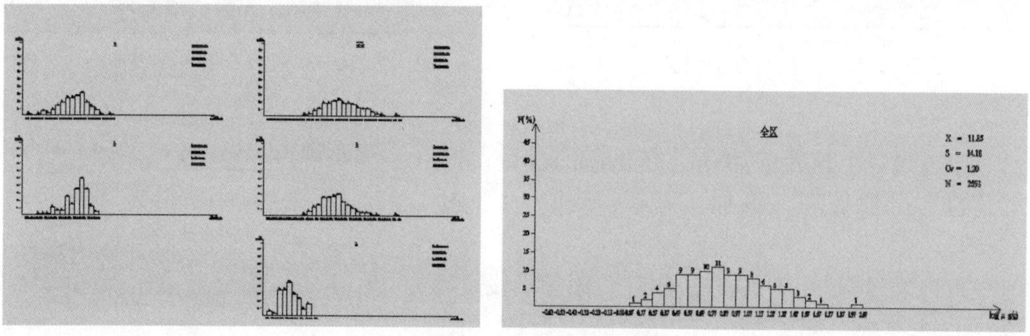


图 26. 2. 44　直方图效果

## 26. 2. 8　文件名的输入

可以选择等值线图、元素异常图、自定义方式，三者区别是：属性结构不一样，自定义方式需要手工输入文件名（图 26. 2. 45）。

图 26. 2. 45　输入文件名

## 26. 2. 9　等值线追踪

点击“下一步”按钮。若有重名文件，则提示是否替换旧文件（图 26. 2. 46）。

弹出“设置等值线参数”对话框（图 26. 2. 47）。

**注意**：选中“等值线套区”“绘制色阶”“保留边界线”；选中“等值线光滑处理”；制图幅面选择“原始数据范围”；选中“示坡线”。

如果需要修改等值线层的信息，以下是“等值线定层”各参数的设置过程：

（1）等值层值。点击“等值层值”，弹出对话框（图26.2.48）。

图26.2.46　提示是否替换

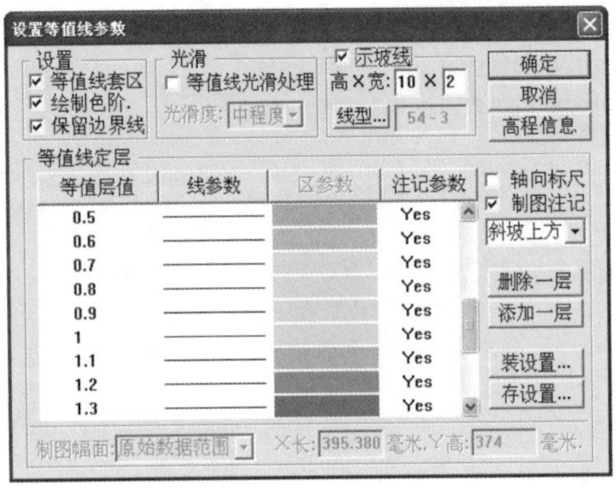


图26.2.47　等值线参数设置

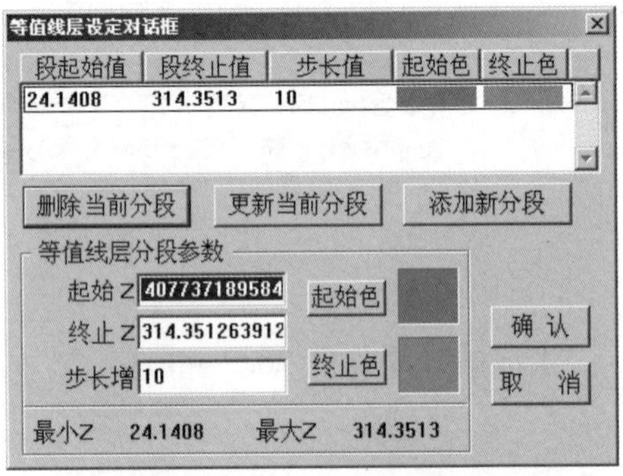


图26.2.48　等值线层设定

可以通过以下值及起始色、终止色的设置，将这些值进行分段处理（添加、更新、删除）（图26.2.49）。

也可以通过图26.2.50方法删除、添加某段。

（2）线参数。配置每一等值层的线参数（图26.2.51）。

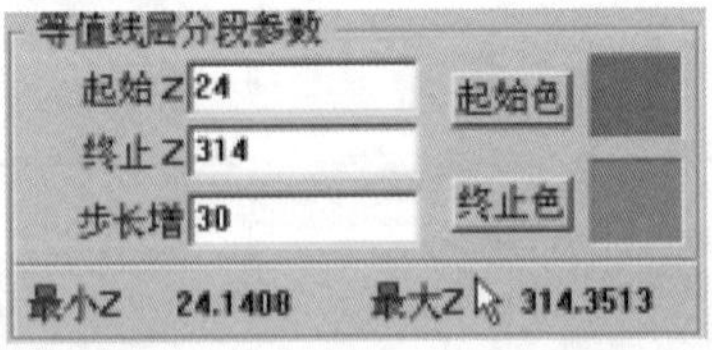


图26.2.49　等值线层分段参数

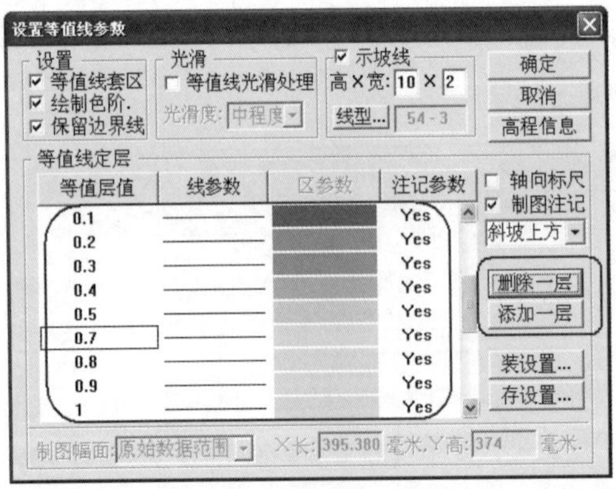


图26.2.50　增删等值线层

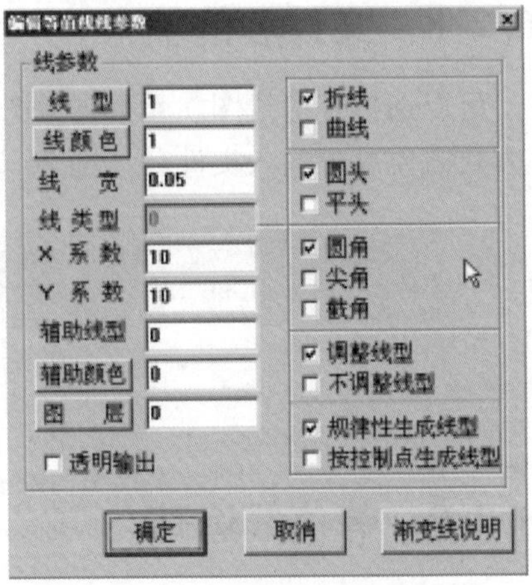


图26.2.51　等值线线参数

（3）区参数。双击该颜色，进行修改（图 26. 2. 52）。

（4）注记参数。点击“注记参数”，弹出等值线注记参数设定对话框（图 26. 2. 53）。

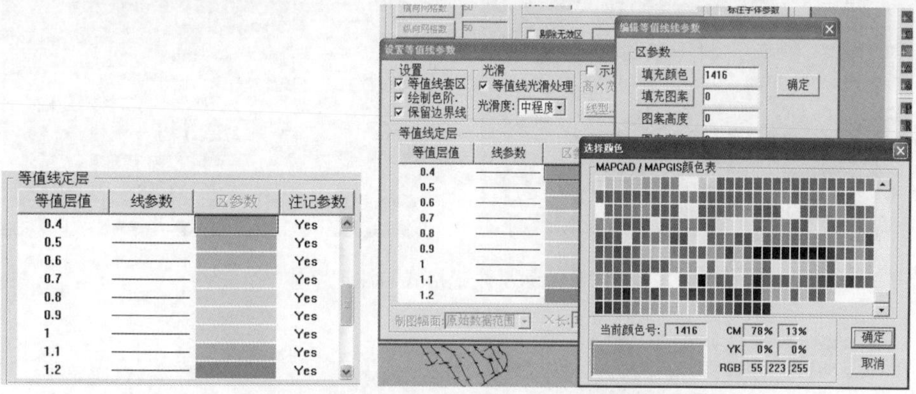


图 26. 2. 52　等值线层区间颜色

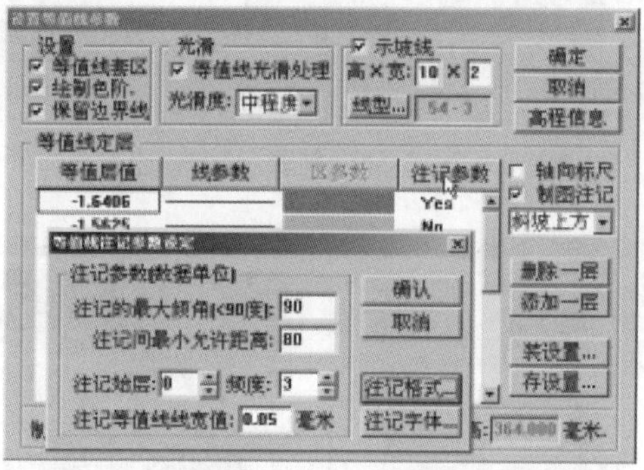


图 26. 2. 53　注记参数设置

选择频度为 1，表示每个等值层均进行标注，注记的最大倾角表示注记与等值层线的夹角。

选择“注记格式”和“注记字体”，操作方法同等值线极值点“标注字体和标注格式”（图 26. 2. 54）。

**注意：**若计算数字特征时选择了对数计算方式（数据已取对数），则需要进行还原显示，如：若在计算数字特征时选择了“计算 $\log_{10}$ 对数数字特征”，则此处须选择“10 为底”。

也可以直接修改是否进行注记的显示状态，“双击”如图 26. 2. 55 所示，“No”→“Yes”。

点击“确定”，系统自动进行相应方式的等值线追踪处理。

## 26. 2. 10　等值线生成

通过等值线方法选择、等值线极值点参数设置及等值线的追踪过程，生成等值线图层。图 26. 2. 56 是 GRID 方法绘制的等值线图。

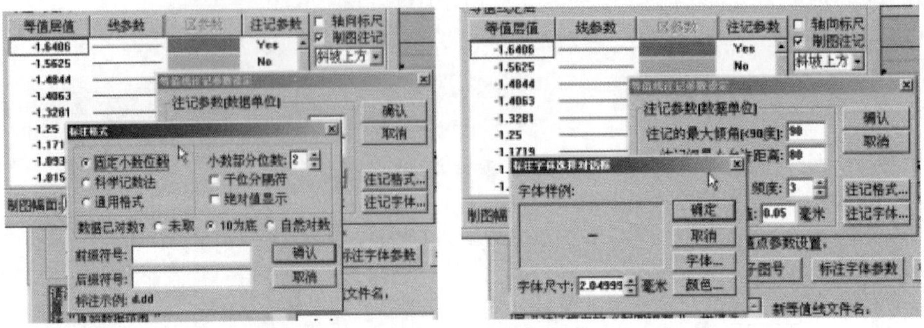

图 26.2.54　注记格式与注记字体

（a）修改前

（b）修改后

图 26.2.55　是否显示注记

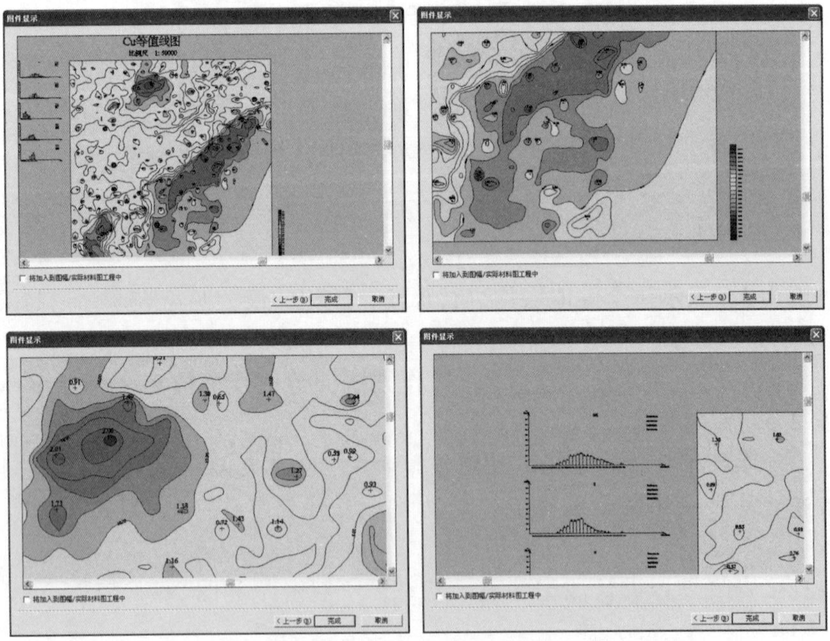

图 26.2.56　生成等值线图

如果觉得参数的调整不符合要求，则允许返回“上一步”调整参数，重新生成等值线/异常图。如果选中“将加入到图幅/实际材料图工程中”，则点击“完成”（图 26.2.57）。

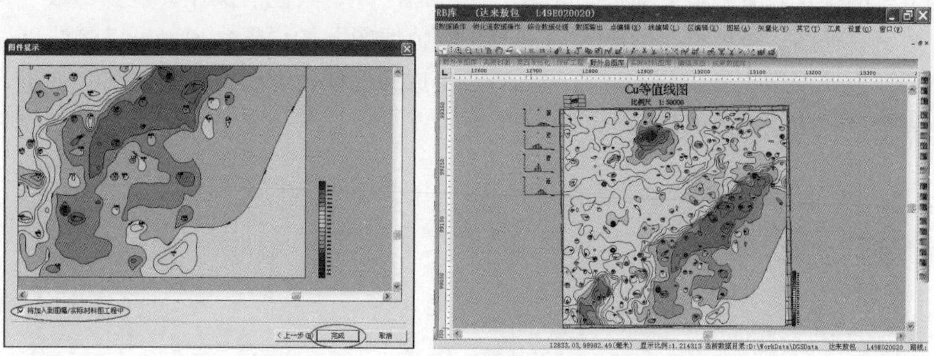


图 26.2.57 将等值线图添加到 PRB 库中

### 26.2.11 单元素异常图

通过以上过程，可对 Ag、Au 等各元素进行分析，根据数据的背景值和方差，制定相应的异常下限值，然后根据这些信息绘制等值线，在此基础上删除低于异常下限值的无关数据，即可制作各种单元素异常图（点、线、区），这些图层文件存放在该图幅的“地球化学”目录下。

## 26.3 地球化学图（网格化数据）制作操作

该功能要求地球化学数据必须是已经网格化好的数据。打开某个图幅 PRB 库，点击菜单“综合数据处理”，选择“地球化学图（网格化数据）”（图 26.3.1）。

弹出“地球化学图（网格化数据）”处理对话框（图 26.3.2）。

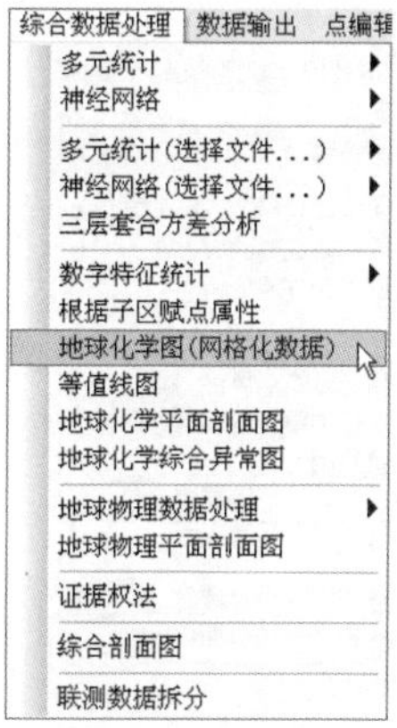


图 26.3.1 网格化数据处理菜单

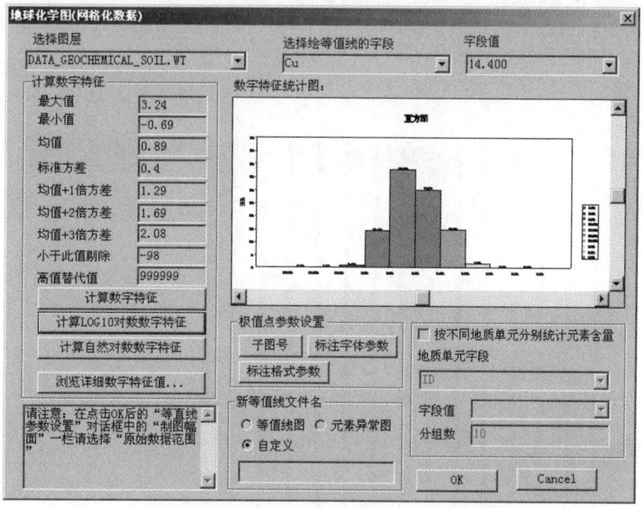


图 26.3.2 网格化数据处理对话框

接下来的操作除了不需要做“等值线方法选择”外，其他的操作（包括：数字特征的计算、数字特征图、极值点参数设置等）与“等值线图”的设置类似。可以参见 26.2 节。

进行“规则网数据等值线追踪处理”后，生成的地球化学图（等值线图）如下，其中空白区表示该区的值无效（图 26.3.3）。

图 26.3.3　网格化数据追踪等值线效果图

# 26.4　平面剖面图

## 26.4.1　数据准备

本系统提供了地球化学和地球物理的平面剖面图功能，生成的平面剖面图文件分别存放在地球物理和地球化学两个文件夹里面。需要提供测线数据（线文件）和元素分析结果数据（点文件）。

数据准备如图 26.4.1 所示。

选择菜单（图 26.4.2）：

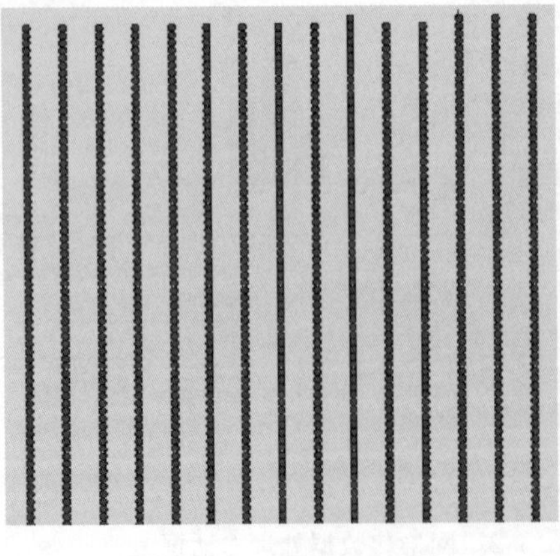

图 26.4.1　原始数据点

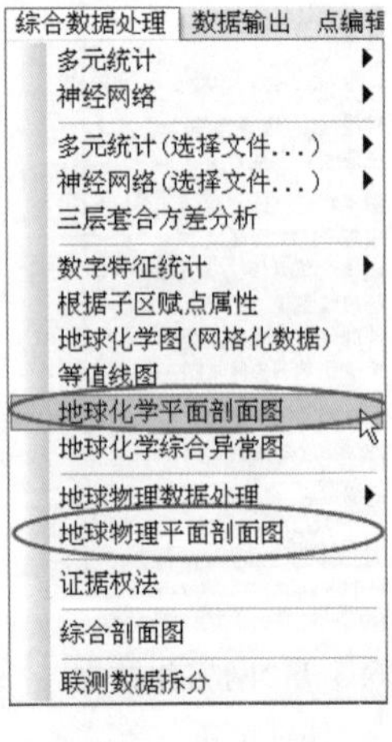


图 26.4.2　平剖图菜单选择

进入平面剖面图主界面（图 26. 4. 3）。

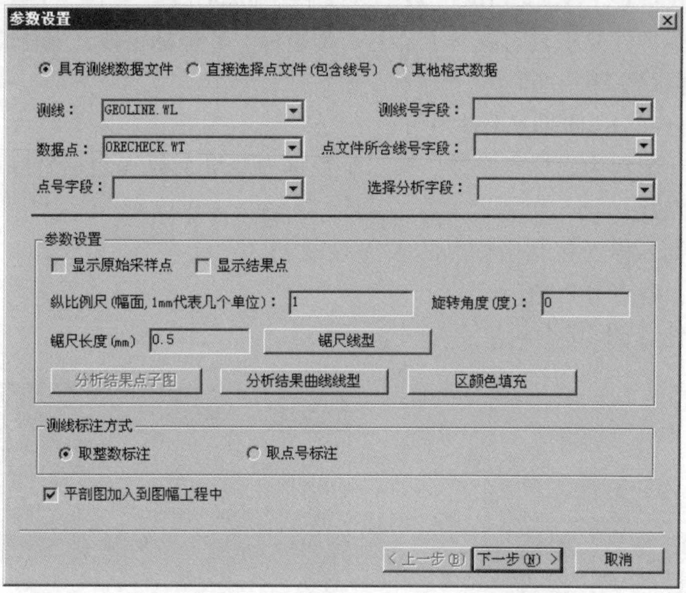


图 26. 4. 3　平剖图制作主界面

## 26. 4. 2　数据选择

系统提供三种方式：①具有测线数据文件；②直接选择点文件（包含线号）；③其他格式文件。

（1）具有测线数据文件（图 26. 4. 4）。

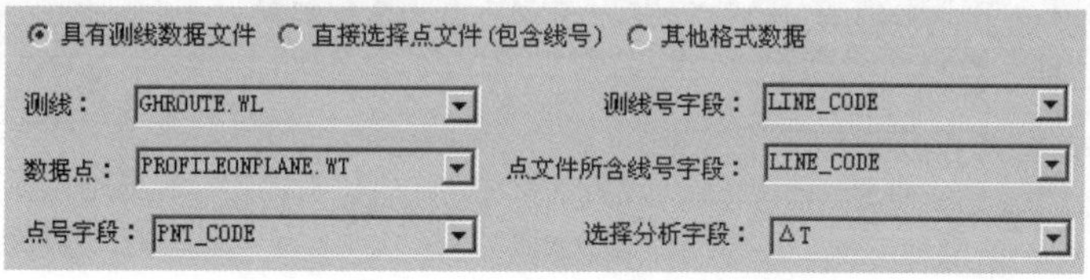


图 26. 4. 4　具有测线数据文件

（2）直接选择点文件（包含线号）（图 26. 4. 5）。

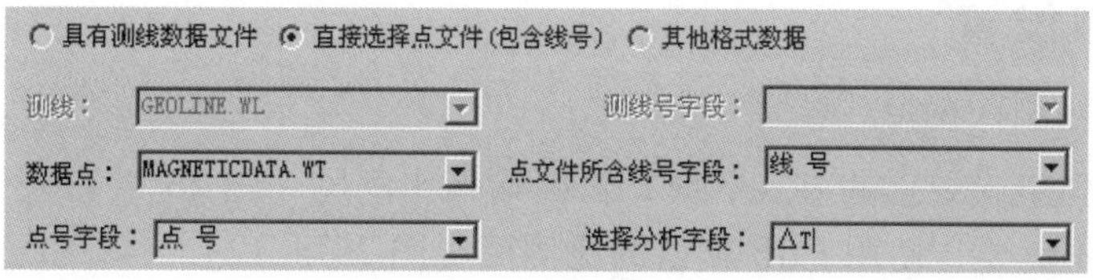


图 26. 4. 5　直接选择点文件

（3）其他格式文件。

支持以下格式：TXT 文本，Excel 数据表文件、MapGIS 点文件、TXT 文本文件、DBF 数据库文件。这些文件要求具有线号、点号、X 坐标、Y 坐标字段。其中格式要求如下：

1）TXT 文件（图 26.4.6）。

文本的第一行：“GEOSTDATA1.0”；

第二行：第一个数为坐标点个数，第二个数据为变量个数（包括坐标点的 X/Y 变量），第三个数为观测点数；

第三行：变量名称（包括坐标点的 X/Y 变量）；

第四行开始：各点分析值。

2）Excel 文件（图 26.4.7）：

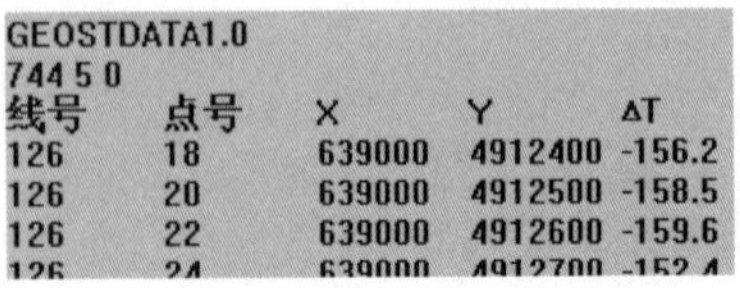

```
GEOSTDATA1.0
744 5 0
线号    点号    X        Y        ΔT
126     18      639000   4912400  -156.2
126     20      639000   4912500  -158.5
126     22      639000   4912600  -159.6
```

图 26.4.6　文本格式

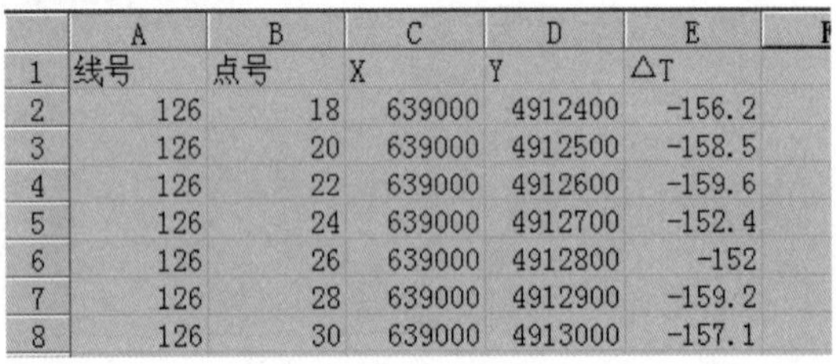

| | A | B | C | D | E |
|---|---|---|---|---|---|
| 1 | 线号 | 点号 | X | Y | ΔT |
| 2 | 126 | 18 | 639000 | 4912400 | -156.2 |
| 3 | 126 | 20 | 639000 | 4912500 | -158.5 |
| 4 | 126 | 22 | 639000 | 4912600 | -159.6 |
| 5 | 126 | 24 | 639000 | 4912700 | -152.4 |
| 6 | 126 | 26 | 639000 | 4912800 | -152 |
| 7 | 126 | 28 | 639000 | 4912900 | -159.2 |
| 8 | 126 | 30 | 639000 | 4913000 | -157.1 |

图 26.4.7　Excel 格式

第一行：变量名称（包括坐标点的 X/Y 变量）；

第二行开始：各点分析值。

具体操作步骤如图 26.4.8 所示。

点击“选择文件…”（图 26.4.9）。

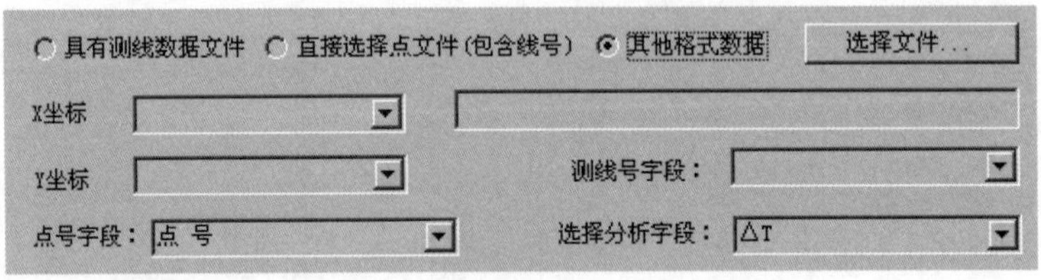


图 26.4.8　选择其他数据格式文件

选择文件后，指定各属性列的对应关系（图 26.4.10）。

## 26.4.3　参数设置

（1）平面剖面图比例尺。

当“选择其他格式数据的方式”时，需要输入比例尺（图 26.4.11）。

其他方式则不需要，使用 PRB 默认的比例尺（图 26.4.12）。

（2）显示原始采样点。

显示，表示平剖图点文件中包括原始采样点信息。

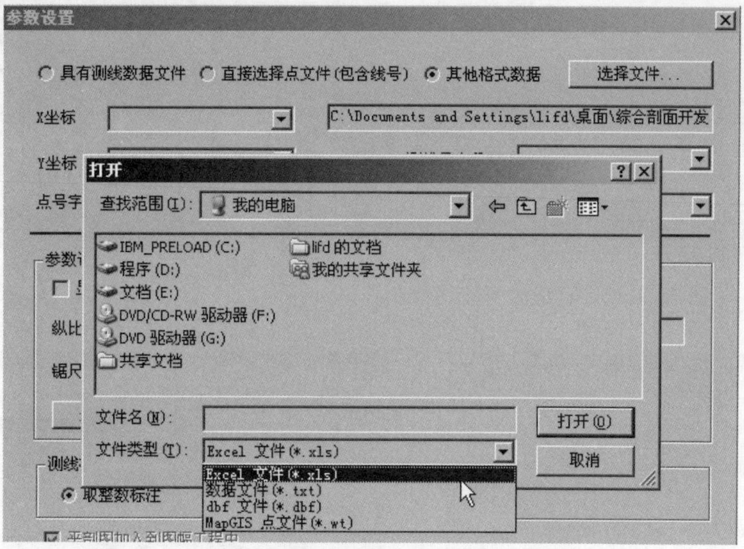


图 26.4.9 选择不同格式的文件

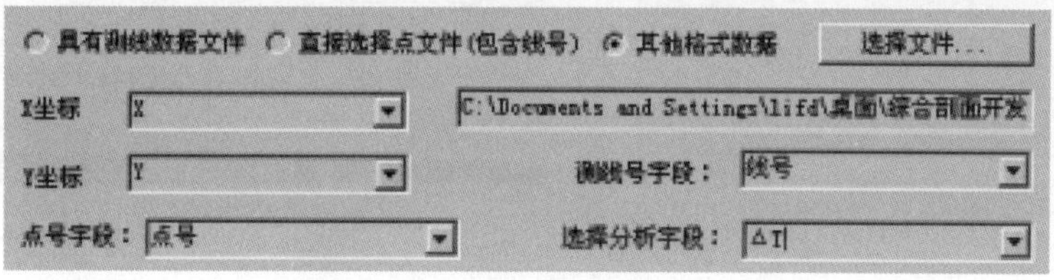


图 26.4.10 指定属性列的对应关系

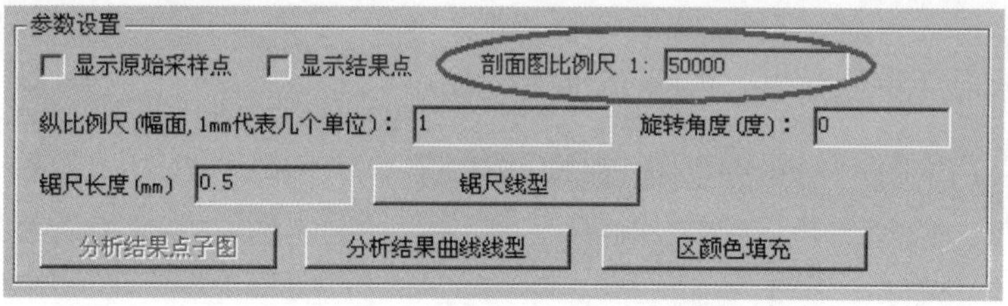


图 26.4.11 设置比例尺

（3）纵比例尺。

分析结果值在图上表示的长度（1 毫米表示几个分析结果单位）。

（4）旋转角度：顺时针为正，逆时针为负（图 26.4.13）。

（5）分析结果点的子图（图 26.4.14）。

（6）分析结果曲线线型（图 26.4.15）。

（7）锯齿长度：单位与图幅单位一致。

（8）锯齿线型：用户可以设置。

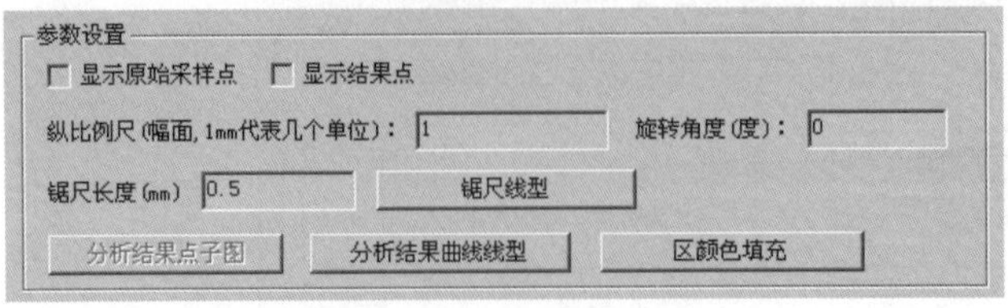


图 26.4.12　默认比例尺

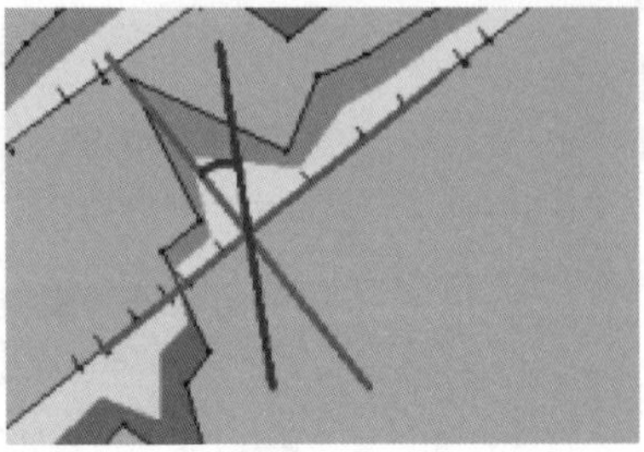

图 26.4.13　旋转角度

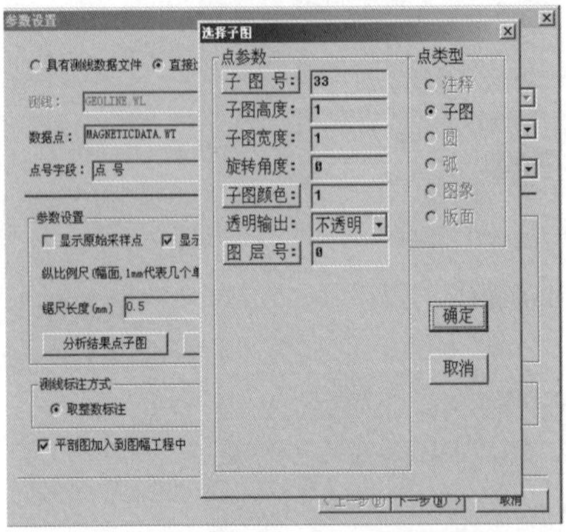


图 26.4.14　子图参数设置

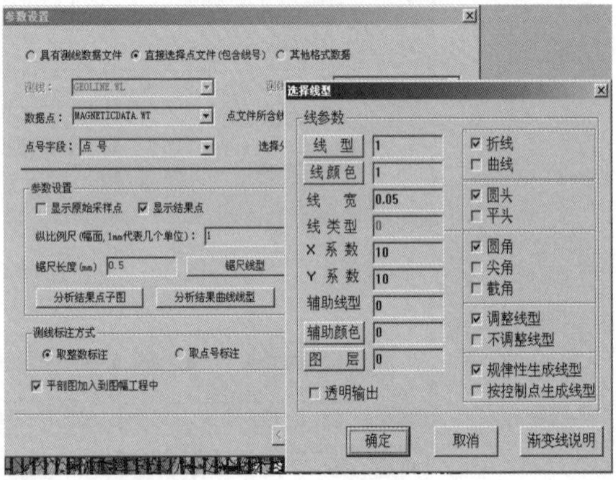


图 26.4.15　曲线线型设置

（9）区颜色填充：填充区时的颜色选择，比如正负异常区的填充。

如果选择渐变效果，则对于正值区或负值区，可以分别选择多种颜色作为处理效果（图 26.4.16）。

如果不选择使用渐变效果，如图 26.4.17 所示。

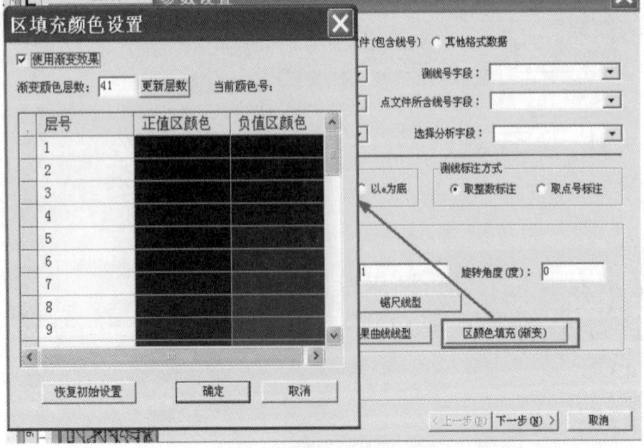


图 26.4.16　颜色渐变效果设置

图 26.4.17　不选择渐变效果

（10）测线标注方式。

取整数标注和取点号标注两种方式（图 26. 4. 18）。

（11）平剖图加入图幅工程中。

如果要将生成的平面剖面图加入图幅工程中，则选中图 26. 4. 19 的选项。

图 26. 4. 18 测线标注方式

图 26. 4. 19 选中平剖图加入图幅工程选项

## 26. 4. 4 生成平剖图

点击“下一步”，生成平剖图，如图 26. 4. 20 所示。

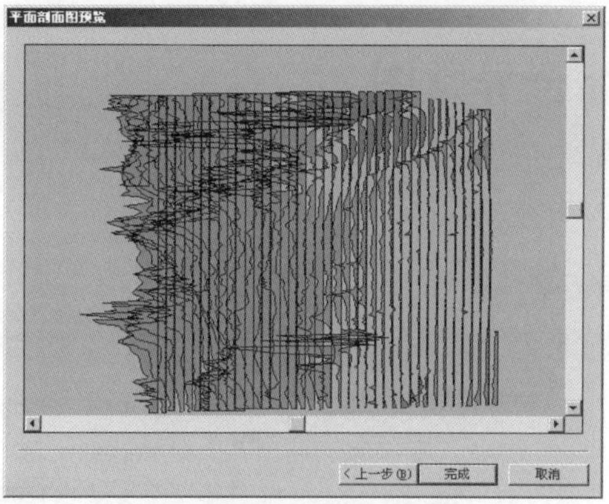


图 26. 4. 20 生成平剖图

用户可以选择“上一步”，改变参数，重新生成新的平面剖面图。

如果将生成的平面剖面图加入图幅工程中，点击“完成”（图 26. 4. 21）。

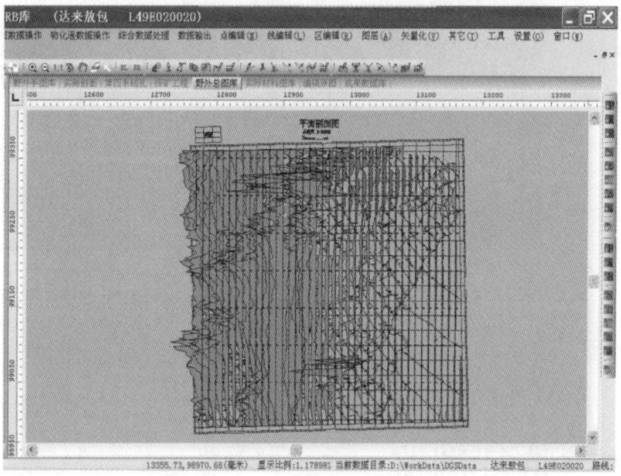

图 26. 4. 21 将平剖图加入 PRB 工程中

另外，存放文件的路径如图 26. 4. 22 所示。

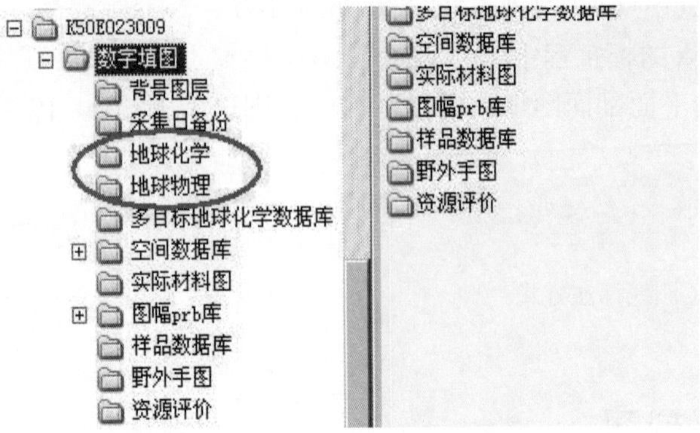


图 26. 4. 22　平剖图件存储路径

# 26. 5　地球化学综合异常图

## 26. 5. 1　启动功能

选择菜单（图 26. 5. 1）。

进入设置界面（图 26. 5. 2）。

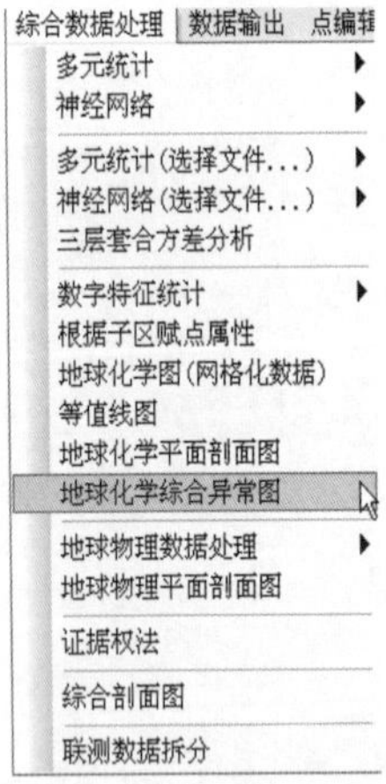


图 26. 5. 1　地球化学综合异常图菜单

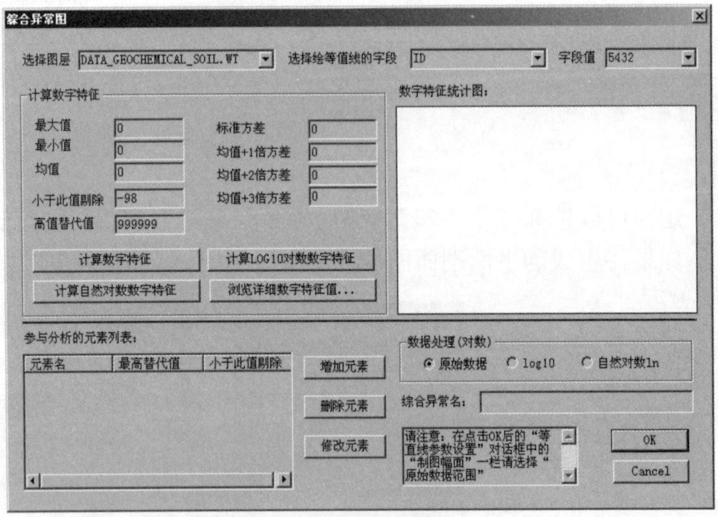


图 26. 5. 2　综合异常图设置界面

## 26. 5. 2　各元素数字特征浏览

选择地球化学点数据（图 26. 5. 3）。

可以查看每种元素的数字特征情况（参考 26.2.2 数字特征统计章节）（图 26.5.4）。

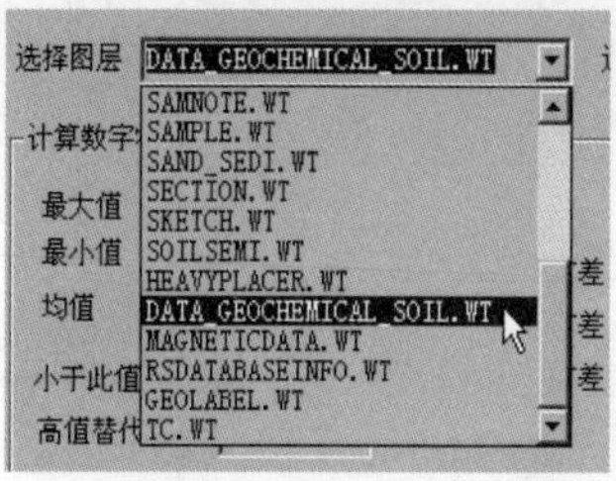


图 26.5.3 选择点文件

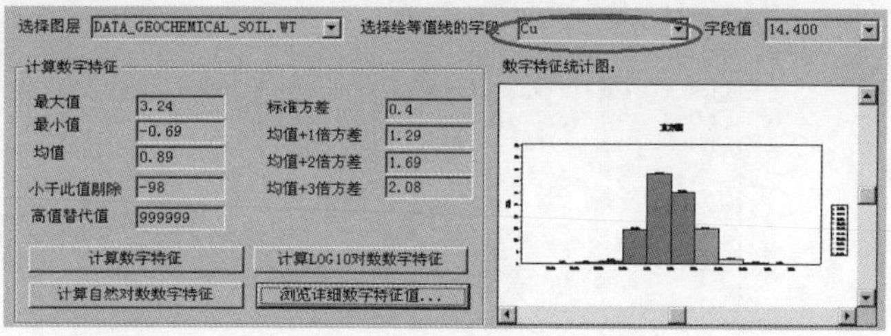


图 26.5.4 计算数字特征

## 26.5.3 选择参与分析的多个元素

通过增加、删除、修改方式选择参与分析的元素，最后在参与分析的元素列表中的元素就是用于绘制综合异常图的元素（图 26.5.5）。

修改元素的“最高替代值”和“小于此值剔除”（图 26.5.6）。

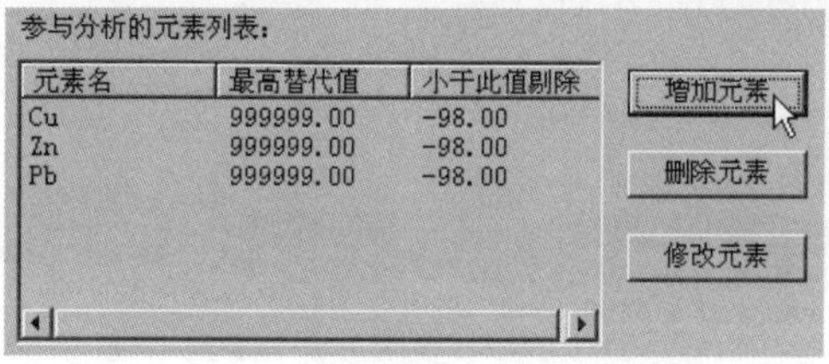


图 26.5.5 选择参与分析的元素

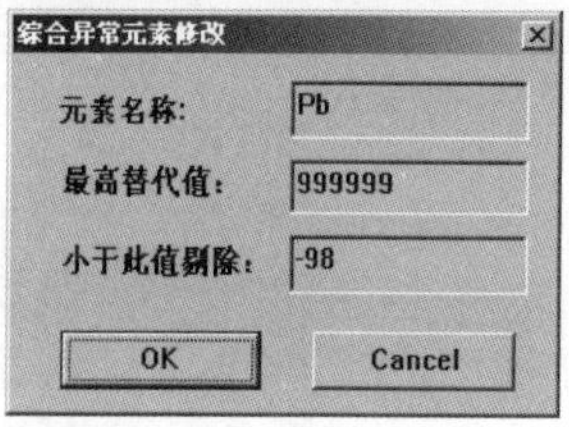


图 26.5.6 修改元素的特异值

处理过程是否取对数（图 26.5.7）；自动生成文件名（图 26.5.8）。

图 26.5.7 数据处理方式

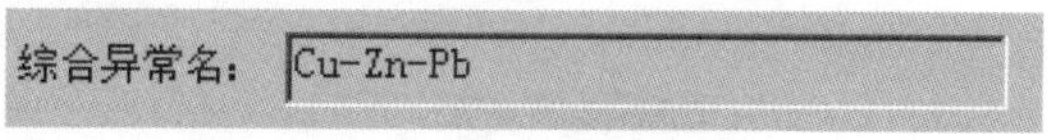


图 26.5.8 生成文件名

点击“确定”，进入各元素参数设置对话框（图 26.5.9）。

## 26.5.4 元素参数设置

（1）异常下限的设置：选择需要设置的元素，默认为均值+2×标准差，可双击修改（图 26.5.10）。

（2）各元素异常下限线参数设置：双击“参数”列（图 26.5.11），弹出“图形参数设置”框（图 26.5.12）。

对“注记参数”需要说明的是，“注记格式”需要考虑数据是否已经取对数（图 26.5.13）。

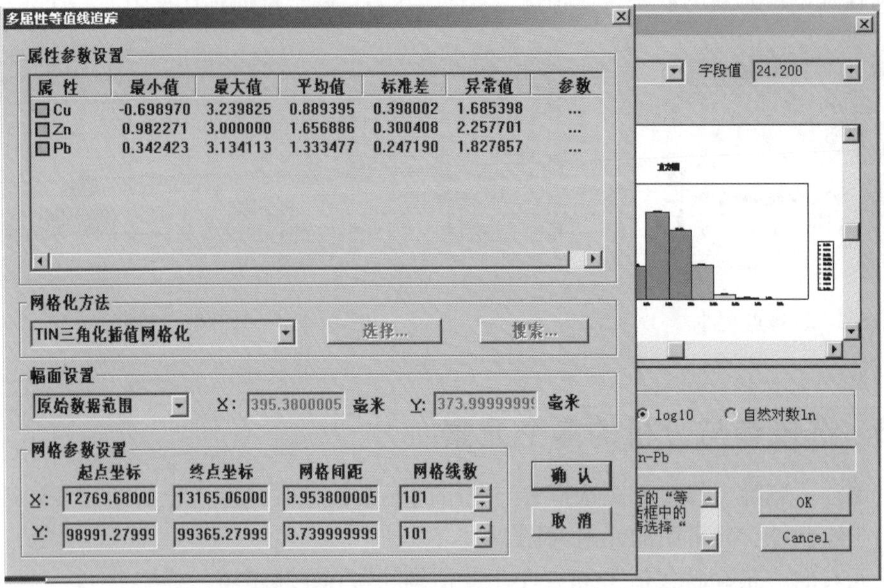


图 26.5.9　各元素等值线追踪参数设置

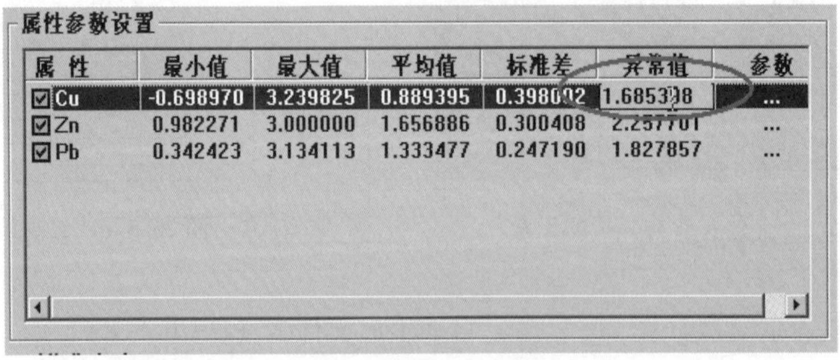


图 26.5.10　修改元素的异常值

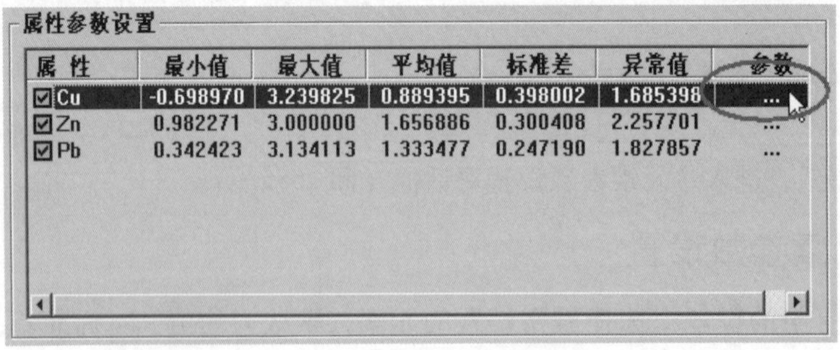


图 26.5.11　双击元素“参数”列

“等值线参数”用于设置异常下限到极值点之间的异常程度（阶数），不同的阶数，等值线的线型参数可以不一样。

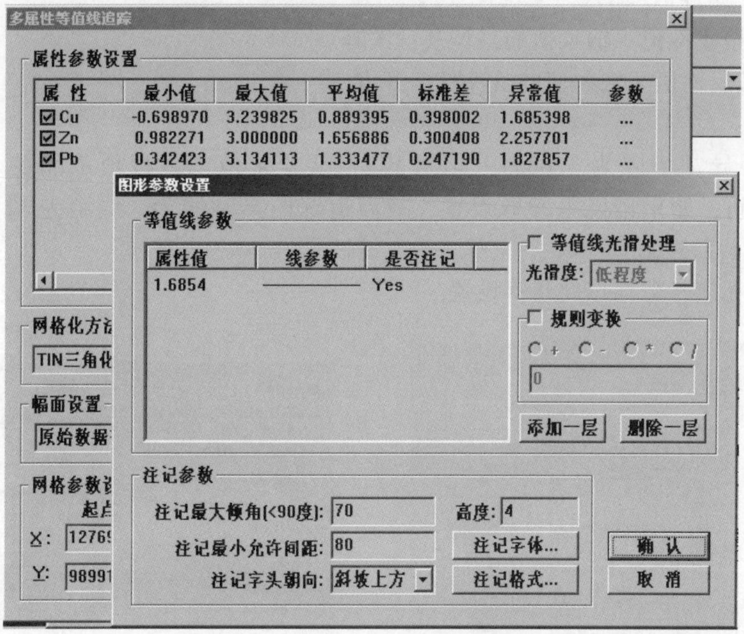

图 26. 5. 12　修改各元素的图形参数

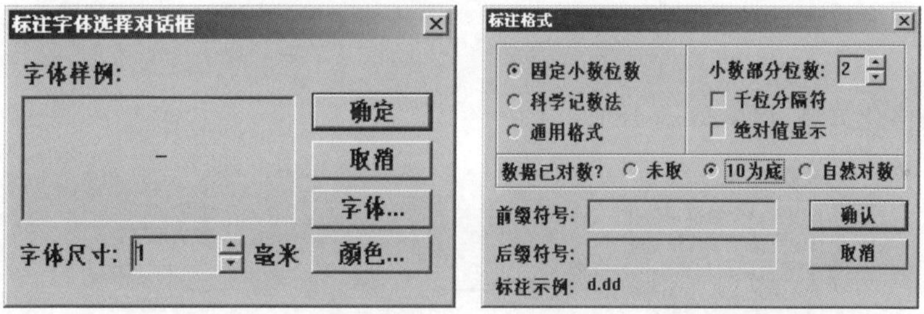

图 26. 5. 13　标注参数设置

选中“规则变换”（图 26. 5. 14），添加一层（图 26. 5. 15）。

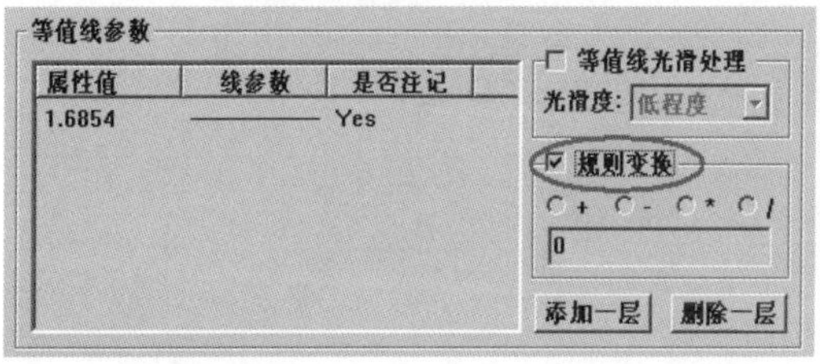

图 26. 5. 14　选中规则变换

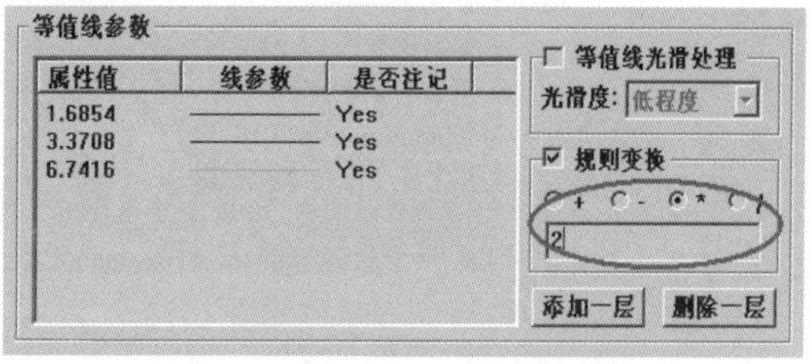

图 26. 5. 15　添加规则

+，表示按异常下限属性值+输入值 ∗ （N－1）得到新添加的那一行的值，如图 26. 5. 15 中，输入值为 2；N 表示第 N 行。

-，表示按属性值-输入值＊（N-1）。

＊，表示按属性值＊输入值的（N-1）次幂。

/，表示按属性值＊输入值的（N-1）开方。

举例说明：

Cu元素，异常下限为1.6854（取对数），某异常范围内极值范围在1.6854＊$2^1$～1.6854＊$2^2$之间，如果按以下参数设置，最后追踪的异常线为，线型为12，颜色6（图26.5.16，图26.5.17）。

各元素的相应参数均按此步骤设置。

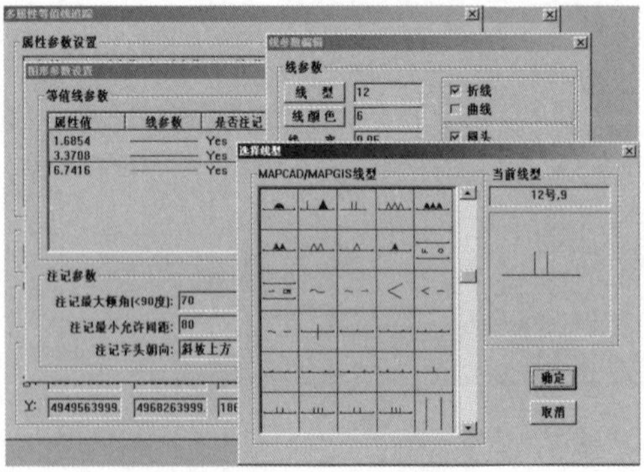

图26.5.16　设置线型

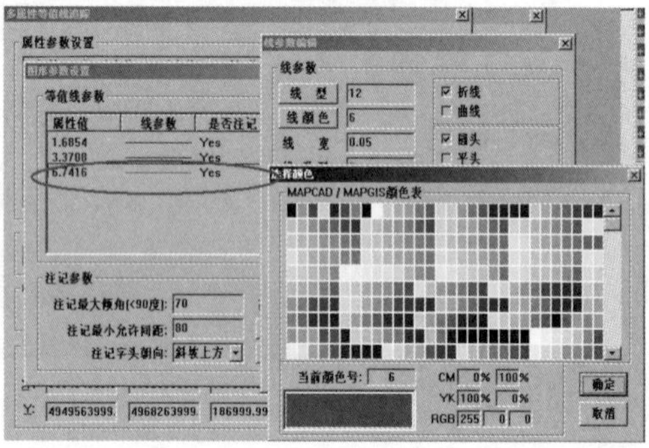

图26.5.17　设置线颜色

（3）网格化方法（图26.5.18）。

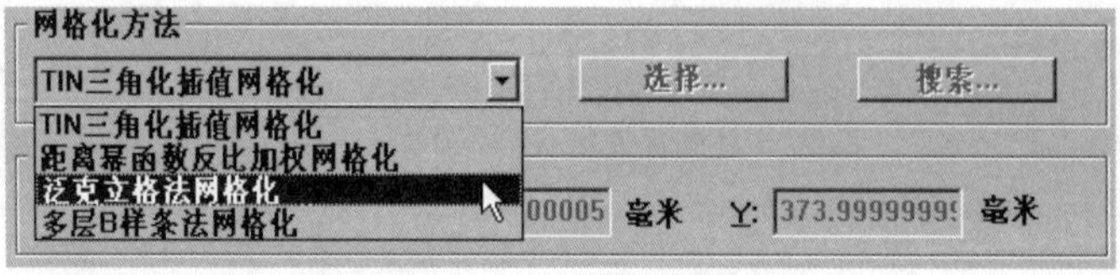


图26.5.18　网格化方法

（4）幅面设置，选择原始幅面（图26.5.19）。

图26.5.19　幅面设置

（5）网格参数设置：其中网格的范围值是考虑了比例尺以后的网格范围，可以修改网格间距或网格数（图26.5.20）。

设置完相关参数后，点击“确定”，进行等值线追踪处理。

图 26.5.20 网格大小设置

## 26.5.5 生成综合异常图

还原显示，可浏览线型（图 26.5.21）。

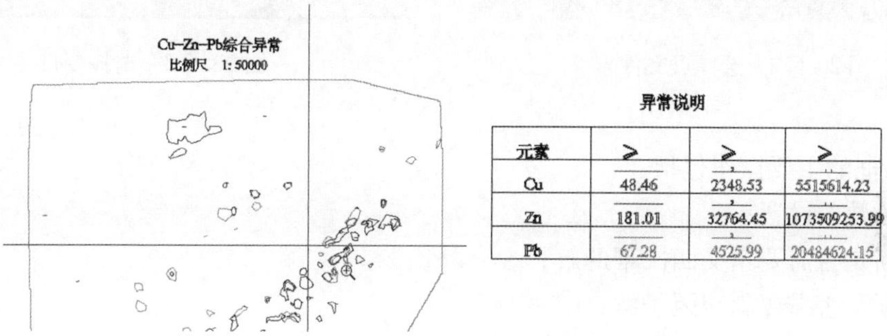


图 26.5.21 综合异常图示意

# 26.6 多元统计计算

## 26.6.1 因子分析

在地质学中，由于地质对象的复杂性，往往需要较多的变量来刻画，但由于变量较多，很难看清它们之间的相互关系，不易找出起主导作用的变量。因子分析方法通过研究变量之间的协方差阵的内部结构，将原来较多的变量组合成少数的“因子”。这些因子是原始变量的线性组合。它们保留了原始变量的大部分相关信息和变异性。各因子给出了地质变量的几种基本的结合关系，往往表示对地质问题起决定作用的几个基本的地质因素。通过因子可以再现原始变量之间的相关关系。提示产生这些关系的内在原因，从而有助于探索事物的因果关系。因子分析方法在压缩地质中的原始数据，指示成因推理方向，分解叠加的地质过程方面都有许多成功的例子。

（1）选择菜单“常用方法”→“多元统计”→“因子分析”（图 26.6.1）。

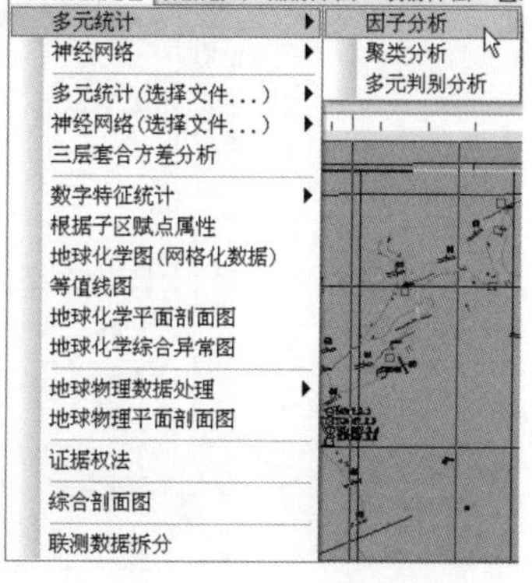


图 26.6.1 因子分析菜单

（2）选择点图层数据（图 26.6.2）。

（3）因子分析参数设置对话框（图 26.6.3）。

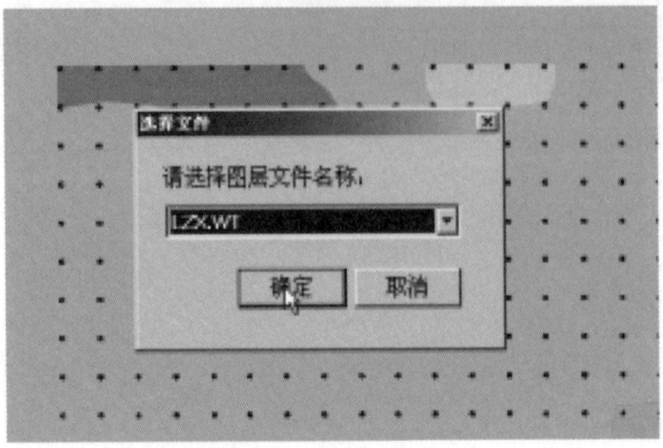

图 26.6.2　选择点文件

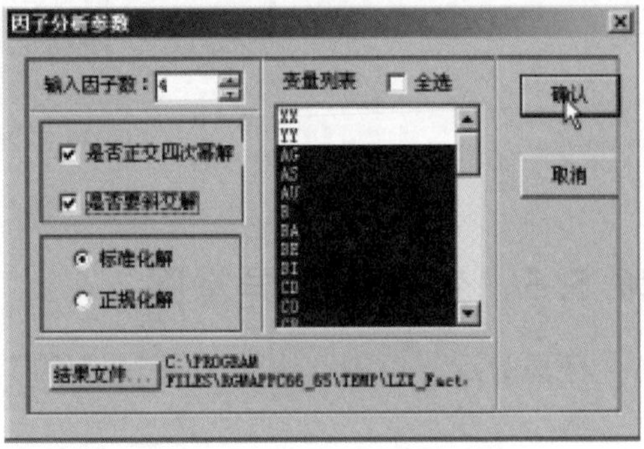

图 26.6.3　选择变量

该对话框的主要操作包括：

- 因子数的设置；
- 判断是否需要正交四次幂的解；
- 判断是否需要斜交因子解；
- 判断是需要正规化解还是标准化的解；
- 变量的选择，选择几个变量进行计算因子得分；
- 数据计算结果文件的名称设定；
- 点击“确认”按钮进行计算。

（4）浏览分析结果（图 26.6.4）。

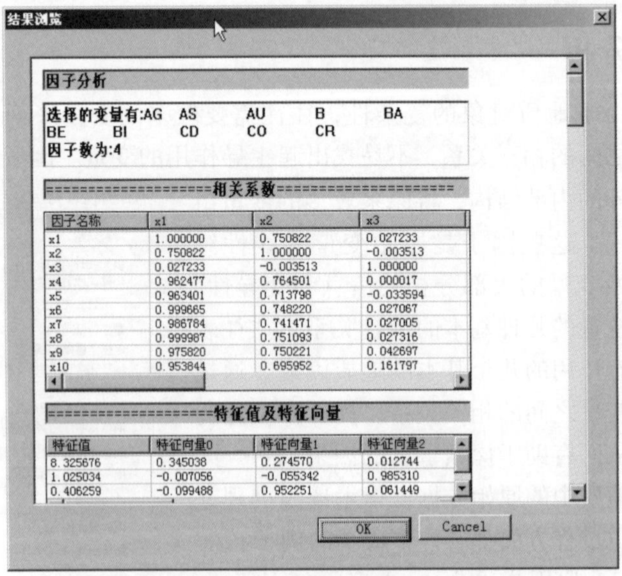

图 26.6.4　浏览结果

## 26.6.2 聚类分析

聚类分析就是根据多个指标进行数字分类的一种多元统计分析方法。近年来，在地质上已有许多成功的应用。根据分类对象的不同，聚类分析可分为两类：一类是根据变量（指标或地质特征）对标本或样品进行分类，叫做Q型聚类分析；一类是根据变量在各标本上的观测值对变量进行分类，叫做R型聚类分析。

两类分析的具体做法基本一致：首先选择一个适当的统计量，用以度量分类对象的相似性程度或非相似性程度，然后用适当方法进行聚类，建立分类谱系图。

方法1：通过计算相关系数或者相似性系数来获得R型聚类分析谱系图。

方法2：通过选择计算距离系数的方法和聚类方案的选择进行大样本Q型系统聚类分析，内容包括数据的处理方式（数据标准化、数据规格化、不作变换），计算距离的方式（欧式距离、平方欧式距离、角距离、Bray-Curtis距离、Canberra距离），聚类的方案选择（最短距离法、最长距离法、松弛法（1）、松弛法（2）、非加权类平均法、加权类平均法、非加权类重心法、加权类重心法、平方和增量法）。结果的表达是通过选择聚类系数或者选择种子样本的方式，进行分类。

以下是R型聚类分析操作。

（1）选择菜单“常用方法”→“多元统计”→“聚类分析”（图26.6.5）。

（2）选择点图层数据（图26.6.6）。

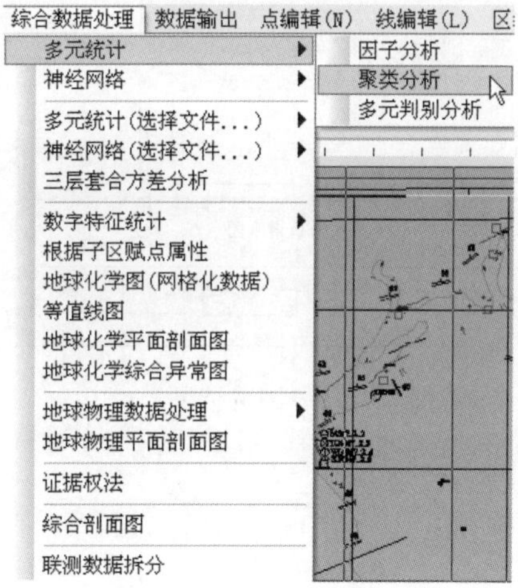


图26.6.5 聚类分析菜单

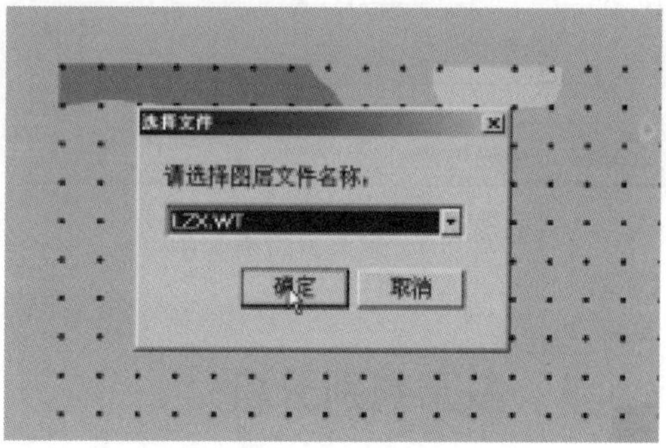


图26.6.6 选择点文件

（3）聚类分析参数设置（图26.6.7）。

针对这个对话框的操作是：

- 数据预处理的方法选择：数据作标准化还是数据作规格化。
- 选择相似程度的度量方式：相关系数、相似系数，还是选择距离系数（多种系数的选择）。

• 变量的选择，选取进行计算和研究的变量。

• 计算结果的保存文件名称的设置。

点击“确认”按钮，那么会弹出绘图窗口，显示绘制的聚类分析谱系图。

（4）聚类分析谱系图如图 26.6.8 所示。

可以将图像结果另存到其他目录，图像为 bmp 格式。

（5）相关结果浏览如图 26.6.9 所示。

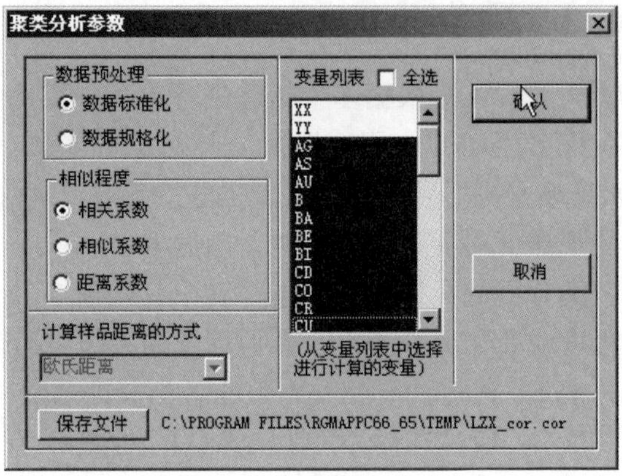


图 26.6.7　选择变量

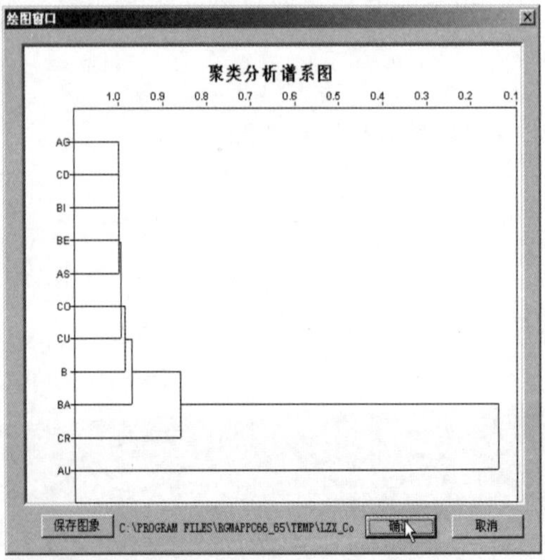


图 26.6.8　聚类分析谱系图

图 26.6.9　浏览结果

## 26.6.3　多元判别分析

在判别分析中，人们希望用尽可能多的变量构造判别函数，因为它能包含较全面与判别有关的信息。但和逐步回归一样，如果包含变量过多，反而会使判别效果降低。原因是在求判别函数时，需要对协方差矩阵 S 求逆，S 的阶数等于所含变量的个数，若包含的变量较多，阶数较高，那么计算的精度较差；特别是，当所含主量线性相关时，S 接近于降秩矩阵，求逆计算的结果很不稳定，判别效果就会很差。

（1）选择菜单“常用方法”→“多元统计”→“多元判别分析”（图 26.6.10）。

（2）选择点图层数据（图 26.6.11）。

（3）模型样本的选择（图 26.6.12）。

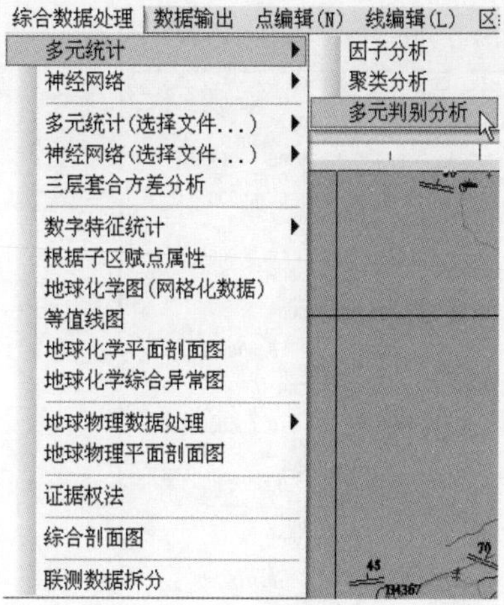


图 26.6.10 多元判别分析菜单

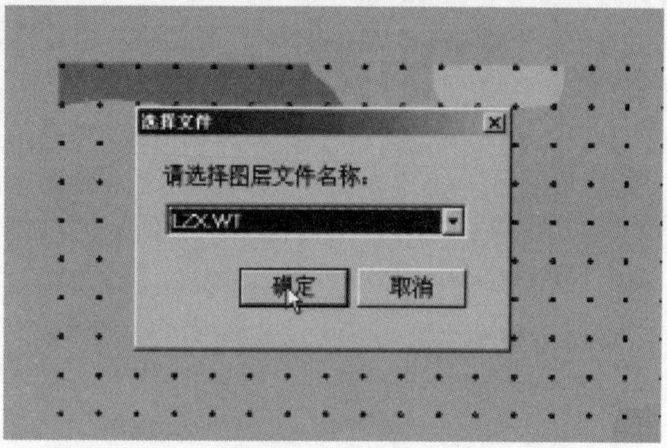


图 26.6.11 选择点文件

针对这个对话框的操作有以下几个方面:

- 变量水平的设置;
- 模型样本数的设置(不宜过多,程序中控制在 20 组以内);
- 根据模型样本数在左边的窗口中选择同样数量样本,通过鼠标双击的方式逐个添加到模型样本列表中;
- 参与计算的变量的选择,在变量列表中选择(多选);
- 设置预测结果的文件名称。

(4)结果浏览如图 26.6.13 所示。

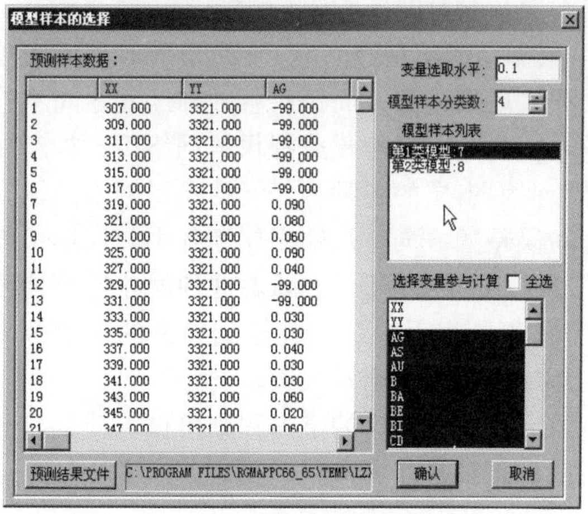


图 26.6.12 选择模型和变量

图 26.6.13 浏览结果

(5)保存的计算结果文件内容如图 26.6.14 所示。

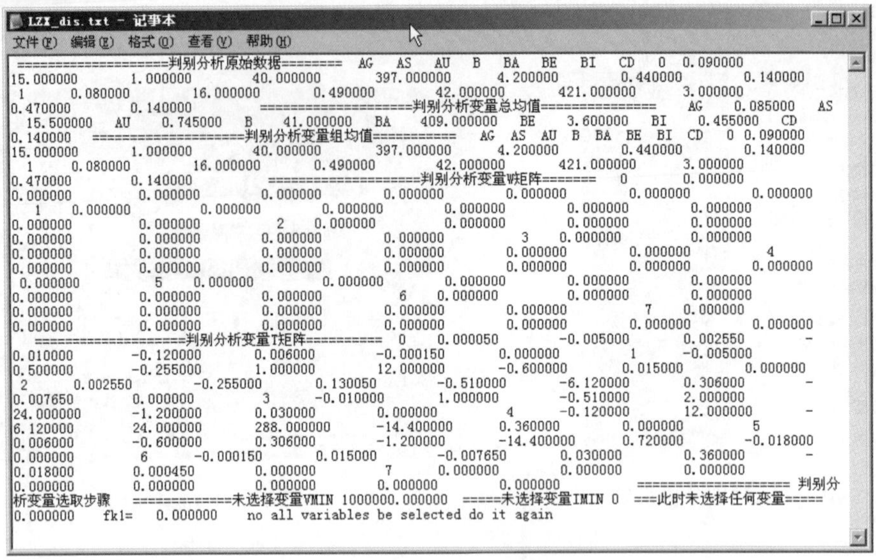


图 26.6.14 保存文件

## 26.6.4 人工神经网络分析（BP 模型进行分类）

多阶层神经网络及误差逆传播学习算法（Error Back-propagation—EBP，或直接称之为前反馈神经网络—BP 学习算法）是目前应用最广、实现途径最直观、运算机制最易理解、研究深入的一种人工神经网络。误差逆传播学习算法是 Pall Werbas 博士于 1974 年在他的博士论文中首先提出来的。1986 年以 Rumelhart 和 McCelland 为首的科学研究小组提出了完整的学习算法，并进行了详尽分析与介绍，对其潜在能力进行了深入的探讨。

BP 神经网络是一种具有三层或三层以上阶层型结构的神经网络。层间各种神经元实现连接，即下层的每一个单元与上层的每个单元都实现权连接，而每层各种神经元之间不连接。网络按有导师示教的方式进行监督训练学习，当一对学习模式提供给网络后，神经元的激活值，从输入层经各中间层向输出层传播，在输出层的各种神经元均获得网络的输入响应。并按照减少希望输出值与实际输出值之间误差的方向，从输出层经各中间层逐层修正各连接权值，最后回到输入层，所以称作“误差逆传播算法”。随着这种误差逆传播修正的不断进行，网络对输入模式响应的正确率也不断上升。最后在达到允许的误差范围内，网络达到平衡状态（实际输出值接近于希望输出值）而自动收敛。

由于 BP 神经网络及其算法增设了中间隐含层并且有相应的学习规则可循，使其具有对非线性模式的识别能力。尤其是其数学意义明确、算法步骤分明，更使其具有广泛的应用前景。

（1）选择菜单“常用方法”→“神经网络”→“BP 模型”（图 26.6.15）。

（2）选择点图层（图 26.6.16）。

（3）模型样本的选择如图 26.6.17 所示。

针对这个对话框的操作有以下几个方面：

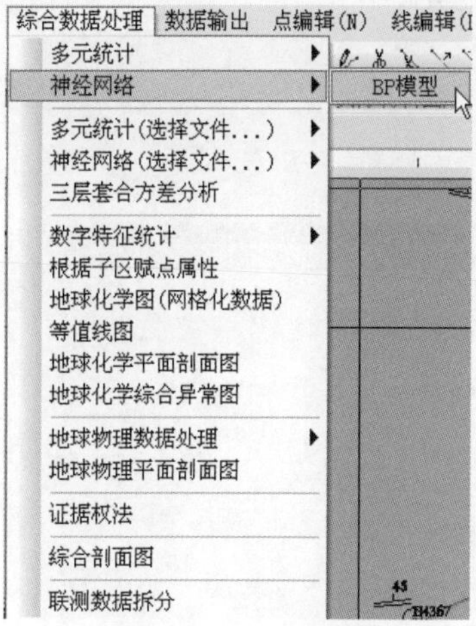


图 26.6.15 BP 模型菜单

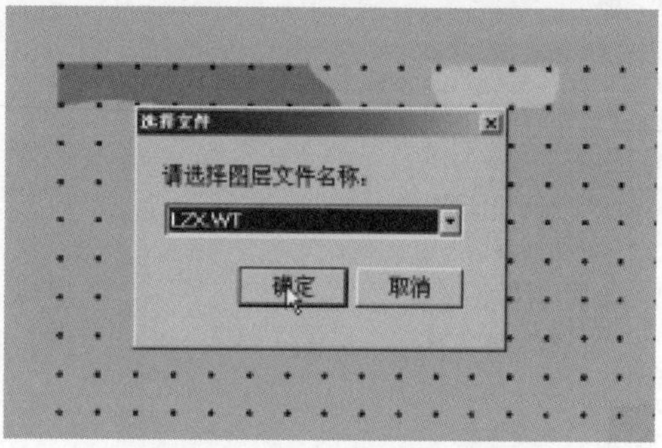


图 26.6.16 选择点文件

- 变量水平的设置;
- 模型样本数的设置（不宜过多，程序中控制在 20 组以内）;
- 根据模型样本数在左边的窗口中选择同样数量样本，通过鼠标双击的方式逐个添加到模型样本列表中;
- 参与计算的变量的选择，在变量列表中选择（多选）;
- 设置预测结果的文件名称。

点击“确定”，进行模型参数的设置。

（4）设置 BP 模型的参数（图 26.6.18）。

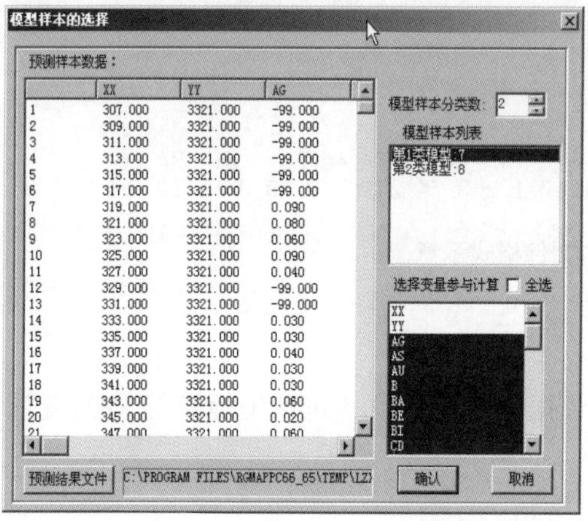


图 26.6.17 选择模型和变量

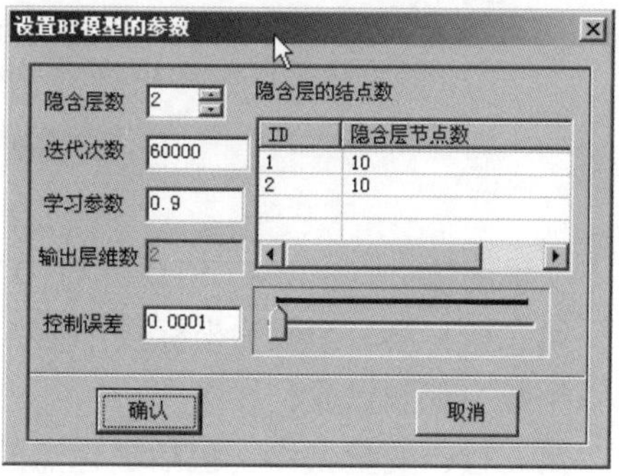


图 26.6.18 BP 模型参数设置

该对话框的操作有:

- 设置隐含层的层数，根据不同的隐含层数，会改变每个隐含层的节点数;

- 设置迭代次数，在一定的迭代次数下使得网络趋于稳定；
- 设置“学习参数”和设置“控制误差”。

（5）结果浏览如图 26.6.19 所示。

（6）保存的结果文件如图 26.6.20 所示。

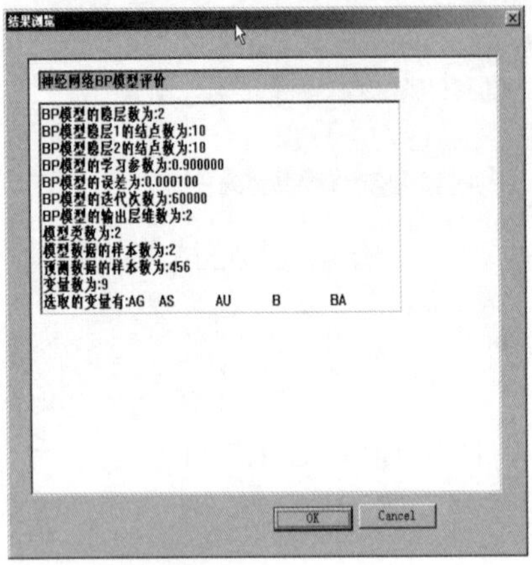


图 26.6.19　浏览结果

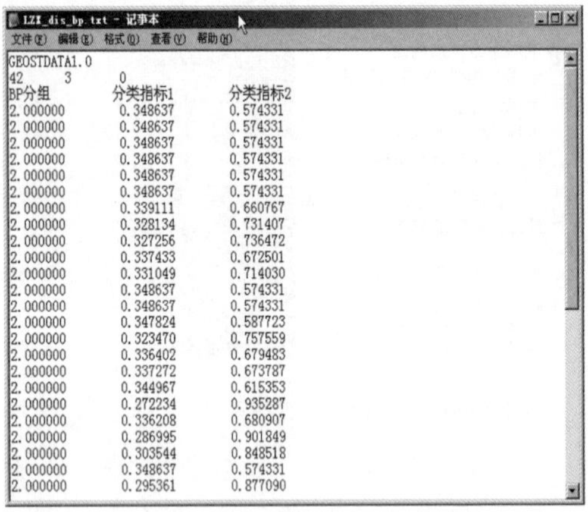


图 26.6.20　保存文件

## 26.6.5　用户选择数据源进行数理统计

用户可以通过选择文件形式选择不同类型的数据文件，进行常用的数理统计，包括：因子分析、聚类分析、多元判别分析、BP 模型；数据文件类型可以为 Access 数据库文件、Excel 数据表文件、MapGIS 点文件、TXT 文本文件、DBF 数据库文件。其中格式要求如下：

（1）TXT 文件（图 26.6.21）。

```
GEOSTDATA1.0
369 16 0
X_CORD Y_CORD Ag Cd Li Cu U I W Mo F As Sb Bi Hg Se
781.694 520.901 90 0.11 15.7 13.9 1.9 1.17 1.2 0.74 281 4 0.38 0.12 11 0.1
```

图 26.6.21　文本文件格式示意

文本的第一行：“GEOSTDATA1.0”；

第二行：第一个数为坐标点个数，第二个数据为变量个数（包括坐标点的 X/Y 变量），第三个数为观测点数；

第三行：变量名称（包括坐标点的 X/Y 变量）；

第四行开始：变量值。

（2）Excel 文件（图 26.6.22）。

第一行：变量名称（包括坐标点的 X/Y 变量）；

第二行开始：变量值。

| | A | B | C | D | E | F | G | H | I | J | K | L | M |
|---|---|---|---|---|---|---|---|---|---|---|---|---|---|
| 1 | X_CORD | Y_CORD | Ag | Cd | Li | Cu | U | I | W | Mo | F | As | Sb |
| 2 | 781.694 | 520.901 | 90 | 0.11 | 15.7 | 13.9 | 1.9 | 1.17 | 1.2 | 0.74 | 281 | 4 | 0.38 |
| 3 | 782.331 | 513.717 | 78 | 0.1 | 22.5 | 12.7 | 1.6 | 1.27 | 1 | 0.63 | 323 | 4.4 | 0.34 |
| 4 | 738.773 | 500.545 | 125.1 | 0.15 | 18.7 | 27.8 | 1.6 | 1.94 | 1.4 | 1.2 | 579 | 9.8 | 0.9 |
| 5 | 768.542 | 503.579 | 101 | 0.1 | 27.3 | 18.8 | 1.9 | 2.21 | 1.5 | 1 | 456 | 8.6 | 0.56 |
| 6 | 774.376 | 506.141 | 72 | 0.1 | 7.2 | 18.1 | 1.6 | 0.99 | 0.6 | 0.52 | 318 | 4 | 0.22 |
| 7 | 796.513 | 507.65 | 113 | 0.13 | 19.9 | 27.2 | 1.9 | 1.39 | 0.85 | 0.72 | 529 | 6.4 | 0.34 |
| 8 | 742.589 | 495.884 | 114 | 0.2 | 28.2 | 29 | 1.9 | 1.89 | 1.6 | 1.1 | 611 | 11.2 | 0.78 |
| 9 | 769.574 | 487.755 | 198 | 0.19 | 44.8 | 39.9 | 2.2 | 2.04 | 1.9 | 0.74 | 679 | 13.6 | 0.82 |
| 10 | 804.57 | 492.079 | 74 | 0.12 | 33.8 | 38.1 | 1.6 | 2.14 | 1.9 | 0.63 | 535 | 9.4 | 0.84 |
| 11 | 769.667 | 479.789 | 71 | 0.12 | 24.5 | 19.4 | 1.9 | 1.78 | 1.2 | 0.52 | 444 | 7 | 0.84 |

图 26.6.22　Excel 格式示意

具体操作步骤如下：

（1）选择数据源。

选择菜单“常用方法”→“多元统计（选择文件…）”→“因子分析”（其他分析方法类似）（图 26.6.23）。

弹出文件选择对话框，选择文件类型，选择文件，点击“打开”，进入数据处理界面（图 26.6.24）。

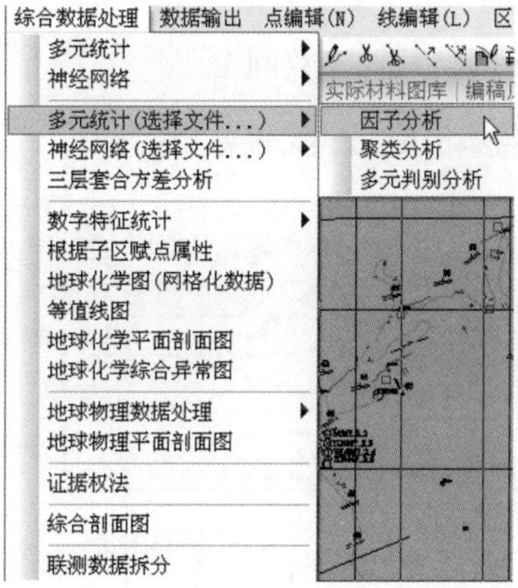


图 26.6.23　多元统计菜单

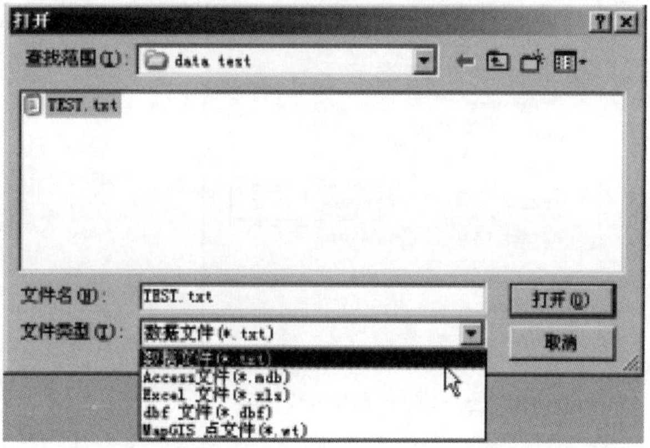


图 26.6.24　选择不同格式的数据文件

（2）处理过程。

参见“多元统计分析”和“人工神经网络分析”章节。

# 26.7　地球物理数据处理

三种地球物理数据处理方法：解析延拓、水平求导和垂直求导。具体操作步骤如下：

（1）激活相应菜单（图 26.7.1）。

（2）在弹出对话框中配置相关参数。其成图参数与地球化学等值线绘制基本相同。选择一种地球物理数据处理方法（默认是“解析延拓”）后点击“OK”进入下一步（图26.7.2）。

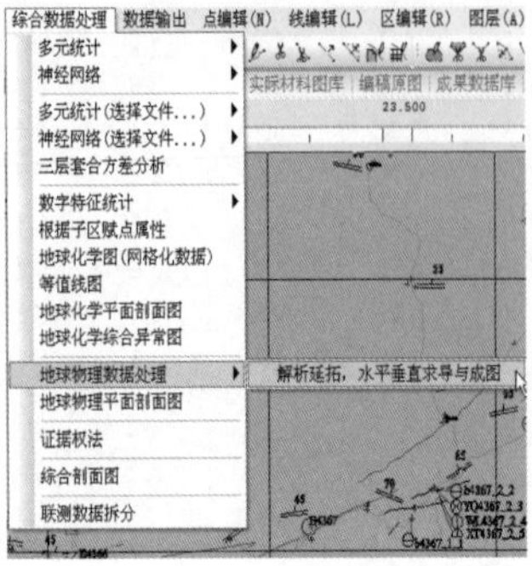

图26.7.1　解析延拓、水平垂直求导与成图菜单

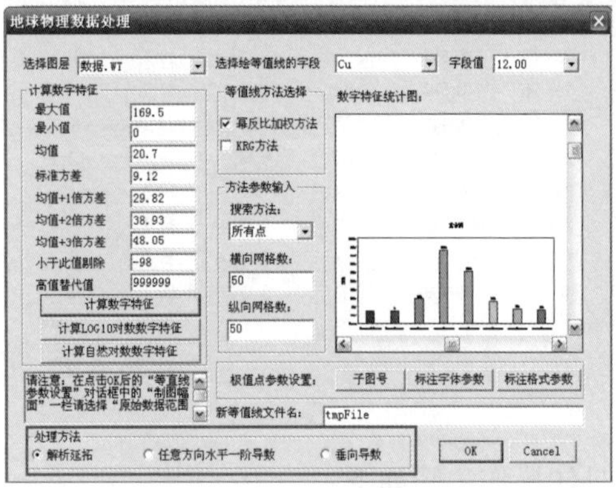

图26.7.2　选择处理方法

（3）接下来分别解释三种方法的参数配置：

1）解析延拓（图26.7.3）：左边的“网格数据信息”无须编辑；右边的“扩边行数”“扩边列数”分别为大于左边“数据行数”“数据列数”的2的整数幂。“延拓高度”，向上延拓高度值小于0，反之大于0。

2）水平求导（图26.7.4）：只需输入“求导偏角”即可，其他参数同上。

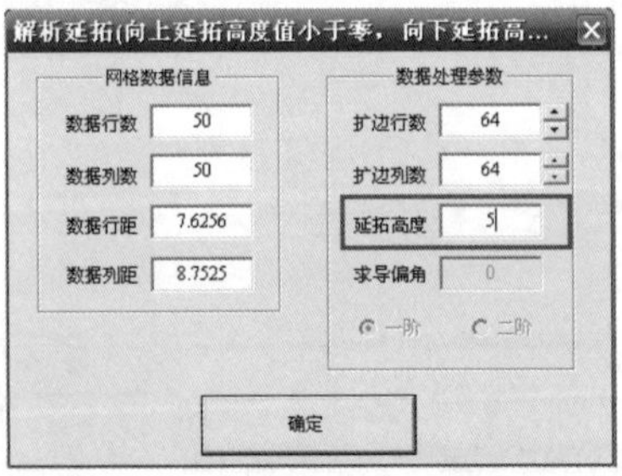

图26.7.3　解析延拓参数设置

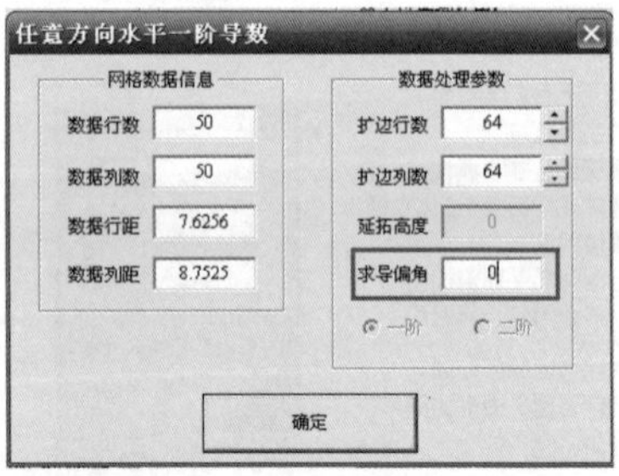

图26.7.4　水平求导参数设置

3）垂直求导（图26.7.5）：只需选择求导阶数即可，其他参数配置同上。

（4）数据处理完毕后弹出等值线绘制参数配置对话框（图26.7.6），其设置方法参见“地球化学等值线图绘制”相关说明。

（5）图形绘制参数设置完毕后点击“确定”绘图。效果如图26.7.7所示。

**注意**：生成图件对应的点、线、区文件自动存储于与当前工程所在目录同级的“地球物理”目

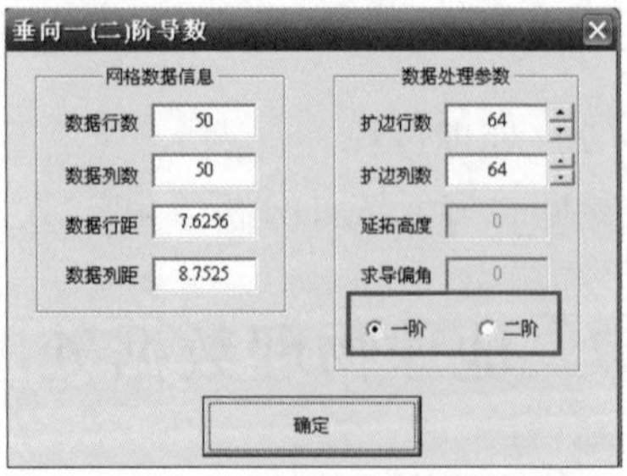

图26.7.5　垂直求导参数设置

录中。例如，当前工程为“图幅 PRB 库”，则新生成的文件存储在与“图幅 PRB 库”同级的“地球物理”目录中。

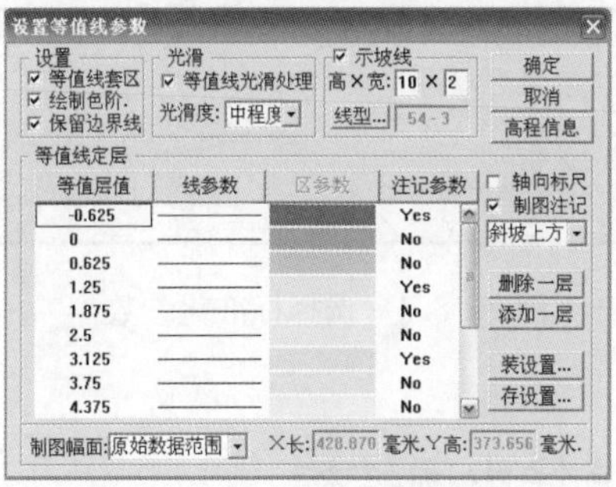


图 26.7.6　等值线参数设置

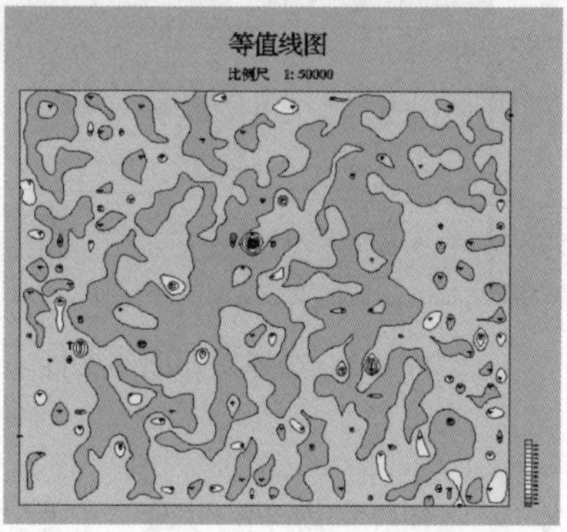


图 26.7.7　等值线图示意

# 26.8　物化探数据结构标准化

主要用于处理将其他软件处理的物化探成果数据经过结构标准化，在本系统的实际材料图、编稿原图和成果数据库中进行统一管理。

## 26.8.1　地球化学元素等值线图/异常图结构

启动菜单（图 26.8.1）。

弹出对话框，选择待处理的元素文件（点、线、区），选择化探方法，选择图件类型（元素等值线图或元素异常图），效果如图 26.8.2 至图 26.8.4 所示。

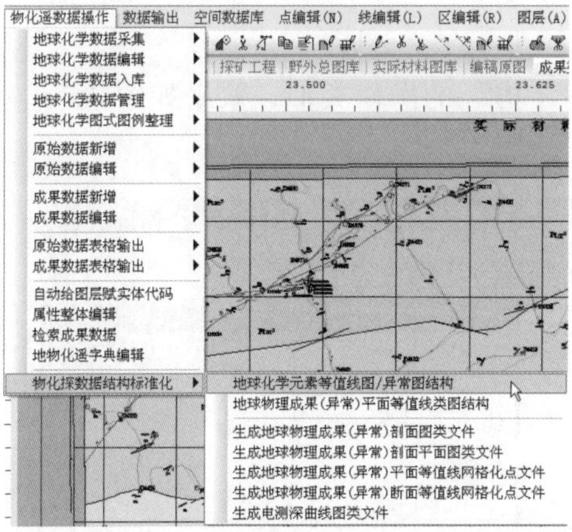


图 26.8.1　物化探元素等值线图/异常图结构标准化菜单

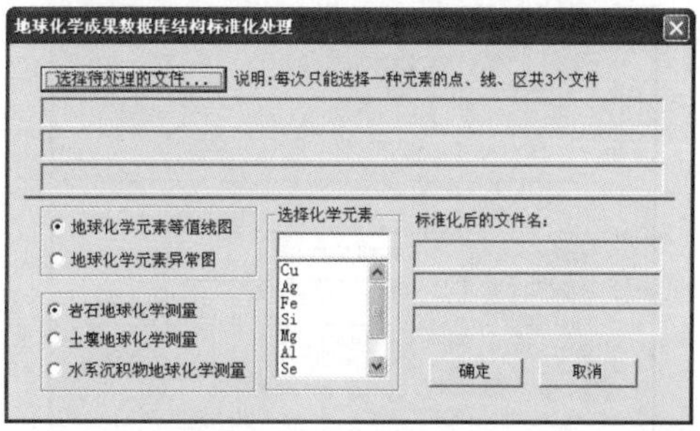


图 26.8.2　点击选择文件按钮

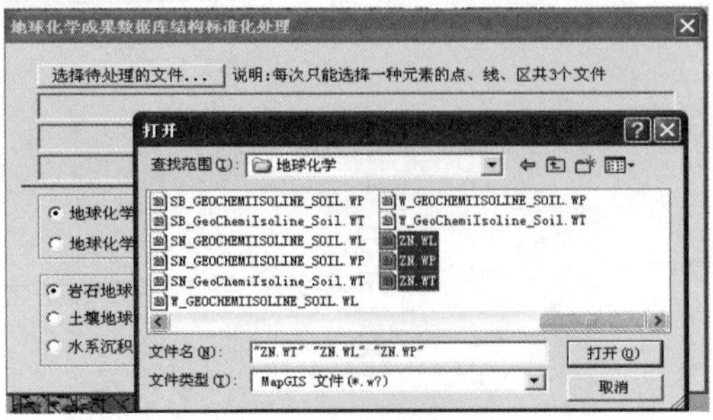


图 26.8.3　选择待处理的文件

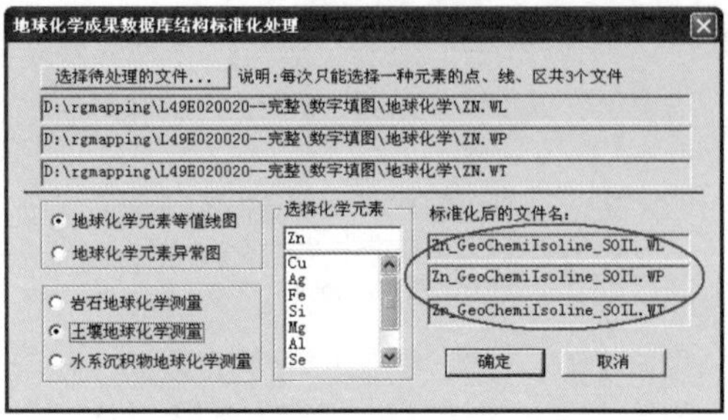


图 26.8.4　选择标准化参数

## 26.8.2　地球物理成果（异常）平面等值线类图结构

选择菜单如图 26.8.5 所示。

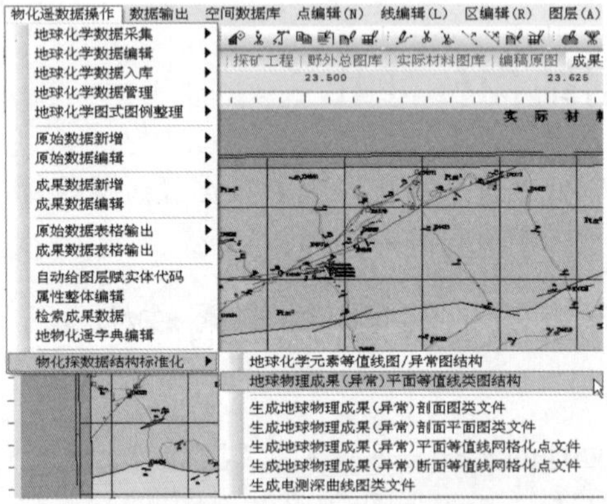


图 26.8.5　地球物理成果（异常）平面等值线类图结构标准化菜单

操作步骤同“地球化学元素等值线图、异常图结构”的操作类似，效果如图 26.8.6、图 26.8.7、图 26.8.8 所示。

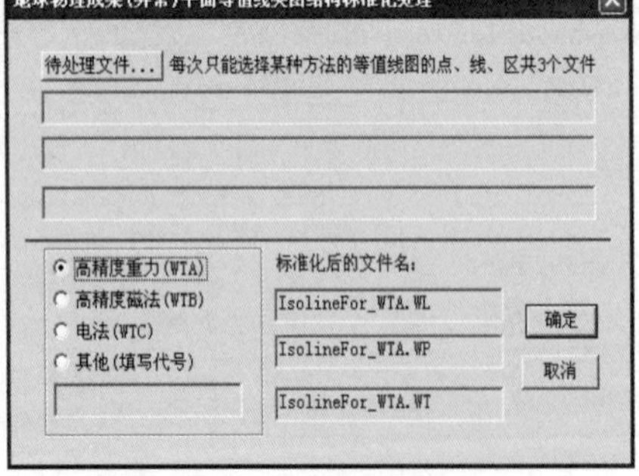


图 26.8.6　点击选择文件按钮

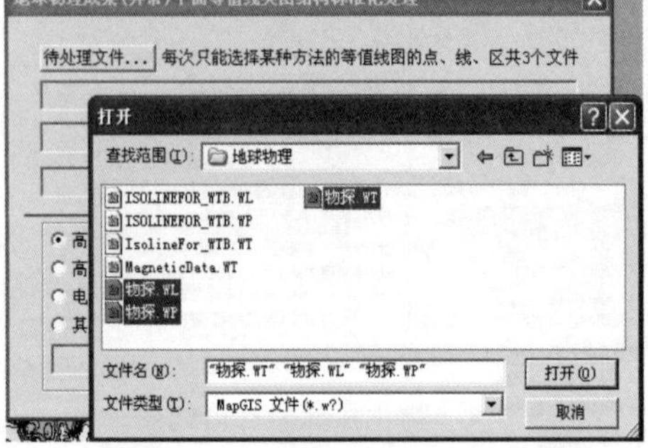


图 26.8.7　选择待处理的文件

## 26.8.3　“生成结构原型文件”和“合并图层”

对于地球物理成果（异常）剖面图类结构文件、地球物理成果（异常）剖面平面图类结构文件、地球物理成果（异常）平面等值线网格化点文件、地球物理成果（异常）断面等值线网格化点文件、电测深曲线图类文件，可以通过“生成结构原型文件”得到标准文件结构（图 26.8.9），然后利用“合并图层”功能将现有的文件合并到标准结构中。

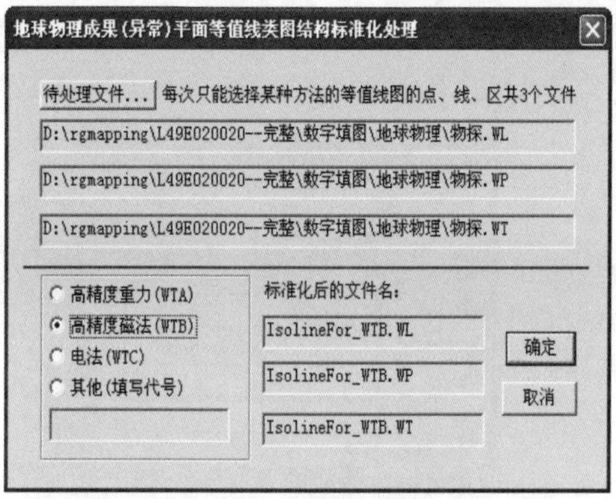


图 26.8.8　选择标准化参数

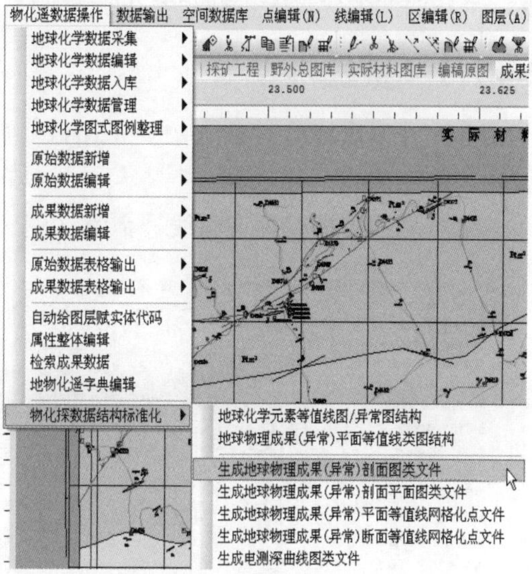


图 26.8.9　生成结构化文件菜单

弹出对话框，选择物探方法和输入测线号，自动生成一个标准结构的点文件（图 26.8.10）。

然后，利用“合并图层”功能合并待处理的文件（图 26.8.11）。

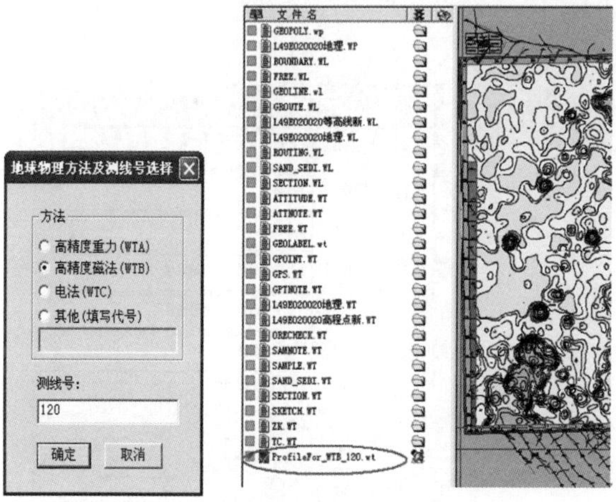


图 26.8.10　生成标准化文件名和结构

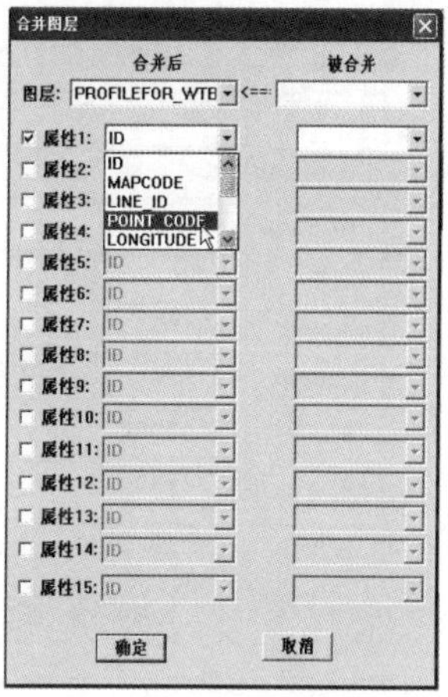


图 26.8.11　合并图层

# 26.9 综合剖面图

以某条测线为基础，在横切剖面图上，增加了属于该条测线的地球化学和地球物理采样数据分析结果的曲线图。整个综合剖面的生成过程是动态调整的，根据用户的需要，可以在剖面上生成任意组曲线图，每组曲线图中的元素组合同样可以根据用户的需要进行调整。每条曲线的线型等参数也是可调整的。

## 26.9.1 数据准备

（1）数据高程模型文件（ *.GRD），如何准备数据可参考相关功能。选择菜单如图26.9.1所示。

（2）测线数据：具有测线号字段（图26.9.2）。

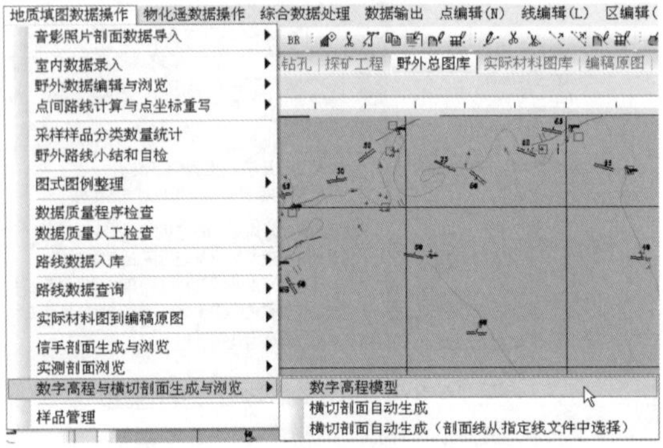


图26.9.1　数字高程模型菜单

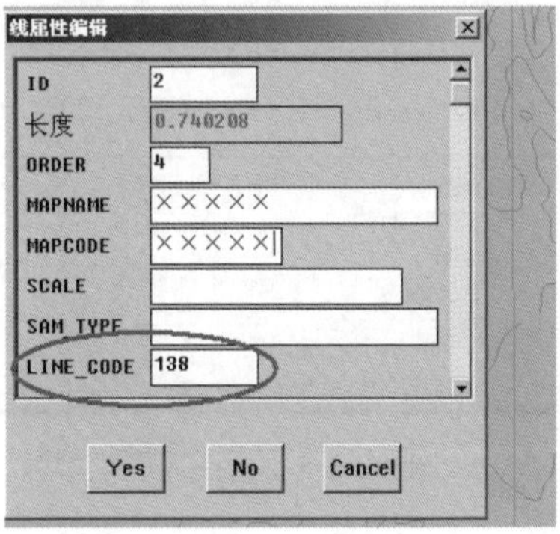


图26.9.2　测线数据

（3）地球物理点数据：具有测线号、点号、分析结果值等字段（图26.9.3）。

（4）地球化学点数据：具有测线号、点号，各元素分析结果值等字段（图26.9.4）。

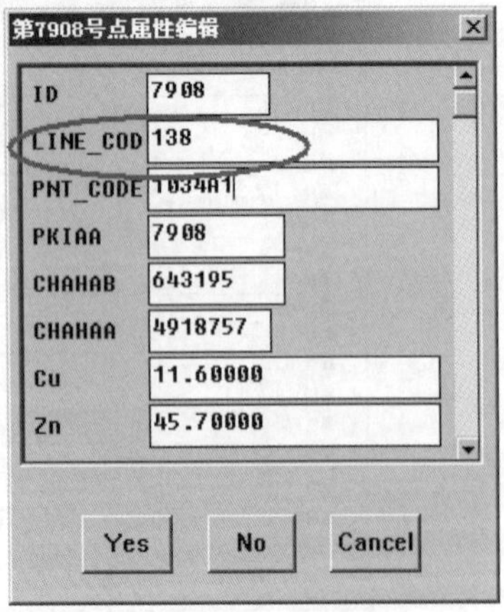


图26.9.3　地球物理点数据

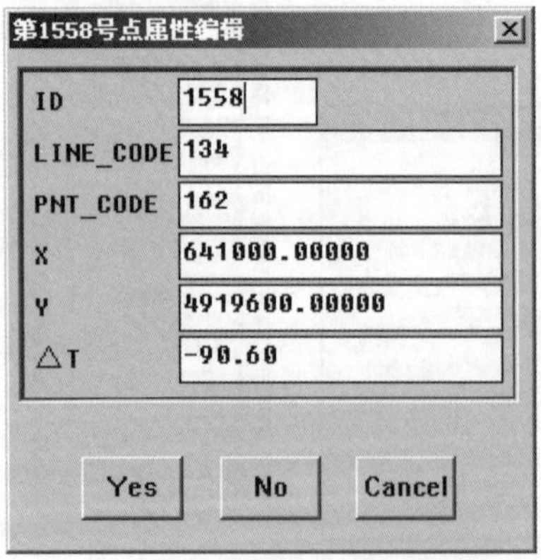


图26.9.4　地球化学点数据

## 26.9.2 进入功能模块

选择菜单“综合数据处理”→“综合剖面图”(图26.9.5),进入总界面(图26.9.6)。

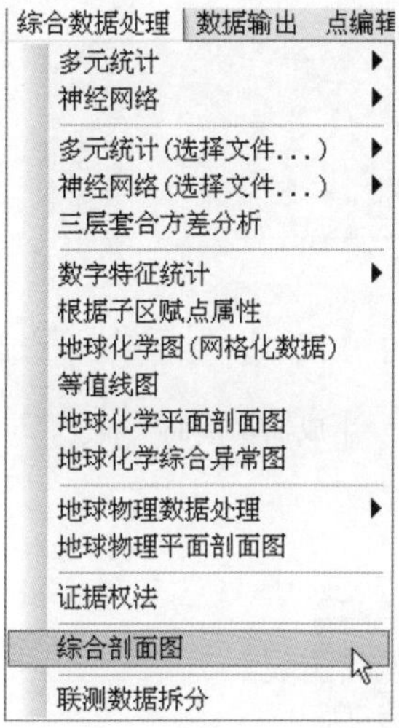


图 26.9.5　综合剖面图菜单

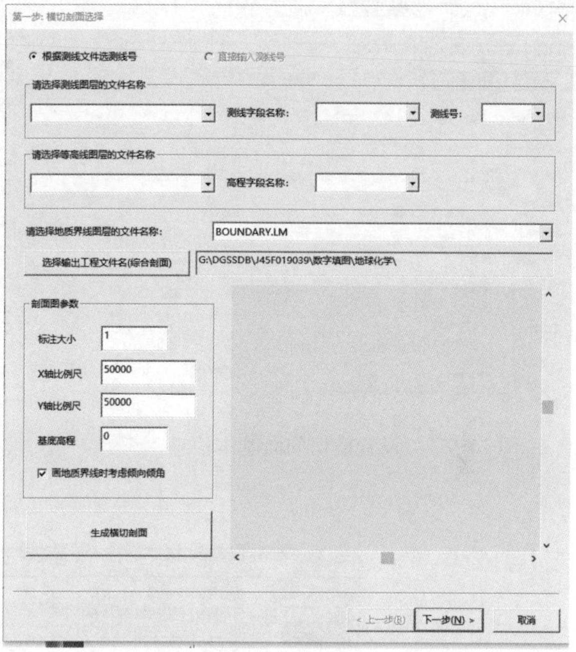


图 26.9.6　综合剖面图总界面

## 26.9.3 设置横切剖面基本信息

选择测线数据文件名、测线号字段及相应的测线号;选择等高线图层文件并选择高程字段;设置输出的综合剖面的工程名称,可以指定任意位置;输入剖面的基本参数:标注大小、横向、纵向的比例尺(图26.9.7)。

点击“生成横切剖面”(图26.9.8)。

点击“下一步”,进入“各元素参数设置”对话框。

## 26.9.4 地球物理、地球化学数据的各组元素组合幅面参数配置

(1)选择物探或化探数据点文件、选择点所属线号字段名、点号字段名,元素组合(图26.9.9)。

“每组纵方向最大范围”取值时,如果该组某种元素曲线点的位置超过该范围,则用最大范围值替代。

“纵偏移量”为每组曲线之间的间隔。

选择“增加”(图26.9.10):

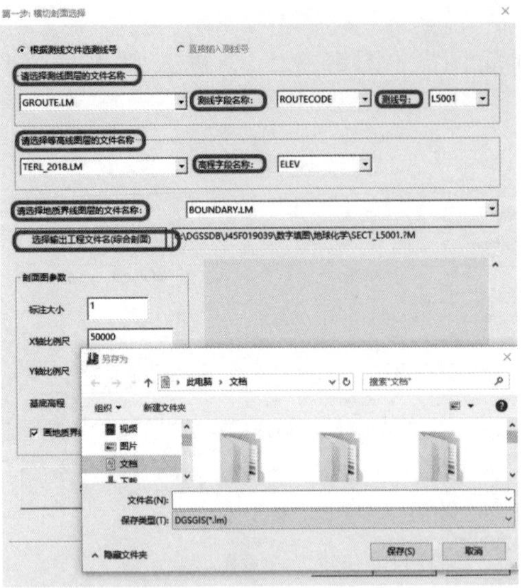


图 26.9.7　设置横切剖面基本信息

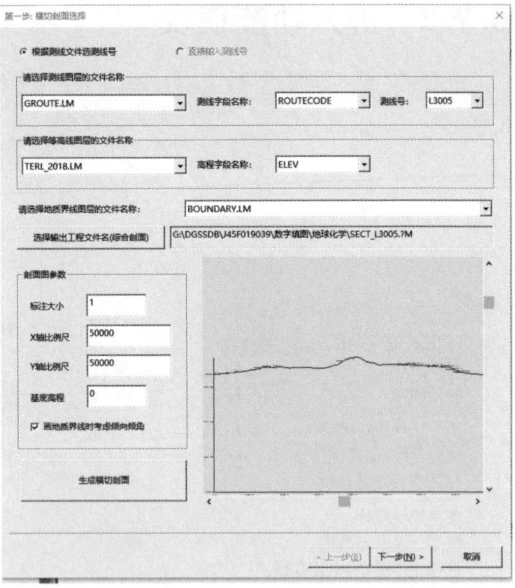


图 26.9.8　生成横切剖面

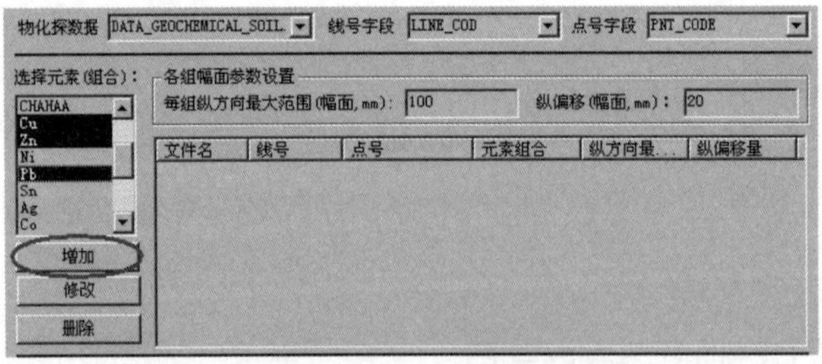


图 26.9.9　选择元素

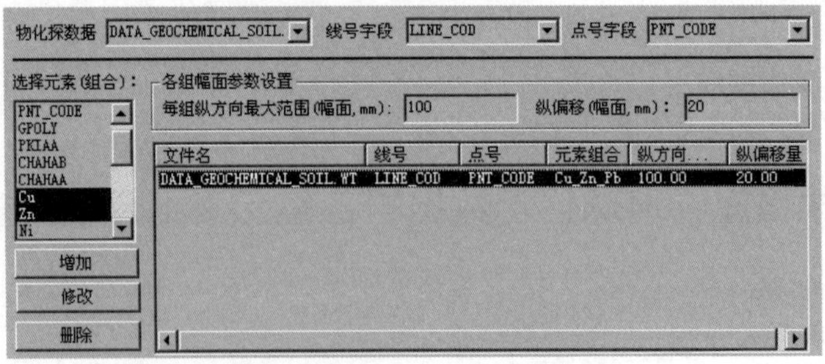


图 26.9.10　增加一组元素组合

同样，可以再添加一组元素组合。也可以选择其他的点文件进行同样的操作。另外，选择某种元素组合，可以进行修改和删除操作（图 26.9.11）。

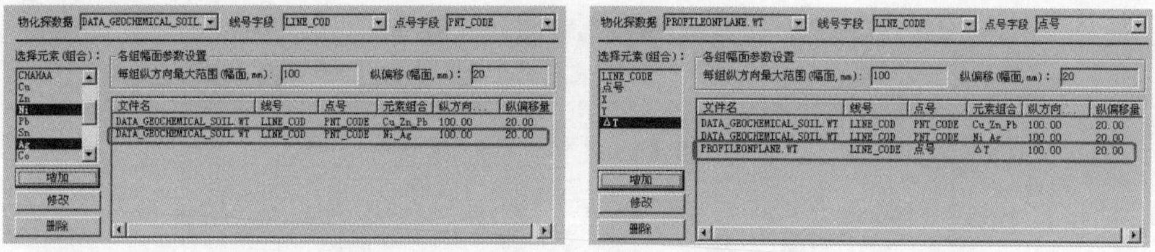


图 26.9.11　选择其他点文件并生成元素组合

## 26.9.5　各元素参数配置

选中某个元素（图 26.9.12）。

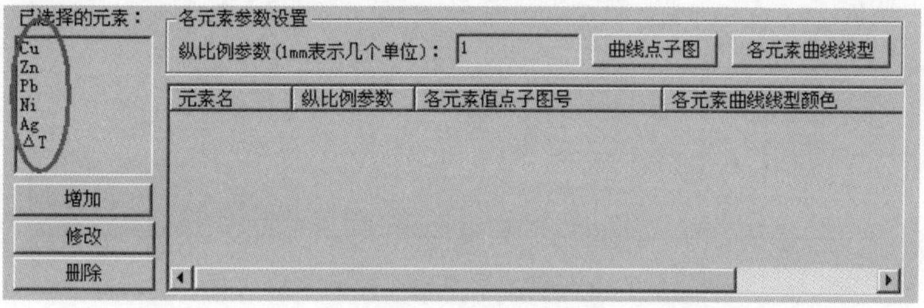


图 26.9.12　选择某元素

选择某个元素，设置其参数，输入纵比例参数，点击“子图设置”和“线型设置”（图 26.9.13）。

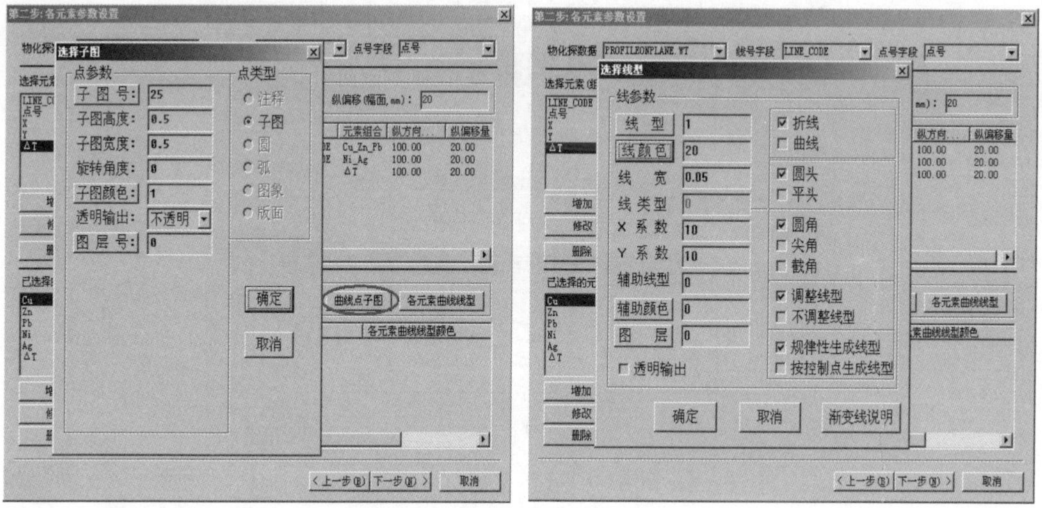


图 26.9.13　配置子图和线型

如果元素组合列表中的某种元素在图形参数设置列表中不存在，则该元素绘制的曲线为默认线型。允许修改和删除元素参数设置的操作（图 26.9.14）。

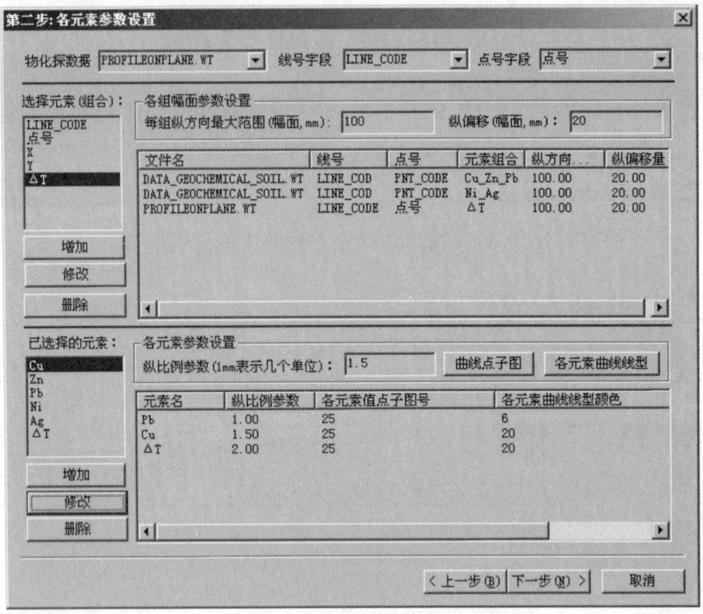


图 26.9.14　修改各元素曲线的参数信息

点击“下一步”，进入综合剖面图处理过程（图 26.9.15）。

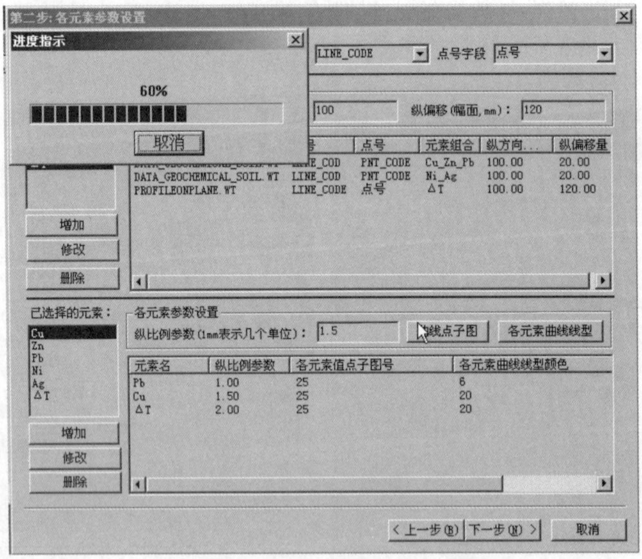


图 26.9.15　综合剖面图绘制过程

## 26.9.6　生成综合剖面图

生成的剖面图效果如图 26.9.16 所示。

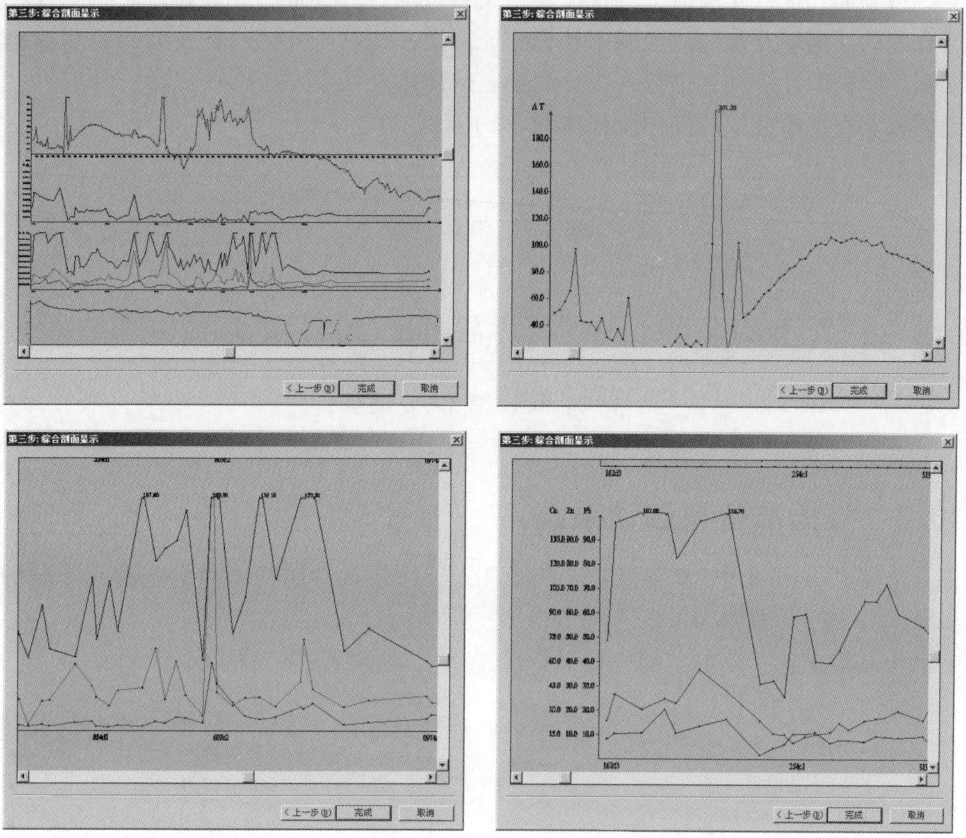


图 26.9.16　综合剖面图效果图示意

用户可以返回上一步，重新设置参数。

# 26.10　证据权法

## 26.10.1　证据权法资源评价基本流程

证据权法是一种利用矿产形成后的后验概率来圈定研究区有利成矿部位的数学模型。最初基于二值图像。它采用一种统计分析模式，通过一定的数学计算方法确定与成矿作用关系密切的证据层的权重值，进而计算空间任意位置的矿产发育的概率值，以圈定不同级别的预测靶区。每种地学信息都是成矿预测的一个证据因子，而每个证据因子对成矿预测的贡献是由这个因子的权重来确定的。

证据权法在成矿预测中的步骤大概如下：

建立研究区矿床（点）和成矿作用有关的证据因子专题数据库；提取矿点图层，划分网格单元；搜索含矿网格单元，生成含矿网格图层；对于每一个证据因子专题数据库，提取与成矿关系密切的控矿因素，生成新的图层（证据层）；分别将各证据层图层与含矿网格图层进行叠加，进行先验概率、权重及相关系数的计算；根据先验概率、权重及相关系数筛选合理的证据层及参与后验概率计算的证据层，并对研究区内各单元进行后验概率计算；根据后验概率计算结果进行各级预测靶区的计算。

证据权法在本系统中的操作流程如图 26. 10. 1 所示。

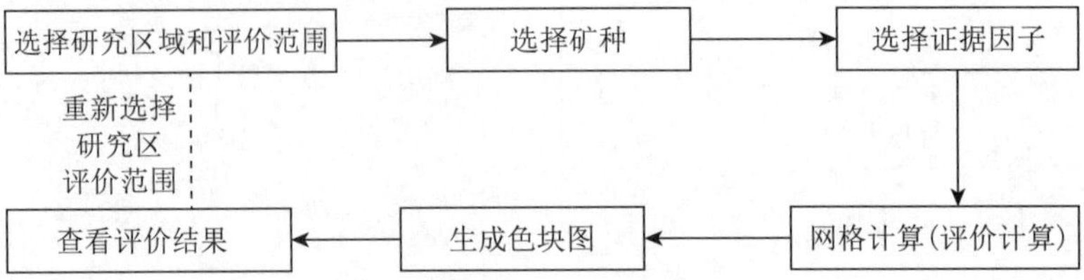


图 26. 10. 1　证据权法流程

## 26. 10. 2　数据准备与启动系统

需要准备某个图幅内的矿点数据，为点图层，图层属性结构中包含各种元素分析结果（Cu、Ag、Au 等）（图 26. 10. 2）；

启动该功能，选择菜单“综合数据处理”→“证据权法”（图 26. 10. 3）；

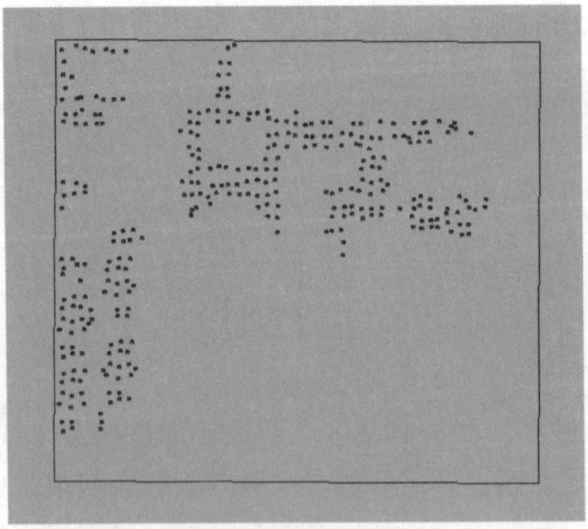

图 26. 10. 2　矿点数据

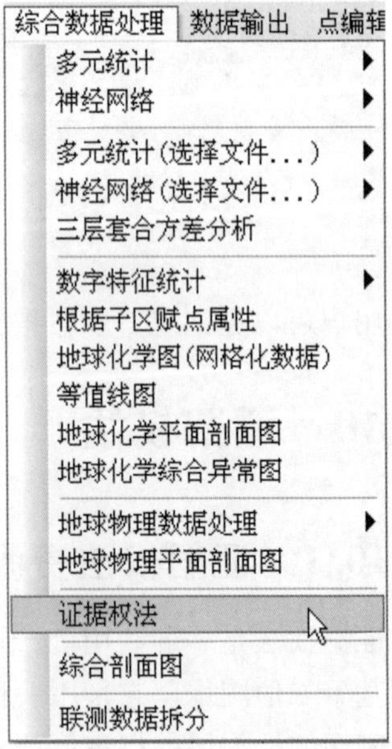


图 26. 10. 3　证据权法菜单

进入功能界面（图 26. 10. 4）。

## 26. 10. 3　选择研究区域

可以通过用户交互方式框选研究范围，如果用户不知道，则以矿点图层的范围作为默认的研究范围。

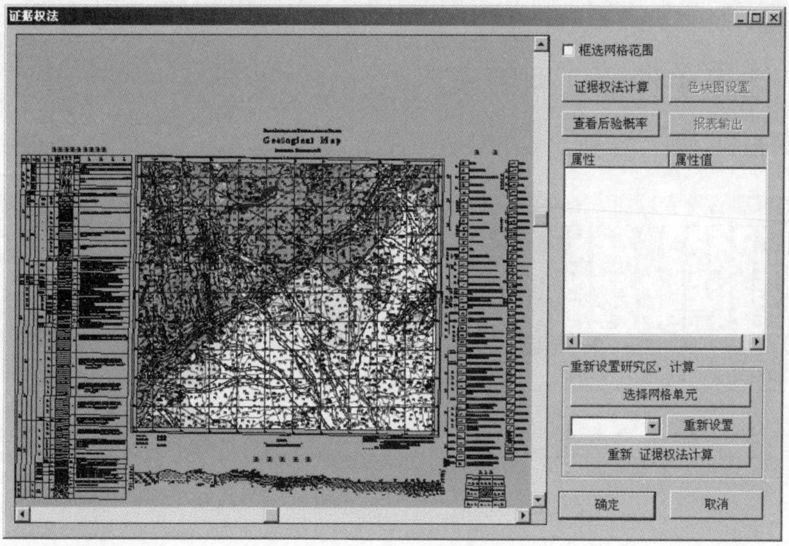


图 26.10.4　证据权法总体界面

（1）框选研究范围（图 26.10.5）。

（2）点击“框选”按钮，在图面上拉框选择一个范围，具体操作：按下鼠标左键不放开，移动鼠标，选择好需要的范围后，放开鼠标左键即可；如果需要重新画范围，则重复上述操作即可（图 26.10.6）。

图 26.10.5　框选网格范围

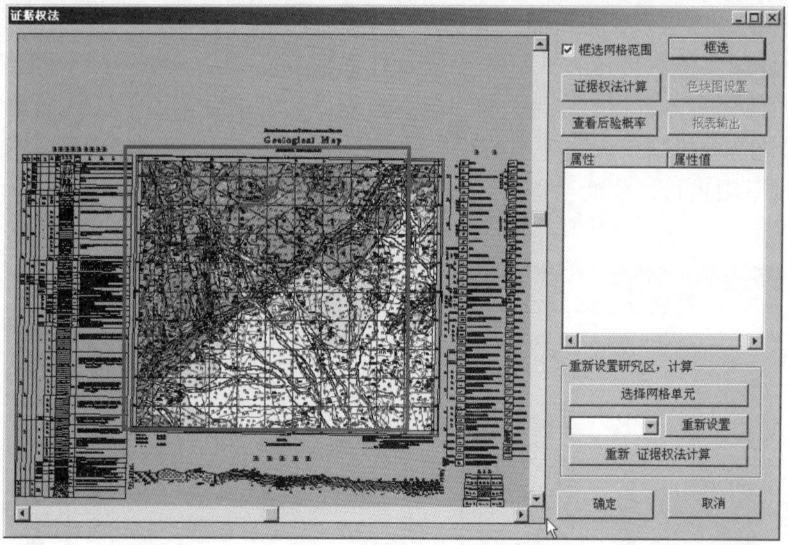


图 26.10.6　框选过程

如果 □ 框选网格范围 ，则表示以矿点图层的范围作为研究范围。

### 26.10.4 选择矿种和证据因子

点击“证据权计算”按钮，弹出对话框（图 26.10.7）。

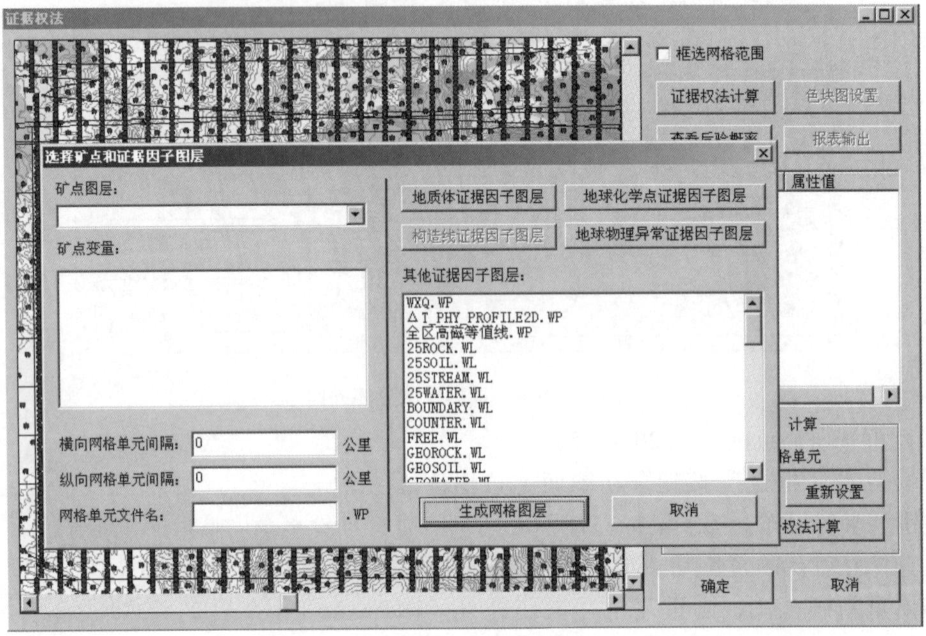


图 26.10.7 证据权计算

（1）选择矿点图层及矿点变量（矿种），需要的证据因子图层：

1）地质体面实体，传统方式，需要按岩性提取专题图层，作为因子图层。本系统中字段选择地质体面实体，指定岩性，将自动生成这些岩性的证据因子信息（图 26.10.8）。

2）地球化学分析结果点（非等值线异常区图层），可直接对网格内地球化学某种元素分析值的异常下限进行二值变量运算，生成相关因子信息（图 26.10.9）。

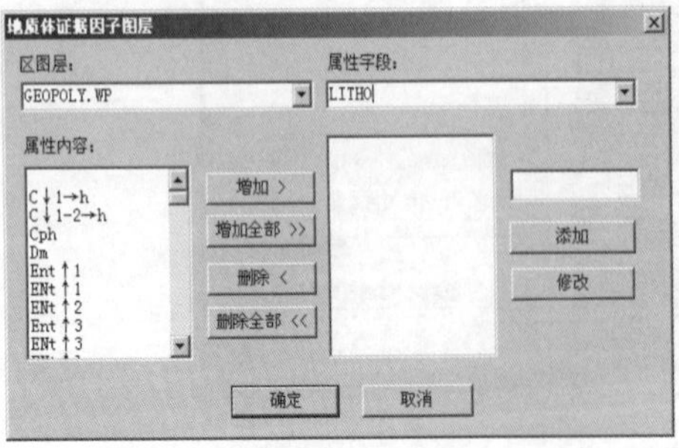


图 26.10.8 地质体证据因子选择

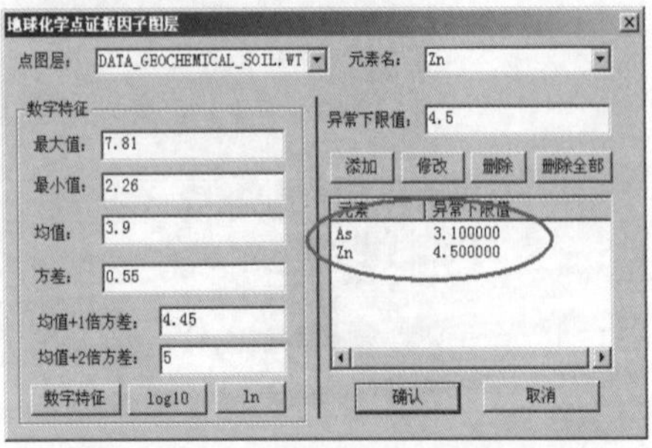


图 26.10.9 地球化学点证据因子选择

3）地球物理异常区的处理，涉及正负异常的情况，则分别根据异常情况，进行二值变量运算，生成相关的因子信息（图 26. 10. 10）。

4）其他证据因子图层，直接选择列表中的文件（图 26. 10. 11）。

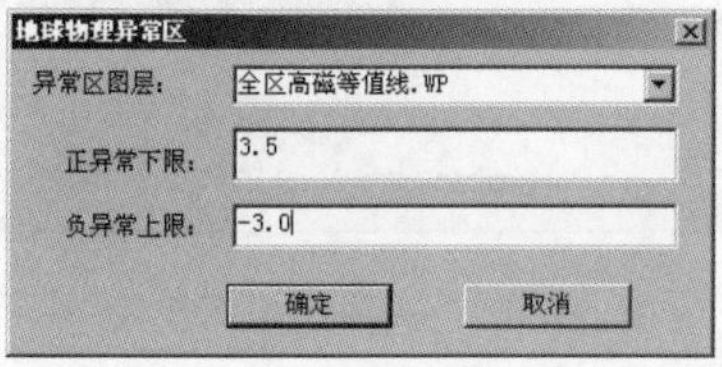


图 26. 10. 10　地球物理异常区因子选择

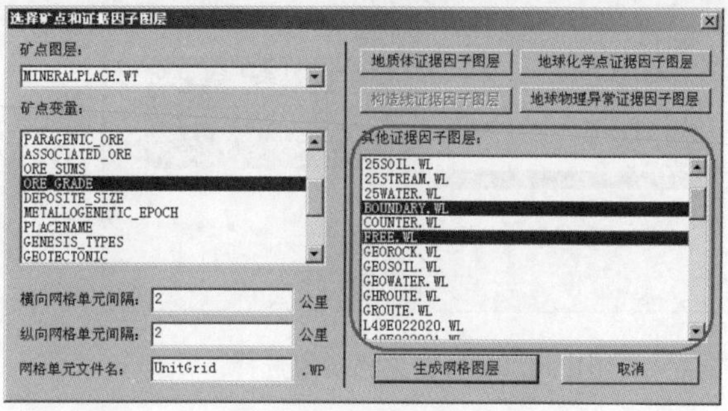


图 26. 10. 11　其他因子选择

（2）输入每个网格单元（横向和纵向）的间隔。

（3）输入网格单元文件名（图 26. 10. 12）。

点击“生成网格图层”，如果该网格单元文件名存在，则提示替换原先的文件（图 26. 10. 13）。

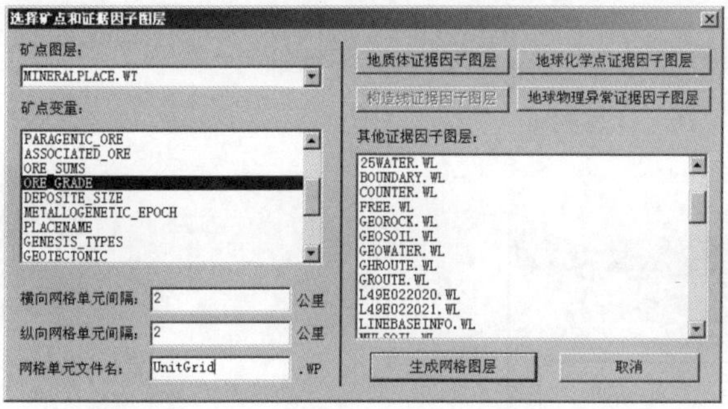


图 26. 10. 12　输入网格大小和网格单元文件名

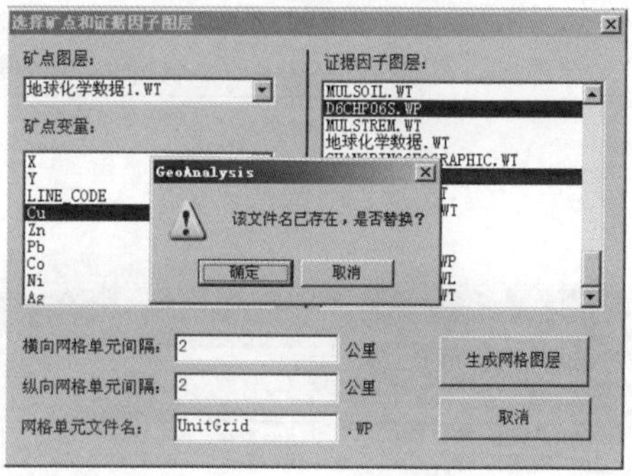


图 26. 10. 13　生成网格文件

## 26. 10. 5　评价计算

在生成网格后，会弹出“证据图层 | 预测对象 选择”对话框（图 26. 10. 14）。

这里，默认是刚才选择的所有因子图层，可以对此在此基础上进一步选择需要的因子参与计算（图 26. 10. 15）。

点击“OK”，弹出权重对话框（图 26. 10. 16）。

可以将该权重值保存到这个目录下（图 26. 10. 17），得到先验概率（图 26. 10. 18），生成网格单元（图 26. 10. 19）。

图 26.10.14　预测对象选择

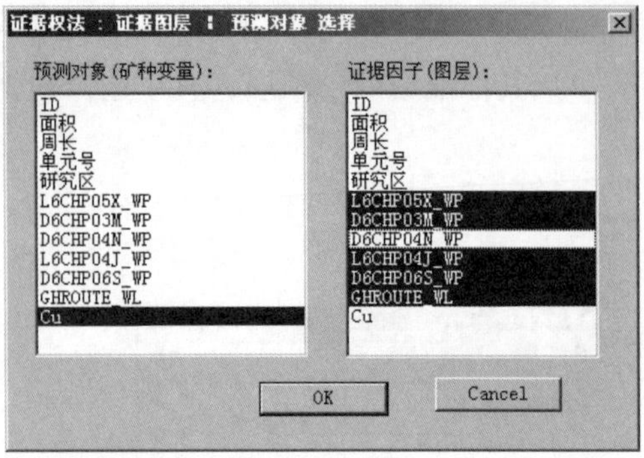


图 26.10.15　选择因子图层

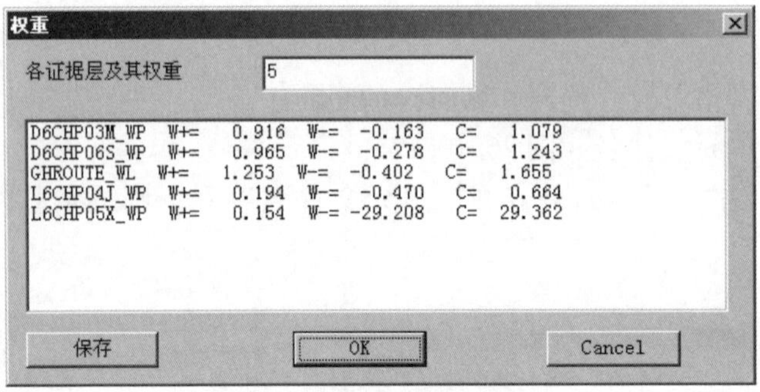


图 26.10.16　计算权重

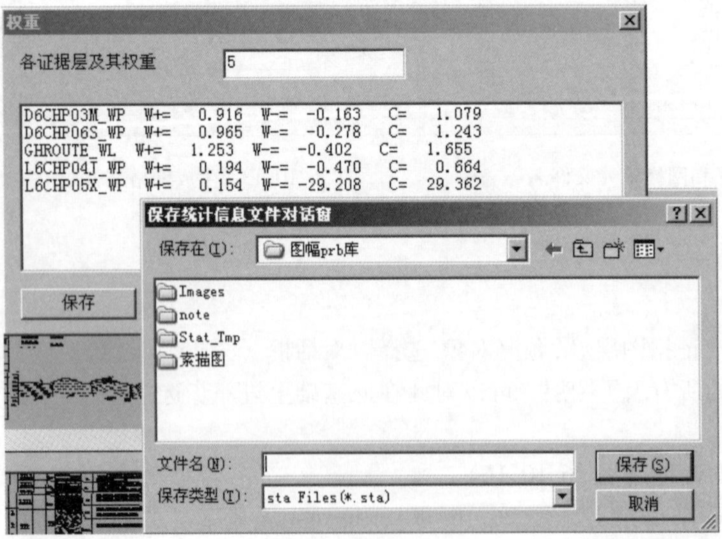


图 26.10.17　保存权重

图 26.10.18　得到先验概率

## 26.10.6 查看概率

激活“查看后验概率”按钮，点击任意网格单元（图 26.10.20）。

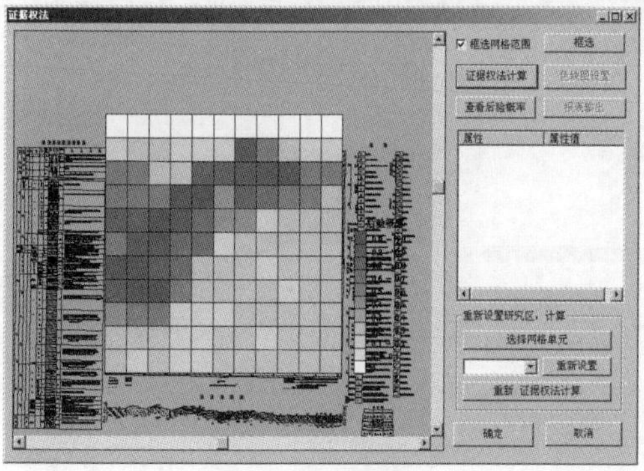

图 26.10.19 生成网格单元

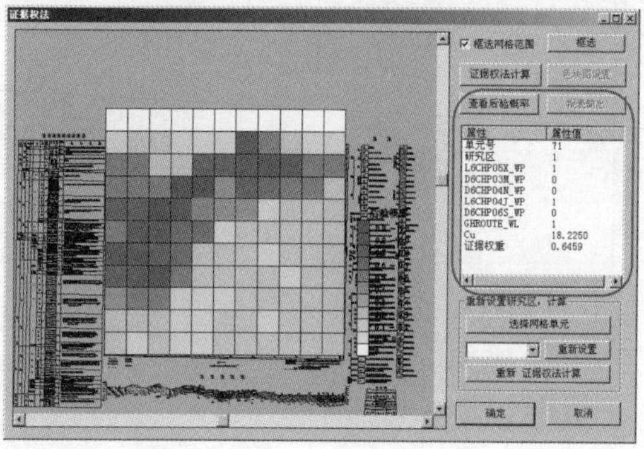

图 26.10.20 查看后验概率

## 26.10.7 重新计算

系统允许将某个单元设为非研究区，然后重新进行计算（图 26.10.21）。

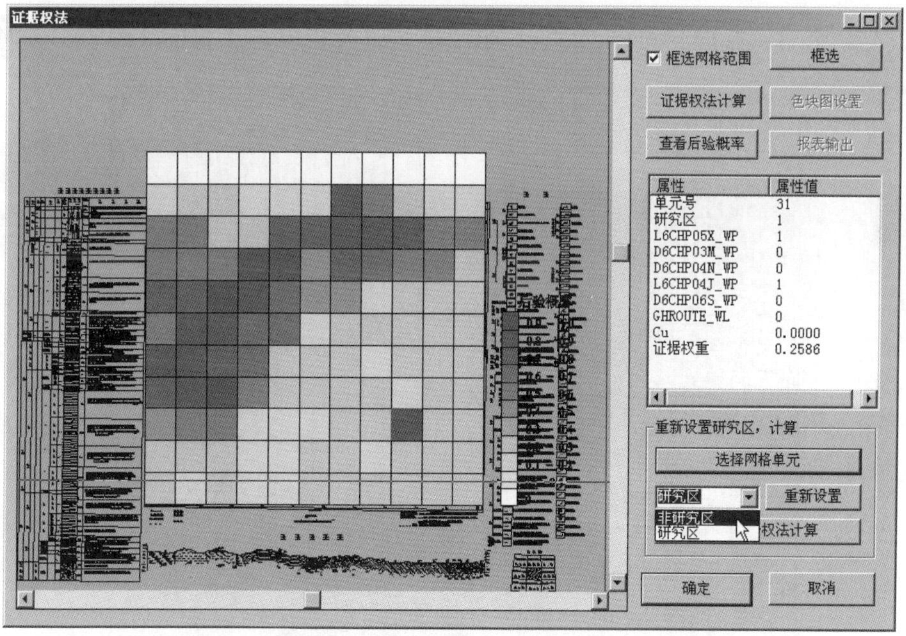


图 26.10.21 允许将单元设为非研究区并重新计算

点击“重新设置”按钮（图 26.10.22）。

点击“重新 证据权法计算”按钮（图 26.10.23）。

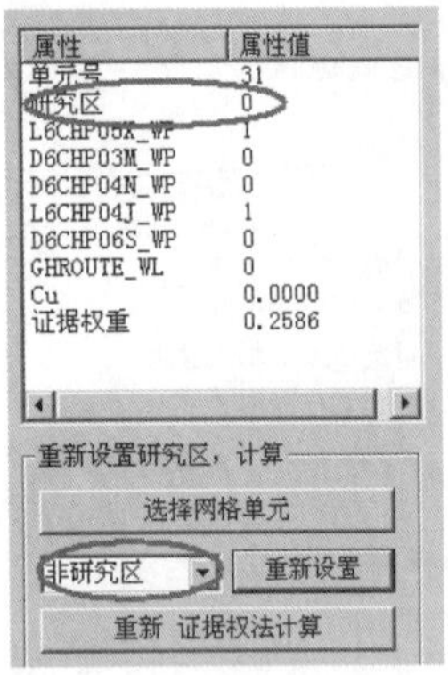


图 26.10.22　点击重新设置按钮

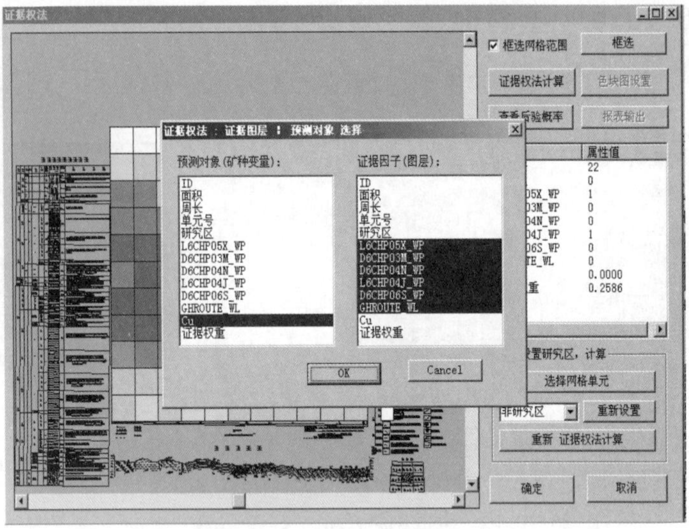


图 26.10.23　证据权法重算

也可以重新框选网格范围，进行评价过程。

## 26.10.8　结果图

计算完结果后，点击“确定”后，结果图自动加入 PRB 库工程中（图 26.10.24）。

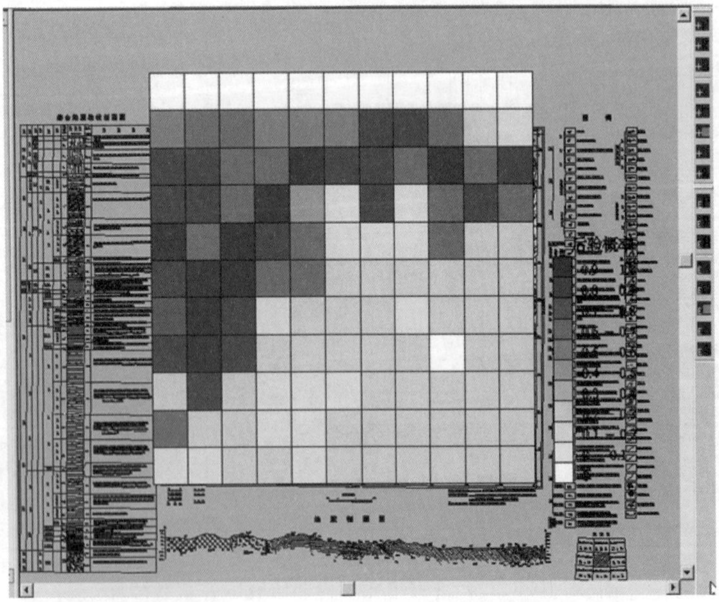

图 26.10.24　将网格单元结果加入 PRB 中

生成的评价结果及网格文件所在目录如图 26.10.25 所示。

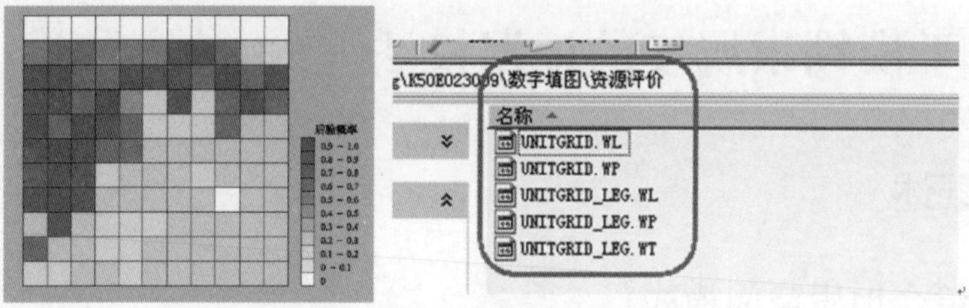


图 26.10.25　网格文件所在目录

## 26.11　多幅联测数据按各分幅拆分处理

针对多幅联测的数据，系统提供拆分成单幅的方式。首先通过 MapGIS 投影变换的相关功能生成需要拆分的分幅的内框，保证内框的地图参数与多幅联测数据的地图参数一致。选择菜单（图 26.11.1）。

弹出选择框（图 26.11.2）。

输入需要裁剪的图幅号等参数（图 26.11.3）。

系统自动完成分幅拆分功能。

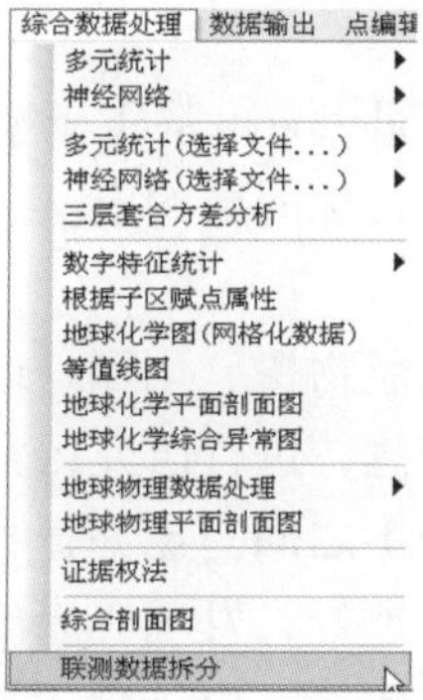


图 26.11.1　联测数据拆分菜单

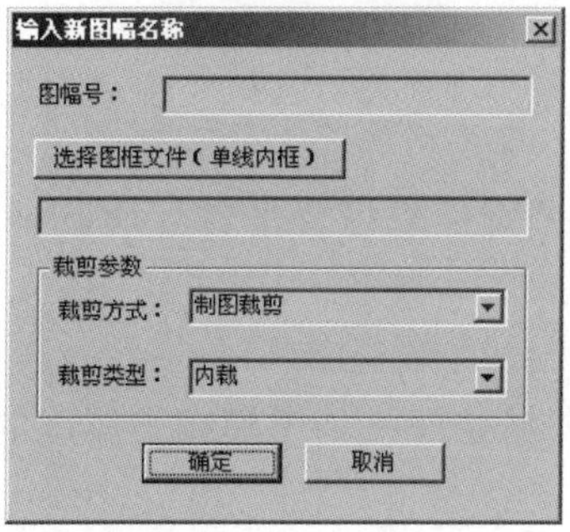


图 26.11.2　联测图幅拆分界面

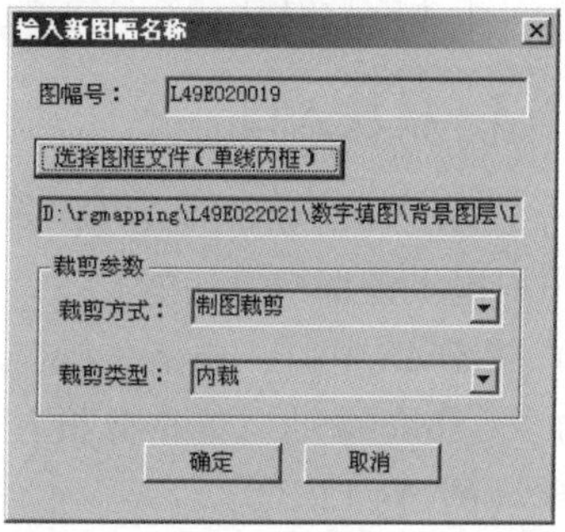


图 26.11.3　输入裁剪过程参数

# 26.12 基于模糊隶属度的证据权法

## 26.12.1 概述

### 26.12.1.1 综合地质空间模式

在地质调查领域，空间数据挖掘方法是能够通过采用某种数学模型，从海量地物化遥等空间数据中挖掘出决策信息的一项技术。使用该技术，从同一个空间数据集出发，针对不同的地质调查目标对象，可构建出不同的空间图形（即综合地质空间模式）。常见的基于模糊隶属度机器学习方法的证据权法作为就是一种基于贝叶斯决策的空间数据挖掘方法。在地物化遥数据综合处理上，引入模糊式识别中的最大隶属度原则算法，通过机器学习，可有效地判断地质对象的目标或地质体的空间模式。该方法在矿产资源潜力评价、地质灾害危险性评价、生态环境脆弱性评价等方面已有广泛的应用。

数字地质调查系统（DGSS）研发了相应的综合地质空间模式应用模块和技术流程。将不同比例尺不同专业的空间数据转换为统一空间尺度下的空间数据集进行组织，集成了基于模糊隶属度机器学习方法的证据权法。

### 26.12.1.2 证据权法

证据权法（weights of evidence modeling）基于概率不确定性与贝叶斯律，但它针对空间决策分析特点做了重大的改进，如目标图层的定义、图层权系数的确定、图层独立性的检验等。

在当用 GIS 软件制备了各种地质、物探、化探、遥感基本图层后，就可用证据权法来综合蕴含在这些证据图层中的目标信息，进行研究区空间模式的评价。证据权法的评价结果是一张后验概率图，其数值在 0 与 1 之间。比如，找矿预测，后验概率数值愈大，表明矿化有利程度愈高，成矿和找矿条件愈好，发现矿床的机会愈大，把那些后验概率大于某一临界值的单元圈定出来，即是找矿靶区。由于后验概率是在大量地质、地球物理、地球化学和遥感地质图层叠加分析的基础上计算出来的，因此所圈定出的靶区综合反映了各种证据因素对矿床的控制作用和指示作用（图 26.12.1）。

### 26.12.1.3 模块入口

目前在地质调查 GIS 平台（DGSGIS）和数字地质调查信息综合平台（DGSInfo）的相应模块中均提供证据权法功能。

（1）DGSGIS 中的“栅格分析”（图 26.12.2）。

（2）DGSInfo 中的“栅格分析”菜单结合“综合数据处理→基于模糊隶属度的证据权法”菜单（图 26.12.3）：

以下以浅覆盖区相关岩体的分布形态推测进行流程和步骤说明。

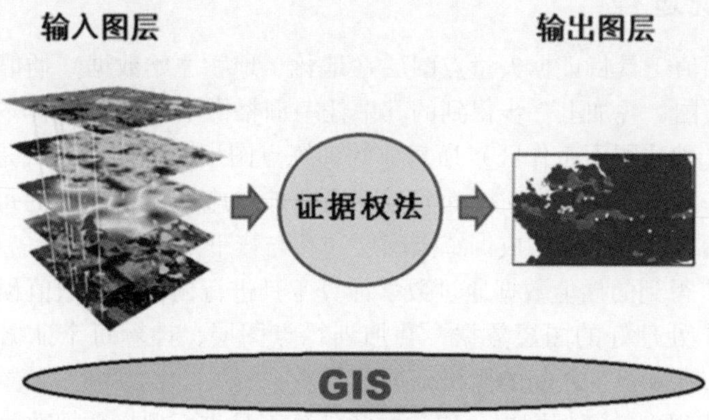


图 26.12.1　证据权法原理图

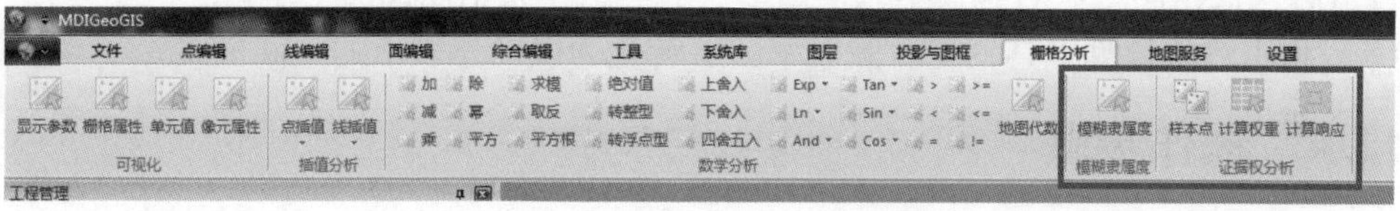


图 26.12.2　DGSGIS 中的证据权法界面

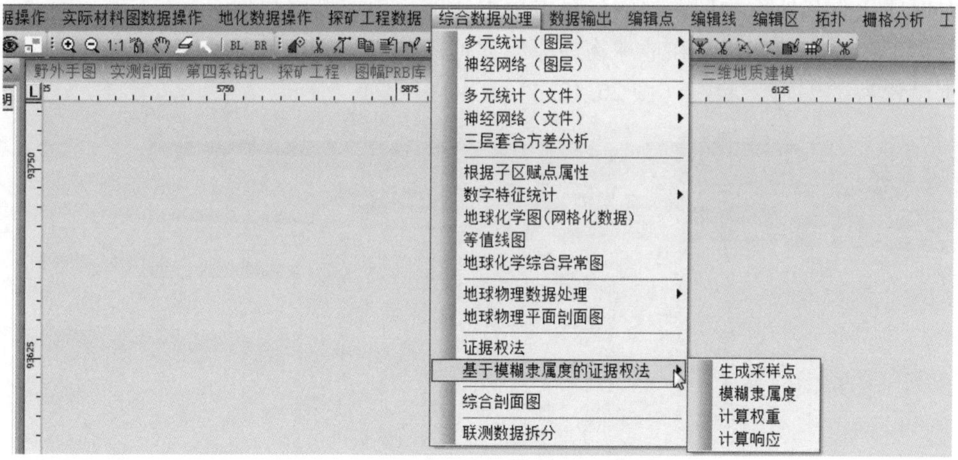


图 26.12.3　DGSInfo 中的证据权法界面

## 26.12.2　空间数据

（1）地质图（矢量面工作区文件）；

（2）地球物理原始数据（矢量点工作区文件）；

（3）地球化学原始数据（矢量点工作区文件）。

## 26.12.3 实现过程

（1）利用点插值工具将证据矢量点图层（地化、地物原始数据）插值生成栅格图层。

（2）打开地质图，叠加上一步得到的其中任一栅格图层，通过【样本点】工具可以自动生成选定面元（地质图面工作区）所对应的训练点图层，训练点方式是以叠加的栅格图层的网格分辨率为准，选定的地质图面元范围内叠加对应的栅格图层的每个像元处相应生成一个样本点，所有的样本点构成训练点图层，参与接下来的模型计算。

（3）将第1步得到的插值数据通过数学计算工具进行栅格数据数值预处理。

（4）将第3步处理好的图层数据，叠加训练点图层，计算每个证据图层的模糊隶属度，生成数值分布在0至1之间的栅格证据图层。

（5）将第4步得到的证据图层，通过数学计算工具进行栅格数据数值预处理。

（6）将第5步处理好的证据图层叠加训练点图层，分别计算每个证据图层的权重表。

（7）输入训练点图层、所有的证据图层及对应的权重表，综合计算得到响应结果图层，包括后验概率图层、后验概率方差图层、后验概率置信度图层。

（8）利用数学计算工具，将后验概率图层转化为以二态表示的空间模式。

## 26.12.4 操作步骤

### 26.12.4.1 点插值

对地球化学和地球物理图层的矢量点数据插值，生成栅格数据：

新建工程，将地球化学和地球物理原始数据添加至当前工程中，并将所有的原始矢量点数据设置为“编辑”状态（图26.12.4）。

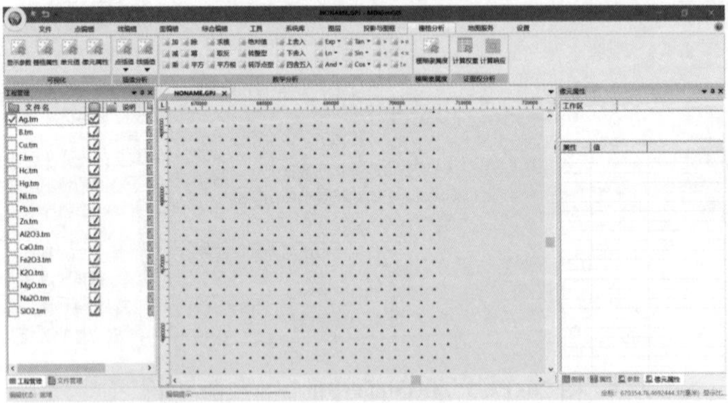


图26.12.4　地球化学和地球物理原始数据

以“Ag.tm”图层点插值为例：

（1）点击栅格分析→点插值→【IDW】/【IDWMQS】/【GDAL_IDW】按钮。

（2）系统弹出“离散点网格化”对话框，设置工作区插值图层，Z值列即以哪一字段属性为插值依据，网格信息编辑可供用户自定义参照图层、X/Y轴间距或X/Y网格数，网格化方法默认设置即可，设置输出网格文件路径及名称（图 26. 12. 5）。

**注意**：插值的时候按照自定义设置网格数去进行插值，不要使用默认的参数设置，因为本身这个研究区范围相对较小，默认参数是按照网格间距（即网格大小）去进行插值的，默认的网格大小是一个间距为 2 的正方形，由于范围较小，就会不能正好覆盖；整个研究区范围是一个长方形，所以如果是默认网格是正方形插值的话，那么正方形就会扩展边界，出现误差，研究区越小，误差越大。

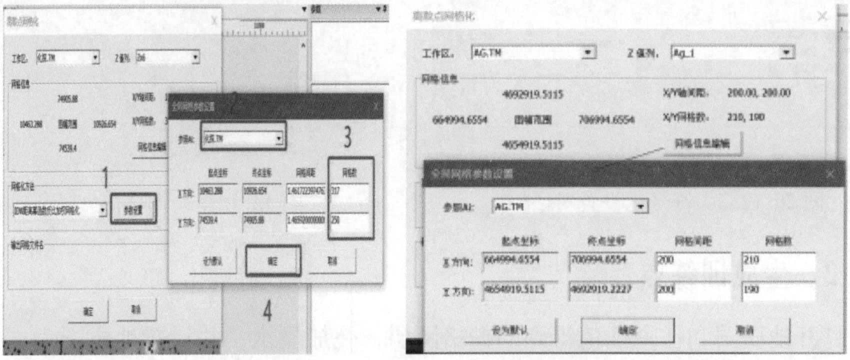


图 26. 12. 5　离散点网格化对话框

（3）点击【确定】按钮，系统弹出网格化成功提示对话框，点插值完成（图 26. 12. 6）。

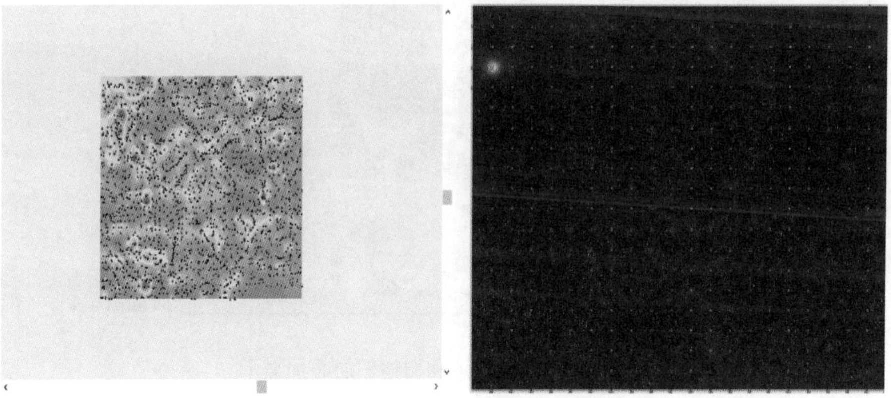

图 26. 12. 6　点插值得到的栅格数据

（4）将插值得到的栅格数据添加到当前工程中，为了方便查看插值效果，需要对该栅格图层进行符号化显示，将该工作区图层设置为“当前编辑”状态，点击栅格分析→显示参数→【拉伸】或【分类】选项卡，设置适当的符号化颜色、分类数、分类法等参数，点击【应用】或【确定】按钮，即可完成栅格图层的符号化显示（图 26. 12. 7，图 26. 12. 8）。

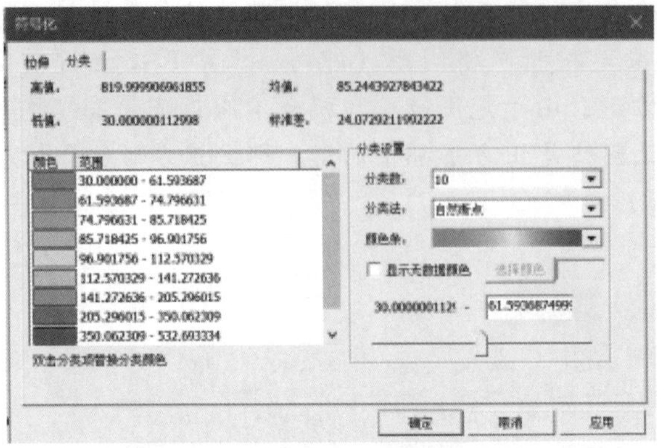


图 26.12.7　符号化设置对话框

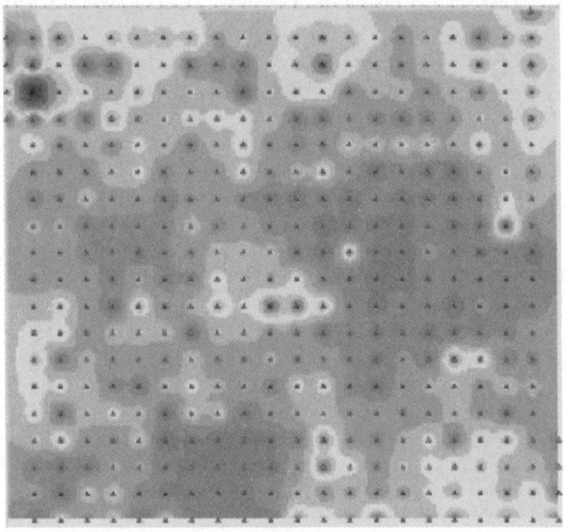

图 26.12.8　符号化显示的栅格数据

## 26.12.4.2　生成训练点

（1）打开地质图和任一插值得到的栅格图层，叠加显示，并设置地质图为“编辑”或“当前编辑”状态（图 26.12.9）。

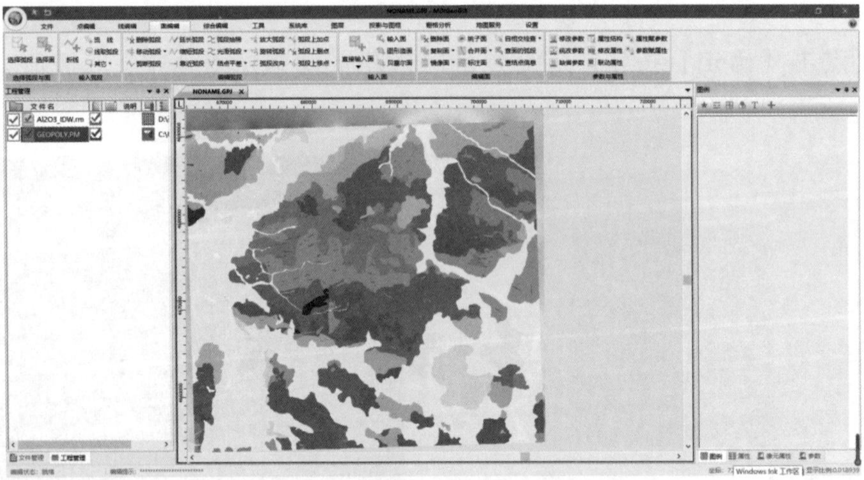

图 26.12.9　地质图和栅格图层叠加显示

（2）点击栅格分析→【样本点】按钮，鼠标在地图窗口点选要生成训练点区域的面元，系统弹出“另存为”对话框，设置训练点图层的路径和文件名，点击【保存】按钮即可，完成训练点的生成（图 26.12.10，图 26.12.11）。

前两步完成了证据栅格数据（地化、地物栅格图层）和训练点数据的制备。

## 26.12.4.3　计算模糊隶属度

DGSGIS 平台提供了三种计算模糊度隶属度的方法：MS Large、MS Small、Gaussian。

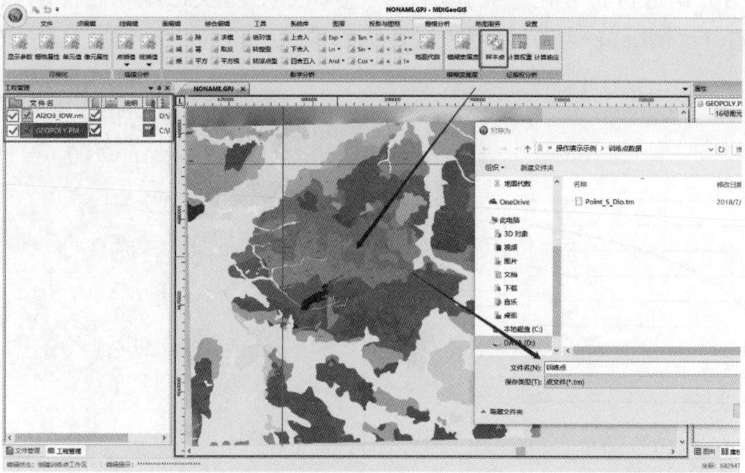

图 26.12.10　生成训练点

图 26.12.11　训练点数据

叠加训练点矢量图层和证据栅格图层，用户主观判断某一栅格证据图层包含训练点较多的值域范围，然后确定采用哪种转换方式，将栅格数据数值转换为 0~1 内的小数，以包含的训练点较多为判断依据。

通过对栅格数据符号化显示，设置分类数，默认“自然断点”分类法，分别叠加训练点矢量数据，通过观察训练点分布在该栅格数据的值域范围：高值区、低值区、中间某一值域范围。然后确定模糊隶属度计算方法。这里以 $Al_2O_3$ 为例，做 MS Large 方法转换；以 Ag 为例，做 MS Small 方法转换；以 $SiO_2$ 为例，做 Gaussian 方法转换。

在进行模糊隶属度计算之前，需要对栅格图层的数据进行取整操作，有必要时乘以 10 的倍数，使用数学分析工具栏中【乘】和【除】计算工具，将栅格数据值处理至 0~1000（该范围转换效果较好，尤其对于 Gaussian 转换）。

（1）MS Large：训练点大多分布在该栅格数据的高值区，选择 MS Large 转换方式，使得高值区的隶属度为大值，数值接近 1（图 26.12.12）。

1）在当前工程中添加训练点矢量数据，与 $Al_2O_3$（经过数值预处理的栅格数据）叠加，并对该栅格数据进行符号化分类显示，设置 10 类，分类法默认自然断点，选择合适的色带，此处选择了“绿-黄-红”色带，绿色为低值区，红色为高值区（图 26. 12. 13）。

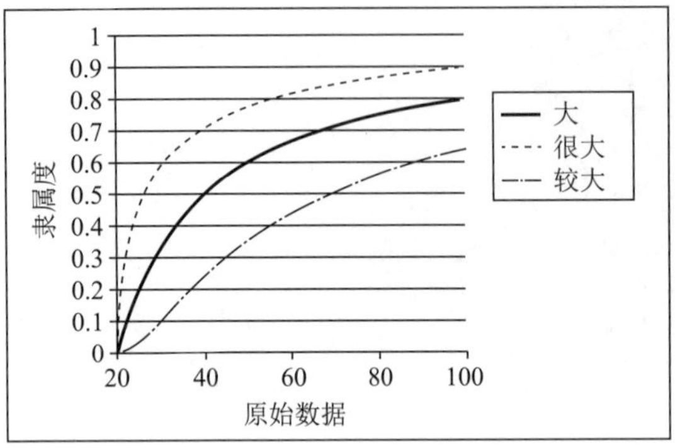


图 26. 12. 12　MS Large 转换函数图

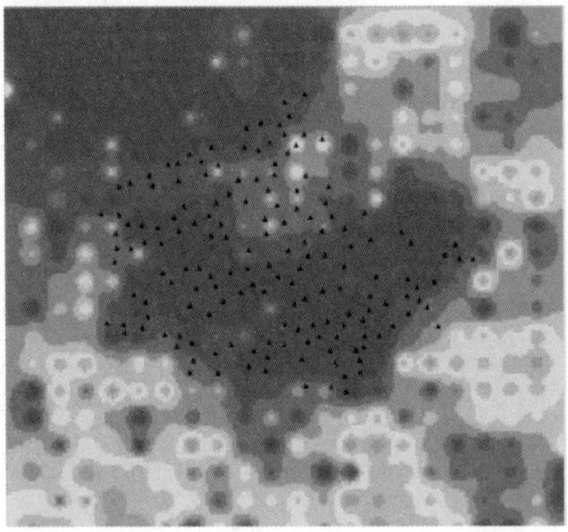

图 26. 12. 13　叠加训练点和栅格证据图层

2）主观判断可得，训练点大多数分布在 $Al_2O_3$ 的高值区，所以选择 MS Large 方法转换，点击栅格分析→模糊隶属度→【模糊隶属度】按钮。计算方法选择 MS Large，图层选择 $Al_2O_3$，平均值乘数和标准差乘数均设置为 1，点击【确定】按钮，系统弹出保存提示对话框，点击【是】按钮，设置新生成栅格数据的保存路径及名称，点击【保存】按钮即可（图 26. 12. 14）。

3）将上一步得到的栅格数据添加到当前工程中，并符号化分类显示，与训练点叠加查看，可看出，已经将原栅格数据转换为 0~1 范围内的小数，而且高值区接近 1（图 26. 12. 15）。

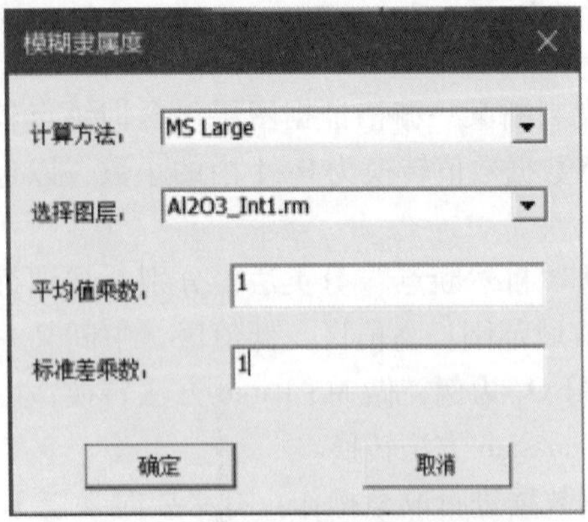


图 26. 12. 14　计算模糊隶属度对话框

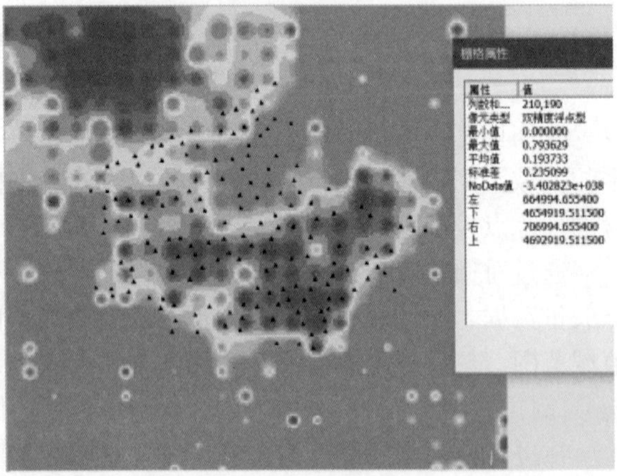


图 26. 12. 15　模糊隶属度转换后的栅格数据

（2）MS Small：训练点大多分布在该栅格数据的低值区，选择 MS Small 转换方式，使得低值区的隶属度为大值，数值接近 1（图 26. 12. 16）。

1）在当前工程中添加训练点矢量数据，与 Ag（经过数值预处理的栅格数据）叠加，并对该栅格数据进行符号化分类显示，设置 10 类，分类法默认自然断点，选择合适的色带，此处选择了“绿-黄-红”色带，绿色为低值区，红色为高值区（图 26.12.17）。

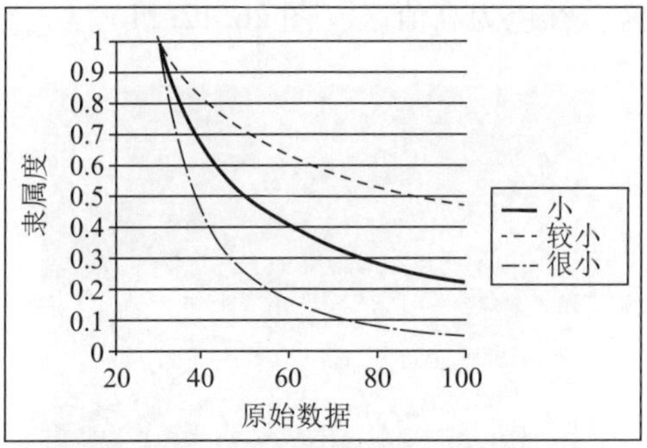


图 26.12.16　MS Small 转换函数图

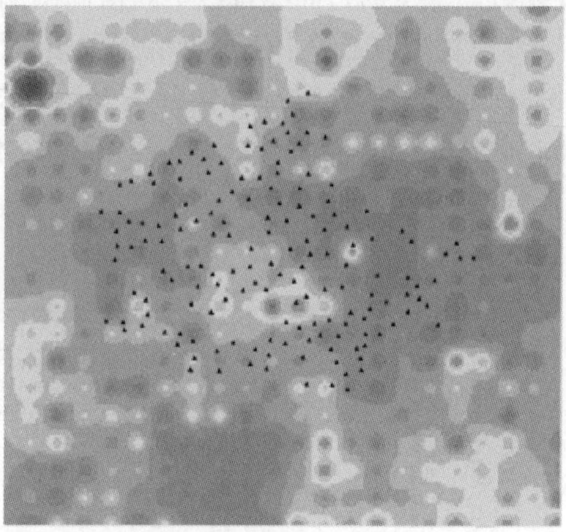

图 26.12.17　叠加训练点和栅格证据图层

2）主观判断可得，训练点大多数分布在 Ag 的低值区，所以选择 MS Small 方法转换，点击栅格分析→模糊隶属度→【模糊隶属度】按钮。计算方法选择 MS Small，图层选择 Ag，平均值乘数和标准差乘数均设置为 1，点击【确定】按钮，系统弹出保存提示对话框，点击【是】按钮，设置新生成栅格数据的保存路径及名称，点击【保存】按钮即可（图 26.12.18）。

3）将上一步得到的栅格数据添加到当前工程中，并符号化分类显示，与训练点叠加查看，可看出，已经将原栅格数据转换为 0～1 范围内的小数，而且低值区接近 1（图 26.12.19）。

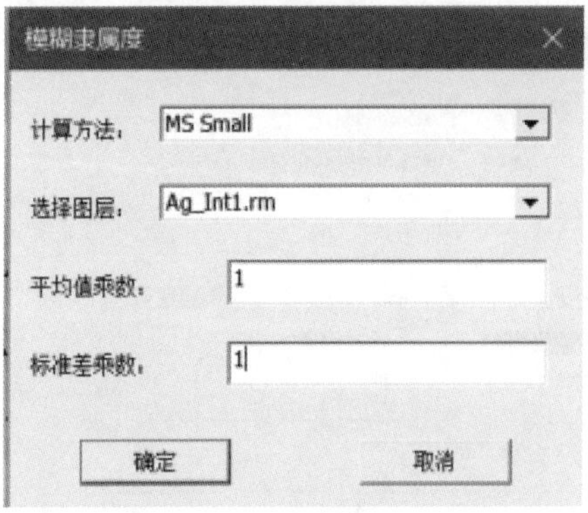


图 26.12.18　计算模糊隶属度对话框

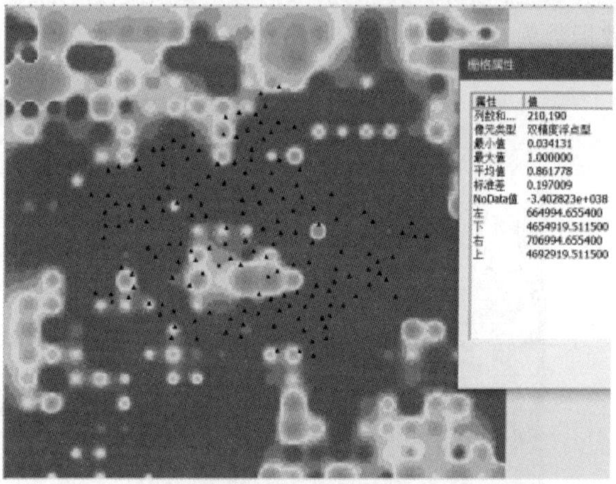


图 26.12.19　模糊隶属度转换后的栅格数据

（3）Gaussian：训练点大多分布在该栅格数据某一中间值附近，选择 Gaussian 转换方式，主观判断中间值，设置扩散指数（0.1，0.01，0.001…），使中间某一值附近的隶属度为大值，数值接近 1。扩展参数可以变化从 0 到 1，扩散指数越小，扩散速度越慢，表现在函数图像上的是曲线自该中间值向两侧降低的速度越缓慢（图 26.12.20）。

1）在当前工程中添加训练点矢量数据，与 $SiO_2$（经过数值预处理的栅格数据）叠加，并对该栅格数据进行符号化分类显示，设置 10 类，分类法默认自然断点，选择合适的色带，此处选择了“绿-黄-红”色带，绿色为低值区，红色为高值区（图 26.12.21）。

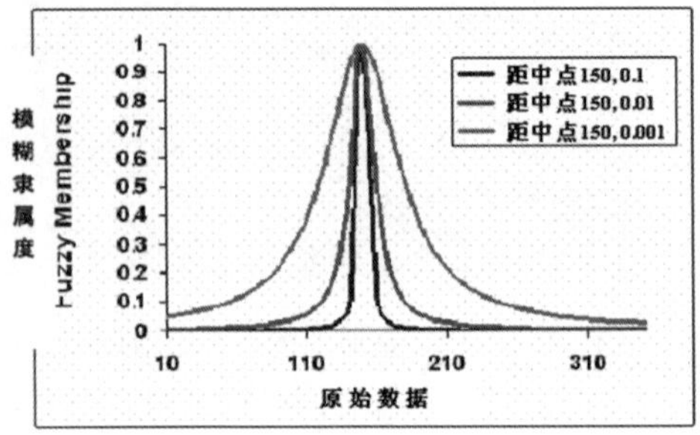


图 26.12.20　Gaussian 转换函数图

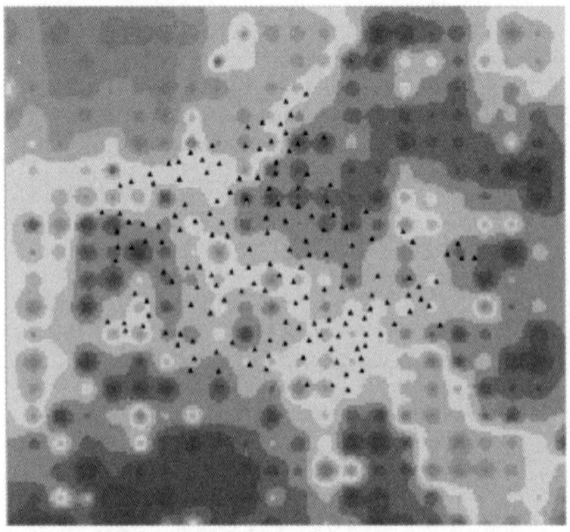

图 26.12.21　叠加训练点和栅格证据图层

2）主观判断可得，训练点并没有集中分布在 $SiO_2$ 的高值区或低值区，而是集中分布在中间某一值域，所以选择 Gaussian 方法转换，需要用户主观判断并确定中间值和扩散指数，具体确定方法：观察符号化分类颜色，确定其中几个分类段，点击【显示参数】按钮，更改这几个分类段的颜色，验证一下判断结果，选出 2~4 个分类段，然后取这几个分类段值域的中点值为 Gaussian 方法的中间值，扩散指数（0.1，0.001，0.0001，…）可以多次试验，选择合适的扩散指数。此处通过该方法确定 $SiO_2$ 靠近的中间值确定为 750，扩散指数为 0.001（图 26.12.22）。

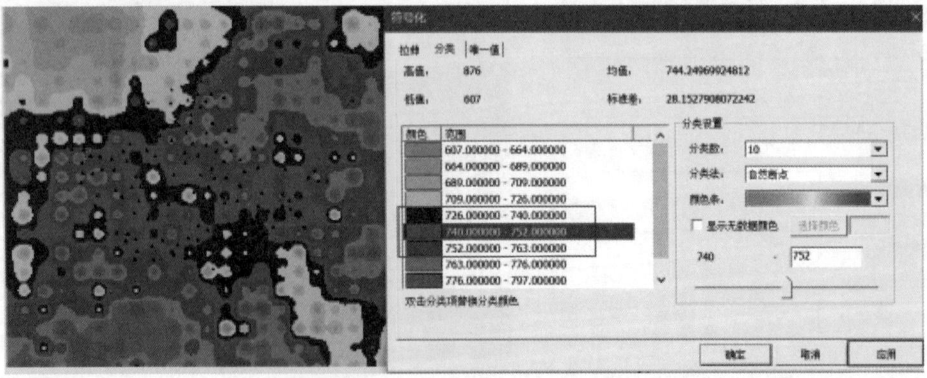


图 26.12.22　主观判断中点值和扩散指数方法示意图

3）点击栅格分析→模糊隶属度→【模糊隶属度】按钮。计算方法选择 Gaussian，图层选择 $SiO_2$，中点值设置为 750，扩散指数设置为 0.001，点击【确定】按钮，系统弹出保存提示对话框，点击【是】按钮，设置新生成栅格数据的保存路径及名称，点击【保存】按钮即可（图 26.12.23）。

4）将上一步得到的栅格数据添加到当前工程中，并符号化分类显示，与训练点叠加查看，可看出，已经将原栅格数据转换为 0~1 范围内的小数，而且中间某一值域接近 1（图 26.12.24）。

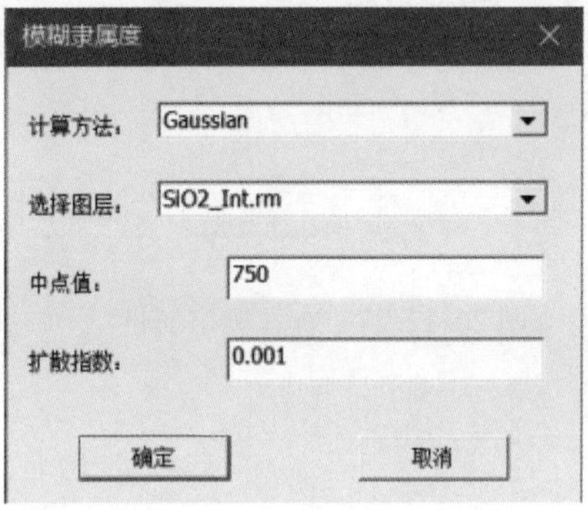


图 26.12.23　计算模糊隶属度对话框

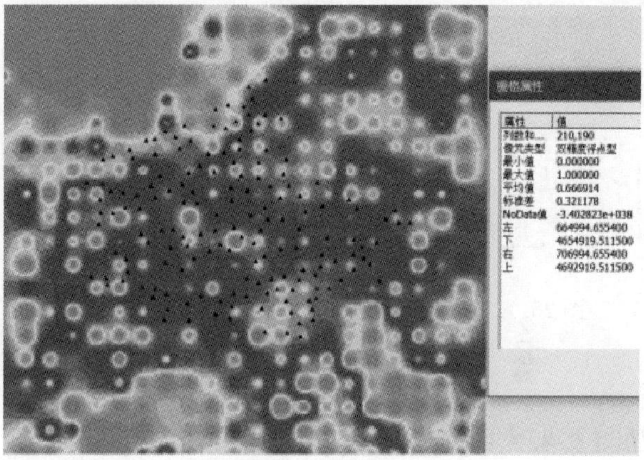


图 26.12.24　模糊隶属度转换后的栅格数据

## 26.12.4.4　栅格数值预处理

经过模糊隶属度计算之后的栅格数据数值为分布在 0~1 范围内的小数，需要对栅格数据数值进行相应的数学计算处理——乘 100 并取整，使得栅格数据数值变为分布在 0~100 范围内的整数。

（1）将要预处理的栅格数据工作区设置为“编辑”状态，点击栅格分析→数学分析→【乘】按钮，输入栅格数据，设置乘数常量 100，点击【确定】按钮，系统弹出保存提示对话框，点击【是】按钮，设置新生成栅格数据的保存路径及名称，点击【保存】按钮即可（图 26.12.25）。

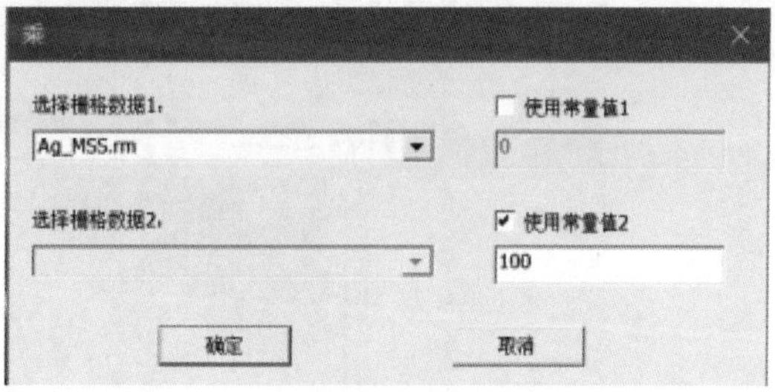


图 26.12.25　“乘”对话框

（2）将上一步得到的新栅格数据添加到当前工程中，并设置为“编辑”状态，点击栅格分析→数学分析→【转整型】按钮，输入栅格数据，点击【确定】按钮，系统弹出保存提示对话框，点击【是】按钮，设置新生成栅格数据的保存路径及名称，点击【保存】按钮即可（图 26.12.26）。

（3）将上一步得到的新栅格数据添加到当前工程中，设置为“当前编辑”状态，点击

【栅格属性】按钮，可查看该栅格证据数据的数值为处于 0~100 范围内的整数（图 26.12.27）。

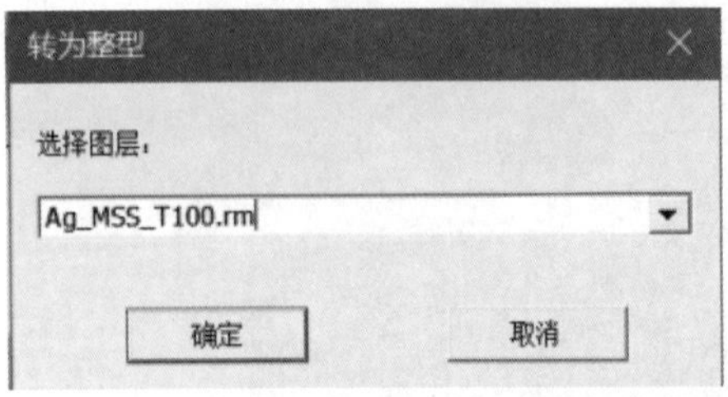


图 26.12.26 “转整型”对话框

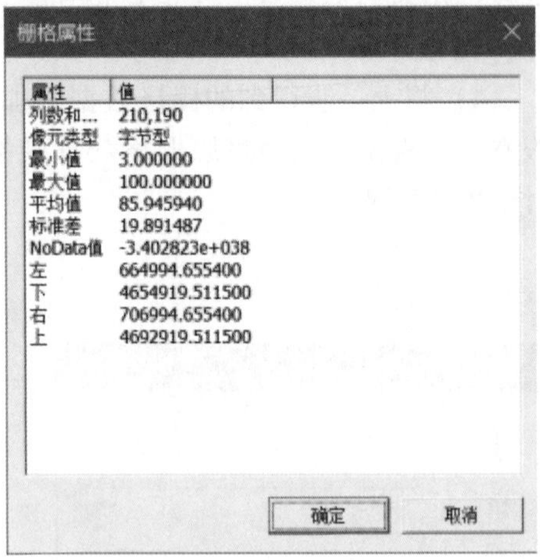


图 26.12.27 查看栅格属性

## 26.12.4.5 生成权重表

所有的地球化学和地球物理证据数据都要经过以上的步骤：点插值、栅格数值预处理、计算模糊隶属度、栅格数值预处理，才可以进行这一步——计算每个证据图层的权重表。在 DGSGIS 平台计算权重之前，需要将当前工程保存一下，生成 *.GPJ 工程文件，计算证据权重时，系统自动将证据权重表保存至当前工程文件对应的数据库（*.wdb 文件）中，无须依次设置权重表的输出路径。

（1）将上一步处理好的所有栅格证据数据及训练点数据添加至当前工程中，都设置为“编辑”状态，保存当前工程（图 26.12.28）。

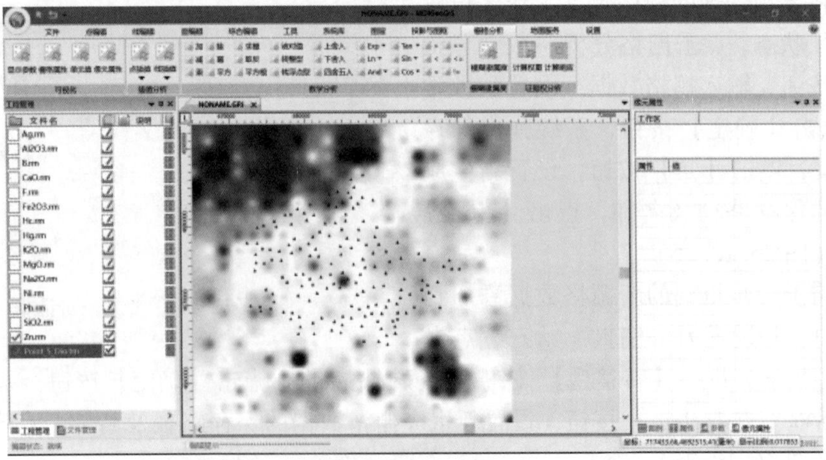

图 26.12.28 工程文件

（2）点击栅格分析→证据权分析→【计算权重】按钮，输入栅格证据图层及训练点图层，其他参数默认即可，点击【确定】按钮，系统弹出“计算输出成功!”消息框，点击【确定】按钮，同样的操作完成所有栅格证据图层的权重表计算（图 26. 12. 29）。

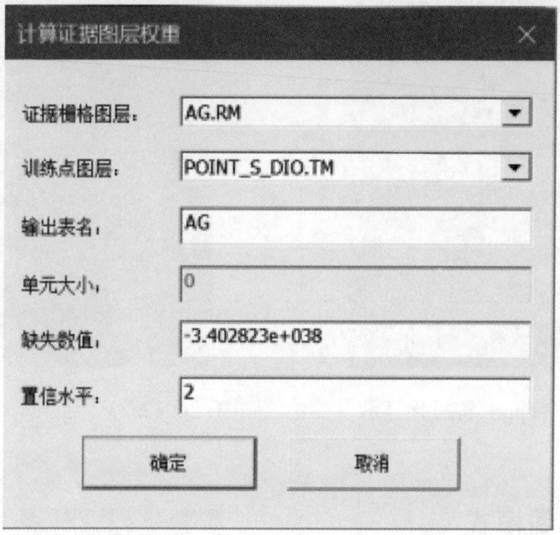


图 26. 12. 29　计算证据图层权重对话框

## 26. 12. 4. 6　计算响应结果

（1）完成所有证据图层的权重表计算之后，点击栅格分析→证据权分析→【计算响应】按钮，系统弹出“计算响应”对话框，系统自动获取并匹配栅格证据图层和对应权重表，以及训练点图层，如果没有完全匹配，用户可通过对话框上的【添加】、【删除】、【上移】、【下移】四个按钮进行调整。点击【确定】按钮，系统快速完成结果图层的计算，并弹出“计算成功!”消息框，显示出先验概率，用户需要记下先验概率（图 26. 12. 30，图 26. 12. 31）。

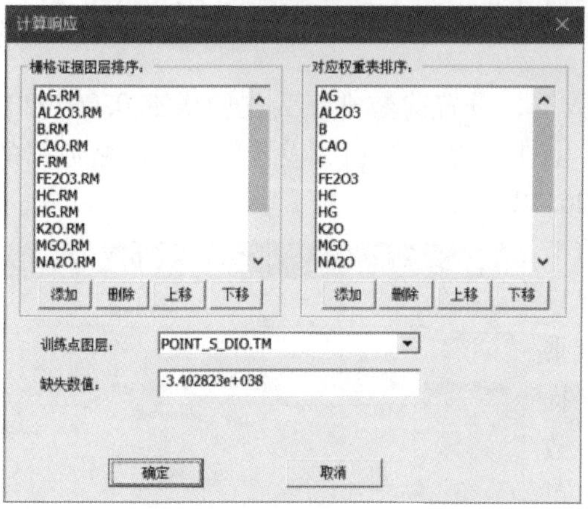


图 26. 12. 30　计算响应结果对话框

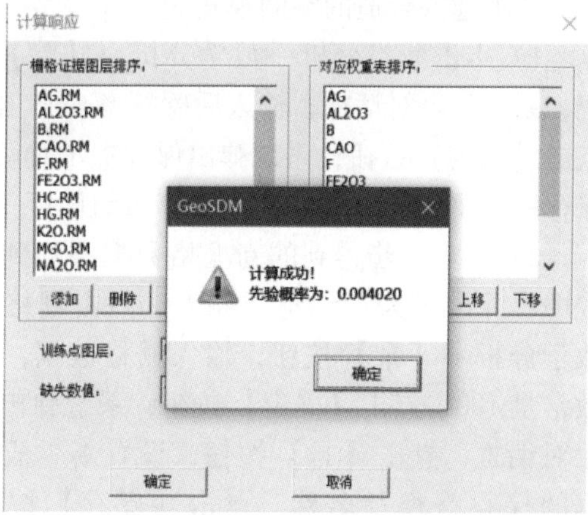


图 26. 12. 31　计算成功消息框

（2）将生成的三个响应结果数据添加至当前工程中：* _pprb. rm、* _std. rm、* _conf. rm。符号化显示，并叠加训练点查看分析（图 26. 12. 32 至图 26. 12. 34）。

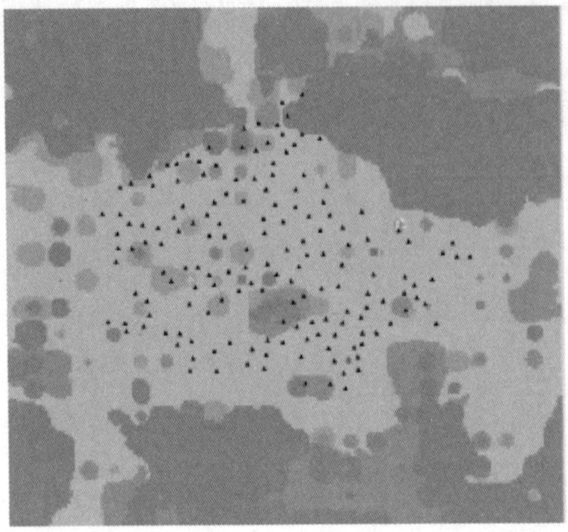

图 26. 12. 32　后验概率 pprb 符号化显示

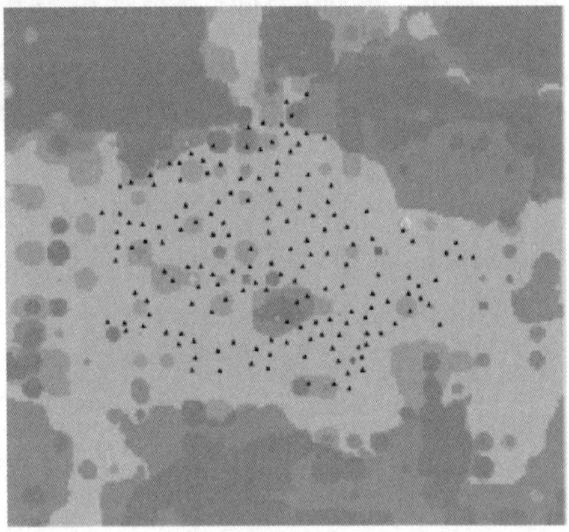

图 26. 12. 33　后验概率均方差 std 符号化显示

## 26. 12. 4. 7　提取空间模式

后验概率图层 * _pprb. rm 是一个基础输出结果图层。为了更清晰地表示对覆盖区地质体的推断，应将其化为以二态表示的空间模式。主要用到的工具是【除】、【乘】、【转整型】及符号化分类显示。

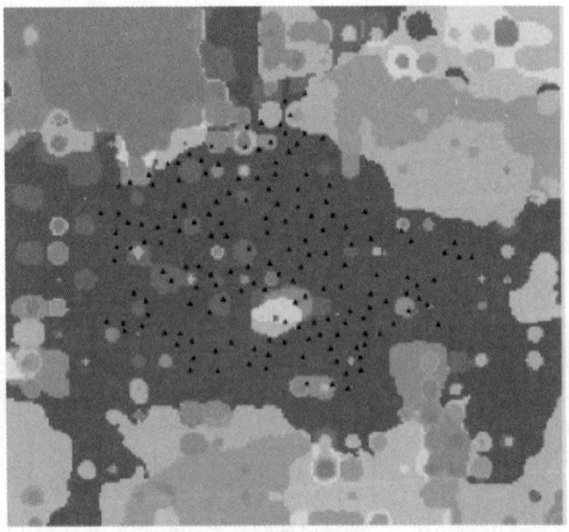

图 26. 12. 34　后验概率置信度 conf 符号化显示

方法：将后验概率图层除以先验概率，得到一个新图层，对该图层倍乘 100，取 3 个阈值 100、150、200，分别计算大于这三个阈值得区域，则获得 3 个空间模式，最后按特定的地质要求选取合适的空间模式。

1）点击栅格分析→数学分析→【除】按钮，系统弹出对话框，输入后验概率 pprb 栅格数据，设置除数常量为先验概率 0. 004020，点击【确定】按钮，系统弹出保存提示对话框，点击【是】按钮，设置新生成栅格数据的保存路径及名称，点击【保存】按钮即可（图 26. 12. 35）。

2）将上一步得到的新栅格数据添加到当前工程中，并设置为“编辑”状态，点击栅格分析→数学分析→【乘】按钮，输入栅格数据，设置乘数常量 100，点击【确定】按钮，系统弹出保存提示对话框，点击【是】按钮，设置新生成栅格数据的保存路径及名称，点击【保存】按钮即可（图 26. 12. 36）。

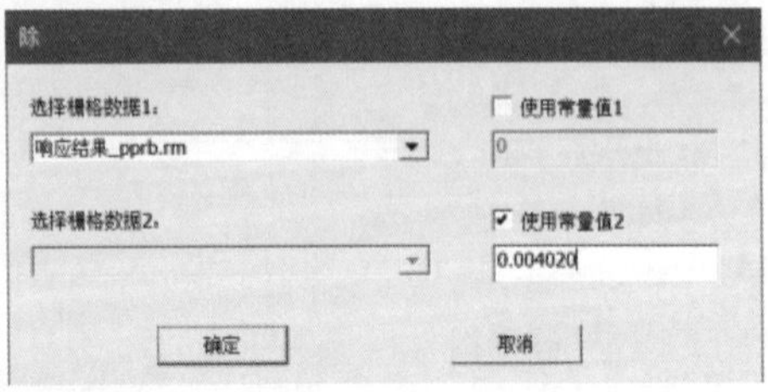


图 26. 12. 35　“除”对话框

3）将上一步得到的新栅格数据添加到当前工程中，并设置为“编辑”状态，点击栅格分析→数学分析→【转整型】按钮，输入栅格数据，点击【确定】按钮，系统弹出保存提示对话框，点击【是】按钮，设置新生成栅格数据的保存路径及名称，点击【保存】按钮即可（图 26.12.37）。

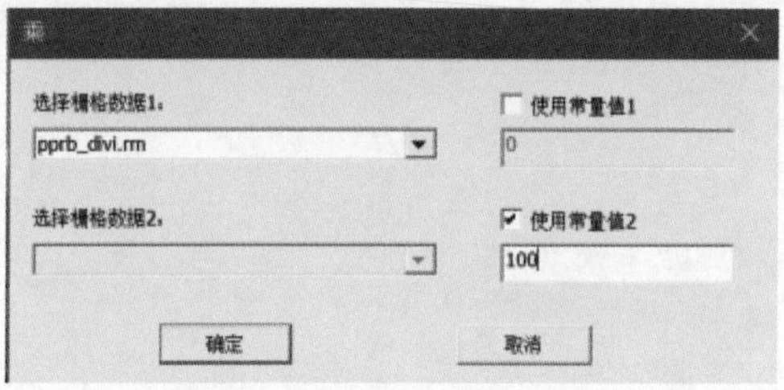


图 26.12.36　“乘”对话框

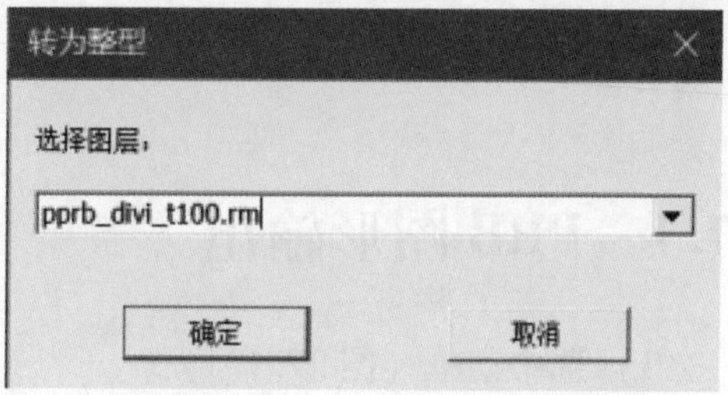


图 26.12.37　“转整型”对话框

4）将上一步得到的新栅格数据添加到当前工程中，并设置为“当前编辑”状态，符号化显示，分为 2 类，分类法设置为手动，手动更改阈值——100，150，200，提取空间模式（图 26.12.38 至图 26.12.39）。

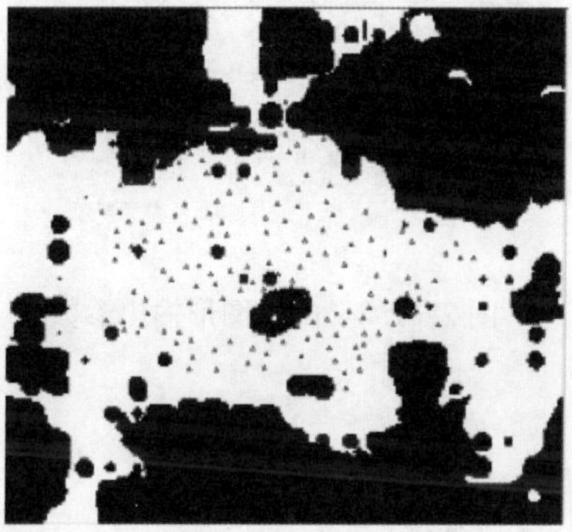

图 26.12.38　空间模式 1（阈值 = 100）

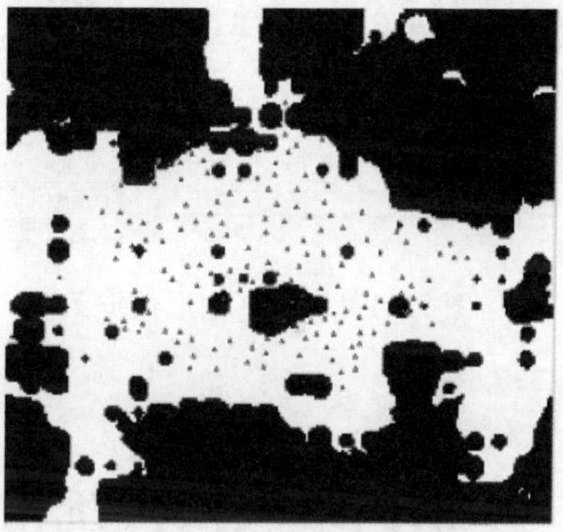

图 26.12.39　空间模式 2（阈值 = 150）

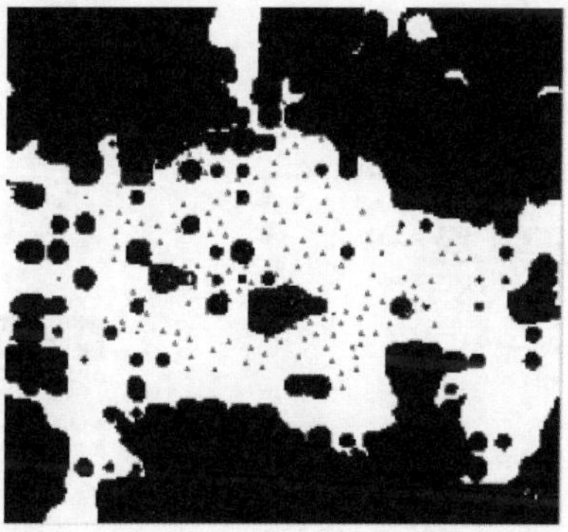

图 26.12.40　空间模式 3（阈值 = 200）

# 27 数据输出

## 27.1 PRB 图形输出

（1）选中菜单（图 27.1.1）。

（2）弹出图形输出窗口，形成图形输出视图（图 27.1.2）。

直接打印输出：可通过连接的外设进行图形输出。

（3）输出到图像文件，即光栅输出：可生成多种（tif，gif，jpg）图像文件。

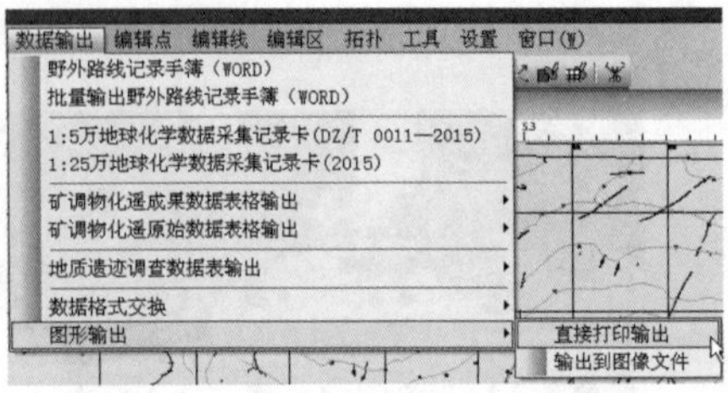


图 27.1.1 PRB 图形数据菜单

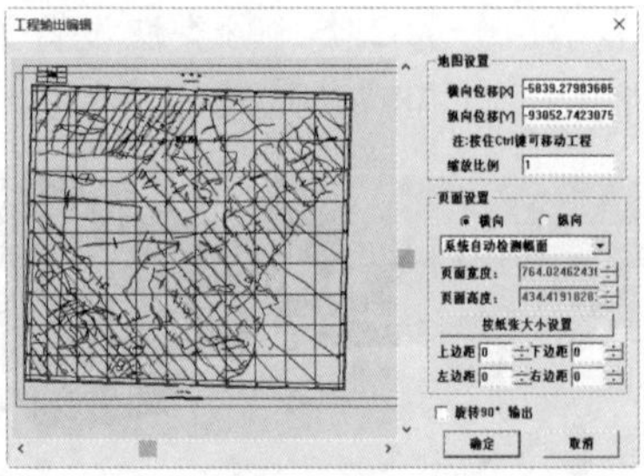


图 27.1.2 配置图形输出参数

## 27.2 根据路线按传统格式输出野外手簿

利用该功能可以将路线中的素描、照片以及路线剖面等信息插入到手簿相应位置，生成图文并茂的野外手簿。

（1）选中菜单（图 27.2.1）。

（2）选择要输出的路线号（图 27.2.2）。

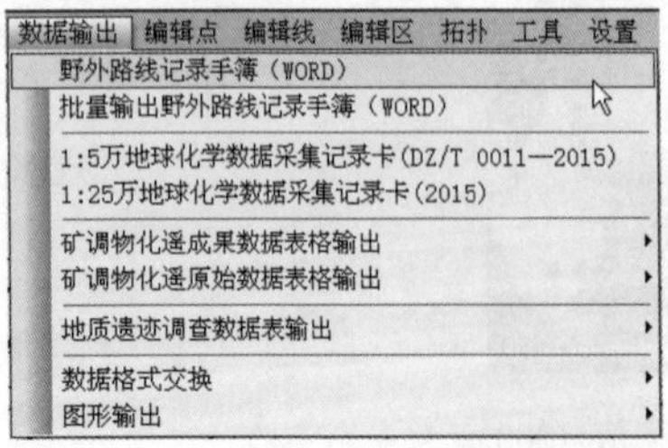


图 27.2.1 野外手簿（Word）菜单

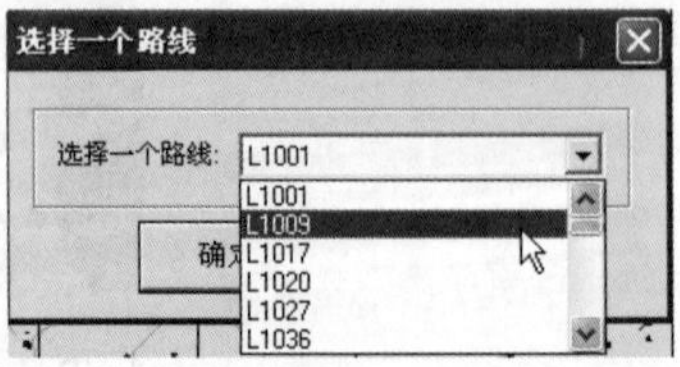


图 27.2.2 选择路线

(3) 将直接输出野外手簿（图 27.3.3）。

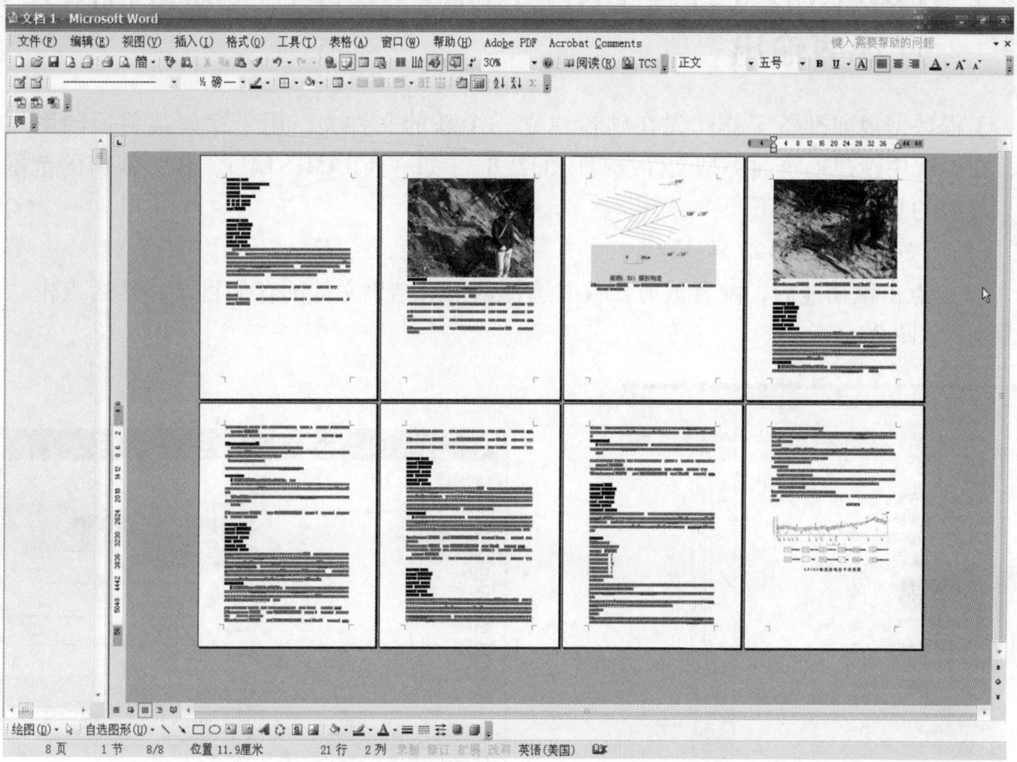


图 27.2.3　野外手簿（Word）输出示例

# 27.3　PRB 数据交换到 ArcInfo、MapInfo 系统

按此菜单可将本系统的图形文件交换到 ArcInfo、MapInfo 系统中（图 27.3.1）。

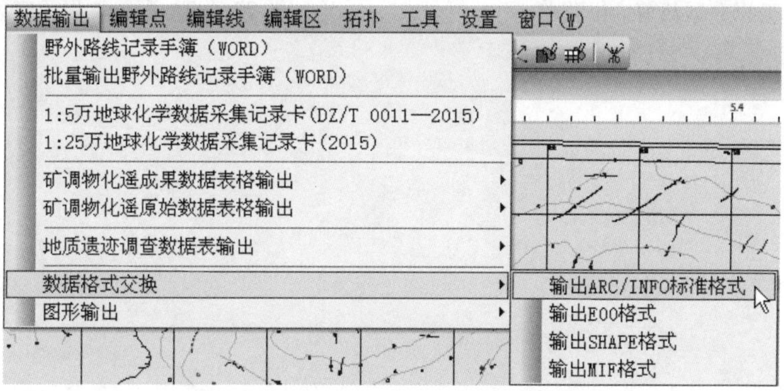


图 27.3.1　PRB 数据交换到其他软件格式菜单

## 27.4 PRB 图形（野外手图、图幅 PRB 库、实际材料图）任意裁剪输出

工程数据裁剪准备工作：先在硬盘建立一个新的文件夹，用于存放裁剪后的图层文件；在工程中新建一个面类型文件或封闭的线框（如 A_FRAME. LM），作为裁剪的范围文件。裁剪的具体操作如下。

（1）选中菜单（图 27. 4. 1）。

（2）点击该功能后，配置裁剪参数并选择裁剪后结果文件的存储目录，然后点击“开始裁剪”（图 27. 4. 2）。

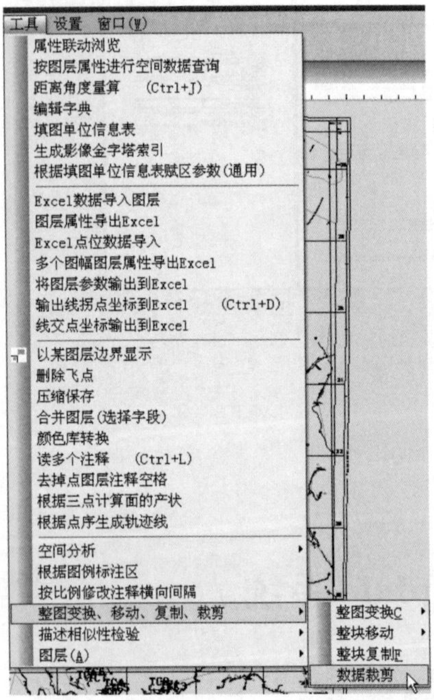


图 27. 4. 1　工程数据裁剪输出菜单

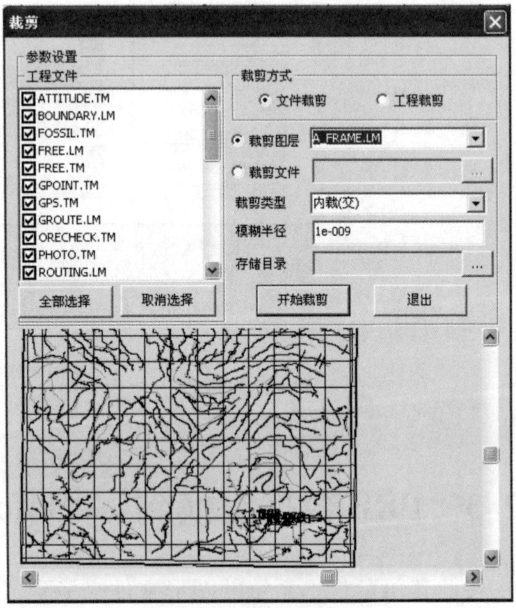


图 27. 4. 2　配置工程裁剪参数

# 28　工具

“工具”菜单包含了若干系统通用功能，涉及菜单如图 28. 0. 1 所示。

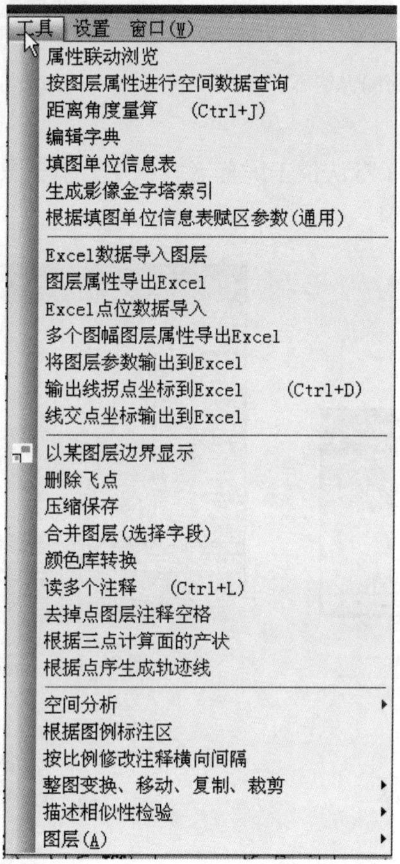


图 28. 0. 1　“工具”菜单总览

## 28. 1　属性联动浏览

实现图层属性与空间实体的联动浏览，具体操作如下。

（1）首先将目标图层置于当前编辑状态（图 28. 1. 1）。

（2）选择相应菜单（图 28. 1. 2）。

（3）选择图层类型（图 28. 1. 3）。

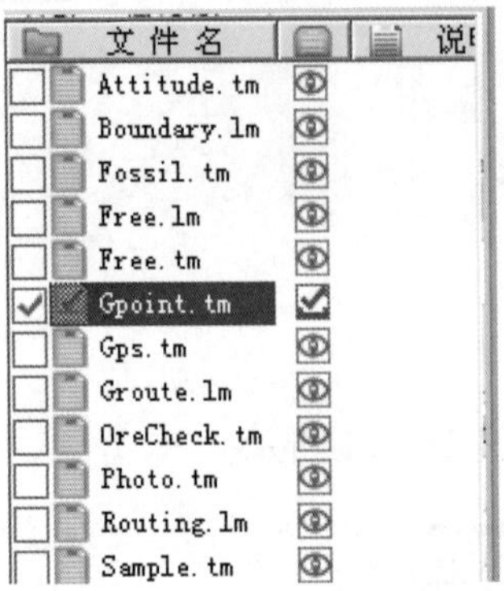


图 28.1.1　将目标图层置于当前编辑状态

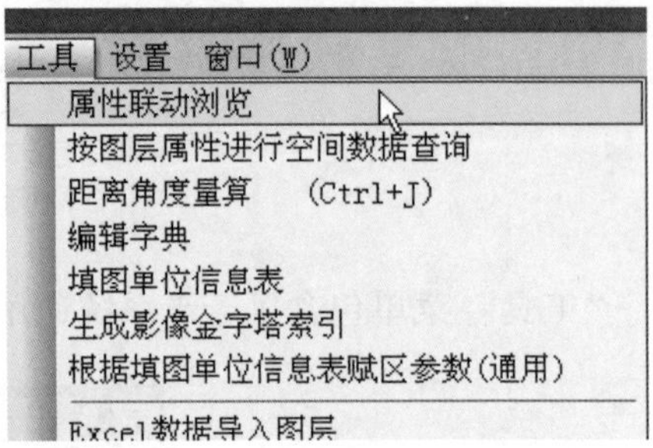


图 28.1.2　选择属性联动浏览菜单

（4）在弹出的属性窗口（默认位于屏幕下方）中，点击某条属性记录，可实现与其空间实体的联动浏览（图 28.1.4）。

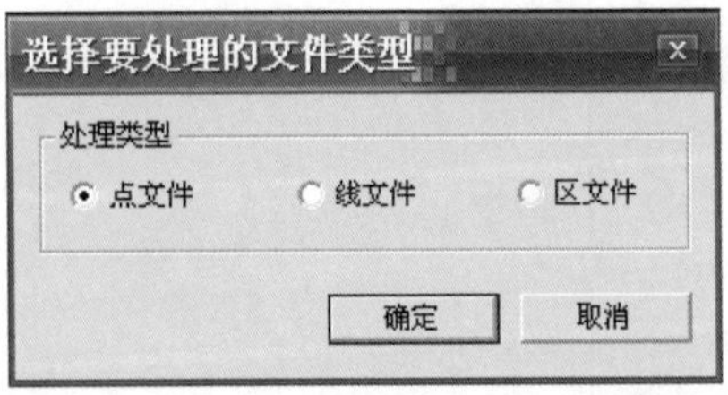


图 28.1.3　选择图层类型

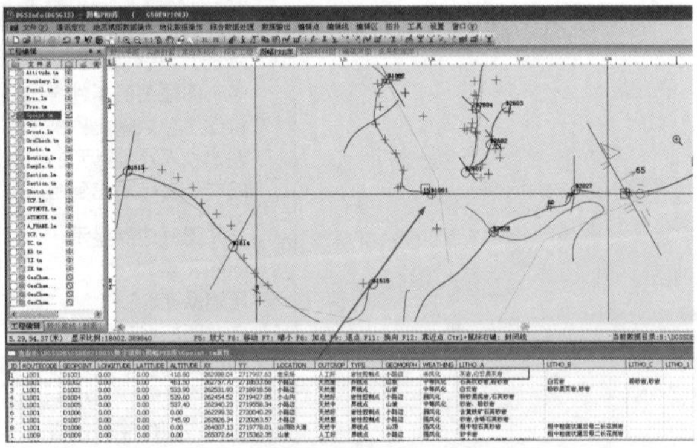

图 28.1.4　属性与空间实体联动浏览

## 28.2　距离角度量算

用于测量图中两点间的距离与角度。

（1）选择菜单（图 28.2.1）。

（2）在图中选择任意两点，可以看到屏幕下方显示的距离和角度等信息（图 28.2.2）。

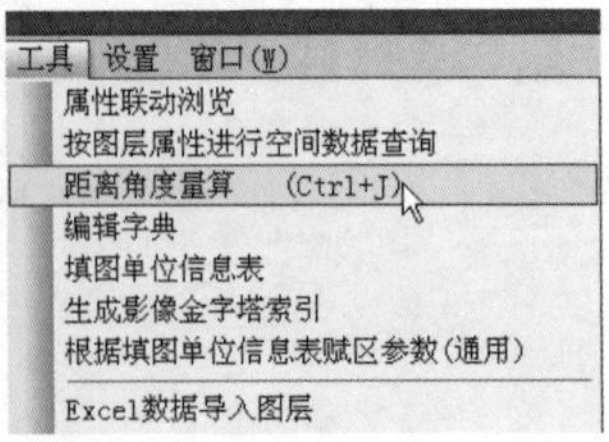


图 28.2.1　距离角度量算菜单

## 28.3　编辑字典

（1）选择菜单（图 28.3.1）。

（2）编辑“一级字典”。在一级字典列表中双击字典名称就会打开相应字典文件（图 28.3.2）。

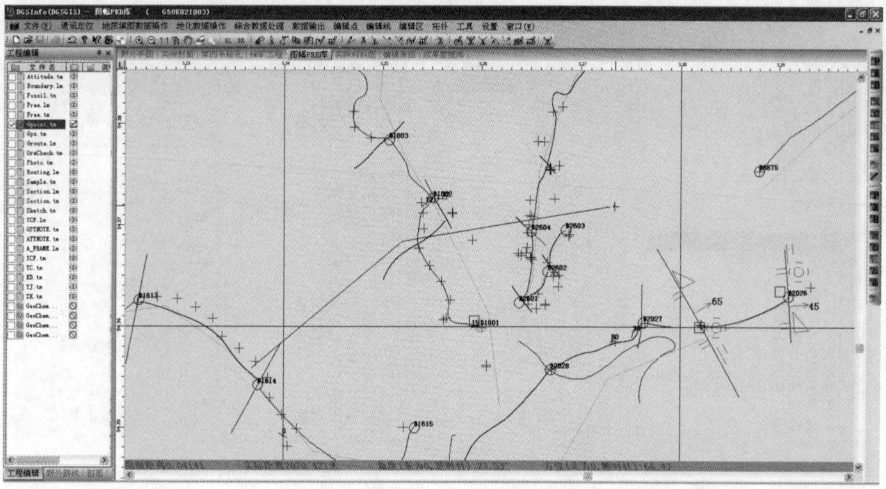

图 28. 2. 2 距离角度信息显示

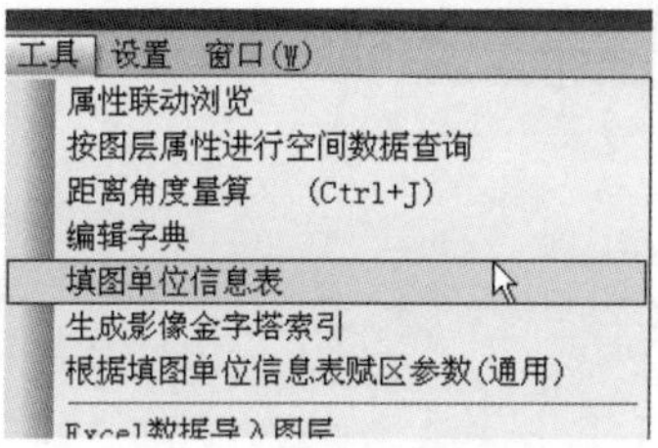


图 28. 3. 1 编辑字典菜单

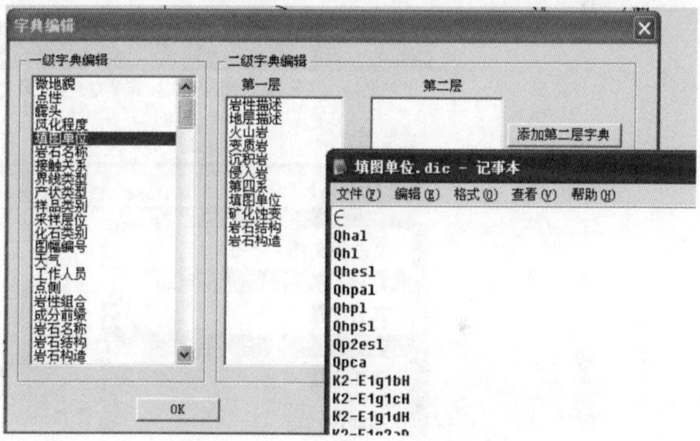


图 28. 3. 2 编辑一级字典

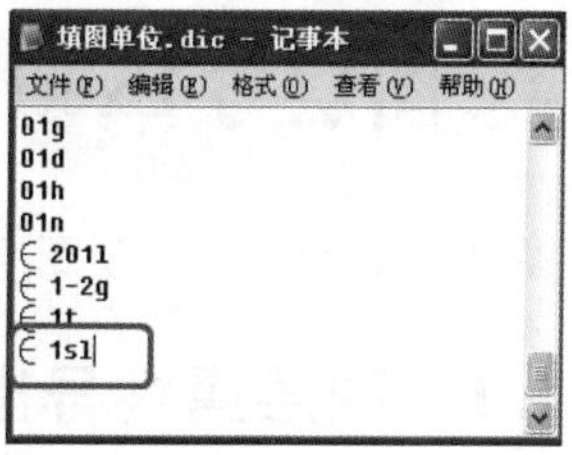


图 28. 3. 3 输入字典后加回车键

编辑文本，输入字典条目（图 28. 3. 3）。

**注意：*每一条内容输入完成后都必须输入回车键。***

（3）编辑“二级字典”。在“二级字典编辑”中选择“第一级”中的字典名，其内容在右边的“第二级”列表中就会显示出来（图 28. 3. 4）。

（4）在“第二级”字典中双击条目就可以编辑相应字典内容，方法类似一级字典编辑。添加新的字典只要输入名称，再点击“添加二级字典”即可，程序会创建该字典对应的文件。如选择“删除第二级字典”则会连同文件一起删除。

（5）如果字典修改后需要在野外使用，可以将相应的字典内容通过拷贝的方式更新到掌上机程序中。桌面程序的“字典库”目录在程序的安装目录下（图 28. 3. 5）。

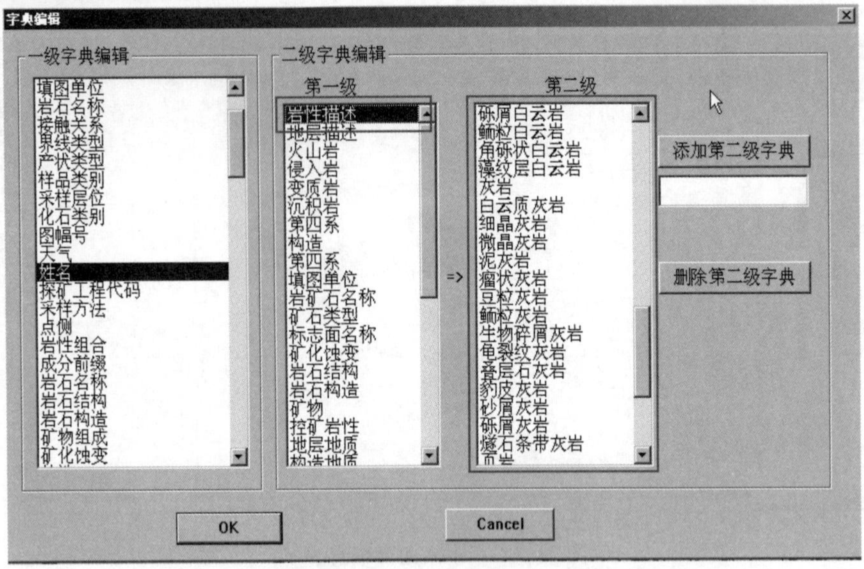


图 28.3.4　编辑二级字典

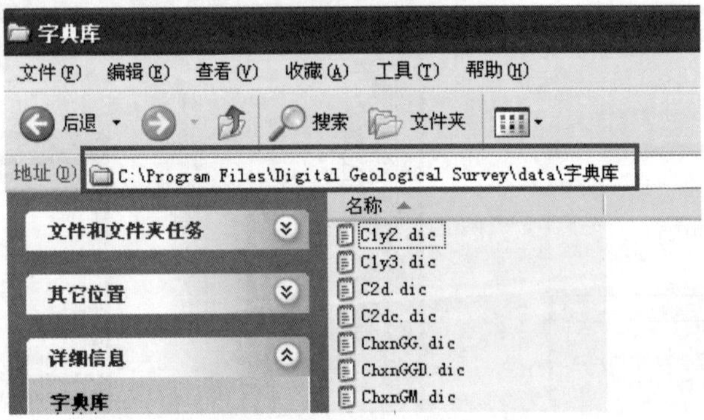


图 28.3.5　桌面系统中字典库位置

## 28.4　图层与 Excel 数据交换操作

提供一系列工具实现图层属性或参数与 Excel 表格数据进行交换。

### 28.4.1　图层属性导出 Excel

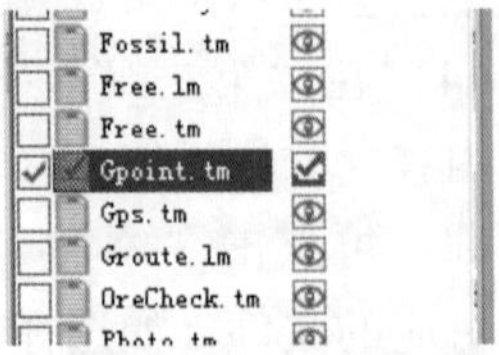


图 28.4.1　将目标图层置于当前编辑状态

将图层的属性数据导出为 Excel 表格：

（1）首先将目标图层置于当前编辑状态（图 28.4.1）。

（2）选择菜单（图 28.4.2）。

（3）选择文件类型（图 28.4.3）。

（4）生成 Excel 表格（图 28.4.4）。

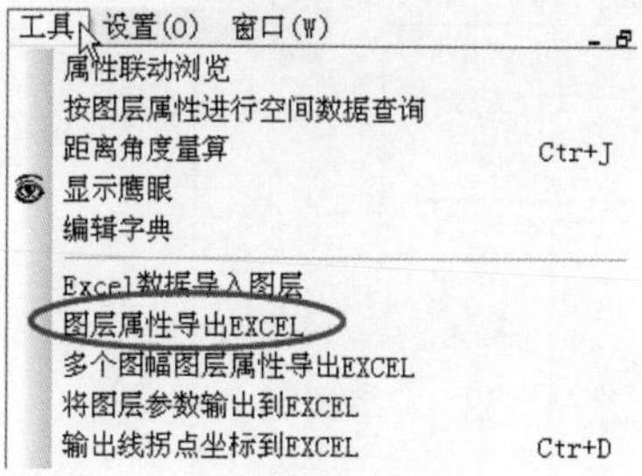


图 28.4.2 选择图层属性导出 Excel 菜单

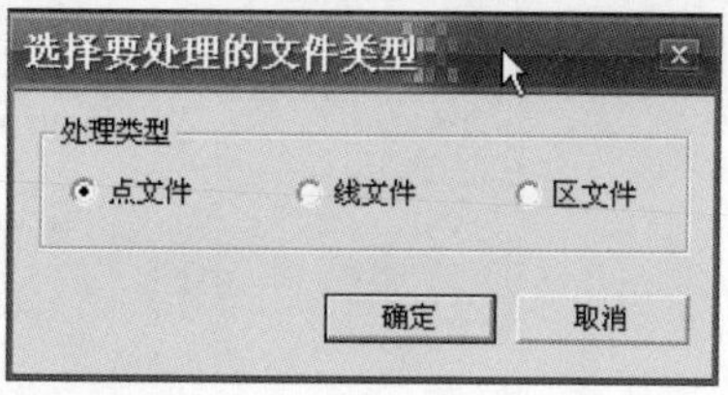


图 28.4.3 选择图层的文件类型

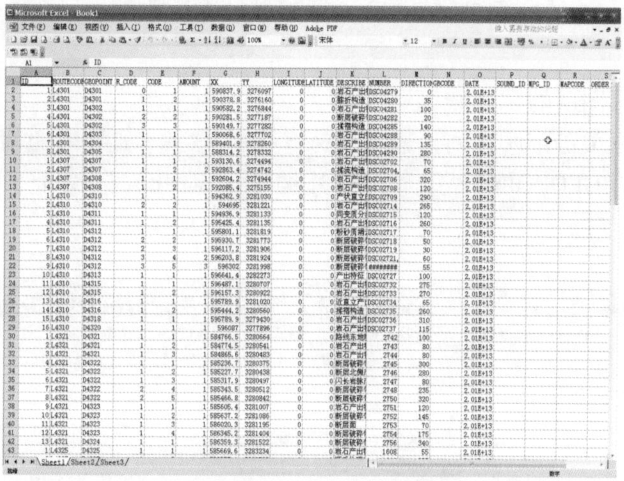


图 28.4.4 生成 Excel 表格

## 28.4.2 Excel 数据导入图层

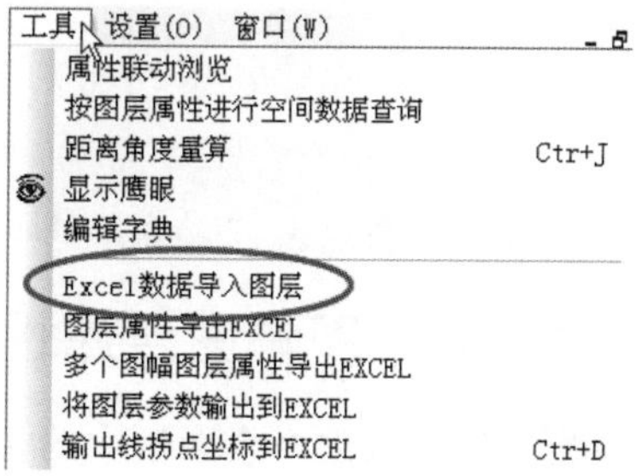


图 28.4.5 Excel 数据导入图层菜单

将 Excel 图层数据导入成为图层属性。要求 Excel 表头（第一行数据）名称与图层属性中的相应字段名一致，如果不一致，则该字段不导入。

该功能一般配合“图层属性导出 Excel”功能使用，可以将图层属性输出到 Excel 表格进行修改后再通过关键字导入图层。

（1）选择菜单（图 28.4.5）。

（2）在弹出的对话框中配置相关参数（图 28.4.6）。

①选择 Excel 文件及相关表单。

②选择图层文件的业务类型，如果是“当前编辑图层”则只导入图层属性，如果是 P、R、B 过程，则可在第④部分选择“描述字段”所在列，从而一并导入描述内容。

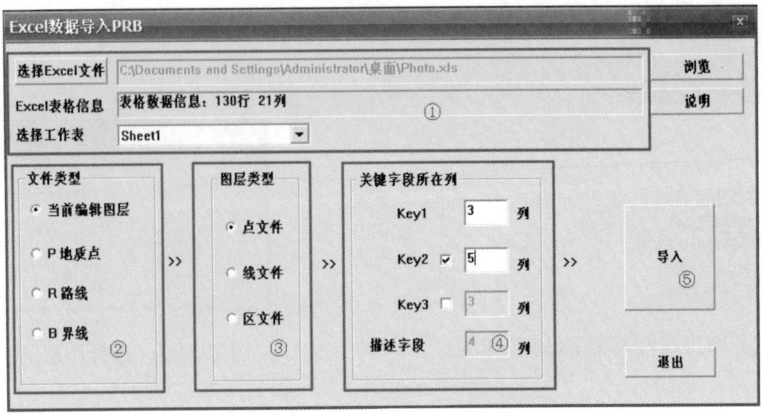


图 28.4.6　Excel 导入图层参数配置框

③选择当前编辑图层的“点线区”类型。

④选择图层导入关键字所在列，最多支持 3 个关键字。如导入照片图层（Photo. tm），其关键字“地质点（GEOPOINT）”和“照片编号（CODE）”两个字段分别位于第 3 列和第 5 列（图 28.4.7）。

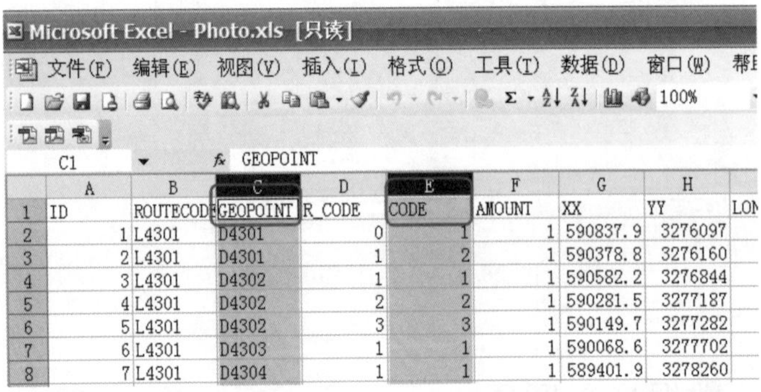


图 28.4.7　获取关键字段在 Excel 表中的位置

⑤配置完毕后点击“导入”即可。

## 28.4.3　多个图幅图层属性输出到 Excel

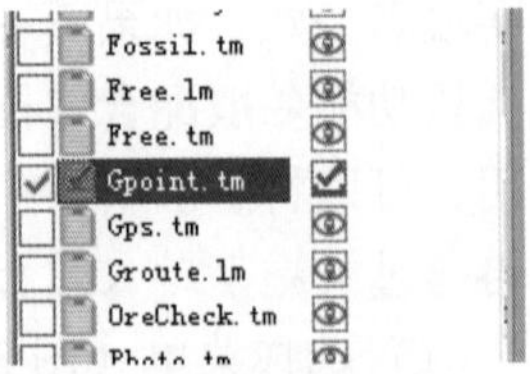


图 28.4.8　将输出图层置于当前编辑状态

可将工作目录中多个图幅中的相同图层属性进行批量输出。

（1）首先将目标图层置于当前编辑状态（图 28.4.8）。

（2）选择菜单（图 28.4.9）。

（3）选择文件类型（图 28.4.10）。

（4）选择多个图幅（图 28.4.11）。

（5）输出为 Excel 表格（图 28.4.12）。

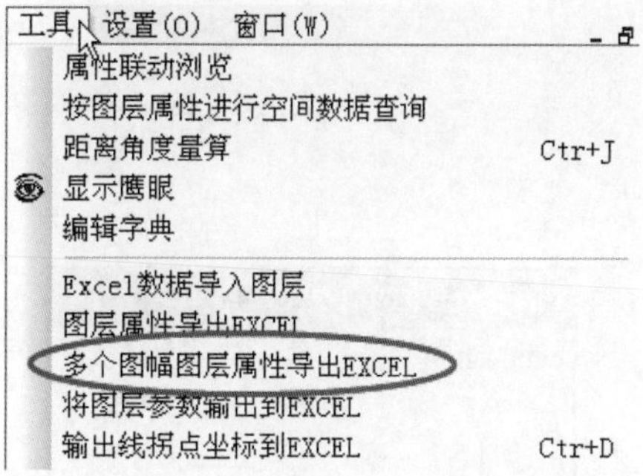


图 28.4.9 多个图幅图层属性导出 Excel 菜单

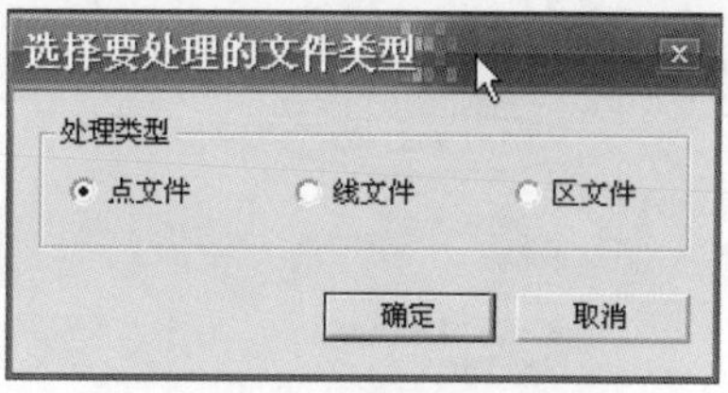


图 28.4.10 选择文件类型

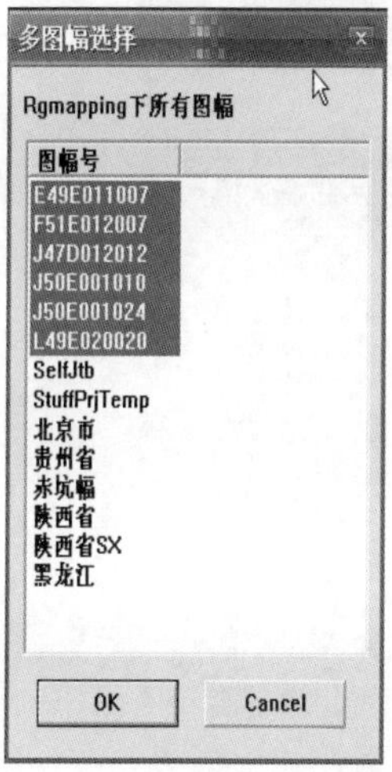


图 28.4.11 选择多个图幅号

图 28.4.12 输出表格预览

## 28.4.4 将图层参数输出到 Excel

将图层的属性和参数输出到 Excel。

(1) 首先将目标图层置于当前编辑状态（图 28.4.13）。

(2) 选择菜单（图 28.4.14）。

(3) 选择文件类型（图 28.4.15）。

(4) 输出 Excel 表格（图 28.4.16）。

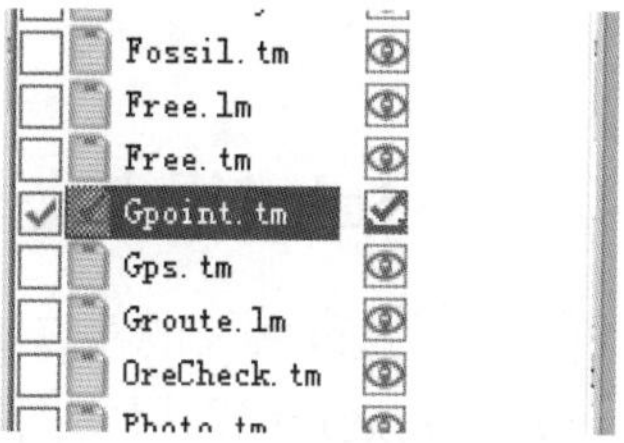


图 28.4.13 将需要输出的图层置于当前编辑状态

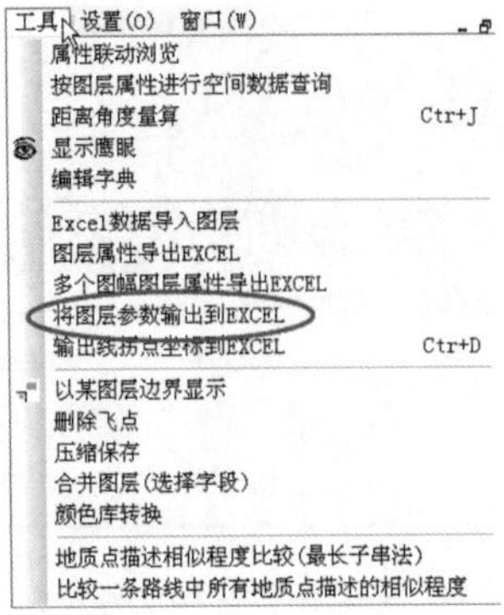


图 28.4.14　将图层参数输出到 Excel 菜单

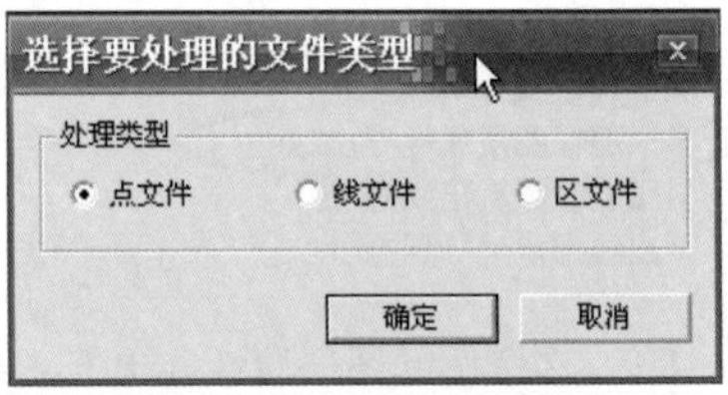


图 28.4.15　选择图层类型

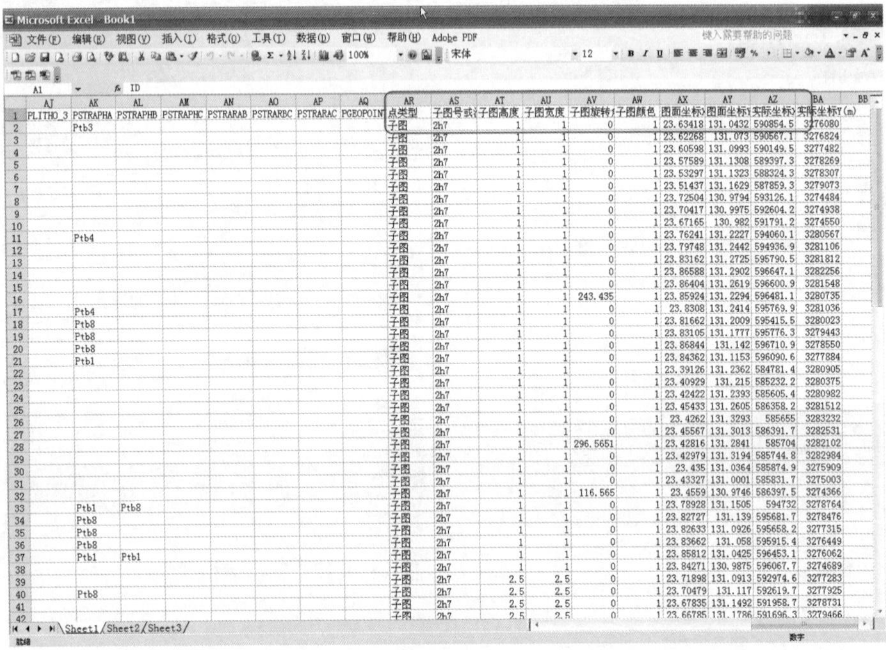


图 28.4.16　输出 Excel 表格效果

## 28.4.5　输出线拐点坐标到 Excel

可以将所选线实体的拐点坐标输出到 Excel。

（1）首先选择线图层（图 28.4.17）。

（2）选择菜单（图 28.4.18）。

（3）在图中选择 1 个线实体，将输出其所有拐点坐标值（图 28.4.19）。

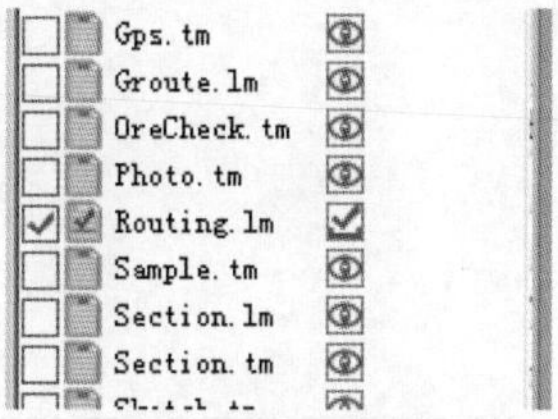


图 28.4.17　将需要输出拐点坐标的线图层置于编辑状态

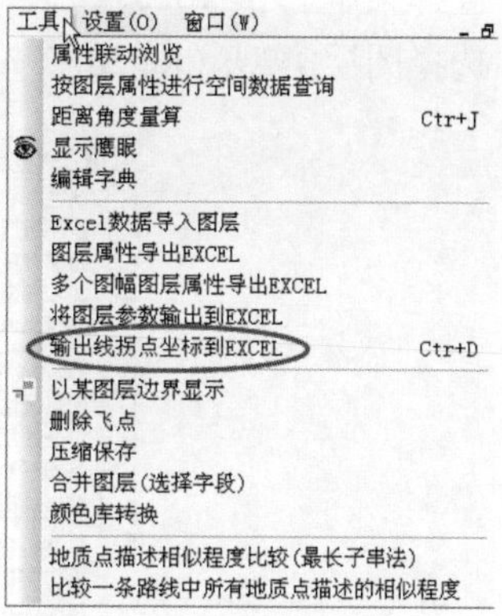


图 28.4.18　输出线拐点坐标到 Excel 菜单

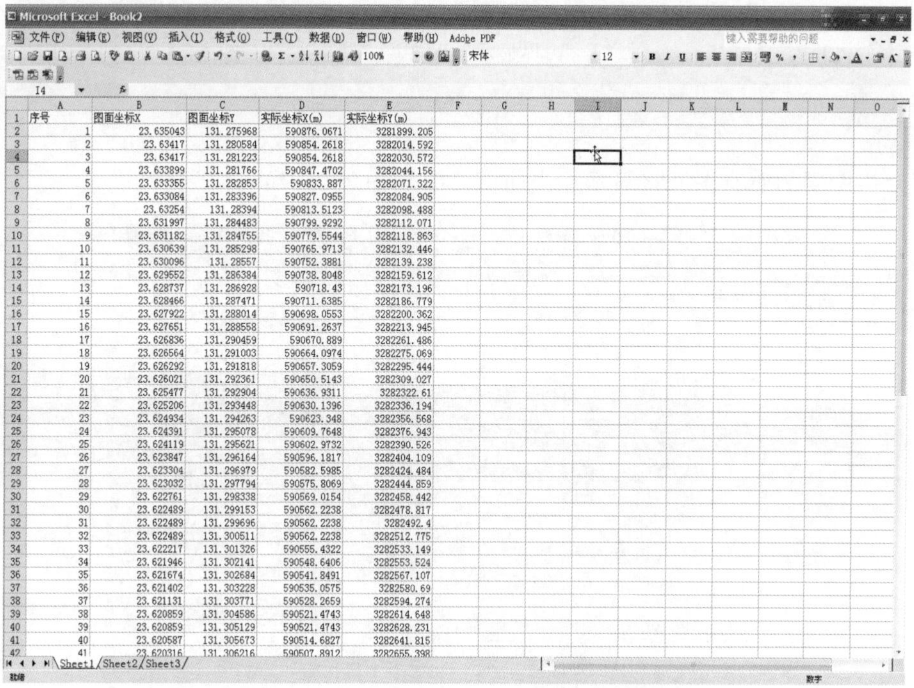


图 28.4.19　选择 1 个线实体输出到 Excel

# 28.5　以某图层边界显示

功能：在当前视窗范围内显示当前图层中的所有图元。主要用于图层中的图元分布比较集中时查找图元的情况。

（1）选择相应图层（图 28.5.1）。

（2）选择菜单（图 28.5.2）。

（3）选择图层类型（图 28.5.3）。

图 28.5.1　将目标图层置于编辑状态

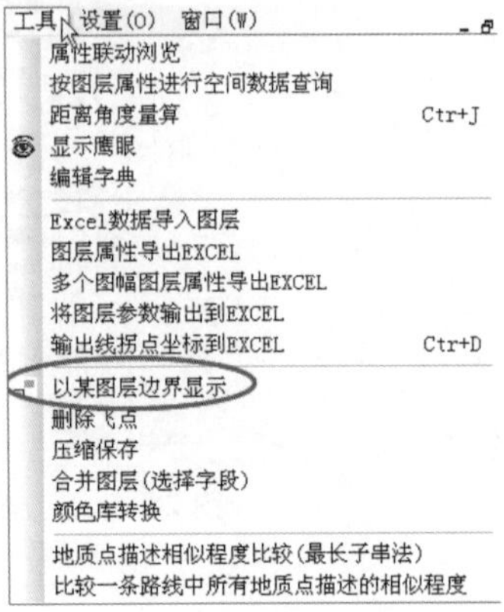


图 28.5.2　选择“以某图层边界显示”菜单

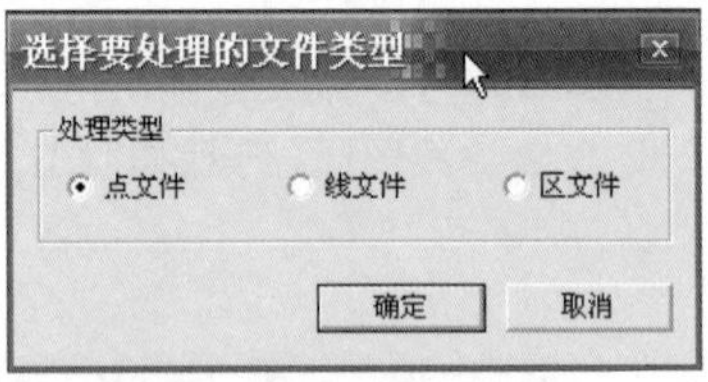


图 28.5.3　选择图层类型

（4）该图层的所有图元将显示在当前窗口中（图 28.5.4）。

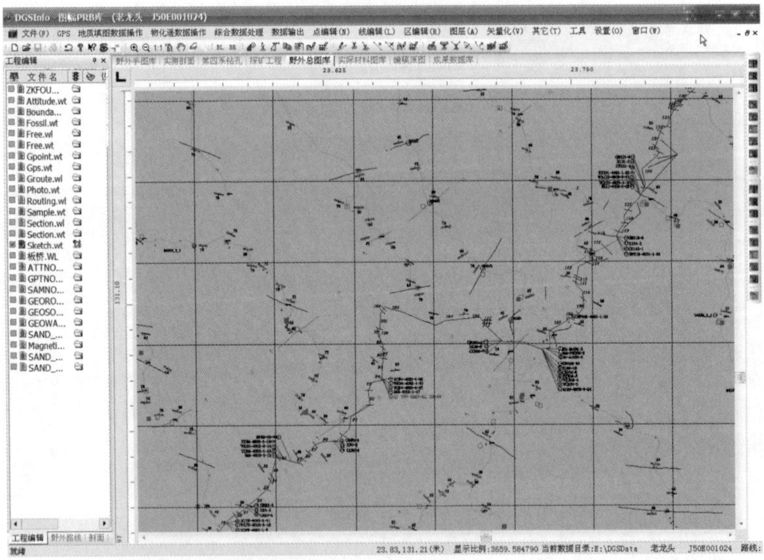

图 28.5.4　目标图层的全部图元显示到当前窗口中

## 28.6　删除飞点

功能：删除指定矩形区域外的所有图元。主要用于删除工作区之外的无效点。

（1）选择菜单（图 28.6.1）。

（2）在图中选择矩形区域，所有区域外无效图元将被删除（图 28.6.2）。

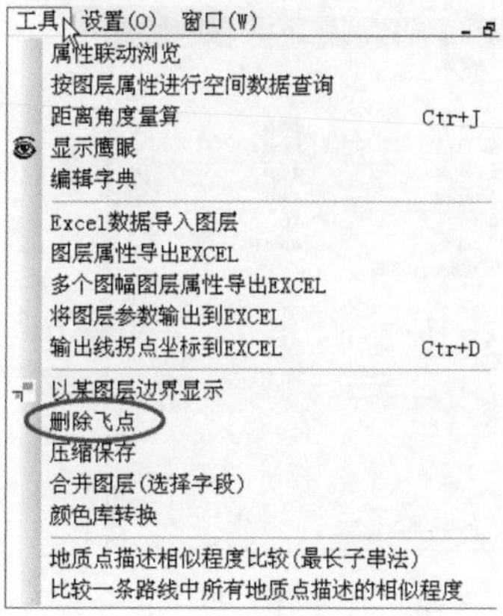


图 28.6.1　选择“删除飞点”菜单

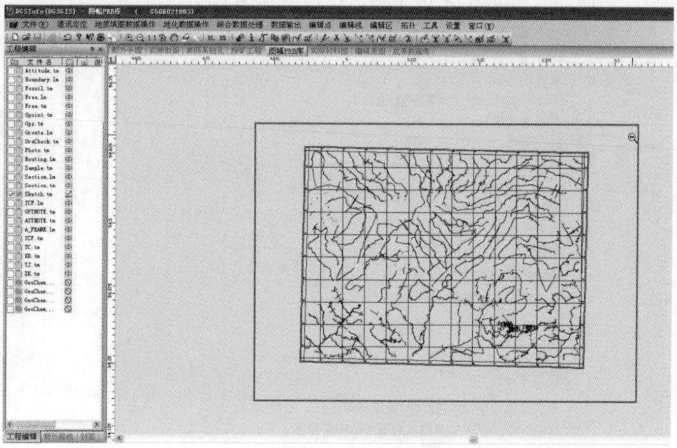

图28.6.2　选择保留区域

## 28.7　压缩保存

功能：对当前工程中处于编辑状态的图层进行压缩保存（图 28.7.1）。

## 28.8　合并图层（选择字段）

功能：按照用户指定的字段对应关系合并图层。

下面的例子是将“钻孔基本信息.WT”合并到“ZK.WT”图层中：

（1）首先将要合并的两个文件加入工程中（图 28.8.1）。

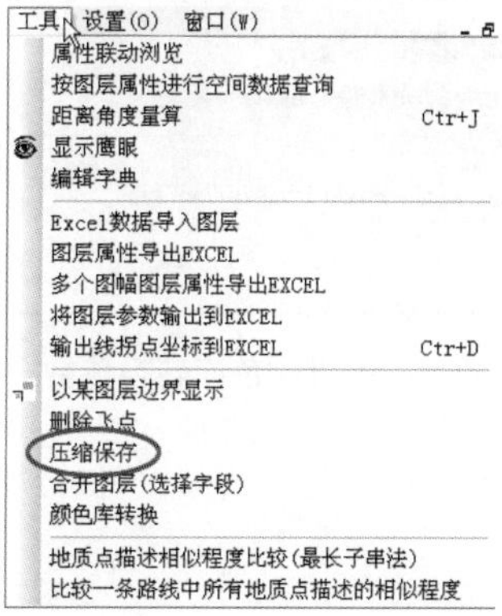


图 28.7.1　“压缩保存”菜单

图 28.8.1　需要合并的两个图层

（2）选择菜单（图 28. 8. 2）。

（3）在下面对话框中选择“合并后”与“被合并”的文件名，并选择对应的字段，点击“确定”即可完成合并（图 28. 8. 3）。

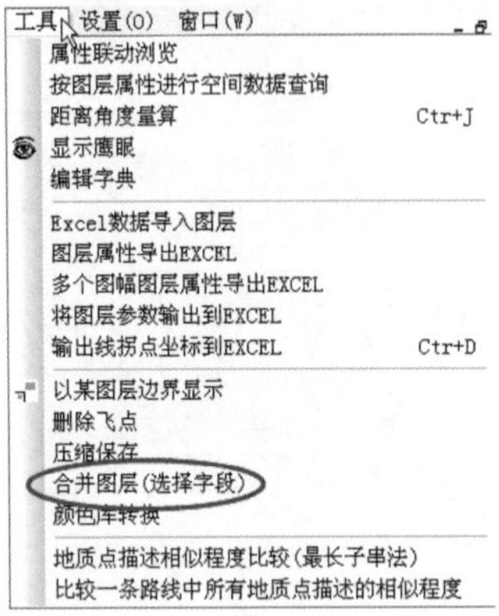


图 28. 8. 2　选择“合并图层”菜单

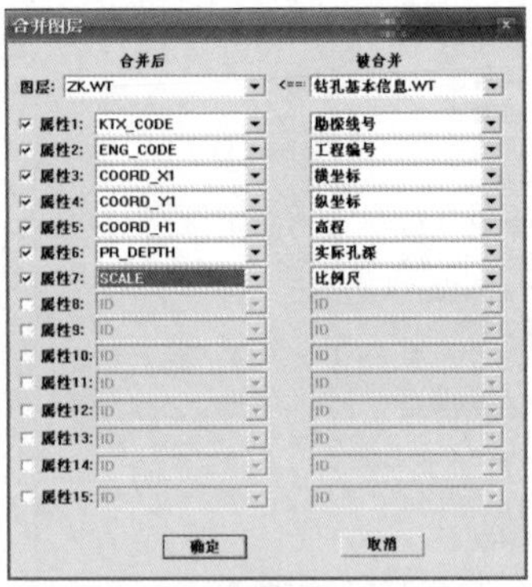


图 28. 8. 3　选择“合并后”与“被合并”的对应字段名称

## 28. 9　颜色库转换

功能：将所选工程在两套颜色库之间进行转换。

（1）选择菜单（图 28. 9. 1）。

（2）按照下列对话框配置参数，最后点击“转换”即可（图 28. 9. 2）。

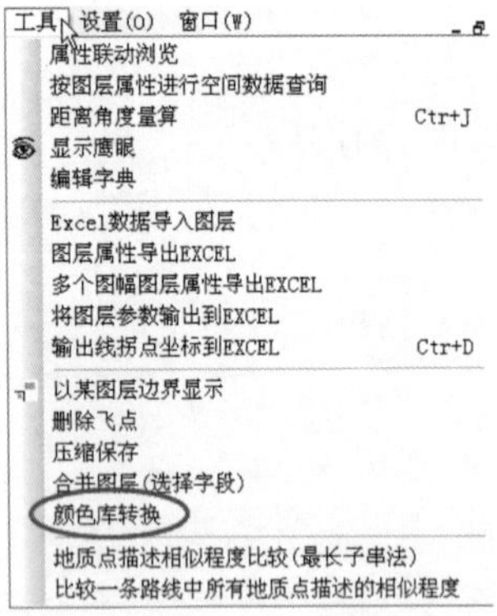


图 28. 9. 1　选择“颜色库转换”菜单

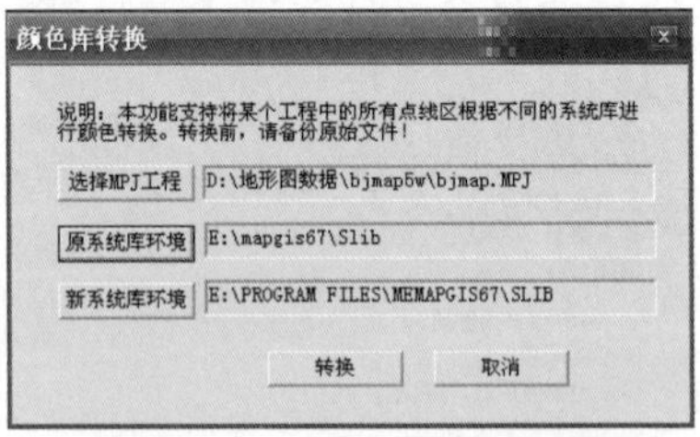


图 28. 9. 2　配置颜色库转换参数

## 28. 10　地质点描述相似度检查工具

该功能可以检查地质点描述之间的相似程度。检查方法为“最长相同子串法”，即求出两个描述字串的最长相同子串，然后再计算该子串占两字符串的百分比，以此来判断两字符串的相似程度。

检查方式分为以下两种。

### 28.10.1　地质点描述相似程度比较

可以比较任意两个地质点描述内容的相似程度：

（1）选择菜单（图 28. 10.1）。

（2）选择任意两地质点，判断其描述内容的相似度（图 28. 10.2）。

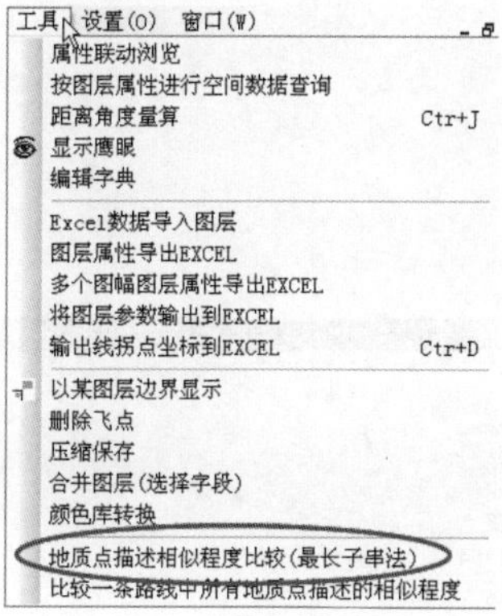


图 28.10.1　地质点描述相似程度比较菜单

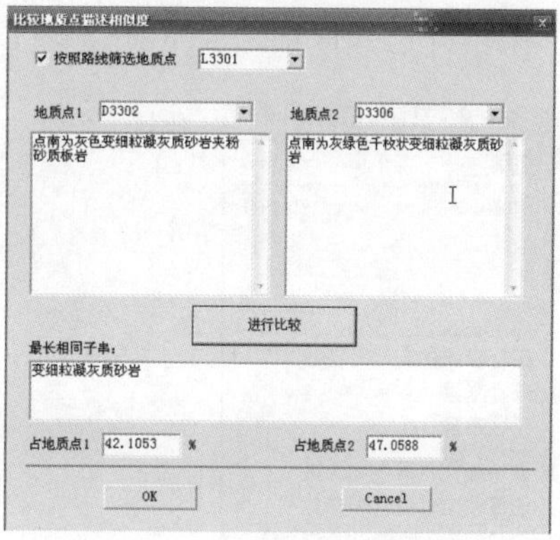


图 28.10.2　比较任意两个地质点描述的相似程度

### 28.10.2　比较一条路线上的所有地质点描述

对一条路线上的所有地质点进行比较，并生成检查报告。

（1）选择菜单（图 28. 10.3）。

（2）选择路线号及相似度的阈值，点击“生成报告”即可（图 28. 10.4）。

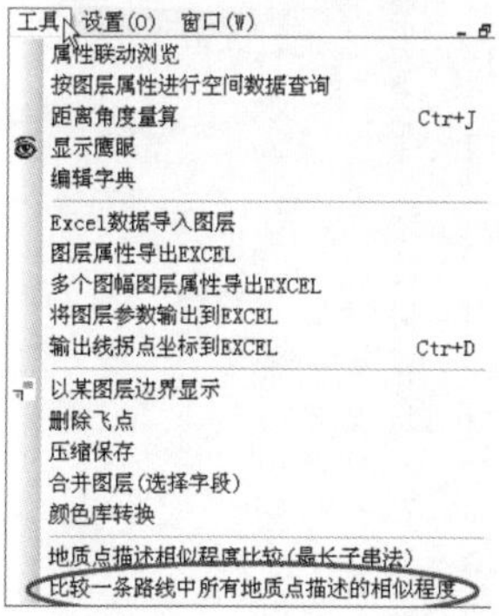


图 28. 10.3　选择比较一条路线中所有地质点描述的相似程度菜单

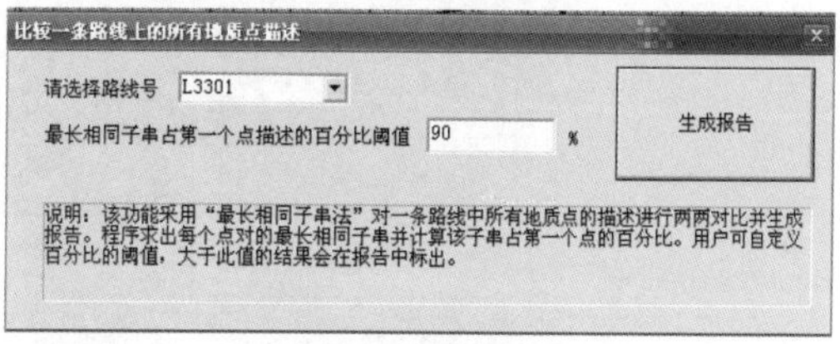


图 28. 10.4　生成一条路线上所有地质点描述相似程度报告

# 28.11　区文件保存与合并 Label 点（带参数）

该功能可以将当前编辑的区文件中所有实体与参数完全保存于 Label 点文件中，以便在进行区拓扑重建等操作后（区文件本身的实体属性与参数已丢失）最大限度地恢复区实体属性与参数信息。

该功能菜单位于“拓扑”菜单中，具体操作如下：

（1）在对区文件进行操作（如拓扑重建）之前，选择“生成 Label 点文件（带参数）”菜单并选择保存路径（图 28.11.1，图 28.11.2）。

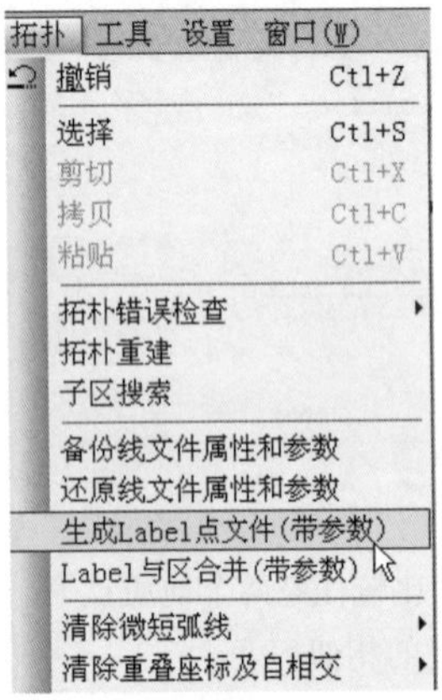


图 28.11.1　生成 Label 点文件（带参数）菜单

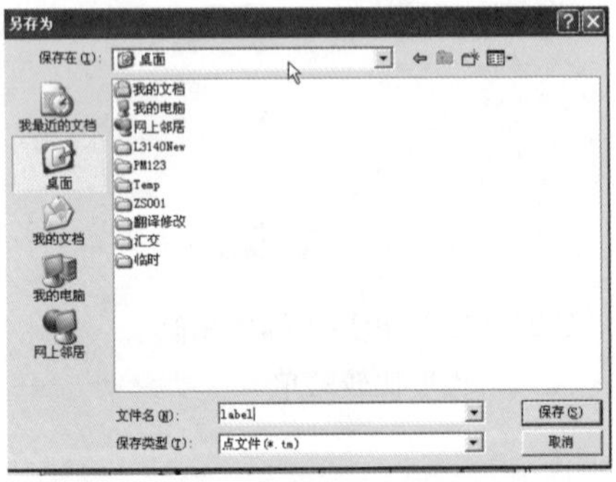


图 28.11.2　选择文件保存位置

（2）在区文件修改之后，其属性与参数可能丢失（如拓扑重建）（图 28.11.3）。

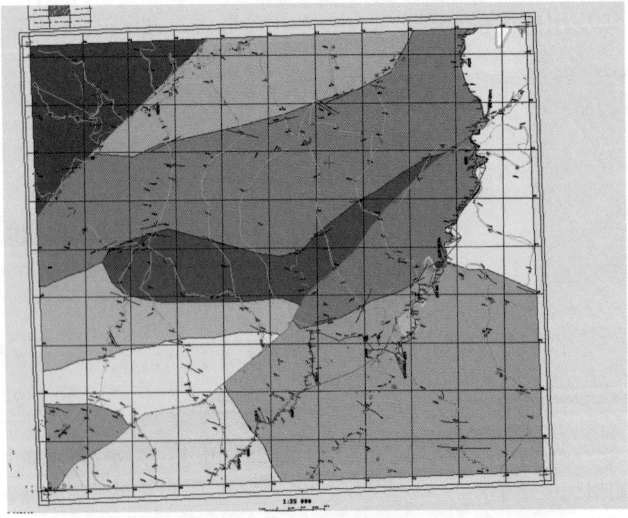

图 28.11.3　重新拓扑之后区属性与参数全部重建

（3）区文件改变之后，可以选择“Label 与区合并”功能并选择先前保存的 Label 点文件，导入原区文件的属性与参数（图 28. 11. 4，图 28. 11. 5，图 28. 11. 6）。

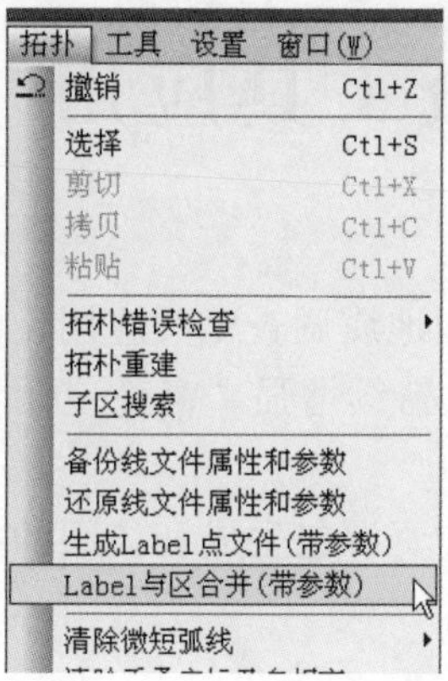


图 28. 11. 4 选择“Label 与区合并（带参数）”菜单

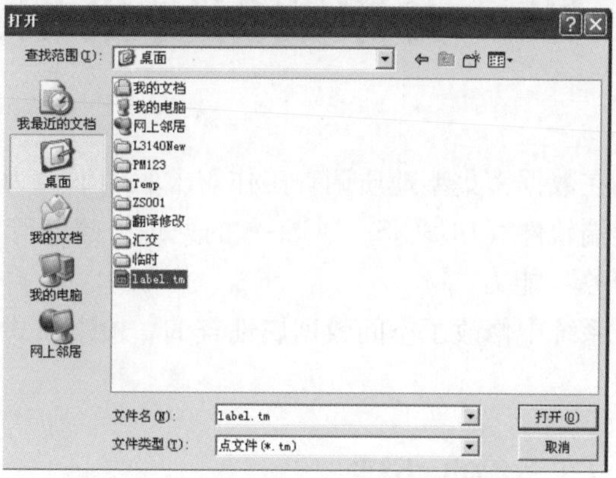


图 28. 11. 5 打开 Label 点文件

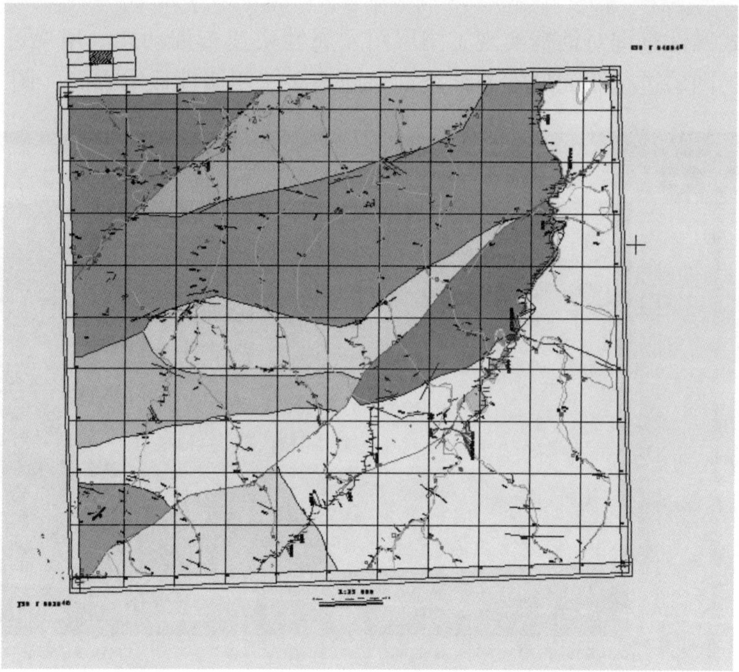

图 28. 11. 6 导入 Label 点后恢复区属性与参数

# 29　支撑数据密集型地质调查工具应用

在数据密集型地质调查工作需求驱动下，为支撑数据密集型地质调查工具应用，个人环境端软件（DGSGIS、DGSS）的处理、建库等工具不断完善，持续增强“高效应用和精准服务”能力。

系统中修改了空间数据属性查询、检索模式，并增加了历史资源包生成和访问的相关模块。

## 29.1　基础功能

### 29.1.1　图层属性快速查询

利用无模式属性查询对话框实现了图层图元属性快速查询功能。用户可对工程中任意处于编辑状态的图层进行图元属性连续查询，而不必关闭属性显示界面（图 29.1.1）。

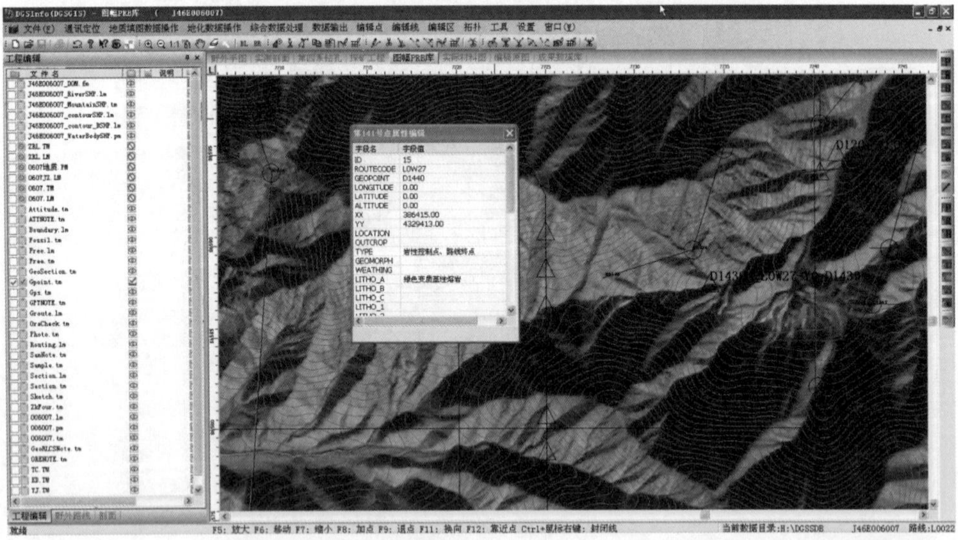


图 29.1.1　图层属性快速查询

### 29.1.2　导入样品分析结果数据

实现将用户提供的 Excel 中的样品分析结果数据导入到系统的样品数据库中。

（1）首先，将样品分析结果制作成为 Excel 表格。要求第一行为字段名称，第一列为样号，第二行开始是数据（图 29.1.2）。

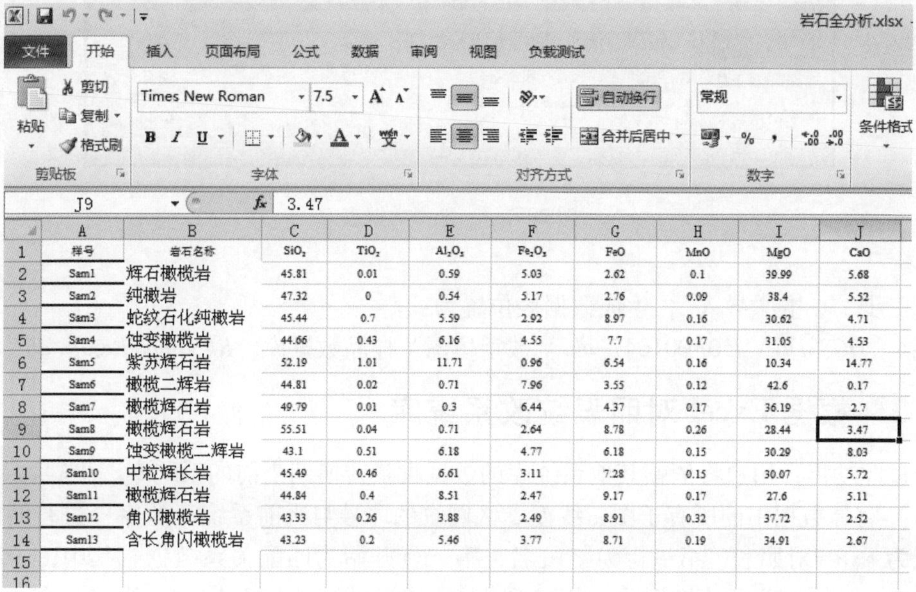

| 样号 | 岩石名称 | $SiO_2$ | $TiO_2$ | $Al_2O_3$ | $Fe_2O_3$ | FeO | MnO | MgO | CaO |
|---|---|---|---|---|---|---|---|---|---|
| Sam1 | 辉石橄榄岩 | 45.81 | 0.01 | 0.59 | 5.03 | 2.62 | 0.1 | 39.99 | 5.68 |
| Sam2 | 纯橄岩 | 47.32 | 0 | 0.54 | 5.17 | 2.76 | 0.09 | 38.4 | 5.52 |
| Sam3 | 蛇纹石化纯橄岩 | 45.44 | 0.7 | 5.59 | 2.92 | 8.97 | 0.16 | 30.62 | 4.71 |
| Sam4 | 蚀变橄榄岩 | 44.66 | 0.43 | 6.16 | 4.55 | 7.7 | 0.17 | 31.05 | 4.53 |
| Sam5 | 紫苏辉石岩 | 52.19 | 1.01 | 11.71 | 0.96 | 6.54 | 0.16 | 10.34 | 14.77 |
| Sam6 | 橄榄二辉岩 | 44.81 | 0.02 | 0.71 | 7.96 | 3.55 | 0.12 | 42.6 | 0.17 |
| Sam7 | 橄榄辉石岩 | 49.79 | 0.01 | 0.3 | 6.44 | 4.37 | 0.17 | 36.19 | 2.7 |
| Sam8 | 橄榄辉石岩 | 55.51 | 0.04 | 0.71 | 2.64 | 8.78 | 0.26 | 28.44 | 3.47 |
| Sam9 | 蚀变橄榄二辉岩 | 43.1 | 0.51 | 6.18 | 4.77 | 6.18 | 0.15 | 30.29 | 8.03 |
| Sam10 | 中粒辉长岩 | 45.49 | 0.46 | 6.61 | 3.11 | 7.28 | 0.15 | 30.07 | 5.72 |
| Sam11 | 橄榄辉石岩 | 44.84 | 0.4 | 8.51 | 2.47 | 9.17 | 0.17 | 27.6 | 5.11 |
| Sam12 | 角闪橄榄岩 | 43.33 | 0.26 | 3.88 | 2.49 | 8.91 | 0.32 | 37.72 | 2.52 |
| Sam13 | 含长角闪橄榄岩 | 43.23 | 0.2 | 5.46 | 3.77 | 8.71 | 0.19 | 34.91 | 2.67 |

图 29.1.2　将样品分析结果制作成 Excel 表格

（2）将样品分析结果 Excel 导入到系统中。

第一步：选择菜单（图 29.1.3）。

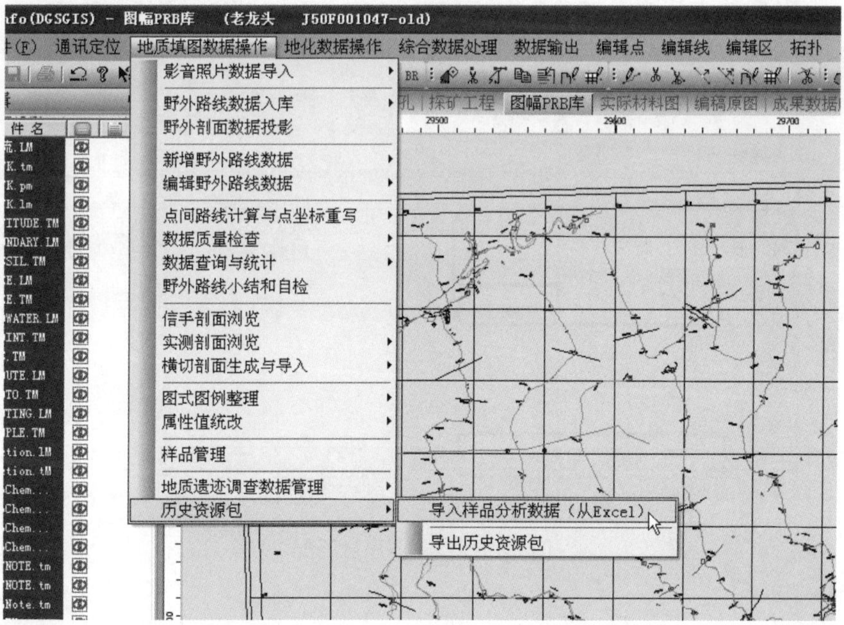


图 29.1.3　选择导入样品分析数据菜单

第二步：选择数据表（图 29.1.4）。

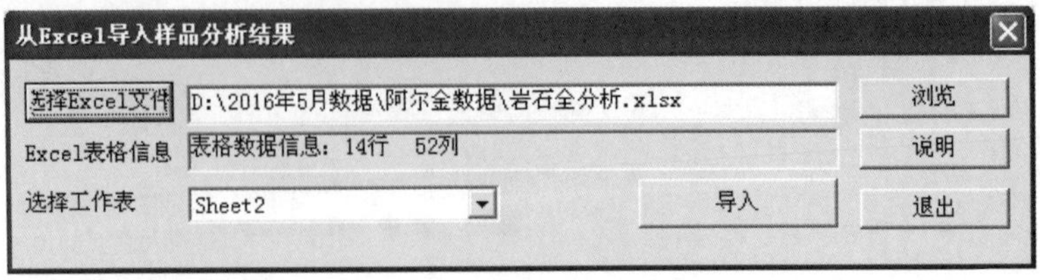


图 29.1.4　选择数据表

第三步：点击“导入”，生成数据表位置为：

*H*：\ *DGSSDB* \ *J50F001047-old* \ 数字填图 \ 样品数据库 \ *RgSampleResult. db*

### 29.1.3　根据 Excel 对照表统改系统库

通过此功能，用户将依赖其他系统库的数据批量转换到当前的系统库。步骤如下：

（1）将原数据中的所有子图、线型、区网纹的序号与当前系统库的序号进行匹配，并制作成为 Excel 对照表。第一行为字段名，第二行开始为匹配关系数据。其中，子图表和区网纹表，第一列为原库图元号，第二列为新库图元号（图 29.1.5）；线型表有 4 列，第一列是旧线型号，第二列是旧辅助线型号，第三列是新线型号，第四列是旧辅助线型号（图 29.1.6）。

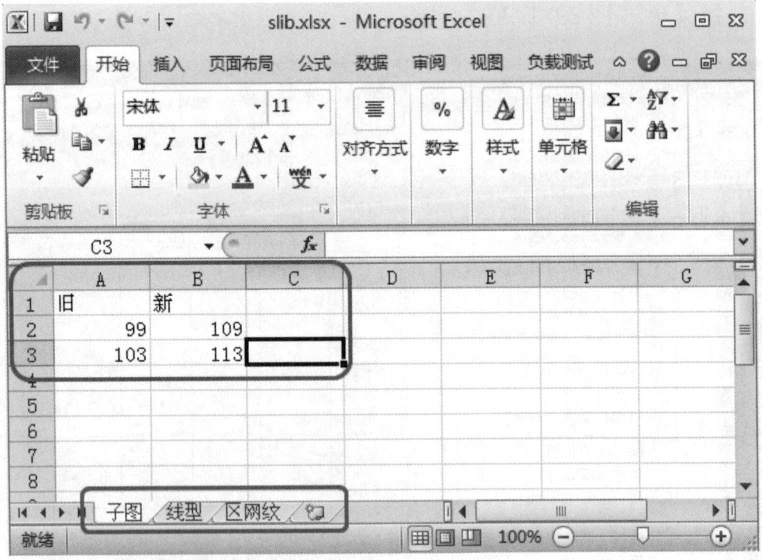


图 29.1.5　子图序号匹配

（2）使用以下菜单进行导入，从而实现批量修改子图、线型和区网纹（图 29.1.7）。

图 29.1.6　线型序号匹配

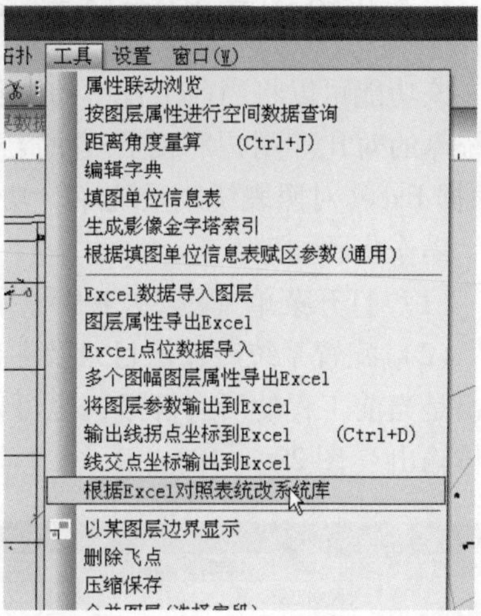


图 29.1.7　根据 Excel 对照表统改系统库

## 29.1.4　颜色库的自动转换

颜色库转换操作如图 29.1.8 所示。

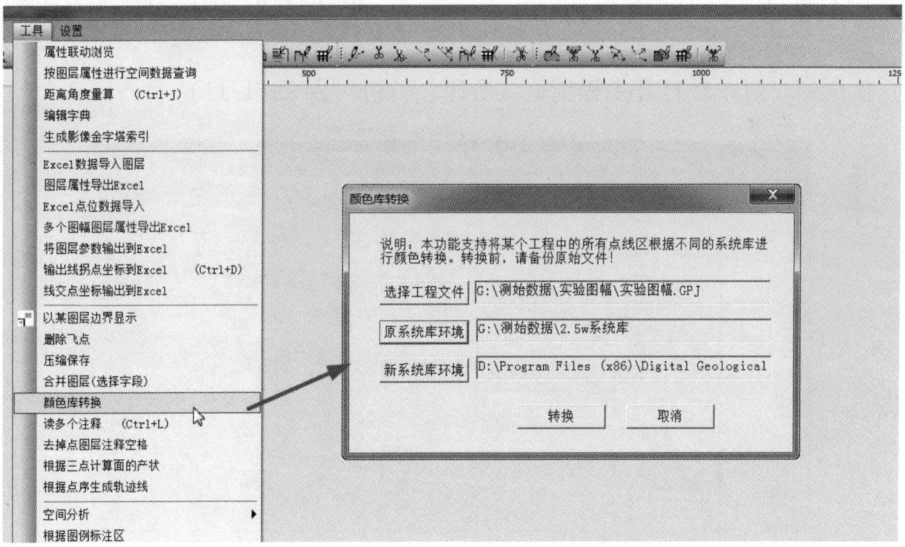


图 29.1.8　颜色库自动转换

能够解决：通过自动转换，新库下的地球物理、地球化学等值线图、地质图等的颜色与旧库下一致。

## 29.1.5　输出工程中所有子图、线型和区网纹

该功能可以将当前工程中的涉及的所有子图、线型和区网纹输出，辅助用户进行新旧系统库的对比。用户将对比后的新旧系统库转换关系制作成为 Excel 对照表，然后利用“根据 Excel 对照表统改系统库”功能进行统改。

操作步骤如下：

（1）打开菜单（图 29.1.9）。

（2）配置系统库输出目录及参数（可使用默认值先生成，然后根据需求调整）。默认输出是当前工程的所有符号，也可以选择“当前系统库中所有的”，把当前使用的系统库整体输出（图 29.1.10）。

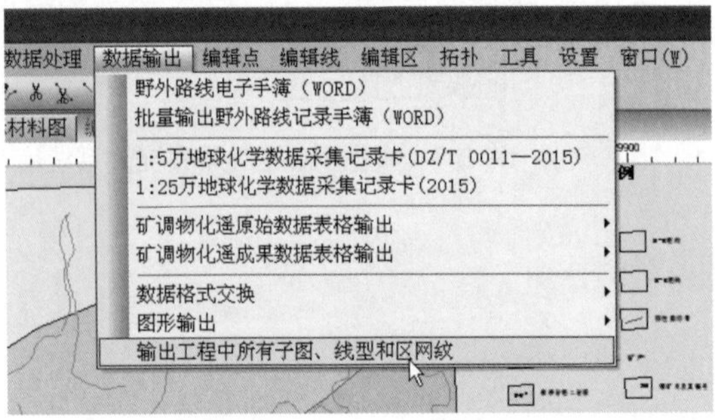


图 29.1.9　打开菜单

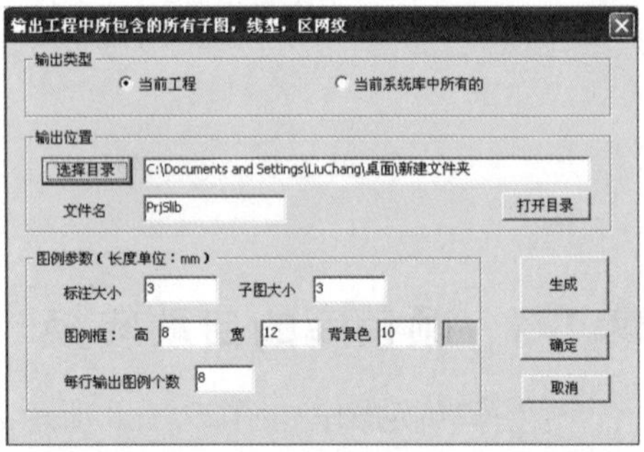


图 29.1.10　配置系统库输出目录及参数

（3）生成后，可单独打开工程浏览、对比、分析（图 29.1.11）。

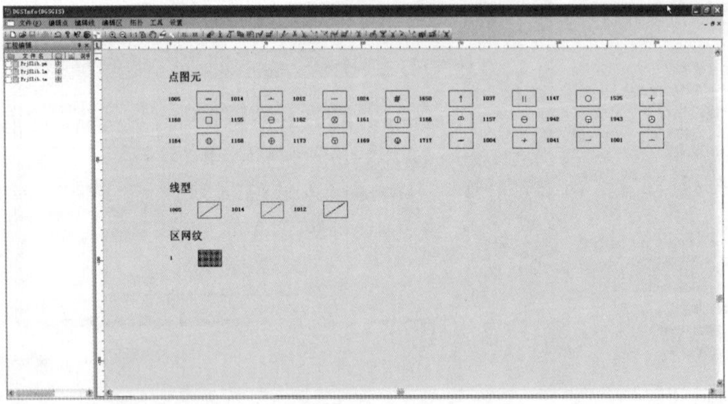


图 29.1.11　打开工程中的点图元、线型、区网纹

## 29.1.6　按照关键信息查询区域内的 PRB 数据

该功能用于根据关键字查询特定区域内的所有相关 PRB 数据（包括 PRB 过程，以及样品、照片等内容）。

（1）选择菜单（图 29. 1. 12）。

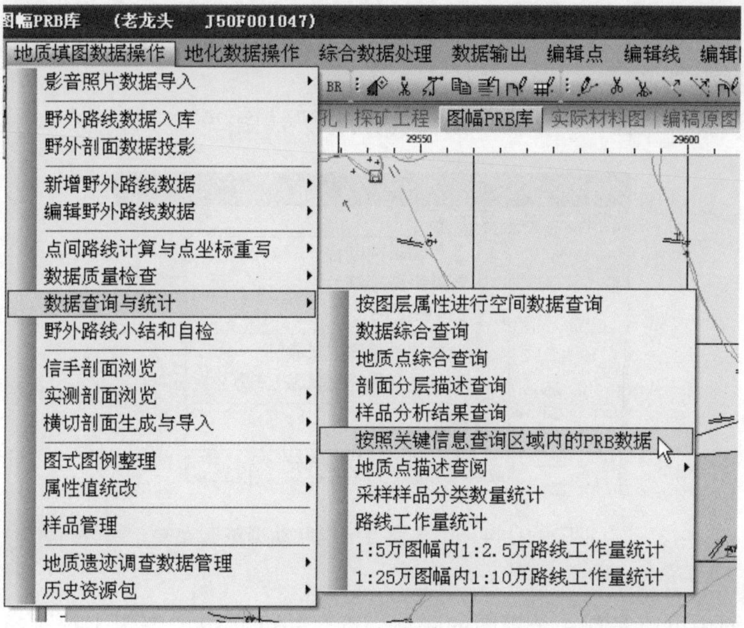


图 29. 1. 12　选择“按照关键信息查询区域内的 PRB 数据”菜单

（2）在弹出的界面中输入需要查询的关键字，并将要查询的区图层激活为编辑状态，然后在图面上选取（可多选）即可查询。查询结果将居中闪烁（图 29. 1. 13）。

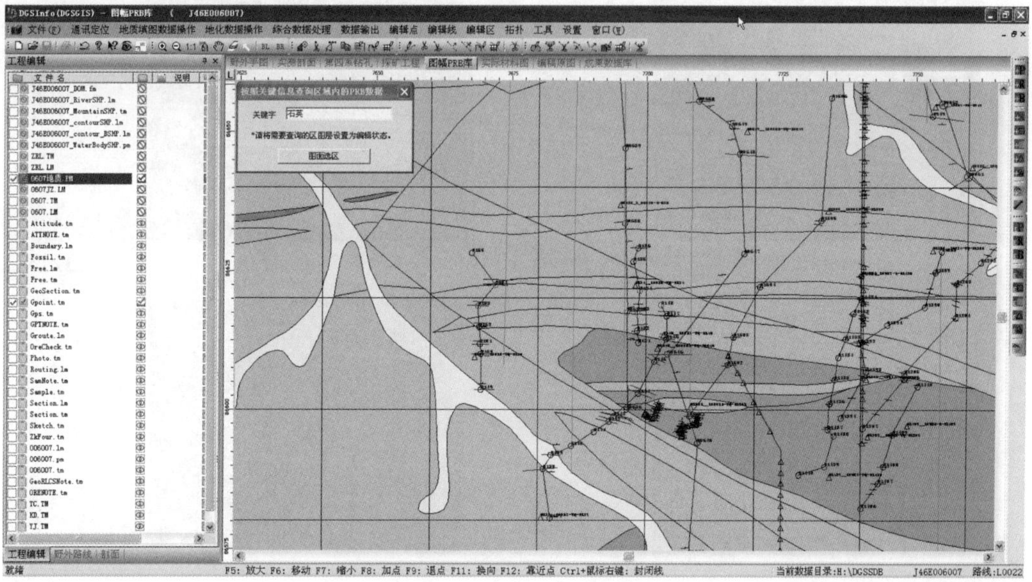


图 29. 1. 13　查询操作界面

## 29.1.7 多窗口工程联动浏览

该功能支持将当前工程分为4个视窗进行对比联动浏览，用户可以对每个视窗所显示的文件进行单独配置。

该功能位于菜单“窗口→多窗口工程联动浏览”（图29.1.14）。

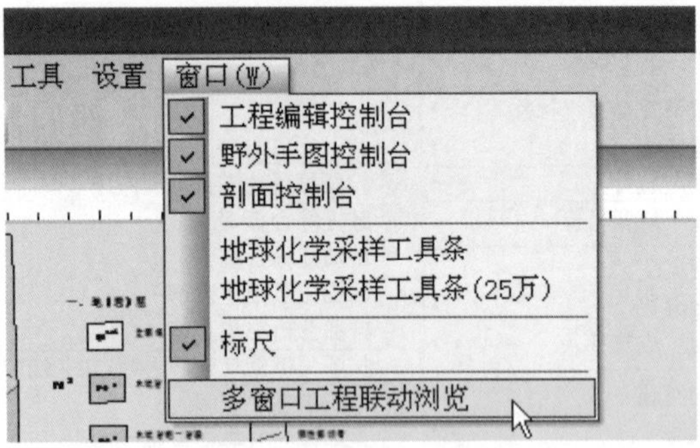


图29.1.14 “多窗口工程联动浏览”菜单

在以下界面中可以实现4个视图的联动浏览，并可使用“编辑工程”按钮对每个工程进行编辑；程序会自动记录用户使用场景，下次打开时会保留上一次编辑后的4个工程，如需重置为当前工程，点击“重置所有”按钮即可（图29.1.15，图29.1.16）。

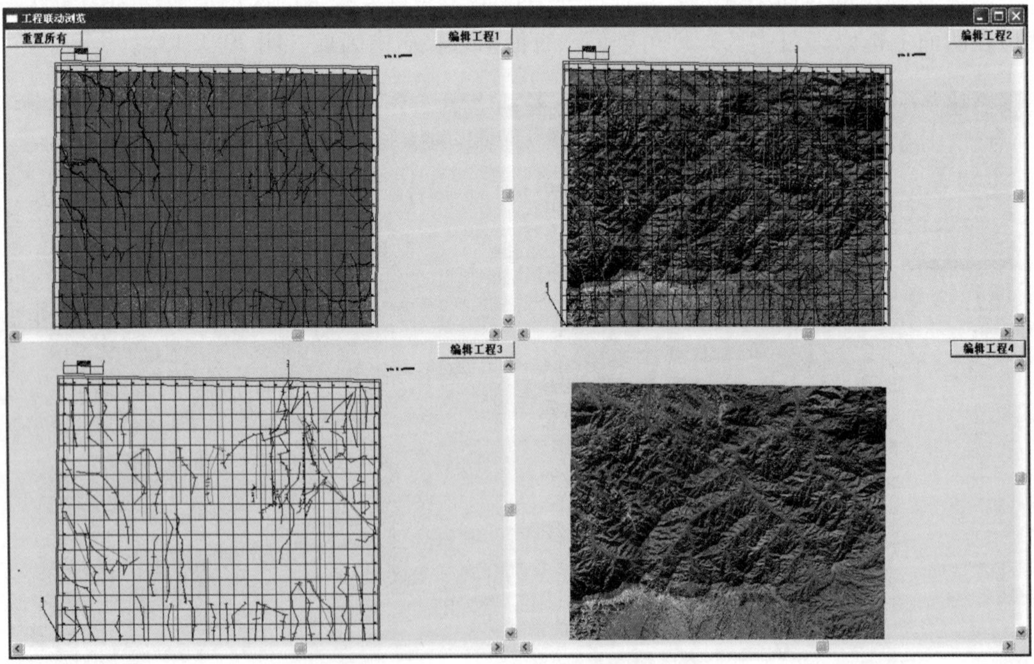


图29.1.15 多个视图联动浏览一

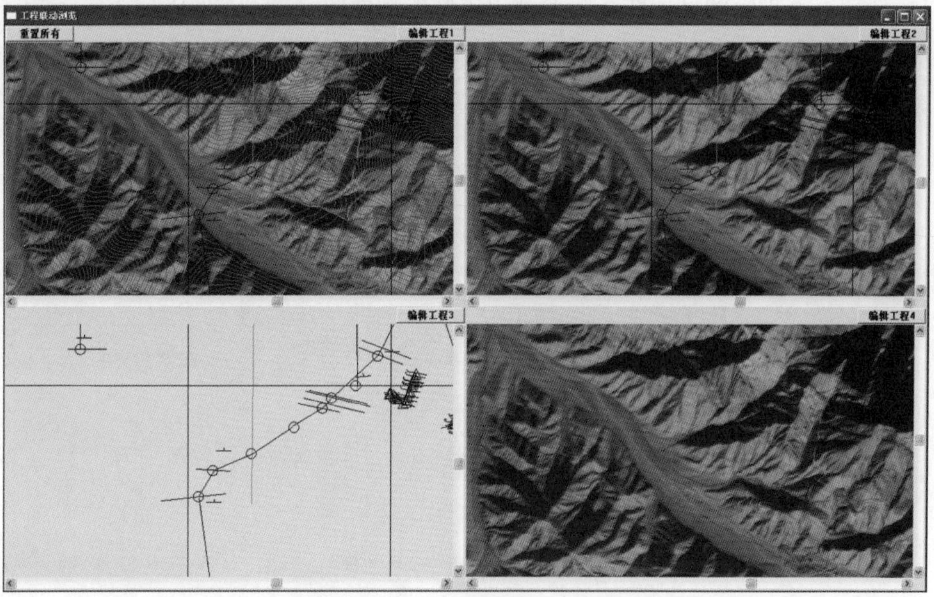


图 29.1.16　多个视图联动浏览二

## 29.1.8　剖面图联动查询

该功能支持在 PRB 库中投影的剖面图与剖面库中的剖面图联动查询浏览。此功能的前提要求用户将剖面已经投影到 PRB 库中。

操作步骤：

（1）打开菜单（图 29.1.17）。

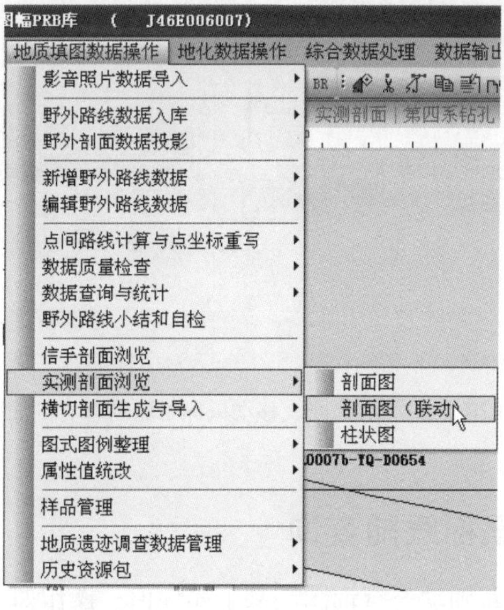


图 29.1.17　打开剖面图（联动）菜单

（2）选择一条投影的剖面线，将会弹出关联的剖面图（图 29.1.18）：

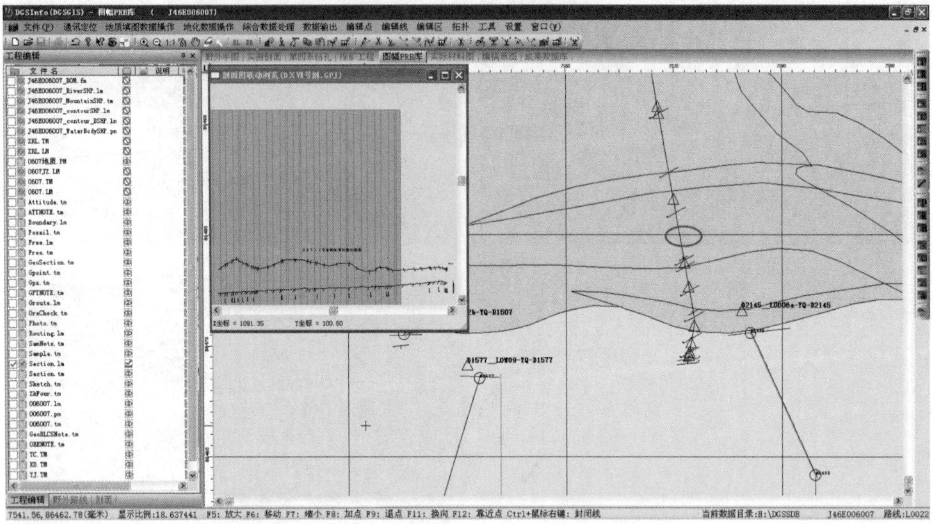

图 29.1.18　选择剖面线，弹出关联的剖面图

（3）将鼠标移动至剖面线中需要查看的位置，即可联动查看剖面图（注意：剖面图中图件的显示比例用户可自行调整）（图 29.1.19）。

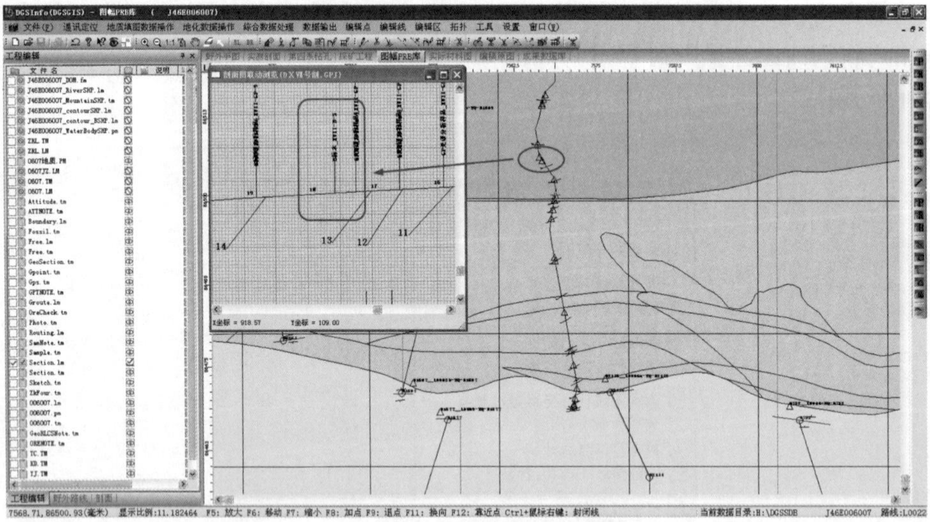

图 29.1.19　沿剖面线移动鼠标可联动查看剖面图

## 29.1.9　图层属性鼠标跟随查询

该功能支持鼠标位置跟随动态查询图层某个属性值。操作如下：

（1）选择菜单（图 29.1.20）。

（2）在弹出的对话框中设置当前选中的图层和要显示的字段（图 29.1.21），然后把鼠标移动到需要查询的图元上即可实现动态查询字段属性（图 29.1.22）。

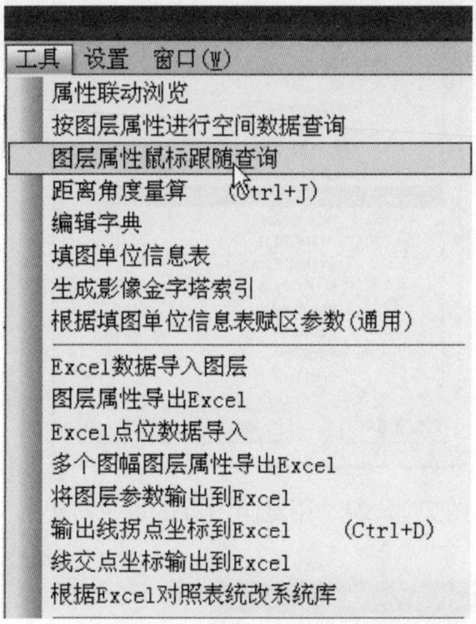


图 29.1.20　选择“图层属性鼠标跟随查询”菜单

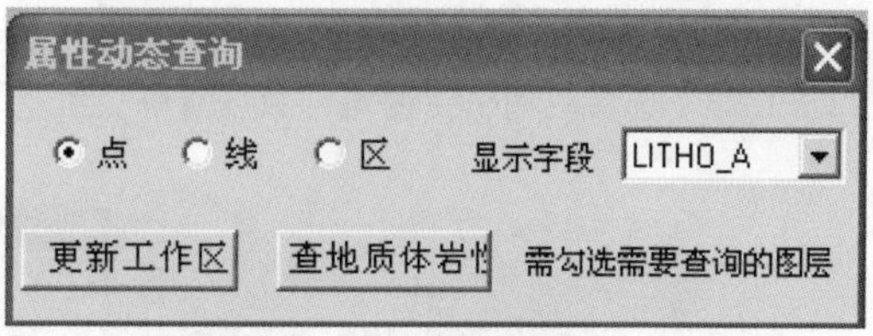


图 29.1.21　设置要显示的字段

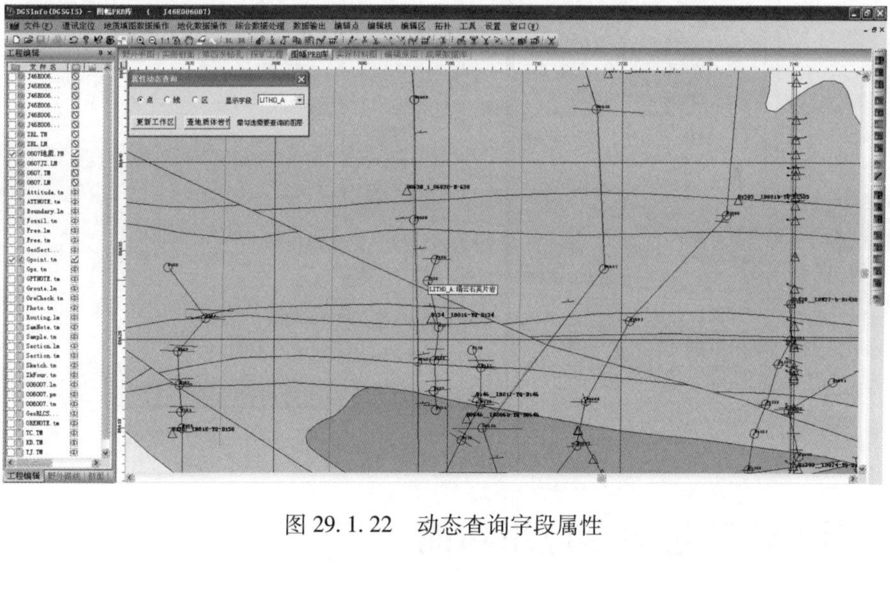

图 29.1.22　动态查询字段属性

## 29.1.10　图幅数据目录清单浏览与输出功能

该功能可以浏览并输出图幅中所有数据的目录清单并支持输出。

（1）选择菜单（图 29.1.23）。

（2）在以下界面中浏览图幅数据目录清单（图 29.1.24），支持按照关键字查找和输出功能（图 29.1.25）。

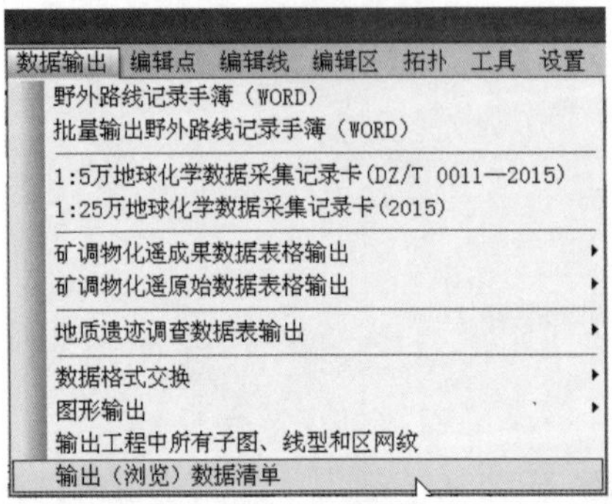


图 29.1.23　选择“输出（浏览）数据清单”菜单

图 29.1.24　浏览图幅数据目录清单

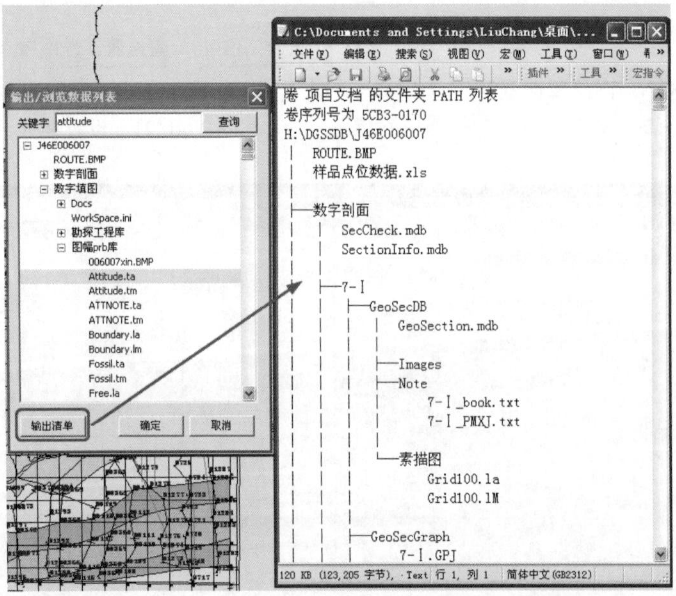


图 29.1.25　输出的目录清单

# 29.2　历史资源包共享应用功能

## 29.2.1　生成历史资源包

将已有图幅数据导出成为历史资源包，以供新项目实时访问与调用。

选择菜单（图 29.2.1）。

选择存储路径后可生成历史资源包。资源包目录默认名称为“DGSDataPack”，其内容如图 29.2.2 所示。

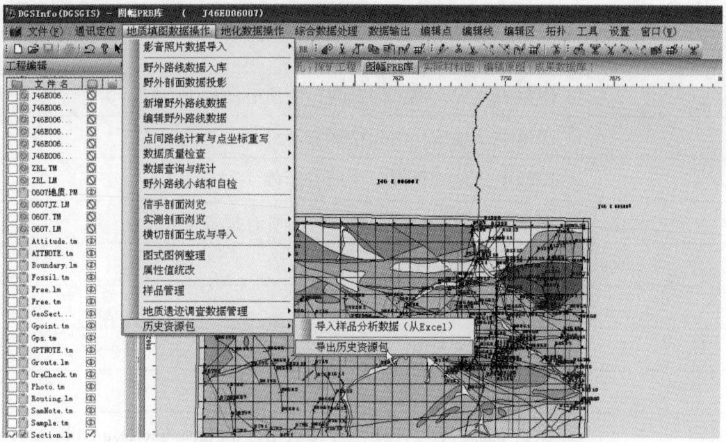

图 29.2.1　选择“导出历史资源包”菜单

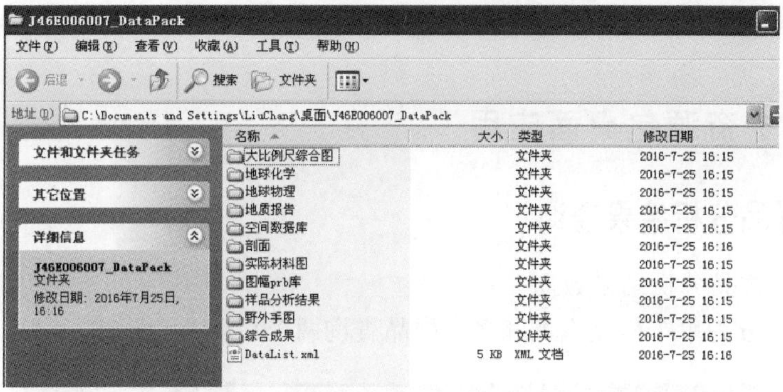

图 29.2.2　选择存储路径后可生成历史资源包

历史资源包清单也会一并输出，格式为 xml，内容示例如图 29.2.3 所示。

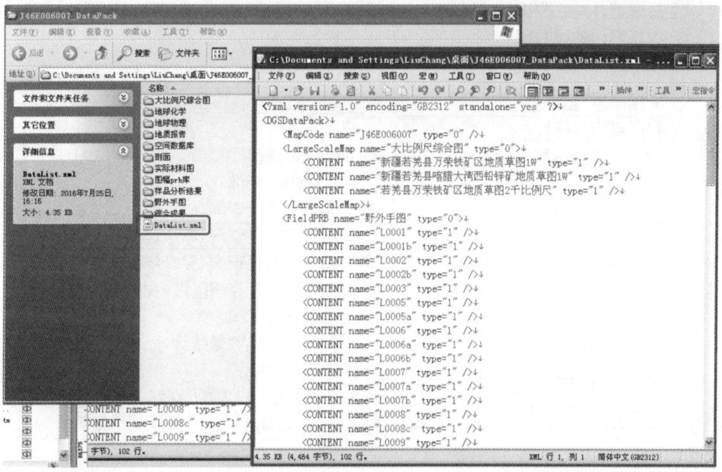

图 29.2.3　历史资源包清单输出示例

历史资源包内容：

| 内容 | 备注 |
|---|---|
| 大比例尺综合图 | 图幅中“大比例尺综合图”中所有图件 |
| 地球化学 | 图幅中“地球化学”中所有图件 |
| 地球物理 | 图幅中“地球物理”中所有图件 |
| 地质报告 | 图幅中“数字填图\Docs”的所有报告文件 |
| 空间数据库 | 空间数据库工程 |
| 剖面 | 图幅中的所有剖面数据 |
| 实际材料图 | 实际材料图工程 |
| 图幅 PRB 库 | 图幅 PRB 库工程 |
| 样品分析结果 | 图幅中的“数字填图\样品数据库\RgSampleResult.db”文件 |
| 野外手图 | 图幅中“野外手图”中所有路线 |
| DataList.xml | 数据资料清单 |

## 29.2.2 历史资源包桌面应用

### 29.2.2.1 样品分析结果查询

前提：导入样品分析结果数据

选择菜单（分为单个样品查询和多个样品查询两个功能）（图 29.2.4）。

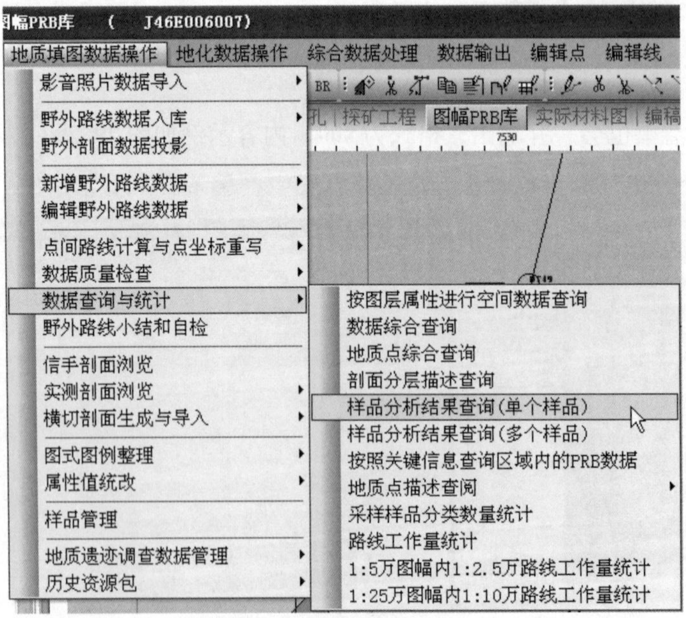


图 29.2.4 选择“样品分析结果查询”菜单

使样品图层（Sample. tm）处于当前编辑状态，在图中选择样品数据点，只要根据样品编号能够查询出分析结果，即可实现快速浏览（图 29. 2. 5，图 29. 2. 6）。

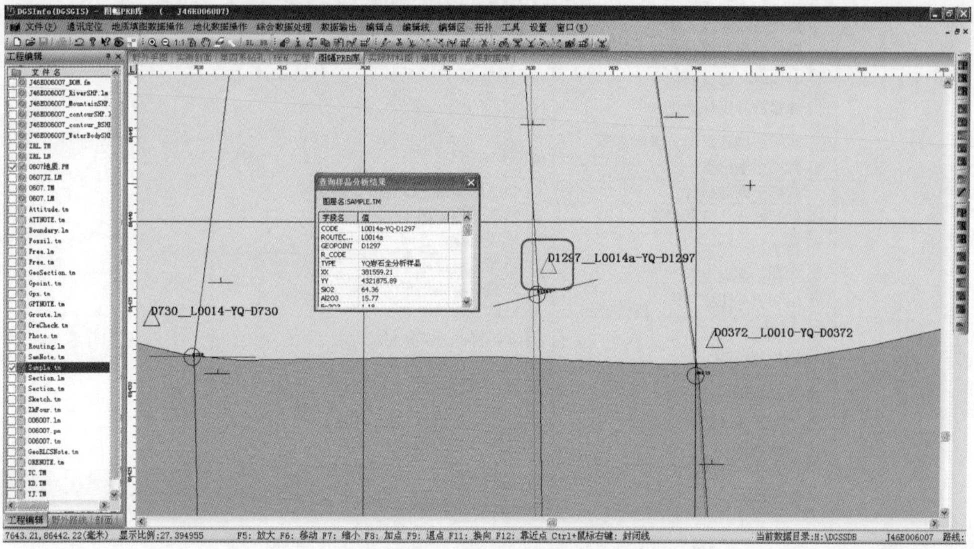


图 29. 2. 5　单个样品查询

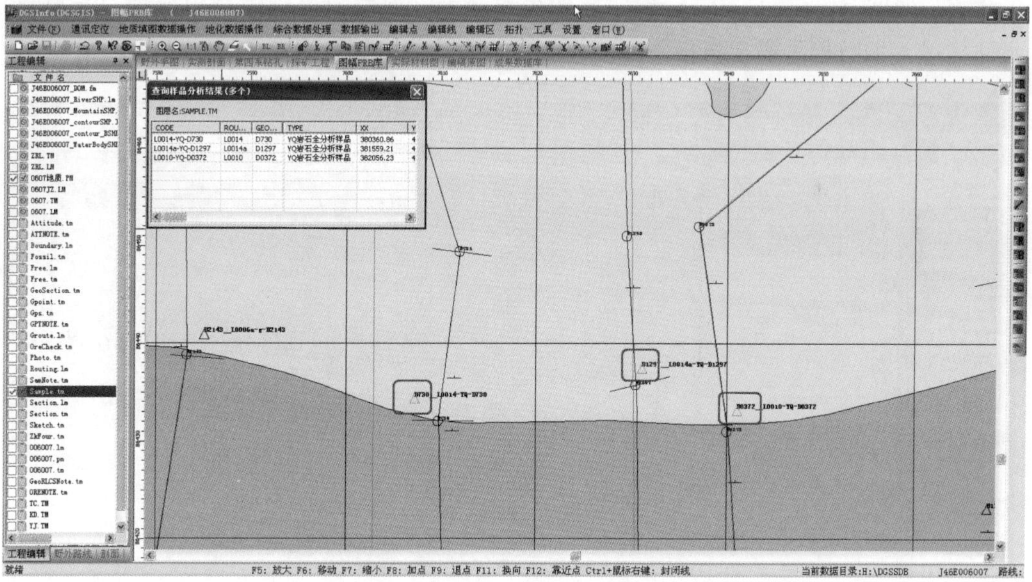


图 29. 2. 6　多个样品查询

### 29. 2. 2. 2　剖面分层描述查询

在 PRB 库中的剖面投影图中直接查询分层描述信息。

首先选择菜单（图 29. 2. 7）。

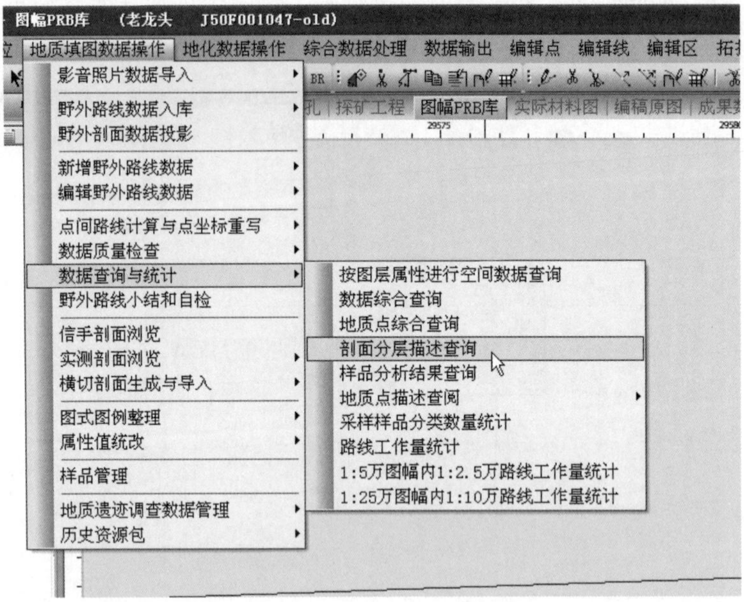


图 29.2.7　选择“剖面分层描述查询”菜单

将剖面线图层（Section.lm）置于当前编辑状态，然后选择剖面分层线即可浏览描述和批注描述（旧数据需要重新投影剖面才能支持此功能）（图 29.2.8）。

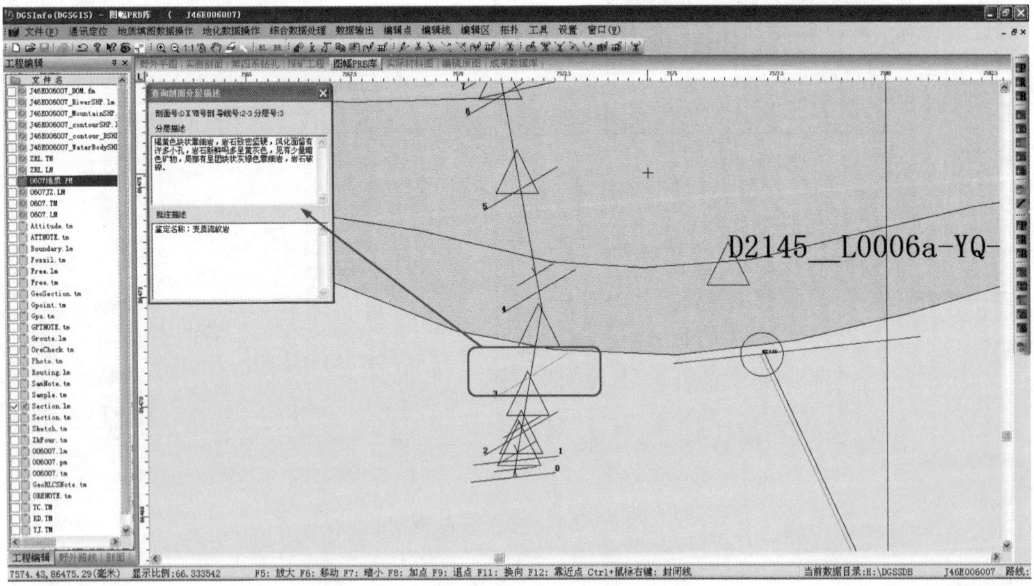


图 29.2.8　分层描述的查询结果示例

# 30　登录地质调查智能空间平台获取资源与数据回传

方便用户在数据处理过程中直接使用访问地质调查智能空间资源并完成资源获（服务）获取与数据回传操作。包括用户的登录、注销，在线地图访问，地质云资源访问，用户自定义发布内容访问，路线上传和经典现象点上传等。

## 30.1　用户登录

打开 DGSInfo 系统，在各个界面的“文件”菜单下，可见“登录”菜单（图 30.1.1）。

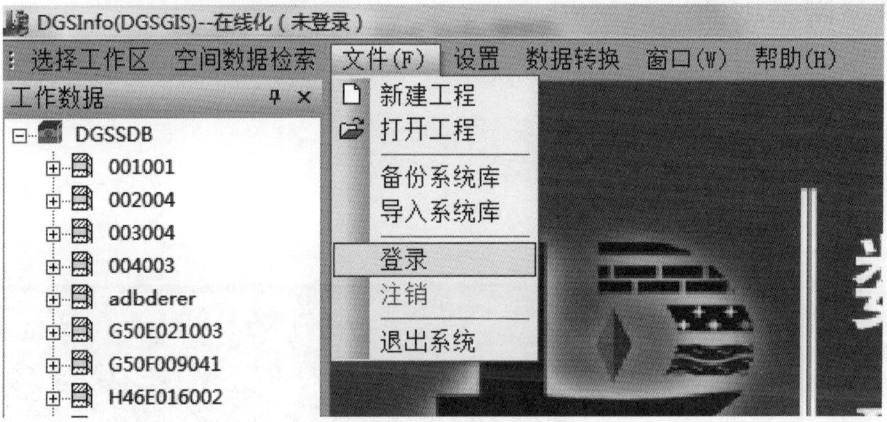


图 30.1.1　选择“登录”菜单

选择菜单后，在以下登录框中输入用户信息，即可登录（图 30.1.2）。登录之后，可在“承担项目”中，选择当前工作数据所属的项目。在之后的“路线上传”和“经典现象点上传”等步骤中，均与当前工作项目有关。

成功登录之后，在系统的标题栏会显示登录信息（图 30.1.3）。

需要注销当前账户，选择“在线化注销”菜单即可。

## 30.2　在线资源访问

打开图幅工程后，会发现视图“在线地图”增加了标签，点击后可激活在线地图模式。在此模式下可访问网络地图、地质云资源和智能空间资源。

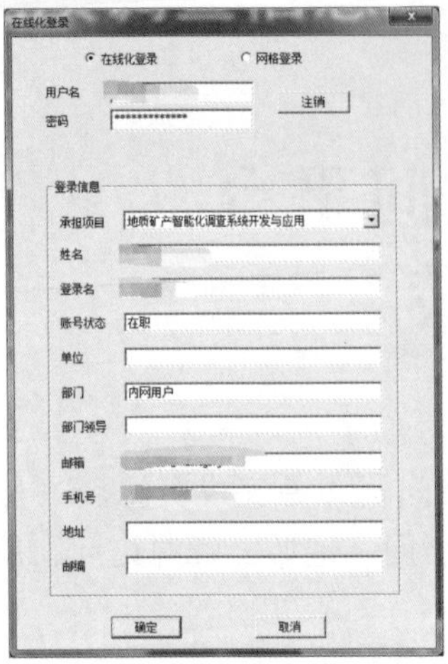


图 30.1.2　在登录框中输入用户信息等

图 30.1.3　标题栏显示登录信息

## 30.2.1　网络地图

打开“在线地图”菜单，可任意切换谷歌、高德、百度和天地图等公开在线地图（图 30.2.1，图 30.2.2）。

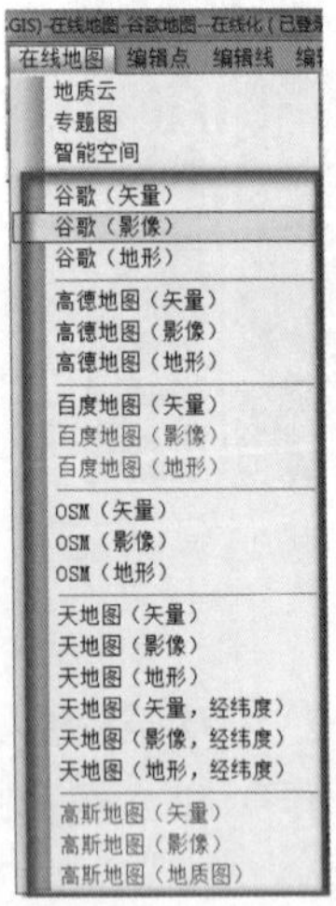


图 30.2.1　“在线地图”菜单

图 30.2.2　影像地图

## 30.2.2　地质云资源

打开“在线地图”菜单，选择“地质云”，然后在弹出的对话框中选择地质云共享的地图资源（支持多选）（图 30.2.3）。

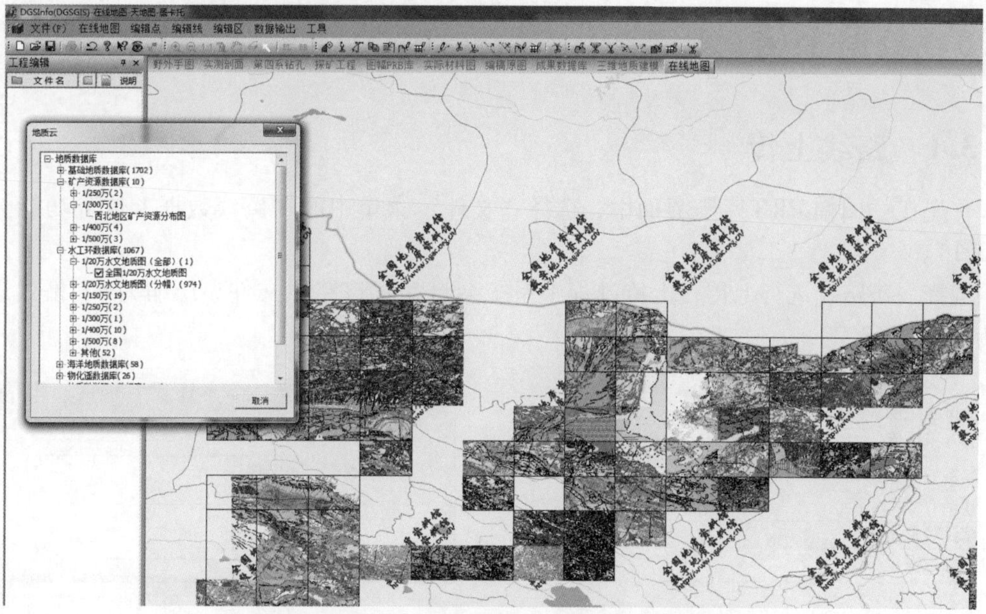


图 30.2.3 地质云共享地图资源

## 30.2.3 智能空间资源

智能空间资源是项目组根据自身需求，抽取部分地质云和自己发布的地图资源，组合形成的资源列表。访问方法与“地质云资源”类似，在“在线地图”菜单中，选择“智能空间”，在弹出的对话框中选择资源类型即可（图 30.2.4）。

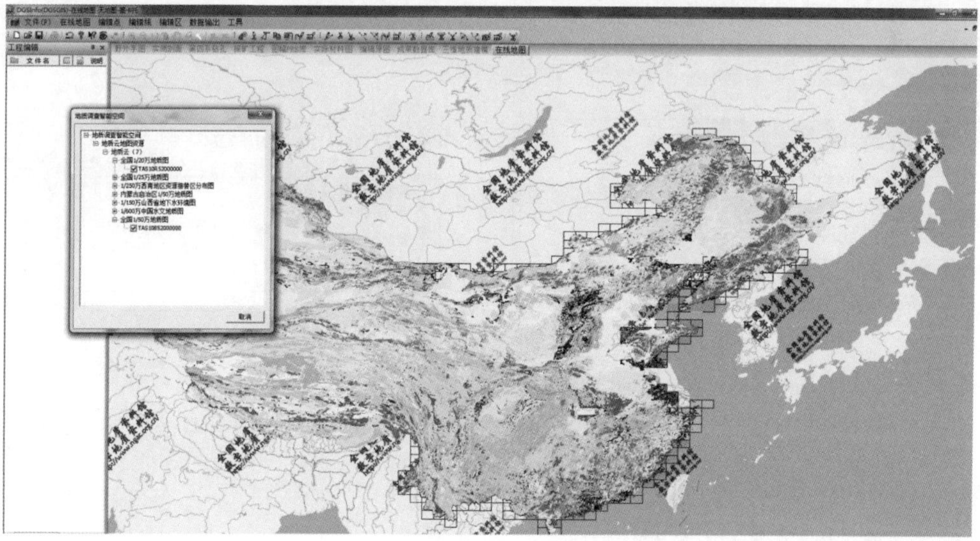


图 30.2.4 地质调查智能空间地图资源

# 30.3 数据上传

## 30.3.1 路线上传

首先在“图幅 PRB 库”界面中，选择“文件”菜单中的“路线数据上传”功能（图 30.3.1）。

选择一条路线进行上传，上传过程中系统会自动将该路线文件夹压缩为 zip 格式进行上传（图 30.3.2）。

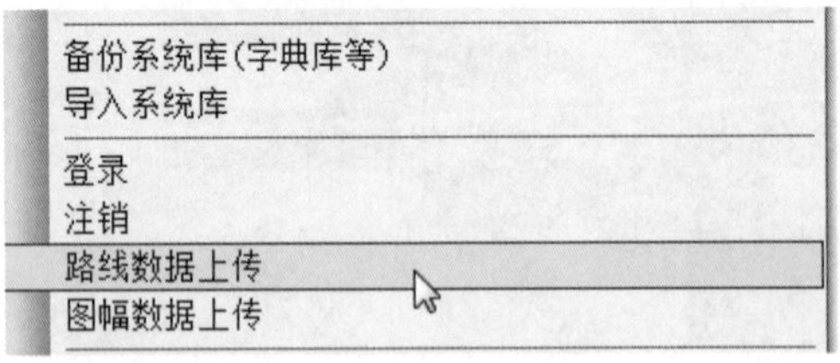


图 30.3.1 “路线数据上传”菜单

图 30.3.2 选择上传路线

用户可以选择上传到个人网盘或者是项目空间（图 30.3.3）。

## 30.3.2 图幅上传

用户可先将图幅数据压缩为 zip 文件，然后选择“图幅数据上传”功能进行上传。与上传路线数据类似，上传时也可选择上传到个人网盘或者是项目网盘（图 30.3.4）。

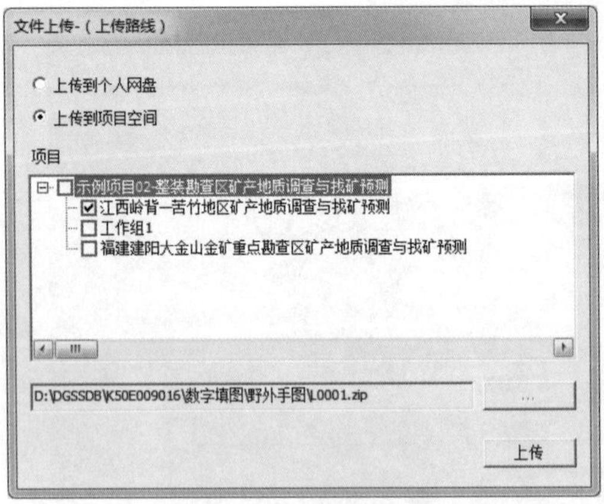


图 30.3.3 选择上传目标(个人网盘或项目空间)

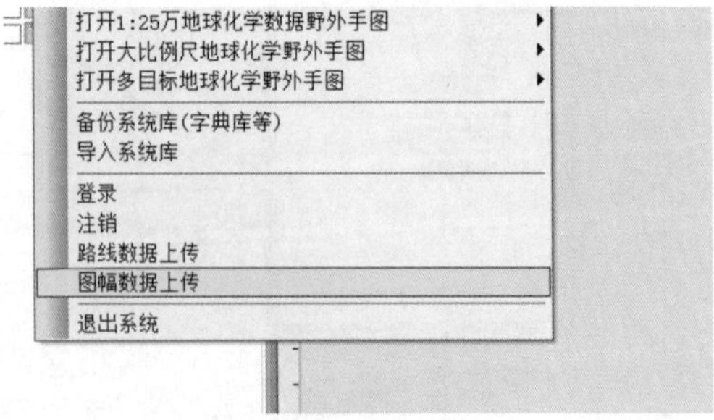


图30.3.4 “图幅数据上传”菜单

## 30.3.3 经典现象点上传

首先需要用户根据地质点、照片点等野外数据提取经典现象点，然后选择点进行上传。

## 30.3.3.1　提取

选择菜单“地质填图数据操作→经典现象点→提取”，会弹出经典现象点的提取对话框（图 30.3.5）：

在图中选择一个目标，可以是地质点或照片点，该点的信息会显示在对话框右侧（图 30.3.6）。

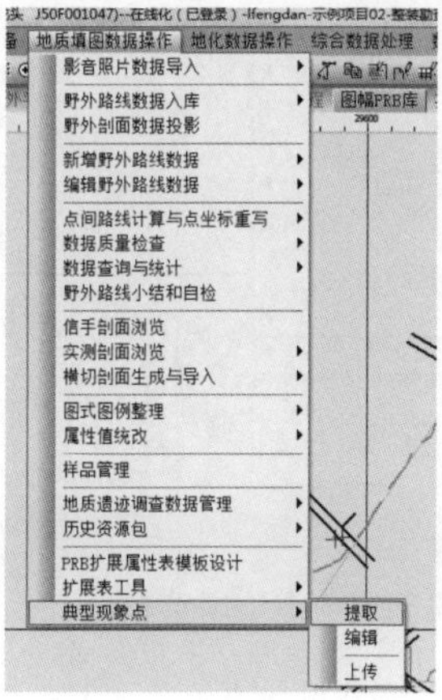


图 30.3.5　典型现象点提取菜单

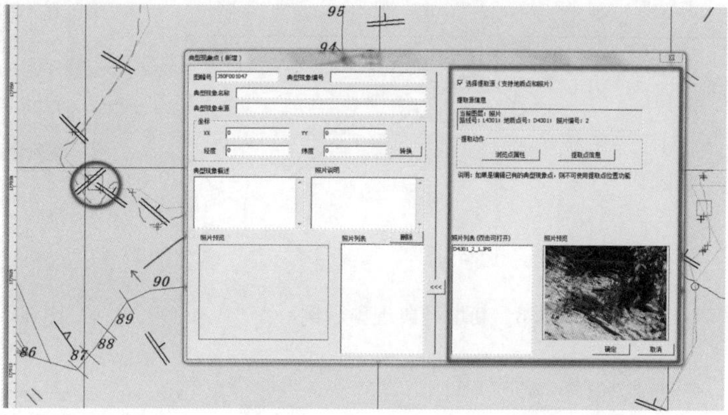


图 30.3.6　选择提取目标

利用“提取点信息”和拷贝照片等按钮，可以将该点的信息复制到新的经典现象点中（对话框左侧），必须填写“经典现象编号”。如果需要经纬度信息，可以点击“转换”按钮，根据高斯坐标进行转换（图 30.3.7）：

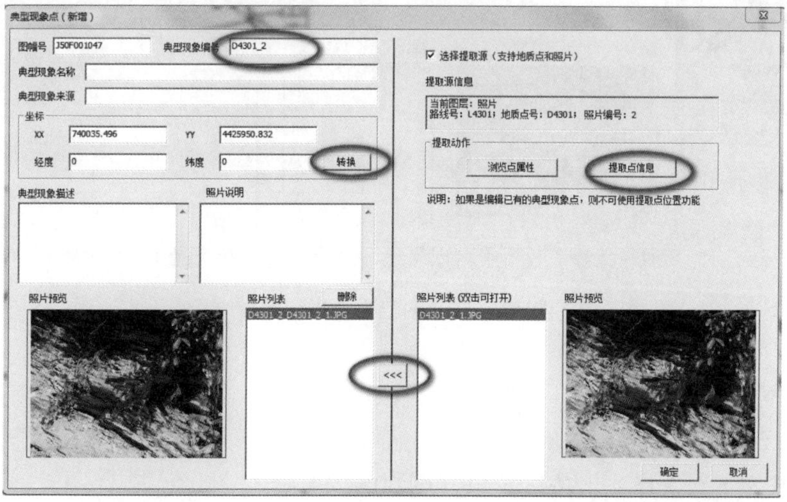


图 30.3.7　利用相关按钮将信息复制到新的经典现象点中

完成点编辑后，可点击“确定”，返回地图界面，新增经典现象点如图 30. 3. 8 所示。

#### 30. 3. 3. 2　编辑

选择编辑经典现象点菜单，可对已有的点进行编辑。注意，编辑过程中点编号不能改变（图 30. 3. 9，图 30. 3. 10）。

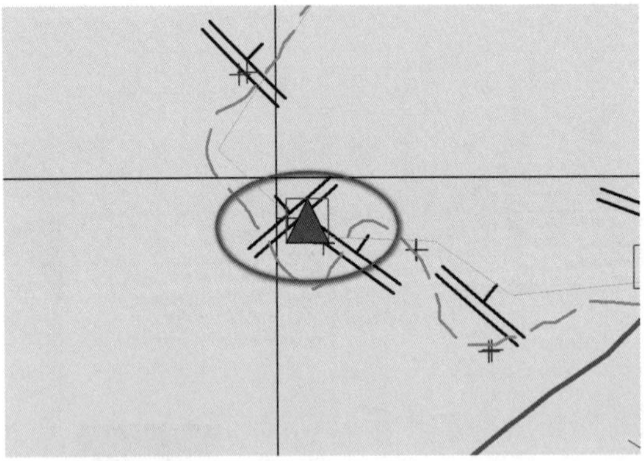

图 30. 3. 8　新增经典现象示例

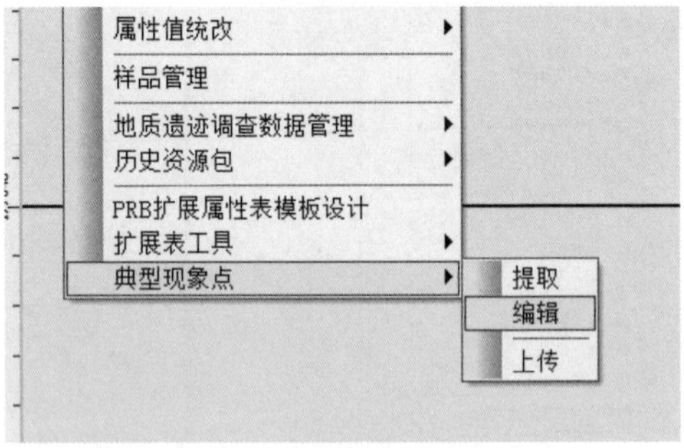


图 30. 3. 9　典型现象点编辑菜单

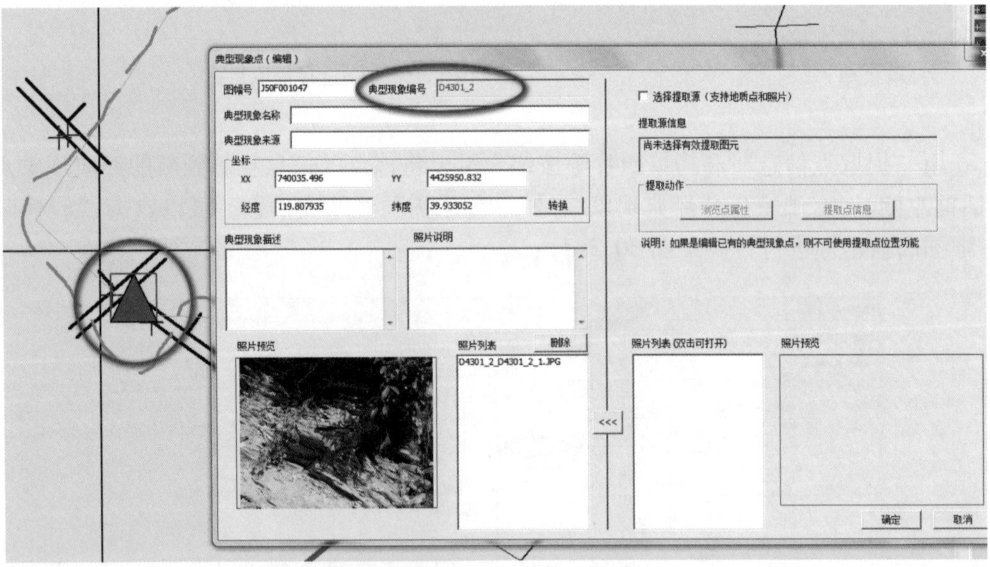


图 30. 3. 10　对已有点进行编辑

#### 30. 3. 3. 3　上传

在登录状态下，选择“上传”菜单（图 30. 3. 11）。

按照如下提示，在图中选择编辑好的经典现象点（图 30. 3. 12，图 30. 3. 13）。

确认后，系统将自动对相关现象点的数据进行汇总压缩后，进行上传操作。

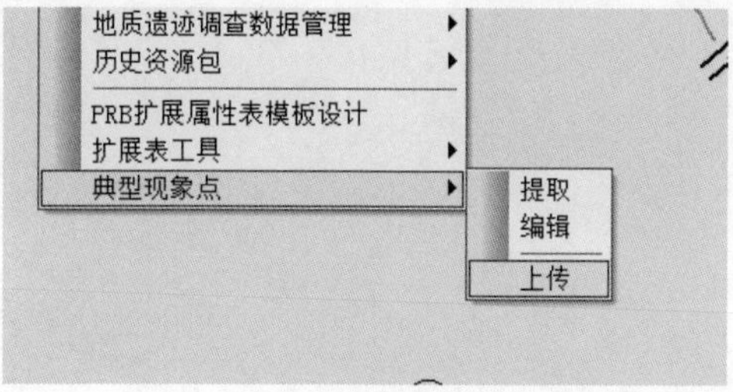


图 30.3.11 典型现象点上传菜单

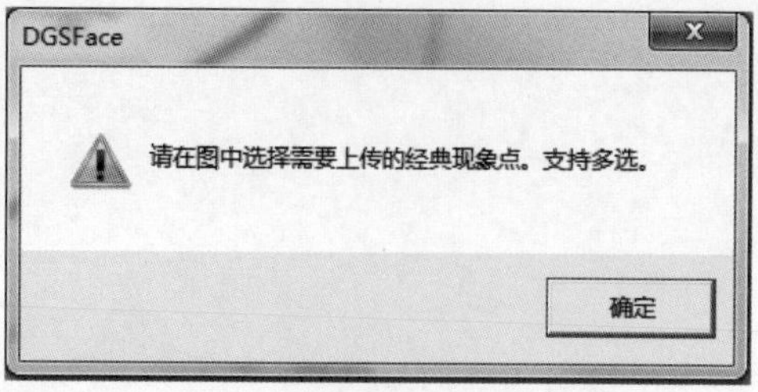


图 30.3.12 提示对话框

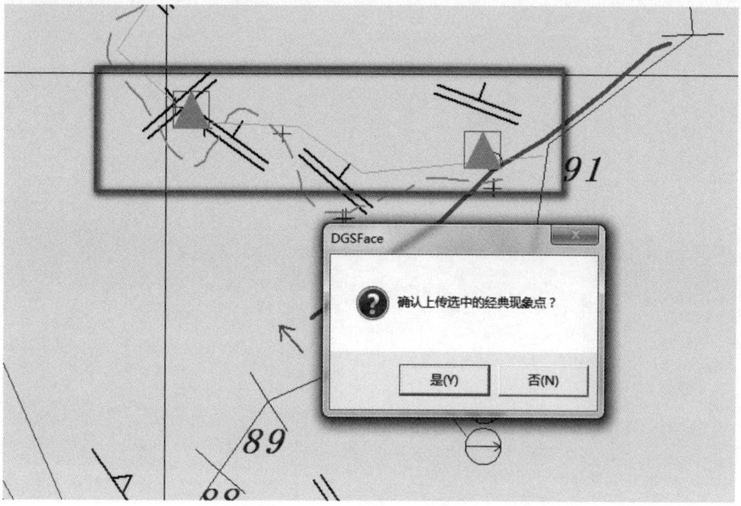


图 30.3.13 确认上传对话框

# 地质调查综合数据采集与集成模块
# （PRB 扩展属性表）操作指南

# 1 概 述

近年来，随着综合地质调查工作的开展，以及地质调查各类数据采集标准的不断修正与完善，固定格式与内容的数据采集功能已经逐渐不能满足用户的需求。

基于 PRB 数据模型基础，提供一种通用的开放式数据采集扩展模式，以 PRB 数据采集为入口，通过“扩展表”的方式，由用户自定义数据采集模型，并可以根据需求设计每个数据项扩展关联的属性内容，如照片、素描、子表等。系统自动根据此模型自动形成野外数字填图系统的采集界面。当数据野外采集完成之后，在导入桌面过程中自动完成野外数据的汇总并提供数据编辑工具。在数据输出时可以采用系统提供的默认的列表式输出，也可以由用户自定义输出模板进行输出打印。通过 PRB 扩展属性表方式在实现系统零编程的情况下，由用户自定义数据采集的内容和输出的模板格式，大大扩展了数字地质调查系统的灵活性，扩宽了系统的应用领域。

# 2 流　　程

用户扩展表的使用分为设计、数据采集和数据输出三大步骤，如图 2.0.1 所示。

首先，用户根据需求将数据采集的内容设计为若干数据表，并确定表中字段的类型、字典名称、是否关联多媒体文件、是否挂接文件以及是否关联子表等属性，然后通过数字填图中提供的设计工具完成扩展表原型模板的设计。

第二步，数据采集过程。由于扩展表附属于 PRB 过程，故其采集过程与数字填图路线数据采集过程一致。在扩展表设计的基础上，需要经历设计路线、野外数据采集、野外数据导入桌面和路线数据导入 PRB 库等具体过程（图 2.0.1）。

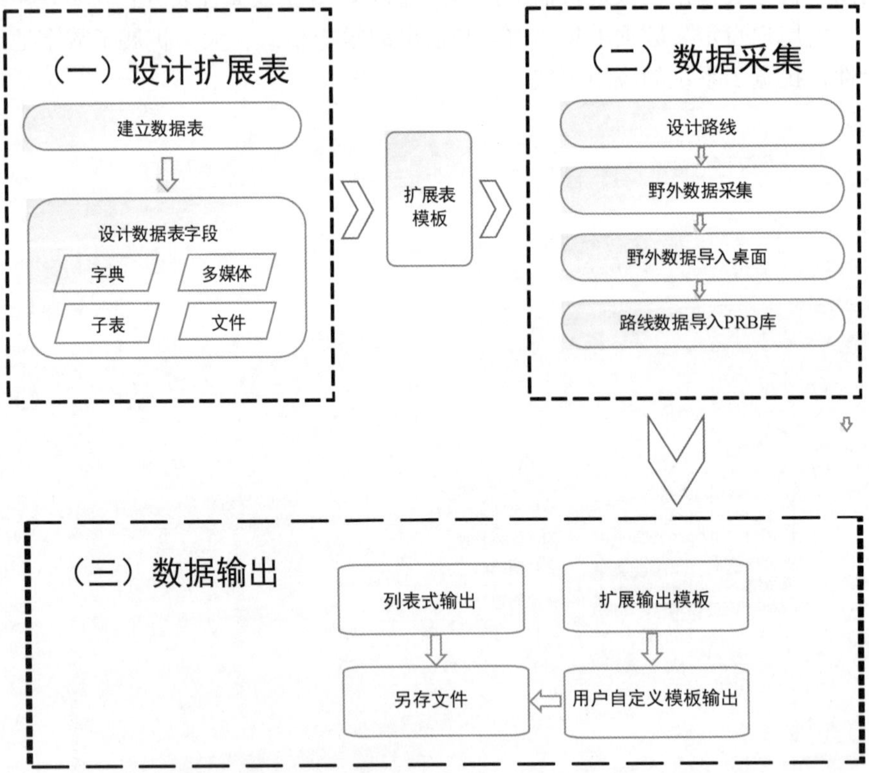


图 2.0.1　PRB 扩展属性表使用流程

第三步，数据输出。用户可以采用系统默认的传统列表式输出数据内容，也可以通过自定义模板输出数据内容，以方便用户自己设计输出打印的报表格式。

# 3 图解步骤

## 3.1 设计扩展属性表模板

### 3.1.1 扩展表的新增与编辑

用户如需使用 PRB 扩展属性模式采集自定义的数据，首先须设计扩展属性表模板。

进入图幅工程之后，首先将 P（Gpoint. tm）、R（Routing. lm）、B（Boundary. lm）或 Sample. tm 四个图层中的 1 个或多个置于编辑状态（目前扩展属性表仅支持在 PRB 图层上进行扩展），然后选择菜单“地质填图数据操作——PRB 扩展属性表模板设计”，进入到设计界面（图 3. 1. 1）。

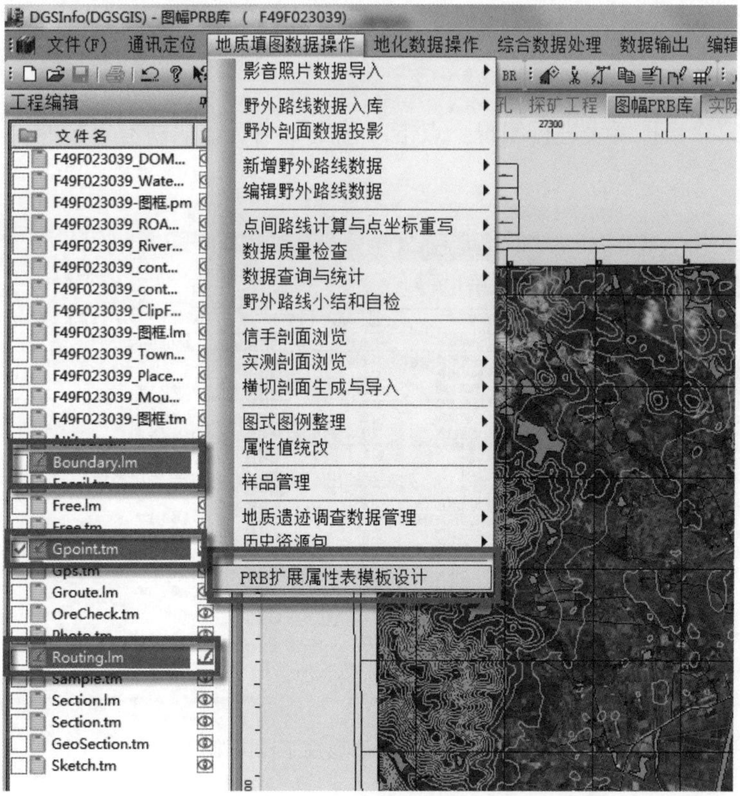


图 3. 1. 1　PRB 扩展属性表模板设计菜单

在弹出的设计界面中，首先选择图层，如地质点“GPoint. tm”，如果该图层已经存在设计的扩展表，将会弹出选择扩展表的界面。另外，也可通过左侧的全表浏览功能直接选表进行编辑。(图 3. 1. 2)

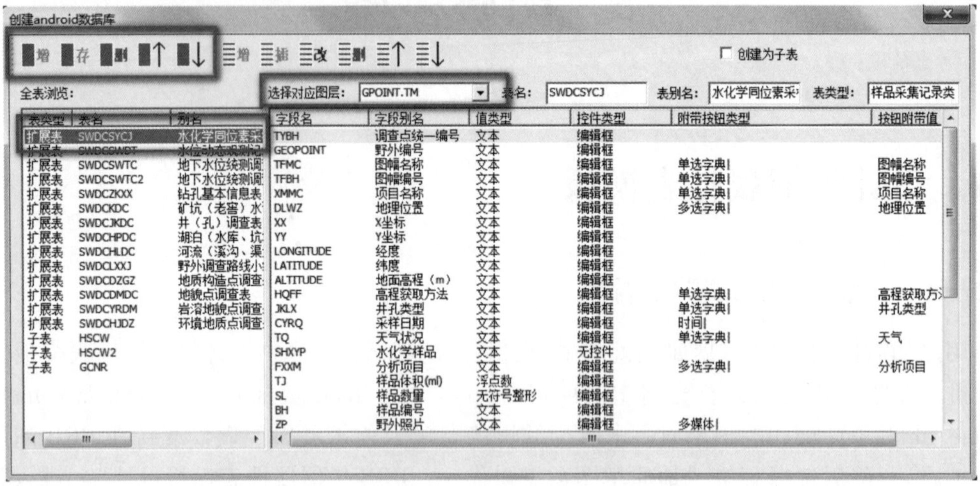

图 3. 1. 2　选择图层或表进行编辑

如果要编辑已有的扩展表，选择该表并点击“确定”；如需建立新的扩展表，点击“取消”即可。

本例选择第一张扩展表进行编辑。点击“确定”后，该表所有字段将会显示在列表中(图 3. 1. 3)。

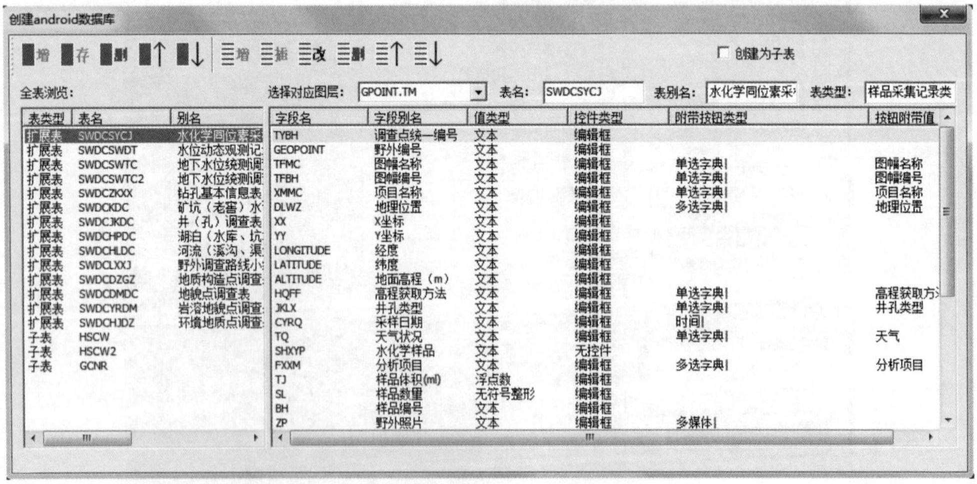

图 3. 1. 3　扩展表属性字段浏览

扩展表基本信息包括表名、表别名和表类型，填写内容如下（表 3. 1. 1）：

表 3.1.1 扩展表基本信息

| 基本信息 | 释义 | 建议填写内容 |
|---|---|---|
| 表名 | 表在数据库中的名称 | 建议使用英文名称，尽量不要含有特殊符号 |
| 表别名 | 表的别名，主要用于界面显示 | 可以用中文 |
| 表类型 | 表的分类 | 可以按照专业等进行分类 |

## 3.1.2 扩展表属性字段编辑

对扩展表中字段可进行添加、修改和删除操作（图 3.1.4）。

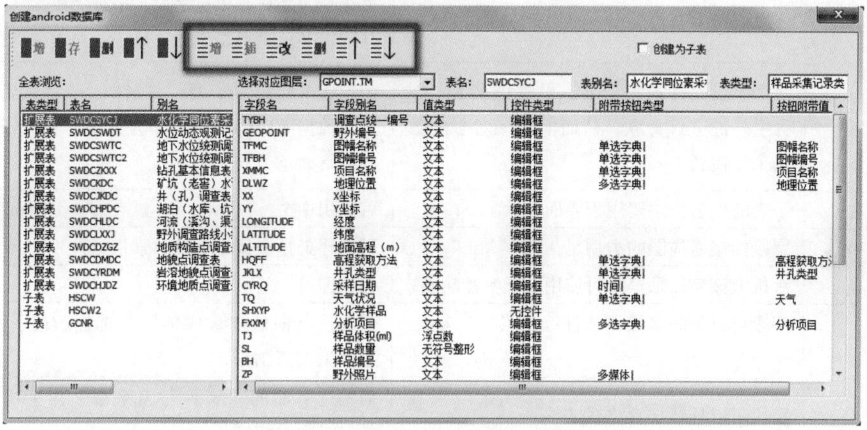

图 3.1.4 扩展表属性字段编辑

单个字段的编辑界面如图 3.1.5 所示，每项内容的释义见表 3.1.2。

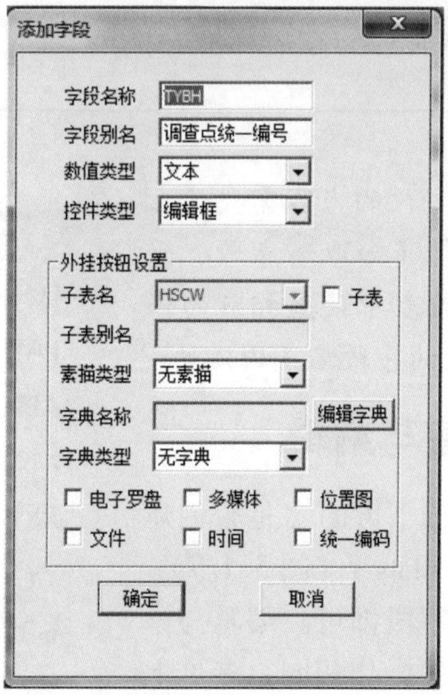


图 3.1.5 扩展表属性字段编辑与添加对话框

表 3.1.2　扩展表属性字段信息

| 基本信息 | 释义 | 建议填写内容 |
| --- | --- | --- |
| 字段名称 | 数据库的字段名称 | 建议使用英文字符，尽量不要含有特殊符号 |
| 字段别名 | 字段的别名，主要用于界面显示 | 可以用中文 |
| 数值类型 | 字段的类型 | 分为：文本，有符号整型（可以输入正负整数），无符号整型（可以输入正整数），浮点型（小数） |
| 控件类型 | 字段使用的控件类型 | 目前默认全部为编辑框，有待扩展 |
| 字典名称 | 字段所引用的字典名称 | 字典与PRB数据字典的位置一致，在程序安装目录下的“data\字典库”目录下 |
| 字典类型 | 字段引用字典的类型 | 可选：无字典，单选字段，多选字典。<br>其中，多选字典是指对字典中条目可多项选择 |
| 子表名 | 每个字段允许挂接子表，以关键字Key作为主外键进行关联，从而实现一对多的数据采集模式 | 需勾选下面的“子表”复选框。“字表名”中可以选择数据库中的一张表作为关联子表（子表的建立参考下面章节） |
| 子表别名 | 子表的别名，主要用于界面显示 | 可以用中文 |
| 素描类型 | 字段挂接素描图的类型 | 可选择矢量、栅格和照片素描三种 |
| 电子罗盘 | 手机上该字段采集时可使用电子罗盘功能 | 勾选即可 |
| 多媒体 | 字段可以关联多媒体文件：如照片、录像、录音等 | 需勾选下面的“多媒体”复选框。在手机上采集，桌面上支持浏览 |
| 文件 | 字段可以挂接任意格式文件 | 需勾选下面的“文件”复选框。在手机上挂接文件，桌面上浏览 |
| 时间 | 该字段为时间字段，在手机上采集时可调用时间控件 | 勾选即可 |
| 统一编码 | 按照“经度+纬度+专业识别码”的规则自动生成样点统一编号 | 勾选，在手机上点击相应按钮自动生成编码 |
| 位置图 | 自动截取当前软件界面，并保存为“位置图” | 勾选，在手机上点击相应按钮后自动截取 |

**注意**：扩展表中有些基本字段的内容需要从上层的关联PRB图层中保留下来（如地质点号、坐标等信息），这时就需要在扩展表中设置相应的保留字段（图3.1.6）。保留字段的字段名是固定的。

| 字段 | 含义 |
| --- | --- |
| LONGITUDE | 经度 |
| LATITUDE | 纬度 |
| ALTITUDE | 高程 |
| MAPCODE | 图幅号 |
| XX | 横坐标 |
| YY | 纵坐标 |
| GPCODE | 地质点号 |

图 3.1.6　保留字段及其含义

## 3.1.3　扩展表子表创建与编辑

在扩展表设计主界面上勾选下方的“是否创建为子表”，并给出表名，如RockLayer（图3.1.7）。

接下来可以为该子表添加字段即可。编辑与添加方法与扩展表主表的字段相关操作相同，参见上一节。

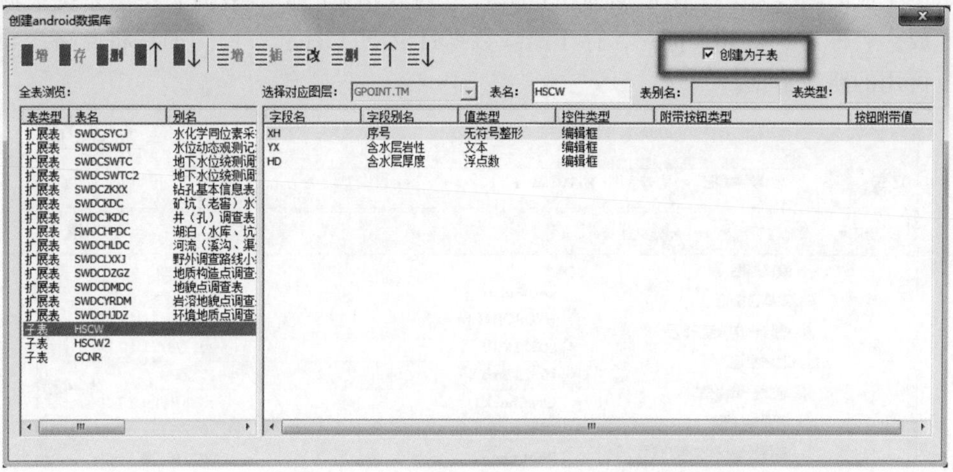


图 3.1.7 创建子表对话框

## 3.1.4 保存扩展表模板

编辑完毕后，点击“确定”，扩展表模板自动保存于图幅目录下的“DataExt. prb”数据库文件（图 3.1.8）。

图 3.1.8 扩展表模板保存位置

# 3.2 数据采集与编辑

完成 PRB 扩展表设计之后，可以利用该模板进行数据采集。

## 3.2.1 路线设计

与 PRB 数据采集过程类似，首先需要设计路线，从而生成野外采集需要的路线数据。具体过程参见 PRB 路线设计。

本例生成的路线野外手图数据为“L0321”，与其相关的扩展数据表将由系统根据模板自动生成，名称为“L0321.prb”，存于路线数据目录下（图3.2.1）。而后将此路线导出为手机上可用的路线数据。

图3.2.1　路线扩展表位置

## 3.2.2　野外数据采集

点击“手图→打开”菜单，选择野外手图工程文件，打开野外手图（图3.2.2）

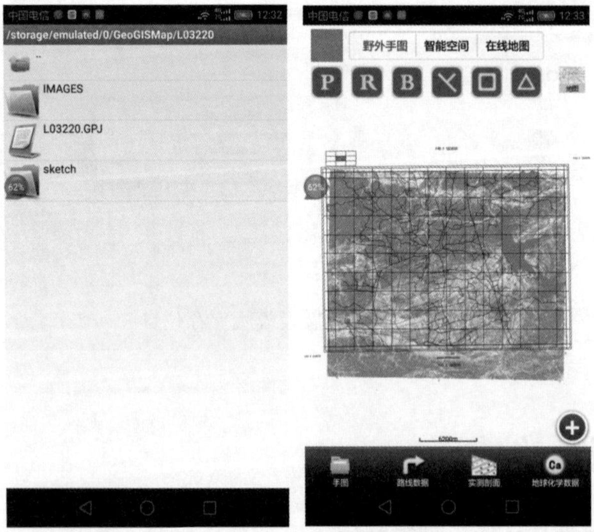


图3.2.2　野外手图界面

点击地质点快捷按钮或者选择“路线数据→地质点”菜单，进入地质点采集主界面。默认情况下选择“添加点”功能（图3.2.3）。

依据当前GPS位置和背景地理底图，在屏幕上点击添加地质点标识并闪烁显示（图3.2.4）。

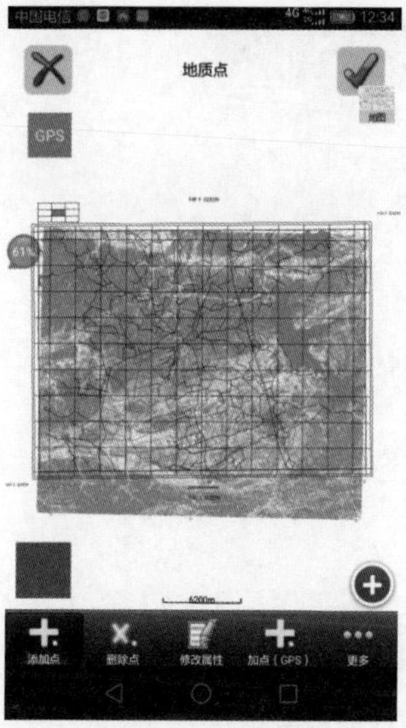


图3.2.3 地质点采集主界面

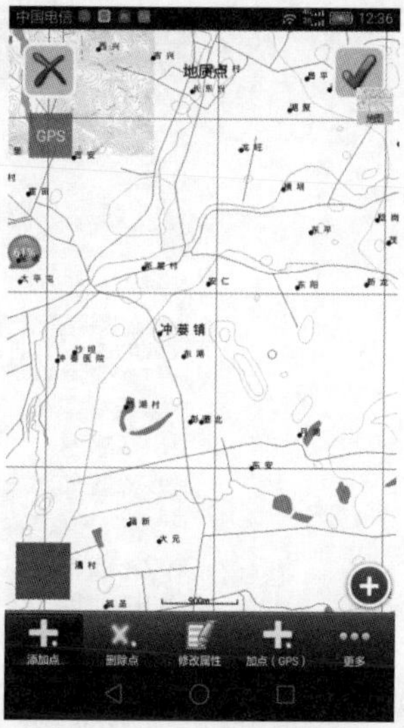


图3.2.4 添加地质点

点击确定按钮，弹出地质点属性编辑界面并自动完成路线号、地质点号、坐标位置等信息录入。用户根据地质观察录入地质点属性信息（图3.2.5）。

图3.2.5 地质点属性录入界面

滑动地质点属性界面，在地质点通用属性下方，系统自动列出地质点图层关联的PRB扩展属性表，并根据设置分类显示。点击扩展属性表后面的添加按钮，弹出对应扩展属性录入界面（以岩土体剖面调查记录表为例），并自动将坐标等信息录入到对应的属性字段中（图 3.2.6）。

图 3.2.6　地质扩展属性显示及属性录入界面

在扩展属性表属性信息录入界面中，系统根据用户前期的字段设置属性，自动关联了系列编辑按钮，方便用户进行属性信息的录入。

### 3.2.2.1　字典录入

点击字典按钮，根据字段设置弹出字典选择界面，包括单选和多选界面（例如地貌类型管理单选字典界面，微地貌类型关联多选字典界面），选择一个或多个属性值，点击【确定】按钮，根据字典值录入属性（图 3.2.7）。

图 3.2.7　字典界面

### 3.2.2.2　字段的文件关联

点击文件关联按钮，弹出关联文件列表界面。点击【添加】按钮弹出文件选择界面，选择某一个文件长按，弹出“选择”菜单，点击返回关联文件列表界面，并在列表中显示关联文件名（图 3.2.8）。

图 3.2.8　文件关联界面

### 3.2.2.3　多媒体信息采集

点击多媒体按钮，弹出多媒体采集主界面，在多媒体采集主界面中可以切换多媒体类型，并可以添加照片、录音和录像等多媒体文件（图 3.2.9）。

图 3.2.9　多媒体信息采集主界面

### 3.2.2.4　日期信息采集

点击日期按钮，弹出日期选择对话框，设置日期，点击【确定】按钮，自动填充日期值（图 3.2.10）。

### 3.2.2.5　关联子表信息录入

点击关联子表按钮，弹出关联子表的属性值列表主界面，在主界面中点击【添加】按钮，弹出关联子表属性录入界面（图 3.2.11）。

图 3.2.10　日期控件界面

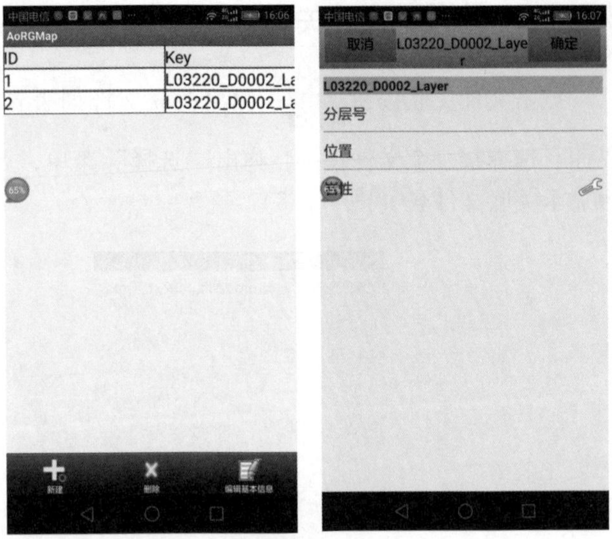


图 3.2.11　字段关联子表管理和属性录入界面

录入完成，点击【确定】按钮，返回关联子表的属性值列表主界面。再次点击返回按钮，返回扩展表属性编辑界面。

#### 3.2.2.6　素描图编辑

系统提供三种素描绘制方式：①矢量素描：以 GIS 工程编辑的方式绘制素描，方便后期编辑；②栅格素描：以图片的方式绘制素描，绘制过程方便快捷；③素描拍照：在记录本上绘制素描之后，进行拍照，实现纸质素描关联。用户在设置字段属性时可以自定义选择某一种方式进行绘制。

（1）栅格素描：点击栅格素描按钮，弹出栅格素描绘制界面，素描图绘制完成，点击保存菜单保存栅格素描并返回扩展表属性录入主界面（图 3.2.12）。

（2）矢量素描：点击矢量素描按钮，弹出矢量素描绘制界面，素描图绘制完成，点击设备返回键菜单保存矢量素描工程并返回扩展表属性录入主界面（图 3.2.13）。

（3）素描拍照：点击素描拍照按钮，弹出拍照界面对绘制的纸质素描进行拍照，实现手绘素描图的关联。拍照完成，点击保存按钮保存素描照片并返回扩展表属性录入主界面（图 3.2.14）。

### 3.2.3　数据导入、浏览与编辑

（1）将手机端采集完成的数据拷贝到 PC 中的任意位置，然后使用桌面系统的“掌上机（android）到桌面”功能将野外路线数据连同扩展数据库导入野外手图工程（图 3.2.15）。

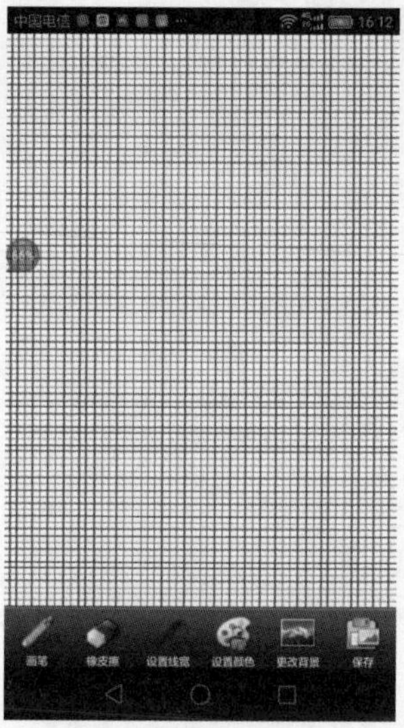

图 3. 2. 12　栅格素描绘制界面

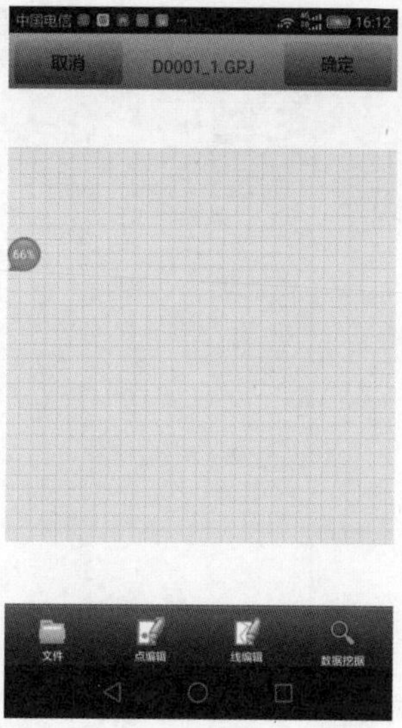


图 3. 2. 13　矢量素描绘制界面

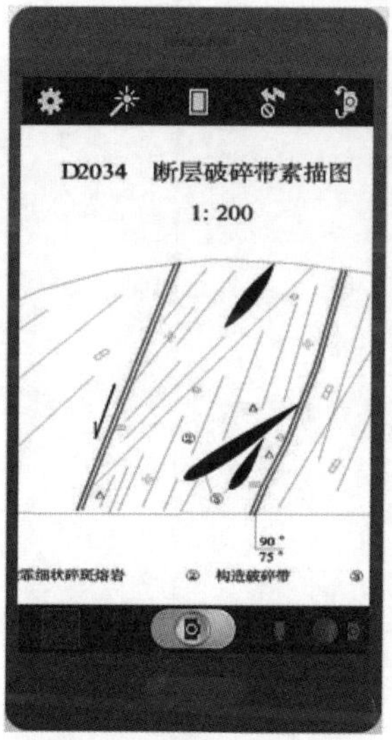


图 3. 2. 14　素描拍照界面

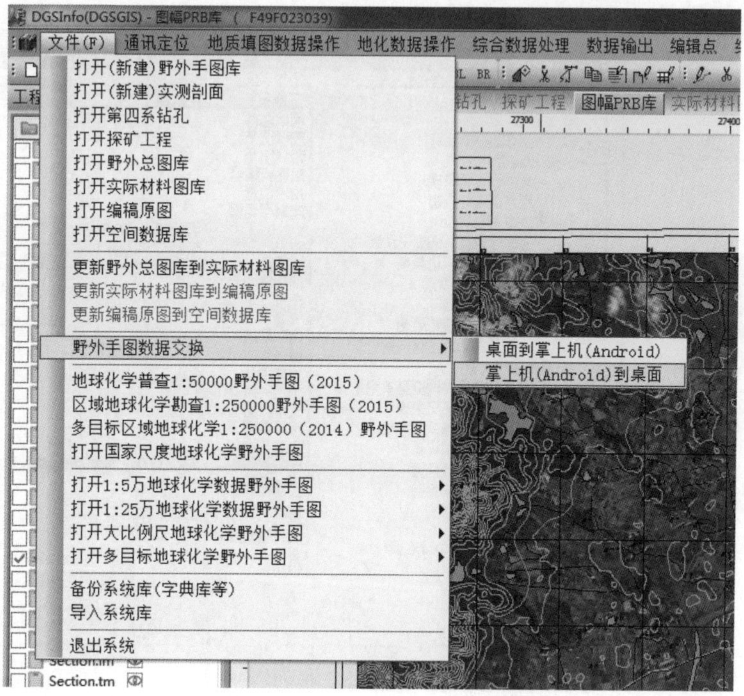


图 3. 2. 15　野外路线数据导入

（2）打开相应野外手图，并编辑地质点，通过点击“扩展表”按钮，打开扩展表的属性编辑界面（图 3. 2. 16，图 3. 2. 17）。

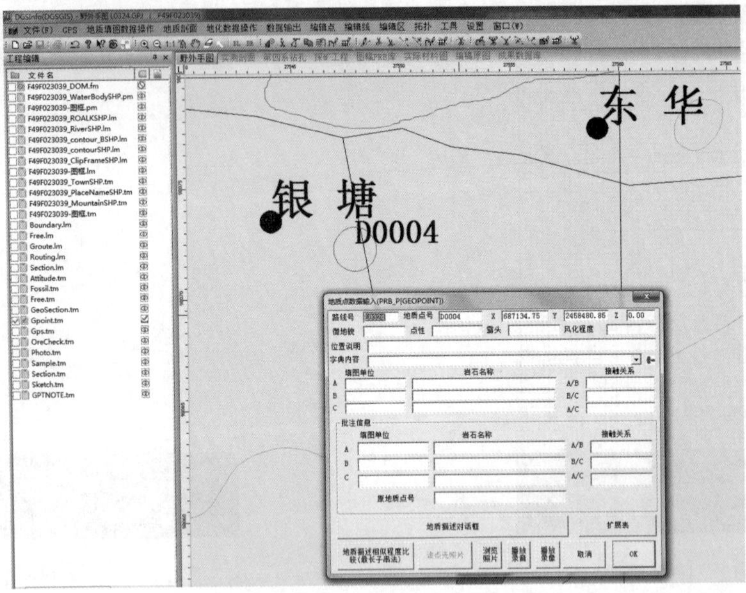


图 3.2.16　打开地质点

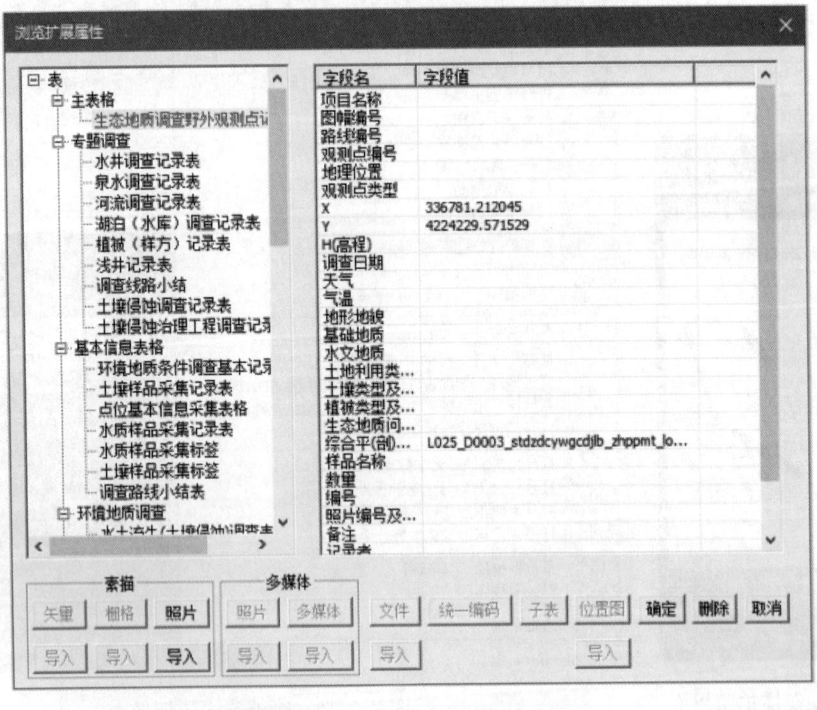


图 3.2.17　打开扩展表编辑界面

（3）对每一个字段都可以对其属性进行编辑（双击记录），或者对其关联的多媒体、文件或素描数据进行浏览（图 3.2.18）。

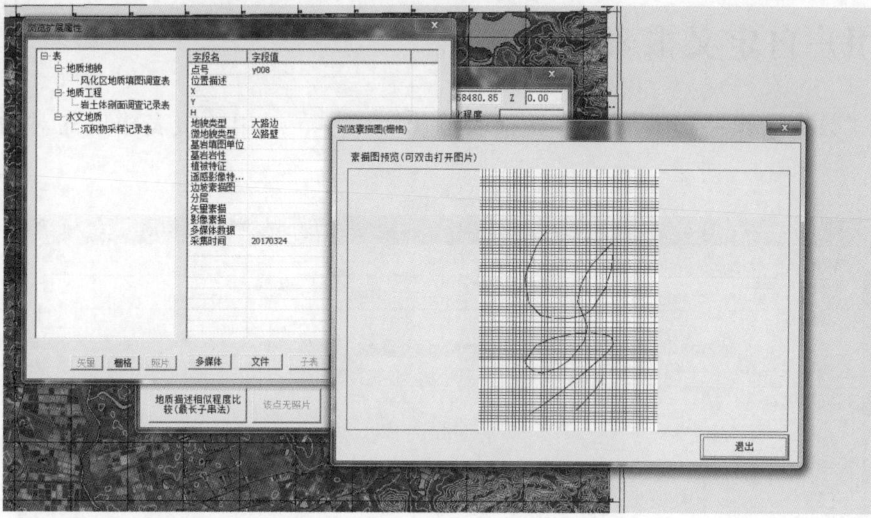


图 3. 2. 18　编辑和浏览字段内容

（4）对于多媒体、素描图、文件等类型，可以使用相应的“导入”功能，在桌面端导入相应的文件。

## 3. 2. 4　路线数据入库

在路线工程中对扩展库编辑完成后，可进入 PRB 库对路线数据进行入库汇总，相应的扩展库也会自动进行合并，汇总到 PRB 库中的“Route. prb”数据库中（图 3. 2. 19）。

图 3. 2. 19　路线数据汇入 PRB 库

## 3.3　用户自定义报表模板输出

点击“数据输出→PRB 扩展属性报表输出”菜单，通用的报表输出的对话框（图 3.3.1）。

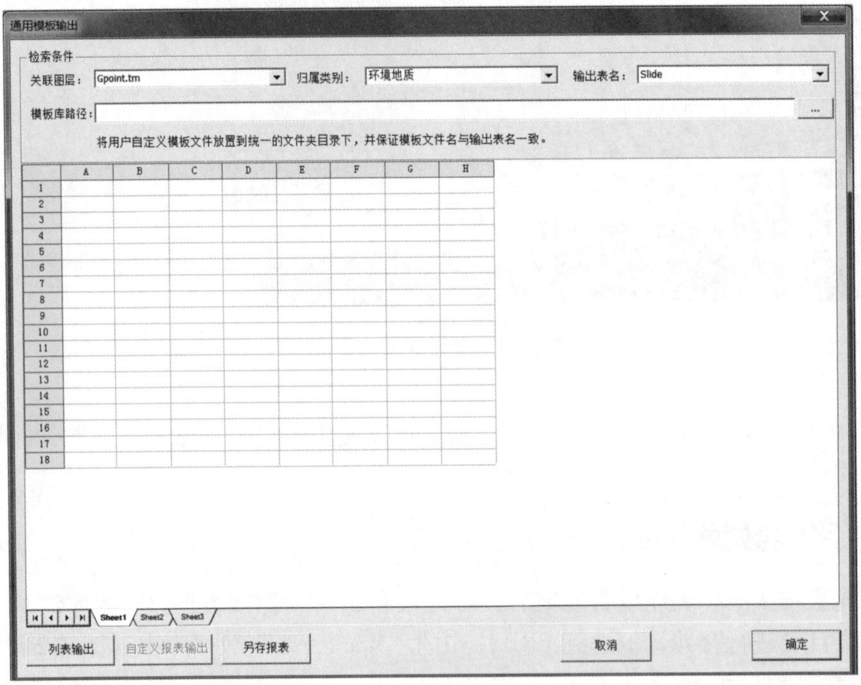


图 3.3.1　扩展属性表报表输出的对话框

用户通过扩展表的关联图层、归属类别筛选输出的表名，针对扩展属性表，系统提供两种类型的报表输出，一种是传统的列表式输出，另一种是基于用户自定义报表输出模板输出。在用户设置输出模板库路径之前，默认情况下【自定义报表输出按钮】不可用。

### 3.3.1　传统列表式输出

系统自动获取用户选择表的字段设计和数据内容，按照传统列表方式数据数据库内容。点击【列表输出】按钮，在对话框报表输出区域输出报表内容如图 3.3.2 所示。

### 3.3.2　用户自定义报表输出模板输出

在利用用户自定义报表输出模板输出之前，用户首先需要创建与扩展属性表同名的 Excel 文件，并创建两个 Sheet 报表，在 Sheet1 中涉及报表输出模板，对要输出的照片、素描和字表的区域进行合并单元格。在 Sheet2 中设计输出字段属性值在 Sheet1 报表模板的行列号。针对一些特殊的字段，例如关联照片、素描和字表的字段在 type 列中进行标识。

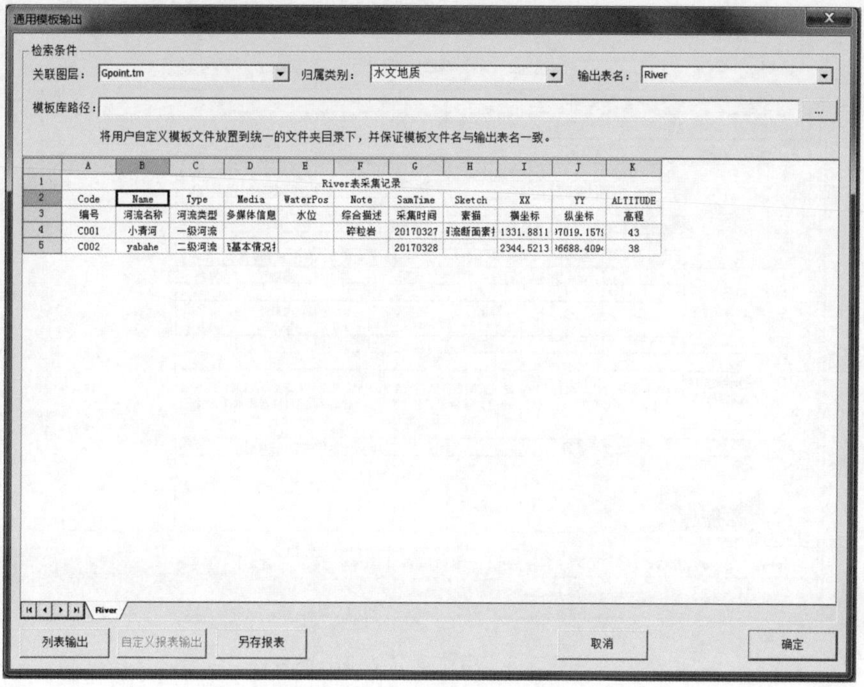

图 3.3.2 传统列表式输出

（1）点击模板库路径设置按钮，弹出路径设置对话框，如图 3.3.3 所示。

（2）点击【确定】按钮完成模板库路径设置，系统自动判断是否在指定目录下存在与输出表名同名的用户自定义输出模板，如果存在【自定义报表输出】按钮自动设置为可用状态。

（3）点击【自定义模板输出】按钮，在对话框报表输出区域输出报表内容（图 3.3.4）。

**注意**：① 涉及图片输出时，由于原始图片像素过大会导致 excel 文件过大和图片在单元格中过度压缩而不清晰等现象，程序将会自动调整图片的大小。具体调整方法为：按照用户设置的图片长边的统一长度智能压缩原始图片（图 3.3.4 中绿框部分）。② 如果数据记录过多，一次性输出太慢或出错时，请选择分批输出（图 3.3.4 中红框部分）。

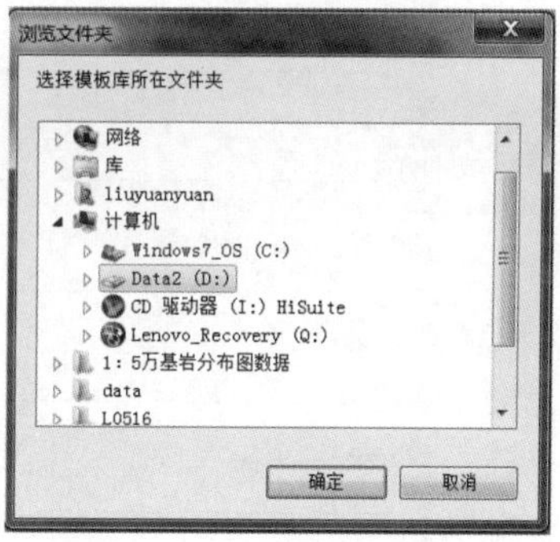

图 3.3.3 路径选择对话框

在输出之后，点击【另存报表】按钮将输出的报表另存为 Excel 文件进行编辑和打印。

注：用户自定义输出报表模板的规则：

以 Excel 文件设置输出模板（.xls）。

在 Sheet1 中设置输出的模板样式（图 3.3.5）对要输出的照片、素描和字表的区域进行合并单元格。

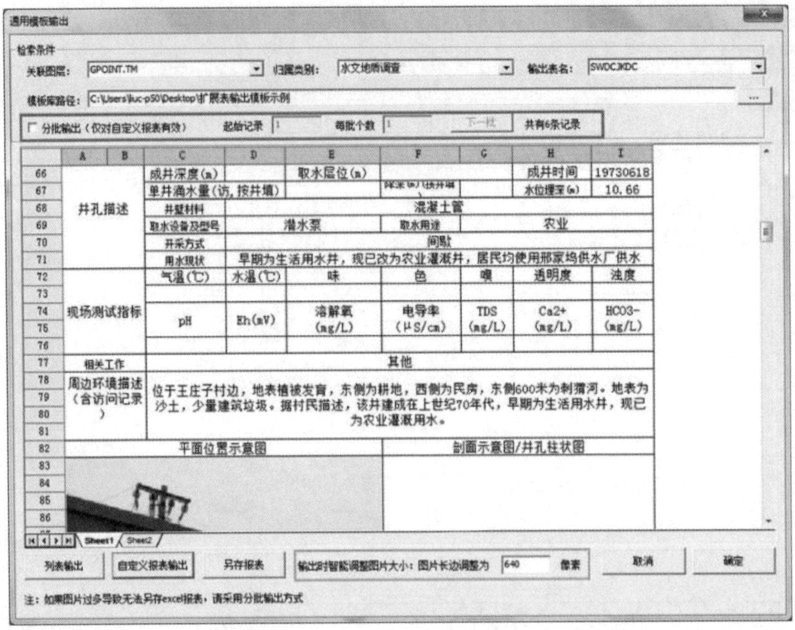


图 3.3.4　用户自定义输出报表

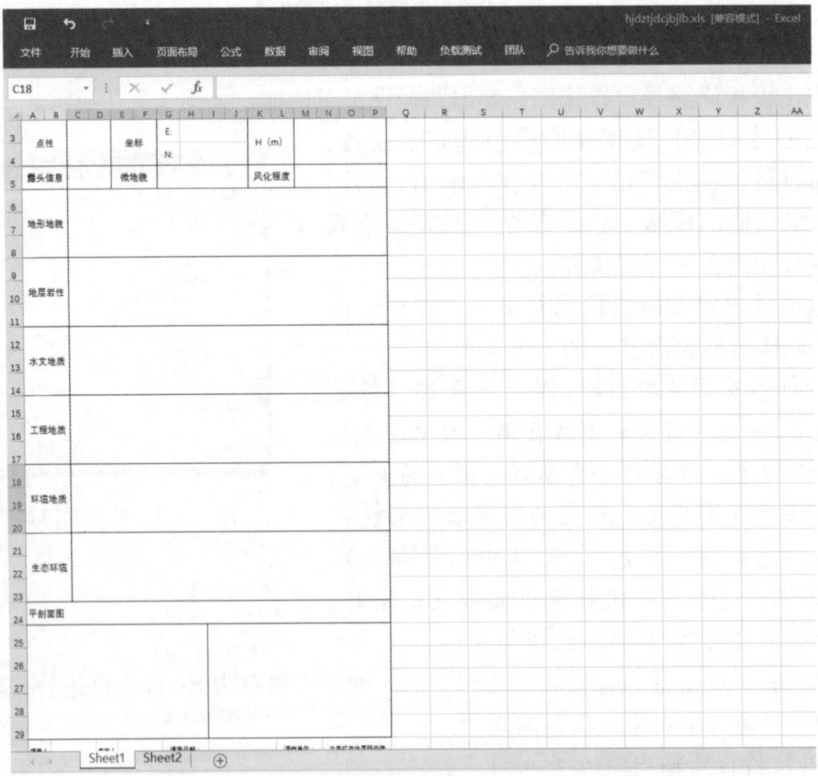


图 3.3.5　用户自定义输出报表模板格式（Sheet1）

在 Sheet2 中设置输出字段对应 Sheet1 的行列号和输出类型，在表中的第二行的行列数为输出模板占用的总的行列数。在不设置输出字段类型的情况下默认为属性字段内容输出，针对一些特殊的字段，例如关联照片、素描和字表的字段在 type 列中进行标识（图 3.3.6）（1：多张照片同时输出 11：只输出第一张照片 2：标识素描，3：标识子表，4 标识复选框）。

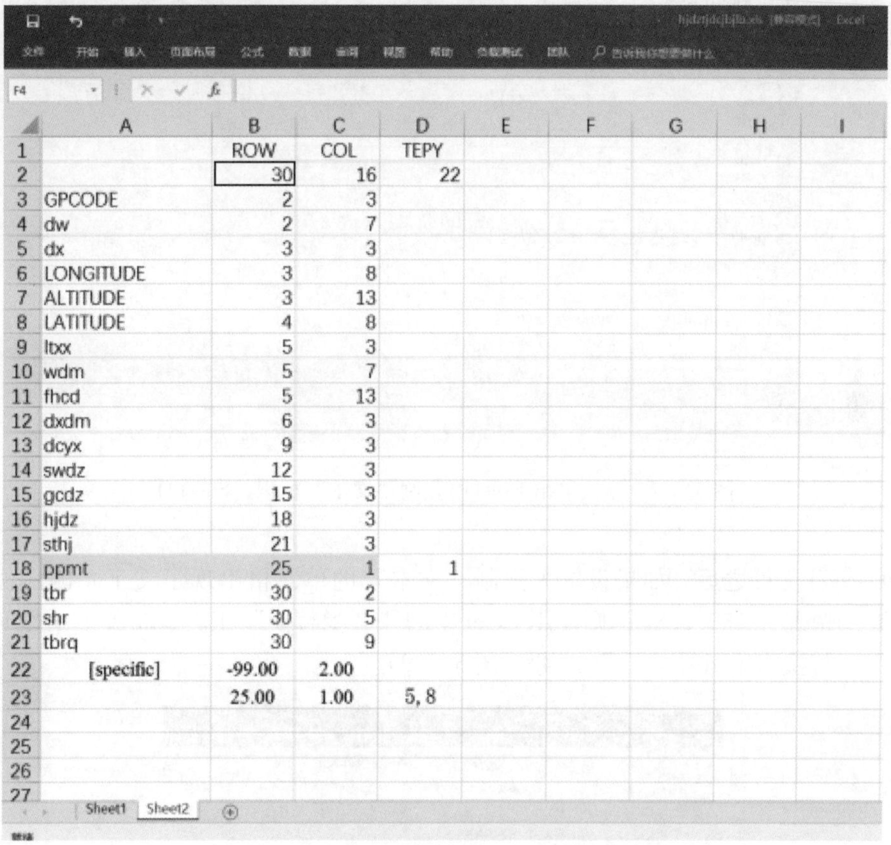

| | A | B | C | D | E | F | G | H | I |
|---|---|---|---|---|---|---|---|---|---|
| 1 | | ROW | COL | TEPY | | | | | |
| 2 | | 30 | 16 | 22 | | | | | |
| 3 | GPCODE | 2 | 3 | | | | | | |
| 4 | dw | 2 | 7 | | | | | | |
| 5 | dx | 3 | 3 | | | | | | |
| 6 | LONGITUDE | 3 | 8 | | | | | | |
| 7 | ALTITUDE | 3 | 13 | | | | | | |
| 8 | LATITUDE | 4 | 8 | | | | | | |
| 9 | ltxx | 5 | 3 | | | | | | |
| 10 | wdm | 5 | 7 | | | | | | |
| 11 | fhcd | 5 | 13 | | | | | | |
| 12 | dxdm | 6 | 3 | | | | | | |
| 13 | dcyx | 9 | 3 | | | | | | |
| 14 | swdz | 12 | 3 | | | | | | |
| 15 | gcdz | 15 | 3 | | | | | | |
| 16 | hjdz | 18 | 3 | | | | | | |
| 17 | sthj | 21 | 3 | | | | | | |
| 18 | ppmt | 25 | 1 | 1 | | | | | |
| 19 | tbr | 30 | 2 | | | | | | |
| 20 | shr | 30 | 5 | | | | | | |
| 21 | tbrq | 30 | 9 | | | | | | |
| 22 | [specific] | -99.00 | 2.00 | | | | | | |
| 23 | | 25.00 | 1.00 | 5, 8 | | | | | |
| 24 | | | | | | | | | |
| 25 | | | | | | | | | |
| 26 | | | | | | | | | |
| 27 | | | | | | | | | |



图 3.3.6　用户自定义输出字段和类型定义（Sheet2）

其中：

第二行中：30 标识 Sheet1 中输出模板占用的行数，16 标识 Sheet1 中输出模板占用的列数。22 标识：Sheet2 中字段截止到 22 行。

第 3-21 行：分别对应输出字段，输出对应 Sheet 中单元格的行列号 type 对应输出内容标识。

第 23 行之后：针对输出照片和素描的字段，设置初始行列号和输出占用的行列数。

特别注意：由于某些字段由较长的纯数字组成（如“统一编码”），在后期输出到 Excel 时，该数字可能被 Excel 默认识别为数字格式而显示不全，这时需要对该字段在模板中强制标识为“文本”型。

方法为：在 Sheet2 的第 E 列的相应字段位置输入“1”即可（图 3.3.7）。

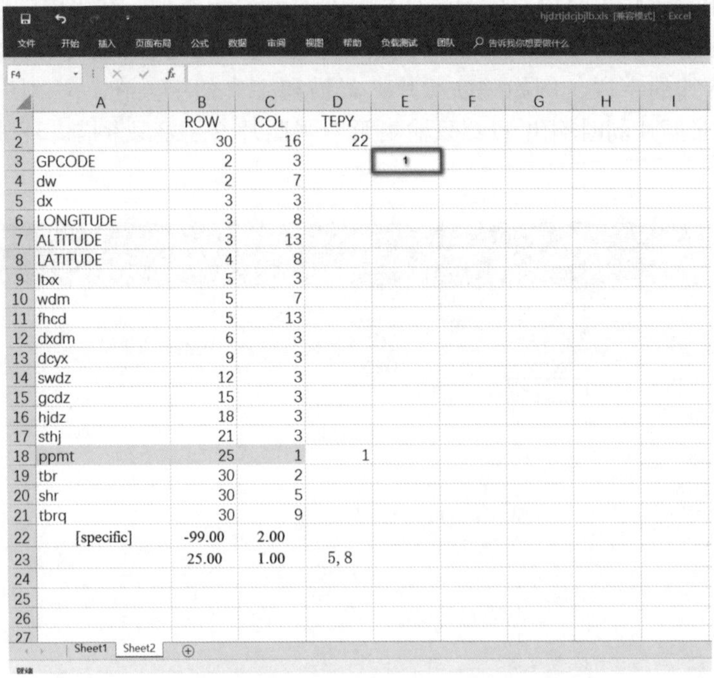

| | A | B | C | D |
|---|---|---|---|---|
| 1 | | ROW | COL | TEPY |
| 2 | | 30 | 16 | 22 |
| 3 | GPCODE | 2 | 3 | |
| 4 | dw | 2 | 7 | |
| 5 | dx | 3 | 3 | |
| 6 | LONGITUDE | 3 | 8 | |
| 7 | ALTITUDE | 3 | 13 | |
| 8 | LATITUDE | 4 | 8 | |
| 9 | ltxx | 5 | 3 | |
| 10 | wdm | 5 | 7 | |
| 11 | fhcd | 5 | 13 | |
| 12 | dxdm | 6 | 3 | |
| 13 | dcyx | 9 | 3 | |
| 14 | swdz | 12 | 3 | |
| 15 | gcdz | 15 | 3 | |
| 16 | hjdz | 18 | 3 | |
| 17 | sthj | 21 | 3 | |
| 18 | ppmt | 25 | 1 | 1 |
| 19 | tbr | 30 | 2 | |
| 20 | shr | 30 | 5 | |
| 21 | tbrq | 30 | 9 | |
| 22 | [specific] | -99.00 | 2.00 | |
| 23 | | 25.00 | 1.00 | 5, 8 |

图 3.3.7 字段输出 Excel 时强制“文本”标识（Sheet2）

导出 excel 文件之后，如果设置为强制“文本”的单元格出现了文字左侧出现了单引号“＇”的情况（图 3.3.8），则使用 excel 中的“查找替换”工具，将整个工作簿的单引号“＇”再替换为单引号“’”即可（图 3.3.9）。

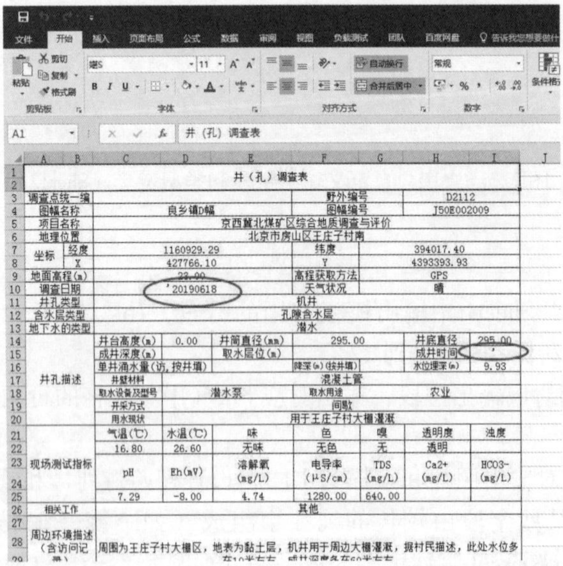


图 3.3.8 excel 中强制“文本”单元格出现单引号标识

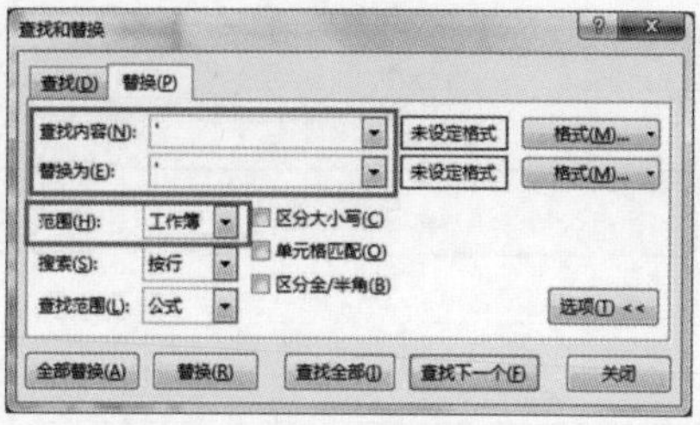


图 3.3.9　使用 excel 中查找替换功能对整个工作簿进行单引号替换

## 3.4　扩展表实用工具

扩展表实用工具包括扩展表数据库合并、数据库间拷贝表、扩展表与 Excel 表格的交换以及扩展表转为图层等实用功能（图 3.4.1）。

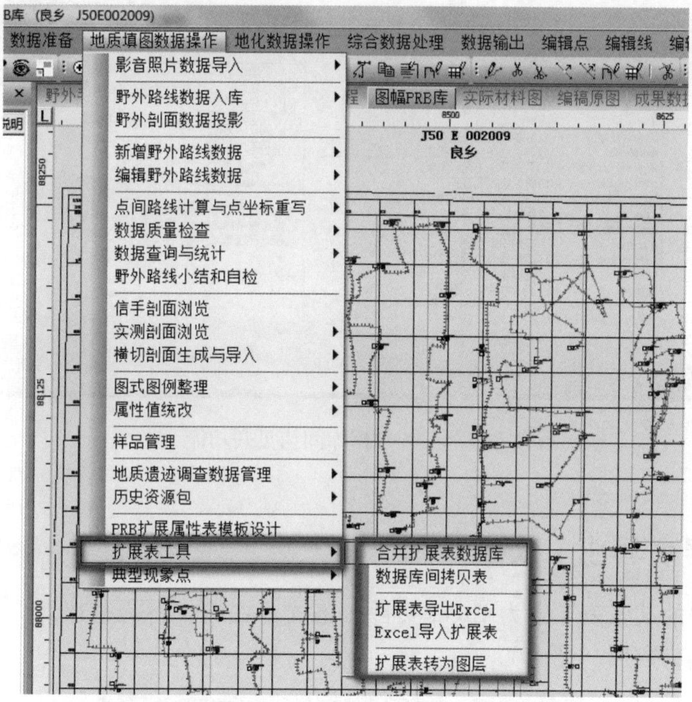


图 3.4.1　扩展表实用工具菜单

### 3.4.1　合并扩展表数据库功能

支持将数据库 DB2 合并到 DB1。只需选择两个数据库文件点击合并即可（图 3.4.2）。

### 3.4.2　数据库间拷贝表功能

支持在不同的扩展表中拷贝表格。

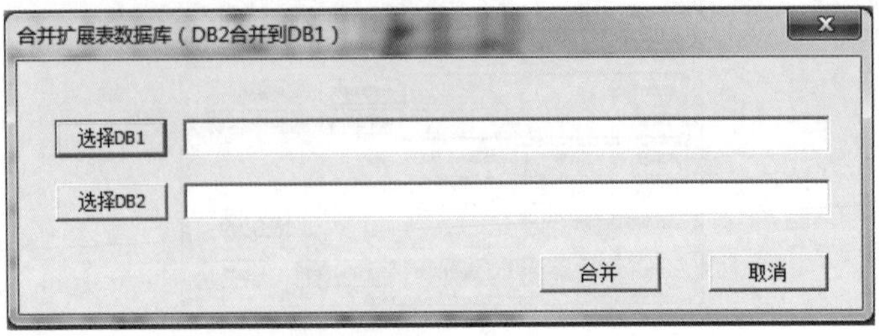


图 3.4.2　扩展表合并工具

示例应用场景：在工作过程中模板库中新增加了一些表格，但旧的路线中没有这些新表格，这时可以用该功能将模板中的新表格拷贝到旧的路线中使用（图 3.4.3）。

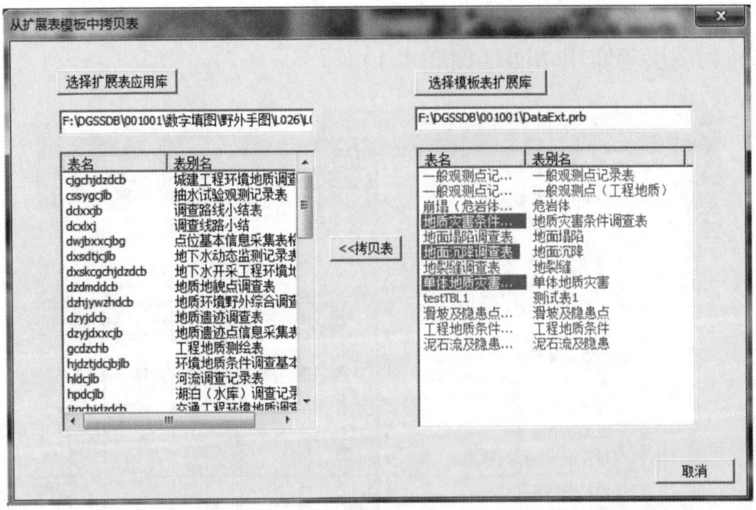


图 3.4.3　数据库间拷贝表功能

## 3.4.3　扩展表导出 Excel

将扩展表中的某张表导出为 Excel 文件，格式为：第一行为字段名，第二行为字段别名，第三行开始为数据（图 3.4.4）。

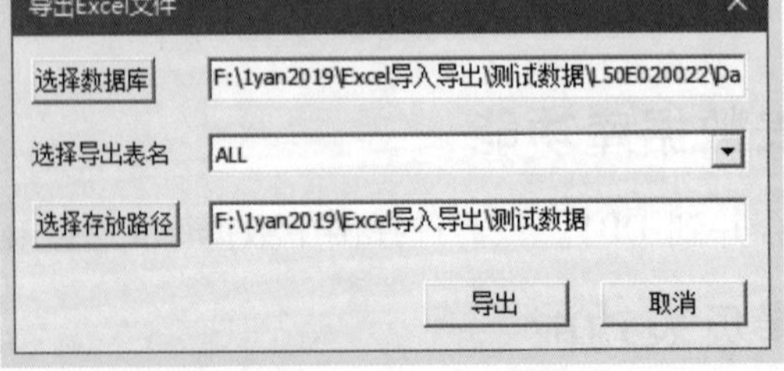


图 3.4.4　扩展表导出 Excel

### 3.4.4 Excel 导入扩展表

将 Excel 文件中的某工作表导入到扩展表中的数据表。用户准备数据时，格式为：第一行为字段名，第二行为字段别名，第三行开始为数据（图 3.4.5）。

**注意**：由于导入时有格式要求，所以该功能最好配合“扩展表导出 Excel”功能使用：先导出，修改后再导入。如此操作较为方便。

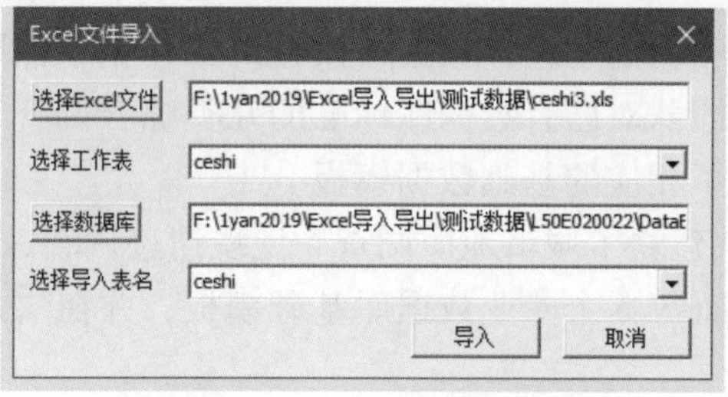


图 3.4.5 Excel 导入扩展表

### 3.4.5 扩展表转为图层

可将扩展表数据投影为图层（主要是点图层）（图 3.4.6）。

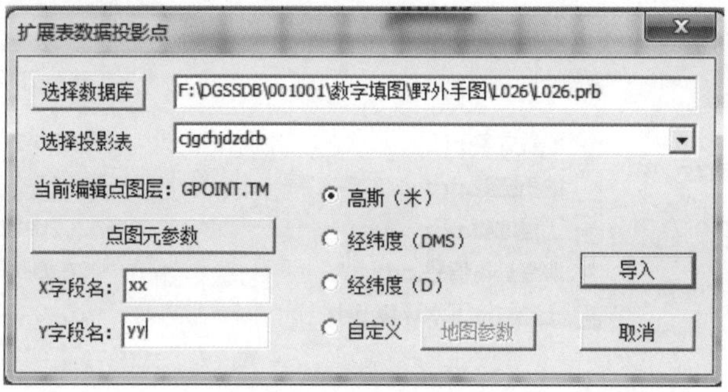


图 3.4.6 扩展表转为图层

因为以扩展表的方式，用户在后期很难进行分析、整理与成图，故而可使用该功能将需要进一步处理的扩展表投影为空间图层文件，再进行后续处理。

## 3.5 直接编辑扩展表

扩展表功能使用的是小型数据库“Sqlite”，在本系统中的格式为 *.prb 文件。例如，扩展表模板库文件：DataExt.prb，存放于图幅的根目录下；路线中的扩展表数据库：[路线号].prb，存放于路线目录下。

如果用户需要从外部直接查看或修改扩展表数据，可通过其他 Sqlite 编辑工具实现，如 SqliteExpert 等。类似于操作 Access 数据库。

# 4 综合地质调查表基础模板使用

为减轻综合地质调查项目前期设计数据库模板的工作量，保障综合地质调查项目的顺利实施，发展中心信息化团队对已有数据库标准的几类综合调查专业数据库模型进行了梳理，并针对各个模型建立了相应的基础数据模板。

截至2020年3月，共建立了城市地质调查、地质遗迹调查、海岸带调查、土地质量地球化学调查和水文地质调查等5个专业数据库基础模板，并在“地调在线”中共享，供大家下载使用。

使用方法如下：

（1）登录地调在线，下载相应专业的模板的压缩包。

（2）解压后，会得到1个或多个模板数据库文件，格式为“ *.prb”（注意：由于某些专业模板包含数据表较多，为方便大家使用，故按照类型分开存放。如图4.0.1中，城市地质调查共包括5个prb文件）。

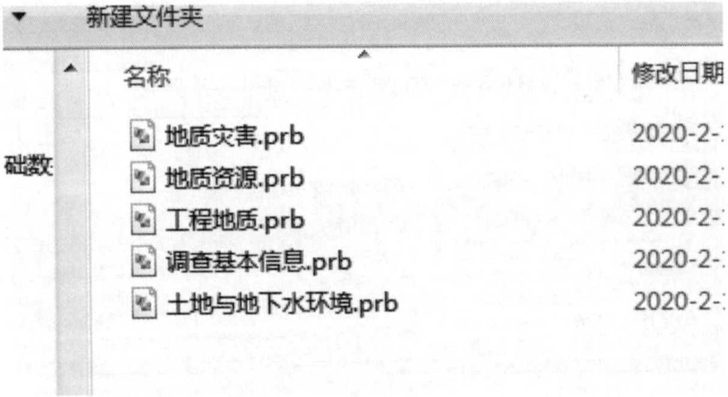


图4.0.1 prb文件存放示例

（3）打开数字地质调查系统：①找到“地质填图数据操作→扩展表工具→数据库间拷贝表”功能；②在左侧的“选择扩展表应用库”中，选择项目中实际使用的数据库（一般位置在图幅的根目录下），在右侧的“选择模板表扩展库”中，选择网上下载的模板（比如城市地质调查中的“地质灾害.prb”）；③在右侧列表中选择需要的表格，点击“《拷贝表”进行拷贝（图4.0.2）。

（4）重复步骤3，选择完毕所有需要的表格后，在数字地质调查系统中，使用“prb扩展属性表模板设计”功能对数据表的字段进行补充修改与特殊关联功能的设计（如图4.0.3所示。特殊关联功能指字段在野外采集时关联的特殊选项或功能，如多媒体、字典、文件、子表等)，即可进行正常使用。

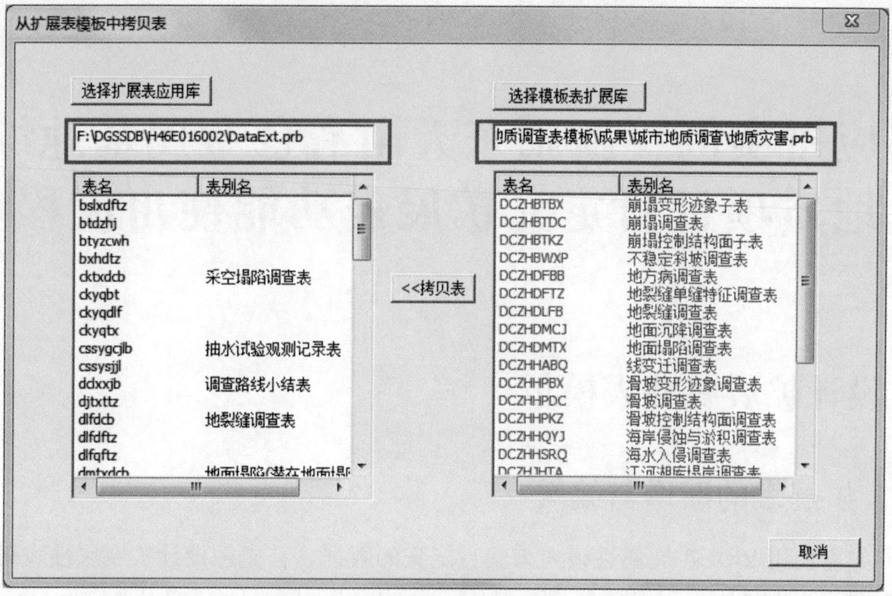


图 4.0.2 从扩展表模板中拷贝表

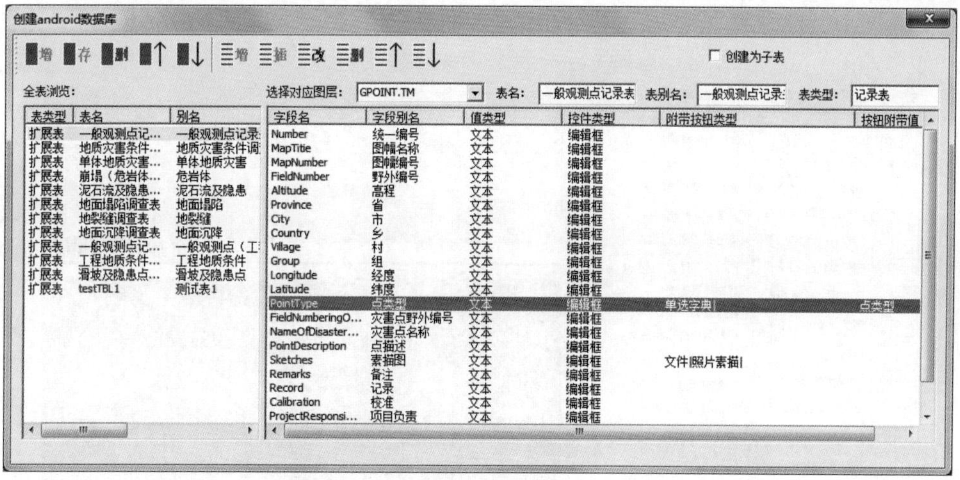


图 4.0.3 对数据表的字段进行补充修改与特殊关联功能设计

# 5 应用实例：新疆东天山有色金属基地综合地质项目自定义扩展表功能使用流程

## 5.1 设计扩展属性表模板

### 5.1.1 扩展表的新增与编辑

用户如需使用 PRB 扩展属性模式采集自定义的数据，首先须设计扩展属性表模板。

进入图幅工程之后，首先将 P（Gpoint. tm）、R（Routing. lm）或 B（Boundary. lm）三个图层中的 1 个或多个置于编辑状态（目前扩展属性表仅支持在 PRB 图层上进行扩展），然后选择菜单“地质填图数据操作→PRB 扩展属性表模板设计”，进入到设计界面。（图 5.1.1）

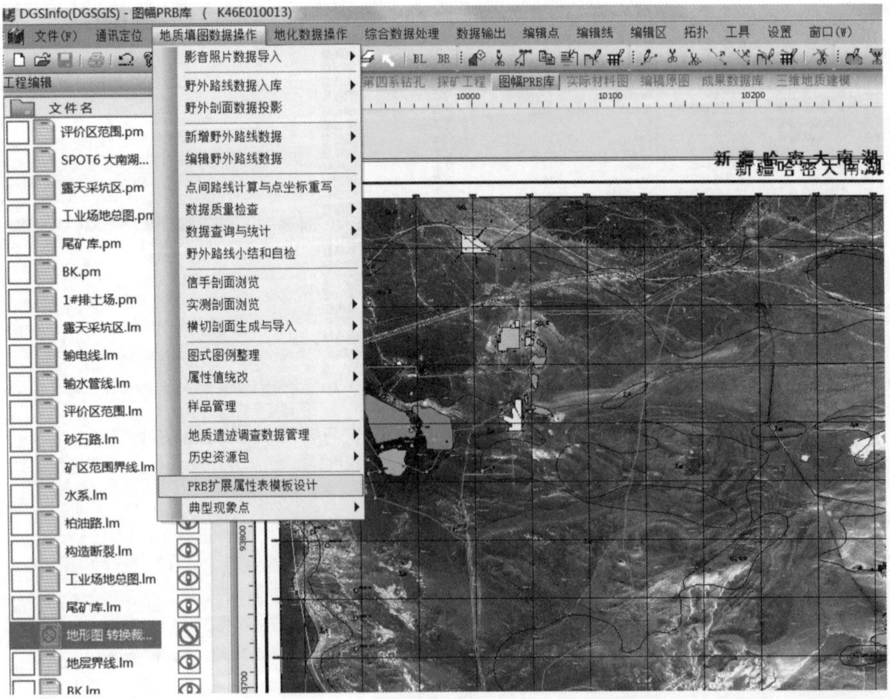


图 5.1.1 PRB 扩展属性表模板设计菜单

在弹出的设计界面中，首先选择图层，如地质点“GPoint. tm”，如果该图层已经存在设计的扩展表，将会弹出选择扩展表的界面。另外，也可通过左侧的全表浏览功能直接选表进行编辑（图 5.1.2）。

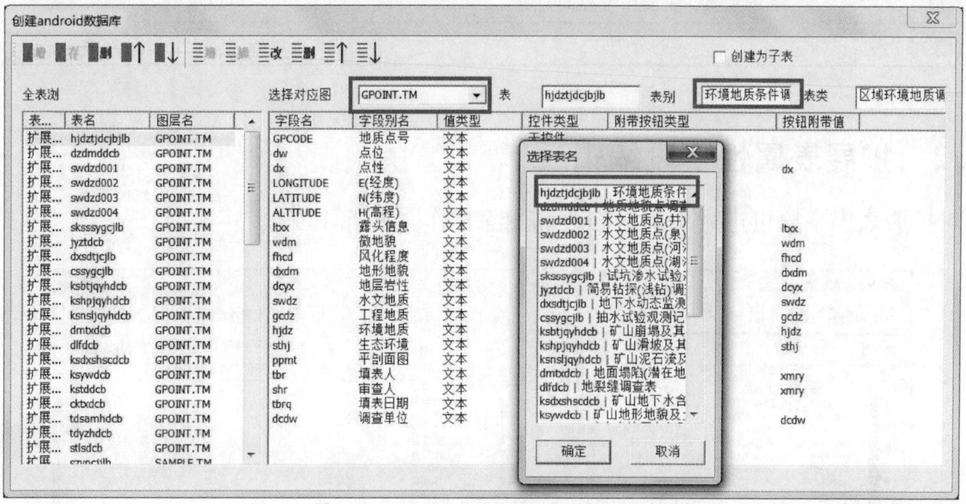

图 5.1.2 选择图层或表进行编辑

如果要编辑已有的扩展表，选择该表并点击“确定”；如需建立新的扩展表，点击“取消”即可。

本例选择第一张扩展表进行编辑。点击“确定”后，该表所有字段将会显示在列表中(图 5.1.3)。

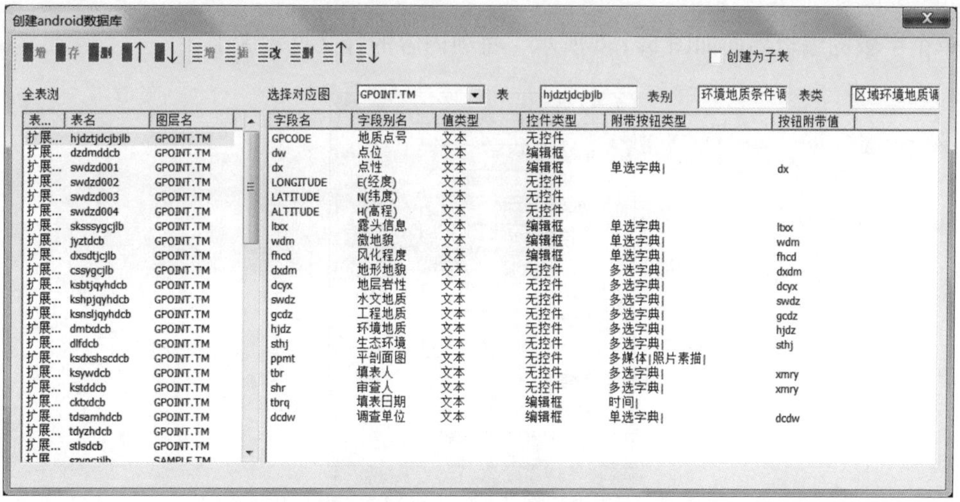

图 5.1.3 扩展表属性字段浏览

扩展表基本信息包括表名、表别名和表类型，填写内容如表 5.1.1 所列。

**表 5.1.1　扩展表基本信息**

| 基本信息 | 释义 | 建议填写内容 |
|---|---|---|
| 表名 | 表在数据库中的名称 | 建议使用英文名称，尽量不要含有特殊符号 |
| 表别名 | 表的别名，主要用于界面显示 | 可以用中文 |
| 表类型 | 表的分类 | 可以按照专业等进行分类 |

## 5.1.2　扩展表属性字段编辑

对扩展表中字段可进行添加、修改和删除操作（图 5.1.4）。

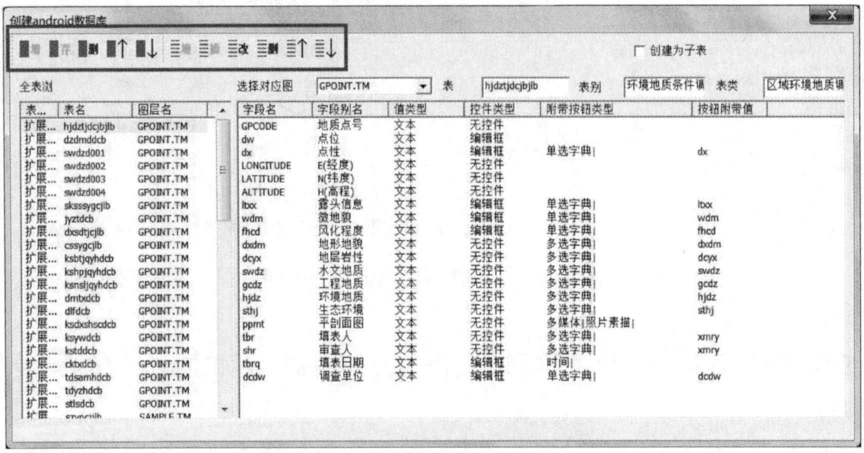

图 5.1.4　扩展表属性字段编辑

单个字段的编辑界面如图 5.1.5 所示，每项内容的释义见表 5.1.2。

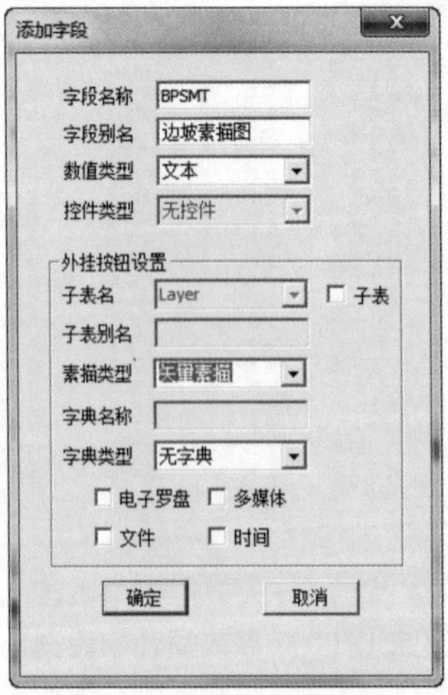


图 5.1.5　扩展表属性字段编辑与添加对话框

表 5.1.2　扩展表属性字段信息

| 基本信息 | 释义 | 建议填写内容 |
|---|---|---|
| 字段名称 | 数据库的字段名称 | 建议使用英文字符，尽量不要含有特殊符号 |
| 字段别名 | 字段的别名，主要用于界面显示 | 可以用中文 |
| 数值类型 | 字段的类型 | 分为：文本，有符号整型（可以输入正负整数），无符号整型（可以输入正整数），浮点型（小数） |
| 控件类型 | 字段使用的控件类型 | 目前默认全部为编辑框，有待扩展 |
| 字典名称 | 字段所引用的字典名称 | 字典与 PRB 数据字典的位置一致，在程序安装目录下的“data\字典库”目录下 |
| 字典类型 | 字段引用字典的类型 | 可选：无字典，单选字段，多选字典。其中，多选字典是指对字典中条目可多项选择 |
| 子表名 | 每个字段允许挂接子表，以关键字 Key 作为主外键进行关联，从而实现一对多的数据采集模式 | 需勾选下面的“子表”复选框。“字表名”中可以选择数据库中的一张表作为关联子表（子表的建立参考下面章节） |
| 子表别名 | 子表的别名，主要用于界面显示 | 可以用中文 |
| 素描类型 | 字段挂接素描图的类型 | 可选择矢量、栅格和照片素描三种 |
| 电子罗盘 | 手机上该字段采集时可使用电子罗盘功能 | 勾选即可 |
| 多媒体 | 字段可以关联多媒体文件：如照片、录像、录音等 | 需勾选下面的“多媒体”复选框。在手机上采集，桌面上支持浏览。 |
| 文件 | 字段可以挂接任意格式文件 | 需勾选下面的“文件”复选框。在手机上挂接文件，桌面上浏览。 |
| 时间 | 该字段为时间字段，在手机上采集时可调用时间控件 | 勾选即可 |

### 5.1.3　扩展表子表创建与编辑

在扩展表设计主界面上勾选下方的“是否创建为子表”，并给出表名，如 RockLayer（图 5.1.6）。

接下来可以为该子表添加字段即可。编辑与添加方法与扩展表主表的字段相关操作相同，参见上一节。

### 5.1.4　保存扩展表模板

编辑完毕后，点击“确定”，扩展表模板自动保存于图幅目录下的“DataExt.prb”数据库文件（图 5.1.7）。

## 5.2　数据采集与编辑

完成 PRB 扩展表设计之后，可以利用该模板进行数据采集。

图 5.1.6　创建子表对话框

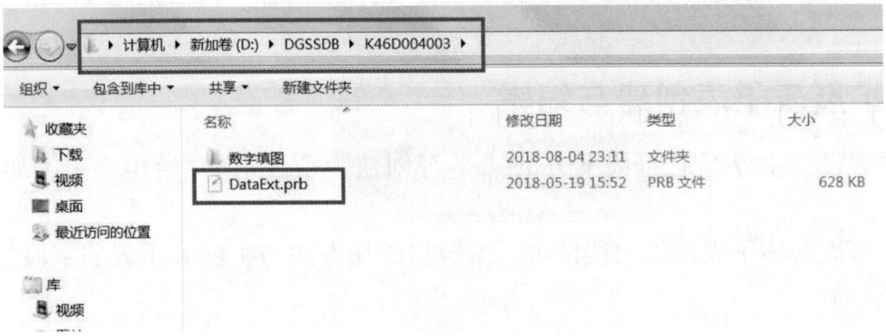


图 5.1.7　扩展表模板保存位置

## 5.2.1　路线设计

与 PRB 数据采集过程类似，首先需要设计路线，从而生成野外采集需要的路线数据。具体过程参见 PRB 路线设计。

本例生成的路线野外手图数据为“L1001”，与其相关的扩展数据表将由系统根据模板自动生成，名称为“L1001. prb”，存于路线数据目录下（图 5. 2. 1）。而后将此路线导出为手机上可用的路线数据。

图 5. 2. 1　路线扩展表位置

## 5. 2. 2　野外数据采集

点击“手图→打开”菜单，选择野外手图工程文件，打开野外手图（图 5. 2. 2）。

点击地质点快捷按钮或者选择“路线数据→地质点”菜单，进入地质点采集主界面。默认情况下选择“添加点”功能（图 5. 2. 3）。

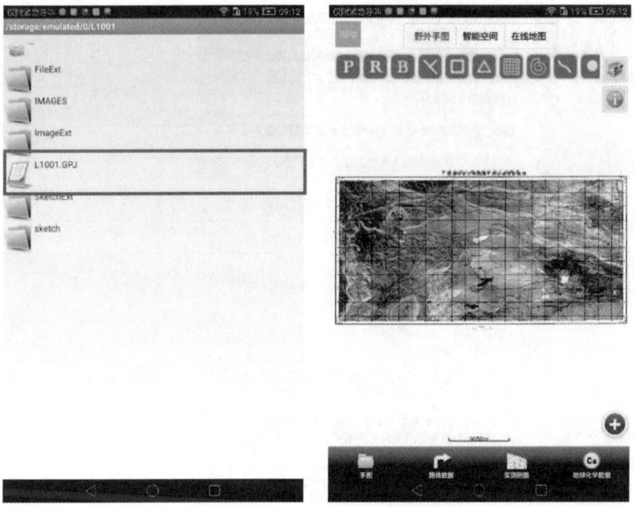


图 5. 2. 2　野外手图界面

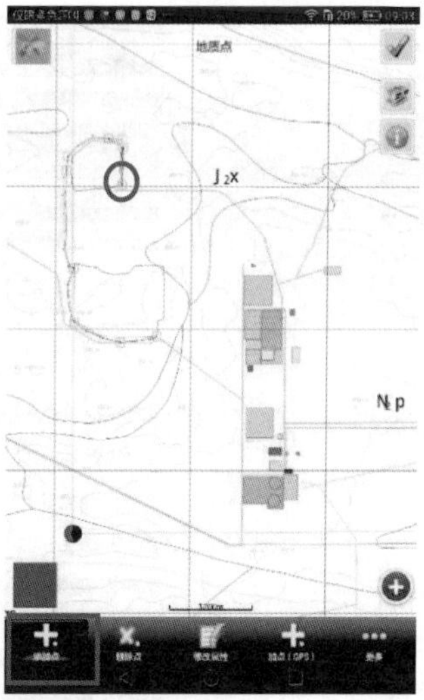


图 5. 2. 3　地质点采集主界面

依据当前 GPS 位置和背景地理底图，在屏幕上点击添加地质点标识并闪烁显示。点击“确定”按钮，弹出地质点属性编辑界面并自动完成路线号、地质点号、坐标位置等信息录入。用户根据地质观察录入地质点属性信息（图 5. 2. 4）。

取消
地质点
确定
地质点
路线号: L1001
地质点号: D0003
坐标(X,Y): 526960.113216, 4690020.126179
经纬度坐标 931937.82, 422039.64
Z: 454.46
位置: 国投大南湖1矿1#排土场东南侧
微地貌: 缓坡
点性: 环境地质点-人类工程活动（矿山）
露头: 人工露头（差）
风化程度: 全风化
A填图单位: Qp3x
A岩石名称: 砂砾石、碎石，具泥质和钙质胶结
B填图单位:
B岩石名称:
地质描述
地形地貌:
定点处位于低山丘陵区，海拔高度450m左右，地形起伏平缓，地形切割微弱，为戈壁平滩。
地层岩性:
Qp3X 第四系早更新统地层，岩性为洪积碎石-砾石沉积，地形成平坦阶地，砾石直径0.5-3cm,分选较差，具泥质和钙质胶结，局部有胶结紧密的淡黄色砂岩。
水文地质:
点处地下水类型为碎屑岩类孔隙裂隙承压水（层间地下水），主要补给来源为大气降水补给和侧向径流补给，排泄方式以大气蒸发排泄为主，存在露采区疏干排水，地下水为高矿化度水，化学类型为Cl-Na型。
环境地质:
点处地形切割微弱，构造活动性较稳定，气候干燥，无地表水体，地震不发育，受露天采场采煤及道路汽车运输影响周边可能存在土壤污染，点处西侧1#排土场，目前形成两级堆积平台，南部100m处为国投大南湖1号煤矿露天采煤区。
生态环境:
戈壁荒漠景观区，土壤为砾质荒漠土，养分贫瘠，无野生动植物分布，位于罗布泊野骆驼保护区和魔鬼城雅丹地貌地质公园外围。
区域环境地质调查
环境地质条件调查基本记录表

图 5.2.4　地质点属性录入界面

滑动地质点属性界面，在地质点通用属性下方，系统自动列出地质点图层关联的 PRB 扩展属性表，并根据设置分类显示。点击扩展属性表后面的添加按钮，弹出对应扩展属性录入界面（以岩土体剖面调查记录表为例），并自动将坐标等信息录入到对应的属性字段中（图 5.2.5）。

取消
地质点
确定
区域环境地质调查
环境地质条件调查基本记录表
地质地貌点调查表
区域水文地质调查
水文地质点(井)调查表
水文地质点(泉)调查表
水文地质点(河流)调查表
水文地质点(湖泊、水库)调查表
试坑渗水试验观测记录表
简易钻探(浅钻)调查表
地下水动态监测记录表
抽水试验观测记录表
矿山地质环境调查
矿山崩塌及其隐患调查表
矿山滑坡及其隐患调查表
取消
环境地质条件调查基本记录表
确定
hjdztjdcjbjlb
地质点号 D0003
点位 国投大南湖1矿1#排土场东南侧缓坡上
点性 环境地质点-人类工程活动（矿山）
E(经度) 931937.81
N(纬度) 422039.64
H(高程) 454.46
露头信息 人工露头（差）
微地貌 缓坡
风化程度 全风化
地形地貌 定点处位于低山丘陵区，海拔高度450m左右，地形起伏平缓，地形切割微弱，为戈壁平滩。
地层岩性 Qp3X 第四系早更新统地层，岩性为洪积碎石-砾石沉积，地形成平坦阶地，砾石直径0.5-3cm,分选较差，具泥质和钙质胶结，局部有胶结紧密的淡黄色砂岩。

图 5.2.5　地质扩展属性显示及属性录入界面

在扩展属性表属性信息录入界面中，系统根据用户前期的字段设置属性，自动关联了系列编辑按钮，方便用户进行属性信息的录入。

（1）字典录入：点击字典按钮，根据字段设置弹出字典选择界面，包括单选和多选界面（例如地貌类型管理单选字典界面，微地貌类型关联多选字典界面），选择一个或多个属性值，点击【确定】按钮，根据字典值录入属性（图 5.2.6）。

图 5.2.6　字典界面

（2）字段的文件关联：点击文件关联按钮，弹出关联文件列表界面。点击【添加】按钮弹出文件选择界面，选择某一个文件长按，弹出“选择”菜单，点击返回关联文件列表界面，并在列表中显示关联文件名（图 5.2.7）。

图 5.2.7　文件关联界面

图 5.2.8　多媒体信息采集主界面

（3）多媒体信息采集：点击多媒体按钮，弹出多媒体采集主界面，在多媒体采集主界面中可以切换多媒体类型，并可以添加照片、录音和录像等多媒体文件（图 5.2.8）。

（4）日期信息采集：点击日期按钮，弹出日期选择对话框，设置日期，点击【确定】按钮，自动填充日期值（图 5.2.9）。

图 5.2.9　日期控件界面

（5）关联子表信息录入：点击关联子表按钮，弹出关联子表的属性值列表主界面，在主界面中点击【添加】按钮，弹出关联子表属性录入界面（图 5.2.10）。

录入完成，点击【确定】按钮，返回关联子表的属性值列表主界面。再次点击返回按钮，返回扩展表属性编辑界面。

（6）素描图编辑：系统提供三种素描绘制方式：①矢量素描：以 GIS 工程编辑的方式绘制素描，方便后期编辑；②栅格素描：以图片的方式绘制素描，绘制过程方便快捷；③素描拍照：在记录本上绘制素描之后，进行拍照，实现纸质素描关联。用户在设置字段属性时可以自定义选择某一种方式进行绘制。

栅格素描：点击栅格素描按钮，弹出栅格素描绘制界面，素描图绘制完成，点击保存菜单保存栅格素描并返回扩展表属性录入主界面（图 5.2.11）。

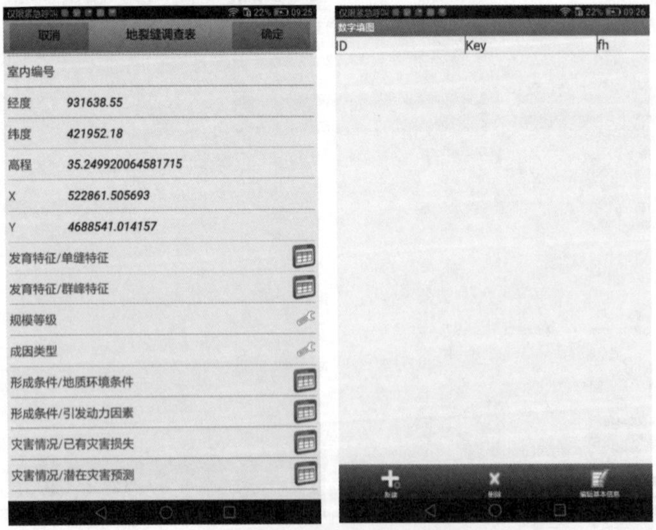


图 5.2.10　字段关联子表管理和属性录入界面

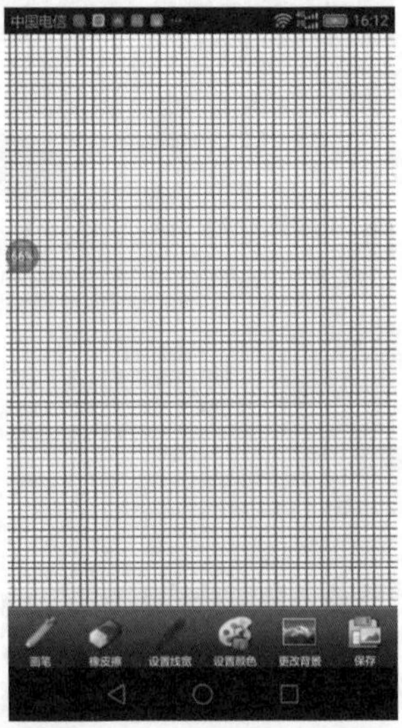

图 5.2.11　栅格素描绘制界面

（7）照片采集记录和编辑（图 5. 2. 12）。

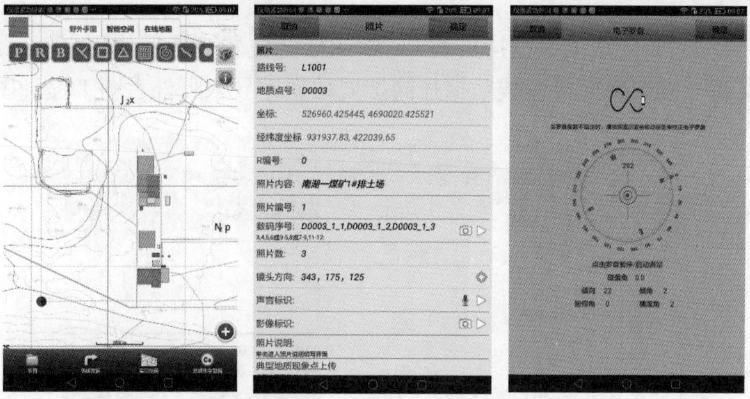


图 5. 2. 12　照片采集界面

（8）样品采集记录和编辑（图 5. 2. 13）。

图 5. 2. 13　样品采集拓展表界面

## 5.2.3 数据导入、浏览与编辑

（1）将手机端采集完成的数据拷贝到PC中的任意位置，然后使用桌面系统的“掌上机（android）到桌面”功能将野外路线数据连同扩展数据库导入野外手图工程（图5.2.14）。

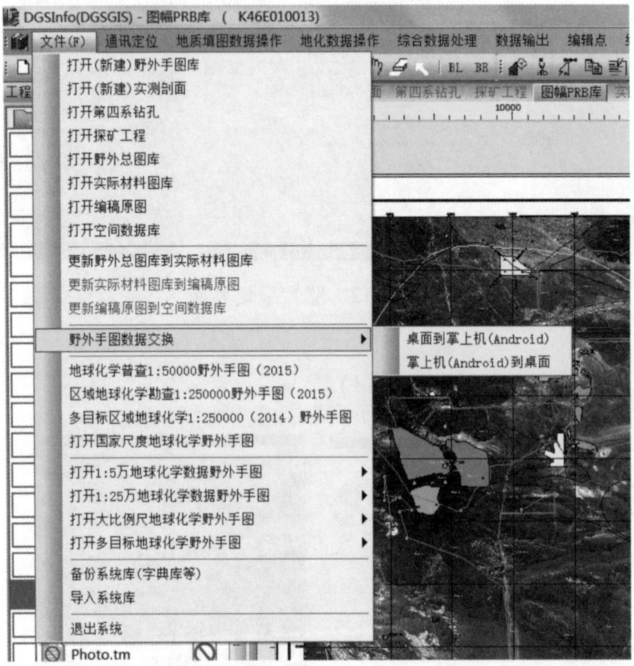


图5.2.14　野外路线数据导入

（2）打开相应野外手图，并编辑地质点，通过点击“扩展表”按钮，打开扩展表的属性编辑界面（图5.2.15，图5.2.16）。

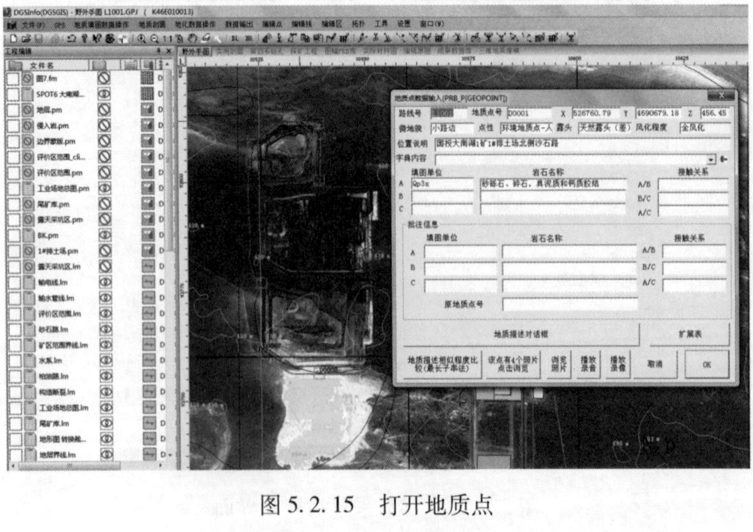

图5.2.15　打开地质点

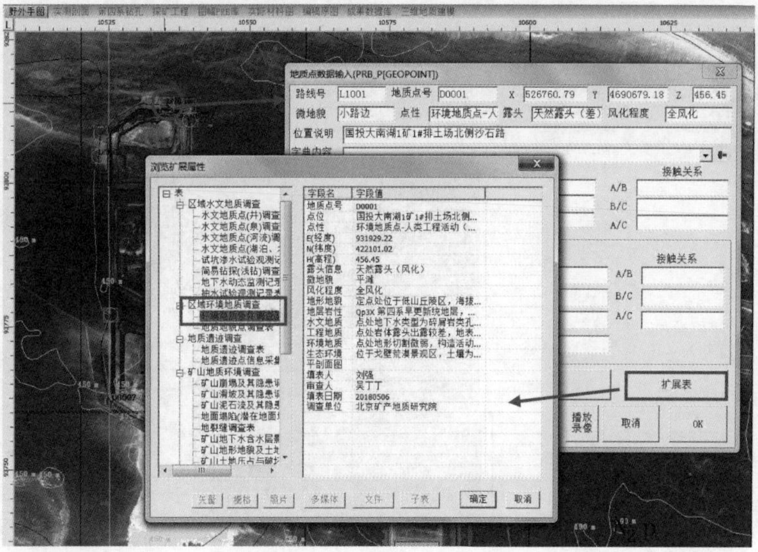


图 5.2.16　打开扩展表编辑界面

（3）对每一个字段都可以对其属性进行编辑（双击记录），或者对其关联的多媒体、文件或素描数据进行浏览（图 5.2.17）。

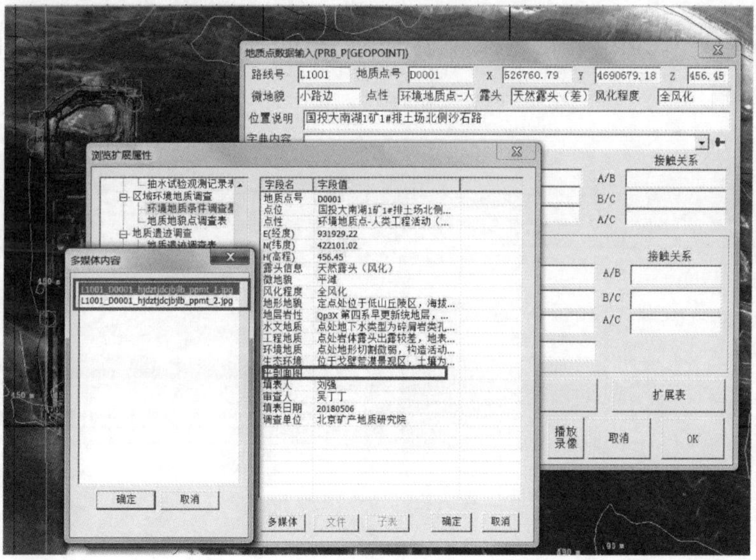


图 5.2.17　编辑和浏览字段内容

## 5.2.4　路线数据入库

在路线工程中对扩展库编辑完成后，可进入 PRB 库对路线数据进行入库汇总，相应的扩展库也会自动进行合并，汇总到 PRB 库中的“Route. prb”数据库中（图 5.2.18）。

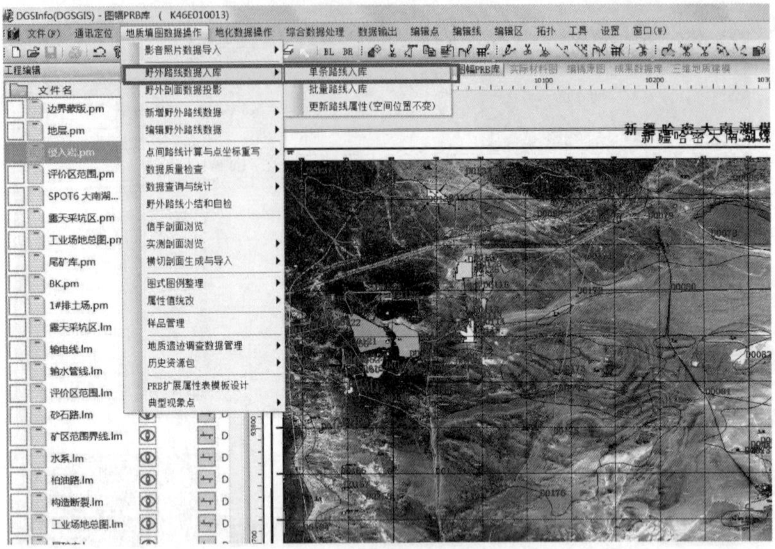


图 5.2.18　路线数据汇入 PRB 库

# 5.3　用户自定义报表模板输出

点击“数据输出→PRB 扩展属性报表输出”菜单，通用报表输出对话框见图 5.3.1 及图 5.3.2，报表输出 Excel 文件示例见图 5.3.3。

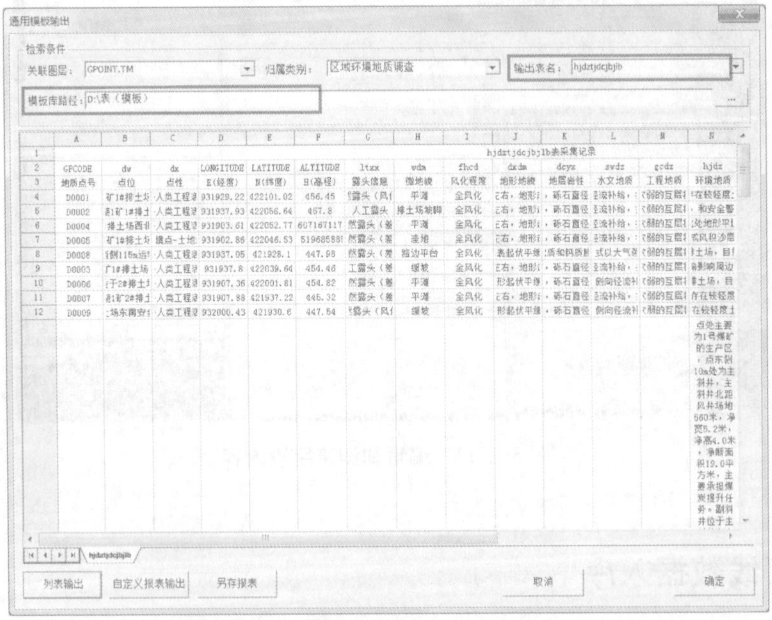


图 5.3.1　扩展属性表报表输出对话框一

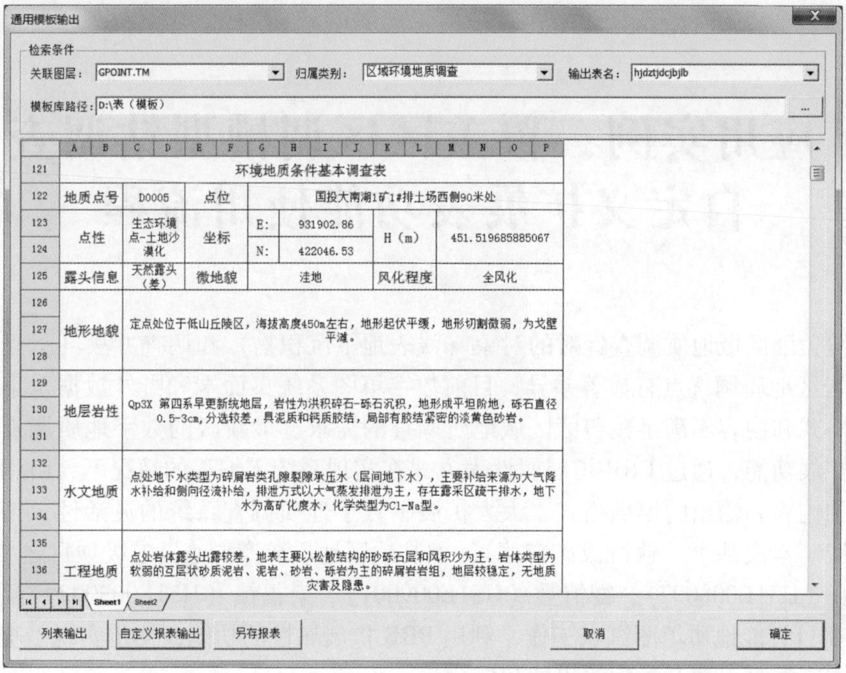
通用模板输出
检索条件
关联图层：GPOINT.TM
归属类别：区域环境地质调查
输出表名：hjdztjdcjbjlb
模板库路径：D:\表（模板）
环境地质条件基本调查表
地质点号
D0005
点位
国投大南湖1矿1#排土场西侧90米处
点性
生态环境点-土地沙漠化
坐标
E: 931902.86
N: 422046.53
H（m）
451.519685885067
露头信息
天然露头（差）
微地貌
洼地
风化程度
全风化
地形地貌
定点处位于低山丘陵区，海拔高度450m左右，地形起伏平缓，地形切割微弱，为戈壁平滩。
地层岩性
Qp3X 第四系早更新统地层，岩性为洪积碎石-砾石沉积，地形成平坦阶地，砾石直径0.5-3cm，分选较差，具泥质和钙质胶结，局部有胶结紧密的淡黄色砂岩。
水文地质
点处地下水类型为碎屑岩类孔隙裂隙承压水（层间地下水），主要补给来源为大气降水补给和侧向径流补给，排泄方式以大气蒸发排泄为主，存在露采区疏干排水，地下水为高矿化度水，化学类型为Cl-Na型。
工程地质
点处岩体露头出露较差，地表主要以松散结构的砂砾石层和风积沙为主，岩体类型为软弱的互层状砂质泥岩、泥岩、砂岩、砾岩为主的碎屑岩岩组，地层较稳定，无地质灾害及隐患。
Sheet1
Sheet2
列表输出
自定义报表输出
另存报表
取消
确定

图 5.3.2 扩展属性表报表输出对话框二

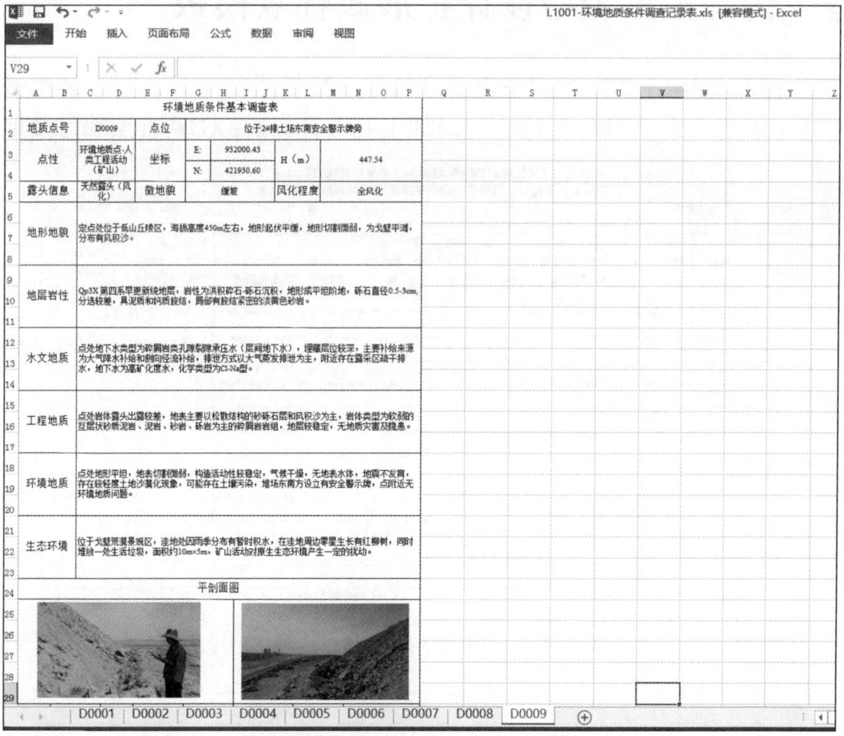
L1001-环境地质条件调查记录表.xls [兼容模式] - Excel
文件
开始
插入
页面布局
公式
数据
审阅
视图
V29
环境地质条件基本调查表
地质点号
D0009
点位
位于2#排土场东南安全警示牌旁
点性
环境地质点-人类工程活动（矿山）
坐标
E: 932000.43
N: 421930.60
H（m）
447.54
露头信息
天然露头（风化）
微地貌
缓坡
风化程度
全风化
地形地貌
定点处位于低山丘陵区，海拔高度450m左右，地形起伏平缓，地形切割微弱，为戈壁平滩，分布有风积沙。
地层岩性
Qp3X 第四系早更新统地层，岩性为洪积碎石-砾石沉积，地形成平坦阶地，砾石直径0.5-3cm，分选较差，具泥质和钙质胶结，局部有胶结紧密的淡黄色砂岩。
水文地质
点处地下水类型为碎屑岩类孔隙裂隙承压水（层间地下水），埋藏层位较深，主要补给来源为大气降水补给和侧向径流补给，排泄方式以大气蒸发排泄为主，附近存在露采区疏干排水，地下水为高矿化度水，化学类型为Cl-Na型。
工程地质
点处岩体露头出露较差，地表主要以松散结构的砂砾石层和风积沙为主，岩体类型为软弱的互层状砂质泥岩、泥岩、砂岩、砾岩为主的碎屑岩岩组，地层较稳定，无地质灾害及隐患。
环境地质
点处地形平坦，地表切割微弱，构造活动性较稳定，气候干燥，无地表水体，地震不发育，存在较轻度土地沙漠化现象，可能存在土壤污染，堆场东南方设立有安全警示牌，点附近无环境地质问题。
生态环境
位于戈壁荒漠景观区，洼地处因雨季分布有暂时积水，在洼地周边零星生长有红柳树，同时堆放一处生活垃圾，面积约10m×5m，矿山活动对原生生态环境产生一定的扰动。
平剖面图
D0001
D0002
D0003
D0004
D0005
D0006
D0007
D0008
D0009

图 5.3.3 扩展属性表报表输出 Excel 文件

# 6 应用实例：覆盖区区调槽型钻调查点自定义扩展表功能使用流程

由于覆盖区区域地质调查针对的对象（浅表地下沉积物）和调查方法（槽型钻取心观察）与基岩区地质调查点有显著差异，目前数字填图系统桌面端和野外数据采集端固有的数据采集格式和内容不满足覆盖区区域地质调查的需求。最新版的数字地质调查系统提供了丰富的扩展功能，通过 PRB 扩展属性表方式在实现系统零编程的情况下，由用户自定义数据采集的内容和输出的模板格式，大大扩展了数字地质调查系统的灵活性，拓宽了系统的应用领域。本次基于“钦杭成矿带德兴-歙县地区地质矿产调查”二级项目之“浙江 1：5 万乌镇镇（H51E008002）、德清县（H51E009001）、崇福镇（H51E009002）幅区域地质调查”子项目智能地质填图试点工作，利用 PRB 扩展属性的功能，初步实现了覆盖区槽型钻地质调查点数据采集和数据输出的智能化。

## 6.1 基于传统记录表格设计扩展属性表模板

以往的工作中，受限于数字填图系统固有数据采集格式的差异，覆盖区槽型钻调查多采用纸质表格记录的方式（图 6.1.1），记录的主要内容包括：①调查点编号及地质位置信

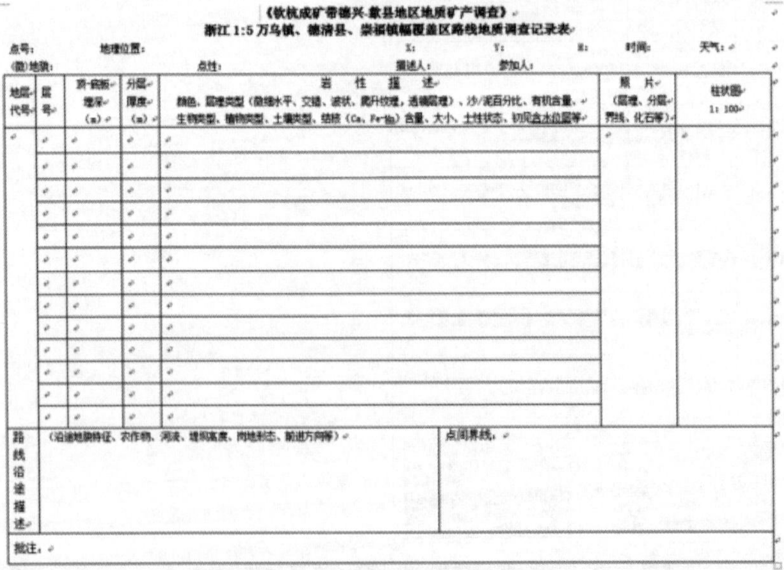
《钦杭成矿带德兴-歙县地区地质矿产调查》

浙江 1:5 万乌镇、德清县、崇福镇幅覆盖区路线地质调查记录表

点号：　地理位置：　X：　Y：　H：　时间：　天气：

(微)地貌：　点性：　描述人：　参加人：

| 地层代号 | 层号 | 顶-底板埋深（m） | 分层厚度（m） | 岩性描述<br>颜色、层理类型（微细水平、交错、波状、爬升纹理，透镜层理）、沙/泥百分比、有机含量、生物类型、植物类型、土壤类型、结核（Ca、Fe-Mn）含量、大小、土柱状态、初见含水位层等 | 照片（层理、分层界线、化石等） | 柱状图 1：100 |
|---|---|---|---|---|---|---|
| | | | | | | |

| 路线沿途描述 | （沿途地貌特征、农作物、河流、堤坝高度、岗地形态、前进方向等） | 点间界线： |
|---|---|---|
| 批注： | | |

图 6.1.1　覆盖区槽型钻调查点传统纸质记录表格

息（路线号、调查点号、坐标等）；②调查点地貌信息（地貌单元划分、微地貌特征）；③简易地质环境特征（调查点附近污染状态、土地利用特征等）；④槽型钻岩心分层描述（表层土壤特征、浅表沉积物特征、填图单元划分等）。

根据槽型钻调查点的填表内容和格式，通过数字填图中提供的设计工具，将槽型钻调查记录设计为六项数据表和一项子表（具体流程参考中国地质调查局发展研究中心编写的《PRB 扩展开放式采集与集成模块使用方法》）（图 6.1.2 和图 6.1.3），并根据绘制槽型钻岩性柱状图的需求，在野外原始记录的基础上，增加了分层描述中岩性花纹代号、沉积物颜色代号等。

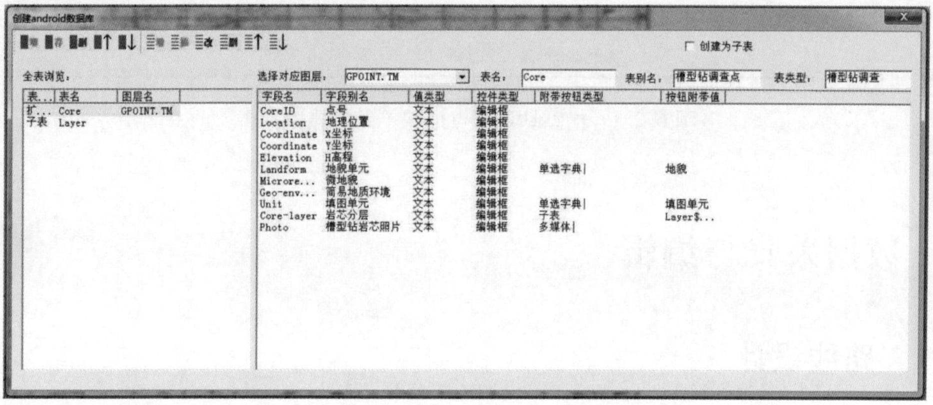


图 6.1.2　槽型钻调查点扩展表字段

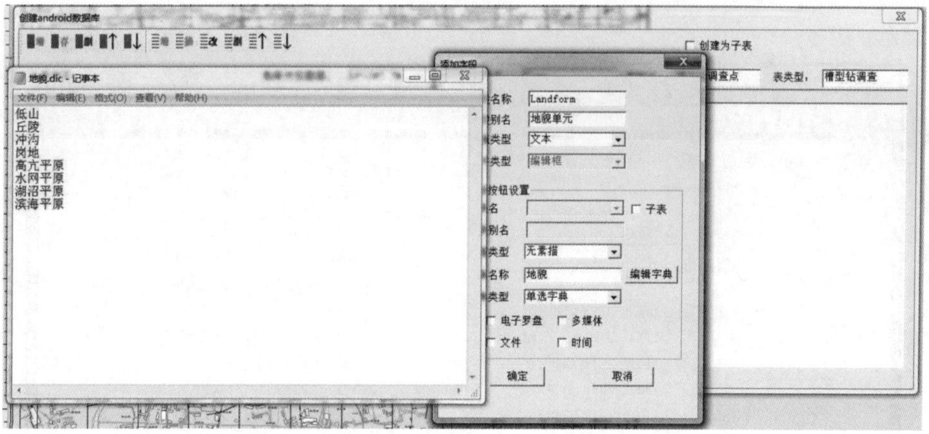


图 6.1.3　槽型钻调查分层描述子表字段

## 6.2　字典库编辑

为减轻野外调查过程中的填表工作负担，将部分固定的填表内容（如地貌单元、填图单元代号、岩性花纹和沉积物颜色代码等）编辑成字典库（图 6.2.1）。

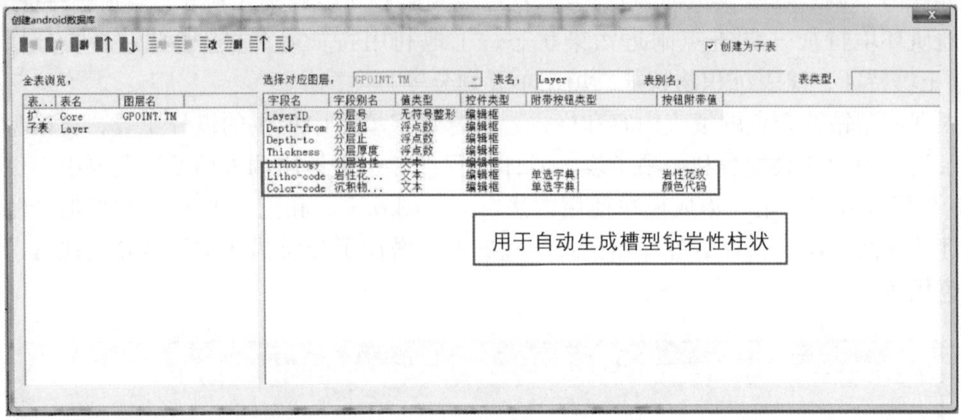


图 6.2.1　槽型钻调查点地貌单元字典库编辑

## 6.3　数据采集与编辑

### 6.3.1　路线设计

设计路线，生成野外采集需要的路线数据。相关扩展表将由系统根据模板自动生成，存于设计路线数据目录下（图 6.3.1），而后将此路线导出为手机上可用的路线数据。

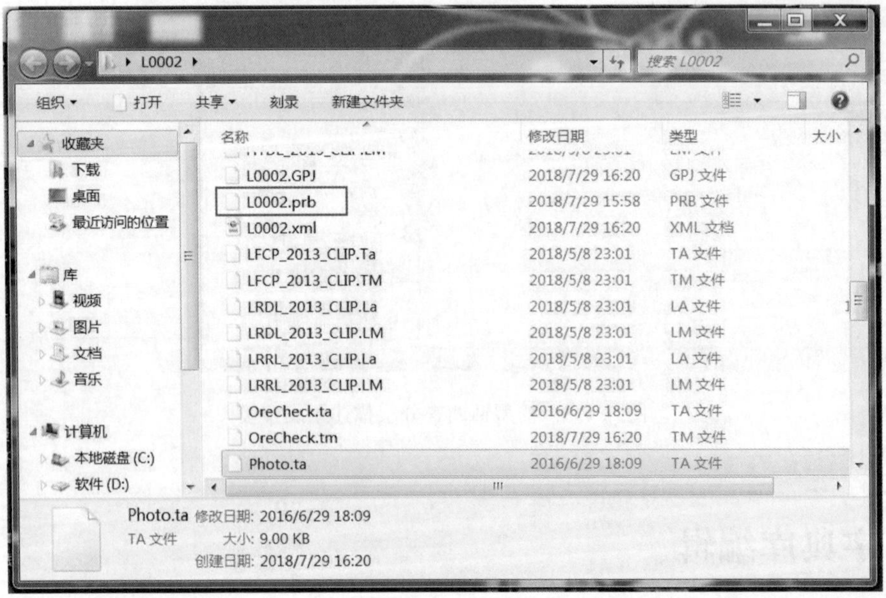


图 6.3.1　设计路线中扩展数据表文件位置

## 6.3.2 野外数据采集

本次设计的扩展数据表关联于地质点文件，其采集操作流程与 PRB 采集的 P 过程相似：手图→打开→路线数据→地质点→添加地质点。在系统自动获取点号和点位的基础上，不同于固有的地质描述，而是在采集页面的最下端（图 6.3.2），点击“槽型钻调查点”扩展属性表后面的添加按钮，弹出对应扩展属性录入界面，如图 6.3.2 所示，直接输入采集内容或选择字典库内容及拍摄照片等。其中分层描述子表的输入可逐层输入分层位置、岩性描述及岩性和颜色对应的 Slib 库代码（用于室内生成岩性柱状图）。

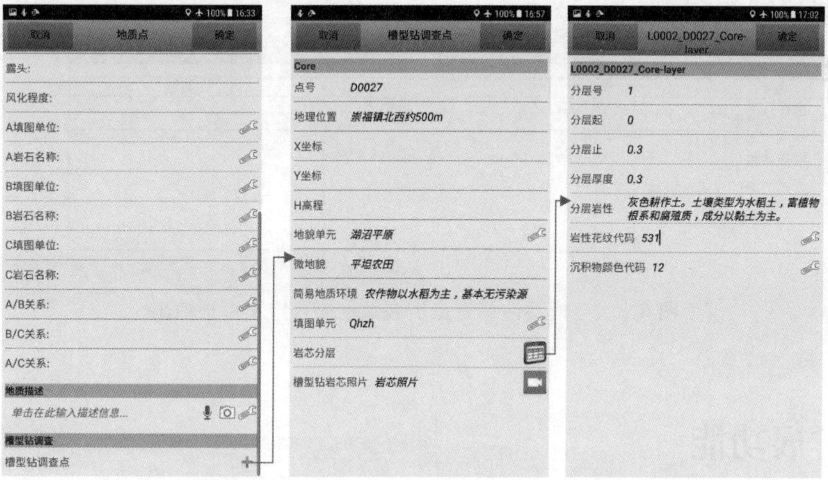


图 6.3.2 槽型钻调查点扩展数据表野外数据采集

## 6.3.3 数据导入、浏览与编辑

将野外采集端数据拷贝至电脑后，通过桌面系统的“野外手图数据”功能将野外原始数据记录导入桌面系统野外手图工程。打开相应野外手图，并编辑地质点，通过点击“扩展表”按钮，打开扩展表的属性编辑界面（图 6.3.3）。

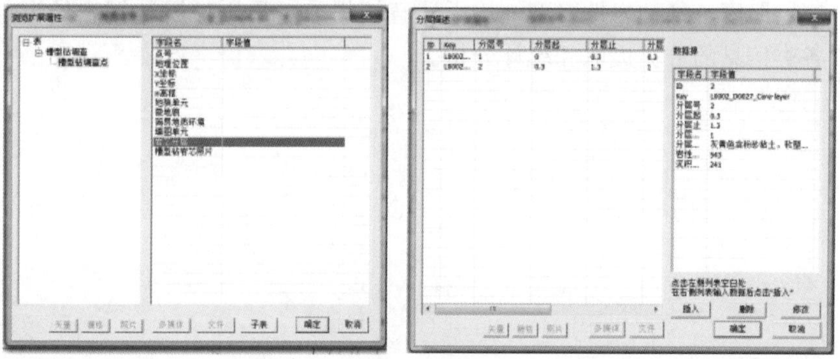


图 6.3.3 桌面系统扩展数据表浏览与编辑

### 6.3.4　用户自定义报表模板输出

点击“数据输出→PRB 扩展属性报表输出”菜单，弹出通用报表输出对话框。加载根据实际情况创建的报表模板，进行自定义报表输出（图 6.3.4）。具体报表模板创建方法参见《PRB 扩展开放式采集与集成模块使用方法》。

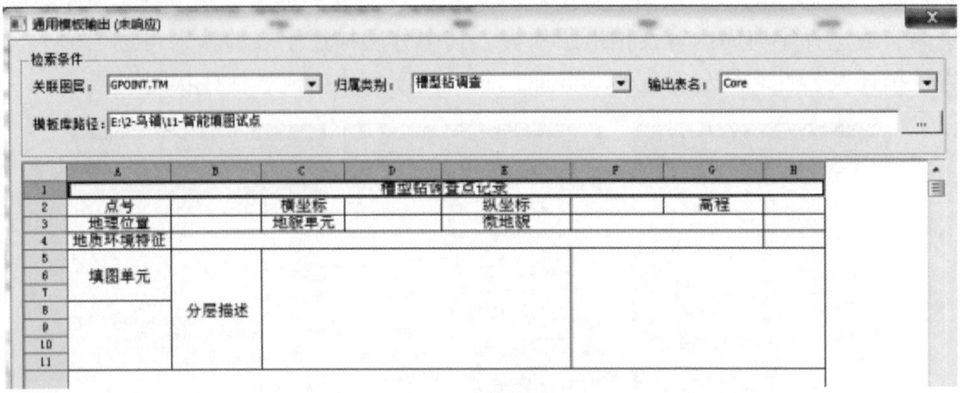


图 6.3.4　槽型钻调查点扩展数据表自定义模板输出

## 6.4　扩展功能

根据覆盖区区域地质调查的需求，通常要求将各槽型钻调查点的槽型钻岩性根据野外分层描述绘制岩性柱状图，表达浅表沉积物垂向上的岩性、厚度及地层颜色变化等信息。前期调查工作中，该项工作多由人工根据纸质记录进行逐点编绘。目前拟根据扩展表中的分层子表中的分层位置字段（Depth-from 和 Depth-to）及岩性花纹和颜色代码字段（litho-code 和 color-code）信息，实现计算机自动提取各调查点槽型钻岩心分层信息，并按设定的比例尺绘制对应的岩性柱状图。

另一方面，由于以往野外调查结果多单纯以文本形式录入数字填图系统中，许多定量的信息如土壤层厚度、某种岩性厚度等均无法直接提取。采用扩展数据表的记录形式，极大地方便了各类信息的分类提取和统计分析。

# 数字地质调查系统操作指南

## ——地质调查智能空间升级版

（下 册）

李丰丹　刘　畅　刘园园　吕　霞　陈飞翔
吴　亮　刘　洋　蒋　仁　林　敏　褚平利
唐　振　武军杰　全守村　龚爱华　曾剑威　著
汤建荣　施　璐　张辉善　董彦琪

地质出版社

·北　京·

## 内 容 提 要

本书是《数字地质调查系统操作指南》的升级版，涉及的内容已经进行了大量优化，以数字地质调查技术从数字化向智能化方向扩展、发展以及完善的过程中形成的地质调查智能空间平台（满足地质调查密集型工作模式的“云+端软件”）的操作流程为主。本书由上、中、下册三册组成。上册包括“数字地质填图系统（RGMap）操作指南”和“探矿工程数据编录系统（PEData）操作指南”两部分，中册包括“数字地质调查信息综合平台（DGSInfo）操作指南“和“地质调查综合数据采集与集成模块（PRB 扩展属性表）操作指南”两部分，下册包括“地质调查 GIS 基础平台（DGSGIS）操作指南”和“地质调查智能空间平台操作指南”两部分。书中详细介绍了六大子系统的基本原理与功能、操作步骤和方法。

本书适合从事区域地质调查、固体矿产勘查、地质科学研究的地学工作者和相关科技管理人员使用，也可作为大专院校地学类高年级学生和研究生的参考书。

**图书在版编目（CIP）数据**

数字地质调查系统操作指南：地质调查智能空间升级版：全 3 册/李丰丹等著. —北京：地质出版社，2021. 1

ISBN 978-7-116-12523-0

Ⅰ. ①数… Ⅱ. ①李… Ⅲ. ①数字技术—应用—地质调查—指南 Ⅳ. ①P622-39

中国版本图书馆 CIP 数据核字（2021）第 028063 号

SHUZI DIZHI DIAOCHA XITONG CAOZUO ZHINAN：DIZHI DIAOCHA ZHINENG KONGJIAN SHENGJIBAN

**责任编辑：**吴宁魁
**责任校对：**关风云
**出版发行：**地质出版社
**社址邮编：**北京海淀区学院路 31 号，100083
**电　　话：**（010）66554528（邮购部）；（010）66554627（编辑室）
**网　　址：**http：//www. gph. com. cn
**传　　真：**（010）66554686
**印　　刷：**北京地大彩印有限公司
**开　　本：**787 mm×1092 mm 1/16
**印　　张：**62. 5
**字　　数：**1500 千字
**版　　次：**2021 年 1 月北京第 1 版
**印　　次：**2021 年 1 月北京第 1 次印刷
**定　　价：**188. 00 元（全三册）
**书　　号：**ISBN 978-7-116-12523-0

# 前　言

本书是2011年由地质出版社出版的《数字地质调查系统操作指南》（上、中、下册）的升级版，虽然书名仍是《数字地质调查系统操作指南》，但涉及的内容已经进行了大量优化。内容以数字地质调查技术从数字化向智能化方向扩展、发展以及完善的过程中形成的地质调查智能空间平台（满足地质调查密集型工作模式的“云+端软件”）的操作流程为主。

**1. 数字地质调查技术的发展历程**

自1999年开始，在国土资源调查专项和矿产资源调查专项支撑下，中国地质调查局发展研究中心组织精干的科研技术人员自主开发研制了面向野外地质调查的数字填图技术——“数字区域地质调查系统”，提出了PRB数字区域地质调查基本理论与方法，对数字区域地质调查基本理论与技术取得了原创性突破，解决了国际上30多年以来在地质调查中难以实现计算机野外数据采集全程化和难以满足不同学科地学者对野外数据采集的需求问题。

也就是说，从地质调查源头出发，以野外地质数据获取过程的数字化为核心，研究数字地质调查的理论与技术方法，通过对语义粒度、描述粒度、空间粒度和存储粒度的分割及其相关关系的研究，提出了描述适合各种比例尺的地质填图过程的数字填图技术、方法和物理建模的基本模式。基于构件、中间件、数据建模与数据库、工作流等综合技术，开发了集GPS、GIS、RS技术为一体的数字地质调查系统，建立了数字地质调查数字化流程。在地质调查的整个业务流程中，数字地质调查系统把数据库的建设融入日常工作和生产之中，即把地质矿产勘查（固体矿产勘查）过程数据库建设流程与具体的地质找矿业务流程紧密结合起来、又不同于以往数据库建设只是由计算机技术人员录入实现完成，而是地质技术人员借助数字地质调查技术与系统，对地质矿产勘查（固体矿产勘查）过程中不同阶段所获得资料进行综合分析，大大缩短了原始资料的系统整理时间，并依据上一阶段工作成果及时指导下一阶段工作部署。数据模型与工作阶段的融合、继承，更使项目人员可以从计算技术的应用中体会到新技术带来的好处，又能形成新的工作模式，对提高研究精度、效率和成果的表现形式提供了重要的技术保障。

2004年，在全国区调工作中全面推广应用了数字填图技术，使数字填图技术进入实用阶段。经过多年持续集成研发和推广应用，2008年开始，数字填图系统全面升级与扩展到数字地质调查系统，形成比较完整的地质矿产调查全流程数字化理论、技术方法和自主软件平台，涵盖地质调查（地质填图）、矿产资源勘查、矿体模拟、品位估计、资源量估算、矿体三维建模、矿山开采系统优化等内容，贯穿整个基础地质矿产资源调查全过程。数字地质调查技术已被公认为区域地质调查工作技术走向现代化过程中的重大革新，使地质填

图和地质图生产终于告别“手工式”，迎来“光与电”的数字化时代。

该研究过程立足于开发以我国野外数据采集为入口的勘查项目综合资料整理、资源量估算和管理的一体化流程与软件系统，实现了整个地质调查过程数字化与无缝一体化。结合国内应用层次的现状，通过数据“层”模型、数据流“池”技术不同阶段数据模型继承技术、数据互操作技术解决了地质调查工作流程与软件流程一致性和无缝连接的关键和难点，大大降低了使用难度，满足了地质人员工作习惯的要求。

数字地质调查软件系统包括数字填图系统、探矿工程数据编录系统、数字地质调查信息综合平台、资源量估算与矿体三维建模系统等，从体系架构上支持地质矿产勘查全过程无缝数字化，实现了不同业务阶段数据库的互通，实现了从地质矿产资源调查野外数据采集到地质成图、矿体圈定、品位估计全过程的数字化。操作过程突出了智能化操作模式，为野外数据采集、传输、集成、综合处理、三维建模等全过程的关键技术节点提供数字化工具。地质底图应用方面初步形成移动终端智能感知公开地理信息资源的应用模式，野外数据采集应用 Android 智能终端可集智能终端位置、行为及环境感知等特点形成路线地质描述、音视频辅助记录、信手剖面等一体的电子野外记录簿；数据综合和整理过程自动绑定各个阶段操作的数据对象，提供微工作流机制，自动完成过程成果的继承和传递；地质三维建模工具提供建模算法以及数据组织管理、可视化、编辑和分析一体化。

2008 年以来，建立了集国内外主流资源储量估算方法与业务流程一致的地质矿产勘查从野外到矿产资源评价（靶区圈定）、资源量估算及矿体三维建模一体化的软件体系，集成国内外主流资源储量估算方法，实现从野外到矿产资源评价（靶区圈定）、资源储量估算及矿体三维建模一体化。其数字化流程与地质矿产勘查业务流程完全一致，从槽井坑钻野外数据采集到资源储量计算和矿体三维显示无缝连接、零数据交换。

资源量估算与矿体三维建模系统针对国内外地质块段法、地质剖面法、底板等高线法（煤）、地质统计学等方法和三维矿体建模特点，建立了多源地质数据匹配及一致性处理技术、多约束条件的单工程矿体圈定、三维地质结构模型约束下的地质体内非均值属性参数空间分布变化模型建模、模型重构的反馈机制及修正技术，集成了矿山地质多源数据和多方法资源储量估算的耦合三维建模关键技术。该成果与目前国内外市场同类软件相比最大的特点是计算机数字化流程与业务流程完全一致，从槽井坑钻野外数据采集到资源量计算和矿体三维显示无缝连接，零数据交换，使得在具体应用中充分体现了提高效率、提高成果精度、节省大量人力和物力所带来的优势。

**2. 新一代信息技术支撑下的数字地质调查技术提升**

2013 年以来在新一代信息技术的支持下，数字地质调查技术逐步从数字化走向智能化，从数字空间走向智能空间。数字地质调查技术体系聚焦“突显地质大数据价值、数据驱动精准地质调查”“以地质知识的流程化和智能化为核心的建设与应用”等主线，开展了智能地质调查技术和“云+端”软件体系研究。形成了基于大数据-云计算-人工智能的地质调查智能空间整体框架、技术和服务模式，构建了地质调查数据感知服务到认知（知识）框架以及以“大数据+大计算”为特点的地质调查全流程服务链。建立了支持定制化的通用地质数据采集和集成技术。满足零编程并符合各专业采集标准的专业野外数据采集需求，实现了单一字段可集文本、图像、音影、表格等多媒体为一体的数据采集，提高了

数据采集的智能化和效率。非结构化数据挖掘、空间数据挖掘等关键技术研究取得突破，提升了地质人员综合分析与决策能力。积极探索面向深度学习的地质对象识别分类技术方法与流程，展现了人工智能在未来变革地质调查工作模式具有的巨大潜力。研究成果促进了由数字地质调查方式向基于大数据-云计算技术的智能地质调查方式的转变。在阿尔金红柳沟-拉配泉地区、二连东乌旗区域、河北永定河区域等十多个不同类型地质地貌区成功开展了智能地质调查应用示范。

截至2019年底，形成了智能地质调查“云+端”软件体系和地质调查智能空间工作环境。软件体系强化地质调查数字化、智能化流程特性，涵盖区域地质调查（地质填图）、矿产地质调查、综合环境地质调查等。覆盖从数据采集、传输、集成、综合处理、建模与模拟、评价预测到成果服务等全流程，并提供“云+端”的工作模式。

**3. 数字地质调查应用和技术培训已覆盖全国地勘行业，并开始走出国门**

被广泛应用于全国区域地质调查、战略性矿产远景调查、矿产资源调查评价、危机矿山接替资源调查等项目，覆盖地质行业，涉及全国地质、冶金、有色、武警黄金、化工、建材、核工业、煤炭等部门以及高校科研部门、大型矿山企业和矿业公司（包括紫金矿业集团、云南驰骋锌锗有限公司、新疆有色集团、中国黄金集团等）。推广应用单位超过1000家，软件推广超过20000套；举办数字地质调查技术培训班超过200次，培训人员超过20000人次；数字地质调查技术已纳入了多个大学本科生课程；软件系统通过技术支持网站（www. dgst. cgs. gov. cn）和培训班的形式免费提供。

数字地质调查技术开始走向世界，在丹麦地质调查局格陵兰数字填图计划进行推广试验，在亚洲、非洲、南美洲等合作项目中应用。自2010年以来，我国对外举办了8期专门的数字填图技术培训班，培训学员来自亚洲、非洲、拉丁美洲等十余个国家和地区，培训人员超过120人，其中从2015年起还走出国门对老挝、马来西亚、缅甸、柬埔寨、秘鲁、巴西等国技术人员进行培训；已有相关地质人员培训后开始独立开展数字区域地质填图工作。多年来，在商务部举办的援外培训中，已针对亚非拉40多个国家和地区的300多名技术官员开展了数字填图技术讲座与交流。

为了让用户更好地操作数字地质调查软件，我们于2011年出版了一套完整的操作指南《数字地质调查系统操作指南》一书，以便于用户学习、掌握和应用数字地质调查系统软件。该书由上、中、下册组成。上册由数字填图系统野外数据采集系统（RGMap）和探矿工程数据编录系统（PEData）操作指南组成，中册为数字地质调查信息综合平台（DGSInfo）操作指南，下册为资源储量估算与矿体三维建模信息系统（REInfo）操作指南。为了更好地让用户使用该指南，该书采用了以大量图片说明的方式，便于用户直观地理解和操作软件，即使对计算机基础操作了解不多的用户，也能通过该书快速地掌握数字地质调查系统软件。本次升级版，主要变化如下：

（1）增加了地质调查智能空间平台和地质调查基础GIS软件的操作指南；

（2）原来基于Windows Mobile操作系统的野外数据采集软件已升级为基于Android操作系统的野外数据采集软件，操作指南做了相应调整。

（3）软件增加了开放式通用地质数据采集与集成技术方法，通过采集数据模型的定制和模块零编程的方式，实现了支持从基础地质、矿产调查扩展到全领域的野外地质路线调

查数据采集、管理、处理和输出，并直接接入云服务体系，可以满足不同专业、不同目标的地质调查野外数据采集的需求。

（4）室内信息综合平台增加了数据密集型地质调查数据服务与处理模块、基于模糊隶属度机器学习方法的空间模式构建模块（SDM）等内容。

（5）地质三维建模技术方法及模块使用在本书成稿时处于集成阶段，相关操作说明还在完善中，如果用户有需要，可单独联系编者。

（6）原操作指南的下册部分——资源储量估算系统相关内容本次不做升级，如果用户想使用，直接参考上一版操作指南即可。

本书涉及的软件具体如下：

（1）地质调查智能空间平台：平台提供了数据管理、数据处理、数据集成三大功能模块。数据管理主要用于实现项目组数据存储与管理。以及成员之间的数据共享。该工作环境是地质人员基本工作环境。可以在我的数据目录存储私有的各种数据，在我的（角色）数据加工目录处理数据，在我享有的数据目录共享和使用（计算）数据。数据处理模式提供了多样化软硬件计算资源，可自动与用户的资源建立互联互通机制。可利用云工具（办公软件、专业软件、虚拟机、物理机）直接对云盘中的数据进行编辑处理。数据服务（数据集成）模块支撑已有成果与正在生产的数据（正在填图的数据和使用的数据）均可发布服务，服务的对象可约束限制。用户组织在整个流程中为用户提供权限支持，分配用户可以访问的数据和操作，在数据服务里可以访问的服务内容等。数据经过处理后，在云盘形成正式的成果性数据，然后在云盘里根据数据的类型，对数据进行一键式快速发布，发布后的数据就可以在相应的数据集成页面看到。数据集成模块为项目组提供从野外到室内的数据应用服务链，支撑终端工作和服务，实现“云+端”工作模式。

（2）地质调查 GIS 基础软件（DGSGIS）：提供从数据采集到综合分析与建模的业务过程数字化智能化调查技术的基础支撑。针对数字地质调查应用需求，做了针对性的设计，强化了地质调查业务流程数字无缝性，为野外数据采集、处理、建模等提供了不同维度数据存储、组织、管理、可视化和编辑的一体化；底层框架的独立性构建，使数字地质调查软件系统可以跨平台保持无缝连接。在保持 GIS 软件特点基础上，增加了地质调查数据智能处理的功能。

（3）地质调查综合数据采集系统 RGMap（Android 版）：数字地质调查系统的移动端软件，主要用于野外区域地质调查、矿产地质调查、综合环境调查等地质调查数据采集，功能包括涵盖 GPS 导航定位、地质填图野外路线、地球化学、实测剖面、基于用户自定义和可扩展的综合调查等数据采集功能；提供地质图空间数据、非结构化数据挖掘文本等信息的离/在线服务功能，丰富和提升了数据采集过程中的信息服务内容和服务能力。

（4）探矿工程数据采集系统 PEData（Android 版）：数字地质调查系统的移动端软件，主要用于野外探矿工程编录数据采集，包括探槽、坑道、浅井、钻孔等编录数据的采集等。

（5）数字地质调查系统 DGSInfo（桌面版）：主要用于区域地质调查、矿产地质调查以及物化遥等综合地质调查的数据采集、处理、分析和成图等工作。作为一个地质调查信息综合平台，功能覆盖了地质调查工作全流程，包括综合地质调查模板设计、野外路线设计、地质路线数据处理、地质剖面数据处理、探矿工程数据处理与成图、数字地质图生

成、空间数据库建立、三维地质数据建模等，并提供相关地质数据处理、分析、预测及评价等功能。

本书前言由李丰丹执笔，数字填图系统（Android）和探矿工程编录系统（Android）部分由刘园园、李丰丹、刘畅执笔，数字地质调查系统桌面版（DGSInfo）部分由刘畅、李丰丹、刘园园执笔，地质调查智能空间平台部分主要由吕霞、李丰丹、龚爱华执笔，地质调查 GIS 基础平台（DGSGIS）部分主要由李丰丹、陈飞翔执笔。全书由李丰丹统稿。在编写过程中，我们得到了中国地质调查局、中国地质调查局发展研究中心、中国地质大学（武汉）、北京林业大学、中国地质大学（武汉）地理信息系统软件及其应用教育部工程研究中心、武汉中地数码科技有限公司、西安地质调查中心、天津地质调查中心、南京地质调查中心、沈阳地质调查中心、中国地质科学院地球物理地球化学勘查研究所以及福建省地质调查研究院等各省（区、市）地质调查院的领导、专家和地质调查项目组的指导。很多专家还给出了很好的建议和可操作方案，在此我们表示衷心的感谢。由于编者水平有限，难免会有错误之处，敬请用户对本书和软件系统提出意见和建议。特别欢迎通过 www. dgst. cgs. gov. cn、www. gsigrid. cgs. gov. cn 直接把意见反馈给我们，以利于我们在今后的升级版本中修改完善，更好地为大家服务。

# 目　录

## 地质调查 GIS 基础平台（DGSGIS）操作指南

## 地质调查智能空间平台操作指南

# 地质调查 GIS 基础平台（DGSGIS）操作指南

# 1 概　述

## 1.1 简介

地质调查 GIS 基础平台（DGSGIS）是面向数字地质调查的基础 GIS 平台，针对空间及属性信息建立了自主研发的数据存储方式及格式，并提供了矢量数据、栅格数据和影像数据的输入、处理、分析、输出等功能，具有强大的空间数据管理、空间分析、空间预测、空间信息整合等能力，适用于国土、地质、煤炭、化工等各行业的应用。

DGSGIS 可以进行地图浏览；文件、工程管理；实时创建、编辑和维护管理地理点、线、面、栅格、影像空间数据和属性，并使用在线高德地图、天地图、百度地图、地质云等地图服务进行瓦片的下载与拼接；使用空间处理工具，实现自动化、批量化工作流程；实现对二维数据的拓扑处理、量算、裁剪、空间分析和空间建模工作；对地图数据进行可视化和图层管理等；投影与图框的生成以及计算图幅号；系统、辅助以及样式设置等操作。除此之外，DGSGIS 还为地质工作者提供了有效预测评价地质对象的目标或地质体的空间模式的功能，将数字地质调查进一步向智能化进行提升。

数字地质调查软件系统（Digital Geological Survey Software，DGSS）是基于 DGSGIS 平台开发的，DGSGIS 为其提供了从数据采集到综合分析与建模的业务过程的数字化智能化调查技术的基础支撑。DGSS 率先在地质调查领域实现了全过程的信息化，改变了长期以来外业调查、内业整理的传统方式，实现了野外观测数据从采集、描述、建库、处理、表达和服务的全过程数字化，实现了传统地质调查技术体系向数字化地质调查技术体系的转变。DGSS 已成为国内地质调查领域的主流软件和工具。

## 1.2 DGSGIS 基本功能

数字地质调查 GIS 平台体系结构如图 1.2.1 所示。

### 1.2.1 空间数据的输入与编辑

文件工程管理方面，主要有新建工程、工程管理、文件管理和文件输出等功能。

编辑方面目前主要是点、线、面实体的编辑。其中点实体的编辑主要包括：选择点、选择子图、选择注记、根据面选择点、根据封闭线选择点、画多边形选择点、搜索注记、输入子图、输入注记、输入版面、输入图像、输入圆、输入弧、删除点、移动点、复制点、定位点、对齐坐标、修改角度、剪断文本、连接文本、修改图像、替换文本、修改文

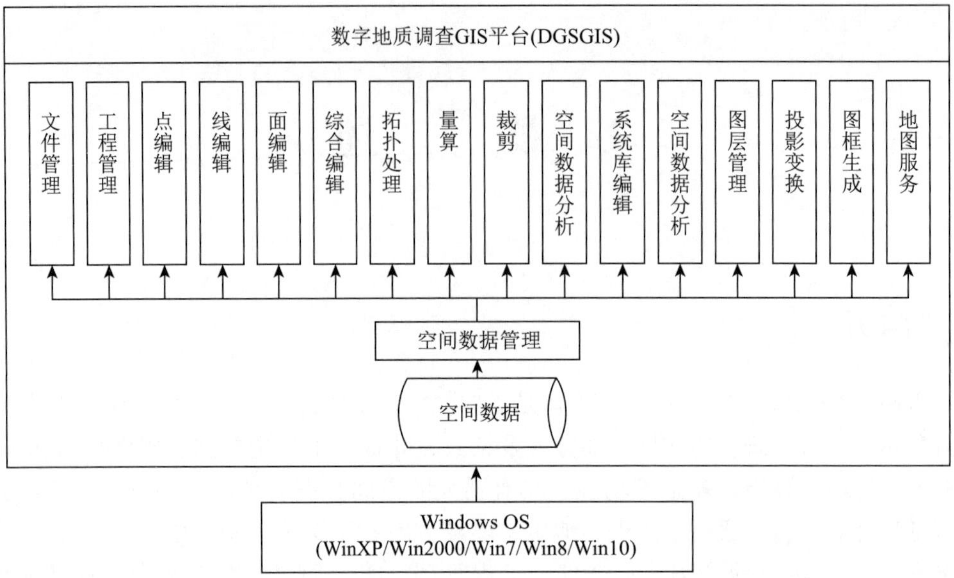


图 1.2.1　数字地质调查 GIS 平台体系结构

本、修改点参数、统改点参数、修改点属性结构、修改点属性、组合点输入、组合点修改、组合点参数修改等；线实体的编辑主要包括：选择线、输入折线、输入流线、输入矩形、输入平行线、输入光滑线、用点连线、弧段提取线、删除线、移动线、复制线、剪断线、连接线、延长线、缩短线、靠近线、抽稀线、光滑线、标注线、放大线、旋转线、镜像线、线结点平差、改线方向、线上加点、线上删点、线上移点、修改线参数、统改线参数、修改线属性、修改线属性结构等；面实体的编辑主要包括：选择弧段、选择面、输入各种弧段、删除弧段、移动弧段、剪断弧段、延长弧段、缩短弧段、靠近弧段、弧段抽稀、光滑弧段、结点平差、旋转弧段、弧段加点、弧段删点、弧段移点、输入面、图形造面、贝塞尔曲线造面、直接输入面、删除面、复制面，镜像面、挑子面、合并面、分割面、标注面、自相交检查、修改面参数、修改面属性、统改面参数、修改面属性结构等；综合编辑主要包括：选择图元、筛选图元、数据处理、图形变换和表格处理等。

## 1.2.2　工具

工具模块中包含了拓扑处理、量算、裁剪、空间分析等。拓扑处理主要包括：拓扑检查、拓扑重建、子面搜索、生成 Label 点、Label 点合并、自动剪断线、自动结点平差、边沿靠近处理、自动连接线、清除微短线、清重坐标及自相交、重叠线检查、线弧转换等；量算主要包括：距离角度量算、距离角度修改、选线裁剪、选面裁剪、画线裁剪等；空间分析主要包括：面叠加分析、工作区 Buffer 分析、选择图元 Buffer 分析等。

## 1.2.3　系统库编辑

系统库编辑主要包括子图库编辑、线型库编辑、图案库编辑、清除图形和颜色库编辑。

### 1.2.4 图层

图层主要包括：替换层号、修改层号、设当前层、存当前层、删当前层、修改层名、开关层等。

### 1.2.5 投影与图框

投影主要包括：工作区投影、目录投影、点投影、工程投影和文件投影；图框生成主要包括1：50万、1：25万、1：20万、1：10万、1：5万、1：2.5万、1：1万、1：5000、1：2000、1：1000、1：500图框生成，根据图幅号生成图框、自定义矩形图框、投影经纬网图框生成、任意矩形图框生成和计算图幅号工具。

### 1.2.6 栅格分析

栅格分析主要包括：栅格数据可视化、栅格插值分析、栅格数学分析、计算模糊隶属度和证据权分析。

### 1.2.7 地图服务

地图服务主要包括：高德地图矢量图、影像图、地形图服务，天地图矢量图、影像图、地形图服务，百度地图矢量图、影像图、地形图服务，高斯地图矢量图、影像图、地形图服务和专题地图等；还包括手工离线包、手工合并离线包、交互离线包、交互合并离线包，以及对离线包的设置。

### 1.2.8 设置

设置包含系统设置、辅助设置和样式设置等。

## 1.3 DGSGIS 主要术语

**地图**：是按一定的数学法则和特有的符号系统及制图综合原则将地球表面的各种自然和社会经济现象缩小表示在平面上的图形，它反映制图现象的空间分布、组合、联系及在时空方面的变化和发展。

**窗口**：是用户坐标系中的一个矩形区域。用户可以改变这个矩形的大小、或移动位置来选择所要观察的图形。窗口就像照相机的取景框，当我们瞄准不同的地方，就选取了不同的景物。离景物越远框内包括的景物越多而成像就小；当我们靠近它，所包括的景物越少，成像越大。利用窗口技术，我们可以有选择的考察图形的某一部分，观察图形的细致部分或全局。

**控制点**：控制点是指已知平面位置和地表高程的点，它在图形处理中能够控制图形形状，反映图形位置。

点元：点元是点图元的简称，有时也简称点，所谓点元是指由一个控制点决定其位置的有确定形状的图形单元。它包括字、字符串、子图、圆、弧、直线段等几种类型。它与

"线上加点"中的点概念不同。

**弧段**：弧段是一系列有规则的，顺序的点的集合，用它们可以构成区域的轮廓线。它与曲线是两个不同的概念，前者属于面元，后者属于线元。

**区/区域**：区/区域是由同一方向或首尾相连的弧段组成的封闭图形。

**拓扑**：拓扑亦即位相关系，是指将点、线及区域等图元的空间关系加以结构化的一种数学方法。主要包括：区域的定义、区域的相邻性及弧段的接序性。区域是由构成其轮廓的弧段所组成，所有的弧段都加以编码，再将区域看作由弧段代码组成；区域的相邻性是区域与区域间是否相邻，可由它们是否具有共同的边界弧段决定；弧段的接序性是指对于具有方向性的弧段，可定义它们的起始结点和终止结点，便于在网络图层中查讯路径或回路。拓扑性质是变形后保持不变的属性。

**透明输出**：与透明输出相对的为覆盖输出。用举例来解释这个名词，如果区与区、线与区或点图元与区等等叠加，用透明输出时，最上面的图元颜色发生了改变，在最终的输出时最上面图元颜色为它们的混合色。最终的输出如印刷品等。

**矢量**：是具有一定方向和长度的量。一个矢量在二维空间里可表示为(Dx，Dy)，其中 Dx 表示沿 x 方向移动的距离，Dy 表示沿 y 方向移动的距离。

**栅格**：是将空间分割成有规律的网格，每一个网格称为一个单元，并在各单元上赋予相应的属性值来表示实体的一种数据形式。每一个单元（像素）的位置由它的行列号定义，所表示的实体位置隐含在栅格行列位置中，数据组织中的每个数据表示地物或现象的非几何属性或指向其属性的指针。

**结点**：结点是某弧段的端点，或者是数条弧段间的交叉点。

**结点平差**：本来是同一个结点，由于数字化误差，几条弧段在交叉处，即结点处没有闭合或吻合，留有空隙，为此将它们在交叉处的端点按照一定的匹配半径捏合起来，成为一个真正结点的过程，称为结点平差。

**裁剪**：裁剪是指将图形中的某一部分或全部按照给定多边形所圈定的边界范围提取出来进行单独处理的过程。这个给定的多边形通常称作裁剪框。在裁剪实用处理程序中，裁剪方式有内裁剪和外裁剪，其中内裁剪是指裁剪后保留裁剪框内的部分，外裁剪是指裁剪后保留裁剪框外面的部分。

**属性**：就是一个实体的特征，属性数据是描述真实实体特征的数据集。显示地物属性的表通常称为属性表，属性表常用来组织属性数据。

**地图投影**（Map Projection）：按照一定的数学法则，将地球椭球面经纬网相应投影到平面上的方法。

## 1.4 DGSGIS 文件类型

DGSGIS 把地图数据根据数据形式分为矢量数据和栅格数据，其中矢量数据分为3类：点数据，线数据和区数据（即面数据）。与之相对应，文件的基本类型也分为五类：点文件（＊.ta、＊.tm），线文件（＊.la、＊.lm）、区文件（＊.pa、＊.pm）、栅格文件（＊.rm、＊.rd）和影像文件（＊.fm、＊.tif）。一幅完整的地图是多个不同类型地图数据文件叠加构成的。那么怎样才能一次调出构成一幅完整地图的所有文件呢？为了解决这个问题，本系统采用工程（＊.GPJ）来管理这三类文件。那么点、线、面、工程究竟是什么概念呢？它们相互之间的关系又是什么呢？下面我们来具体解释：

**点**：点是地图数据中点状物的统称，是由一个控制点决定其位置的符号或注释。它不是一个简单的点，而是包括各种注释（英文、汉字、阿拉伯数字等）和专用符号（包括圆、弧、直线、五角星等各类符号）。它与线编辑中“线上加点”的点的概念不同（“线上加点”的点是坐标点）。所有的点图元数据都保存在点文件中（＊.TM），一个点文件也称为一个点工作区。

**线**：线是地图中线状物的统称。DGSGIS 将各种线型（如点划线、省界、国界、等高线、路、河堤）以线为单位作为线图元来编辑。所有的线图元数据都保存在线文件中（＊.LM），一个线文件也称为一个线工作区。

**面**：面通常也称区，它是由首尾相连的弧段组成封闭图形，并以颜色和花纹图案填充封闭图形所形成的一个区域。如湖泊、居民地等。所有的区图元数据都保存在面文件中（＊.PM），一个面文件也称为一个面工作区。

**栅格**：栅格是不同于上述点、线、面矢量文件的另一种类型的数据，它是将空间分割成有规律的网格，每一个网格称为一个单元，并在各单元上赋予相应的属性值来表示实体的一种数据形式。

**影像文件**（＊.FM）：指的是遥感、航测等直观反映地物地貌的一类栅格数据。

**图层**：在 GIS 的应用中，同一文件中有多种类型的地理要素。如一个线文件中可能包括等高线、公路、铁路、河流等多种类型的线。为了便于编辑和管理，一般情况下，可以把同一类型的地理要素放到同一图层，例如：将所有的铁路线都放到铁路图层，而把所有的等高线都存放到等高线图层，这样所有的图层都叠加起来就构成了一个完整的线文件。特殊情况下，一个图层也可存为一个单独的文件（工作区）。

**工程**：一个工程由一个或一个以上的点文件、一个或一个以上的线文件、一个或一个以上的面文件组成和一个或一个以上的影像文件，每个文件作为一个数据层（即工作区），DGSGIS 可支持 512 个数据层。点、线、面、栅格、影像、图层、工程之间的相互联系具体如图 1.4.1 所示。

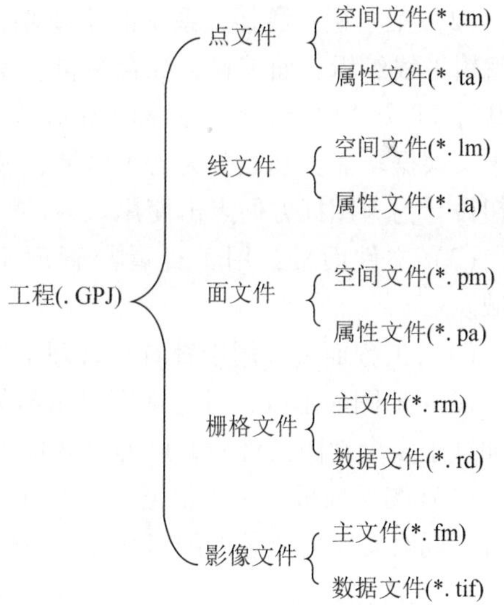


图 1.4.1　工程文件示意图

## 1.5　DGSGIS 面板简介

DGSGIS 系统界面如图 1.5.1 所示。

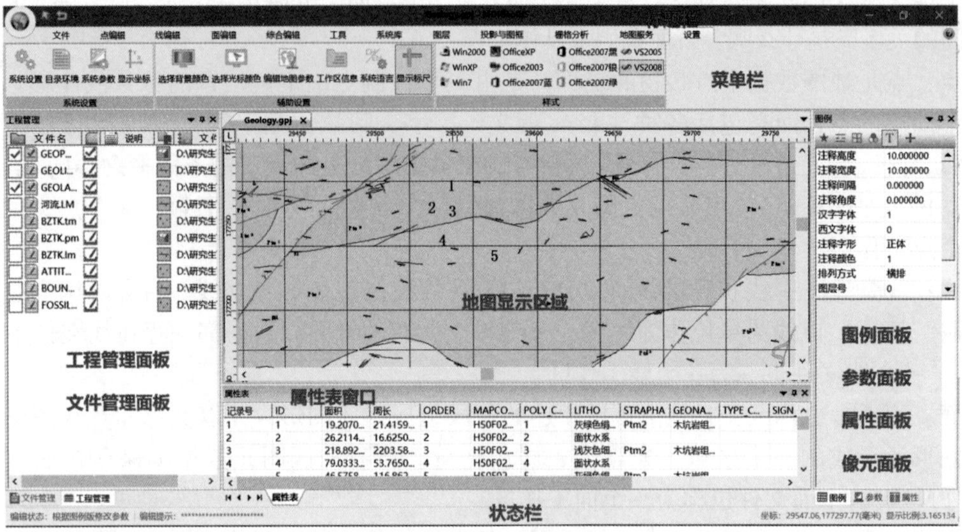


图 1.5.1　DGSGIS 系统界面

（1）标题栏：显示加载的工程、文件名；显示最大化、最小化、关闭系统、MFC 应用菜单按钮。显示取消交互式、撤销操作以及自定义快速访问工具栏按钮。

（2）菜单栏：囊括了系统的主要功能与选项，并将根据功能的不同类别，分为文件、点编辑、线编辑、面编辑、综合编辑、工具、系统库、图层、投影与图框、地图服务、设置共计 11 个选项卡。通过鼠标单击操作切换到不同类别的功能选项卡。在每个类别的选项卡中又根据功能类别细分为若干区域，并根据各功能的实际使用频率有选择地将部分功能按钮设计为大图标方便点击使用。

（3）文件面板：用于查看与管理不同类别工程组成文件（点、线、面、影像）的区域。

（4）工程面板：用于查看与管理工程文件的区域。

（5）地图显示区：进行地图显示与编辑操作的区域，由于本系统支持多文档加载，故在加载了多个地图文件后，可通过区域上方的选项卡自由切换不同地图文件。

（6）图例面板：用于根据图例快速输入点、线、面图元，进行点、线、面图元的图例设置，同时支持对颜色的编辑和注记点的编辑。

（7）属性面板：用于查看与编辑各类图例属性，切分窗格设计，上部为图例选择树区域，下部为属性查看与编辑区域。

（8）参数面板：用于查看与编辑图例参数，切分窗格设计，上部为图例选择树区域，下部为参数查看与编辑区域。

（9）像元属性面板：用于查看多层栅格图层的像元属性，切分窗格设计，上部为图层选择树区域，下部为像元属性查看区域。

（10）联动属性表：查看联动属性区域。

（11）状态栏：显示坐标、比例尺、编辑提示等。

# 2　输入与编辑

## 2.1　文件与工程

在 DGSGIS 系统中，工程是一种索引，它将所有符合索引条件的文件都包括进来，统一管理，只是记录点、线、面、栅格文件存放的文件夹目录，而不存放点、线、面矢量数据和栅格数据，点、线、面矢量数据和栅格数据是存放在文件中的，工程是用来管理文件的。

### 2.1.1　新建工程

（1）打开 DGSGIS→点击“文件”菜单下的【新建工程】按钮，系统弹出“设置工程的地图参数”对话框，如图 2.1.1 所示：

“地图参数”是工程的索引条件，工程将所有具有相同地图参数的文件，组织起来统一管理，“地图参数”包括：坐标系、投影类型、单位、比例尺、图幅高宽等。设置工程的地图参数有两种方法：

1）手工设置：在“设置工程的地图参数”对话框中点击【编辑工程中的地图参数】按钮，系统弹出“设置地图参数”对话框，如图 2.1.2 所示，在这个对话框中，可以设置工程所涉及的所有地图参数，用户依据需要进行设置。

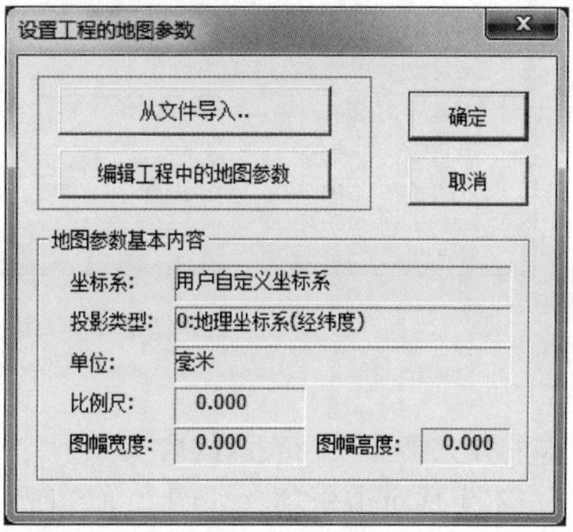


图 2.1.1　“设置工程的地图参数”对话框

2）从文件导入：对于工程的地图参数，通过手工设置会比较麻烦，用户可以利用已有地图参数的点、线、面文件，通过“文件导入”方式，将文件的地图参数，导入到当前新建的工程中，是一个简单快捷，且最常用的方法。

点击【从文件导入】按钮，系统弹出“打开”对话框，如图 2.1.3 所示。

选中准备添加到当前工程中的文件，点击【打开】按钮，返回上一级对话框，则系统自动读取文件的地图参数信息，设置为当前工程的地图参数。如图 2.1.4 两幅图所示，一个为导入地图参数之前，一个为导入地图参数之后。

（2）设置工程的地图参数之后，点击【确定】按钮，系统弹出“定制新建项目内容”对话框，如图 2.1.5 所示。

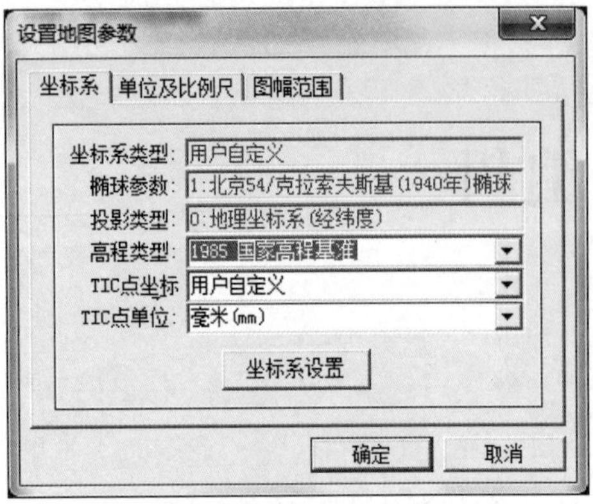


图 2.1.2 “设置地图参数”对话框

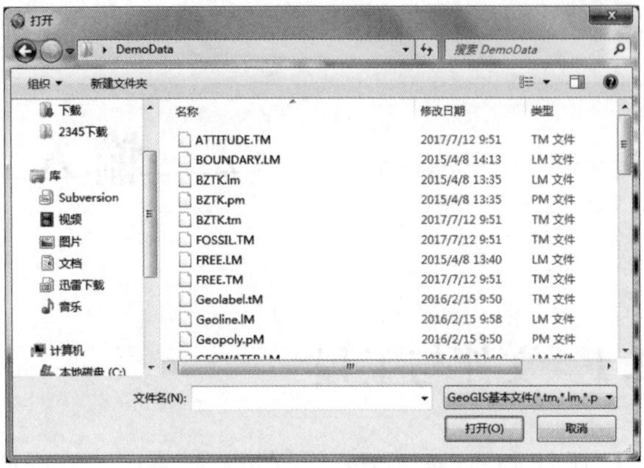


图 2.1.3 “打开”对话框

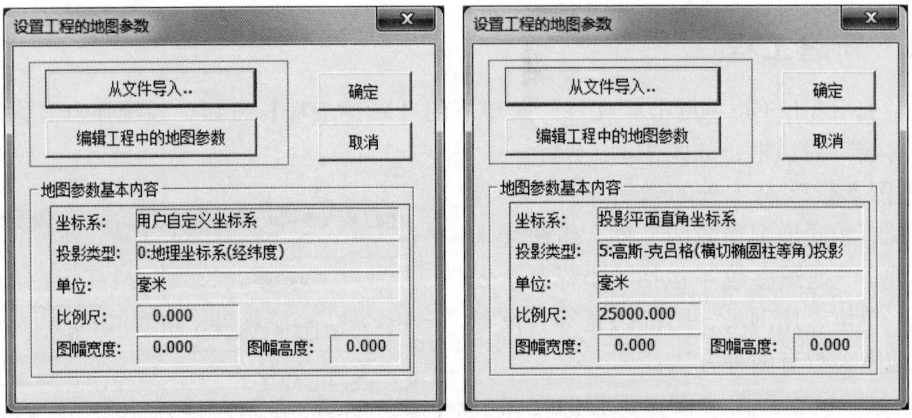


图 2.1.4 导入地图参数前后对比

这里有三个选项，表示的含义如下：

1）不生成可编辑项：如图 2.1.5 所示，表示新建的工程中，系统不会自动生成任何点、线、面文件，后续用户需要根据实际情况，自己新建文件，避免了系统生成的文件不能满足用户的要求时，可以灵活处理，也是最常用的一种选项。

2）自动生成可编辑项：选择“自动生成可编辑项”选项，则系统在新建工程完毕后，在当前工程中新建三个文件：点文件、线文件，面文件，文件名分别默认为“NEWLAYER1. TM”、“NEWLAYER1. LM”、“NEWLAYER1. PM”，并激活窗口下方四个相应的按钮，方便用户事先定义四类文件的属性结构，如图 2.1.6 所示。

3）自定义生成可编辑项：在上一个选项中，可以看到对于系统默认生成的三类文件，用户是不能修改文件的名称和保存路径的，这样会带来一些不便，而“自定义生成可编辑项”则表示系统可以提供给用户修改文件的名称和保存地址。

选择“自定义生成可编辑项”选项，在“文件名”编辑框中输入新建文件的名称，如图 2.1.7 所示。

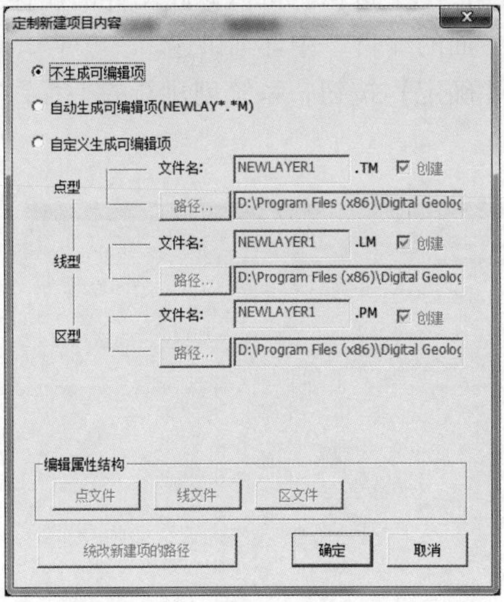


图 2.1.5 “定制新建项目内容”对话框

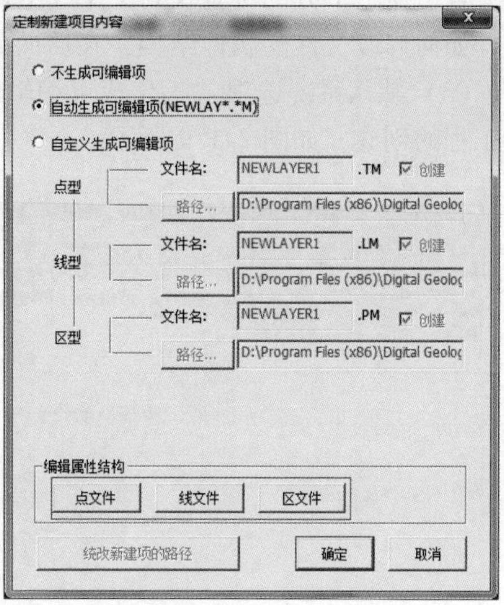


图 2.1.6 “定制新建项目内容”对话框

点击每个文件后面的【路径】按钮，系统弹出相应的“浏览文件夹”对话框，如图 2.1.8 所示。

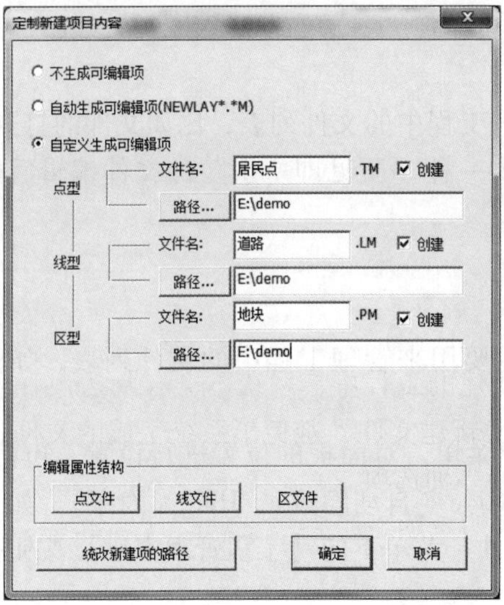


图 2.1.7 “定制新建项目内容”对话框

图 2.1.8 “浏览文件夹”对话框

选择新建文件保存路径，点击【确定】按钮。

用户也可以通过点击“定制新建项目内容”对话框下方的【统改新建项目的路径】按钮，系统弹出如图 2.1.8 所示的设置文件保存路径窗口，设置完毕后点击【确定】按钮即可。

点击窗口下方的【点文件】【线文件】【区文件】三个按钮，可以修改文件的属性结构，如何修改文件的属性结构，在后面的“点、线、面的编辑”中详细讲述。

（3）默认系统选项“不生成可编辑项”，点击【确定】按钮，系统创建新的工程，完成工程的创建，如图 2.1.9 所示：

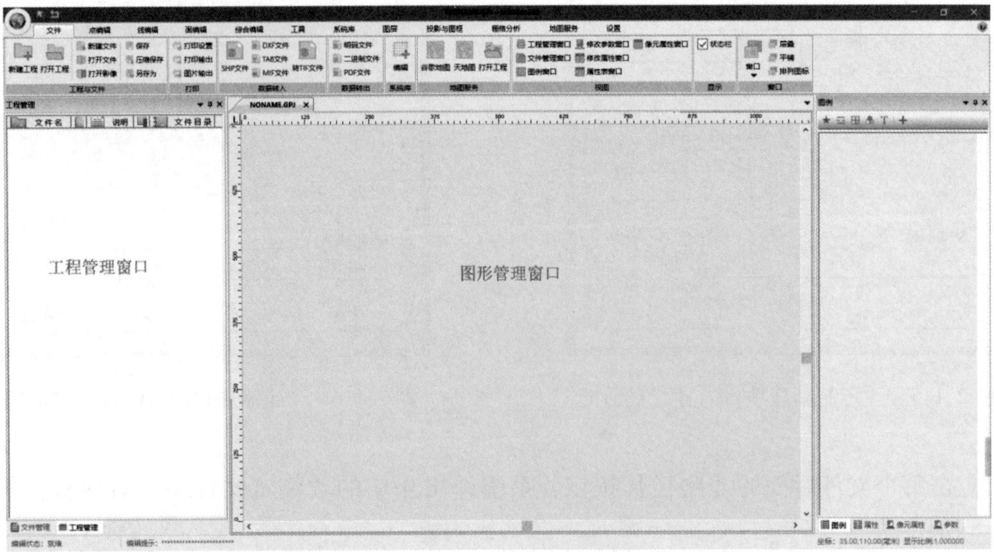


图 2.1.9　新建工程后的界面

左边窗口称为“工程管理窗口”，主要用来管理工程中的文件列表，比如文件的打开，关闭等。右边窗口称为“图形管理窗口”，主要提供一种“所见即所得”的文件编辑后的显示效果。

## 2.1.2　工程管理面板

工程管理面板位于 DGSGIS 主界面的左边，主要用来管理工程中的文件列表，如图 2.1.10 所示。

用户可以通过点击工程管理面板右上角的下拉菜单，对面板的位置进行设置，包括：Floating（悬浮显示）、Docking（固定显示）、Auto Hide（自动隐藏）、Hide（隐藏）。如果用户不小心关闭了工程管理面板，可通过点击“文件”菜单下的【工程管理窗口】按钮打开工程管理面板。

在工程管理面板中空白处点击鼠标右键，可进行以下操作，如图 2.1.11 所示。

### 2.1.2.1　添加项目

将已有的点文件（＊.tm）、线文件（＊.lm）、面文件（＊.pm）或者影像文件（＊.fm）添加到工程管理面板中。

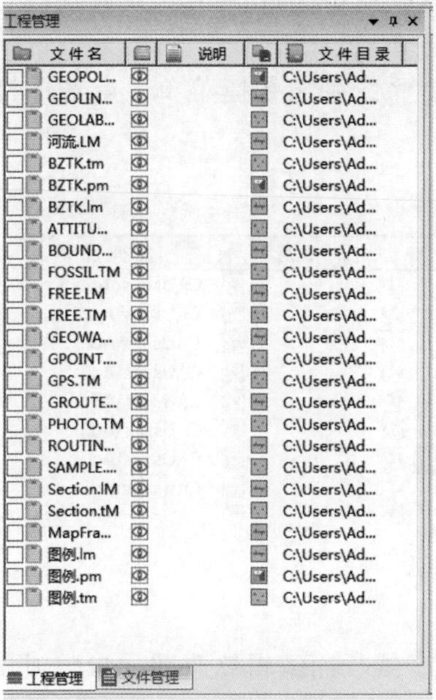


图 2.1.10 工程管理面板

图 2.1.11 工程管理面板操作菜单

## 2.1.2.2 新建文件

新建点：新建点文件（＊.tm）。

新建线：新建线文件（＊.lm）。

新建面：新建面文件（＊.pm）。

新建文件完毕之后，下面介绍一下“输入编辑”和“文件”相关的概念，如下：

（1）每类文件都有四种状态：关闭、打开、编辑、当前编辑。

1）关闭状态：即文件关闭，不让其显示在当前工作区窗口中。

在工程管理面板中选定一个文件，点击鼠标右键，系统弹出快捷菜单，点击【关闭】按钮，如图 2.1.12 所示，文件处于关闭状态。

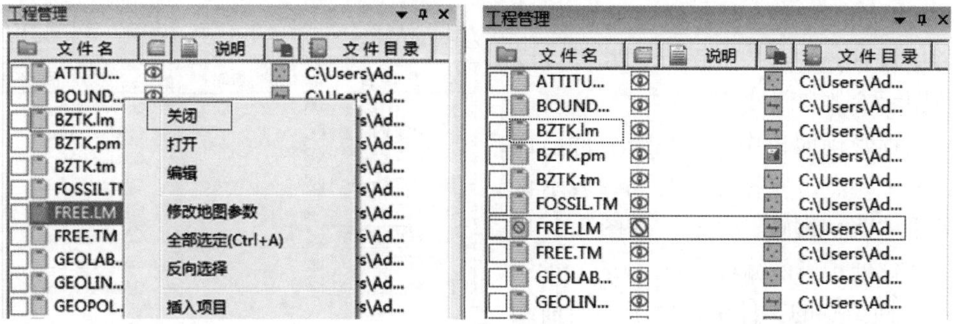


图 2.1.12 文件关闭状态

2）打开状态：即文件显示在当前地图窗口，但只能显示不能编辑或者添加点、线、面等图元。

在工程管理面板中选定一个文件，点击鼠标右键，系统弹出快捷菜单，点击【打开】按钮，如图 2.1.13 所示，文件处于打开状态。

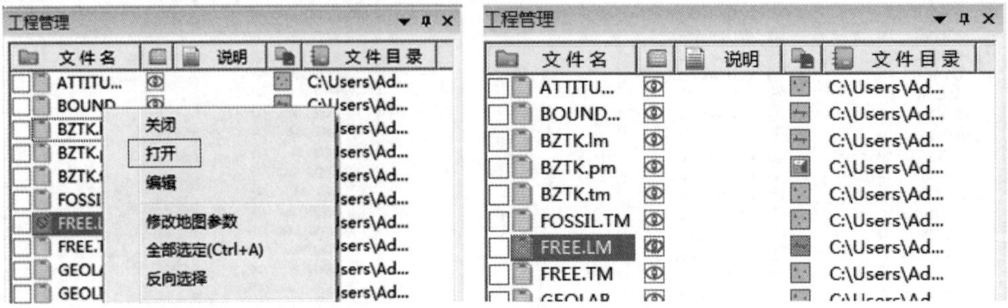


图 2.1.13　文件打开状态

3）编辑状态：即此时可以对文件中已经存在的点、线、面编辑修改图元参数或属性，但是不能添加点、线、面图元。

在工程管理面板中选定一个文件，点击鼠标右键，系统弹出快捷菜单，点击【编辑】按钮，如图 2.1.14 所示，文件处于编辑状态。

图 2.1.14　文件编辑状态

4）当前编辑状态：该状态允许用户在文件中添加点、线、面图元，并可以编辑修改图元参数和属性。

在工程管理面板中，在一个文件前面的小方框中，点击鼠标左键打勾，表示该文件处于"当前编辑"状态，如图 2.1.15 所示，文件处于当前编辑状态。

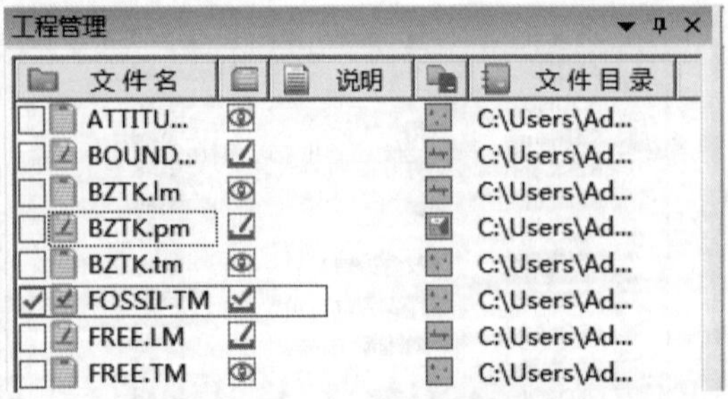


图 2.1.15　文件当前编辑状态

（2）同类别的文件中，处于"当前编辑"状态的，只能有一个。

以当前工程已经存在的文件为例，“BOUNDARY. LM” 和 “BZTK. lm” 都是线文件，所以两个文件处于“当前编辑”状态的只能有一个，要么是“BOUNDARY. LM”，要么是“BZTK. lm”，这一点系统会自动给予处理，如图 2. 1. 16 所示：

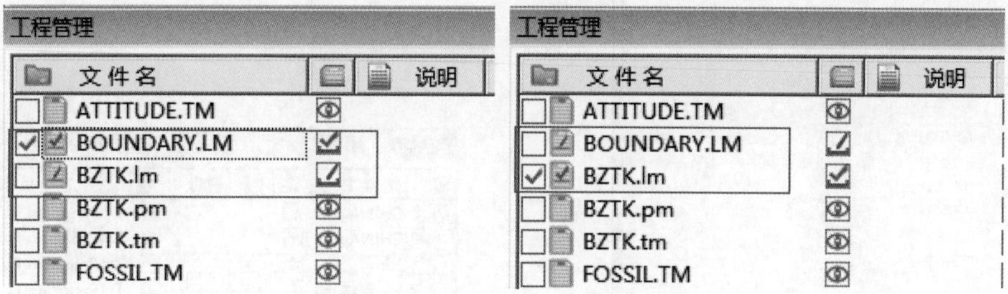


图 2. 1. 16　同类别文件“当前编辑”状态

（3）不同类别的文件，可以有多个打勾，如图 2. 1. 17 所示。

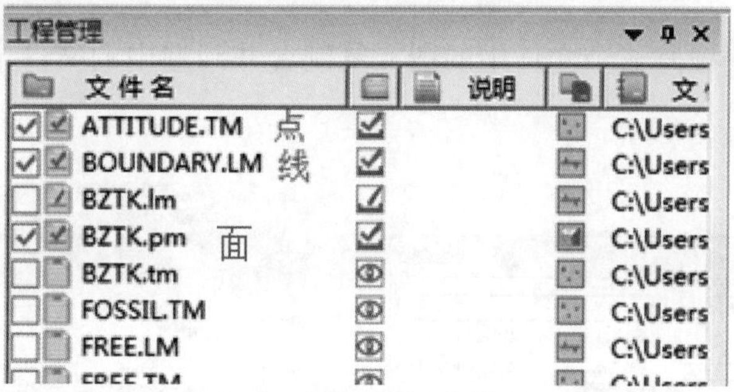


图 2. 1. 17　不同类别文件“当前编辑”状态

## 2. 1. 2. 3　对文件操作

选中一个或多个文件，点击鼠标右键，系统弹出快捷菜单。

（1）修改地图参数：修改文件的地图参数信息。

（2）修改属性结构：修改当前选中文件的属性结构，包括：添加、插入、更新、删除（图 2. 1. 18）。

（3）插入项目：在当前选中的文件前插入一个或多个已经存在的文件（图 2. 1. 19）。

（4）添加项目：在当前选中的文件后添加一个或多个已经存在的文件（图 2. 1. 19）。

（5）删除项目：将当前选中的文件从当前工程中删除。

（6）修改项目：供用户对当前选中的文件进行文件替换、文件描述、文件状态更改、设置显示比例、更改图例文件、统改当前工程中所有文件的存放路径、修改文件地图参数、查看工程中文件的状态等操作（图 2. 1. 20）。

（7）保存项目：保存当前选中的文件。

（8）另存项目：另存当前选中的文件。

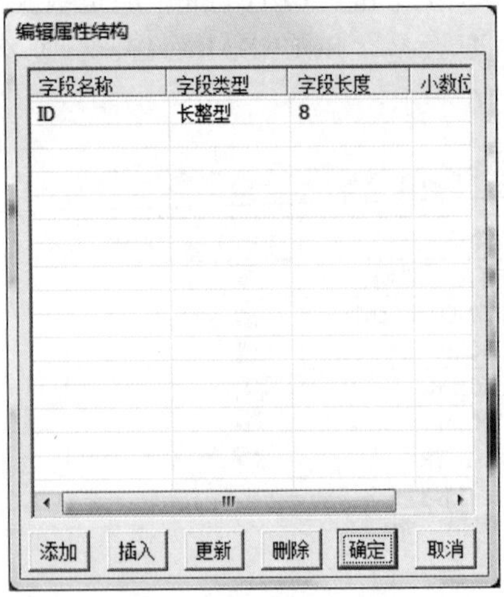


图 2.1.18　修改属性结构

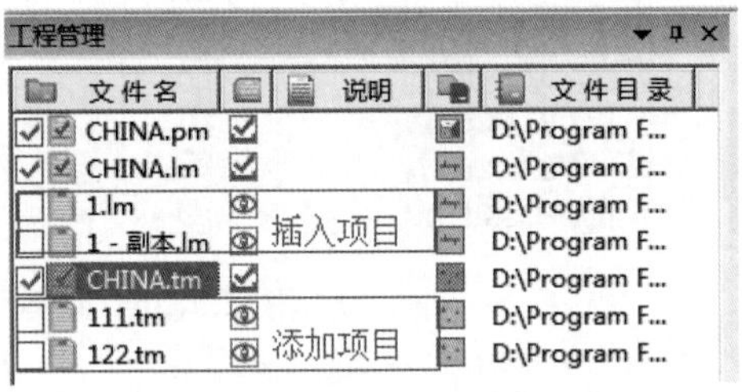


图 2.1.19　插入/添加项目

（9）合并文件：将另一个文件中的图元复制合并到选中的文件中，文件类型需相同（图 2.1.21）。

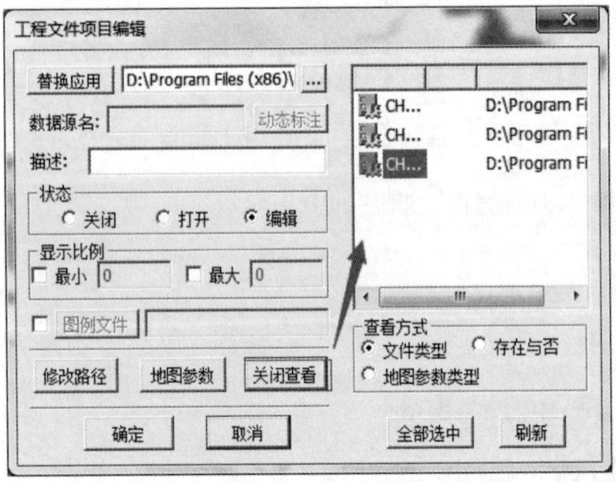


图 2.1.20　修改项目

图 2.1.21　合并文件

（10）根据图层分离文件：一个文件里可设置一个或多个图层，此功能供用户根据图层分离一个文件，生成新的文件，或保存至当前工程中同类型文件中（图 2.1.22）。

（11）图层操作：

1）开所有层：打开该文件中所有的图层。

2）关所有层：关闭该文件中所有的图层。

3）改层开关：选择性打开/关闭文件中的图层（图 2.1.23）。

（12）多个文件操作：选中多个文件，点击鼠标右键，系统弹出快捷菜单。

1）关闭所选项：将选中的文件状态设置为“关闭”。

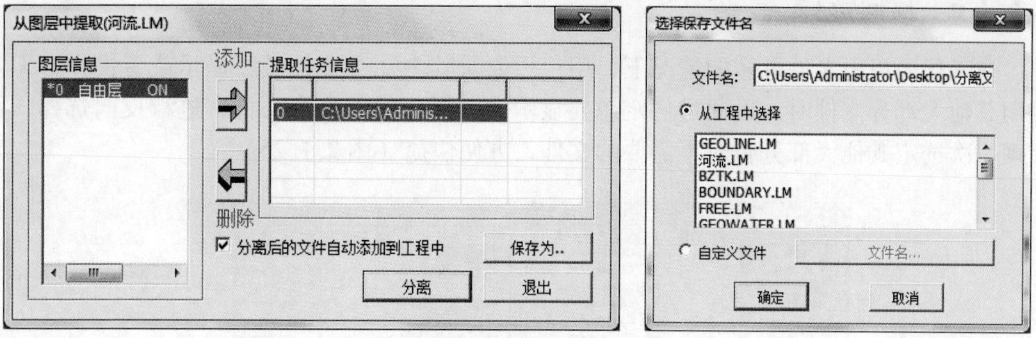


图 2.1.22 根据图层分离文件

2）打开所选项：将选中的文件状态设置为“打开”。

3）编辑所选项：将选中的文件状态设置为“编辑”。

4）合并所选项：合并同类型的文件，可生成新的合并文件，也可合并到工程中同类型的文件中（图 2.1.24）。

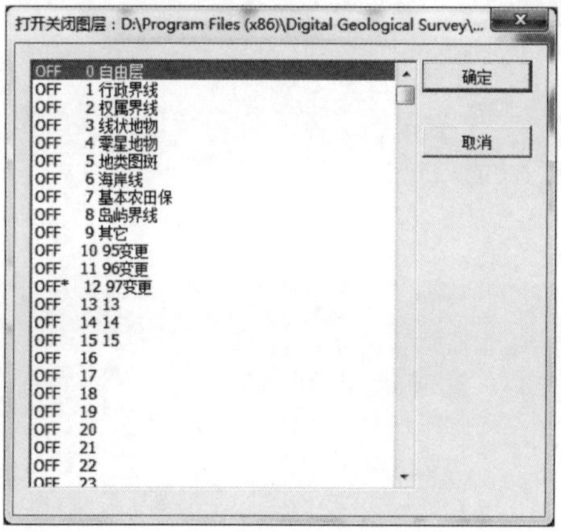


图 2.1.23 改层开关

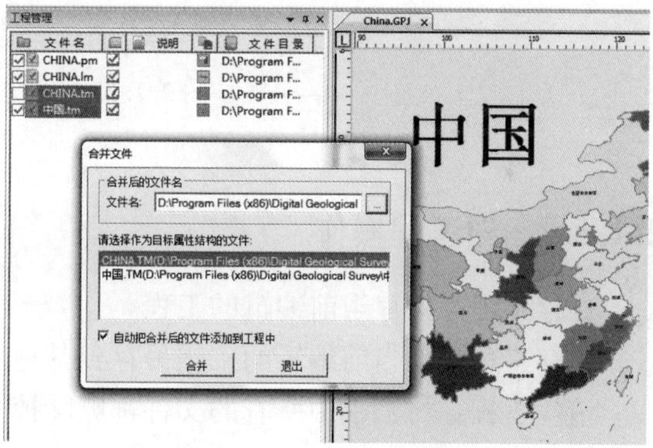


图 2.1.24 合并所选项

5）保存所选项：保存当前选中的多个文件。

6）删除所选项：将当前选中的多个文件从当前工程中删除。

7）开/关所有层：打开/关闭当前选中的多个文件中所有的图层。

### 2.1.2.4 修改地图参数

用户根据需要，可随时修改系统中当前工程中文件的地图参数。

### 2.1.2.5 全部选定（Ctrl+A）

一次选定工程管理面板中的所有文件。

### 2.1.2.6 反向选择

在工程面板中文件过多的情况下，用户想要对其中几个文件进行显示或者操作，需要关闭其他大部分文件时，可通过选定想要显示或者操作的那几个文件，进行反向选择，可实现一次选定其他大部分暂时不需要的文件，方便快捷（图 2.1.25）。

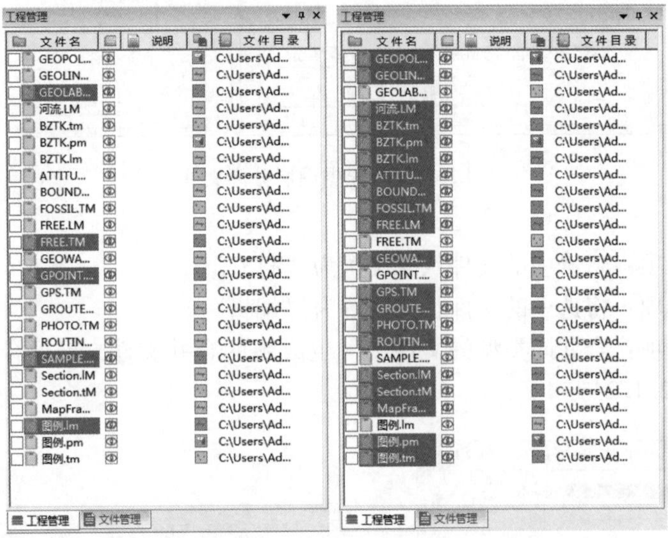

图 2.1.25 “反向选择”功能

### 2.1.2.7 对工程操作

保存工程：保存当前编辑的工程。

另存工程：将当前编辑的工程另存到其他路径下。

清空工程：将工程中所有的文件都删除掉。

重新显示工程：更新工程管理面板中的文件列表。

压缩保存工程：工程中的文件经过编辑修改后需要进行压缩保存。

工程输出编辑：设置当前工程打印输出属性。

### 2.1.2.8 工程图例

当进行矢量化操作是，每输入一类图元之前，都要进入菜单修改此类图元的缺省参数，这样带来不必要的重复操作，影响工作效率，为此，可以生成含有固定参数的工程图例，系统将其放到图例板中，在数据输入时，直接拾取图例板中某一图元的固定参数，这样就可以灵活输入了。

（1）新建工程图例：用户可以建立自己工程需要的图例库。

点击【新建工程图例】按钮→系统弹出“工程图例编辑器”对话框，设置图例类型、图例信息、图例参数→对图例进行添加、插入、编辑、删除等操作，建立工程专属图例库

→点击【确定】按钮→系统弹出“另存为”对话框，选择保存路径→点击【保存】按钮（图 2. 1. 26）。

（2）编辑工程图例：对已建立的工程图例进行编辑。

点击【编辑工程图例】按钮，系统弹出“工程图例文件修改”对话框→点击【修改图例文件】→系统弹出“打开”对话框，选择要编辑的工程图例文件，点击【打开】按钮，返回上一级对话框→点击【确定】按钮，系统弹出“工程图例编辑器”对话框，对工程图例进行编辑修改→点击【确定】按钮，保存对工程图例的修改（图 2. 1. 27）。

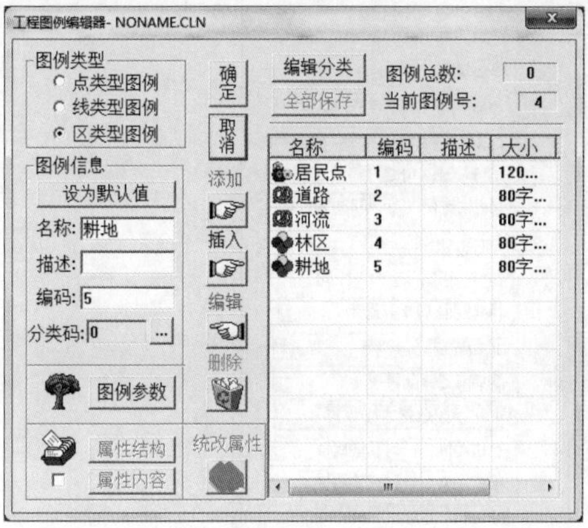


图 2. 1. 26 “工程图例编辑器”对话框

图 2. 1. 27 “工程图例文件修改”对话框

## 2. 1. 3 文件管理面板

文件管理面板位于 DGSGIS 主界面的左边，主要用来管理单个或多个文件，不需要新建工程，用户可通过“文件”菜单下的【打开文件】和【打开影像】按钮，向文件管理面板中添加文件，文件管理面板按照文件类型（点、线、面、影像）进行管理，添加到文件管理面板中的文件可在图形管理面板中分多个地图窗口单独显示（图 2. 1. 28）。

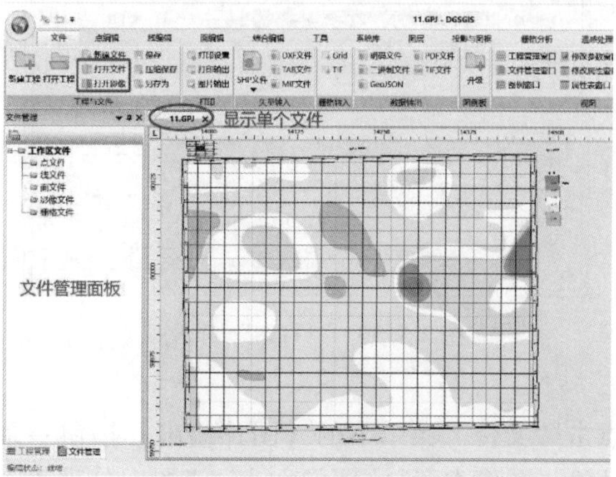


图 2. 1. 28 文件管理面板

## 2.1.4 文件输出

目前 DGSGIS 支持当前工程中处于非关闭状态下文件的输出，用户可通过点击“文件”菜单下的【打印设置】【打印输出】【图片输出】按钮实现工程中文件的输出。

（1）打印设置：点击“文件”菜单下的【打印设置】→系统弹出“工程输出编辑”对话框→设置“地图设置”“页面设置”属性→点击【确定】按钮（图 2.1.29）。

**注：**红色边框是纸张范围，蓝色边框是图幅范围，用户可根据需求进行调整。

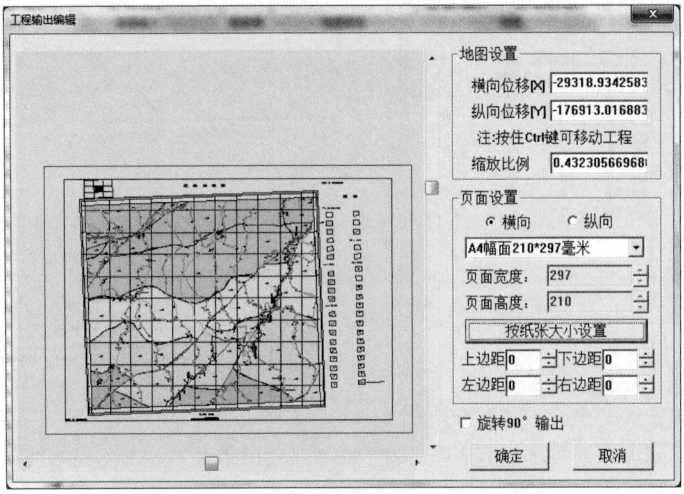


图 2.1.29　“工程输出编辑”对话框

（2）打印输出：点击“文件”菜单下的【打印输出】按钮→系统弹出“打印”对话框→设置“打印机”的属性→点击【确定】按钮→系统弹出“文件另存为”对话框→设置文件名，点击【保存】按钮（图 2.1.30，图 2.1.31）。

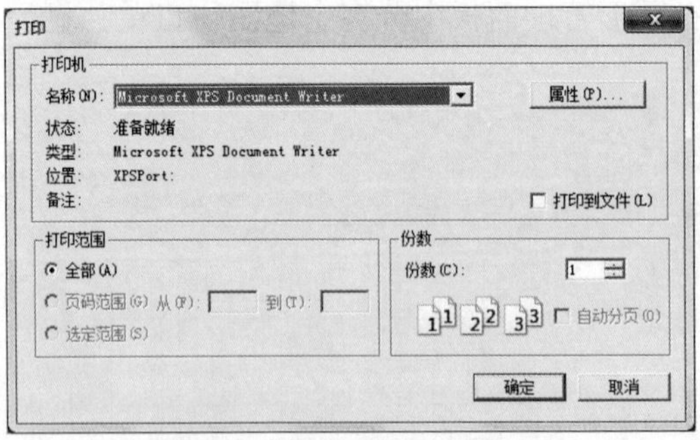


图 2.1.30　“打印”对话框

（3）图片输出：点击“文件”菜单下的【图片输出】按钮→系统弹出“工程输出到图像文件”对话框→设置“图像类型”“图像大小”“图像分辨率”和“文件路径”等信息→点击【确定】按钮（图 2.1.32，图 2.1.33）。

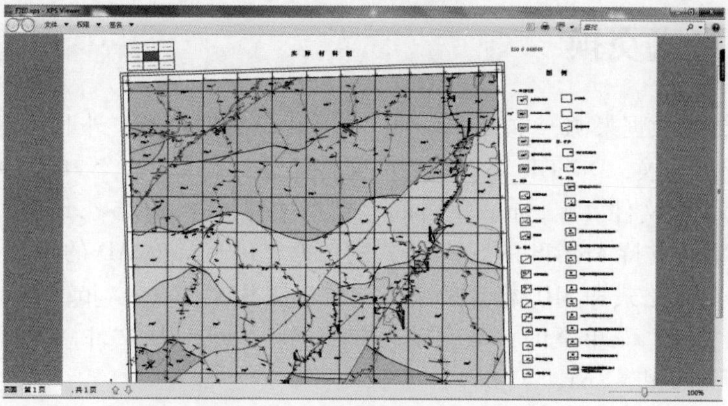

图 2. 1. 31　工程打印输出的结果

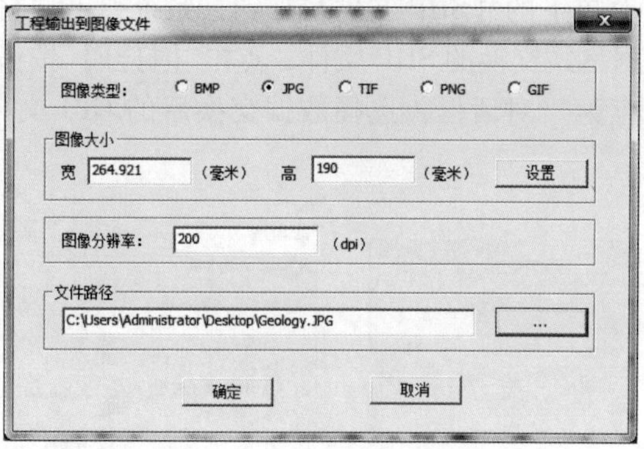


图 2. 1. 32　“工程输出到图像文件”对话框

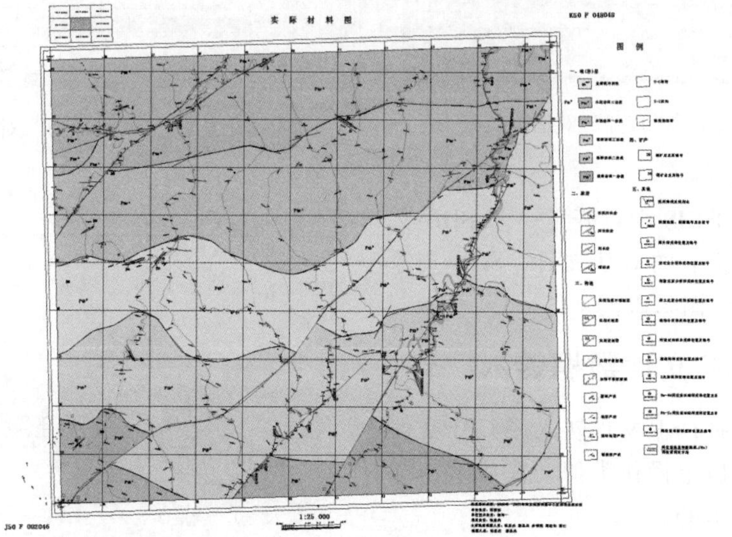


图 2. 1. 33　图片输出的结果

## 2.2 数据格式交换

DGSGIS 系统的数据来源，主要有三种：矢量化、数据转换、外业采集的数据。这里介绍一下数据格式交换，DGSGIS 系统支持的文件类型有点文件（＊.tm，＊.ta）、线文件（＊.lm，＊.la）、面文件（＊.pm，＊.pa）、栅格文件（＊.rd，＊.rm）、影像文件（＊.fm），DGSGIS 系统支持 ArcGIS 的 SHP 格式的数据文件、AutoCAD 的 DXF 格式的数据文件、MapInfo 的 TAB 格式和 MIF 格式的数据文件、图片文件（＊.jpg、＊.png、＊.bmp、＊.gif）通过“文件”菜单下的“数据转入”功能转换成 GPJ 文件（＊.tm 和＊.ta、＊.lm 和＊.la、＊.pm 和＊.pa、＊.fm）。

### 2.2.1 SHP 文件数据转入

（1）点击“文件”菜单下的【SHP 文件】按钮，系统弹出“打开”对话框。

（2）选择要进行数据格式交换的 SHP 文件，点击【打开】按钮（图 2.2.1）。

（3）系统弹出“另存为”对话框，选择数据交换后的 GPJ 文件保存路径，点击【保存】按钮（图 2.2.2）。

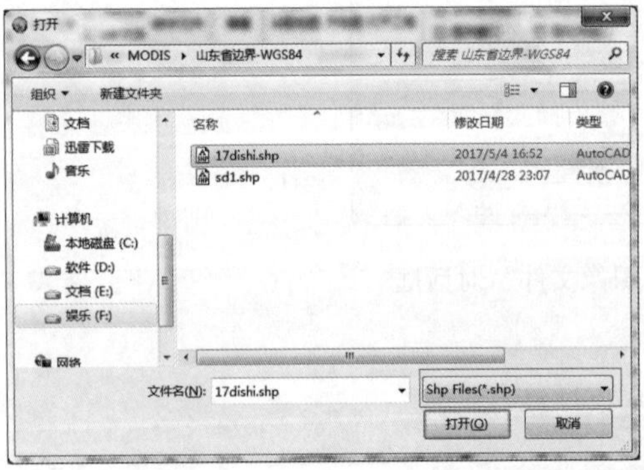


图 2.2.1 “打开”对话框

图 2.2.2 “另存为”对话框

（4）在 DGSGIS 中打开上一步 SHP 文件经过格式交换后的 GPJ 文件，SHP 文件数据转入成功（图 2.2.3）。

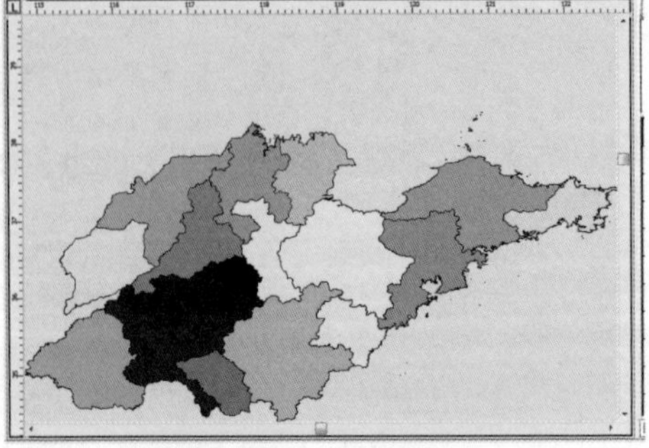

图 2.2.3 SHP 文件数据转换成 GPJ 文件

### 2.2.2 DXF 文件数据转入

AutoCAD 的 DXF 文件转入成 GPJ 文件的操作步骤和以上操作类似，在此不作详细说明（图 2.2.4）。

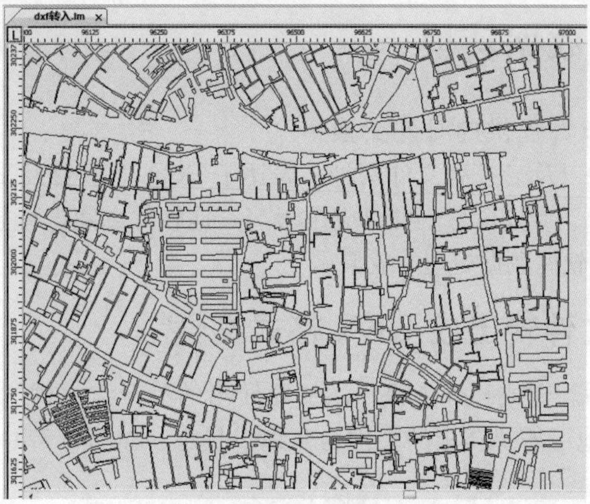

图 2.2.4 DXF 文件数据转换成 GPJ 文件

## 2.2.3 TAB 文件数据转入

MapInfo 的 TAB 文件转入成 GPJ 文件的操作步骤和以上操作类似，不作详细说明。

## 2.2.4 MIF 文件数据转入

MapInfo 的 MIF 文件转入成 GPJ 文件的操作步骤和以上操作类似，不作详细说明(图 2.2.5)。

## 2.2.5 图片文件转 TIF 文件

DGSGIS 支持 JPG、PNG、BMP、GIF 格式的图片数据转成 TIF 格式的数据文件。操作步骤和以上数据格式交换类似，就不详细说明了，用户通过点击“文件”菜单下的【打开影像】按钮可以将转换成的 TIF 文件加载到 DGSGIS 系统中（图 2.2.6）。

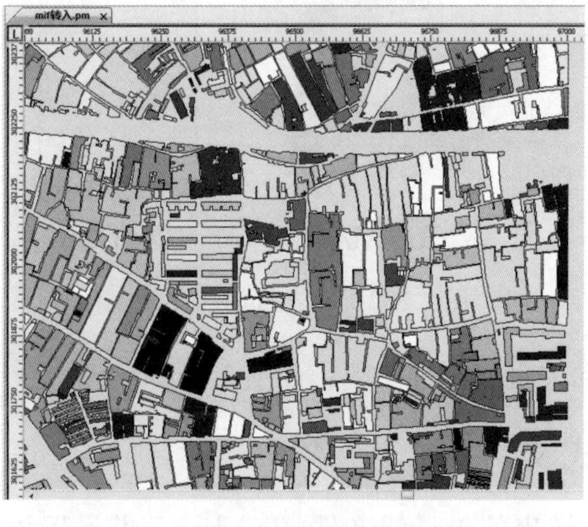

图 2.2.5 MIF 文件数据转换成 GPJ 文件

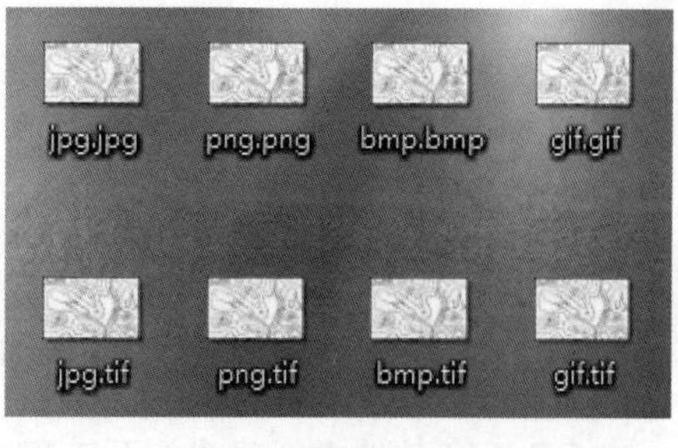


图 2.2.6 不同格式的图片文件转 TIF 文件

## 2.3 公开格式数据转换

GEX 是 DGSGIS 软件提供的对外交换格式，共分为 ASCII 文件以及二进制文件两种，表达了 DGSGIS 软件几乎所有的矢量格式以及工作区信息、空间信息、参数信息。可以应用于与其他软件之间进行数据交换，使得其他软件可以使用到 DGSGIS 软件数据处理的成果。

### 2.3.1 矢量点文件转出成 GEX 格式文件

在 DGSGIS 软件中新建或打开工程，添加要转出的矢量点文件（＊. tm），并设置该点文件为编辑状态，其他不需要转出的文件为非编辑状态，如图 2. 3. 1 所示。

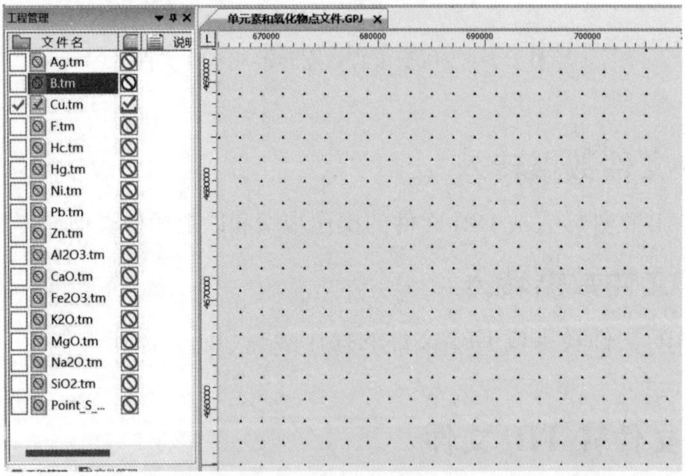


图 2. 3. 1　打开矢量点文件

点击数据转出系统中的【明码文件】按钮，系统弹出“选择文件夹”对话框，选择转出文件存储路径，点击【确定】按钮，系统自动生成明码文件（＊. TMA），文件名和矢量点文件一致。

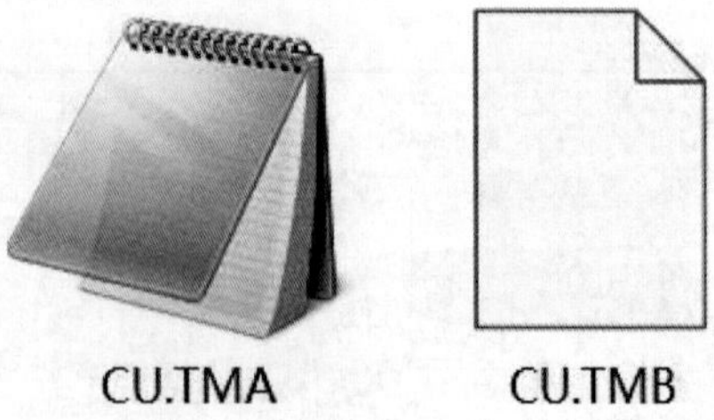


图 2. 3. 2　生成的 GEX 格式文件

同样，点击数据转出系统中的【二进制文件】按钮，系统弹出“选择文件夹”对话框，选择转出文件存储路径，点击【确定】按钮，系统自动生成二进制文件（＊. TMB），文件名和矢量点文件一致，如图 2. 3. 2 所示。

### 2.3.2 矢量线文件转出成 GEX 格式文件

在 DGSGIS 软件中新建或打开工程，添加要转出的矢量线文件（＊. lm），并设置该线文件为编辑状态，其他不需要转出的文件为非编辑状态，如图 2. 3. 3 所示。

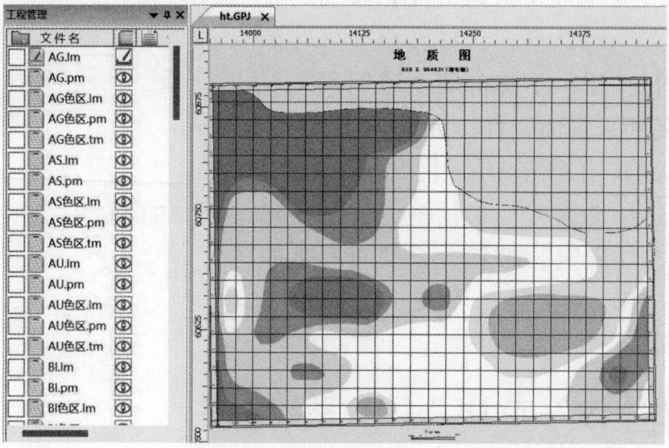


图 2.3.3 打开矢量线文件

点击数据转出系统中的【明码文件】按钮，系统弹出“选择文件夹”对话框，选择转出文件存储路径，点击【确定】按钮，系统自动生成明码文件（＊.LMA），文件名和矢量线文件一致。

同样，点击数据转出系统中的【二进制文件】按钮，系统弹出“选择文件夹”对话框，选择转出文件存储路径，点击【确定】按钮，系统自动生成二进制文件（＊.LMB），文件名和矢量线文件一致，如图 2.3.4 所示。

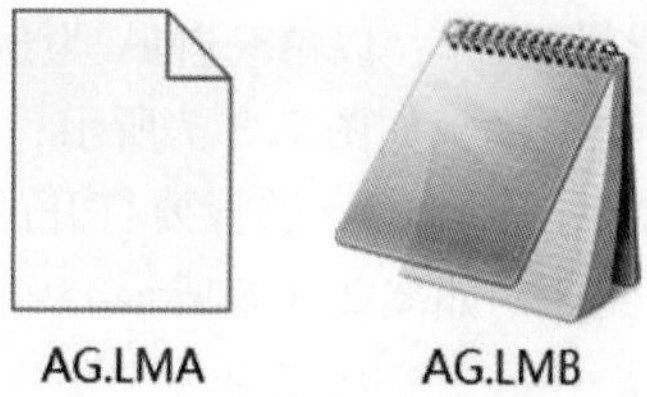


图 2.3.4 生成的 GEX 格式文件

## 2.3.3 矢量面文件转出成 GEX 格式文件

在 DGSGIS 软件中新建或打开工程，添加要转出的矢量面文件（＊.pm），并设置该面文件为编辑状态，其他不需要转出的文件为非编辑状态，如图 2.3.5 所示。

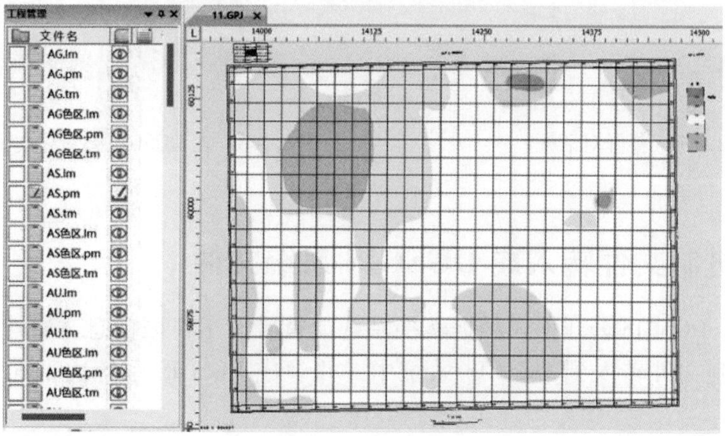


图 2.3.5 打开矢量面文件

点击数据转出系统中的【明码文件】按钮，系统弹出“选择文件夹”对话框，选择转出文件存储路径，点击【确定】按钮，系统自动生成明码文件（＊.PMA），文件名和矢量面文件一致。

同样，点击数据转出系统中的【二进制文件】按钮，系统弹出“选择文件夹”对话框，选择转出文件存储路径，点击【确定】按钮，系统自动生成二进制文件（＊.PMB），文件名和矢量面文件一致，如图 2.3.6 所示。

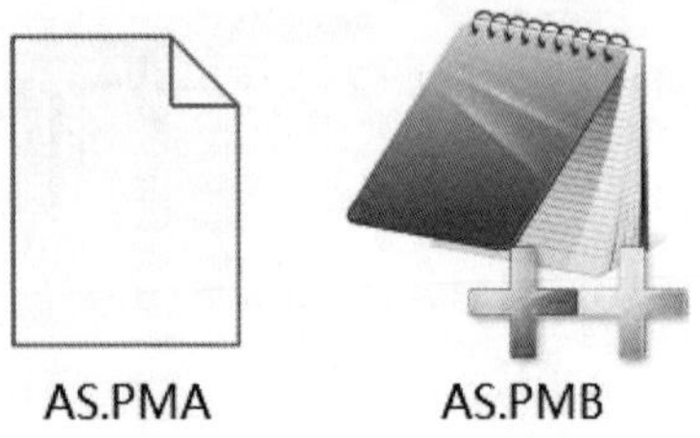


图 2.3.6　生成的 GEX 格式文件

## 2.3.4　明码文件转入成 DGSGIS 系统文件

功能描述：DGSGIS 公开格式数据转换系统支持带有工作区信息、属性信息和空间参考信息的明码文件转入到 DGSGIS 系统中，并生成 DGSGIS 系统内部相应格式的矢量文件。

举例操作：以 AS. PMA 为例，点击文件菜单下的【打开文件】按钮，系统弹出“打开”对话框，如图 2.3.7 所示，找到要打开的明码文件存储路径，设置打开文件类型为“GEX 明码文件”，选择要打开的明码文件 AS. PMA，点击【确定】按钮，系统自动生成矢量面文件，如图 2.3.8 所示。

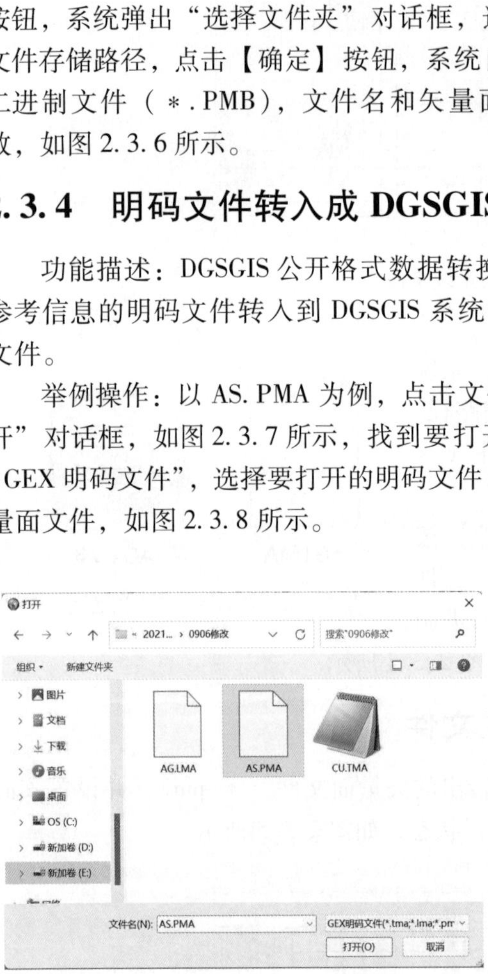

图 2.3.7　打开对话框

图 2.3.8　在 DGSGIS 系统中打开明码文件

## 2.3.5　二进制文件转入成 DGSGIS 系统文件

功能描述：DGSGIS 公开格式数据转换系统支持带有工作区信息、属性信息和空间参考信息的二进制文件转入到 DGSGIS 系统中，并生成 DGSGIS 系统内部相应格式的矢量文件。

举例操作：以 AS. PMB 为例，点击文件菜单下的【打开文件】按钮，系统弹出“打开”对话框，如图 2.3.9 所示，找到要打开的二进制文件存储路径，设置打开文件类型为

"GEX 二进制文件"，选择要打开的明码文件 AS. PMB，点击【确定】按钮，系统自动生成矢量面文件，如图 2. 3. 10 所示。

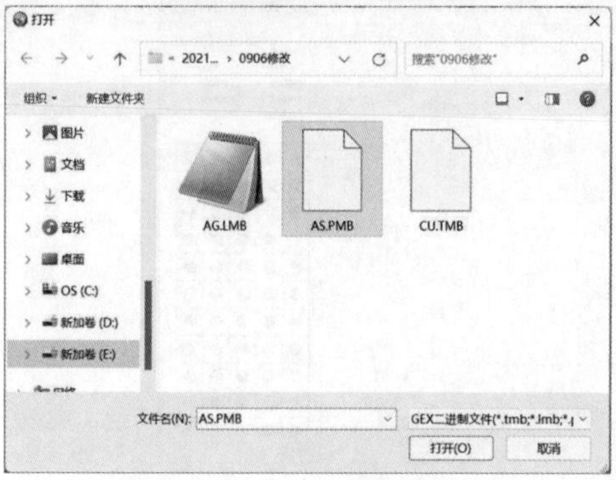


图 2. 3. 9　打开对话框

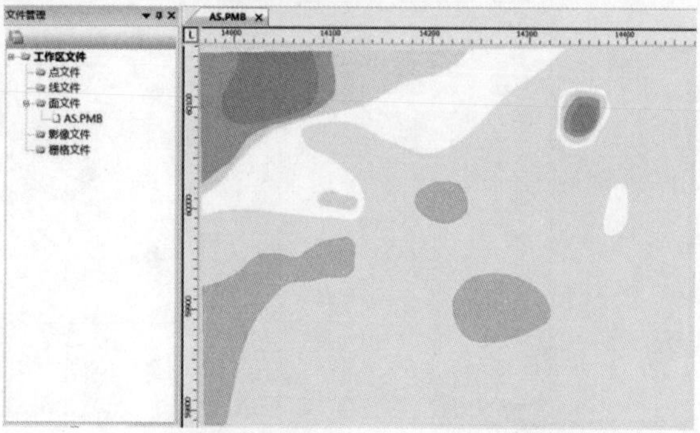


图 2. 3. 10　在 DGSGIS 系统中打开二进制文件

## 2. 3. 6　保存转入的文件

点击文件菜单下的【保存】按钮，系统弹出"另存为"对话框，设置文件存储路径及文件名，点击【确定】按钮，系统自动保存成 DGSGIS 系统内部相应格式的矢量文件。

# 2. 4　点编辑

首先新建/打开点文件，然后进行下面的各功能操作。以下所有的功能都在"点编辑"菜单下实现的，"点编辑"的主菜单如图 2. 4. 1 所示：

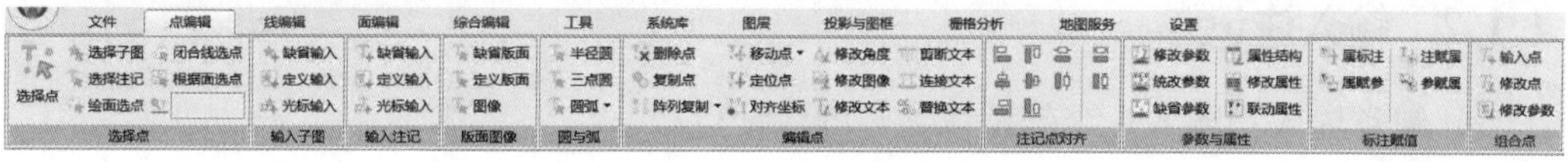


图 2. 4. 1　"点编辑"的主菜单

## 2. 4. 1　输入

点图元有六种类型：子图、注记、版面、图像、圆、弧。文件状态为"当前编辑"时，进行点图元的输入。

### 2. 4. 1. 1　输入子图

（1）缺省输入：输入一个带默认参数的子图点。

在图例面板中设置子图点的默认参数→点击"输入子图"模块中的【缺省输入】按钮→在地图窗口点击鼠标左键定义子图点位置，系统将缺省参数赋于该点（图 2. 4. 2）。

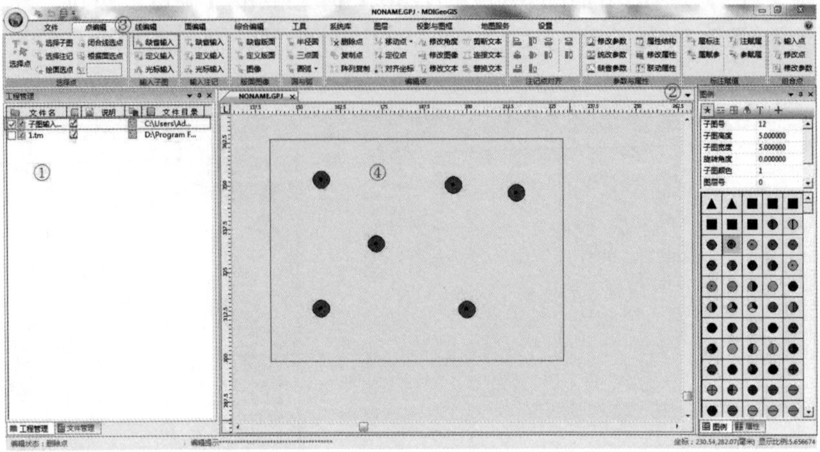


图 2.4.2　缺省输入子图点

（2）定义输入：输入一个带自定义参数的子图点。

点击“输入子图”模块中的【定义输入】按钮→在地图窗口点击鼠标左键定义子图点位置→系统弹出“GeoGIS 点参数”对话框，用户输入子图点参数，点击【确定】按钮。

（3）光标输入：鼠标左键拖拽划线设置子图点角度，再次点击设置子图点高度，最后设置参数。

点击“输入子图”模块中的【光标输入】按钮→在地图窗口长按鼠标左键进行两次拖动操作，第一个拖动操作定义子图点的位置和角度，第二个拖动操作定义子图点的高度→松开鼠标左键，系统弹出“GeoGIS 点参数”对话框，用户可调整子图点参数，点击【确定】按钮。

### 2.4.1.2　输入注记

（1）缺省输入：输入一个带默认参数的注记点。

在图例面板中设置注记点的默认参数→点击“输入注记”模块中的【缺省输入】按钮→在地图窗口点击鼠标左键定义注记点位置→系统弹出“GeoGIS 注释编辑”对话框，用户输入注记内容，点击【确定】按钮，系统将缺省参数赋于该点（图 2.4.3）。

（2）定义输入：输入一个带自定义参数的注记点。

点击“输入注记”模块中的【定义输入】按钮→在地图窗口点击鼠标左键定义注记点位置→系统弹出“GeoGIS 注释编辑”对话框，用户输入注记内容，点击【确定】按钮→系统弹出“GeoGIS 点参数”对话框，用户设置注记点参数，点击【确定】按钮。

（3）光标输入：鼠标左键拖拽划线设置注记点角度，再次点击设置注记点高度，最后设置参数。

点击“输入注记”模块中的【光标输入】按钮→在地图窗口长按鼠标左键进行两次拖动操作，第一个拖动操作定义注记点的位置和角度，第二个拖动操作定义注记点的高度→松开鼠标左键，系统弹出“GeoGIS 注释编辑”对话框，用户输入注记内容，点击【确定】

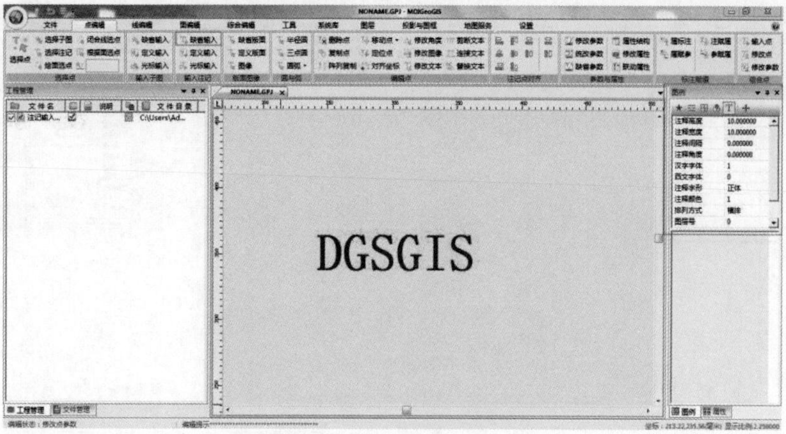


图 2.4.3 缺省输入注记点

按钮→系统弹出“GeoGIS 点参数”对话框，用户可调整子图点参数，点击【确定】按钮（图 2.4.4）。

#### 2.4.1.3 版面图像

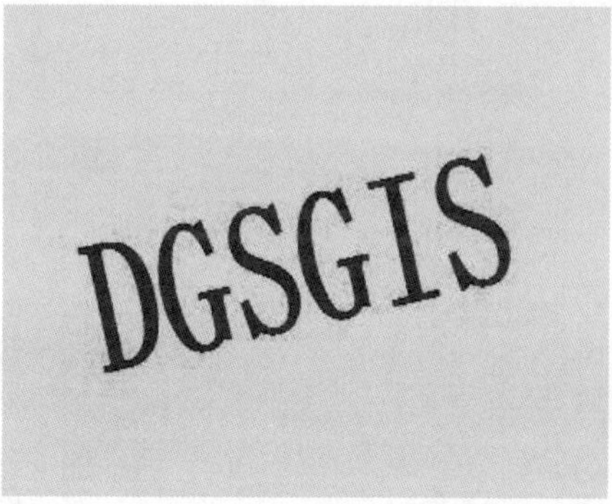


图 2.4.4 光标输入注记点

（1）缺省版面

在图例面板中设置版面内容的默认参数→点击“版面图像”模块中的【缺省版面】按钮→在地图窗口长按鼠标左键拖出一个矩形框，定义版面的位置→松开鼠标，系统弹出“GeoGIS 排版编辑”对话框，用户输入版面内容，点击【确定】按钮，系统将缺省参数赋于该版面（图 2.4.5）。

（2）定义版面

点击“版面图像”模块中的【定义版面】按钮→在地图窗口长按鼠标左键拖出一个矩形框，定义版面的位置→松开鼠标，系统弹出“GeoGIS 点参数”对话框，用户设置版面内容的参数，点击【确定】按钮→系统弹出“GeoGIS 排版编辑”对话框，用户输入版面内容，点击【确定】按钮。

（3）图像

点击“版面图像”模块中的【图像】按钮→在地图窗口点击鼠标左键定义图片的位置→系统弹出“打开”对话框，选择要添加的图片，所有格式的图片都可以添加到 DGSGIS 系统中，点击【打开】按钮→系统弹出“GeoGIS 点参数”对话框，设置图像属性，点击【确定】按钮。

如果图片没有显示，只有图片路径时，需要用户自行去系统设置中，勾选“还原显示”功能，在地图窗口右键弹出快捷菜单，点击【更新窗口】按钮，图片就可以正常显示了（图 2.4.6）。

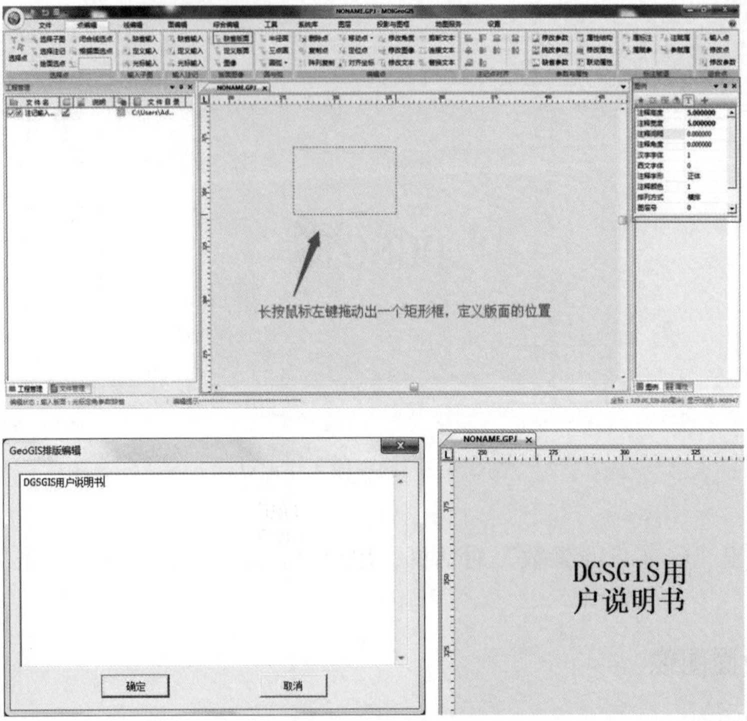


图 2.4.5　输入缺省版面

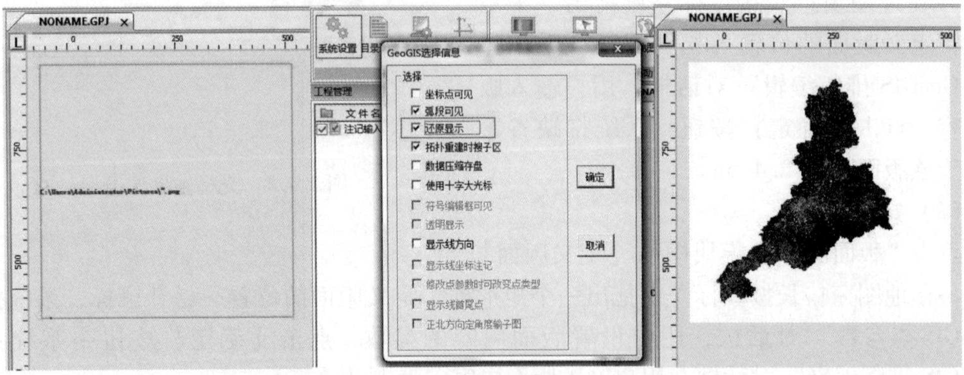


图 2.4.6　还原显示

## 2.4.1.4　圆与弧

（1）半径圆：左键确定圆的中心点，拖拽鼠标确定半径，右键完成绘制。

点击“圆与弧”模块中的【半径圆】按钮→在地图窗口点击鼠标左键确定圆的中心点，拖拽鼠标确定圆半径→点击鼠标右键，系统弹出“GeoGIS 点参数”对话框，用户设置圆的参数信息，点击【确定】按钮，完成绘制（图 2.4.7）。

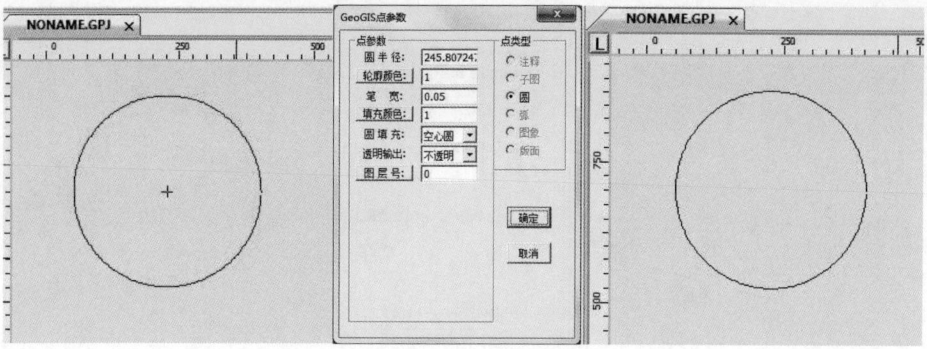


图 2.4.7 半径画圆

（2）三点圆：左键选择三点，右键完成绘制。

点击“圆与弧”模块中的【三点圆】按钮→在地图窗口点击鼠标左键确定三个不在同一条直线上的点，定义圆的位置→点击鼠标右键，系统弹出“GeoGIS 点参数”对话框，用户设置圆的参数信息，点击【确定】按钮，完成绘制（图 2.4.8）。

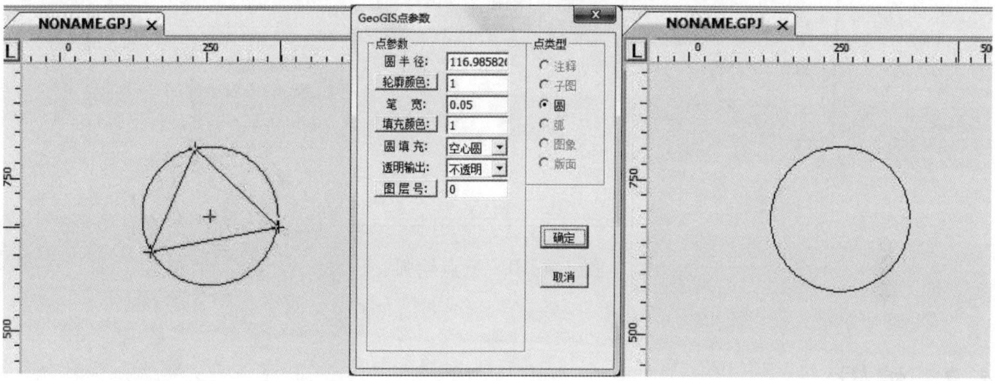


图 2.4.8 三点画圆

（3）圆弧：绘制圆弧，分两种方式绘制：半径绘制、三点绘制。

半径弧：点击“圆与弧”模块中的【半径弧】按钮→在地图窗口点击鼠标左键定义圆弧的圆心（点 1）位置，不要松开鼠标左键，拖拽鼠标定义圆弧的半径（半径 d）和圆弧一端端点（点 2）→松开鼠标左键，接着按下鼠标左键并拖动，来确定圆弧的圆心角（角 $\alpha$），定义弧段另一端点结束方向（点 3），松开鼠标左键→系统弹出“GeoGIS 点参数”对话框，用户设置弧参数，点击【确定】按钮，完成绘制（图 2.4.9）。

三点弧：点击“圆与弧”模块中的【三点弧】按钮→在工作区窗口点击鼠标左键分别定义弧段上的三个点（点 1、点 2、点 3）位置，此时系统自动确定圆心位置（圆心）→点击鼠标右键，系统弹出“GeoGIS 点参数”对话框，用户设置弧参数，点击【确定】按钮，完成绘制（图 2.4.10）。

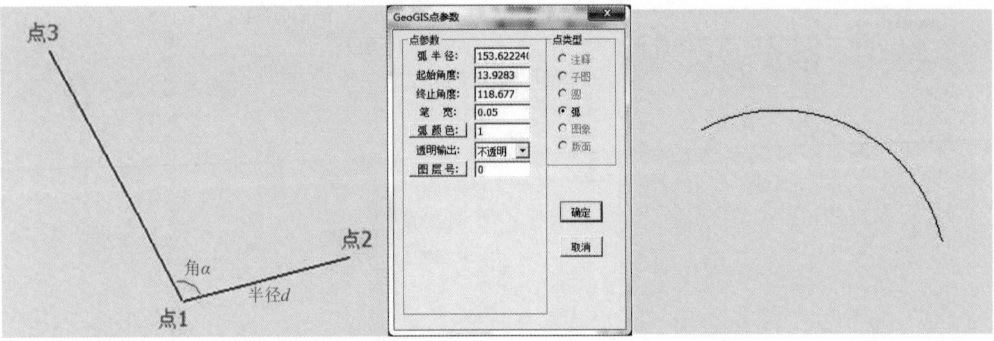


图 2.4.9　半径绘弧

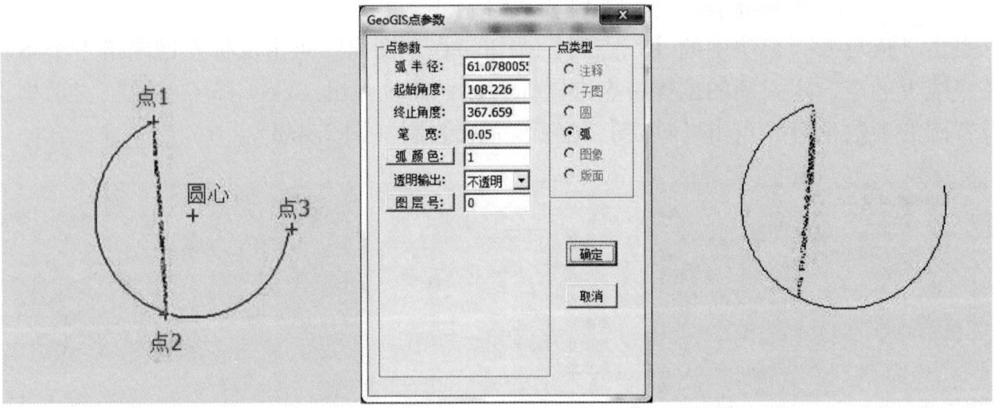


图 2.4.10　三点绘弧

## 2.4.2　编辑

### 2.4.2.1　选择点

不同类型点图元如图 2.4.11 所示。

（1）选择点：不分点图元类型，可以选择一个或多个任意点图元。

（2）选择子图：只能选择子图点图元，可以选择一个或多个。

（3）选择注记：只能选择注记点图元，可以选择一个或多个。

（4）绘面选点：不分点图元类型，用鼠标左键绘制多边形，右键绘制完毕，多边形中的点被选中。

（5）闭合线选点：不分点图元类型，点击选择一段闭合线性，该闭合线中的点图元被选中（图 2.4.12）。

（6）根据面选点：不分点图元类型，点击选择面，该面中的点图元被选中（图 2.4.13）。

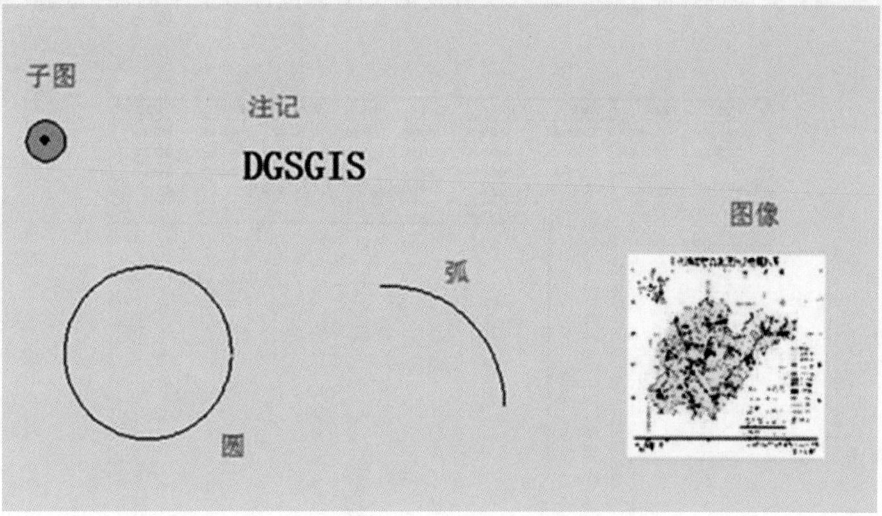


图 2.4.11 不同类型点图元

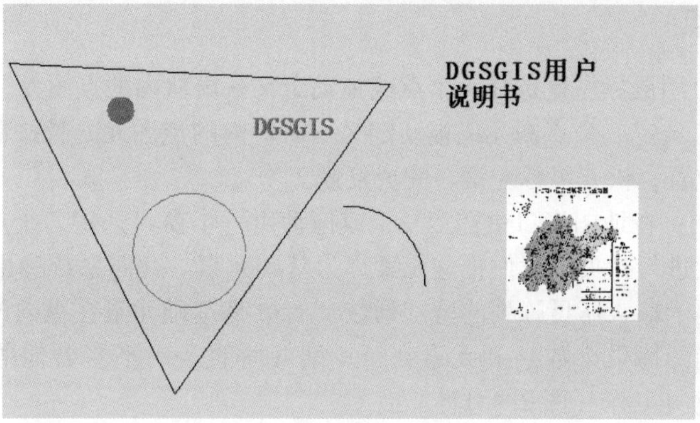


图 2.4.12 闭合线选点

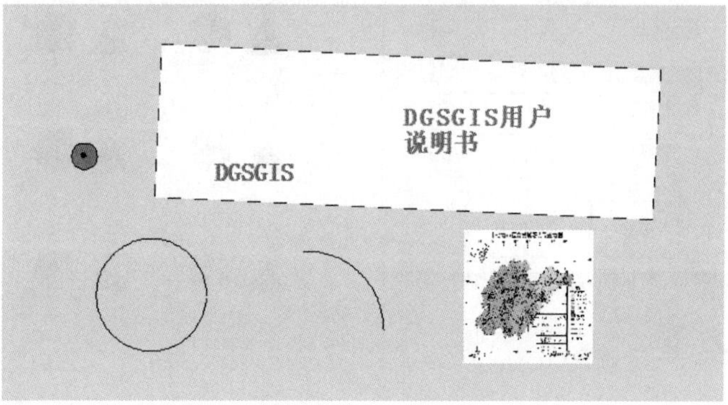


图 2.4.13 根据面选点

（7）搜索：只能选择注记点，输入要查找的文字，包含该文字的注记点被选中（图 2.4.14）。

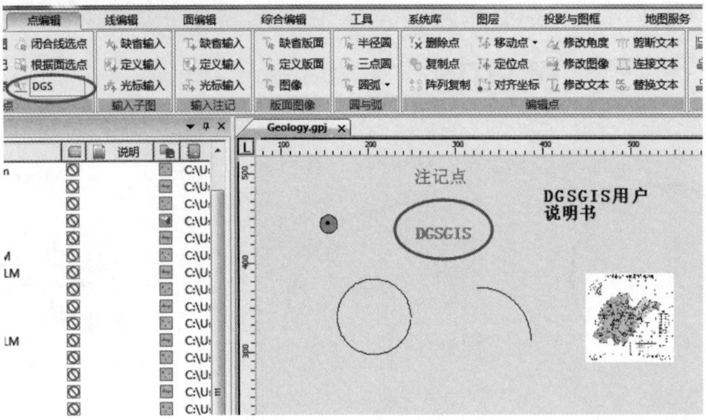


图 2.4.14　搜索选点

## 2.4.2.2　编辑点

（1）删除点：用鼠标左键选择一个点或拖动定义一窗口内的点图元，将之删除。

（2）复制点：选定一个点图元或拖动定义一窗口内的点图元，长按鼠标左键将该点图元拖动到适当的位置，松开鼠标左键，完成复制。

（3）阵列复制：在地图窗口中选定一个或拖动出一个窗口选定若干点图元，并将它们作为阵列一个元素进行拷贝，我们把这元素称为基础元素。此时系统弹出“阵列拷贝”对话框，用户按照提示输入拷贝阵列的行、列数（行数是基础元素在纵向的拷贝个数；列数是基础元素在横向的拷贝个数）和元素在行、列（垂直、水平）方向的间距，点击【确定】按钮，完成拷贝工作（图 2.4.15）。

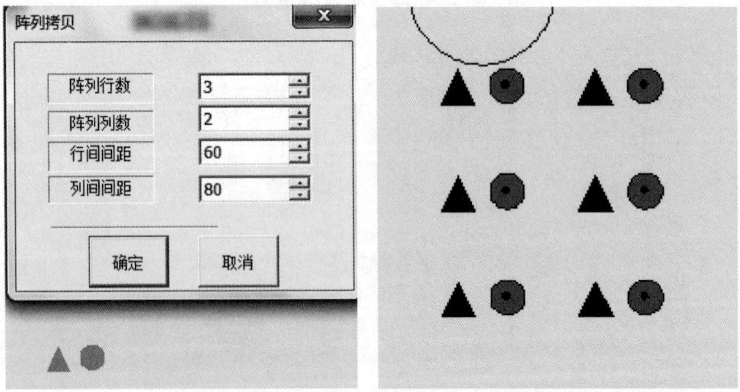


图 2.4.15　阵列复制

角度阵列复制：点击【阵列复制】→【角度阵列复制】按钮，选择一个点图元（目前只支持单图元操作），并将它们作为阵列一个元素进行拷贝，在阵列复制的基础上再增加一个角度设置即可（图 2.4.16）。

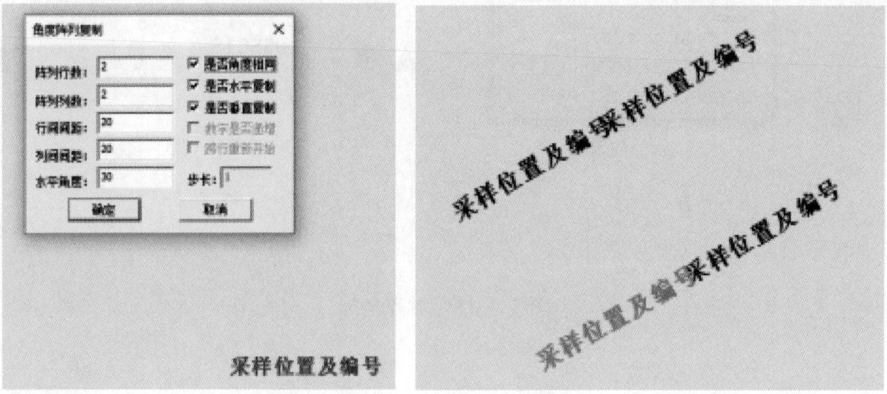


图 2.4.16　角度阵列复制

（4）移动点：

手动移动：选定一个点图元或拖动定义一个窗口内的点图元，长按鼠标左键将该点图元拖动到适当的位置，松开鼠标左键，完成移动。

图 2.4.17　移动点坐标调整

移动点坐标调整：选定一个点图元或拖动定义一窗口内的点图元，长按鼠标左键将该点图元拖动到适当的位置，松开鼠标左键，系统弹出“GeoGIS 位移参数”对话框，用户可以输入 X、Y（水平、垂直）位移参数调整垫图元的位置，点击【确定】按钮，完成移动（图 2.4.17）。

（5）定位点：将指定的点移到指定的位置。用鼠标左键选定一个点图元或拖动定义一窗口内的点图元，系统弹出“GeoGIS 定点位参数”对话框，用户依次设置这些点的准确位置坐标，这些点就移动到了坐标指定的位置上。

（6）对齐坐标：对选定的包含所有子图点和注记点的对齐，对齐时可输入对齐方式和 X、Y 值（图 2.4.18）。

（7）修改角度：选定一个或多个点图元，拖动鼠标左键定义一个角度，松开鼠标左键，完成修改角度（图 2.4.19）。

（8）修改图像：更改选定的图像。

（9）修改文本：修改选定的注记或版面的文本内容。

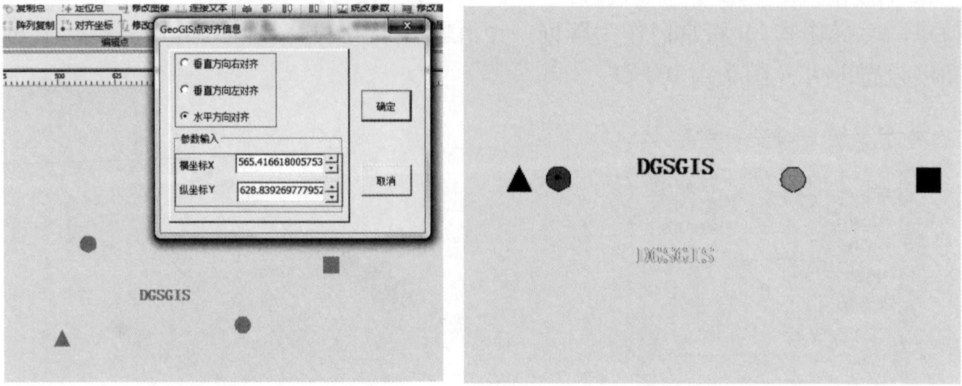


图 2.4.18　对齐坐标

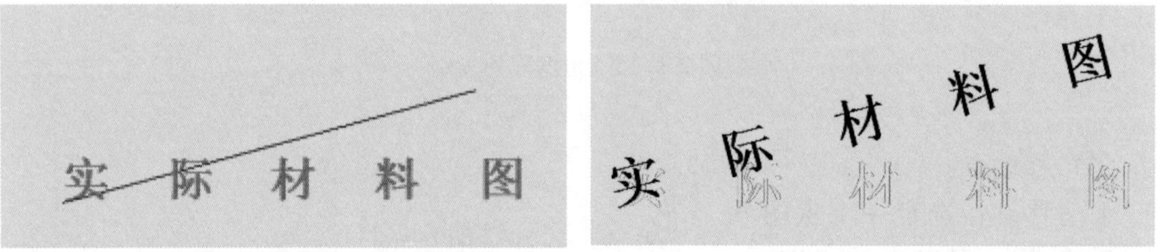


图 2.4.19　修改角度

（10）剪断文本：将一个字串剪断，使之成为两个字串。选定一个字串，点击【剪断文本】按钮，系统弹出“GeoGIS 剪断字串设置”对话框，用户可通过【减】、【增】按钮确定剪断位置，还可以选择是否“左对齐”，点击【确定】按钮，完成剪断文本工作（图 2.4.20）。

（11）连接文本：将两个字串连接起来，使之成为一个字串。

点击【连接文本】按钮→点击鼠标左键选定第一个字串→点击鼠标左键选定第二个字串→系统自动地将第二个字串连接到第二个字串的后面，完成连接文本工作（图 2.4.21）。

（12）替换文本：查找替换文本内容（图 2.4.22，图 2.4.23）。

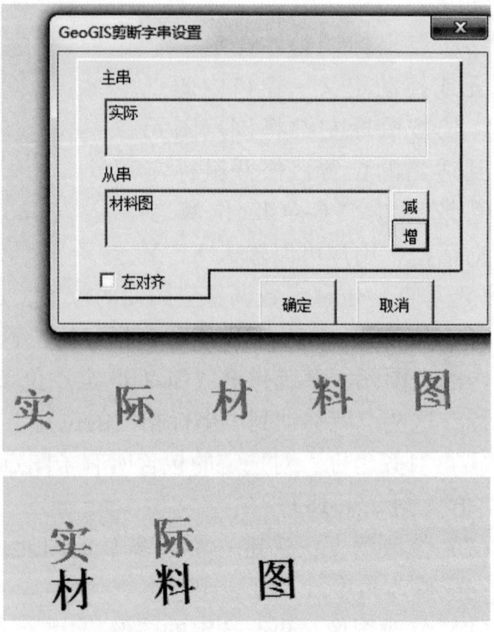


图 2.4.20　剪断文本

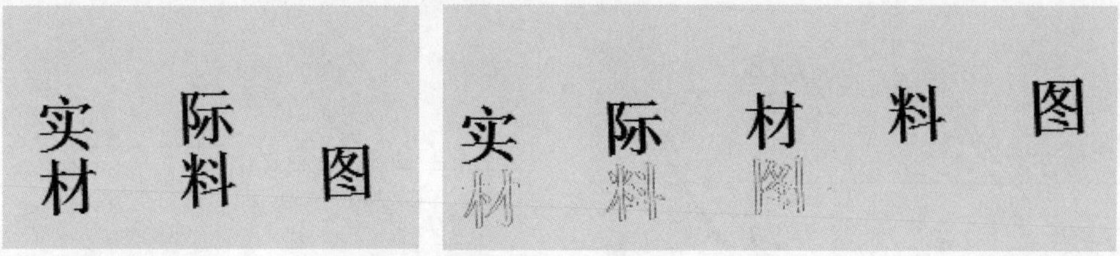


图 2.4.21　连接文本

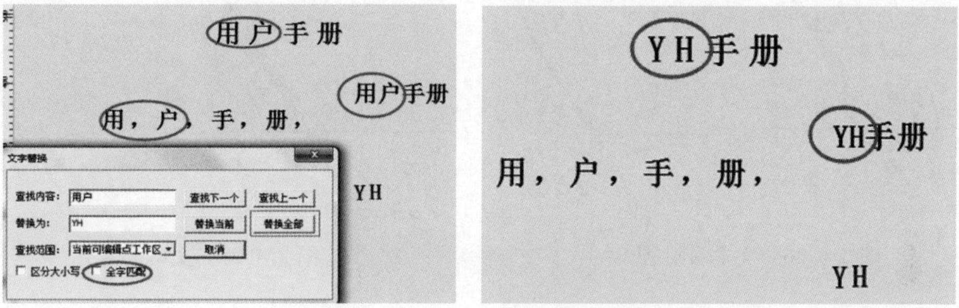


图 2.4.22　非全字匹配替换文本

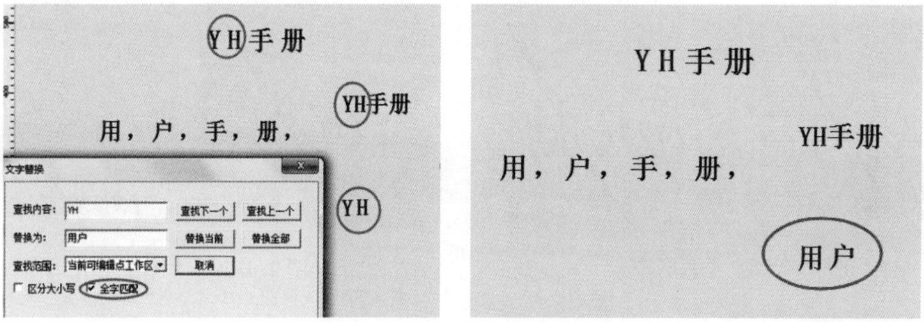


图 2.4.23　全字匹配替换文本

## 2.4.2.3　注记点对齐

（1）文本左对齐：依次选定的注记点以第一个选定的注记点为准向左对齐（图 2.4.24）。

（2）水平居中：选择注记点后，左键选择屏幕两个位置，右键将被选择的注记点水平移至两个位置中间（图 2.4.25）。

（3）文本右对齐：依次选定的注记点以第一个选定的注记点为准向右对齐（图 2.4.26）。

（4）文本上对齐：依次选定的注记点以第一个选定的注记点为准向上对齐（图 2.4.27）。

（5）垂直居中：选择注记点后，左键选择屏幕两个位置，右键将被选择的注记点垂直移至两个位置中间（图 2.4.28）。

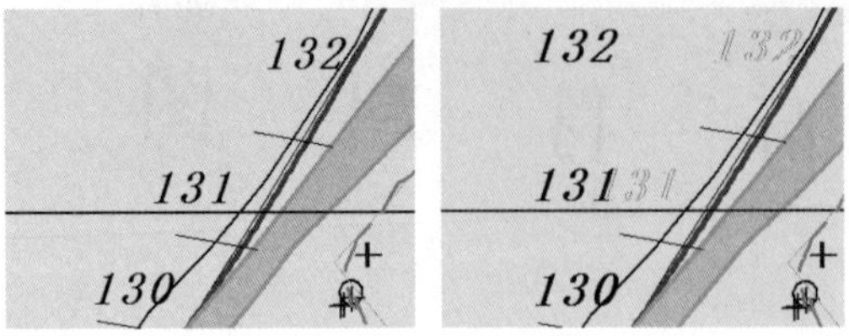

图 2.4.24　文本左对齐

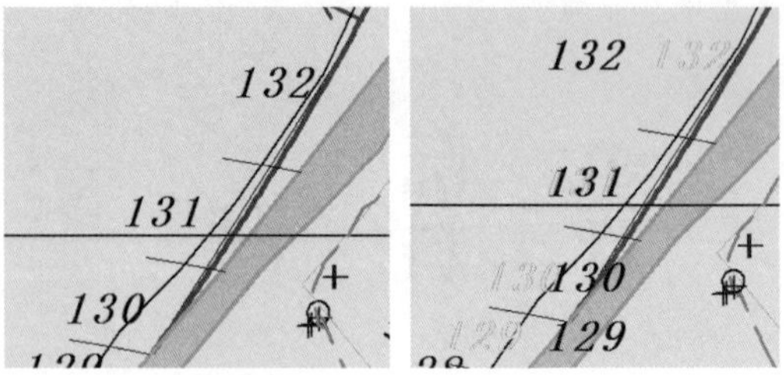

图 2.4.25　水平居中

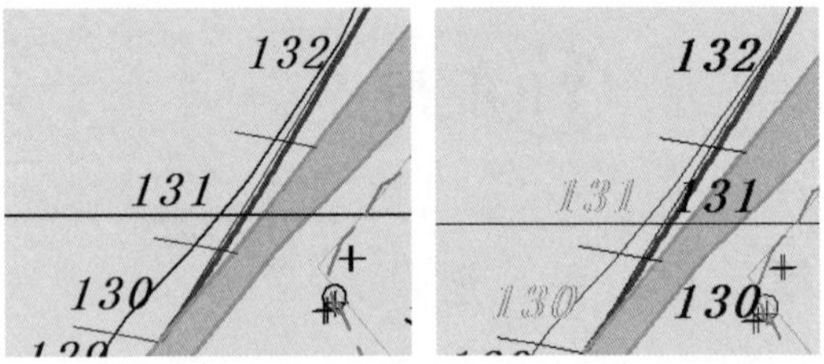

图 2.4.26　文本右对齐

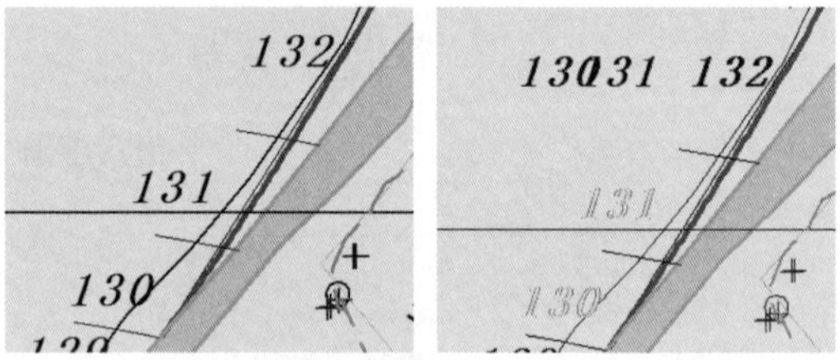

图 2.4.27　文本上对齐

（6）文本下对齐：依次选定的注记点以第一个选定的注记点为准向下对齐（图 2.4.29）。

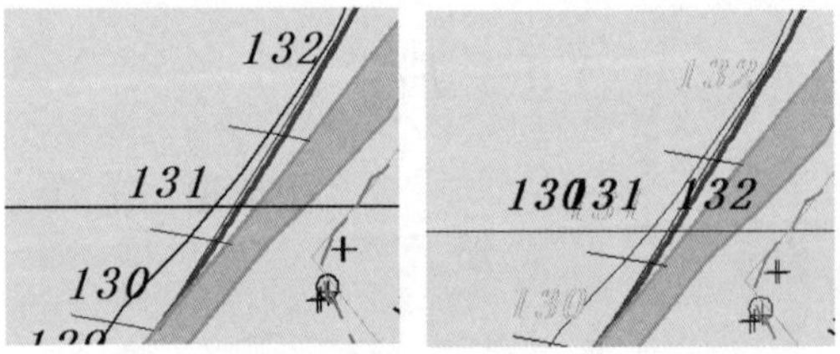

图 2.4.28　垂直居中

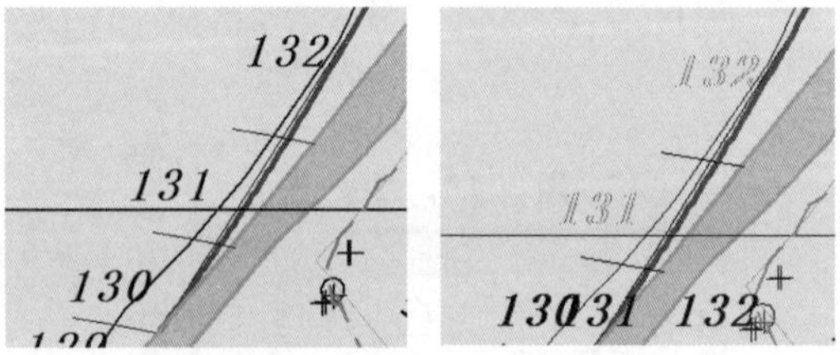

图 2.4.29　文本下对齐

（7）水平平均分配：选择三个以上的注记点，右键完成注记点之间水平距离上的平均分配（图 2.4.30）。

（8）垂直平均分配：选择三个以上的注记点，右键完成注记点之间垂直距离上的平均分配（图 2.4.31）。

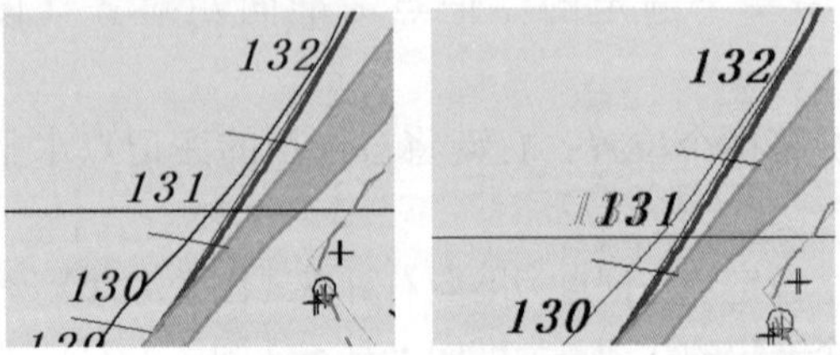

图 2.4.30　水平平均分配

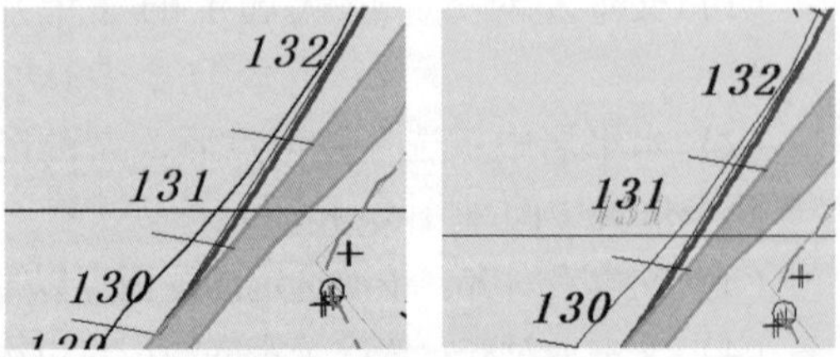

图 2.4.31　垂直平均分配

（9）水平宽度相同：选择两个以上的注记点（排列方式为横排），以其中最宽的注记点为标准宽度，完成每个注记点内部的水平分布显示。“Ctrl+点击左键”连续选择几个注记点，点击右键，完成注记点水平宽度相等操作（图 2. 4. 32）。

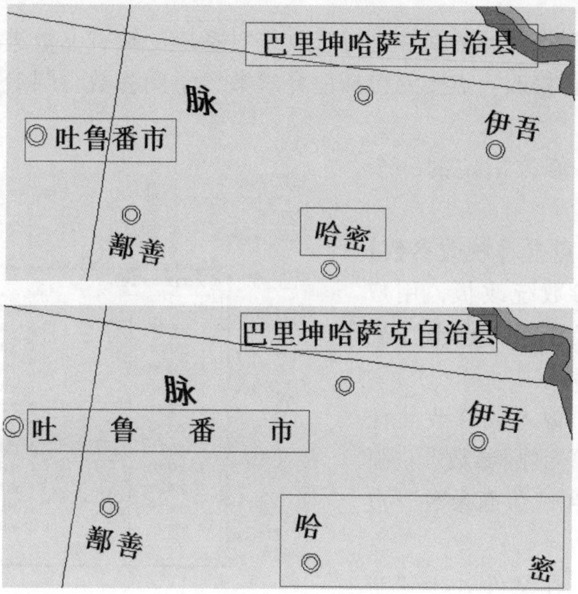


图 2. 4. 32　水平宽度相同

（10）垂直高度相同：选择两个以上的注记点（排列方式为竖排），以其中最宽的注记点为标准宽度，完成每个注记点内部的垂直分布显示。“Ctrl+点击左键”连续选择几个注记点，点击右键，完成注记点垂直高度相等操作（图 2. 4. 33）。

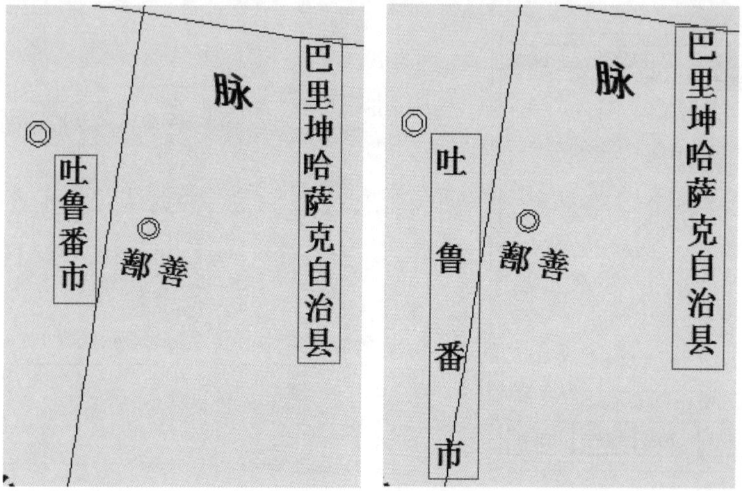


图 2. 4. 33　垂直高度相同

## 2.4.3 属性与参数

### 2.4.3.1 参数与属性

参数编辑是用于对点图元的属性进行修改或对系统的缺省参数进行修改、设置，以及对注释的文本内容进行修改。点图元包括注释参数、子图参数、圆参数、弧参数、图像参数和版面参数。

（1）修改参数：修改指定的一个或多个点图元的参数。

（2）统改参数：点击【统改参数】按钮，系统弹出点参数统改板，用户输入替换条件与替换结果，点击【确定】按钮（图 2.4.34）。

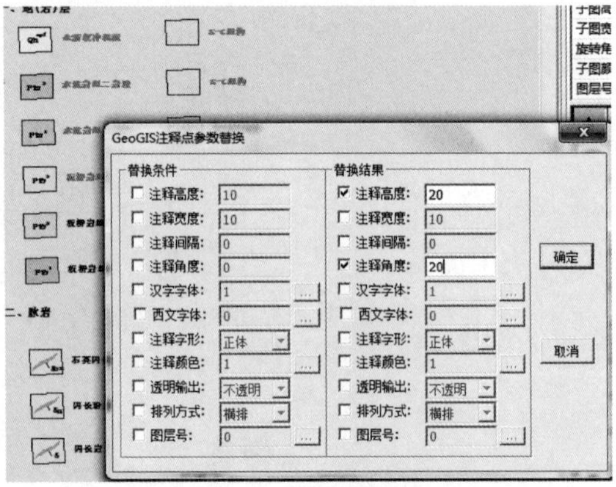


图 2.4.34 统改参数

（3）缺省参数：输入或修改“注释参数”“子图参数”“圆参数”“弧参数”“图像参数”和“版面参数”点图元的默认参数值。

（4）属性结构：在文件处于“当前编辑”状态时，可以对文件的属性结构进行添加、插入、更新、删除、确定、取消编辑（图 2.4.35）。

（5）修改属性：修改点属性工具是用来编辑修改点图元的专业属性信息，该功能主要用在地理信息系统中。

（6）联动属性：显示多个点图元的属性信息（图 2.4.36）。

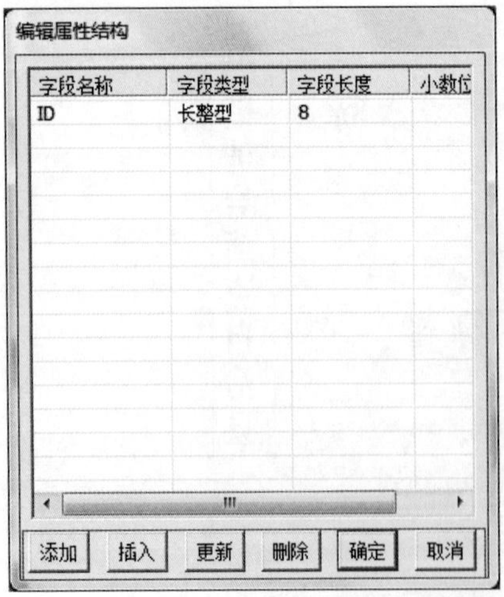


图 2.4.35 属性结构表

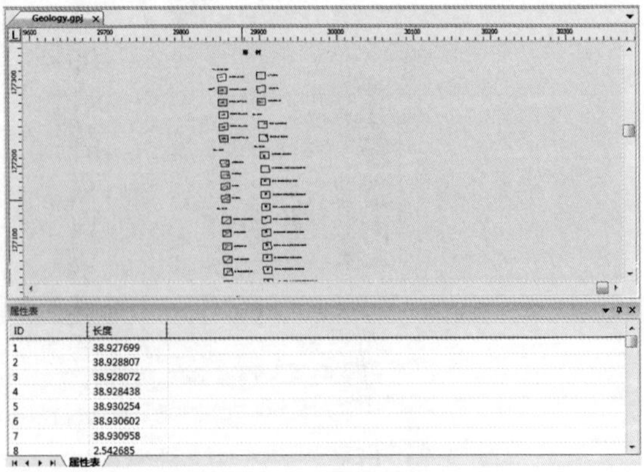


图 2.4.36 联动属性表

### 2.4.3.2 标注赋值

（1）属标注：根据属性标注释。在点文件中，图面上有很多字符串是作为点图元的属性存储的，如一幅图中的地名，反映其地理位置的是一个子图符号，而其名称是一个字符串，而且其地名往往作为属性的一个字段参与分析统计等。这样，既要在属性库中输入其地名，又要在地图上输入其地名串。

在点文件处于“当前编辑”状态时，点击【属标注】按钮→系统弹出“标注属性选择”对话框，用户设定欲生成注释串的属性字段、注释的字符串左下角与该点的相对位移X、Y值等，点击【确定】按钮→系统弹出“GeoGIS点参数”对话框，用户设置生成字符串的参数，点击【确定】按钮→在地图窗口右键更新窗口，系统自动将该属性字段的内容在其相应的位置上生成指定参数的注释串（图2.4.37）。

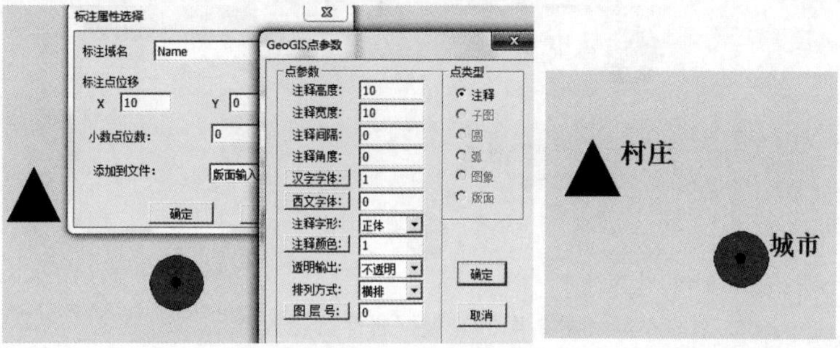


图2.4.37 根据属性标注释

（2）注赋属：此功能与上一个功能刚好相反，它把点文件中的注释字符串赋到属性中的某一个字段。

在点文件处于“当前编辑”状态时，点击【注赋属】按钮→系统弹出“属性字段选择”对话框，点击【确定】按钮→系统自动将注释字符串的内容自动写到该字段中（图2.4.38）。

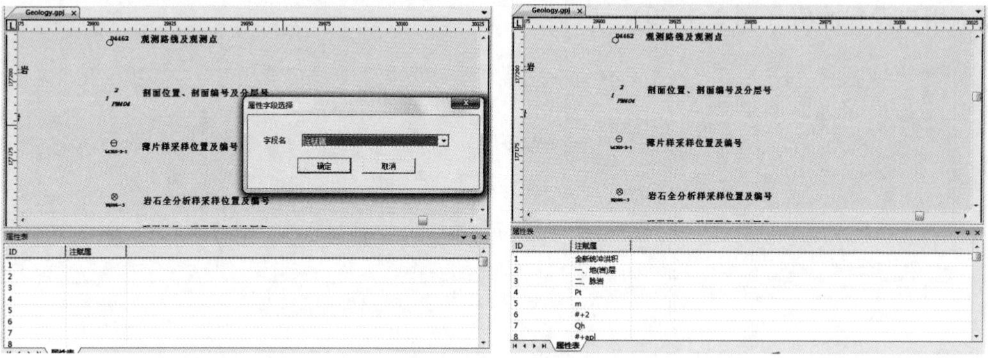


图2.4.38 根据注释赋属性

（3）属赋参：根据属性选择符合条件的点图元，修改点图元的参数，如更改属性“Name”字段为“村庄”的子图点的参数。

在点文件处于“当前编辑”状态时，点击【属赋参】按钮→系统弹出“表达式输入”对话框，用户输入表达式条件用来选择点图元，点击【确定】按钮→系统弹出“选择点参数类型”对话框，用户选择要更改参数的点图元类型，点击【确定】按钮→系统弹出“GeoGIS 子图参数替换”对话框，用户设置需要替换的参数，点击【确定】按钮→在地图窗口右键更新窗口，系统自动修改符合表达式条件的点图元的参数（图 2.4.39）。

**注：表达式中输入字符串时，需要加半角状态下的单引号。**

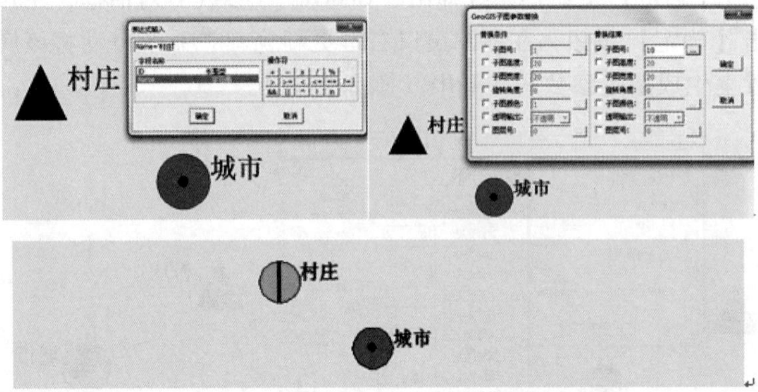


图 2.4.39　根据属性赋参数

（4）参赋属：该功能根据两个条件：图形参数条件和属性过滤条件，属性过滤条件表达式为空时，只根据图形参数条件；图形参数条件没设置时，只根据属性过滤条件；两项条件都已设置时，将同时要满足两项条件。满足条件后欲改的属性项必须确认打勾，将满足条件的图元属性更新为用户设置的值。

在点文件“当前编辑”状态时，点击【参赋属】按钮→系统弹出“根据参数赋属性”对话框，用户设置“属性过滤条件”和“图形参数条件”，并在欲改的字段前打勾，输入“字段值”，点击【确定】按钮→查看符合条件的点图元属性，系统自动将满足的图元属性更新为用户设置的值（图 2.4.40）。

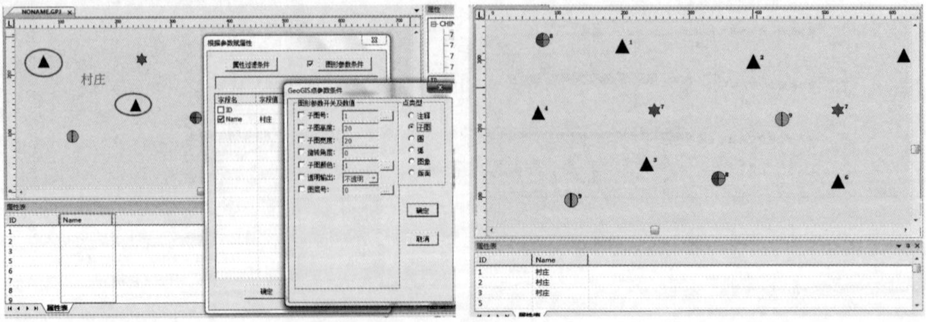

图 2.4.40　根据参数赋属性

## 2.4.4　组合点

用户需要输入的字符串中以不同参数组合而成的注记点时，利用该功能可以方便设置不同的参数信息，并且整个字符串仍以一个注记点存放。

例如，以往的组合字符串需要输入多个注记点，设置不同的点参数，通过鼠标移动手动拼在一起，现在用户通过组合点功能，既能设置不同注记参数，又能保持整个字符串是一个整体，以一个注记点图元存储，方便用户对其进行复制、移动、删除等操作（图 2.4.41）。

（1）输入点：用户需要在 word 中输入并设计组合点样式，复制设计好的组合点，点击“组合点”功能中的【输入点】按钮，将光标移到工作区窗口，点击鼠标左键定义组合点的位置（图 2.4.42）。

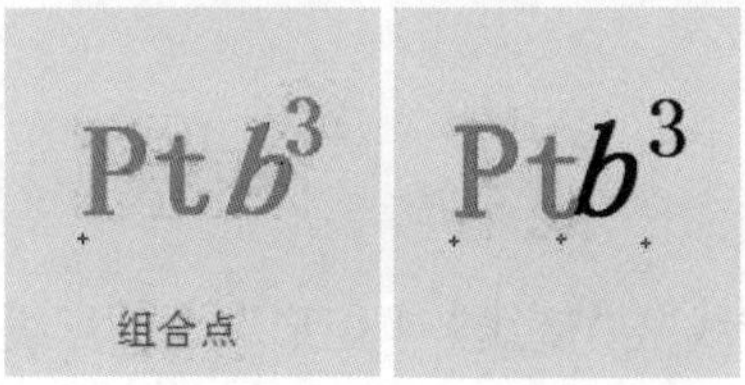


图 2.4.41　组合点对比

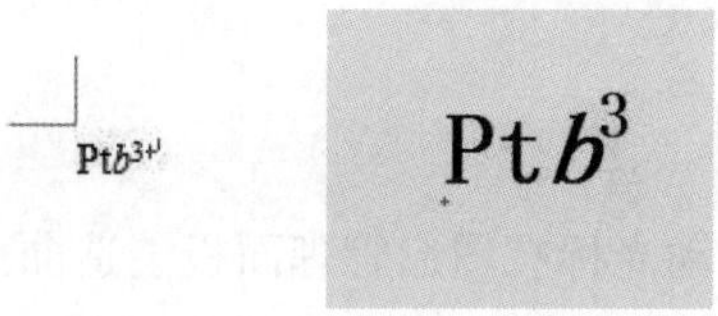


图 2.4.42　输入组合点

（2）修改点：点击“组合点”功能中的【修改点】按钮→系统弹出“GeoGIS 注释修改”对话框，用户输入修改的注释内容（图 2.4.43）。

（3）修改参数：点击“组合点”功能中的【修改参数】按钮→移动光标到欲修改参数的组合点，点击鼠标左键选定该组合点→系统弹出组合点参数对话框，用户选择需要修改的注释内容，并在该注释内容上双击鼠标左键→系统弹出该注释内容的参数修改面板，用户修改注释参数，点击【确定】按钮即可（图 2.4.44）。

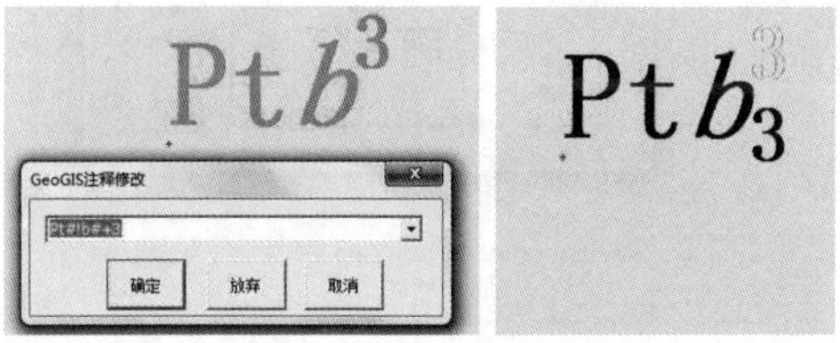


图 2.4.43　修改组合点注释内容

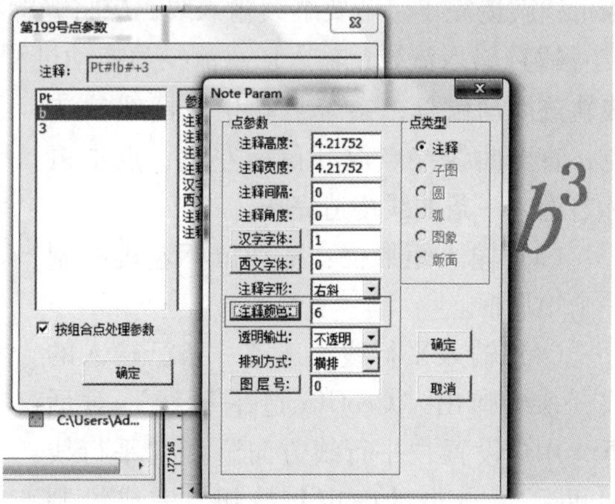


图 2.4.44　修改组合点参数

## 2.5 线编辑

首先新建/打开线文件，然后进行下面的各功能操作。以下所有的功能都在“线编辑”菜单下实现的。在“线编辑”菜单下的很多功能，比如“参数”“属性”“属赋参”“参赋属”等和上面“点编辑”中的功能操作是类似的，所以不再赘述。“线编辑”的主菜单如图 2.5.1 所示。

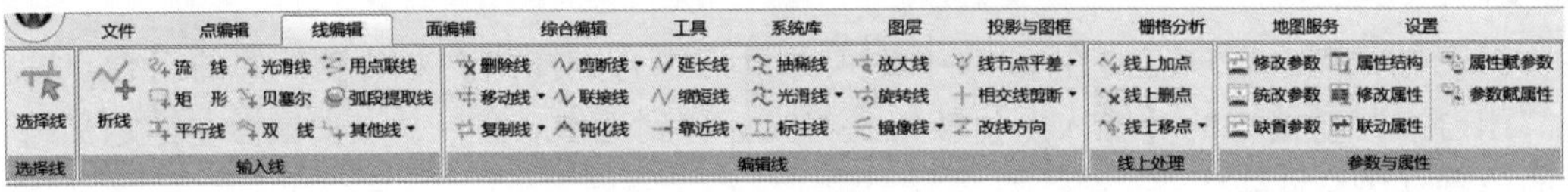


图 2.5.1 “线编辑”主菜单

### 2.5.1 输入

移动光标在图形管理面板上造曲。造线分为“折线”“流线”“矩形”“平行线”“光滑线”“贝塞尔”“双线”“正交线”“四边形”“椭圆”等输入线的方式，每种输入方式都是缺省参数输入，用户需要在输入线之前在图例面板中设置缺省参数。输入线时有一些快捷功能键：①在输入曲线时，可用 F12 功能键来捕捉相连接的线头，设置捕捉模式，以达到与已输入的线正确相接或与节点连接；②按 F8 键加点；③按 F9 键退点；④按 F11 改向；⑤在输入开始时，按住 Shift 键（不松手）自动靠近线；⑥在输入结束时，按 Ctrl 键加点击鼠标右键，自动封闭线。

（1）输入折线：移动光标到折线的始点位置，按下鼠标左键，折线的始点便确定了，然后移动光标沿着拟造曲线轨迹进行，每移动一点按一次鼠标左键。这样就在地图窗口中留下一系列离散点构成的折线。最后在折线的终点，按鼠标左键，然后再按鼠标右键，一条折线就造完了。若要继续输入线，应将光标移到下一条折线的始点开始，操作步骤同上。

（2）输入流线：输入任意流线为拖动过程，即按下鼠标左键（不松开），沿着拟造曲线轨迹滑动鼠标，系统自动生成曲线轨迹点，直至曲线终点放开鼠标左键，点击鼠标右键，一条曲线构造完毕。

（3）输入矩形框：拖动鼠标左键绘制一个矩形框。

（4）输入平行线：选定一条已输入的线，系统弹出“GeoGIS 造平行线”对话框，用户设置“平行线方向”和“平行线间间距”，点击【确定】按钮，完成绘制（图 2.5.2）。

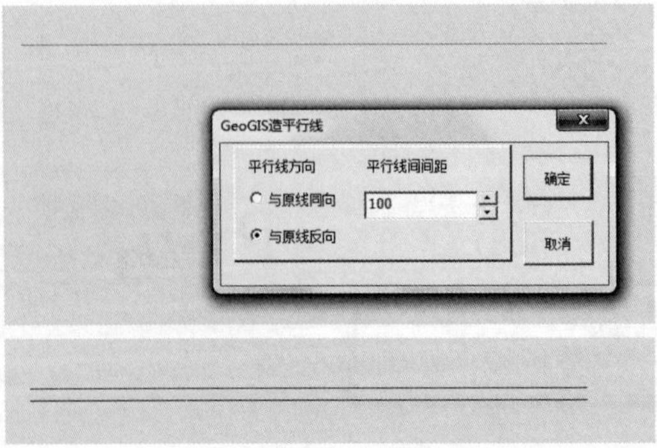


图 2.5.2 输入平行线

（5）输入光滑线：移动光标到曲线的

始点位置，按下鼠标左键，曲线的始点便确定了，然后移动光标沿着拟造曲线轨迹进行，每移动一点按一次鼠标左键。这样就在地图窗口中留下一系列离散点构成的光滑曲线。若要继续输入线，应将光标移到下一条曲线的始点开始，操作步骤同上。

（6）输入贝塞尔线：传统的曲线的生成方式是使用一些极短或者极小的直线和平面来逼近曲线，这种方式一方面需要消耗较多的资源且生成过程相对比较复杂，另一方面使用这种方式生成的曲线的最终效果好坏取决于用于逼近的线段。

贝赛尔曲线是这样的一种曲线，它使用一系列的点来控制一条曲线的各个部分，使之根据贝赛尔模型形成一个光滑完整的曲线。使用贝赛尔曲线不仅系统开销小而且由于整个曲线是基于一个数学模型，因此可以说曲线是完美的。最简单的一种贝赛尔曲线是由 4 个控制点组成，其中两个控制点形成了曲线的两个端点，而另外两个控制点用来控制曲线的弯曲程度和弯曲方向。在贝赛尔曲线上有这样的一个特征：端点和他邻近控制点的连线是曲线在端点上的切线。

1）点击鼠标左键确定点的位置，同时可以拖拽控制贝塞尔曲线上的控制点；

2）点击鼠标右键，线输入完成（图 2.5.3）。

（7）输入双线：输入双线允许用户输入两条平行的双线，输入后实际保存为两条线，对它们可以分别移动。在输入双线过程中，如果始点或终点在某一线上，系统即会自动将该线断开一缺口，这一功能对城市街道图或公路图的输入是十分方便的。点击“设置”菜单下的【系统参数】按钮可设置平行线和双线的距离（图 2.5.4）。

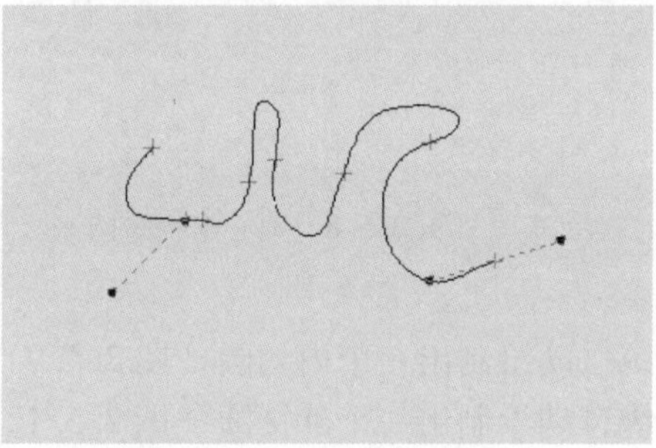

图 2.5.3 输入贝塞尔线

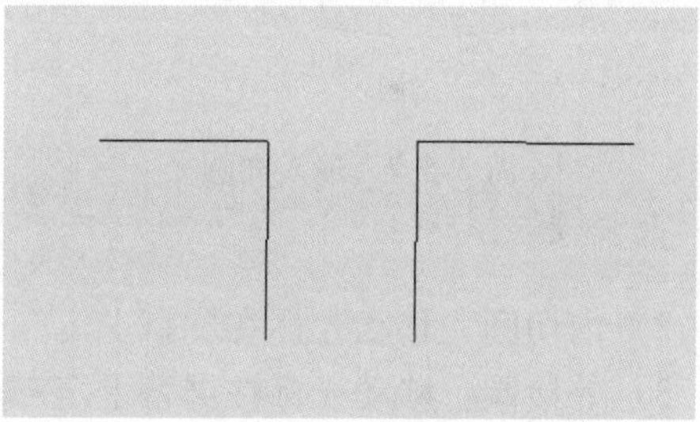

图 2.5.4 输入双线

（8）输入正交线：输入正交线允许用户移动鼠标绘制一条直线段，而后每移动鼠标设定的点与前一点形成的直线段都与前一条的直线段垂直或正交，直至整条线结束。移动光标到正交线的始点位置，按下鼠标左键，正交线的始点便确定了，每移动一点按一次鼠标左键，系统自动生成一条与前一条直线段垂直或正交的线，最后在正交线的终点，按鼠标左键，然后再按鼠标右键，就完成的正交线的绘制（图 2.5.5）。

（9）输入四边形：输入四边形为两个拖动过程。拖动鼠标左键（不松手）绘制平行四边形的一条边，松开鼠标，接着拖动鼠标左键确定另一条非平行边，松开鼠标，完成四边形的绘制（图 2.5.6）。

（10）输入椭圆：输入椭圆的操作可分解为两个拖动过程，第一个拖动鼠标左键的过程确定椭圆的长轴和转角，第二个拖动鼠标左键的过程确定椭圆的短轴（图 2.5.7）。

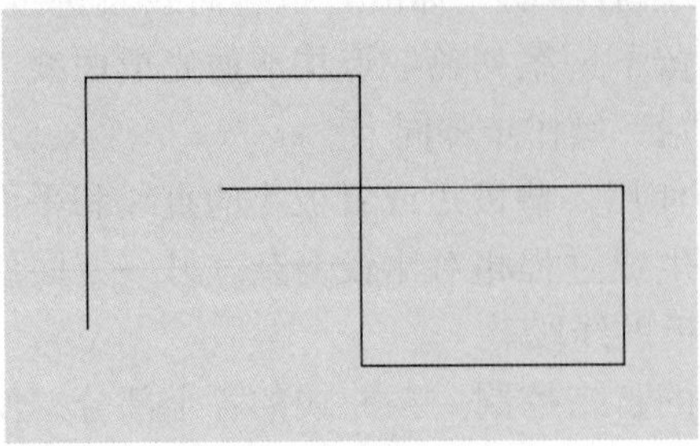

图 2.5.5　输入正交线

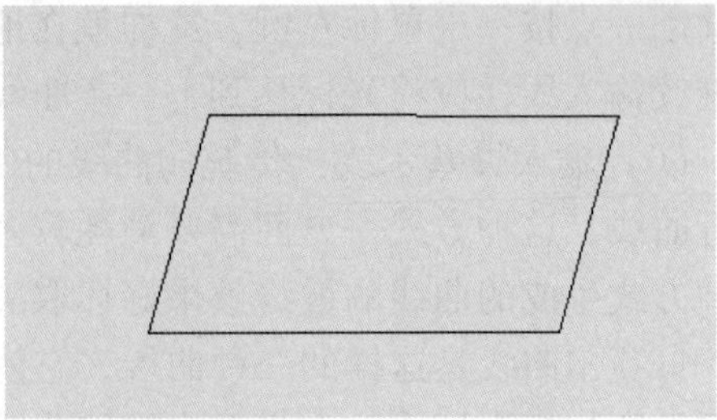

图 2.5.6　输入四边形

（11）输入圆线：输入圆线有两种方法："圆心半径造圆" 和 "三点造圆"，其中 "三点造圆" 又有两种方式造圆："内切圆" 和 "外接圆"。

1）圆心半径造圆：点击鼠标左键确定圆心，拖动鼠标左键确定半径，松开鼠标左键并点击鼠标右键完成圆线绘制（图 2.5.8）。

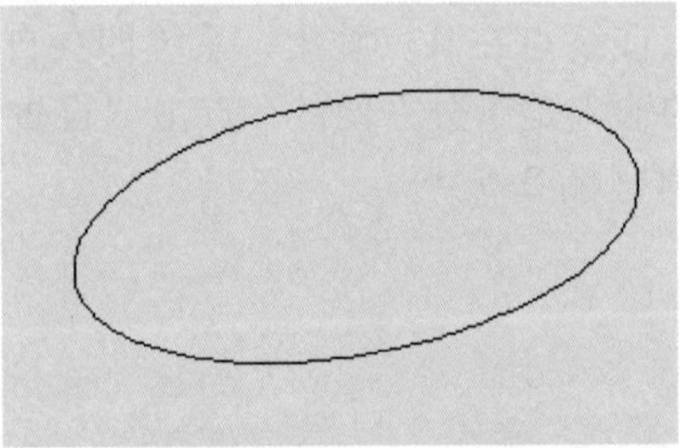

图 2.5.7　输入椭圆

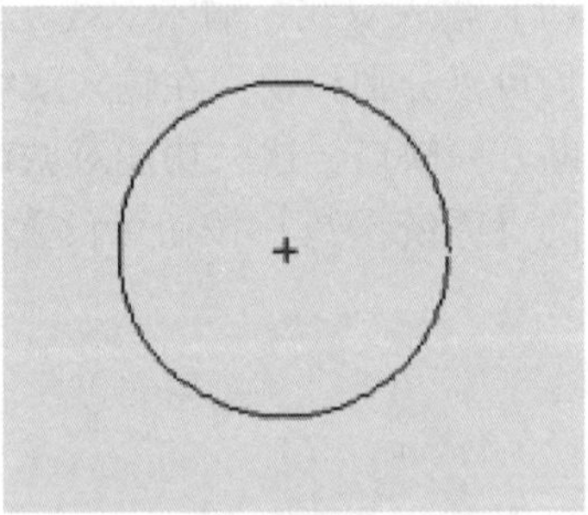

图 2.5.8　圆心半径造圆

2）内切圆：移动光标在屏幕上定三个点，系统自动绘制出一个内切圆（图 2.5.9）。

3）外接圆：移动光标在屏幕上定三个点，系统自动绘制出一个外接圆（图 2.5.10）。

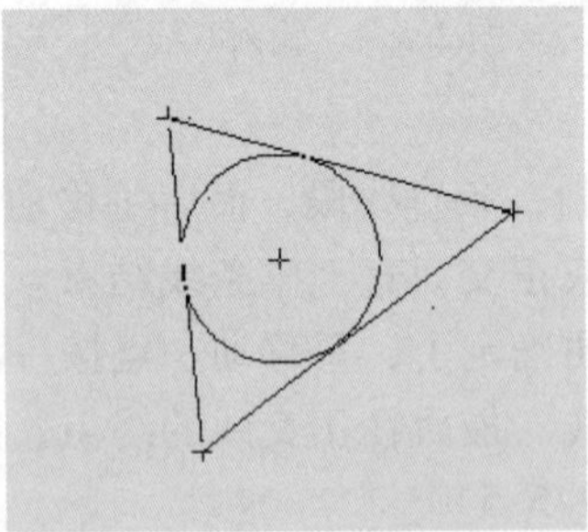

图 2.5.9　内切圆

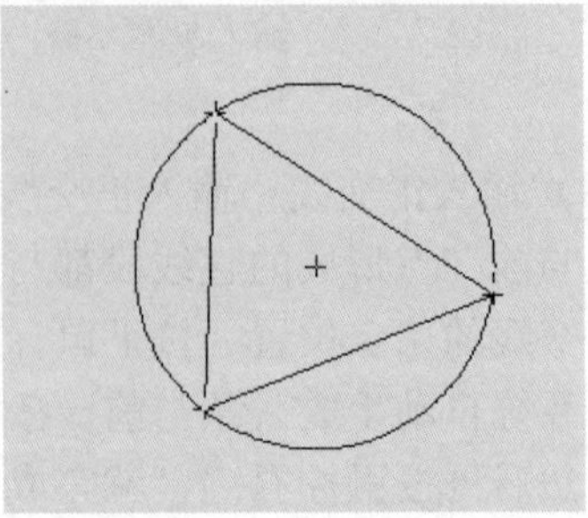

图 2.5.10　外接圆

（12）输入弧线：输入弧线有两种方法："圆心半径造弧" 和 "三点造弧"。输入步骤同 "点输入" 中的 "圆与弧" 类似，详见 2.3.1 章节。

（13）输入正交多边形：输入正交多边形的过程为先输入一条边，然后拖动鼠标输入一长方形，接下来可以对长方形的任意一条边的部分扩展成一长方形，从而生成正交多边形（图 2. 5. 11）。

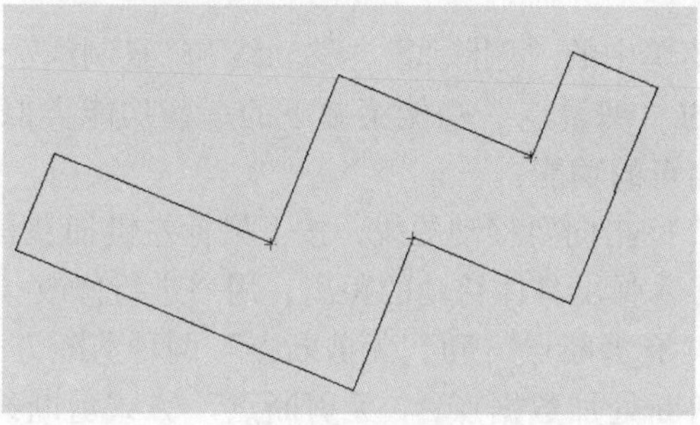

图 2. 5. 11　输入正交多边形

（14）用点联线：依次捕捉工作区的点图元控制点坐标联接成线（点文件处于“编辑”或“当前编辑”状态）。没有点图元的地方可用 F8 加点（图 2. 5. 12）。

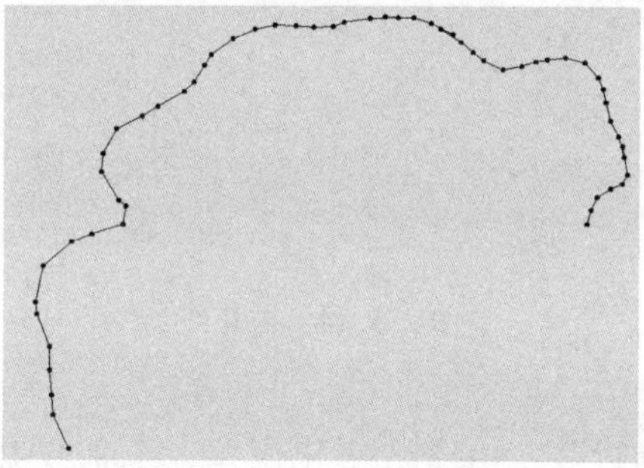

图 2. 5. 12　用点连线

（15）弧段提取线：该功能是用来提取面文件中的弧段到线文件中，以线文件存储弧段线（图 2. 5. 13）。

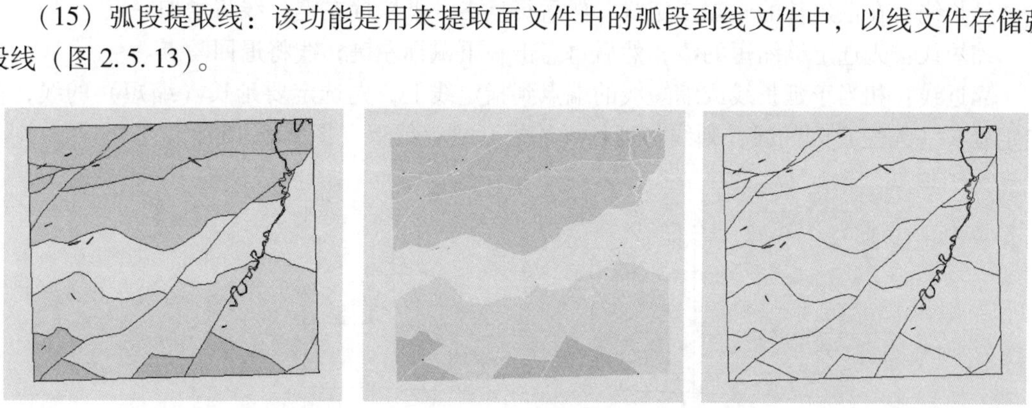

图 2. 5. 13　弧段提取线

## 2.5.2 编辑

### 2.5.2.1 编辑线

在“编辑线”功能菜单中的“删除线”“移动线”“复制线”“剪断线”“连接线”功能与“点编辑”菜单下的“编辑点”功能菜单下的一些功能类似，具体参考 2.4.2 章节。下面介绍一些不同于点编辑的功能：

（1）推移线：移动光标指向要移动的线，按下鼠标左键捕获该线，拖动鼠标光标到指定的位置松开鼠标后，屏幕弹出具体移动的距离，用户进行修改。

（2）剪断线：分为“有剪断点”和“无剪断点”两种剪断方式。“有剪断点”方式剪断线后的两条曲线都在剪断处加数据点；“无剪断点”方式剪断线后的两条曲线都在剪断处没加数据点。显然，如果一条直线只有两个端点，如果用户选择“无剪断点”方式剪断它是不可能的，但是用户可以选择“有剪断点”方式剪断该线。

（3）钝化线：对线的尖角或两条线相交处倒角。操作时在尖角两边取点，系统弹出橡皮筋弧线，此时移到合适位置点按左键，即将原来的尖角变成圆角（图 2.5.14）。

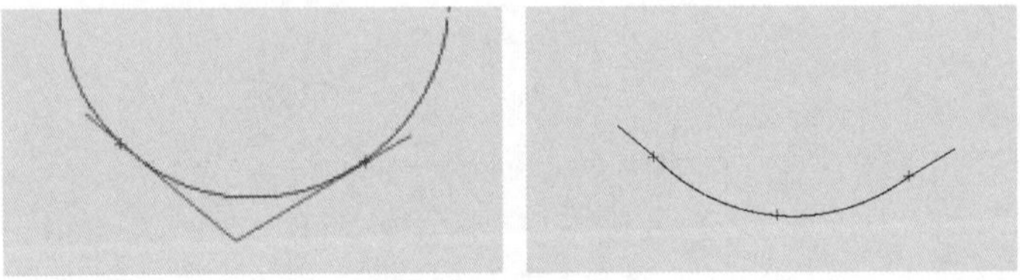

图 2.5.14 钝化线

（4）延长线/缩短线/靠近线：由于数字化误差，个别线某端点需要延长（缩短）一些，才能达到它所应该联接的结点位置。此外有时用户希望某线端点正好延长到另一线上，例如在交通图中的道路的十字路口，则可使用本选项中靠近线功能。

延长线：在欲延长的一端指定线，然后每点击一下鼠标左键，线将增加一点。

缩短线：先选定欲缩短的线，然后每点击一下鼠标左键，线将退回一点。

靠近线：相当于延长线或缩短线的端点到指定线上，先选定要延长（缩短）的线，再指定延长（缩短）到的线，则线将延长（缩短）到该线上（图 2.5.15）。

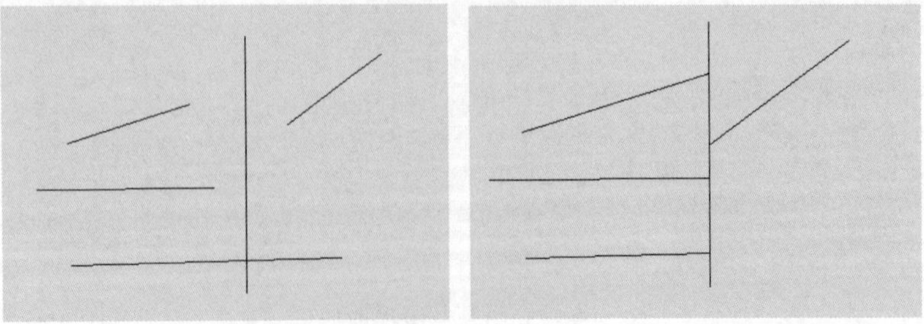

图 2.5.15 靠近线

（5）光滑线：利用 Bezier 样条函数或插值函数对曲线进行光滑处理。点击该功能后，系统弹出“GeoGIS 光滑线段”对话框，用户选择光滑类型并设置光滑参数。光滑类型的前两种不增加坐标点，后两种增加坐标点。该功能分为：

1）分段光滑线：选中需要的光滑线，然后在曲线上选出两点，对两点间的部分曲线进行光滑处理（图 2. 5. 16）。

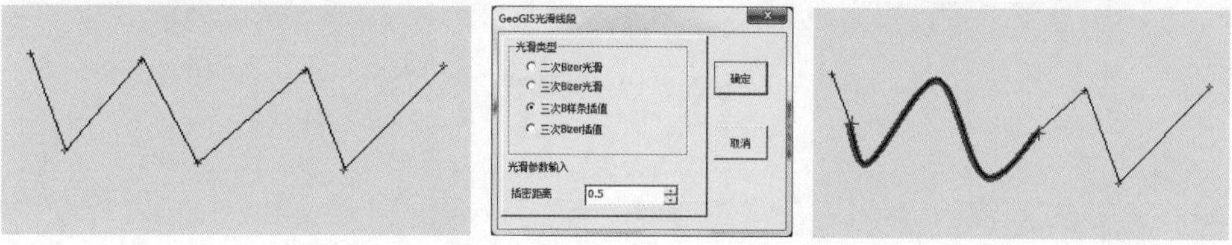


图 2. 5. 16　分段光滑线

2）整段光滑线：捕捉一条线或在屏幕上开一个窗口，将窗口捕获到的所有曲线全部光滑处理（图 2. 5. 17）。

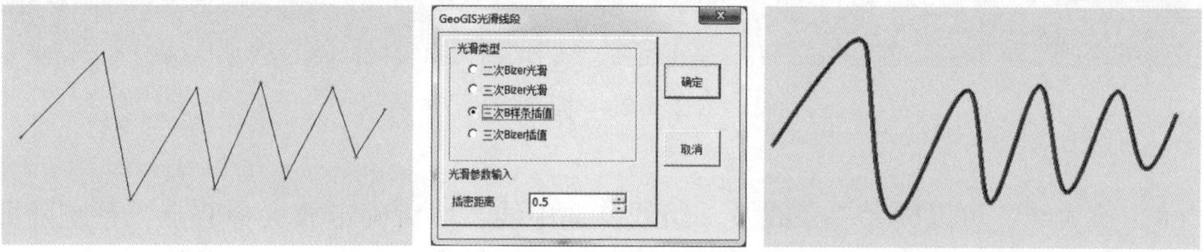


图 2. 5. 17　整段光滑线

点击“设置”菜单下的【系统设置】按钮，可设置“坐标点可见”，将当前窗口放到适当的比例尺下，可以看到系统是通过插入坐标点的方法，将较锐的线段夹角光滑，如图 2. 5. 18 所示。

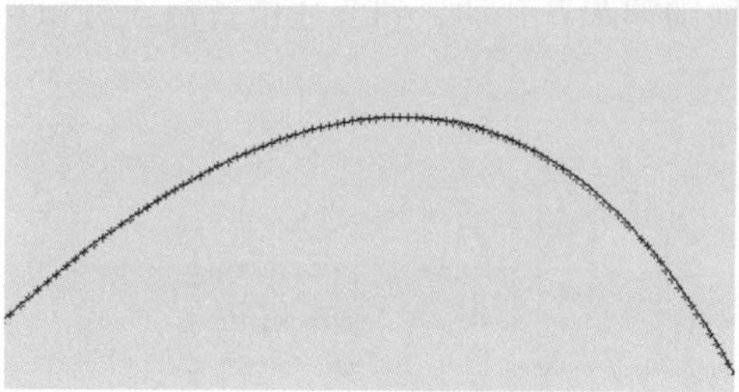

图 2. 5. 18　光滑之后的夹角

（6）抽稀线：继续上面的操作步骤。从光滑线可以看出，经过光滑处理之后的线图元，存在很多冗余的坐标，这会导致文件数据量增大，显示缓慢等问题，所以需要对冗余的坐标，抽稀。点击【抽稀线】按钮，系统弹出“GeoGIS 线段抽稀”对话框，默认抽稀因子，点击【确定】按钮，完成抽稀（图 2. 5. 19）。

（7）标注线：使用线图元的属性字段对线图元进行注释。

在线文件处于“当前编辑”状态时，点击【标注线】按钮→系统弹出“线工作区标注”对话框，用户设置标注属性字段、位置和参数等信息，点击【确定】按钮→系统弹出“另存为”对话框，用户设置注释点文件保存路径，点击【保存】按钮→在工程管理面板中，添加保存的注释点文件，更新窗口，完成标注线操作（图 2. 5. 20）。

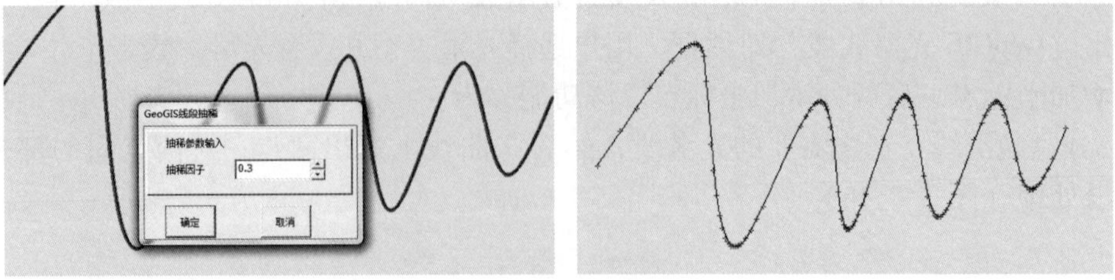


图 2.5.19　抽稀线

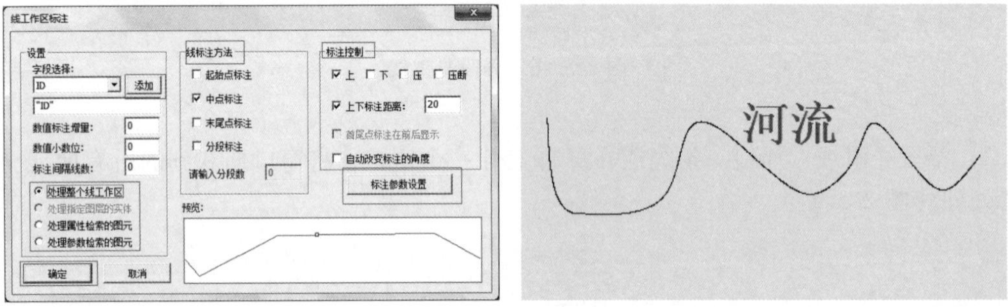


图 2.5.20　标注线

（8）放大线：可以放大一条线及一组线。选中线，然后确定放大中心点，系统随即弹出对话框允许输入放大比例及中心点坐标，修改后点击【确定】按钮，系统自动将所选线放大（图 2.5.21）。

（9）旋转线：可以旋转一条线及一组线。选中线，然后确定旋转中心并拖动鼠标，所选线随即跟着转动，到合适位置后松开鼠标，即得到旋转后的结果（图 2.5.22）。

图 2.5.21　放大线

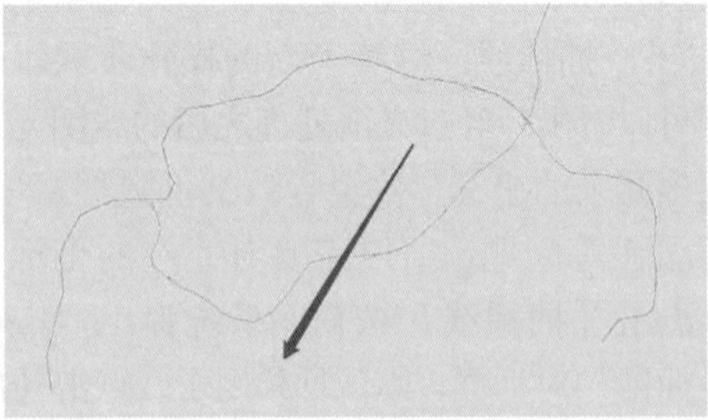

图 2.5.22　旋转线

（10）镜像线：可镜像一条或一组，分别可对 X 轴、Y 轴、原点进行镜像，确定镜像线方式，点击鼠标左键选择欲镜像的线，在地图窗口点击鼠标左键确定轴所在的具体位置，系统即在轴线另一侧的相应位置生成新的线（图 2. 5. 23 至图 2. 5. 25）。

（11）线节点平差：利用节点平差可使区间封闭，分为两种方式“取圆心值”和“取平均值”。

取圆心值：落入平差圆的线头坐标将置为平差圆的圆心坐标，操作和“圆心半径造圆”相同（图 2. 5. 26）。

取平均值：是一拖动过程，落入平差圆中的线头坐标将置为诸线头坐标的平均值，操作和开窗口相同（图 2. 5. 27）。

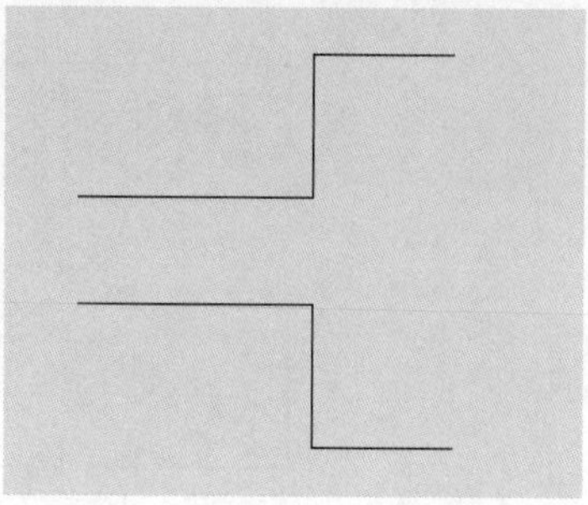

图 2. 5. 23　X 轴镜像

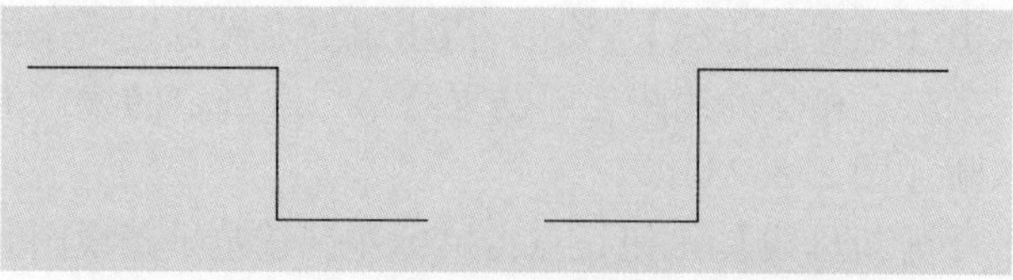

图 2. 5. 24　Y 轴镜像

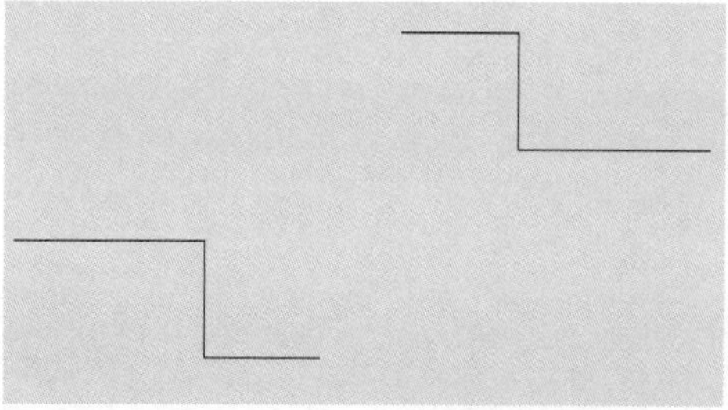

图 2. 5. 25　原点镜像

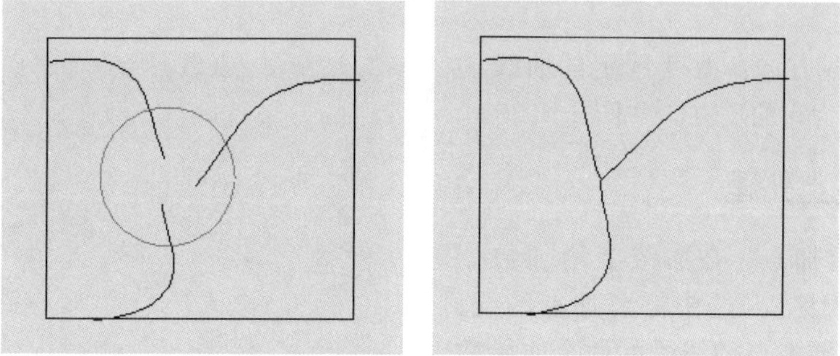

图 2. 5. 26　取圆心值平差

（12）相交线剪断：剪断相交的线图元，分为“不剪断母线”和“剪断母线”两种剪断方式。

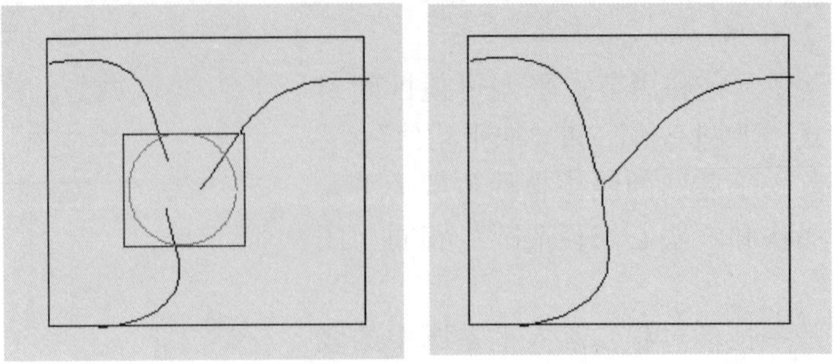

图 2.5.27　取平均值平差

不剪断母线：点击【不剪断母线】按钮，点击鼠标左键选定一条线图元（母线）→点击鼠标左键选定另一条与之相交的线图元→结果是第二次选定的线（非母线）在相交处被剪断，母线没有被剪断（图 2.5.28）。

剪断母线：点击【剪断母线】按钮，点击鼠标左键选定一条线图元（母线）→点击鼠标左键选定另一条与之相交的线图元→结果是两条线均在相交处被剪为两段（图 2.5.29）。

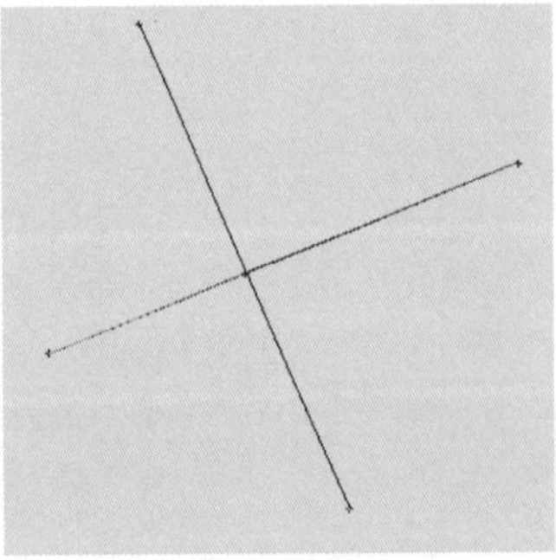

图 2.5.28　不剪断母线

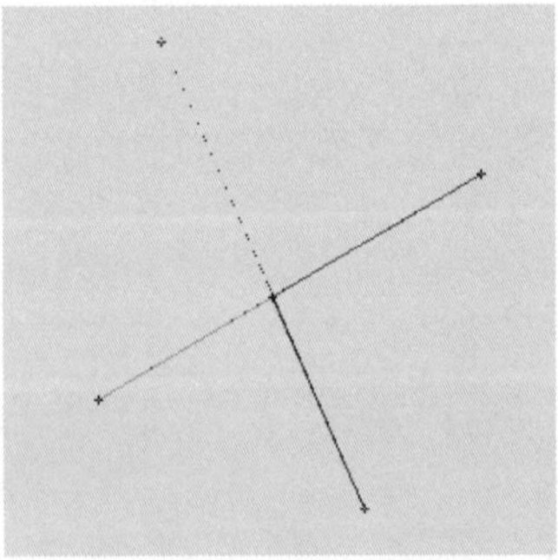

图 2.5.29　剪断母线

（13）改线方向：改变选定的曲线的行进方向，变为它的反方向（图 2.5.30）。

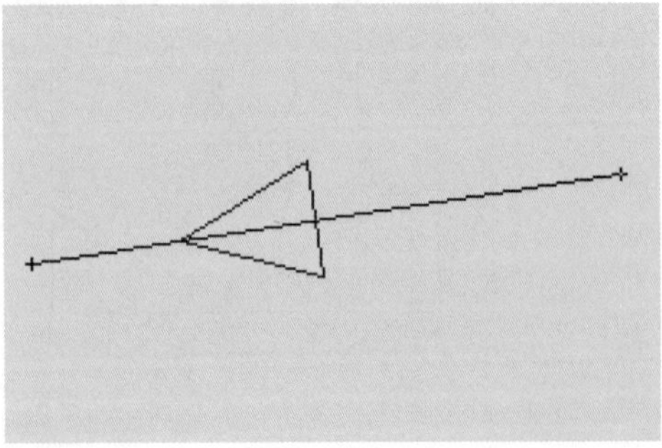

图 2.5.30　改线方向

## 2.5.2.2　线上处理

（1）线上加点：在曲线上增加数据点，改变曲线形态。选中需要加点的线，移动光标指向要加点的线段的两个原始数据点之间，在加点处点击鼠标左键加点，或拖动鼠标左键移动增加的数据点来改变曲线形态。重复这个过程可连续插点，结束时点击鼠标右键，完成对此线段的加点操作（图 2.5.31）。

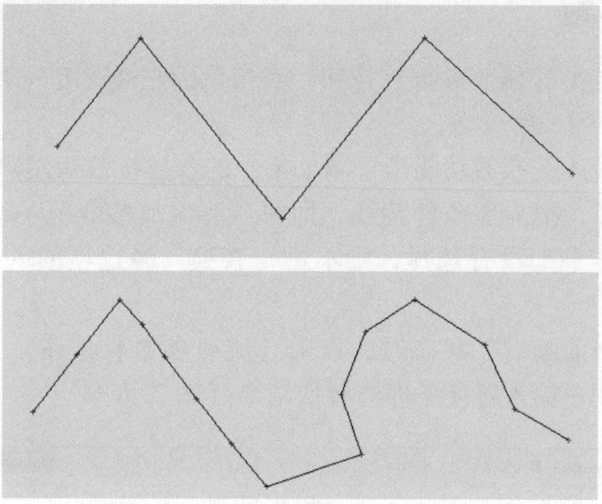

图 2.5.31　线上加点

（2）线上删点：删除曲线上的原始数据点，改变曲线的形态。选中需要删点的线，移动光标指向要删点的线段的两个原始数据点之间，在欲删除的数据点处点击鼠标左键删点，来改变曲线形态。重复这个过程可连续删点，结束时点击鼠标右键，完成对此线段的删点操作（图 2.5.32）。

（3）线上移点：在曲线上移动数据点，改变曲线形态。本功能有三个选项，即“鼠标线上移点”“鼠标连续移点”“键盘线上移点”。

1）鼠标线上移点：选中需要移点的线，移动光标指向将被移动的点的附近，拖动鼠标左键移动一个点。重复这个过程可移动多个点。点击鼠标右键，即可结束对此线段的移点操作。

2）鼠标连续移点：选中需要移点的线。移动光标指向将被移动的点的附近，拖动鼠标左键移动一个点。移动完毕移点，系统自动跳到下一个点。移动完毕，点击鼠标右键，结束对此线段的移点操作。

3）键盘线上移点：用鼠标选中需要移点的线，系统弹出线坐标输入对话框，用户依次修改点的 X、Y 坐标值，点击【完成】按钮，完成移点操作。此功能也可用来查找坐标点的值、线号、点号（图 2.5.33）。

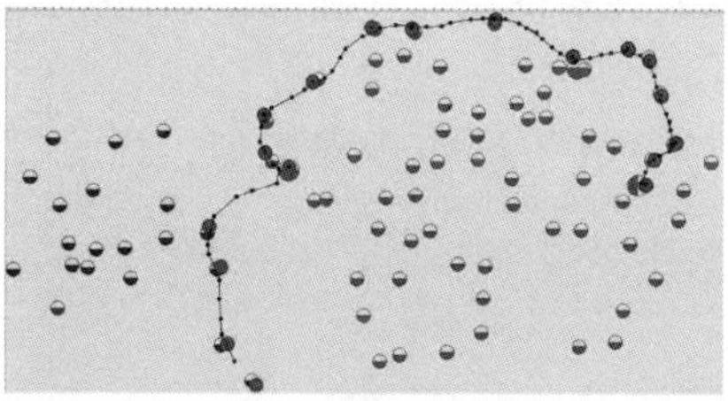

图 2.5.32　线上删点

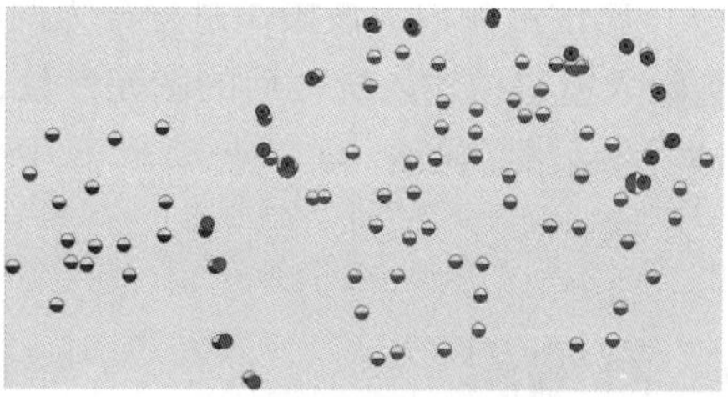

图 2.5.33　键盘线上移点

### 2.5.3 属性与参数

（1）修改参数：点击【修改参数】按钮，点击鼠标左键选定一条曲线，系统弹出用户修改参数对话框，用户修改线参数。

（2）统改参数：统改线参数功能是将满足条件的参数统改为用户设定的参数。若所列的替换条件都没有选择，则为无条件替换，即将所有区域参数统一改为用户设定的参数。相反，若所列的替换结果都没有选择，则不进行替换。各选项前的小方框内若打勾为选择，否则为不选择。

在线文件处于“当前编辑”状态时，点击【统改参数】按钮，系统弹出“GeoGIS 线参数替换”对话框，用户输入替换条件与替换结果（图 2.5.34）。

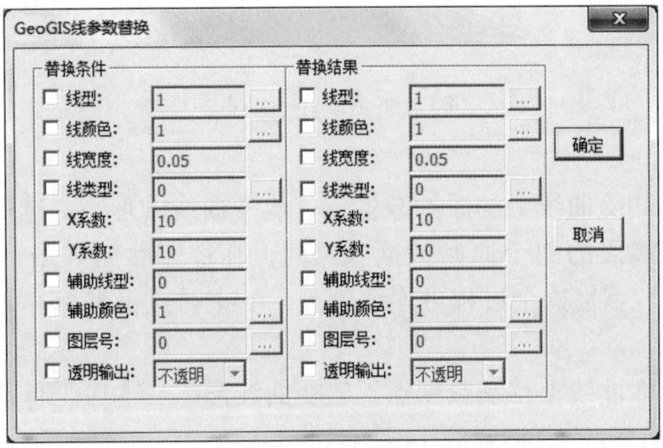


图 2.5.34 “DGSGIS 线参数替换”对话框

（3）缺省参数：输入线图元之前，用户可通过该功能设置线图元的默认参数，加快输入的速度。

（4）属性结构：修改专业属性库的结构，与“点编辑”中的“属性与参数”操作步骤类似，详见 2.3.3 章节。

（5）修改属性：用来编辑修改线图元的专业属性信息，该功能主要用在地理信息系统。

（6）联动属性：显示多个线图元的属性信息。

（7）属性赋参数：该操作过程分为两步：①输入属性查询条件并确定；②在弹出的图元参数输入窗口中输入统改后的图元参数，确定即可。

（8）参数赋属性：与“点编辑”中的“属性与参数”操作步骤类似，详见 2.3.3 章节。

## 2.6 面编辑

该章节所叙述的功能均在“面编辑”菜单栏中，面编辑菜单栏如图 2.6.1 所示。

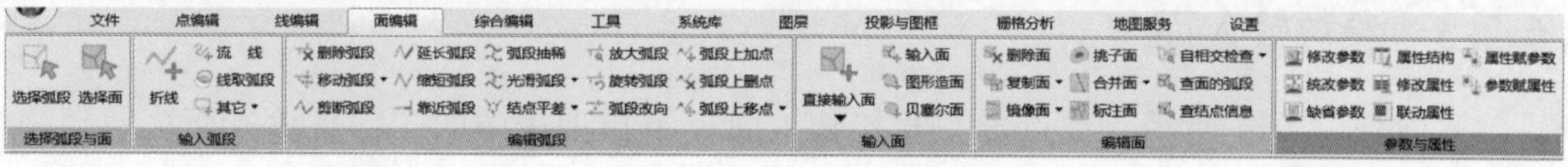


图 2.6.1　面编辑菜单栏

## 2.6.1　弧段编辑

明确一个概念，弧段是存储在面文件中的线，所以对弧段的所有编辑只需参照章节 2.5 中的线编辑即可。

## 2.6.2　输入面

### 2.6.2.1　选择面

（1）点击【选择面】按钮。

（2）在地图中点击某一面图元，面图元被选中，同时面图元闪烁。

选择面也可以在地图上用鼠标拖拽出一个区域，从而同时选中被区域覆盖的面。

### 2.6.2.2　直接输入面

（1）点击【直接输入面】按钮。

（2）在地图面板中单击鼠标左键确定端点后，点击鼠标右键绘制完成，如图 2.6.2 所示。

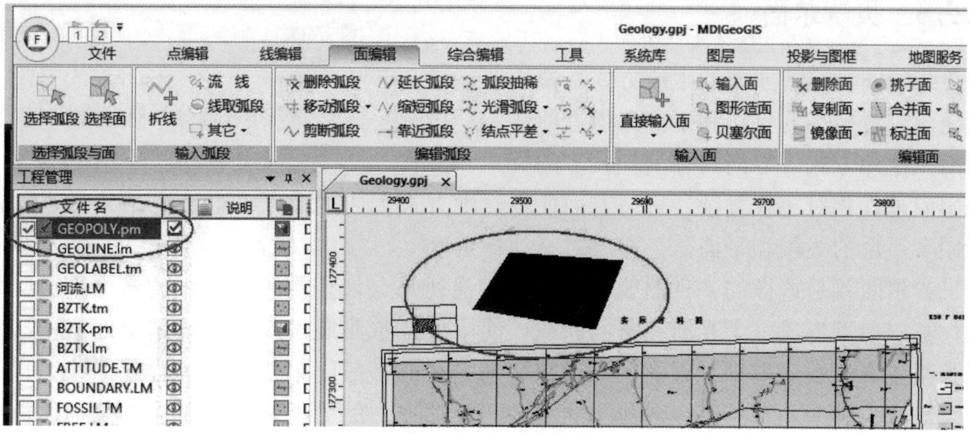


图 2.6.2　直接输入面

需要注意的是：图 2.6.2 中左侧工程面板中需要勾选一个处在“当前编辑”状态下的面文件才能够实现对面的输入，否则会出现如图 2.6.3 所示的提示对话框“相应的文件工作区没有打开”。

### 2.6.2.3 参数输入面

（1）如图 2.6.4 所示，在点击“直接输入面”下拉列表中的“参数输入面”。

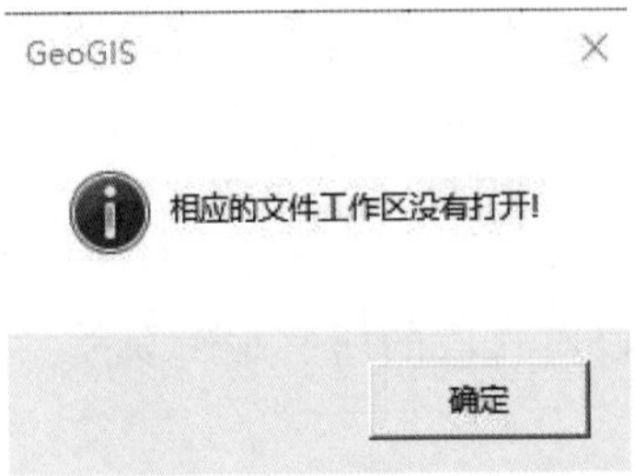


图 2.6.3 提示

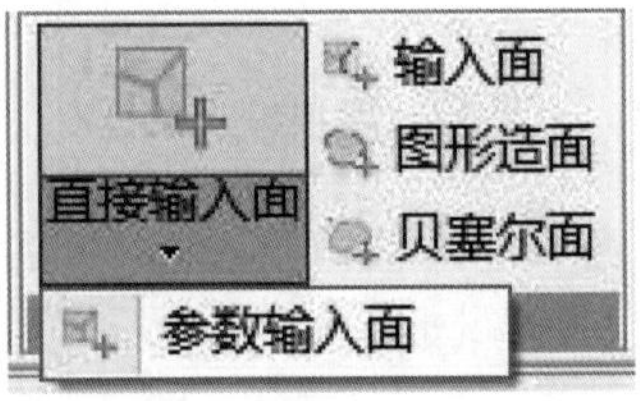


图 2.6.4 “参数输入面菜单”

（2）同“直接输入面”的方法一样，但在点击右键后会出现如图 2.6.5 所示的参数设置窗口。

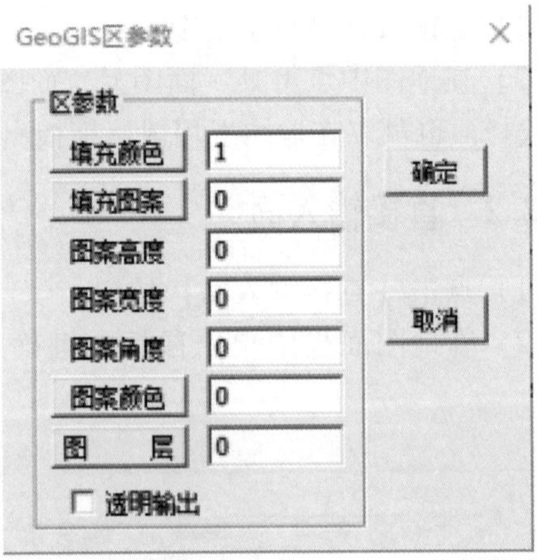


图 2.6.5 “参数输入面”参数设置对话框

### 2.6.2.4 输入面

输入面首先需要保证在有弧段，且弧段有拓扑关系的情况下才能够输入。在输入面时可提前设置弧段可见，方便输入（详见 8.1）。

### 2.6.2.5 贝赛尔面

传统的曲线或者曲面的生成方式是使用一些极短或者极小的直线和平面来逼近曲线和曲面，这种方式一方面需要消耗较多的资源且生成过程相对比较复杂，另一方面使用这种方式生成的曲线和曲面的最终效果好坏取决于用于逼近的线段和平面。

贝赛尔曲线是这样的一种曲线，它使用一系列的点来控制一条曲线的各个部分，使之根据贝赛尔模型形成一个光滑完整的曲线。使用贝赛尔曲线不仅系统开销小而且由于整个曲线是基于一个数学模型，因此可以说曲线是完美的。最简单的一种贝赛尔曲线是由 4 个控制点组成，其中两个控制点形成了曲线的两个端点，而另外两个控制点用来控制曲线的弯曲程度和弯曲方向。在贝赛尔曲线上有这样的一个特征：端点和它邻近控制点的连线是曲线在端点上的切线。

（1）使用鼠标左键确定点的位置，同时可以拖拽控制贝塞尔曲线上的控制点。

（2）按住“ctrl+鼠标右键”，面输入完成（图 2.6.6）。

## 2.6.3　编辑面

### 2.6.3.1　删除面

选择一个当前编辑的面文件后，方可进行该操作。可以单个删除，也可以使用鼠标拖拽一个区域，删除被该区域覆盖的面。

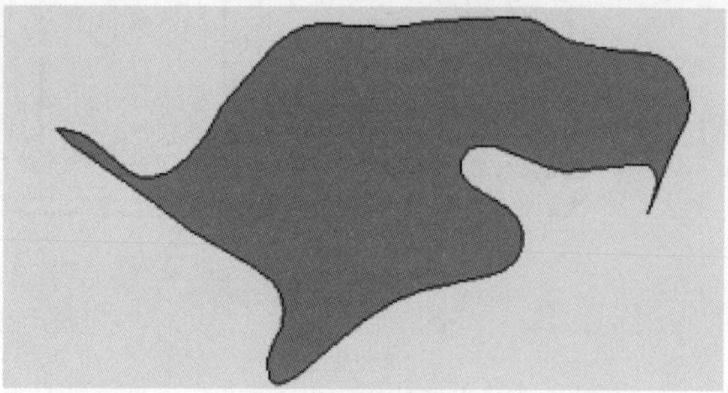

图 2.6.6　贝赛尔面

### 2.6.3.2　复制面

选择一个面，将面拖拽出即可完成复制。阵列复制面的原理相同，只需设置行列数量和行间距即可（图 2.6.7）。

### 2.6.3.3　镜像面

（1）X 轴镜像面：选择一个或多个面在竖直方向上进行镜像复制（图 2.6.8）。

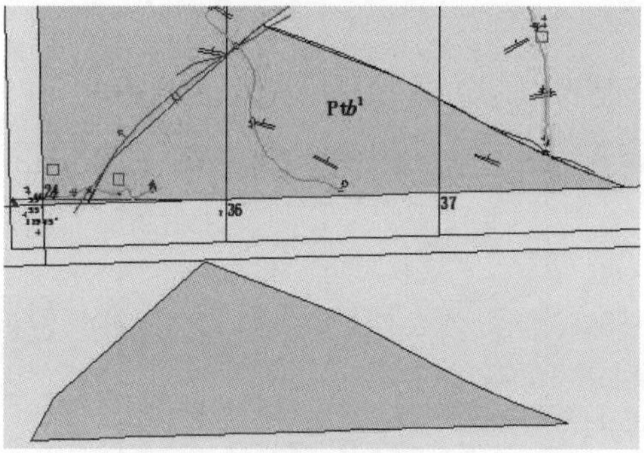


图 2.6.7　复制面

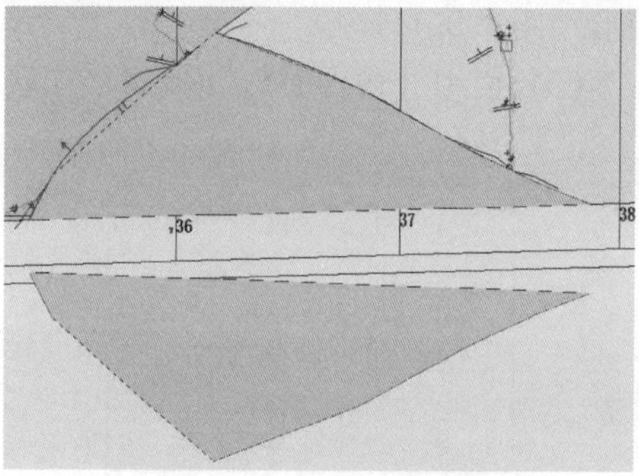


图 2.6.8　X 轴镜像复制

（2）Y 轴镜像复制：选择某个或多个面在水平方向上进行镜像复制（图 2.6.9）。

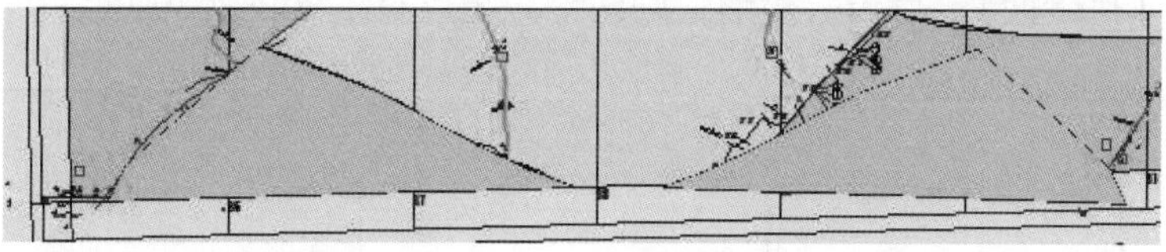

图 2.6.9　Y 轴镜像复制

（3）原点镜像复制：选择某个或多个面同时在水平和竖直方向上进行镜像复制（图 2.6.10）。

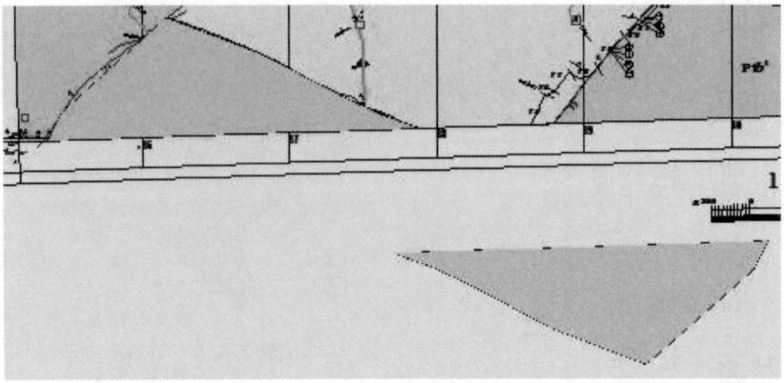

图 2. 6. 10　原点镜像复制

## 2. 6. 3. 4　挑子面

选择一个面，将面中包含的面筛选出。

（1）新建一个面工作区，在“输入弧段”面板中点击【其他】→【矩形】，输入三个矩形（图 2. 6. 11）。

（2）使用【输入面】，输入两个矩形（图 2. 6. 12）。

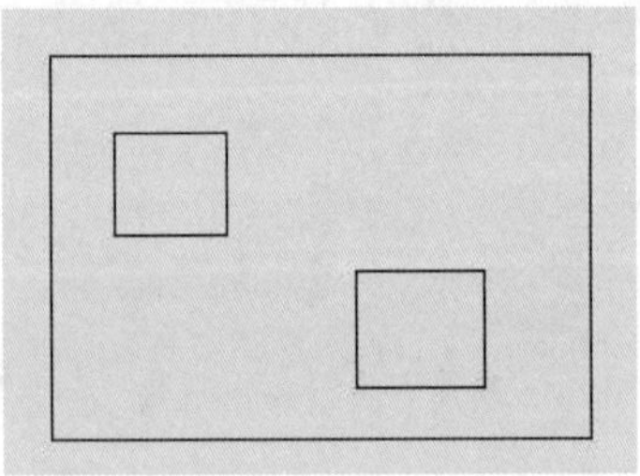

图 2. 6. 11　输入三个矩形弧段

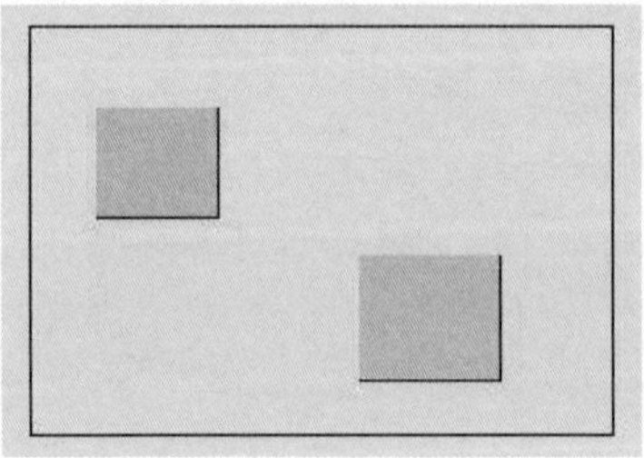

图 2. 6. 12　输入两个矩形面

（3）再使用输入面输入大矩形，这样两个小矩形被遮挡（图 2. 6. 13）。

（4）使用【挑子面】，点击大矩形，则两个小矩形显示（图 2. 6. 14）。

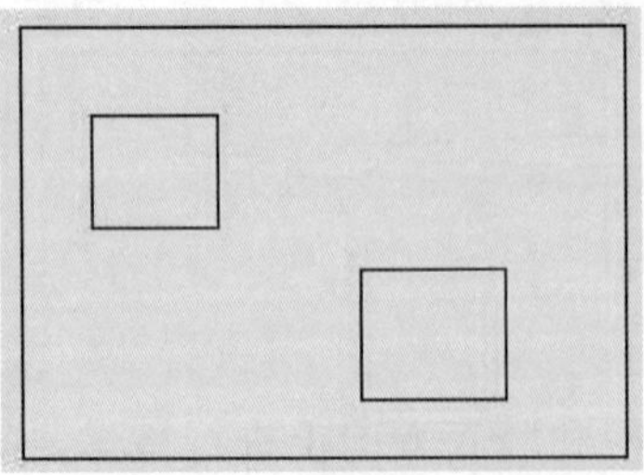

图 2. 6. 13　输入大矩形

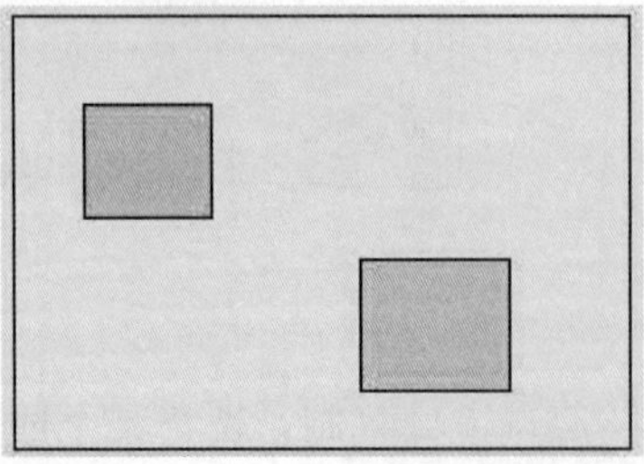

图 2. 6. 14　挑子面

### 2.6.3.5　分割面

（1）输入一个矩形，和一个折线类型的弧段（图 2.6.15）。

（2）鼠标单击“折线弧段”落在区内部的位置上，则系统自动将母区分割成两个区（图 2.6.16）。

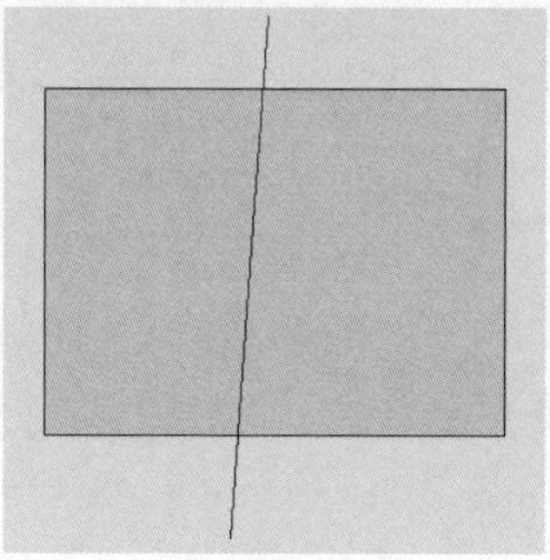

图 2.6.15　输入矩形和弧段

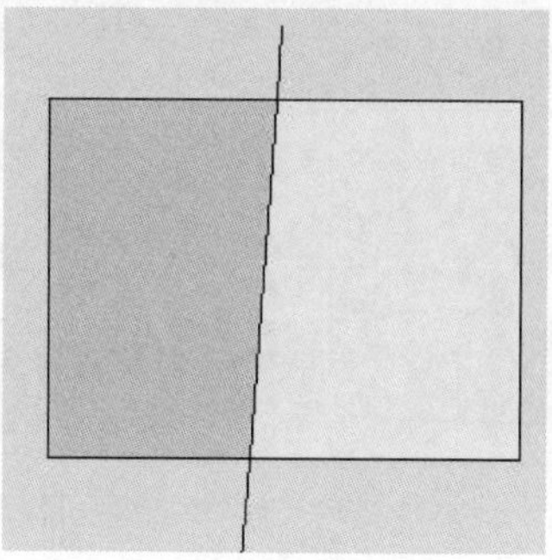

图 2.6.16　分割面

### 2.6.3.6　合并面

继续上面的操作步骤。

单击【合并面】，点击左侧区同时按住“ctrl”键选择右侧区，两个面合并（图 2.6.17）。

### 2.6.3.7　标注面

标注面即使用面属性中的字段值对面进行标注。这里，我们使用“面积”字段对面进行标注，点击【参数设置】可对标记的注记点进行设置，点击【确定】按钮，保存由字段值生成的点文件（图 2.6.18）。

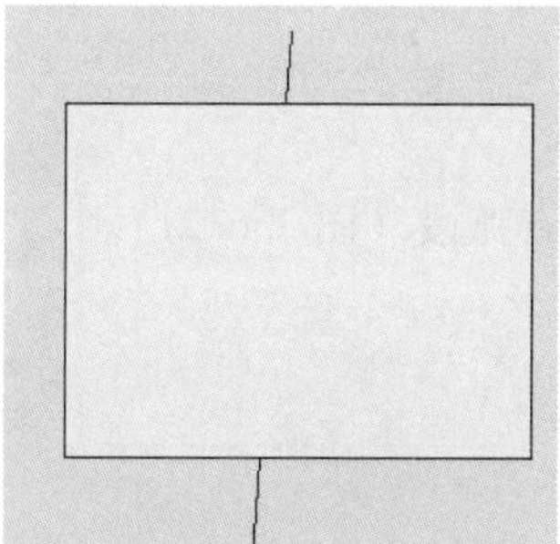

图 2.6.17　合并面

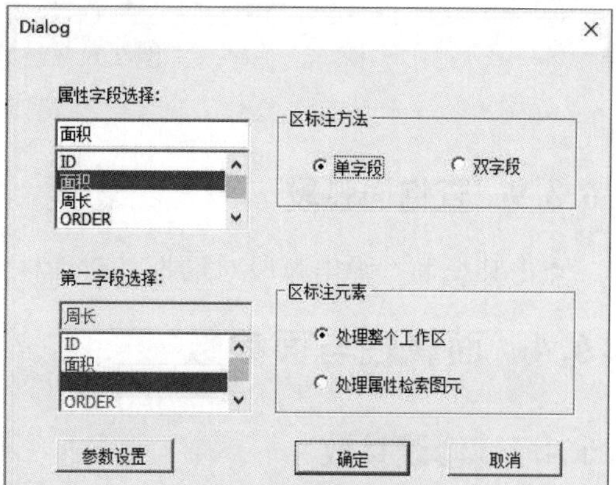


图 2.6.18　标注面

将点文件添加到工程中，更新显示，如图 2. 6. 19 所示。

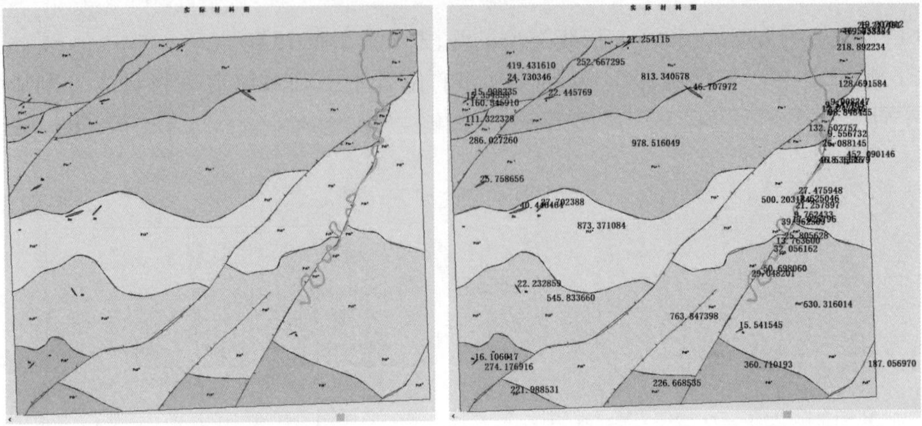


图 2. 6. 19　标注面前后对比图

当然，我们还可以使用双字段标记，还可以对图元筛选后标记，在此不赘述。

### 2. 6. 3. 8　自相交检查

点击需要查询的面，若有自相交弧段则弹出对话框，若无则不弹出对话框（图 2. 6. 20）。

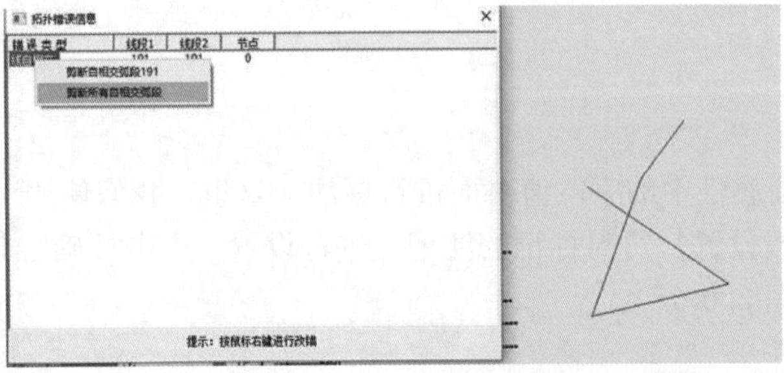


图 2. 6. 20　自相交弧段检查

### 2. 6. 3. 9　查询面弧段

点击某个面，弹出弧段对话框，对话框中是围成该面的所有弧段（图 2. 6. 21）。

## 2. 6. 4　面属性与面参数

### 2. 6. 4. 1　修改参数

点击【修改参数】，在地图上选择一个面，即可修改面参数（图 2. 6. 22）。

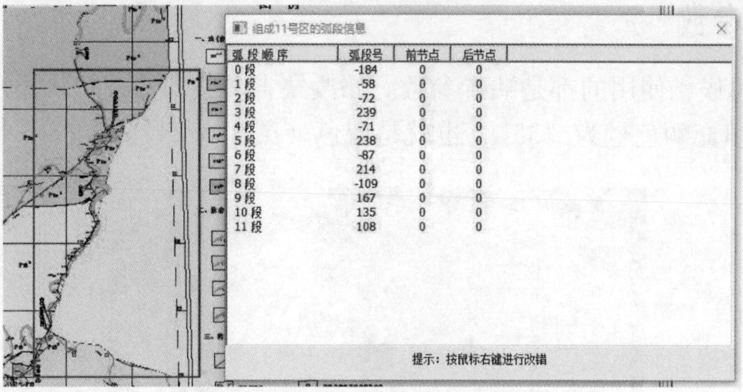


图 2.6.21 查询面弧段

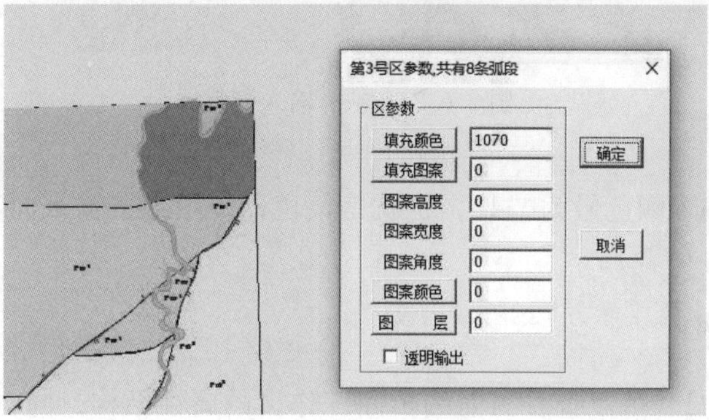


图 2.6.22 修改面参数

### 2.6.4.2 统改面参数

点击【统改参数】按钮，系统弹出点参数统改板，用户输入替换条件与替换结果，点击【确定】按钮（图 2.6.23）。

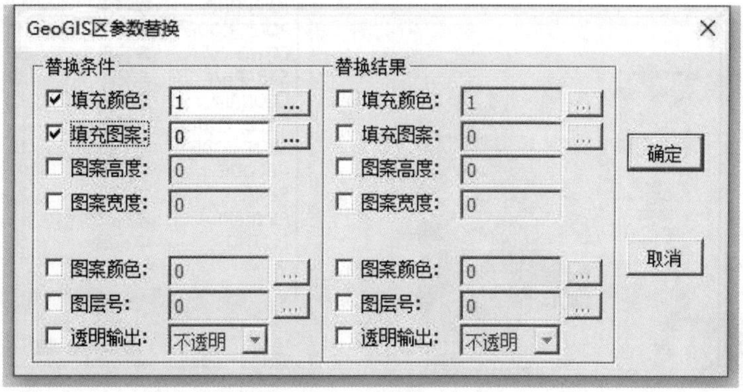


图 2.6.23 统改面参数

### 2.6.4.3 缺省参数

在输入面的时候，使用的都是缺省参数。修改缺省参数即修改默认输入面参数。

（1）目前的填充颜色号为“35”，也就是蓝色（图 2.6.24）。

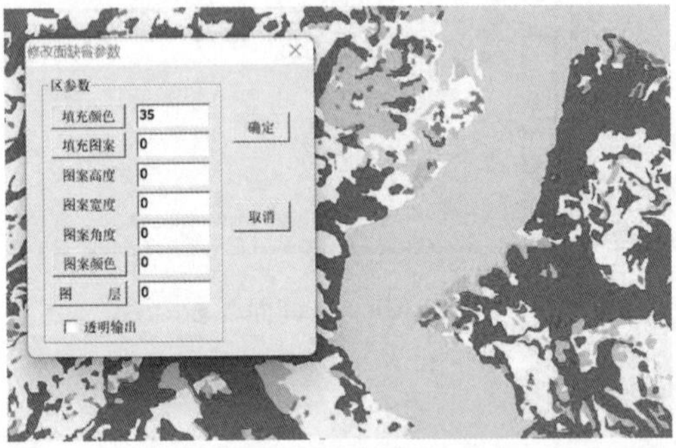


图 2.6.24 缺省输入蓝色

（2）修改缺省输入颜色号为“4”，也就是黄色，使用直接输入面功能再输入一个面，则面变为黄色（图 2.6.25）。

### 2.6.4.4 属性结构

点击【属性结构】，可以查看当前编辑面工作区的属性结构，同时可以对属性结构进行添加、插入、更新、删除等操作。这里需要注意的一点是：面的前 3 个属性结构默认为“ID”“面积”和“周长”，不可修改、删除，也不可在其间插入其他字段（图 2.6.26）。

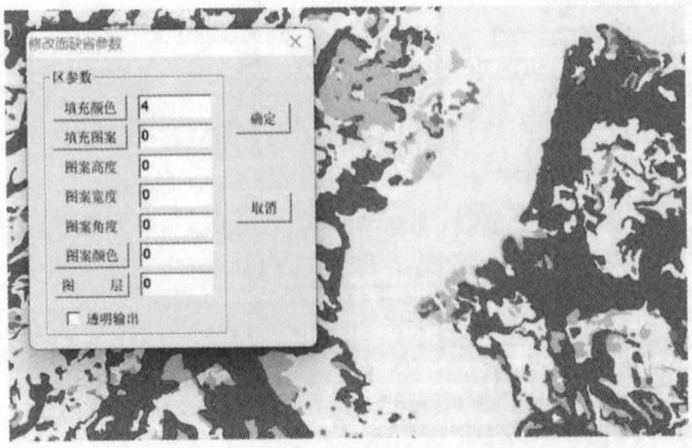


图 2.6.25 缺省输入黄色

编辑属性结构

| 字段名称 | 字段类型 | 字段长度 | 小数位 |
|---|---|---|---|
| ID | 长整型 | 8 | |
| 面积 | 双精度型 | 15 | 6 |
| 周长 | 双精度型 | 15 | 6 |
| ORDER | 字符串 | 5 | |
| MAPCODE | 字符串 | 11 | |
| POLY_CODE | 字符串 | 21 | |
| LITHO | 字符串 | 50 | |
| STRAPHA | 字符串 | 30 | |
| GEONAME | 字符串 | 31 | |
| TYPE_CODE | 字符串 | 11 | |
| SIGN_CODE | 字符串 | 13 | |
| GBCODE | 字符串 | 9 | |
| REMARK | 字符串 | 21 | |
| PSTRAPHA | 字符串 | 41 | |
| PLITHO | 字符串 | 51 | |

添加 插入 更新 删除 确定 取消

图 2.6.26 属性结构

（1）添加：添加操作的功能是添加一个字段在所有字段的最后。例如，添加一个“PIC”字段，字段类型为“字符串”类型，字段长度为“2”（图 2. 6. 27）。

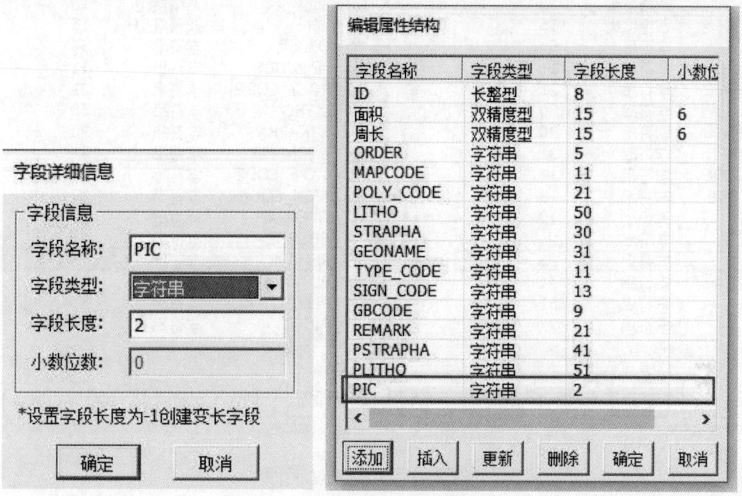


图 2. 6. 27　添加字段

（2）插入：插入则是在选定的字段前插入一个新的字段，例如：选定一个“GBCODE”字段,在之前插入“OPENPIC”字段，字段类型为“浮点型”，字段长度为“12”，小数位数为“2”（图 2. 6. 28）。

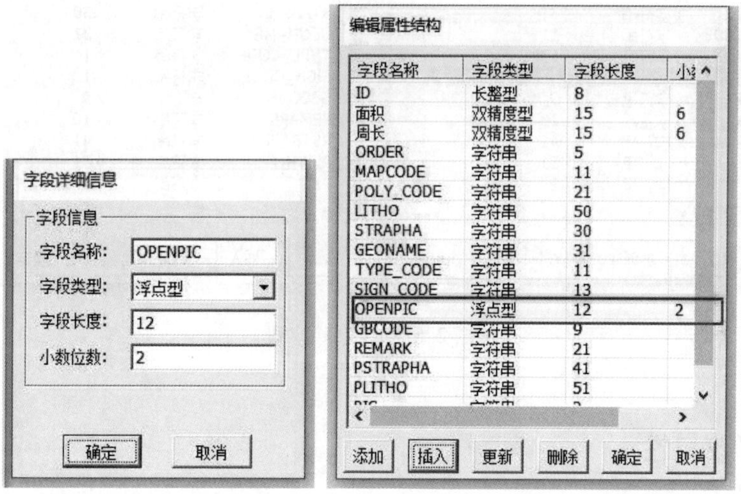


图 2. 6. 28　插入字段

（3）更新：将“REMARK”字段长度更新为“16”（图 2. 6. 29）。

（4）删除：选定“OPENPIC”，点击【删除】（图 2. 6. 30）。

图 2.6.29　修改字段

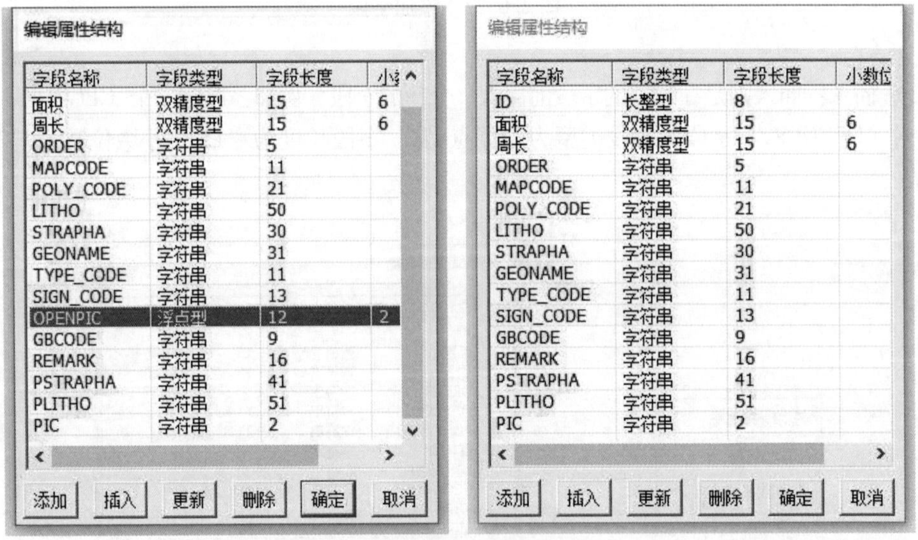


图 2.6.30　删除字段

### 2.6.4.5　修改属性

点击【修改属性】按钮，在地图上选择一个面图元，对话框中显示该图元的属性，修改后点击“确定”即可（图 2.6.31）。

### 2.6.4.6　联动属性

联动属性可查询当前编辑图层所有面的属性（图 2.6.32）。

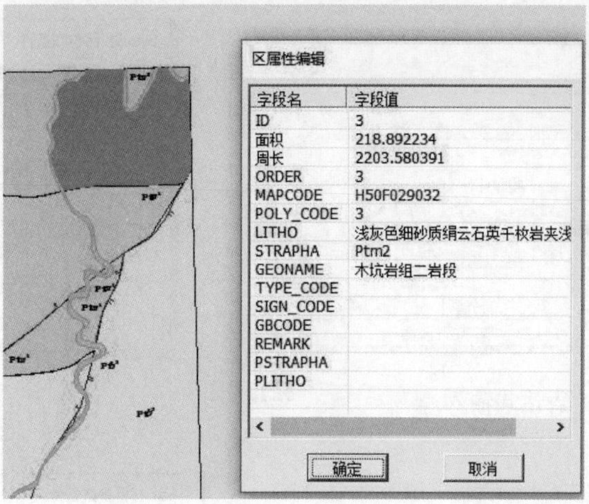


图 2.6.31　修改面属性

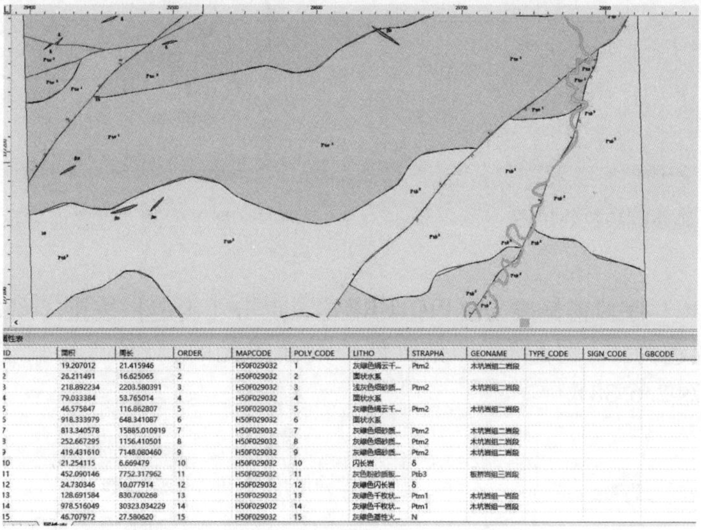


图 2.6.32　联动属性

### 2.6.4.7　属性赋参数

将符合某个条件的属性，赋上统一的参数。例如：选择“面积<=200”的面图元，将其颜色变为“4 号色”即亮黄色（图 2.6.33 至图 2.6.35）。

### 2.6.4.8　参数赋属性

将相同参数的面图元的属性统一修改。

（1）点击【图形参数条件】按钮，并在前面打勾，设置面参数的填充颜色为“4”（图 2.6.36）。

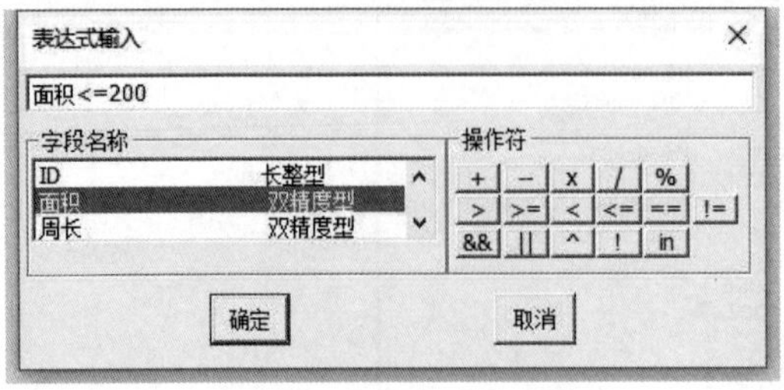


图 2.6.33　表达式输入

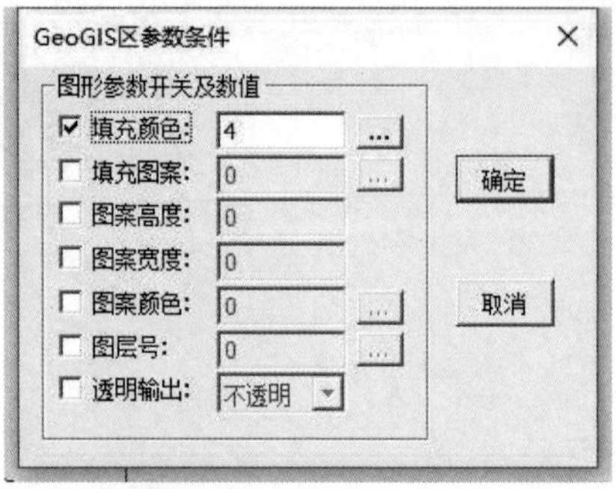


图 2.6.34　设置参数

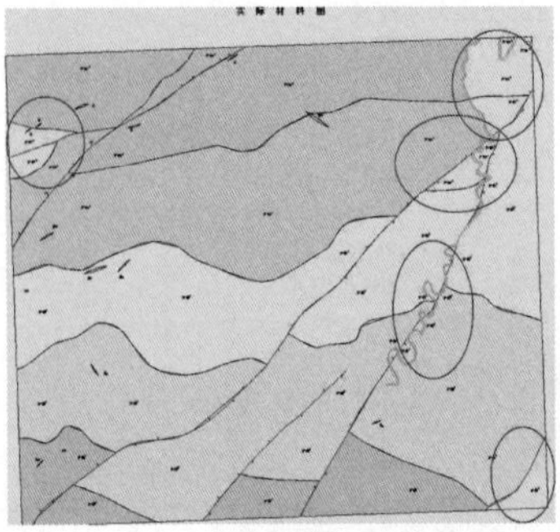

图 2.6.35　属性赋参数效果图

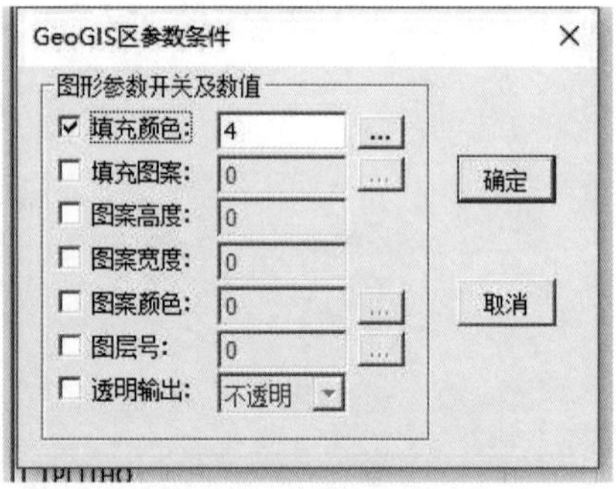


图 2.6.36　设置面参数填充颜色

（2）将“PIC”字段值修改为“PICTURE4”，点击【确定】按钮（图 2.6.37）。

（3）填充颜色为“4 号色”（亮黄色）的面图元的“PIC”字段值都被修改为了“PICTURE4”（图 2.6.38）。

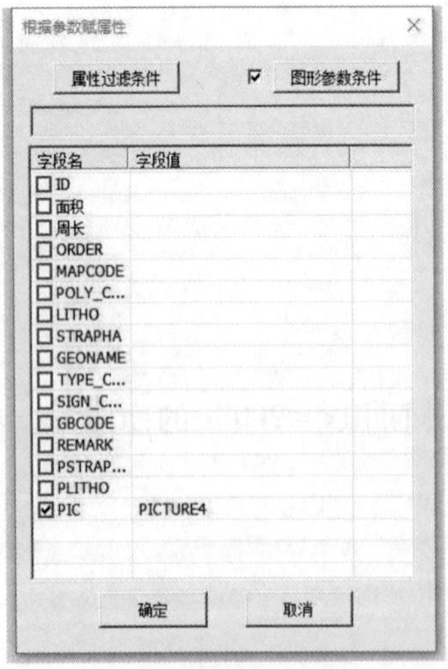


图 2.6.37　修改字段值

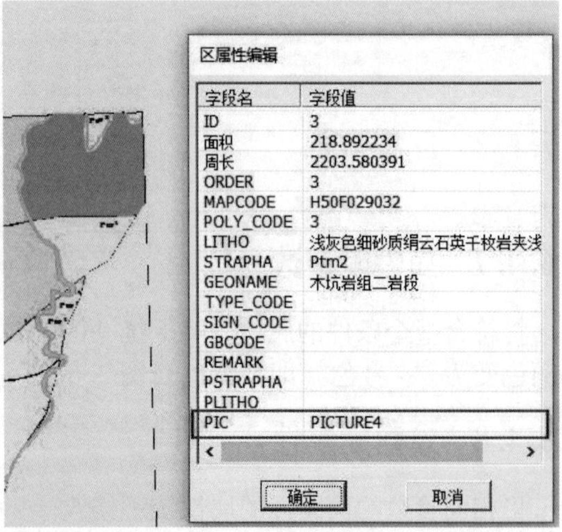


图 2.6.38　查询修改字段值

# 2.7 综合编辑

综合编辑一般可同时对点、线、面图元同时操作，菜单栏如图 2.7.1 所示。

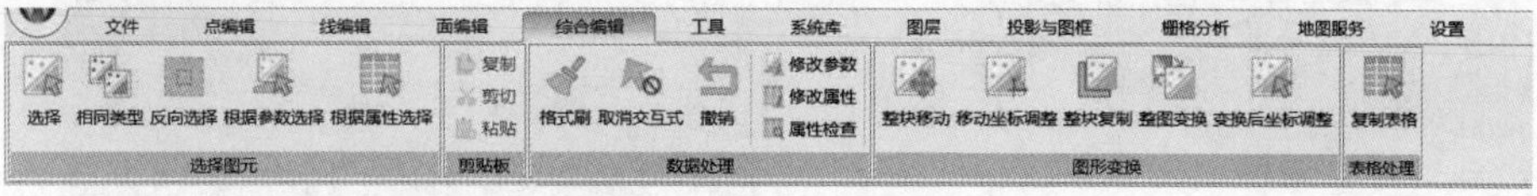


图 2.7.1　综合编辑菜单栏

## 2.7.1　选择图元

### 2.7.1.1　选择

同时选择点、线、面图元（图 2.7.2）。

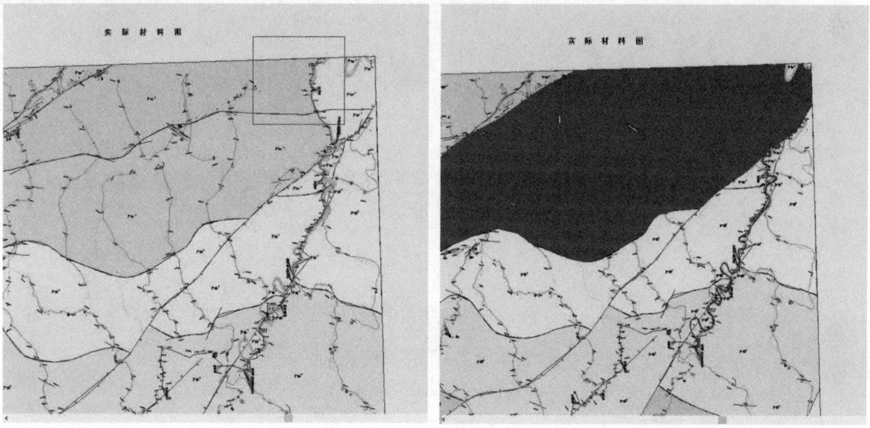


图 2.7.2　选择图元

### 2.7.1.2　反向选择

继续上一步操作进行反向选择（图 2.7.3）。

### 2.7.1.3　相同类型

点击某个图元，把具有相同参数的图元一同选择。例如：点击某一亮黄色区域，则所有亮黄色区域闪烁（图 2.7.4）。

### 2.7.1.4　根据参数选择

根据图元参数来选择需要的图元。

(1) 点击【根据参数选择】，工作区设置为“GEOPOLY. pm”，筛选方法为“创建新

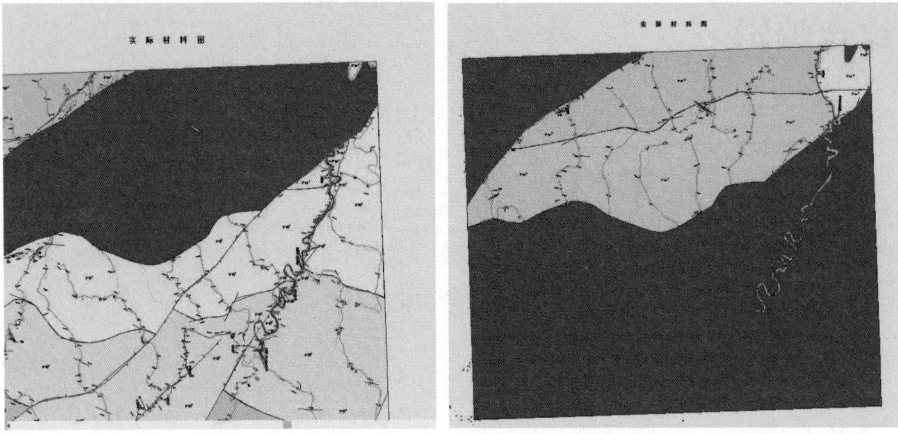


图 2.7.3　反向选择

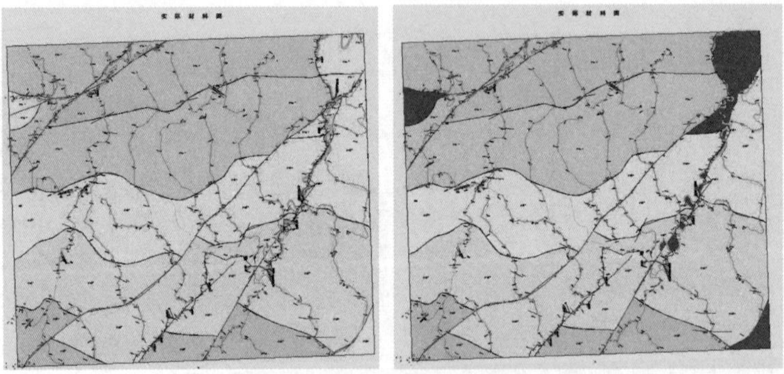


图 2.7.4　相同类型选择

的选择区”，填充颜色为“1081”。则 GEOPOLY. pm 图层，所有满足上述条件的图元被选中（图 2.7.5，图 2.7.6）。

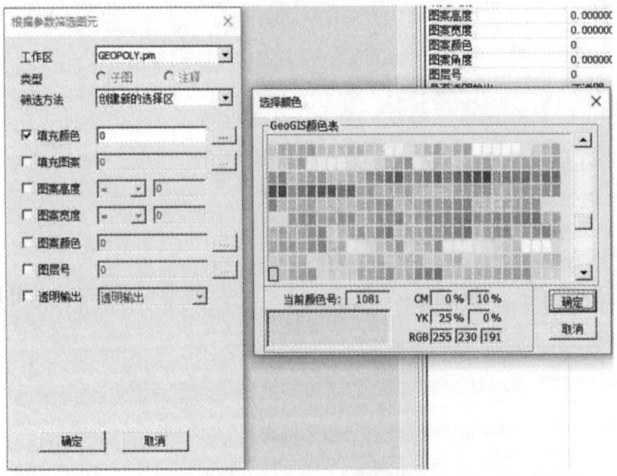


图 2.7.5　设置

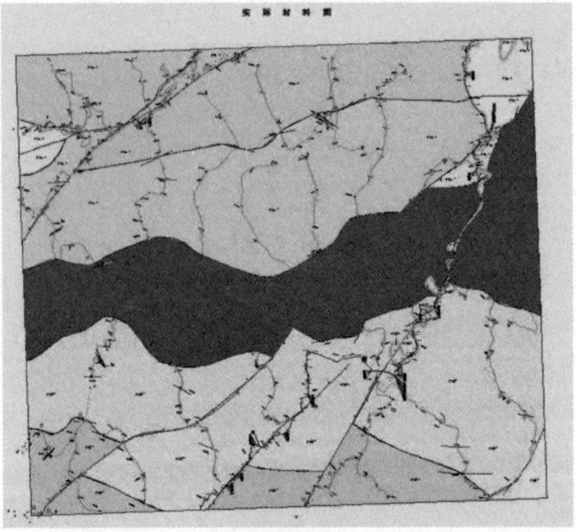


图 2.7.6　创建的新选择区

（2）与（1）相同的操作，将筛选方法改为“添加到当前选区”，填充颜色改为“4”。则所有填充颜色为4的图案都加入到了之前的选区（图2.7.7，图2.7.8）。

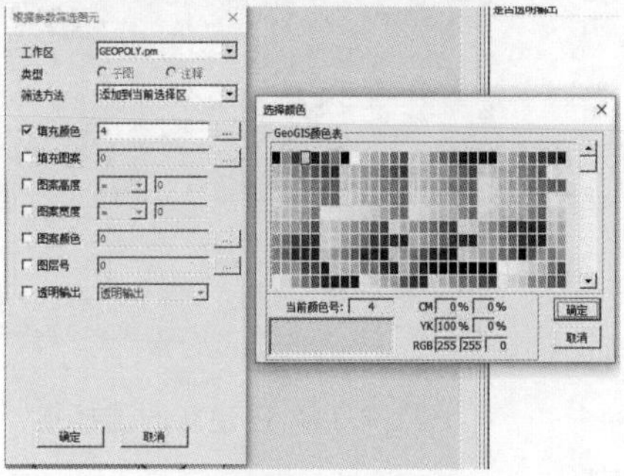

图2.7.7 设置

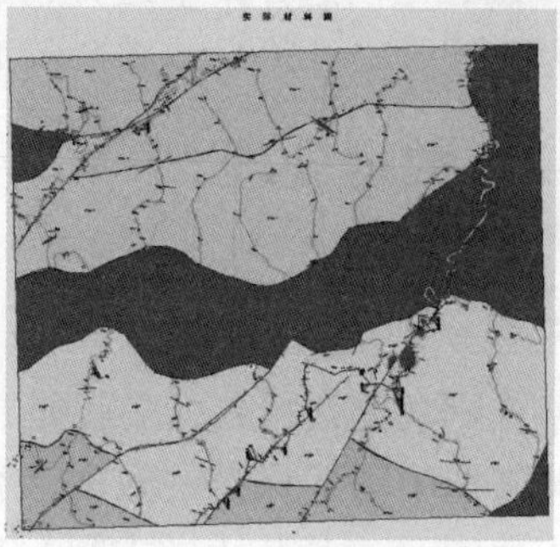

图2.7.8 添加到选择区

（3）其他图层及类型，同理操作，不再赘述。当然，点图层和线图层选择对应的参数即可，且点、线、面可以同时选择（图2.7.9）。

## 2.7.1.5 根据属性选择

首先介绍一下“根据属性选择”图元的面板。工作区中包含了工程中所有的工作区，可以选择任意要筛选的工作区，筛选方法共有四种，支持使用简单的SQL语句（语句的前半句默认为“SELECT ＊FROM region WHERE”，用户只需补全后半句即可）（图2.7.10）。

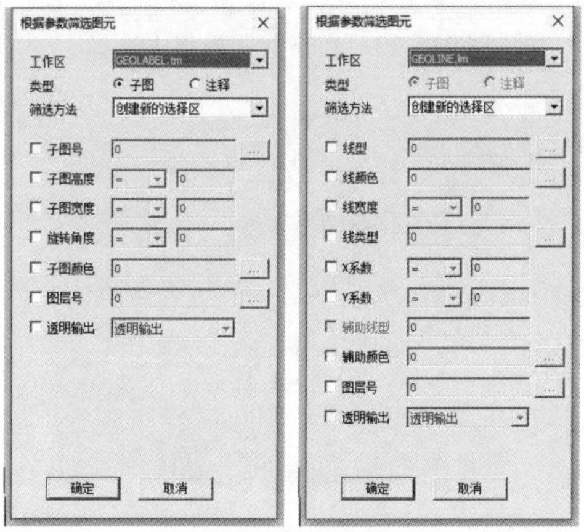


图2.7.9 点、线图层的筛选

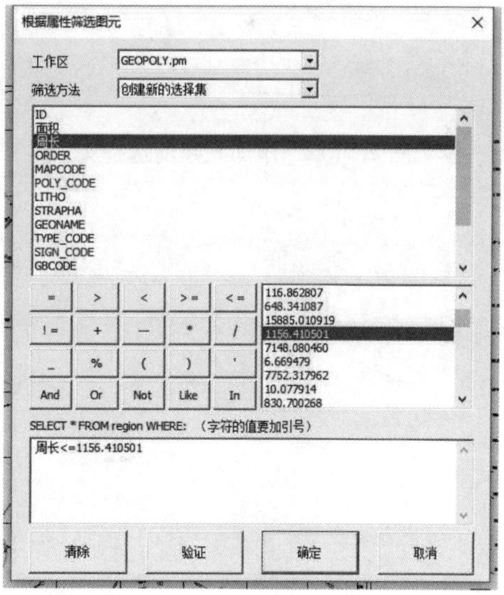


图2.7.10 根据属性筛选图元

例如：

（1）创建新的选择集：条件设为“周长<=1156.410501”（图2.7.11）。

（2）添加到当前选择集：继续上个步骤，条件设为“周长<=2203.580391”（图 2.7.12）。

（3）在当前选择集中选择：继续上个步骤，条件设为“周长<=1500”（图 2.7.13）。

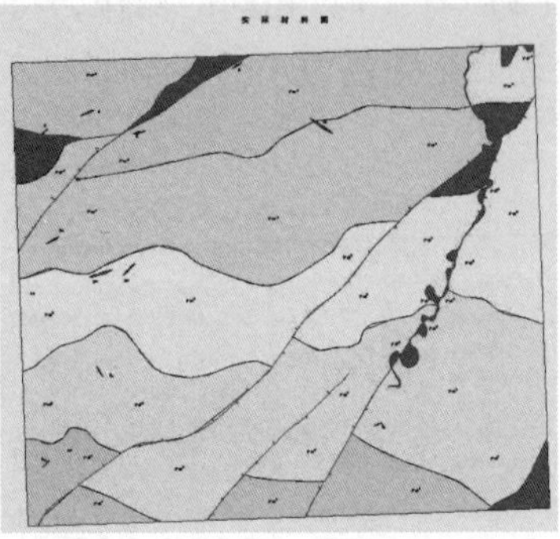

图 2.7.11 创建新的选择集

## 2.7.2 数据处理

### 2.7.2.1 格式刷

格式刷功能，顾名思义就是让使用了格式刷的图元同被选中图元保持一致的参数。例如：选择一个右上角图元，点击【格式刷】按钮，然后选择中间那一大块区域，大块区域的颜色变得和右上角的图元一样（图 2.7.14）。

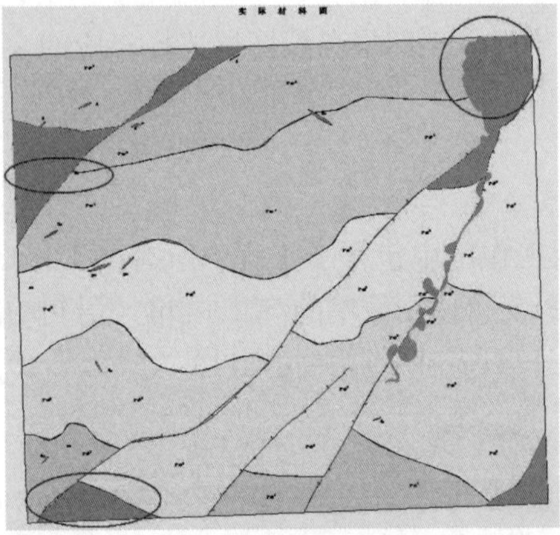

图 2.7.12 添加到当前选择集

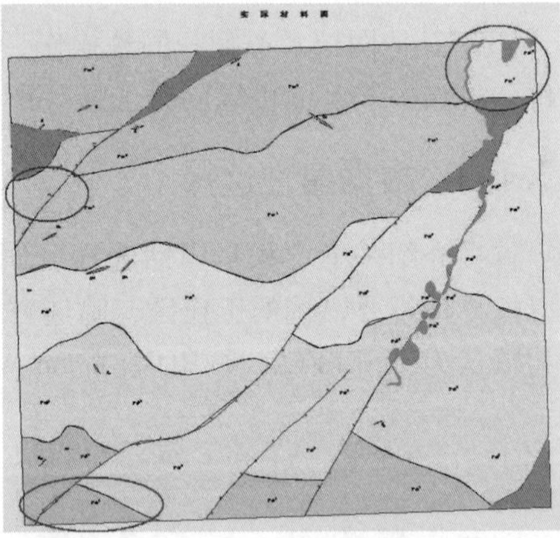

图 2.7.13 在当前选择集中选择

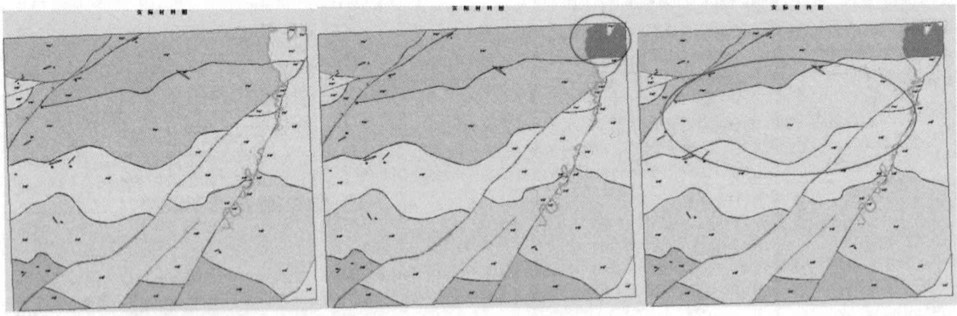

图 2.7.14 格式刷赋参数

### 2.7.2.2 取消交互式

取消闪烁和当前在进行的任何操作，鼠标恢复到原始状态（什么也做不了）。

### 2.7.2.3 撤销

将地图恢复到上一个状态。

### 2.7.2.4 修改参数

修改参数需要使用到系统右侧的“参数面板”，在此详细介绍一下参数面板的使用。

以“Ptm[1]”组合注记点为例：

（1）点击【修改参数】按钮，拖拽鼠标选择注记点，右侧“参数面板”上出现了注记点所在的工作区和图元号，由于这是一个由三个注记点组成的组合注记点，所以出现了三个图元号（图 2.7.15）。

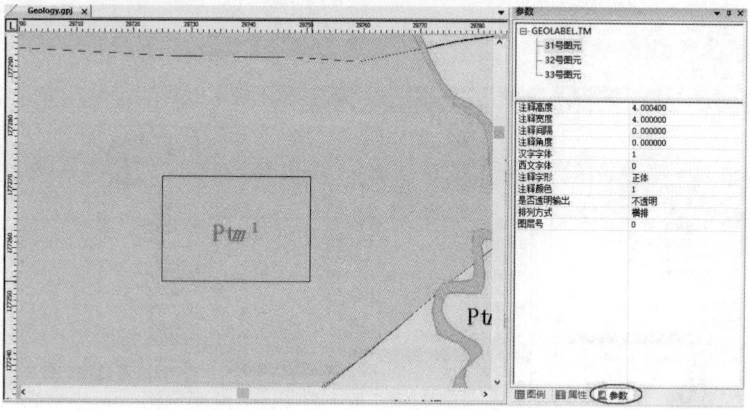


图 2.7.15 参数面板

（2）以“31 号图元”为例，点击 31 号图元，图中“Pt”闪烁（图 2.7.16）。

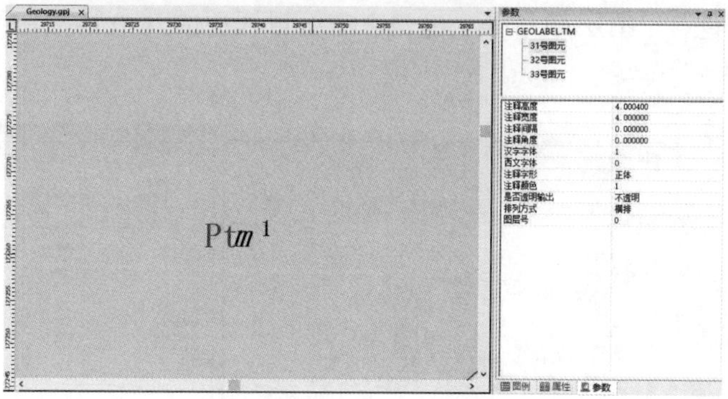


图 2.7.16 组合注记点图元

（3）注释高度、宽度、间隔和角度等可以自行编辑，点击“汉字字体”编辑框后的【…】按钮，能够对字体进行编辑，“西文字体”操作方法相同（图 2.7.17）。

（4）“注释字形”“透明输出”“排列方式”等可用下拉框设置（图 2.7.18）。

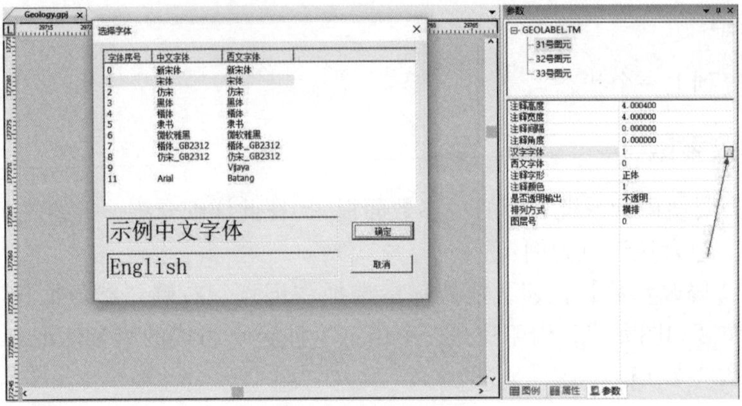


图 2.7.17　字体设置

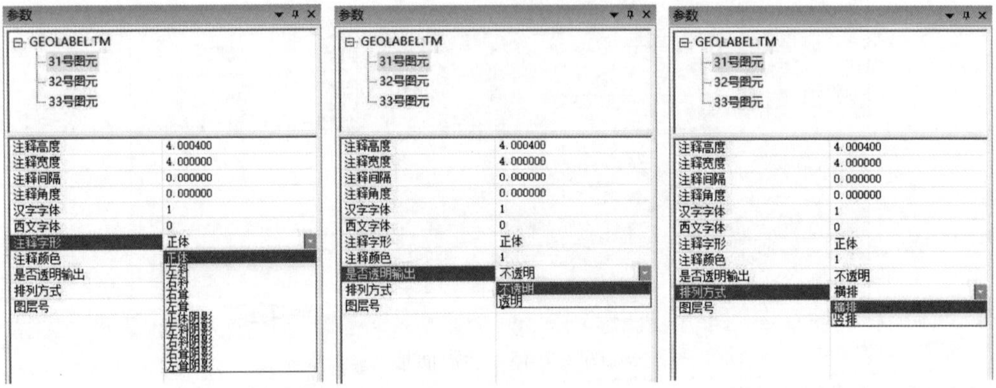


图 2.7.18　其他设置

（5）“注释颜色”“图层号”等，也是点击编辑框后的【…】按钮编辑（图 2.7.19，图 2.7.20）。

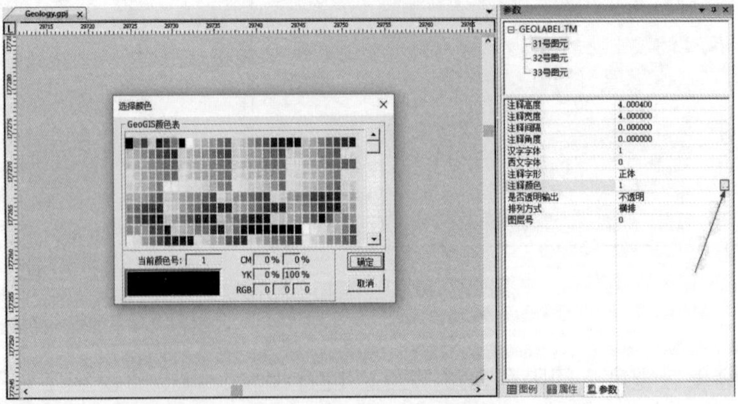


图 2.7.19　注释颜色设置

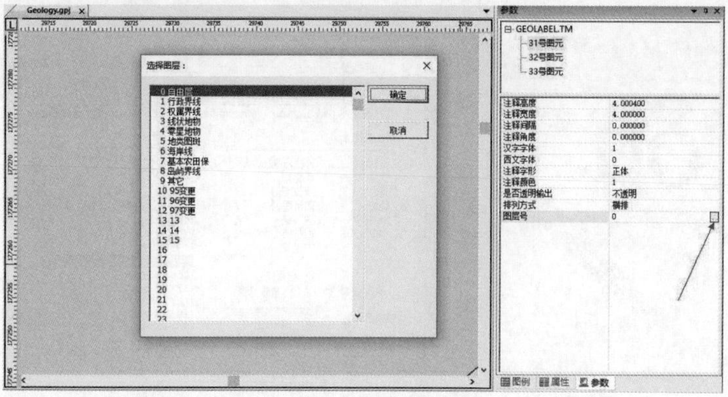


图 2.7.20 图层号设置

## 2.7.2.5 修改属性

与修改参数相同，点击【修改属性】按钮，任意选择地图上的图元即可对该图元的属性进行修改（图 2.7.21）。

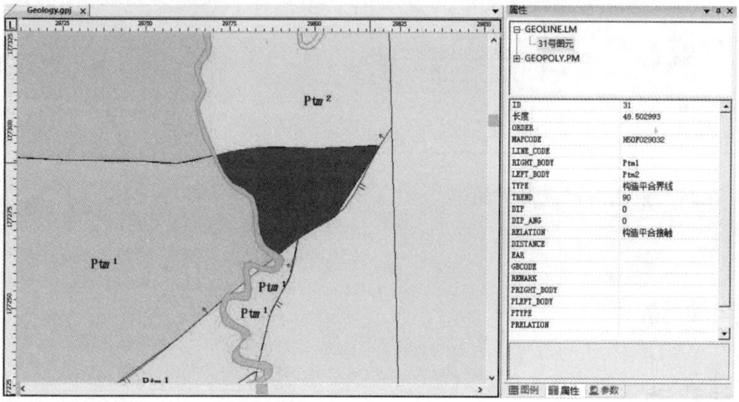


图 2.7.21 修改属性

## 2.7.2.6 属性检查

直接选择：以面工作区为例，点击“面工作区”，在“属性结构”中选择面积，选择“直接选择”，在“属性内容”中双击“16.106017”这个选项，则面积为 16.106017 的面被选中（图 2.7.22）。

条件检索选择：同样以面工作区为例，点击“面工作区”，在“属性结构”中选择面积，选择“条件检索选择”，双击“属性内容”列表或者点击【选择结果】能够弹出如下对话框（图 2.7.23）。

添加条件“面积<=150”，则所有面积小于 150 的面图元被选中（图 2.7.24）。

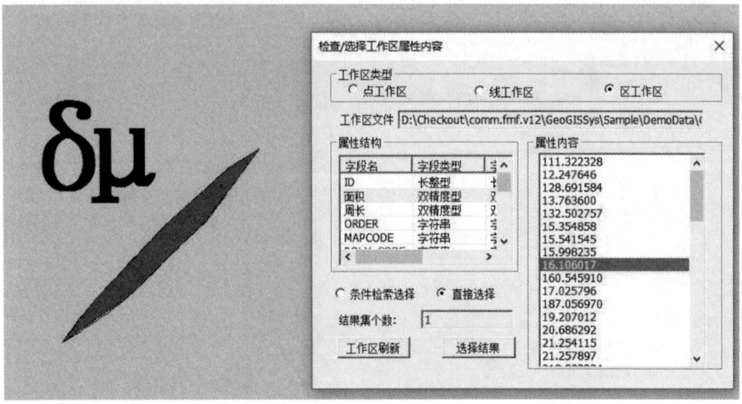


图 2.7.22　属性检查

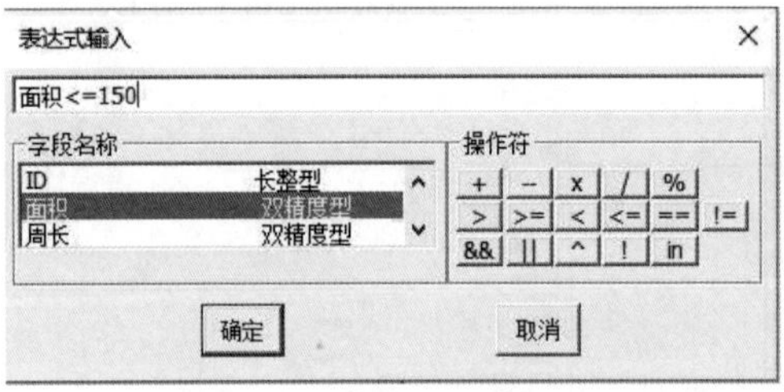


图 2.7.23　条件检索选择对话框

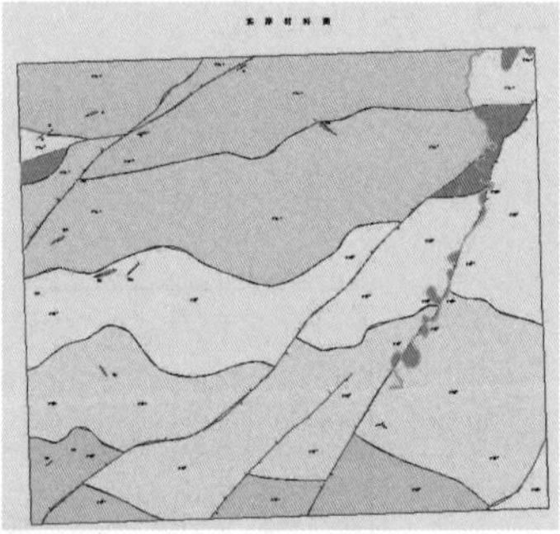

图 2.7.24　筛选图元

## 2.7.3　图形变换

### 2.7.3.1　整块移动

将选中的点、线、面文件平移到任意位置（图 2.7.25）。

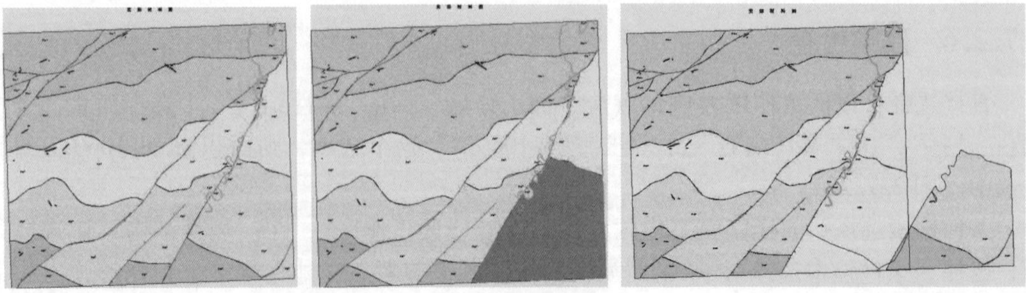

图 2.7.25　整块移动

### 2.7.3.2 移动坐标调整

利用X坐标和Y坐标移动图元，对于X坐标来说，左移为负，右移为正；对于Y坐标来说，下移为负，上移为正（图2.7.26）。

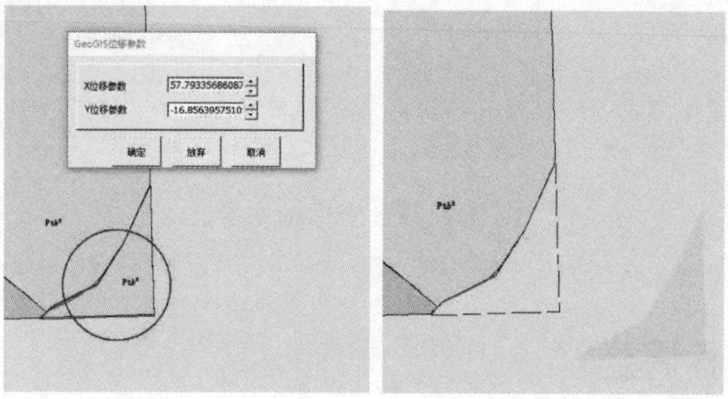


图2.7.26 移动坐标调整

### 2.7.3.3 整块复制

选择某一区域的图元移动鼠标即可（图2.7.27）。

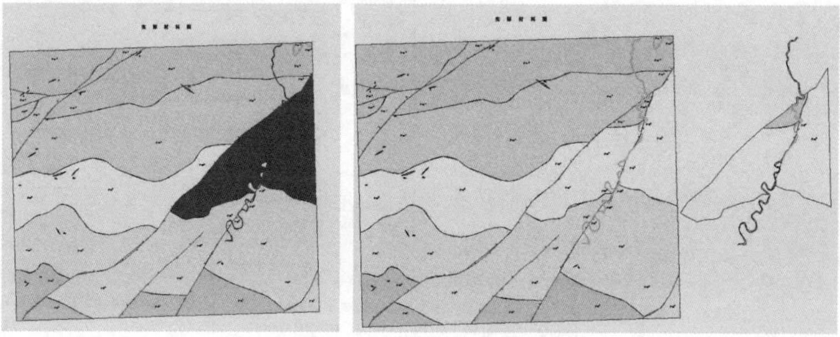

图2.7.27 整块复制

### 2.7.3.4 整图变换

对整个地图进行位移、比例、角度的变换。

对X位移变换，再变换后由于坐标偏差过大可能不易找到地图，可先在“工程面板”→点击鼠标右键→“压缩保存工程”，之后在地图面板点击鼠标右键→“复位窗口”即可（图2.7.28，图2.7.29）。

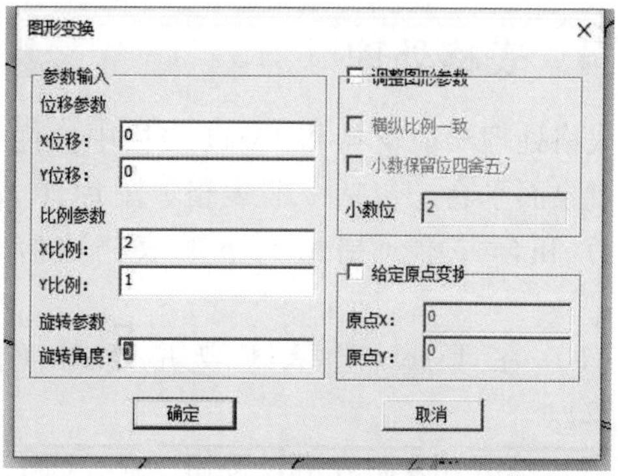


图2.7.28 坐标轴变换设置

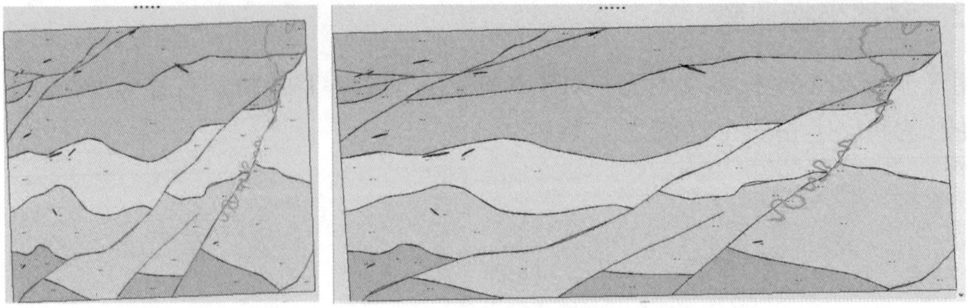

图 2.7.29　坐标轴变换

### 2.7.3.5　变换后坐标调整

点击【变换后坐标调整】按钮，在地图上使用鼠标拖拽出一根直线，直线终点到起点的水平距离就是 X 位移，竖直距离就是 Y 位移，以坐标系 X 轴正方向为基准，逆时针旋转的角度大小为“旋转角度”，起点坐标为“给定原点变换”的原点（图 2.7.30）。

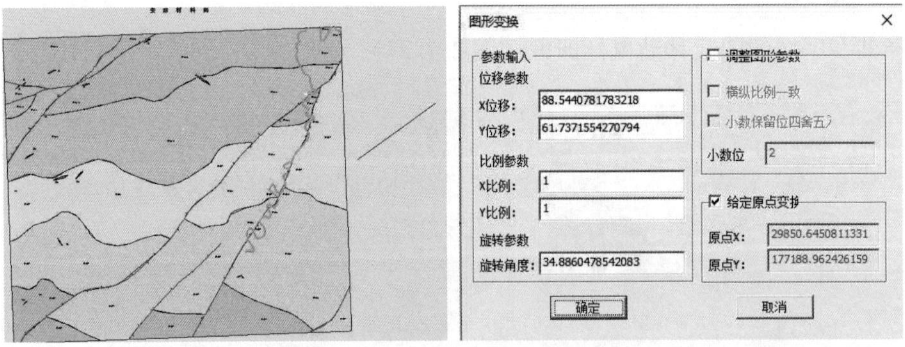


图 2.7.30　变换后坐标调整

点击【确定】后如图 2.7.31 所示。

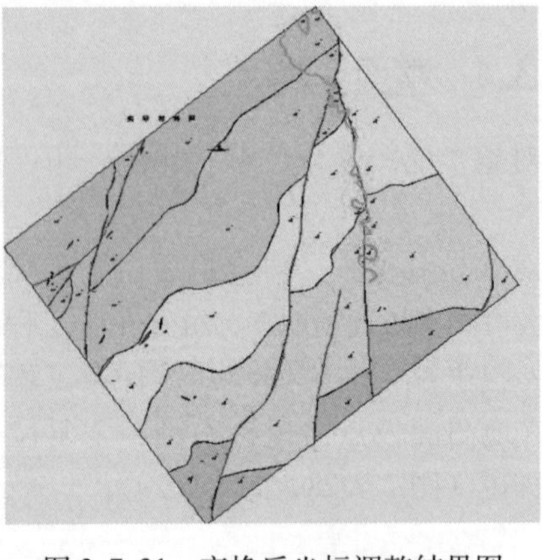

图 2.7.31　变换后坐标调整结果图

## 2.7.4　表格处理

表格处理功能支持将 Excel 表格中的内容复制到桌面平台，包括一般表格、图片（.jpg /.png）和合并单元格情况下的表格内容的复制。

（1）在 Excel 选择区域并复制（图 2.7.32）。

（2）单击【复制表格】按钮，在桌面平台显示区域按住鼠标左键，拖动绘制复制区域，松开鼠标左键，即可将 Excel 中的内容复制到指定区域（图 2. 7. 33）。

**说明：**复制图片时，可将图片放置于 Excel 单个或多个单元格中，在选择复制内容时，务必选择图片所在的所有单元格进行复制，不要选中图片复制。

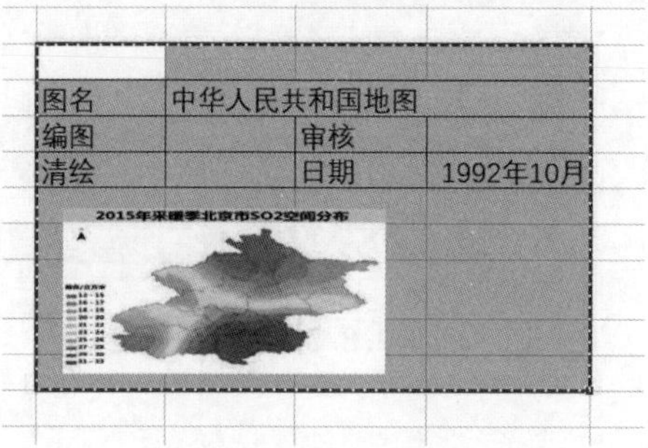


图 2. 7. 32　Excel 表

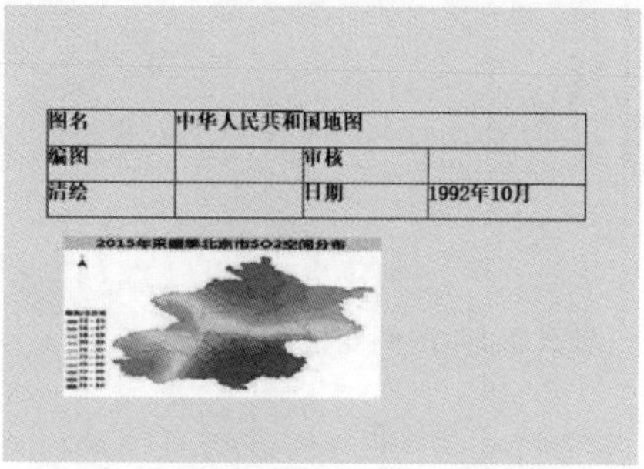


图 2. 7. 33　表格绘制

# 2. 8　快捷操作

DGSGIS 提供多种快捷面板，用于快速输入图元，查看图元参数或属性，修改图元参数或属性，查看多栅格图层像元属性值。包括图例面板、属性面板、参数面板和像元属性面板。

（1）图例面板：用于根据图例快速输入点、线、面图元，设置点、线、面图元的图例设置，同时支持对颜色的编辑和注记点的编辑。

（2）属性面板：用于查看与编辑各类图例属性，切分窗格设计，上部为图例选择树区域，下部为属性查看与编辑区域。

（3）参数面板：用于查看与编辑图例参数，切分窗格设计，上部为图例选择树区域，下部为参数查看与编辑区域。

（4）像元属性面板：用于查看多层栅格图层的像元属性，切分窗格设计，上部为图层选择树区域，下部为像元属性查看区域。

## 2. 8. 1　图例面板

打开图例面板时，面板菜单按钮默认为关闭状态，用户一旦点击面板菜单上的按钮，即可对当前工作区进行相应的操作，当文件工作区处于“编辑”状态时，只能更新图元参数，当文件工作区处于“当前编辑”状态时，既能添加输入图元，又能更新图元参数。启动“”按钮，可输入图元；关闭“”按钮，可更新图元参数（图 2. 8. 1）。

### 2. 8. 1. 1　输入图元

用户可以通过图例面板上一些按钮，直接对处于“当前编辑”状态下的文件（点、线、面）工作区进行添加输入图元（子图点、线、面）的操作（图 2. 8. 2）。

图 2.8.1　图例面板初始状态

图 2.8.2　图例面板菜单

（1）输入子图点：鼠标点击图例面板中“★”按钮，并点击“+”按钮→设置子图点图元的缺省参数→光标移到当前工作区窗口，点击鼠标左键定义子图点图元位置，连续点击鼠标左键，可连续添加子图点图元（图 2.8.3）。

（2）输入线：鼠标点击图例面板中“☰”按钮，并点击“+”按钮→设置线图元的缺省参数→光标移到当前工作区窗口，点击鼠标左键定义线图元始点位置，连续点击鼠标左键，绘制线图元→点击鼠标右键，结束一条线图元的绘制，点击鼠标左键重新定义线图元始点位置，可输入多条线图元（图 2.8.4）。

**注：**如果要对线图元进行线型设置时，需要用户到系统设置中，启动“还原显示”功能。

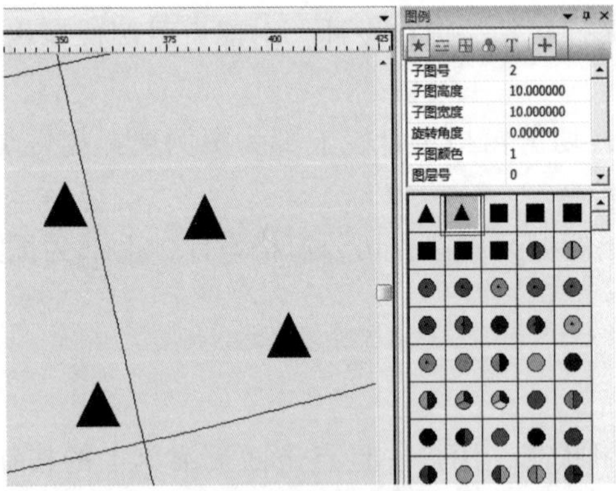


图 2.8.3　输入子图点

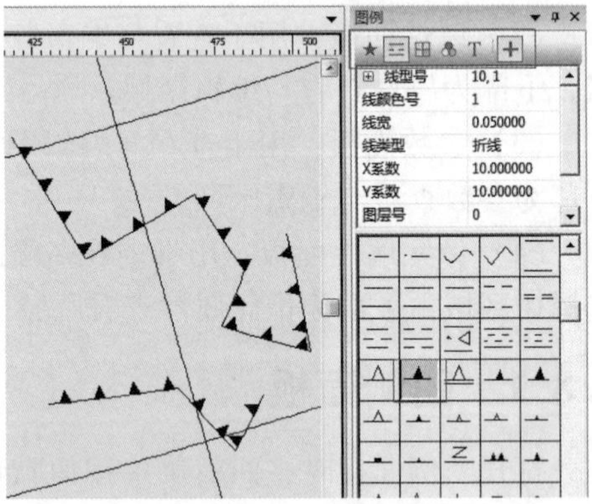


图 2.8.4　输入线

（3）输入面：鼠标点击图例面板中“⊞”按钮，并点击“+”按钮→设置面图元的缺省参数（填充颜色、图案高度、图案宽度等）→光标移到当前工作区窗口，点击鼠标左键定义面图元始点位置，连续点击鼠标左键，绘制面图元→点击鼠标右键，结束一个面图元的绘制，点击鼠标左键重新定义面图元始点位置，可输入多个面图元（图 2.8.5）。

**注：** 如果要对面图元填充图案，需要用户到系统设置中，启动还原显示功能，并设置图案高度和宽度(>0)，如果不对面图元填充图案，将图案高度和宽度设置为0即可。

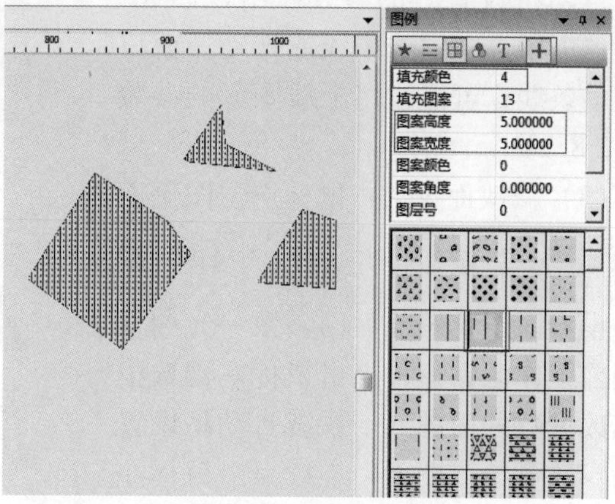


图 2.8.5　输入面

（4）输入注记点：鼠标点击图例面板中“T”按钮，并点击“+”按钮→设置注记点图元的缺省参数→光标移到当前工作区窗口，点击鼠标左键定义注记点位置，系统弹出“GeoGIS 注释编辑”对话框，用户输入注记点内容，点击【确定】按钮→完成一个注记点输入，不切换其他操作时，可连续添加注记点（图 2.8.6）。

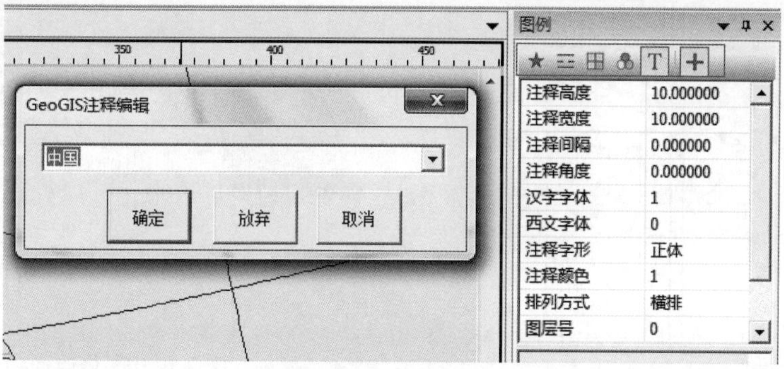


图 2.8.6　输入注记点

## 2.8.1.2　修改图元参数

用户可以通过图例面板上一些按钮，直接对处于“当前编辑”状态下的文件（点、线、面）工作区进行图元（点、线、面）参数的修改（图 2.8.7）。

图 2.8.7　图例面板菜单

（1）修改子图点参数：鼠标点击图例面板中“★”按钮，并关闭“+”按钮→设置点图元修改后的参数→光标移到当前工作区窗口，点击鼠标左键选中要修改参数的子图点，系统自动将设置好的参数赋给该图元，连续点击鼠标左键选中子图点或拖动一窗口选定多个子图点，可修改多个子图点图元的参数（图 2.8.8）。

（2）修改线参数：鼠标点击图例面板中“☰”按钮，并关闭“+”按钮→设置线图元修改后的参数→光标移到当前工作区窗口，点击鼠标左键选中要修改参数的线图元，系统自动将设置好的参数赋给该图元，连续点击鼠标左键选中线或拖动一窗口选定多条线，可修改多个线图元的参数（图 2.8.9）。

（3）修改面参数：鼠标点击图例面板中“”按钮，并关闭“”按钮→设置面图元修改后的参数→光标移到当前工作区窗口，点击鼠标左键选中要修改参数的面图元，系统自动将设置好的参数赋给该图元，连续点击鼠标左键选中面或拖动一窗口选定多个面，可修改多个面图元的参数（图 2.8.10）。

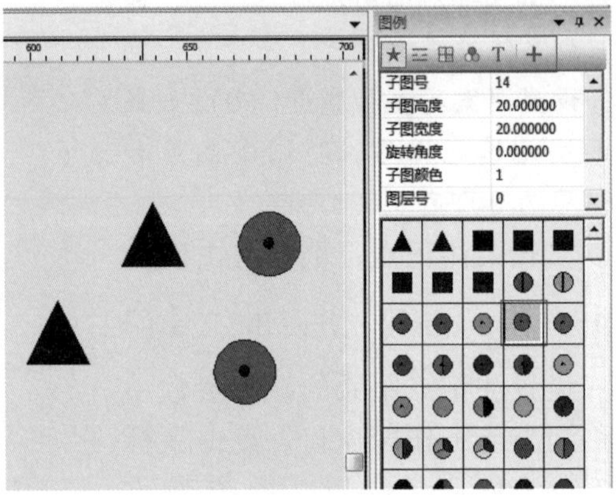


图 2.8.8　修改子图点参数

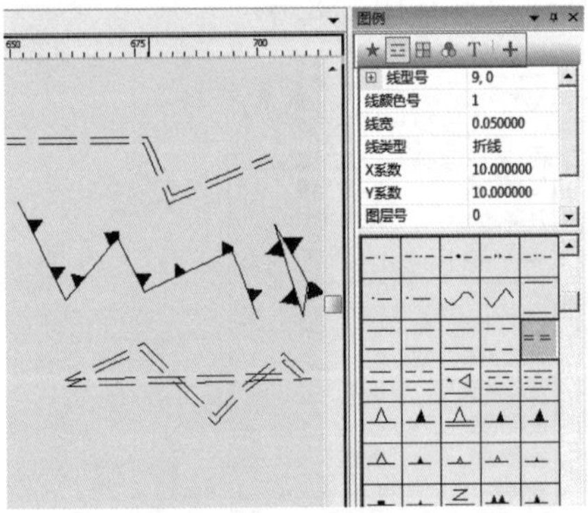


图 2.8.9　修改线参数

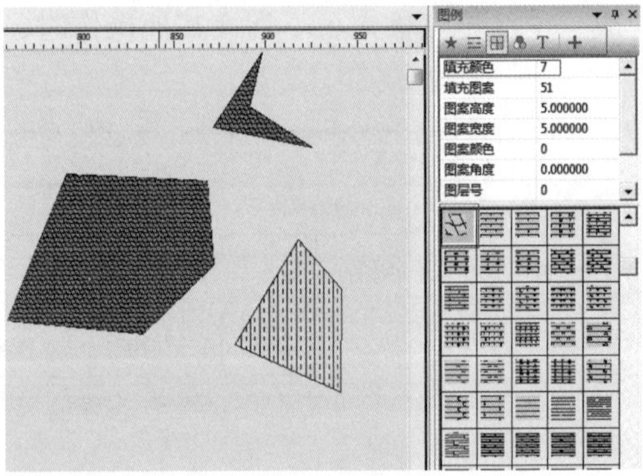


图 2.8.10　修改面参数

（4）修改图元颜色：鼠标点击图例面板中“”按钮→设置修改后的颜色→光标移到当前窗口，点击鼠标左键选中要修改颜色的图元，系统自动将设置好的颜色赋给该图元，连续点击鼠标左键选中图元或拖动一窗口选定多个图元，可修改多个图元的颜色（图 2.8.11）。

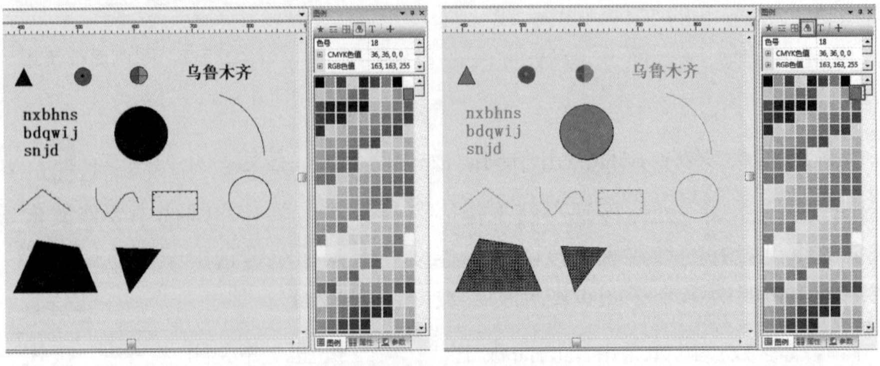


图 2.8.11　修改图元颜色

**注**：可修改颜色的图元有子图点（默认颜色为黑色的部分）、注记点、版面、实心圆的填充色、圆弧、所有类型的线、面图元的填充色。

（5）修改注记点参数：鼠标点击图例面板中“T”按钮，并关闭“+”按钮→设置注记点修改后的参数→光标移到当前窗口，点击鼠标左键选中要修改参数的注记点，系统自动将设置好的参数赋给该注记点，连续点击鼠标左键选中注记点或拖动一窗口选定多个注记点，可修改多个注记点的参数（图 2. 8. 12）。

图 2. 8. 12　修改注记点参数

## 2. 8. 2　属性面板

用户选中多个图元之后，可在属性面板中查看图元所属工作区、图元号、图元的属性结构和属性值，方便用户对图元的属性值进行赋值和修改操作（图 2. 8. 13）。

（1）查看图元：选中多个图元后，选中的图元会在工作区窗口高亮显示，用户如若查看其中一个图元的属性信息时，可在属性面板中点击“＊号图元”，此时系统自动跳到该图元，并高亮显示该图元，用户即可查看该图元的图元号、属性结构和属性值（图 2. 8. 14）。

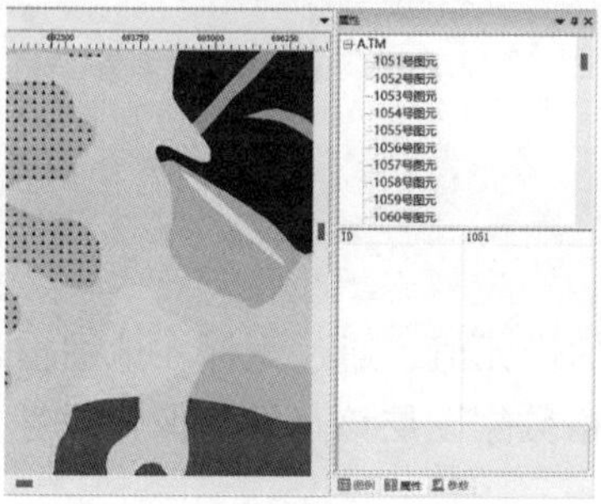


图 2. 8. 13　属性面板

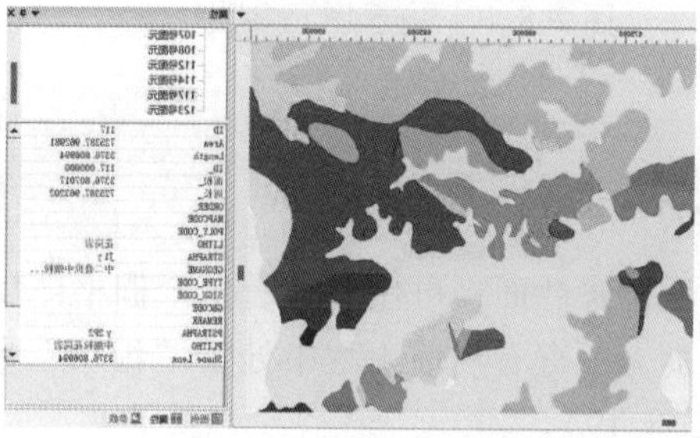

图 2. 8. 14　查看图元属性

（2）属性值：用户可通过属性面板直接对图元的属性值进行赋值和修改操作（图 2. 8. 15）。

## 2. 8. 3　参数面板

用户选中多个图元之后，可在参数面板中查看图元参数信息，方便用户修改图元的参数（图 2. 8. 16）。

（1）查看图元参数：选中多个图元后，选中的图元会在工作区窗口高亮显示，用户如若查看其中一个图元的参数信息时，可在参数面板中点击“＊号图元”，此时系统自动跳到该图元，并高亮显示该图元，用户即可查看该图元参数信息（图 2. 8. 17）。

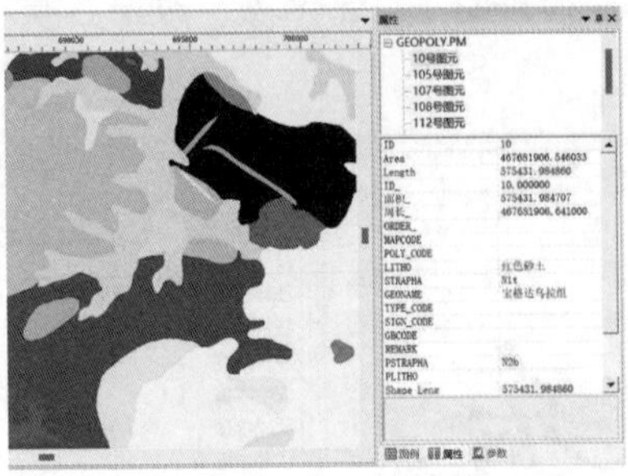

图 2.8.15　修改属性值

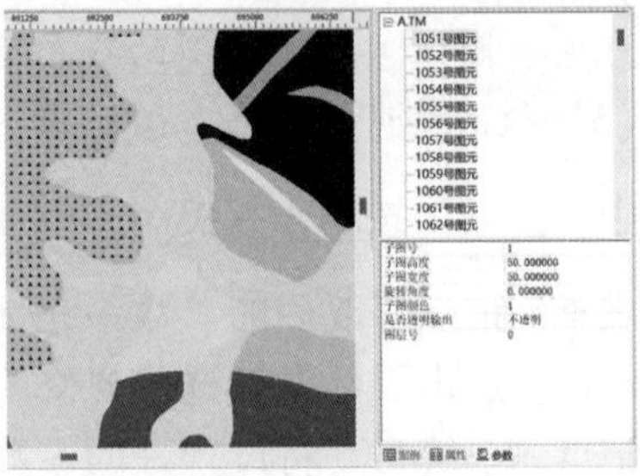

图 2.8.16　参数面板

（2）修改图元参数：用户可通过参数面板直接对图元的当前参数进行修改操作（图 2.8.18）。

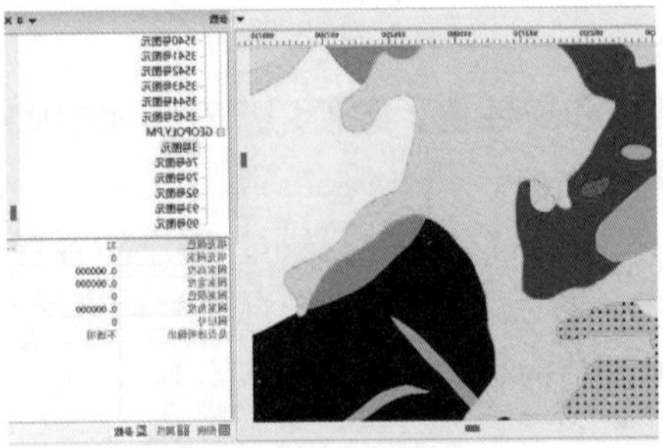

图 2.8.17　查看图元参数

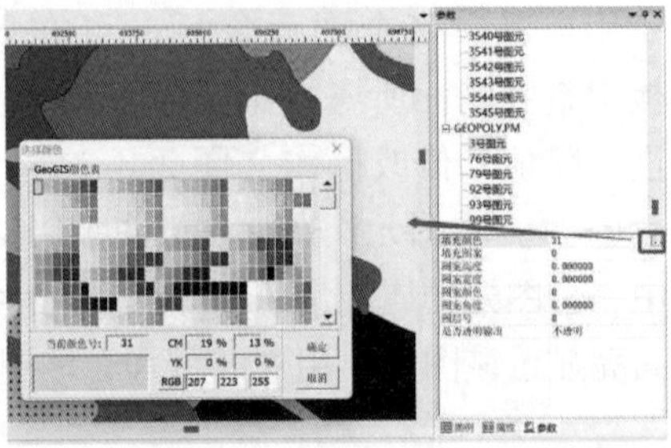

图 2.8.18　修改图元参数

## 2.8.4　像元属性面板

像元属性面板可用于查看多个栅格图层的某一点处的像元值，通过光标在地图窗口定点查询，可查看当前工程中处于“编辑”状态的所有栅格数据图层该点处的像元属性信息（图 2.8.19）。

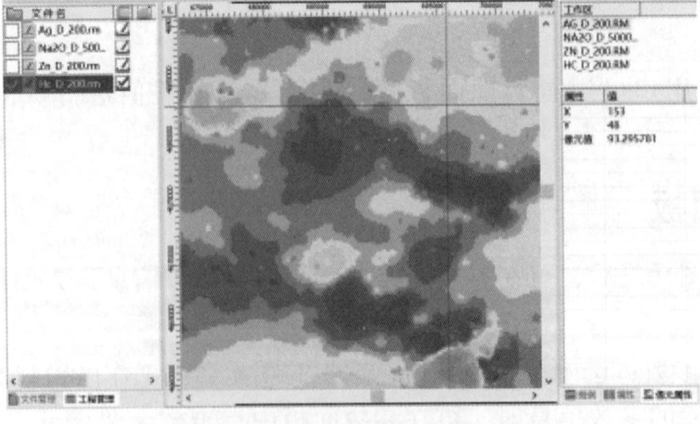

图 2.8.19　定点查看多栅格图层的像元属性

# 3　工　　具

工具中包含拓扑处理、量算、裁剪和空间分析等功能（图 3.0.1）。

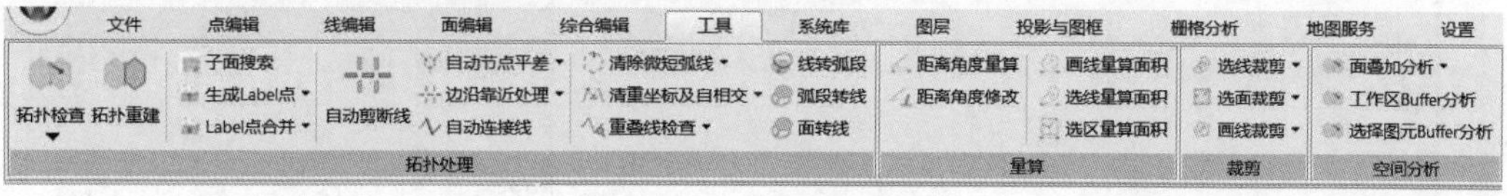


图 3.0.1　工具菜单栏

## 3.1　拓扑处理

先从数据预处理的角度来阐明拓扑处理的功能。按照以下步骤能够基本构建含有拓扑关系的地图。线和弧段视为同一类图元，在此不分别阐述。

### 3.1.1　数据预处理

#### 3.1.1.1　自动剪断线

为了满足多边形拓扑关系的自动建立，通常要求弧段与弧段之间除在端点处相交外，没有其他交点，即没有相交或自相交的弧段。但在采集地图数据时，为节省时间，可能将几条连在一起的弧段作为一条弧段输入。这样导致的结果是弧段之间可能相交。因此需要对原始数据的弧段进行相交处理判断，若相交则需要计算交点，在交点处分裂相交的弧，建立新的弧，删除旧弧。点击【自动剪断线】按钮能够自行操作。

#### 3.1.1.2　清除微短弧段

“自动剪断线”后，得到一些无用的微短线，还有在数据输入时不经意生成的无用的微短线，这些无用短线头会影响拓扑处理和空间分析。在执行清除微短弧段时能够将比最小值小的微短弧段都清除（图 3.1.1）。

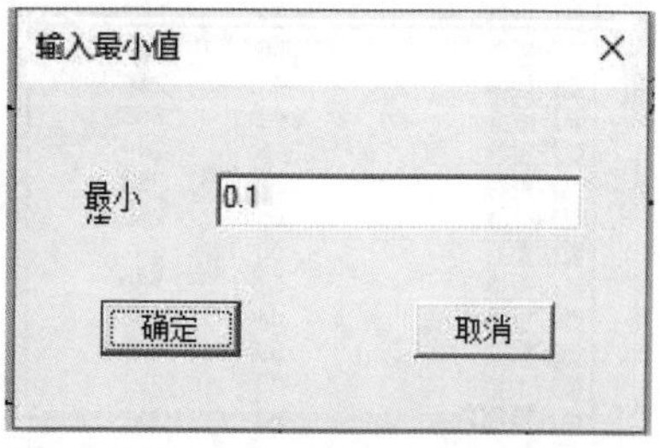


图 3.1.1　最小值设置

#### 3.1.1.3　清除重叠坐标及自相交

该功能分为清除线重叠坐标及自相交和清除弧

段重叠坐标及自相交。利用此功能可清除线或弧段上重叠在一起的多余坐标点并剪断自相交的线或弧段。

点击【清除重叠坐标及自相交】按钮，弹出对话框显示相关线图元，单击可定位到该图元，右键可解决该问题（图 3. 1. 2）。

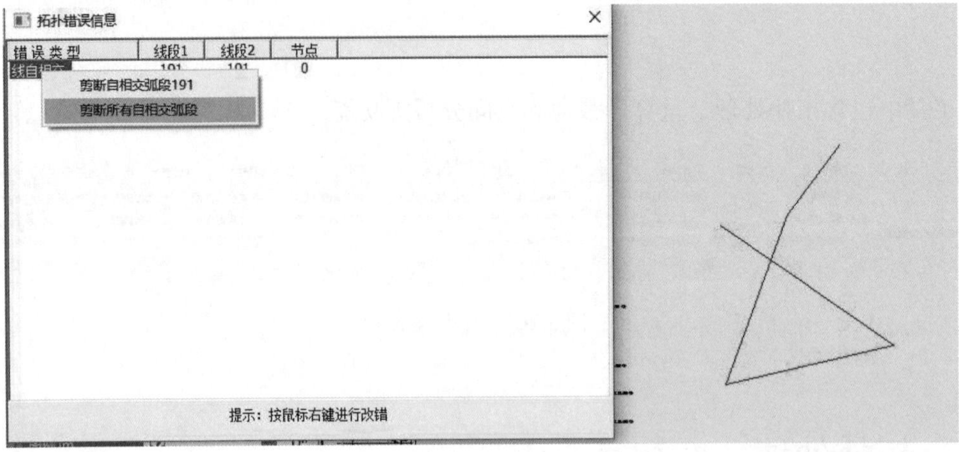


图 3. 1. 2　清除重叠坐标及自相交

## 3. 1. 1. 4　检查重叠弧线

检查线或弧段是否有重叠现象。

点击【检查重叠弧线】按钮，弹出对话框显示相关线图元，单击可定位到该图元，右键可解决该问题（图 3. 1. 3）。

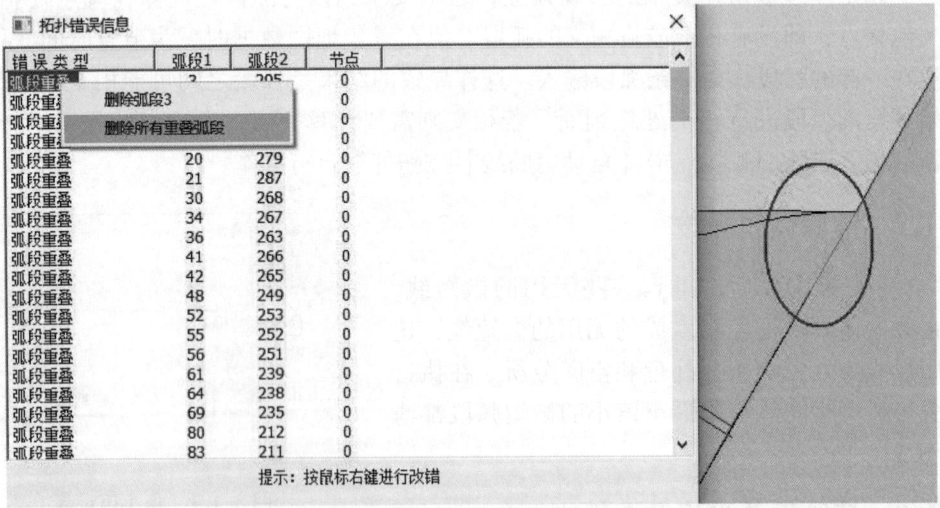


图 3. 1. 3　检查重叠弧线

### 3.1.1.5 自动结点平差

利用结点平差可使区间封闭。分为取圆心值和取平均值两种，详见 2.4 章节，线结点平差（图 3.1.4）。

### 3.1.1.6 边沿靠近处理

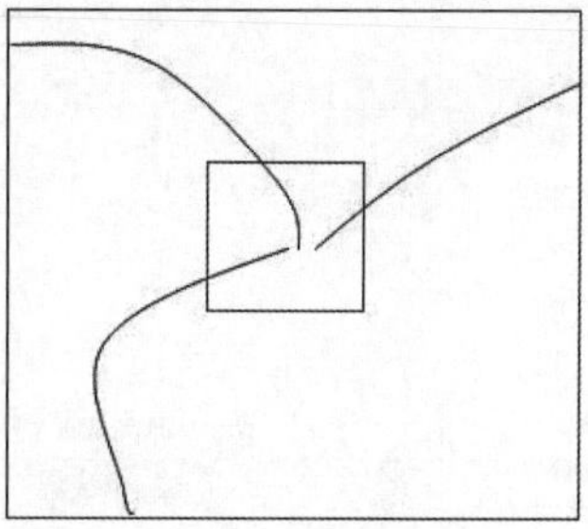

图 3.1.4 结点平差示意图

**功能描述**：如果一条弧段的端点没有与其他任意一条弧段的端点相连，则这个端点称之为悬点，含有悬点的弧段成为悬线。其中，长悬线是悬挂部分较长的线图元。

勾选“边沿靠近处理”后，当长悬线的端点延伸到最近线图元的距离小于设置的容限范围时，拓扑处理后长悬线将延伸至与最近线图元相交。

如图 3.1.5（a）所示，线图元 a、b、c 分别长悬线，其中长悬线 a、b 延伸至最近线图元 d 的距离小于设置的容限，拓扑处理后将这两条悬线延伸到线图元 d 上；而悬线 c 延伸至最近线图元 d 的长度大于设置的容限，拓扑处理后将被保留。结果如图 3.1.5（b）所示。

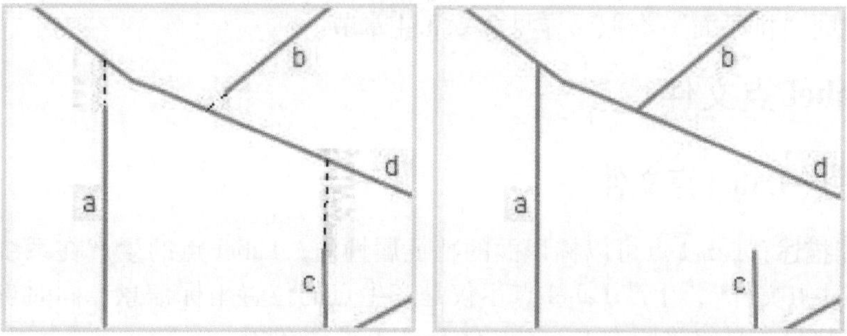


（a）　　（b）

图 3.1.5 沿边靠近处理说明图

### 3.1.1.7 自动连接线

选择两个线图元，用第一个选择的线图元的尾结点和第二个选择的线图元的首结点输入线，新线图元的首节点为第一个选择的线图元的尾结点，新线的尾结点为第二个选择的线图元的首结点。

### 3.1.1.8 线拓扑错误检查

拓扑错误检查是拓扑处理的关键步骤，只有数据规范、没有错误后，才能建立正确的拓扑关系。利用此功能可以很方便地找到错误，并指出错误类型及出错位置。

点击【线拓扑错误检查】按钮，弹出对话框显示相关线图元，单击可定位到该图元，右键可解决该问题（图 3.1.6）。

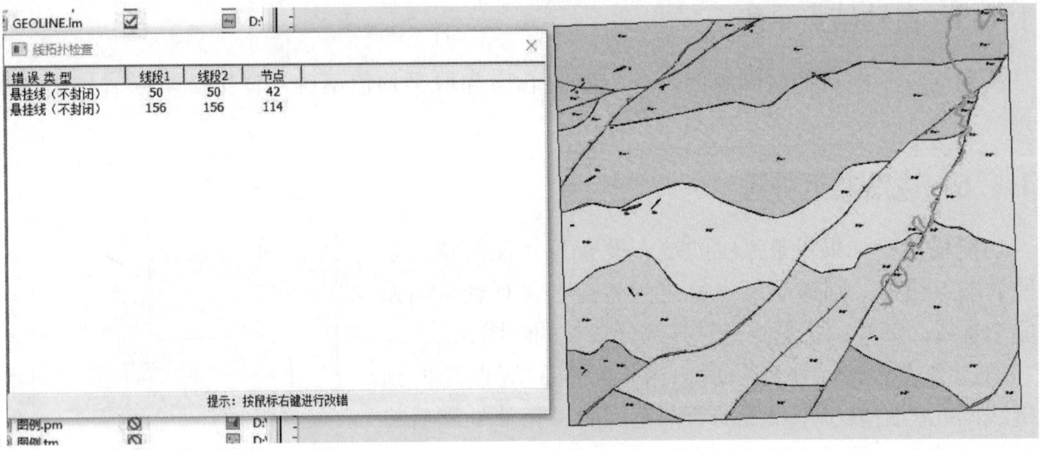


图 3.1.6　线拓扑错误检查

### 3.1.1.9　子面搜索

当一个面 A 中存在另一个面 B 时，面 B 被盖面 A 覆盖，此时利用子面搜索可找到面 B 并显示。功能同“挑子面”类似，详见 2.6.3.4 章节。

## 3.1.2　Label 点文件

### 3.1.2.1　生成 Label 点文件

（1）**功能描述**：Label 点可以标识面的特征属性值，Label 点的生产在系统对应的功能是“生成 Label 点文件”，生产 Label 点不仅是产生点的位置坐标信息，同时也将面的属性特征也进行了拷贝。最终将所有 Label 点存入“.tm”文件中。

（2）**详细功能**：①生成 Label 点文件：所生成的 Label 点文件不包含面的参数，只有面的属性特征。②生成 Label 点文件（带参数）：所生成的 Label 点文件不仅包含面的属性特征，还包含了面的参数。

### 3.1.2.2　Label 点合并

（1）**功能描述**：生成的 Label 点还有一个重要的用途就是为面设置特征属性值，当面文件改变重建拓扑后，缺少面的属性值，这时就可以通过 Label 点与面进行匹配合并，将面 Label 点包含的属性值传递给面。这一功能在系统中对应“Label 点合并”功能。

（2）**详细功能**：①Label 点合并：合并时将 Label 点中储存的面属性特征传递给面，不包含面的参数特征。②Label 点合并（带参数）：合并时将 Label 点中储存的面属性特征传递给面，包含面的参数特征。

### 3.1.2.3　拓扑重建

将弧段首尾相连的若干弧段构成面，为构成的面进行普染色。系统自动建立结点和弧段间的拓扑关系以及弧段所构成的区域之间的拓扑关系，同时给每个区域赋予属性，并自动为区域填色，就得到易于观察的具有拓扑关系的面工作区数据。拓扑关系建立好后，可修改区域参数及属性，若发现数据有问题，利用相应的编辑功能，重新修改数据后，再重建拓扑，原来的参数及属性不变（图3.1.7）。

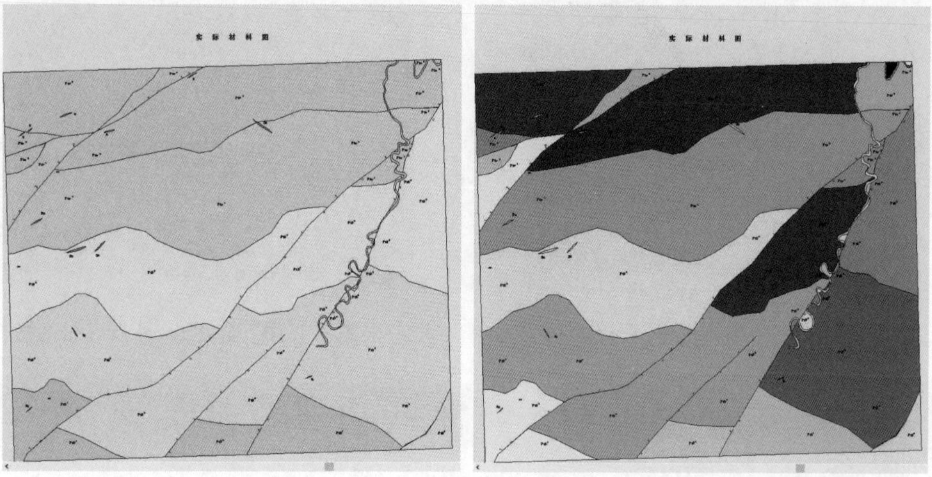

图3.1.7 拓扑重建效果图

在拓扑重建之前可先“生成Label点（带参数）”，用于保存面的属性和参数，在拓扑重建后再使用“Label点合并（带参数）”恢复面的属性和参数。

（1）点击“生成Label点（带参数）”（图3.1.8）。

（2）点击“拓扑重建”（图3.1.9）。

（3）点击“合并Label点（带参数）”，面参数恢复（图3.1.10）。

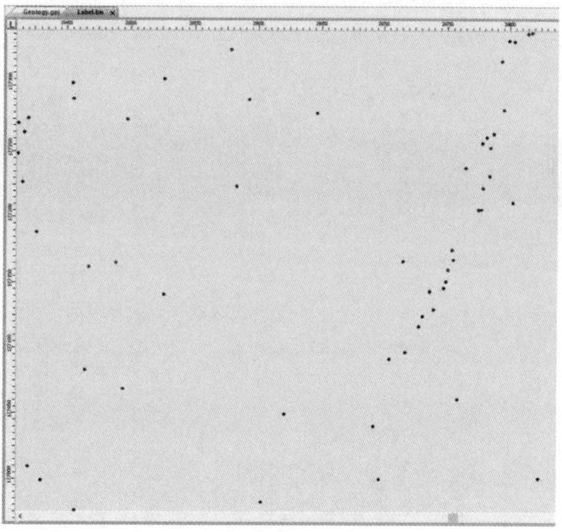

图3.1.8 生成Label点（带参数）

## 3.1.3 线弧转换

### 3.1.3.1 线转弧段

将工作区中的线转换成弧段，并存入文件中，这个文件只有弧段而没有面；在拓扑处理过程中需要这样的文件。在工程中，利用添加项目把这个面文件加到工程中，并且使它处于当前编辑状态（图3.1.11）。

### 3.1.3.2 弧段转线

将工作区中的弧段转换成线，并存入文件中（图3.1.12）。

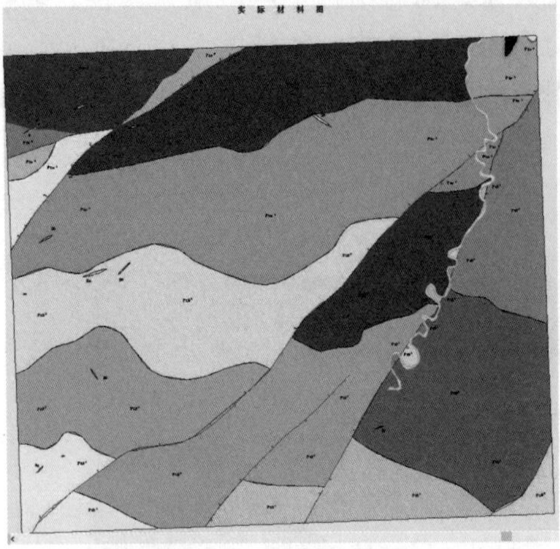

图 3.1.9　拓扑重建

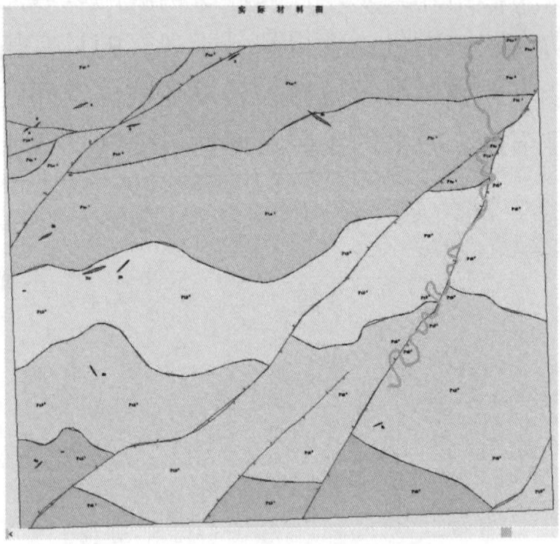

图 3.1.10　合并 Label 点（带参数）

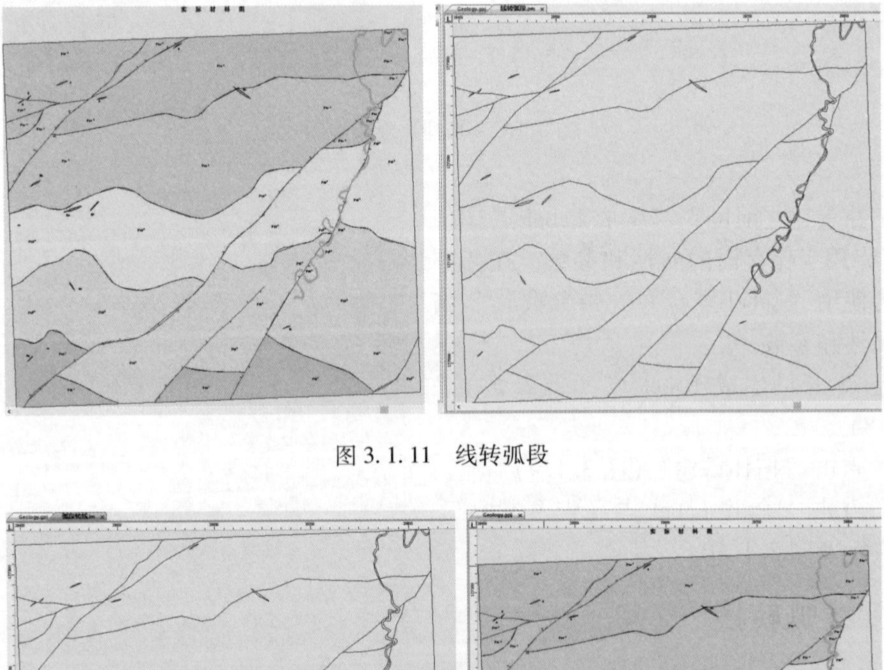

图 3.1.11　线转弧段

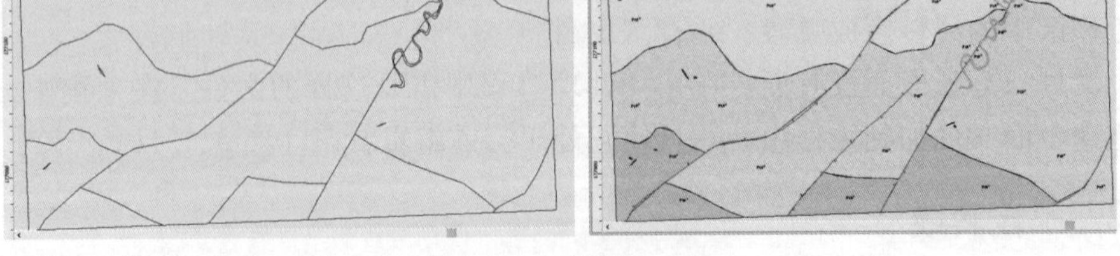

图 3.1.12　弧段转线

# 3.2 量算

## 3.2.1 距离角度量算

### 3.2.1.1 距离角度量算

（1）功能描述：距离角度量算功能可根据鼠标的点击来确定点的位置并根据点画线，通过鼠标的移动实时测量图上距离、总体长度、实际距离、实际总长、直线角度和相对角度。

（2）详细功能：

图上距离（单位：mm）：鼠标指针指向的位置与最后一个被确定的点连成的线段（以下称之为“不确定线”）的图上距离。

总体长度（单位：mm）：点击鼠标确定点，两点确定一条线段（以下称之为“确定线”），依次点击若干点产生多条确定线，所有确定线的长度和不确定线长度之和。

实际距离（单位：m）：图上距离乘以比例尺所得到的实际距离，比例尺默认为1：1000。

实际总长（单位：m）：总体长度乘以比例尺所得到的实际距离，比例尺默认为1：1000。

直线角度（单位:°）：不确定线与正北方向的夹角，以正时针方向为正，范围为0°到360°。

相对角度（单位:°）：最后一条确定线与不确定线的夹角，范围为0°到180°。

距离角度量算对话框如图3.2.1所示。

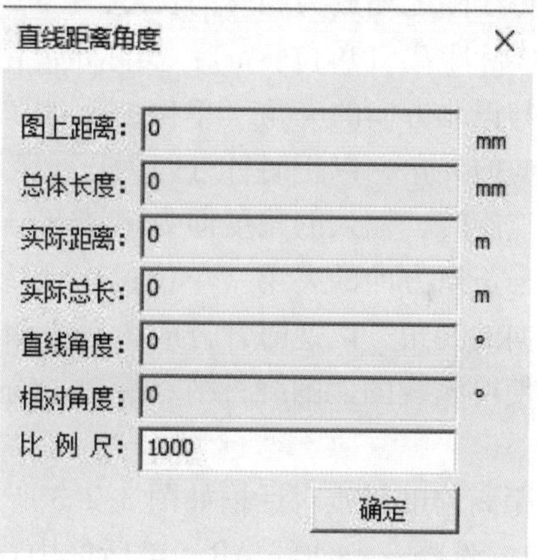


图3.2.1　距离角度量算对话框

利用鼠标确定点的位置，拖动鼠标确定线的位置，得到量算结果。如图所示测量的“图上距离”是“南昌—贵阳”的图上距离，“总体长度”是“广州—福州”“福州—广州”“南昌—贵阳”的图上距离之和，“实际距离”是“图上距离”乘以“比例尺”再进行单位换算，“实际总长”则为“总体长度”乘以“比例尺”再进行单位换算，“直线角度”指的是“南昌—贵阳”与正北方向的夹角，以顺时针方向为正方向，夹角范围为0°到360°，“相对角度”指的是“南昌—福州”和“南昌—贵阳”的夹角，夹角范围为0°到180°（图3.2.2）。

### 3.2.1.2 距离角度修改

（1）功能描述：选择一个线图元，显示其图上距离、实际距离、与正北方向夹角和与正东方向的夹角，点击各个参数可对线图元进行修改。

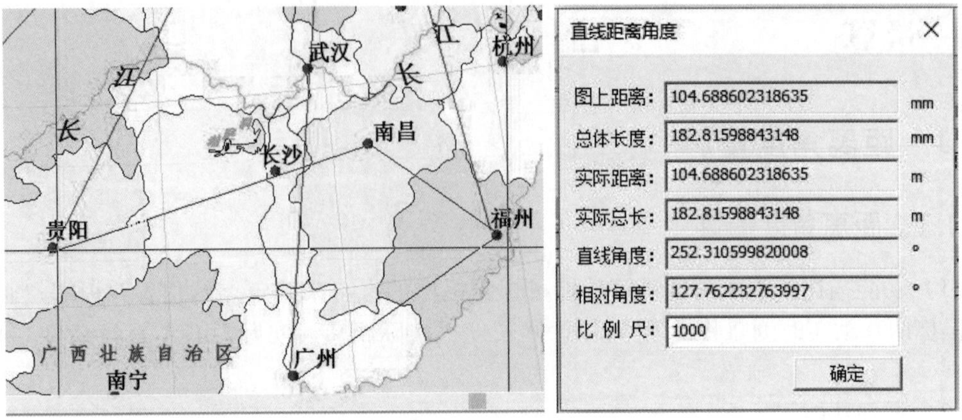


图 3.2.2　距离角度量算测量结果图

（2）详细功能：

图上距离（单位：mm）：图上距离是线图元所有顶点依次连接的长度，修改图上距离可使得线图元缩放为相应的长度。

实际距离（单位：m）：实际距离由图上距离乘以比例尺，实际距离不可修改。

与正北方向的夹角（单位:°）：以线图元首结点为原点，尾结点与首结点的连线与正北方向的夹角，以正时针方向为正，范围为 0°到 360°。修改该参数可以使得该线图元围绕首结点旋转，输入的角度即为尾结点与首结点的连线与正北方向的夹角。

与正东方向的夹角（单位:°）：以线图元首结点为原点，尾结点与首结点的连线与东北方向的夹角，以逆时针方向为正，顺时针方向为负，范围为-180°到 180°。修改该参数可以使得该线图元围绕首结点旋转，输入的角度即为尾结点与首结点的连线与正东方向的夹角。

距离角度修改对话框如图 3.2.3 所示。

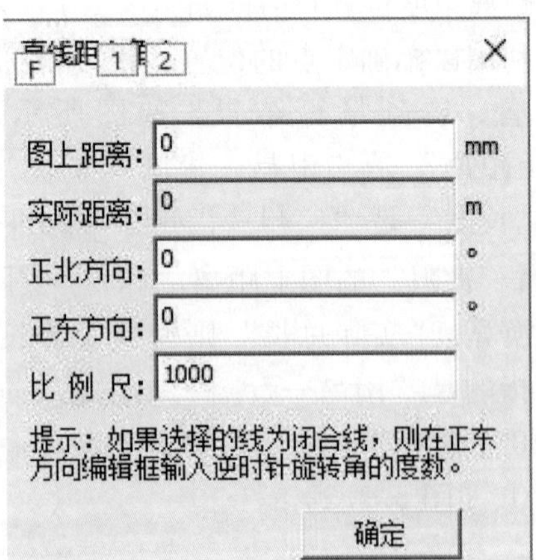


图 3.2.3　距离角度修改对话框

1）选择一条曲线 AB，对话框中显示相应的参数。“图上距离”即曲线 AB 的长度，“实际距离”即为“图上距离”乘以“比例尺”再进行单位换算，“正北方向”显示的是曲线 AB 的首尾结点 A 与 B 同正北方向的夹角，以顺时针方向为正方向，夹角范围为 0°到 360°，由于此处 A 为首结点，B 为尾结点，所以显示的夹角为 207.95°。同理，“正东方向”显示的是曲线 AB 的首尾结点 A 与 B 同正东方向的夹角，以逆时针方向为正方形，顺时针方向为负方向，夹角范围为-180°到 180°，由于此处 A 为首结点，B 为尾结点，所以显示的夹角为-117.95°（图 3.2.4）。

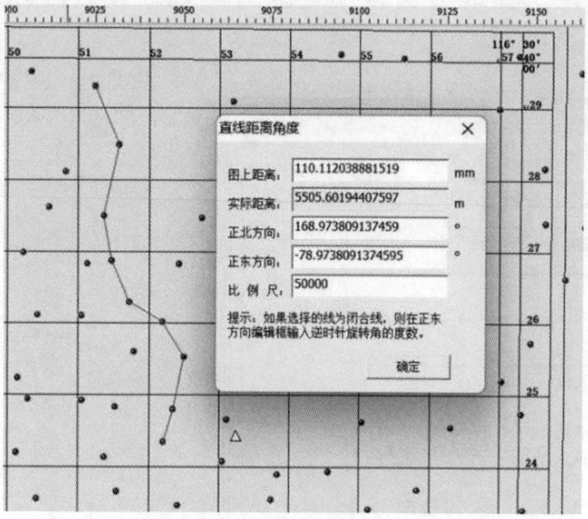


图 3.2.4　距离角度修改前

2）修改曲线 AB 的方向。将对话框中“正北方向”更改为 180°，则“正东方向”的数值随之改变为-90°。点击对话框中确定按钮，曲线方向发生改变，如图 3.2.5 所示。

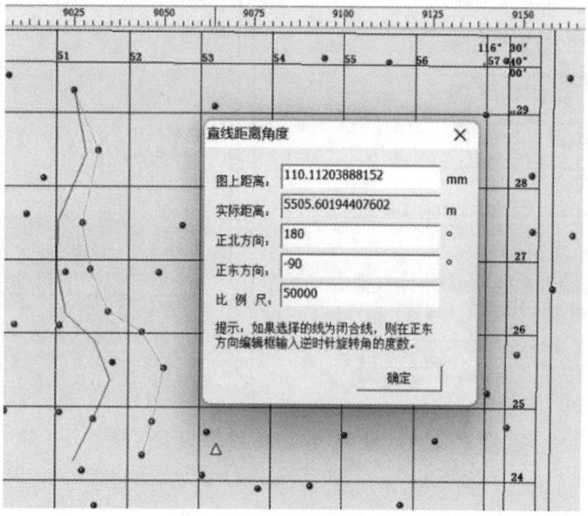


图 3.2.5　距离角度修改后

在旋转过程中，由于选择的是首尾结点的连线作为角度旋转的依据，因此闭合曲线（即首尾相连的曲线）与任何方向都没有夹角，因此在选择闭合曲线的时候默认该曲线与正东方向的夹角为 0°，与正北方向的夹角为 90°。若要对该曲线做旋转操作，可在“正东方向”输入曲线旋转的角度，若输入的角度为正，则以首位结点为原点逆时针旋转相应的角度，反之，若输入的角度为负则顺时针旋转相应的角度。

3）如图 3.2.6 所示，选择一条闭合曲线，其正北方向显示为 90°，正东方向显示为 0°。

4）设置正东方向为 30°对该闭合曲线进行旋转操作。如图 3.2.7 所示，在“正东方向”编辑框内输入“-30”，正北方向自动更改为“120”，点击确定后，该曲线顺时针旋转 30°。

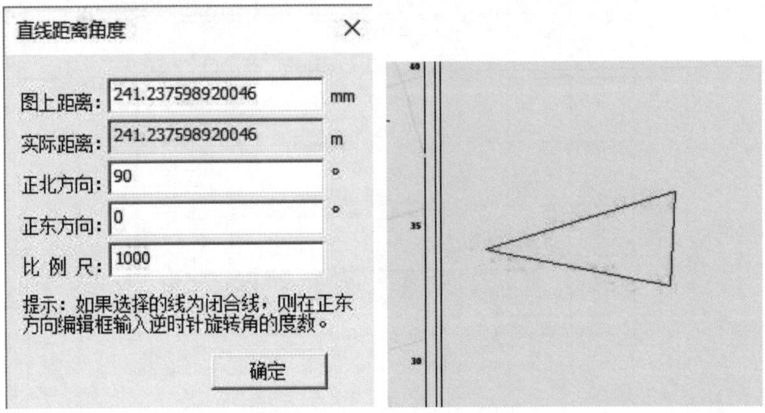


图 3.2.6　距离角度修改前（闭合线）

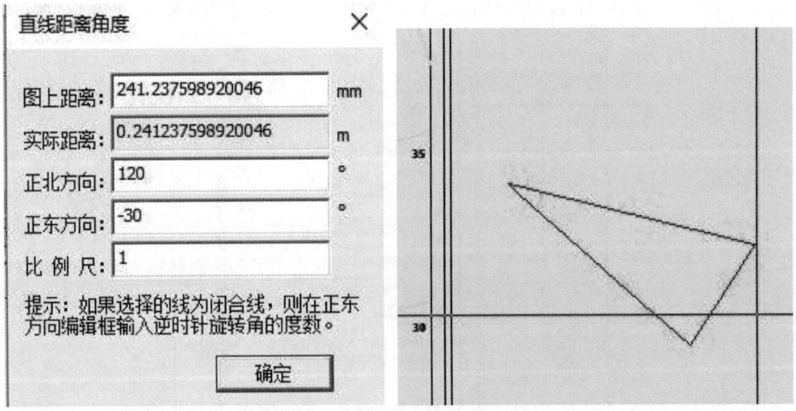


图 3.2.7　距离角度修改后（闭合线）

## 3.2.2　面积量算

### 3.2.2.1　画线量算面积

在地图上绘制封闭的曲线，计算曲线围成的面积。

如图 3.2.8 所示，绘制了包含福州市在内的一个四边形，对话框中显示了该多边形的面积。

### 3.2.2.2　选线量算面积

在地图上选择一个线图元，将线图元首尾相连后计算该直线与该线图元围成的面积。

图 3.2.8　画线面积量算结果图

选线面积量算功能与画线面积量算类似，在此不再赘述。

#### 3.2.2.3　选面量算面积

在地图上选择一面图元，计算该面图元围成的面积。

选面面积量算功能与画线面积量算类似，在此不再赘述。

## 3.3　裁剪

内裁：选择一个线图元，将其首尾相连的线与该线图元围成的区域裁剪，将裁剪得到的点、线、面文件分别存入该地图根目录下中。

外裁：选择一个线图元，将其首尾相连的线与该线图元围成的区域以外的部分裁剪，将裁剪得到的点、线、面文件分别存入该地图根目录下，以“原工作区名+_clip”结尾。

### 3.3.1　画线裁剪

（1）点击菜单栏【画线裁剪】→【内裁】按钮（图 3.3.1）。

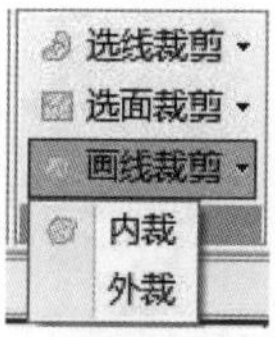


图 3.3.1　裁剪功能菜单栏

（2）在地图上绘制一个多边形，点击右键。如图 3.3.2 所示的是内裁功能的效果图，该功能将多边形内的点、线、面文件都进行了剪裁。

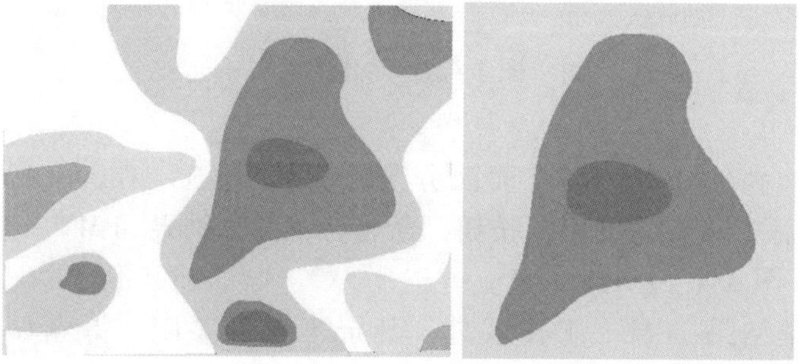

图 3.3.2　裁剪效果图

### 3.3.2　选线裁剪

选线裁剪与画线裁剪类似，在此不赘述。

### 3.3.3　选面裁剪

选面裁剪与画线裁剪类似，在此不赘述。

## 3.4　空间分析

提示：在进行空间分析的时候，工作区需要有拓扑结构。所有 Buffer 分析的结果都是面图元。

### 3.4.1　面叠加分析

#### 3.4.1.1　面面分割并集

（1）新建一个“并集”文件，在“并集”工作区输入一个面（图 3.4.1）。

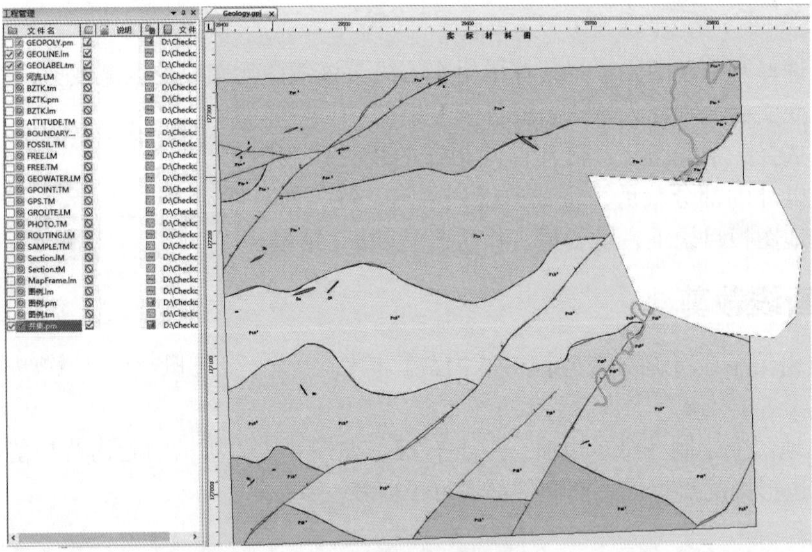


图 3.4.1　新建图层

（2）点击【面叠加分析】→【面面分割并集】，勾选“GEOPOLY. PM”工作区和“并集 . PM”工作区，点击【确定】按钮，命名为“并集结果 . PM”，工作区自动加载到工程管理面板中（图 3.4.2）。

（3）除“并集结果 . PM”工作区外，其余工作区关闭，得到如图 3.4.3 所示的并集。

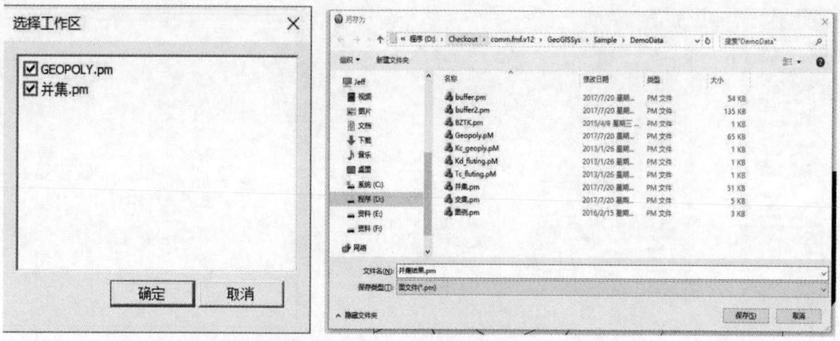


图 3.4.2　选择工作区

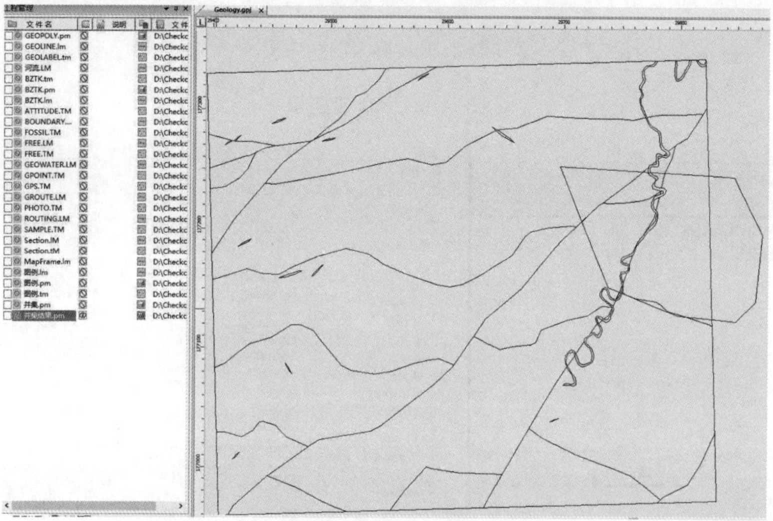

图 3.4.3　并集结果

### 3.4.1.2　面面分割交集

（1）新建一个“交集”文件，在“交集”工作区输入一个面（图 3.4.4）。

（2）点击【面叠加分析】→【面面分割交集】，勾选“GEOPOLY.PM”工作区和“交集.PM”工作区，点击【确定】按钮，命名为“交集结果.PM”，工作区自动加载到工程管理面板中（图 3.4.5）。

（3）除“交集结果.PM”工作区外，其余工作区关闭，得到如图 3.4.6 所示交集。

### 3.4.1.3　面面分割差集

（1）新建一个“差集”文件，在“差集”工作区输入一个面（图 3.4.7）。

（2）点击【面叠加分析】→【面面分割差集】，勾选“GEOPOLY.PM”工作区和“差集.PM”工作区，点击【确定】按钮，选择被减工作区为“GEOPOLY.PM”工作区，点击【确定】按钮，命名为“差集结果.PM”，工作区自动加载到工程管理面板中（图 3.4.8）。

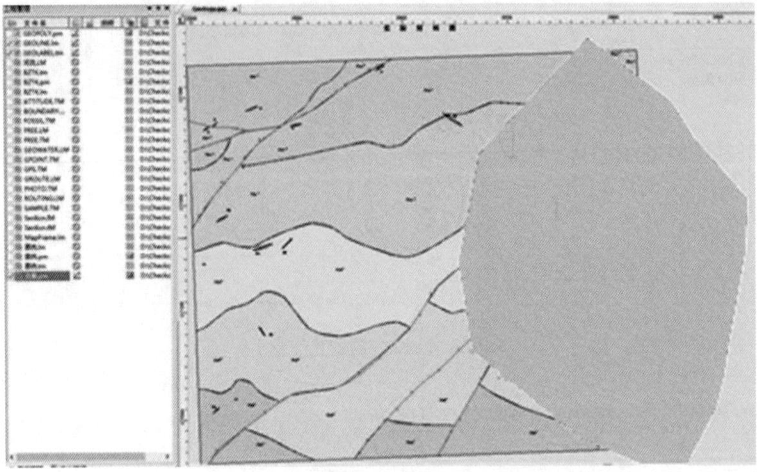

图 3.4.4　新建图层

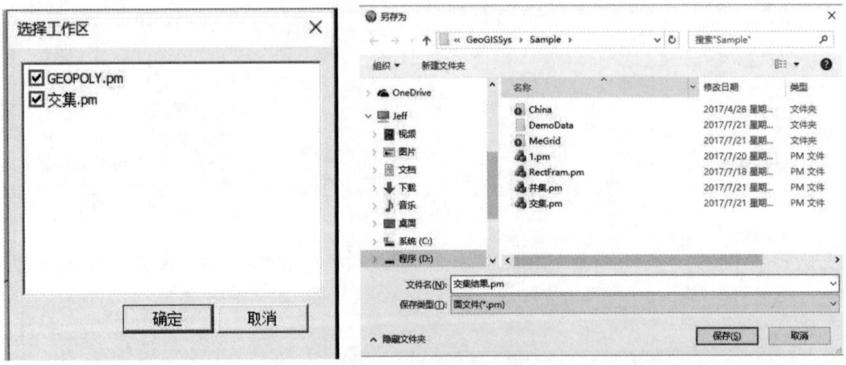


图 3.4.5　选择工作区

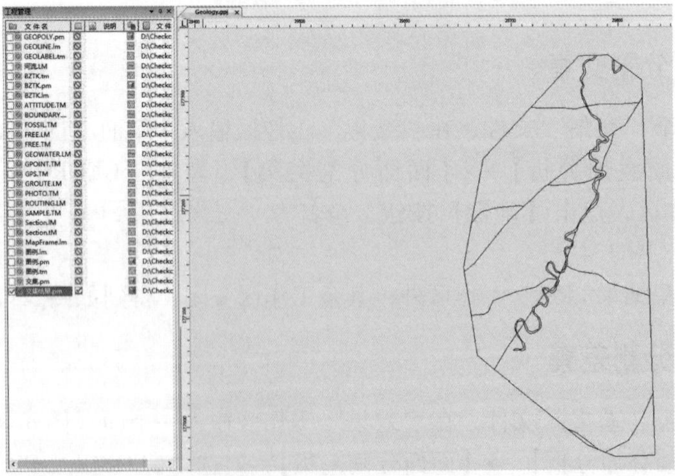

图 3.4.6　交集结果

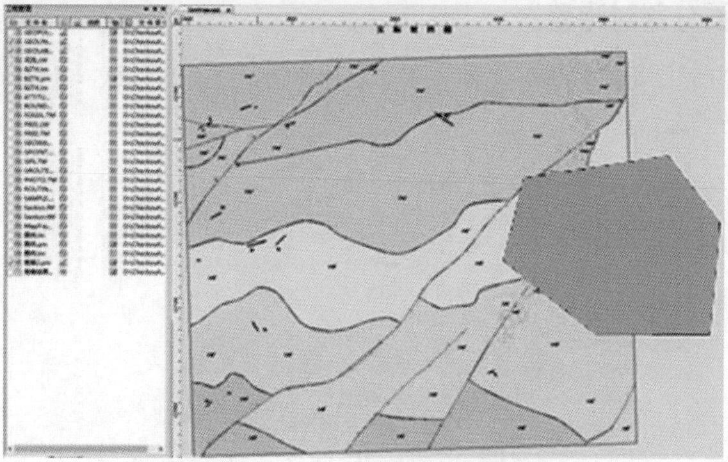

图 3.4.7　新建图层

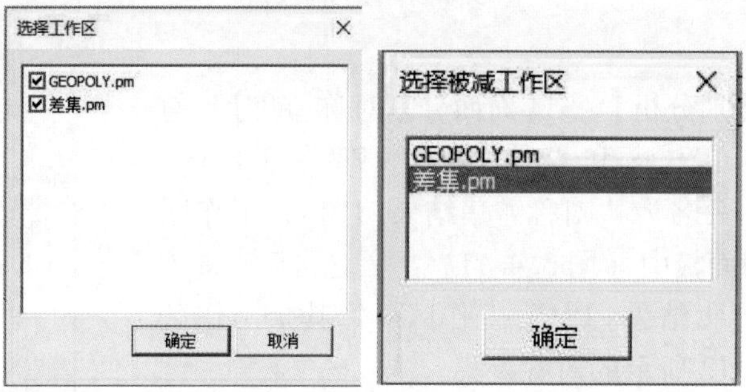


图 3.4.8　选择工作区

（3）除“差集结果 . PM”工作区外，其余工作区关闭，得到如图 3.4.9 所示的差集。

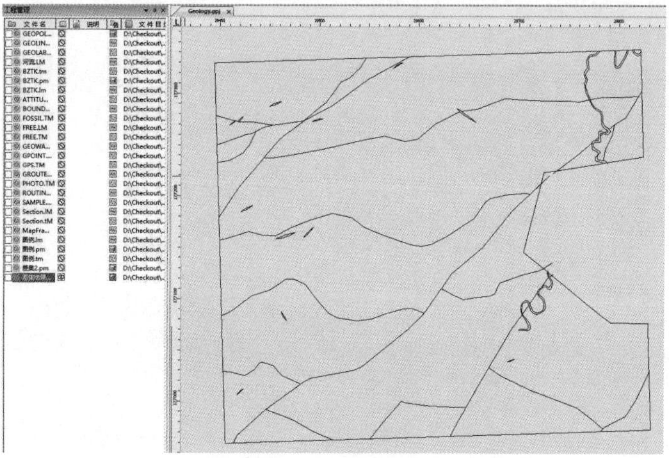

图 3.4.9　差集结果

#### 3.4.1.4 面面分割对称差

（1）新建一个“对称差集”文件，在“对称差集”工作区输入一个面（图 3.4.10）。

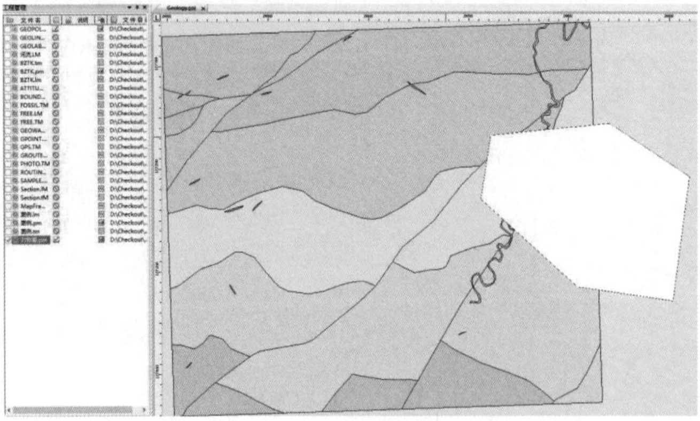

图 3.4.10 新建工作区

（2）点击【面叠加分析】→【面面分割对称差集】，勾选“GEOPOLY.PM”工作区和“对称差集.PM”工作区，点击【确定】按钮，命名为“对称差集结果.PM”，工作区自动加载到工程管理面板中（图 3.4.11）。

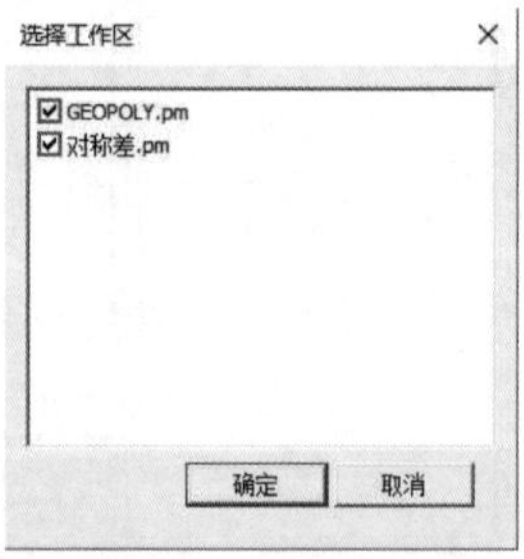


图 3.4.11 选择工作区

（3）除“对称差集结果.PM”工作区外，其余工作区关闭，得到如图 3.4.12 所示的对称差集。

### 3.4.2 工作区 Buffer 分析

（1）Buffer 分析原图如图 3.4.13 所示。

（2）选择工作区，设置相关参数。曲率越大，则弧线越平滑（图 3.4.14）。

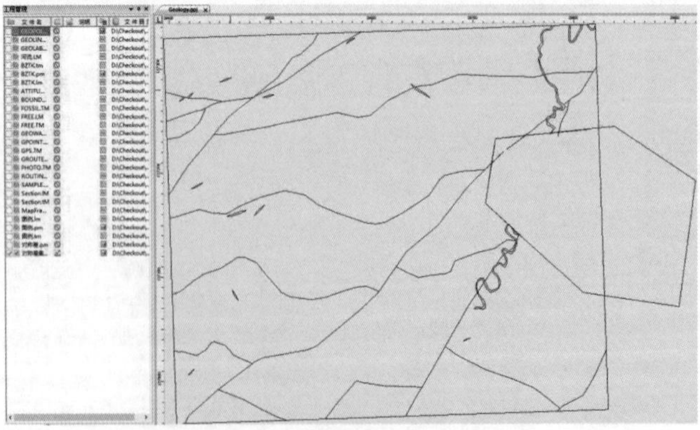

图 3.4.12 对称差集结果

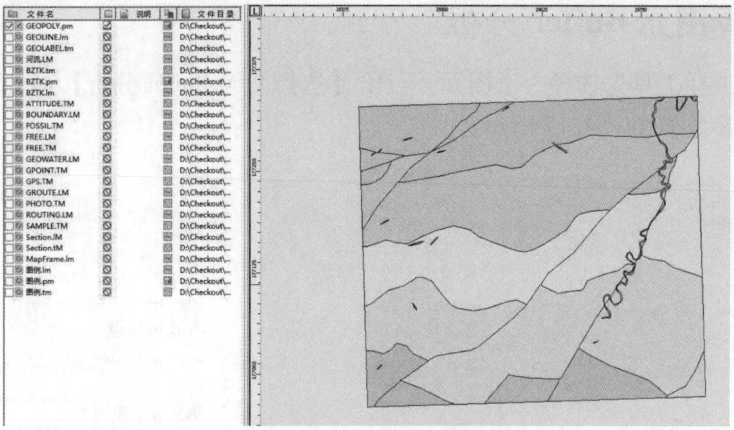


图 3.4.13　Buffer 分析工作区

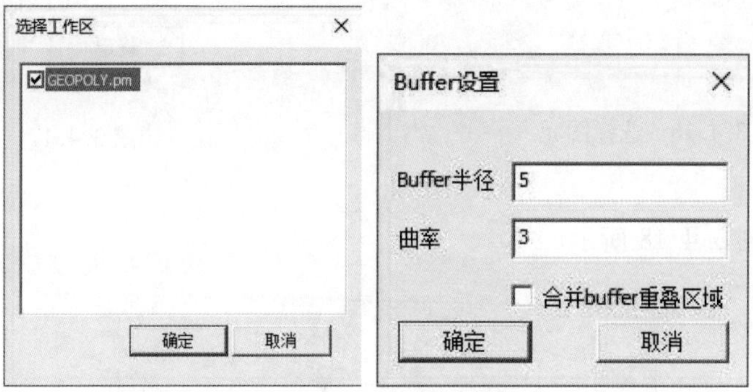


图 3.4.14　参数设置

（3）命名为“Buffer. PM”，结果如图 3.4.15 所示。

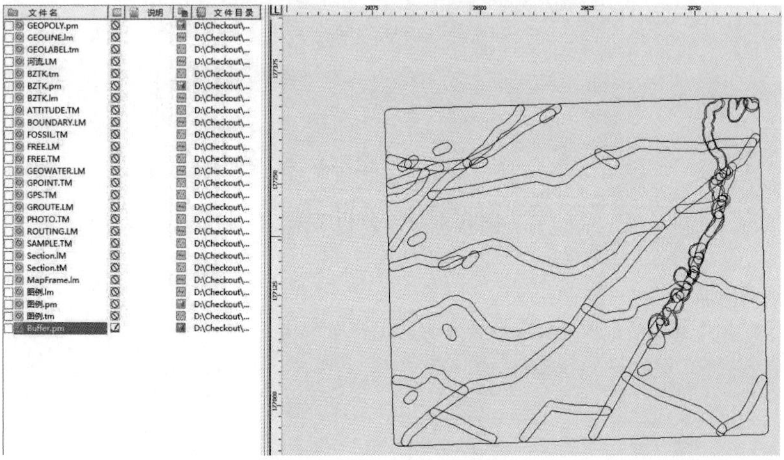


图 3.4.15　分析结果

### 3.4.3 选择图元 Buffer 分析

（1）使用选择工具先选择一个图元，点击【选择图元 Buffer 分析】（图 3.4.16）。

（2）设置参数如图 3.4.17 所示。

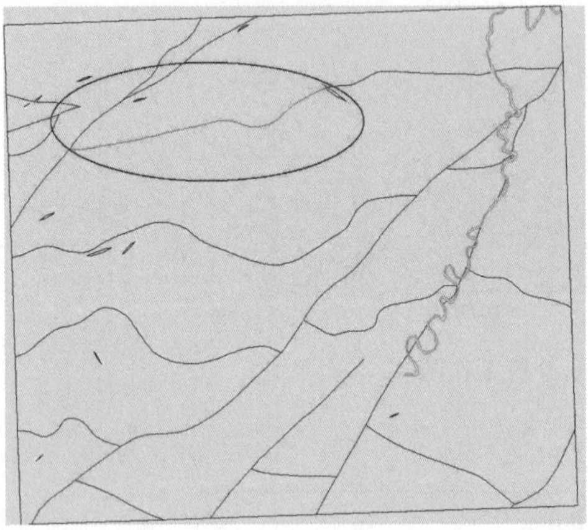

图 3.4.16 选择图元

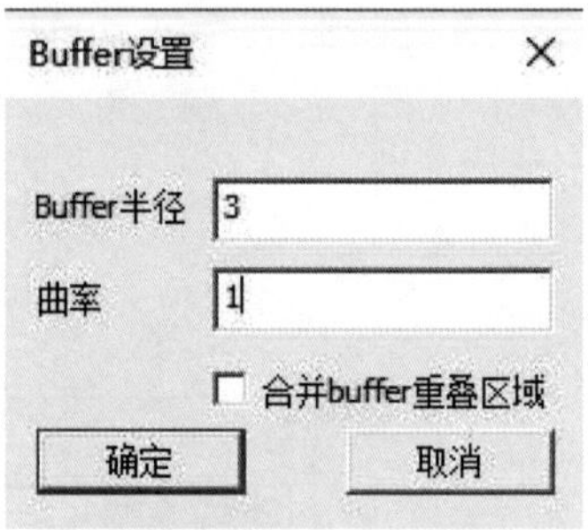


图 3.4.17 设置参数

（3）结果如图 3.4.18 所示。

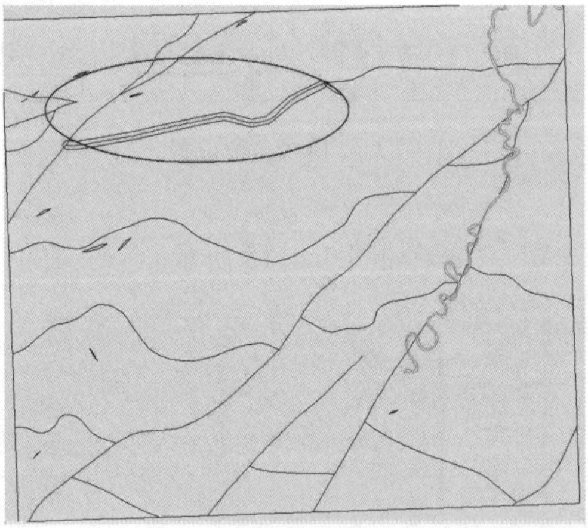

图 3.4.18 分析结果

# 4　系统库编辑

## 4.1　系统库面板

### 4.1.1　系统库编辑状态

初始点击菜单“系统库”，呈现的选项卡状态如图 4.1.1 所示，除了“编辑颜色”，都处于不可点击状态。

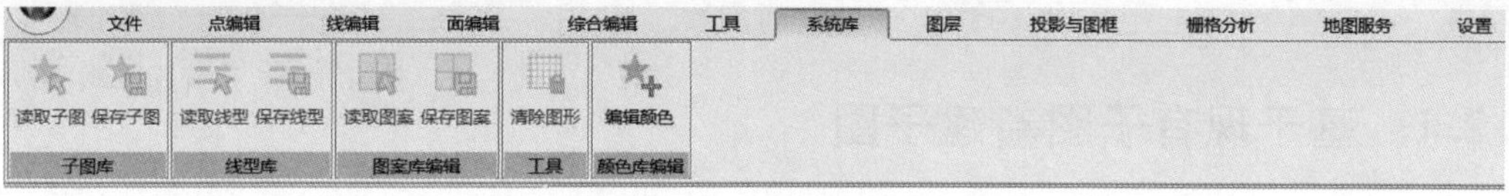


图 4.1.1　系统库菜单

进入系统库的编辑状态，可以通过如下操作：

(1) 点击“文件”→“编辑”，进入系统库编辑状态，面板中出现“系统库编辑”，窗口如图 4.1.2 所示。

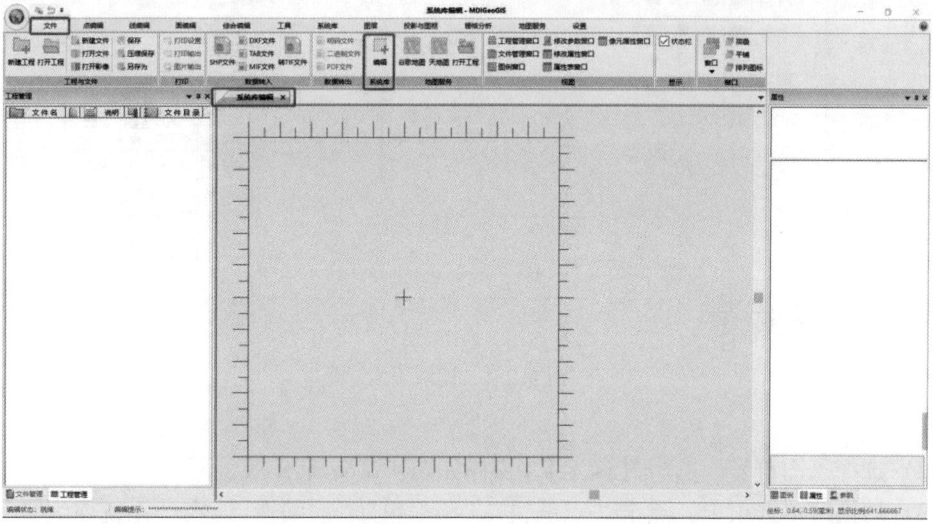

图 4.1.2　编辑面板

（2）点击“系统库”菜单，各选项卡为可点击状态，如图 4.1.3 所示。

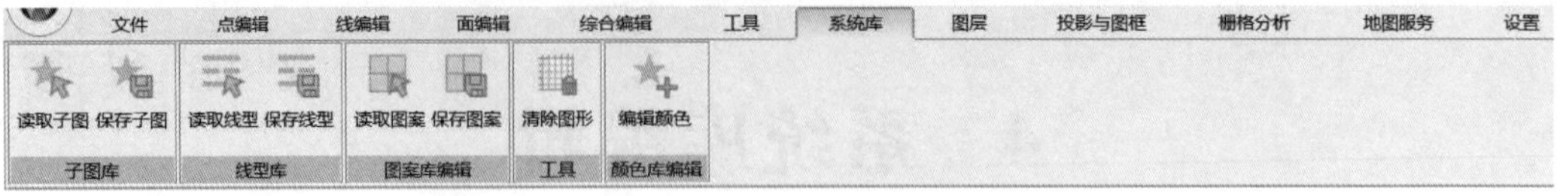


图 4.1.3　系统库可编辑菜单

## 4.1.2　系统库编辑面板

在系统库编辑面板中，包括对面板的基本操作，通过鼠标右键点击调出菜单，功能包括对窗体的放缩、复位、更新、清除等，如图 4.1.4 所示。

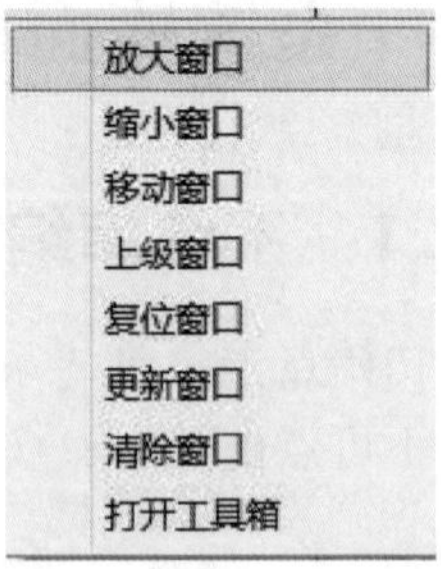


图 4.1.4　系统库编辑面板

# 4.2　子图库

## 4.2.1　基于现有子图新建子图

（1）进入系统库的编辑状态之后，点击“读取子图”，弹出“选择子图”面板，如图 4.2.1 所示。

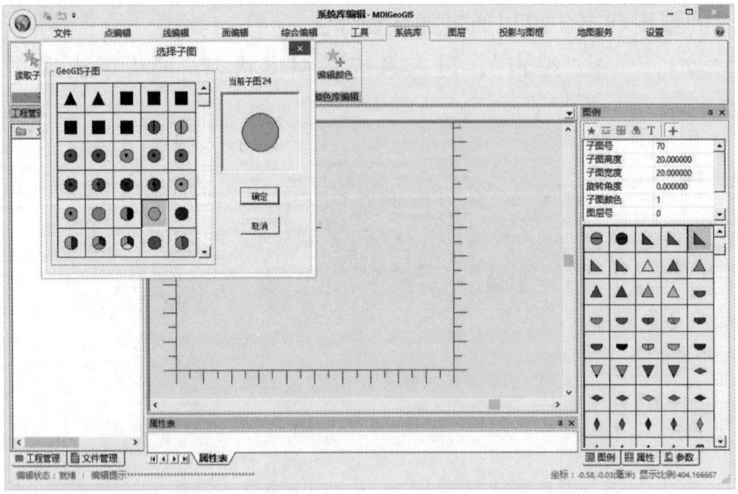


图 4.2.1　读取子图

（2）选择子图符号，点击【确定】，窗体如图 4.2.2 所示。

（3）切换菜单选项卡，点击“点编辑”“线编辑”“面编辑”，在“系统库编辑”窗体中进行编辑，如图 4.2.3 所示。

（4）点击“保存子图”，弹框如图 4.2.4 所示。

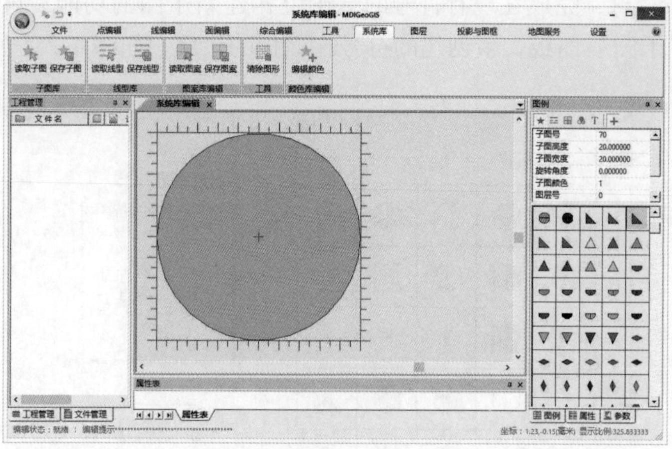


图 4.2.2　系统库编辑面板显示子图符号

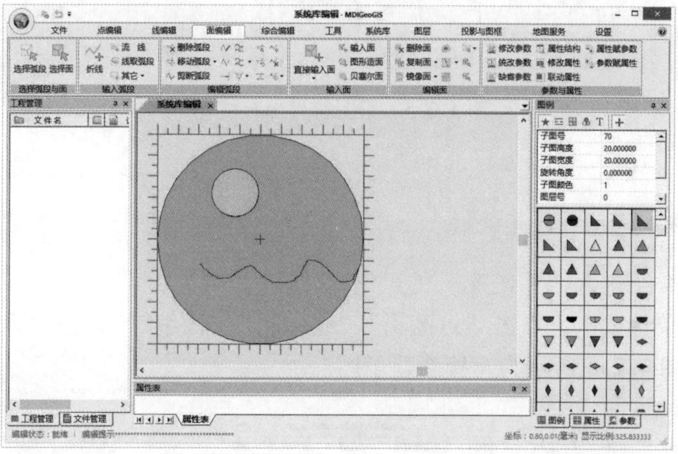


图 4.2.3　编辑子图符号

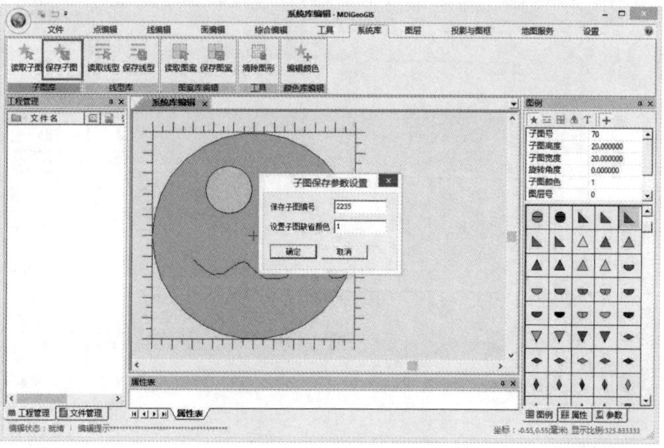


图 4.2.4　保存子图符号

（5）点击【确定】，完成在现有符号的基础上构建新子图的功能。再次点击“读取子图”，弹出“选择子图”面板，新创建的符号在面板的最后，如图 4.2.5 所示。

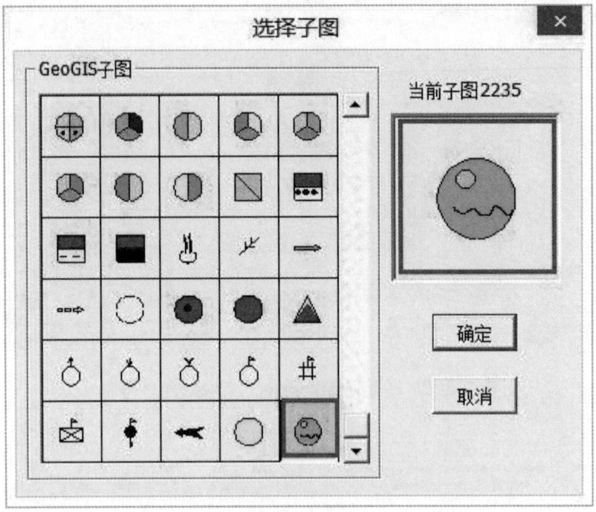


图 4.2.5　子图符号保存成功

## 4.2.2　直接新建子图

（1）按上述介绍进入“系统库”的可编辑状态。

（2）切换菜单选项卡，点击“点编辑”“线编辑”“面编辑”，在“系统库编辑”窗体中进行编辑，如图 4.2.6 所示为直接新建子图。

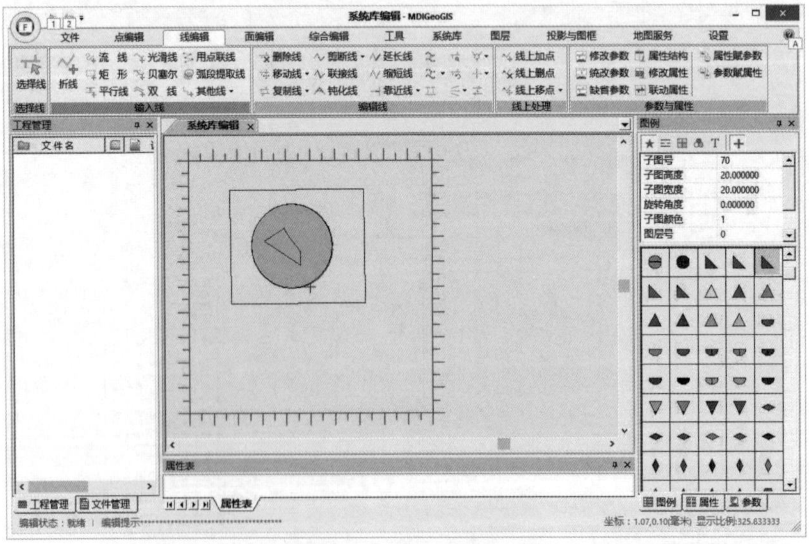


图 4.2.6　直接新建子图

保存子图到子图库中，得到的结果如图 4. 2. 7 所示。

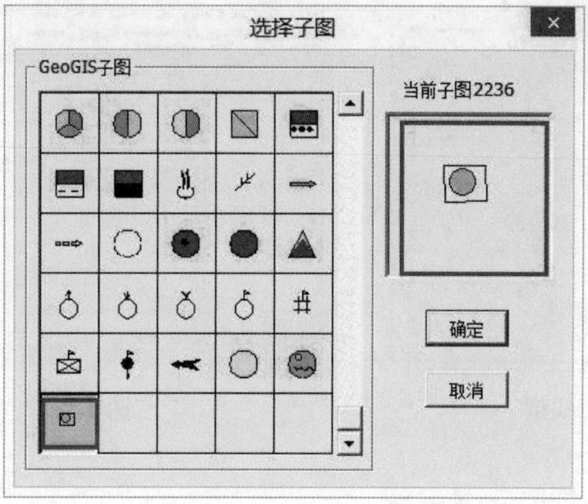


图 4. 2. 7 直接新建子图成功

# 4. 3 线型库

## 4. 3. 1 基于现有线型新建线型

（1）进入系统库的编辑状态之后，点击“读取线型”，弹出“选择线型”面板，如图 4. 3. 1 所示。

（2）选择线型，并点击【确定】，可视化面板的窗体，如图 4. 3. 2 所示。

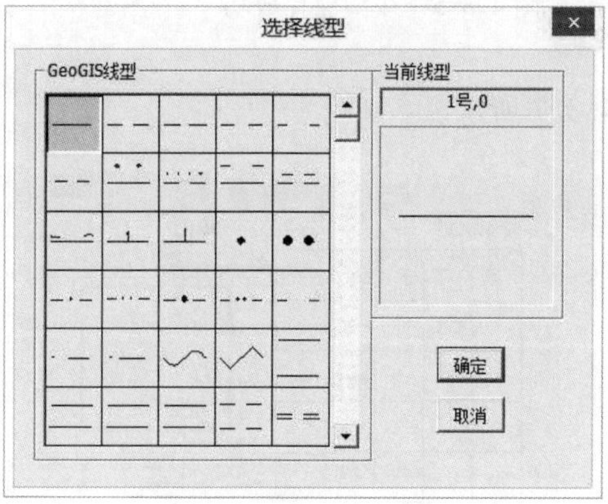


图 4. 3. 1 选择线型

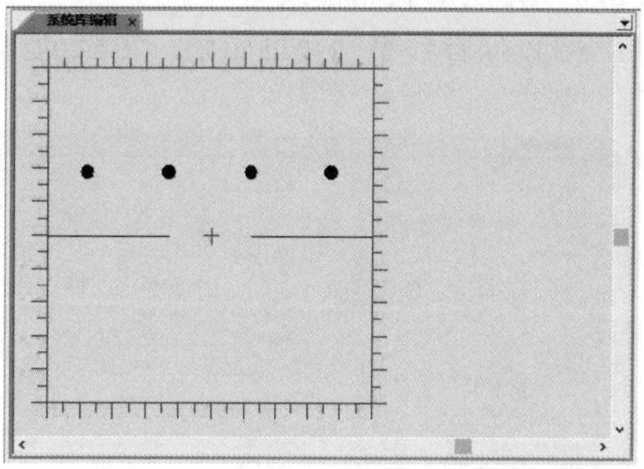


图 4. 3. 2 在系统库编辑面板上显示线型

（3）切换菜单选项卡，点击“点编辑”“线编辑”“面编辑”，在“系统库编辑”窗体中进行编辑，如图 4. 3. 3 所示。

（4）点击“保存线型”，弹框如图 4. 3. 4 所示。

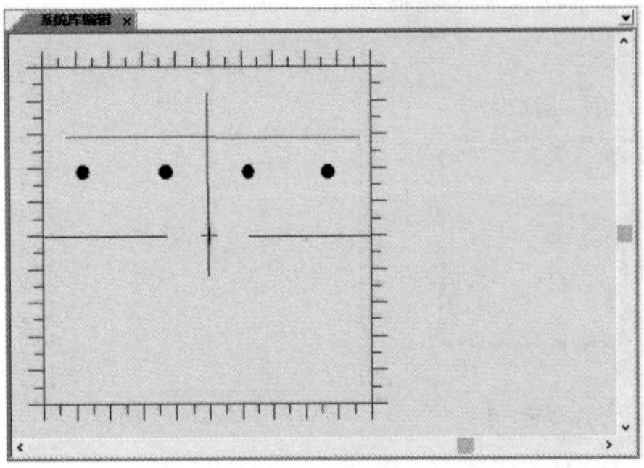


图 4.3.3　编辑线型

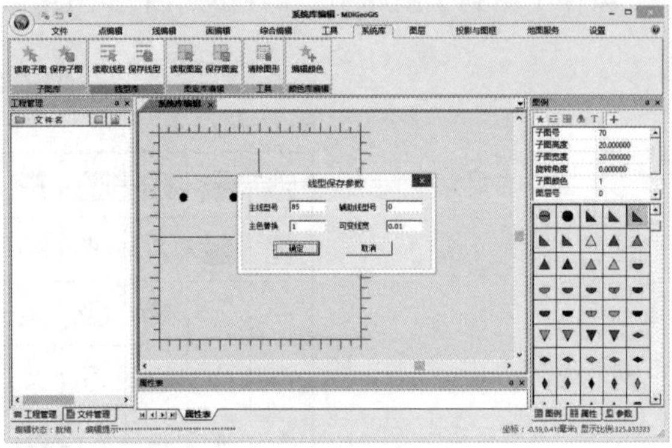

图 4.3.4　保存线型

（5）点击【确定】，完成在现有符号的基础上构建新线型的功能。再次点击“读取线型”，弹出“选择线型”面板，新创建的符号在面板的最后，如图 4.3.5 所示。

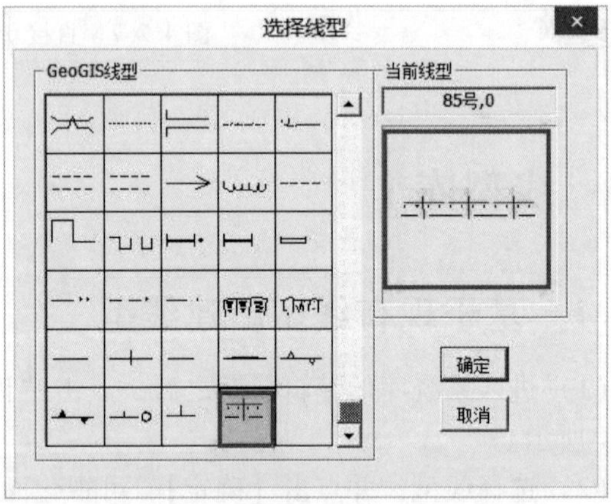


图 4.3.5　线型保存成功

## 4.3.2　直接新建线型

（1）按上述介绍进入“系统库”的可编辑状态。

（2）切换菜单选项卡，点击“点编辑”“线编辑”“面编辑”，在“系统库编辑”窗体中进行编辑，如图 4.3.6 所示为直接新建线型。

（3）保存线型到线型库中，得到的结果如图 4.3.7 所示。

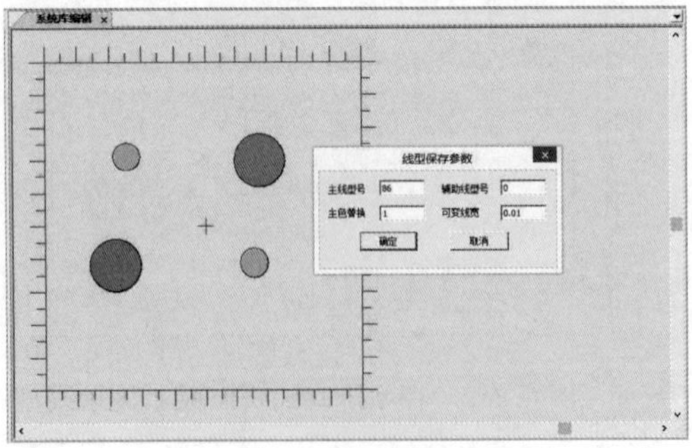

图 4.3.6　直接新建线型

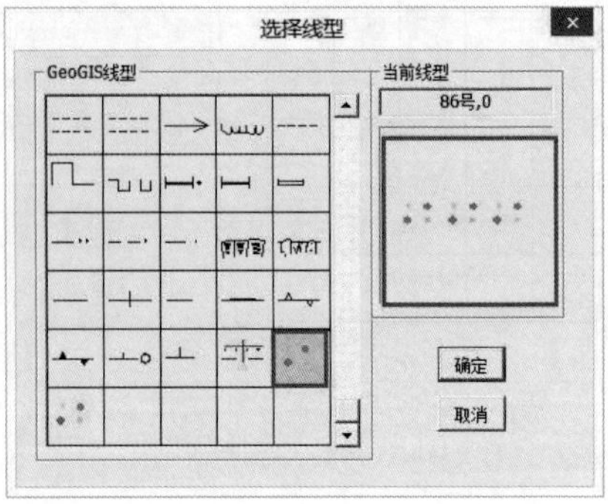


图 4.3.7　直接新建线型保存成功

# 4.4 图案库

## 4.4.1 基于现有图案新建图案

（1）进入系统库的编辑状态之后，点击“读取图案”，弹出“选择图案”面板，如图 4.4.1 所示。

（2）选择图案符号，点击【确定】，窗体如图 4.4.2 所示。

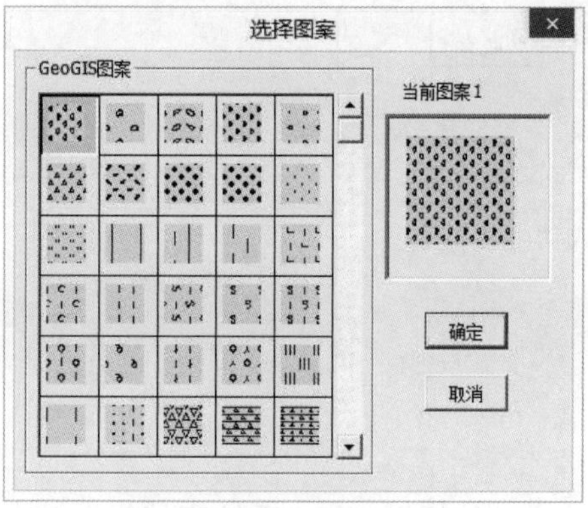


图 4.4.1 选择图案

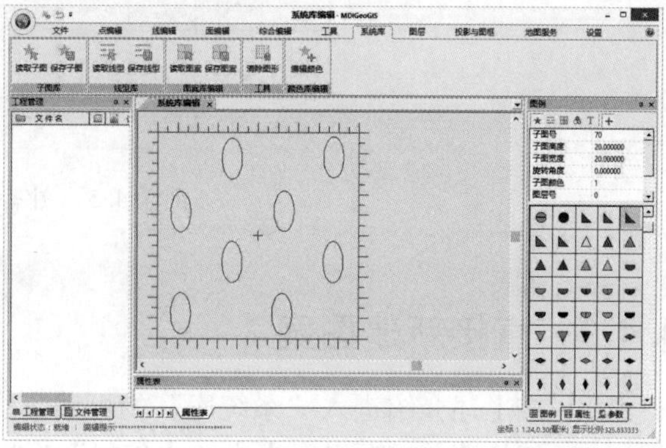

图 4.4.2 在系统库编辑面板上显示图案

（3）切换菜单选项卡，点击“点编辑”“线编辑”“面编辑”，在“系统库编辑”窗体中进行编辑，如图 4.4.3 所示：

（4）点击“保存图案”，弹框如图 4.4.4 所示。

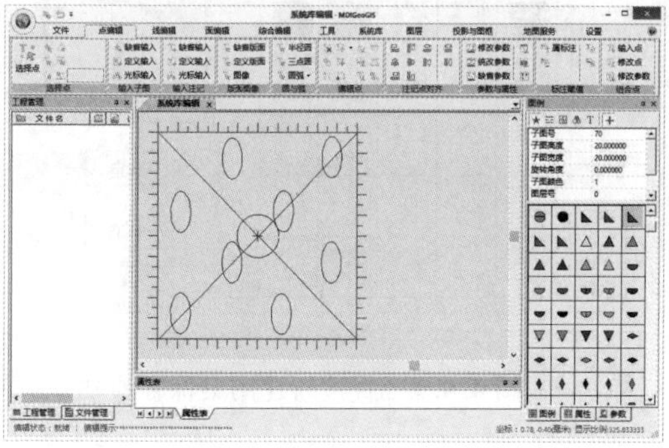

图 4.4.3 编辑图案符号

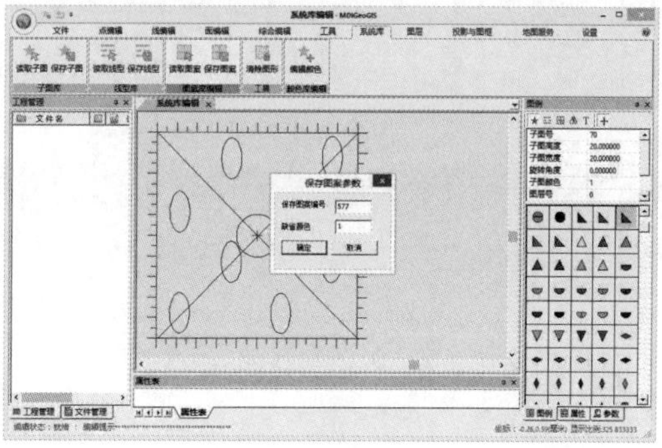

图 4.4.4 保存图案符号

（5）点击【确定】，完成在现有符号的基础上构建新图案的功能。再次点击“读取图案”，弹出“选择图案”面板，新创建的符号在面板的最后，如图 4.4.5 所示。

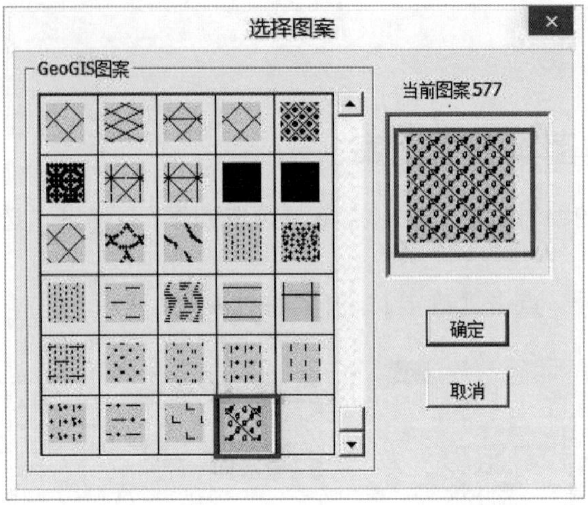


图 4.4.5　图案保存成功

## 4.4.2　直接新建图案

（1）按上述介绍进入“系统库”的可编辑状态。

（2）切换菜单选项卡，点击“点编辑”“线编辑”“面编辑”，在“系统库编辑”窗体中进行编辑，如图 4.4.6 所示为直接新建图案。

（3）保存图案到图案库中，得到的结果如图 4.4.7 所示。

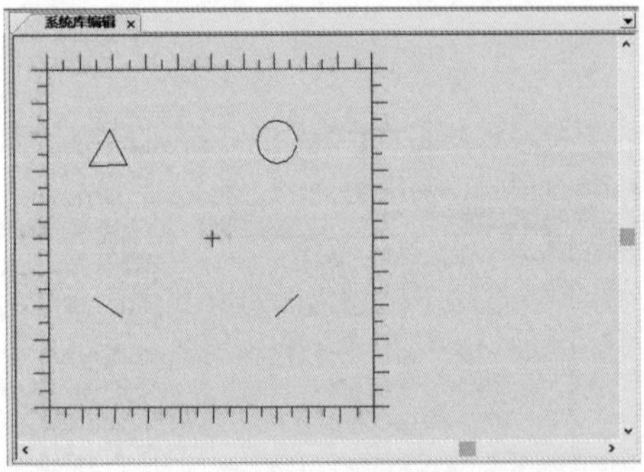


图 4.4.6　直接新建图案

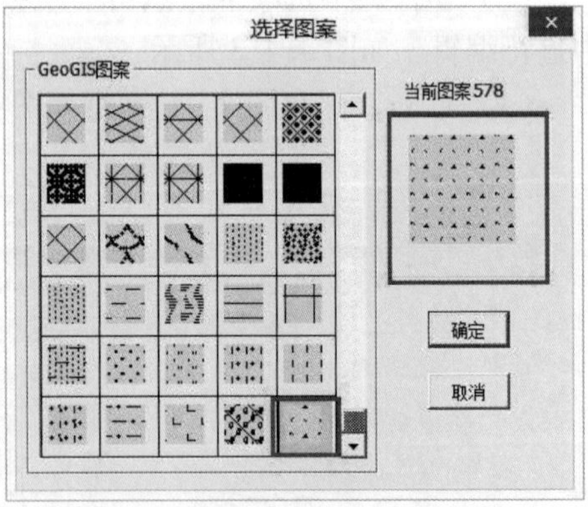


图 4.4.7　直接新建图案保存成功

# 4.5　清除图形

当“系统库编辑”面板中有图案，需要删除所有图形时，可以点击“清除图形”，清除效果如图 4.5.1 所示：

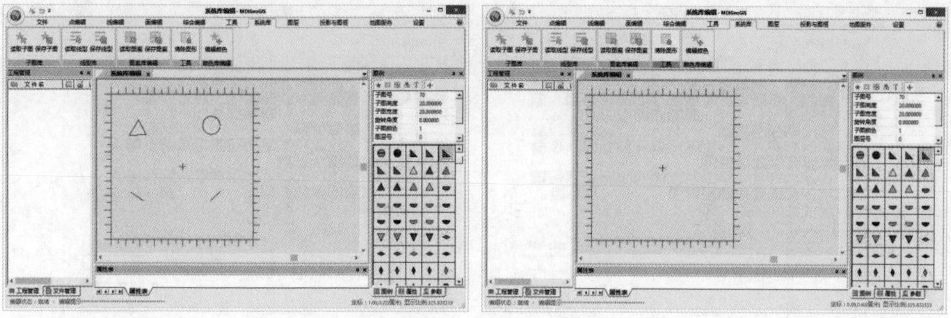

图 4.5.1 清除图形

## 4.6 颜色库

颜色库是对颜色的管理，每种颜色由一个数唯一标识，对应相应的“R”“G”“B”值，包括：保存新色、更新颜色、删除最后颜色。

### 4.6.1 保存新色

如图 4.6.1 左图所示，拖动“R”“G”“B”的参数值，左侧预览当前调节颜色，调节完成，点击【保存到新色号】，选择颜色面板上侧的最后一个颜色，即为新保存的新颜色，如图 4.6.1 右图所示。

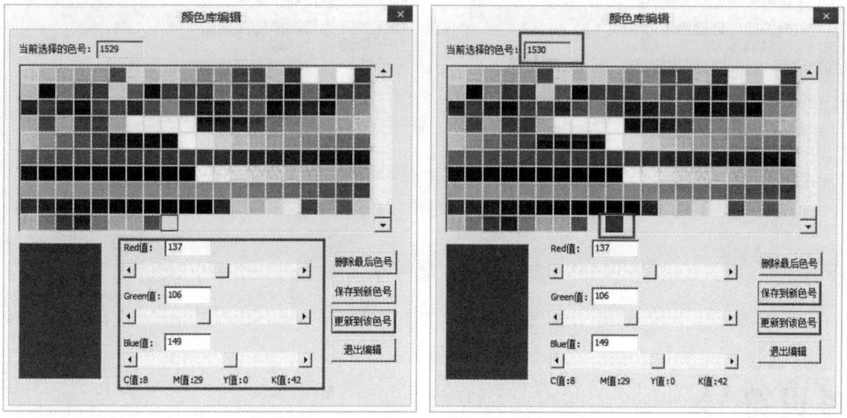


图 4.6.1 调节颜色保存新色

### 4.6.2 更新颜色

在颜色面板中选择要更新的颜色图标，调节“R”“G”“B”的参数值，点击【保存到新色号】，查看对应号的颜色已更新，如图 4.6.2 所示。

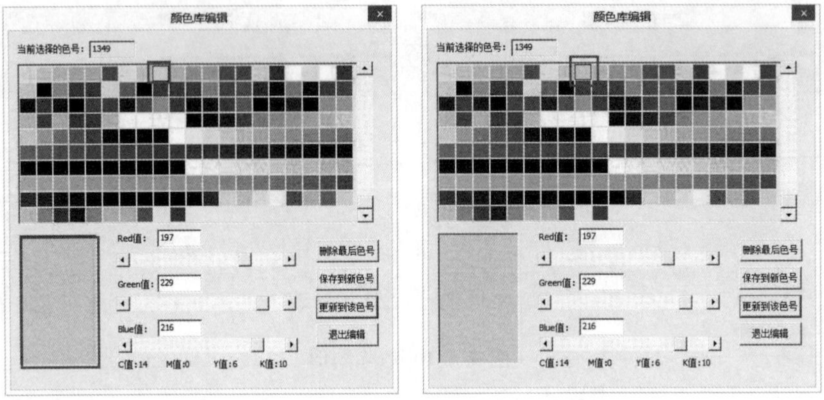


图 4.6.2　调节颜色更新颜色

### 4.6.3　删除最后颜色

颜色面板中每次删除颜色图标的最后一个，如图 4.6.3 左图当前颜色号码为 1530，点击【删除最后色号】，最后一个颜色编号为 1529，如图 4.6.3 右图所示。

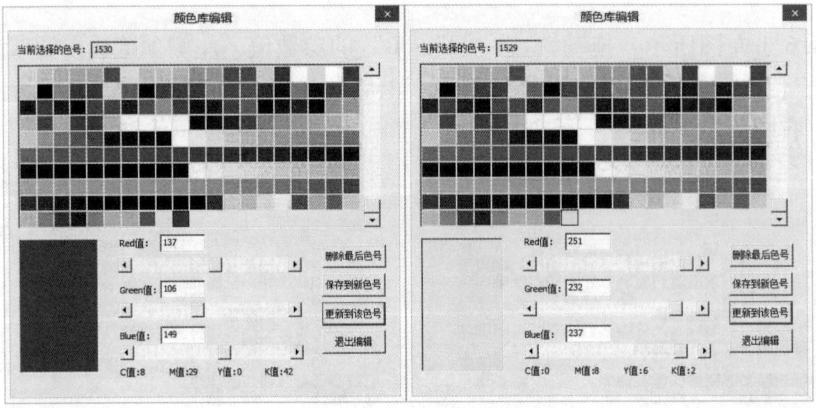


图 4.6.3　删除最后颜色

## 4.7　拷贝符号

在“系统库”中的“拷贝符号”面板中，可以选择拷贝子图、拷贝线型或是拷贝图案。如图 4.7.1 所示为“拷贝符号”面板。

选择拷贝符号类型后，弹出目录设置的对话框，设置目标符号库的系统库目录及汉字库目录。如图 4.7.2 所示为目录设置对话框。

在选择符号界面，选择显示出的目标符号库中的符号，拷贝到当前系统库中。如图 4.7.3 所示为选择符号对话框。

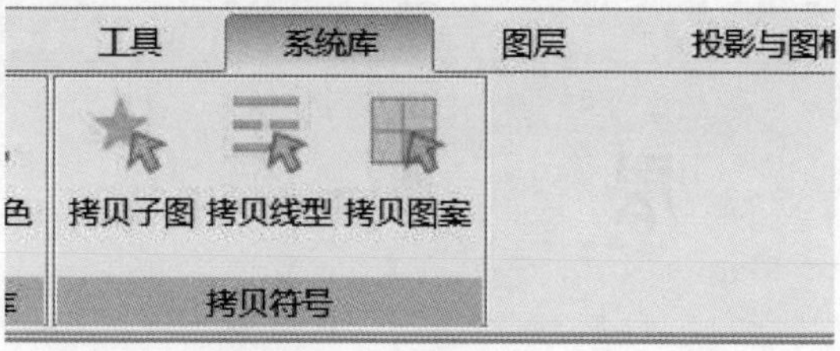


图 4.7.1　“拷贝符号”面板

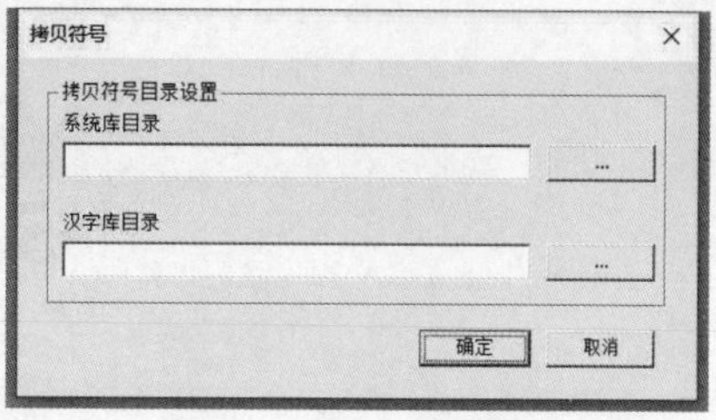


图 4.7.2　目录设置对话框

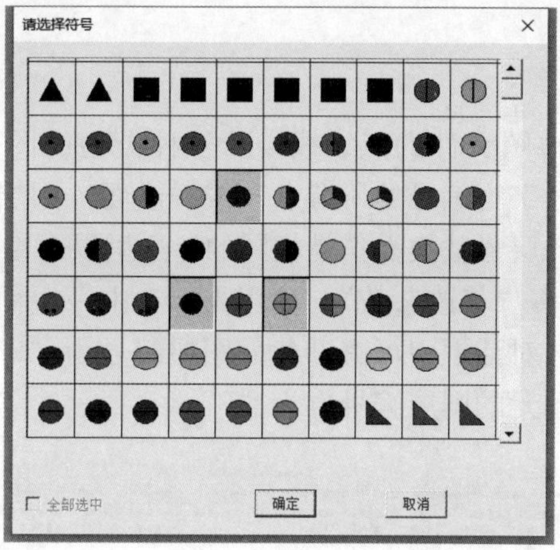


图 4.7.3　选择符号对话框

# 5 图　　层

图层的选项卡中，提供了对于当前地图文件中所有图层的管理；主要包括：图层号的替换、修改，当前图层、保存、删除，当前地图文件图层的显示与隐藏，图层名称的修改。

## 5.1　替换层号

替换层号，是对当前地图文件的点、线、面三种类型的图层文件进行图层编号的替换，这里的替换是对以该数字为编号的所有点（或线或面）图层编号的整体替换。

点、线、面三种实体的层号替换操作是相同的，这里以面层号替换为例进行步骤说明。

（1）选择“点编辑”→“修改参数”，使用光标选中一个面，此时该面呈现红绿色闪烁状态，并在弹出的点参数对话框中可查看此面图层编号为“0”，如图 5.1.1 所示；使用同样的方法可看到其他面图元的图层编号也为“0”。

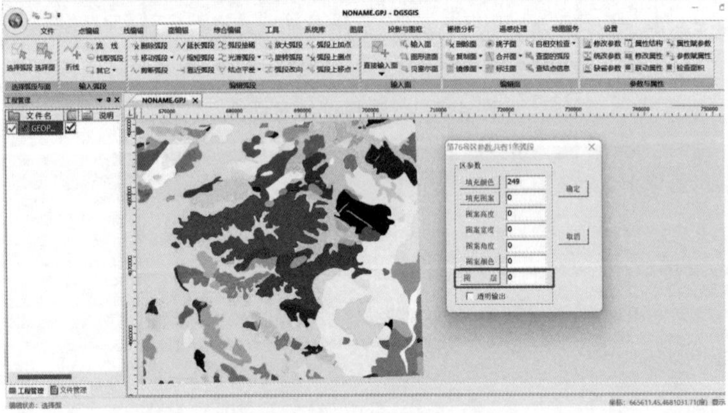

图 5.1.1　查看点图层层号

（2）选择“图层”→“替换层号”→“替换点”，弹出“统改图层”界面，弹框的左下部分蓝色圈内提示有“＊”标识的图层为有图元层；在“原始图层”栏中选择“0 自由层”，“结果图层”栏中选择“5 地类图斑”，并点击【确定】按钮，如图 5.1.2 所示。

（3）再次选择“图层”→“替换层号”→“替换点”，在弹出“统改图层”界面可看到“0 自由层”前已经没有“＊”标识，“5 地类图斑”前出现“＊”标识，如图 5.1.3 所示。

（4）使用步骤（1）中的方法对文件中其他地质图元参数进行查看，对话框中面图层号已改为“5”，如图 5.1.4 所示。

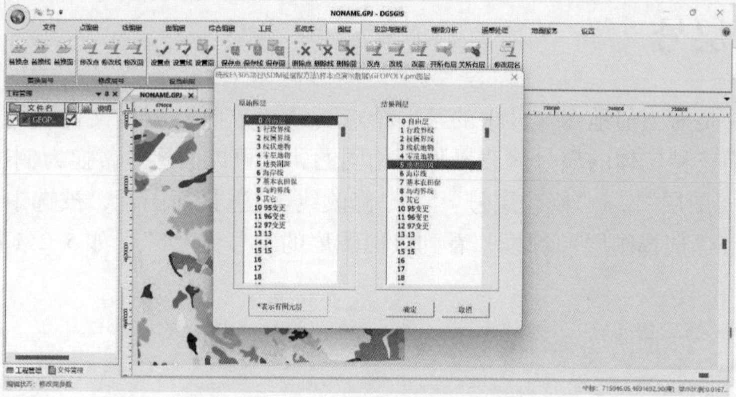


图 5.1.2　替换点图层层号

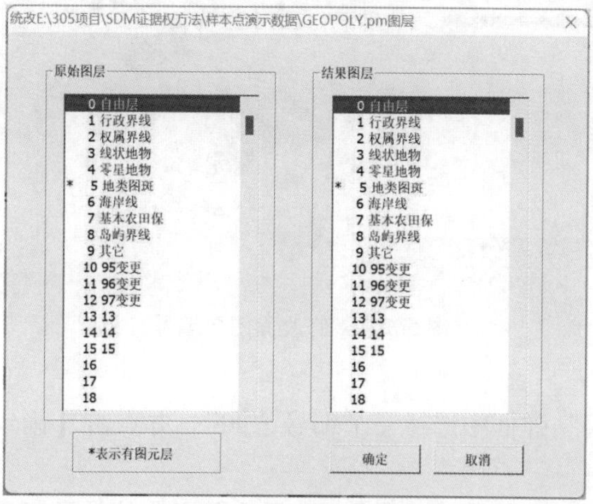


图 5.1.3　统改图层界面

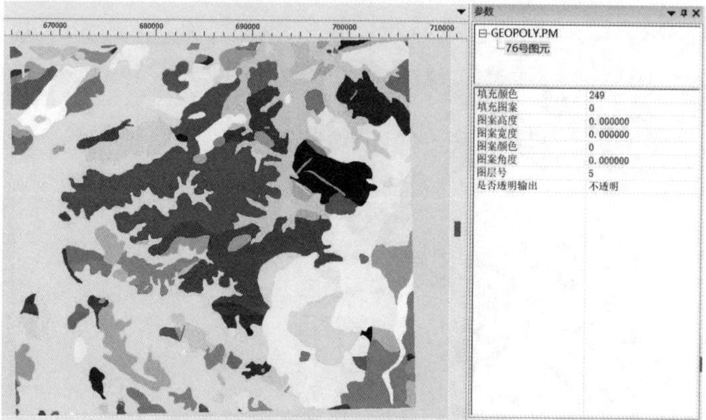


图 5.1.4　图层号发生变化

## 5.2 修改层号

修改层号，是对当前地图文件中的某一个点（或线或面）图层文件进行图层编号的修改，点、线、面三种实体的层号修改操作是相同的，这里以面层号替换为例进行步骤说明。

（1）选择“图层”→“修改层号”→“修改线”，选择面图元，被选中的面图层红绿色闪烁，并弹出“选择图层”弹框，看到该面图层的编号为“5”，如 5.2.1 图所示。

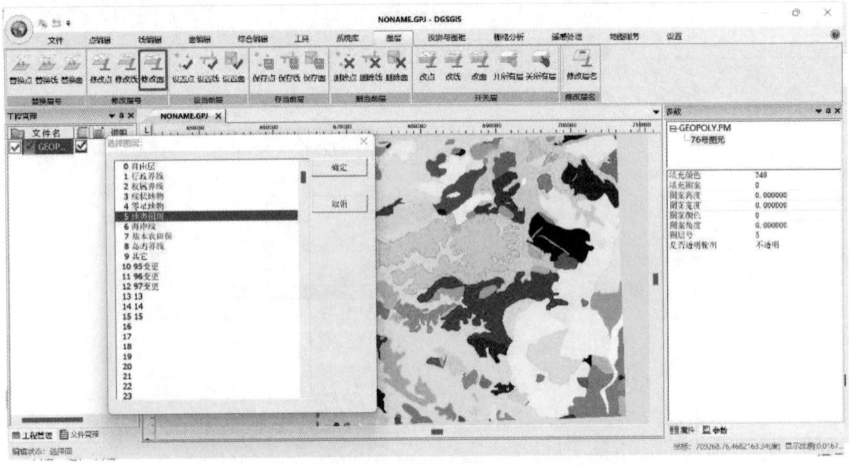


图 5.2.1　修改面图层编号

（2）在“选择图层”弹框中选择一个编号“80”，并点击【确定】按钮，则修改面图层成功。

（3）选择“面编辑”→“修改参数”，选择步骤一中修改的面图元，在弹出的“面参数”对话框中可看到此时这个面图层号为“80”，如图 5.2.2 所示。

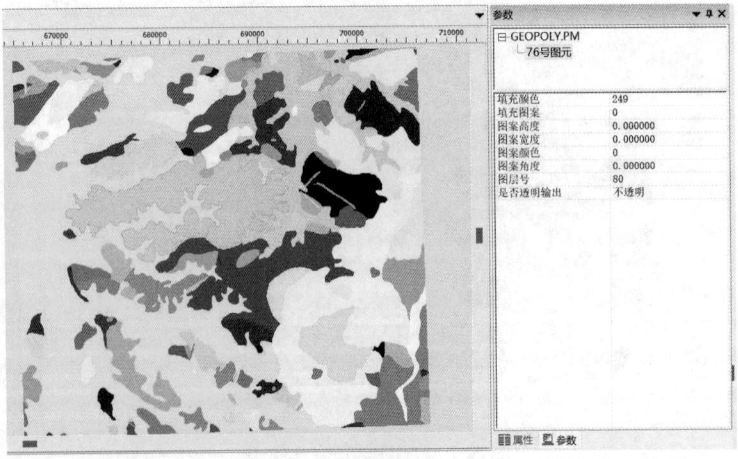


图 5.2.2　查看面图层编号

## 5.3 设当前层

一个地图文件包括点、线、面三种实体图层，每一种实体的图层又包括多个图层，每一种类型的图层可以有一个当前编辑图层。设当前层，表示对点（线、面）图层的具体当前编辑图层的设定。点、线、面三种实体的当前层号设置操作是相同的，这里以面层号的设置为例进行步骤说明。

选择“图层”→“设当前层”→“设置面”，弹出“选择当前图层”的界面中选择一个有“＊”标识的图层编号，点击【确定】按钮，则设置当前图层成功，如图5.3.1所示。

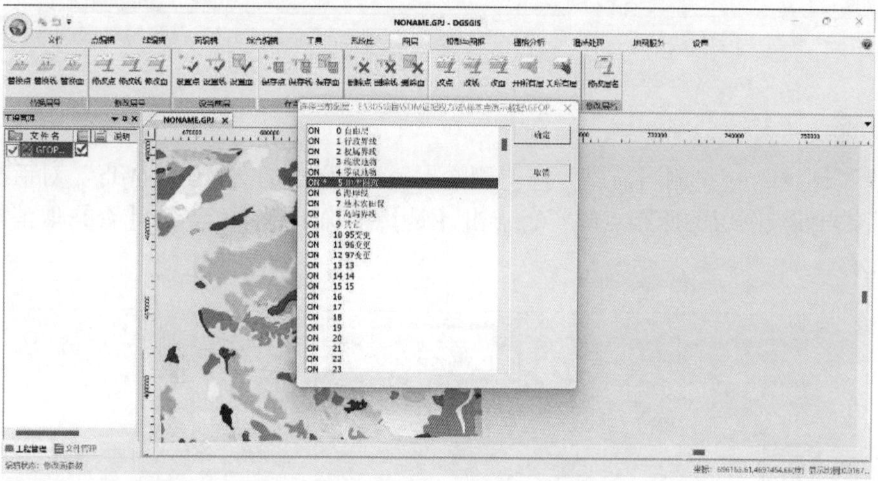

图5.3.1 设置当前编辑面图层

## 5.4 存当前层

存当前层，表示对点（线、面）图层的当前编辑图层的存储。点、线、面三种实体的当前层号存储操作是相同的，这里以点层号的存储为例进行步骤说明。

选择“图层”→“存当前层”→“保存点”，在弹出的“另存为”对话框中选择存储路径，填写文件名称，并点击【保存】按钮，即可对当前编辑的点图层进行保存，如图5.4.1所示。

## 5.5 删当前层

删当前层，表示对点（线、面）图层的当前编辑图层的中的所有点（线、面）。点、线、面三种实体的当前层的删除操作是相同的，这里以点当前层的删除为例进行步骤说明。

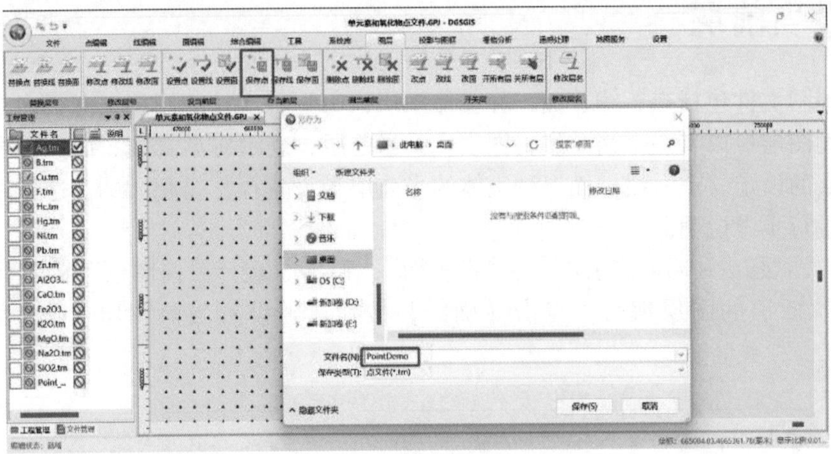

图 5.4.1　保存当前编辑点图层

选择“图层”→“删当前层”→“删除点”，在弹出的“MDIGeoGIS”对话框中提示“真的删除当前点图层的所有点吗?”，点击【是】则确定删除，点击【否】取消操作如图 5.5.1 所示。

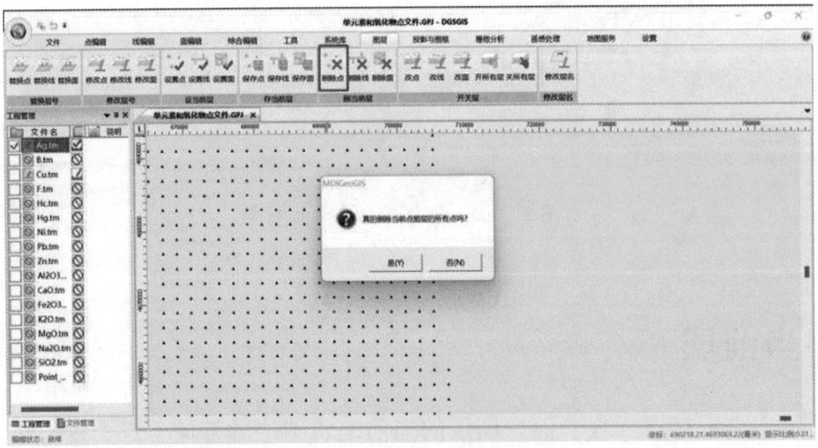

图 5.5.1　删除当前点图层所有点

## 5.6　开关层

开关层，表示对点（线、面）图层状态的打开和关闭，包括点、线、面图层的个别开关，与所有图层的整体开关。点、线、面三种实体的当前层的开关层操作是相同的，这里以面图层的开关层为例进行步骤说明。

## 5.6.1 面图层的个别开关

选择“面编辑”→“参数与属性”→“修改参数”，当前A图元区域颜色为黄色，光标点击A区域，此时这个区域处于红绿闪烁状态，并弹出“图层参数”对话框，可看到，A区域面图层编号为20，如图5.6.1所示。

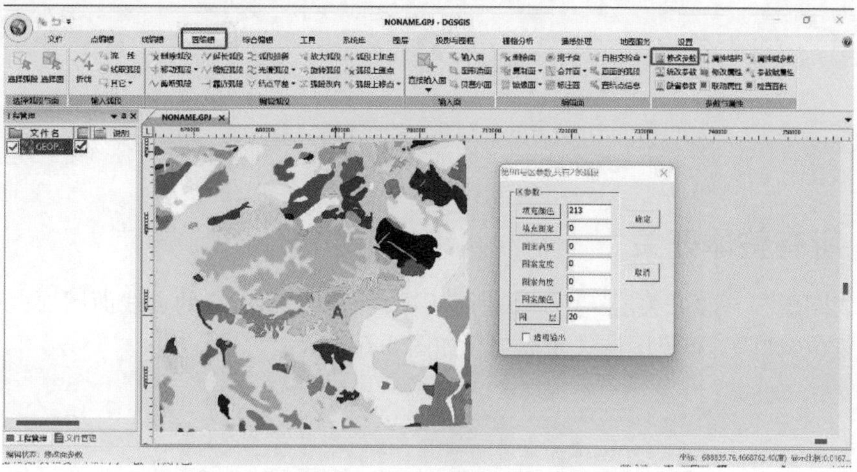

图5.6.1 面图层参数查看

选择“图层”→“开关层”→“改面”，在弹出的“打开关闭图层”对话框中，双击编号“20”的条目，可看到此条目由“ON”状态变为“OFF”状态，点击【确定】按钮，关闭成功，如图5.6.2所示。

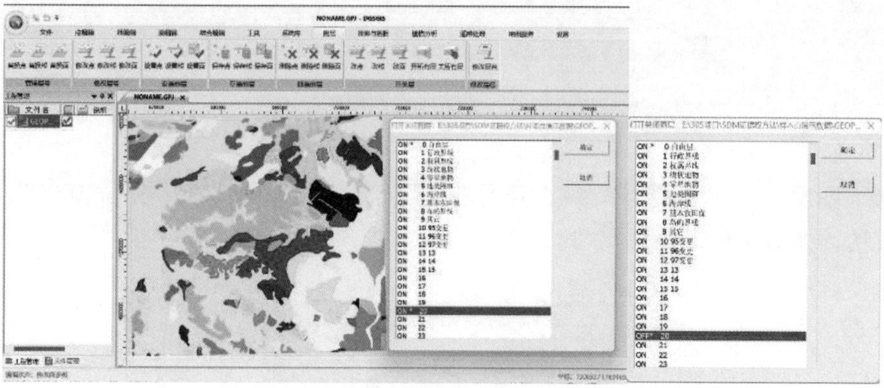

图5.6.2 关闭个别面图层过程

右键地图选择“复位窗口”，并放大窗口到A区域可见程度，发现A区域变为无色，如图5.6.3所示。

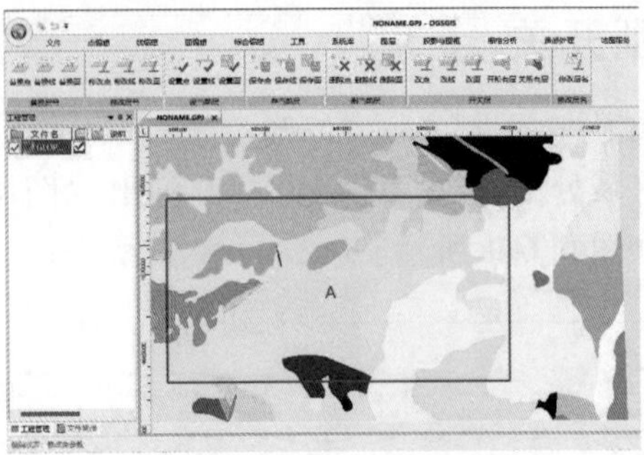

图 5.6.3　关闭个别面图层结果

## 5.6.2　所有整体开关

选择“图层”→“开关层”→“关所有层”，可以关闭所有的点线面图层，并右键地图选择“复位窗口”，可见图层关闭成功，如图 5.6.4 所示。

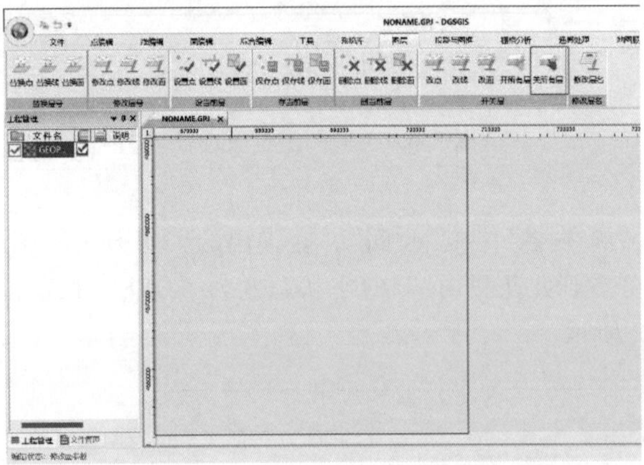

图 5.6.4　关闭所有图层结果

选择“图层”→“开关层”→“开所有层”，并右键地图选择“复位窗口”，可见图层打开成功，如图 5.6.5 所示。

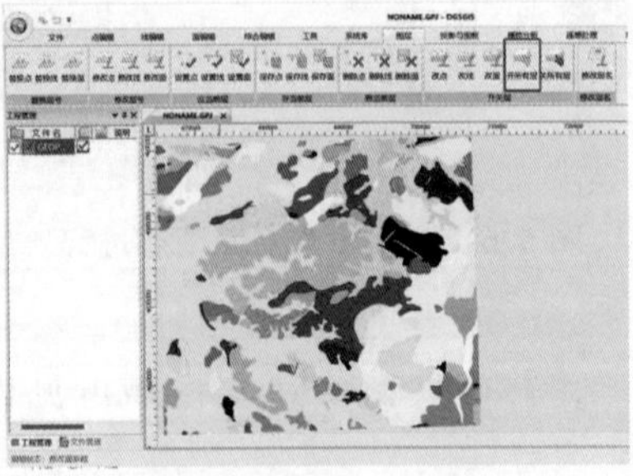

图 5.6.5　打开所有图层结果

## 5.7 修改层名

修改层名，表示对所有图层名称的修改。选择“图层”→“修改层名”，在弹出“修改层名”对话框中，点击“15 15”条目，在“当前层名”输入框中输入改后的层名称，例为“HANA”，并点击【确定】按钮，如图5.7.1所示。

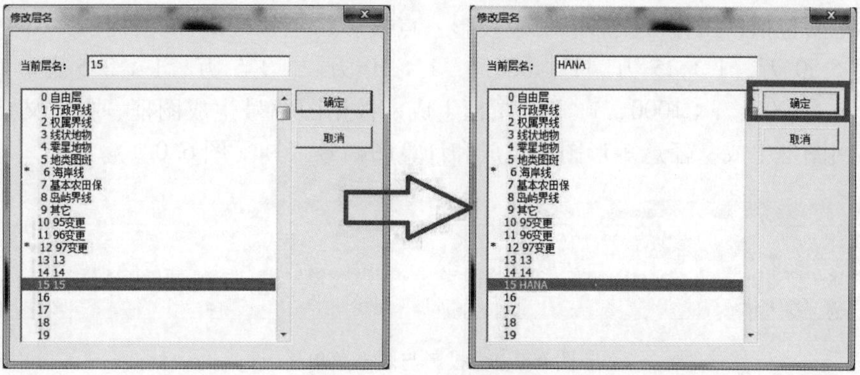


图 5.7.1 修改层名过程

再次选择“图层”→“修改层名”，在弹出“修改层名”对话框中，可看到编号“15”的图层名称已变为“HANA”，如图5.7.2所示。

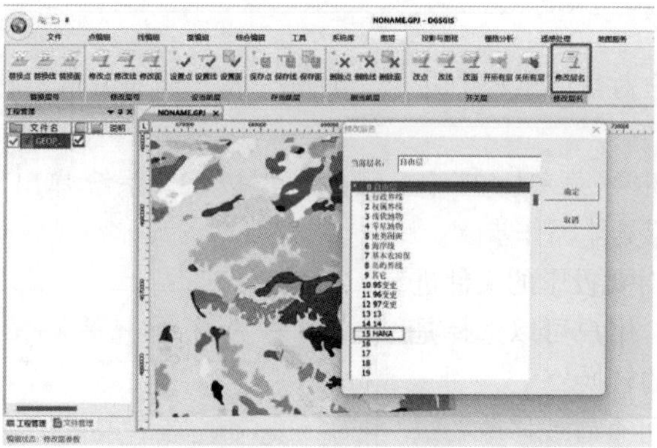


图 5.7.2 修改层名结果

# 6 投影与图框

投影主要包括：工作区投影、目录投影、点投影、工程投影和文件投影；图框生成主要包括 1：50 万、1：25 万、1：20 万、1：10 万、1：5 万、1：2.5 万、1：1 万、1：5000、1：2000、1：1000、1：500 图框生成，根据图幅号生成图框、自定义矩形图框、投影经纬网图框生成、任意矩形图框生成和计算图幅号工具（图 6.0.1）。

图 6.0.1 投影与图框菜单栏

## 6.1 投影变换

### 6.1.1 工程投影

该功能是方便用户对当前工程中处于“编辑”或“当前编辑”状态下的一个或多个文件进行投影转换。

点击“投影与图框”菜单下的【工程投影】按钮，系统弹出“投影转换”对话框（图 6.1.1），下面介绍具体操作步骤。

（1）投影文件：对要投影的文件进行参数和角度的设置，用户可以选择是否对参数也进行相应的转换。

（2）当前投影：可查看或修改要进行投影转换的文件的当前投影参数。

（3）目标投影：该功能用来设置投影转换后目的文件的投影参数，用户选择坐标系类型，也可自定义坐标系类型，设置椭球参数、比例尺分母、坐标单位等参数，系统中也提供一些投影参数模板，供用户选择，用户也可以点击【导入】按钮，将其他文件的投影参数

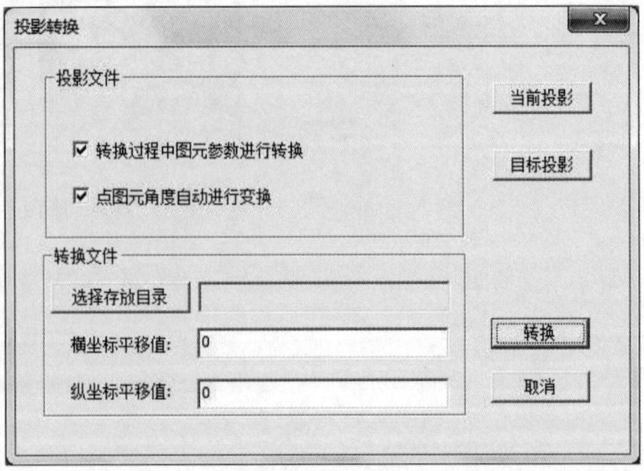


图 6.1.1 工程投影

导入系统，设置完成后，点击【确定】按钮（图 6.1.2）。

（4）转换文件：设置转换后的文件的存放路径和转换后的图元的坐标平移数值。

（5）转换：各项参数设置好后，点击【转换】按钮，系统随即根据设置的当前图件和目标图件的投影坐标系，开始自动进行不同投影或不同椭球参数之间的转换。

## 6.1.2 文件投影

点击“投影与图框”菜单下的【文件投影】按钮，系统弹出“文件投影转换”对话框（图 6.1.3），下面介绍具体操作步骤。

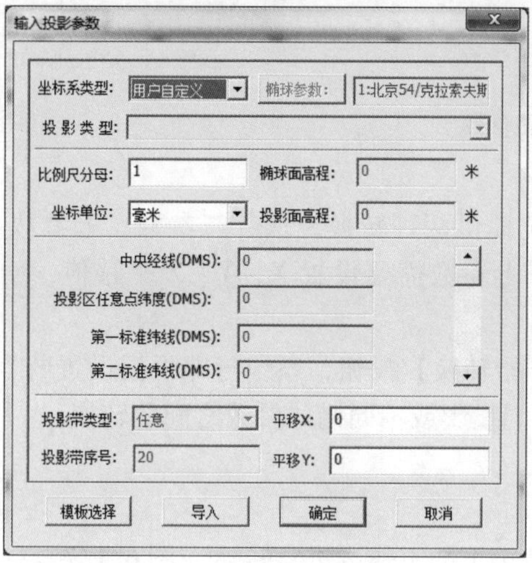


图 6.1.2 目标投影参数设置

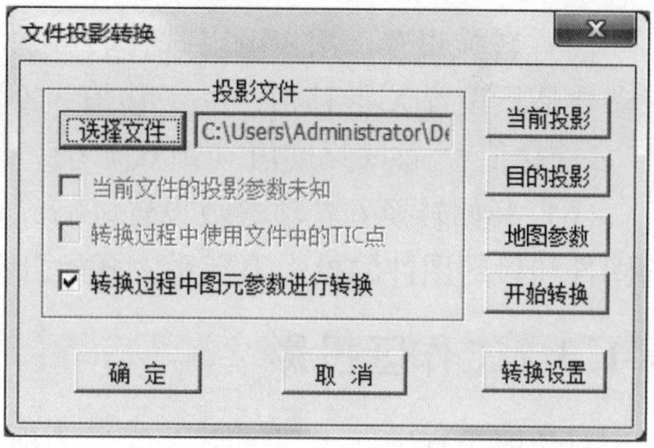


图 6.1.3 “文件投影转换”对话框

（1）选择文件：在投影转换时，首先选择需要转换的文件，点击该按钮时，系统会弹出“打开”对话框，用户选择要转换的文件，也可选择非当前工程中的文件，该系统每次只能转换一个文件，所以每次只能选择一个。

（2）当前投影：可查看或修改已经选择文件的当前投影参数。

（3）目的投影：该功能用来设置投影转换后目的文件的投影参数，用户选择坐标系类型，也可自定义坐标系类型，设置椭球参数、比例尺分母、坐标单位等参数，系统中也提供一些投影参数模板，供用户选择，用户也可以点击【导入】按钮，将其他文件的投影参数导入系统，设置完成后，点击【确定】按钮（图 6.1.4）。

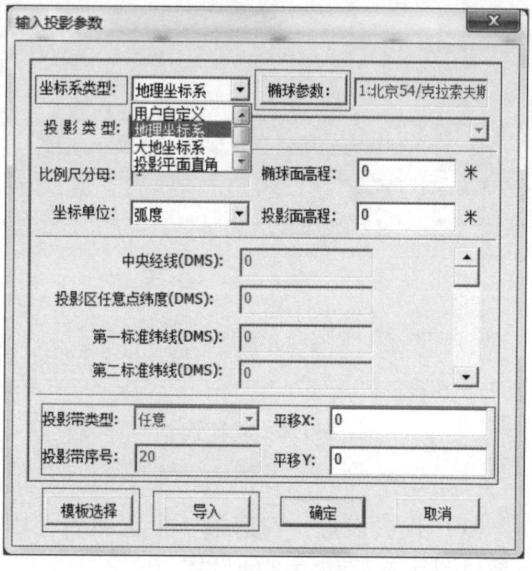


图 6.1.4 输入投影参数

（4）地图参数：该功能供用户设置地图坐标系、单位及比例尺、图幅范围，用户依据需求进行设置（图 6.1.5）。

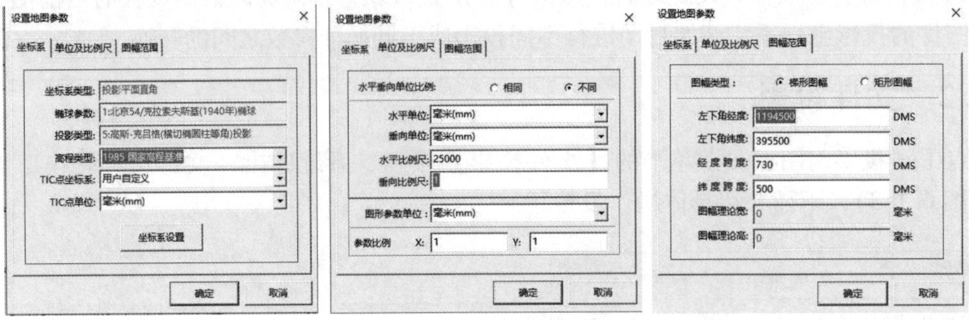


图 6.1.5　设置地图参数

（5）转换设置：用户可以选择转换方法，系统提供两种转换方法：三参数、七参数。三参数是只设置 X 平移值、Y 平移值、Z 平移值；七参数需要设置 X、Y、Z 平移值，X、Y、Z 旋转值，Scale 尺度值（图 6.1.6）。

（6）开始转换：各项参数设置好后，点击【开始转换】按钮，系统随即根据设置的当前图件和目的图件的投影坐标系，开始自动进行不同投影或不同椭球参数之间的转换。

## 6.1.3　工作区投影

对当前工程中处于“编辑”或“当前编辑”状态下的工作区进行转换（图 6.1.7）。

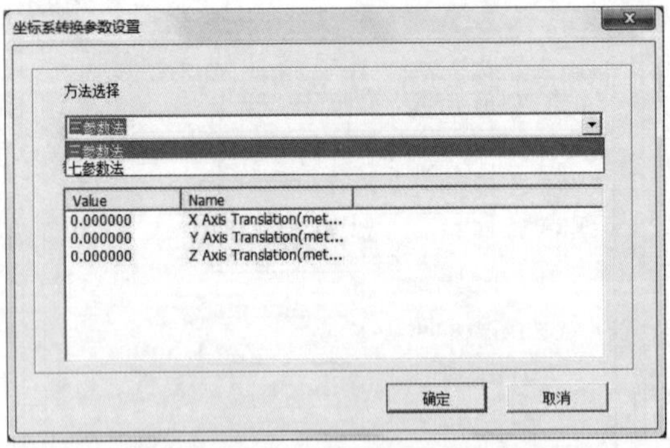


图 6.1.6　转换设置

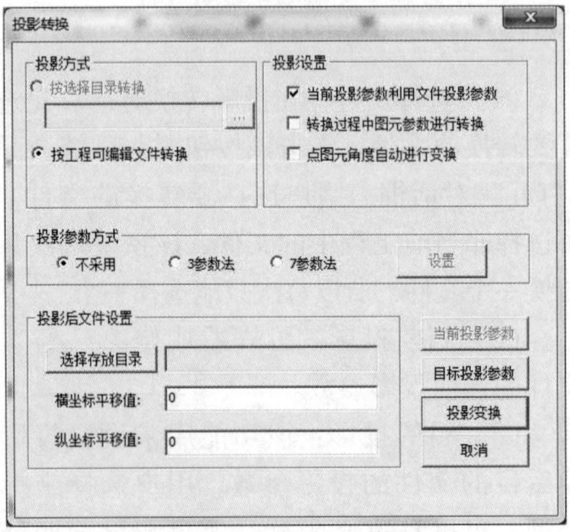


图 6.1.7　工作区投影

（1）投影设置：勾选第一个选项后，用户无须再次设置当前投影参数，第二、三个选项是对图元参数和角度的设置。

（2）投影参数方式：用户如果需要选择转换方法时，系统提供两种转换方法：三参数、七参数。三参数是只设置 X 平移值、Y 平移值、Z 平移值；七参数需要设置 X、Y、Z 平移值，X、Y、Z 旋转值，Scale 尺度值。

（3）选择存放目录：用户选择投影转换后的文件存放目录。

（4）坐标平移：若转换后的图形要进行 X、Y 方向的平移，则输入相应的坐标平移值。

（5）目标投影参数：设置要转换的投影参数，具体设置详见 6.1.2 章节的“目的投影”。

（6）投影变换：各项参数设置好后，点击【投影变换】按钮，系统随即根据设置的当前图件和目标图件的投影坐标系，开始自动进行不同投影或不同椭球参数之间的转换。

（7）取消：用户不想转换时，可点击【取消】按钮，或者直接关闭对话框。

## 6.1.4　目录投影

若用户需要对成批的文件进行转换，点击“投影与图框”菜单下的【目录投影】按钮，就可以进行成批文件投影转换（图 6.1.8）。

投影方式选择需要转换的文件的目录路径即可，其他参数设置参考“工程投影”功能，详见 6.1.1 章节。

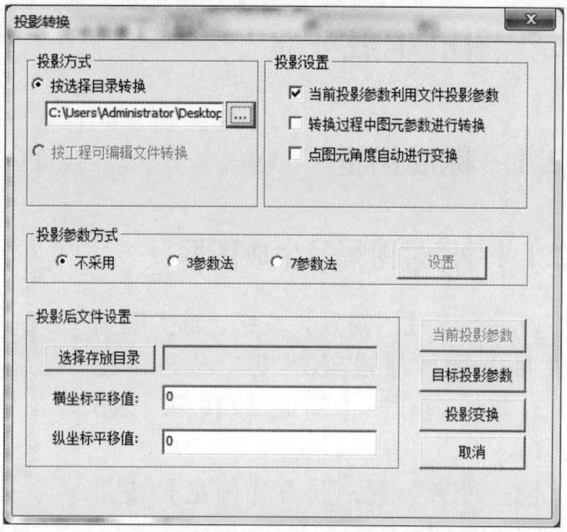


图 6.1.8　目录投影

## 6.1.5　点投影

输入单点投影转换时需要在“点投影计算”对话框中进行投影转换坐标计算，这种方式不适合批量数据转换，但对个别数据进行投影转换或随时查看两种不同投影之间的数据转换时非常有用。点击【点投影】按钮后，系统弹出“点投影计算”对话框，如图 6.1.9 所示。

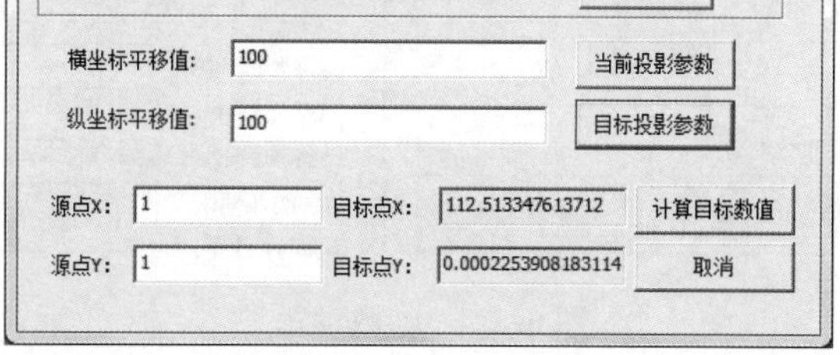


图 6.1.9　点投影计算

（1）投影参数方式：用户如果需要选择转换方法时，系统提供两种转换方法：三参数、七参数。三参数是只设置 X 平移值、Y 平移值、Z 平移值；七参数需要设置 X、Y、Z 平移值，X、Y、Z 旋转值，Scale 尺度值。

（2）当前投影参数/目标投影参数：用户查看或设置当前点图元/目标点图元的投影参数，具体设置详见 6.1.2 章节的“目的投影”。

（3）坐标平移：若转换后的图形要进行平移，则输入相应的坐标平移值。

（4）源点 X、Y：用户需要输入当前点图元的坐标 X、Y 的值。

（5）计算目标数值：各项参数设置好后，点击【计算目标数值】按钮，系统随即根据设置的当前点图元和目标点图元的投影坐标系，开始自动进行不同投影或不同椭球参数之间的转换计算，得出结果目标点 X、Y 的值。

## 6.2 图框生成

### 6.2.1 标准图框

#### 6.2.1.1 通过图幅号生成图框

（1）点击【图幅号】按钮，输入图幅号（图幅号可通过经纬度生成，详见 6.2.3 节），点击【确定】按钮（图 6.2.1）。

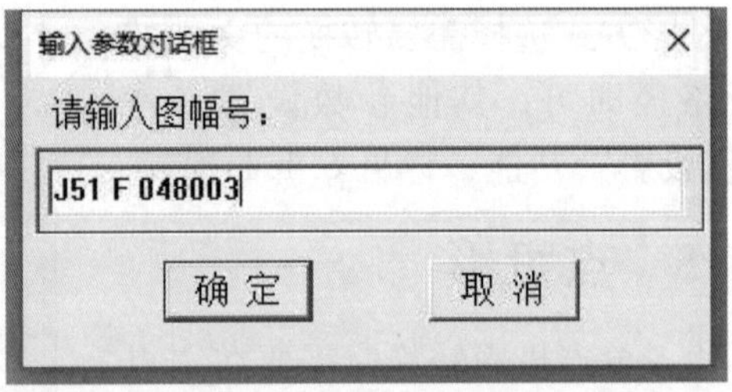


图 6.2.1 输入图幅号

（2）设置参数，点击【确定】按钮（图 6.2.2，图 6.2.3）。

（3）点击【确定】按钮，图框生成（图 6.2.4 至图 6.2.9）。

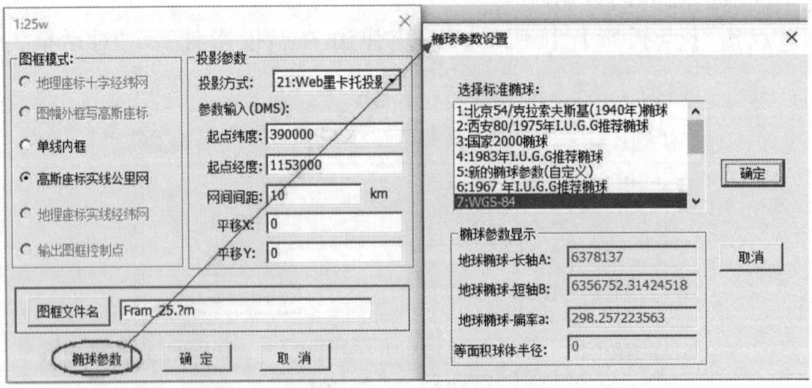


图 6.2.2 参数设置一

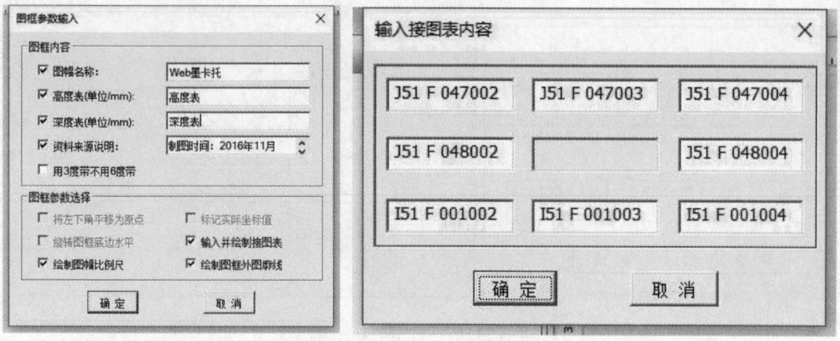


图 6.2.3 参数设置二

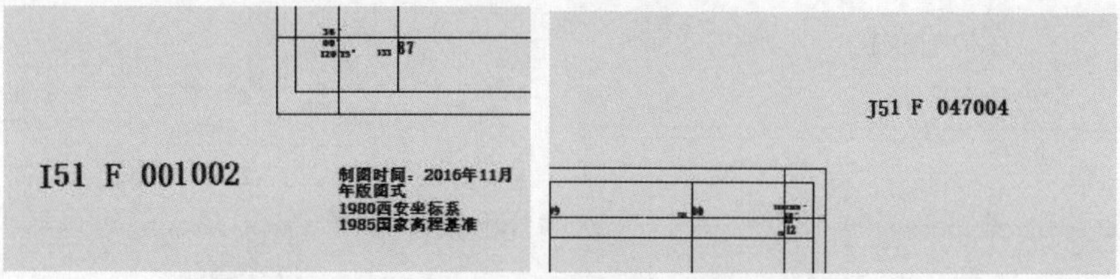


左下角　　　　右上角

图 6.2.4 邻图幅标号绘制

图 6.2.5 邻带坐标网

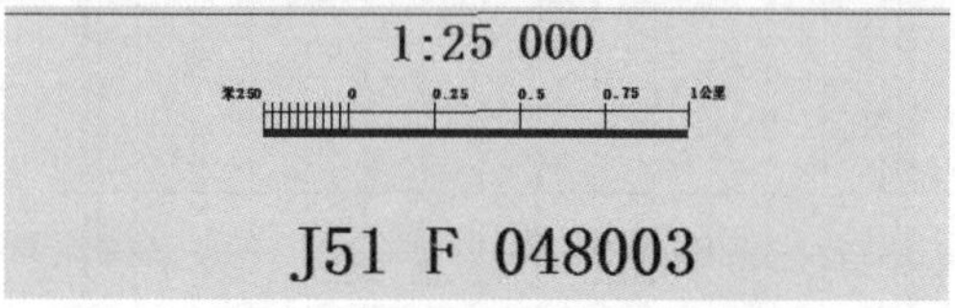


图 6.2.6 比例尺

### 6.2.1.2 不同比例尺

图框绘制方法基本相同，下面仅展示各图框绘制效果图，以“Web 墨卡托投影”为例（图 6.2.10）。

## 6.2.2 大比例尺图框

### 6.2.2.1 大比例尺图框

（1）点击【1∶2000】→【椭球参数】，设置椭球参数（图 6.2.11）。

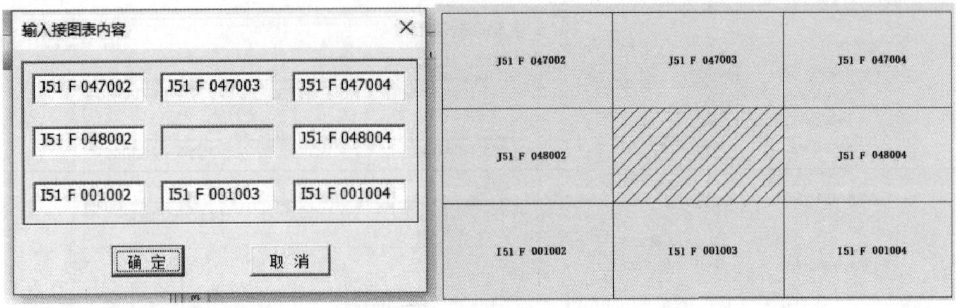


图 6.2.7　接图表绘制

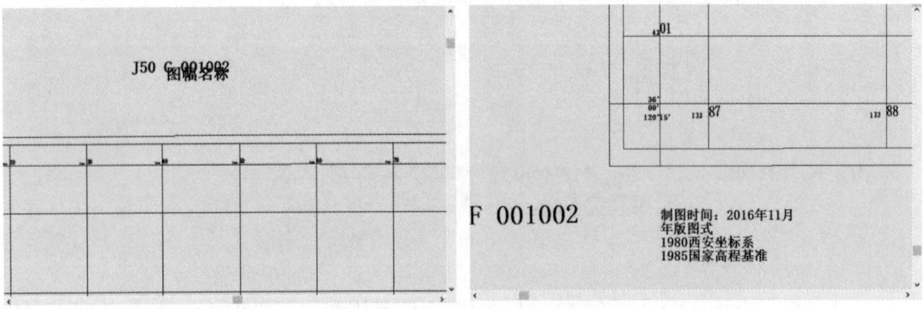


正上方图幅编号　　　　左下角说明文字

图 6.2.8　图幅标号及说明文字绘制

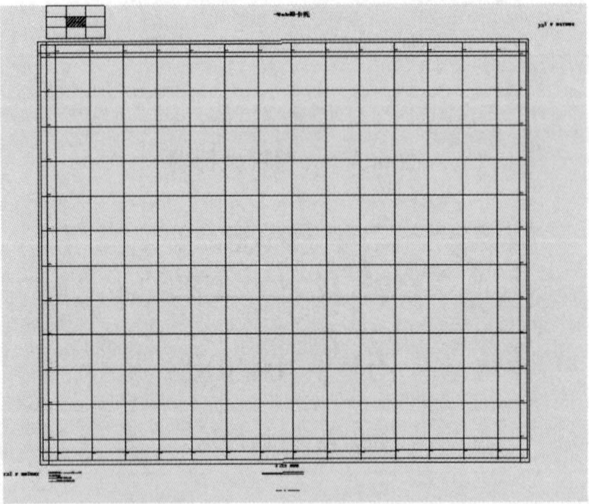

图 6.2.9　图框绘制结果图

（2）点击【确定】按钮生成图框（图 6.2.12）。

## 6.2.2.2　自定义矩形图框

（1）点击【自定义矩形】→【椭球参数】，设置椭球参数（图 6.2.13）。

（2）设置【线参数】、【点参数】，点击【确定】按钮生成图框（图 6.2.14）。

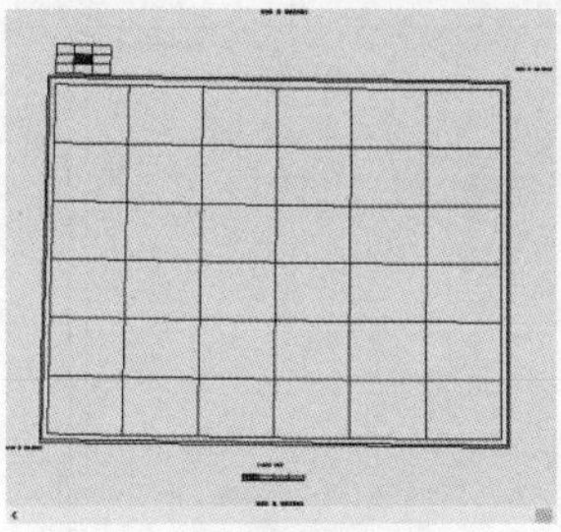

1:50万标准图框

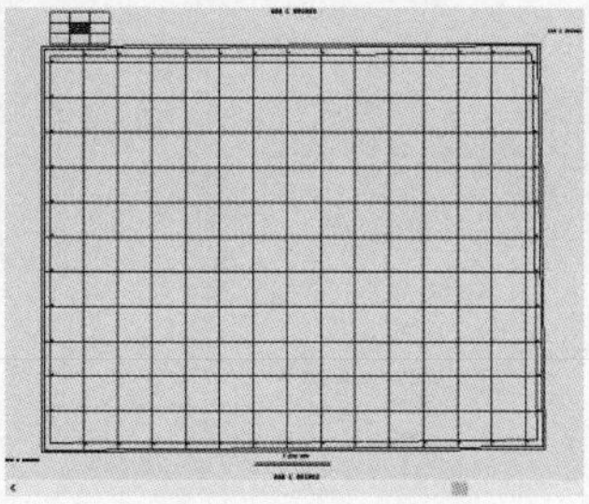

1:25万标准图框

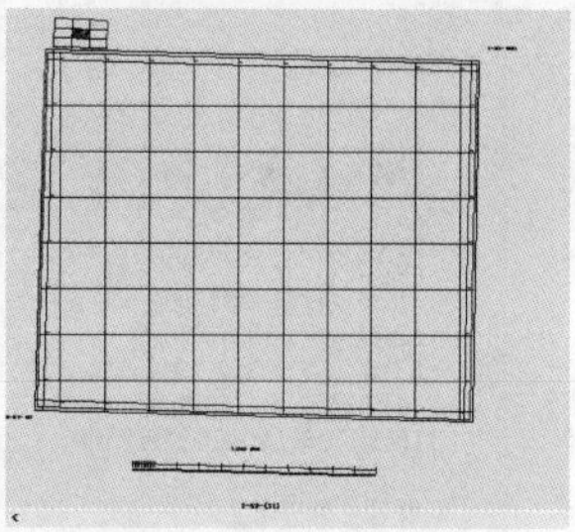

1:20万标准图框

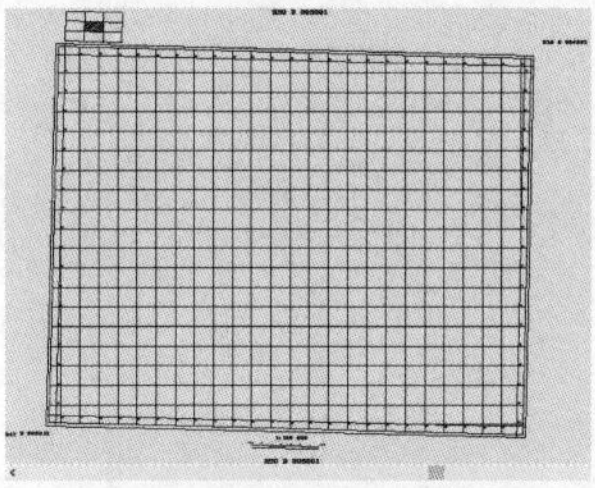

1:10万标准图框

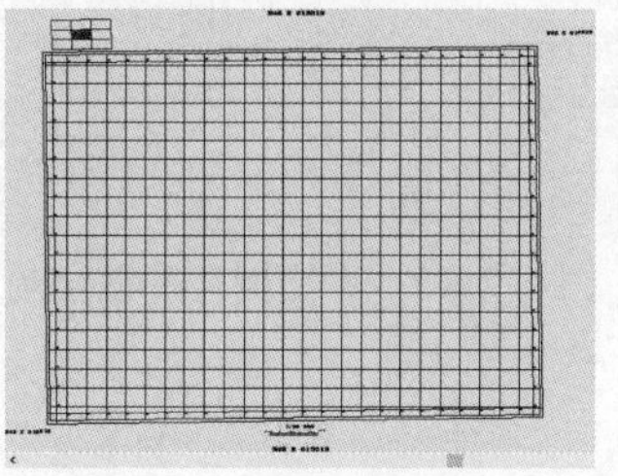

1:5万标准图框

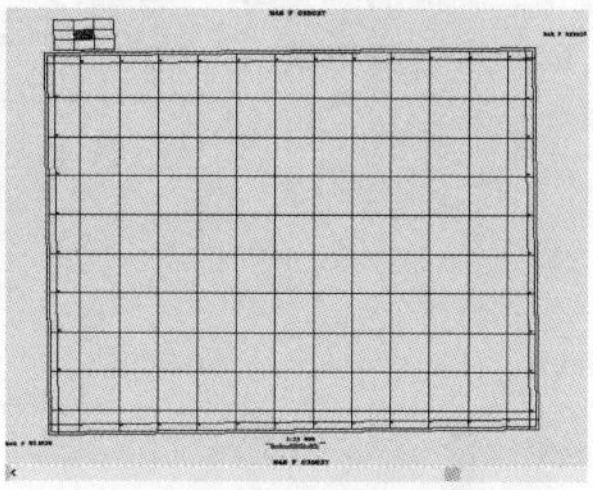

1:2.5万标准图框

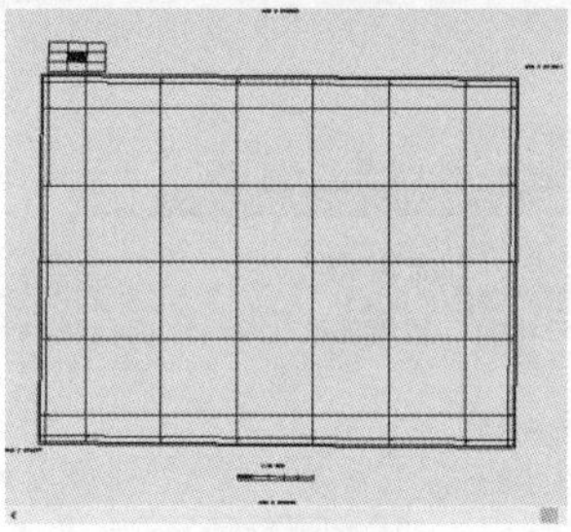

1:1万标准图框

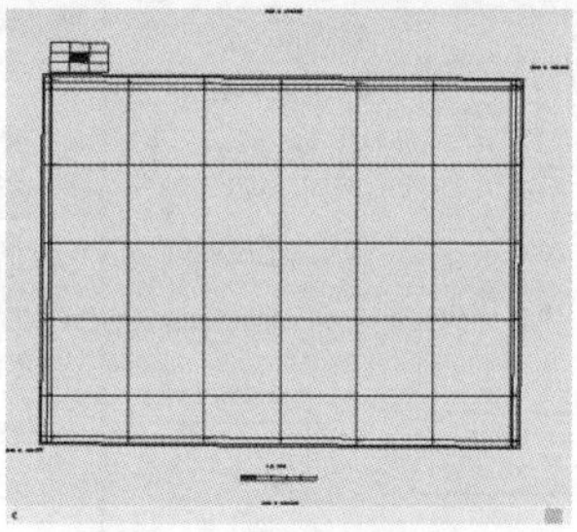

1:5000标准图框

图 6.2.10 图框效果图

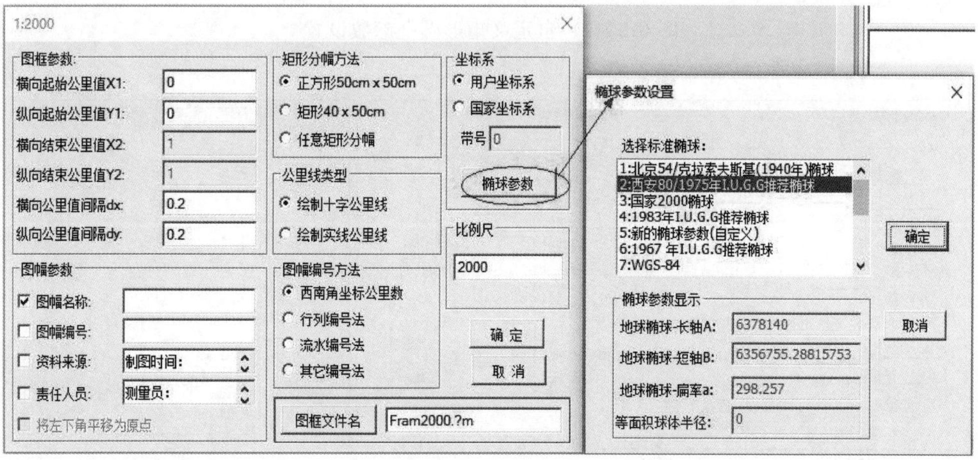


图 6.2.11 大比例尺图框参数设置

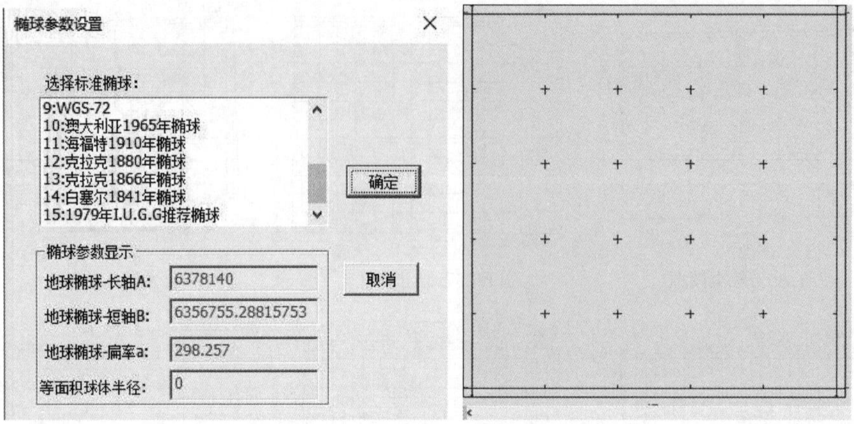


图 6.2.12　大比例尺图框绘制

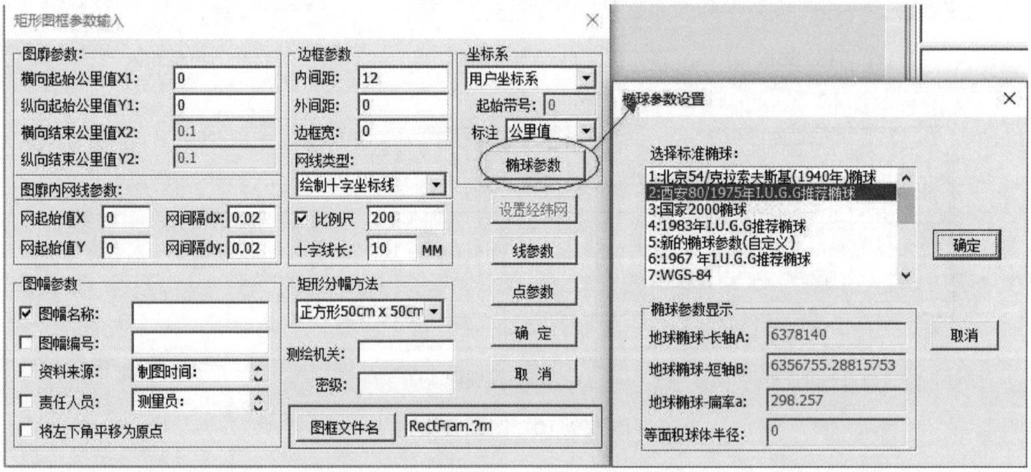


图 6.2.13　自定义矩形图框参数设置

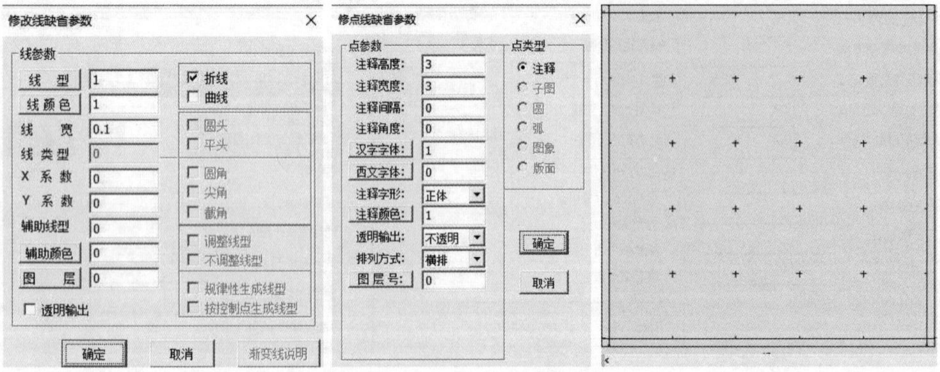


图 6.2.14　自定义矩形图框

### 6.2.2.3 投影经纬网图框

(1) 点击【投影经纬网】→【投影参数】，设置投影参数（图 6.2.15）。

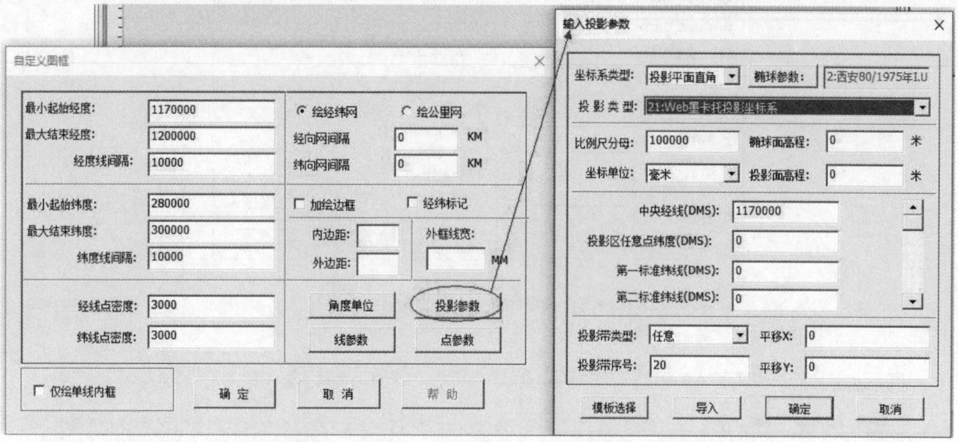


图 6.2.15 投影经纬网图框参数设置

(2) 点击【确定】按钮，生成图框（图 6.2.16）。

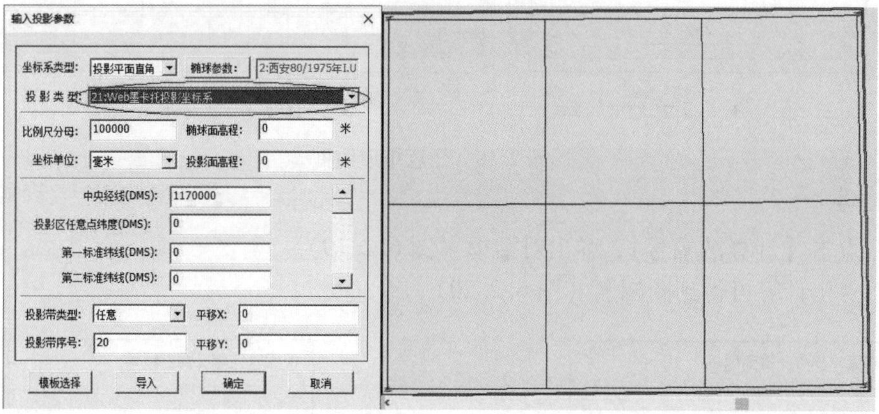


图 6.2.16 投影经纬网图框

### 6.2.2.4 任意矩形图框

(1) 点击【任意矩形】→【地图参数】，设置地图参数（图 6.2.17）。
(2) 点击【确定】按钮，生成图框（图 6.2.18）。

## 6.2.3 计算图幅号工具

计算图幅号工具是根据经纬度确定图幅号的工具。

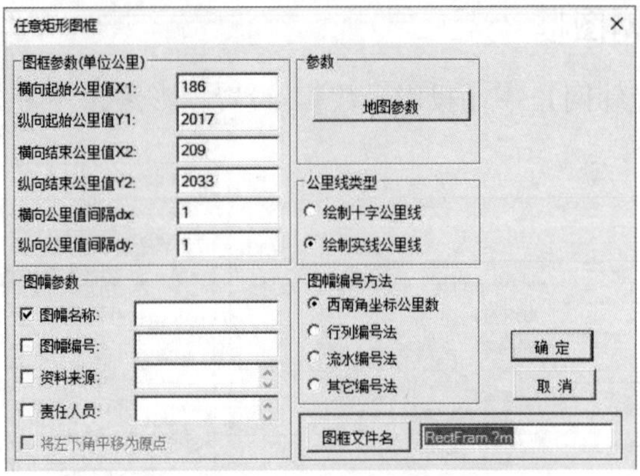


图 6.2.17　任意矩形图框设置

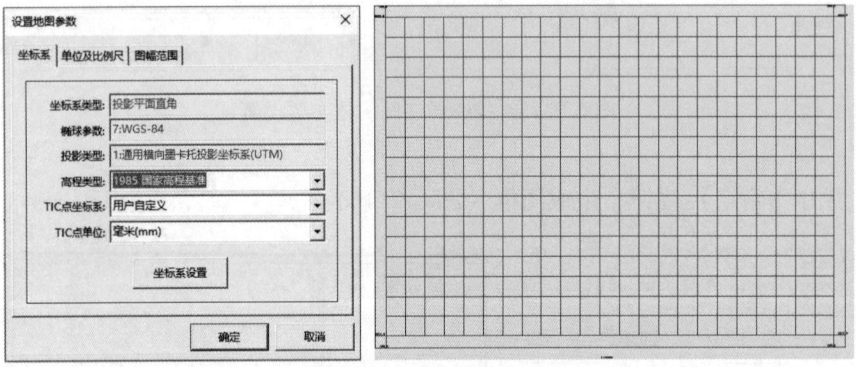


图 6.2.18　任意矩形图框

（1）点击【计算图幅号】，弹出对话框（图 6.2.19）。

（2）点击计算可得到图幅名（图 6.2.20）。

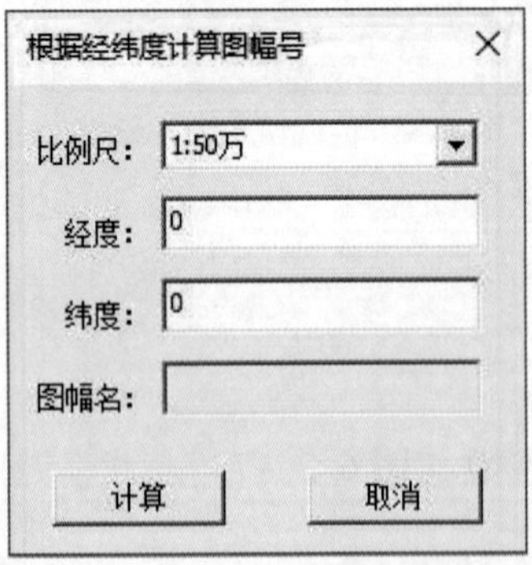


图 6.2.19　根据经纬度计算图幅号

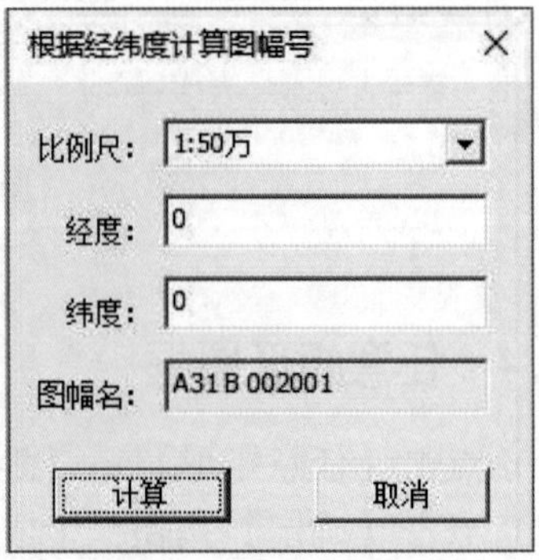


图 6.2.20　图幅名

# 7 栅格分析

栅格分析主要包括：栅格数据可视化、栅格数学分析、栅格插值分析、DTM 分析（图 7.0.1）。

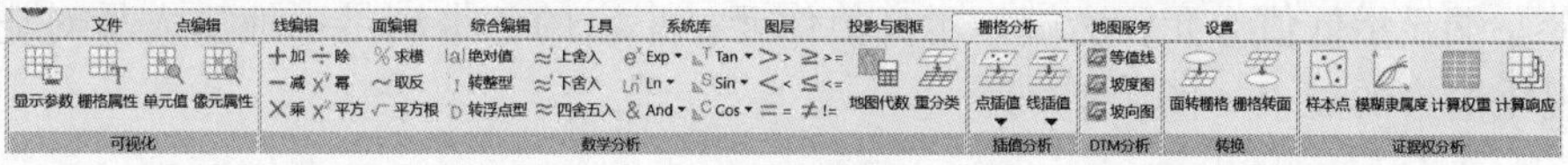


图 7.0.1　栅格分析菜单栏

## 7.1　栅格数据可视化

### 7.1.1　栅格可视化工具

栅格数据可视化模块从两个方面对栅格数据进行可视化：

（1）栅格数据符号化显示可视化，利用丰富的色带库和多种分类显示方式进行栅格数据图层符号化渲染。

（2）栅格数据属性可视化，提供栅格数据属性查询和像元查询工具对栅格数据属性进行可视化（图 7.1.1）。

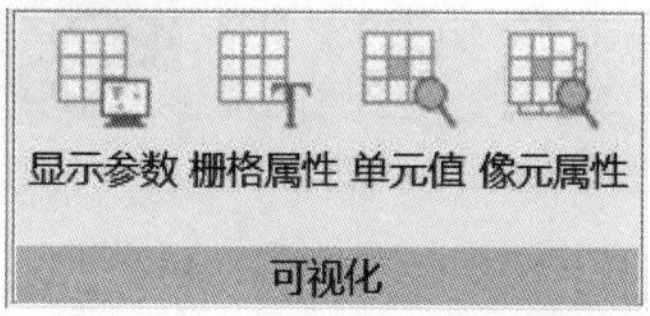


图 7.1.1　栅格数据可视化工具

### 7.1.2　加载栅格数据

打开 DGSGIS 系统，新建工程文件，在工程文件中添加栅格数据（图 7.1.2）。

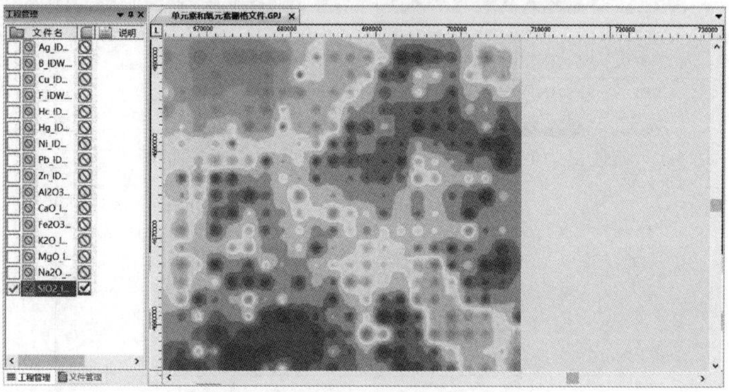


图 7.1.2　加载栅格数据图层

### 7.1.3 符号化显示

加载到 DGSGIS 系统中的栅格数据默认以“黑-白”渐变色带显示，不能很直观地反映栅格数据值的分布状态，通过符号化显示设置，可以改变栅格数据渲染色带及拉伸或分类显示，方便地质人员观察和分析栅格数据。

#### 7.1.3.1 丰富的色带

符号化显示功能提供丰富的色带，包括单色渐变色带、双色渐变色带及多色渐变色带，比如“红”“黄”“黑-白”“红-黄”“红-黄-绿”“蓝-绿-红”和“红-黄-绿-蓝”等。色带左端显示低值像元，右端显示高值像元。丰富的色带满足了地质人员对栅格数据进行可视化渲染的需求（图 7.1.3）。

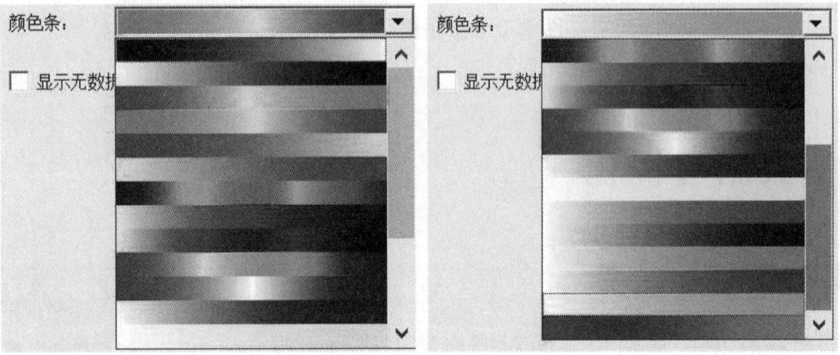


图 7.1.3 丰富的色带

#### 7.1.3.2 拉伸显示

功能描述：根据栅格数据像元值进行色带渐变拉伸显示，没有进行像元值域划分显示（图 7.1.4）。

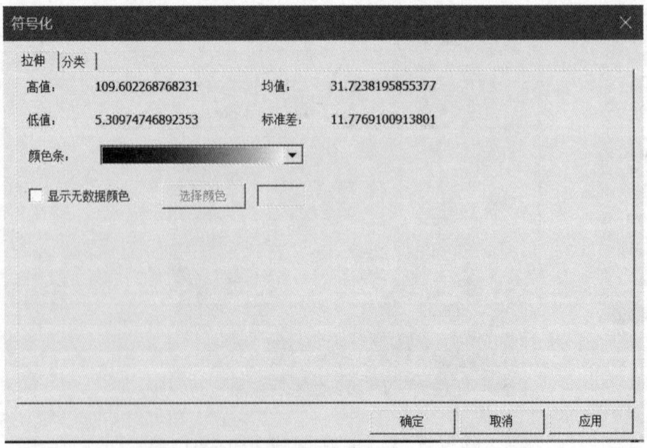


图 7.1.4 拉伸选项卡设置对话框

操作说明：

（1）点击可视化软件中的【显示参数】按钮，系统弹出“符号化”工具对话框，选择第一个选项卡“拉伸”，该对话框也显示了栅格数据的几个属性参数：高值、低值、均值以及标准差。

（2）在“颜色条”处有色带的下拉菜单，选择需要的色带，即可对“当前可编辑”状态下的栅格数据图层进行拉伸符号化显示。

（3）勾选“显示无数据”，选择无数据像元要显示的颜色即可对 NoData 像元单独色彩显示。

（4）点击【确定】按钮，“符号化”对话框关闭，然后更新地图窗口完成拉伸符号化显示；点击【取消】按钮，“符号化”对话框关闭，并且取消对栅格数据的拉伸符号化显示；点击【应用】按钮，“符号化”对话框不关闭，然后更新地图窗口完成拉伸符号化显示（图 7.1.5）。

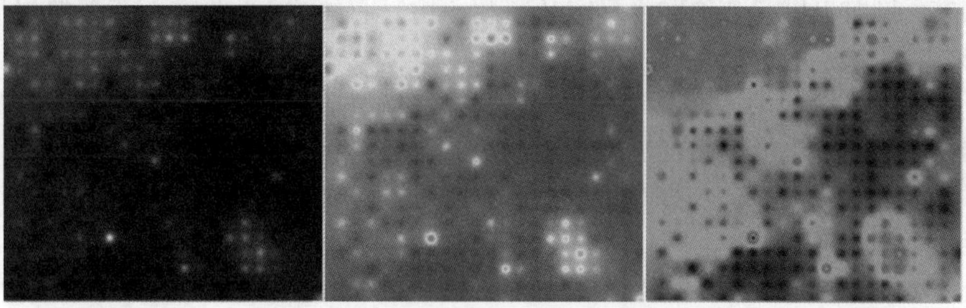

图 7.1.5　同一栅格数据不同色带拉伸显示

### 7.1.3.3　分类显示

功能描述：根据栅格数据像元值进行色带渐变拉伸显示，提供多种分类方法供用户对栅格数据值域进行划分，包括“自然断点”分类法、“平均”分类法和“手动”分类法（图 7.1.6）。

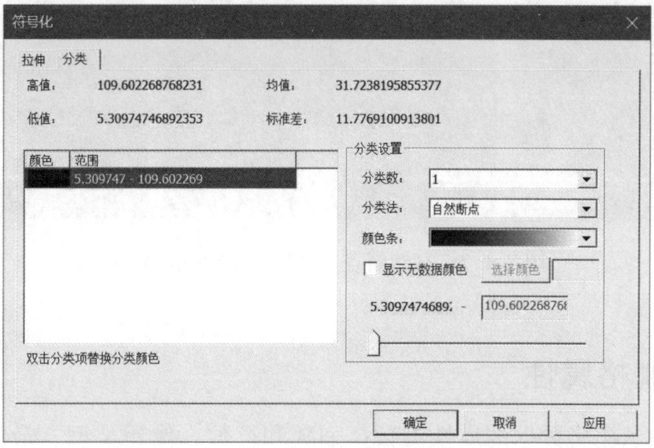


图 7.1.6　分类选项卡设置对话框

操作说明：

（1）点击可视化软件中的【显示参数】按钮，系统弹出“符号化”工具对话框，选择第二个选项卡“分类”，该对话框也显示了栅格数据的几个属性参数：高值、低值、均值以及标准差。

（2）分类设置：该工具支持 1~20 整数范围内的分类数设置，选定分类法：

1）自然断点法：基于数据中固有的自然分组，将对分类间隔加以识别，可对相似值进行最恰当的分组，并可使各个类之间的差异最大化。要素将被划分为多个类，对于这些类，会在数据值的差异相对较大的位置处设置其边界。

2）平均分类法：将栅格数据属性值的范围划分为若干个大小相等的子范围，用户指定间隔数，分类工具将基于值范围自动确定分类间隔。

3）手动分类法：通过用户自定义的间隔可指定一个间隔大小，用于划分一系列值范围相同的类。同时提供“数值输入自定义”和“滑杆自定义”，两种方式方便用户自定义分类间隔。

（3）在“颜色条”处有色带的下拉菜单，选择需要的色带，即可对“当前编辑”状态下的栅格数据图层进行拉伸符号化显示。

（4）双击分类项替换分类颜色：该功能方便用户单独对其中一个或几个类别进行自定义颜色显示设置。

（5）勾选“显示无数据”，选择无数据像元要显示的颜色即可对 NoData 像元单独色彩显示。

（6）点击【确定】按钮，“符号化”对话框关闭，然后更新地图窗口完成拉伸符号化显示；点击【取消】按钮，“符号化”对话框关闭，并且取消对栅格数据的拉伸符号化显示；点击【应用】按钮，“符号化”对话框不关闭，然后更新地图窗口完成拉伸符号化显示（图 7.1.7）。

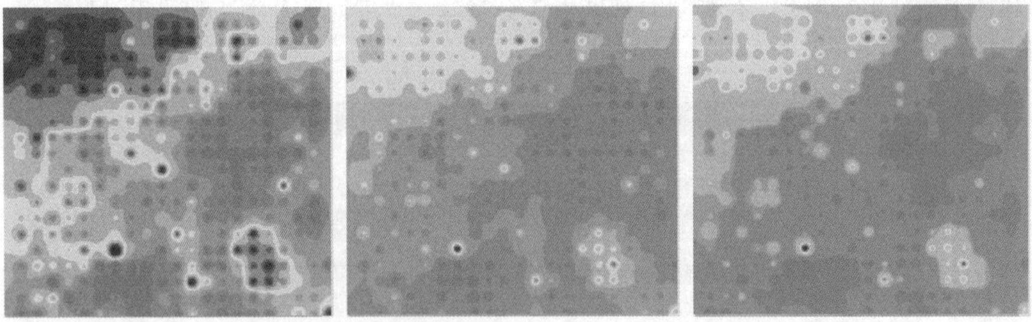

图 7.1.7 自然断点、平均、手动分类显示

## 7.1.4 查看栅格属性

功能描述：显示栅格数据的属性参数：列数和行数、像元类型、最小值、最大值、平均值、标准差、NoData 值以及栅格数据图层的上下左右图幅范围。

操作说明：点击可视化软件中的【栅格属性】按钮，系统弹出“栅格属性”显示框，可查看处于“当前编辑”状态下的栅格数据图层的属性参数（图7.1.8）。

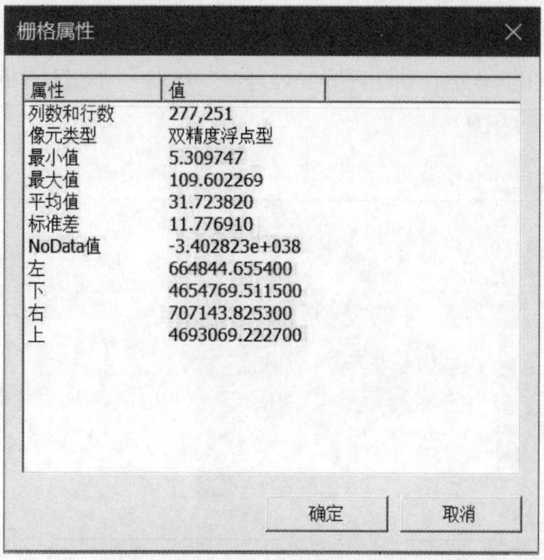


图7.1.8　栅格属性显示框

## 7.1.5　显示单个图层像元值

功能描述：查看单个栅格图层某一位置处像元的像素值及其行列位置。

操作说明：点击可视化软件中的【单元值】按钮，系统弹出“栅格属性”显示框，用户鼠标左键单击确定要查看的像元位置，即可查看处于“当前编辑”状态下的单个栅格数据图层的像元值及其行列位置（图7.1.9）。

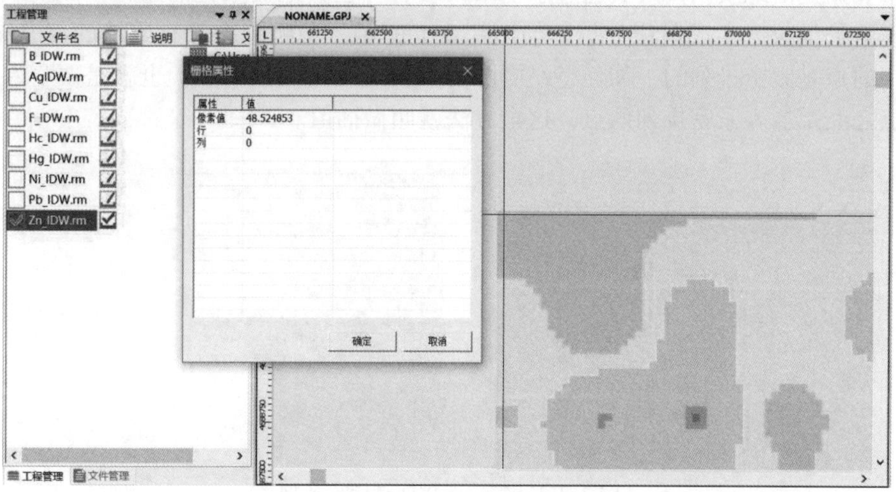


图7.1.9　显示单个图层像元值

### 7.1.6 显示多个图层像元值

功能描述：查看多个栅格图层某一位置处像元的像素值及其行列位置。

操作说明：点击可视化软件中【像元属性】按钮，即可激活“像元属性”面板，用户鼠标左键单击确定要查看的像元，即可查看处于“编辑”状态下的多个栅格数据图层的像元值及其行列位置（图 7.1.10）。

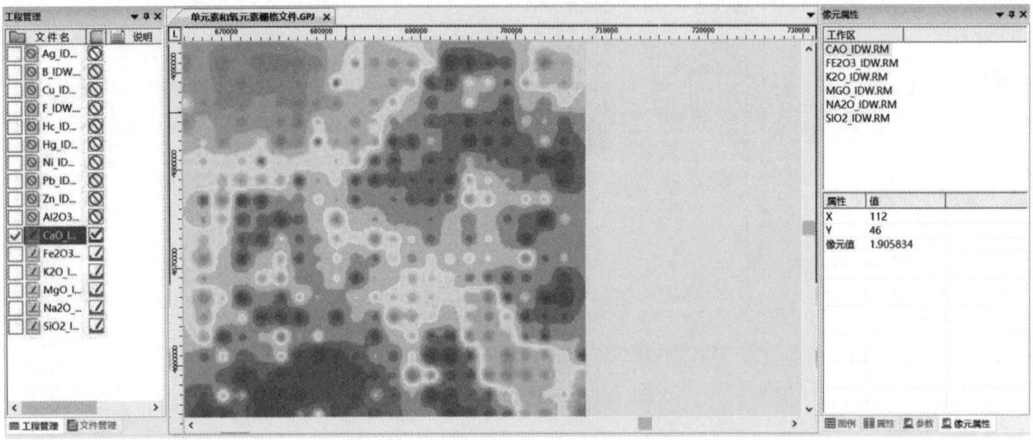


图 7.1.10　显示多个图层像元值

## 7.2 栅格插值分析

矢量数据是由地质调查人员通过手工录入或者一些其他矢量化的过程生成的，插值分析可实现由矢量数据生成栅格数据，如图 7.2.1 所示，左侧图中带有属性的点是稀疏的，右侧图中的点是紧密排列的，如何将左侧图的点集成为右侧图的点，也就是要将左侧图中的点和点之间都插入紧密排列的点，这个方法就叫做插值。

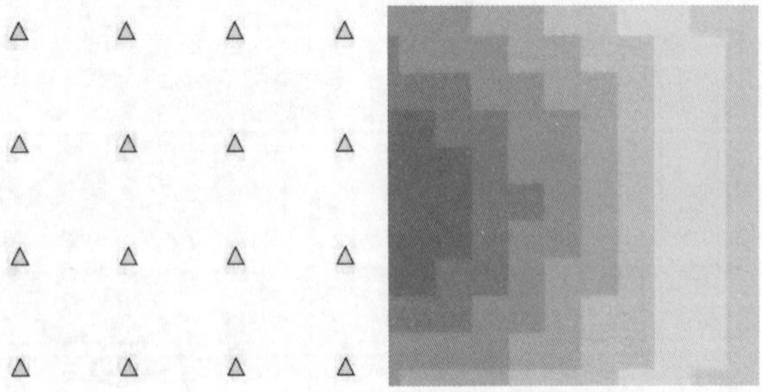

图 7.2.1　矢量点数据和栅格数据

插值分析是根据矢量点数据的某个属性进行的，根据有限的样本数据点预测栅格中的像元值，它可以预测任何地理点数据（如高程、降雨、化学物质浓度和噪声等级等）的未知值。在地质调查中，一个银矿产采集点图层有如表 7.2.1 所示的几个重要属性，所以在插值的时候利用 Ag 字段中的值进行插值并网格化即可。

**表 7.2.1　银矿产采集点属性**

| 字段 | 含义 |
|---|---|
| ID | 索引记录号 |
| Code | 采集编号 |
| Longitude | 经度 |
| Latitude | 纬度 |
| Ag | 银含量 |

DGSGIS 提供了如下几种点插值方法：距离幂函数反比加权网格化（IDW）、距离幂函数反比 MQS 加权网格化（IDWMQS）、Kring 泛克立格法网格化（克里金）和 IDW 距离幂函数反比加权网格化（GDAL_IDW）四种插值方法。

DGSGIS 提供了如下几种线插值方法：简单插值、全局插值两种插值方法。

## 7.2.1　点插值窗口参数设置

在 DGSGIS 系统中使用网格化工具对 Ag 矿产采集点进行网格化处理。得到带有第三位数据的 DTM/DEM 三维数据。如图 7.2.2 所示在数据网格化界面中，可选择相应的点工作区进行和用于网格化的属性值字段，同时还能够显示预测网格的网格信息，包括图幅范围、X/Y 轴间距、X/Y 轴网格数等信息。

如图 7.2.3 所示同时还支持网格信息的编辑，设置栅格参照图层，网格间距和网格数。

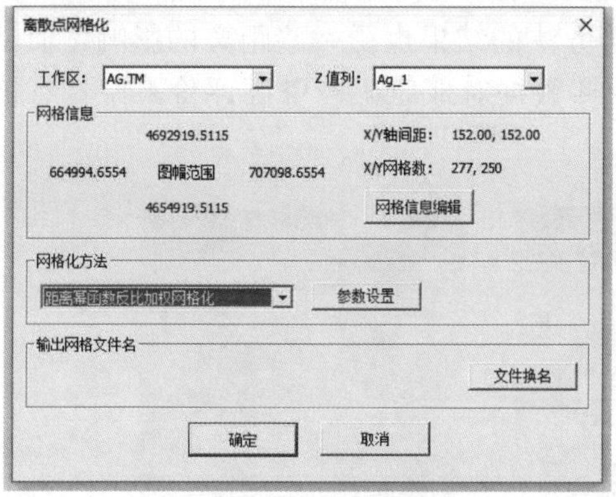


图 7.2.2　数据网格化设置窗口

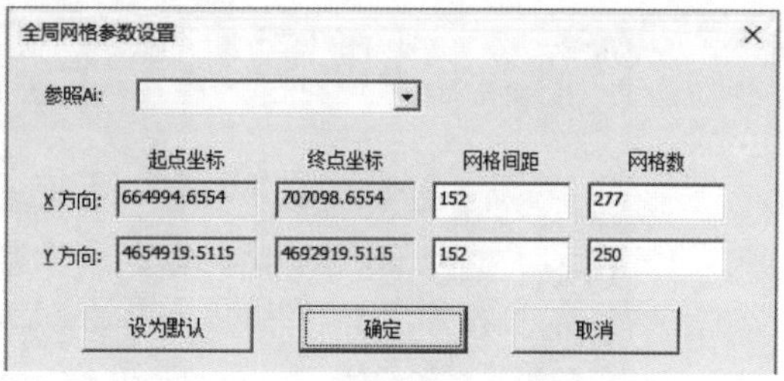


图 7.2.3　网格参数编辑窗口

在距离反比加权网格化参数设置和 Kring 泛克立格法网格化中还提供了特殊的参数设置窗口，如图 7.2.4 所示，如点的搜索类型、搜索参数、距离反比参数和几何异向性参数，而 Kring 泛克立格法网格化中除了搜索类型、搜索参数、几何异向性参数外还有变差函数类型、漂移类型和块金效应等参数的设置。

## 7.2.2　点插值数据集成成果

DGSGIS 系统采用了不同的网格化方法供地质调查人员使用，以便于针对不同的矿产

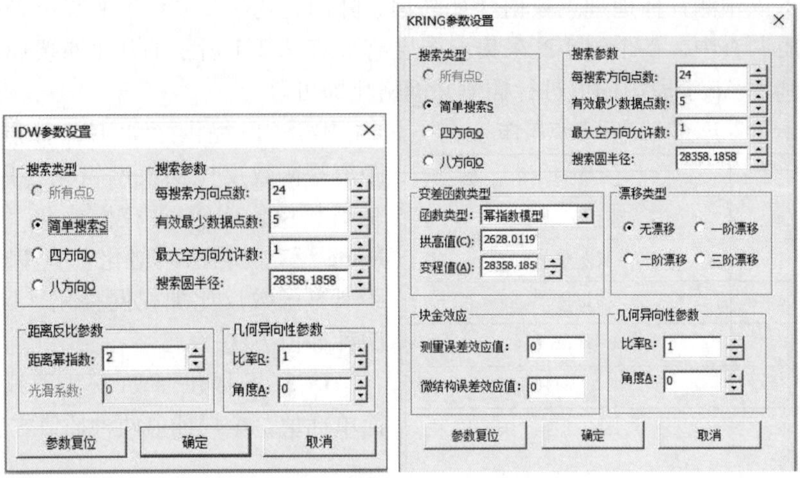


图 7.2.4 点插值网格化参数设置窗口

类型进行更好的矿产预测工作。如图 7.2.5 所示，为使用了地质调查平台的距离反比加权网格化（IDW）、距离反比 MQS 加权网格化（IDWMQS）、Kring 泛克立格法网格化（克里金）三种网格化方法得到了银矿产采集点图层的栅格数据。图 7.2.5 中 a1、b1、c1 都是原始点网格化后形成的数据，图 7.2.5 中 a2、b2、c2 是删除了原始点后的效果图。可以看出 IDW 方法受距离影响较大，且数据的高低值分布明显；IDWMQS 方法也受距离的影响，但不是太过于明显，数据在中间值的比较多；克里金方法的结果也受一些距离的影响，但是看起来较为自然（绿色为高值，红色为低值）。这些数据对地质矿产资源评价来说具有极其重要的参考意义。

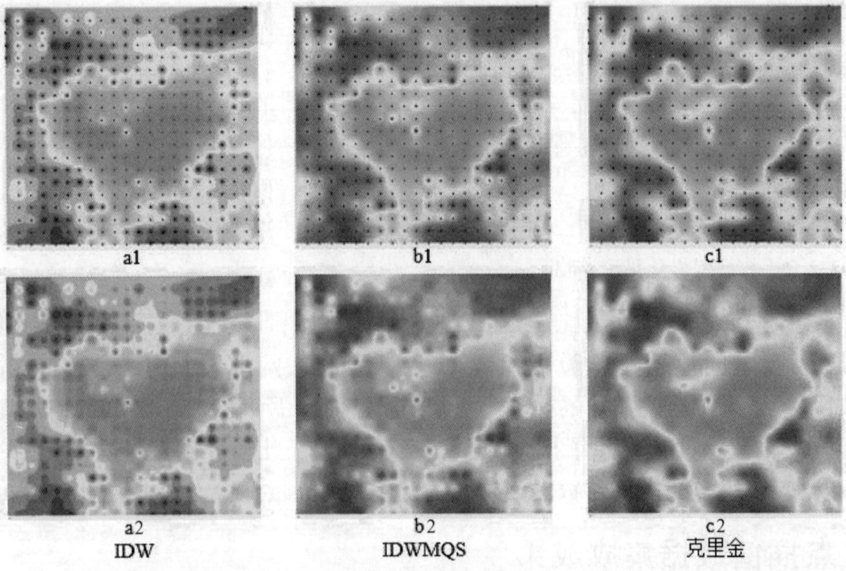


图 7.2.5 点插值数据集成成果

### 7.2.3 线插值窗口参数设置

在 DGSGIS 系统中使用网格化工具对 300 等高线进行网格化处理。得到带有第三位数据的 DTM/DEM 三维数据。如图 7.2.6 所示在数据网格化界面中，可选择相应的线工作区进行和用于网格化的属性值字段，同时还能够显示预测网格的网格信息，包括图幅范围、X/Y 轴间距、X/Y 轴网格数等信息。

### 7.2.4 线插值数据集成成果

在 DGSGIS 系统中使用网格化工具对 300 等高线进行网格化处理后的结果如图 7.2.7 所示。

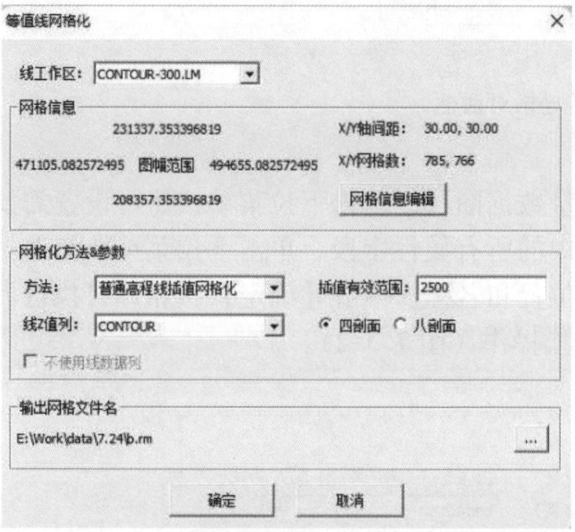


图 7.2.6 线插值网格化参数设置窗口

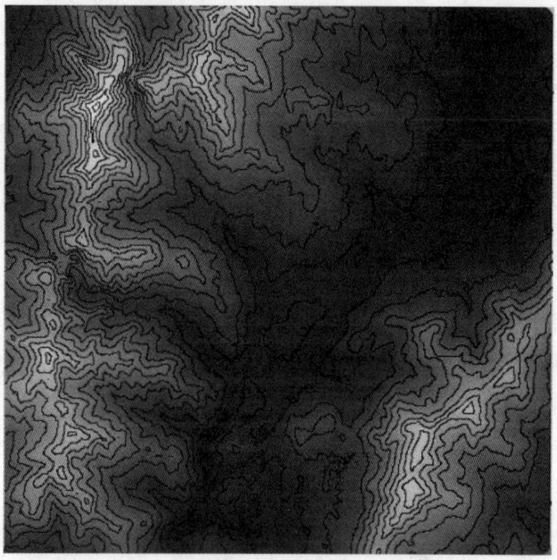

图 7.2.7 线插值数据集成成果

## 7.3 类型转换

### 7.3.1 面转栅格工具

功能描述：面转栅格工具提供将矢量面数据按照指定字段值转换为栅格数据的功能。在面转栅格中当一个像元中落入多个要素时，共有三种方式来控制为像元指定值的方法。第一种是像元中心法，将像元分配类型参数设置为像元中心选项；第二种是最大区域方法，将像元分配类型参数设置为最大区域选项；第三种是最大合并区域方法，将像元分配类型参数设置为最大合并区域选项。

操作步骤：首先，在平台中打开矢量面数据图层，并使其处于“编辑”状态，点击“栅格分析”→“面转栅格”，弹出“面转栅格”对话框，如图 7.3.1 所示。

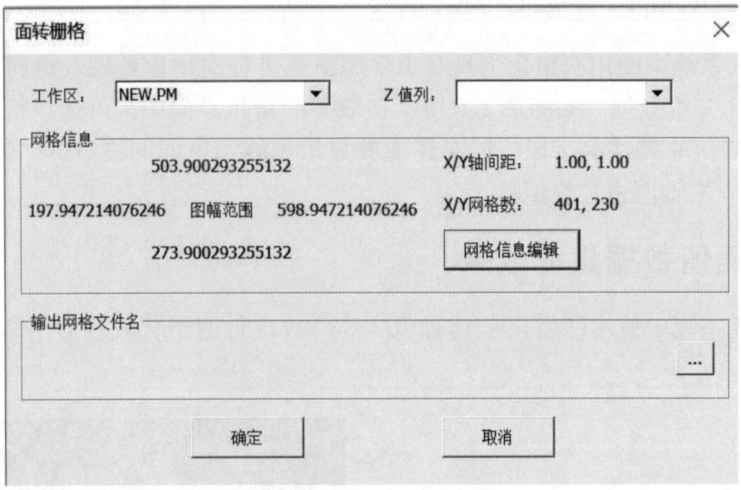


图 7.3.1　面转栅格对话框

工作区处显示当前处于编辑状态的所有矢量数据图层，单击下拉菜单按钮可设置需要转换的矢量面数据图层。Z 列值显示当前图层中的所有属性字段，单击下拉菜单按钮选择指定属性字段进行转换。最后，设置输出文件位置和名称，单击【确定】按钮即可执行面转栅格操作，单击【取消】按钮可取消本次转换操作（图 7.3.2）。

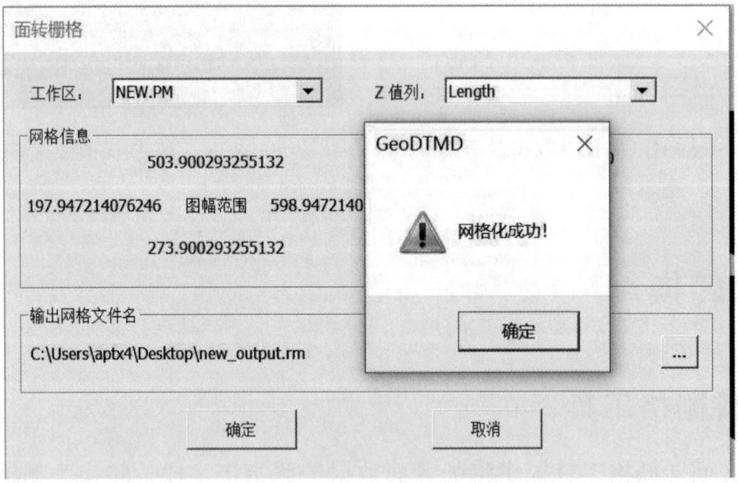


图 7.3.2　网格化结果

此外，面转栅格工具提供网格信息编辑功能，用户可通过点击【网格信息编辑】按钮进行网格间距和网格数等网格参数的设置（图 7.3.3）。

进行面转栅格后，原始图像和结果图像如图 7.3.4 所示。

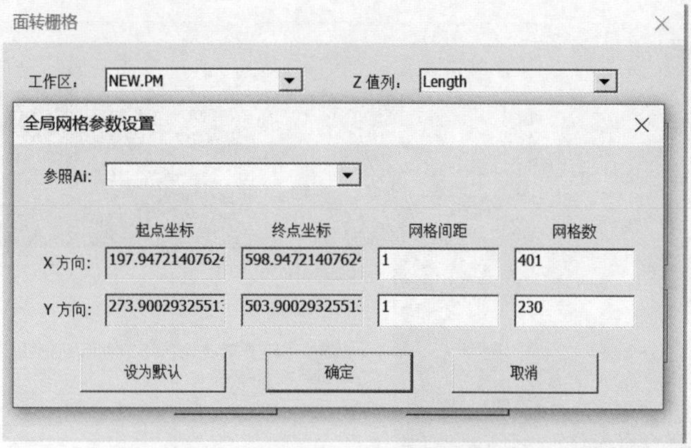


图 7.3.3 全局网格参数设置对话框

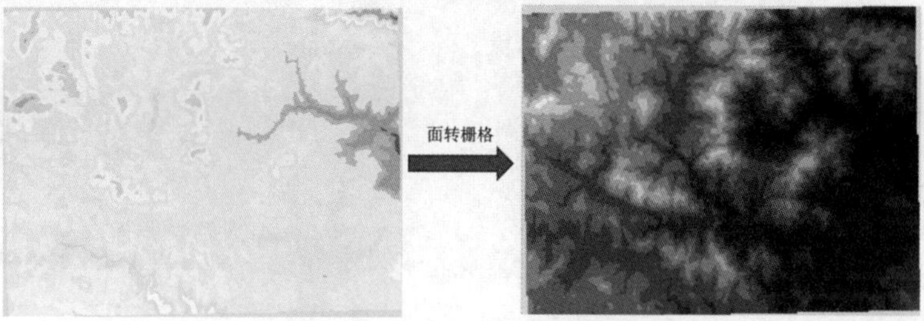


图 7.3.4 面转栅格前后对比图

### 7.3.2 栅格转面工具

功能描述：栅格转面工具提供将栅格数据转换为矢量面数据的功能。这一功能实际上是将相邻且相同的像元值归为一个面，实现栅格到面的转换。

操作步骤：

使需要转换的栅格文件处于“当前编辑”状态，单击【栅格转面】按钮即可进行转换，转换完成后弹出保存对话框，单击“是”选项即可进行保存，单击“否”或“取消”按钮退出本次操作不保存（图 7.3.5）。

进行栅格转面后，原始图像和结果图像如图 7.3.6 所示。

## 7.4 栅格数学分析

### 7.4.1 栅格数学分析工具

数学分析功能是提供多种数学运算工具对单个或多个栅格数据进行计算得到新的图层，DGSGIS 提供以下几类数学分析工具，满足地质调查人员对栅格数据数学分析的需求：常规数学、按位运算、三角函数、关系逻辑、地图代数（图 7.4.1）。

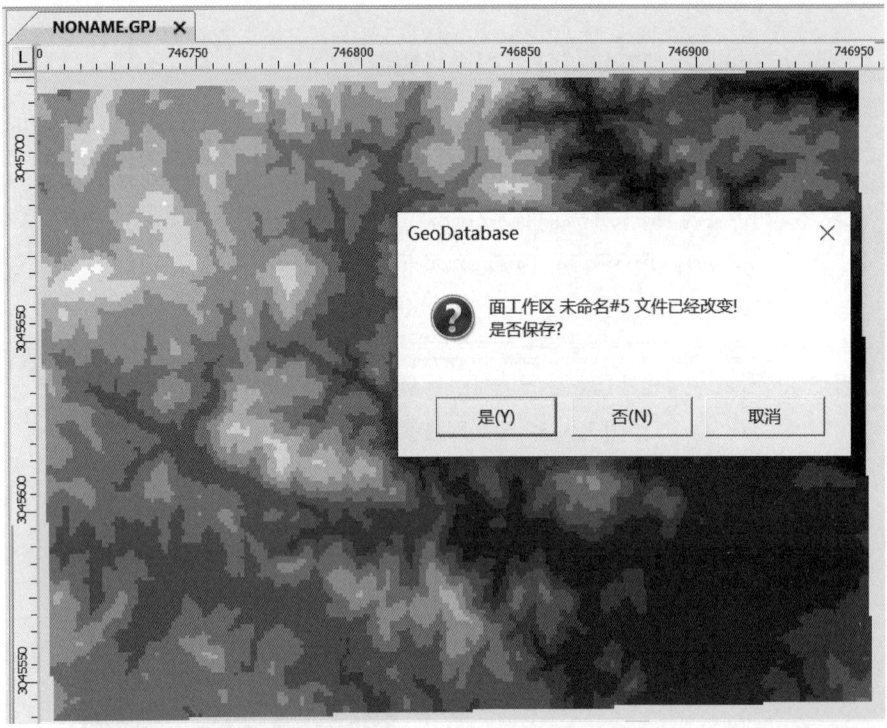


图 7.3.5　栅格转面操作

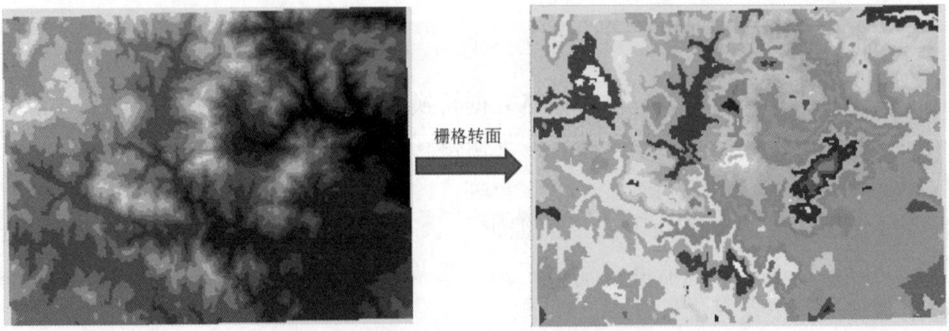


图 7.3.6　栅格转面前后对比图

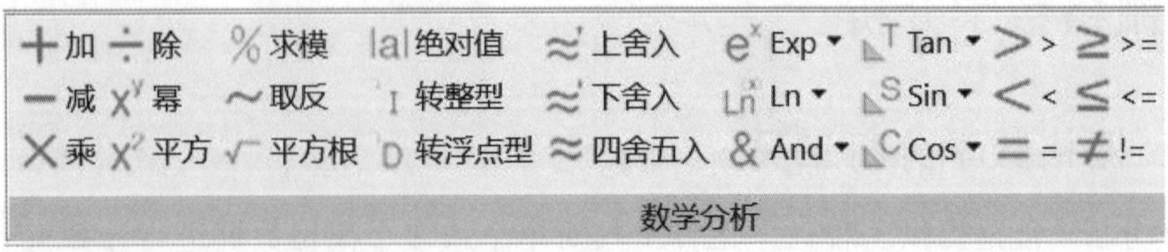


图 7.4.1　栅格数学分析工具

## 7.4.2　打开栅格数据

首先，我们使用 GeoGIS 系统打开多张栅格数据，如图 7.4.2 所示。

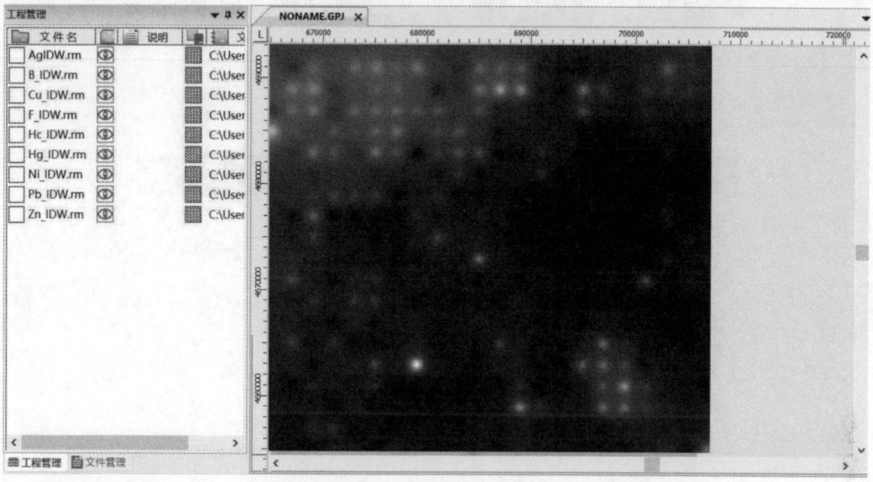


图 7.4.2　打开栅格数据

## 7.4.3　常规运算

常规运算包括【加】、【减】、【乘】、【除】、【幂】、【平方】、【求模】、【取反】、【平方根】、【绝对值】、【转整型】、【转浮点型】、【上舍入】、【下舍入】、【四舍五入】、【取指数】、【取对数】、【与运算】（图 7.4.3）。

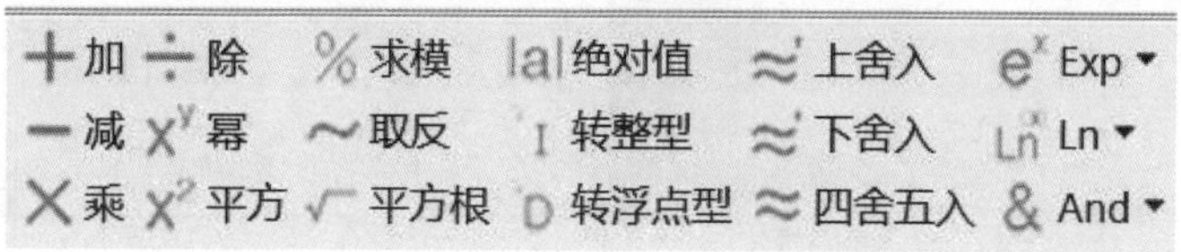


图 7.4.3　常规运算工具

### 7.4.3.1　加

功能描述：逐个像元地将两个栅格的值相加（求和），使用此工具时输入的顺序不重要，如果两个输入栅格数据均为整型，则输出为一个整型栅格数据；否则为浮点型栅格数据。“加”运算符可以完成以下栅格数据运算：栅格数据加常量值、常量值加栅格数据、栅格数据加栅格数据，运算规则如图 7.4.4 所示。

操作步骤：以栅格数据加常量值为例，点击数学分析软件中的【加】按钮，“选择栅格数据 1”输入栅格数据，勾选“使用常量值 2”，并输入常量值，点击【确定】按钮，最后设置新生成的栅格数据的存储路径及文件名（图 7.4.5，图 7.4.6）。

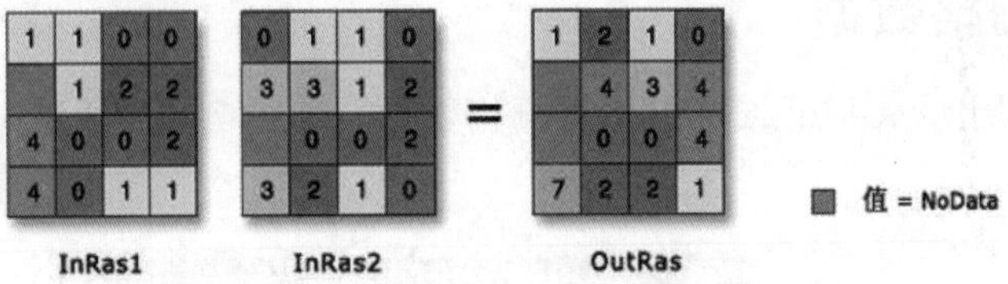


图 7.4.4 “加”运算原理图

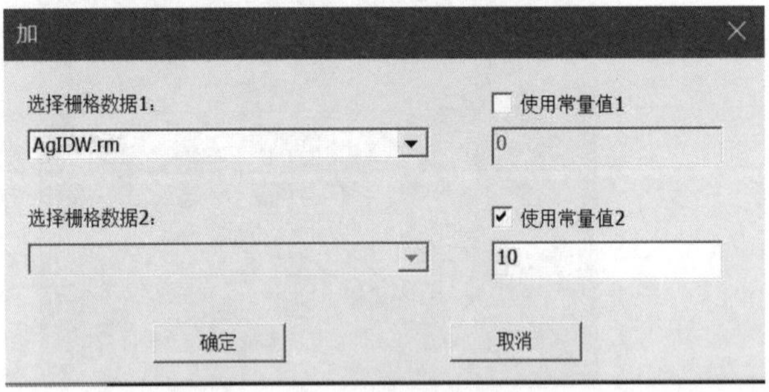


图 7.4.5 “加”工具对话框

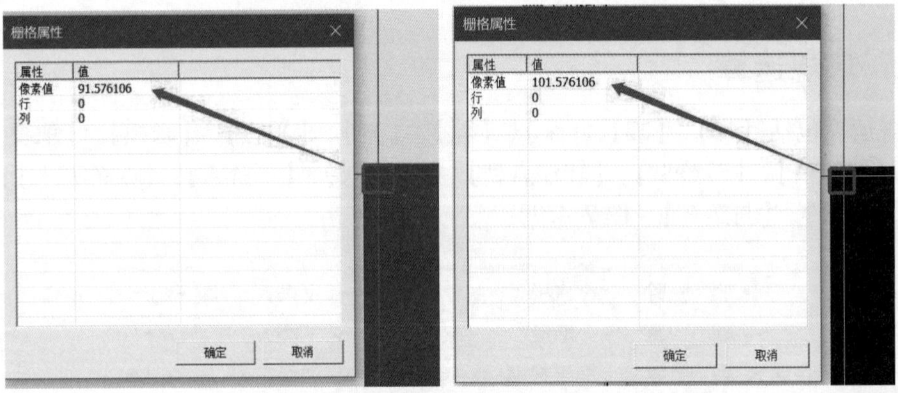


图 7.4.6 输入栅格与结果栅格数值对比

#### 7.4.3.2 减

功能描述：逐个像元地从第一个输入栅格的值中减去第二个输入栅格的值，使用此工具时输入的顺序很重要，如果两个输入栅格数据均为整型，则输出为一个整型栅格数据；否则为浮点型栅格数据。“减”运算符可以完成以下栅格数据运算：栅格数据减常量值、常量值减栅格数据、栅格数据减栅格数据，运算规则如图 7.4.7 所示。

操作步骤：以栅格数据减常量值为例，点击数学分析软件中的【减】按钮，“选择栅格数据 1”输入栅格数据（被减数），勾选“使用常量值 2”，并输入常量值（减数），点击【确定】按钮，最后设置新生成的栅格数据的存储路径及文件名（图 7.4.8，图 7.4.9）。

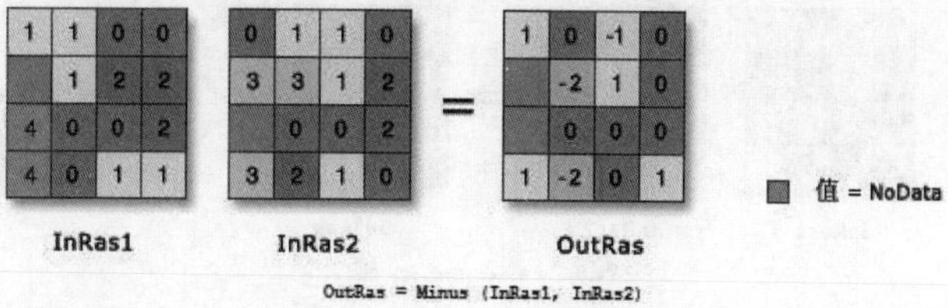


图 7.4.7 “减”运算原理图

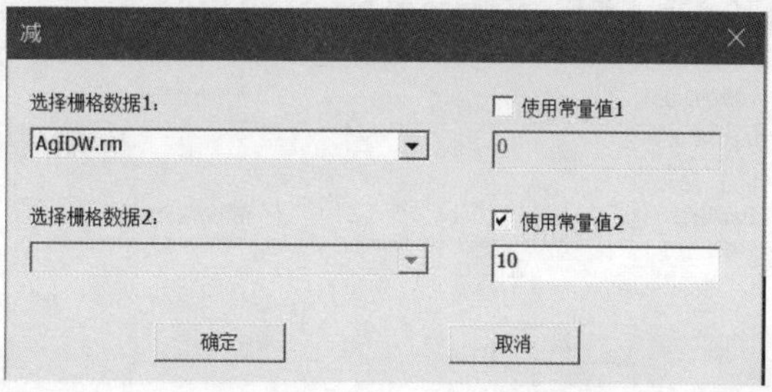


图 7.4.8 “减”工具对话框

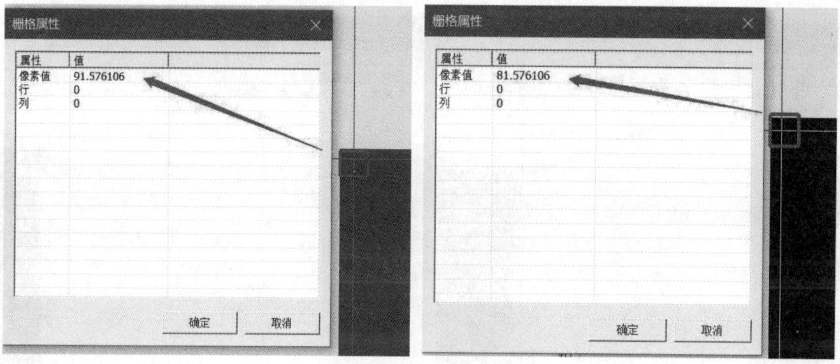


图 7.4.9 输入栅格与结果栅格数值对比

### 7.4.3.3 乘

功能描述：将两个栅格的值逐个像元地相乘，使用此工具时输入的顺序不重要，如果两个输入栅格数据均为整型，则输出为一个整型栅格数据；否则为浮点型栅格数据。“乘”运算符可以完成以下栅格数据运算：栅格数据乘常量值、常量值乘栅格数据、栅格数据乘栅格数据，运算规则如图 7.4.10 所示。

操作步骤：以栅格数据乘常量值为例，点击数学分析软件中的【乘】按钮，“选择栅格数据 1”输入栅格数据，勾选“使用常量值 2”，并输入常量值，点击【确定】按钮，最后设置新生成的栅格数据的存储路径及文件名（图 7.4.11，图 7.4.12）。

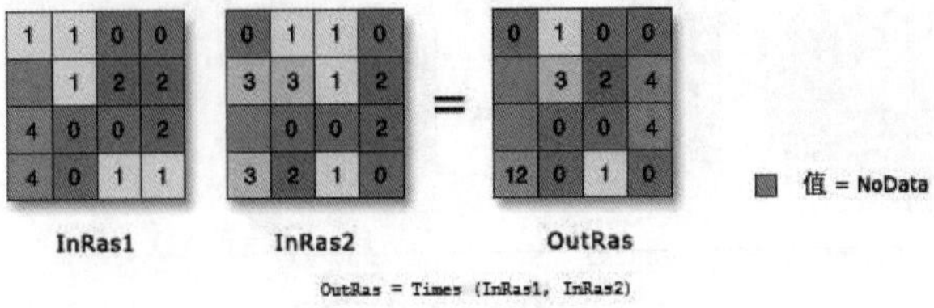


图 7.4.10 “乘”运算原理图

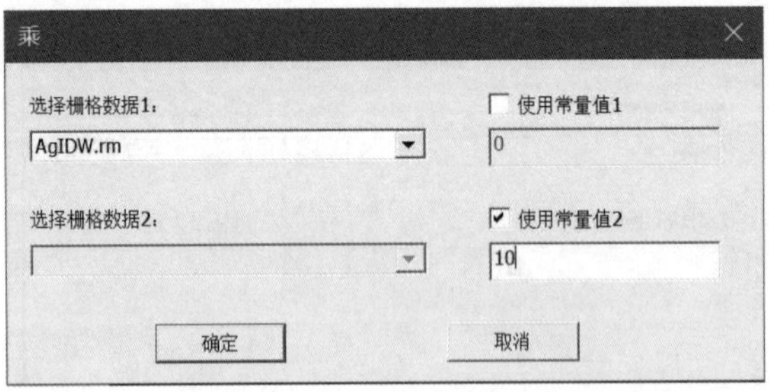


图 7.4.11 “乘”工具对话框

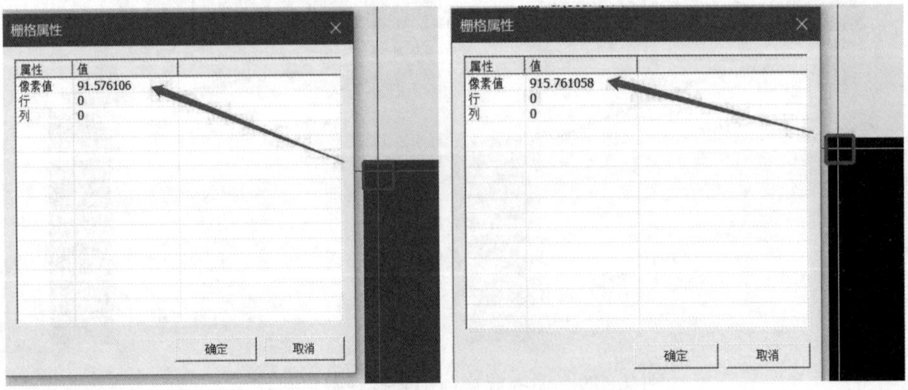


图 7.4.12 输入栅格与结果栅格数值对比

### 7.4.3.4 除

功能描述：将两个栅格的值逐个像元地相除，使用此工具时输入的顺序很重要，当一个数除以零时，输出结果为 NoData。输入的数据类型将决定输出的数据类型：如果两个输入均为整数，则将执行整数除法，并且输出结果为整数，例如 3 除以 2，则输出为 1。如果两个输入中的任何一个为浮点型，则将执行浮点型除法，并且输出结果也为浮点型，例如 3 除以 2.0，则输出为 1.5。“除”运算符可以完成以下栅格数据运算：栅格数据除以常量值、常量值除以栅格数据、栅格数据除以栅格数据，运算规则如图 7.4.13 所示。

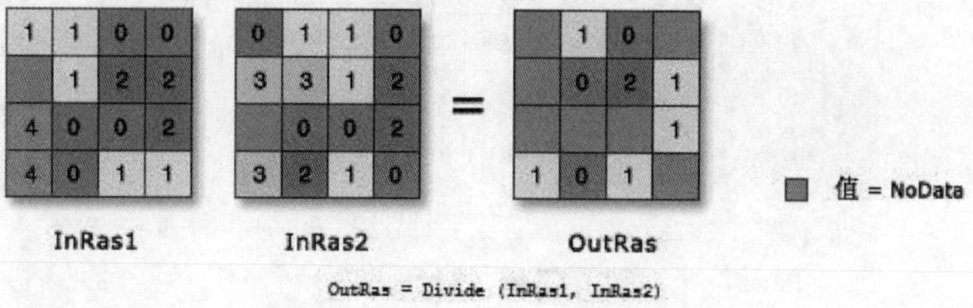


图 7. 4. 13　“除”运算原理图

操作步骤：以栅格数据除以常量值为例，点击数学分析软件中的【除】按钮，“选择栅格数据1”输入栅格数据（被除数），勾选“使用常量值2”，并输入常量值（除数），点击【确定】按钮，最后设置新生成的栅格数据的存储路径及文件名（图 7. 4. 14，图 7. 4. 15）。

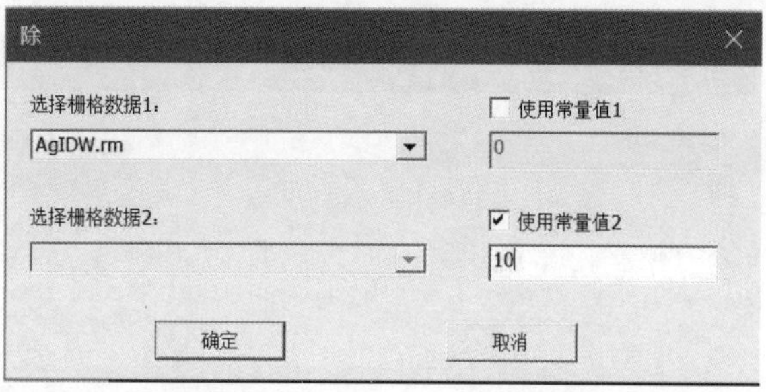


图 7. 4. 14　“除”工具对话框

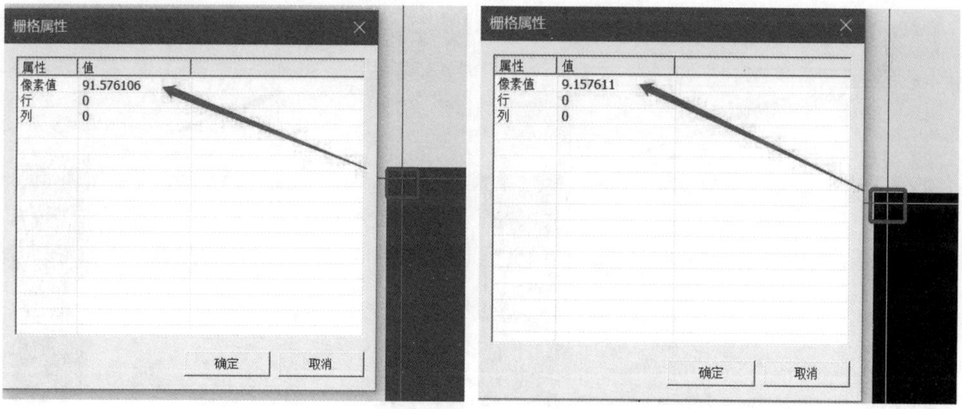


图 7. 4. 15　输入栅格与结果栅格数值对比

### 7. 4. 3. 5　幂

功能描述：对栅格中的像元值进行乘方运算。无论输入值是何种类型，此工具的输出栅格数据始终为浮点型。“幂”运算符可以完成以下栅格数据运算：栅格数据的常量值幂次方。运算规则如图 7. 4. 16 所示。

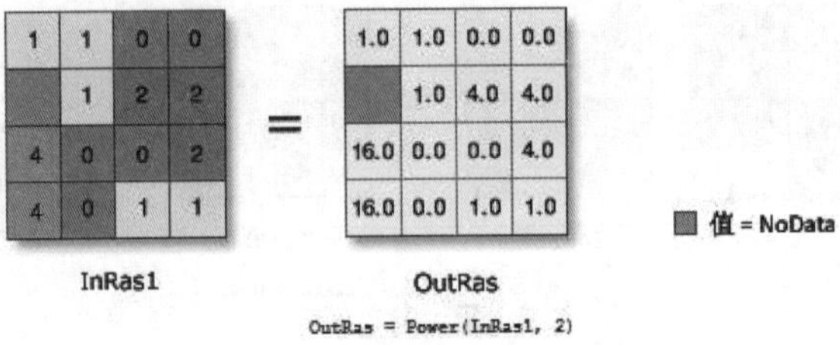


图 7.4.16　“幂”运算原理图

操作步骤：点击数学分析软件中的【幂】按钮，“选择栅格数据 1”输入栅格数据(底数)，勾选“使用常量值 2”，并输入常量（指数），点击【确定】按钮，最后设置新生成的栅格数据的存储路径及文件名（图 7.4.17，图 7.4.18）。

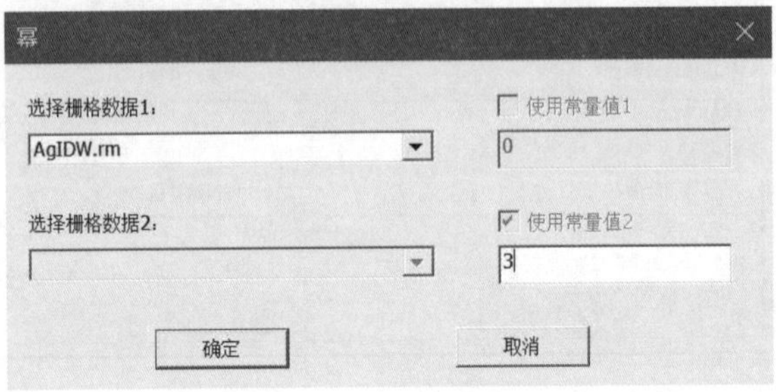


图 7.4.17　“幂”工具对话框

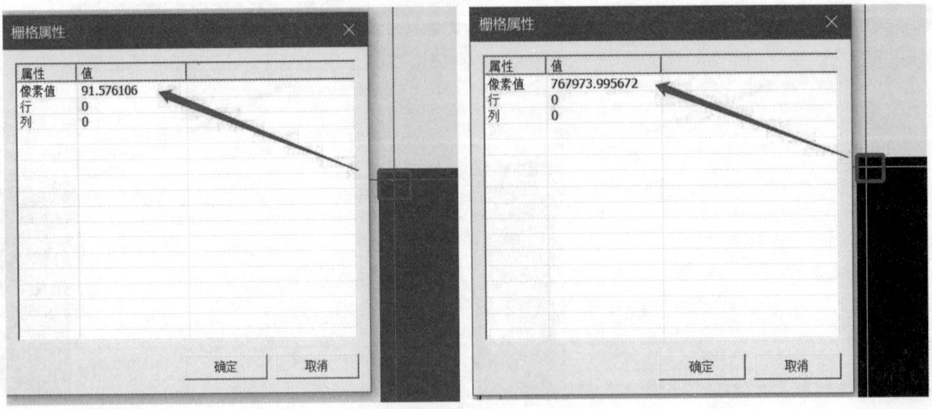


图 7.4.18　输入栅格与结果栅格数值对比

### 7.4.3.6　平方

功能描述：计算栅格中像元的平方值。如果输入值为浮点型，则输出值为浮点型；如果输入值为整型，则输出值为整型。“平方”运算符可以完成以下栅格数据运算：栅格数据的二次方。运算规则如图 7.4.19 所示。

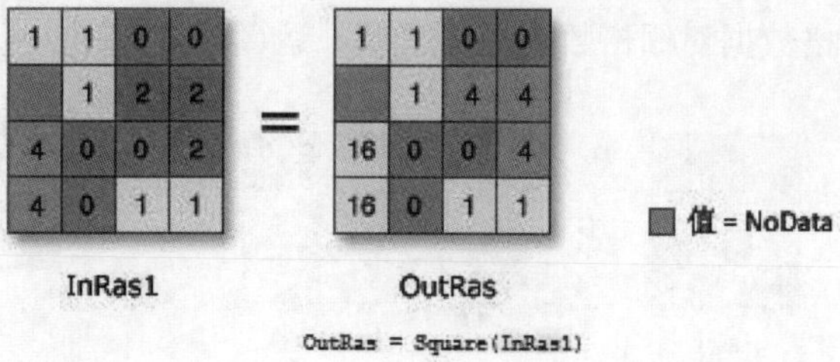


图 7.4.19 “平方”运算原理图

操作步骤：点击数学分析软件中的【平方】按钮，“选择图层”输入栅格数据，点击【确定】按钮，最后设置新生成的栅格数据的存储路径及文件名（图 7.4.20，图 7.4.21）。

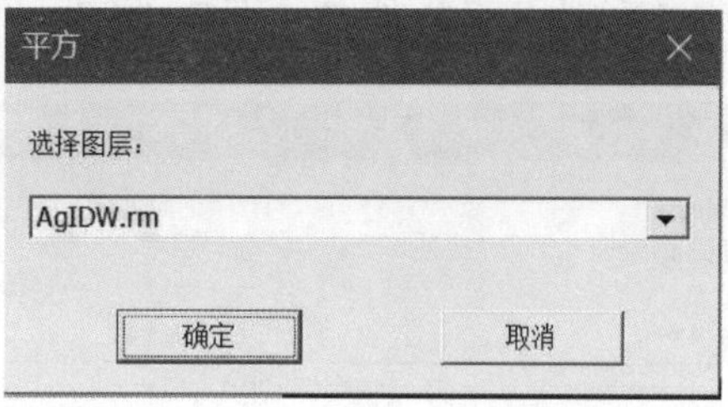


图 7.4.20 “平方”工具对话框

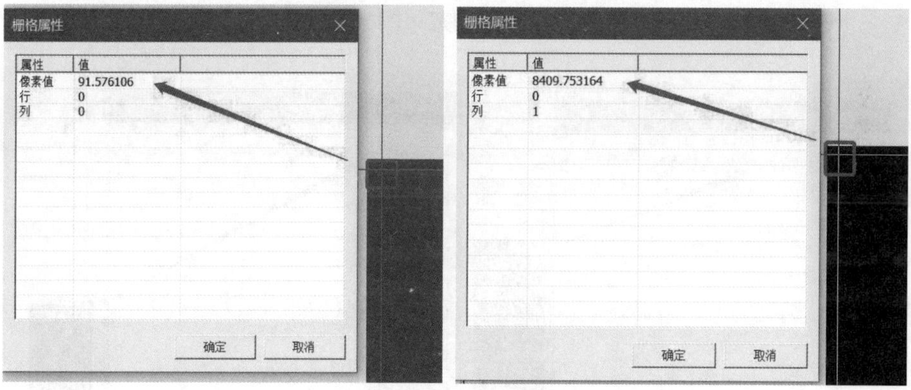


图 7.4.21 输入栅格与结果栅格数值对比

## 7.4.3.7 求模

功能描述：逐个像元地求出第一个栅格数据除以第二个栅格数据的余数（模）。使用此工具时输入的顺序很重要。求模假设它的两个输入都是整数，如果有任何输入不是整数，则将通过截断将这些输入转换为整数。输出值始终是整数，任何被 0 求模（除）的值在输出上均被赋予 NoData。因此，在第二个输入上值为 0 或 NoData 的任一位置在输出上的对应位置都会返回 NoData。“求模”运算符可以完成以下栅格数据运算：栅格数据对常量值求模、常量值对栅格数据求模、栅格数据对栅格数据运算求模。运算规则如图 7.4.22 所示。

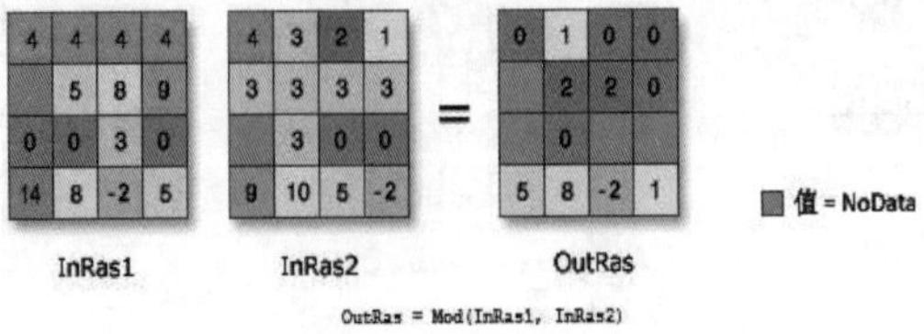

图 7.4.22　“求模”运算原理图

操作步骤：以栅格数据对常量求模为例，点击数学分析软件中的【求模】按钮，“选择栅格数据 1”输入栅格数据，勾选“使用常量值 2”，输入常量值，点击【确定】按钮，最后设置新生成的栅格数据的存储路径及文件名（图 7.4.23，图 7.4.24）。

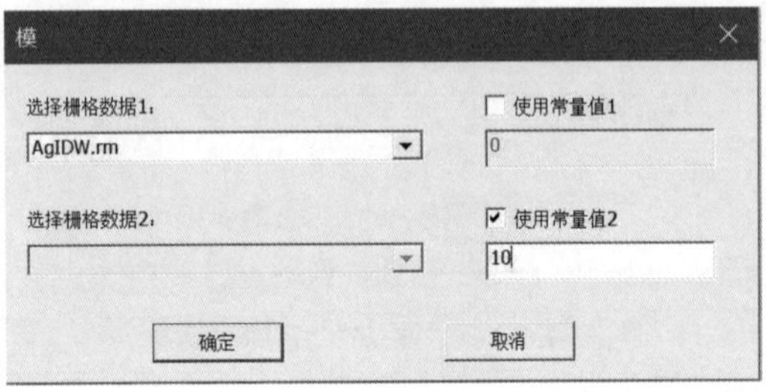


图 7.4.23　“求模”工具对话框

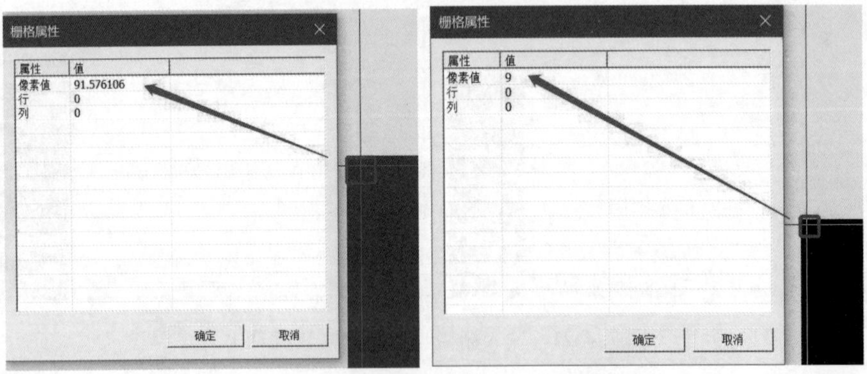


图 7.4.24　输入栅格与结果栅格数值对比

## 7.4.3.8　取反

功能描述：逐个像元地更改输入栅格的像元值符号（乘以-1）。如果输入栅格数据为整型，则输出栅格数据也为整型；如果输入栅格数据为浮点型，则输出栅格数据也为浮点型。运算规则如图 7.4.25 所示。

操作步骤：点击数学分析软件中的【取反】按钮，“选择图层”输入栅格数据，点击【确定】按钮，最后设置新生成的栅格数据的存储路径及文件名（图 7.4.26，图 7.4.27）。

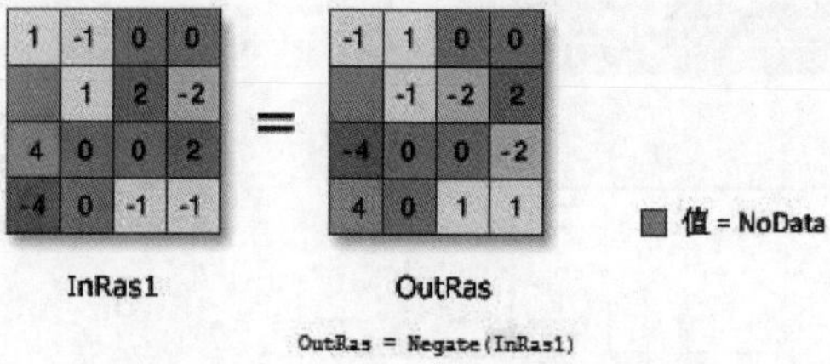


图 7.4.25 “取反”运算原理图

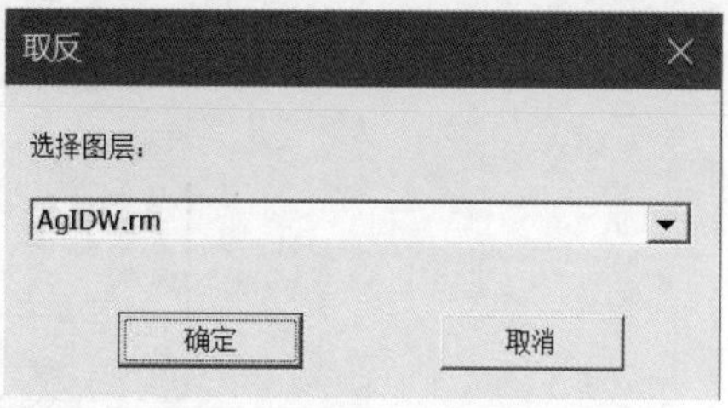


图 7.4.26 “取反”工具对话框

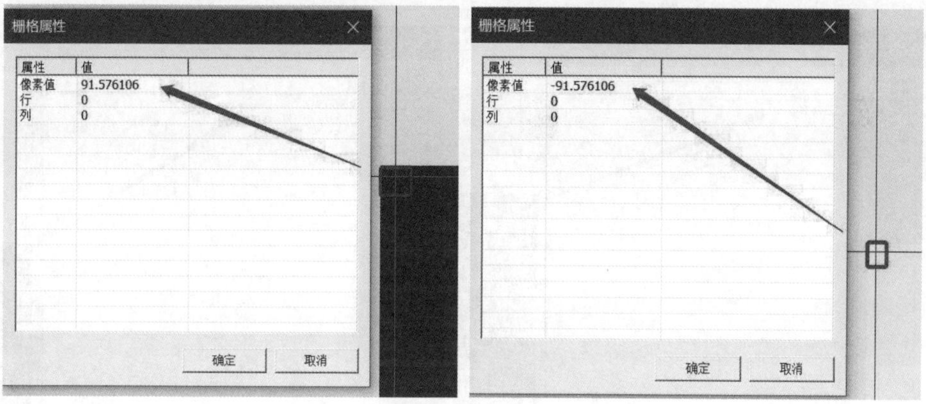


图 7.4.27 输入栅格与结果栅格数值对比

## 7.4.3.9 平方根

功能描述：计算栅格中像元值的平方根。小于 0 的输入值将被指定为输出栅格中的 NoData，无论输入值为何种类型，此工具的输出栅格数据始终为浮点型。运算规则如图 7.4.28 所示。

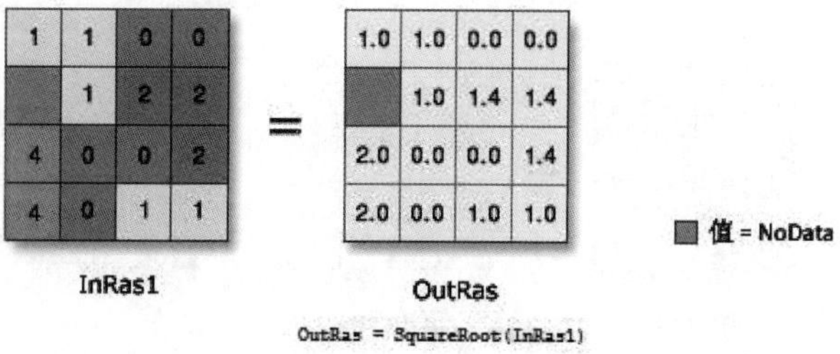


图 7.4.28 “平方根”运算原理图

操作步骤：点击数学分析软件中的【平方根】按钮，“选择图层”输入栅格数据，点击【确定】按钮，最后设置新生成的栅格数据的存储路径及文件名（图 7.4.29，图 7.4.30）。

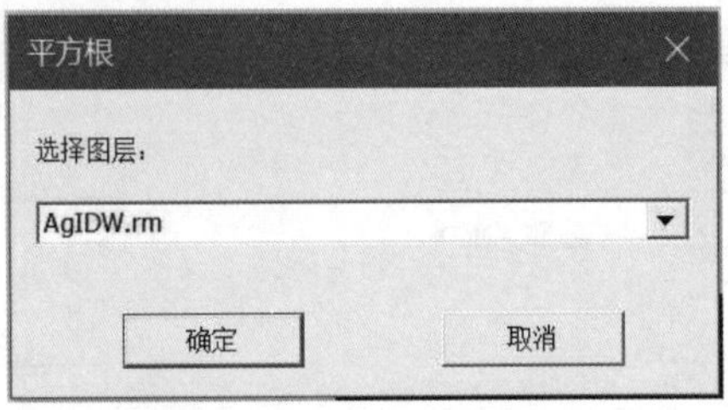


图 7.4.29　“平方根”工具对话框

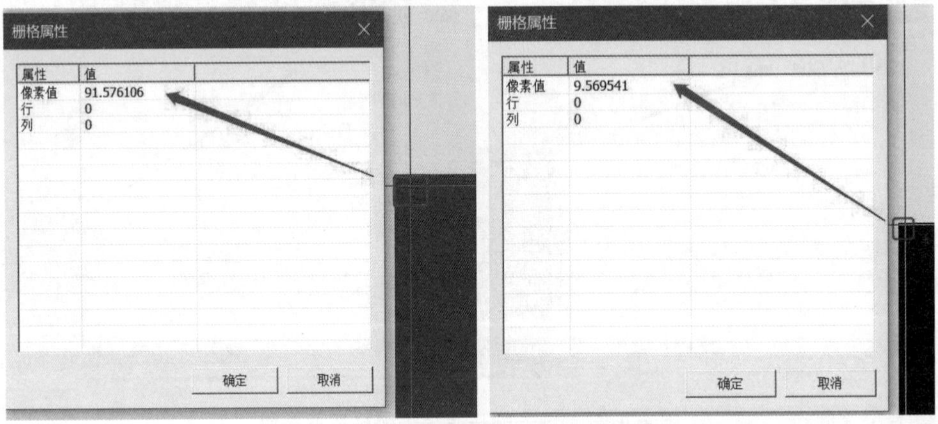


图 7.4.30　输入栅格与结果栅格数值对比

## 7.4.3.10　绝对值

功能描述：计算栅格中像元的绝对值。输入值可正可负，可以是整型也可以是浮点型。如果输出栅格数据为整型，则输出栅格数据也为整型。如果输入栅格数据为浮点型，则输出栅格数据也为浮点型。运算规则如图 7.4.31 所示。

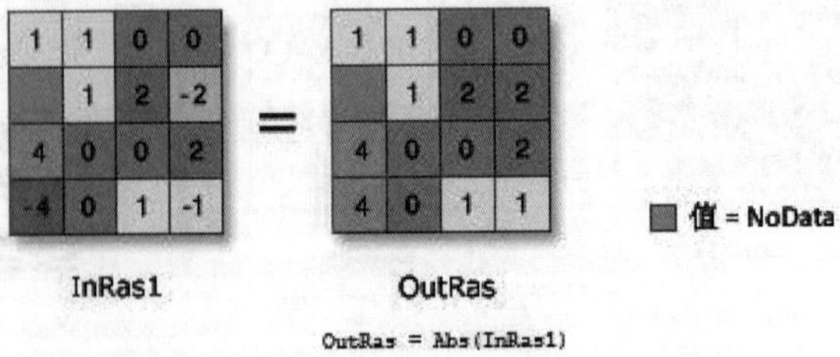


图 7.4.31　“绝对值”运算原理图

操作步骤：点击数学分析软件中的【绝对值】按钮，“选择图层”输入栅格数据，点击【确定】按钮，最后设置新生成的栅格数据的存储路径及文件名（图 7.4.32，图 7.4.33）。

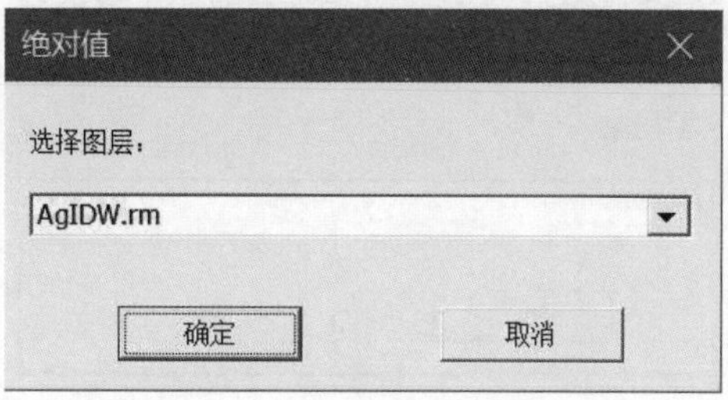


图 7.4.32 “绝对值”工具对话框

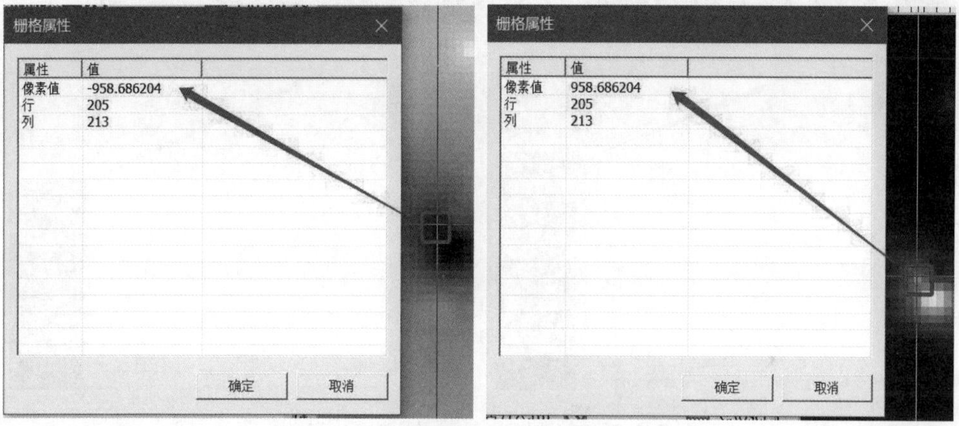


图 7.4.33 输入栅格与结果栅格数值对比

### 7.4.3.11 转整型

功能描述：通过截断将栅格的每个像元值转为整型。输入值可为正数，也可为负数，输出值为整数值。运算规则如图 7.4.34 所示。

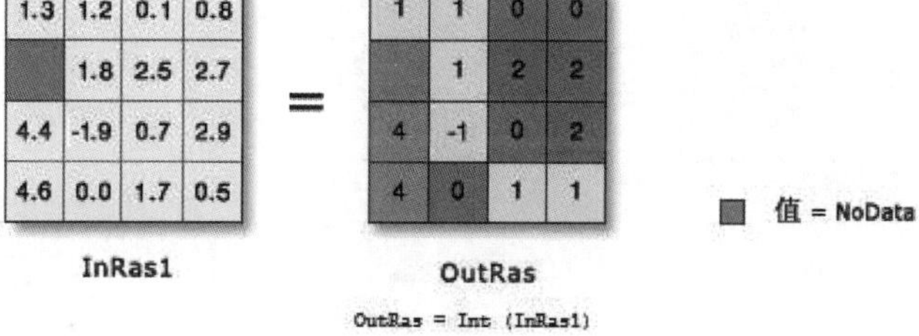


图 7.4.34 “转整型”运算原理图

操作步骤：点击数学分析软件中的【转整型】按钮，“选择图层”输入栅格数据，点击【确定】按钮，最后设置新生成的栅格数据的存储路径及文件名（图 7.4.35，图 7.4.36）。

图 7.4.35 “转整型”工具对话框

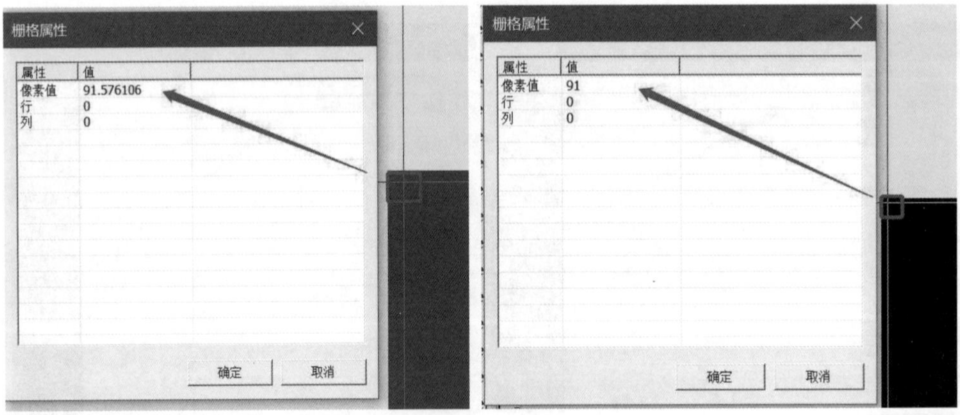


图 7.4.36 输入栅格与结果栅格数值对比

## 7.4.3.12 转浮点型

功能描述：将每个栅格像元的值转为浮点型表达形式。输入值可为正数，也可为负数，如果对已经是浮点型的输入执行转为浮点型操作，输出值将与输入值相同。运算规则如图 7.4.37 所示。

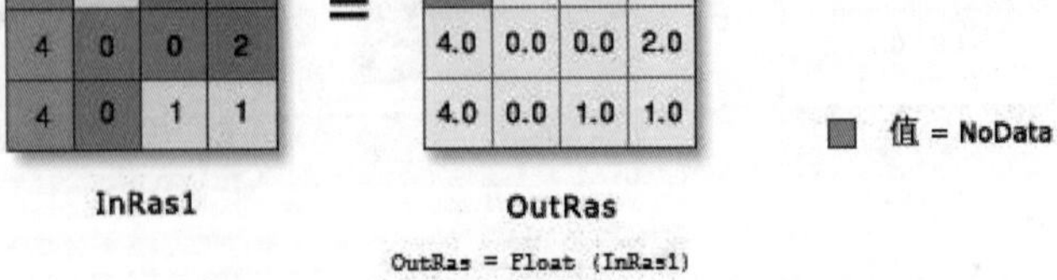


图 7.4.37 “转浮点型”运算原理图

操作步骤：点击数学分析软件中的【转浮点型】按钮，“选择图层”输入栅格数据，点击【确定】按钮，最后设置新生成的栅格数据的存储路径及文件名（图 7.4.38，图 7.4.39）。

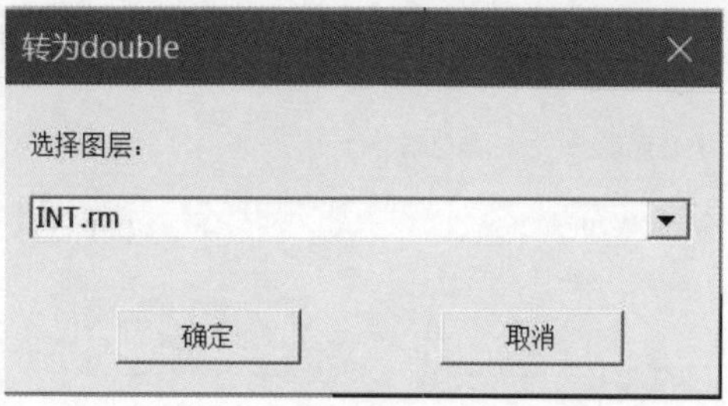


图 7.4.38 “转浮点型”工具对话框

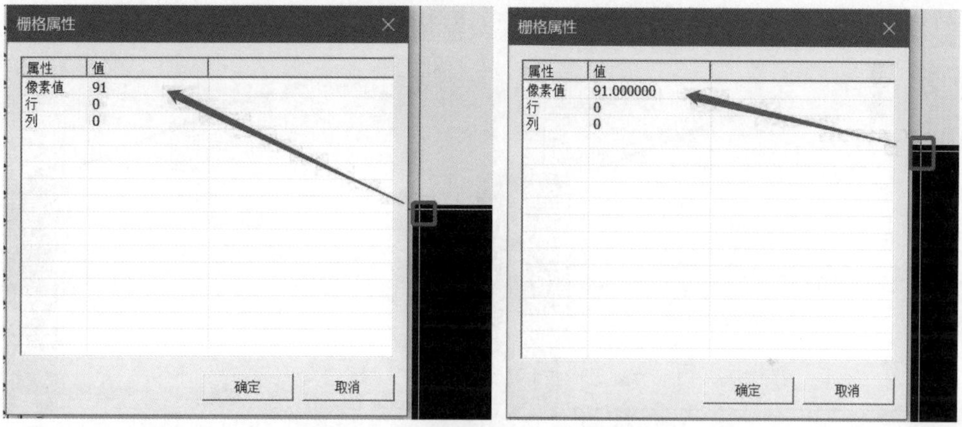


图 7.4.39 输入栅格与结果栅格数值对比

## 7.4.3.13 上舍入

功能描述：返回栅格中每个像元的最近的较大整数，但表示为浮点型。输入值可为正数，也可为负数。无论输入值是何种类型，此工具的输出栅格数据始终为浮点型。运算规则如图 7.4.40 所示。

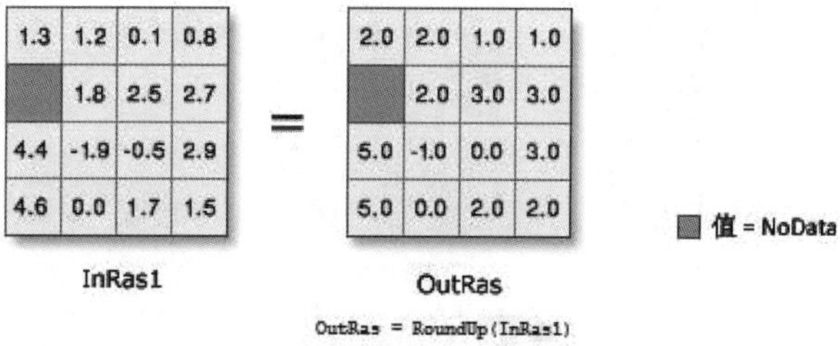


图 7.4.40 “上舍入”运算原理图

操作步骤：点击数学分析软件中的【上舍入】按钮，“选择图层”输入栅格数据，点击【确定】按钮，最后设置新生成的栅格数据的存储路径及文件名（图 7.4.41，图 7.4.42）。

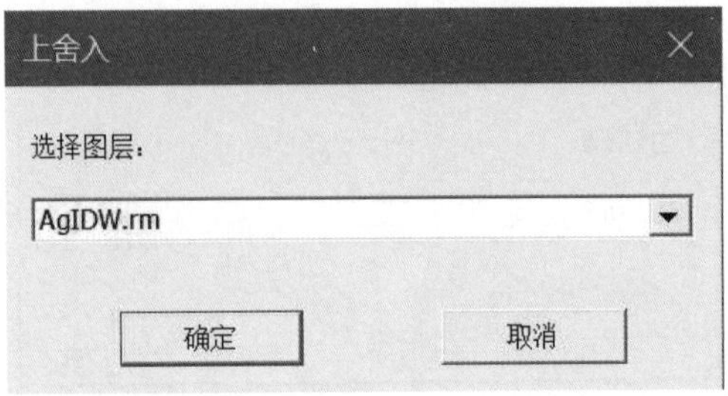


图 7.4.41　“上舍入”工具对话框

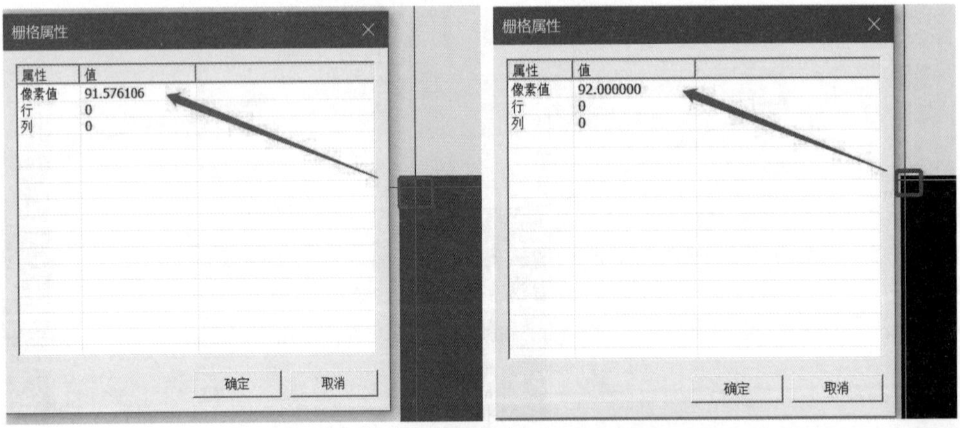


图 7.4.42　输入栅格与结果栅格数值对比

## 7.4.3.14　下舍入

功能描述：返回栅格中每个像元的最近的较小整数，但表示为浮点型。输入值可为正数，也可为负数。无论输入值是何种类型，此工具的输出栅格数据始终为浮点型。运算规则如图 7.4.43 所示。

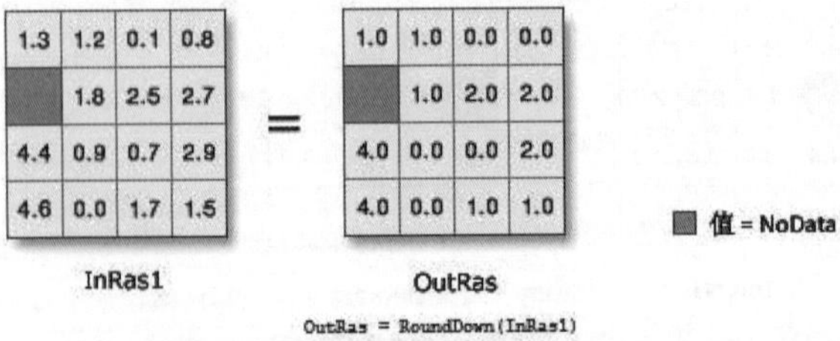


图 7.4.43　“下舍入”运算原理图

操作步骤：点击数学分析软件中的【下舍入】按钮，“选择图层”输入栅格数据，点击【确定】按钮，最后设置新生成的栅格数据的存储路径及文件名（图 7.4.44，图 7.4.45）。

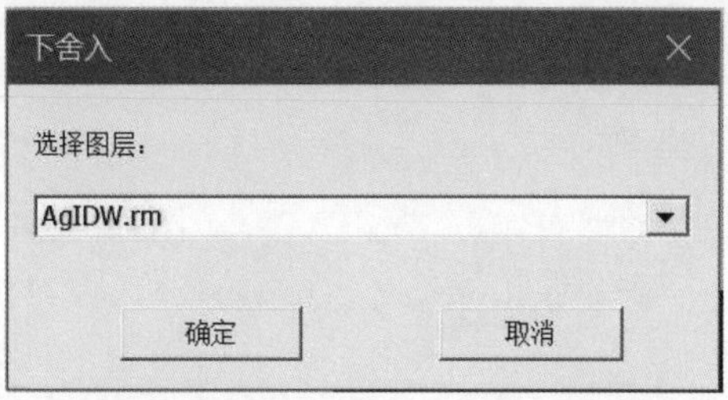


图 7.4.44 “下舍入”工具对话框

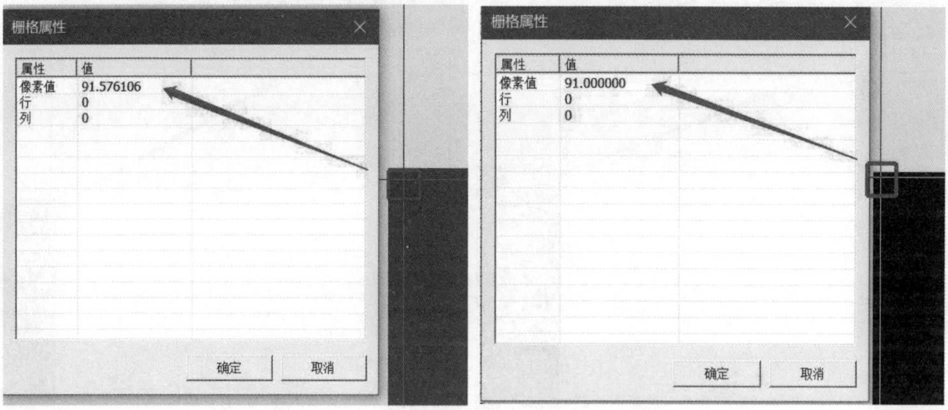


图 7.4.45 输入栅格与结果栅格数值对比

## 7.4.3.15 四舍五入

功能描述：按照四舍五入原则，返回栅格中每个像元的四舍五入整数，但表示为浮点型。输入值可为正数，也可为负数。无论输入值是何种类型，此工具的输出栅格数据始终为浮点型。运算规则如图 7.4.46 所示。

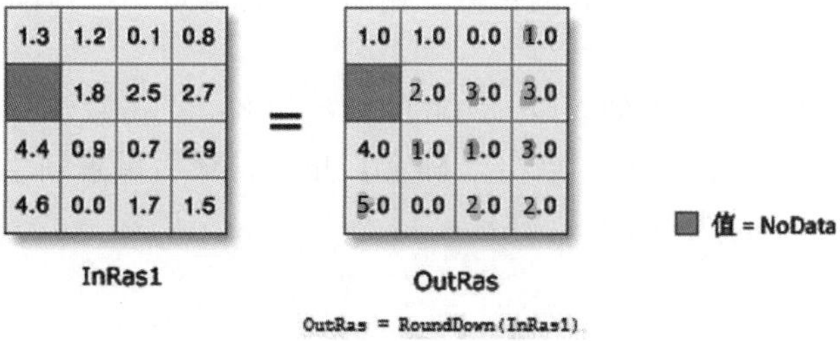


图 7.4.46 “四舍五入”运算原理图

操作步骤：点击数学分析软件中的【四舍五入】按钮，“选择图层”输入栅格数据，点击【确定】按钮，最后设置新生成的栅格数据的存储路径及文件名（图 7.4.47，图 7.4.48）。

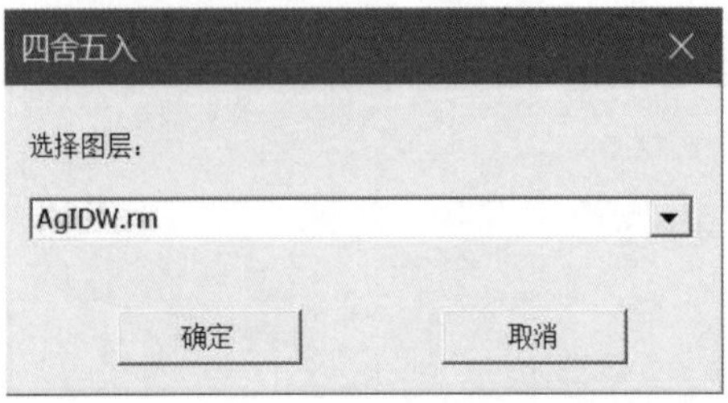


图 7.4.47 “四舍五入”工具对话框

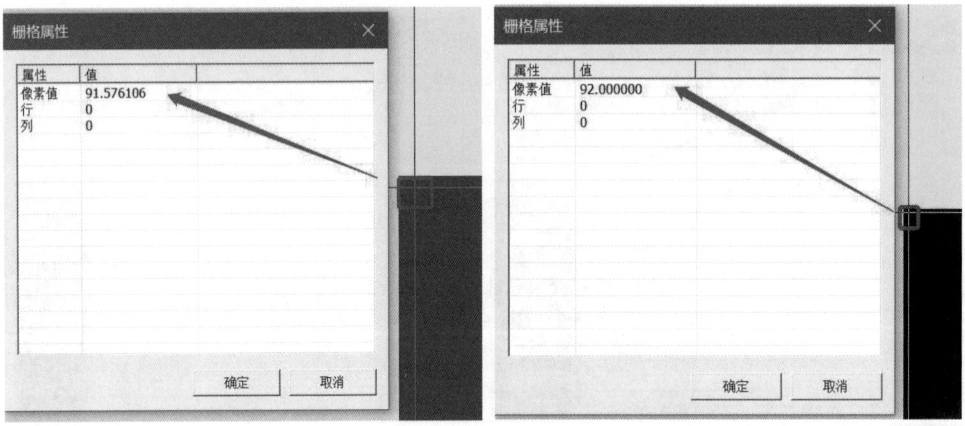


图 7.4.48 输入栅格与结果栅格数值对比

## 7.4.3.16 取指数

功能描述：计算栅格中各像元以 e/2/10 为底的指数。输入值可以是整型，也可以是浮点型，可以为负值，也可以为正值。无论输入值是何种类型，此工具的输出栅格数据始终为浮点型且始终为正值。“取指数”运算符可以完成以下栅格数据运算：栅格中各像元以 e 为底的指数、栅格中各像元以 2 为底的指数、栅格中各像元以 10 为底的指数。运算规则如图 7.4.49 所示。

操作步骤：以计算栅格中各像元以 e 为底的指数为例，点击数学分析软件中的【Exp】按钮，“选择图层”输入栅格数据，点击【确定】按钮，最后设置新生成的栅格数据的存储路径及文件名（图 7.4.50，图 7.4.51）。

## 7.4.3.17 取对数

功能描述：计算栅格中各像元以 e/2/10 为底的对数。输入值可以是整型，也可以是浮点型，若输入值为 0 或负值，则输出栅格中值为 NoData。无论输入值是何种类型，此工具

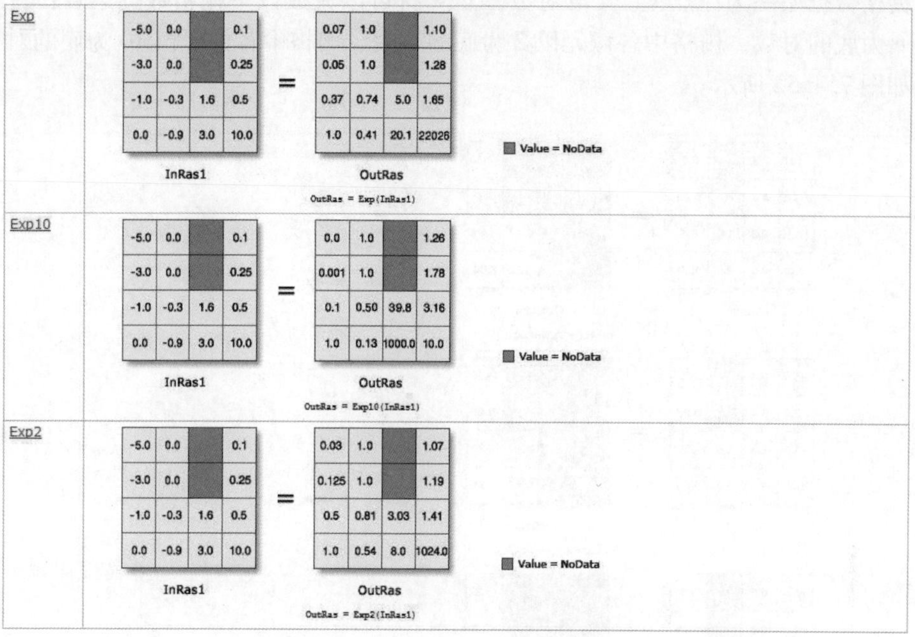


图 7.4.49 “取指数”运算原理图

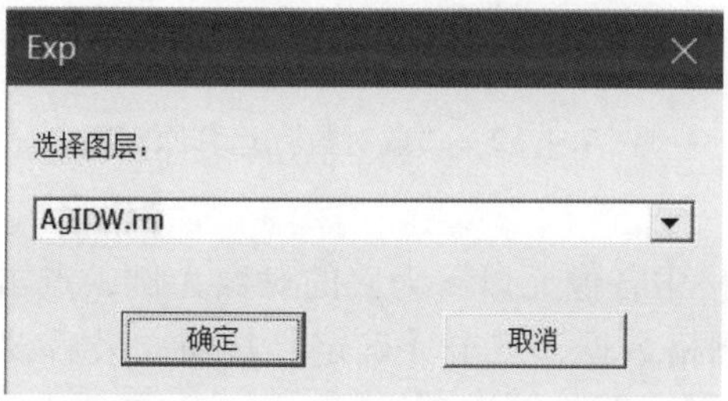


图 7.4.50 “取指数”工具对话框

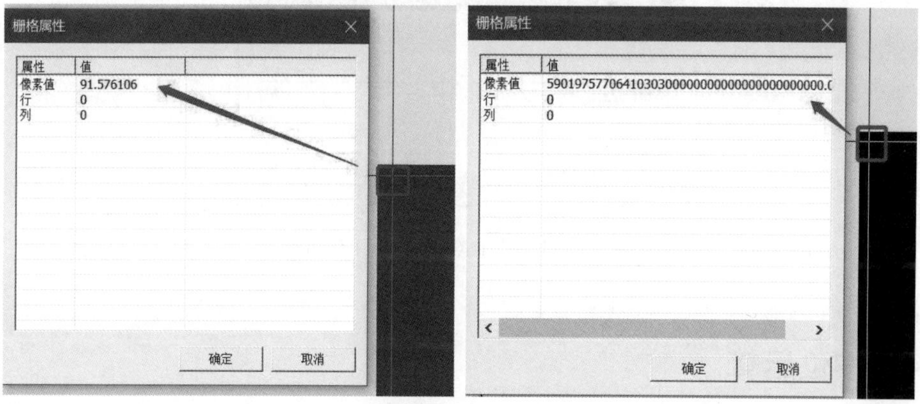


图 7.4.51 输入栅格与结果栅格数值对比

的输出栅格数据始终为浮点型。“取对数”运算符可以完成以下栅格数据运算：栅格中各像元以 e 为底的对数、栅格中各像元以 2 为底的对数、栅格中各像元以 10 为底的对数。运算规则如图 7.4.52 所示。

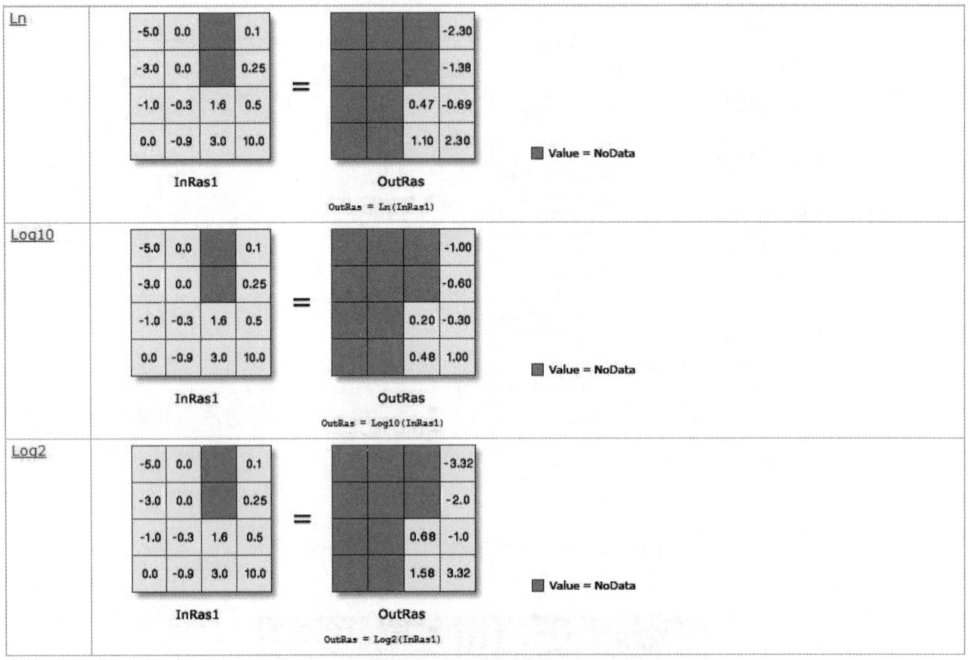


图 7.4.52　“取对数”运算原理图

操作步骤：以计算栅格中各像元以 e 为底的对数为例，点击数学分析软件中的【Ln】按钮，“选择图层”输入栅格数据，点击【确定】按钮，最后设置新生成的栅格数据的存储路径及文件名（图 7.4.53，图 7.4.54）。

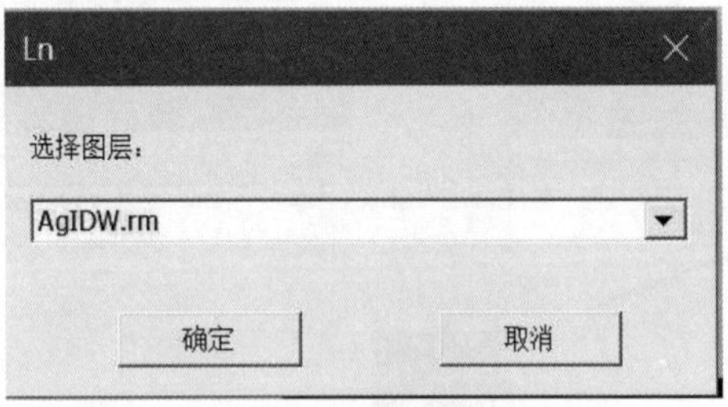


图 7.4.53　“取对数”工具对话框

## 7.4.4　按位运算

按位运算包括按位与【And】、按位或【Or】、按位异或【Xor】、按位非【Not】（图 7.4.55）。

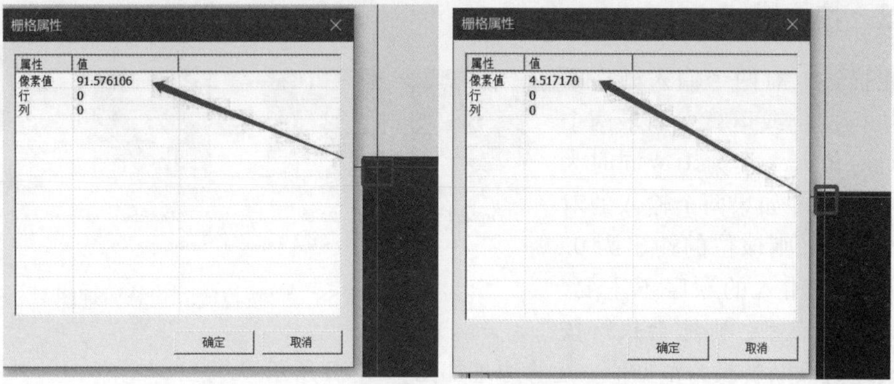


图 7.4.54 输入栅格与结果栅格数值对比

#### 7.4.4.1 按位与

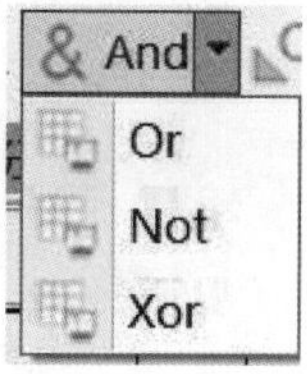


图 7.4.55 按位运算工具

功能描述：对两个输入栅格的二进制执行按位与运算，如果两个输入的对应位同时为 1，则输出为 1。如果有一个为 0 或两个同时为 0，则该位的输出为 0。使用此工具时输入的顺序不重要，如果输入为浮点型，则值会执行按位操作前通过截断转换为整型值。运算原理如图 7.4.56 所示。

操作步骤：点击数学分析软件中的【And】按钮，“选择栅格数据 1”输入栅格数据，“选择栅格数据 2”输入栅格数据，点击【确定】按钮，最后设置新生成的栅格数据的存储路径及文件名（图 7.4.57）。

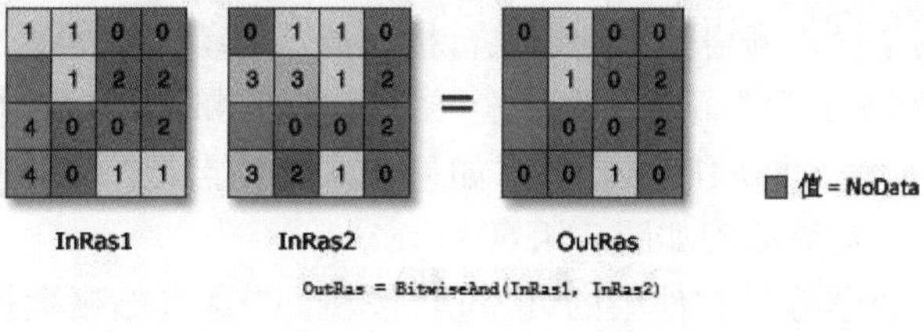


图 7.4.56 “按位与”运算原理

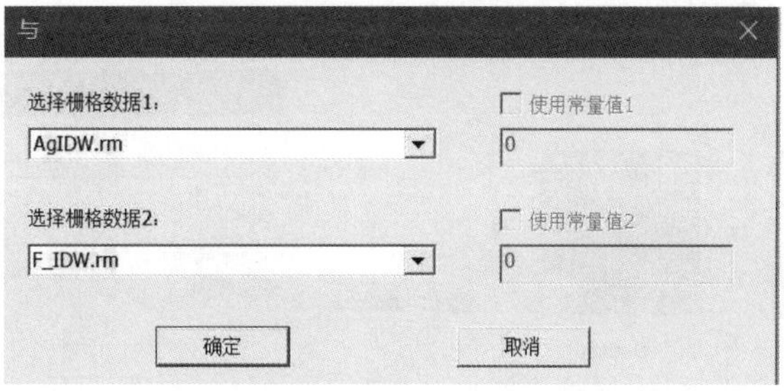


图 7.4.57 “And”工具对话框

### 7.4.4.2 按位或

功能描述：对两个输入栅格的二进制执行按位或运算，如果两个输入的对应位有一个为 1 或同时为 1，则输出为 1。如果两个输入的对应位同时为 0，则该位的输出为 0。使用此工具时输入的顺序不重要，如果输入为浮点型，则值会执行按位操作前通过截断转换为整型值。运算原理如图 7.4.58 所示。

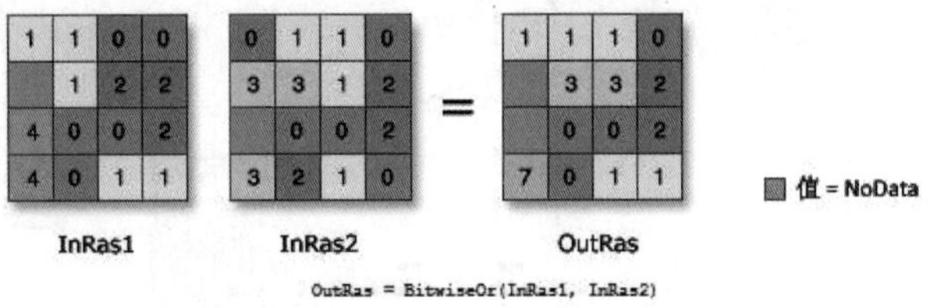


图 7.4.58　“按位或”运算原理图

操作步骤：点击数学分析软件中的【Or】按钮，“选择栅格数据 1”输入栅格数据，“选择栅格数据 2”输入栅格数据，点击【确定】按钮，最后设置新生成的栅格数据的存储路径及文件名（图 7.4.59）。

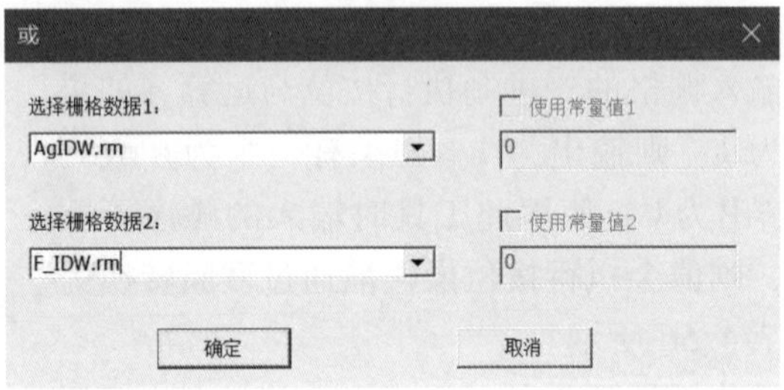


图 7.4.59　“Or”工具对话框

### 7.4.4.3 按位异或

功能描述：对两个输入栅格的二进制执行按位异或运算，如果两个输入的对应位一个为 1，另一个为 0，则输出为 1。如果两个输入的对应位同时为 1 或同时为 0，则该位的输出为 0。使用此工具时输入的顺序不重要，如果输入为浮点型，则值会执行按位操作前通过截断转换为整型值。运算原理如图 7.4.60 所示。

操作步骤：点击数学分析软件中的【Xor】按钮，“选择栅格数据 1”输入栅格数据，“选择栅格数据 2”输入栅格数据，点击【确定】按钮，最后设置新生成的栅格数据的存储路径及文件名（图 7.4.61）。

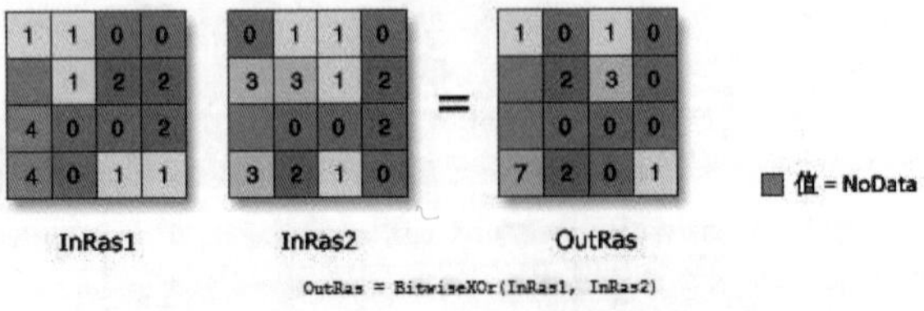


图 7.4.60“按位异或”运算原理图

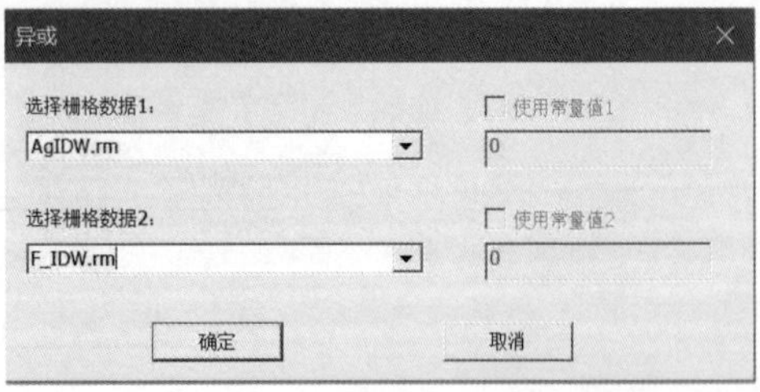


图 7.4.61　“Xor”工具对话框

#### 7.4.4.4 按位非

功能描述：对输入栅格的二进制执行“按位非”（求反）运算，如果输入位为1，则输出为0，如果输入位为0，则输出为1。如果输入为浮点型，则值会在执行按位操作前通过截断转为整型。运算原理如图7.4.62所示。

操作步骤：点击数学分析软件中的【Not】按钮，“选择图层”输入栅格数据，点击【确定】按钮，最后设置新生成的栅格数据的存储路径及文件名（图7.4.63）。

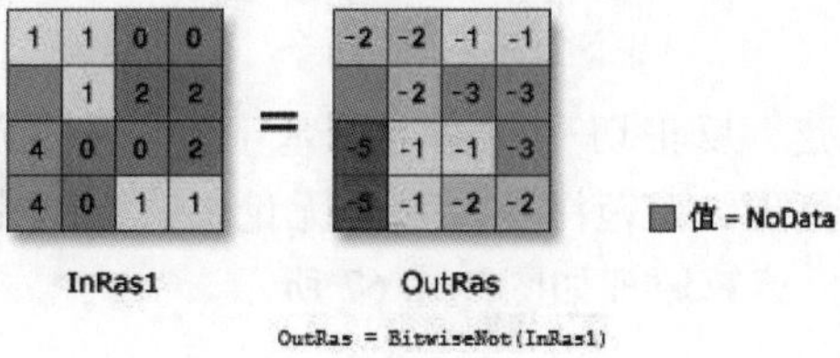


图7.4.62 “按位非”运算原理图

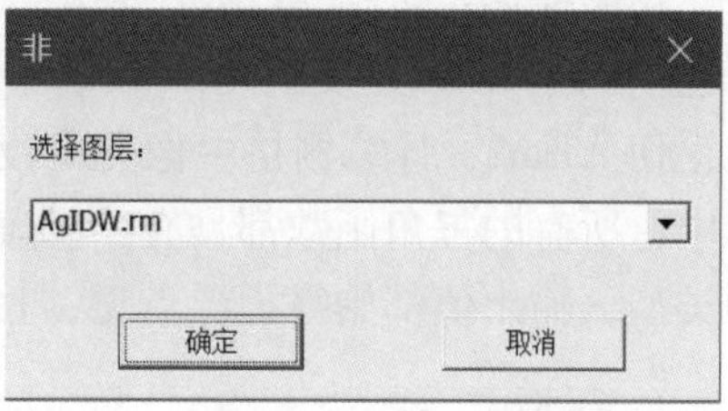


图7.4.63 “Not”工具对话框

### 7.4.5 三角函数运算

三角函数运算工具对输入栅格值执行各种三角函数计算，包括①标准三角函数工具：【Cos】、【Sin】、【Tan】；②反三角函数工具：【ACos】、【ASin】、【ATan】、【ATan2】；③双曲三角函数工具：【CosH】、【SinH】、【TanH】；④反双曲三角函数工具：【ACosH】、【ASinH】、【ATanH】（图7.4.64）。

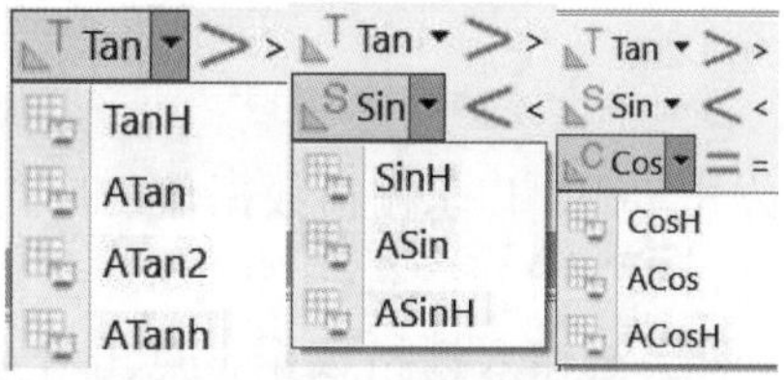


图7.4.64 三角函数运算界面

#### 7.4.5.1 标准三角函数

功能描述：包括Cos（余弦）、Sin（正弦）和Tan（正切），计算栅格中像元的余弦、正弦或正切。在数学中，所有的三角函数都具有一个确定的输入值范围，该范围称为域。无论输入数据为何种类型，输出值都始终为浮点型，且为无单位量。运算原理如图7.4.65所示。

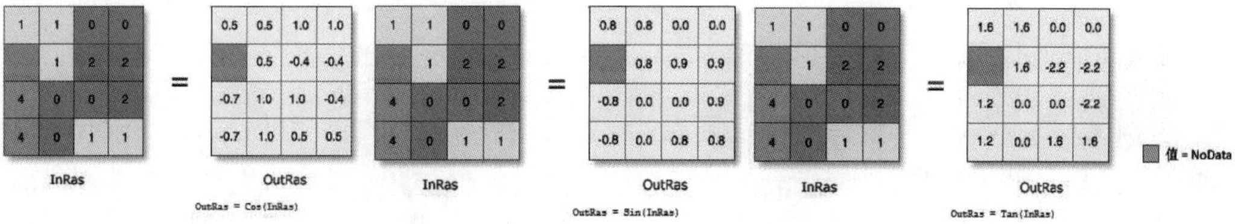


图7.4.65 标准三角函数运算原理图

操作步骤：以求栅格数据值的余弦为例。点击数学分析软件中的【Cos】按钮，“选择图层”输入栅格数据，点击【确定】按钮，最后设置新生成的栅格数据的存储路径及文件名（图 7.4.66）。

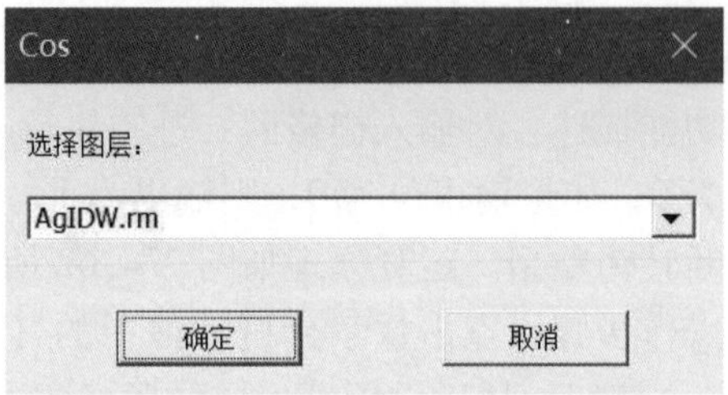


图 7.4.66　“Cos”工具对话框

### 7.4.5.2　反三角函数

功能描述：包括 ACos（反余弦）、ASin（反正弦）、ATan（反正切）和基于 $x$，$y$ 的反正切 ATan2，计算栅格中像元的反余弦、反正弦、反正切和反正切（基于 $x$、$y$）。在数学中，所有的三角函数都具有一个确定的输入值范围，该范围称为域。无论输入数据为何种类型，输出值都始终为浮点型，且为无单位量。运算原理如图 7.4.67 所示。

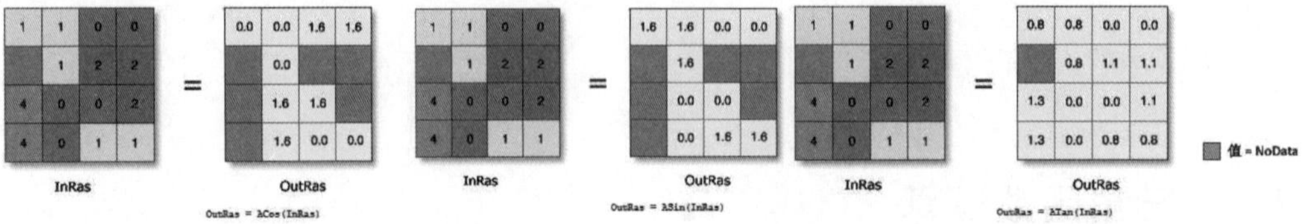


图 7.4.67　反三角函数运算原理图

操作步骤：以求栅格数据值的反正弦为例。点击数学分析软件中的【ASin】按钮，“选择图层”输入栅格数据，点击【确定】按钮，最后设置新生成的栅格数据的存储路径及文件名（图 7.4.68）。

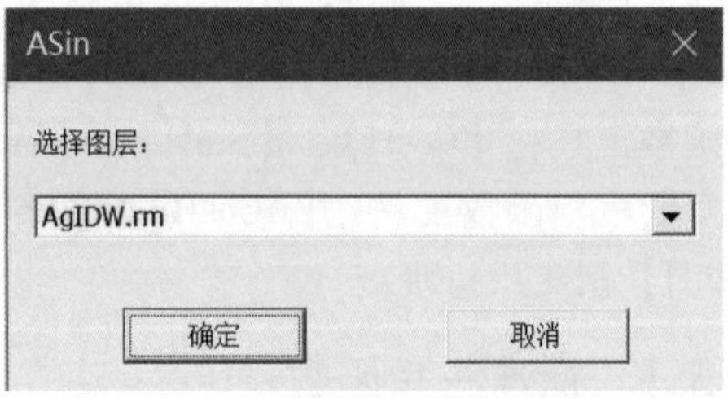


图 7.4.68　“ASin”工具对话框

### 7.4.5.3　双曲三角函数

功能描述：包括 CosH（双曲余弦）、SinH（双曲正弦）和 TanH（双曲正切），计算栅格中像元的双曲余弦、双曲正弦和双曲正切。在数学中，所有的三角函数都具有一个确定的输入值范围，该范围称为域。无论输入数据为何种类型，输出值都始终为浮点型，且输入和输出值都被看作是无单位量。运算原理如图 7.4.69 所示。

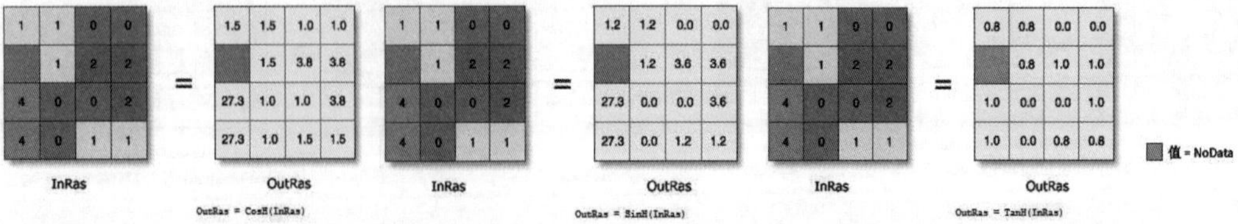


图 7.4.69　双曲三角函数运算原理图

操作步骤：以求栅格数据值的双曲正切为例。点击数学分析软件中的【TanH】按钮，“选择图层”输入栅格数据，点击【确定】按钮，最后设置新生成的栅格数据的存储路径及文件名（图 7.4.70）。

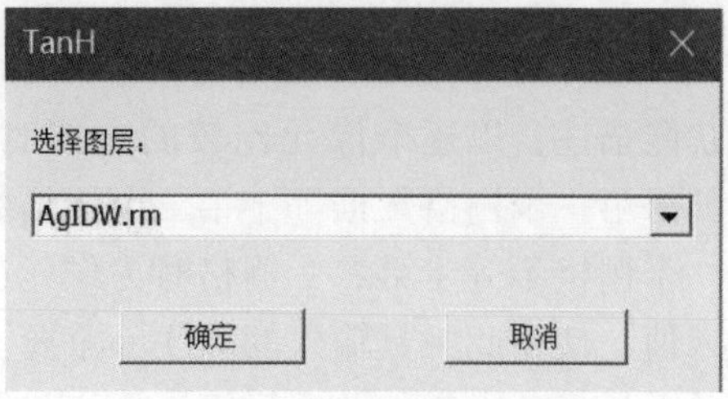


图 7.4.70 “TanH”工具对话框

#### 7.4.5.4 反双曲三角函数

功能描述：包括 ACosH（反双曲余弦）、ASinH（反双曲正弦）和 ATanH（反双曲正切），计算栅格中像元的反双曲余弦、反双曲正弦和反双曲正切。在数学中，所有的三角函数都具有一个确定的输入值范围，该范围称为域。无论输入数据为何种类型，输出值都始终为浮点型，且输入和输出值都被看作是无单位量。运算原理如图 7.4.71 所示。

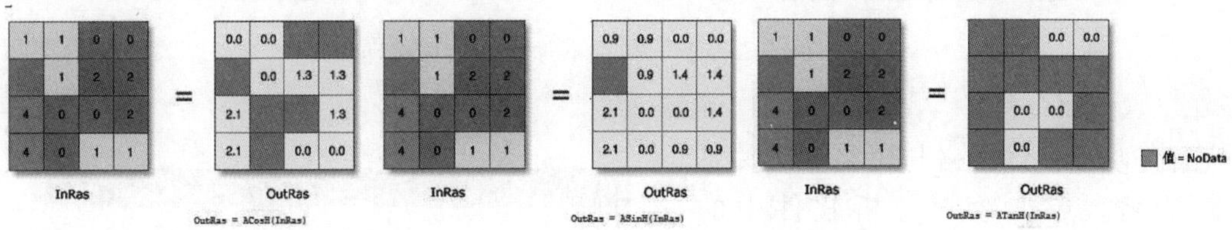


图 7.4.71 反双曲三角函数运算原理图

操作步骤：以求栅格数据值的反双曲余弦为例。点击数学分析软件中的【ACosH】按钮，“选择图层”输入栅格数据，点击【确定】按钮，最后设置新生成的栅格数据的存储路径及文件名（图 7.4.72）。

### 7.4.6 关系逻辑运算

关系逻辑运算工具对输入值进行比较，然后返回布尔值（0 表示“假”，1 表示“真”）形式的结果。将逐个像元地对输入栅格进行分析。共有六种工具用于执行逻辑关系运算：等于【=】、不等于【! =】、大于【>】、大于等于【>=】、小于【<】和小于等于【<=】（图 7.4.73）。

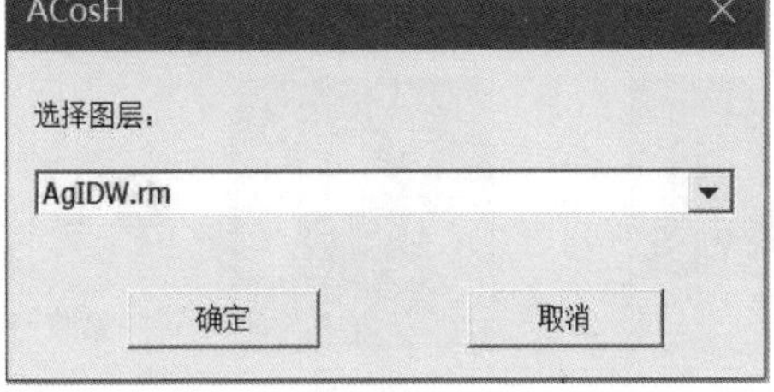


图 7.4.72 “ACosH”工具对话框

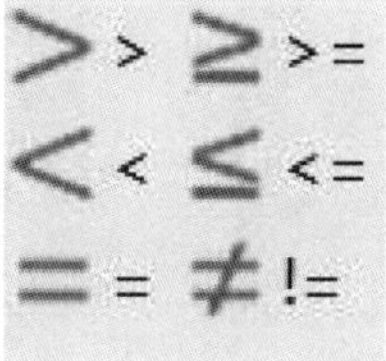


图 7.4.73 逻辑关系运算界面

### 7.4.6.1 等于和不等于

功能描述：以逐个像元比较的方式对两个输入执行关系等于或不等于运算。等于运算：如果第一个栅格数据等于第二个栅格数据则为像元返回 1，否则返回 0。不等于运算：在第一个栅格不等于第二个栅格时为像元返回 1，否则返回 0。进行该关系评估时，需要两个输入值，使用此工具输入的顺序不重要。该运算符可以完成以下栅格数据运算：栅格与常量关系运算，常量与关系运算，栅格与栅格关系运算。运算原理如图 7.4.74 所示。

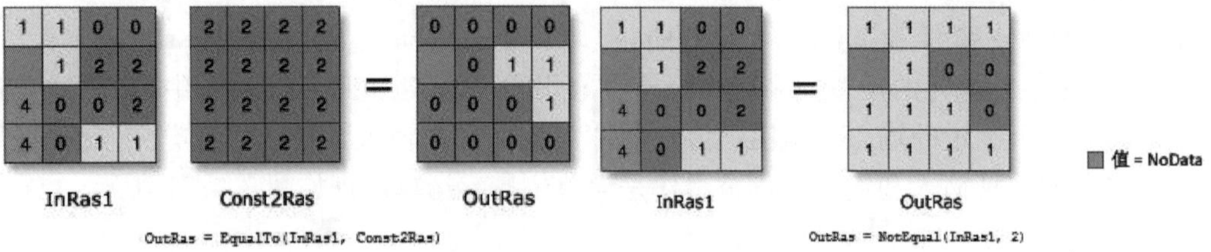


图 7.4.74　“等于”和“不等于”运算原理图

操作步骤：以栅格与栅格等于关系运算为例。点击数学分析软件中的【=】按钮，“选择栅格数据 1”输入栅格数据，“选择栅格数据 2”输入栅格数据，点击【确定】按钮，最后设置新生成的栅格数据的存储路径及文件名（图 7.4.75）。

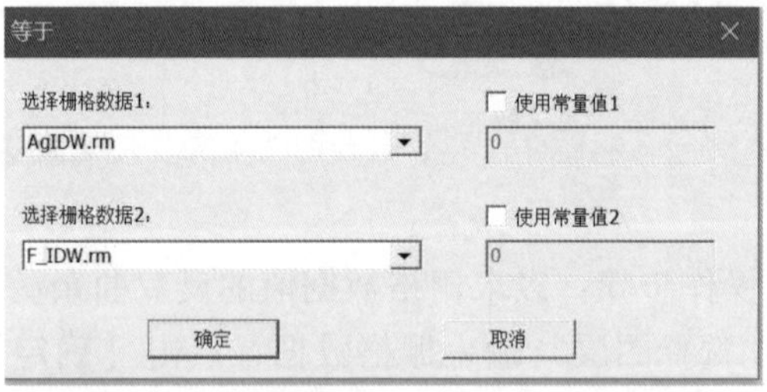


图 7.4.75　“等于”工具对话框

### 7.4.6.2 大于和大于等于

功能描述：以逐个像元比较的方式对两个输入执行关系大于或大于等于运算。大于运算：如果第一个栅格数据大于第二个栅格数据则为像元返回 1，否则返回 0。大于等于运算：如果第一个栅格数据大于或等于第二个栅格数据则为像元返回 1，否则返回 0。进行该关系评估时，需要两个输入值，使用此工具输入的顺序很重要。该运算符可以完成以下栅格数据运算：栅格与常量关系运算，常量与关系运算，栅格与栅格关系运算。运算原理如图 7.4.76 所示。

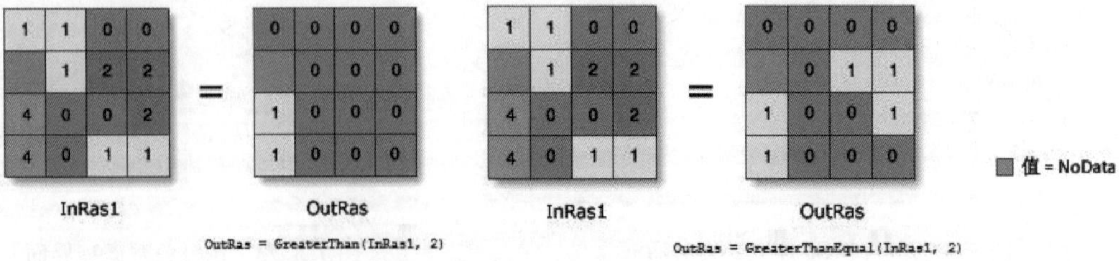


图 7.4.76　“大于”和“大于等于”运算原理图

操作步骤：以栅格与栅格大于关系运算为例。点击数学分析软件中的【>】按钮，“选择栅格数据 1”输入栅格数据，“选择栅格数据 2”输入栅格数据，点击【确定】按钮，最后设置新生成的栅格数据的存储路径及文件名（图 7.4.77）。

### 7.4.6.3　小于和小于等于

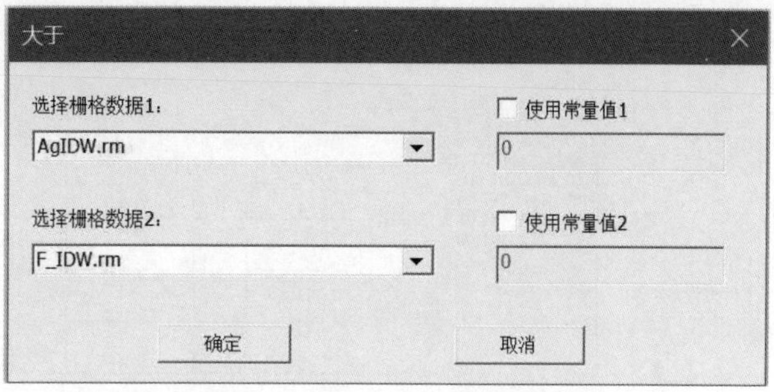


图 7.4.77　“大于”工具对话框

功能描述：以逐个像元比较的方式对两个输入执行关系小于或小于等于运算。小于运算：如果第一个栅格数据小于第二个栅格数据则为像元返回 1，否则返回 0。小于等于运算：如果第一个栅格数据小于或等于第二个栅格数据则为像元返回 1，否则返回 0。进行该关系评估时，需要两个输入值，使用此工具输入的顺序很重要。该运算符可以完成以下栅格数据运算：栅格与常量关系运算，常量与关系运算，栅格与栅格关系运算。运算原理如图 7.4.78 所示。

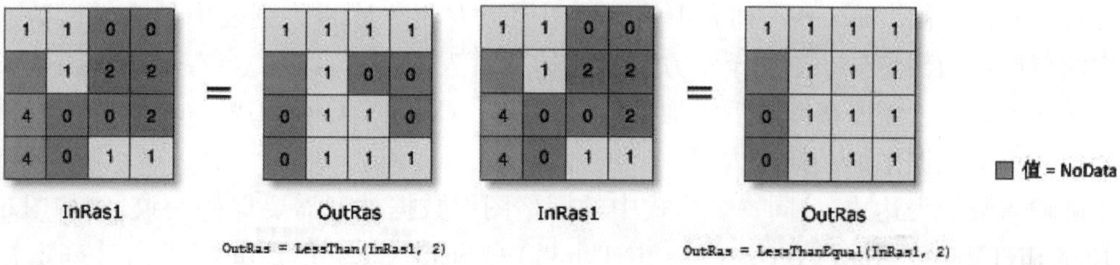


图 7.4.78　“小于”和“小于等于”运算原理图

操作步骤：以栅格与栅格小于关系运算为例。点击数学分析软件中的【<】按钮，“选择栅格数据 1”输入栅格数据，“选择栅格数据 2”输入栅格数据，点击【确定】按钮，最后设置新生成的栅格数据的存储路径及文件名（图 7.4.79）。

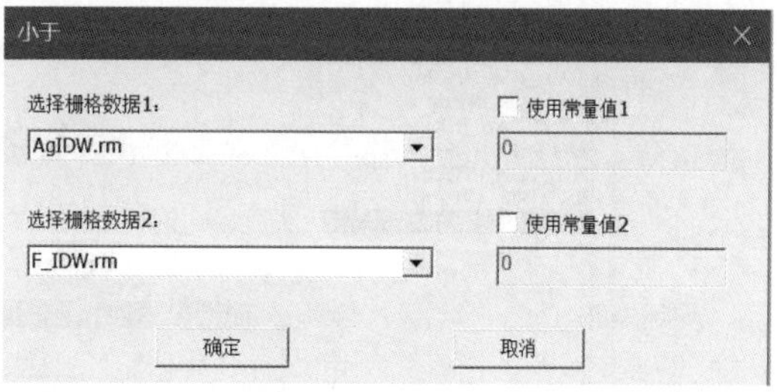


图 7.4.79　“小于”工具对话框

## 7.4.7　地图代数

功能描述：提供一款面向栅格数据计算的地图代数工具，通过数学表达式输入，一次性快速完成复杂的多个栅格图层的常规数学四则运算和常见数学函数计算。

在原先地图代数的基础上，增加了对一些运算符和函数的解析以执行各种地理分析。同时规定了各类运算符和函数的优先级，将用户输入的中缀表达式，即标准四则运算表达式，转换为后缀表达式，以实现按照表达式的正确的顺序进行计算（图 7.4.80）。

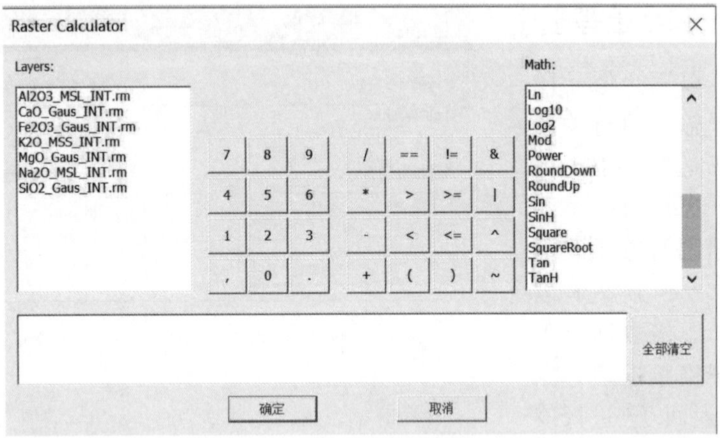


图 7.4.80　地图代数工具

操作步骤：当前工程中处于“编辑”或“当前编辑”状态下的栅格图层均可参与地图代数计算，双击左侧“Layers”列表中的栅格图层或右侧“Math”列表中的数学函数，对应选中的图层或函数将自动添加至下方数学表达式输入框中，其中，当右侧数学函数添加至表达式输入框后，需要在函数后添加括号，例如“ Cos（" CaO_IDW. rm" +1）”,将需要进行函数运算的数据添加在括号内部。

正确输入数学表达式,且同一表达式中的栅格图层数据类型需要保持一致,例如“Ln("CaO_Gaus_INT. rm")−Tan("SiO2_Gaus_INT. rm")+"SiO2_Gaus_INT. rm"”点击【确定】按钮，系统弹出进度条，内部进行计算（图 7.4.81）。

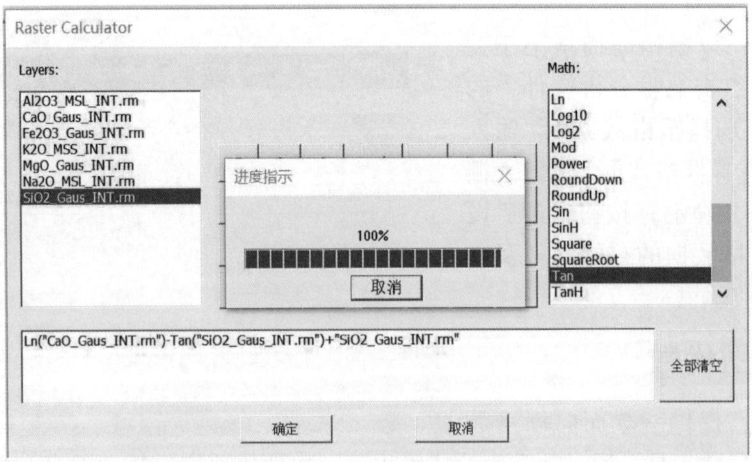


图 7.4.81　执行地图代数计算

计算完毕时，系统将弹出对话框询问是否进行保存，单击【确定】按钮设置输出栅格数据的路径和文件名即可进行保存。单击【取消】或【否】可取消本次计算（图 7.4.82）。

地图代数结果如图 7.4.83 所示。

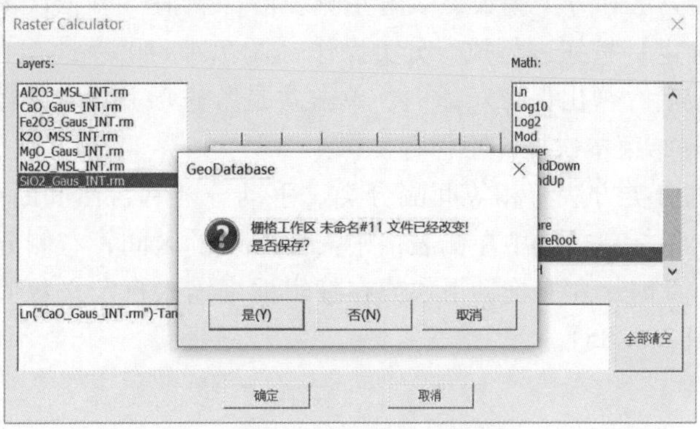


图 7.4.82 栅格图像输出对话框

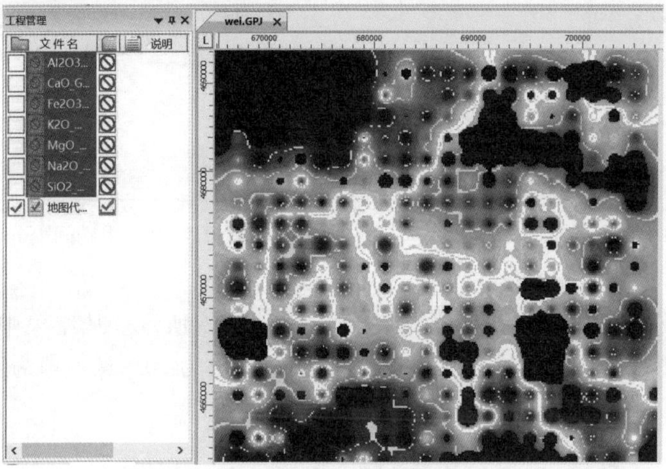


图 7.4.83 地图代数结果

## 7.4.8 重分类

功能描述：重分类工具提供将栅格数据像元值按照指定分类方法将同一类值归于一组并用指定新值替换的操作。在本功能模块中可选择的分类方法有自然间断、相等间隔和手动 3 种方法，最多可分为 20 类。

原先该模块并不是对所有数据类型的栅格数据都是适用的，在重分类的过程中，总有一些像元值没有被归到现有的任一类中，从而导致重分类出现错误。同时拉伸的符号化显示并不能很好地表现重分类的结果，所以对这些方面进行了优化完善。优化了对栅格像元值的分类方法，使其能更好地适用于多种数据类型的栅格图像，同时选用唯一值为重分类结果的默认显示方法。

操作步骤：

（1）在有栅格数据文件处于编辑状态的情况下，单击【重分类】按钮，弹出重分类设置对话框，输入栅格一栏显示当前处于编辑状态下的所有栅格数据文件。选择需要分类的栅格文件，设置分类方法和分类级数，双击左侧表格“新值”列依次填入每一分类区间替换的新值，单击【确定】按钮进行执行分类操作（图 7.4.84）。

（2）重分类完成后，弹出保存对话框，单击“是”选项并设置路径即可进行保存，单击“否”或“取消”结束本次操作不保存。

（3）当前支持的分类方法有相等间隔分类、手动分类和自然间断点分类三种，其中，在选择手动分类时，鼠标单击选中左侧表格中需要修改的区间，右侧分类设置一栏中对应显示滑块和编辑框，此时，左右拖动滑块或在编辑框中输入自定义数值均可完成对分类区间的自定义设置（图 7.4.85）。

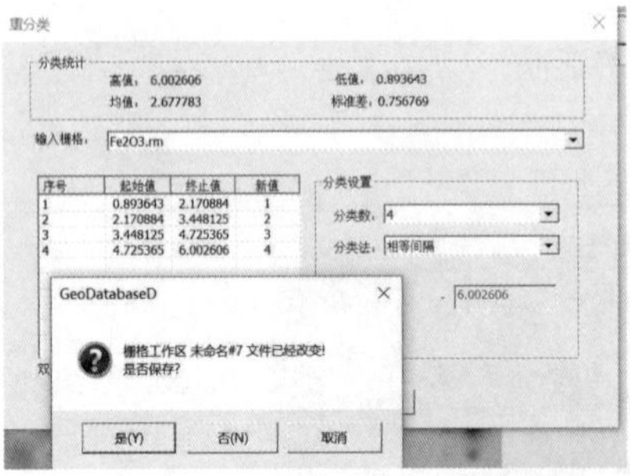


图 7.4.84　重分类对话框

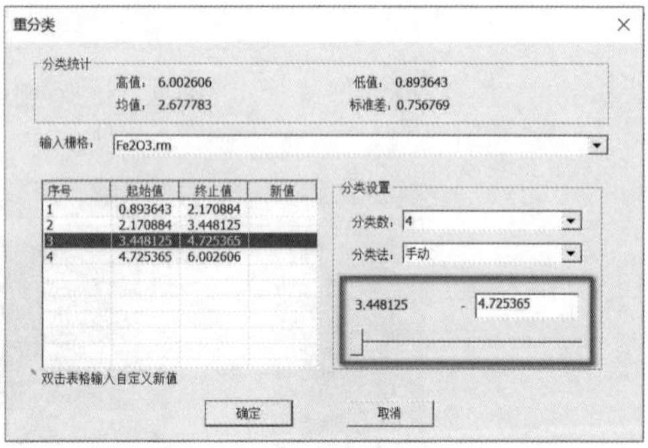


图 7.4.85　手动间隔分类对话框

（4）栅格重分类的原栅格和重分类结果如图 7.4.86 所示。从结果中可以看出，经过重分类，该栅格图像的像元值被分为 10 类，其中最高值为 10、最低值为 1。

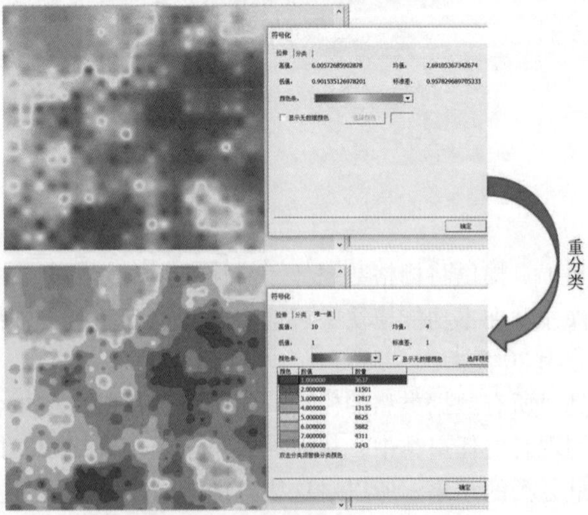


图 7.4.86　重分类前后对比图

# 7.5 DTM 分析

## 7.5.1 等值线

功能描述：等值线工具可依据栅格图像生成对应的等值线图。在对该工具进行优化时，主要优化的是对等值线的平滑处理。主要的平滑方法有线性平滑、二次平滑、距离加权最小二乘平滑、负指数加权平滑以及双三次样条平滑，通过比较每种方法的计算复杂度和平滑效果，选择了最适用的平滑算法，对等值线分析结果进行平滑处理。

操作步骤：

（1）将栅格文件处于“当前编辑”状态，单击【等值线】按钮，弹出等值线参数设置对话框，设置相应参数，单击【确定】按钮进行操作（图 7.5.1）。

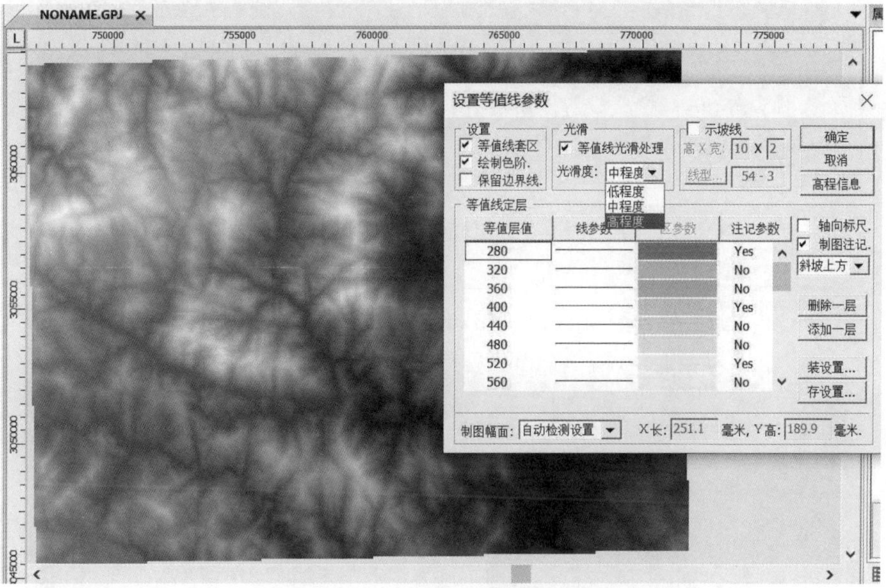


图 7.5.1　等值线参数设置对话框

（2）等值线图生成完毕后，依次跳出面、线、点文件保存对话框，单击“是”选项进行保存，单击“否”或“取消”按钮退出操作不保存（图 7.5.2 至图 7.5.4）。

（3）将生成的三个文件加载到工程中即可查看生成的等值线图（图 7.5.5）。

## 7.5.2 坡度图

功能描述：等值线工具可依据栅格图像生成对应的坡度图。坡度计算采用的是拟合曲面法。拟合曲面一般采用二次曲面，即 3×3 的窗口。每个窗口的中心为一个高程点，利用高程点周围的 8 个值即可计算该点的坡度坡向。针对边缘数据不完整的情况，选择用高程点值替代缺失值的方法，以保证计算结果的准确率。

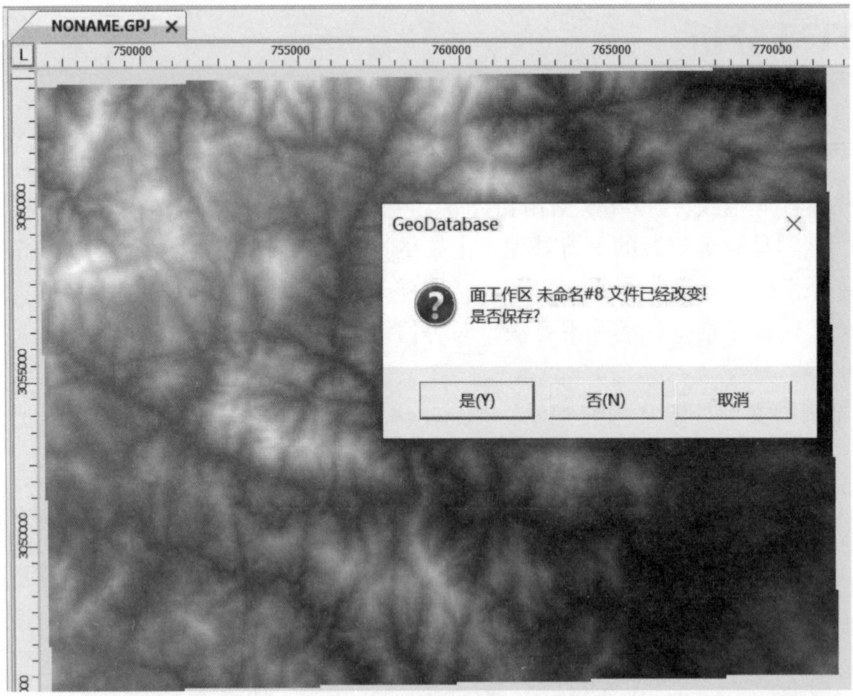


图 7.5.2　等值线面文件输出对话框

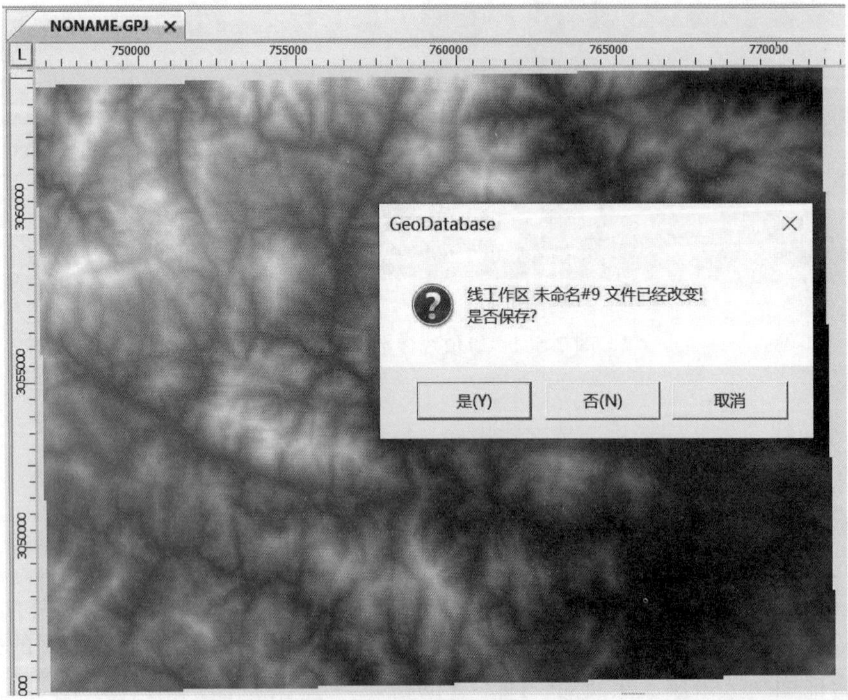


图 7.5.3　等值线线文件输出对话框

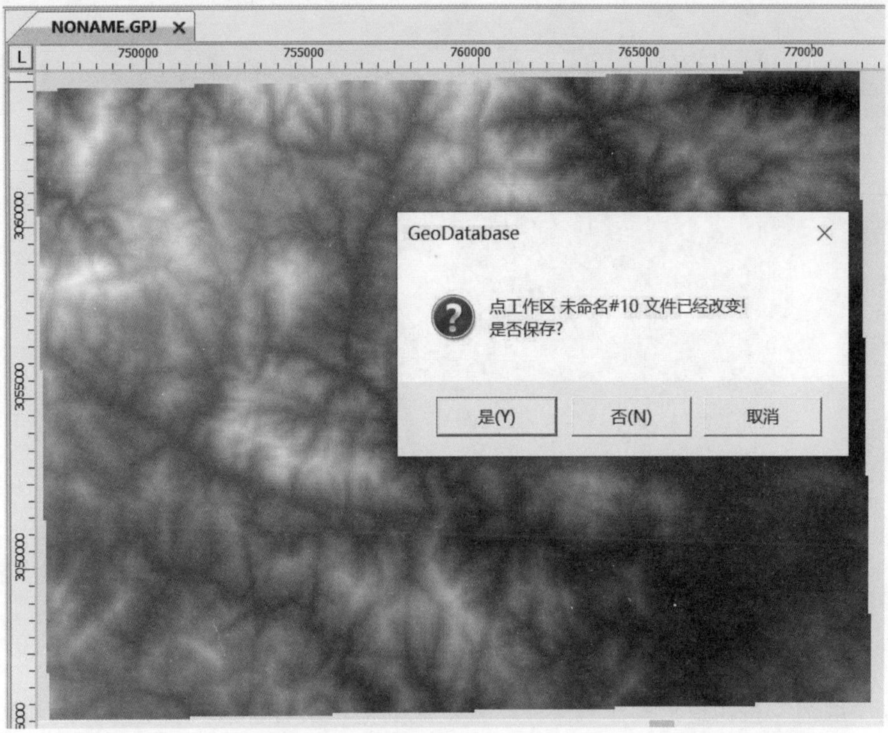


图 7.5.4 等值线点文件输出对话框

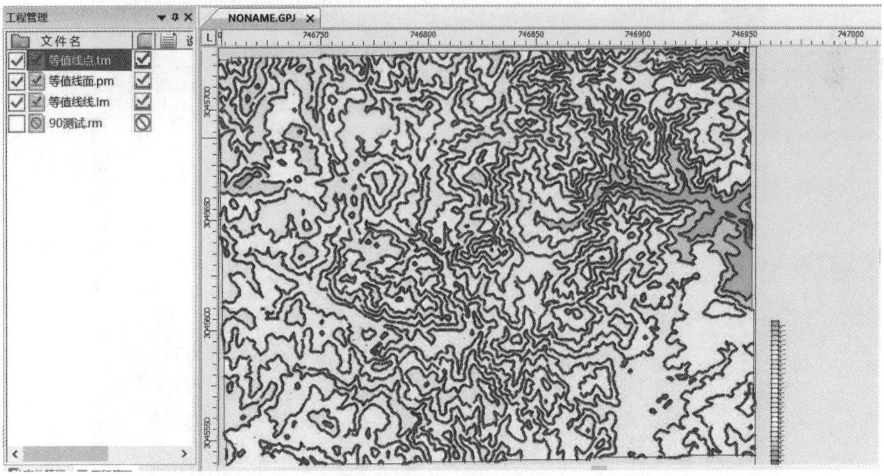


图 7.5.5 等值线图

操作步骤：将栅格文件处于“当前编辑”状态，单击【坡度图】按钮，进行 DTM 分析（图 7.5.6）。

坡度图生成完毕后，跳出栅格文件保存对话框，单击“是”选项进行保存，单击

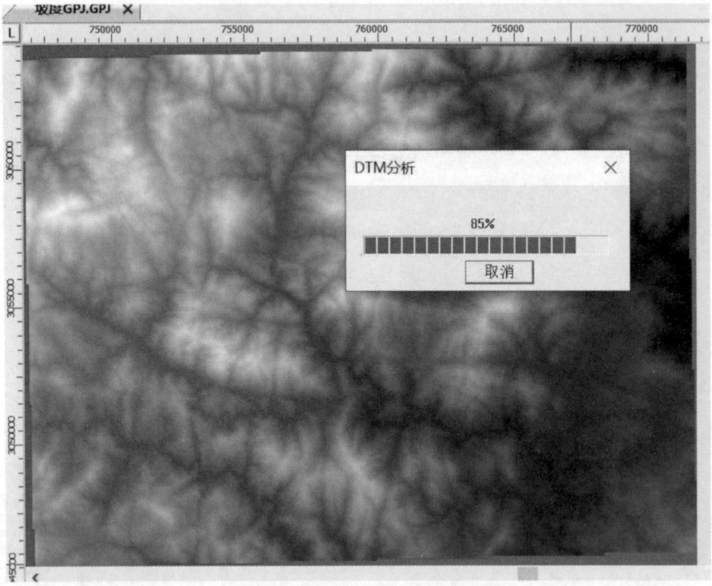


图 7.5.6　执行坡度图

“否”或“取消”按钮退出操作不保存。将生成的栅格文件加载到工程中即可查看生成的坡度图（图 7.5.7）。

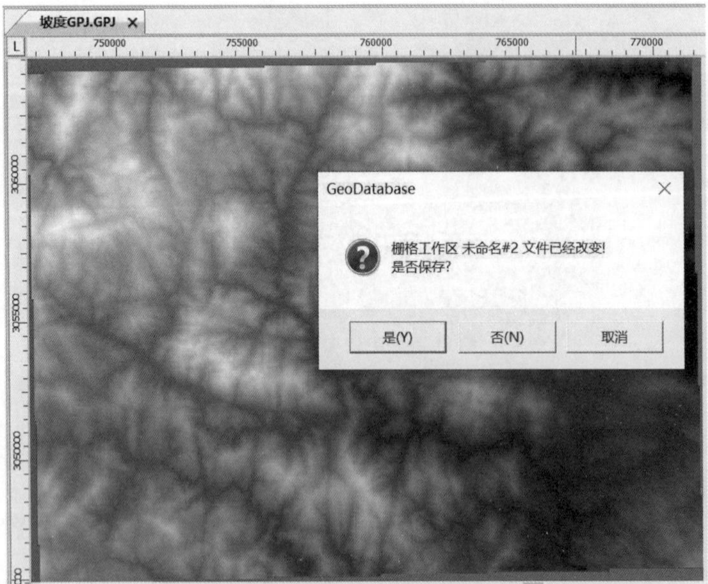


图 7.5.7　坡度图输出对话框

生成的坡度图如图 7.5.8 所示。

图 7.5.8 坡度图

## 7.5.3 坡向图

功能描述：等值线工具可依据栅格图像生成对应的坡向图。坡向计算采用的是拟合曲面法。拟合曲面一般采用二次曲面，即 3×3 的窗口。每个窗口的中心为一个高程点，利用高程点周围的 8 个值即可计算该点的坡度坡向。针对边缘数据不完整的情况，选择用高程点值替代缺失值的方法，以保证计算结果的准确率。

操作步骤：将栅格文件处于“当前编辑”状态，单击【坡向图】按钮，进行 DTM 分析（图 7.5.9）。

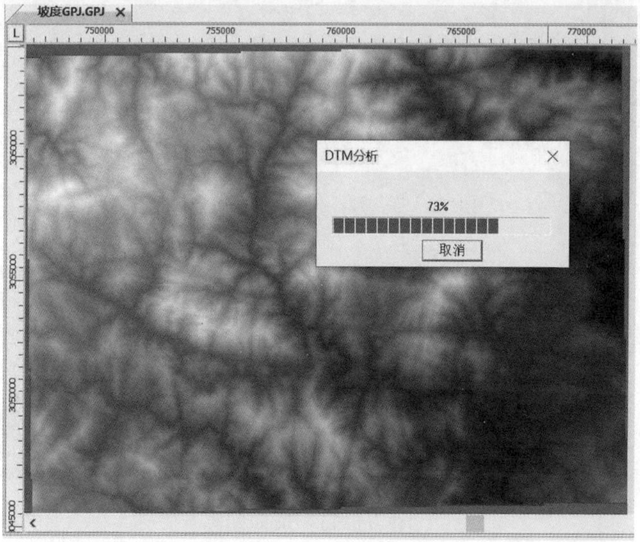


图 7.5.9 执行坡向图

坡向图生成完毕后，跳出栅格文件保存对话框，单击“是”选项进行保存，单击“否”或“取消”按钮退出操作不保存。将生成的栅格文件加载到工程中即可查看生成的坡向图（图 7.5.10）。

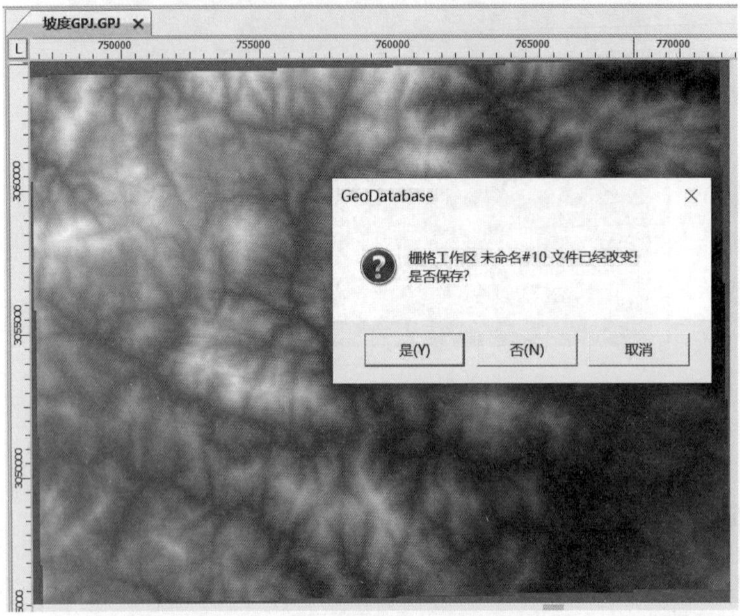


图 7.5.10　输出坡向图对话框

生成的坡向图如图 7.5.11 所示。

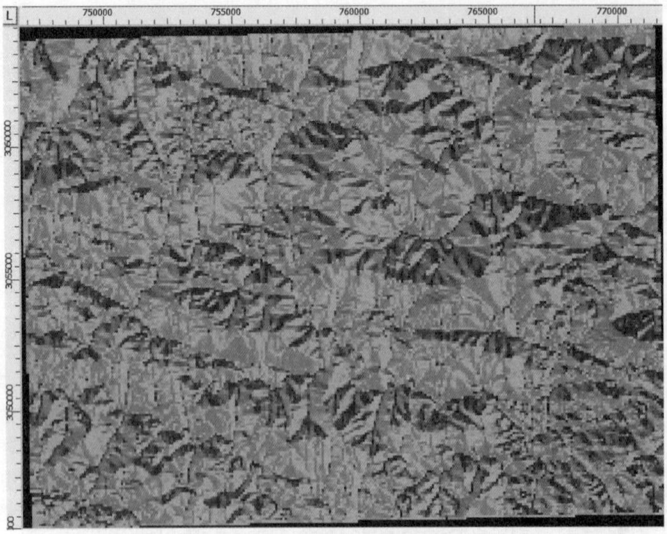


图 7.5.11　坡向图

# 8 地图服务

地图服务主要包括：天地图矢量图、影像图、地形图服务，高斯地图矢量图、影像图、地形图服务和专题地图等；还包括手工离线包、手工合并离线包、交互离线包、交互合并离线包、以及对离线包的设置（图 8.0.1）。

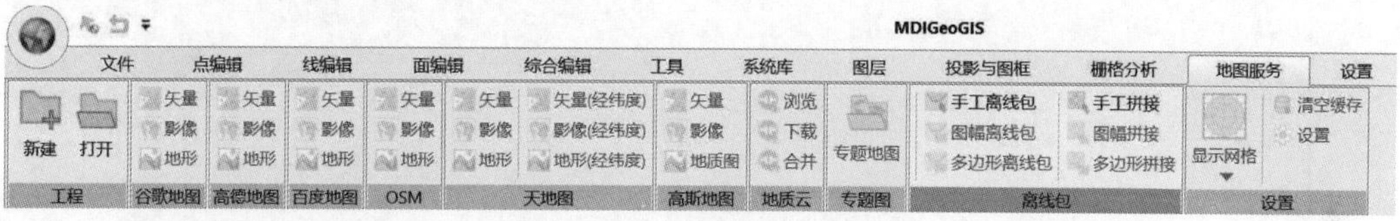


图 8.0.1　地图服务菜单栏

## 8.1 新建

点击“新建”按钮，自动创建地图服务窗口视图，默认显示高德矢量地图，如图 8.1.1 所示。

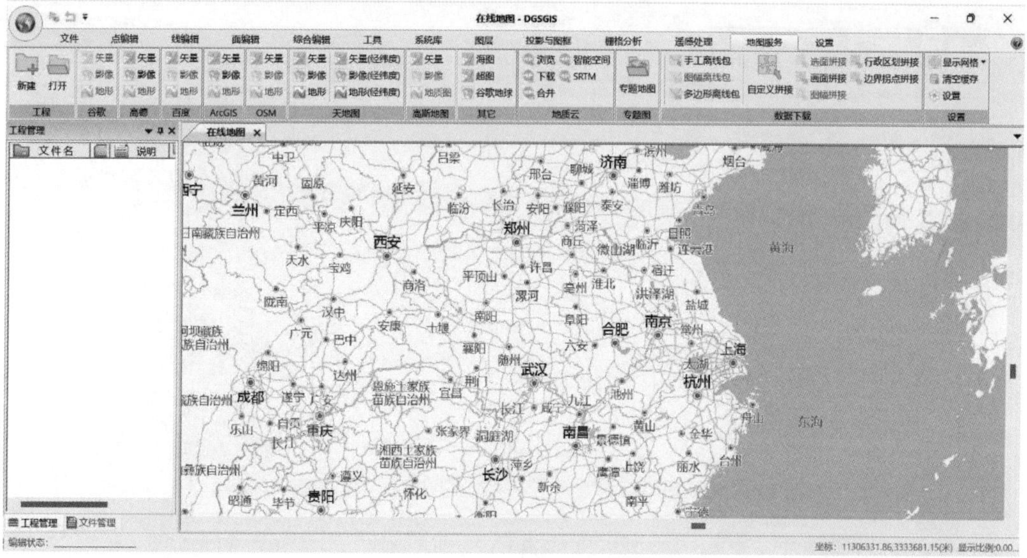


图 8.1.1　新建初始界面

用户可以点击高德地图、天地图服务按钮中的不同类型数据服务按钮，切换不同的服务数据地图。以天地图的矢量（经纬度）为例，如图 8. 1. 2 所示。

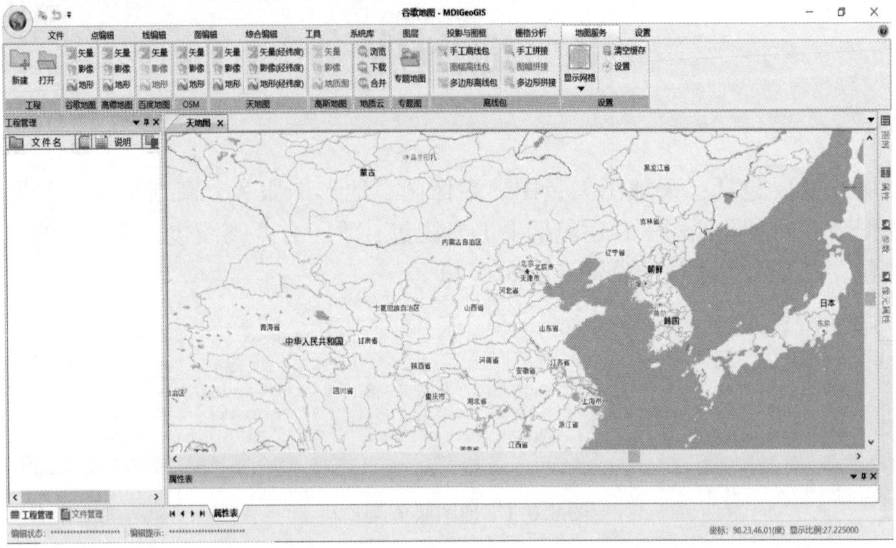


图 8. 1. 2　天地图矢量显示界面

用户可以在右侧的图层列表创建图层，一旦用户创建图层完成，系统将根据当前地图的地图参数自动控制可以切换的地图服务数据类型按钮。如在天地图的矢量（经纬度）服务底图基础上创建用户图层，用户将不能切换到其他的地图服务数据类型，并将对应的按钮灰化处理，如图 8. 1. 3 中的方框中的显示。

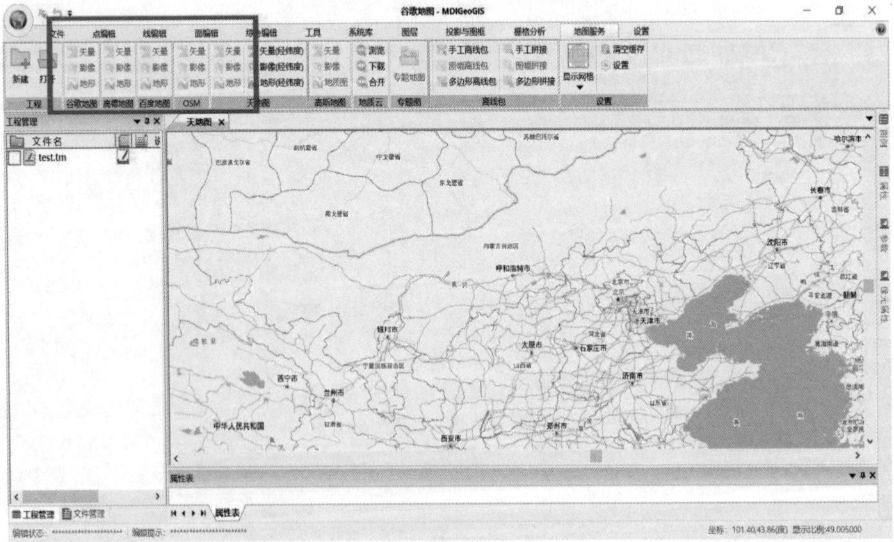


图 8. 1. 3　创建用户图层后显示界面

# 8.2　打开

点击“打开”按钮，弹出工程文件选择对话框（图 8.2.1）。

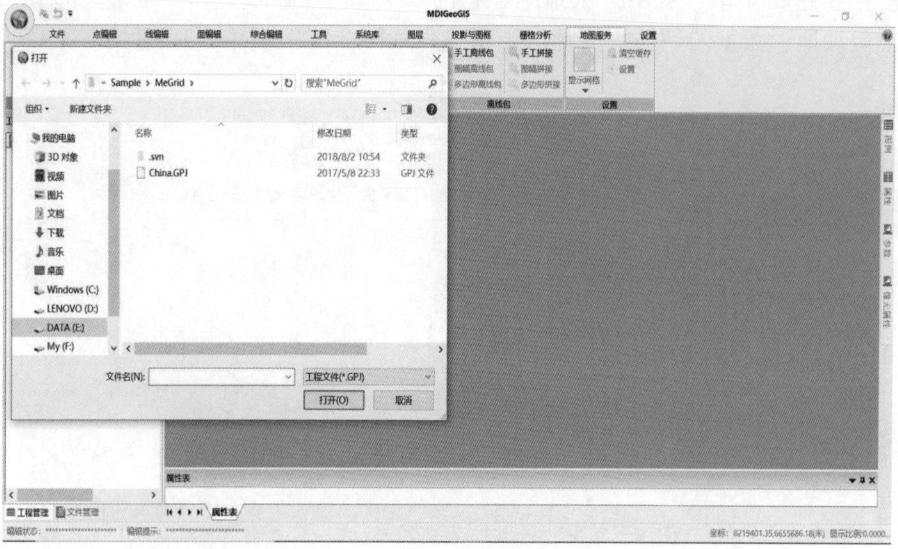


图 8.2.1　打开工程界面

选择地图参数与百度地图、高德地图或天地图地图参数相同的工程文件，将自动加载对应的地图服务数据，实现用户矢量数据与服务数据的矢栅一体化显示。以打开中国地图（墨卡托坐标系）为例，显示如图 8.2.2 所示。

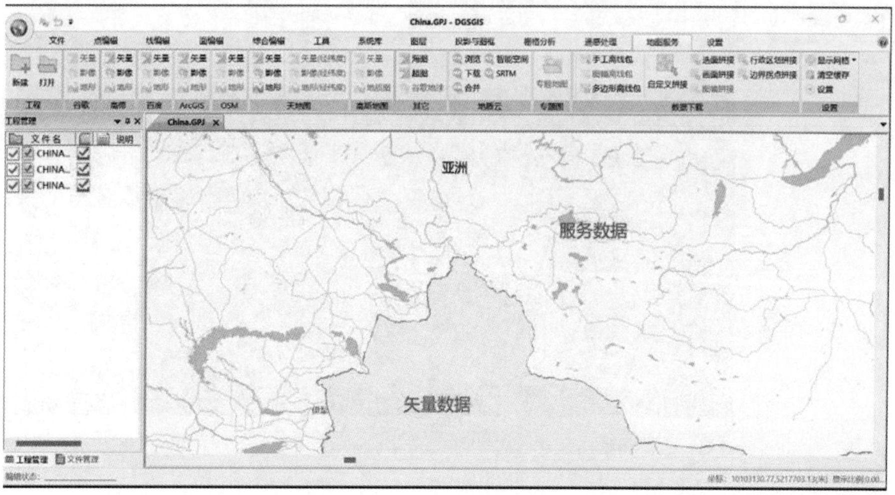


图 8.2.2　打开墨卡托地图界面

# 8.3 天地图

天地图，包括经纬度的天地图和 web 墨卡托投影的天地图数据。

点击“新建”菜单，点击“天地图”栏的“矢量”“影像”和“地形”按钮可以实现矢量、影像和地形数据的切换，天地图影像显示如图 8.3.1，图 8.3.2 所示。

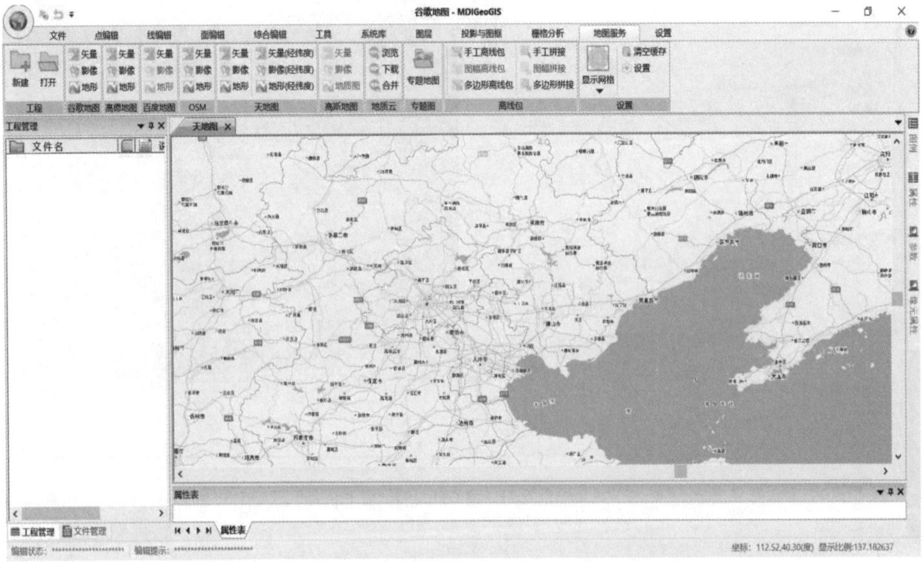


图 8.3.1　天地图矢量图服务界面（经纬度）

图 8.3.2　天地图影像图服务界面（经纬度）

## 8.4 百度地图

操作参考天地图（图 8.4.1）。

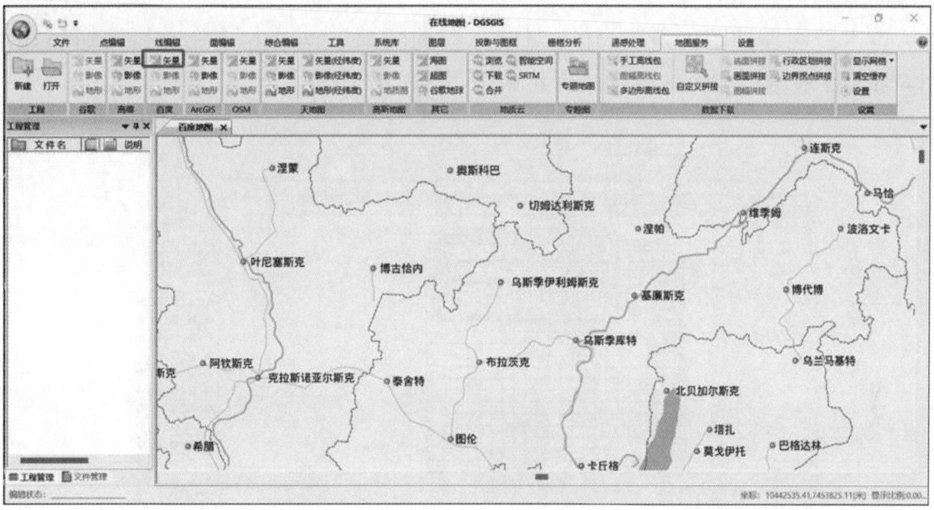


图 8.4.1 百度矢量地图界面

## 8.5 高德地图

操作参考天地图（图 8.5.1）。

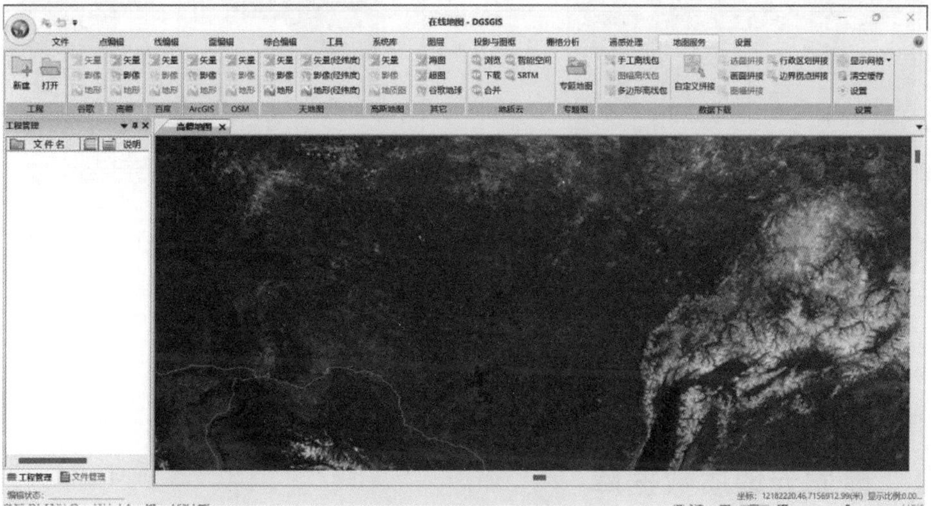


图 8.5.1 高德影像地图界面

# 8.6 高斯地图

（1）高斯地图来自地质调查智能空间，其显示需要打开本地工程文件，并且要求地图参数为CGCS2000坐标系。

（2）点击“高斯地图矢量”，输入对应工程的图幅号，点击【确定】按钮后显示对应工程的高斯瓦片地图，如图8.6.1，图8.6.2，图8.6.3所示。

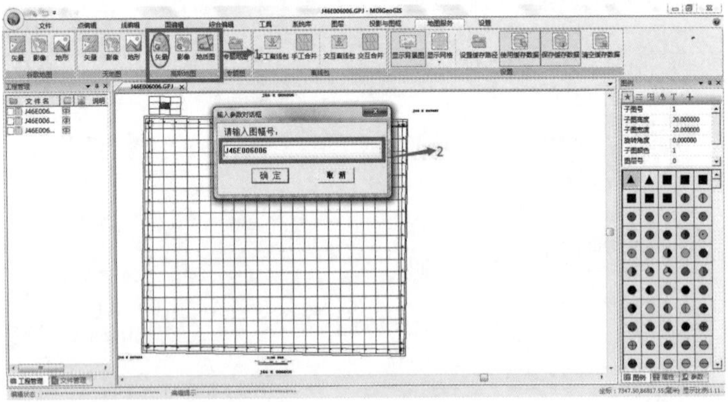

图8.6.1　输入对应工程图幅号

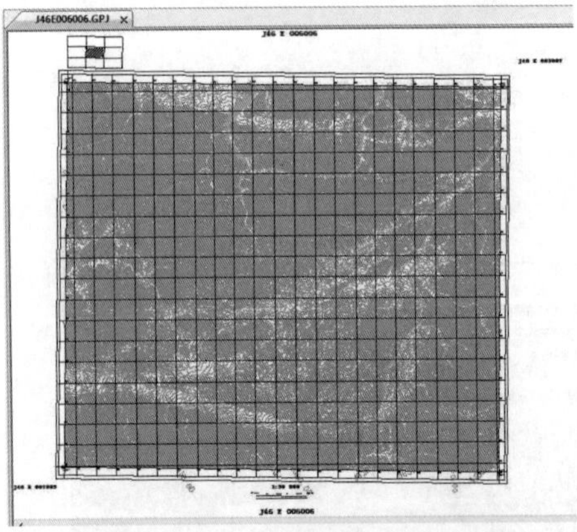

图8.6.2　显示高斯矢量瓦片地图

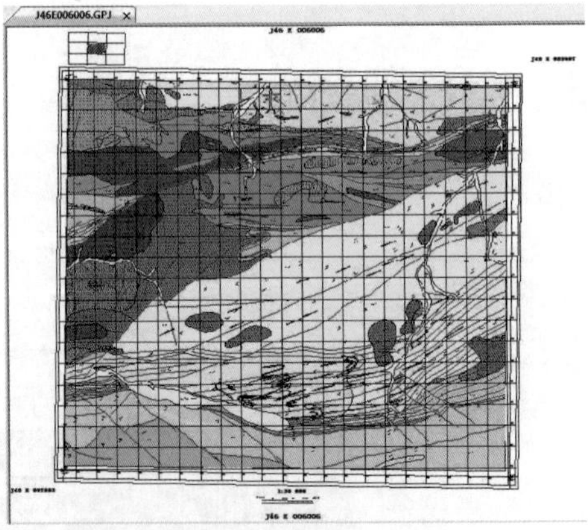

图8.6.3　显示高斯地质图瓦片图

# 8.7 地质云

## 8.7.1 地质云地质数据库

（1）使用地质云服务数据的按钮在功能区的“地质云”控制面板中，如图8.7.1所示。

(2) 点击【浏览】按钮，弹出地质云数据的勾选对话框，客户区切换至天地图（经纬度）类型底图展开选项树后，如图 8.7.2 所示。

(3) 通过勾选对应类型地图数据，进行数据浏览，以“全国 1/50 万地质图”为例，如图 8.7.3 所示。

(4) 不同类型地图数据，可以叠加显示，通过同时勾选多种类型地图来实现，在“全国 1/50 万地质图”上叠加“全国 1/25 万地质图”为例，如图 8.7.4 所示：

图 8.7.1 地质云控制面板

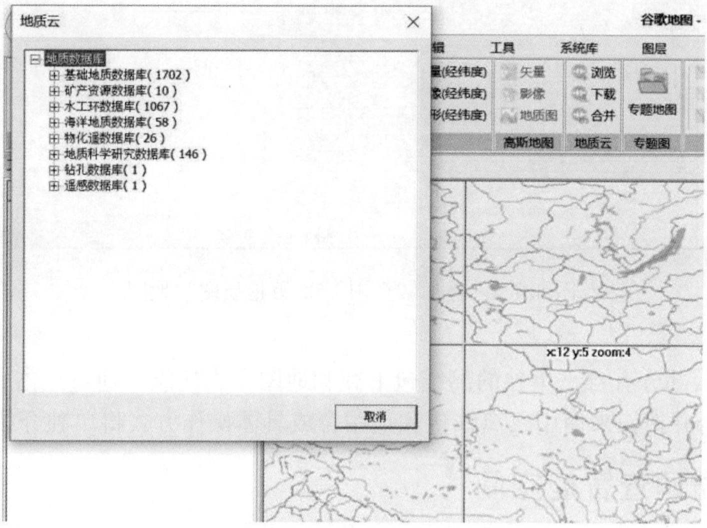


图 8.7.2 地质云初始效果

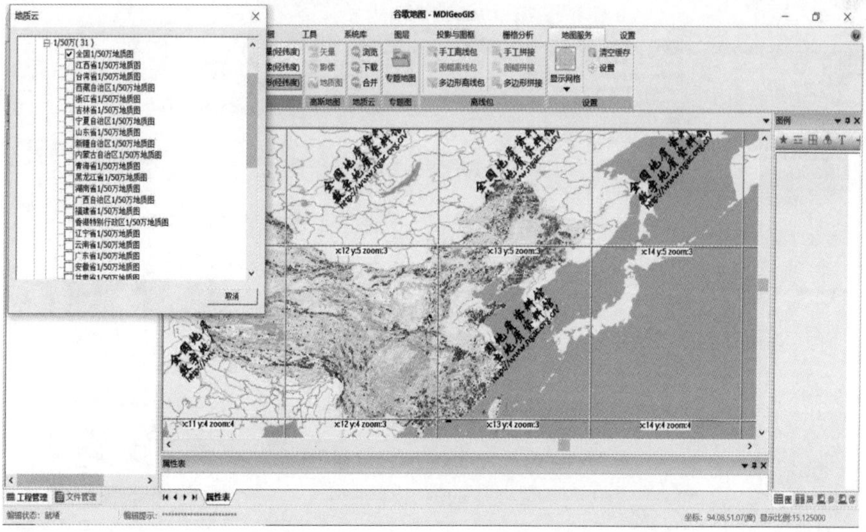


图 8.7.3 “全国 1/50 万地质图”地图

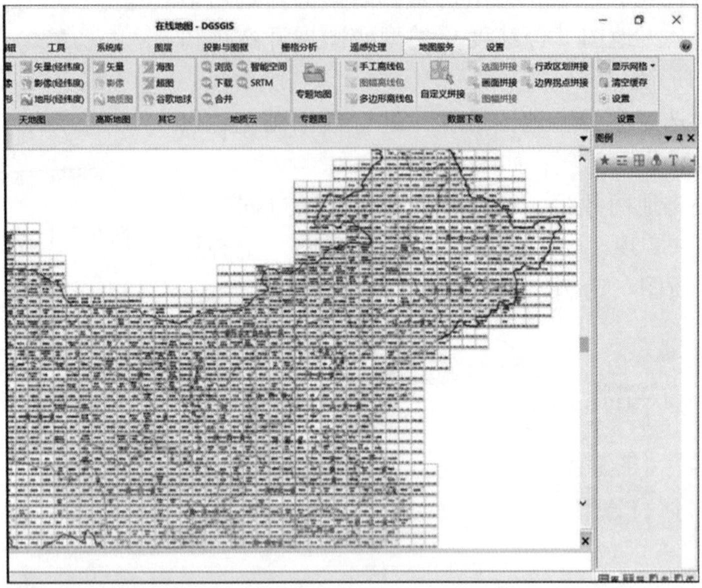


图 8.7.4　叠加“全国 1/25 万地质图”地图

（5）地质云部分有自己单独的离线包下载和地图合成功能，通过点击“地质云”控制面板的下载和合并按钮来使用，离线包和地图合成具体操作方式将单独介绍。

## 8.7.2　地质调查智能空间

（1）使用智能空间的数据时，需在“地质云”控制面板中点击【智能空间】按钮，弹出“地质调查智能空间”对话框，如图 8.7.5 所示。

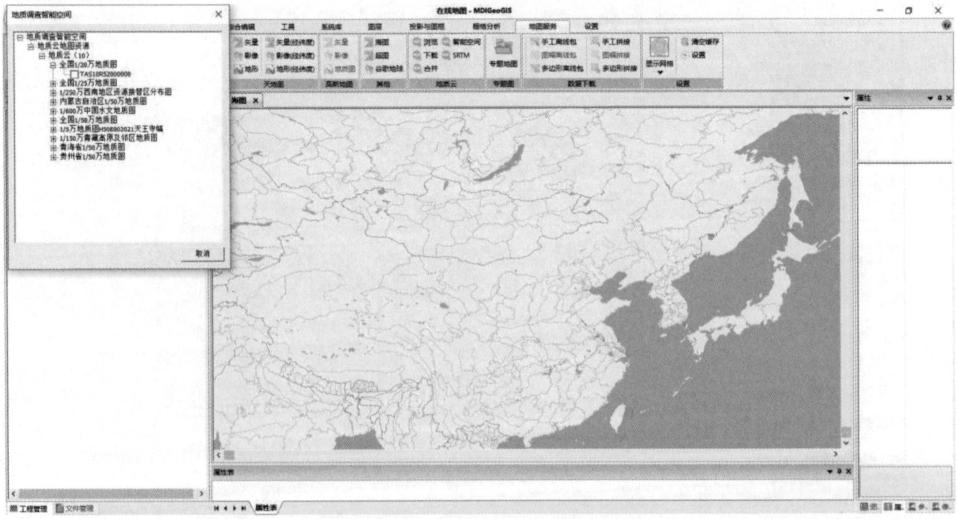


图 8.7.5　智能空间初始效果

（2）选择目标数据，勾选后将自动显示对应数据的瓦片地图，如图 8.7.6 所示。

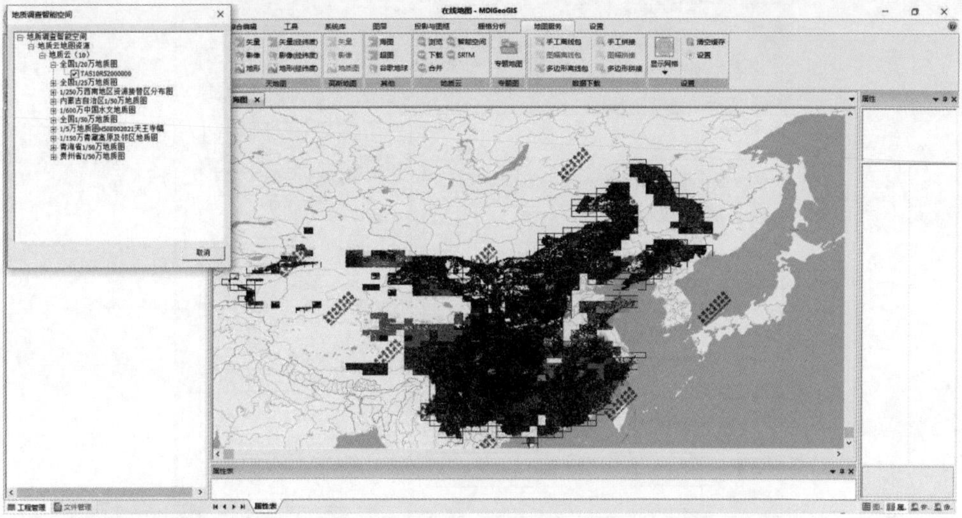

图 8.7.6 “全国 1/20 万地质图”的 TAS10R52000000 地图

## 8.7.3 SRTM

（1）点击“地质云”控制面板中的【SRTM】按钮，打开“Dem 数据下载”对话框，如图 8.7.7 所示。

（2）可以选择“手工输入地图范围”，也可以选择“图幅号确定地图范围”，输入“图幅号”，选择南北半球，点击“计算图幅范围”，或是选择“数据图层确定地图范围”，选择图层文件确定数据下载范围。

（3）选择数据类型为 srtm 或 tandem。

（4）勾选想要生成的栅格文件类型，包括 Dem、坡度图和坡向图三种类型的栅格文件，可以勾选多个。

（5）勾选“自动配准”，点击“投影参数”按钮选择目标投影参数，可以对下载数据进行自动配准，如图 8.7.8 所示。

（6）选择 Dem 文件存储路径，对应的坡度图文件名为 Dem 文件名加后缀_Slope，对应的坡向图文件名为 Dem 文件名加后缀_Aspect。

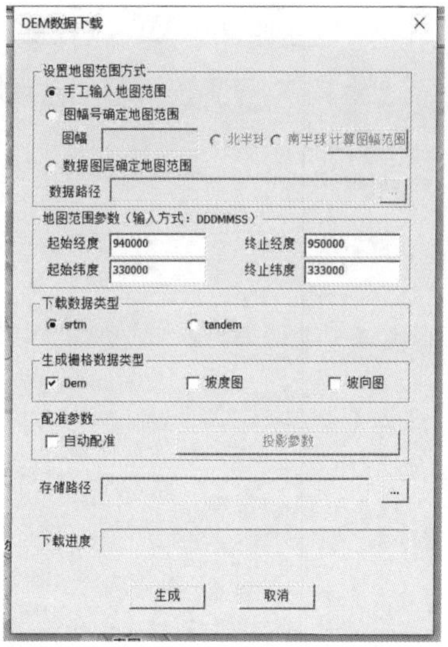


图 8.7.7 “Dem 数据下载”对话框

（7）点击“生成”按钮，开始下载数据，进度条提示下载进程，生成的栅格文件如图 8.7.9 至图 8.7.11 所示。

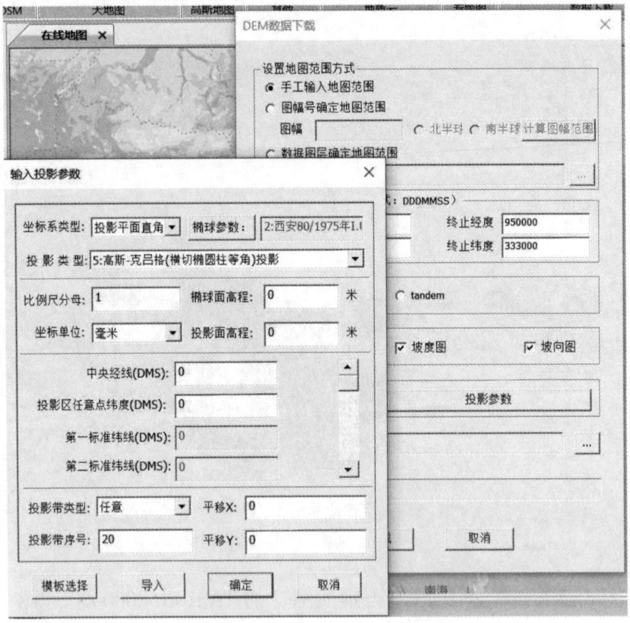


图 8.7.8　选择投影参数

图 8.7.9　生成的 Dem 栅格文件

图 8.7.10　生成的坡度图栅格文件

图 8.7.11　生成的坡度图栅格文件

# 8.8 其他

## 8.8.1 离线包

（1）点击“手工离线包”，弹出离线地图包下载对话框，如图 8.8.1 所示。

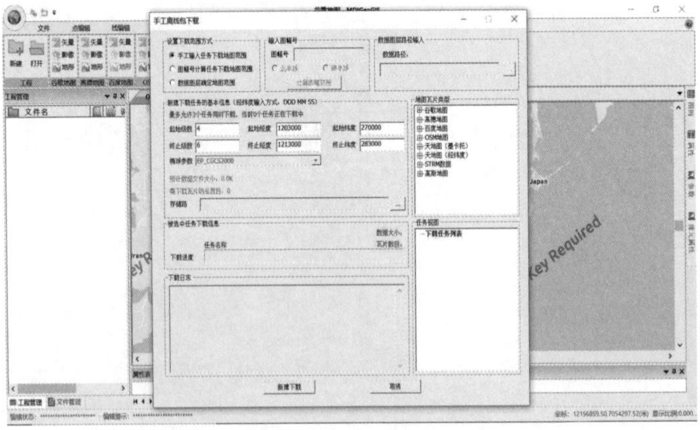

图 8.8.1 离线地图包下载界面

（2）可以选择“手工输入任务下载地图范围”，也可以选择“图幅号计算任务下载地图范围”，输入“图幅号”，选择南北半球，点击“计算图幅范围”，或是选择“数据图层确定地图范围”，选择图层文件确定地图范围，如图 8.8.2 所示。

（3）勾选想要下载的地图瓦片类型，输入下载范围，以及下载的地图层级，可以看到将要下载的瓦片数目及预估数据大小，选择数据存储路径，点击“新建下载”，建立下载对应的地图瓦片的任务，系统允许最多三个任务同时下载。下方会打印下载日志，可以在“任务文件视图”中选中任务，查看其下载进度。如图 8.8.3 所示。

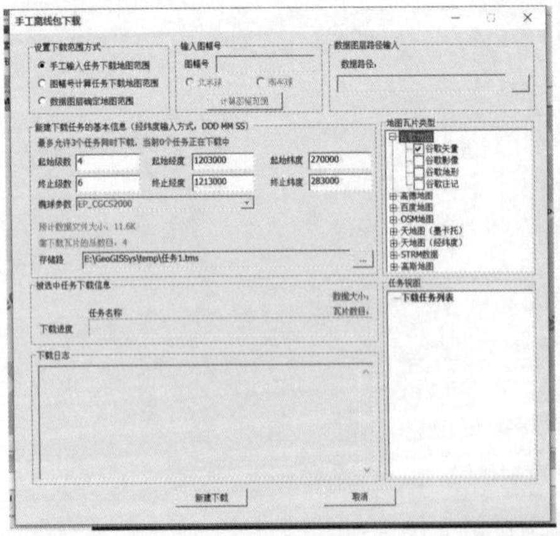

图 8.8.2 离线地图包图幅号范围计算

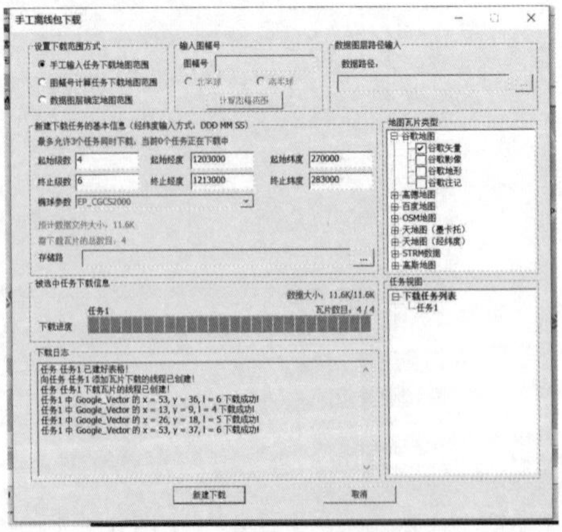

图 8.8.3 离线地图下载

（4）下载过程中可以通过在任务视图中选中下载任务，单击鼠标右键，在弹出控制菜单中对任务进行下载控制，如图 8.8.4 所示。

（5）可以通过选中任务，单击鼠标右键，对下载任务进行控制。直接关闭窗口，会存储未完成任务的下载进度，下次打开时自动加载任务。如图 8.8.5 所示。

（6）选择一个比例尺，如 1：5 万，显示对应的图幅框如图 8.8.6 所示。

（7）点击→“交互离线包”，拉框选取要下载的图幅范围，并弹出离线地图包下载对话框，将自动填充选择的图幅范围，如图 8.8.7、图 8.8.8 所示。

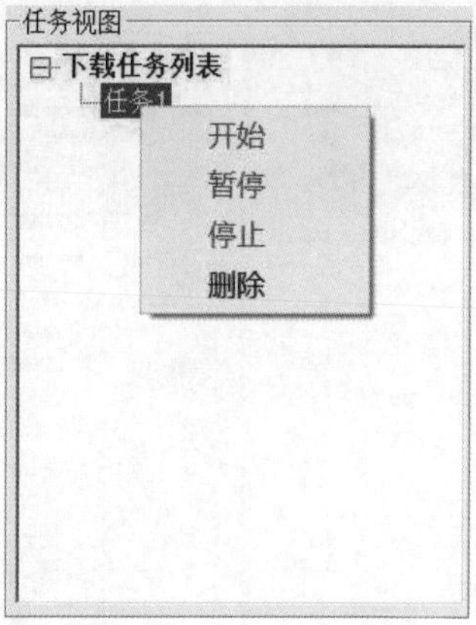


图 8.8.4　下载任务控制菜单

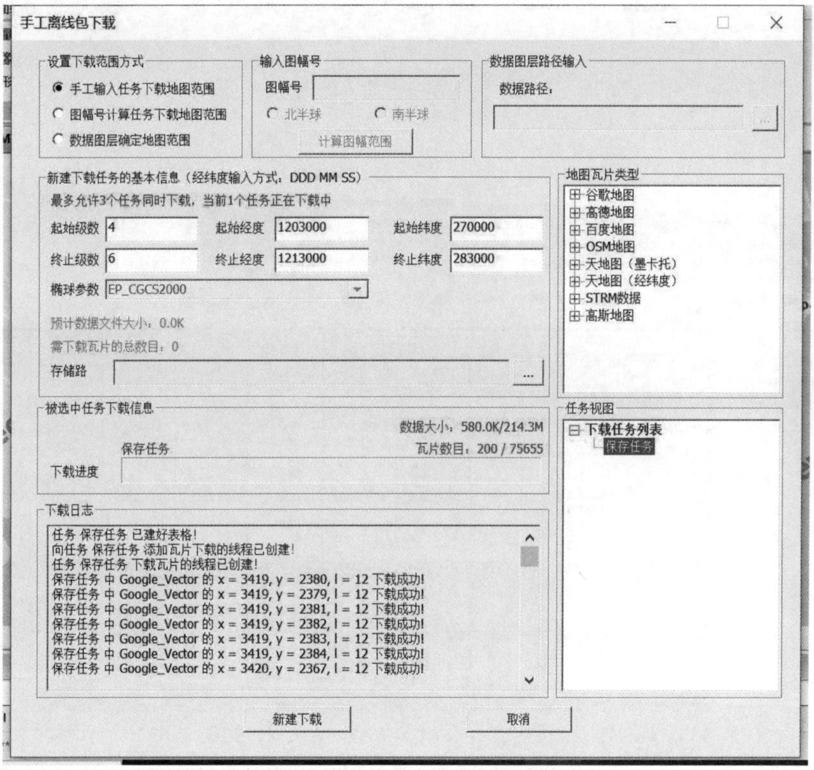


图 8.8.5　地图下载任务控制

## 8.8.2　自定义

自定义地图对应于地图服务下的专题地图，用户可以自定义对应地图的显示方式。

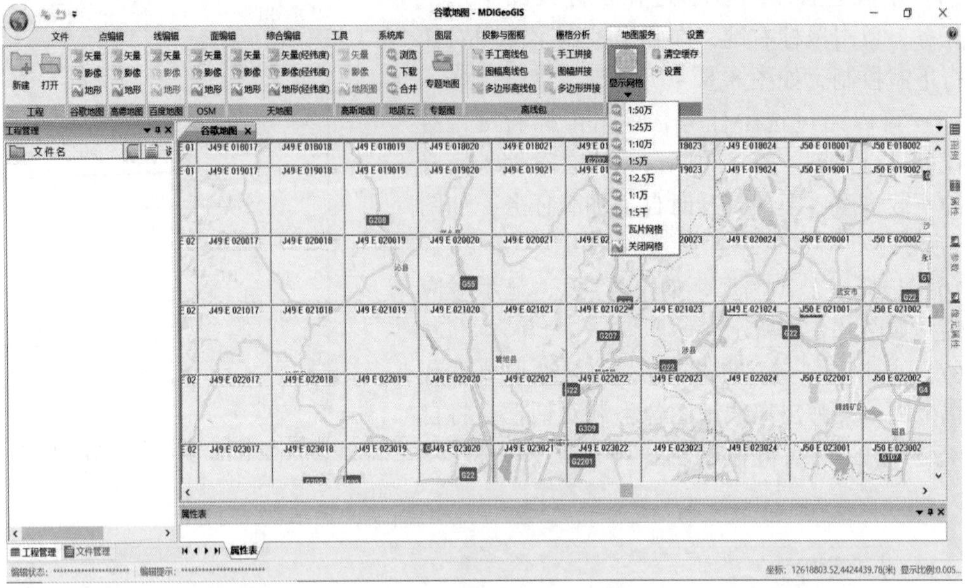


图 8.8.6　图幅号显示

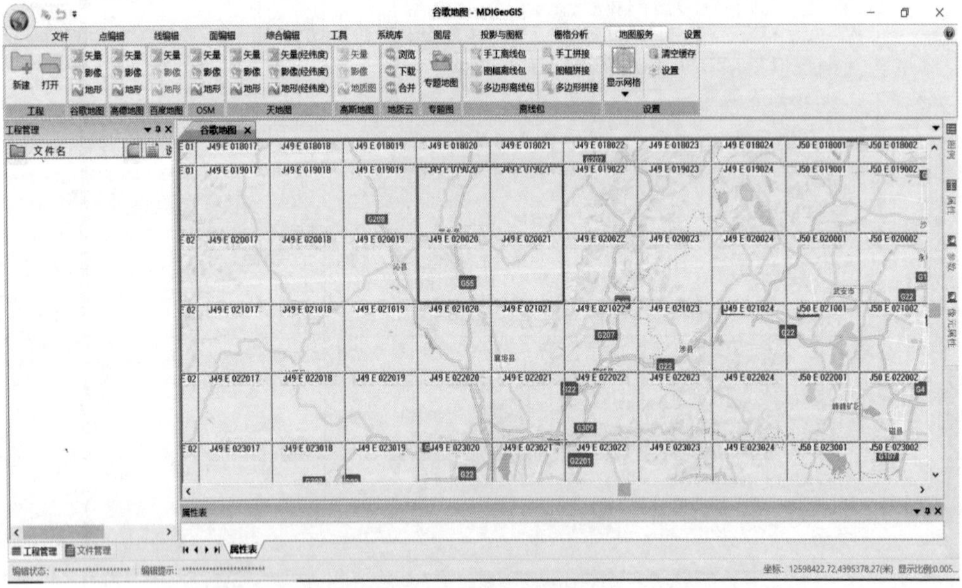


图 8.8.7　图幅范围框选

（1）选择“专题地图”，跳出瓦“瓦片自定义显示”窗口，如图 8.8.9 所示；

（2）在“瓦片自定义显示”窗口中勾选服务数据显示对应的数据（图 8.8.10，图 8.8.11）。

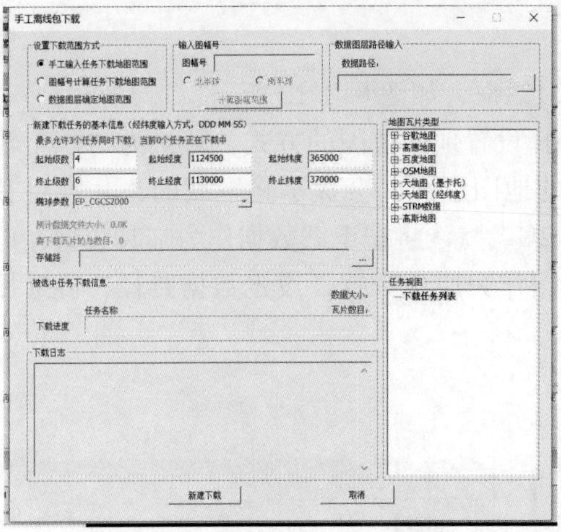


图 8.8.8　图幅范围自动填充

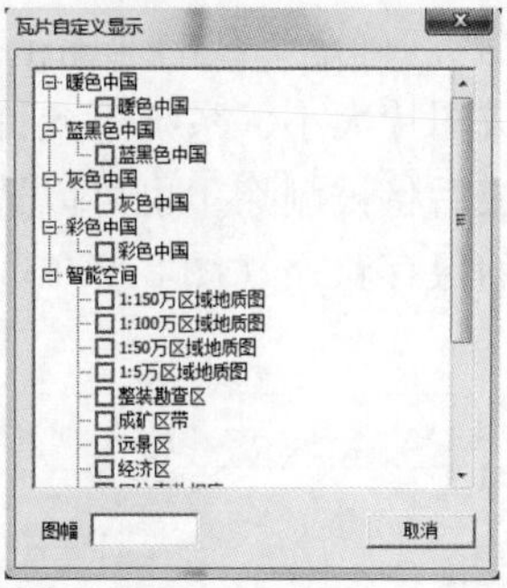


图 8.8.9　自定义谷歌地图显示

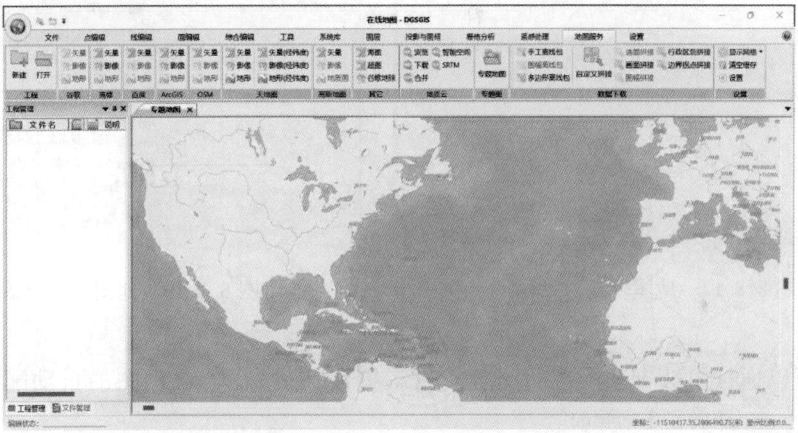


图 8.8.10　显示暖色地图

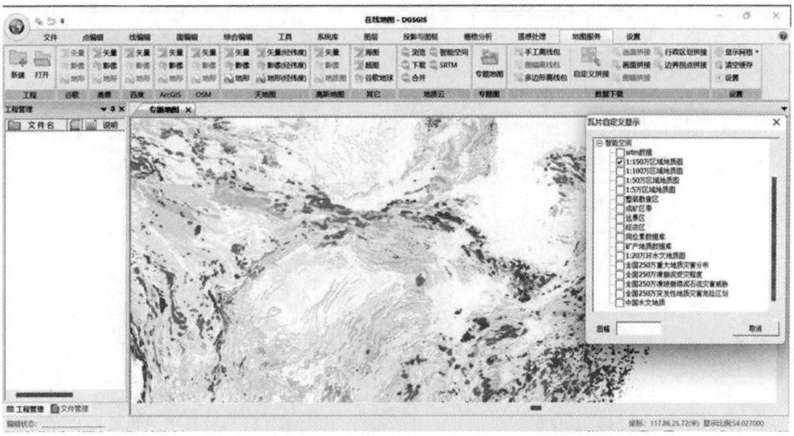


图 8.8.11　智能空间地图显示

## 8.8.3 地图合成

（1）点击“手工合并”，弹出地图合成对话框，如图 8.8.12 所示

（2）勾选需要合成的地图瓦片类型，选择设置地图范围的方式，默认为“手工输入地图范围”。确定下载的地图范围，以及合成的地图层级，会提示将下载的瓦片数目及预估的合成图片大小，系统不允许合成图片超过 2G。默认将把下载数据作为临时数据，地图合成完成后将被删除，也可以选择使用已有数据作为原始数据，设定数据路径，再选择合成地图的保存路径（图 8.8.13）。

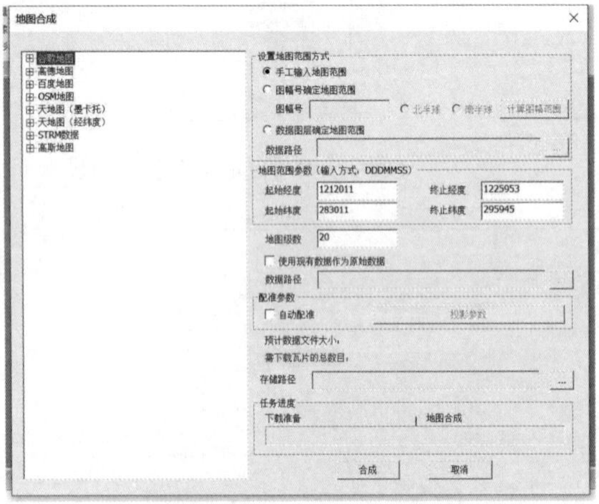

图 8.8.12　地图合成对话框

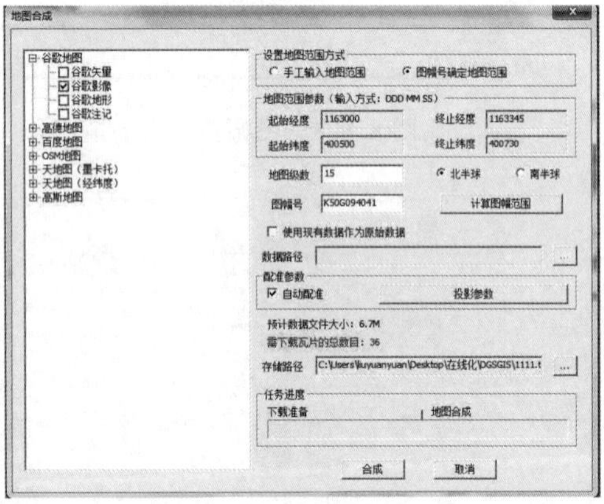

图 8.8.13　地图合成对话框

（3）可以通过复选自动配准，配置“投影参数”，进行合成地图的自动配准，投影参数可以导入。如图 8.8.14 所示。

单击“合成”，如图 8.8.15，图 8.8.16 所示。

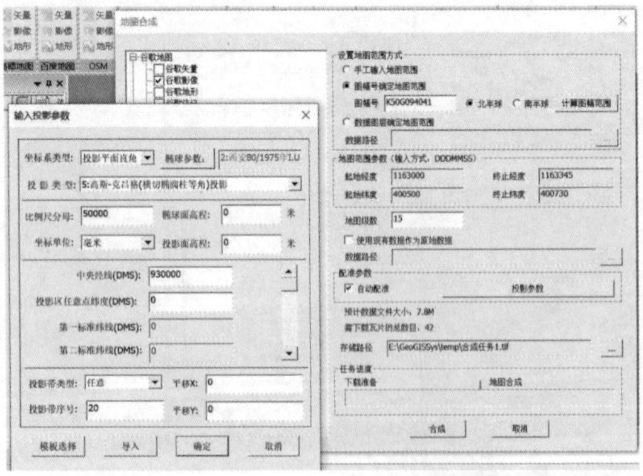

图 8.8.14　地图自动配准

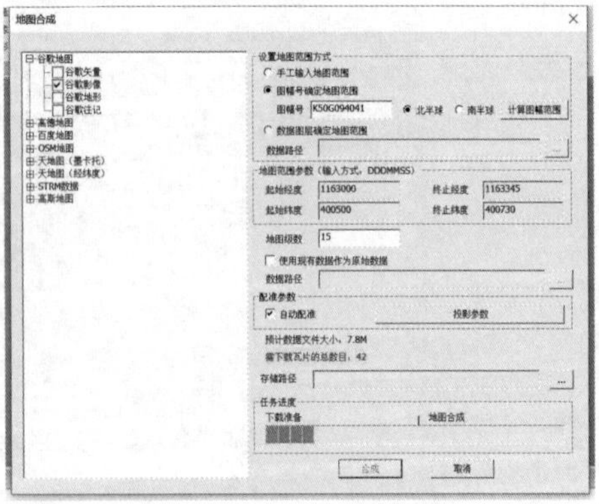

图 8.8.15　地图合成过程

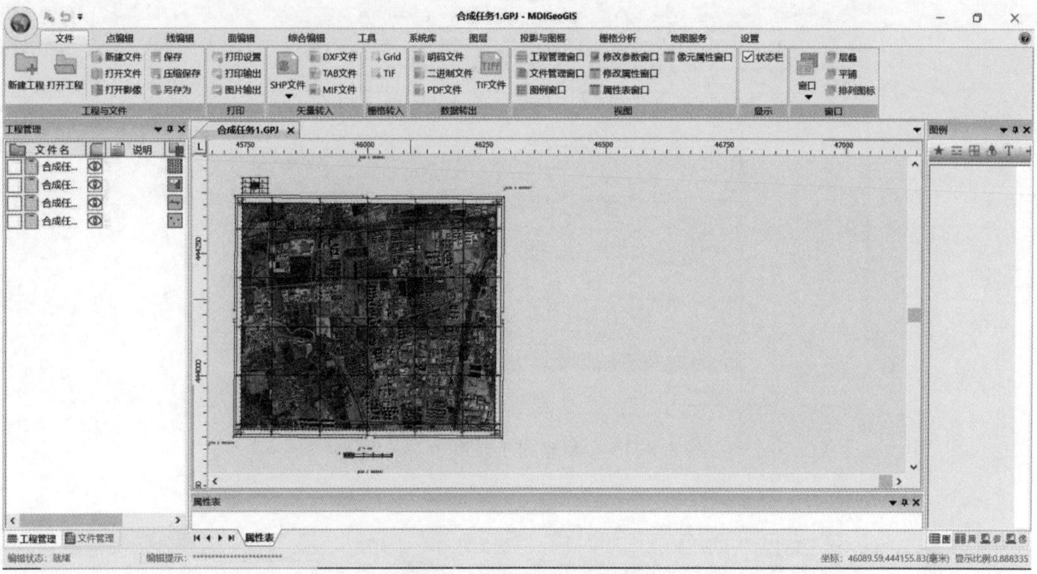


图 8.8.16 地图合成结果

## 8.8.4 设置

地图服务的设置包括背景图的显示、地图网格的划分，以及缓存数据的相关操作。

### 8.8.4.1 网格设置

网格是在背景图的基础上显示出来的，也就是背景图处于显示状态，才能显示网格，选择“地图服务”下的“显示网格”下拉框，可看到系统提供的网格比例，如图 8.8.17 所示。

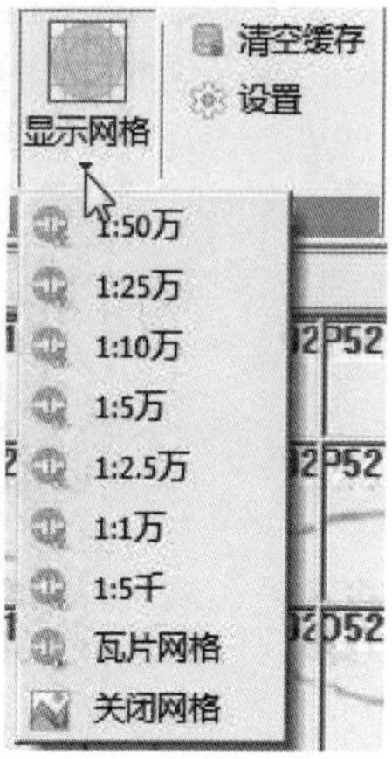


图 8.8.17 网格比例选项

（1）谷歌地图与天地图的网格显示（以天地图为例）：谷歌地图与天地图的网格显示方式相同，这里以天地图的显示网格为例；选择“天地图”→“矢量”\“影像”\“地形”查看该天地图，选择“地图服务”→“显示网格”→“1：50万”查看 1：50 万比例尺模式下的网格地图，如图 8.8.18 所示。

选择“显示网格”下拉框下的“瓦片网格”，可查看天地图的瓦片网格，如图 8.8.19 所示，每个格子里都是一个瓦片，每个瓦片大小为 256×256 的图片，整个地图是由这些瓦片拼起来。

（2）高斯地图的瓦片设置：高斯地图的网格设置只能选择“瓦片网格”，同谷歌地图与天地图的瓦片网格设置相同，打开一个高斯地图，选择“显示网格”下拉框下的“瓦片网格”，即可查看高斯地图的瓦片网格，如图 8.8.20 所示，圈中为瓦片 ID 号。

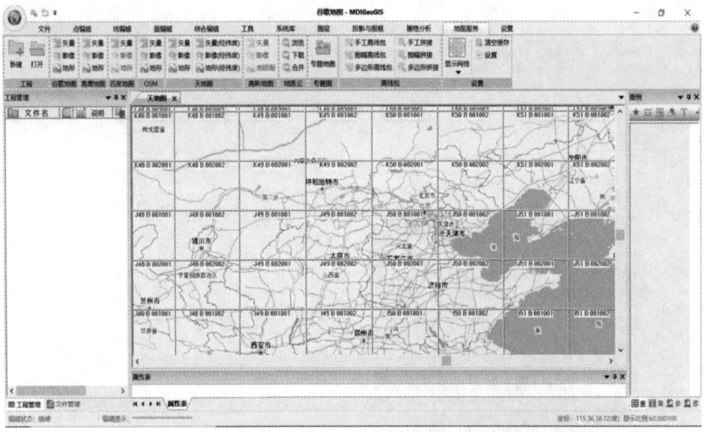

图 8.8.18　天地图 1：50 万显示网格

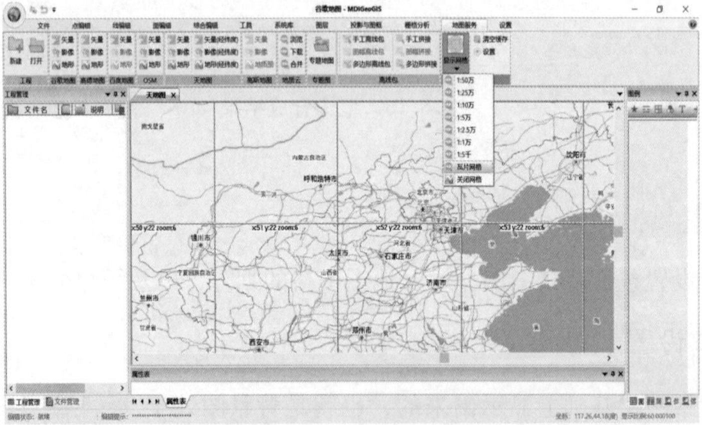

图 8.8.19　天地图瓦片网格

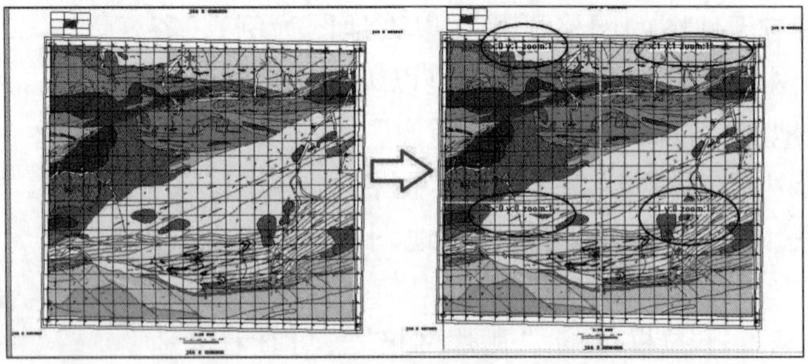

图 8.8.20　高斯地图的瓦片网格

### 8.8.4.2　缓存设置

缓存设置包括缓存路径的设置、使用缓存数据、保存缓存数据和清空缓存数据选项，如图 8.8.21 所示。

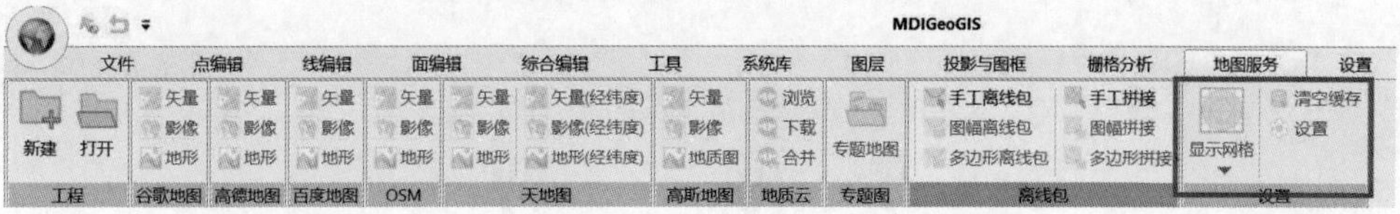


图 8.8.21 缓存设置选项

(1) 点击【缓存路径的设置】按钮，在弹出的对话框中点击【···】按钮可设置缓存路径和名称，如图 8.8.22、图 8.8.23 所示。

图 8.8.22 缓存路径设置对话框

图 8.8.23 缓存路径、名称设置

(2)【使用缓存数据】和【保存缓存数据】默认为打开的状态，默认缓存文件到用户所设置的缓存路径下。

(3) 点击【清空缓存数据】按钮可以清空缓存路径下的缓存数据。

(4) 点击【数据校正显示】按钮可以进行坐标偏移的校正，使各类地图的瓦片无偏移显示（图 8.8.24）。

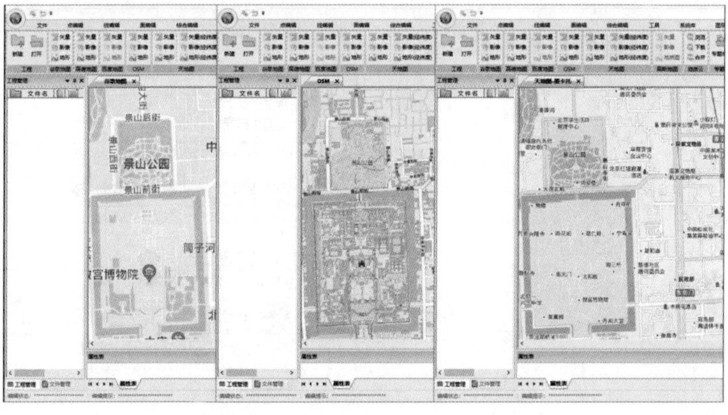


图 8.8.24 数据校正显示后结果

# 9 设　　置

菜单栏的最后一项为“设置”，主要包括“系统设置”“辅助设置”“样式”三个部分（图 9. 0. 1）。

图 9. 0. 1　设置菜单栏

## 9.1　系统设置

### 9.1.1　系统设置

点击“系统设置”，弹出选择信息，进行基本的系统设置选择，如图 9. 1. 1 所示。

### 9.1.2　目录环境

点击“目录环境”，弹出系统环境设置窗体，可以设置系统使用的目录，包括：字体、颜色、符号库、临时目录等，可以对环境路径进行设置，如图 9. 1. 2 所示。

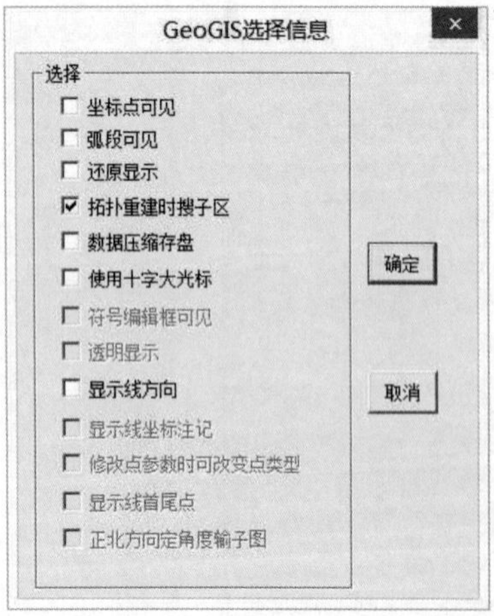


图 9. 1. 1　系统设置

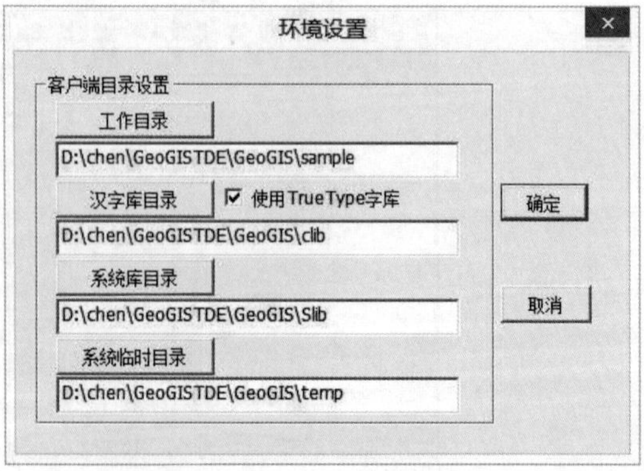


图 9. 1. 2　目录环境

## 9.1.3 系统参数

点击“系统参数”，弹出系统参数设置面板，如图 9.1.3 所示。

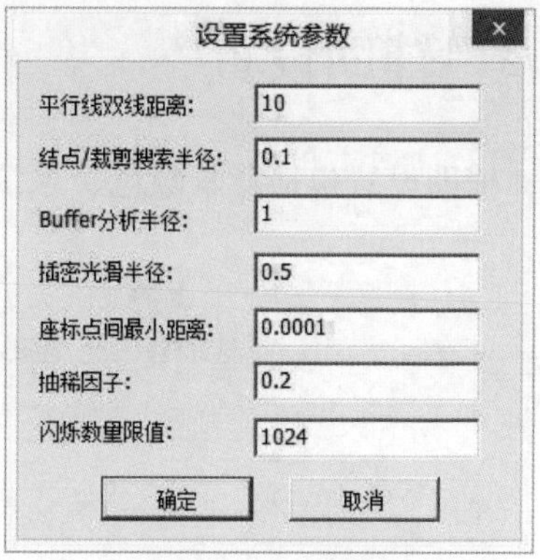


图 9.1.3 系统参数

## 9.1.4 显示坐标

点击“显示坐标”，弹出“设置状态栏显示参数”面板，查询当前图幅的相关参数信息，如图 9.1.4 所示。

点击【当前图幅参数】，显示当前图幅的各类详细参数信息，如图 9.1.5 所示。

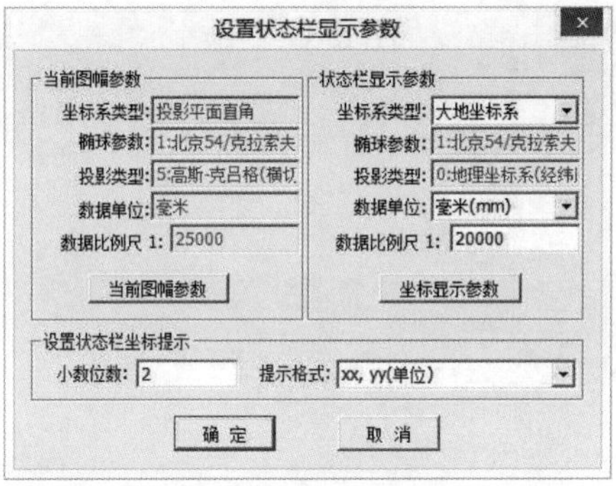


图 9.1.4 显示坐标

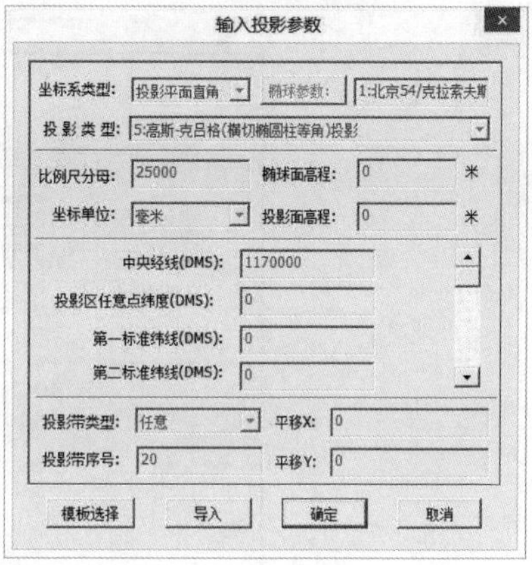


图 9.1.5 当前图幅参数

点击【坐标显示参数】，可以对“坐标系类型”进行设置，如图 9.1.6 所示。

点击“椭球参数”，对椭球参数进行设置，如图 9.1.7 所示。

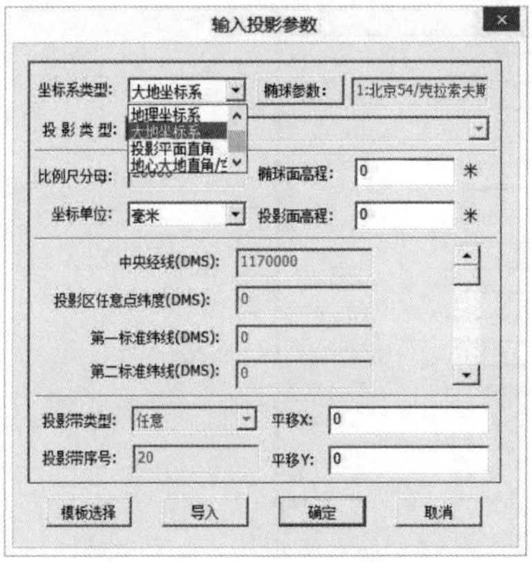


图 9.1.6 坐标显示参数

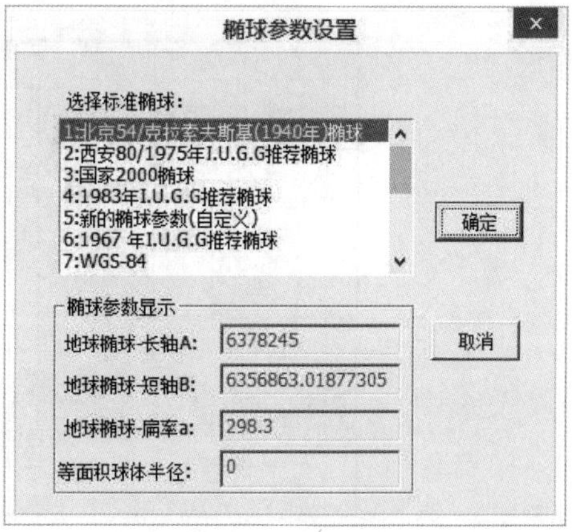


图 9.1.7 椭球参数

# 9.2 辅助设置

辅助设置包括背景颜色、系统语言等系统辅助设置功能，如图 9.2.1 所示。

图 9.2.1　辅助设置菜单项

点击“选择背景颜色”，弹出颜色面板，进行颜色的选择，如图 9.2.2 所示。

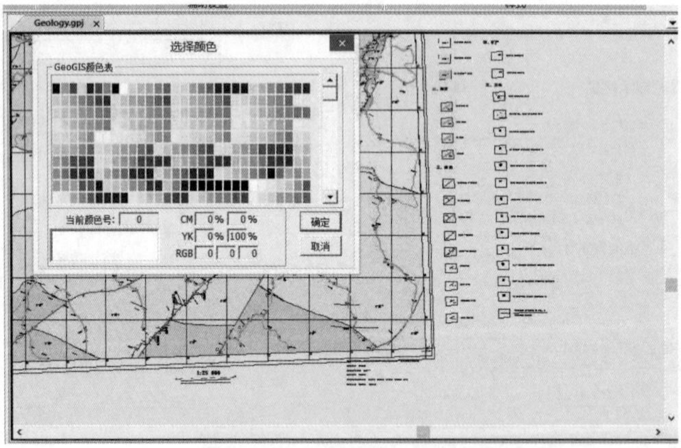


图 9.2.2　选择背景颜色

选择白色，再在地图可视化面板中右键点击“更新窗口”，面板的颜色更新为白色（图 9.2.3）。

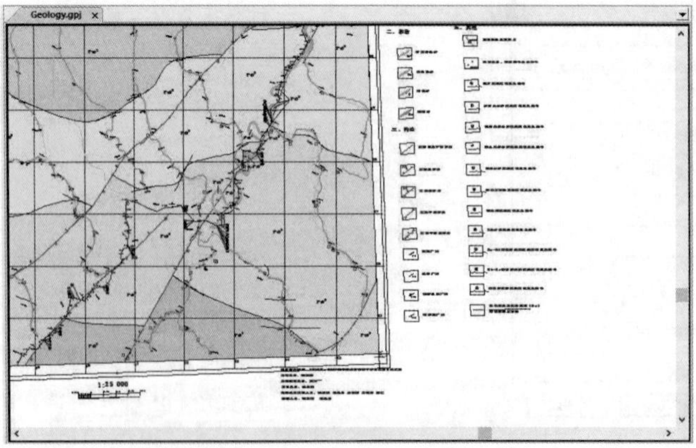


图 9.2.3　更新背景颜色

点击“工作区信息”，弹出框如图 9. 2. 4 所示，显示当前场景中包含的数据信息的具体路径。

点击“显示标尺”，数据可视化面板的上侧和左侧，显示出图幅的坐标信息（图 9. 2. 5）。

再次点击“显示标尺”，隐藏坐标尺（图 9. 2. 6）。

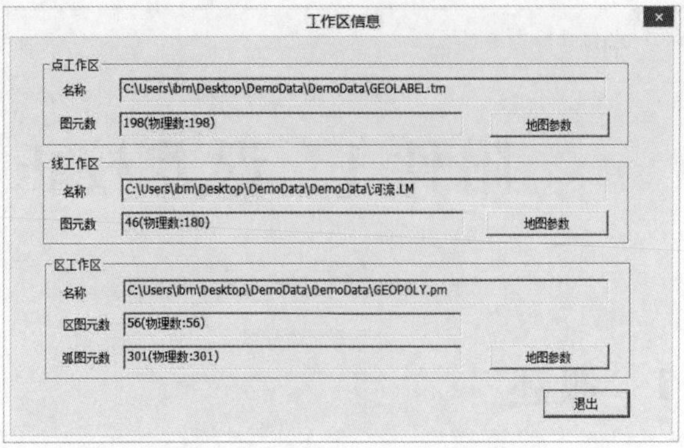


图 9. 2. 4　显示当前工作区信息

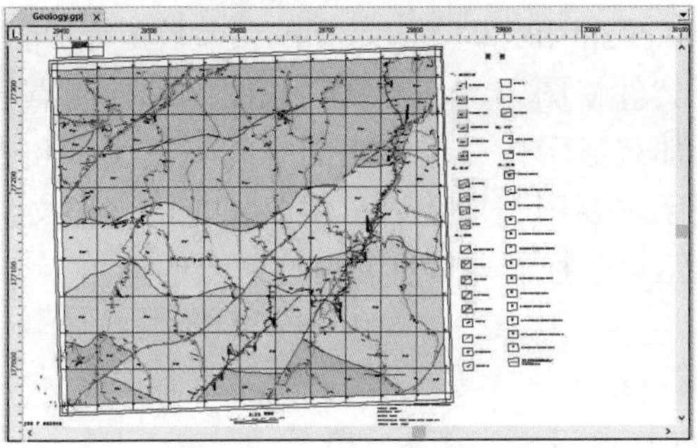


图 9. 2. 5　显示标尺信息

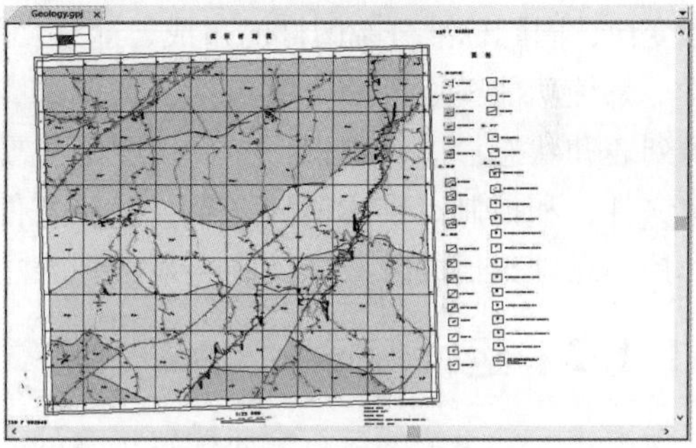


图 9. 2. 6　隐藏标尺信息

# 附件 1　误差校正与影像配准

## S1.1　概述

### S1.1.1　模块功能

校正配准系统是数字地质调查公益平台（DGSGIS）的重要功能模块系统之一，要实现投影变换、国际标准分幅图框的生成、遥感影像数据的配准和空间矢量数据的误差校正等功能。

系统功能模块界面主要包括：菜单栏，校正文件视图区，参照文件视图区和控制点显示列表和状态栏。其中校正文件视图区主要用于加载显示待误差校正的空间矢量文件和影像文件，和控制点实际值的采集；参照文件视图区主要用于加载显示误差校正的参照文件和控制点理论值的采集；控制点显示列表主要显示采集控制点信息和对控制点的操作。

### S1.1.2　运行环境

校正配准系统的运行需要配置正确的 DGSGIS 环境设置（图 S1.1）。

图 S1.1　DGSGIS 系统目录设置界面

## S1.2　文件操作

主要实现文件打开，影像 tif 文件的转换，视图区文件的关闭，清空、和另存等功能。

### S1.2.1　打开文件

选择“文件→打开文件”菜单，弹出 DGSGIS 的数据层文件（＊.lm，＊.tm，＊.pm，＊.fm）打开对话框（图 S1.2）。

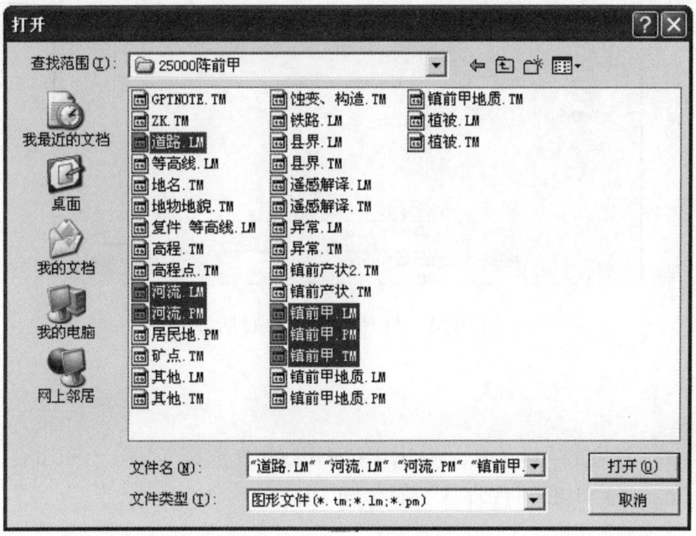


图 S1.2　数据层文件选择对话框

选择校正数据层文件，点击【打开】按钮，选择的数据层文件加载到校正文件视图区中（图 S1.3）。

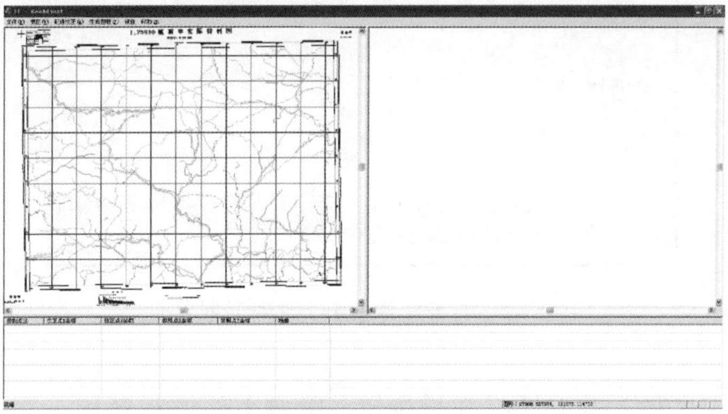

图 S1.3　误差校正数据层文件加载后显示界面

### S1.2.2　加载影像文件

选择“文件→加载 TIF 影像”菜单，弹出影像文件（＊.tif）打开对话框（S1.4）。

选择 TIF 影像文件，点击【打开】按钮，在相同目录下生成 TIF 影像文件的同名 FM

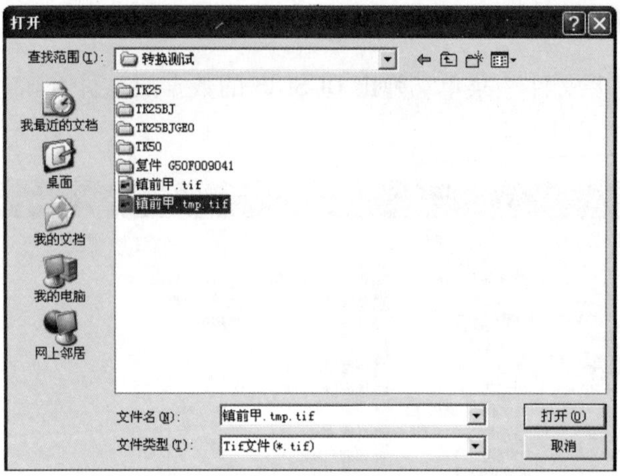


图 S1.4　打开影像文件对话框

索引文件。

选择“文件→打开文件”菜单，弹出 DGSGIS 的数据层文件（＊.lm，＊.tm，＊.pm，＊.fm）打开对话框。文件类型选择＊.fm（图 S1.5）。

图 S1.5　打开影像索引文件对话框界面

选择影像索引文件，点击【打开】按钮，影像文件加载到校正文件视图区中（图 S1.6）。

## S1.2.3　关闭文件

选择“文件→关闭文件”菜单，弹出校正文件视图区的数据层文件列表对话框（图 S1.7）。

在对话框的文件列表中，选择待删除的文件（如地名数据层），点击【确定】按钮，关闭校正文件视图区的相应的数据层文件（图 S1.8）。

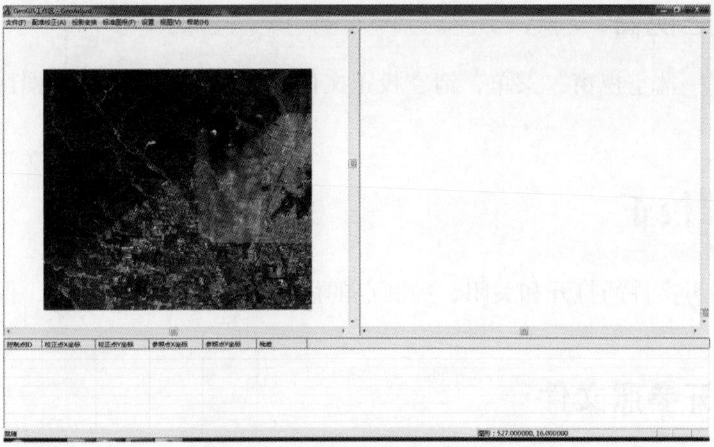

图 S1.6　加载影像后系统界面

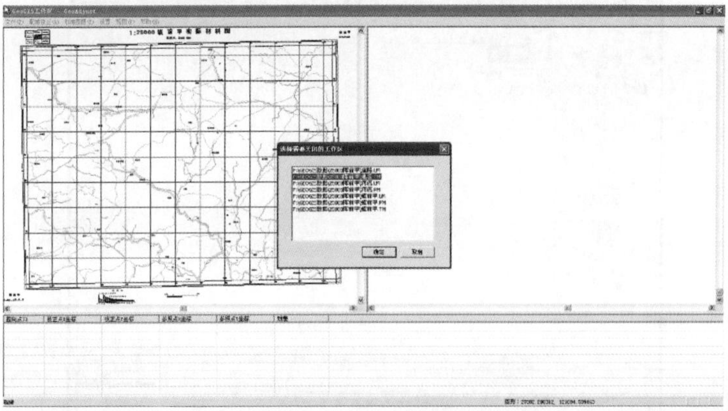

图 S1.7　文件关闭前窗口

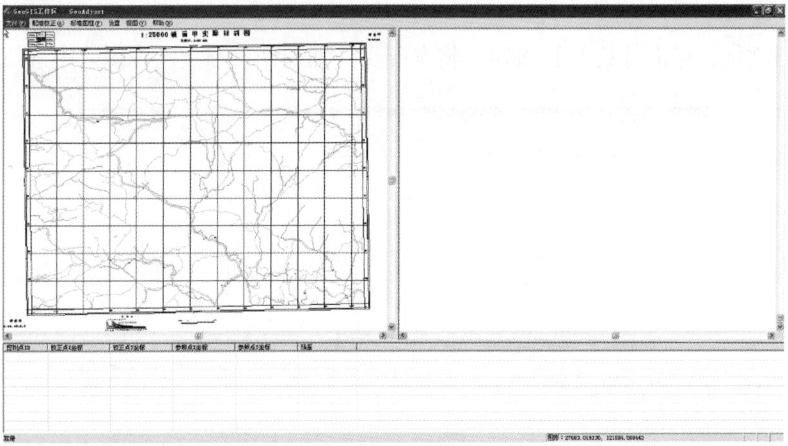

图 S1.8　地名数据层文件关闭后窗口界面

### S1.2.4　清空视窗

选择“文件→清空视窗”菜单，清空校正文件视图区，参照文件视图区内加载的所有数据层文件。

## S1.3　配准校正

主要实现参考文件的打开和关闭，控制点的添加，控制文件的加载、保存和误差校正等功能

### S1.3.1　打开参照文件

选择“配准校正→打开参照文件”菜单，弹出参照文件选择对话框（图 S1.9）。

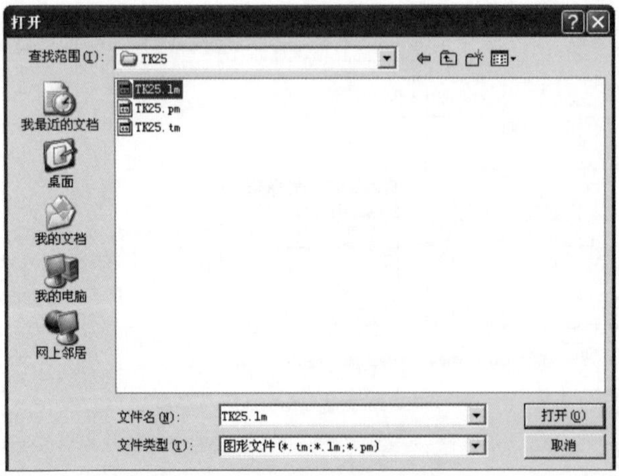


图 S1.9　参照文件选择对话框

选择参照文件，点击【打开】按钮，将参照文件加载到参照文件视图区中（图 S1.10）。

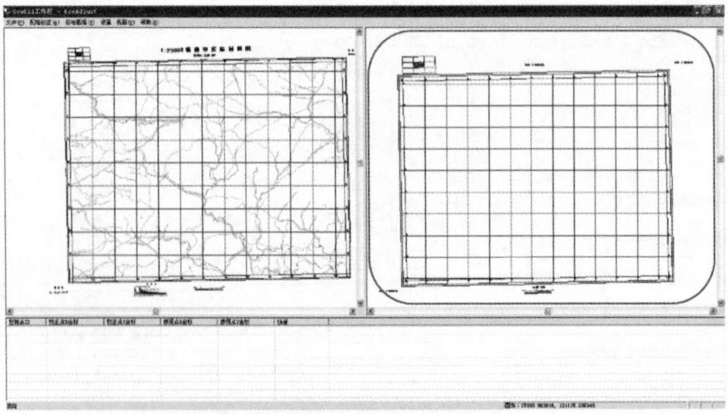

图 S1.10　参照文件加载之后对话框

## S1.3.2　关闭参照文件

选择选择“配准校正→关闭参照文件”菜单，弹出参照文件列表选择对话框（图S1.11）。

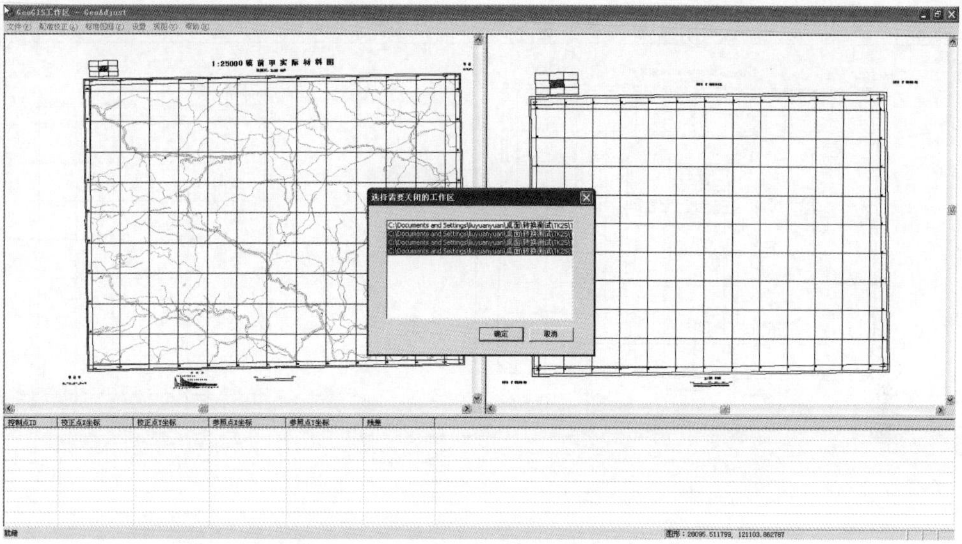


图 S1.11　参照文件列表选择对话框

选择待关闭的参照文件，点击【确定】按钮，在参照文件视图区中关闭显示对应的数据层（图S1.12）。

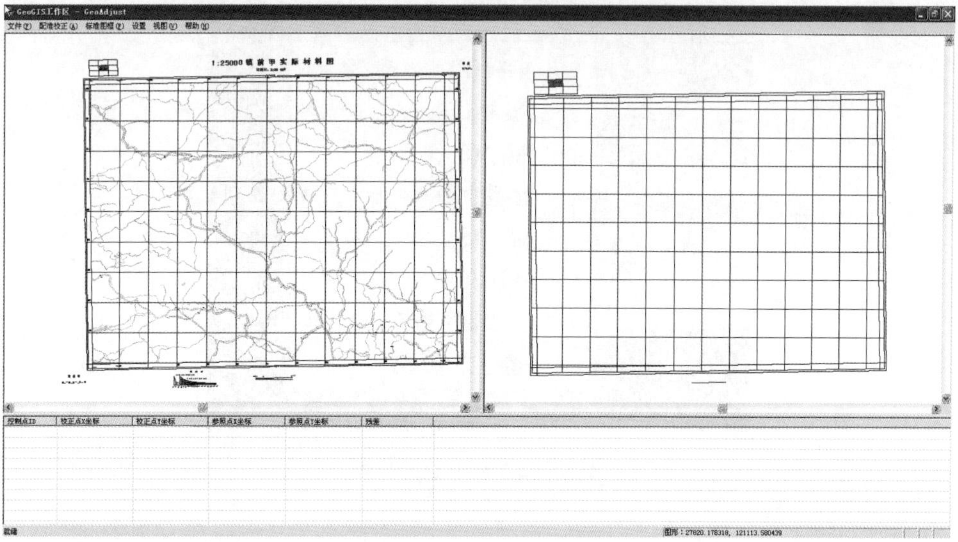


图 S1.12　在参照文件视图区中关闭显示对应的数据层

## S1.3.3 添加控制点

选择“配准校正→关闭参照文件”菜单，点击校正文件视图窗口，在校正文件视图窗口中采集控制实际值（图 S1.13）。

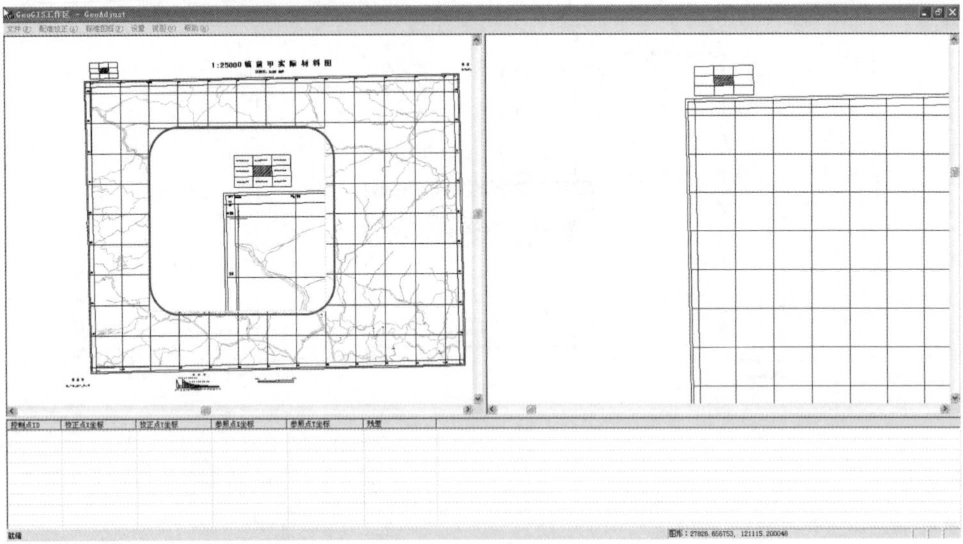

图 S1.13 在校正文件视图窗中采集控制实际值

此时，为了保证点的位置准确性，可右击捕捉交点（图 S1.14）。

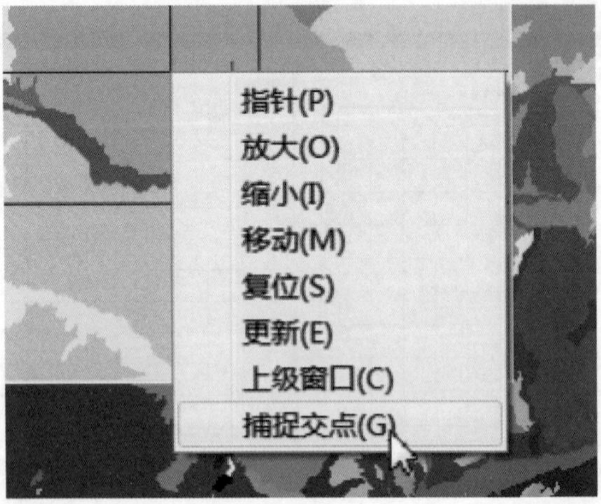


图 S1.14 捕捉交点菜单

点击参照文件视图窗口，在参照文件视图窗口中点击采集控制点理论值，按键盘【空格键】，弹出控制点信息对话框（图 S1.15）。

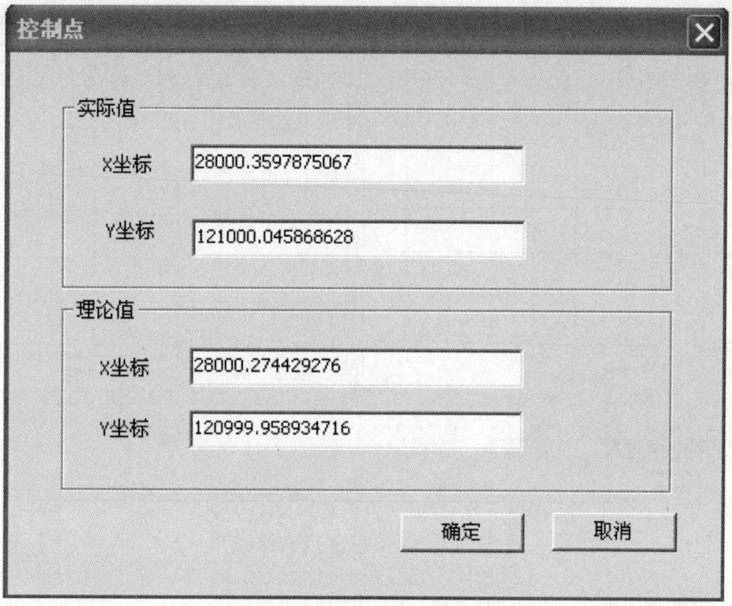


图 S1.15 控制点信息对话框

按键盘【空格键】或者点击【确定】按钮，控制点信息添加到控制点信息列表中，重复以上操作，至少添加 4 个以上控制点（图 S1.16）。

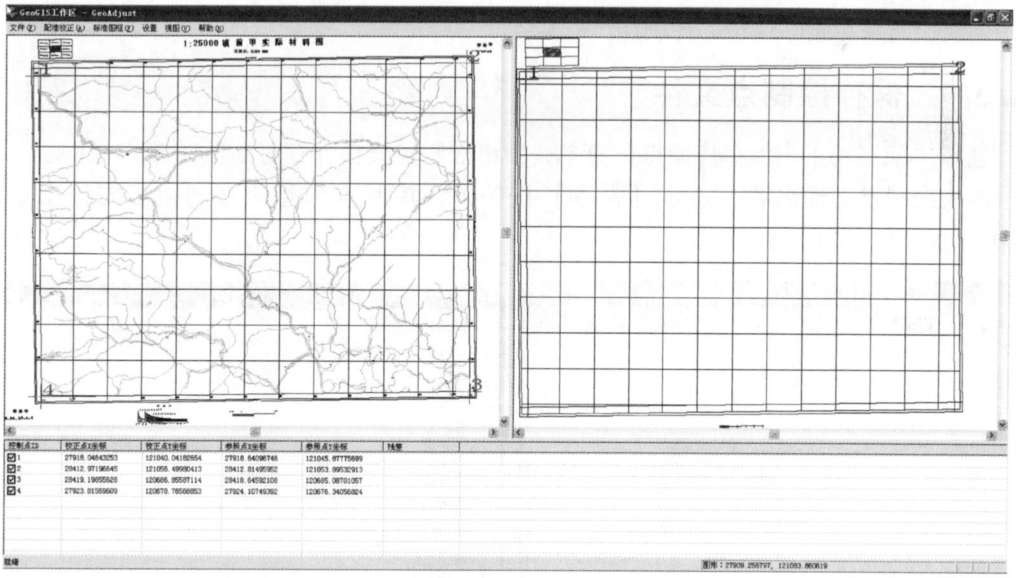


图 S1.16 控制点信息添加到控制点信息列表中

在控制点信息列表中，选择某个控制点，点击鼠标右键，弹出控制点右键菜单（图 S1.17）。

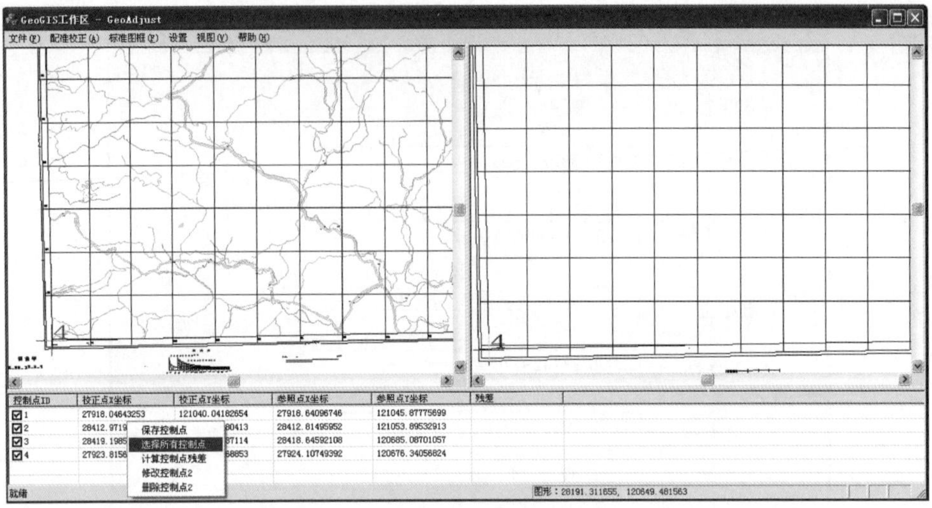


图 S1. 17　弹出控制点右键菜单

保存控制点：将控制点信息保存到控制点文件中。

选择所有控制点：将所有的控制点处于选择状态，控制点添加之后默认情况下处于选择状态。

计算控制点残差：根据控制点信息，计算控制点残差

修改控制点：返回该控制点选择界面状态

删除控制点：删除选择的控制点。

## S1. 3. 4　保存控制点文件

选择“配准校正→保存控制点”菜单，弹出控制点文件保存对话框（图 S1. 18）。

输入控制点文件名称，点击【保存】按钮，将控制点信息保存到指定的控制点文件中。

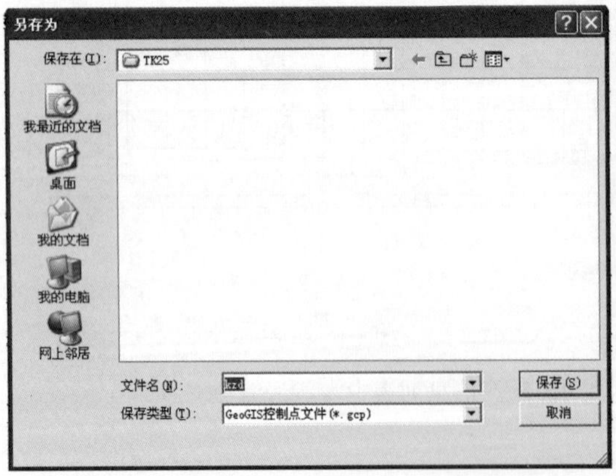


图 S1. 18　控制点文件保存对话框

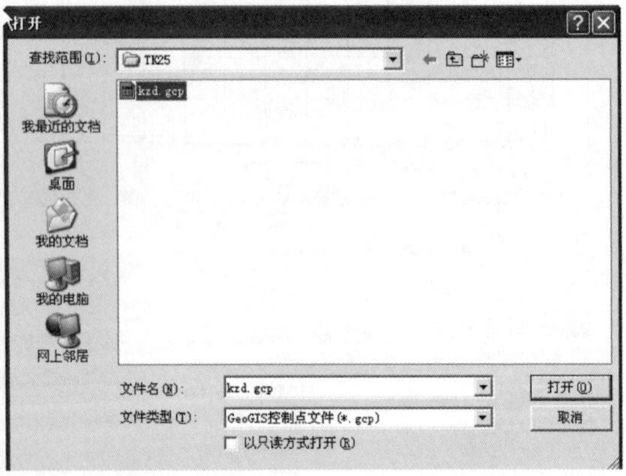


图 S1. 19　控制点文件选择对话框

## S1.3.5 加载控制点文件

选择“配准校正→加载控制点文件”菜单，弹出控制点文件选择对话框（图 S1.19）。

选择控制点文件（*.gcp），点击【打开】按钮，将控制点文件保存的控制点信息添加到控制点信息列表中。

## S1.3.6 校正预览

选择“配准校正→校正预览”菜单，在参考文件视图区中显示校正后叠加显示的结果（图 S1.20）。

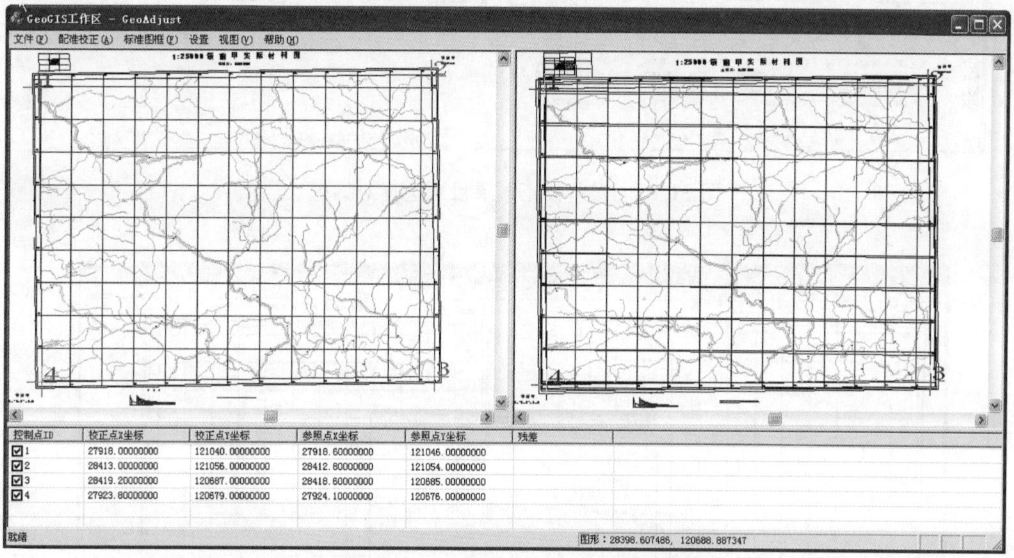


图 S1.20 显示校正后叠加显示的结果

## S1.3.7 误差校正

当控制点采集完成之后，校正预览显示正确之后，即可进行误差校正。

选择“配准校正→误差校正”菜单，弹出误差校正结果目录选择对话框（图 S1.21）。

设置误差校正后文件存储目录，点击【确定】按钮，将只对校正文件视图窗口中加载的文件根据控制点信息进行误差校正，并将校正后的结果文件保存到指定的目录中。

## S1.3.8 批量校正

当控制点采集完成之后，校正预览显示正确之后，即可进行误差校正。

选择“配准校正→批量校正”菜单，弹出误差校正结果目录选择对话框（图 S1.22）。

设置待误差校正文件的存储目录和误差校正后文件存储目录，点击【确定】按钮，将对原始数据目录下的所有文件根据控制点信息进行误差校正，并将校正后的结果文件保存到指定的目录中。

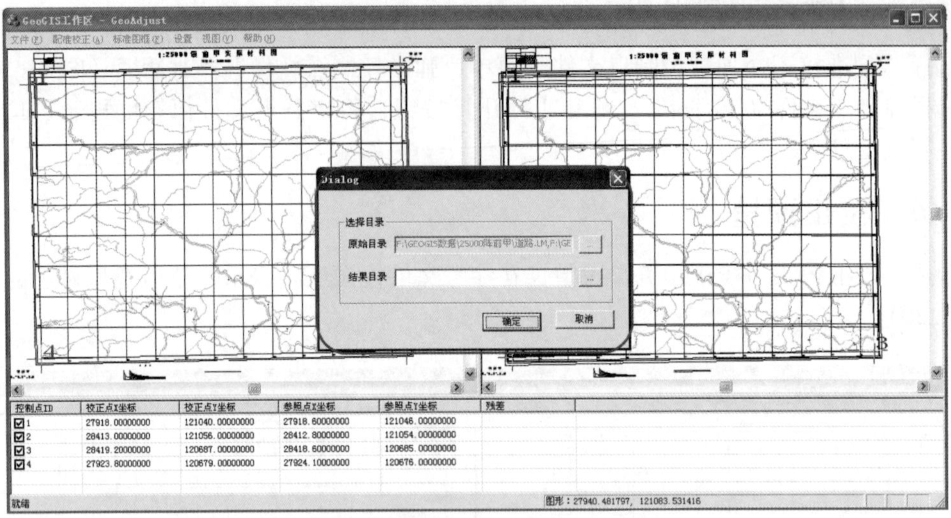

图 S1.21　误差校正结果目录选择对话框

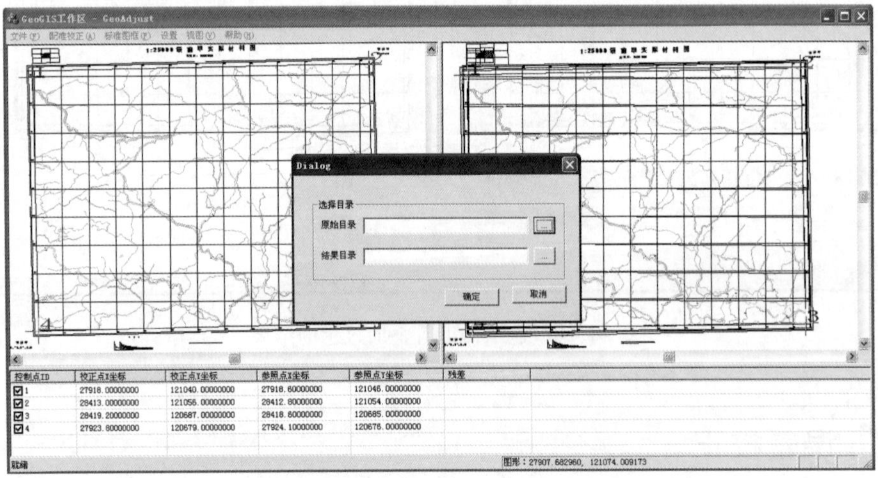

图 S1.22　误差校正结果目录选择对话框（批量）

# S1.4　视图

主要用于控制状态栏、参考窗口和控制点窗口的显示。

## S1.4.1　状态栏

选择“视图→状态栏”菜单，改变状态栏的显示，并在菜单前进行标示。如果“打钩”标示显示状态栏，如果不打勾标示不显示状态栏（图 S1.23）。

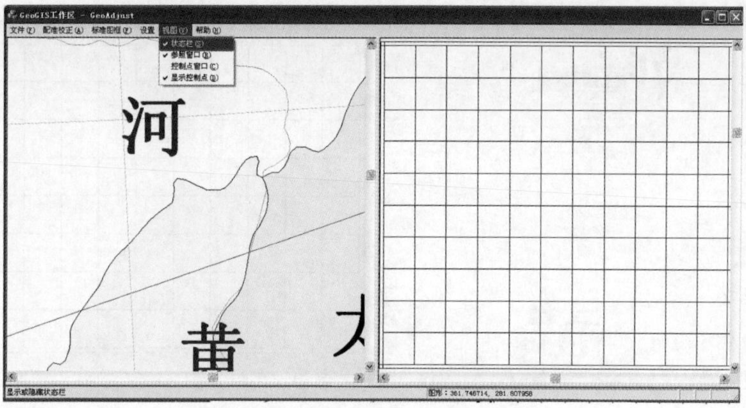


图 S1.23 状态栏选择菜单

## S1.4.2 参照窗口

选择“视图→参照窗口”菜单，改变参照窗口的显示，并在菜单前进行标示。如果“打钩”标示显示参照窗口，如果不打勾标示不显示参照窗口（图 S1.24）。

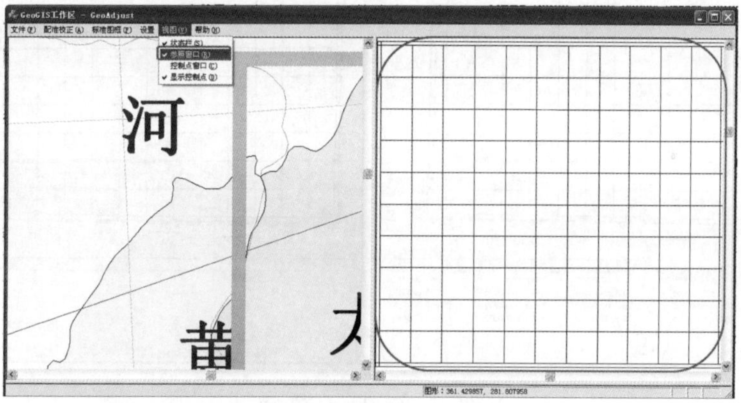


图 S1.24 参照窗口选择菜单

## S1.4.3 控制点窗口

选择“视图→控制点窗口”菜单，改变控制点窗口的显示，并在菜单前进行标示。如果“打钩”标示显示控制点窗口，如果不打勾标示不显示控制点窗口（图 S1.25）。

## S1.4.4 显示控制点

选择“视图→控制点窗口”菜单，控制添加控制点过程中，是否在参考窗口和校正框中标示控制点的空间位置，并在菜单前进行标示。如果“打钩”标示显示控制点，如果不打勾标示不显示控制点（图 S1.26）。

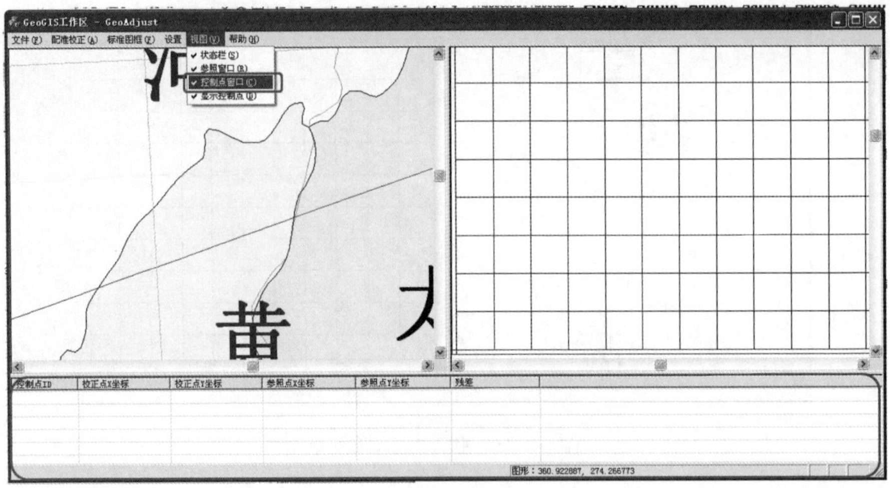


图 S1. 25　控制点窗口选择菜单

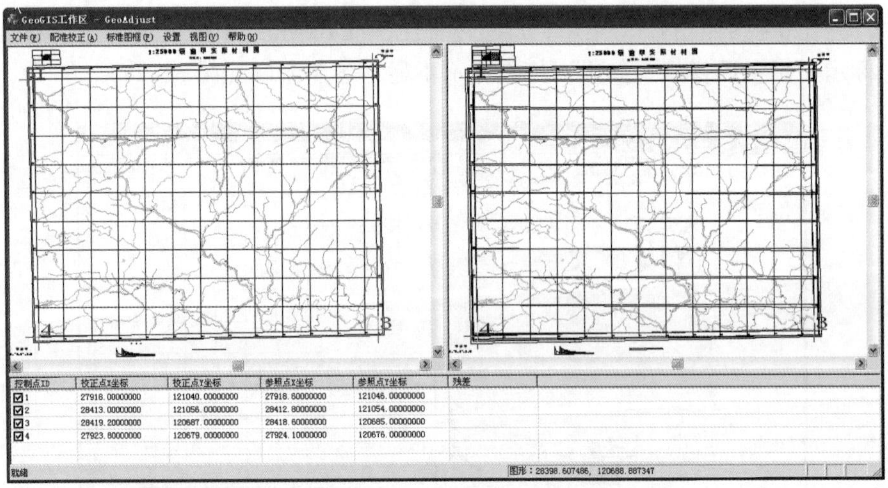


图 S1. 26　显示控制点

# 附件 2　数据转换

## S2.1　概述

### S2.1.1　模块功能

DGSGIS 数据转换工具是基于 MapGIS 和数字地质调查公益平台开发的数据格式转换工具，DGSGIS 与 MapGIS 之间数据的无损转换，DGSGIS 与 ARCGIS 之间的数据转换等功能。系统的主界面如图 S2.1 所示。

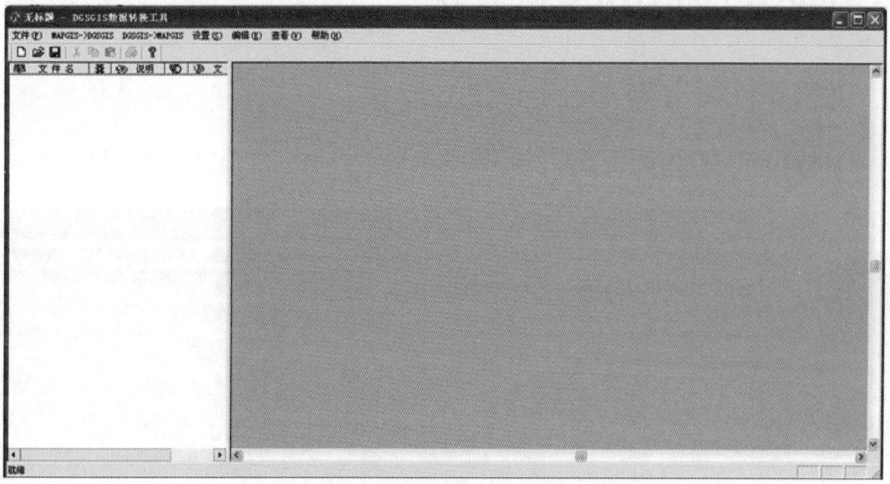

图 S2.1　系统主界面

### S2.1.2　运行环境

DGSGIS 数据转换工具由于是基于 MapGIS 点的二次开发，模块运行需要运行于 MapGIS 系统环境下。在打开模块功能界面之后，需要进行 MapGIS 和 DGSGIS 系统目录进行设置。默认环境下，系统自动完成 MapGIS 和 DGSGIS 系统目录的设置（图 S2.2，图 S2.3）。

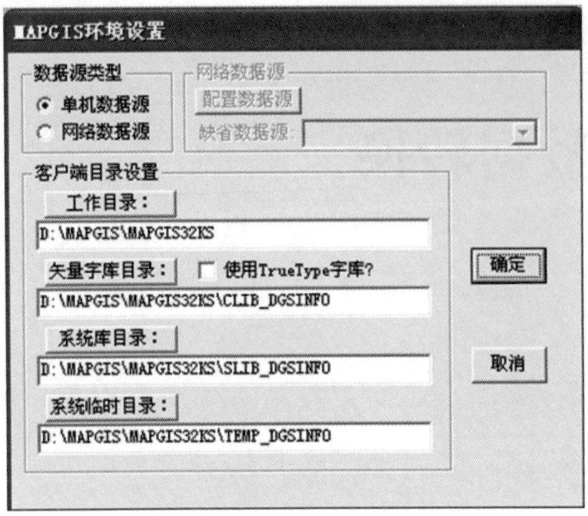


图 S2. 2　MapGIS 系统目录设置界面

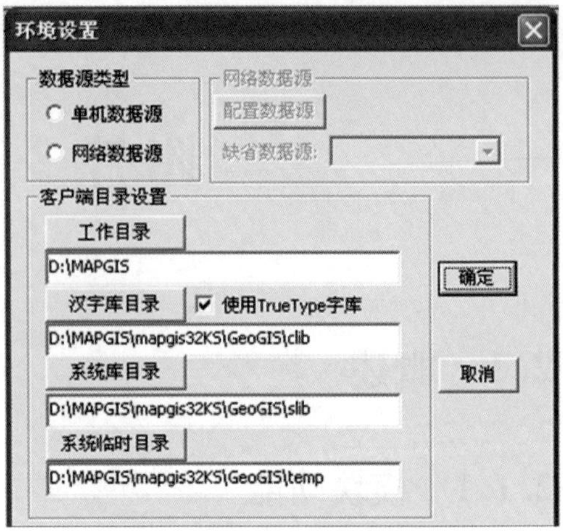


图 S2. 3　DGSGIS 系统目录设置界面

## S2. 2　MapGIS 向 DGSGIS 转换

### S2. 2. 1　转换数字填图 DGSDATA 目录

选择“MAPGIS→DGSGIS”下的“转换数字填图目录”菜单（图 S2. 4）。

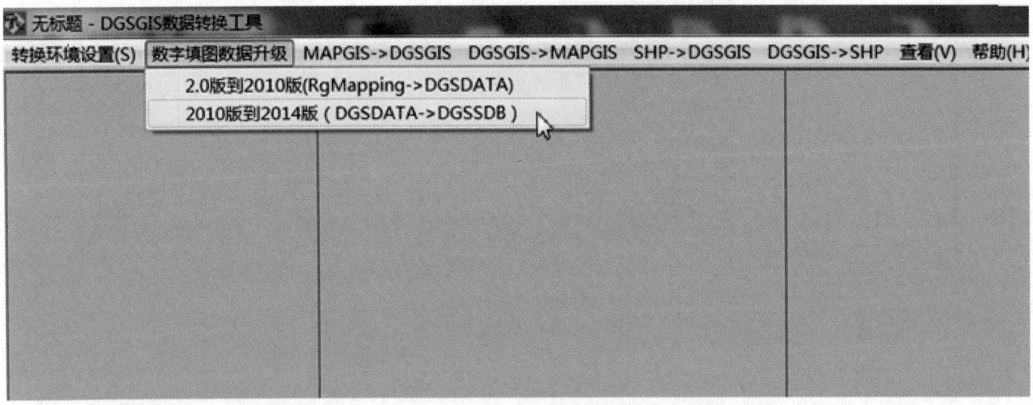


图 S2. 4　选择菜单

弹出转换目录设置对话框，选择待转换的目录和转换后的存储目录（图 S2. 5）。

点击【确定】按钮，进行数字填图数据 MapGIS 向 DGSGIS 数据格式的转换和 PRB 描述文件向 PRB 描述数据库的转换。待数据转换完成，弹出转换完成提示对话框。

**注：** 转换数字填图目录功能在转换 MAPGIS 空间矢量数据文件和影像文件的同时，进行 PRB 描述 TXT 文件向 PRB 地质描述数据库 DB 文件的转换。

图 S2.5　转换目录对话框

## S2.2.2　转换 MAPGIS 系统库

选择“MAPGIS→DGSGIS”下的“转换 MapGIS 系统库”菜单（图 S2.6）。

弹出转换后系统库存储路径选择对话框（图 S2.7）。

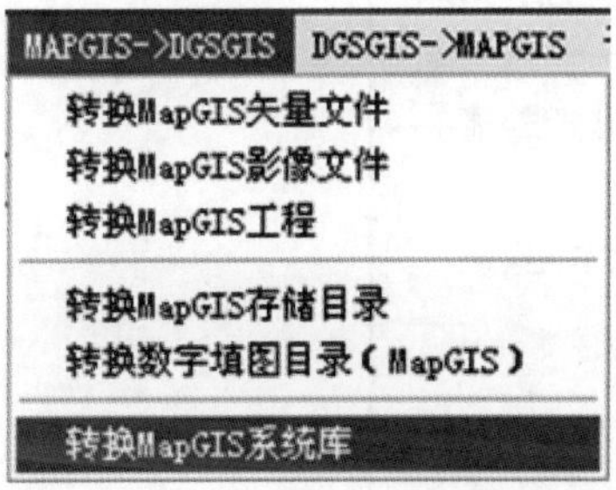


图 S2.6　“转换 MapGIS 系统库”菜单

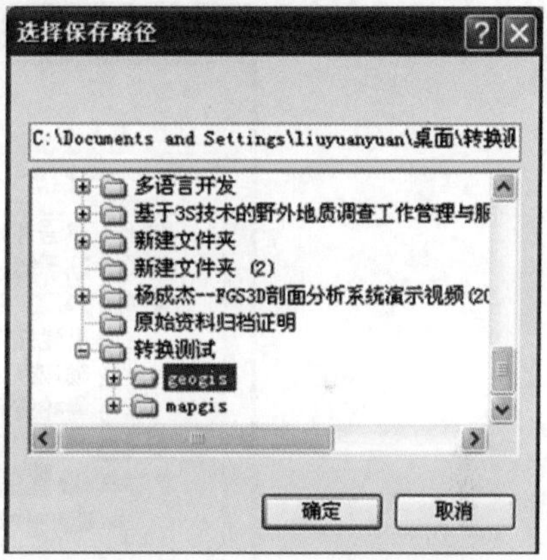


图 S2.7　选择保存路径

点击【确定】按钮，系统自动根据 MapGIS 设置的系统目录进行转换。

## S2.2.3　转换 MapGIS 矢量文件（＊.wt、＊wl、＊.wp）

选择“MapGIS→DGSGIS”下的“转换 MapGIS 矢量文件”菜单（图 S2.8）。

弹出 MapGIS 空间矢量数据文件选择对话框，选择待转换的 MapGIS 文件（S2.9）。

点击【打开】按钮，弹出转换后数据存储路径设置对话框（图 S2.10）。

点击【确定】按钮，进行 MapGIS 空间矢量

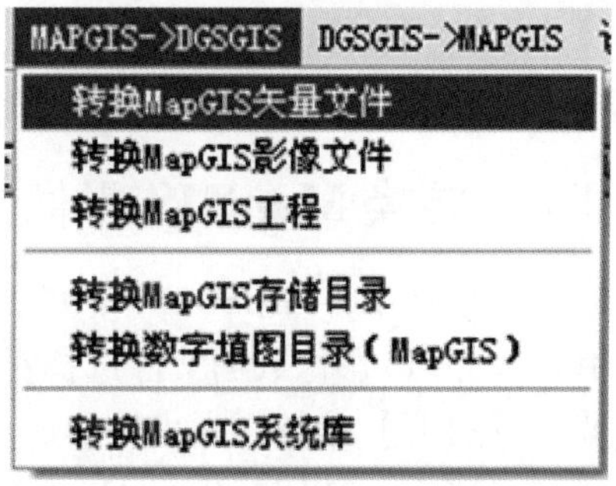


图 S2.8　“转换 MapGIS 矢量文件”菜单

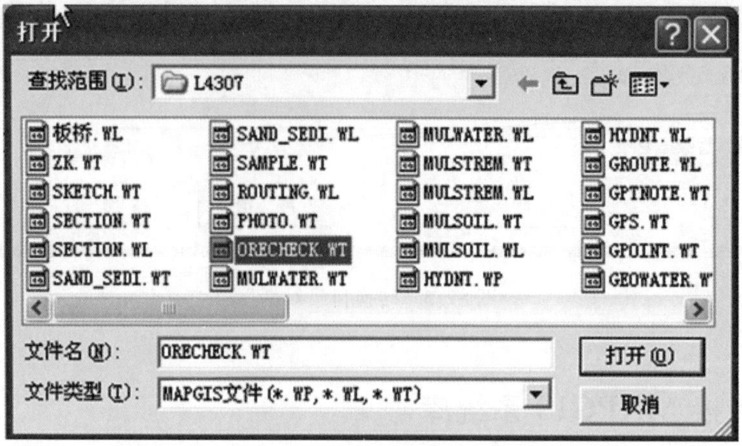


图 S2.9　文件选择对话框

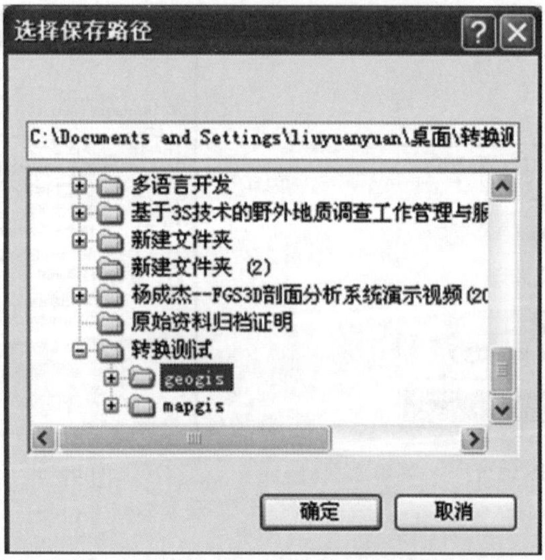


图 S2.10　存储路径设置对话框

数据向 DGSGIS 数据格式的转换。待数据转换完成，弹出转换完成提示对话框。

## S2.2.4　转换 MapGIS 影像文件（*.msi）

选择“MAPGIS→DGSGIS”下的“转换 MapGIS 影像文件”菜单（图 S2.11）。

弹出 MapGIS 影像数据文件选择对话框，选择待转换的 msi 文件（图 S2.12）。

点击【打开】按钮，弹出转换后数据存储路径设置对话框（图 S2.13）。

点击【确定】按钮，进行 MapGIS 影像数据向 DGSGIS 数据格式的转换。待数据转换完成，弹出转换完成提示对话框。

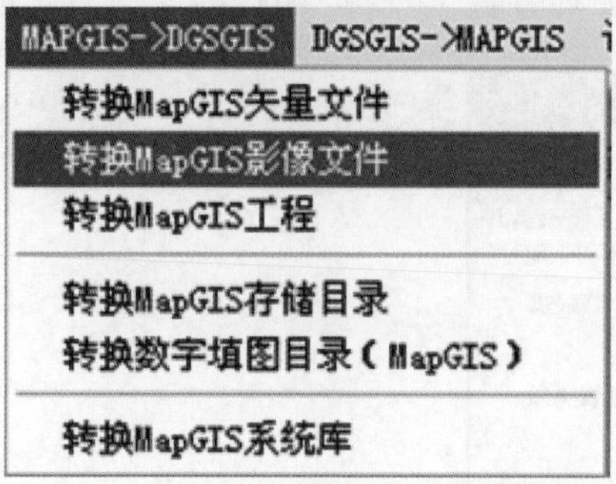


图 S2.11　“转换 MapGIS 影像文件”菜单

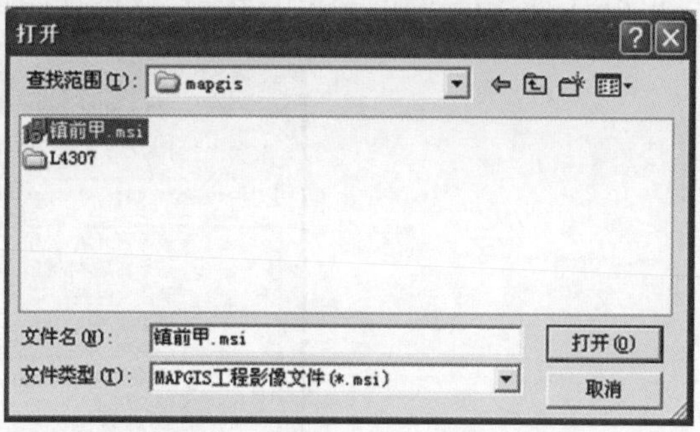


图 S2.12　数据文件选择对话框

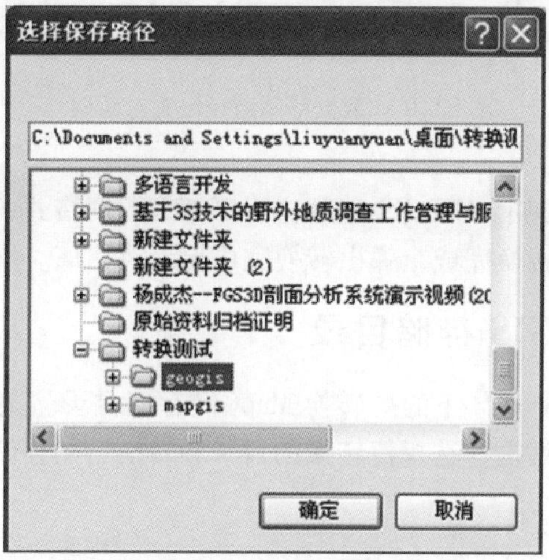


图 S2.13　数据存储路径设置对话框

## S2.2.5　转换 MapGIS 工程

选择“MAPGIS→DGSGIS”下的“转换 MapGIS 工程”菜单（图 S2.14）。

弹出 MapGIS 工程选择对话框，选择待转换 MapGIS 的 mpj 文件（图 S2.15）。

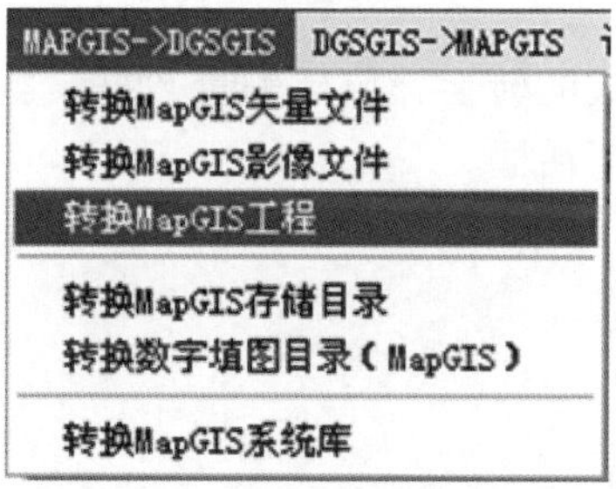


图 S2.14　“转换 MapGIS 工程”菜单

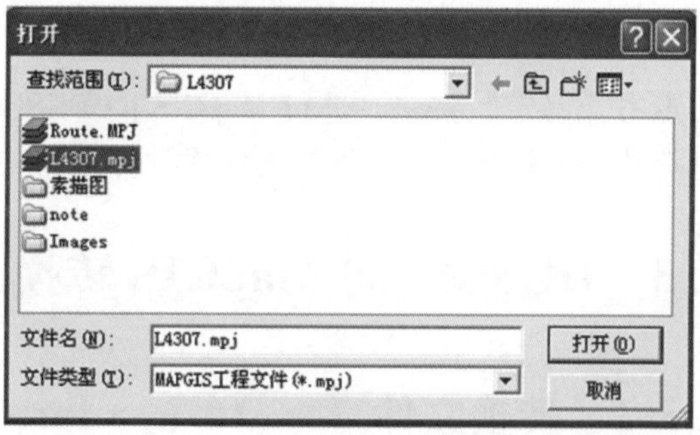


图 S2.15　工程文件选择对话框

点击【打开】按钮，弹出转换后数据存储路径设置对话框（图 S2. 16）。

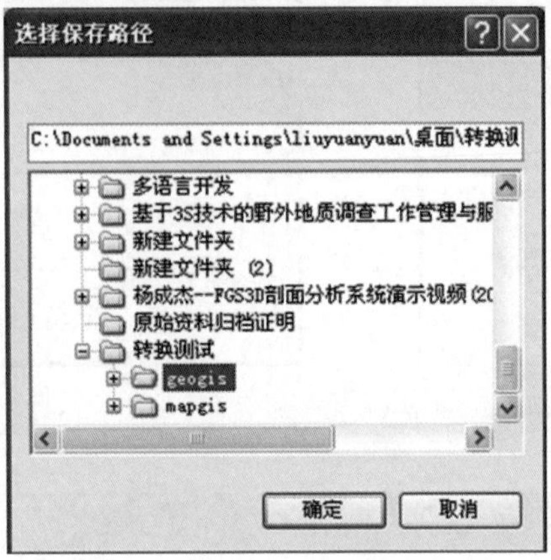


图 S2. 16　数据存储路径设置对话框

点击【确定】按钮，进行 MapGIS 工程向 DGSGIS 数据格式的转换，包括矢量数据和影像数据的转换。待数据转换完成，弹出转换完成提示对话框。

### S2. 2. 6　转换 MapGIS 存储目录

选择“MAPGIS→DGSGIS”下的“转换 MapGIS 存储目录”菜单（图 S2. 17）。

弹出转换目录设置对话框，选择待转换的目录和转换后的存储目录（图 S2. 18）。

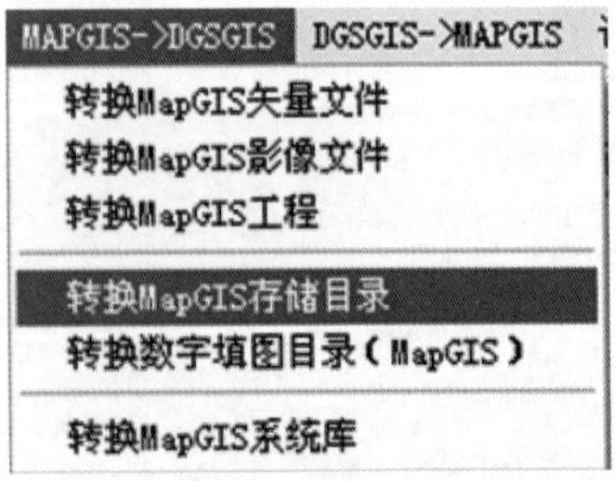


图 S2. 17　“转换 MapGIS 存储目录”菜单

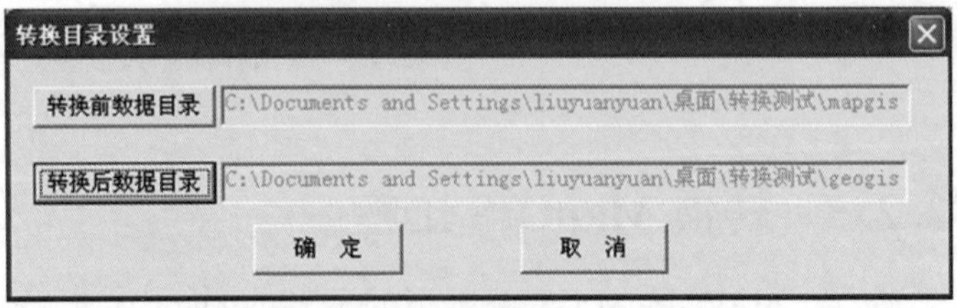


图 S2. 18　设置转换前后的存储目录

点击【确定】按钮，进行 MapGIS 向 DGSGIS 数据格式的转换，包括矢量数据、影像数据等数据的转换。待数据转换完成，弹出转换完成提示对话框。

## S2. 3　DGSGIS 向 MapGIS 转换

### S2. 3. 1　转换文件（＊. tm、＊lm、＊. pm）

选择“DGSGIS→MAPGIS”下的“转换文件”菜单（图 S2. 19）。

弹出 DGSGIS 空间矢量数据文件选择对话框，选择待转换的 DGSGIS 文件（图 S2. 20）。

点击【打开】按钮，弹出转换后数据存储路径设置对话框（图 S2. 21）。

点击【确定】按钮，进行 DGSGIS 空间矢量数据向 MapGIS 数据格式的转换。待数据转换完成，弹出转换完成提示对话框。

图 S2. 19　“转换文件”菜单

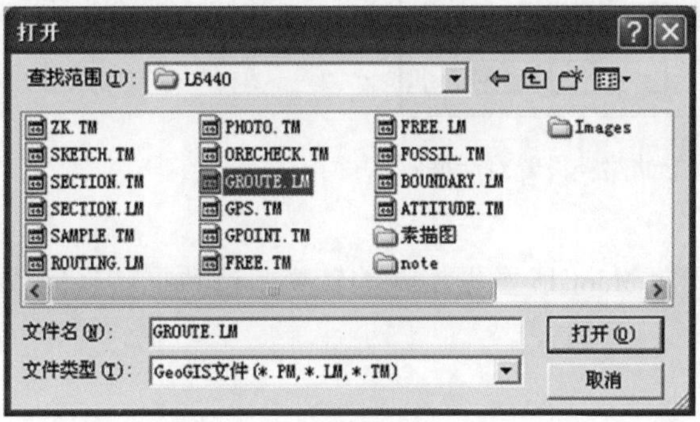


图 S2. 20　数据文件选择对话框

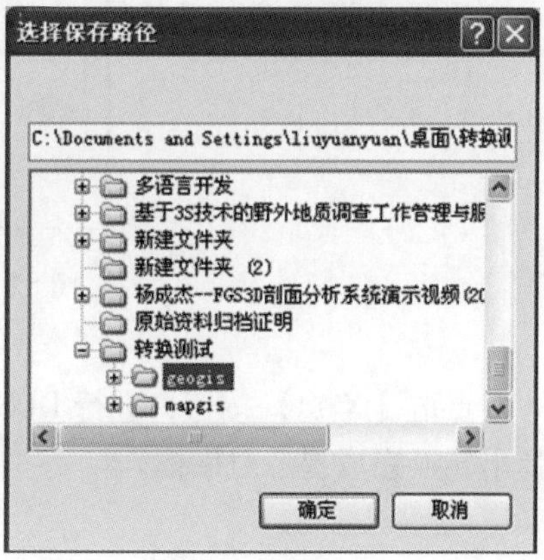


图 S2. 21　数据存储路径设置对话框

## S2. 3. 2　转换工程

选择“DGSGIS→MAPGIS”下的“转换工程”菜单（图 S2. 22）

弹出 DGSGIS 工程选择对话框，选择待转换 DGSGIS 的 GPJ 文件（图 S2. 23）。

点击【打开】按钮，弹出转换后数据存储路径设置对话框（图 S2. 24）。

图 S2. 22　“转换工程”菜单

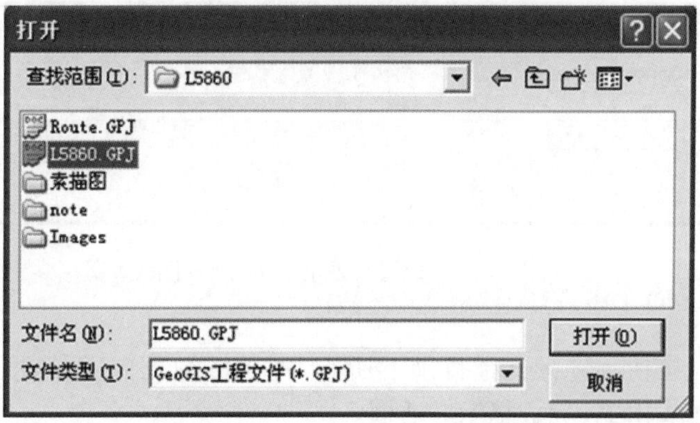


图 S2. 23　工程文件选择对话框

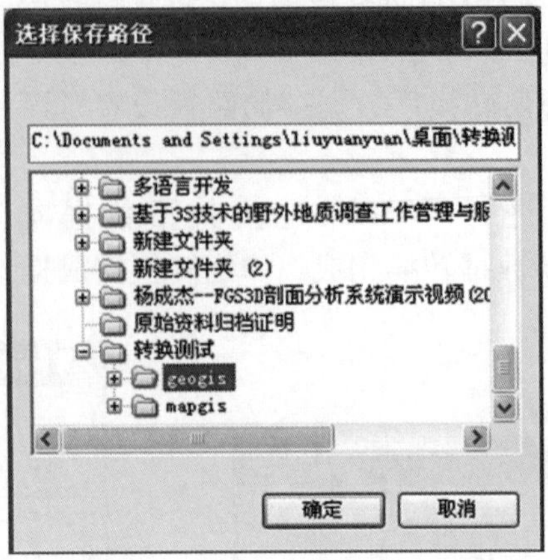


图 S2. 24　数据存储路径设置对话框

点击【确定】按钮，进行 DGSGIS 工程向 MapGIS 数据格式的转换。待数据转换完成，弹出转换完成提示对话框。

## S2. 3. 3　转换目录

选择“DGSGIS → MAPGIS”下的“转换目录”菜单（图 S2. 25）。

图 S2. 25　“转换目录”菜单

弹出转换目录设置对话框，选择待转换的目录和转换后的存储目录（图 S2. 26）。

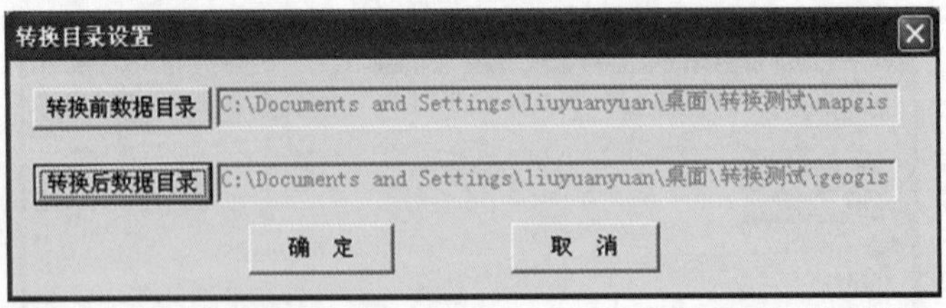


图 S2. 26　设置转换前后的存储目录

点击【确定】按钮，进行选择目录下所有 DGSGIS 数据向 MapGIS 数据格式的转换。待数据转换完成，弹出转换完成提示对话框。

# 地质调查智能空间平台
# 操作指南

# 1 概　述

地质调查智能空间支撑地质调查在线化工作。目标是在贯穿地质调查全过程的野外数据获取及其成果一体化描述、组织、存储、集成、综合处理与发布等内容的数字地质调查技术应用基础上，通过构建基于云计算、大数据、人工智能等新一代信息技术支撑的地质调查智能空间（工作环境），提供数据采集、传输、集成、综合处理、建模、评价预测、数据挖掘与知识发现、知识服务等过程的智能化。

目前，地质调查智能空间主要为区域地质调查（地质填图）、矿产地质调查、综合环境地质调查等二级项目人员提供云+端环境，包括对用户的角色管理和权限管理、智能空间的管理，以及数据管理、数据处理和数据服务等。

## 1.1 地质调查智能空间

一个嵌入了计算、数据知识、信息设备和多模态的传感装置的地质调查工作空间，为地质调查“人工智能+大数据+云计算”工作模式提供技术支撑的工作环境。

由基础设置（网络设施、存储设备和计算资源等）、用户（项目成员）、数据和服务等组成。

## 1.2 地质调查智能子空间

地质调查智能空间包含多个子空间，即为按照工作区域、地区、地质对象、用户群快速构建不同种类的智能地质调查工作环境，如华东智能子空间、阿尔金智能子空间等（图 1.2.1）。

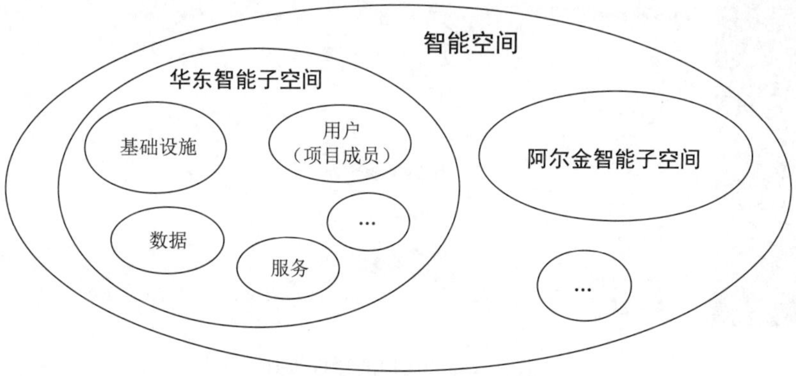


图 1.2.1　智能空间与子空间的关系

地质调查智能子空间包括数据管理、数据处理和数据集成三大模块。数据管理主要用于数据的存储、管理和发布；数据处理提供了在线化的软件与虚拟机，用于直接对数据管理中的数据进行处理；数据集成包含了云上空间数据、非结构化数据挖掘、三维实景建模、野外路线等多个数据服务。

每个智能子空间之间的数据和服务等都是互相隔离的，保证子空间里数据的安全性(图 1.2.2)。

图 1.2.2　智能子空间

## 1.2.1　用户资源

用户资源是按照“计划→工程→ 二级项目→ 子项目→ 工作组”的组织架构进行分层组织的，将用户组织起来以后，再通过创建角色和给用户分配角色来实现对用户的授权管理（图 1.2.3）。

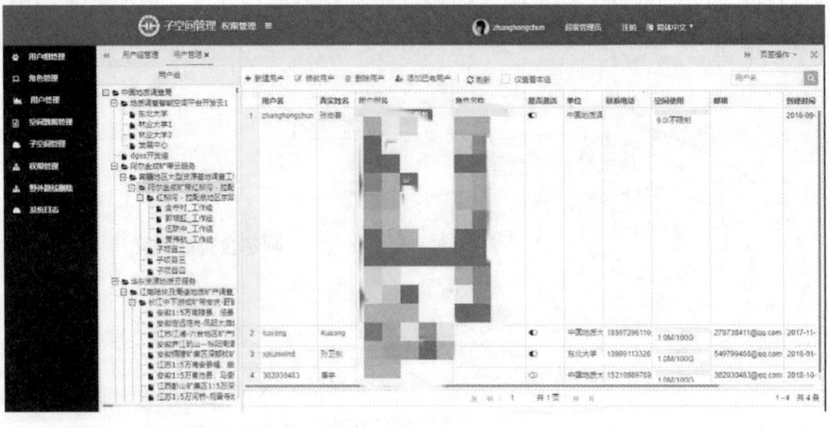


图 1.2.3　用户的授权管理

## 1.2.2 云盘资源（数据管理）

云盘用来存储数据，并对数据进行管理和发布数据服务。云盘按照“我的数据”“我的（角色）数据加工目录”和“我享有的数据资源目录”进行分类组织；“我的数据”用于存放用户的私有数据，只有用户自己可看到；“我的（角色）数据加工目录”是用于存放与同组（项目）用户进行协同处理的数据；“我享有的数据资源目录”用来存放已经处理完的成果性数据，可以在这里对数据进行一键式快速服务，如将此目录下路线数据发布到野外路线服务（图 1.2.4）。

图 1.2.4 云盘资源（数据管理）

## 1.2.3 计算资源（数据处理）

计算资源提供高性能的云主机供用户使用，并在云主机里预装了 DGSS、MapGIS67、ArcGIS 和 ContextCaptuer（三维建模软件）等软件，通过这些软件可以直接对云盘中的数据进行编辑处理。根据云主机的来源可以分为虚拟机和物理机；根据云主机的使用需求可以分为数字地质调查、三维建模、并行计算、智能编图和空间数据挖掘等（图 1.2.5）。

图 1.2.5 计算资源（数据处理）

### 1.2.4 数据服务（数据集成）

用户可以在多种终端上访问数据服务，如 pc 端和 app 端等。数据服务的类型包括空间数据服务、三维实景模型服务、非结构化数据挖掘服务、野外路线服务、野外路线实时浏览服务和资源目录服务等（图 1.2.6）。

图 1.2.6　数据服务界面

### 1.2.5 云盘资源、计算资源、数据服务、用户组织和智能子空间之间的联系

智能子空间构成如图 1.2.7 所示。

（1）用户通过 web 端或者 app 端将数据上传到云盘并对数据进行管理。

（2）用户根据使用需求，选择计算资源下相应的云主机，直接对云盘中的数据进行编辑和加工处理。

（3）数据经过处理后，在云盘形成正式的成果性数据，然后在云盘里根据数据的类

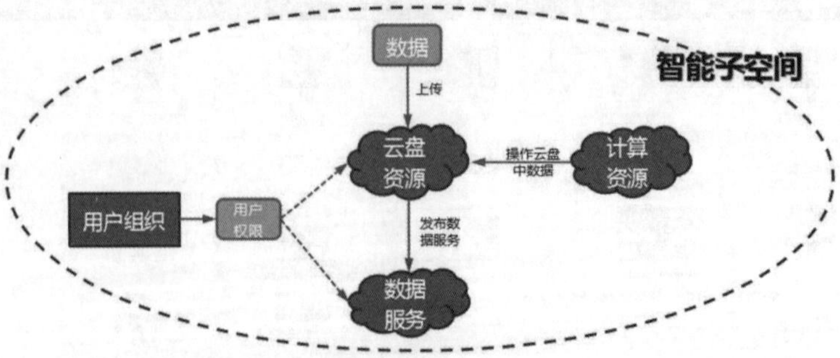


图 1.2.7　智能子空间构成

型，对数据进行一键式快速发布，发布后的数据就可以在相应的数据服务页面看到。

(4) 用户组织在整个流程中为用户提供权限支持，分配用户可以访问的数据和操作，在数据服务里可以访问的服务内容等。

(5) 以上所有的云盘资源、计算资源、数据服务和用户组织就构成了一个智能子空间。

# 2 地质调查智能空间平台门户

访问网址：http：//219. 142. 81. 39/newgsigrid/index. html，或者 www. gsigrid. cgs. gov. cn。用户登录界面如图 2. 0. 1 所示。

图 2. 0. 1 用户登录界面

用户注册界面如图 2. 0. 2 所示。

图 2. 0. 2 用户注册界面

# 3　智能子空间申请与审核

模块申请流程，如图 3.0.1 所示。管理员的审批流程。

## 3.1　智能子空间申请

（1）用户根据实际情况选择用户组别（网格用户/地质云用户），如图 3.1.1 所示。

（2）用户登录平台后，在首页点击“申请”，如图 3.1.2 所示，开始申请模块，如图 3.1.3 所示。

（3）点击“申请新模块”，填写申请模块的信息，如图 3.1.4 所示，填写完毕后，点击“提交”按钮。右侧为模块申请的完整流程。

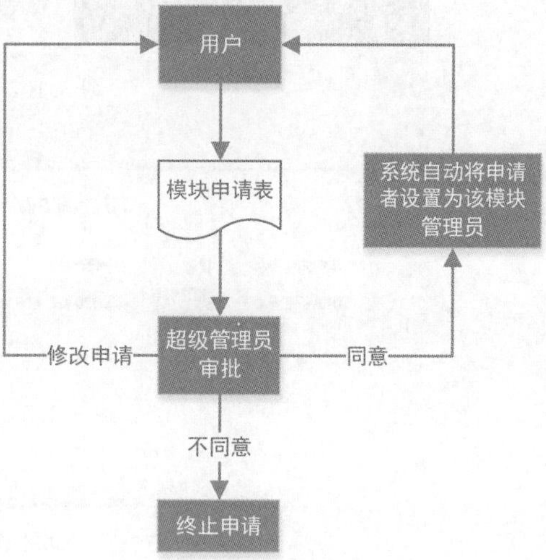


图 3.0.1　模块申请流程

• 模块名：用户申请的模块名称，如“测试模块”。

• 单位：申请模块所属的单位，如“中国地质调查局天津地调中心”。

• 项目列表：该模块所属的项目，如“南疆地区大型资源基地调查工程”。

• 用户组名称：该模块用户组的名称。

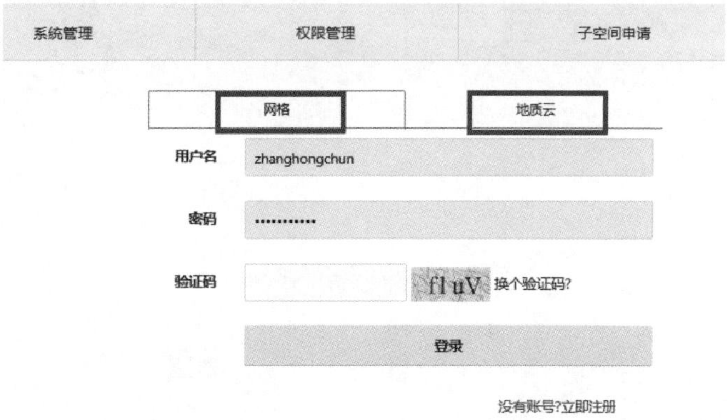


图 3.1.1　选择用户组别

图 3.1.2　申请子空间

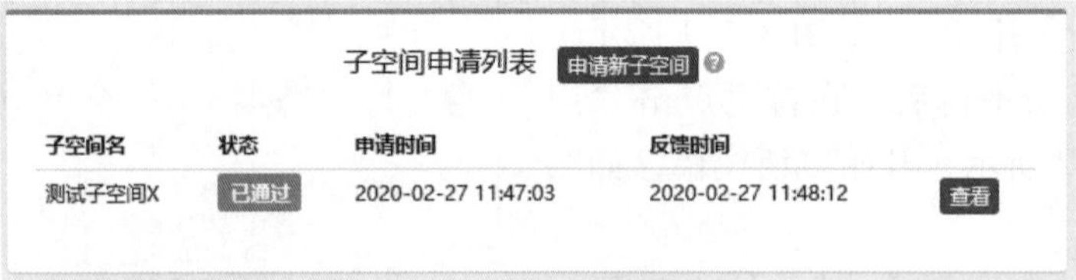


图 3.1.3　模块申请列表

图 3.1.4　模块申请

- 存储大小：该模块在云盘的存储空间大小。
- 模块图标：上传用于在网格页面显示的模块图标。
- 备注：申请者填写的其他信息。

（4）管理员审核后，申请者需要根据管理员反馈的信息修改申请。申请者重新进入模块申请页面，如图 3.1.5 所示。

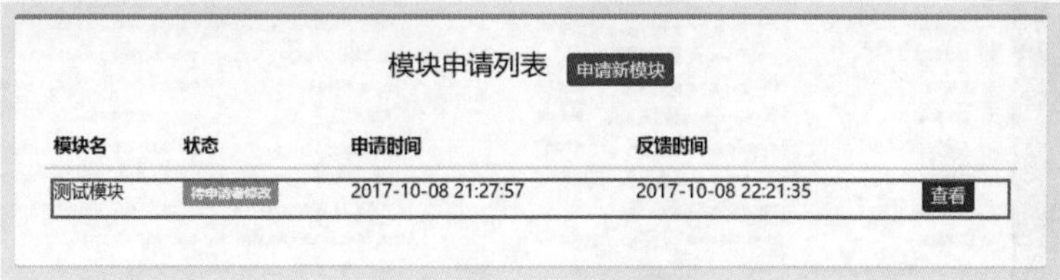


图 3.1.5　查看申请

（5）申请者点击“查看”，可以根据管理员的“反馈”信息修改申请，并重新提交，如图 3.1.6 所示。右侧为模块申请和审批的完整流程，其中高亮显示的表示当前模块申请流程走到了哪一步，如“申请者修改”。

图 3.1.6　修改模块申请

## 3.2　智能子空间审核

（1）管理用户登录平台后，进入权限管理页面。并依次点击左侧工具栏中的“子空间管理”下的“模块审批”。所有子空间的申请以列表形式在右侧进行展示。其中“状态”为当前子空间申请状态（图 3.2.1）。

图 3.2.1　子空间申请状态

（2）选择需要审核的子空间，并且点击列表上方的“审核模块申请”，以对子空间申请进行审核（图 3.2.2）。

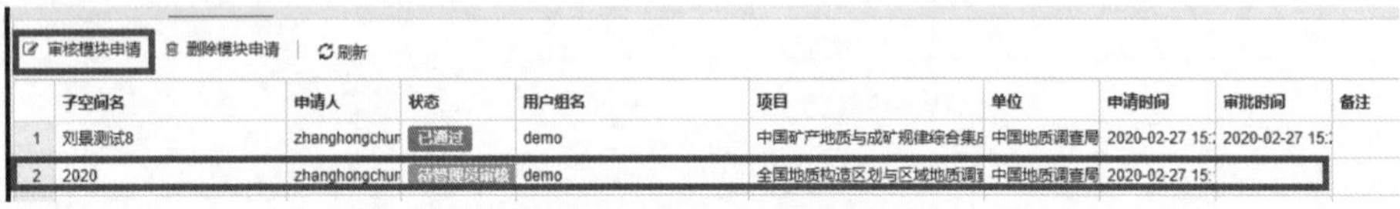


图 3.2.2　点击“审核模块申请”

（3）在“审核模块申请”页面中，根据情况，对模块进行审核，选择“同意”，“不同意”，“修改后提交”操作。并在“反馈”部分填写不同意或者修改后提交的意见（图 3.2.3）。

图 3.2.3　对模块进行审核

# 4 智能子空间

## 4.1 子空间简介

地质调查智能子空间包括数据管理、数据处理和数据服务三大模块。数据管理主要用于数据的存储、管理和发布；数据处理提供了多台虚拟机和物理机，用于直接对数据管理中的数据进行处理；数据服务包含了空间数据、三维实景建模、野外路线、资源目录等多个数据服务（图 4.1.1）。

图 4.1.1 智能子空间

## 4.2 查看用户信息

点击用户名，可以弹出下拉框，包括个人中心、查看用户组、用户所在单位，如图 4.2.1 所示。点击“个人中心”可以进入用户的个人中心，点击“查看用户组”可以查看当前用户的同组用户和父级用户组中的用户，如图 4.2.2 所示。

图 4.2.1 用户信息列表

图 4.2.2 用户中心

## 4.3 查看离线资源包下载列表

点击图标，如图 4.3.1 所示，可以查看离线资源包的下载列表，如图 4.3.2 所示。离线资源中的数据可以从“资源目录”添加地质报告和地质图件，也可以添加“非结构化数据挖掘”中的检索结果。如果添加“检索结果”的话，需要对数据进行自动预处理，预处理结束后可以进行下载。

图 4.3.1 点击离线资源包图标

图 4.3.2 离线资源包下载列表

## 4.4 查看用户消息

点击图标，可以查看用户在数据管理界面发布数据服务的消息记录，如图 4.4.1 所示。

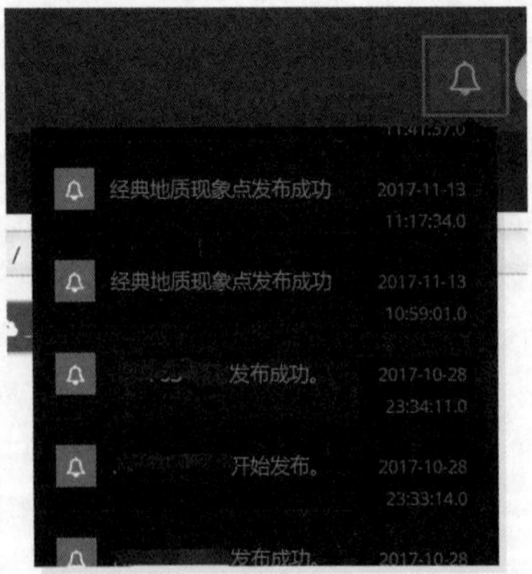


图 4.4.1 用户消息

# 5　权限管理

## 5.1　进入权限管理

管理员登录后，点击首页头部的“权限管理”即可进入权限管理界面，如图 5.1.1 所示。

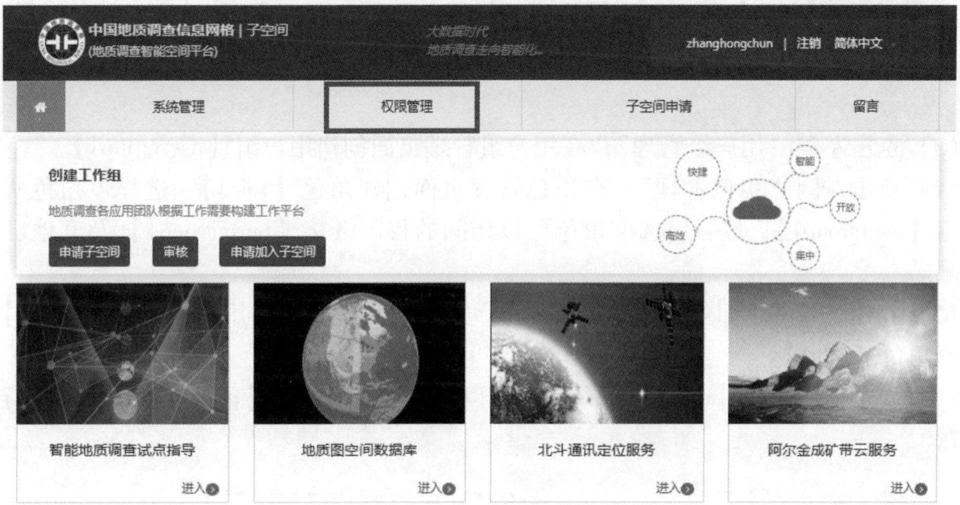


图 5.1.1　进入权限管理

## 5.2　权限管理流程

权限管理界面如图 5.2.1，对于日常的权限管理流程，一般为创建用户组，创建用户组下对应的角色，并为角色分配对应的各种权限，最后是为新注册用户或自身新建用户分配用户组和对应角色，用户的权限即可进行管理。用户组、角色、用户管理为主要的管理工作，权限管理主要对超级管理员开放，日常管理工作并不涉及。

权限管理流程如图 5.2.2 所示。

（1）点击网站主页导航“权限管理”，进入权限管理页面（拥有该权限的用户可以进入）见图 5.2.1。

（2）点击左侧“权限管理”，创建页面链接权限【permission1】。

图 5.2.1　权限管理界面

（3）点击左侧“用户组管理”，在用户组管理页面创建用户组【usergroup1】。

（4）点击左侧“角色管理”。在角色管理页面创建角色【role1】，选择该角色所属的用户组【usergroup1】，然后勾选该角色可以访问的权限链接【permission1】及其他已存在的权限。

（5）在用户管理页面创建用户【user1】，选择该用户所属的用户组【usergroup1】，然后选择角色【role1】。

（6）新创建的用户【user1】登录后，可以访问该权限链接【permission1】以及行使其他权限。

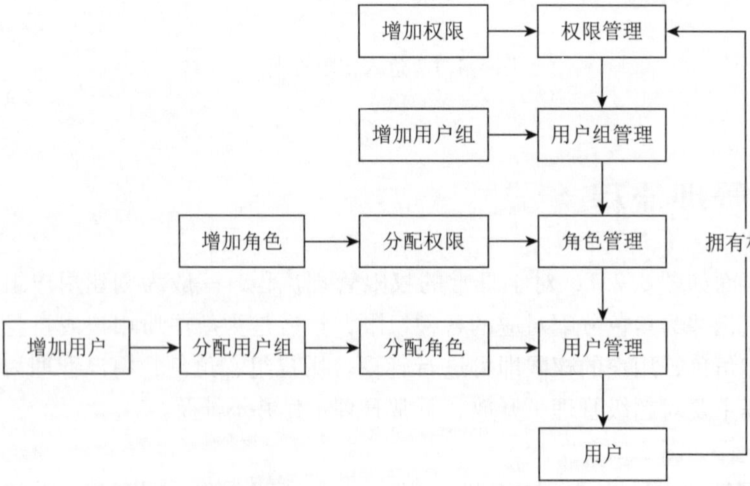


图 5.2.2　权限管理流程

# 5.3 用户组管理

用户组是角色、用户管理工作的核心之一，用户、角色模块均依托用户组进行分组管理，目前用户、角色及较多数据也是依靠用户组而进行分类，作为一些权限范围划分的依据。

在用户组管理模块，管理员可以添加、删除和修改用户组的信息。超级管理员可以对全部用户组可见，并拥有操作权限，其他各级管理员能对自己权限范围内的用户组可见并进行操作。如图 5.3.1 所示为地质调查智能空间平台开发云 1 可以管理的用户组。

图 5.3.1　用户组管理

## 5.3.1　创建用户组

点击如图 5.3.1 页面上方的“新建用户组”菜单，在弹出的新建页面中（图 5.3.2），填写新建用户组名称，选择用户组所属父级用户组以及分配空间大小后，即可创建成功。各管理员只能创建自身权限内的用户组下级用户组。

## 5.3.2　编辑用户组

在用户组列表中，选中需要进行编辑的用户组，点击上方“修改用户组”菜单，在弹出的修改界面即可对此用户组的名称、备注以及重新选择其所属的父级用户组（图 5.3.3）。当所修改的用户组拥有子级用户组时，重新选择此用户组的父组，此组的所有子级用户组将跟随自动修改，与此组保持一致。

## 5.3.3　删除用户组

在用户列表中选择需要删除的用户组，点击上方“删除用户组”菜单，在弹出的确认

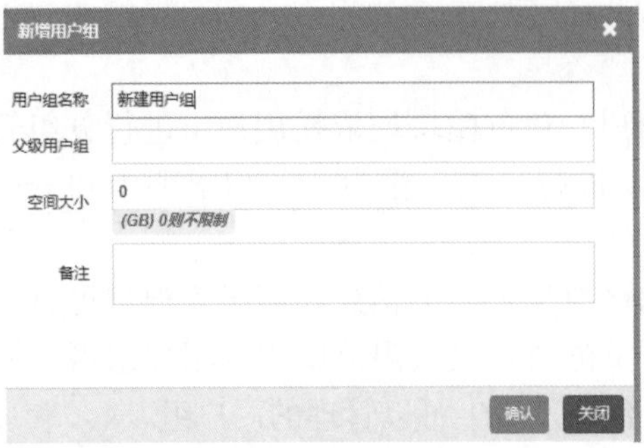


图 5.3.2　创建用户组

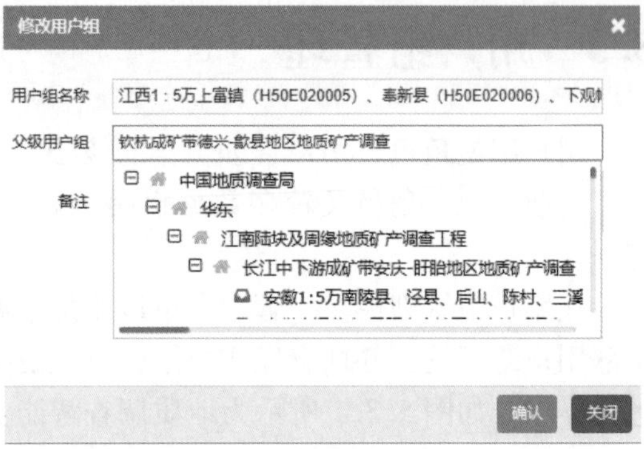


图 5.3.3　修改用户组

框中进行确定，即可删除该用户组。在此项操作中，该组所包含的角色以及其所有子组及角色也会一并进行删除，进行此项操作时需要慎重进行。如仅想删除本组且想保持其子组时，可编辑其子组，更改其子组的父组，在用户组进行删除后，根据实际需要，再将其父组进行更改以达到目的。

# 5.4　角色管理

角色管理是对角色进行管理的，各级管理员只能看到自己可以管理的用户组下的角色，如图 5.4.1 所示为华东管理员可以管理的角色。管理员可以添加、删除和修改角色信息和权限等。每个角色都有自己对应一个自己所属的用户组。点击左侧用户组上的用户组(灰色代表无权限)，即可在右侧看到该组已存在的角色。

图 5.4.1　角色管理界面

角色是各种权限的一个集合，角色的操作中涉及较多的权限分配，将权限赋予某一角色，再将角色赋予某些用户，这些用户则将具有这些角色所包含的权限。角色是权限组合的代表。

左侧用户组树是是由登录该操作界面的管理员自身角色所决定的（自身可管理用户组，5.4.1 第三步）。对其他角色的权限分配，不能超过自身的权限范围。超级管理员拥有所有权限，其他管理员由超级管理员进行设置后，方可自行管理。

## 5.4.1　创建角色

第一步【角色信息】：填写角色名称，选择角色所属的用户组，填写备注信息，然后点击“下一步”（图 5.4.2）。

图 5.4.2　填写角色信息

第二步【访问权限】：对该角色的页面访问权限进行分配，选择允许该角色可以访问的页面链接（图 5.4.3），那么后面拥有此角色的用户即可访问这些页面。例如选择权限管理，给“示例角色”，那么后面拥有此“示例角色”的用户即可访问权限管理界面。

第三步【用户组管理】：对该角色可对管理的用户组进行分配，这里主要指这些用户组的用户和角色信息数据的管理，选择可以管理的用户组（图 5.4.4），这些用户组下属的子用户组也将自动赋予该角色。这些数据组成了角色、用户界面中左侧的用户组树。如未给该角色分配“权限管理”的页面访问权限，这里无法选择。

第四步【数据管理】：在平台数据管理界面（云盘）中，对各种数据具有上传、下载、删除以及发布服务的功能，此处是对这些功能的分配（图 5.4.5）。

第五步【数据读写权限】：在平台数据管理界面（云盘）中，各项业务数据目前均以

图 5.4.3　页面访问权限分配

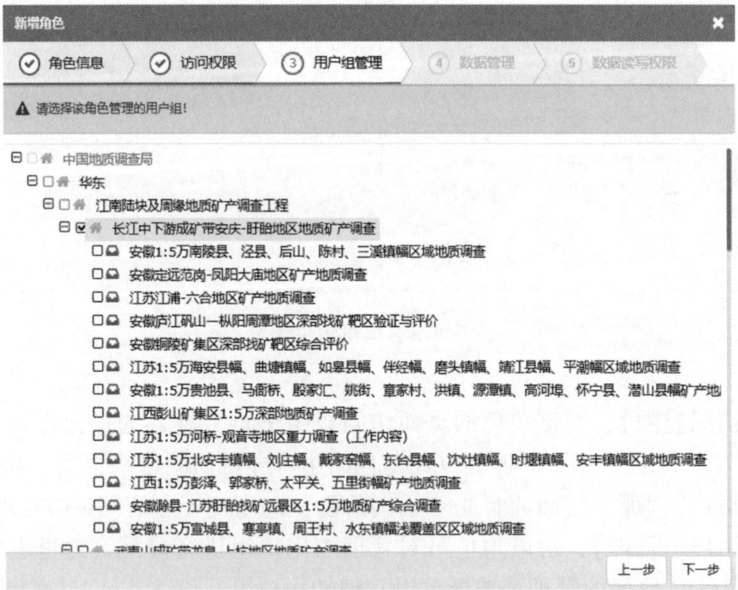


图 5.4.4　可管理的用户组分配

用户组为单位进行管理（图 5.4.6），此处即是选择对这些用户组业务数据的读写权限的控制，选择需要的用户组，然后再右侧面板中选择具体的读或读写权限，未选择的用户组数据则不可见，点击完成，该角色就创建成功。

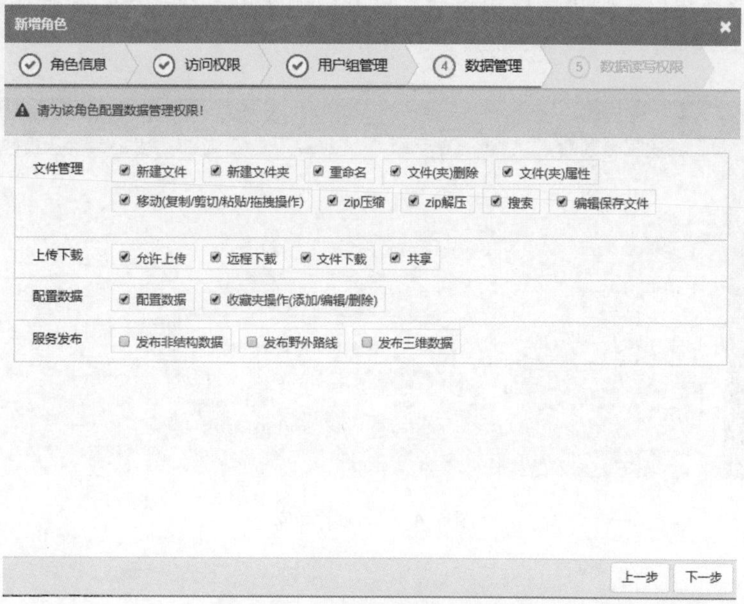


图 5.4.5　数据管理功能分配

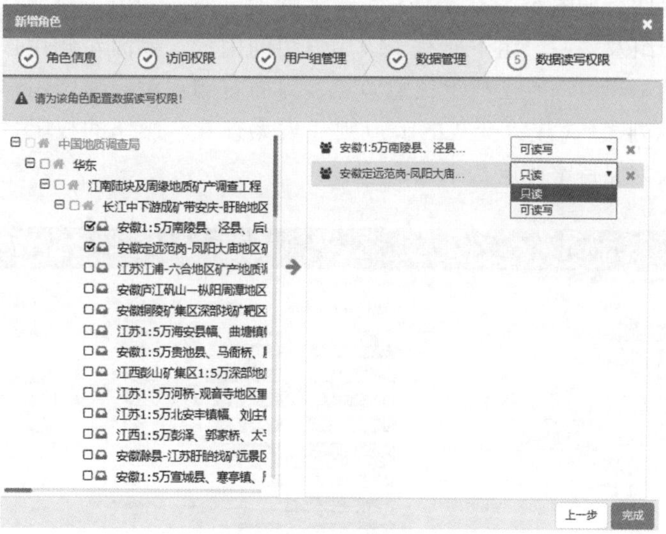


图 5.4.6　数据读写权限分配

## 5.4.2　编辑角色及删除

首先在左侧用户组树上选择该角色所在的用户组，然后在列表中选择此角色，点击“修改角色”菜单，流程与创建角色基本一致，只需对各项做出想要的调整，然后确认即可。

如想删除该名角色，则选中该角色后，点击“删除角色”菜单，在弹出的提示框中进行确认即可（图 5.4.7）。

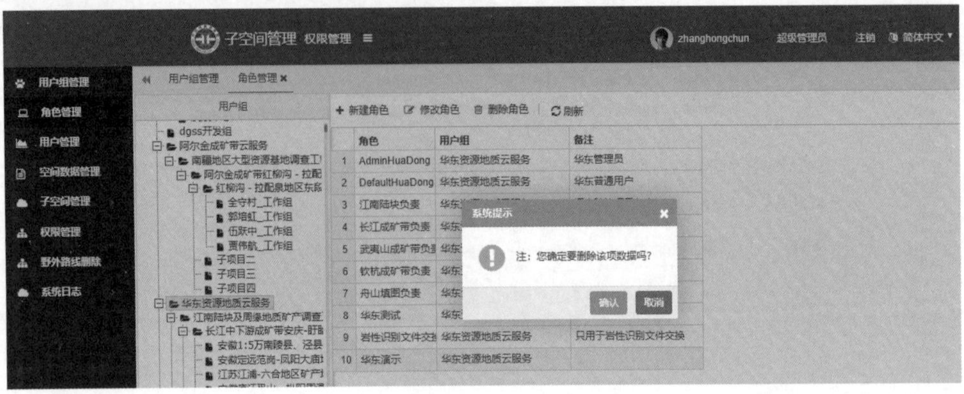

图 5.4.7　删除角色

## 5.5　用户管理

在用户管理界面，如图 5.5.1 所示，除超级管理员外，各用户只能查看自身角色所分配的能够管理用户组及该用户组下所有子级用户组的用户。界面左侧用户组树则代表该用户能够进行管理的用户组，点击树上任意节点，界面右侧则对应为该用户组（包括其所有子组）的用户信息列表。（注：变灰的节点则代表无查看、操作的权限，已超出该用户的权限范围，此处仅为保持整体层次结构）。

图 5.5.1　用户管理界面

## 5.5.1　用户搜索与筛选

选择左侧某一用户组为搜索范围，在右上方搜索框内输入用户名，并点击搜索图标，下方将显示对应所有搜索到的用户信息的列表，如图 5.5.2 所示。

用户列表默认显示左侧所选中的用户组及其子组的所有用户，如仅查看本组的用户信息，则可点击右侧上方的“仅查看本组用户”按钮，将会显示直接属于该用户组的用户。

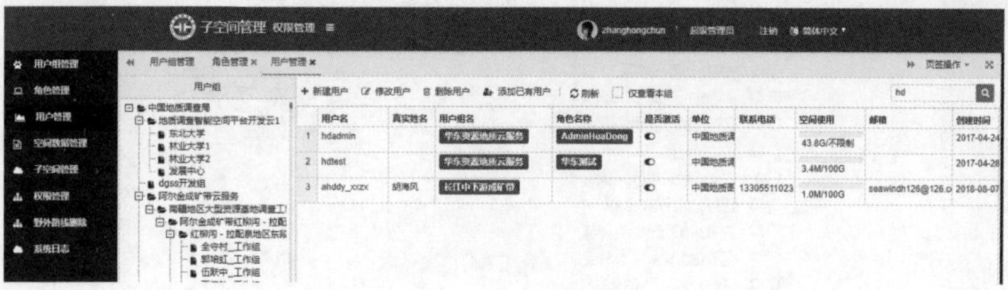

图 5.5.2　用户搜索

## 5.5.2　创建用户

管理员可以在此界面（图 5.5.1）直接创建用户，共分为用户基本信息填写和用户角色分配两步。

（1）点击“创建用户”，输入用户名、邮箱、密码等等信息，选择单位，并点击“下一步”，如图 5.5.3 所示。

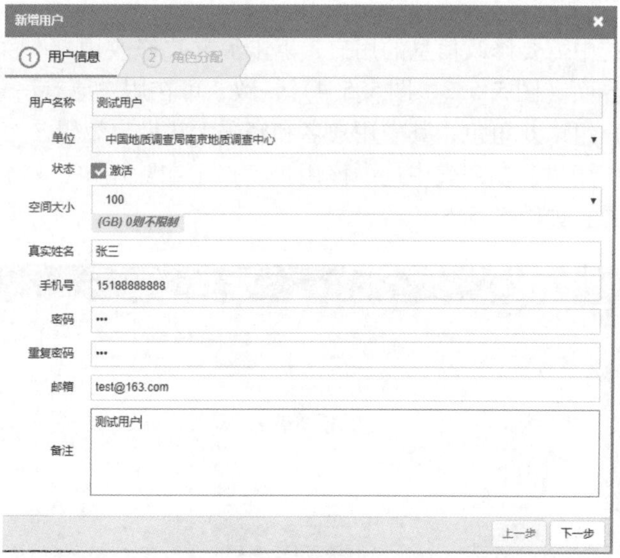


图 5.5.3　新增用户

（2）在左侧用户组树中点击选择该新增用户所分配的用户组，该用户组会自动添加至右侧面板，在对应下拉框中选择其对应的角色（角色需提前建好）；可为该用户分配多用户组和多角色，选择信息会在右侧面板显示，如图 5.5.4，点击“完成”按钮，则该用户新建完毕。

用户权限依赖于其所拥有的角色，此处对用户角色的分配相当重要。

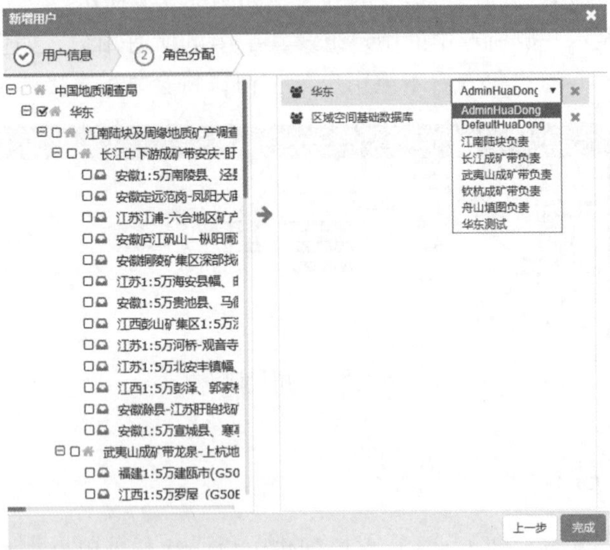


图 5.5.4　新建用户分配角色

## 5.5.3　编辑及删除用户

在用户列表中选中需要修改信息的用户，点击上方“修改用户”菜单，将会弹出修改界面，与新建用户界面（图 5.5.3、图 5.5.4）一致，可在用户原有信息上做出编辑，以及重新为用户分配用户组以及角色，其中用户名和密码无法做出编辑。

如想要删除某一用户，在列表中选中该用户，点击删除用户，然后在提示框中点击确认，即可删除该用户，如图 5.5.5。

图 5.5.5　删除用户界面

### 5.5.4 地质云用户审核

地质云用户首次进入智能地质调查工作平台并同步出一个新用户时，需要在用户管理界面对地质云用户同步出来的用户进行审核，将该用户激活并分配角色，然后该用户才能具有相应的权限访问各个模块。

## 5.6 权限管理

权限管理目前是对页面的访问权限进行控制的，超级管理员可对所有页面访问权可见，并可进行新建、编辑、删除等操作，其他各级管理员仅可对自己权限范围内的访问权限可见，但不能进行任何操作。

“公共”是用来表示该权限链接是否属于模块的链接，如果连接不是“公共”的，则该链接属于某个模块的链接，例如阿尔金云桌面链接属于阿尔金模块，所以不是“公共链接”。

整个权限链接管理页面是以树的形式呈现的，该树的结构是依据网格首页进入各个页面链接的顺序进行整理的（图 5.6.1）。

图 5.6.1 权限管理

### 5.6.1 创建权限

点击“新建权限”按钮，打开对话框，如图 5.6.2 所示。输入链接名称、链接，选择父节点和权限类型，填写备注，点击“确定”，即可添加权限。只有超级管理员才可以增加权限链接。

### 5.6.2 编辑权限及删除

选中需要编辑的权限，点击“修改权限”菜单，在弹出的修改页面中对其进行编辑

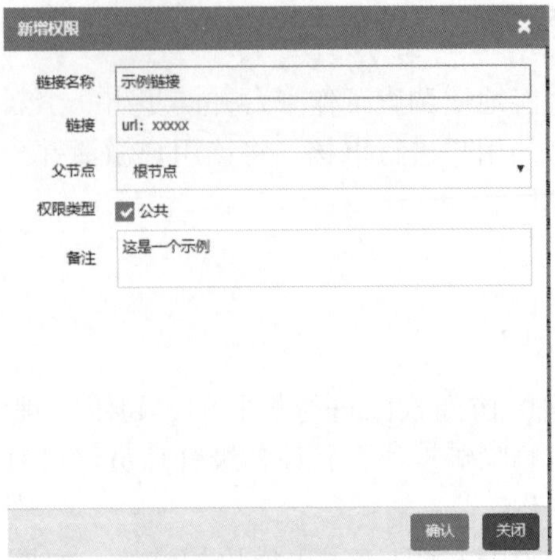


图 5.6.2　新建权限

(图 5.6.3)，确认后将会生效。

当需要删除该权限时，选中后点击“删除权限”菜单，在弹出和确认框中点击确认，即可进行删除。

此两项操作仅超级管理员具有权限。

图 5.6.3　编辑权限

# 6 数据管理

## 6.1 数据管理流程

数据管理是对个人和项目中的数据进行管理，如图 6.1.1 所示，左侧为“我的数据”“我的（角色）数据加工目录”“我享有的数据资源目录”以及“数据资源包创建”，右侧为内容视图。

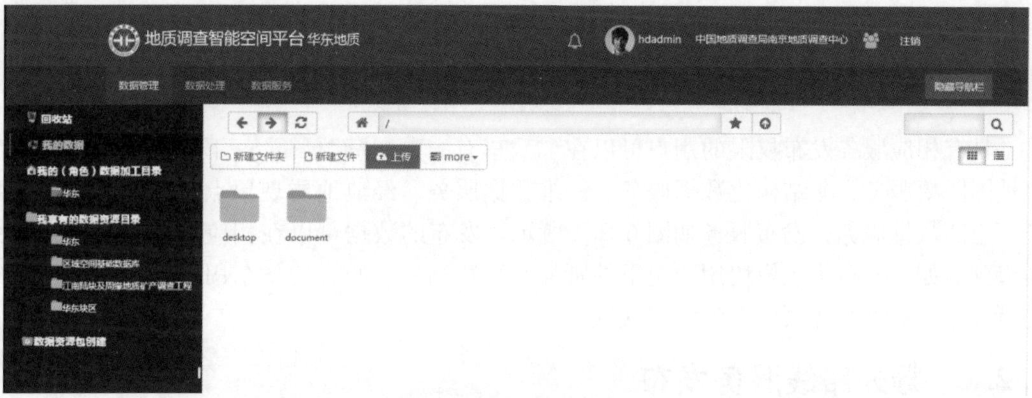


图 6.1.1　数据管理界面

数据管理流程说明如下（图 6.1.2）：

（1）我的数据：用户个人存储的数据，用户可以在这个位置存放自己的私人数据，这里的数据其他用户无法访问。

（2）我的（角色）数据加工目录：存放用户所在用户组下所有用户一起协同进行数据处理的临时数据。如 hdadmin 用户所属用户组为“华东”，则该用户登录后就可以在“我的（角色）数据加工目录”下看到“华东”组的数据，这些数据是所有属于“华东”用户组的用户共同编辑处理的数据。

（3）我享有的数据资源目录：存放正式的标准数据，该数据是在“我的（角色）数据加工目录”中的数据进行加工处理后放置来的。该目录展现的数据是由该用户所属角色对用户组数据的读写权限确定的。如 hdadmin 用户的所有的角色对“华东”“区域空间基础数据库”“江南陆块及周缘地质矿产调查工程”和“华东块区”的数据有读写权限。

（4）数据资源包创建，是对当前模块的用户组数据进行罗列，然后用户可以选择需要的地质报告和地质图件组成离线资源包，下载后可以在移动端访问。

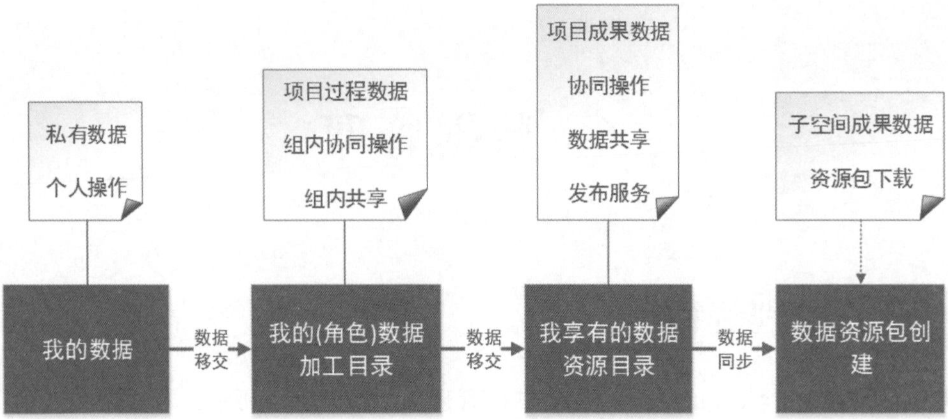


图 6. 1. 2　数据管理流程框图

## 6. 2　将共享文件转化为服务

具有相应服务发布权限的用户可以在“我享有的数据资源目录”下一键式快速发布数字填图图幅服务、非结构化数据服务、三维数据服务、经典地质现象点服务、遥感影像服务、空间数据服务，发布服务如图 6. 2. 1 所示。发布的数据可以在相应模块的数据服务页面看到。如，发布华东模块用户组下的野外路线数据后，所有的华东用户就能在数据服务的野外路线数据服务页面看到该路线数据。

### 6. 2. 1　野外路线服务发布

发布野外路线数据时，需要将所有要发布的路线数据放到相应的图幅号文件夹下，如图 6. 2. 2 所示，将所有的路线数据放在“K49E012021”文件夹下。野外路线服务支持批量发布和增量式发布。如果需要批量发布，则右键点击图幅号文件夹，然后点击“发布到野外路线服务”，这样就可以将该图幅下的所有路线文件进行批量发布；如果需要增量式发布，则选择一个图幅号文件夹下的一条路线数据文件夹，然后右键“发布到野外路线服务”，则只将该路线数据进行发布。另外，如果同一路线数据重新发布，则会自动覆盖上次发布的路线数据。

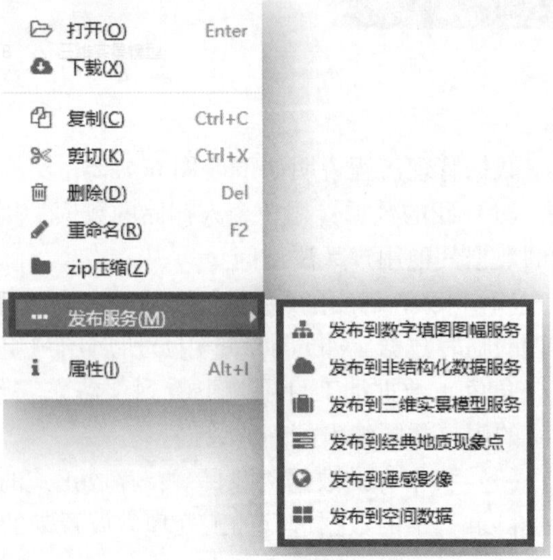


图 6. 2. 1　发布服务

图 6.2.2　野外路线数据

## 6.2.2　野外路线删除

野外路线删除功能，指的是对发布的野外路线数据服务进行的删除。具有“野外路线删除”权限的用户，可以在“权限管理”页面进行操作。

点击“权限管理”进入权限管理页面，如图 6.2.3 所示。

图 6.2.3　“权限管理”按钮

在权限管理页面左侧的功能栏中，通过点击“野外路线删除”以进入野外路线删除功能页面（图 6.2.4）。

野外路线删除页面如图 6.2.5 所示，左侧标签栏为发布的野外路线图幅的文件夹，按照图幅号进行显示，即为章节 6.2.1 中的图幅文件夹。右侧上方为图幅文件夹中的子文件夹，即分别为“空间数据库”“实际材料图”“野外手图”“编稿原图”和“图幅 PRB 库”。右侧下方部分为数据类型下具体的数据。

点击左侧野外路线图幅文件夹中的“删除”按钮，即删除整个图幅中所发布的数据。点击右侧的“删除”按钮，则删除所选图幅下单一的数据。

图 6.2.4　“野外路线删除”按钮

## 6.2.3　非结构化数据服务发布

具有发布“非结构化数据服务”权限的用户，可以选中要发布的非结构化数据文件夹，然后右键选择“发布到非结构化数据服务”，发布非结构化数据服务。

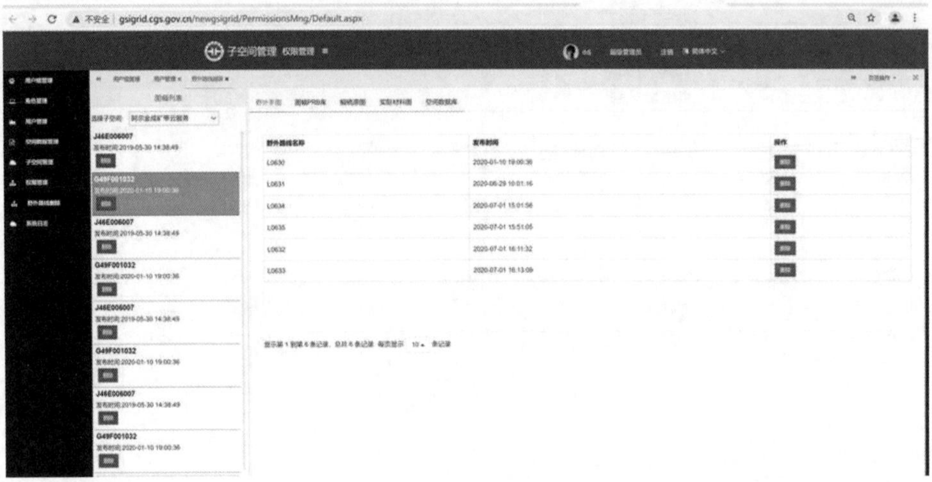


图 6.2.5 野外路线删除页面

## 6.2.4 三维实景模型数据服务发布

### 6.2.4.1 发布流程

具有发布三维数据权限的用户，选中要发布的数据，然后右键点击“发布到三维数据服务”，弹出三维数据服务发布对话框，发布三维数据如图 6.2.6 所示。填写完信息后，点击“发布”，即进行发布。

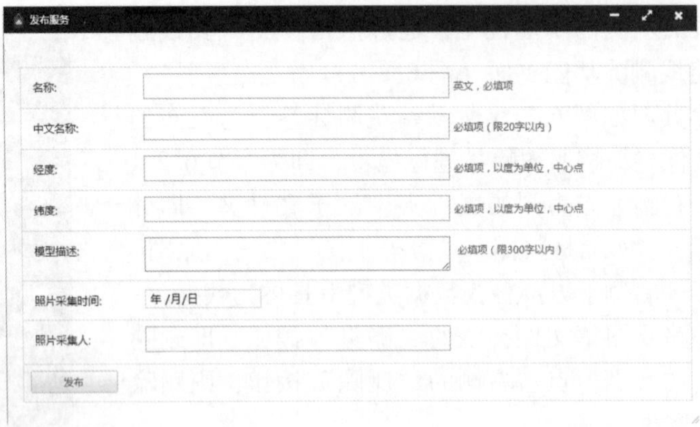


图 6.2.6 发布三维数据

### 6.2.4.2 发布具体操作和要求

制作好的三维模型数据格式如图 6.2.7 所示。

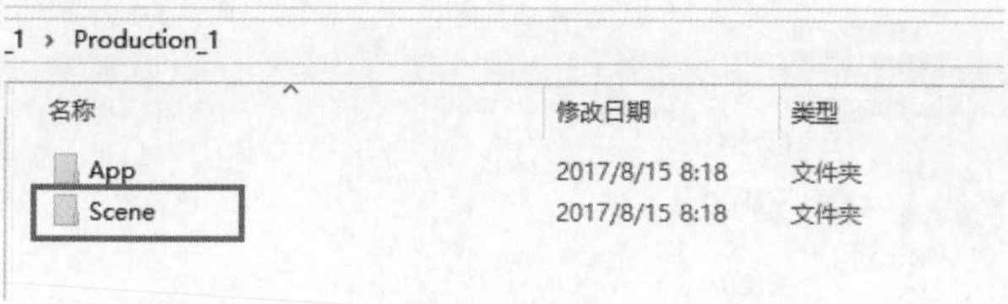


图 6.2.7 制作好三维模型数据格式

数据上传到【数据管理】模块。只需将 Scene 文件夹上传到“我享有的数据资源目录”中自己对应的项目文件夹中（图 6.2.8）。注：可以将 Scene 文件夹重命名后再上传。

上传成功后，显示如图 6.2.9 所示。

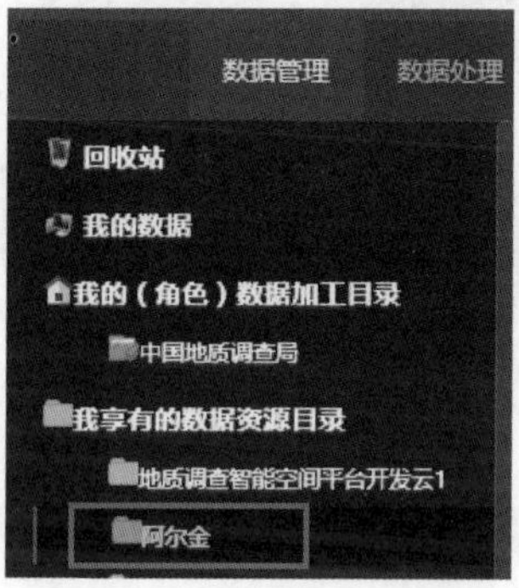


图 6.2.8 将 Scene 文件上传到项目文件夹中

图 6.2.9 上传成功后页面显示

数据检查。确保 Scene 的下一级目录有这些类似的文件（图 6.2.10）。

图 6.2.10 数据检查

点击三维数据即 Scene 文件夹，右键弹出菜单，点击【发布到三维数据服务】项（图 6.2.11），弹出发布服务窗体（图 6.2.12）。注：发布到三维数据服务需有相应的权限。

填写相应的发布信息。点击发布。

## 6.2.5 地质图件在线发布

### 6.2.5.1 地质图数据上传

制作好的地质图数据格式（图 6.2.13）：

坐标系：目前只支持经纬度坐标系和高斯-克吕格坐标系；

系统库：67 数据对应的系统库与颜色库；

文件组织形式：mpj 工程文件需与 MapGIS 67 的点（.wt）线（.wl）面（.wp）文件

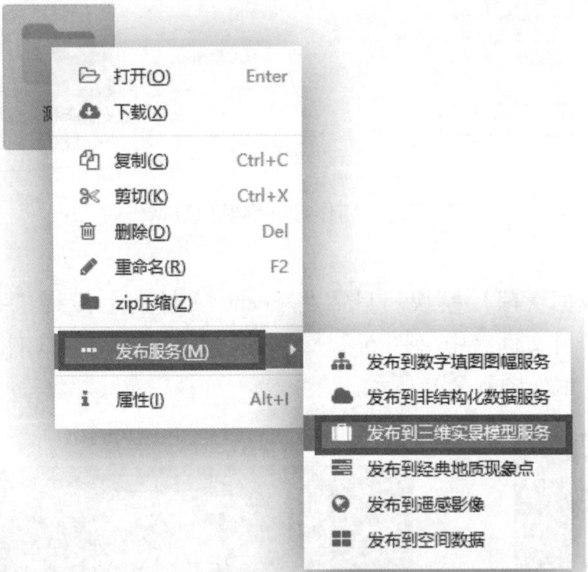


图 6.2.11　点击“发布到三维数据服务”

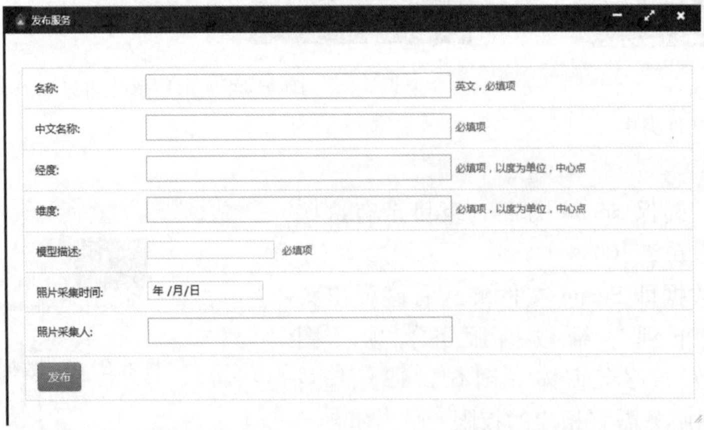


图 6.2.12　发布服务窗体

在同一个文件夹中。

数据上传到【数据管理】模块。需将该文件夹上传到“我享有的数据资源目录”中自己对应的项目文件夹中（图 6.2.14）。

上传成功后，显示（图 6.2.15）。

#### 6.2.5.2　地质图数据发布

数据检查。确保自己上传的文件夹的下一级目录有这些类似的文件（图 6.2.16）。

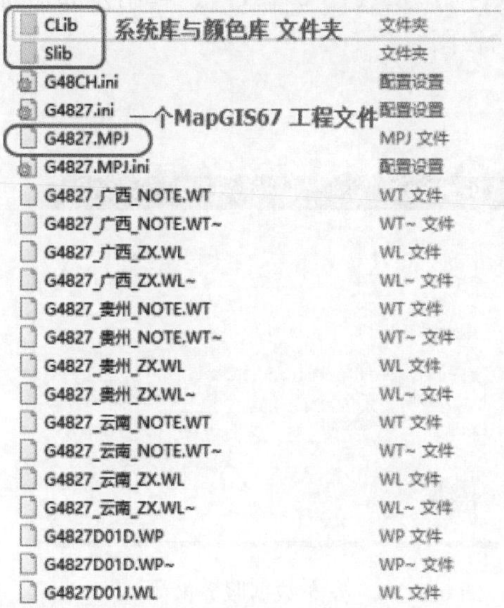


图 6.2.13　地质图数据格式

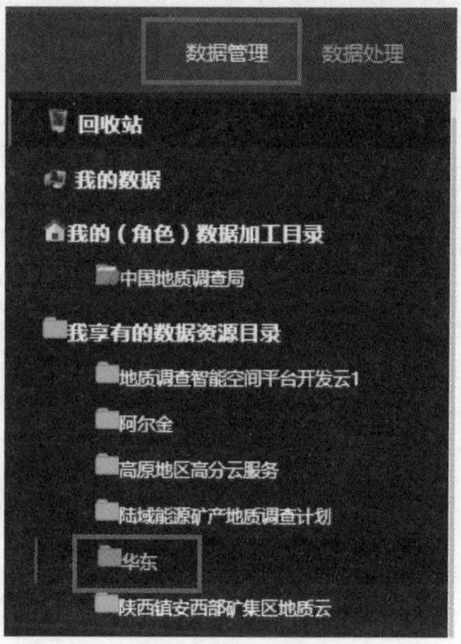


图 6.2.14　将文件夹上传到对应的项目文件夹中

图 6.2.15　上传成功后的界面

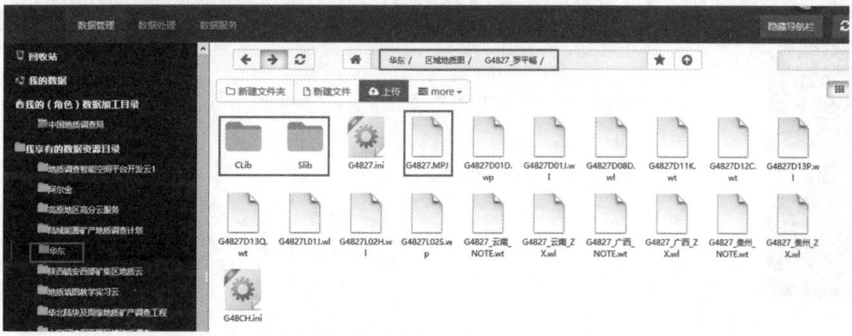


图 6.2.16　数据检查

该文件夹上右键弹出菜单，点击【发布到空间数据】项（图 6.2.17），弹出发布服务窗体（图 6.2.18）。注：发布到空间数据需有相应的权限。

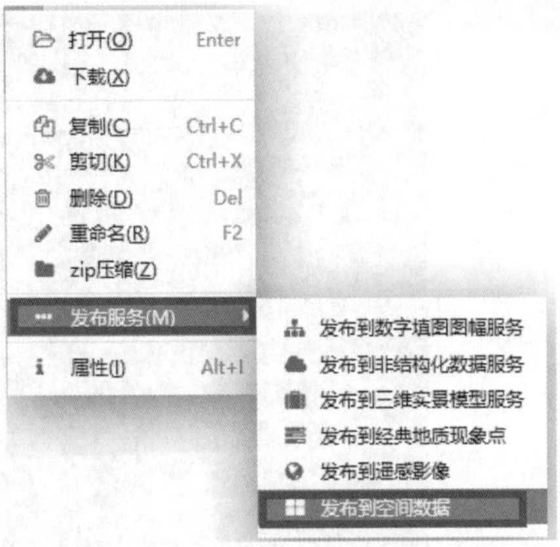


图 6.2.17　点击“发布到空间数据”菜单

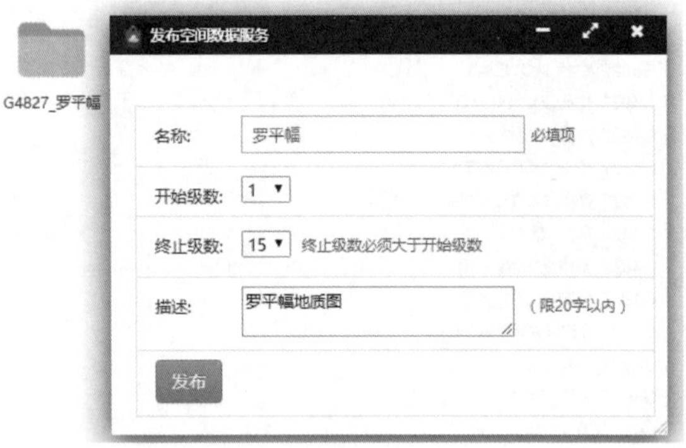


图 6.2.18　发布数据服务窗体

填写相应的发布信息。点击发布。

### 6.2.5.3　地图树定制

返回首页点击【权限管理】→【空间数据管理】（图 6.2.19，图 6.2.20）。

图 6.2.19　点击“权限管理”

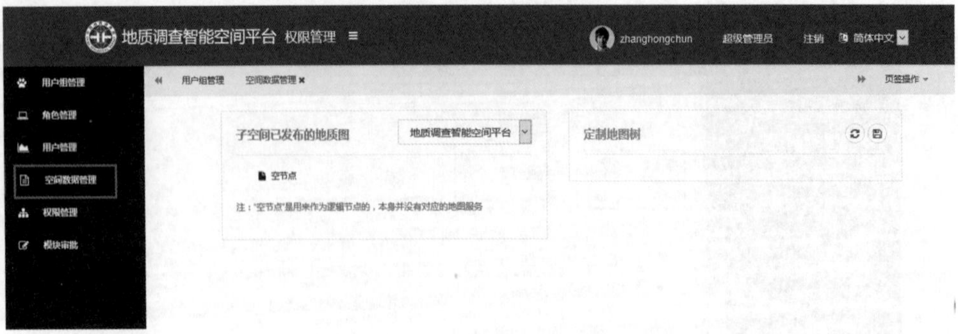


图 6.2.20　点击“空间数据管理”

刚刚在华东的子空间中发布地质图，故选择“华东”子空间（图 6. 2. 21）。

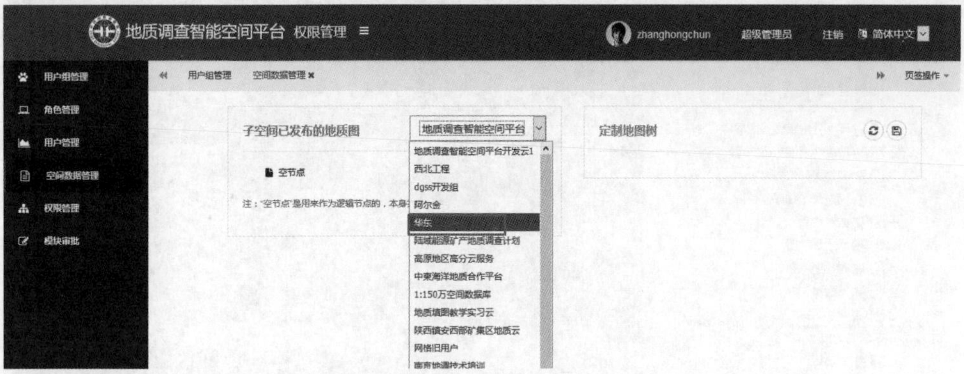


图 6. 2. 21 选择“华东”子空间

刚刚发布的“罗平 4”地图数据出现在列表中（图 6. 2. 22）。

图 6. 2. 22 “罗平 4”地图数据出现在列表中

定制地图树。鼠标点击左侧的“罗平 4”拖动到右侧的地图树中，右侧的树节点都可拖动，最后点击“保存”，完成定制（图 6. 2. 23）。

图 6. 2. 23 定制地图树操作

从而实现地图树定制（图 6. 2. 24）。

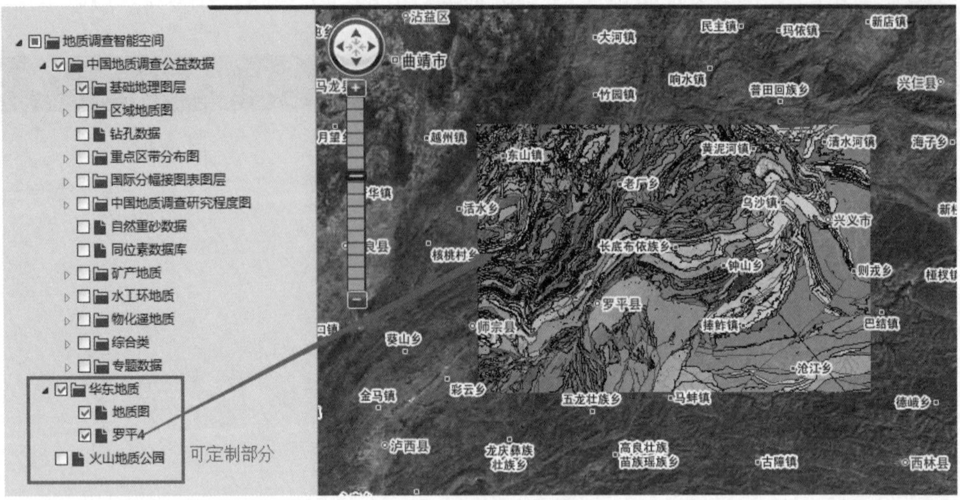


图 6.2.24　完成的地图树定制

## 6.2.6　高精度卫星影像数据在线发布

### 6.2.6.1　高精度卫星影像数据上传

制作好的高精度卫星影像数据上传，格式要求（图 6.2.25）：

坐标系：高斯-克吕格坐标系

格式：ArcGIS

| 名称 | 修改日期 | 类型 | 大小 |
|---|---|---|---|
| Annotation.gdb | 2018/2/6 13:42 | 文件夹 | |
| L50F045047.mxd | 2018/2/4 15:57 | ArcGIS ArcMap ... | 567 KB |
| L50F045047_contour.dbf | 2018/2/4 10:42 | DBF 文件 | 9 KB |
| L50F045047_contour.prj | 2018/2/4 10:42 | PRJ 文件 | 1 KB |
| L50F045047_contour.sbn | 2018/2/4 10:42 | SBN 文件 | 5 KB |
| L50F045047_contour.sbx | 2018/2/4 10:42 | SBX 文件 | 1 KB |
| L50F045047_contour.shp | 2018/2/4 10:42 | SHP 文件 | 3,084 KB |
| L50F045047_contour.shp.xml | 2018/2/4 10:42 | XML 文档 | 7 KB |
| L50F045047_contour.shx | 2018/2/4 10:42 | SHX 文件 | 4 KB |
| L50F045047_contour_B.dbf | 2018/2/4 10:42 | DBF 文件 | 2 KB |
| L50F045047_contour_B.prj | 2018/2/4 10:42 | PRJ 文件 | 1 KB |
| L50F045047_contour_B.sbn | 2018/2/4 10:42 | SBN 文件 | 1 KB |
| L50F045047_contour_B.sbx | 2018/2/4 10:42 | SBX 文件 | 1 KB |
| L50F045047_contour_B.shp | 2018/2/4 10:42 | SHP 文件 | 604 KB |
| L50F045047_contour_B.shp.xml | 2018/2/4 10:42 | XML 文档 | 14 KB |
| L50F045047_contour_B.shx | 2018/2/4 10:42 | SHX 文件 | 1 KB |
| L50F045047_DOM.tif | 2018/2/1 14:07 | Image (tif) File | 73,970 KB |
| L50F045047_DOM.tif.aux.xml | 2018/2/1 14:04 | XML 文档 | 1 KB |
| L50F045047_DOM.tif.ovr | 2018/2/1 14:04 | OVR 文件 | 26,510 KB |
| L50F045047_MapSheet.dbf | 2018/2/4 10:45 | DBF 文件 | 1 KB |
| L50F045047_MapSheet.prj | 2018/2/4 10:42 | PRJ 文件 | 1 KB |
| L50F045047_MapSheet.sbn | 2018/2/4 10:42 | SBN 文件 | 1 KB |
| L50F045047_MapSheet.sbx | 2018/2/4 10:42 | SBX 文件 | 1 KB |

图 6.2.25　卫星影像数据格式

数据上传到【数据管理】模块。需将该文件夹上传到“我享有的数据资源目录”中自己对应的项目文件夹中（图 6.2.26）。

图 6.2.26 将文件夹上传到对应的项目文件夹中

上传成功后，显示如图 6.2.27 所示。

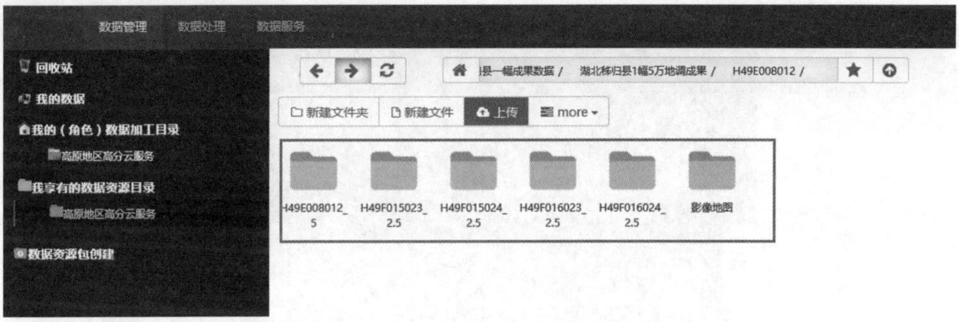


图 6.2.27 上传成功后的界面

## 6.2.6.2 高精度卫星影像数据发布

数据检查。确保自己需发布的文件夹的下一级目录有这些类似的文件（图 6.2.28）。

图 6.2.28 数据检查

该文件夹上右键弹出菜单，点击【发布到遥感影像】项（图 6.2.29）。要发布的文件夹需有命名规范，图幅号+下划线+地图比例尺，否则发布不成功。注：发布到遥感影像需有相应的权限，没有权限则为灰色显示。

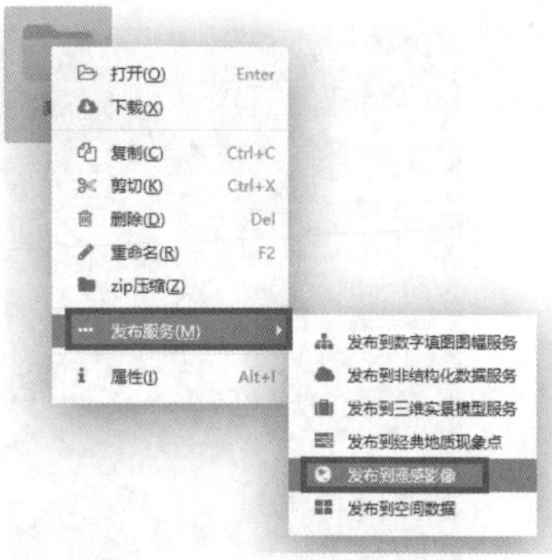


图 6.2.29 点击“发布到遥感影像”菜单

发布提示如图 6.2.30 所示。

### 6.2.6.3 验证高精度卫星影像数据是否发布成功

遥感影像验证：

http：//www.gsigrid.cgs.gov.cn/newgsigrid/CGSGeoData/Handler.ashx? url = 10.90.3.198：6163/igs/rest/mrms/tile/CGCS2000_ H51F082099/0/0/0

更改图幅号后（方框内部分），放入浏览器地址栏，查看是否有图，有图则代表发布成功（图 6.2.31）。

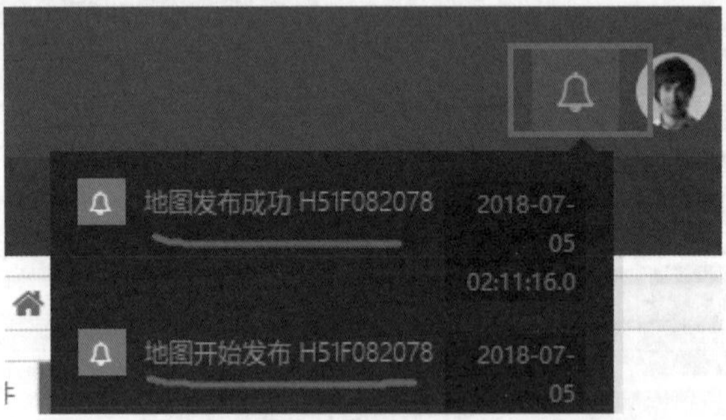


图 6.2.30 发布提示

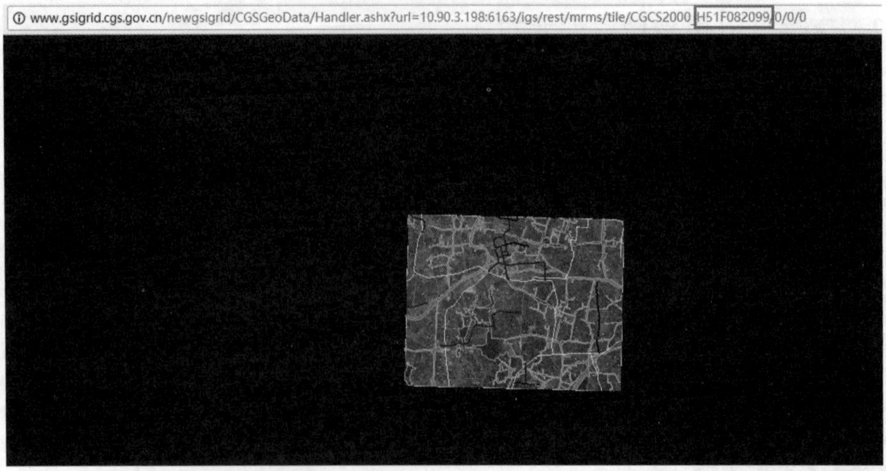


图 6.2.31 验证是否发布成功

# 6.2.7　经典地质现象点在线发布

## 6.2.7.1　发布方式

三种途径：

（1）可以直接通过 RGMap 直接在野外上传经典现象点（选择相关地质点）。

（2）可以利用 DGSInfo 软件，将 PRB 总图库中的地质点中提取经典现象点图层文件，上传到“数据管理”中，系统将自动转换为 6.2.7.3 中的 excel 格式要求并发布；

（3）按照 6.2.7.3 中的 excel 格式要求发布。

本节将重点介绍第三种途径。

## 6.2.7.2　发布流程

批量发布经典地质点大致流程如图 6.2.32。

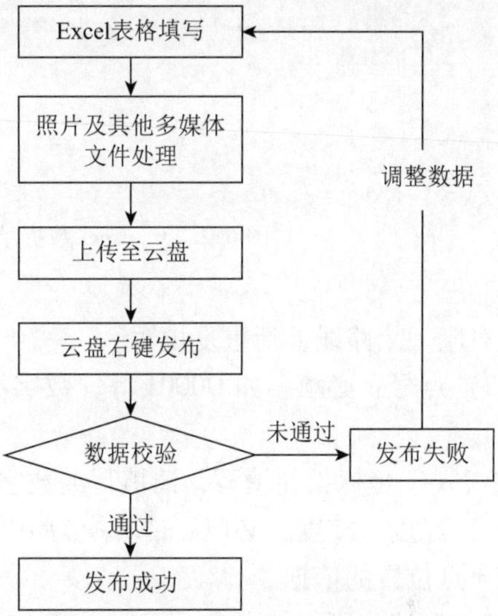


图 6.2.32　批量发布

## 6.2.7.3　发布具体操作和要求

### 6.2.7.3.1　Excel 数据填写及要求

（1）Excel 数据说明如下表所列。

| 字段 | 说明 | 备注 |
|---|---|---|
| 路线号 | 该地质点所属路线编号 | 可不填写 |
| 地质点号 | 该地质点编号 | 必填 |
| X 坐标 | 该地质点平面坐标 | 可不填写 |
| Y 坐标 | 该地质点平面坐标 | 可不填写 |
| 经度 | 该地质点经度 | 必填，十进制方式，如 91.57611 |
| 纬度 | 该地质点纬度 | 必填，十进制方式，39.05083 |
| 描述 | 对该地质点的描述信息 | 可不填写 |
| 照片数量 | 该地质点所含照片数量 | 可不填写 |
| 照片方位角 | 对应地质点的方位角 | 可不填写 |

对应 excel 填写如图 6.2.33 所示。

（2）Excel 数据填写要求如下：

1）路线号：如有路线号，请填写路线号，如 L001，L002，数字编号前请添加“L”（大写，其他符合要求的字母也可），无位数要求。如没有路线号，则保持空白。如多个地

| 路线号 | 点号 | x坐标 | y坐标 | 经度 | 纬度 | 描述 | 方位角 | 数量 | |
|---|---|---|---|---|---|---|---|---|---|
| L001 | D1642 | 282002.8 | 3276883.76 | 120.75011 | 29.59094006 | 棕红色气孔状玄武岩与火山口湖相沉积岩接触界线 | | | |
| L002 | D3149 | 294208.1 | 3239445.5 | 120.8830166 | 29.25548724 | 熔结凝灰岩中浆屑脱落形成定向排列孔洞 | | | |
| | D3282 | 283082.6 | 3251335.1 | 120.7663048 | 29.3608119 | 流纹斑岩露头为陡立山峰 | | | |

图 6.2.33 excel 数据填写样例（详细可参考样例文件）

质点对应一个路线，请重复填写。

2）点号：必填，如 D0001 等，数字编号前请添加“D”（大写，其他符合要求的字母也可）。

3）x/y 坐标：如填写，请填写纯数字、小数，请勿混合字母或汉字。可不填写。

4）经度、纬度：必填，请转换为 10 进制后填写，请勿混合字母或汉字，经纬度为确定地质点位置的依据。

5）描述：可不填写。

6）方位角、数量：可不填写，但请勿填写字母或汉字。

7）不符合要求页面将会提醒“excel 格式错误”。

（3）Excel 文件要求如下：

1）请使用 xls 格式，无名称要求，97-03 兼容模式。

2）请勿对单元格进行合并等操作，以免影响数据读取。

3）请保持模板第一行列名的存在，不要调整列与列之间的相对位置，保持数据在第一页（sheet1），按照模板填写即可。

4）不符合要求页面将会提醒“excel 不存在或未提取有效信息”。

#### 6.2.7.3.2 照片及多媒体文件处理

（1）文件格式及大小要求：

与野外实时经典地质点上传文件格式统一，图片为 jpg 格式，音频为 wav 格式，视频为 mp4 格式。

考虑在线浏览图片及多媒体文件的流畅性，请尽量将照片大小压缩至合适大小（约 1M 大小，不强制要求），且正确处理好照片的旋转等操作，保证移动端及网页端的浏览。

（2）文件摆放要求：

为准确地发布每个地质点对应的多媒体文件，对发布文件的摆放格式具有以下要求（在云盘中调整也可）。系统将根据 excel 中信息，为地质点自动匹配其所对应的多媒体文件（可参考样例文件）。

1）某地质点对应的多媒体文件，请放置在同一文件夹内，且以点号为文件夹名称。例如 D1642 的多媒体文件请放入 D1642 文件夹，如图 6.2.34，文件名称不做要求。

2）地质点文件夹请放入以其路线号为名称的文件夹内，没有路线的地质点，则放入“other”文件夹，如图 6.2.35 所示。

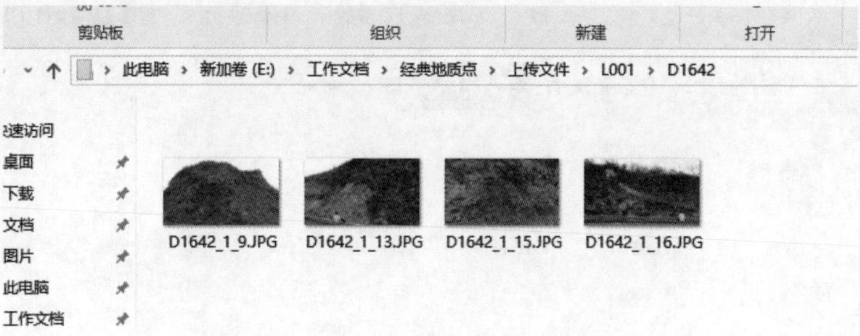


图 6. 2. 34　文件放置在地质点文件夹内

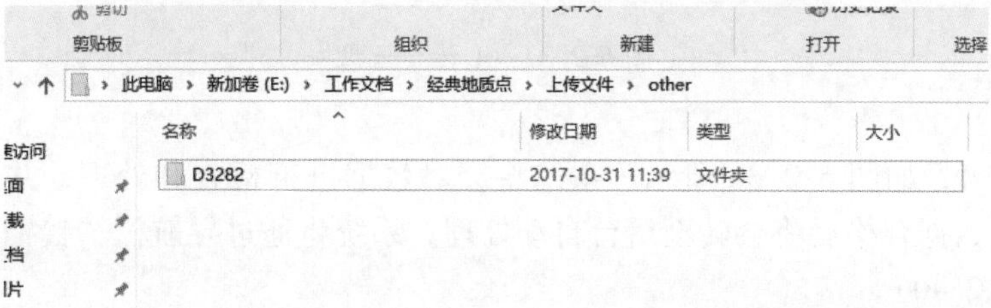


图 6. 2. 35　地质点文件夹放置在路线文件夹内

3）将需要发布的所有路线号文件及以及“other”文件夹，以及填写的 Excel 放置在一起，excel 文件与路线文件夹同级，如图 6. 2. 36 所示。

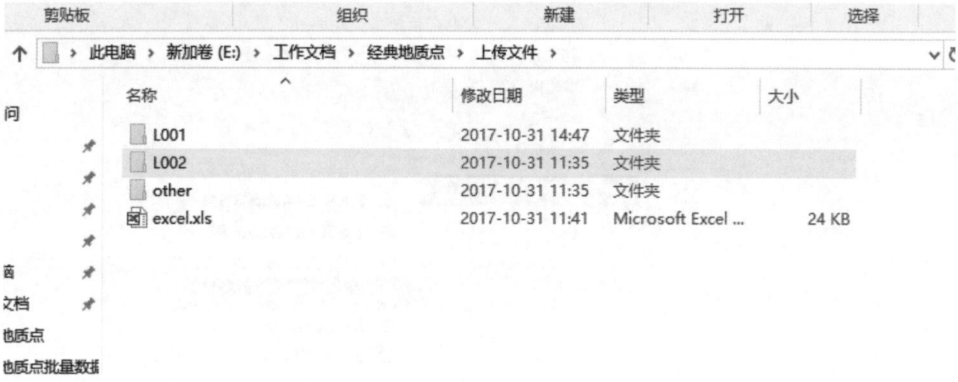


图 6. 2. 36　将路线文件夹以及 excel 文件放置在一起

#### 6. 2. 7. 3. 3　上传及发布经典地质点

（1）上传至云盘：将这些文件上传至云盘，保持这种文件结构即可，所在文件夹名称无要求，如图 6. 2. 37 所示。

（2）发布数据：请事先确认该用户角色拥有经典地质现象点发布权限，操作流程与发布野外路线相似（见经典地质点发布权限）。

在数据所在文件夹“地质点测试文件”（路线文件夹上级），右键点击“发布到经典地

图 6.2.37　上传至云盘

质现象点”即可，如图 6.2.38 所示。系统将会对数据进行检查和处理，并进行提示如图 6.2.39 所示。数据合格后将会转至后台自动处理，系统将通过导航栏“铃铛”通知数据发布情况（图 6.2.40）。

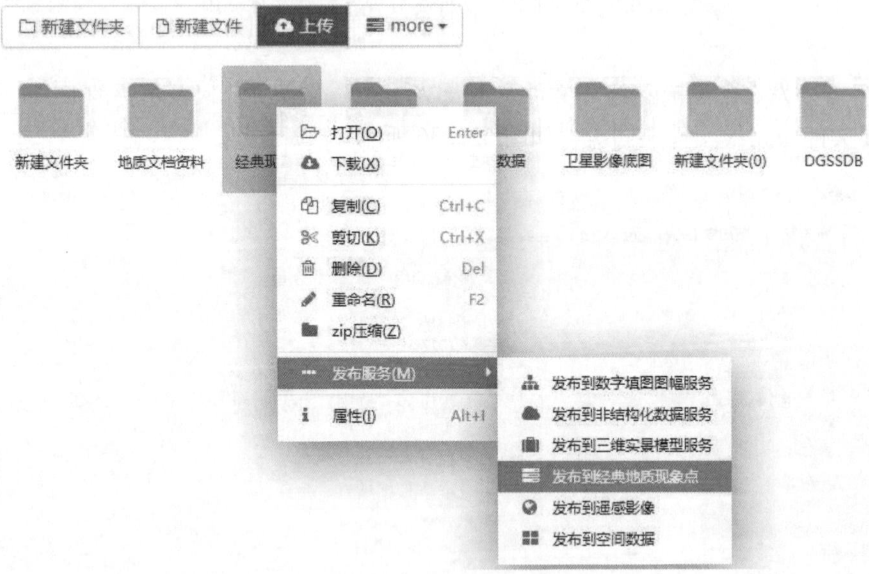


图 6.2.38　右键发布数据

（3）发布数据注意事项如下：

1）请确认 excel 填写准确，excel 为经典地质现象点的数据来源。

2）各路线、地质点文件夹名称确认与 excel 中路线号、地质点号一致，位置逻辑正确。

3）如增量发布经典地质现象点，在文件夹下添加新的路线、地质点文件夹后，只要将 excel 数据更新为本次想要发布的地质点数据，再次发布即可。系统只会发布 excel 表中

图 6.2.39 系统提示错误

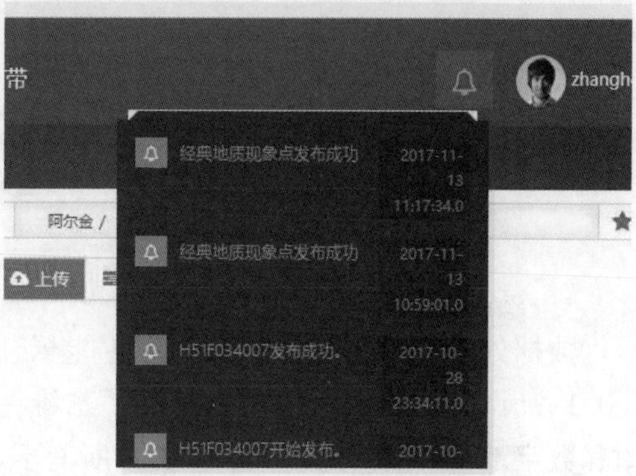


图 6.2.40 最终发布结果通知

存在的数据，同时也请保持文件夹根目录中只存在一份 excel 文件。

4）如 excel 数据格式错误，不存在于地质点对应的路线、地质点文件夹，系统将不会发布本次数据，并通知用户发布失败以及大致原因，用户调整后可再次发布。

## 6.2.8 数据资源包

数据资源包是用来创建专门在移动端使用的离线资源包的，这样用户就可以在野外没有网络的情况下浏览离线数据，数据资源包如图 6.2.41 所示。数据资源包由地质报告和地质图件组成，其中地质报告支持 word、excel、ppt、pdf 和 html 格式的文件下载，地质图件支持 dgss 和 MapGIS67 格式的下载，并且在下载 MapGIS67 格式数据时，系统会自动转换为 dgss 格式的数据，方便用户在移动端查看数据。点击“添加下载”即可将文件添加到离线资源包中。

图 6.2.41 数据资源包

# 7 数据处理

数据处理是网格系统提供高性能云主机给用户用来做数据处理的，数据处理如图 7.0.1 所示。根据使用需求，提供了三维建模物理机、并行计算、空间数据挖掘、智能编图和数字地质调查等类型虚拟机。所有云主机中，三维建模（物理机）是两台物理实体机，其他云主机都是使用虚拟化技术创建的虚拟机。

数字地质调查有三台云主机，均安装了“MapGIS67”和“数字地质调查信息综合平台”软件，用来对数据做基础处理；三维建模（物理机）有两台，这两台是真实的物理实体机，有高性能的独立显卡，用来进行三维建模数据处理；空间数据挖掘有两台，其中一台是 server2012 的操作系统，另外两台是 win7 操作系统，均安装了 ArcMap 软件。

图 7.0.1 数据处理

## 7.1 云主机

用户点击“在线使用”后，即可进入该云主机并进行使用，云主机主界面如图 7.1.1 所示。进入云主机后，可以点击“隐藏导航栏”将云主机界面最大化，方便使用。使用完云主机后，一定要点击“退出云桌面”退出。

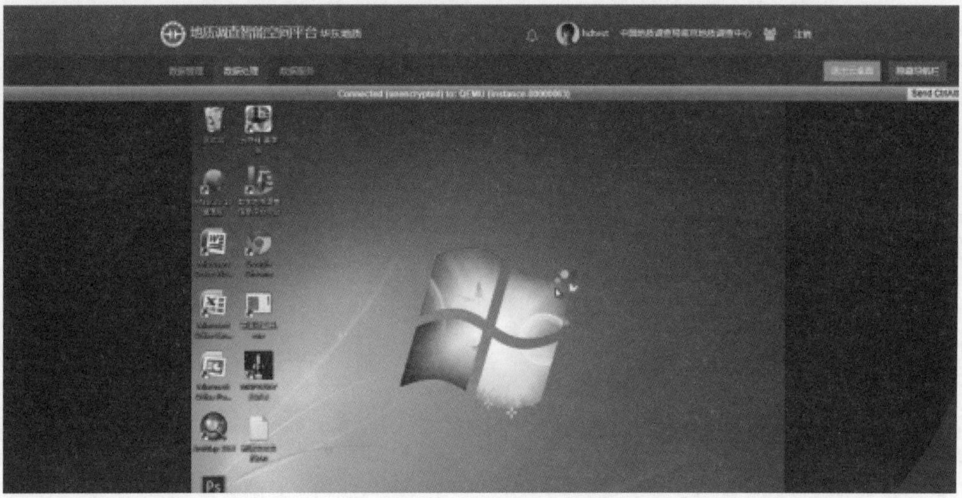

图 7. 1. 1　云主机主界面

## 7.2　云数据中心

用户双击“云存储_桌面版”后，即可进入自己私有的云数据中心，如图 7. 2. 1 所示。打开云数据中心后，用户可以方便地处理数据管理模块上传的数据。注意：使用完后需关闭自己的数据中心（点击软件上方的×即可），方便下一个用户使用。

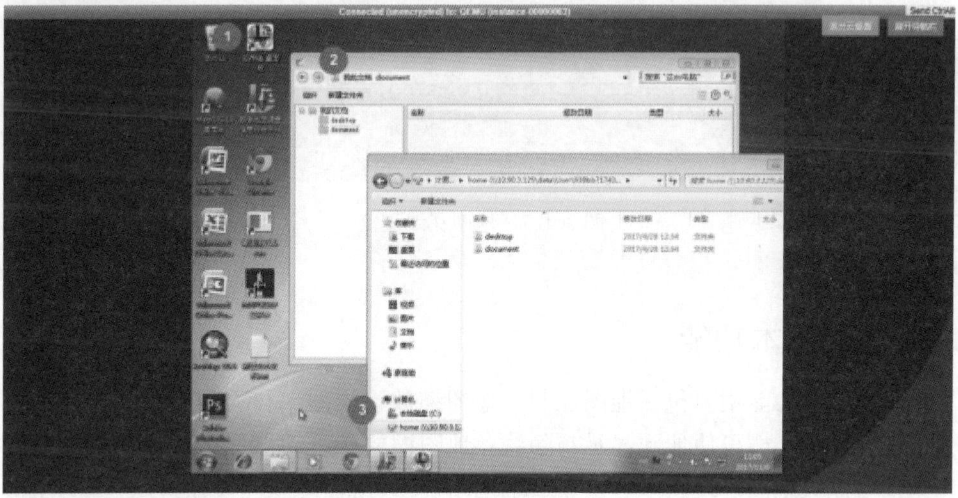

图 7. 2. 1　云数据中心

# 8　数据服务

## 8.1　云服务

### 8.1.1　地图在线浏览

进入华东地质智能空间平台的数据服务部分，即可在线浏览已经发布的地图数据，见图 8.1.1。

图 8.1.1　地图在线浏览

### 8.1.2　地图基本功能

二维地图基本功能主要包括地图控制、地图缩放、地图平移。地图控制：点击左侧的地图目录树前面的小框可使地图显示与隐藏；地图缩放：滑动鼠标中键可放大缩小地图或者双击地图可放大地图；地图平移：在二维地图视图，点击左键不放拖动可平移地图。

### 8.1.3　地图图幅查询

鼠标滑到导航栏的地质数据服务，点击图幅查询，弹出图幅定位窗口。输入图幅号即可定位到相应的图幅区域，见图 8.1.2。

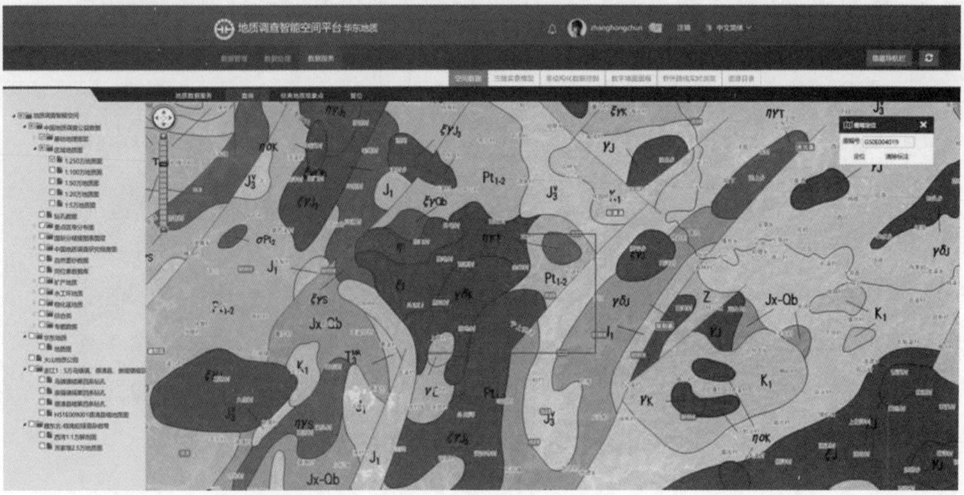


图 8.1.2 图幅查询

## 8.1.4 地图属性查询

点击导航栏的属性查询，弹出窗体，点击地图上自己想要查询的要素，即可出现要素属性信息（图 8.1.3）。

图 8.1.3 属性查询

## 8.1.5 空间数据截图

根据地图的发布名、经纬度范围、缩放级别，生成地图截图。

（1）依次点击地质数据服务→空间截图，弹出空间数据截图窗口（图 8.1.4）。

图 8.1.4　空间数据截图视图

（2）点击局部取图窗口的拉框选图按钮，在地图上拖动，生成地图范围（图 8.1.5）。

图 8.1.5　空间数据截图拉框

（3）点击下载选取按钮，弹出信息确认窗口，点击确认开始下载。地图为当前地图树模块选中的地图名称，缩放级别为当前地图的级别，范围为选取的范围（图 8.1.6）。注：目前只支持单个地图的图片截取。

（4）提供下载功能。注：如果地图的范围大或者缩放级别高，则下载的速度会慢一些。

## 8.1.6　经典地质现象点服务

地质点坐标、地质描述、照片、影像等要素构成经典地质现象点。

鼠标移动到【经典地质现象点】弹出下拉菜单，点击【打开现象点】，地图视图出现现象点（图 8.1.7）。红色现象点数字表示个数，放大至单个现象点后，鼠标左键单击红色现象点，弹出现象点的相关属性（图 8.1.8）

图 8.1.6 空间数据截图信息确认

图 8.1.7 经典地质现象点主界面

在现象点属性页，点击图片的蓝色链接，查看现象点图片（图 8.1.8）。

图 8.1.8 现象点属性

## 8.2 三维实景模型浏览

三维场景建模是以无人机获取倾斜摄影数据，采用三维软件快速实现场景的建模构建及发布。

（1）模型概况。图 8.2.1 左侧以文字的形式描述了一个个三维模型，点击标题，跳转到相应的三维模型，点击查看，显示模型的描述信息（图 8.2.2）。

图 8.2.1　三维模型概况

图 8.2.2　模型详情信息

（2）三维模型。三维模型的在线浏览，缩放、平移、选中以及测量（图 8.2.3，图 8.2.4）。

图 8. 2. 3 三维模型

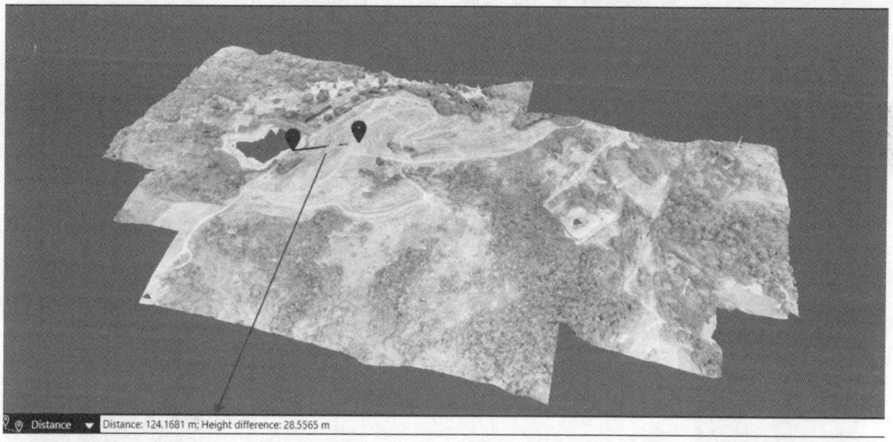


图 8. 2. 4 三维模型测量

# 8. 3 非结构化数据挖掘

在数据服务点击下方“非结构化数据挖掘服务”，可进入“非结构化数据挖掘服务”在线内容服务。

（1）主页：非结构化数据服务如图 8. 3. 1 所示。

系统主页左侧是报告档案列表，显示系统中报告数目等基本信息，按页可逐一显示报告。蓝色框线和对号表示当前选中的档案。系统右侧为当前报告下的文件列表，点击左侧报告列表可切换报告内容。

（2）查阅报告下图件：左键点击可在 Web 浏览器上可直接打开多种［jpg/bmp/gif/tif 等］图片文件（图 8. 3. 2），点击右上角可关闭查阅窗口。

（3）查阅报告下文档：在系统右侧界面中，点击选中需要查阅的文档（图 8. 3. 3），包括 doc/docx/pdf/xls 等多种格式，在 Web 浏览器上直接完整查阅（图 8. 3. 4）。

图 8.3.1　非结构化数据服务

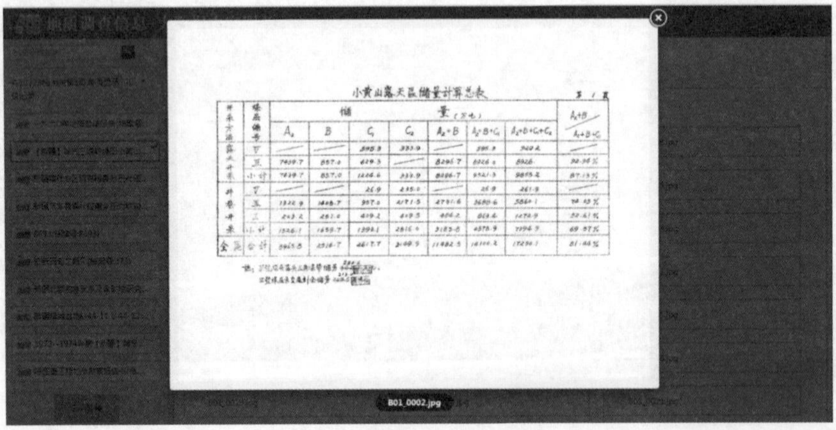


图 8.3.2　查阅大数据中图片

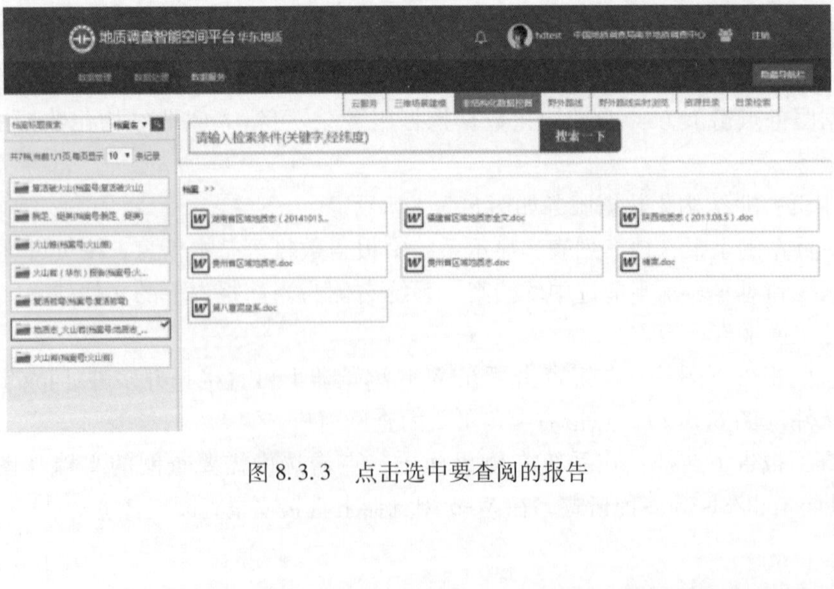


图 8.3.3　点击选中要查阅的报告

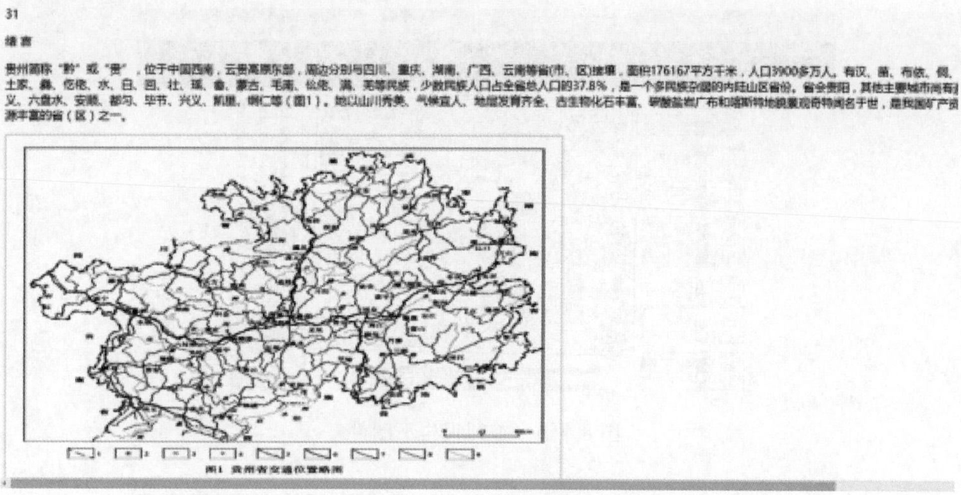
31
绪言
贵州简称“黔”或“贵”，位于中国西南，云贵高原东部，周边分别与四川、重庆、湖南、广西、云南等省(市、区)接壤，面积176167平方千米，人口3900多万人。有汉、苗、布依、侗、土家、彝、仡佬、水、白、回、壮、瑶、畲、蒙古、毛南、仫佬、满、羌等民族，少数民族人口占全省总人口的37.8%，是一个多民族杂居的内陆山区省份。省会贵阳，其他主要城市尚有
义、六盘水、安顺、都匀、毕节、兴义、凯里、铜仁等（图1）。她以山川秀美、气候宜人、地层发育齐全、古生物化石丰富、碳酸盐岩广布和喀斯特地貌景观奇特闻名于世，是我国矿产资
源丰富的省（区）之一。
图1 贵州省交通位置略图

图 8.3.4 查阅文档下报告

（4）查阅报告下空间数据：左键单击选在档案下 MapGIS 格式的 .mpj 地图（见图 8.3.5），即可在线浏览该图件（图 8.3.6）。查阅图件时，可直接使用鼠标左键进行拖拽来移动图件，也可使用鼠标滚轮前后滑动达到放大和缩小的效果，当然也可选择图 8.3.6 界面右下角四个按钮来完成这几项操作。

请输入检索条件
搜索一下
backup

图 8.3.5 左键点击选择需要查阅的图件

## 8.3.1 基于位置的地质报告内容推送

（1）在搜索框中输入一个坐标，其中坐标需统一换算为经纬度，且以“°”为单位，系统将反馈坐标点周边的地名、地层单元等地质特征（图 8.3.7）。

（2）用户可勾选感兴趣的特征，大数据服务将根据用户所勾选的内容，向用户推送周边相关地质报告内容片段（图 8.3.8）。

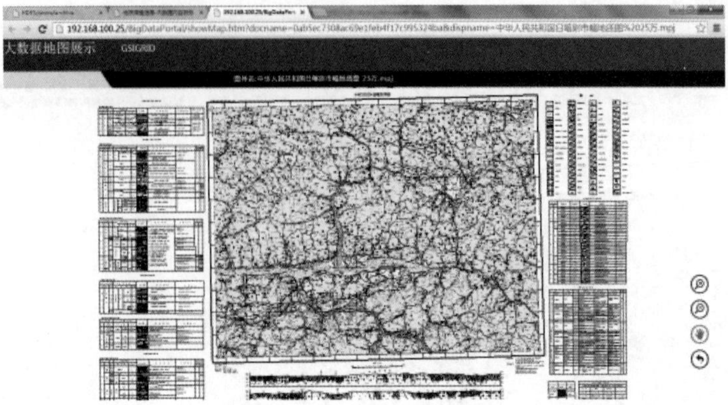

图 8.3.6　查阅报告下图件

图 8.3.7　根据坐标反馈信息

图 8.3.8　推送周边相关报告内容

## 8.3.2　基于关键词的地质信息检索

（1）关键词标题检索报告：在系统左上角框输入关键字或报告 ID（图 8.3.9），即可搜索有关的报告（图 8.3.10）。

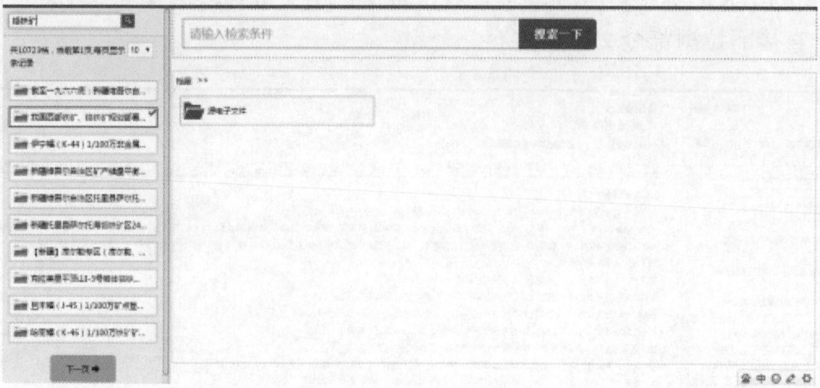


图 8.3.9 输入报告关键字或 ID

图 8.3.10 文档检索结果

（2）全文检索报告内容：

1）右边框中输入关键词或句子可进行全文检索（图 8.3.11），系统将自动提取特征标签供用户选择，全文检索内容在标签下方。

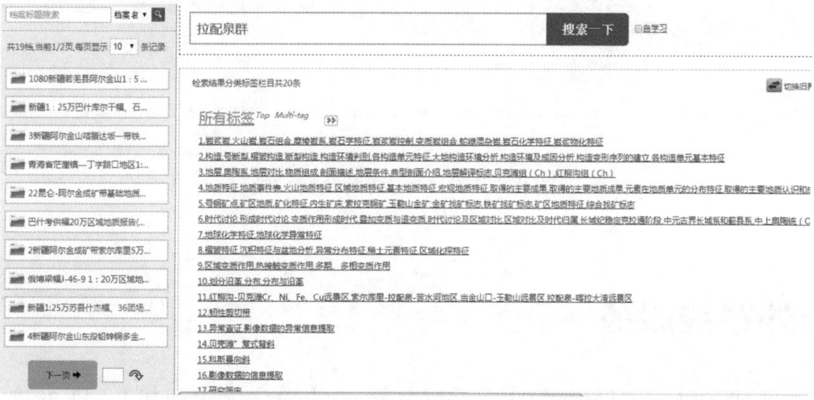


图 8.3.11 输入关键词进行全文检索

2）点击列出来的标签可直接翻页查看报告文件中关键片段（图 8.3.12）。用户也可不点击标签，直接下拉浏览全文检索内容。

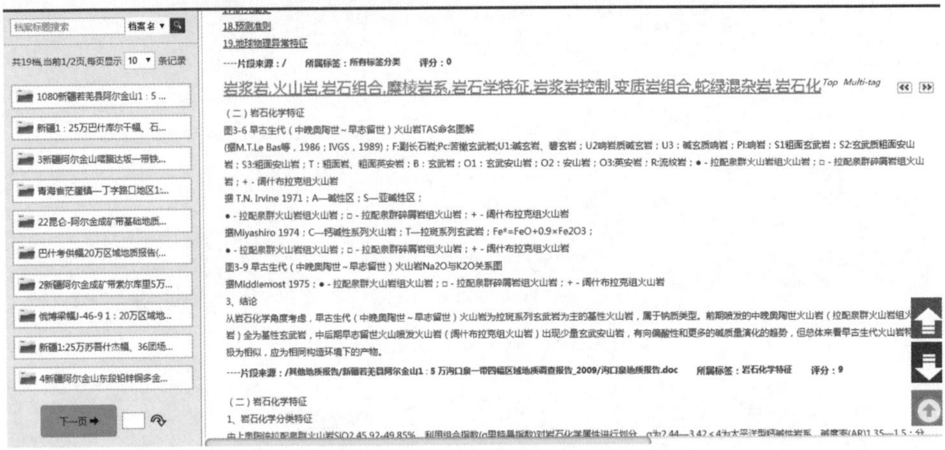


图 8.3.12　全文检索结果

3）点击片段可直接打开全文，并自动定位到此片段（图 8.3.13），用户可进行详情浏览。

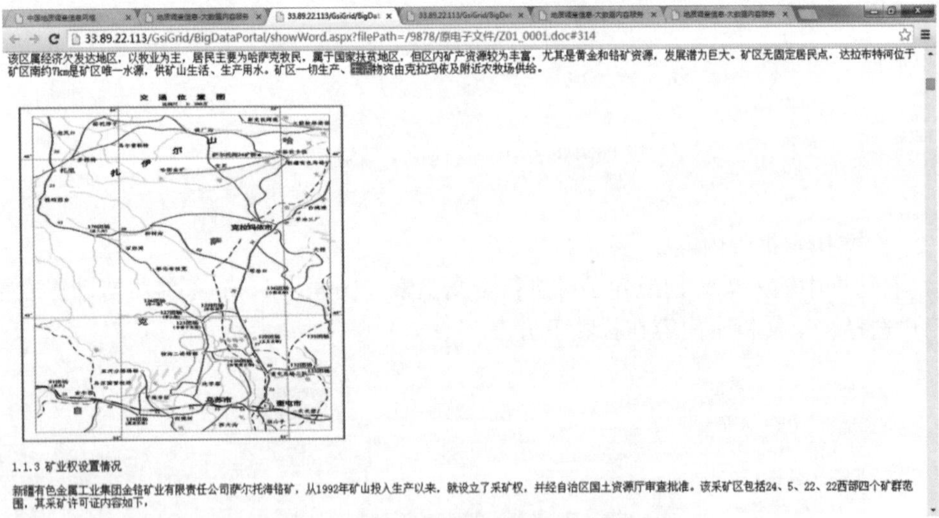


图 8.3.13　检索结果全文详情

## 8.4　野外路线服务

在智能空间平台上，依次点击【数据服务】→【数字填图图幅】，即可进入野外路线服务主界面（图 8.3.1）。

图 8.3.1 野外路线服务主界面

## 8.4.1 野外路线数据展示

野外路线数据为地质调查人员通过手持端 RGMap 设备到野外现场采集的 PRB 数据，设备将采集的 PRB 数据上传到云端，云端实时处理后进行数据发布，用户即可实时浏览 PRB 数据。

图 8.3.1 中野外路线数据以图幅号为主要分类，其内包括该图幅下所有野外路线数据，点击任意一图幅文件夹，界面将显示该图幅下所有路线文件夹，文件名为路线编号（图 8.3.2）。点击进入路线文件夹下，如其中含有 .mpj 工程文件，点击即可查看该路线图像信息（图 8.3.3），用户鼠标左键进行拖拉，滚轮进行放缩等操作。点击见面右侧“+”，可出现图层选择选项（图 8.3.4），用户可在“影像”“地质图”“等高线”“路线”中选择，选择后在图形界面进行放缩等操作，如存在该项数据，即可改变视图。

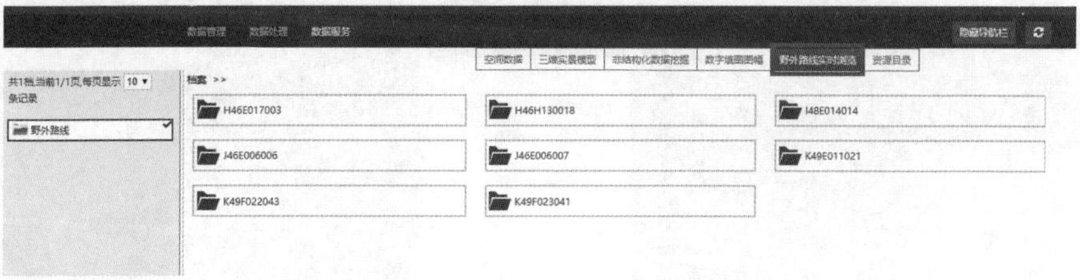


图 8.3.2 图幅文件下属路线文件

## 8.4.2 野外路线数据查询

点击界面左侧“属性查询”中“图层列表”下的倒三角标志（图 8.3.5），选择需要查询属性信息的图层，如需要查询地质点信息，选择“GPOINT”图层，查询路线信息则选择“ROUNTING”图层，然后点击“开始点查询”按钮开始查询。

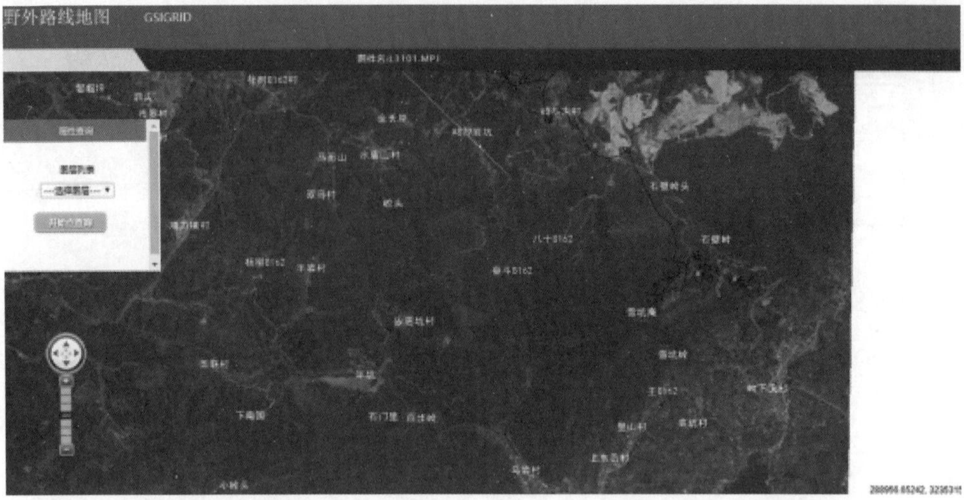


图 8.3.3　路线图件详情

图 8.3.4　图层选择选项

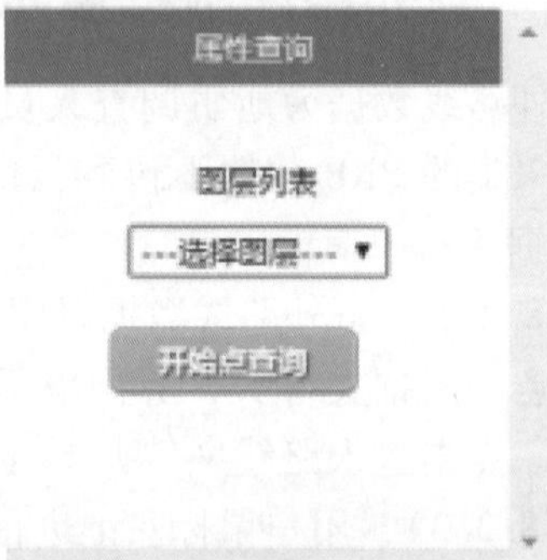


图 8.3.5　属性查询选择框

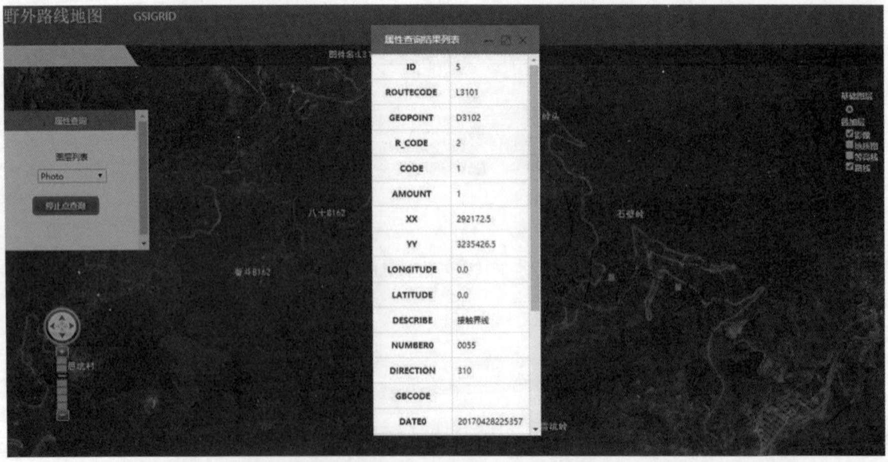


图 8.3.6　野外路线地质点属属性查询

属性查询开始后，“开始点查询”按钮则变为红色。选择图形中与要查询图层对应的任意地质符号，即可查看该属性。以地质点为例，选择“GPOINT”图层后，点击“开始点查询”按钮，左键点击，选择路线中蓝色“十”字和“圆圈”共同标识的地质点标志，将会弹出属性对话框（图 8.3.6），展示该地质点信息，如该地质点无信息或用户点击位置不正确，则显示“无结果”的提示框，其他路线、样品等属性查询操作如上。在该地质点信息对话框中，点击地质点编号，如存在该地质点信息描述，将会弹出其详细信息（图 8.3.6）。

## 8.5 实测剖面服务

在智能空间平台上，依次点击【数据服务】→【野外路线】→【实测剖面】，即可进入实测剖面服务主界面（图 8.5.1）。

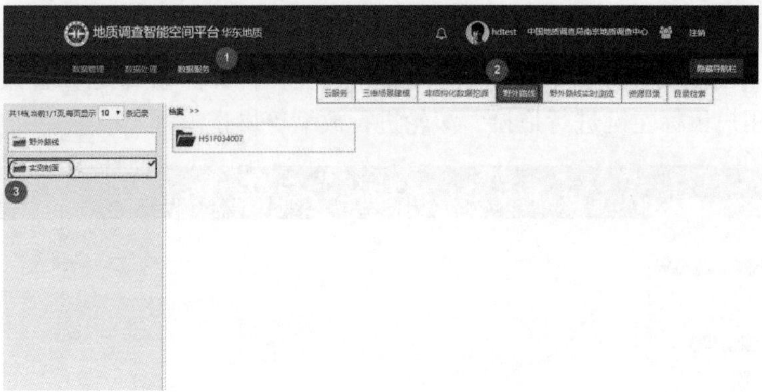


图 8.5.1 实测剖面服务主界面

### 8.5.1 实测剖面数据展示

实测剖面以图幅号→剖面编号→剖面图和剖面线投影为数据组织方式（图 8.5.2、图 8.5.3）。

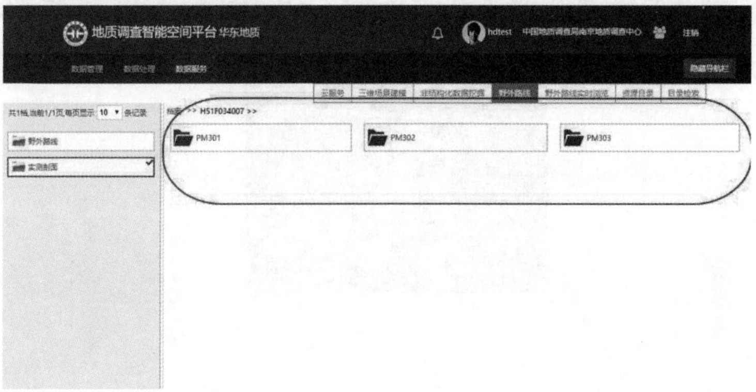


图 8.5.2 剖面文件

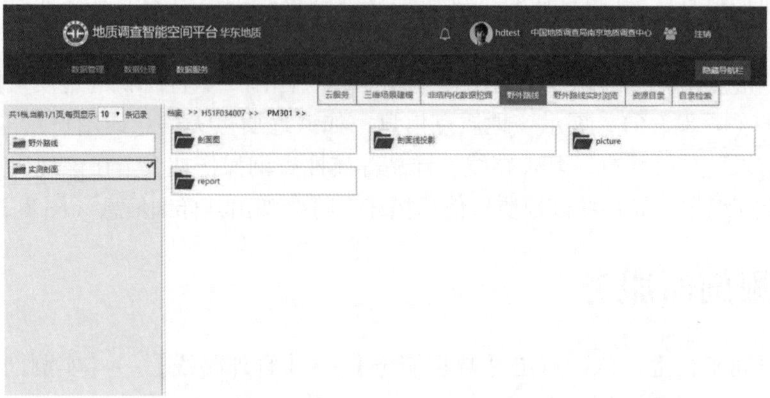


图 8.5.3 剖面图和剖面线投影

点击进入剖面图文件夹，如其中含有 .mpj 工程文件，点击即可查看该剖面图像信息（图 8.5.4），用户鼠标左键进行拖拉，滚轮进行放缩等操作。

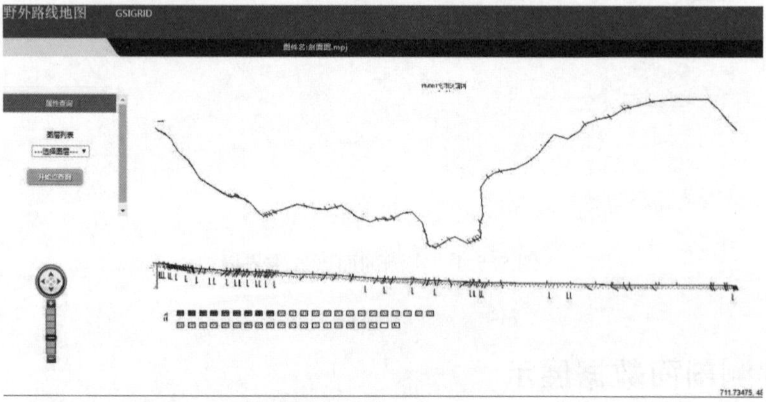


图 8.5.4 剖面图

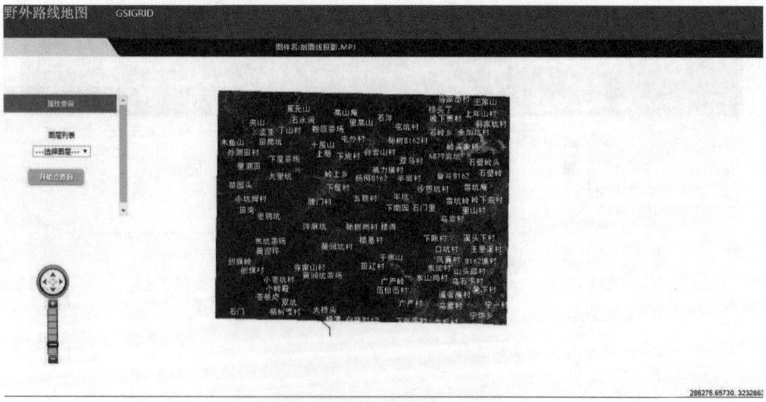


图 8.5.5 剖面线投影

点击进入剖面线投影文件夹，如其中含有 . mpj 工程文件，点击即可查看该剖面线投影图像信息（图 8. 5. 5），用户鼠标左键进行拖拉，滚轮进行放缩等操作。

## 8. 5. 2 实测剖面数据属性查询

### 8. 5. 2. 1 剖面图

点击界面左侧“属性查询”中“图层列表”下的倒三角标志（图 8. 5. 6），选择分层线图层，然后点击“开始点查询”按钮开始查询。

属性查询开始后，“开始点查询”按钮则变为红色。选择图形中与要查询图层对应的任意地质符号，即可查看该属性。点击长条状的分层线后，将会弹出其详细信息（图 8. 5. 7）。

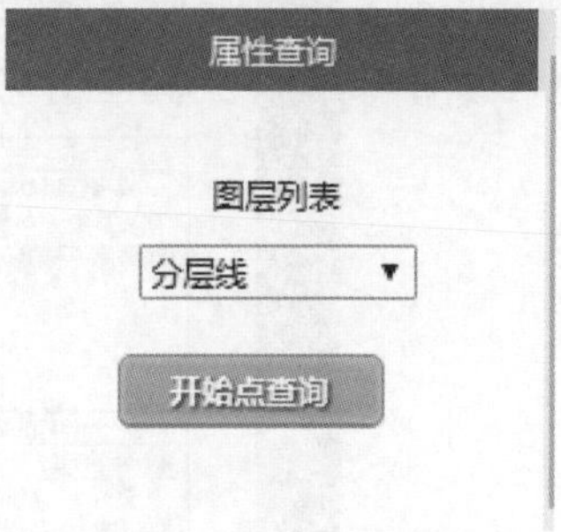


图 8. 5. 6 属性查询

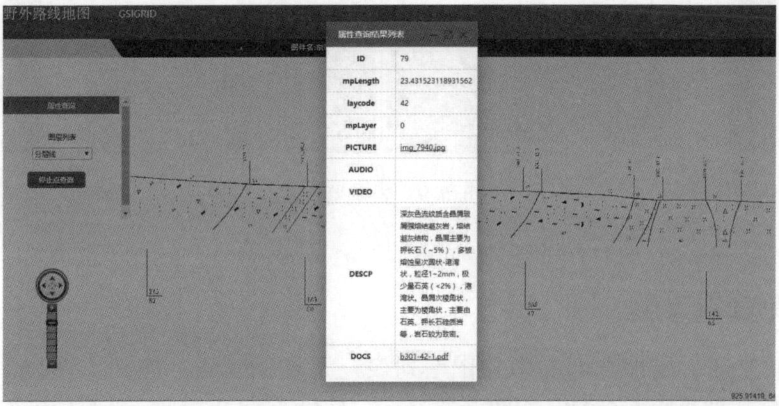


图 8. 5. 7 分层线属性信息

点击 PICTURE 字段的蓝色链接，即可查看该分层线的相应的图片（图 8. 5. 8）。

图 8. 5. 8 分层线的图片

点击 DOCS 字段的蓝色链接，即可查看岩矿鉴定表（图 8.5.9）。

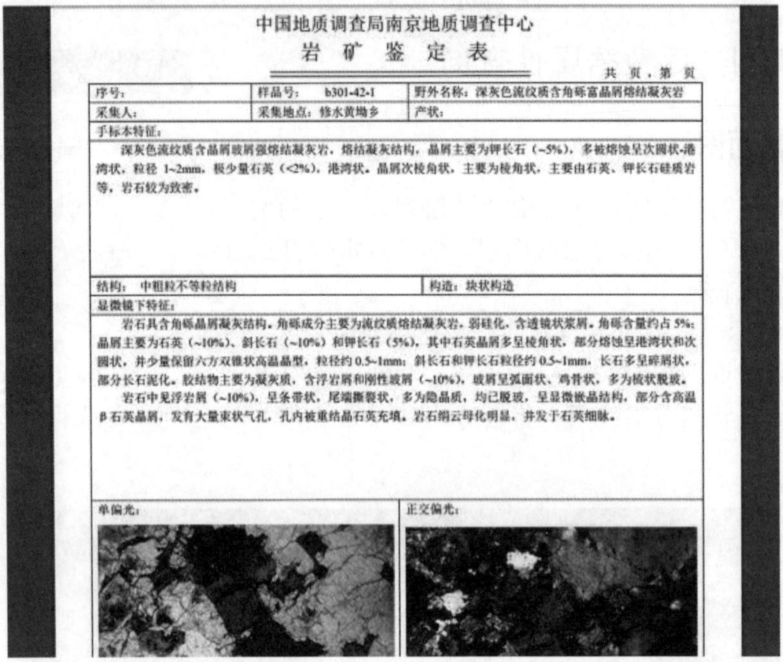

中国地质调查局南京地质调查中心

岩 矿 鉴 定 表

共 页，第 页

| | | |
|---|---|---|
| 序号： | 样品号： b301-42-1 | 野外名称：深灰色流纹质含角砾富晶屑熔结凝灰岩 |
| 采集人： | 采集地点：修水黄坳乡 | 产状： |

手标本特征：

深灰色流纹质含晶屑玻屑强熔结凝灰岩，熔结凝灰结构，晶屑主要为钾长石（~5%），多被熔蚀呈次圆状-港湾状，粒径 1~2mm，极少量石英（<2%），港湾状。晶屑次棱角状，主要为棱角状，主要由石英、钾长石硅质岩等，岩石较为致密。

| | |
|---|---|
| 结构： 中粗粒不等粒结构 | 构造：块状构造 |

显微镜下特征：

岩石具含角砾晶屑凝灰结构。角砾成分主要为流纹质熔结凝灰岩，弱硅化，含透镜状浆屑。角砾含量约占 5%；晶屑主要为石英（~10%）、斜长石（~10%）和钾长石（5%），其中石英晶屑多呈棱角状，部分熔蚀呈港湾状和次圆状，并少量保留六方双锥状高温晶型，粒径约 0.5~1mm；斜长石和钾长石粒径约 0.5~1mm，长石多呈碎屑状，部分长石泥化。胶结物主要为凝灰质，含浮岩屑和刚性玻屑（~10%），玻屑呈弧面状、鸡骨状，多为梳状脱玻。

岩石中见浮岩屑（~10%），呈条带状，尾端撕裂状，多为隐晶质，均已脱玻，呈显微嵌晶结构，部分含高温 β 石英晶屑，发育大量束状气孔，孔内被重结晶石英充填。岩石绢云母化明显，并发于石英细脉。

单偏光：　　正交偏光：

图 8.5.9　岩矿鉴定表

## 8.5.2.2　剖面线投影

点击界面左侧“属性查询”中“图层列表”下的倒三角标志，选择第一个 SECTION 图层，然后点击“开始点查询”按钮开始查询。属性查询开始后，“开始点查询”按钮则变为红色。选择图形中与要查询图层对应的任意地质符号，即可查看该属性。点击长条状的 SECTION 后，将会弹出其详细信息（图 8.5.10）。

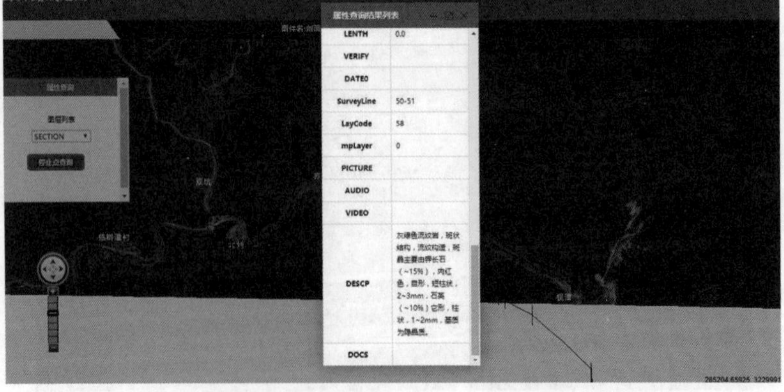


图 8.5.10　剖面线投影属性信息

# 9　地质调查智能空间在地质调查在线化的应用

地质调查智能空间平台通过扩展应用支持中国地质调查局的“地质调查在线化”工作，提供区调、矿调、综合地质调查等二级项目服务的工作环境。

## 9.1　登录

### 9.1.1　通过地质云在线化集成入口访问

（1）访问地质云站点：http：//geocloud. cgs. gov. cn。

（2）请使用谷歌浏览器进行浏览访问。

（3）使用地质云账号密码登录，并进入“地调在线”主界面（图 9. 1. 1）。

图 9. 1. 1　业务在线化主界面

（4）点击【我的项目】，弹出自己参与的项目（图 9.1.2），选择【详细信息】，就可以按年度查询项目基本信息。点击【专业系统】，如果属于区调、矿调、综合地质调查、能源类的项目，则自动进入地质调查智能空间平台（图 9.1.3）。

图 9.1.2　业务在线化-我的项目

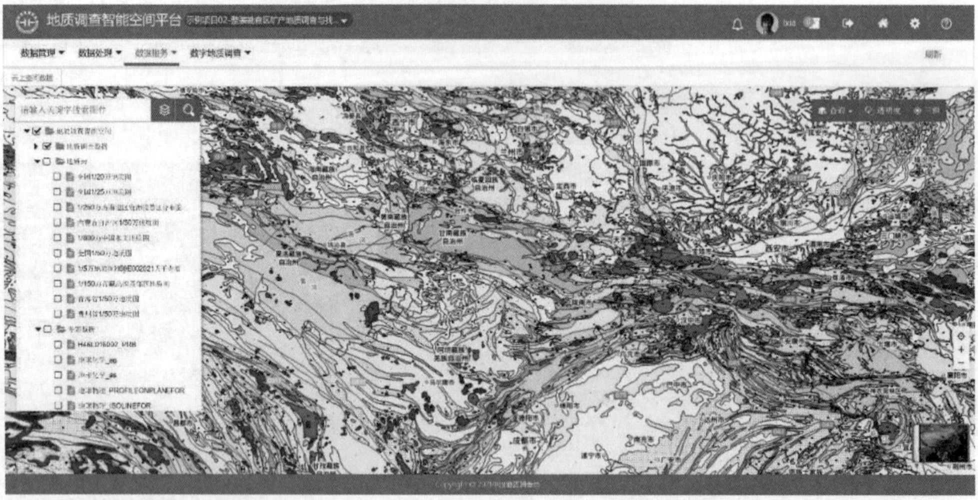


图 9.1.3　地质调查智能空间系统

## 9.1.2　通过工作环境入口直接访问

访问网址：http：//online. gsigrid. cgs. gov. cn（图 9.1.4）。

图 9.1.4　地质调查智能空间平台网站入口

# 9.2　智能子空间基本信息浏览

## 9.2.1　查看用户信息

点击用户头像菜单后，用户个人中心页面打开，可以对用户的用户名、真实姓名、参与的项目组及角色等信息进行查看，如图 9.2.1 所示。

图 9.2.1　查看用户信息

## 9.2.2　项目活跃度日志查看

项目活跃度日志，是按照项目名称和项目编号，对项目的总登录次数，本周登录次数，截至本周文件数，和上周比文件数变化，截至本周的文件量大小，文件量变化大小、二级项目数据量（MB）、二级项目 dgssdb 数据量（MB）等进行统计。

二级项目负责人有项目活跃度日志查看权限，在“系统管理”页面中，选择“项目日志”下的项目活跃度日志可以查看所选项目的活跃度日志（图 9.2.2，图 9.2.3）。

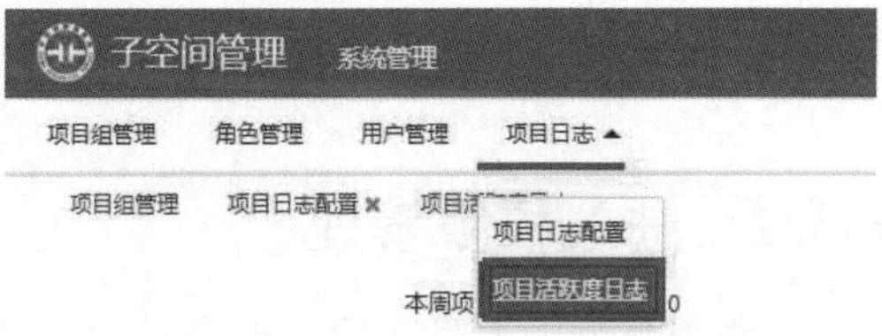


图 9.2.2　项目活跃度日志菜单

本周项目平均登陆次数：1　本周项目最高登录次数：61　本周项目最低登录次数：0

本周登录10次以上项目数：8　本周登录5-10次项目数：9　本周登录5次以下项目数：196

导出excel

| 项目编号 | 项目名称 | 项目承担单位 | 总登录数 | 本周登录次数 | 截止到本周(2019-11-03至2019-11-04)文件数 | 和上周日比文件数变化 | 截止到本周(2019-11-03至2019-11-04)文件量(MB) | 和上周日比文件量(MB)变化 |
|---|---|---|---|---|---|---|---|---|
| DD20179605 | 新疆阿拉尔-图木舒克-昆玉综合地质调查 | 中国地质调查局西安地质调查中心 | 71 | 0 | 852 | 0 | 1477.70 | 0 |
| DD20179607 | 东天山喀拉塔格—雅满苏—带戈壁荒漠浅覆盖区地质填图 | 中国地质调查局西安地质调查中心 | 128 | 1 | 552 | 0 | 695.69 | 0 |
| DD20179611 | 上海济南等典型城市地下空间开发利用综合地质调查 | 中国地质科学院 | 1 | 0 | 0 | 0 | 0.00 | 0 |
| DD20189122 | 雄安新区水土质量与地质调查评价（中国地质调查局天津地质调查中心） | 中国地质调查局天津地质调查中心 | 13 | 0 | 3 | 0 | 9.77 | 0 |
| DD20189123 | 雄安新区水土质量与地质调查评价（中国地质科学院地球物理地球化学勘查研究所） | 中国地质科学院地球物理地球化学勘查研究所 | 33 | 1 | 2543 | +721 | 13501.01 | +4555.34 |

图 9.2.3　项目活跃度日志

在项目活跃度日志页面，点击 导出excel 按钮，可将统计信息导出到 Excel 文件中，并提供下载。

### 9.2.3　查看系统消息

点击图标，可以查看用户在数据管理界面发布数据服务的消息记录，如图 9.2.4 所示。点击数据服务发布成功的消息，页面会跳转至该已成功发布的数据服务的对应浏览页面。支持的数据服务有：数字填图图幅数据服务、非结构化数据服务、经典地质现象点数据服务、空间数据服务。

### 9.2.4　查看子空间（项目）基本信息

点击具体的子空间（项目）名称，弹出该子空间的详细信息。并且按照年度展示项目各个年度的续作详细信息（图 9.2.5）。

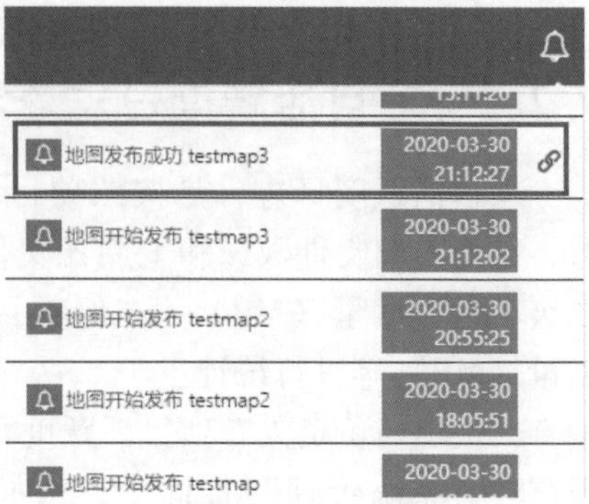


图 9.2.4　用户消息

## 9.3　权限管理

### 9.3.1　进入权限管理

二级项目负责人登录后，点击首页头部的“系统管理”即可进入权限管理系统（图 9.3.1）。

图 9.2.5　子空间信息

图 9.3.1　进入权限管理系统

## 9.3.2　权限管理流程

权限管理界面如图 9.3.2 所示，对于日常的权限管理流程，一般为创建项目组，创建项目组下对应的角色，并为角色分配对应的各种权限，最后是为用户分配项目组和对应角色。项目组、角色、用户管理为主要的管理工作，权限管理主要对二级项目负责人开放，日常管理工作并不涉及。

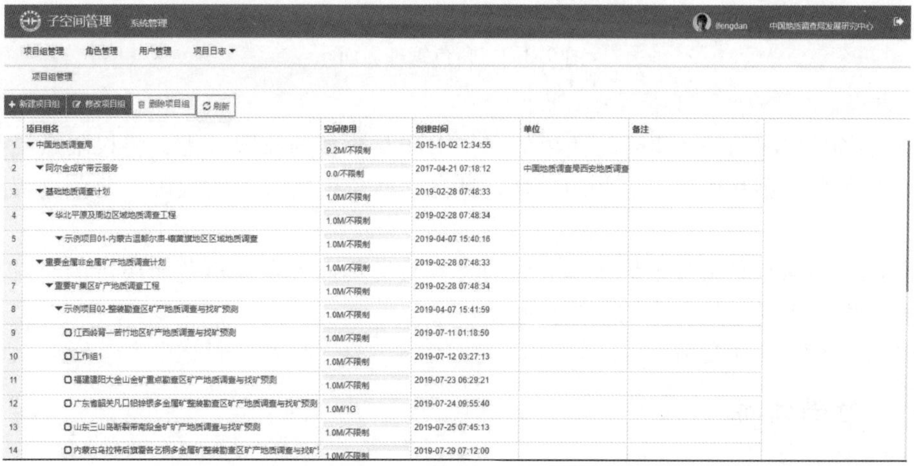


图 9.3.2　权限管理界面

详见5.2章节。

### 9.3.3 项目组管理

项目组是角色、用户管理工作的核心之一，用户、角色模块均依托项目组进行分组管理，目前用户、角色以及数据（资料）也是依靠项目组而进行分类，作为一些权限范围划分的依据。

在项目组管理模块，二级项目负责人可以添加、删除和修改项目组的信息。二级项目负责人能对自己权限范围内的项目组可见并进行操作。

操作步骤详见5.3章节。

### 9.3.4 角色管理

角色管理是对角色进行管理的，各二级项目负责人只能看到自己可以管理的项目组下的角色，如图9.3.3所示。二级项目负责人可以添加、删除和修改角色信息和权限等。每个角色都有自己对应一个自己所属的项目组。点击左侧的项目组（灰色代表无权限），即可在右侧看到该组已存在的角色。

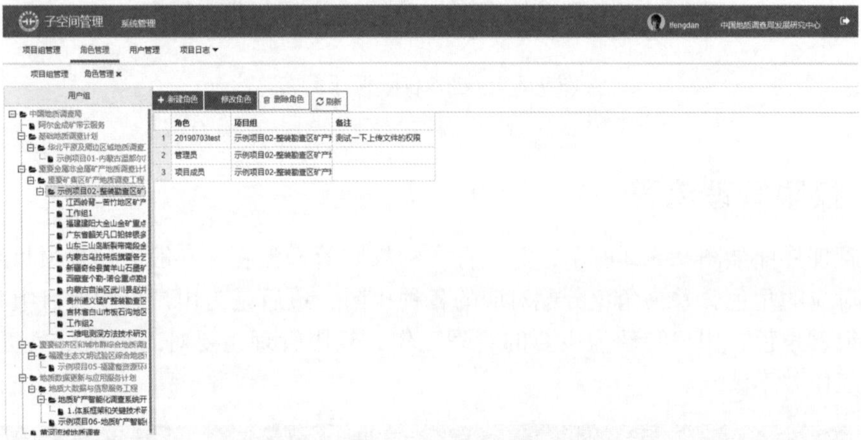


图9.3.3　角色管理界面

角色是各种权限的一个集合，角色的操作中涉及较多的权限分配，将权限赋予某一角色，再将角色赋予某些用户，这些用户则将具有这些角色所包含的权限。角色是权限组合的代表。

左侧项目组树是是由登录该操作界面的二级项目负责人自身角色所决定的。对其他角色的权限分配，不能超过自身的权限范围。

操作步骤详见5.4章节。

### 9.3.5 用户管理

在用户管理界面，如图9.3.4所示，除二级项目负责人外，各用户只能查看自身角色所分配的能够管理项目组及该项目组下所有子级项目组的用户。界面左侧项目组树则代表该用户能够进行管理的项目组，点击树上任意节点，界面右侧则对应为该项目组（包括其所有子组）的用户信息列表（注：变灰的节点则代表无查看、操作的权限，已超出该用户的权限范围，此处仅为保持整体层次结构）。

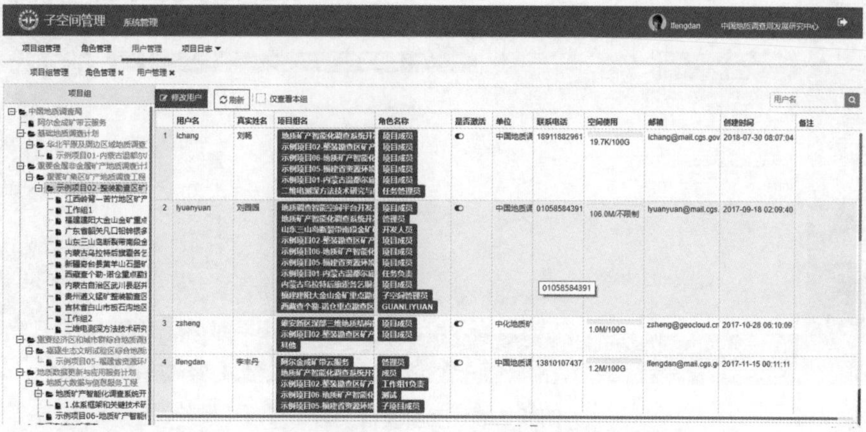

图 9.3.4　用户管理界面

### 9.3.5.1　用户搜索与筛选

选择左侧某一项目组为搜索范围，在右上方搜索框内输入用户名，并点击搜索图标，下方将显示对应所有搜索到的用户信息的列表，如图 9.3.5 所示。

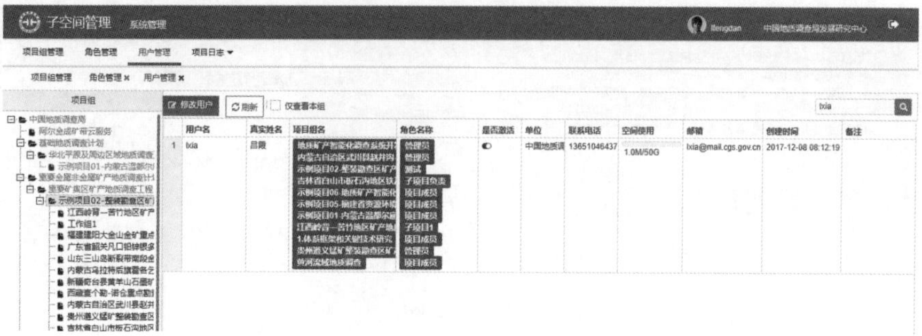

图 9.3.5　用户搜索

用户列表默认显示左侧所选中的项目组及其子组的所有用户，如仅查看本组的用户信息，则可点击右侧上方的“仅查看本组用户”按钮，将会显示直接属于该项目组的用户。

### 9.3.5.2　创建用户

创建用户功能在地质云集成界面，二级项目负责人可以回到地质云集成界面直接创建用户，在智能地质调查空间平台为用户分配角色。要补充一个项目年度信息。

(1) 在二级项目里添加中国地调局系统用户：地质云集成界面—我的项目—详细信息—项目人员—添加成员，如图 9.3.6 所示。

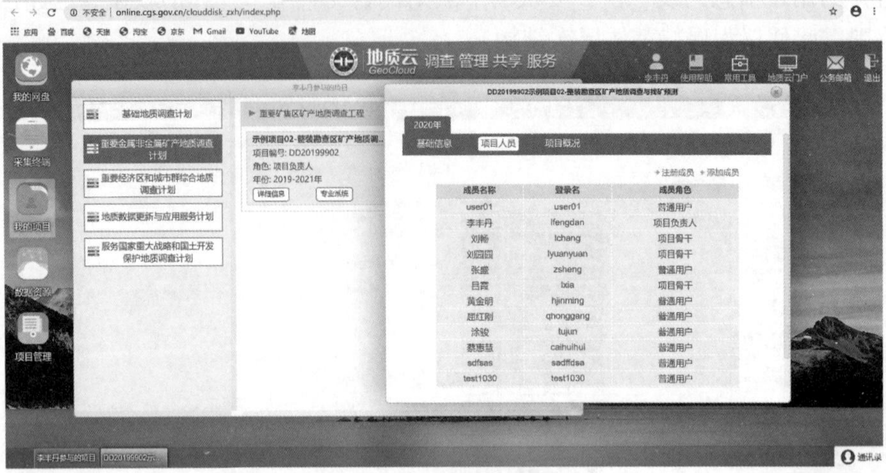


图 9.3.6　添加项目人员

(2) 在二级项目里添加委托业务单位用户：地质云集成界面—我的项目—详细信息—项目人员—注册成员，如图 9.3.6 所示。由项目负责人填写委托业务单位注册用户信息，如图 9.3.7 所示。

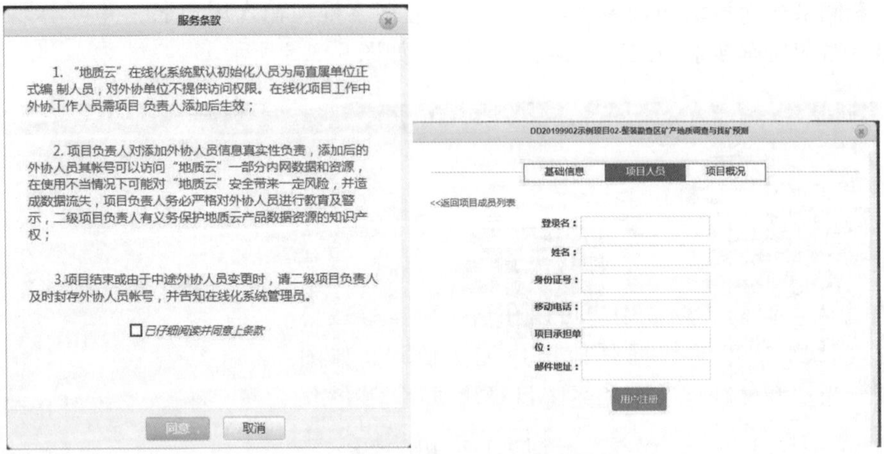


图 9.3.7　服务条款和填写用户注册信息

## 9.3.5.3　编辑用户

进入地质调查智能空间平台，选择系统管理—用户管理，在用户列表中选中需要修改信息的用户，点击上方“修改用户”菜单， 将

会弹出修改界面，如图 9.3.8 所示，在用户原有信息上做出编辑，以及重新为用户分配项目组以及角色，其中用户名和密码无法做出编辑。

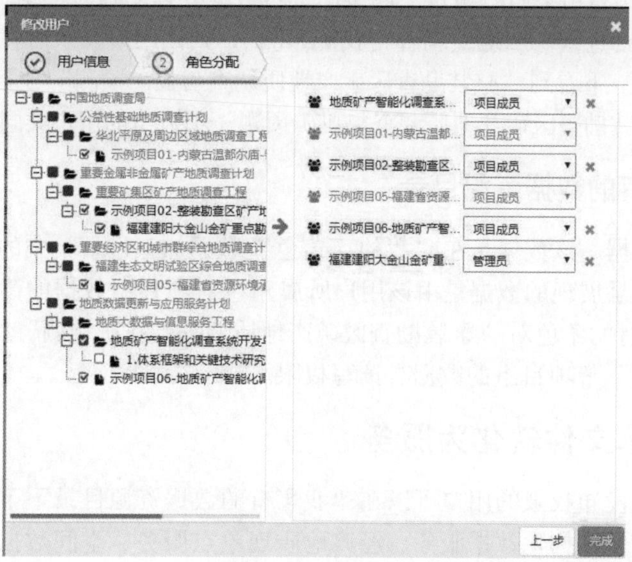


图 9.3.8　编辑用户信息

## 9.4　数据管理模块

### 9.4.1　数据管理流程

详见 6.1 章节。

#### 9.4.1.1　我的数据

用户个人存储的数据，用户可以在这个位置存放自己的私人数据，这里的数据其他用户无法访问，如图 9.4.1 所示为“我的数据”下的系统目录构成。“我的数据”下面分为两大类数据“我的数据”和“下载文件夹”。其中：

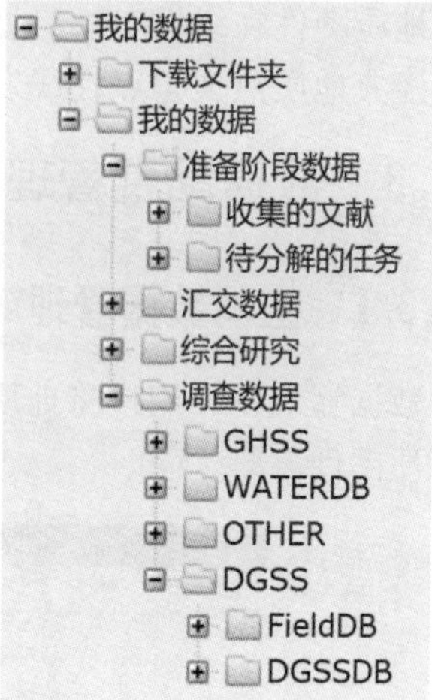


图 9.4.1　我的数据系统目录构成

“准备阶段数据”主要存放预研究阶段收集的数据（报告文献、空间数据等），便于分析处理。

“调查数据”存放调查过程的数据，其中，FieldDB 下存放了移动端上传到云盘的数据。DGSSDB 存放数字填图的图幅数据（可通过云工具 DGSS 软件打开，或者从本地上传处理后的数据）。

“综合研究”存放相关的综合研究过程产生的数据。

“成果数据”存放相关的成果资料。

#### 9.4.1.2 我的（角色）数据加工目录

存放用户所在项目组下所有用户一起协同进行数据处理的临时数据。如 lfengdan 用户所属项目组为“整装勘查区矿产地质调查与找矿预测”，则该用户登录后就可以在“我的（角色）数据加工目录”下看到“整装勘查区矿产地质调查与找矿预测”项目组的数据，这些数据是所有属于“整装勘查区矿产地质调查与找矿预测”项目组的用户共同编辑处理的数据。

#### 9.4.1.3 我享有的数据资源目录

存放成果性数据，该数据是在“我的（角色）数据加工目录”中的数据进行加工处理后放置来的。该目录展现的数据是由该用户所属角色对项目组数据的读写权限确定的。如 lfengdan 用户的所有的角色对“整装勘查区矿产地质调查与找矿预测”“整装勘查区矿产地质调查与找矿预测”等项目组的数据有读写权限。

### 9.4.2 将共享文件转化为服务

具有相应服务发布权限的用户可以在“我享有的数据资源目录”下一键式快速发布数字填图图幅服务、非结构化数据服务、经典地质现象点服务、空间数据服务。发布的数据可以在相应模块的数据服务页面看到。

野外路线服务发布，参见章节 6.2.1。

非结构化数据服务发布，参见章节 6.2.3。

地质图件在线发布，参见章节 6.2.5。

经典地质点现象点在线发布，参见章节 6.2.7。

### 9.4.3 数据配置管理

#### 9.4.3.1 空间数据管理

数据管理中，用户将地质图件发布为空间数据后，如图 9.4.2 的界面可以查看已发布的地质图件。

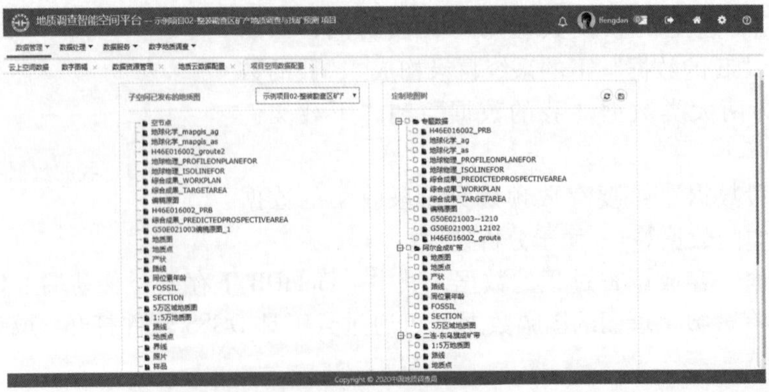


图 9.4.2　已发布的地质图件

删除已发布的地质图件：鼠标移动到该图件名称上，点击删除按钮（图 9.4.3）。

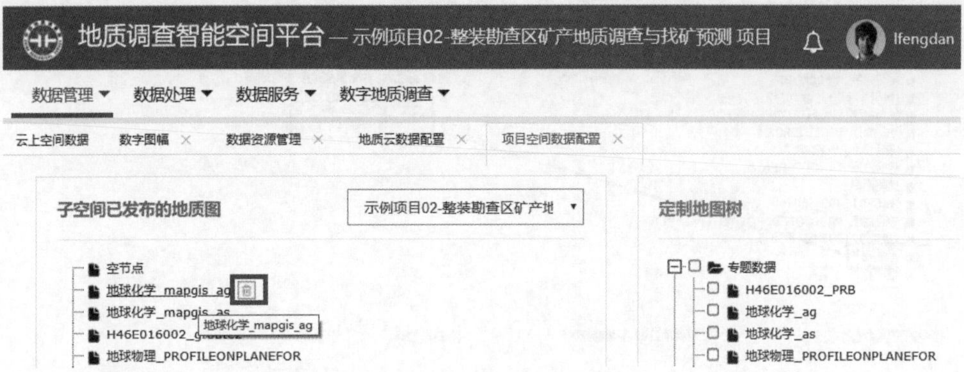


图 9.4.3 已发布的地质图件删除

**定制地质图展示步骤如下：**

（1）鼠标点击左侧的空节点拖动到右侧的定制地图树框中，构建文件夹级别（根节点）的节点（图 9.4.4），拖拽后对节点名称进行修改即可（鼠标放到新建节点上右侧有重命名图标进行名字修改

），例如名为设计路线的节点。当右侧节点处变黄时，则表示节点放置位置为文件夹节点（主节点）。已有文件夹级别节点可直接从第 2 步开始。注意左侧下拉框选择要配置的二级项目，否则会配置到别的二级项目。

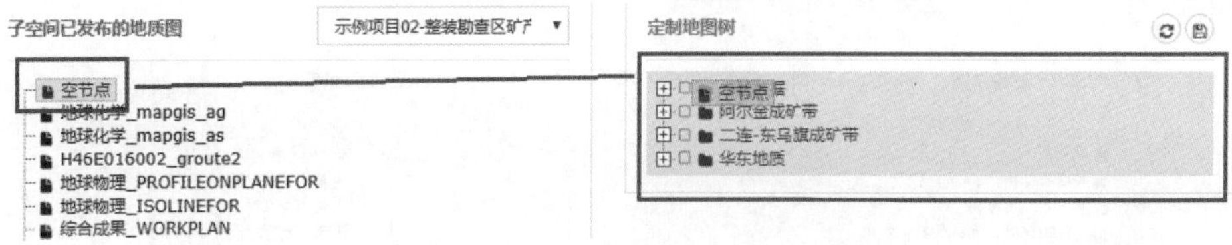


图 9.4.4 构建文件夹级别的节点

（2）在左侧选择已经发布成功的地质图节点拖拽至右侧的文件夹节点处（文件夹节点变为灰色外框，则表示添加到该节点结构下），且文件夹节点图标变为文件夹形状（图 9.4.5）。

（3）右侧的定制地图树框中的节点都是可以上下拖动调整顺序的；鼠标移动到节点上，即可出现编辑与删除图标（图 9.4.6），可以编辑节点名称的，可以删除节点。

（4）最后点击保存按钮，从而实现地质图展示形式定制（图 9.4.7）。

（5）定制地质图展示，回到数据服务界面，即可浏览地质图件（图 9.4.8）。注：为了地质图件展示的美观性，目前只允许构建 2 级目录。

### 9.4.3.2 地质云数据配置

为了接入更多的基础地质图件数据，本系统集成了地质云的图件数据。

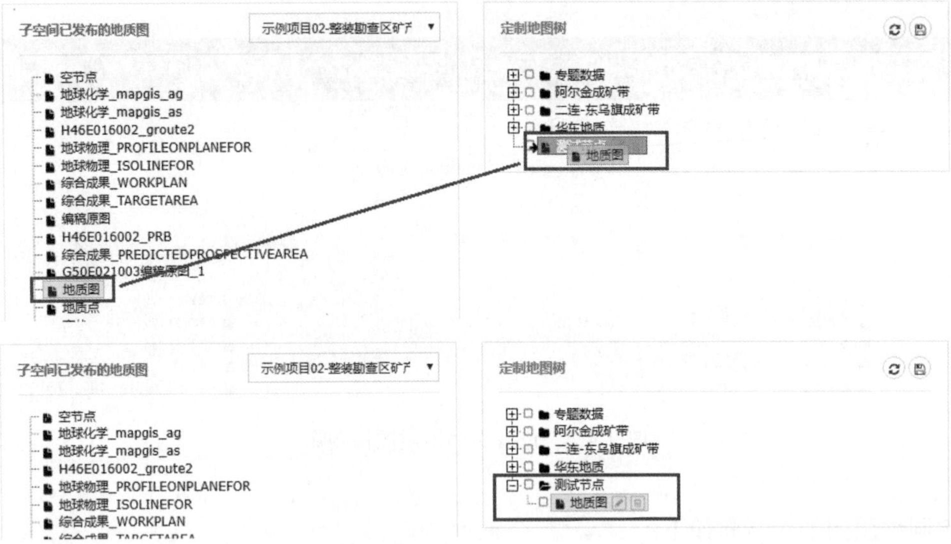


图 9.4.5　将已发布成功的地质图节点拖拽至右侧的文件夹节点处

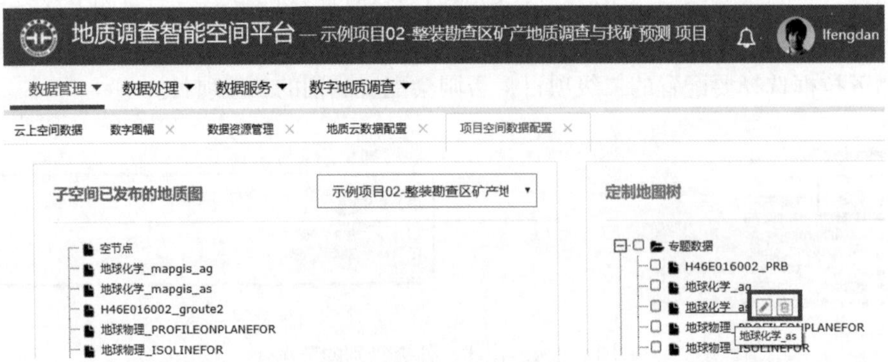


图 9.4.6　地质图件编辑

图 9.4.7　地质图件保存

图 9.4.8　地质图件浏览

点击“数据服务”下的数据配置管理中的“地质云数据管理”，弹出如图 9.4.9 所示的界面，配置图件数据。

图 9.4.9　地质云数据配置界面

勾选图件数据，预览图件，如果是需要该图件，将其拖拽至定制地图树框中，其流程类似“空间数据管理”（图 9.4.10）。注意右侧下拉框选择要配置的二级项目，否则会配置到别的二级项目。

**注：**若为新初始化项目，并未配置地质云数据树，则需要点击右侧“定制地图树”的加号按钮，增加根节点（如：地质云）。

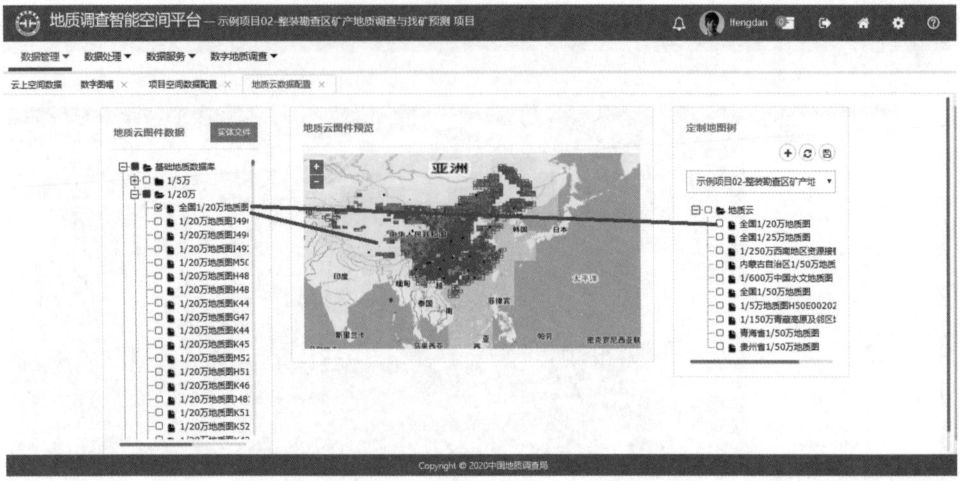


图 9.4.10　地质云数据配置界面——定制地图树

## 9.4.3.3　地质云实体文件配置

点击“实体文件”后，进入地质云的综合搜索页面，如图 9.4.11 所示。在这里可以检索需要的实体文件，然后向地质云申请。最终申请到的实体文件会自动保存到“数据管理”中的“下载文件夹”中。

图 9.4.11　申请地质云实体文件

## 9.4.3.4　公共资源共享

公共资源共享页面，是提供移动端用户访问，并且提供综合地质调查模板下载、数字地质调查相关软件下载以及智能空间相关说明书下载（图 9.4.12）。

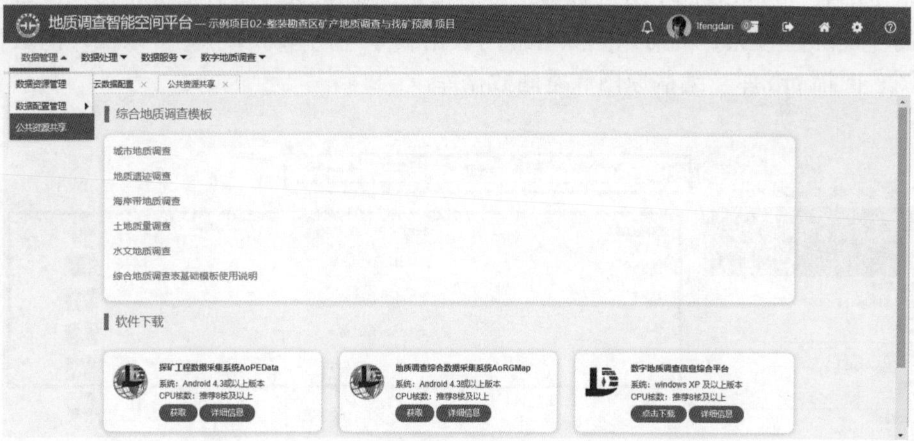


图 9.4.12　公共资源共享界面

## 9.4.3.5　图幅服务管理

具有“图幅服务管理”权限的用户，可以在系统管理页面，对数字填图图幅中发布的数据服务进行管理操作。选择“数据管理”菜单下的“数据配置管理”中的“图幅服务管理”则进入图幅服务管理页面（图 9.4.13）。

在子空间列表中，选择需要处理的子空间名称。该子空间下的所有图幅以列表形式显示在“图幅列表”中。用户点击图幅下的“删除”按钮，则删除该图幅下所有发布的数据服务（图 9.4.14）。

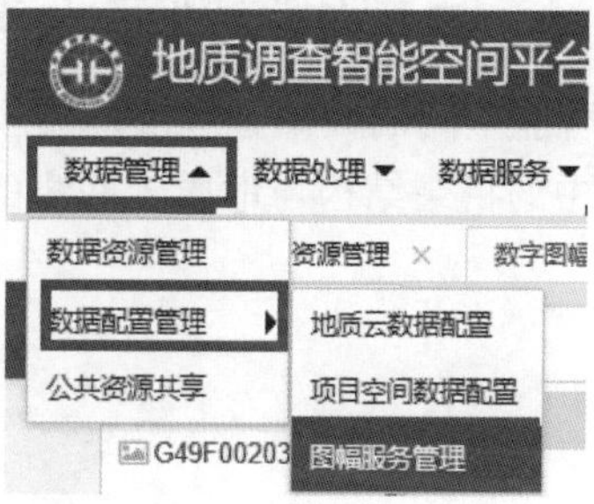


图 9.4.13　图幅服务管理菜单

图 9.4.14　图幅服务管理界面

选定图幅后，点击右侧上方的标签，可对指定图幅下的具体数据进行操作，点击对应数据后的“删除”按钮，则可以删除对应的数据服务（图 9. 4. 15）。可以操作的数据包括野外手图、图幅 prb 库、编稿原图和空间数据库。

图 9. 4. 15　图幅删除界面

## 9. 4. 4　与地质云网盘关系

智能空间的数据管理由地质云统一管理，两者中的数据和文件是一致。其中“我的数据”中的目录结构与地质云网盘的目录对应如图 9. 4. 16 所示。

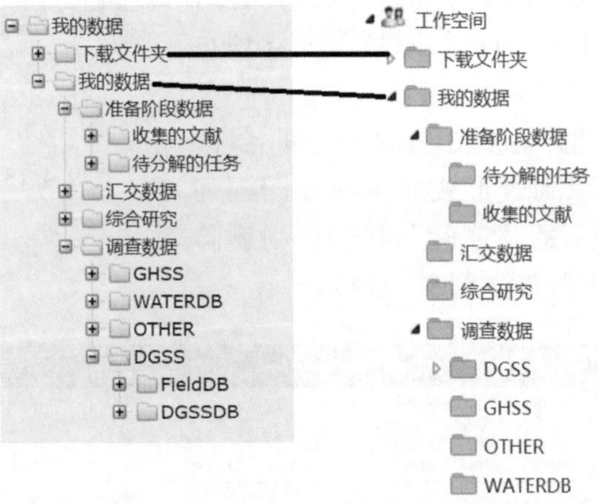


图 9. 4. 16　智能空间“我的数据”目录结构与地质云网盘的对应

地质云网盘上传上限单一文件大小为 4GB，过大文件将导致上传失败；压缩文件夹可以进行在线解压，目前支持的格式仅为 zip 格式，rar 格式压缩文件可以上传，但是无法进行在线解压操作。

地质云网盘的“共享数据”下的项目下的 DGSS—doc 路径，对应的智能空间平台的“我的（角色）数据加工目录”。如图 9. 4. 17 所示。

地质云网盘的“共享数据”下的二级项目下的 DGSS—share 路径，对应的智能空间平台的“我享有的数据资源目录”。如图 9. 4. 18 所示。

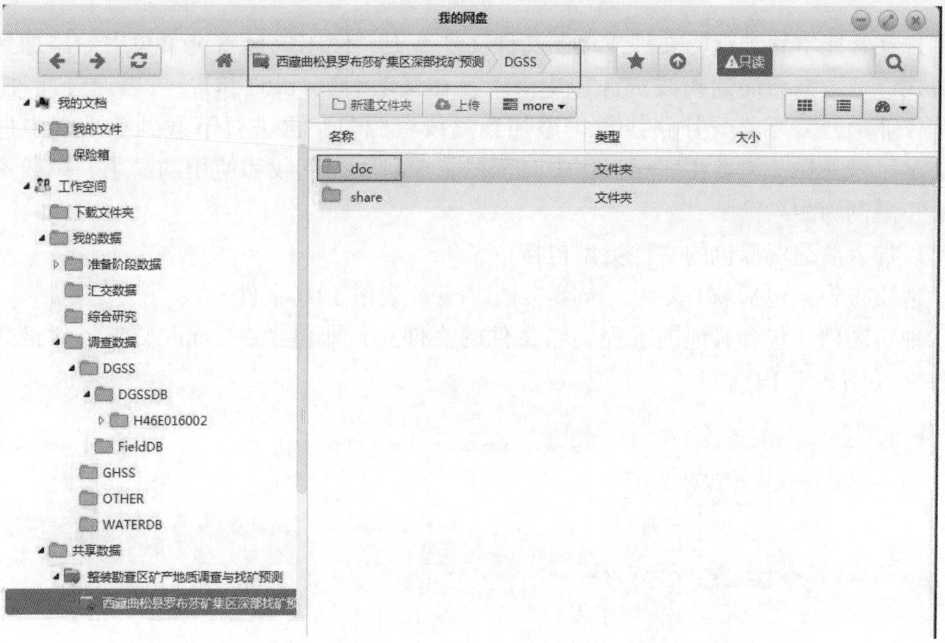


图 9.4.17 “我的（角色）数据加工目录”与地质云网盘的对应

图 9.4.18 “我享有的数据资源目录”与地质云网盘的对应

## 9.4.5 离线资源包

用户在智能空间云盘的文件或地图文件文件夹上，使用鼠标右键菜单中的添加到资源包的方式，把数据添加到离线资源包中。用户在移动端进行访问时，可以通过此种方式，将实际作业中，需要的野外路线数据添加到离线资源包，再进行下载到移动端中进行使用。满足了野外作业人员在实际工作中对于智能空间数据下载和使用的需求。离线资源包下载大小限制为2G。

可以加入离线资源包的文件类型包括：

地质报告：包括 pdf 文件、word 文档、excel 表格、txt 文件。

地质图件：包含有地图工程类型文件的文件夹，即包含有 .mpj 或者 .gpj 格式文件的文件夹（图 9.4.19）。

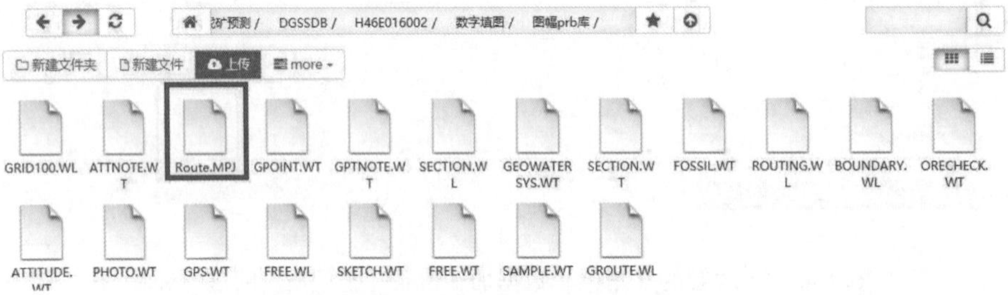


图 9.4.19 地质图件数据格式

### 9.4.5.1 添加文件到资源包

用户在选取所需要通过资源包下载的文件或文件夹上，通过鼠标右键菜单中选择“添加至资源包”，即可将所选数据添加至离线资源包中（图 9.4.20）。添加成功后，会在页面左侧上方的资源包图标的数字+1。

### 9.4.5.2 下载资源包

点击图标，可以查看离线资源包的下载列表。离线资源中的数据可以从“资源目录”添加地质报告和地质图件（图 9.4.21，图 9.4.22）。

图 9.4.20 添加至离线资源包

## 9.5 数据集成（数据服务）模块

## 9.5.1 云上空间数据

地质智能空间平台的数据服务部分，即可在线浏览已经发布的图件数据，见图 9.5.1。

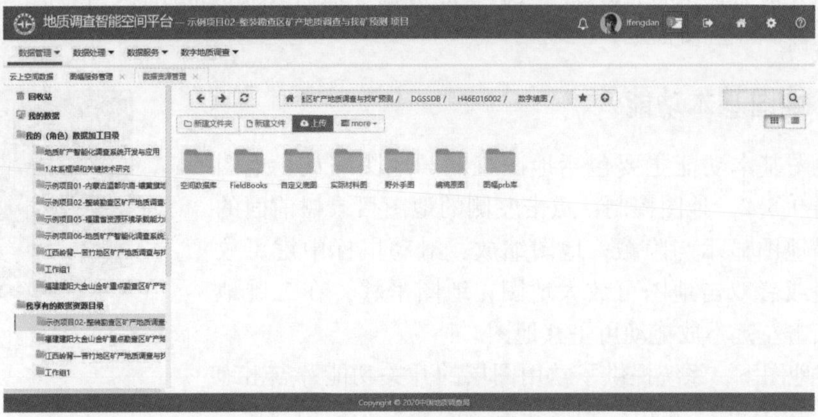


图 9.4.21　离线资源包图标

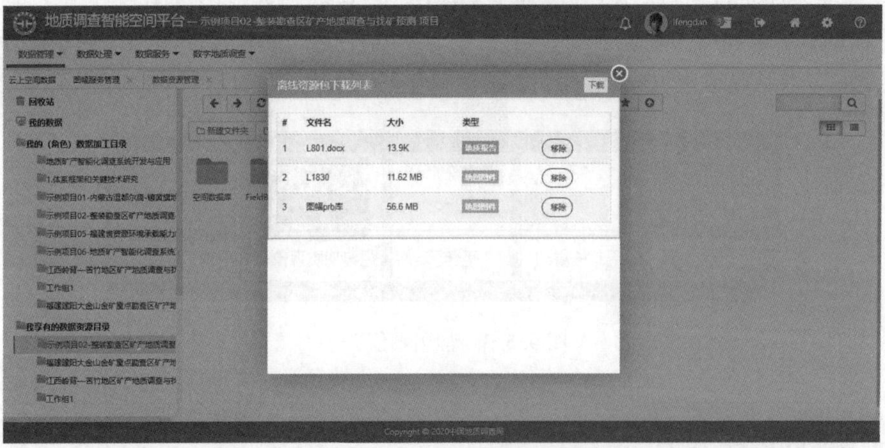


图 9.4.22　离线资源包下载列表

图 9.5.1　地图在线浏览

该模块分别加载 3 部分数据，基础空间数据、地质云获取的图件数据和子空间生产的成果图件数据。

### 9.5.1.1 地图基本功能

二维地图基本功能主要包括地图控制、地图缩放、地图平移，见图 9.5.2。地图控制：点击左侧的地图目录树前面的小框可使得地图显示与隐藏；地图缩放：滑动鼠标中键可放大缩小地图或者双击地图可放大地图；地图平移：在二维地图视图，点击左键不放拖动可平移地图。

图 9.5.2 二维地图基本功能

在二维地图下，系统提供了常用图层的开关功能，点击地图预览右下角图标后，可以看到该开关（图 9.5.3）。用户在点击勾选图层后，常用图层被打开。在常用图层开关中，包含了“天地影像图”“天地矢量图”“工作区”“经典地质现象点”和“三维实景模型”。其中“天地影像图”和“天地矢量图”为天地图数据；“工作区”为每个项目都有一些图幅范围，打开该图层后，可以看到该项目的工作区范围；“经典地质现象点”详见章节 8.1.7；“三维实景模型”详见章节 8.2。

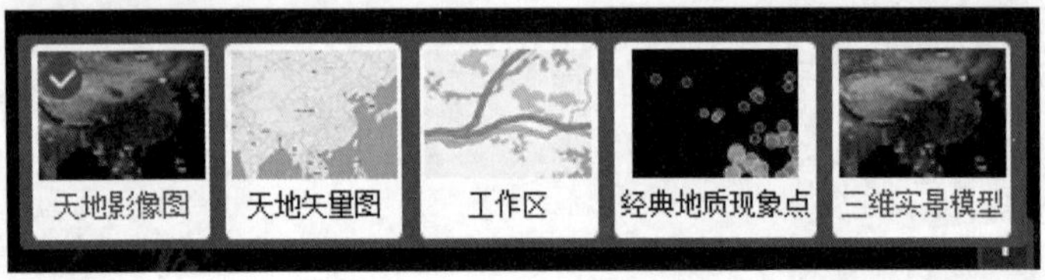


图 9.5.3 常用图层开关

### 9.5.1.2 地图图幅查询

鼠标滑到导航栏的地质数据服务，点击图幅查询，弹出图幅定位窗口。输入图幅号即可定位到相应的图幅区域，见图 9.5.4。

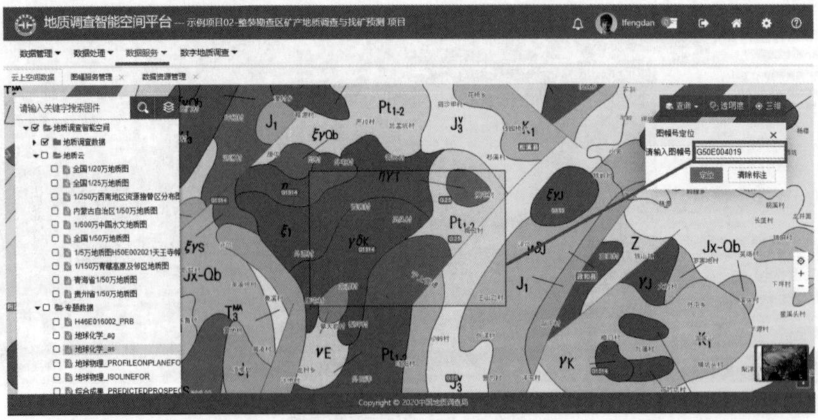


图 9.5.4 图幅查询

### 9.5.1.3 地图属性查询

点击导航栏的属性查询，弹出窗体，点击地图上自己想要查询的要素，即可出现要素属性信息（图 9.5.5）。

图 9.5.5 属性查询

### 9.5.1.4 经纬度查询

在工具栏的查询菜单中，选择“经纬度查询”，在弹窗中输入需要定位点的经纬度数值，点击查询后，即可在地图视图中，对该位置进行标定。该功能可在经典地质现象点中对所发布的经典现象点进行定位和验证（图 9.5.6）。

图 9.5.6 经纬度查询

### 9.5.1.5　地图透明度调节

当多个图层叠加在一起的时候，需要浏览底下的图层，可以使用透明度功能（图 9.5.7）。

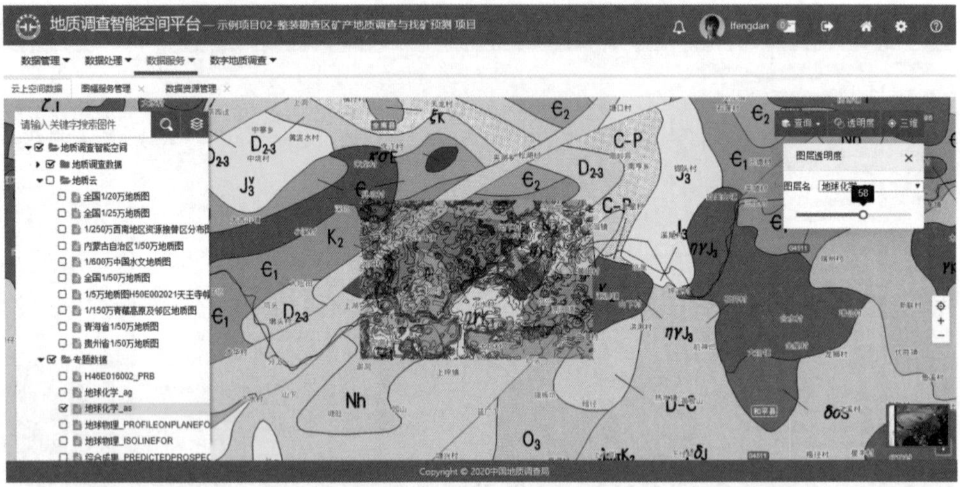


图 9.5.7　调节图层透明度功能

### 9.5.1.6　经典地质现象点

地质点坐标、地质描述、照片、影像等要素构成经典地质现象点。

鼠标点击“云上空间数据”中，右下角的功能区，点击勾选“经典地质现象点”，则打开经典地质现象点图层，地图视图出现现象点（图 9.5.8）。鼠标点击现象点，弹出现象点的相关属性。

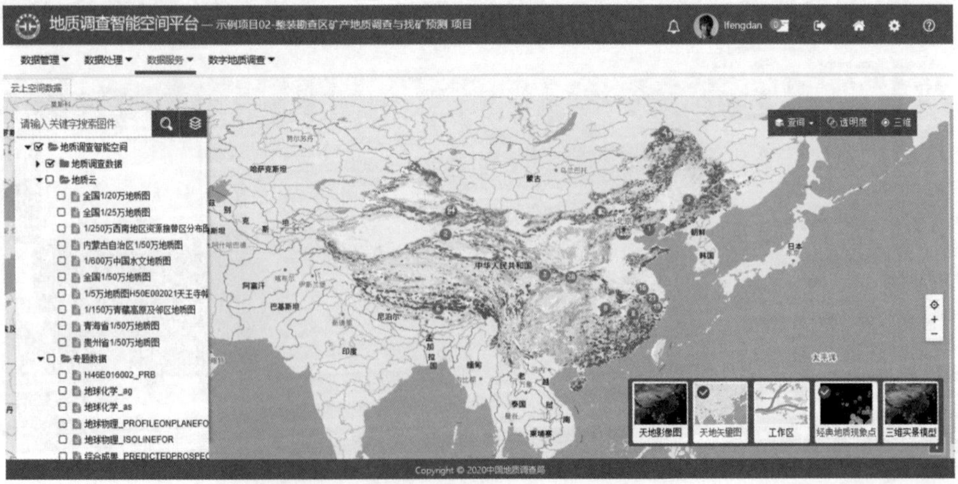


图 9.5.8　经典地质现象点主界面

在现象点属性页，点击图片的蓝色链接，查看现象点图片（图 9.5.9）。

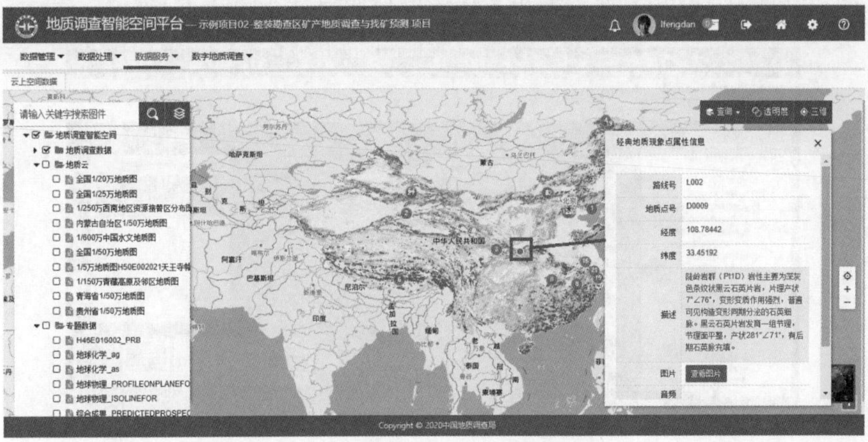


图 9.5.9　现象点属性

## 9.5.1.7　二三维模式切换

智能空间为云上数据浏览提供了基于无须浏览器插件的 WebGL 的二三维一体化显示模式，在智能空间的“数据服务”“云上空间数据”中，通过点击“二维”和“三维”按钮，实现数据显示的二三维一体化切换。目前三维模式下，已经支持所有图层的可视化显示（图 9.5.10）。

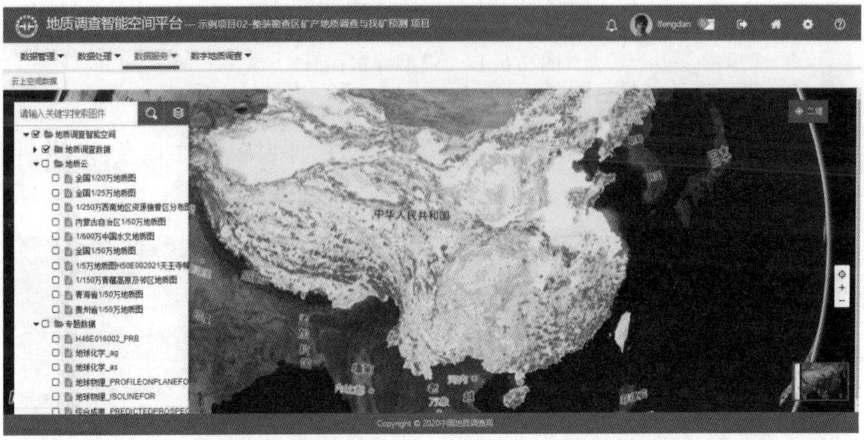


图 9.5.10　二三维模式切换

## 9.5.1.8　三维实景模型浏览

三维场景建模是以无人机获取倾斜摄影数据，采用三维软件快速实现场景的建模构建及发布。

（1）模型概况。图 9.5.11 右侧以文字的形式描述了一个个三维模型，点击标题，跳转到相应的三维模型，点击查看，显示了模型的描述信息（图 9.5.12）。

图 9.5.11　三维模型概况

图 9.5.12　模型详情信息

（2）三维模型。实现三维模型的在线浏览，缩放、平移、选中以及测量（图 9.5.13，图 9.5.14）。

图 9.5.13　三维模型

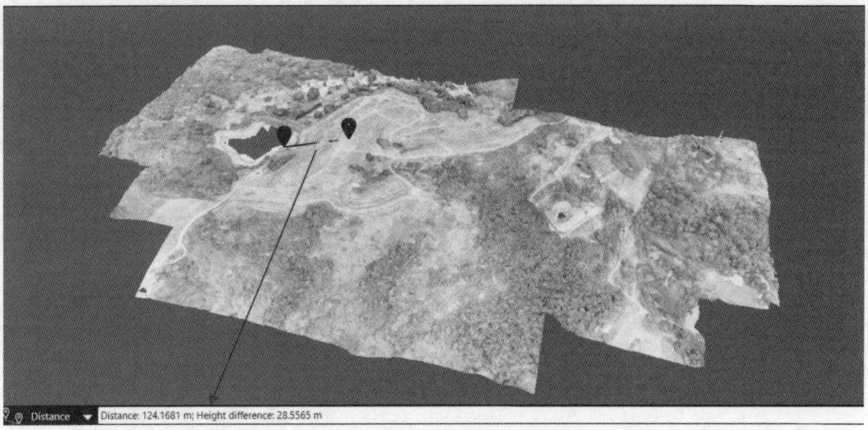


图 9.5.14 三维模型测量

## 9.5.2 非结构化数据挖掘

在“数据服务”栏点击下方“非结构化数据挖掘服务”，可进入“非结构化数据挖掘服务”在线内容服务。非结构化数据挖掘功能，是针对项目自身已经发布的以及系统提供的公共非结构化数据或文档进行检索和挖掘，不同项目之间不相通。

主页：非结构化数据服务如图 9.5.15 所示。

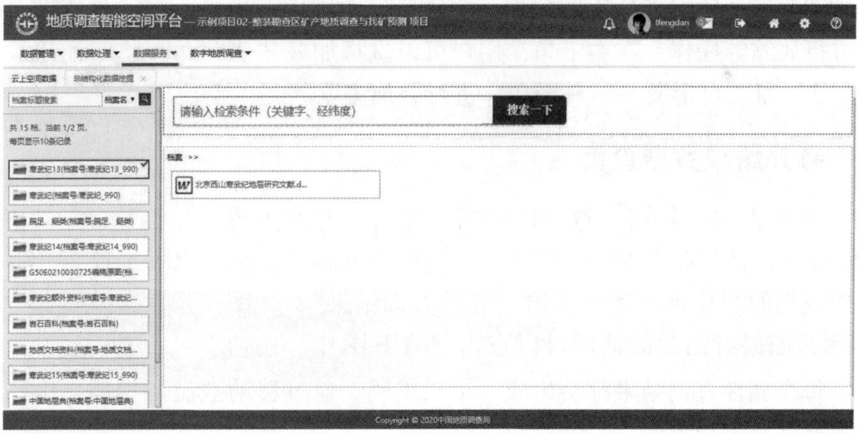


图 9.5.15 非结构化数据服务

操作步骤详见 8.3 章节。

## 9.5.3 数字填图图幅数据服务

在智能空间平台上，依次点击【数字地质调查】→【数字图幅】，即可进入数字填图图幅服务主界面，如图 9.5.16 所示。

图 9.5.16　数字填图图幅服务主界面

## 9.5.3.1　野外路线（野外手图）

## 9.5.3.2　野外路线数据展示

如图 9.5.17 所示，选择图幅后，点击右侧“野外手图”，即可看到该图幅下的所有野外手图数据。用户鼠标左键进行拖拉，滚轮进行放缩等操作。在右下角，用户可以选择加载“影像”“地质图”和“自定义”三种图层，进行叠加浏览。

图 9.5.17　路线图件浏览

## 9.5.3.3　野外路线数据查询

点击“属性查询”按钮，选择图层后，点击“开始点查询”，即可对所选图层进行属性查询。如选择“Photo”图层后，点击要查询的照片点，就会弹出“属性查询结果”，如图 9.5.18 所示。如果有图片的话，可以点击“查看图片”按钮查看图片。每个属性查询结果都会生成一个二维码，通过移动端设备扫描二维码，可以在移动端查看属性查询结果。

如选择“GPoint”图层后，点击要查询的路径点，就会弹出“属性查询结果列表”，如图 9.5.19 所示。点击查询结果表后的“扩展属性”按钮，可以查看所选路径点的扩展属性信息。

## 9.5.3.4　路线小结以及自检互检

点击“路线小结及自检互检”按钮，弹出路线小结信息和自检互检信息，如图 9.5.20 所示。

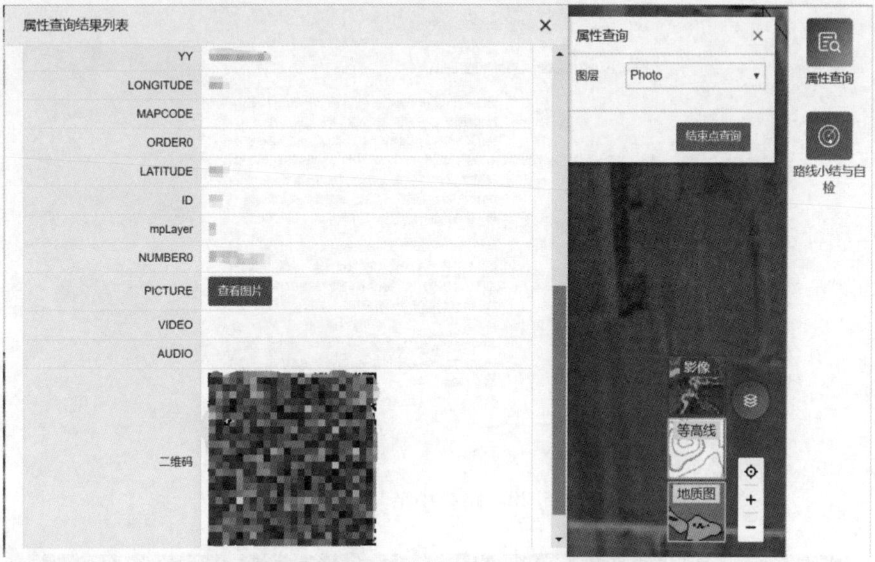


图 9.5.18 野外手图属性查询

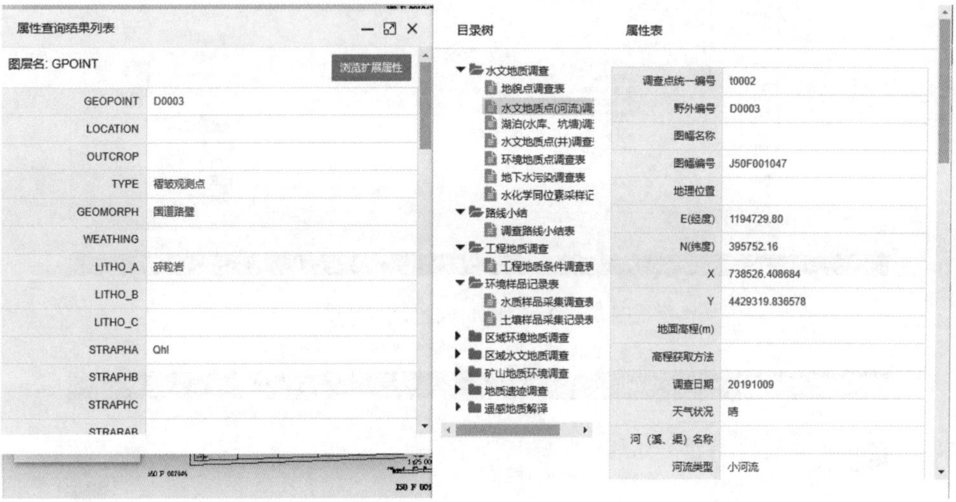


图 9.5.19 扩展属性信息

#### 9.5.3.5 野外手簿文件浏览

点击“野外手簿”按钮，可以在线浏览该路线对应的野外手簿（图 9.5.21）。

#### 9.5.3.6 图幅 PRB 服务

图幅 prb 库浏览见图 9.5.22。

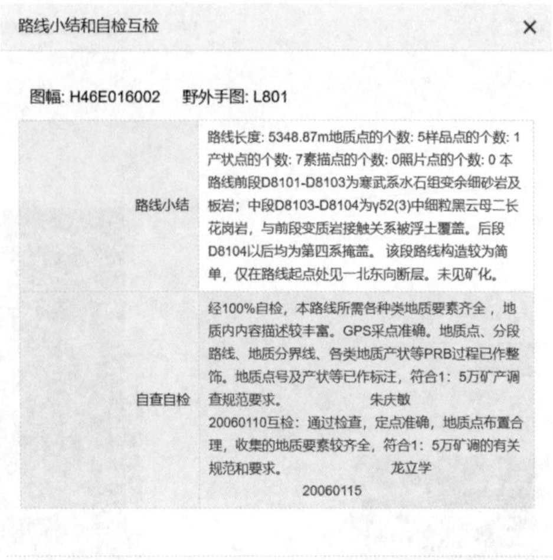
路线小结和自检互检
图幅: H46E016002 野外手图: L801
路线小结
路线长度: 5348.87m地质点的个数: 5样品点的个数: 1产状点的个数: 7素描点的个数: 0照片点的个数: 0 本路线前段D8101-D8103为寒武系水石组变余细砂岩及板岩；中段D8103-D8104为γ52(3)中细粒黑云母二长花岗岩，与前段变质岩接触关系被浮土覆盖。后段D8104以后均为第四系掩盖。该段路线构造较为简单，仅在路线起点处见一北东向断层。未见矿化。
自查自检
经100%自检，本路线所需各种类地质要素齐全，地质内内容描述较丰富。GPS采点准确。地质点、分段路线、地质分界线、各类地质产状等PRB过程已作整饰。地质点号及产状等已作标注，符合1：5万矿产调查规范要求。 朱庆敏
20060110互检：通过检查，定点准确，地质点布置合理，收集的地质要素较齐全，符合1：5万矿调的有关规范和要求。 龙立学
20060115

图 9.5.20 路线小结与自检互检

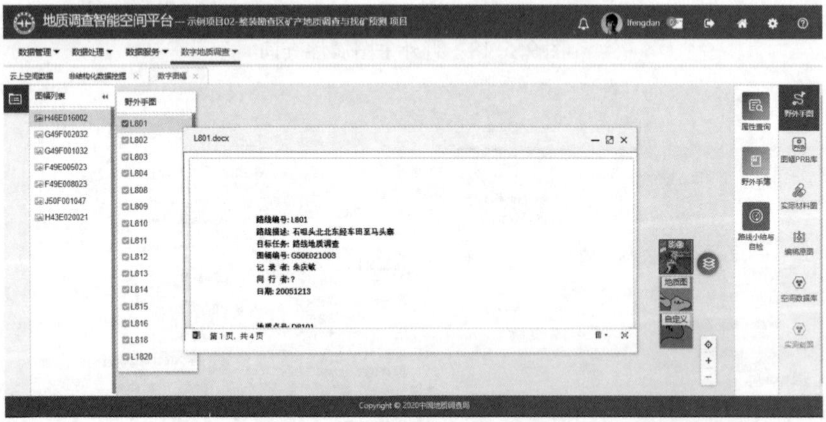
地质调查智能空间平台
图幅列表
野外手图
L801.docx
路线编号: L801
目标任务: 路线地质调查
图幅编号: G50E021003
记 录 者: 朱庆敏
日期: 20051213
第 1 页，共 4 页

图 9.5.21 野外手簿文件浏览

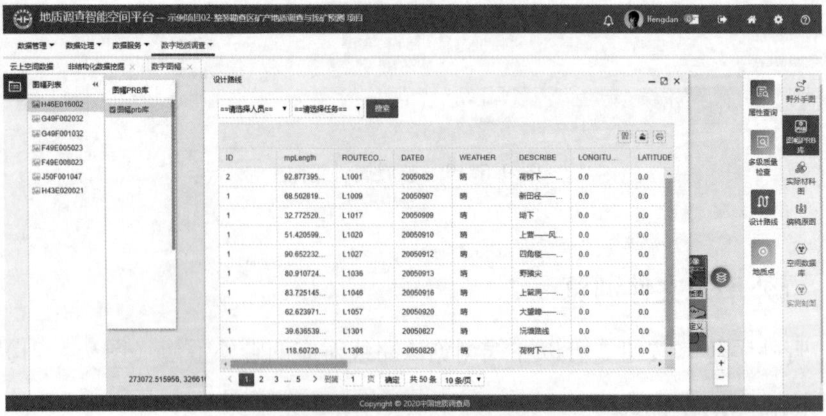
地质调查智能空间平台
图幅列表
图幅PRB库
设计路线
ID
mpLength
ROUTECO...
DATE0
WEATHER
DESCRIBE
LONGITU...
LATITUDE

图 9.5.22 图幅 prb 库浏览

### 9.5.3.7 数据多级质量检查

点击“多级质量检查”按钮后，在弹框里选择在该图幅 prb 中的路线号和检查方式，即可查看多级质量检查结果，如图 9.5.23 所示。

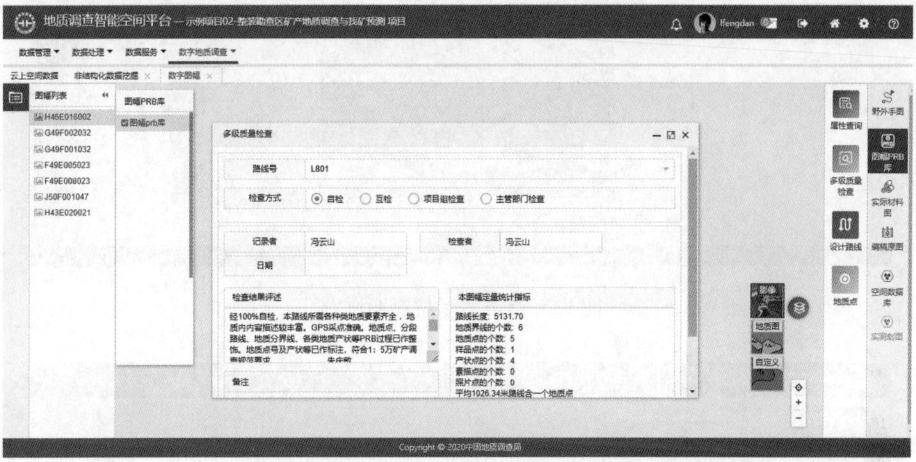


图 9.5.23 多级质量检查

### 9.5.3.8 地质点浏览

地质点信息浏览界面如图 9.5.24 所示。

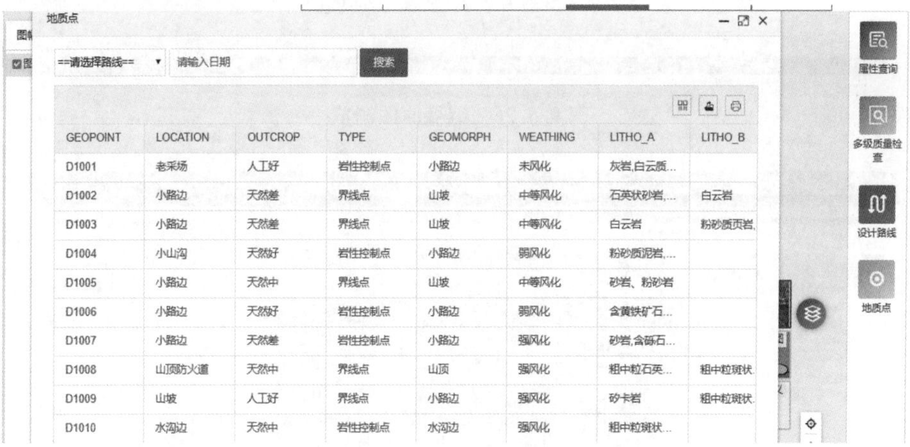


图 9.5.24 地质点信息浏览

### 9.5.3.9 实际材料图、编稿原图、成果数据库数据服务

实际材料图、编稿原图浏览界面如图 9.5.25 至图 9.5.27 所示。

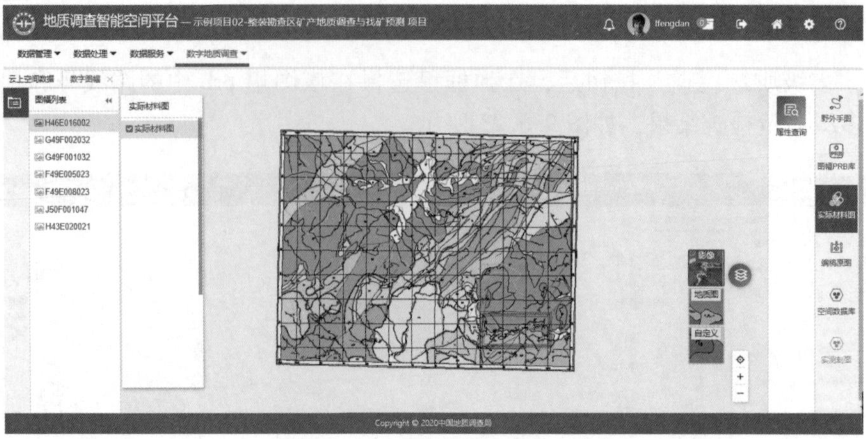


图 9.5.25　实际材料图浏览

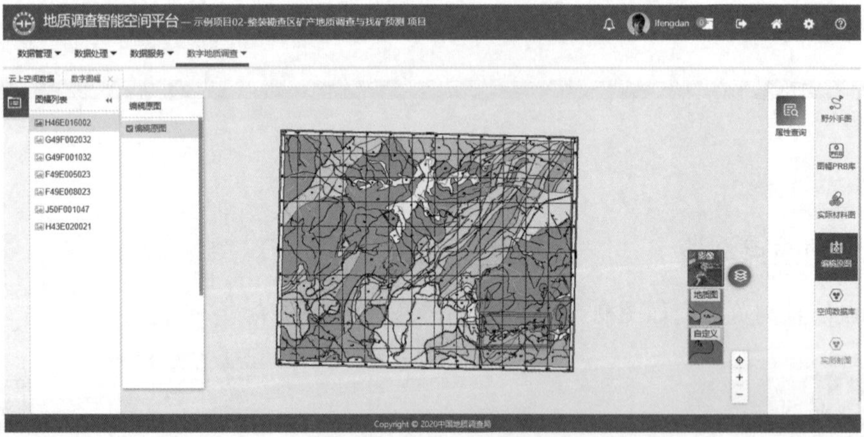


图 9.5.26　编稿原图浏览

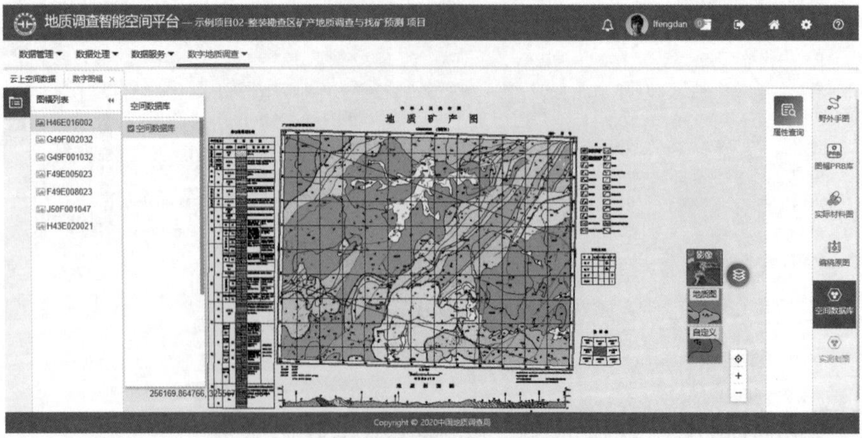


图 9.5.27　实际材料图浏览

## 9.5.4 卫星影像数据

在智能空间平台上，依次点击【数据集成】→【卫星影像数据】，即可进入卫星影像服务主界面（图 9.5.28），深黄色的框显示了已有的卫星影像数据。

图 9.5.28 卫星影像服务主界面

检索框内输入图幅号，检索已有的遥感影像数据（图 9.5.29）。点击详情，查看遥感影像数据详细描述（图 9.5.30）。点击图件，查看遥感影像的卫星影像图件数据（图 9.5.31）。

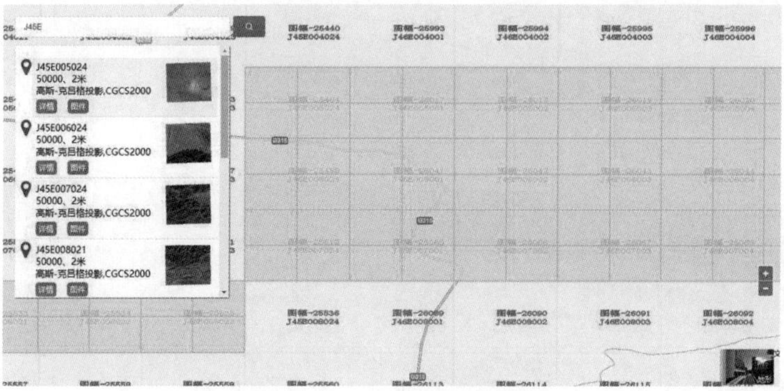


图 9.5.29 卫星影像检索结果

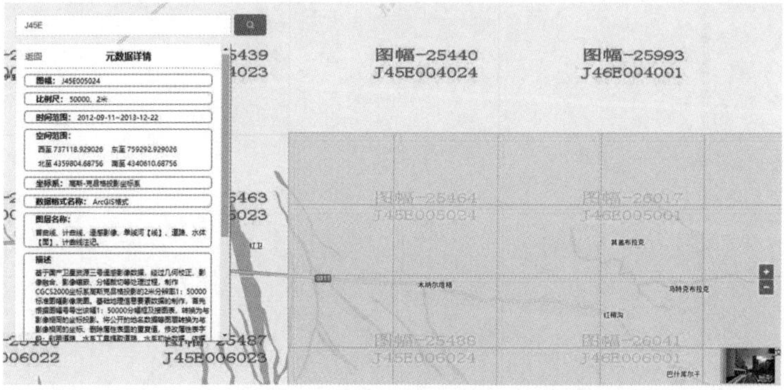


图 9.5.30 卫星影像数据详情

图 9.5.31　卫星影像图件浏览

# 10 DDE 地质调查智能空间

## 10.1 DDE 地质调查智能空间平台访问入口

### 10.1.1 访问网址

访问：http：//geocloud. cgs. gov. cn/DDE-China/#/portal/index，使用用户名和密码登录后，选择“DIGITAL SURVEY”（图 10. 1. 1）。

图 10. 1. 1 选择“DIGITAL SURVEY”

在主页面中，点击对应的工作平台子空间图标，进入对应的工作平台子空间（图 10. 1. 2）。

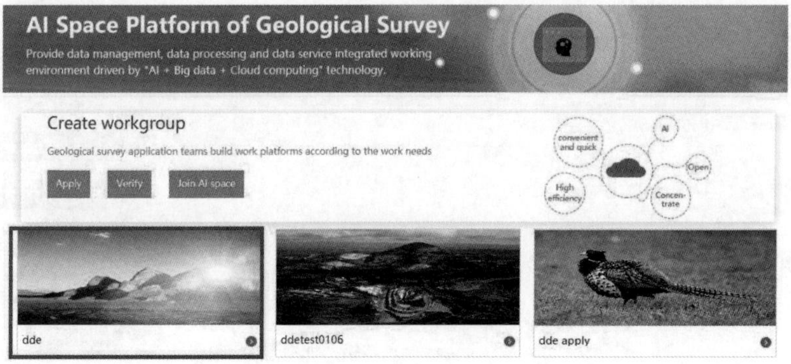


图 10. 1. 2 主界面

### 10.1.2 创建子空间

#### 10.1.2.1 工作子空间申请

在工作空间主页面中，点击“创建工作组”下的“申请”按钮，来申请创建工作平台子空间（图 10. 1. 3）。

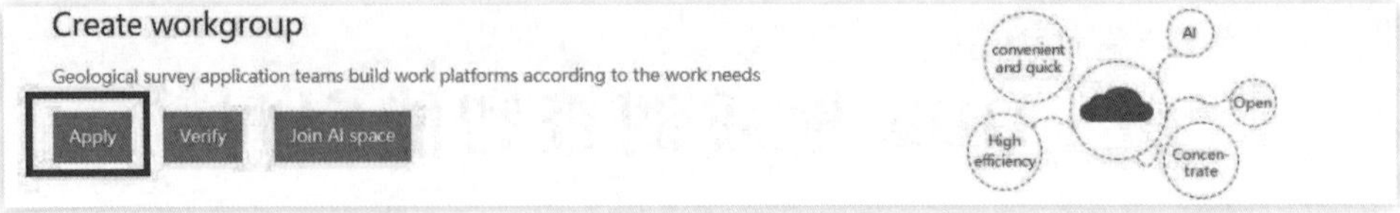


图 10. 1. 3　创建工作组

在弹出的“模块申请列表”页面中，可以查看该用户之前申请的模块名称、申请时间和反馈时间（图 10. 1. 4）。当点击“申请新模块”按钮后，即可进入“模块申请”页面，如图 10. 1. 5 所示。

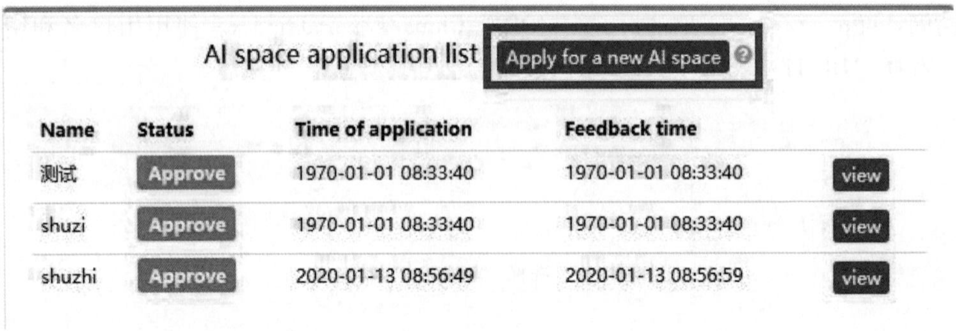


图 10. 1. 4　模块申请列表

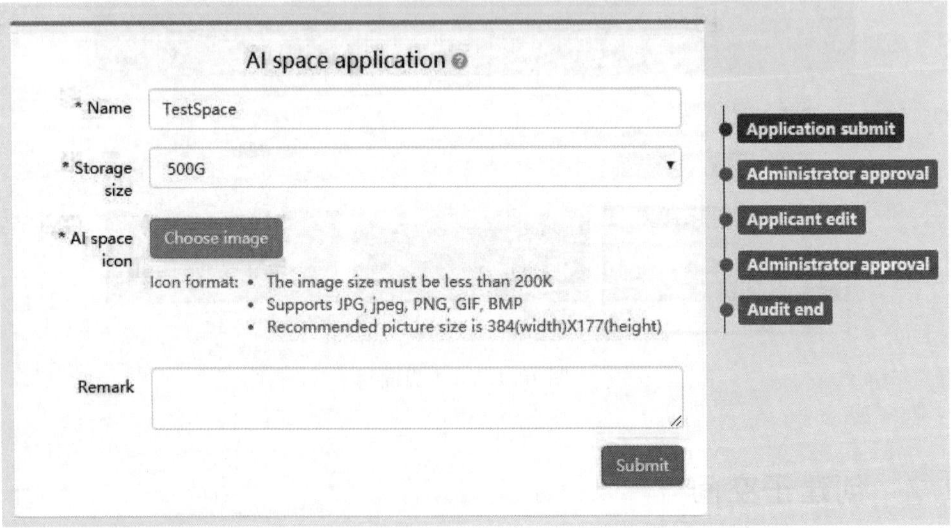


图 10. 1. 5　模块申请

在“模块申请”页面中填写模块相关信息，填写后，单击“提交按钮”，完成申请提交。等待管理员对申请进行审核。

### 10.1.2.2　工作子空间审核

管理员登录平台后，在“创建工作组”部分，点击“审核”按钮（图 10.1.6）。

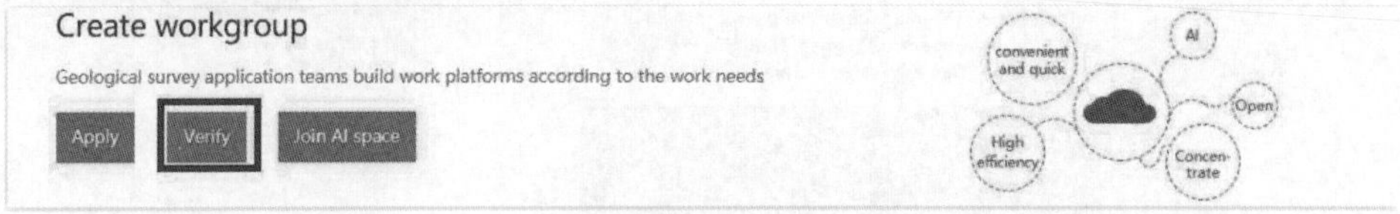


图 10.1.6　工作空间审核

进入“权限管理”页面。在左侧导航栏中，点击“模块审批”，页面跳转至模块审批页面。在该页面中，以列表形式展示所有模块的申请以及其他相关信息（图 10.1.7）。

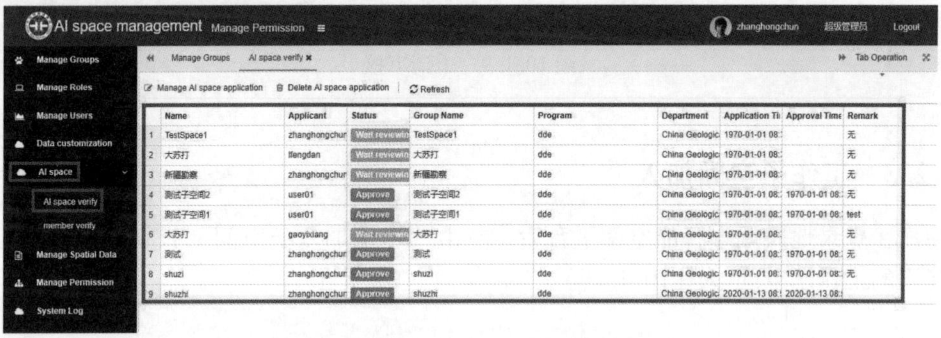


图 10.1.7　模块审批

在待审核的条目中，点击模块名称，该条目选中后，点击列表上方的“审核模块申请”连接（图 10.1.8）。

图 10.1.8　模块申请列表

在“审核模块申请”页面中，管理员可根据用户提交的申请情况，选择“不同意”“修改后提交”或者“同意”。点击“同意”按钮，则该申请审核通过，申请流程结束；点击“修改后提交”按钮，则将该申请返回用户，由用户重新修改提交后，再做审核；点击“不同意”按钮，则表示直接拒绝该申请，流程结束（图 10.1.9）。

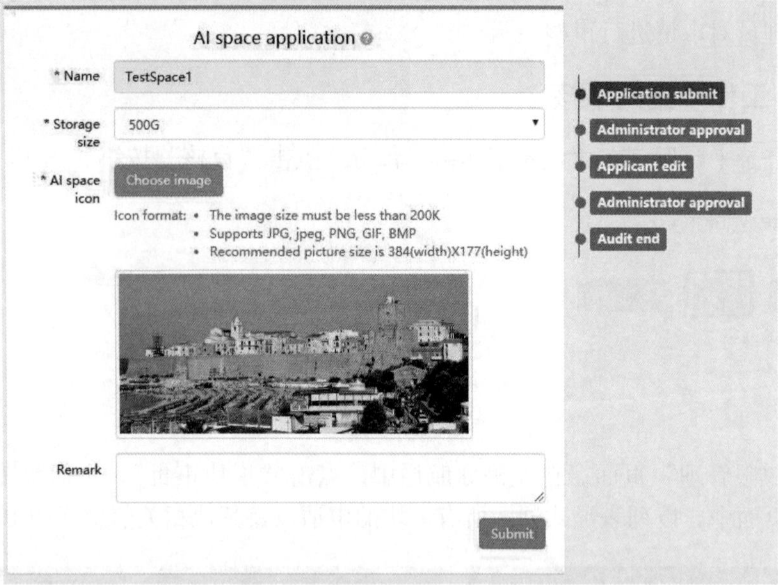


图 10.1.9　申请审核

### 10.1.2.3　工作子空间加入

用户在登录地质调查智能空间平台后，点击“申请加入子空间”按钮，以申请加入已经创建了的工作子空间（图 10.1.10）。

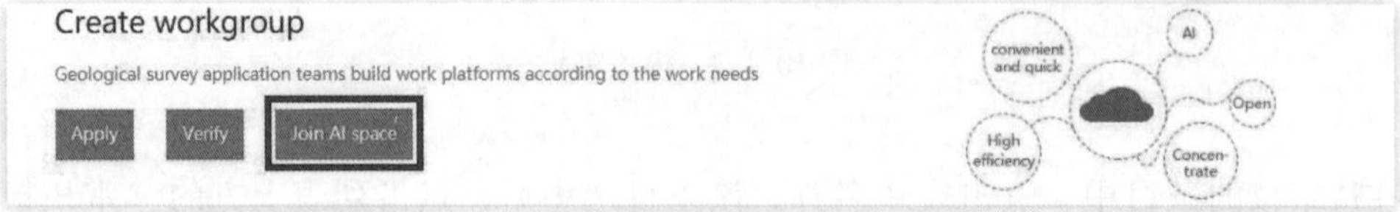


图 10.1.10　申请加入子空间

在弹出的工作子空间列表窗口中，选取需要加入的子空间，并点击“申请”按钮（图 10.1.11）。

在弹出的“确认”窗口中，提示“是否确定申请”，点击确定申请即可（图 10.1.12）。

### 10.1.2.4　工作子空间加入审核

管理员登录平台后，点击“创建子空间”下的“审核”按钮（图 10.1.13）。

进入“权限管理”页面。在左侧导航栏中，点击“模块审批”下的“用户审核”，页面跳转至用户审批页面。在该页面中，以列表形式展示所有空间的用户申请以及其他相关信息（图 10.1.14）。

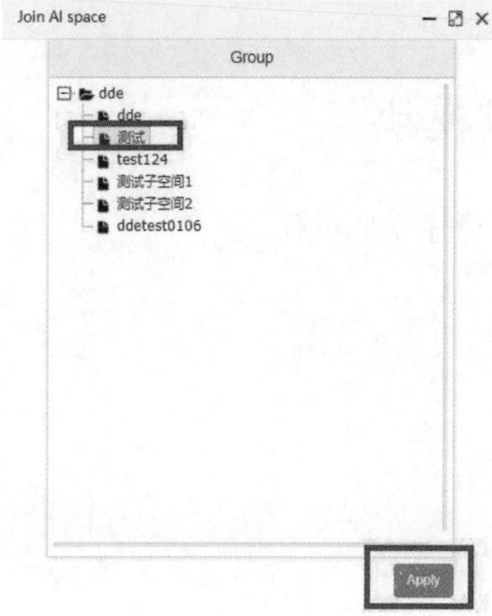


图 10.1.11　选取需要加入的子空间

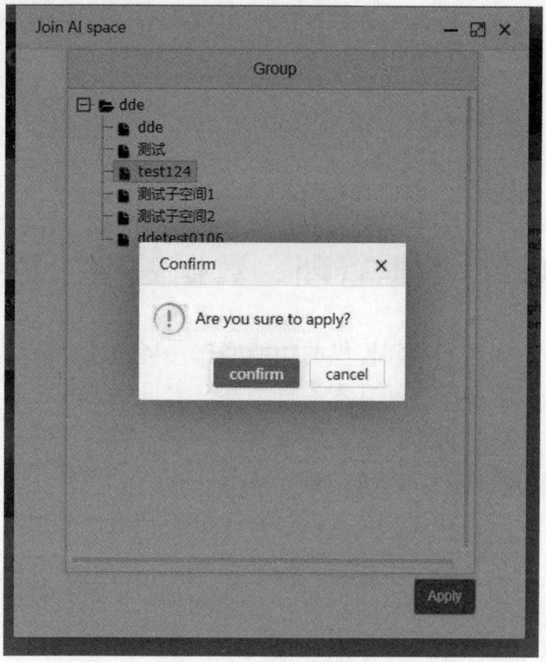


图 10.1.12　确认提示

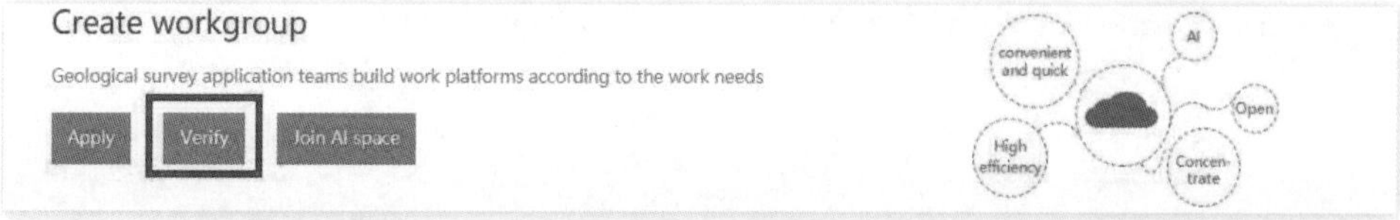


图 10.1.13　“审核”按钮

图 10.1.14　用户审批页面

点击申请用户后的“同意”按钮，则该用户的空间加入申请审核通过；点击“不同意”则拒绝该用户的空间加入申请（图 10.1.15）。

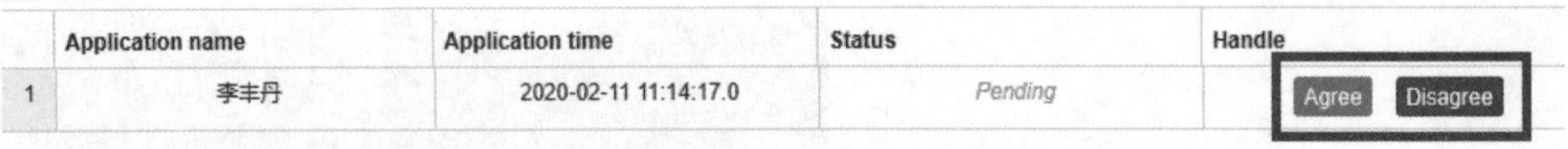


图 10.1.15 “同意”或“不同意”按钮

## 10.2 数据管理、数据处理、数据集成模块

智能子空间提供的功能操作参考地质调查智能空间平台子空间操作。

智能子空间基本信息浏览，参见章节 9.2。

权限管理，参见章节 9.3。

数据管理模块，参见章节 9.4。

数据处理模块，野外路线服务发布，参见章节 6.2.1。

野外路线删除，参见章节 6.2.2。

地质图件在线发布，参见章节 6.2.5。

经典地质现象点在线发布，参见章节 6.2.7。

数据集成（数据服务）模块，参见章节 9.5。